Springer-Lehrbuch

Grundkurs Theoretische Physik

Band 1
Klassische Mechanik
10. Auflage
ISBN: 978-3-642-29936-0

Band 2
Analytische Mechanik
9. Auflage
ISBN: 978-3-642-41979-9

Band 3
Elektrodynamik
10. Auflage
ISBN: 978-3-642-37904-8

Band 4
Spezielle Relativitätstheorie,
Thermodynamik
8. Auflage
ISBN: 978-3-642-24480-3

Band 5/1
Quantenmechanik – Grundlagen
8. Auflage
ISBN: 978-3-642-25402-4

Band 5/2
Quantenmechanik –
Methoden und Anwendungen
8. Auflage
ISBN: 978-3-662-44229-6

Band 6
Statistische Physik
7. Auflage
ISBN: 978-3-642-25392-8

Band 7
Viel-Teilchen-Theorie
8. Auflage
ISBN: 978-3-642-25807-7

Wolfgang Nolting

Grundkurs Theoretische Physik 5/2

Quantenmechanik – Methoden und Anwendungen

8. Auflage

Springer Spektrum

Professor Wolfgang Nolting
Humboldt-Universität Berlin
Berlin, Deutschland

ISSN 0937-7433
ISBN 978-3-662-44229-6 ISBN 978-3-662-44230-2 (eBook)
DOI 10.1007/978-3-662-44230-2

Die Deutsche Nationalbibliothek verzeichnet diese Publikation in der Deutschen Nationalbibliografie; detaillierte bibliografische Daten sind im Internet über http://dnb.d-nb.de abrufbar.

Springer Spektrum

Planung und Lektorat: Dr. Vera Spillner

Gedruckt auf säurefreiem und chlorfrei gebleichtem Papier

Springer Spektrum ist eine Marke von Springer DE. Springer DE ist Teil der Fachverlagsgruppe Springer Science+Business Media.
www.springer-spektrum.de

Allgemeines Vorwort

Die sieben Bände der Reihe „*Grundkurs Theoretische Physik*“ sind als direkte Begleiter zum Hochschulstudium Physik gedacht. Sie sollen in kompakter Form das wichtigste theoretisch-physikalische Rüstzeug vermitteln, auf dem aufgebaut werden kann, um anspruchsvollere Themen und Probleme im fortgeschrittenen Studium und in der physikalischen Forschung bewältigen zu können.

Die Konzeption ist so angelegt, dass der erste Teil des Kurses,

- *Klassische Mechanik* (Band 1)
- *Analytische Mechanik* (Band 2)
- *Elektrodynamik* (Band 3)
- *Spezielle Relativitätstheorie, Thermodynamik* (Band 4),

als Theorieteil eines „*Integrierten Kurses*“ aus Experimentalphysik und Theoretischer Physik, wie er inzwischen an zahlreichen deutschen Universitäten vom ersten Semester an angeboten wird, zu verstehen ist. Die Darstellung ist deshalb bewusst ausführlich, manchmal sicher auf Kosten einer gewissen Eleganz, und in sich abgeschlossen gehalten, sodass der Kurs auch zum Selbststudium ohne Sekundärliteratur geeignet ist. Es wird nichts vorausgesetzt, was nicht an früherer Stelle der Reihe behandelt worden ist. Dies gilt inbesondere auch für die benötigte Mathematik, die vollständig so weit entwickelt wird, dass mit ihr theoretisch-physikalische Probleme bereits vom Studienbeginn an gelöst werden können. Dabei werden die mathematischen Einschübe immer dann eingefügt, wenn sie für das weitere Vorgehen im Programm der Theoretischen Physik unverzichtbar werden. Es versteht sich von selbst, dass in einem solchen Konzept nicht alle mathematischen Theorien mit absoluter Strenge bewiesen und abgeleitet werden können. Da muss bisweilen ein Verweis auf entsprechende mathematische Vorlesungen und vertiefende Lehrbuchliteratur erlaubt sein. Ich habe mich aber trotzdem um eine halbwegs abgerundete Darstellung bemüht, sodass die mathematischen Techniken nicht nur angewendet werden können, sondern dem Leser zumindest auch plausibel erscheinen.

Die mathematischen Einschübe werden natürlich vor allem in den ersten Bänden der Reihe notwendig, die den Stoff bis zum Physik-Vordiplom beinhalten. Im zweiten Teil des Kurses, der sich mit den modernen Disziplinen der Theoretischen Physik befasst,

- *Quantenmechanik: Grundlagen* (Band 5/1)
- *Quantenmechanik: Methoden und Anwendungen* (Band 5/2)
- *Statistische Physik* (Band 6)
- *Viel-Teilchen-Theorie* (Band 7),

sind sie weitgehend überflüssig geworden, insbesondere auch deswegen, weil im Physik-Studium inzwischen die Mathematik-Ausbildung Anschluss gefunden hat. Der frühe Beginn der Theorie-Ausbildung bereits im ersten Semester gestattet es, die *Grundlagen der Quantenmechanik* schon vor dem Vordiplom zu behandeln. Der Stoff der letzten drei Bände kann natürlich nicht mehr Bestandteil eines *„Integrierten Kurses"* sein, sondern wird wohl überall in reinen Theorie-Vorlesungen vermittelt. Das gilt insbesondere für die *„Viel-Teilchen-Theorie"*, die bisweilen auch unter anderen Bezeichnungen wie *„Höhere Quantenmechanik"* etwa im achten Fachsemester angeboten wird. Hier werden neue, über den Stoff des Grundstudiums hinausgehende Methoden und Konzepte diskutiert, die insbesondere für korrelierte Systeme aus vielen Teilchen entwickelt wurden und für den erfolgreichen Übergang zu wissenschaftlichem Arbeiten (Diplom, Promotion) und für das Lesen von Forschungsliteratur inzwischen unentbehrlich geworden sind.

In allen Bänden der Reihe *„Grundkurs Theoretische Physik"* sollen zahlreiche Übungsaufgaben dazu dienen, den erlernten Stoff durch konkrete Anwendungen zu vertiefen und richtig einzusetzen. Eigenständige Versuche, abstrakte Konzepte der Theoretischen Physik zur Lösung realer Probleme aufzubereiten, sind absolut unverzichtbar für den Lernenden. Ausführliche Lösungsanleitungen helfen bei größeren Schwierigkeiten und testen eigene Versuche, sollten aber nicht dazu verleiten, *„aus Bequemlichkeit"* eigene Anstrengungen zu unterlassen. Nach jedem größeren Kapitel sind Kontrollfragen angefügt, die dem Selbsttest dienen und für Prüfungsvorbereitungen nützlich sein können.

Ich möchte nicht vergessen, an dieser Stelle allen denen zu danken, die in irgendeiner Weise zum Gelingen dieser Buchreihe beigetragen haben. Die einzelnen Bände sind letztlich auf der Grundlage von Vorlesungen entstanden, die ich an den Universitäten in Münster, Würzburg, Osnabrück, Valladolid (Spanien), Warangal (Indien) sowie in Berlin gehalten habe. Das Interesse und die konstruktive Kritik der Studenten bedeuteten für mich entscheidende Motivation, die Mühe der Erstellung eines doch recht umfangreichen Manuskripts als sinnvoll anzusehen. In der Folgezeit habe ich von zahlreichen Kollegen wertvolle Verbesserungsvorschläge erhalten, die dazu geführt haben, das Konzept und die Ausführung der Reihe weiter auszubauen und aufzuwerten.

Die ersten Auflagen dieser Buchreihe sind im Verlag Zimmermann-Neufang entstanden. Ich kann mich an eine sehr faire und stets erfreuliche Zusammenarbeit erinnern. Danach erschien die Reihe bei Vieweg. Die Übernahme der Reihe durch den Springer-Verlag im Januar 2001 hat dann zu weiteren professionellen Verbesserungen im Erscheinungsbild des

„*Grundkurs Theoretische Physik*“ geführt. Den Herren Dr. Kölsch und Dr. Schneider und ihren Teams bin ich für viele Vorschläge und Anregungen sehr dankbar. Meine Manuskripte scheinen in guten Händen zu liegen.

Berlin, im April 2001 *Wolfgang Nolting*

Vorwort zu Band 5/2

Zur Zielsetzung des *Grundkurs Theoretische Physik*, hier für das Teilgebiet der *Quantenmechanik*, habe ich bereits im Vorwort zum Teil 1 Stellung bezogen. An dieser hat sich natürlich auch für den nun vorliegenden zweiten Teil nichts geändert. Die Fülle des Stoffes hat es notwendig gemacht, die Darstellung der Quantenmechanik auf zwei Bände zu verteilen, wobei die beiden Teile allerdings als Einheit zu sehen sind. Äußeres Zeichen dafür ist die fortlaufende Kapitelnumerierung.

Der erste Teil befasste sich mit elementaren Grundlagen und einigen ersten Anwendungen auf relativ einfache (eindimensionale) Potentialprobleme. Den vorliegenden zweiten Teil beginnen wir mit der Untersuchung der wichtigen quantenmechanischen Observablen *Drehimpuls*. Wir werden jeden Vektoroperator, dessen hermitesche Komponenten einen bestimmten Satz von fundamentalen Kommutatorrelationen erfüllen, als Drehimpuls bezeichnen (Abschn. 5.1). Dazu zählt neben dem aus der *Klassischen Mechanik* bekannten *Bahndrehimpuls*, den wir mit Hilfe des *Korrespondenzprinzips* in die *Quantenmechanik* einführen können, auch der klassisch nicht verständliche *Spin*, für den sich keine solche Analogiebetrachtung anbietet. Man kann sich damit begnügen, ihn gewissermaßen als empirische Notwendigkeit zu postulieren und die sich daraus ergebenden Eigenschaften und Konsequenzen zu analysieren (Abschn. 5.2). Da sich *Spin, magnetisches Spinmoment* und die *Spin-Bahn-Wechselwirkung* als nur relativistisch begründbare Eigenschaften herausstellen, benötigt ihre strenge Herleitung die relativistische *Dirac-Theorie* (Abschn. 5.3). Die *Spin-Bahn-Wechselwirkung* wird uns ferner die Motivation dafür liefern, auch über die Gesetzmäßigkeiten bei der *Addition von Drehimpulsen* nachzudenken (Abschn. 5.4).

Mit der Einführung des *Drehimpulses* sind die wesentlichen Stützen des abstrakten Gerüstes der *Quantentheorie* eingeführt, sodass wir uns in den nächsten Kapiteln den mehr anwendungsorientierten Problemen zuwenden können. Das beginnt in Kap. 6 mit den wichtigen *Zentralpotentialen*. Für die historische Entwicklung der *Quantenmechanik* hat insbesondere die Theorie des Wasserstoffatoms eine entscheidende Rolle gespielt. Das Hüllenelektron bewegt sich im Coulomb-Feld des positiv geladenen Wasserstoffkerns (Proton), unterliegt damit dem Einfluss eines speziellen Zentralpotentials, dem insbesondere auch wegen seiner historischen Bedeutung in diesem Band ein relativ breiter Raum gewidmet wird.

Nur wenige (realistische) Probleme der *Theoretischen Physik* lassen sich mathematisch streng lösen. Das sinnvolle Approximieren einer nicht erreichbaren exakten Lösung bereitet erfahrungsgemäß dem Lernenden nicht unerhebliche Schwierigkeiten. Wir besprechen in Kap. 7 deshalb eine Reihe von etablierten, vom Konzept her recht unterschiedlichen Methoden, das *Variationsverfahren* (Abschn. 7.1), die verschiedenen Formen der *Störungstheorie* (Abschn. 7.2, 7.3) und die semiklassische *WKB-Methode* (Abschn. 7.4). In der aktuellen wissenschaftlichen Forschung steht man häufig vor der Aufgabe, eigene problemspezifische Approximationsverfahren entwickeln zu müssen. Auch dabei hilft das subtile Verstehen der Standardverfahren und die genaue Kenntnis ihrer Gültigkeitsbereiche.

Die bis zu diesem Punkt entwickelte Quantentheorie ist genau genommen eine Ein-Teilchen-Theorie, wohingegen die uns umgebende Welt aus wechselwirkenden *Viel-Teilchen-Systemen* aufgebaut ist. Wir werden deshalb zu untersuchen haben (Kap. 8), was bei der Behandlung von Mehr-Teilchen-Systemen zusätzlich zu beachten ist. Die Abgrenzung von *unterscheidbaren* gegenüber *identischen Teilchen* wird sich als entscheidend wichtig herausstellen und auf das im Konzept der *Klassischen Physik* nicht erklärbare *Prinzip der Ununterscheidbarkeit identischer Teilchen* führen. Dessen gravierendste Konsequenz ist das *Pauli-Prinzip*, durch das unter anderem der gesamte Aufbau der Materie reguliert wird. Für die Beschreibung von *Viel-Teilchen-Systemen* erweist sich der *Formalismus der zweiten Quantisierung* als elegant und vorteilhaft. Moderne Forschungsliteratur ist ohne Kenntnis desselben kaum noch lesbar. Er wird insbesondere im siebten Band des Grundkurses fast ausschließlich benutzt werden. Es erschien mir deshalb sinnvoll, diese Methode sehr detailliert zu besprechen.

Das abschließende Kap. 9 befasst sich mit der *Streutheorie*, die ein wichtiges Anwendungsgebiet der *Quantenmechanik* darstellt. Über mikroskopische Streu-(Stoß-)prozesse lassen sich weitgehende Aufschlüsse über elementare Wechselwirkungspotentiale gewinnen, wenn es der Theorie gelingt, Verbindungen zwischen diesen und den experimentell zugänglichen Wirkungsquerschnitten herzustellen.

Es ist mir bei der Darstellung der Quantenmechanik, ebenso wenig wie bei den in den vorangegangenen Bänden besprochenen Disziplinen, nicht so sehr auf Vollständigkeit angekommen, als vielmehr auf eine möglichst leicht verständliche Einführung in die Grundprinzipien und auf das Erlernen von typischen Lösungstechniken. Ich erwähne deshalb auch an dieser Stelle noch einmal, dass ich das selbständige Lösen von Übungsaufgaben zum wirklichen Verstehen der Theorie für unverzichtbar halte. Ich möchte mich bei allen denjenigen (Studenten, Übungsleiter, Dozenten) bedanken, die mir durch konstruktive Kritik bei der Vorbereitung und bei diversen kleineren Verbesserungen dieses Buches geholfen haben. Dem Springer-Verlag bin ich für die fruchtbare und verständnisvolle Zusammenarbeit sehr dankbar.

Berlin, im Juli 2001 *Wolfgang Nolting*

Vorwort zur 8. Auflage von Band 5/2

Am eigentlichen Konzept des „*Grundkurs Theoretische Physik*“ und damit auch an dem des zweiten Teils des fünften Bandes der Reihe („*Quantenmechanik-Methoden und Anwendungen*“) hat sich natürlich mit der vorliegenden neuen Auflage nichts geändert. Der Grundkurs ist nach wie vor auf ein Physik-Studienprogramm zugeschnitten, das bereits im ersten oder zweiten Semester mit der Theoretischen Physik beginnt, so wie es die meisten neuen Bachelor/Master-Studienordnungen an deutschen Hochschulen vorsehen. Die „*Quantenmechanik*“ wird damit in der Regel im vierten und fünften Semester angeboten.

Techniken und Konzepte werden auch in diesem Band des Grundkurses weiterhin so detailliert vermittelt, dass im Prinzip ein Selbststudium ohne aufwendige Zusatzliteratur möglich sein sollte. In diesem Zusammenhang spielen die zahlreichen Übungsaufgaben, die nach jedem wichtigen Teilabschnitt angeboten werden, eine für den Lerneffekt unverzichtbare Rolle. Dabei sollten die ausführlichen Musterlösungen nicht von der selbständigen Bearbeitung der Aufgaben abhalten, sondern eher als Kontrolle der eigenen Bemühungen dienen.

Für die jetzt vorliegende 8. Auflage des zweiten Teils von Band 5 wurden drei Zusatzkapitel zur Streutheorie aufgenommen. Zudem wurde das Angebot der Übungsaufgaben gründlich überarbeitet und durch eine Reihe von neuen Aufgaben stark erweitert. Außerdem habe ich an einigen Stellen im Text kleinere Korrekturen und Ergänzungen eingefügt, wenn es mir angebracht erschien, die Darstellung etwas durchsichtiger zu gestalten. Leider musste auch diesmal wieder ein Satz von ärgerlichen Druckfehlern beseitigt werden.

Wie schon bei den früheren Auflagen habe ich sehr von Kommentaren und diversen Verbesserungsvorschlägen zahlreicher Kollegen und vor allem Studierender profitiert. Dafür möchte ich mich an dieser Stelle ganz herzlich bedanken. Besonders erwähnen sollte ich frühere Mitarbeiter meiner Arbeitsgruppe an der Humboldt-Universität zu Berlin, die mir durch konstruktive Kritik und Unterstützung bei der Lösung von redaktionellen und organisatorischen Problemen sehr geholfen haben. Die Zusammenarbeit mit dem Springer-Verlag, insbesondere mit Frau Dr. V. Spillner, verlief, wie auch früher schon, absolut reibungslos, produktiv und damit sehr erfreulich.

Berlin, im November 2014 *Wolfgang Nolting*

Inhaltsverzeichnis

Quantentheorie des Drehimpulses

5

Kapitel 5

W. Nolting, *Grundkurs Theoretische Physik 5/2*, Springer-Lehrbuch,
DOI 10.1007/978-3-662-44230-2_5,

In diesem Kapitel geht es um die wichtige quantenmechanische Observable *Drehimpuls*. Wir kennen diese Größe bereits aus der Klassischen Mechanik und werden deshalb den entsprechenden quantenmechanischen Operator zunächst (Abschn. 5.1) mit Hilfe des **Korrespondenzprinzips** einführen. Es wird sich allerdings als notwendig erweisen, die so definierte Observable etwas spezieller *Bahndrehimpuls* zu nennen, da wir noch weitere Drehimpulsrealisierungen kennen lernen werden.

Von den klassischen Poisson-Klammern zwischen Drehimpulskomponenten werden wir auf einen Satz von Kommutatorrelationen geführt, die sich als so allgemein herausstellen, dass wir fortan jeden Vektoroperator, der diese Relationen erfüllt, als *Drehimpuls* bezeichnen werden. Wir werden eine fundamentale Beziehung zwischen dem *Drehoperator* und dem Drehimpuls herleiten, die die tiefen physikalischen Zusammenhänge, die sich in den Vertauschungsrelationen manifestieren, erkennen lässt.

Das eigentliche Eigenwertproblem des Drehimpulses wird sich dann völlig losgelöst von der konkreten Definition des *Bahndrehimpulses* diskutieren lassen. Das allgemeine Ergebnis wird sein, dass das Quadrat eines Drehimpulsoperators $\boldsymbol{J}^2$ Eigenwerte der Form $\hbar^2 j(j+1)$ besitzt, wobei die *Quantenzahl* j ganz- oder halbzahlige, nicht-negative Werte annehmen kann. Die z-Komponente J_z des Drehimpulsoperators besitzt zusammen mit $\boldsymbol{J}^2$ gemeinsame Eigenzustände mit den Eigenwerten $\hbar\, m_j$, wobei die *magnetische Quantenzahl* m_j die Werte $m_j = -j, -j+1, \cdots, +j$ durchläuft. Im speziellen Fall des *Bahndrehimpulses* ist j, und damit auch m_j, ganzzahlig.

Wir wissen, dass nicht alle quantenmechanischen Observablen ein klassisches Analogon besitzen. Ein prominentes Beispiel ist der Spin (Abschn. 5.2), bei dem es sich um einen *Drehimpuls* handelt, der sowohl ganz- als auch halbzahlige Quantenzahlen annehmen kann. Wir werden *korrespondenzmäßig* zunächst die Observable *magnetisches Moment* einführen. Dieses koppelt im Hamilton-Operator linear an das äußere Magnetfeld $\boldsymbol{B}$. Der Vergleich zwischen Theorie und Experiment, zum Beispiel für die Energieterme eines Atoms, führt zu Diskrepanzen, die den Einbau des **Spins als Eigendrehimpuls** in die Quantenmechanik notwendig machen. Es lassen sich Eigenschaften und Konsequenzen des auf diese Weise empirisch eingeführten Spins diskutieren, ohne auf eine strenge Begründung desselben Bezug zu nehmen.

Die überzeugende Rechtfertigung des Spins werden wir in Abschn. 5.3 mit der relativistischen Dirac-Theorie des Elektrons nachliefern. **Spin, magnetisches Spinmoment** und die **Spin-Bahn-Wechselwirkung** erweisen sich als rein relativistisch begründbare Teilcheneigenschaften. Die Spin-Bahn-Wechselwirkung wird uns schließlich das Motiv dafür liefern, in Abschn. 5.4 etwas detaillierter über die Gesetzmäßigkeiten nachzudenken, die bei der *Addition von Drehimpulsen* zu beachten sind.

5.1 Bahndrehimpuls

5.1.1 Drehimpuls und Korrespondenzprinzip

Denken wir an die Klassische Mechanik (Band 1) zurück, so haben wir für eine wichtige, klassische dynamische Variable bislang noch nicht die entsprechende quantenmechanische Observable kennen gelernt, nämlich für den Drehimpuls. Für die Klassische Physik haben wir diesen in Abschn. 2.4.3 in Band 1 wie folgt definiert: Wenn ein Teilchen der Masse m mit dem Impuls $\boldsymbol{p}$ einen Punkt des Raums passiert, der bezüglich eines beliebigen, aber fest vorgegebenen Koordinatenursprungs den Ortsvektor $\boldsymbol{r}$ besitzt, dann bezeichnet man

$$\boldsymbol{L} = \boldsymbol{r} \times \boldsymbol{p} \tag{5.1}$$

als den *Drehimpuls* dieses Teilchens mit den Komponenten:

$$\begin{aligned} L_x &= y\,p_z - z\,p_y\,, \\ L_y &= z\,p_x - x\,p_z\,, \\ L_z &= x\,p_y - y\,p_x\,. \end{aligned} \tag{5.2}$$

Die Definition macht klar, dass $\boldsymbol{L}$ keine reine Teilcheneigenschaft ist, sondern eben auch von der Wahl des Bezugspunktes abhängt. – Wir werden zur Bezeichnung der Drehimpulskomponenten je nach Zweckmäßigkeit, so wie wir es auch bei anderen vektoriellen Größen schon praktiziert haben, zwischen den Indextripeln (x, y, z) und $(1, 2, 3)$ hin- und herpendeln $(L_x = L_1,\ L_y = L_2,\ L_z = L_3)$. Die drei Gleichungen in (5.2) lassen sich zum Beispiel in der $(1, 2, 3)$-Notation zusammenfassen zu:

$$L_i = \sum_{m,n} \varepsilon_{imn}\, x_m\, p_n\,. \tag{5.3}$$

Dabei ist ε_{imn} der total antisymmetrisierte Einheitstensor dritter Stufe ((1.193), Bd. 1):

$$\varepsilon_{imn} = \begin{cases} +1\,, & \text{falls } (i, m, n) \text{ zyklisch aus } (1, 2, 3)\,, \\ -1\,, & \text{falls } (i, m, n) \text{ antizyklisch aus } (1, 2, 3)\,, \\ 0\,, & \text{falls zwei Indizes gleich}\,. \end{cases} \tag{5.4}$$

Als Aufgabe 3.5.1 haben wir gezeigt, dass sich jede Drehimpulskomponente als **Poisson-Klammer** der jeweils beiden anderen Komponenten schreiben lässt:

$$\{L_i, L_j\} = \sum_k \varepsilon_{ijk}\, L_k\,. \tag{5.5}$$

Diese Beziehung wird sich noch als sehr weit reichend herausstellen, ebenso wie die zwischen dem Drehimpulsquadrat,

$$\boldsymbol{L}^2 = L_x^2 + L_y^2 + L_z^2 = \sum_{i=1}^{3} L_i^2 \,, \tag{5.6}$$

und den Komponenten L_i:

$$\left\{L_i,\, \boldsymbol{L}^2\right\} = 0 \,. \tag{5.7}$$

Weitere, in Aufgabe 3.5.1 abgeleitete Poisson-Klammern bringen den Drehimpuls mit dem Teilchenort und dem Teilchenimpuls in Verbindung:

$$\left\{L_i,\, \boldsymbol{r}^2\right\} = \left\{L_i,\, \boldsymbol{p}^2\right\} = 0 \qquad \forall i \,, \tag{5.8}$$

$$\left\{L_i,\, x_j\right\} = \sum_k \varepsilon_{ijk}\, x_k \qquad \forall i,j \,, \tag{5.9}$$

$$\left\{L_i,\, p_j\right\} = \sum_k \varepsilon_{ijk}\, p_k \qquad \forall i,j \,. \tag{5.10}$$

Mit Hilfe des in Abschn. 3.5 formulierten Korrespondenzprinzips führen wir nun den quantenmechanischen

▸ **Bahndrehimpulsoperator**

durch die Vorschrift ein, in der *klassischen* Definition von $\boldsymbol{L}$ (5.1), (5.3) die Ortsvariable und die Impulsvariable durch die entsprechenden hermiteschen Operatoren (Observablen) zu ersetzen:

$$\widehat{\boldsymbol{L}} = \hat{\boldsymbol{r}} \times \hat{\boldsymbol{p}} \,, \tag{5.11}$$

$$\widehat{L}_i = \sum_{m,n} \varepsilon_{imn}\, \hat{x}_m\, \hat{p}_n \,. \tag{5.12}$$

Die Nicht-Vertauschbarkeit von *Ort* und *Impuls* macht normalerweise bei einem solchen *korrespondenzmäßigen* Übergang von klassischen Variablen zu quantenmechanischen Operatoren ein *Symmetrisieren* erforderlich, wie wir es in Abschn. 2.3.3 besprochen haben (s. (2.113)). Das braucht hier nicht beachtet zu werden, da $\hat{x}_m$ und $\hat{p}_n$ nur für $m = n$ nicht kommutieren. Dann ist aber ε_{imn} gleich Null.

Wir nennen $\widehat{\boldsymbol{L}}$ Bahndrehimpulsoperator, obwohl wir bei dem klassischen Analogon immer nur von *Drehimpuls* gesprochen haben. Der Grund liegt darin, dass wir im nächsten Kapitel mit dem *Spin* einen anderen Drehimpuls kennen lernen werden, der kein solches klassisches Analogon besitzt, also nicht durch (5.11) darstellbar ist. Die meisten Eigenschaften, die wir jetzt, ausgehend vom konkreten Fall des Bahndrehimpulses, ableiten werden, sind jedoch für jeden Typ Drehimpuls gleichermaßen gültig, also auch für den noch einzuführenden *Spin* oder den aus *Spin* und *Bahndrehimpuls* zusammengesetzten *Gesamtdrehimpuls* oder auch für den *resultierenden Drehimpuls* eines Mehr-Teilchen-Systems.

Wir werden zur Vereinfachung der Schreibweise ab sofort das Symbol $\widehat{\ }$ zur Kennzeichnung eines quantenmechanischen Operators wieder weglassen, da unsere kurze Reminiszenz an die Klassische Mechanik bereits beendet ist, also keine Verwechslungen mit klassischen Variablen mehr zu befürchten sind.

Es steht noch die einfach zu beweisende (Aufgabe 5.1.3), dennoch aber wichtige Aussage aus, dass die mit (5.11) neu eingeführte physikalische Größe *Bahndrehimpuls* in der Tat eine **Observable**, also ein hermitescher Operator ist:

$$\boldsymbol{L} = \boldsymbol{L}^+ . \tag{5.13}$$

Nach dem Korrespondenzprinzip (3.229) entsprechen den Poisson-Klammern zwischen klassischen Variablen bis auf einen trivialen Faktor $\mathrm{i}\hbar$ Kommutatoren zwischen den entsprechenden quantenmechanischen Observablen. So entnehmen wir (5.5) direkt die wichtige Kommutatorrelation:

$$[L_i, L_j]_- = \mathrm{i}\hbar \sum_k \varepsilon_{ijk} L_k \qquad \forall i,j . \tag{5.14}$$

Die einzelnen Bahndrehimpulskomponenten kommutieren also nicht miteinander. Es ist demnach unmöglich, zwei Komponenten gleichzeitig scharf zu messen. Wegen der formalen Ähnlichkeit von (5.14) mit einem Vektorprodukt ((1.195), Bd. 1), fasst man die Gesamtheit aller Vertauschungsrelationen manchmal in der Form

$$\boldsymbol{L} \times \boldsymbol{L} = \mathrm{i}\hbar \boldsymbol{L} \tag{5.15}$$

zusammen. Man muss diese Gleichung natürlich als Operatorvektorprodukt lesen, für *normale* Vektoren wäre ja die linke Seite Null:

$$\boldsymbol{L} \times \boldsymbol{L} = \begin{pmatrix} L_y L_z - L_z L_y \\ L_z L_x - L_x L_z \\ L_x L_y - L_y L_x \end{pmatrix} = \begin{pmatrix} [L_y, L_z]_- \\ [L_z, L_x]_- \\ [L_x, L_y]_- \end{pmatrix} = \mathrm{i}\hbar \begin{pmatrix} L_x \\ L_y \\ L_z \end{pmatrix} .$$

Die Darstellung (5.15) ist allerdings ohne allzu großen praktischen Nutzen, mehr oder weniger *Spielerei*. Wichtiger ist da schon die Aussage, die wir aus (5.7) ableiten, dass nämlich das Bahndrehimpulsquadrat $\boldsymbol{L}^2$ mit **jeder** Komponenten von $\boldsymbol{L}$ vertauscht:

$$\left[\boldsymbol{L}^2, L_i\right]_- = 0 \qquad \forall i . \tag{5.16}$$

$\boldsymbol{L}^2$ und jeweils eine Komponente von $\boldsymbol{L}$ bilden also ein System von gleichzeitig scharf messbaren Observablen. Für diese Operatoren – es ist üblich, $\boldsymbol{L}^2$ und $L_z = L_3$ zu nehmen –, muss es also einen gemeinsamen Satz von Eigenzuständen geben. Deren Bestimmung wird uns im übernächsten Abschnitt beschäftigen.

Nicht-Vertauschbarkeit von Observablen und das Unbestimmtheitsprinzip sind recht eng miteinander verkoppelte quantenmechanische Phänomene. Mit (5.14) erfüllen die Bahndrehimpulskomponenten nach (3.155) die folgenden verallgemeinerten Unschärferelationen:

$$\begin{aligned}\Delta L_x\,\Delta L_y &\geq \frac{\hbar}{2}|\langle L_z\rangle|\,,\\ \Delta L_y\,\Delta L_z &\geq \frac{\hbar}{2}|\langle L_x\rangle|\,,\\ \Delta L_z\,\Delta L_x &\geq \frac{\hbar}{2}|\langle L_y\rangle|\,.\end{aligned} \tag{5.17}$$

Wir haben die Kommutatoren (5.14) und (5.16) hier direkt mit Hilfe des Korrespondenzprinzips (3.229) von früher berechneten klassischen Poisson-Klammern übernehmen können. Man hätte sie natürlich auch ohne Bezug zur Poisson-Klammer unmittelbar aus der Definition (5.11) des Bahndrehimpulses mit Hilfe des fundamentalen Ort-Impuls-Kommutators,

$$\left[x_i,\,p_j\right]_- = \mathrm{i}\,\hbar\,\delta_{ij}\,,$$

ableiten können. Wir empfehlen diese direkte Berechnung als Aufgabe 5.1.4, zusammen mit der Bestimmung der aus (5.8) bis (5.10) folgenden Relationen:

$$\left[L_i,\,\boldsymbol{r}^2\right]_- = \left[L_i,\,\boldsymbol{p}^2\right]_- = 0 \quad \forall i\,, \tag{5.18}$$

$$\left[L_i,\,x_j\right]_- = \mathrm{i}\,\hbar\sum_k \varepsilon_{ijk}\,x_k \quad \forall i,j\,, \tag{5.19}$$

$$\left[L_i,p_j\right]_- = \mathrm{i}\,\hbar\sum_k \varepsilon_{ijk}\,p_k \quad \forall i,j\,. \tag{5.20}$$

Wir wollen schließlich noch zwei Operatorkombinationen einführen, die sich für die folgenden Argumentationen als recht nützlich erweisen werden:

$$L_+ = L_x + \mathrm{i}\,L_y\,; \qquad L_- = L_x - \mathrm{i}\,L_y\,. \tag{5.21}$$

Man bezeichnet sie manchmal als *Leiter-* oder *Stufenoperatoren*. Sie werden uns in Abschn. 5.1.4 in ihren Eigenschaften und ihrer Verwendung an die beim harmonischen Oszillator (Abschn. 4.4) benutzten *Erzeugungs-* und *Vernichtungsoperatoren* erinnern. Wie diese sind sie zueinander adjungiert und nicht hermitesch. Die folgenden mit $L_\pm$ gebildeten Kommutatoren werden wir später häufig verwenden:

$$[L_+,\,L_-]_- = 2\hbar\,L_z\,. \tag{5.22}$$

Beweis

$$\begin{aligned}[L_+, L_-]_- &= [L_x + \mathrm{i}\,L_y, L_x - \mathrm{i}\,L_y]_- = -\mathrm{i}[L_x, L_y]_- + \mathrm{i}[L_y, L_x]_- \\ &= \hbar\,L_z + \hbar\,L_z = 2\hbar\,L_z \qquad \text{q.e.d.}\,,\end{aligned}$$

$$[L_z, L_\pm]_- = \pm\hbar\,L_\pm\,. \tag{5.23}$$

Beweis

$$\begin{aligned}[L_z, L_\pm]_- &= [L_z, L_x \pm \mathrm{i}\,L_y]_- = [L_z, L_x] \pm \mathrm{i}[L_z, L_y]_- \\ &= \mathrm{i}\,\hbar\,L_y \pm \mathrm{i}(-\mathrm{i}\,\hbar\,L_x) = \pm\hbar(L_x \pm \mathrm{i}\,L_y) = \pm\hbar\,L_\pm \qquad \text{q.e.d.}\,,\end{aligned}$$

$$\left[\boldsymbol{L}^2, L_\pm\right]_- = 0\,. \tag{5.24}$$

Diese Relation folgt natürlich direkt aus der Tatsache, dass $\boldsymbol{L}^2$ mit jeder Komponente von $\boldsymbol{L}$ kommutiert.

Wir wollen diesen Abschnitt mit **zwei Bemerkungen** abschließen:

1. Wir benötigen für die Bewältigung des Eigenwertproblems (s. Abschn. 5.1.4) eigentlich nur die Vertauschungsrelationen (5.14) und (5.16), wobei letztere bereits aus (5.14) folgt. Wir können deshalb die weitere Diskussion loslösen von der konkreten Definition des Bahndrehimpulses. Wir nennen jeden Vektoroperator, dessen Komponenten (5.14) erfüllen, einen *Drehimpuls*.
2. In Abschn. 1.4.3, Band 2 dieses **Grundkurs: Theoretische Physik** hatten wir mit einfachen Symmetrieüberlegungen im Rahmen der Lagrange-Mechanik gefunden, dass für ein abgeschlossenes System aus der **Isotropie** des Raumes die Konstanz des klassischen Drehimpulses folgt. *Isotropie des Raumes* wiederum bedeutet, dass die Systemeigenschaften gegenüber beliebigen Raumdrehungen invariant sind. Wie manifestiert sich nun aber dieser Zusammenhang zwischen Raumdrehungen und Drehimpulsoperator in der Quantenmechanik? Dieser Frage wollen wir im nächsten Abschnitt nachgehen, noch bevor wir uns um die eigentliche Lösung des Eigenwertproblems in Abschn. 5.1.4 bemühen werden.

5.1.2 Drehungen und Drehimpulsoperator

Es gibt zwei äquivalente Möglichkeiten, Drehungen darzustellen. Man kann sich die Drehung durch das System selbst vollzogen denken, wobei das Bezugssystem festbleibt (*aktive*

Drehung), oder aber man hält das System fest und dreht das Bezugssystem entsprechend (*passive Drehung*). Beides führt natürlich zu denselben Resultaten. In Abschn. 1.6.3, Band 1 haben wir uns erstmals mit Drehungen beschäftigt und diese in ihrer *passiven* Form beschrieben. Wir wollen hier die andere Möglichkeit wählen und deshalb den Gedankengang aus Band 1 noch einmal nachvollziehen.

Σ sei ein raumfestes Koordinatensystem, dessen Achsenrichtungen durch die orthogonalen Einheitsvektoren $\boldsymbol{e}_1, \boldsymbol{e}_2, \boldsymbol{e}_3$ gegeben sind. In diesem Bezugssystem Σ soll unser physikalisches System *gedreht* werden. Gewissermaßen als *Hilfsgröße* definieren wir noch das Koordinatensystem $\overline{\Sigma}$, das sich mit dem System mitdrehen möge. Dessen Achsen seien in Richtung der ebenfalls orthogonalen Einheitsvektoren $\overline{\boldsymbol{e}}_1, \overline{\boldsymbol{e}}_2, \overline{\boldsymbol{e}}_3$ orientiert. Σ und $\overline{\Sigma}$ sollen denselben festen Koordinatenursprung besitzen. Wir betrachten nun den Ortsvektor eines Systempunktes

$$\boldsymbol{r} = (x_1, x_2, x_3) \text{ in } \Sigma ,$$

der in dem raumfesten Koordinatensystem die Drehung vollzieht und dabei natürlich seine Komponenten ändert:

$$\boldsymbol{r} \to \overline{\boldsymbol{r}} = (\overline{x}_1, \overline{x}_2, \overline{x}_3) \text{ in } \Sigma .$$

Im mitgedrehten Koordinatensystem $\overline{\Sigma}$ behält der Ortsvektor dagegen seine *alten* Komponenten bei:

$$\overline{\boldsymbol{r}} = (x_1, x_2, x_3) \text{ in } \overline{\Sigma} .$$

Dies bedeutet:

$$\sum_{i=1}^{3} \overline{x}_i \boldsymbol{e}_i = \sum_{j=1}^{3} x_j \overline{\boldsymbol{e}}_j . \tag{5.25}$$

Skalare Multiplikation mit $\boldsymbol{e}_i$ liefert die Komponenten nach der Drehung in Σ:

$$\overline{x}_i = \sum_{j=1}^{3} (\boldsymbol{e}_i \cdot \overline{\boldsymbol{e}}_j) x_j \equiv \sum_{j=1}^{3} D_{ij} x_j . \tag{5.26}$$

Diese Beziehung ist für beliebige Ortsvektoren gültig. Sie definiert die (3×3)-Drehmatrix:

$$D = (D_{ij})_{i,j=1,2,3} ; \quad D_{ij} = \cos \varphi_{ij} = (\boldsymbol{e}_i \cdot \overline{\boldsymbol{e}}_j) . \tag{5.27}$$

φ_{ij} ist der Winkel, den die i-te Achse in Σ mit der j-ten Achse in $\overline{\Sigma}$ einschließt. Die Elemente der Drehmatrix sind sämtlich reell. – Mit Hilfe von D kann (5.26) auch als Matrix-Gleichung gelesen werden:

$$\overline{\boldsymbol{r}} = D\boldsymbol{r} . \tag{5.28}$$

Speziell für den Basisvektor $\overline{\boldsymbol{e}}_i$ des mitgedrehten Systems $\overline{\Sigma}$ gilt in Σ:

$$\overline{\boldsymbol{e}}_i = \sum_{j=1}^{3} x_j^{(i)} \boldsymbol{e}_j ; \quad x_j^{(i)} = (\boldsymbol{e}_j \cdot \overline{\boldsymbol{e}}_i) = D_{ji} .$$

Aus der Orthonormalität der Basisvektoren $\overline{\boldsymbol{e}}_i$ folgt unmittelbar, dass die Spalten der Drehmatrix paarweise orthonormal sind:

$$\overline{\boldsymbol{e}}_i \cdot \overline{\boldsymbol{e}}_j = \delta_{ij} = \sum_{k,m} D_{ki} D_{mj} (\boldsymbol{e}_k \cdot \boldsymbol{e}_m) = \sum_k D_{ki} D_{kj} . \tag{5.29}$$

Das kann man ebenso einfach auch für die Zeilen zeigen (s. Aufgabe 5.1.7). Damit das gedrehte Koordinatensystem $\overline{\Sigma}$ ebenso wie Σ ein Rechtssystem darstellt, müssen wir noch

$$\det D = 1$$

fordern. Der Beweis dazu wurde mit Gleichung (1.344), Band 1 erbracht.

Die inverse Drehmatrix macht wegen $D^{-1} D = \mathbf{1}$ die Drehung (5.28) wieder rückgängig und ist deshalb durch

$$\boldsymbol{r} = D^{-1} \overline{\boldsymbol{r}} \tag{5.30}$$

definiert. Multipliziert man (5.25) skalar mit $\overline{\boldsymbol{e}}_j$, so erhält man:

$$x_j = \sum_i (\boldsymbol{e}_i \cdot \overline{\boldsymbol{e}}_j) \overline{x}_i = \sum_i D_{ij} \overline{x}_i \stackrel{!}{=} \sum_i \left(D^{-1}\right)_{ji} \overline{x}_i .$$

D^{-1} geht aus D also einfach durch Vertauschen von Zeilen und Spalten hervor, ist demnach gerade die transponierte Matrix:

$$D^{-1} = D^T . \tag{5.31}$$

Damit haben wir uns die wichtigsten Eigenschaften der Drehmatrix in Erinnerung gerufen, die sich an dem Beispiel der

▸ Drehung um den Winkel φ um die $x_3 = z$-Achse

$$D_z(\varphi) = \begin{pmatrix} \cos\varphi & -\sin\varphi & 0 \\ \sin\varphi & \cos\varphi & 0 \\ 0 & 0 & 1 \end{pmatrix} \tag{5.32}$$

leicht verifizieren lassen.

Was haben wir nun aber quantenmechanisch unter der *Drehung eines physikalischen Systems* zu verstehen? Wie können wir einen Drehoperator $\widehat{D}$ einführen, der quantenmechanisch genau das macht, was klassisch die Drehmatrix besorgt? Diesen Fragen wollen wir nun nachgehen.

Zunächst einmal ist davon auszugehen, dass durch Anwendung des noch unbekannten Drehoperators der Systemzustand $|\psi\rangle$ sich ändern wird:

$$|\overline{\psi}\rangle = \widehat{D}|\psi\rangle \; . \tag{5.33}$$

So wie sich bei einer Drehung im dreidimensionalen Raum die Längen von Vektoren nicht ändern, sollte auch die Norm des Zustands $|\psi\rangle$ unter der Wirkung von $\widehat{D}$ invariant bleiben:

$$\langle\overline{\psi}|\overline{\psi}\rangle = \langle\psi|\psi\rangle \;\Rightarrow\; \widehat{D}^{+} = \widehat{D}^{-1} \; . \tag{5.34}$$

Es sollte sich bei $\widehat{D}$ also um einen unitären Operator handeln! Das entspricht bei der klassischen Drehung der Gleichung (5.31) und der Tatsache, dass die Elemente der Drehmatrix sämtlich reell sind.

$\widehat{D}$ soll nun nicht nur Zustände, sondern auch Observable *quantenmechanisch drehen*. Anschaulich bedeutet Drehung einer Observablen stets Drehung der zugeordneten Messapparatur, und zwar so, dass die Messung der *gedrehten* Observablen $\overline{A}$ im *gedrehten* Zustand $|\overline{\psi}\rangle$ dieselben Resultate liefert wie die Messung von A im Zustand $|\psi\rangle$:

$$\left\langle\overline{\psi}\middle|\overline{A}\middle|\overline{\psi}\right\rangle \stackrel{!}{=} \langle\psi|A|\psi\rangle \;\Rightarrow\; \overline{A} = \widehat{D}\,A\,\widehat{D}^{+} \; . \tag{5.35}$$

Der Drehoperator vermittelt also eine **unitäre Transformation** (s. (3.90)) von Zuständen und Observablen.

Bisher waren die Überlegungen zu $\widehat{D}$ noch recht allgemein gehalten. Wir wollen nun konkreter werden und die Tatsache ausnutzen, dass $\widehat{D}$ in der klassischen Grenze dieselbe Wirkung haben soll wie die Drehmatrix. Wenden wir den Drehoperator $\widehat{D}$ auf den Ortsoperator an, so können wir ausnutzen, dass in der Ortsdarstellung dieser durch den Vektor $\boldsymbol{r}$ ausgedrückt wird. $\widehat{D}$ muss in seiner Ortsdarstellung deshalb die in Gleichung (5.28) formulierte Wirkung der Drehmatrix nachvollziehen. Was bedeutet dies nun für die Wellenfunktion $\psi(\boldsymbol{r})$? Zunächst einmal gilt formal, wenn wir in (5.33) den Übergang in die Ortsdarstellung gemäß Regel (3.253) vollziehen:

$$\overline{\psi}(\overline{\boldsymbol{r}}) = \left\langle\overline{\boldsymbol{r}}\middle|\overline{\psi}\right\rangle = \left\langle\overline{\boldsymbol{r}}\middle|\widehat{D}\middle|\psi\right\rangle = D\,\psi(\overline{\boldsymbol{r}}) \; . \tag{5.36}$$

Wegen der Unitarität von $\widehat{D}$ muss auch gelten:

$$\overline{\psi}(\overline{\boldsymbol{r}}) = \langle\overline{\boldsymbol{r}}|\overline{\psi}\rangle = \left\langle\boldsymbol{r}\middle|\widehat{D}^{+}\widehat{D}\middle|\psi\right\rangle = \langle\boldsymbol{r}|\psi\rangle = \psi(\boldsymbol{r}) \; .$$

Kombinieren wir diese beiden Gleichungen, so bleibt:

$$D\,\psi(\overline{\boldsymbol{r}}) = \psi(\boldsymbol{r}) = \psi\left(D^{-1}\,\overline{\boldsymbol{r}}\right) \; . \tag{5.37}$$

Wir wollen dieses Ergebnis einmal für das Beispiel (5.32) explizit auswerten, wobei wir uns jedoch auf eine **infinitesimale Drehung** $\mathrm{d}\varphi$ beschränken, für die wir den Kosinus durch 1 und den Sinus durch sein Argument ersetzen dürfen:

$$D_z(\mathrm{d}\varphi) = \begin{pmatrix} 1 & -\mathrm{d}\varphi & 0 \\ \mathrm{d}\varphi & 1 & 0 \\ 0 & 0 & 1 \end{pmatrix} \; ; \quad D_z^{-1}(\mathrm{d}\varphi) = \begin{pmatrix} 1 & \mathrm{d}\varphi & 0 \\ -\mathrm{d}\varphi & 1 & 0 \\ 0 & 0 & 1 \end{pmatrix} .$$

Dies bedeutet in (5.37):

$$\begin{aligned} D_z(\mathrm{d}\varphi)\psi(\overline{x},\overline{y},\overline{z}) &= \psi(\overline{x} + \mathrm{d}\varphi\,\overline{y}, -\mathrm{d}\varphi\overline{x} + \overline{y}, \overline{z}) \\ &= \psi(\overline{x},\overline{y},\overline{z}) + \mathrm{d}\varphi\left(\overline{y}\frac{\partial\psi}{\partial\overline{x}} - \overline{x}\frac{\partial\psi}{\partial\overline{y}}\right) + 0\left(\mathrm{d}\varphi^2\right) . \end{aligned}$$

Wir haben eine Taylor-Entwicklung angeschlossen. Da ψ beliebig ist, können wir auf die folgende Operatoridentität schließen (Querstriche können jetzt weggelassen werden):

$$D_z(\mathrm{d}\varphi) = \mathbf{1} + \mathrm{d}\varphi\left(y\frac{\partial}{\partial x} - x\frac{\partial}{\partial y}\right) .$$

Auf der rechten Seite erkennen wir bis auf einen Zahlenfaktor die z-Komponente des in (5.2) definierten Bahndrehimpulses in seiner Ortsdarstellung $\left(p_x = (\hbar/\mathrm{i})\,(\partial/\partial x),\right.$ $\left.p_y = (\hbar/\mathrm{i})\,(\partial/\partial y)\right)$:

$$D_z(\mathrm{d}\varphi) = \mathbf{1} - \mathrm{d}\varphi\,\frac{\mathrm{i}}{\hbar}L_z . \tag{5.38}$$

Etwas allgemeiner lautet unser Ergebnis, wenn die Drehung um eine beliebige Achse in Richtung des Einheitsvektors $\boldsymbol{n}$ erfolgt:

$$D_{\boldsymbol{n}}(\mathrm{d}\varphi) = \mathbf{1} - \mathrm{d}\varphi\,\frac{\mathrm{i}}{\hbar}(\boldsymbol{n}\cdot\boldsymbol{L}) . \tag{5.39}$$

Wir haben damit die wichtige Aussage abgeleitet:

- **Der Bahndrehimpuls ist die Erzeugende von infinitesimalen Drehungen!**

Das Ergebnis (5.39) lässt sich leicht auf endliche Winkel φ übertragen. Zunächst gilt natürlich:

$$D_{\boldsymbol{n}}(\mathrm{d}\varphi + \mathrm{d}\psi) = D_{\boldsymbol{n}}(\mathrm{d}\varphi)\,D_{\boldsymbol{n}}(\mathrm{d}\psi) .$$

Setzen wir nun $\Delta\varphi = \varphi/m \underset{m\to\infty}{\longrightarrow} \mathrm{d}\varphi\ (m \in \mathbb{N})$, dann können wir schreiben:

$$D_{\boldsymbol{n}}(\varphi) = \lim_{m\to\infty}\left[1 - \frac{1}{m}\frac{\mathrm{i}}{\hbar}\varphi(\boldsymbol{n}\cdot\boldsymbol{L})\right]^m .$$

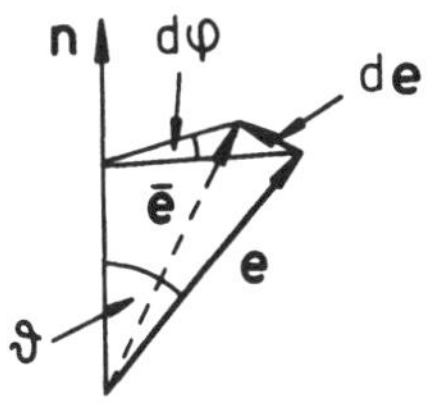

Abb. 5.1 Winkelbeziehungen für die Drehung des Einheitsvektors *e* um die Achsenrichtung *n*

Mit der Definition der Exponentialfunktion

$$e^x = \lim_{m \to \infty} \left(1 + \frac{x}{m}\right)^m$$

haben wir schlussendlich:

$$D_{\boldsymbol{n}}(\varphi) = \exp\left[-\frac{\mathrm{i}}{\hbar}\,(\boldsymbol{n} \cdot \boldsymbol{L})\varphi\right] . \tag{5.40}$$

Das letzte Glied in unserer Schlusskette besteht nun darin, von der speziellen Ortsdarstellung wieder abzurücken und (5.40) als den allgemeinen, darstellungsunabhängigen Zusammenhang zwischen Drehoperator $\widehat{D}_{\boldsymbol{n}}(\varphi)$ und Bahndrehimpulskomponente $\boldsymbol{n} \cdot \boldsymbol{L}$ zu interpretieren.

Wenn man (5.40) mit (3.249) vergleicht, so erkennt man, dass der Bahndrehimpuls bei Drehungen die Rolle übernimmt, die der Impuls $\boldsymbol{p}$ bei Translationen spielt.

5.1.3 Vertauschungsrelationen

Um wirklich sicher zu sein, dass der mit (5.40) eingeführte Bahndrehimpuls $\boldsymbol{L}$ tatsächlich derselbe ist wie der, den wir in Abschn. 5.1.1 *korrespondenzmäßig* von der Klassischen Physik in die Quantenmechanik übernommen haben, müssen wir noch zeigen, dass seine Komponenten die fundamentalen Vertauschungsrelationen (5.14) erfüllen.

Dazu gehen wir noch einmal zurück zu der infinitesimalen Drehung um die Achse $\boldsymbol{n}$. Bezüglich dieser werde der Vektor $\boldsymbol{e}$ um den Winkel $\mathrm{d}\varphi$ gedreht. An Abb. 5.1 lesen wir ab:

$$\overline{\boldsymbol{e}} = \boldsymbol{e} + \mathrm{d}\boldsymbol{e}\,; \quad \mathrm{d}\boldsymbol{e} \uparrow\uparrow \boldsymbol{n} \times \boldsymbol{e}\,,$$
$$\mathrm{d}e = e \sin\vartheta\, \mathrm{d}\varphi = |\boldsymbol{n} \times \boldsymbol{e}|\mathrm{d}\varphi\,.$$

Das bedeutet insgesamt:

$$\overline{\boldsymbol{e}} = \boldsymbol{e} + (\boldsymbol{n} \times \boldsymbol{e})\,\mathrm{d}\varphi\,. \tag{5.41}$$

Wir betrachten nun einmal einen beliebigen Vektoroperator:

$$\boldsymbol{A} = \sum_{i=1}^{3} A_i \boldsymbol{e}_i \qquad (A_i = \boldsymbol{A} \cdot \boldsymbol{e}_i) . \tag{5.42}$$

Seine Komponenten A_i transformieren sich bei einer infinitesimalen Drehung um $\mathrm{d}\varphi$ zunächst gemäß (5.35) und (5.39) wie

$$\overline{A}_i = \widehat{D}_{\boldsymbol{n}}(\mathrm{d}\varphi)\, A_i\, \widehat{D}^+_{\boldsymbol{n}}(\mathrm{d}\varphi) = A_i - \mathrm{d}\varphi \frac{\mathrm{i}}{\hbar} [\boldsymbol{n} \cdot \boldsymbol{L}, A_i]_- .$$

Dies entspricht der *infinitesimalen, unitären Transformation*, wie wir sie in (3.95) ganz allgemein formuliert hatten.

Die transformierten Komponenten müssen sich nun aber auch mit Hilfe der Formel (5.41), die natürlich auch für Einheitsvektoren gültig ist, berechnen lassen:

$$\overline{A}_i \equiv \boldsymbol{A} \cdot \overline{\boldsymbol{e}}_i = \boldsymbol{A} \cdot [\boldsymbol{e}_i + (\boldsymbol{n} \times \boldsymbol{e}_i)\, \mathrm{d}\varphi] = A_i + \boldsymbol{A} \cdot (\boldsymbol{n} \times \boldsymbol{e}_i)\, \mathrm{d}\varphi .$$

Der Vergleich dieser beiden äquivalenten Ausdrücke für $\overline{A}_i$ liefert die außerordentlich nützliche Beziehung:

$$[\boldsymbol{n} \cdot \boldsymbol{L}, \boldsymbol{e}_i \cdot \boldsymbol{A}]_- = \mathrm{i}\hbar (\boldsymbol{n} \times \boldsymbol{e}_i) \cdot \boldsymbol{A} . \tag{5.43}$$

Beachten Sie, dass diese Gleichung für **beliebige** Vektoroperatoren gültig ist. Sie gilt natürlich auch dann, wenn $\boldsymbol{A} = \boldsymbol{L}$ ist. Dann lesen wir aber unmittelbar mit

$$[L_x, L_y]_- = \mathrm{i}\hbar\, (\boldsymbol{e}_x \times \boldsymbol{e}_y) \cdot \boldsymbol{L} = \mathrm{i}\hbar\, L_z , \tag{5.44}$$

$$[L_y, L_z]_- = \mathrm{i}\hbar\, (\boldsymbol{e}_y \times \boldsymbol{e}_z) \cdot \boldsymbol{L} = \mathrm{i}\hbar\, L_x , \tag{5.45}$$

$$[L_z, L_x]_- = \mathrm{i}\hbar\, (\boldsymbol{e}_z \times \boldsymbol{e}_x) \cdot \boldsymbol{L} = \mathrm{i}\hbar\, L_y \tag{5.46}$$

die fundamentalen Vertauschungsrelationen (5.14) der Drehimpulskomponenten ab. – Setzen wir $\boldsymbol{A} = \boldsymbol{r} = (x_1, x_2, x_3)$, so folgt mit (5.43):

$$[L_i, x_j]_- = \mathrm{i}\hbar\, (\boldsymbol{e}_i \times \boldsymbol{e}_j) \cdot \boldsymbol{r} = \mathrm{i}\hbar \sum_k \varepsilon_{ijk}\, x_k .$$

Dies stimmt mit (5.19) überein. – Für $\boldsymbol{A} = \boldsymbol{p} = (p_1, p_2, p_3)$ ergibt (5.43) mit

$$[L_i, p_j]_- = \mathrm{i}\hbar\, (\boldsymbol{e}_i \times \boldsymbol{e}_j) \cdot \boldsymbol{p} = \mathrm{i}\hbar \sum_k \varepsilon_{ijk}\, p_k$$

exakt die Beziehung (5.20). – Wir sind nun also sicher, dass der in Abschn. 5.1.1 *korrespondenzmäßig* eingeführte Drehimpulsoperator und der die Drehung erzeugende aus (5.40) völlig identisch sind. Die Betrachtungen zu (5.40) lassen allerdings die tieferen physikalischen Zusammenhänge klarer erkennen.

Wichtige Schlussfolgerungen ergeben sich noch für **skalare, rotationsinvariante Operatoren** S, wie zum Beispiel $\boldsymbol{p}^2$, $\boldsymbol{r}^2$ und $\boldsymbol{L}^2$, die definitionsgemäß von Drehungen unbeeinflusst bleiben. Für diese muss $\overline{S} = S$ gelten und damit nach (5.35):

$$S \stackrel{!}{=} \overline{S} = \widehat{D} S \widehat{D}^+ \Leftrightarrow S\widehat{D} = \widehat{D} S \Leftrightarrow \left[S, \widehat{D}\right]_- = 0 \,.$$

Ein skalarer, rotationsinvarianter Operator kommutiert also mit dem Drehoperator und damit wegen (5.40) auch mit jeder Komponenten des Bahndrehimpulses:

$$[S, (\boldsymbol{n} \cdot \boldsymbol{L})]_- = 0 \,. \tag{5.47}$$

Aus unseren Symmetrieüberlegungen folgen damit unmittelbar (5.16),

$$\left[\boldsymbol{L}^2, L_i\right]_- = 0 \qquad \forall i \,,$$

wie auch (5.18):

$$\left[\boldsymbol{r}^2, L_i\right]_- = \left[\boldsymbol{p}^2, L_i\right]_- = 0 \,.$$

In Kap. 6 werden wir Zentralkraftfelder untersuchen, die durch $V(\boldsymbol{r}) = V(r)$ charakterisiert sind. Dann ist aber der gesamte Hamilton-Operator invariant gegenüber Drehungen, sodass wir ohne explizite Rechnung davon ausgehen können, dass in einem solchen Fall H, $\boldsymbol{L}^2$ und L_z einen gemeinsamen Satz von Eigenzuständen besitzen müssen, da H mit jeder Komponente von $\boldsymbol{L}$ kommutiert.

5.1.4 Eigenwertproblem

Für die folgenden rein algebraischen Überlegungen benötigen wir von den Eigenschaften des Bahndrehimpulses nur seine fundamentalen Vertauschungsrelationen (5.14) und die Tatsache, dass es sich bei seinen Komponenten um hermitesche Operatoren handelt. Wir hatten bereits vereinbart, **jeden** Vektoroperator, der diese Bedingungen erfüllt, als *Drehimpuls* bezeichnen zu wollen. Wir werden uns deshalb in diesem Kapitel von der konkreten Vorstellung des Bahndrehimpulses lösen und dies formal dadurch andeuten, dass wir statt des Buchstaben L nun das Symbol J für den allgemeineren Drehimpuls verwenden. Die Ergebnisse dieses Abschnitts sind dann natürlich insbesondere für den Bahndrehimpuls korrekt, aber nicht ausschließlich, sondern zum Beispiel auch für den noch einzuführenden Spin.

Wir wissen, dass $\boldsymbol{J}^2$ mit jeder Komponenten von $\boldsymbol{J}$ vertauscht, die Komponenten untereinander jedoch nicht. Es ist üblich, $J_3 = J_z$ herauszugreifen. Wir können dann davon ausgehen, dass $\boldsymbol{J}^2$ und J_z einen gemeinsamen Satz von Eigenzuständen besitzen. Wir wollen diese gemeinsamen Eigenzustände zunächst mit $|\alpha_j m\rangle$ bezeichnen und annehmen, dass sie auf Eins normiert sind. In den Eigenwertgleichungen

$$\boldsymbol{J}^2|\alpha_j\, m\rangle = \hbar^2\alpha_j|\alpha_j\, m\rangle\ , \tag{5.48}$$

$$J_z|\alpha_j\, m\rangle = \hbar\, m|\alpha_j\, m\rangle \tag{5.49}$$

sind α_j und m dimensionslose Zahlen. Wir gehen ferner von einem Hilbert-Raum aus, in dem $\boldsymbol{J}^2$ und J_z einen maximalen Satz verträglicher Observablen darstellen.

Die weitere Vorgehensweise wird uns sehr an die Überlegungen zum harmonischen Oszillator in Abschn. 4.4.2 erinnern. Die gemäß (5.21) definierten Stufenoperatoren $J_\pm$ lassen eine ähnliche Lösung des Eigenwertproblems zu wie die Erzeugungs- und Vernichtungsoperatoren a^+ und a beim harmonischen Oszillator. – J_+ und J_- erfüllen die Vertauschungsrelationen (5.23) und (5.24), da diese allein mit Hilfe der Kommutatoren (5.14) abgeleitet wurden. Mit ihnen beweisen wir die folgende Behauptung:

Mit $|\alpha_j\, m\rangle$ ist auch $J_\pm|\alpha_j\, m\rangle$ Eigenzustand zu $\boldsymbol{J}^2$ mit demselben Eigenwert $\hbar^2\alpha_j$ und zu J_z mit dem Eigenwert $\hbar(m\pm 1)$.

Die Behauptung besteht aus zwei Teilen. Da nach (5.24) $\boldsymbol{J}^2$ mit $J_\pm$ vertauscht, folgt zunächst:

$$\boldsymbol{J}^2\left(J_\pm|\alpha_j\, m\rangle\right) = J_\pm\,\boldsymbol{J}^2|\alpha_j\, m\rangle = \hbar^2\alpha_j\left(J_\pm|\alpha_j\, m\rangle\right)\ . \tag{5.50}$$

$J_\pm|\alpha_j\, m\rangle$ ist also in der Tat Eigenzustand zu $\boldsymbol{J}^2$ mit demselben Eigenwert wie $|\alpha_j\, m\rangle$. Wir benutzen nun (5.23), um den zweiten Teil der Behauptung zu beweisen:

$$\begin{aligned} J_z\left(J_\pm|\alpha_j\, m\right) &= \left([J_z, J_\pm]_- + J_\pm J_z\right)|\alpha_j\, m\rangle \\ &= \left(\pm\hbar\, J_\pm + \hbar\, m\, J_\pm\right)|\alpha_j\, m\rangle \\ &= \hbar(m\pm 1)\,\left(J_\pm|\alpha_j\, m\rangle\right)\ . \end{aligned} \tag{5.51}$$

Die Anwendung von J_+ bzw. J_- auf den Eigenzustand $|\alpha_j\, m\rangle$ erhöht bzw. erniedrigt den Eigenwert von J_z um ein $\hbar$.

Wir wollen weitere Informationen über die Eigenwerte α_j und m sammeln: Wegen der Hermitizität der Drehimpulskomponenten J_x und J_y sind die Erwartungswerte von J_x^2 und J_y^2 in jedem beliebigen Zustand $|\psi\rangle$ nicht-negativ:

$$\left\langle\psi\left|J_x^2\right|\psi\right\rangle = \|J_x\,\psi\|^2 \geq 0\ ,$$

$$\left\langle\psi\left|J_y^2\right|\psi\right\rangle = \|J_y\,\psi\|^2 \geq 0\ .$$

Rechts steht die Norm des Zustands $J_{x,y}|\psi\rangle$, die nach (3.18) nicht negativ sein kann. Wählen wir nun speziell $|\psi\rangle = |\alpha_j\, m\rangle$, so folgt aus

$$\langle\alpha_j\, m|\left(J_x^2 + J_y^2\right)|\alpha_j\, m\rangle \geq 0$$

wegen $J_x^2 + J_y^2 = \boldsymbol{J}^2 - J_z^2$:

$$\hbar^2\left(\alpha_j - m^2\right) \geq 0\,.$$

Dies wiederum bedeutet:

$$-\sqrt{\alpha_j} \leq m \leq +\sqrt{\alpha_j}\,. \tag{5.52}$$

Da wir mit (5.51) gezeigt haben, dass durch Anwendung von J_+ auf $|\alpha_j\, m\rangle$ ein Eigenzustand mit einer um 1 größeren *Quantenzahl m* bei unverändertem α_j entsteht, müssen wir aus (5.52) schließen, dass es ein maximales $m = j$ gibt. Ein Zustand $|\alpha_j\, m\rangle$ mit $m > j$ darf nicht existieren. Es muss deshalb gelten:

$$J_+|\alpha_j\, j\rangle = 0\,. \tag{5.53}$$

Wir werden später den Beweis nachliefern, dass es in dem Intervall (5.52) tatsächlich **nur ein** solches $m = j$ gibt, das (5.53) erfüllt. – Derselbe Gedankengang führt mit den Eigenschaften von J_- auf die Existenz eines minimalen $m = \hat{m}$:

$$J_-|\alpha_j\, \hat{m}\rangle = 0\,. \tag{5.54}$$

Auch hier werden wir später zeigen können, dass es **genau ein** solches $m = \hat{m}$ im Intervall (5.52) gibt.

Als Verallgemeinerung von (5.23) beweist man leicht mit vollständiger Induktion die Kommutatorrelation:

$$[J_z, J_\pm^n]_- = \pm n\,\hbar\, J_\pm^n \qquad (n = 0, 1, 2, \ldots)\,. \tag{5.55}$$

Sie ist sicher richtig für $n = 0$ und 1. Gilt sie auch für n, dann schließen wir wie folgt auf $n + 1$:

$$\begin{aligned}\left[J_z, J_\pm^{n+1}\right]_- &= J_\pm\,[J_z, J_\pm^n]_- + [J_z, J_\pm]_-\, J_\pm^n \\ &= \pm n\,\hbar\, J_\pm J_\pm^n \pm \hbar J_\pm J_\pm^n = \pm(n+1)\,\hbar\, J_\pm^{n+1}\,.\end{aligned}$$

Wie in (5.51) zeigt man dann:

$$J_z\left(J_\pm^n|\alpha_j m\rangle\right) = \hbar(m \pm n)\left(J_\pm^n|\alpha_j m\rangle\right)\,. \tag{5.56}$$

$J_\pm^n|\alpha_j m\rangle$ ist also wie $|\alpha_j m\rangle$ Eigenzustand zu J_z mit einer um $\pm n$ geänderten *Quantenzahl m*.

Wenn es aber in dem Intervall (5.52) **genau ein** $m = j$ gibt, für das (5.53) erfüllt ist, und **genau ein** $m = \hat{m}$ gemäß (5.54), dann müssen sich die Zustände $|\alpha_j j\rangle$ und $|\alpha_j \hat{m}\rangle$ durch Anwendung von J_+^n bzw. J_-^n mit passendem n bis auf unwesentliche Zahlenfaktoren ineinander überführen lassen. Das bedeutet aber, dass die Differenz zwischen größtem und kleinstem m,

$$j - \hat{m} = n = 0, 1, 2, \dots , \tag{5.57}$$

eine nicht-negative ganze Zahl sein muss.

Wir nutzen nun noch zwei Beziehungen aus, die sich durch Einsetzen der Definitionen leicht verifizieren lassen (Aufgabe 5.1.6):

$$J_+ J_- = \boldsymbol{J}^2 - J_z^2 + \hbar J_z \, , \tag{5.58}$$

$$J_- J_+ = \boldsymbol{J}^2 - J_z^2 - \hbar J_z \, . \tag{5.59}$$

Die zweite Gleichung ermöglicht mit (5.53) die Festlegung von α_j:

$$\begin{aligned} J_- J_+ |\alpha_j j\rangle = 0 &= (\boldsymbol{J}^2 - J_z^2 - \hbar J_z)|\alpha_j j\rangle \\ &= (\hbar^2 \alpha_j - \hbar^2 j^2 - \hbar^2 j)|\alpha_j j\rangle \, . \end{aligned}$$

Dies bedeutet:

$$\alpha_j = j(j+1) \, . \tag{5.60}$$

Mit Hilfe von (5.58) können wir nun auch leicht das minimale m bestimmen:

$$\begin{aligned} J_+ J_- |\alpha_j \hat{m}\rangle \stackrel{(5.54)}{=} 0 &= \left(\boldsymbol{J}^2 - J_z^2 + \hbar J_z\right)|\alpha_j \hat{m}\rangle \\ &= \hbar^2(\alpha_j - \hat{m}^2 + \hat{m})|\alpha_j \hat{m}\rangle \, . \end{aligned}$$

Es muss also

$$j(j+1) = \hat{m}(\hat{m} - 1)$$

sein. Diese Gleichung hat zwei Lösungen, nämlich $\hat{m} = j + 1$ und $\hat{m} = -j$. Die erste scheidet aus, da j bereits der Maximalwert von m ist. Es ist also

$$\hat{m} = -j \, . \tag{5.61}$$

Die Differenz zwischen größtem und kleinstem m-Wert beträgt somit $2j$. Nach (5.57) muss j deshalb ganz- oder halbzahlig sein.

Wir fassen noch einmal zusammen, was wir bislang allein aus der algebraischen Form der Kommutatorrelation (5.14) an wichtigen Aussagen über das Eigenwertspektrum des Drehimpulses haben ableiten können:

1. J^2 besitzt Eigenwerte der Form
$$\hbar^2 j(j+1)\,,$$
wobei
$$j = 0,\ \frac{1}{2},\ 1,\ \frac{3}{2},\ 2,\ldots \tag{5.62}$$
sein kann.
2. J_z besitzt Eigenwerte der Form
$$\hbar m\,,$$
wobei m die $(2j+1)$-Werte
$$m = -j,\ -j+1,\ldots,j-1,\ j \tag{5.63}$$
durchläuft.

Da nach (5.60) α_j eindeutig durch j festgelegt ist, ändern wir ab sofort das Zustandssymbol:

$$|\alpha_j m\rangle \longrightarrow |j\,m\rangle\,.$$

Man sagt, ein System im Eigenzustand $|j\,m\rangle$ habe den *Drehimpuls* (j, m).

Wir wollen die vorliegenden Ergebnisse noch ein wenig kommentieren. Führt man an einem System eine Messung lediglich der Observablen J^2 durch, so liegt der Zustand nach der Messung im $(2j+1)$-dimensionalen Unterraum, der durch die Zustände $|j\,j\rangle$, $|j\,j-1\rangle$, $\ldots$, $|j\ -j+1\rangle$, $|j\ -j\rangle$ aufgespannt wird:

$$|\psi\rangle = \sum_{m=-j}^{+j} \gamma_m |j\,m\rangle\,.$$

Man spricht von *Richtungsentartung*. In diesem Unterraum liegen im Übrigen natürlich auch die gemeinsamen Eigenzustände von (J^2, J_x) und von (J^2, J_y). Wir haben ja völlig willkürlich J_z für unsere Betrachtungen herausgegriffen und hätten genauso gut J_x oder J_y nehmen können. Die physikalisch relevanten Ergebnisse wären dieselben gewesen. So besitzen J_x und J_y selbstverständlich dieselben Eigenwerte (5.63) wie J_z. Die nicht direkt messbaren Eigenzustände werden allerdings andere sein.

Durch zusätzliche Messung von J_z wird die *Richtungsentartung* aufgehoben und durch eine *Richtungsquantelung* ersetzt, die besagt, dass nicht beliebige Einstellmöglichkeiten des Drehimpulses erlaubt sind.

Die anschauliche Interpretation der Ergebnisse bedient sich des halbklassischen Vektormodells. Da man die drei Komponenten des Drehimpulses nicht gleichzeitig scharf messen kann, macht es wenig Sinn, $\boldsymbol{J}$ als raumfesten Vektorpfeil darzustellen. Man hilft sich mit der Vorstellung, dass $\boldsymbol{J}$ als Vektorpfeil um die **z-Achse präzediert**, und zwar

Abb. 5.2 Veranschaulichung der Richtungsquantelung des quantenmechanischen Drehimpulses am halbklassischen Vektormodell

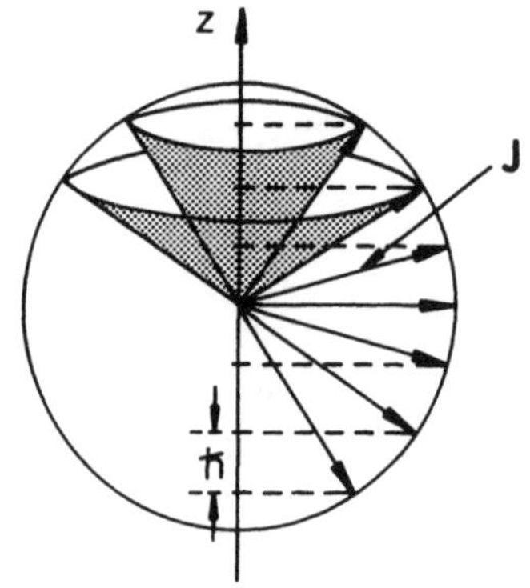

auf der Mantelfläche eines Kegels, dessen Höhe gleich $\hbar m$ ist, während seine Mantellinie $\hbar\sqrt{j(j+1)}$ beträgt. Das Präzedieren des Vektorpfeils vermittelt den Eindruck der Unbestimmtheit von J_x und J_y bei gleichzeitig scharfer z-Komponente. Der Kegelradius ergibt sich zu $\hbar\sqrt{j(j+1)-m^2}$, was einem Eigenwert des Operators $\sqrt{\boldsymbol{J}^2 - J_z^2} = \sqrt{J_x^2 + J_y^2}$ entspricht. – Einige Details sind klassisch unerklärbar, stellen also typisch quantenmechanische Effekte dar. So ist mit Ausnahme des trivialen Falles $j = 0$ $\sqrt{j(j+1)}$ stets größer als j. Der Drehimpuls $\boldsymbol{J}$ kann also offenbar nie exakt die Richtung seiner Maximalkomponente einnehmen. Die Maximalkomponente ist mit $\hbar j$ immer kleiner als die *Vektorlänge* $\hbar\sqrt{j(j+1)}$. Die exakte Ausrichtung längs der z-Achse würde allerdings auch im Widerspruch zur Unbestimmtheitsrelation J_x und J_y scharf festlegen. Das *klassisch verblüffende* Ergebnis ist natürlich die Richtungsquantelung, die in der älteren Bohr-Sommerfeld'schen Theorie bereits postuliert wurde, aber nicht streng begründet werden konnte (s. Abschn. 1.5).

Wir wollen nun wieder auf unser Eigenwertproblem zurückkommen und etwas mehr über die Eigenzustände in Erfahrung bringen. Wir hatten mit (5.51) festgestellt, dass mit $|j\,m\rangle$ auch $J_\pm|j\,m\rangle$ Eigenzustand zu $(\boldsymbol{J}^2, J_z)$ ist. Da nach unserer Eingangsvoraussetzung $(\boldsymbol{J}^2, J_z)$ einen vollständigen Satz von vertauschbaren Operatoren darstellt, werden die Eigenzustände nicht entartet sein. Wir können deshalb aus der Tatsache, dass $J_\pm|j\,m\rangle$ Eigenzustand zum Eigenwert $\hbar(m \pm 1)$ ist, auf den folgenden Ansatz schließen:

$$J_\pm|j\,m\rangle = A_\pm(j,m)|j\,m \pm 1\rangle\ .$$

Die Koeffizienten $A_\pm(j,m)$ bestimmen wir aus der Normierungsbedingung. Ihre Phase können wir gleich Eins setzen, die $A_\pm$ also als reell ansehen:

$$\begin{aligned}\langle j\,m|J_- J_+|j\,m\rangle &= A_+^2(j\,m)\langle j\,m+1|j\,m+1\rangle\\ &= A_+^2(j\,m) \overset{(5.59)}{=} \langle j\,m|(\boldsymbol{J}^2 - J_z^2 - \hbar J_z)|j\,m\rangle\\ &= \hbar^2\left[j(j+1) - m(m+1)\right]\ ,\end{aligned}$$

$$\langle j\,m|J_+\,J_-|j\,m\rangle = A_-^2(j\,m)$$
$$\overset{(5.58)}{=} \langle j\,m|(\boldsymbol{J}^2 - J_z^2 + \hbar\,J_z)|j\,m\rangle$$
$$= \hbar^2\,[\,j(j+1) - m(m-1)]\ .$$

Wir haben damit bis auf die übliche willkürliche Phase gefunden:

$$J_\pm|j\,m\rangle = \hbar\sqrt{j(j+1) - m(m\pm 1)}|j\,m\pm 1\rangle$$
$$= \hbar\sqrt{(j\mp m)\,(j\pm m+1)}|j\,m\pm 1\rangle\ . \tag{5.64}$$

Dieser Ausdruck liefert den Beweis nach, dass aus dem Intervall (5.52) nur $m = j$ die Beziehung (5.53) und nur $m = -j$ die Beziehung (5.54) erfüllt.

Für die Matrixdarstellungen der diversen Drehimpulsoperatoren in dem vollständigen Satz der Eigenzustände $|j\,m\rangle$ zu $\boldsymbol{J}^2$ und J_z („$(\boldsymbol{J}^2, J_z)$-Darstellung") sind die Matrixelemente nach unseren Vorbereitungen schnell berechnet:

$$\langle j\,m'|\boldsymbol{J}^2|j\,m\rangle = \hbar^2\,j(j+1)\,\delta_{mm'}\ ,$$
$$\langle j\,m'|J_z|j\,m\rangle = \hbar\,m\,\delta_{mm'}\ ,$$
$$\langle j\,m'|J_+|j\,m\rangle = \hbar\,\sqrt{(j-m)\,(j+m+1)}\,\delta_{m'm+1}\ ,$$
$$\langle j\,m'|J_-|j\,m\rangle = \hbar\,\sqrt{(j+m)\,(j-m+1)}\,\delta_{m'm-1}\ .$$

Wir wollen zwei Beispiele konstruieren:

1. $\boxed{j = 1/2:}$

   Wegen $2j + 1 = 2$ werden die Drehimpulsoperatoren durch 2×2-Matrizen dargestellt:

$$\boldsymbol{J}^2 = \frac{3}{4}\hbar^2\begin{pmatrix}1 & 0\\ 0 & 1\end{pmatrix}\ ;\quad J_z = \frac{\hbar}{2}\begin{pmatrix}1 & 0\\ 0 & -1\end{pmatrix}\ , \tag{5.65}$$
$$J_+ = \hbar\begin{pmatrix}0 & 1\\ 0 & 0\end{pmatrix}\ ;\quad J_- = \hbar\begin{pmatrix}0 & 0\\ 1 & 0\end{pmatrix}\ ,$$
$$J_x = \frac{1}{2}(J_+ + J_-) = \frac{\hbar}{2}\begin{pmatrix}0 & 1\\ 1 & 0\end{pmatrix}\ , \tag{5.66}$$
$$J_y = \frac{1}{2i}(J_+ - J_-) = \frac{\hbar}{2}\begin{pmatrix}0 & -\mathrm{i}\\ \mathrm{i} & 0\end{pmatrix}\ . \tag{5.67}$$

   Die Matrizen zu J_x, J_y und J_z werden wir bei der Behandlung des Spins im nächsten Abschnitt als Pauli'sche Spinmatrizen wiederfinden. Wir hatten sie bereits in einigen Aufgaben zu Kap. 3 benutzt.

2. $\boxed{j = 1:}$

Wegen $2j + 1 = 3$ entsprechen den Drehimpulsoperatoren nun 3×3-Matrizen:

$$J^2 = 2\hbar^2 \begin{pmatrix} 1 & 0 & 0 \\ 0 & 1 & 0 \\ 0 & 0 & 1 \end{pmatrix} ; \quad J_z = \hbar \begin{pmatrix} 1 & 0 & 0 \\ 0 & 0 & 0 \\ 0 & 0 & -1 \end{pmatrix} ,$$

$$J_+ = \hbar \begin{pmatrix} 0 & \sqrt{2} & 0 \\ 0 & 0 & \sqrt{2} \\ 0 & 0 & 0 \end{pmatrix} ; \quad J_- = \hbar \begin{pmatrix} 0 & 0 & 0 \\ \sqrt{2} & 0 & 0 \\ 0 & \sqrt{2} & 0 \end{pmatrix} ,$$

$$J_x = \frac{1}{2}(J_+ + J_-) = \frac{\hbar}{2} \begin{pmatrix} 0 & \sqrt{2} & 0 \\ \sqrt{2} & 0 & \sqrt{2} \\ 0 & \sqrt{2} & 0 \end{pmatrix} ,$$

$$J_y = \frac{1}{2\mathrm{i}}(J_+ - J_-) = \frac{\hbar}{2\mathrm{i}} \begin{pmatrix} 0 & \sqrt{2} & 0 \\ -\sqrt{2} & 0 & \sqrt{2} \\ 0 & -\sqrt{2} & 0 \end{pmatrix} .$$

5.1.5 Ortsdarstellung des Bahndrehimpulses

Nach dem rein algebraischen Vorgehen bei der Behandlung des Eigenwertproblems für den allgemeinen Drehimpuls kommen wir nun wieder zurück zum konkreten Fall des *Bahndrehimpulses*, über den wir ja zu Beginn dieses Kapitels die quantenmechanische Observable *Drehimpuls* eingeführt hatten. Mit einer analytischen Untersuchung seiner speziellen Ortsdarstellung werden wir versuchen, weitere Information über ihn zu gewinnen. Wir wollen uns dabei an die übliche Notation halten und im speziellen Fall des Bahndrehimpulses die *Quantenzahl j* durch l (*Bahndrehimpulsquantenzahl*) ersetzen.

Der formale Übergang in die Ortsdarstellung erfolgt nach (3.253) durch skalare Multiplikation der Eigenwertgleichungen,

$$\boldsymbol{L}^2|l\,m\rangle = \hbar^2 l(l+1)|l\,m\rangle ,$$

$$L_z|l\,m\rangle = \hbar\, m|l\,m\rangle ,$$

mit dem bra-Ortseigenzustand $\langle \boldsymbol{r}|$:

$$\langle \boldsymbol{r}|\boldsymbol{L}^2|l\,m\rangle = \hbar^2 l(l+1)\langle \boldsymbol{r}|l\,m\rangle , \tag{5.68}$$

$$\langle \boldsymbol{r}|L_z|l\,m\rangle = \hbar\, m\langle \boldsymbol{r}|l\,m\rangle . \tag{5.69}$$

Auf der rechten Seite steht bis auf Zahlenfaktoren die Eigenfunktion zu den Quantenzahlen l und m, die wir zunächst mit

$$\psi_{lm}(\boldsymbol{r}) \equiv \langle \boldsymbol{r} | l\, m \rangle \tag{5.70}$$

bezeichnen wollen. Damit wird aus (5.68) und (5.69), wenn wir uns daran erinnern, dass in der Ortsdarstellung der Ortsoperator $\boldsymbol{r}$ multiplikativ wirkt, während der Impulsoperator im wesentlichen durch den Gradienten ∇ zu ersetzen ist:

$$\boldsymbol{L}^2 \psi_{lm}(\boldsymbol{r}) = -\hbar^2 (\boldsymbol{r} \times \nabla)^2 \psi_{lm}(\boldsymbol{r}) = \hbar^2 l(l+1) \psi_{lm}(\boldsymbol{r}) \,, \tag{5.71}$$

$$L_z\, \psi_{lm}(\boldsymbol{r}) = \frac{\hbar}{\mathrm{i}} (\boldsymbol{r} \times \nabla)_z\, \psi_{lm}(\boldsymbol{r}) = \hbar\, m\, \psi_{lm}(\boldsymbol{r}) \,. \tag{5.72}$$

Die Ortsdarstellung der Bahndrehimpulskomponenten in kartesischen Koordinaten ist nach (5.2) schnell hingeschrieben:

$$L_x = \frac{\hbar}{\mathrm{i}} \left(y \frac{\partial}{\partial z} - z \frac{\partial}{\partial y} \right) , \tag{5.73}$$

$$L_y = \frac{\hbar}{\mathrm{i}} \left(z \frac{\partial}{\partial x} - x \frac{\partial}{\partial z} \right) , \tag{5.74}$$

$$L_z = \frac{\hbar}{\mathrm{i}} \left(x \frac{\partial}{\partial y} - y \frac{\partial}{\partial x} \right) . \tag{5.75}$$

Für die meisten Anwendungen erweist sich jedoch die Verwendung von kartesischen Koordinaten als unzweckmäßig. Der enge Zusammenhang zwischen Drehimpuls und Raumdrehungen (s. Abschn. 5.1.2) legt vielmehr die Verwendung von Kugelkoordinaten r, ϑ, φ (s. Abschn. 1.7.4, Bd. 1) nahe:

$$\begin{aligned} x &= r \sin\vartheta \cos\varphi \,, \\ y &= r \sin\vartheta \sin\varphi \,, \\ z &= r \cos\vartheta \,. \end{aligned} \tag{5.76}$$

Die Transformation von Koordinaten haben wir sehr ausführlich im ersten Band dieses **Grundkurs: Theoretische Physik** geübt. Wir werden also auf das dort Erlernte zurückgreifen können.

Ganz allgemein gilt für die Einheitsvektoren $\boldsymbol{e}_{y_i}$ in einem krummlinig-orthogonalen Koordinatensystem (y_1, y_2, y_3) ((1.371), Bd. 1):

$$\boldsymbol{e}_{y_i} = b_{y_i}^{-1} \frac{\partial \boldsymbol{r}}{\partial y_i} \,; \quad b_{y_i} = \left| \frac{\partial \boldsymbol{r}}{\partial y_i} \right| .$$

Dies bedeutet für die Kugelkoordinaten:

$$\begin{aligned}
b_r &= 1,\ b_\vartheta = r,\ b_\varphi = r \sin\vartheta\,, \\
\boldsymbol{e}_r &= (\sin\vartheta\cos\varphi,\ \sin\vartheta\sin\varphi,\ \cos\vartheta)\,, \\
\boldsymbol{e}_\vartheta &= (\cos\vartheta\cos\varphi,\ \cos\vartheta\sin\varphi,\ -\sin\vartheta)\,, \\
\boldsymbol{e}_\varphi &= (-\sin\varphi,\ \cos\varphi,\ 0)\,.
\end{aligned} \tag{5.77}$$

Für den Gradienten gilt bekanntlich in kartesischen Koordinaten:

$$\nabla \equiv \left(\frac{\partial}{\partial x}, \frac{\partial}{\partial y}, \frac{\partial}{\partial z}\right).$$

Daraus berechnen sich seine Komponenten in irgendeinem krummlinig-orthogonalen Koordinatensystem gemäß:

$$\boldsymbol{e}_{y_i}\cdot\nabla = b_{y_i}^{-1}\frac{\partial \boldsymbol{r}}{\partial y_i}\cdot\nabla = b_{y_i}^{-1}\left(\frac{\partial x}{\partial y_i}\frac{\partial}{\partial x} + \frac{\partial y}{\partial y_i}\frac{\partial}{\partial y} + \frac{\partial z}{\partial y_i}\frac{\partial}{\partial z}\right) = b_{y_i}^{-1}\frac{\partial}{\partial y_i}\,.$$

Im letzten Schritt haben wir die Kettenregel ausgenutzt. Im speziellen Fall der Kugelkoordinaten r, ϑ, φ ergibt sich somit:

$$\nabla \equiv \left(\frac{\partial}{\partial r}, \frac{1}{r}\frac{\partial}{\partial\vartheta}, \frac{1}{r\sin\vartheta}\frac{\partial}{\partial\varphi}\right). \tag{5.78}$$

Damit haben wir nun alles zusammen, um den Bahndrehimpulsoperator in Kugelkoordinaten zu formulieren:

$$\boldsymbol{L} = \frac{\hbar}{\mathrm{i}}(\boldsymbol{r}\times\nabla) = \frac{\hbar}{\mathrm{i}}r(\boldsymbol{e}_r\times\nabla) = \frac{\hbar}{\mathrm{i}}r\left(\boldsymbol{e}_\varphi\frac{1}{r}\frac{\partial}{\partial\vartheta} - \boldsymbol{e}_\vartheta\frac{1}{r\sin\vartheta}\frac{\partial}{\partial\varphi}\right).$$

($\boldsymbol{e}_r$, $\boldsymbol{e}_\vartheta$, $\boldsymbol{e}_\varphi$ bilden in dieser Reihenfolge ein Rechtssystem!) Wir setzen schließlich noch (5.77) ein:

$$\boldsymbol{L} = \frac{\hbar}{\mathrm{i}}\left\{\begin{pmatrix}-\sin\varphi\\ \cos\varphi\\ 0\end{pmatrix}\frac{\partial}{\partial\vartheta} - \begin{pmatrix}\cot\vartheta\cos\varphi\\ \cot\vartheta\sin\varphi\\ -1\end{pmatrix}\frac{\partial}{\partial\varphi}\right\}. \tag{5.79}$$

Es fällt die im Vergleich zu L_x und L_y besonders einfache Gestalt von L_z auf:

$$L_z = \frac{\hbar}{\mathrm{i}}\frac{\partial}{\partial\varphi}\,. \tag{5.80}$$

Das liegt natürlich an der speziellen Wahl des Koordinatensystems, das die z-Achse auszeichnet.

Wichtig sind für uns noch die Stufenoperatoren (5.21):

$$L_{\pm} = L_x \pm \mathrm{i}\, L_y = \hbar\, \mathrm{e}^{\pm \mathrm{i}\varphi} \left(\pm \frac{\partial}{\partial \vartheta} + \mathrm{i} \cot \vartheta \frac{\partial}{\partial \varphi} \right) . \tag{5.81}$$

Bei der Produktbildung ist wegen der Differentialoperatoren natürlich die Reihenfolge der Terme wichtig. Wir berechnen als Beispiel:

$$\begin{aligned}
L_+ L_- &= \hbar^2 \left[\mathrm{e}^{\mathrm{i}\varphi} \left(\frac{\partial}{\partial \vartheta} + \mathrm{i} \cot \vartheta \frac{\partial}{\partial \varphi} \right) \mathrm{e}^{-\mathrm{i}\varphi} \left(-\frac{\partial}{\partial \vartheta} + \mathrm{i} \cot \vartheta \frac{\partial}{\partial \varphi} \right) \right] \\
&= \hbar^2 \left[-\frac{\partial^2}{\partial \vartheta^2} - \frac{\mathrm{i}}{\sin^2 \vartheta} \frac{\partial}{\partial \varphi} + \mathrm{i} \cot \vartheta \frac{\partial^2}{\partial \vartheta\, \partial \varphi} \right. \\
&\quad \left. + \cot \vartheta \left(-\frac{\partial}{\partial \vartheta} + \mathrm{i} \cot \vartheta \frac{\partial}{\partial \varphi} \right) - \mathrm{i} \cot \vartheta \frac{\partial^2}{\partial \varphi\, \partial \vartheta} - \cot^2 \vartheta \frac{\partial^2}{\partial \varphi^2} \right] \\
&= \hbar^2 \left[-\frac{\partial^2}{\partial \vartheta^2} - \mathrm{i} \frac{\partial}{\partial \varphi} - \cot \vartheta \frac{\partial}{\partial \vartheta} - \cot^2 \vartheta \frac{\partial^2}{\partial \varphi^2} \right] .
\end{aligned}$$

Dies können wir direkt ausnutzen, um mit (5.58),

$$\boldsymbol{L}^2 = L_+ L_- - \hbar L_z + L_z^2 ,$$

die Ortsdarstellung des Bahndrehimpulsquadrates in Kugelkoordinaten anzugeben:

$$\boldsymbol{L}^2 = -\frac{\hbar^2}{\sin^2 \vartheta} \left[\sin \vartheta \frac{\partial}{\partial \vartheta} \left(\sin \vartheta \frac{\partial}{\partial \vartheta} \right) + \frac{\partial^2}{\partial \varphi^2} \right] . \tag{5.82}$$

Selbstverständlich erfüllen die Operatoren L_x, L_y, L_z, $L_{\pm}$, $\boldsymbol{L}^2$ auch in der Ortsdarstellung die fundamentalen Vertauschungsrelationen (5.14), (5.16), (5.18) bis (5.20), (5.22) bis (5.24). Dies überprüfen wir in Aufgabe 5.1.14 an einigen Beispielen.

Es ist für spätere Anwendungen nicht uninteressant, dass die Darstellung (5.82) für $\boldsymbol{L}^2$ einen sehr engen Zusammenhang mit dem Winkelanteil des **Laplace-Operators** Δ ((2.145), Bd. 3) aufweist:

$$\Delta = \frac{1}{r^2} \frac{\partial}{\partial r} \left(r^2 \frac{\partial}{\partial r} \right) - \frac{\boldsymbol{L}^2}{r^2 \hbar^2} . \tag{5.83}$$

So lässt sich zum Beispiel die kinetische Energie T eines Teilchens in einen Radialanteil T_r und einen Winkelanteil $T_{\vartheta,\varphi}$ zerlegen, wobei der Winkelanteil nach (5.83) durch $\boldsymbol{L}^2$ bestimmt wird:

$$T = \frac{\boldsymbol{p}^2}{2m} = -\frac{\hbar^2}{2m}\,\Delta = T_r + T_{\vartheta,\varphi}\,, \tag{5.84}$$

$$T_r = -\frac{\hbar^2}{2m\,r^2}\,\frac{\partial}{\partial r}\left(r^2\,\frac{\partial}{\partial r}\right), \tag{5.85}$$

$$T_{\vartheta,\varphi} = \frac{\boldsymbol{L}^2}{2m\,r^2}\,. \tag{5.86}$$

5.1.6 Eigenfunktionen in Ortsdarstellung

Mit den in der Ortsdarstellung formulierten Bahndrehimpulsoperatoren (5.80) und (5.82) nehmen die zu lösenden Eigenwertgleichungen (5.71) und (5.72) nun die folgende Gestalt an:

$$-\frac{1}{\sin^2\vartheta}\left[\sin\vartheta\,\frac{\partial}{\partial\vartheta}\,\sin\vartheta\,\frac{\partial}{\partial\vartheta} + \frac{\partial^2}{\partial\varphi^2}\right]\psi_{lm}(\boldsymbol{r}) = l(l+1)\psi_{lm}(\boldsymbol{r})\,, \tag{5.87}$$

$$-\mathrm{i}\,\frac{\partial}{\partial\varphi}\,\psi_{lm}(\boldsymbol{r}) = m\,\psi_{lm}(\boldsymbol{r})\,. \tag{5.88}$$

Man erkennt an diesen Gleichungen, dass in der Regel $\boldsymbol{L}^2$ und L_z keinen vollständigen Satz von Observablen darstellen werden, da die r-Abhängigkeit der Wellenfunktion, der sogenannte „*Radialanteil*", völlig unbestimmt bleibt. $\boldsymbol{L}^2$ und L_z wirken offensichtlich nur auf den „*Winkelanteil*" der Wellenfunktion. Wählt man für ψ_{lm} den Ansatz

$$\psi_{lm}(\boldsymbol{r}) = R(r)\,Y_{lm}(\vartheta,\varphi)\,, \tag{5.89}$$

so kürzt sich in (5.87) und (5.88) der Radialanteil jeweils heraus. – Die spezielle Gestalt der Operatoren $\boldsymbol{L}^2$ und L_z lässt vermuten, dass auch für den Winkelanteil ein **Separationsansatz** sinnvoll sein wird:

$$Y_{lm}(\vartheta,\varphi) = \Phi(\varphi)\,\Theta(\vartheta)\,. \tag{5.90}$$

Die φ-Abhängigkeit ist über (5.88) schnell bestimmt:

$$\Phi(\varphi) = \mathrm{e}^{\mathrm{i}m\varphi}\,. \tag{5.91}$$

Hieran können wir bereits eine physikalisch wichtige Aussage ablesen. Wegen der Eindeutigkeit der Wellenfunktion muss $\Phi(\varphi+2\pi) = \Phi(\varphi)$ gefordert werden. Dies lässt (5.91) aber nur dann zu, wenn m eine ganze Zahl ist. Daraus folgt nach (5.63), dass auch l ganzzahlig sein muss. Wir konstatieren also:

Quantenzahlen des Bahndrehimpulses

$$\begin{aligned} l &= 0, 1, 2, 3, \ldots \,, \\ m &= -l, \, -l+1, \ldots, l-1, \, l \,. \end{aligned} \tag{5.92}$$

Setzen wir nun (5.90) und (5.91) in die $\boldsymbol{L}^2$-Gleichung (5.87) ein, so bleibt zu lösen:

$$-\frac{1}{\sin^2\vartheta}\left[\sin\vartheta\frac{\mathrm{d}}{\mathrm{d}\vartheta}\sin\vartheta\frac{\mathrm{d}}{\mathrm{d}\vartheta} - m^2\right]\Theta(\vartheta) = l(l+1)\,\Theta(\vartheta)\,. \tag{5.93}$$

Wir konnten die partielle durch die totale Differentiation nach ϑ ersetzen, da Θ nur von dieser einen Variablen abhängt. Diese Differentialgleichung können wir nun mit Hilfe der Substitution,

$$z = \cos\vartheta \longrightarrow \sin\vartheta\frac{\mathrm{d}}{\mathrm{d}\vartheta} = (z^2-1)\,\frac{\mathrm{d}}{\mathrm{d}z}\,,$$

in eine Form bringen, die wir bereits in der Elektrodynamik ((2.149), Bd. 3) kennen gelernt haben, und zwar im Zusammenhang mit den Multipolmomenten elektrischer Ladungsdichten:

$$\left[\frac{\mathrm{d}}{\mathrm{d}z}\left(1-z^2\right)\frac{\mathrm{d}}{\mathrm{d}z} + \left(l(l+1) - \frac{m^2}{1-z^2}\right)\right]\Theta(z) = 0\,. \tag{5.94}$$

Es handelt sich um die in der mathematischen Physik häufig diskutierte

- verallgemeinerte Legendre-Gleichung,

von der man weiß, dass ihre Lösungen die sogenannten

- zugeordneten Legendre-Polynome $P_l^m(z)$

sind. Wir können also direkt aus Band 3 dieses **Grundkurs: Theoretische Physik** übernehmen:

$\Theta(z) \sim P_l^m(z)$:

$$\begin{aligned} P_l^m(z) &= (-1)^m\left(1-z^2\right)^{m/2}\frac{\mathrm{d}^m}{\mathrm{d}z^m}P_l(z)\,; \qquad m \geq 0\,, \\ P_l^{-m}(z) &= (-1)^m\frac{(l-m)!}{(l+m)!}P_l^m(z)\,. \end{aligned} \tag{5.95}$$

Auf der rechten Seite dieser Definitionsgleichung erscheinen die

Legendre-Polynome:

$$P_l(z) = \frac{1}{2^l l!}\frac{\mathrm{d}^l}{\mathrm{d}z^l}(z^2-1)^l \tag{5.96}$$

als Lösungen der

gewöhnlichen Legendre-Gleichung:

$$\left[\frac{\mathrm{d}}{\mathrm{d}z}\left(1-z^2\right)\frac{\mathrm{d}}{\mathrm{d}z}+l(l+1)\right]P_l(z)=0\,. \tag{5.97}$$

Man macht sich leicht klar, dass es sich bei den $P_l(z)$ um Polynome l-ten Grades handelt. Sie bilden ein vollständiges Orthogonalsystem im Intervall $[-1,+1]$. Sie sind nicht auf Eins normiert, vielmehr gilt:

$$\int\limits_{-1}^{+1}\mathrm{d}z\,P_l(z)\,P_k(z)=\frac{2}{2l+1}\,\delta_{lk}\,, \tag{5.98}$$

$$P_l(\pm 1)=(\pm 1)^l\,. \tag{5.99}$$

Ihre Vollständigkeit wird durch

$$\frac{1}{2}\sum_{l=0}^{\infty}(2l+1)\,P_l(z')\,P_l(z)=\delta(z-z') \tag{5.100}$$

ausgedrückt. Diese Eigenschaften der Legendre-Polynome übertragen sich wegen (5.95) auf die zugeordneten Legendre-Polynome, zum Beispiel die Orthogonalität:

$$\int\limits_{-1}^{+1}\mathrm{d}z\,P_l^m(z)\,P_k^m(z)=\frac{2}{2l+1}\,\frac{(l+m)!}{(l-m)!}\,\delta_{lk}\,. \tag{5.101}$$

Kommen wir nun zurück zu den Eigenfunktionen (5.90) der Bahndrehimpulse $\boldsymbol{L}^2$ und L_z. Wegen (5.91) und (5.94) ist uns ihre Struktur bereits bekannt:

$$Y_{lm}(\vartheta,\varphi)\sim P_l^m(\cos\vartheta)\,\mathrm{e}^{\mathrm{i}m\varphi}\,.$$

Wir müssen sie nur noch passend normieren:

$$\int\limits_0^{2\pi}\mathrm{d}\varphi\int\limits_{-1}^{+1}\mathrm{d}\cos\vartheta\,Y_{l'm'}^*(\vartheta,\varphi)\,Y_{lm}(\vartheta,\varphi)=\delta_{ll'}\,\delta_{mm'}\,. \tag{5.102}$$

Mit (5.101) und

$$\int\limits_0^{2\pi}\mathrm{d}\varphi\,\mathrm{e}^{\mathrm{i}(m-m')\varphi}=2\pi\,\delta_{mm'}$$

ist das natürlich kein Problem mehr:

$$Y_{lm}(\vartheta, \varphi) = \sqrt{\frac{2l+1}{4\pi} \frac{(l-m)!}{(l+m)!}} P_l^m(\cos\vartheta)\, \mathrm{e}^{\mathrm{i}m\varphi} \,. \tag{5.103}$$

Mit (5.95) schließt man leicht auf die Symmetrierelation:

$$Y_{l-m}(\vartheta, \varphi) = (-1)^m\, Y_{lm}^*(\vartheta, \varphi) \,. \tag{5.104}$$

Eigenfunktionen der Bahndrehimpulse $\boldsymbol{L}^2$ und L_z sind also die aus der mathematischen Physik wohlbekannten

- **Kugelflächenfunktionen,**

von denen man weiß, dass sie ein vollständiges System auf der Einheitskugel darstellen ((2.158), Bd. 3):

$$\sum_{l=0}^{\infty} \sum_{m=-l}^{+l} Y_{lm}^*(\vartheta', \varphi')\, Y_{lm}(\vartheta, \varphi) = \delta(\varphi - \varphi')\, \delta(\cos\vartheta - \cos\vartheta') \,. \tag{5.105}$$

Es lässt sich deshalb jede beliebige Funktion $f(\boldsymbol{r}) = f(r, \vartheta, \varphi)$ nach ihnen entwickeln:

$$f(\boldsymbol{r}) = \sum_{l=0}^{\infty} \sum_{m=-l}^{+l} R_{lm}(r)\, Y_{lm}(\vartheta, \varphi) \,. \tag{5.106}$$

Für die „*Radialkomponenten*“ gilt dabei wegen (5.102):

$$R_{lm}(r) = \int_0^{2\pi} \mathrm{d}\varphi \int_{-1}^{+1} \mathrm{d}\cos\vartheta\, f(r, \vartheta, \varphi)\, Y_{lm}^*(\vartheta, \varphi) \,. \tag{5.107}$$

Die Kugelflächenfunktionen liegen in vielen Lehrbüchern der mathematischen Physik tabelliert vor. Wir listen hier nur ein paar der niedrig-indizierten Funktionen auf, die sich leicht aus (5.103) ableiten lassen:

$$l = 0: \qquad Y_{00}(\vartheta, \varphi) \equiv \frac{1}{\sqrt{4\pi}} \,, \tag{5.108}$$

$$l = 1: \qquad Y_{10}(\vartheta, \varphi) = \sqrt{\frac{3}{4\pi}} \cos\vartheta \,, \tag{5.109}$$

$$Y_{1\pm1}(\vartheta, \varphi) = \mp\sqrt{\frac{3}{8\pi}} \sin\vartheta\, \mathrm{e}^{\pm\mathrm{i}\varphi} \,, \tag{5.110}$$

$$l = 2: \qquad Y_{20}(\vartheta, \varphi) = \sqrt{\frac{5}{16\pi}} \left(3\cos^2\vartheta - 1\right) , \tag{5.111}$$

$$Y_{2\pm1}(\vartheta, \varphi) = \mp\sqrt{\frac{15}{8\pi}} \sin\vartheta \cos\vartheta \, e^{\pm i\varphi} , \tag{5.112}$$

$$Y_{2\pm2}(\vartheta, \varphi) = \sqrt{\frac{15}{32\pi}} \sin^2\vartheta \, e^{\pm i2\varphi} . \tag{5.113}$$

Wir konnten diese sehr detaillierten Angaben über die Eigenwertfunktionen der Bahndrehimpulsoperatoren machen, weil die Eigenwertgleichung für L_z trivial lösbar war und die für $\boldsymbol{L}^2$ in eine uns schon bekannte Differentialgleichung umformuliert werden konnte. Unsere Aufgabe bestand dann eigentlich nur noch darin, die bekannten Lösungseigenschaften aufzulisten.

Wir hätten uns die Eigenfunktionen der Operatoren $\boldsymbol{L}^2$ und L_z aber auch sukzessive mit Hilfe der Stufenoperatoren L_+ und L_- ableiten können. Wegen ihrer prinzipiellen Bedeutung wollen wir diese Methode kurz skizzieren. Wir starten mit dem Zwischenergebnis (5.90), (5.91), das sich nach Lösen der einfachen Eigenwertgleichung (5.88) für L_z ergab:

$$|l\,m\rangle \;\leftrightarrow\; Y_{lm}(\vartheta, \varphi) = \Theta_{lm}(\vartheta)\, e^{im\varphi} .$$

Wir wissen, dass der Minimalwert von m gleich $-l$ ist. Nach (5.54) muss deshalb

$$L_-|l - l\rangle = 0$$

sein. Dies ergibt in der Ortsdarstellung mit (5.81) die Differentialgleichung:

$$\hbar\, e^{-i\varphi} \left(-\frac{\partial}{\partial\vartheta} + i\cot\vartheta \frac{\partial}{\partial\varphi} \right) \Theta_{l-l}(\vartheta)\, e^{-il\varphi} = 0 ,$$

die sich nach Ausführen der φ-Differentiation vereinfacht zu:

$$\left(-\frac{d}{d\vartheta} + l\cot\vartheta \right) \Theta_{l-l}(\vartheta) = 0 . \tag{5.114}$$

Diese Gleichung wird offenbar durch

$$\Theta_{l-l}(\vartheta) = c_l \sin^l\vartheta \tag{5.115}$$

gelöst. Die Koeffizienten c_l lassen sich aus der Normierungsbedingung für $Y_{l-l}(\vartheta, \varphi)$ bis auf eine Phase, die wir gleich 1 setzen, berechnen (Aufgabe 5.1.15):

$$c_l = \frac{1}{2^l\, l!} \sqrt{\frac{(2l + 1)!}{4\pi}} .$$

Wir haben damit die $(l, m = -l)$ Eigenfunktionen vollständig bestimmt:

$$Y_{l-l}(\vartheta, \varphi) = \frac{1}{2^l\, l!}\sqrt{\frac{(2l+1)!}{4\pi}}\,\sin^l\vartheta\, e^{-il\varphi}\,. \tag{5.116}$$

Durch Anwendung von L_+ können wir nun nacheinander alle $Y_{lm}(\vartheta, \varphi)$ aus $Y_{l-l}(\vartheta, \varphi)$ ableiten. So erhalten wir im ersten Schritt:

$$\begin{aligned} L_+\, Y_{l-l}(\vartheta, \varphi) &= \hbar\, e^{i\varphi}\left(\frac{\partial}{\partial\vartheta} + i\cot\vartheta\frac{\partial}{\partial\varphi}\right)\Theta_{l-l}(\vartheta)\, e^{-il\varphi} \\ &= \hbar\, e^{i(-l+1)\varphi}\left(\frac{d}{d\vartheta} + l\cot\vartheta\right)\Theta_{l-l}(\vartheta)\,. \end{aligned}$$

Für $l\cot\vartheta$ schreiben wir $(1/\sin^l\vartheta)\,(d/d\vartheta)\sin^l\vartheta$ und haben dann:

$$\begin{aligned} L_+\, Y_{l-l}(\vartheta, \varphi) &= \hbar\, e^{i(-l+1)\varphi}\,\frac{1}{\sin^l\vartheta}\,\frac{d}{d\vartheta}\left(\sin^l\vartheta\,\Theta_{l-l}(\vartheta)\right) \\ &= -\hbar\, e^{i(-l+1)\varphi}\,\frac{1}{\sin^{l-1}\vartheta}\,\frac{d}{d\cos\vartheta}\left(\sin^l\vartheta\,\Theta_{l-l}(\vartheta)\right)\,. \end{aligned}$$

Das Verfahren lässt sich schrittweise so fortsetzen. Mit vollständiger Induktion beweisen wir die folgende Behauptung:

$$(L_+)^n\, Y_{l-l}(\vartheta, \varphi) = (-\hbar)^n\, e^{i(-l+n)\varphi}\,\frac{1}{\sin^{l-n}\vartheta}\,\frac{d^n}{d\cos\vartheta^n}\left(\sin^l\vartheta\,\Theta_{l-l}(\vartheta)\right)\,. \tag{5.117}$$

Für $n = 1$ haben wir diese Beziehung gerade bewiesen. Wir nehmen an, dass sie für n gilt, und schließen induktiv auf $n + 1$:

$$\begin{aligned} &(L_+)^{n+1}\, Y_{l-l}(\vartheta, \varphi) \\ &= \hbar\, e^{i\varphi}\left(\frac{\partial}{\partial\vartheta} + i\cot\vartheta\frac{\partial}{\partial\varphi}\right)(-\hbar)^n\, e^{i(-l+n)\varphi} \\ &\qquad\cdot\frac{1}{\sin^{l-n}\vartheta}\,\frac{d^n}{d\cos\vartheta^n}\left(\sin^l\vartheta\,\Theta_{l-l}(\vartheta)\right) \\ &= \hbar(-\hbar)^n\, e^{i(-l+n+1)\varphi}\left[\frac{d}{d\vartheta} + (l-n)\cot\vartheta\right]\frac{1}{\sin^{l-n}\vartheta} \\ &\qquad\cdot\frac{d^n}{d\cos\vartheta^n}\left(\sin^l\vartheta\,\Theta_{l-l}(\vartheta)\right) \\ &= -(-\hbar)^{n+1}\, e^{i(-l+(n+1))\varphi} \\ &\qquad\cdot\left[-(l-n)\,\frac{\cos\vartheta}{\sin^{l-n+1}\vartheta}\,\frac{d^n}{d\cos\vartheta^n}\left(\sin^l\vartheta\,\Theta_{l-l}(\vartheta)\right)\right. \\ &\qquad\left.+\frac{1}{\sin^{l-n}\vartheta}\,(-\sin\vartheta)\,\frac{d^{n+1}}{d\cos\vartheta^{n+1}}\left(\sin^l\vartheta\,\Theta_{l-l}(\vartheta)\right)\right. \end{aligned}$$

$$+ (l-n)\frac{\cos\vartheta}{\sin^{l-n+1}\vartheta}\frac{\mathrm{d}^n}{\mathrm{d}\cos\vartheta^n}\left(\sin^l\vartheta\,\Theta_{l-l}(\vartheta)\right)\Big]$$

$$= (-\hbar)^{n+1}\,\mathrm{e}^{\mathrm{i}(-l+(n+1))\varphi}\frac{1}{\sin^{l-(n+1)}\vartheta}\frac{\mathrm{d}^{n+1}}{\mathrm{d}\cos\vartheta^{n+1}}\left(\sin^l\vartheta\,\Theta_{l-l}(\vartheta)\right) .$$

Damit ist die Behauptung (5.117) bewiesen. Wir setzen nun noch das Ergebnis (5.115) ein und wählen speziell $n = l + m$:

$$(L_+)^{l+m}\,Y_{l-l}(\vartheta,\varphi)$$
$$= \frac{1}{2^l l!}\sqrt{\frac{(2l+1)!}{4\pi}}\,(-\hbar)^{l+m}\,\mathrm{e}^{\mathrm{i}m\varphi}\,\sin^m\vartheta\,\frac{\mathrm{d}^{l+m}}{\mathrm{d}\cos\vartheta^{l+m}}\left(1-\cos^2\vartheta\right)^l$$
$$= \sqrt{\frac{(2l+1)!}{4\pi}}\,\hbar^{l+m}\,\mathrm{e}^{\mathrm{i}m\varphi}\,P_l^m(\cos\vartheta) .$$

Im letzten Schritt wurden (5.95) und (5.96) ausgenutzt. Im Teil 2) von Aufgabe 5.1.8 wird die Rekursionsformel

$$|l\,m\rangle = \sqrt{\frac{(l-m)!}{(2l)!(l+m)!}}\left(\frac{1}{\hbar}L_+\right)^{l+m}|l-l\rangle \tag{5.118}$$

bewiesen. Nach Multiplikation mit dem bra-Zustand $\langle\vartheta\varphi|$ liefert diese Gleichung den entsprechenden Zusammenhang zwischen $Y_{lm}(\vartheta,\varphi)$ und $Y_{l-l}(\vartheta,\varphi)$. Die beiden letzten Relationen lassen sich dann zu

$$Y_{lm}(\vartheta,\varphi) = \sqrt{\frac{(2l+1)}{4\pi}\frac{(l-m)!}{(l+m)!}}\,\mathrm{e}^{\mathrm{i}m\varphi}\,P_l^m(\cos\vartheta)$$

zusammenfassen. Dies stimmt nun aber exakt mit (5.103) überein. Die Kugelflächenfunktionen sind also in der Tat die gemeinsamen Eigenfunktionen der Bahndrehimpulsoperatoren $\boldsymbol{L}^2$ und L_z.

Wir wollen diesen Abschnitt zum Bahndrehimpuls mit zwei Bemerkungen abschließen:

1. Wie wir in Kap. 6 im einzelnen diskutieren werden, spielt der Bahndrehimpuls in der Theorie des Atomaufbaus eine ganz wesentliche Rolle. Aus der Atomspektroskopie stammt eine spezielle Bezeichnungsweise für die durch die Quantenzahl l charakterisierten Eigenzustände des Operators $\boldsymbol{L}^2$. Man spricht für

$$l = 0 \quad 1 \quad 2 \quad 3$$

von einem

$$s\text{-}\quad p\text{-}\quad d\text{-}\quad f\text{-Zustand (Orbital)} .$$

2. Die Eigenfunktionen der Bahndrehimpulsoperatoren haben eine **wohldefinierte Parität**. Bei einer Raumspiegelung (Inversion am Nullpunkt),

$$\boldsymbol{r} = (r, \vartheta, \varphi) \longrightarrow -\boldsymbol{r} = (r, \pi - \vartheta, \varphi + \pi) \; ,$$

ändern sich die Kugelflächenfunktionen wie folgt:

$$Y_{lm}(\pi - \vartheta, \varphi + \pi) = (-1)^l \, Y_{lm}(\vartheta, \varphi) \; . \qquad (5.119)$$

Ein Faktor $(-1)^{l+m}$ stammt von den zugeordneten Legendre-Polynomen, ein weiterer Faktor $(-1)^m$ von der Exponentialfunktion $\mathrm{e}^{im\varphi}$.
Die Eigenfunktionen mit geradem l haben gerade, die mit ungeradem l haben ungerade Parität!

5.1.7 Aufgaben

Aufgabe 5.1.1

Zeigen Sie, dass die Zeilen der in (5.27) definierten Drehmatrix paarweise orthonormal sind.

Aufgabe 5.1.2

1. Vermittelt die Matrix

$$D = \begin{pmatrix} -\frac{1}{2}\sqrt{2} & 0 & -\frac{1}{2}\sqrt{2} \\ 0 & 1 & 0 \\ \frac{1}{2}\sqrt{2} & 0 & -\frac{1}{2}\sqrt{2} \end{pmatrix}$$

   eine Drehung? Wenn ja, welche?
2. Was wird aus den Vektoren

$$\boldsymbol{a} = (0, -2, 1) \; ; \; \boldsymbol{b} = (3, 5, -4)$$

   nach der Drehung? Berechnen Sie das Skalarprodukt $\boldsymbol{a} \cdot \boldsymbol{b}$ vor und nach der Drehung!
3. Zeigen Sie, dass sich die „Längen" der Vektoren bei der Drehung nicht ändern!

Aufgabe 5.1.3

Zeigen Sie, dass der in (5.11) definierte Bahndrehimpulsoperator $\boldsymbol{L}$ hermitesch ist.

Aufgabe 5.1.4

Berechnen Sie mit Hilfe der fundamentalen Vertauschungsrelation zwischen Ort und Impuls die folgenden Kommutatoren:

1. $[L_x, L_y]_-$, $[L_y, L_z]_-$, $[L_z, L_x]_-$,
2. $[\boldsymbol{L}^2, L_{x,y,z}]_-$,
3. $[L_x, \boldsymbol{r}^2]_-$,
4. $[L_y, \boldsymbol{p}^2]_-$,
5. $[L_z, x]_-$, $[L_z, p_x]_-$.
6. $[L_i, x_j]_-$ (5.19), $[L_i, p_j]_-$ (5.20)

Aufgabe 5.1.5

Zeigen Sie, dass ein Operator, der mit zwei Komponenten des Bahndrehimpulses kommutiert, dann auch mit der dritten Komponente vertauschbar ist.

Aufgabe 5.1.6

Drücken Sie die Operatorprodukte $L_+ L_-$ und $L_- L_+$ durch $\boldsymbol{L}^2$ und L_z aus.

Aufgabe 5.1.7

Es sei $\boldsymbol{r} = (x, y, z)$ der Ortsoperator. Verifizieren Sie die folgenden Kommutatorrelationen:

1. $[L_z, z]_- = 0$; $[L_z, x \pm \mathrm{i}\, y]_- = \pm\hbar(x \pm \mathrm{i}\, y)$,
2. $[\boldsymbol{L}^2, [\boldsymbol{L}^2, \boldsymbol{r}]_-]_- = 2\hbar^2(\boldsymbol{L}^2\boldsymbol{r} + \boldsymbol{r}\boldsymbol{L}^2)$.

Aufgabe 5.1.8

Verifizieren Sie die folgenden Rekursionsformeln für die Drehimpulseigenzustände $|j\,m\rangle$:

$$1) \quad |j\,m\rangle = \sqrt{\frac{(j+m)!}{(2j)!\,(j-m)!}} \left(\frac{1}{\hbar}J_-\right)^{j-m} |jj\rangle\,,$$

$$2)\quad |j\,m\rangle = \sqrt{\frac{(j-m)!}{(2j)!\,(j+m)!}}\left(\frac{1}{\hbar}J_+\right)^{j+m}\;|j\,-j\rangle\,.$$

Aufgabe 5.1.9

Das physikalische System möge sich in einem Eigenzustand $|j\,m\rangle$ zu $\boldsymbol{J}^2$ und J_z befinden. Berechnen Sie die Erwartungswerte $\langle J_x\rangle$, $\langle J_y\rangle$ und die quadratischen Schwankungen ΔJ_x, ΔJ_y.

Aufgabe 5.1.10

Konstruieren Sie für $j = 3/2$ die Matrixdarstellungen der Operatoren

$$J_+,\; J_-,\; J_x,\; J_y,\; J_z\,.$$

Benutzen Sie als Basis die Eigenzustände $|j\,m\rangle$ der Operatoren $\boldsymbol{J}^2$ und J_z.

Aufgabe 5.1.11

$|jm\rangle$ seien die gemeinsamen Eigenzustände der Drehimpulsoperatoren $\boldsymbol{J}^2$ und J_z.

1. In welchem Zustand $|jm\rangle$ zu festem j besitzen die Unbestimmtheiten („mittlere quadratische Schwankung“) der Komponenten J_x, J_y den kleinsten Wert und wie groß ist dieser?
2. Gibt es in dem betrachteten Hilbert-Raum Zustände, in denen alle Komponenten von $\boldsymbol{J}$ einen scharfen Wert besizen?

Aufgabe 5.1.12

Das System befinde sich in einem Eigenzustand der Observablen $\boldsymbol{J}^2$ zum Eigenwert $2\hbar^2$.

1. Durch zusätzliche Messung von J_z werde der reine Zustand $|j\,m_z\rangle$ präpariert. Geben Sie ohne Rechnung die möglichen Messwerte $\hbar\,m_x$ einer anschließenden Messung von J_x an.

2. Mit welchen Wahrscheinlichkeiten werden die in 1) berechneten Messwerte tatsächlich beobachtet?
3. Nach der Messung von J_x werde noch einmal J_z gemessen. Mit welcher Wahrscheinlichkeit ergibt sich der *alte* Wert von $\hbar\, m_z$?

Aufgabe 5.1.13

1. Ein $j = 1$-Teilchen befinde sich in dem (normierten) Zustand $|\varphi\rangle$, für den

$$\langle\varphi|J_z|\varphi\rangle = -1\hbar$$

gemessen wird.
Ist $|\varphi\rangle$ Eigenzustand zu J_z? Was ergeben $\langle\varphi|J_x|\varphi\rangle$, $\langle\varphi|J_y|\varphi\rangle$?
2. Ein $j = \frac{7}{2}$-Teilchen befinde sich in dem (normierten) Zustand $|\psi\rangle$, für den

$$\langle\psi|J_z|\psi\rangle = \frac{3}{2}\hbar$$
$$\langle\psi|J_x|\psi\rangle = \langle\psi|J_y|\psi\rangle = 0$$

gemessen wird. Muss daraus geschlossen werden, dass $|\psi\rangle$ Eigenzustand zu J_z ist?

Aufgabe 5.1.14

Verifizieren Sie für den Bahndrehimpulsoperator in der Ortsdarstellung die folgenden Kommutatorrelationen:

1. $[L_x, L_y]_- = \mathrm{i}\,\hbar\, L_z$,
2. $[L_y, r^2]_- = 0$,
3. $[L_+, L_-]_- = 2\hbar\, L_z$.

Aufgabe 5.1.15

1. Berechnen Sie die Normierungskonstante c_l der Drehimpulseigenfunktion

$$Y_{l\,-l}(\vartheta, \varphi) = c_l \sin^l \vartheta\, \mathrm{e}^{-\mathrm{i}l\varphi} .$$

2. Verifizieren Sie, dass $Y_{l\,-l}(\vartheta, \varphi)$ in der Tat Eigenfunktion zu $\boldsymbol{L}^2$ mit dem Eigenwert $\hbar^2 l(l+1)$ ist.

Aufgabe 5.1.16

Ein zweidimensionaler Rotator (Polarwinkel ϑ, φ) befinde sich in einem Zustand mit der Wellenfunktion

$$\langle \vartheta, \varphi | \psi \rangle \equiv \psi(\vartheta, \varphi) = \alpha \left(\sin\vartheta \cos\varphi + \sin\vartheta \sin\varphi + \sqrt{3} \cos\vartheta \right)$$

$$(\alpha > 0: \text{ Normierungskonstante})$$

1. Geben Sie $|\psi\rangle$ als Linearkombination von Bahndrehimpulseigenzuständen $|lm\rangle$ an!
2. Mit welcher Wahrscheinlichkeit wird bei einer Messung des Drehimpulsquadrats $\mathbf{L}^2$ des Rotators der Wert $2\hbar^2$ gefunden?
3. Mit welcher Wahrscheinlichkeit findet man bei der simultanen Messung von $\boldsymbol{L}^2$ und L_z das Wertepaar $(2\hbar^2, 0)$?

Aufgabe 5.1.17

Ein starres Hantelmolekül rotiere im Raum um den Koordinatenursprung mit zwei Freiheitsgraden, den Polarwinkeln ϑ und φ entsprechend (*Rotator*). Es werde durch den Hamilton-Operator

$$H = \frac{1}{2J} \boldsymbol{L}^2 \qquad (J = \text{Trägheitsmoment})$$

beschrieben.

1. Berechnen Sie Eigenwerte, Eigenfunktionen und eventuelle Entartungsgrade.
2. Zu einem bestimmten Zeitpunkt befinde sich der Rotator in dem Zustand

$$\psi(\vartheta, \varphi) = \alpha \left(\cos^2\vartheta + \sin^2\vartheta \cos 2\varphi \right)$$

$$(\alpha\text{: Normierungskonstante}) .$$

   Mit welcher Wahrscheinlichkeit liefert eine Messung von $\boldsymbol{L}^2$ die Werte

$$6\hbar^2,\ 2\hbar^2,\ 0\ ?$$

3. Mit welcher Wahrscheinlichkeit ergibt die gleichzeitige Messung von $\boldsymbol{L}^2$ und L_z das Wertepaar $(6\hbar^2, -2\hbar)$?

Aufgabe 5.1.18

1. Wie sieht die Verteilung der Aufenthaltswahrscheinlichkeitsdichte $|Y_{lm}|^2$ eines Teilchens im Zustand $Y_{10}(\vartheta, \varphi)$ aus (*Polardiagramm*)?
2. Welche Zustandsfunktion würde eine identische Verteilung mit der x-Achse als Symmetrieachse ergeben?

Aufgabe 5.1.19

Der Hamilton-Operator

$$H = A\,L_z^2 + B\left(L_x^2 + L_y^2\right)$$

wird in der Festkörperphysik als sogenannter *Kristallfeldoperator* häufig zur Beschreibung des elektrischen Feldes in einem Kristall herangezogen. Bestimmen Sie seine Eigenwerte und seine reellen Eigenfunktionen.

Aufgabe 5.1.20

Nehmen Sie an, es gäbe einen Bahndrehimpuls-Eigenzustand mit der Quantenzahl $l = \frac{1}{2}$.

1. Betrachten Sie den „Drehimpuls-Eigenzustand"

$$|lm\rangle = \left|\frac{1}{2}\;\frac{1}{2}\right\rangle .$$

Welche (ϑ, φ)-Abhängigkeit hätte die zugehörige Wellenfunktion

$$\left\langle \vartheta\varphi \middle| \frac{1}{2}\;\frac{1}{2}\right\rangle ?$$

2. Berechnen Sie

$$L_+ \left|\frac{1}{2}\;\frac{1}{2}\right\rangle !$$

Ergibt sich ein Widerspruch zu der Annahme $l = \frac{1}{2}$?

3. Berechnen Sie

$$L_-^2 \left|\frac{1}{2}\;\frac{1}{2}\right\rangle !$$

Ergibt sich ein Widerspruch?

5.2 Spin

Wir haben bereits darauf hingewiesen, dass nicht alle quantenmechanischen Observablen ein klassisches Analogon besitzen. Zur vollständigen Charakterisierung physikalischer Systeme werden auch Größen benötigt, die sich nicht mit Hilfe des Korrespondenzprinzips auf klassische dynamische Variable zurückführen lassen. Die wohl wichtigste dieser Art ist der *Spin*, mit dem wir uns in diesem Kapitel beschäftigen wollen. Wir beginnen mit einer Einführung der bislang noch nicht behandelten Observablen *magnetisches Moment*, die wir aus Analogiebetrachtungen zur Klassischen Elektrodynamik gewinnen. Die Berechnung des Moments für ein atomares System führt zu Diskrepanzen zwischen Theorie und Experiment, die den Einbau des Spins als *Eigendrehimpuls* in die Quantenmechanik notwendig machen. Wir werden Eigenschaften und Konsequenzen des Spinoperators diskutieren, um dann im nächsten Kapitel (Abschn. 5.3) mit der **relativistischen Dirac-Gleichung** die korrekte Begründung der Observablen Spin nachzuliefern.

5.2.1 Operator des magnetischen Moments

Wir wollen uns also zunächst, gewissermaßen zur Motivation der dann folgenden Überlegungen, mit der Observablen *magnetisches Moment* beschäftigen, die ja bislang noch nicht Gegenstand unserer Betrachtungen war. Den Begriff des magnetischen Moments kennen wir natürlich aus der Klassischen Elektrodynamik (Band 3), wollen uns aber noch einmal die Definition in Erinnerung rufen. Gegeben sei ein physikalisches System (Teilchen), das ein makroskopisch kleines Volumen v einnehmen und in irgendeiner Form Ladungen enthalten möge. Wir wollen uns um seine Struktur gar nicht kümmern, es deshalb abstrakt als *lokale Stromverteilung* $\boldsymbol{j}$ ansehen. Durch diese wird nach den Regeln der Klassischen Elektrodynamik ein **magnetisches Moment $\boldsymbol{m}$** hervorgerufen ((3.43), Bd. 3):

$$\boldsymbol{m} = \frac{1}{2} \int_v d^3r \left[\boldsymbol{r} \times \boldsymbol{j}(\boldsymbol{r})\right] . \tag{5.120}$$

Dabei soll der *Mittelpunkt* des *Teilchens* den Koordinatenursprung definieren. Die Stromdichte $\boldsymbol{j}$ ist stationär, muss deshalb

$$\operatorname{div} \boldsymbol{j} = 0 \tag{5.121}$$

erfüllen. Dann können wir für $\boldsymbol{j}$ den folgenden Ansatz machen:

$$\boldsymbol{j} = -\boldsymbol{m} \times \nabla f(\boldsymbol{r}) = \operatorname{rot}(\boldsymbol{m} f(\boldsymbol{r})) . \tag{5.122}$$

Das zweite Gleichheitszeichen gilt, weil $\boldsymbol{m}$ ein ortsunabhängiger Vektor ist. Wegen div rot $\boldsymbol{a} = 0$ für beliebige Vektoren $\boldsymbol{a}$ ist durch diesen Ansatz automatisch (5.121) erfüllt. Um auch (5.120) zu befriedigen, müssen an die Funktion $f(\boldsymbol{r})$ nur zwei Bedingungen gestellt werden:

1. $f(\boldsymbol{r}) \equiv 0$ außerhalb v ,
2. $\int_v \mathrm{d}^3 r f(\boldsymbol{r}) = 1$.

Die Gültigkeit von (5.120) verifiziert man durch Einsetzen des Ansatzes (5.122). Das haben wir im Anschluss an Gleichung (3.65) in Band 3 explizit durchgeführt und soll deshalb hier nicht noch einmal wiederholt werden.

Wenn wir uns den eigentlichen Zweck dieser Überlegungen in Erinnerung rufen, dann erscheint der Ausdruck (5.120) doch etwas zu unhandlich, um ihn nach dem Korrespondenzbegriff in die Quantenmechanik zu *übersetzen*. Wir suchen deshalb nach einem anderen Ansatzpunkt und untersuchen dazu die Frage, wie sich die Energie des Systems im Volumen v verändert, wenn ein Magnetfeld aufgeschaltet wird. Eine Energieänderung tritt durch die Arbeit des Feldes an der Stromdichte $\boldsymbol{j}$ auf, und zwar indirekt über das von der magnetischen Induktion $\boldsymbol{B}$ induzierte $\boldsymbol{E}$-Feld:

$$\operatorname{rot} \boldsymbol{E} = -\dot{\boldsymbol{B}} \ .$$

Wir bezeichnen die Systemenergie vorübergehend mit dem Buchstaben W, um Verwechslungen mit dem elektrischen Feld zu vermeiden. Für die Energieänderung gilt ((4.44), Bd. 3):

$$\begin{aligned}\frac{\mathrm{d}W}{\mathrm{d}t} &= \int \boldsymbol{j} \cdot \boldsymbol{E} \, \mathrm{d}^3 r = -\int (\boldsymbol{m} \times \nabla f) \cdot \boldsymbol{E} \, \mathrm{d}^3 r = -\boldsymbol{m} \cdot \int (\nabla f \times \boldsymbol{E}) \, \mathrm{d}^3 r \\ &= -\boldsymbol{m} \cdot \int \left[\operatorname{rot}(f \boldsymbol{E}) - f \operatorname{rot} \boldsymbol{E}\right] \mathrm{d}^3 r \ .\end{aligned}$$

Das erste Integral wird mit dem Gaußschen Satz ((1.58), Bd. 3) zu einem Oberflächenintegral über eine im Unendlichen liegende Fläche und verschwindet deshalb wegen f (Bedingung 1)). Es bleibt also:

$$\frac{\mathrm{d}W}{\mathrm{d}t} = \boldsymbol{m} \cdot \int f \operatorname{rot} \boldsymbol{E} \, \mathrm{d}^3 r = -\boldsymbol{m} \cdot \int \dot{\boldsymbol{B}} f(\boldsymbol{r}) \mathrm{d}^3 r \overset{1)}{=} -\boldsymbol{m} \cdot \int_v \dot{\boldsymbol{B}} f(\boldsymbol{r}) \mathrm{d}^3 r \ .$$

Da v makroskopisch klein sein soll, wird sich die Feldgröße $\dot{\boldsymbol{B}}$ innerhalb v praktisch nicht ändern und kann deshalb vor das Integral gezogen werden. Mit Bedingung 2) für die Funktion $f(\boldsymbol{r})$ folgt dann:

$$\frac{\mathrm{d}W}{\mathrm{d}t} = -\boldsymbol{m} \cdot \dot{\boldsymbol{B}} \quad \Leftrightarrow \quad \mathrm{d}W = -\boldsymbol{m} \cdot \mathrm{d}\boldsymbol{B} \ .$$

Dies liefert uns als Variante zu (5.120) eine weitere klassische Definition des magnetischen Moments:

$$\boldsymbol{m} = -\nabla_{\mathrm{B}} W \ . \tag{5.123}$$

Diese Version eignet sich nun aber wesentlich besser für den korrespondenzmäßigen Übergang auf die entsprechende quantenmechanische Observable. Wir interpretieren W als

Lösung der zeitunabhängigen Schrödinger-Gleichung,

$$H|\psi\rangle = W|\psi\rangle \,; \quad \langle\psi|\psi\rangle = 1 \,,$$

und differenzieren diese Gleichung nach dem Feld $\boldsymbol{B}$:

$$(\nabla_{\mathrm{B}} H - \nabla_{\mathrm{B}} W)\,|\psi\rangle + (H - W)|\nabla_{\mathrm{B}}\psi\rangle = 0 \,.$$

Wenn wir nun von links mit dem bra-Zustand $\langle\psi|$ multiplizieren, so entfällt wegen der Hermitezität von H ($\langle\psi|H = \langle\psi|W$) der zweite Summand, und es bleibt:

$$\langle\psi|\nabla_{\mathrm{B}} H|\psi\rangle = \nabla_{\mathrm{B}} W \,. \tag{5.124}$$

Mit dem üblichen Analogieschluss (Abschn. 3.2.7), nach dem den klassischen Größen Erwartungswerte der zugeordneten quantenmechanischen Observablen entsprechen, leiten wir aus dem Vergleich von (5.123) und (5.124) ab:

Operator des magnetischen Moments

$$\boldsymbol{\mu} = -\nabla_{\mathrm{B}} H \,. \tag{5.125}$$

Im nächsten Abschnitt soll dieser Momentenoperator für eine konkrete Situation explizit berechnet werden.

5.2.2 Magnetisches Moment und Drehimpuls

Wir wollen einmal die Theorie des letzten Abschnitts auf ein Atom bzw. Ion anwenden. Dieses setzt sich zusammen aus einem positiv geladenen Kern, den wir wegen seiner vergleichsweise großen Masse als *ruhend* ansehen können, und p Elektronen der Masse m_{e} und Ladung $\hat{q} = -e$. Das Atom (Ion) befinde sich in einem homogenen Magnetfeld:

$$\boldsymbol{B} = \operatorname{rot} \boldsymbol{A} = (0, 0, B) \,.$$

Wir wissen aus der Elektrodynamik, dass das Vektorpotential $\boldsymbol{A}(\boldsymbol{r}, t)$ nur bis auf eine *Eichfunktion* $\chi(\boldsymbol{r}, t)$ eindeutig bestimmt ist. An den eigentlichen Messgrößen, den Feldern $\boldsymbol{E}$ und $\boldsymbol{B}$ ändert sich nichts, wenn man für das Vektorpotential und das skalare Potential $\varphi(\boldsymbol{r}, t)$ die folgende Substitution vornimmt:

$$\boldsymbol{A}(\boldsymbol{r}, t) \longrightarrow \boldsymbol{A}(\boldsymbol{r}, t) + \nabla\,\chi(\boldsymbol{r}, t) \,,$$

$$\varphi(\boldsymbol{r}, t) \longrightarrow \varphi(\boldsymbol{r}, t) - \dot{\chi}(\boldsymbol{r}, t) \,.$$

Man hat dabei noch die Freiheit, $\chi(\boldsymbol{r},t)$ *günstig* zu wählen. In der sogenannten „Coulomb-Eichung" ((4.26), Bd. 3) wird $\chi(\boldsymbol{r},t)$ so angesetzt, dass

$$\operatorname{div} \boldsymbol{A}(\boldsymbol{r},t) = 0$$

gilt. Diese Beziehung und $\operatorname{rot} \boldsymbol{A} = \boldsymbol{B}$ lassen sich offenbar durch

$$\boldsymbol{A} = \frac{1}{2} \boldsymbol{B} \times \boldsymbol{r}$$

erfüllen.

Wir wissen aus der Analytischen Mechanik (Bd. 2), dass der Ort und der mechanische Impuls eines Teilchens im Magnetfeld keine kanonisch konjugierten Variablen sind. Als solche bezeichnet man Variable, die die fundamentale Poisson-Klammer $\{q,p\} = 1$ erfüllen ((2.110), Bd. 2) und damit nach dem Korrespondenzprinzip die für die Quantenmechanik ebenso fundamentale Vertauschungsrelation $[q,p]_- = \mathrm{i}\hbar$. Der **kanonische Impuls** eines Teilchens der Ladung $\hat{q}$ und Masse m im elektromagnetischen Feld lautet ((2.38), Bd. 2):

$$\boldsymbol{p} = m\dot{\boldsymbol{r}} + \hat{q}\boldsymbol{A}(\boldsymbol{r},t) \,.$$

Damit formulieren wir nun die **Hamilton-Funktion** unseres p-Elektronen-Atoms (Ions):

$$H = \sum_{i=1}^{p} \left[\frac{1}{2m_\mathrm{e}} \left(\boldsymbol{p}_i + e\boldsymbol{A}(\boldsymbol{r}_i)\right)^2 + V(\boldsymbol{r}_i) \right] . \tag{5.126}$$

Das Potential $V(\boldsymbol{r}_i)$ enthalte die Wechselwirkung des Elektrons mit dem positiv geladenen Kern sowie in gemittelter Form die mit den anderen Atomelektronen. Letztere ist nicht ganz einfach exakt zu behandeln. Man kann sich in der Regel jedoch mit der sogenannten *Zentralfeldnäherung* begnügen, in der diese Wechselwirkungen durch ein Zentralfeld $V(\boldsymbol{r}_i) = V(r_i)$ simuliert werden. Damit separiert die Hamilton-Funktion nach den einzelnen Elektronenkoordinaten:

$$H = \sum_{i=1}^{p} H_i \,; \quad H_i = \frac{1}{2m_\mathrm{e}} \left(\boldsymbol{p}_i + e\boldsymbol{A}(\boldsymbol{r}_i)\right)^2 + V(r_i) \,.$$

Wir vollziehen nun den Übergang zur Quantenmechanik und benutzen dabei die Ortsdarstellung. Dann lautet der Hamilton-**Operator**, den wir bereits in (2.115) benutzt haben, und für den wir denselben Buchstaben H verwenden wir für die Hamilton-Funktion:

$$H_i = \frac{1}{2m_\mathrm{e}} \left[-\hbar^2 \Delta_i + e\frac{\hbar}{\mathrm{i}} \left(\operatorname{div} \boldsymbol{A}(\boldsymbol{r}_i) + 2\boldsymbol{A}(\boldsymbol{r}_i) \cdot \nabla_i\right) + e^2 \boldsymbol{A}^2(\boldsymbol{r}_i) \right] + V(r_i) \,.$$

Durch die Coulomb-Eichung vereinfacht sich dieser Ausdruck,

$$H_i = H_{0i} + \frac{e}{m_\mathrm{e}} \boldsymbol{A}(\boldsymbol{r}_i) \cdot \boldsymbol{p}_i + \frac{e^2}{2m_\mathrm{e}} \boldsymbol{A}^2(\boldsymbol{r}_i) \,,$$

wobei wir in H_{0i} alle Terme zusammengefasst haben, die nicht direkt vom Magnetfeld beeinflusst werden. Man berechnet leicht (s. (1.201), Bd. 1):

$$\begin{aligned} A^2(r_i) &= \frac{1}{4}(B \times r_i)^2 \\ &= \frac{1}{4}B^2 r_i^2 \sin^2\vartheta_i\,; \qquad \vartheta_i = \sphericalangle(B, r_i)\,. \end{aligned}$$

Dabei konnten wir ausnutzen, dass $\boldsymbol{B}$ kein Operator ist, also mit $\boldsymbol{r}$ beliebig vertauscht.

$$A(r_i)\cdot p_i = \frac{1}{2}(B \times r_i)\cdot p_i = \frac{1}{2}B\cdot(r_i \times p_i) = \frac{1}{2}B\cdot L_i\,.$$

$\boldsymbol{L}_i$ ist der Bahndrehimpuls des i-ten Elektrons bezogen auf den Koordinatenursprung. Damit haben wir als Zwischenergebnis:

$$H_i = H_{0i} + \frac{e}{2m_e}L_i\cdot B + \frac{e^2 B^2}{8m_e}r_i^2\sin^2\vartheta_i\,.$$

Unsere bisherigen Überlegungen haben sich praktisch nur auf ein einzelnes Elektron bezogen, das den Bahndrehimpuls $\boldsymbol{L}_i$ besitzt. Beim Aufsummieren zum vollen Hamilton-Operator erscheint der

$$\text{Gesamtbahndrehimpuls}: \ \widehat{L} = \sum_{i=1}^{p} L_i\,, \tag{5.127}$$

von dem wir streng genommen noch zeigen müssen, dass es sich bei ihm in der Tat um einen Drehimpuls handelt. Das ist genau dann der Fall, wenn seine kartesischen Komponenten die fundamentalen Vertauschungsrelationen (5.14) erfüllen. Dies lässt sich leicht zeigen, wenn man ausnutzt, dass die Drehimpulse verschiedener Elektronen miteinander kommutieren:

$$\left[\widehat{L}_x, \widehat{L}_y\right]_- = \sum_{i,j=1}^{p}\left[L_{x_i}, L_{y_j}\right]_- = \sum_{i,j=1}^{p}\delta_{ij}\left[L_{x_i}, L_{y_i}\right]_- = \sum_{i=1}^{p} \mathrm{i}\hbar L_{z_i} = \mathrm{i}\hbar\widehat{L}_z\,.$$

Genauso verifiziert man die beiden anderen Relationen. $\widehat{L}$ ist somit ein *ganz normaler* Drehimpuls.

Der Hamilton-Operator des p-Elektronenatoms (Ions) lautet damit schlussendlich:

$$H = H_0 + \frac{e}{2m_e}\widehat{L}\cdot B + \frac{e^2B^2}{8m_e}\sum_{i=1}^{p} r_i^2\sin^2\vartheta_i\,. \tag{5.128}$$

Nach (5.125) besitzt das Teilchen dann das magnetische Moment:

$$\mu = -\frac{e}{2m_e}\widehat{L} - \left(\frac{e^2}{4m_e}\sum_{i=1}^{p} r_i^2\sin^2\vartheta_i\right)B\,. \tag{5.129}$$

Interessant ist insbesondere der erste Term, der die enge Verknüpfung von Bahndrehimpuls und magnetischem Moment erkennen lässt. Der zweite Term ist feldabhängig und verschwindet deshalb, sobald das Feld abgeschaltet wird. Der erste Summand in (5.129) repräsentiert ein **permanentes Moment**, der zweite ein **induziertes Moment**. Das permanente Moment resultiert aus der Elektronenbewegung um den Kern. An dieses koppelt das Feld linear. Das Moment bleibt auch nach Abschalten des Feldes erhalten. Das Magnetfeld verändert allerdings die Bahn des Elektrons auch ein wenig und induziert damit ein magnetisches Zusatzmoment, an das das Feld dann wiederum linear ankoppelt. Dieses induzierte Moment führt zum Phänomen des **Diamagnetismus** (s. Abschn. 3.4.2, Bd. 3), der in allen Stoffen vorliegt. Die Existenz von permanenten magnetischen Momenten führt zu **Paramagnetismus.** Das ist die Erscheinung, dass sich bei Anlegen eines Magnetfeldes die permanenten Atommomente parallel zu diesem einzustellen versuchen. Dieser Ordnungstendenz steht die thermische Bewegung entgegen. Der sich einstellende Kompromiss bedingt die charakteristischen Eigenschaften eines Paramagneten. Wenn sich in einem Festkörper die permanenten Atommagnete spontan geordnet orientieren, so entsteht **Ferro- (Antiferro-)magnetismus**. Man kann zeigen, dass das induzierte Moment stets nur einen sehr kleinen Beitrag liefert, sodass Diamagnetismus auch nur dann beobachtbar wird, wenn das permanente Moment verschwindet ($l = 0$). Für alle anderen Fälle ist es deshalb üblich, das induzierte Moment zu unterdrücken. Man beachte, dass wegen der negativen Elektronenladung **Drehimpuls und permanentes magnetisches Moment stets antiparallel** orientiert sind.

Wir wollen noch einige Schlussfolgerungen aus unseren bisherigen Überlegungen ziehen. Bei abgeschaltetem Feld ist H_0 der Hamilton-Operator des Atoms. In der *Zentralfeldnäherung* handelt es sich um einen skalaren, rotationsinvarianten Operator. Nach den Ergebnissen von Abschn. 5.1.3 (s. (5.47)) müssen deshalb $H_0, \widehat{\boldsymbol{L}}^2$ und $\widehat{L}_z$ einen gemeinsamen Satz von Eigenzuständen $|\psi_{xlm}\rangle$ besitzen:

$$H_0|\psi_{xlm}\rangle = E_{xl}^{(0)}|\psi_{xlm}\rangle \,. \tag{5.130}$$

Der Index x fasse alle Quantenzahlen zusammen, die außer l und m zur Kennzeichnung der Zustände noch notwendig sind. H_0 enthält in der kinetischen Energie den Laplace-Operator, der nach (5.83) mit dem Bahndrehimpulsquadrat eng verknüpft ist. Wir müssen deshalb davon ausgehen, dass die Energieeigenwerte $E_{xl}^{(0)}$ von l abhängen werden, wohingegen sie bezüglich m sicher entartet sind.

Schalten wir nun ein homogenes Magnetfeld auf, das die z-Richtung definieren möge, so werden sich infolge des diamagnetischen Terms nicht nur die Eigenwerte, sondern auch die Eigenzustände ändern. Wenn wir für unsere qualitativen Überlegungen hier diesen wegen seiner schon erwähnten relativen Bedeutungslosigkeit unterdrücken, dann vereinfacht sich die Sache, da der paramagnetische Term in (5.128) ($\sim \widehat{L}_z$) die Eigenzustände nicht ändert.

Er hebt allerdings die m-Entartung auf:

$$H|\psi_{xlm}\rangle = E_{xlm}|\psi_{xlm}\rangle\,, \tag{5.131}$$

$$E_{xlm} = E_{xl}^{(0)} + \mu_\mathrm{B} B m\,. \quad m = -l, -l+1, \ldots, +l\,. \tag{5.132}$$

μ_B ist das bereits in (1.59) benutzte **Bohr'sche Magneton**:

$$\mu_\mathrm{B} = \frac{e\hbar}{2m_\mathrm{e}} = 9{,}274 \cdot 10^{-24}\,\frac{\mathrm{J}}{\mathrm{T}}\,(= \mathrm{A\,m}^2) = 0{,}579 \cdot 10^{-4}\,\frac{\mathrm{eV}}{\mathrm{T}}\,. \tag{5.133}$$

Im Magnetfeld sollte also jeder atomare Energieterm $E_{xl}^{(0)}$ $(2l+1)$-fach aufgespalten (*Zeeman-Effekt*) sein, wobei die einzelnen Terme energetisch äquidistant liegen. Der Abstand $\mu_\mathrm{B} B$ ist zwar außerordentlich klein – bei einem schon recht starken Magnetfeld von einem Tesla wäre ΔE nur etwa $0{,}6 \cdot 10^{-4}$ eV –, die Auflösung bedeutet aber für die experimentelle Atomphysik keine Schwierigkeit. Da das Magnetfeld also die *Richtungsentartung* aufhebt, nennt man m die *magnetische Quantenzahl.*

Vergleichen wir nun einmal diese Aussagen mit dem experimentellen Befund. Eindeutig bestätigt wird die magnetfeld-bedingte Aufspaltung der Terme, allerdings im Detail mit zum Teil deutlichen Abweichungen von unseren theoretischen Vorhersagen. Ganz allgemein beobachtet man in Atomen mit ungeradzahliger Elektronenzahl Aufspaltungen, die eher einer **halbzahligen** magnetischen Quantenzahl entsprechen. Außerdem ist im Widerspruch zu (5.132) für verschiedene Niveaus die Aufspaltung durchaus unterschiedlich.

Wir werden in Kap. 6 zeigen, dass der Grundzustand des einfachen Wasserstoffatoms zu $l = 0$ gehört. Nach (5.132) sollte er deshalb von einem Magnetfeld unbeeinflusst bleiben. Dieses widerspricht dem experimentellen Befund, nach dem der Grundzustand im Feld zweifach aufspaltet.

Erinnern wir uns an den im Abschn. 1.3.2 im einzelnen besprochenen **Stern-Gerlach-Versuch**. Die Silberatome, die in diesem Experiment ein inhomogenes Magnetfeld durchlaufen, werden in ihren Eigenschaften durch das sogenannte *Leuchtelektron* ($5s$-Elektron) dominiert. Die Drehimpulse aller anderen Elektronen koppeln im Ag-Atom zu Null. Das *Leuchtelektron* besitzt aber ebenfalls im Grundzustand $l = 0$. Trotzdem wird auch hier die mit unseren bisherigen Kenntnissen nicht zu vereinbarende zweifache Aufspaltung beobachtet.

Alle diese Probleme lösen sich nun ziemlich unmittelbar, wenn wir annehmen, dass quantenmechanische Teilchen neben ihrem Bahndrehimpuls noch einen *Eigendrehimpuls* besitzen, den wir *Spin* $\boldsymbol{S}$ nennen wollen. Es handelt sich um einen Vektoroperator, dessen kartesische Komponenten die Vertauschungsrelationen (5.14) erfüllen. $\boldsymbol{S}$ ist damit ein *ganz normaler* Drehimpuls, auf den deshalb auch alle in Abschn. 5.1.4 abgeleiteten Aussagen zutreffen. Dies gilt insbesondere für die **Eigenwertgleichungen**:

$$\mathbf{S}^2|S\,m_s\rangle = \hbar^2 S(S+1)|S\,m_s\rangle\,, \tag{5.134}$$

$$S_z|S\,m_s\rangle = \hbar\, m_s|S\,m_s\rangle\,. \tag{5.135}$$

Die **Spinquantenzahl** S kann dabei ganz- oder halbzahlig sein:

$$S = 0, \frac{1}{2}, 1, \ldots \qquad m_s = -S, -S+1, \ldots, +S\,. \tag{5.136}$$

Wir werden in Kap. 8 eine bedeutungsvolle Aufteilung der quantenmechanischen Teilchen in solche mit halbzahligem und solche mit ganzzahligem Spin kennen lernen. Die mit halbzahligem Spin heißen *Fermionen* ($S = 1/2$: Elektron, Neutron, Proton, ...), die mit ganzzahligem Spin *Bosonen* ($S = 0$: π-Meson; $S = 1$: Photon, Magnon; ...).

In der Klassischen Mechanik haben wir *Teilchen* fast immer als *Massenpunkte* auffassen können. Die einzige Teilcheneigenschaft war damit die Masse m. In der Elektrodynamik kam dann noch die Ladung $\hat{q}$ hinzu. Im dreidimensionalen Raum hat das klassische Teilchen drei (kontinuierliche) Freiheitsgrade. Ein *quantenmechanisches Teilchen* besitzt nun neben Masse m, Ladung $\hat{q}$ noch die Eigenschaft *Spin S*. Als echte **Teilcheneigenschaft** ist die Spinquantenzahl S für ein bestimmtes Teilchen **unveränderbar**. Das unterscheidet S z. B.von der Bahndrehimpulsquantenzahl l, die für ein Teilchen im Prinzip unendlich viele Werte ($l = 0, 1, 2, \ldots$) annehmen kann.

Mit $\mathbf{S}$ kommt aber nicht nur eine neue Teilcheneigenschaft ins Spiel, sondern auch ein zusätzlicher Freiheitsgrad, nämlich die Einstellung des Vektors $\mathbf{S}$ relativ zu einer vorgegebenen Richtung. Dieser Freiheitsgrad ist unabhängig von den räumlichen Freiheitsgraden und im Gegensatz zu diesen auf jeden Fall diskret.

5.2.3 Hilbert-Raum des Spins

Zur vollständigen Beschreibung eines quantenmechanischen Teilchens reicht der Hilbert-Raum $\mathcal{H}_\mathrm{B}$ der Bahnbewegung nicht mehr aus. Dieser wird z. B.durch die (uneigentlichen) Eigenzustände $|\boldsymbol{r}\rangle$ des Ortsoperators aufgespannt. Wir müssen ihn um den $(2S+1)$-dimensionalen **Spinraum** $\mathcal{H}_\mathrm{S}$ erweitern. Der *vollständige* Raum ist der direkte Produktraum aus den beiden Teilräumen $\mathcal{H}_\mathrm{B}$ und $\mathcal{H}_\mathrm{S}$:

$$\mathcal{H} = \mathcal{H}_\mathrm{B} \otimes \mathcal{H}_\mathrm{S}\,. \tag{5.137}$$

Den Begriff des Produktraums hatten wir bislang noch nicht eingeführt. Wir wollen ihn deshalb an unserem jetzigen konkreten Beispiel etwas genauer erläutern. Er wird uns auch in anderem Zusammenhang noch begegnen.

Für die Zustände $|\psi;\varphi\rangle$ aus $\mathcal{H}$ schreibt man:

$$|\psi;\varphi\rangle = |\psi\rangle_{\mathrm{B}}|\varphi\rangle_{\mathrm{S}} = |\varphi\rangle_{\mathrm{S}}|\psi\rangle_{\mathrm{B}} \,. \tag{5.138}$$

$|\psi\rangle_{\mathrm{B}}$ ist ein Zustand aus $\mathcal{H}_{\mathrm{B}}$ und $|\varphi\rangle_s$ einer aus dem Spinraum $\mathcal{H}_s$. Man nennt die rechte Seite *direktes Produkt* der Zustände $|\psi\rangle_{\mathrm{B}}$ und $|\varphi\rangle_s$, im Unterschied zum Skalarprodukt (3.15) zweier Zustände oder auch zum dyadischen Produkt (3.75). Gleichung (5.138) drückt die **Kommutativität** des direkten Produkts aus. Es besitzt auch **Distributivität**. Seien

$$|\overline{\psi}\rangle_{\mathrm{B}} = |\psi_1\rangle_{\mathrm{B}} + |\psi_2\rangle_{\mathrm{B}} \,; \qquad |\overline{\varphi}\rangle_{\mathrm{S}} = |\varphi_1\rangle_{\mathrm{S}} + |\varphi_2\rangle_{\mathrm{S}}$$

Zustände aus $\mathcal{H}_{\mathrm{B}}$ bzw. $\mathcal{H}_{\mathrm{S}}$, dann gilt:

$$\begin{aligned} |\overline{\psi};\varphi\rangle &= |\psi_1;\varphi\rangle + |\psi_2;\varphi\rangle \,, \\ |\psi;\overline{\varphi}\rangle &= |\psi;\varphi_1\rangle + |\psi;\varphi_2\rangle \,. \end{aligned} \tag{5.139}$$

Das Skalarprodukt im Hilbert-Raum $\mathcal{H}$ wird auf die entsprechenden in $\mathcal{H}_{\mathrm{B}}$ und $\mathcal{H}_{\mathrm{S}}$ zurückgeführt, wobei natürlich nur Zustände aus demselben Teilraum *skalar multipliziert* werden können:

$$\langle\widehat{\psi};\widehat{\varphi}|\psi;\varphi\rangle = {}_{\mathrm{B}}\langle\widehat{\psi}|\psi\rangle_{\mathrm{B}}\;{}_{\mathrm{S}}\langle\widehat{\varphi}|\varphi\rangle_{\mathrm{S}} \,. \tag{5.140}$$

Wir können uns auch schnell überlegen, wie die Basis des *kombinierten* Raums $\mathcal{H}$ aussehen muss, wenn die Basen der Teilräume gegeben sind. Sei $\{|\alpha_i\rangle_{\mathrm{B}}\}$ ein orthonormiertes Basissystem (kontinuierlich oder diskret) für $\mathcal{H}_{\mathrm{B}}$ und $\{|\beta_j\rangle_{\mathrm{S}}\}$ (diskret) ein solches für $\mathcal{H}_{\mathrm{S}}$ mit:

$${}_{\mathrm{B}}\langle\alpha_j|\alpha_i\rangle_{\mathrm{B}} = \delta(i,j) \,; \qquad \langle\beta_m|\beta_n\rangle_{\mathrm{S}} = \delta_{mn} \,. \tag{5.141}$$

Das Zeichen $\delta(i,j)$ haben wir in (3.49) eingeführt. Es entspricht dem Kronecker-Delta δ_{ij} im Falle einer diskreten Basis und der Deltafunktion $\delta(i-j)$ bei einer kontinuierlichen Basis. – Die Zustände $\{|\alpha_i;\beta_m\rangle\}$ stellen dann in $\mathcal{H}$ ein orthonormiertes

$$\langle\alpha_j;\beta_m|\alpha_i;\beta_n\rangle = \delta(i,j)\,\delta_{mn} \tag{5.142}$$

und vollständiges Basissystem dar:

$$\sum\!\!\!\!\!\!\int_i \sum_m |\alpha_i;\beta_m\rangle\langle\alpha_i;\beta_m| = \mathbf{1} \,. \tag{5.143}$$

Jeder beliebige Zustand $|\psi;\varphi\rangle \in \mathcal{H}$ lässt sich nach diesen Basiszuständen entwickeln:

$$|\psi;\varphi\rangle = \sum\!\!\!\!\!\!\int_i \sum_m |\alpha_i;\beta_m\rangle\langle\alpha_i;\beta_m|\psi;\varphi\rangle \,. \tag{5.144}$$

Alle Regeln, Theoreme und statistische Interpretationen, die wir in Kap. 3 für Zustände im Hilbert-Raum abgeleitet haben, können direkt übernommen werden. Das gilt insbesondere auch für die **spektrale Zerlegung** (3.68) eines in $\mathcal{H}$ wirkenden Operators A:

$$A = \mathbf{1}\,A\,\mathbf{1} = \sum\!\!\!\!\!\!\int_i \sum_m \sum\!\!\!\!\!\!\int_j \sum_n |\alpha_i;\beta_m\rangle\langle\alpha_i;\beta_m|A|\alpha_j;\beta_n\rangle\langle\alpha_j;\beta_n| \,. \tag{5.145}$$

Eine wichtige Sonderstellung nehmen solche Operatoren ein, die ausschließlich nur in einem der beiden Teilräume wirken. Wenn $A_{\mathrm{B,S}}$ nur in $\mathcal{H}_{\mathrm{B,S}}$ wirkt, dann reduziert sich wegen

$$\left\langle \alpha_i;\beta_m|A_{\mathrm{B}}|\alpha_j;\beta_n\right\rangle = {}_{\mathrm{B}}\left\langle \alpha_i|A_{\mathrm{B}}|\alpha_j\right\rangle_{\mathrm{B}}\ \delta_{mn}\ ,$$
$$\left\langle \alpha_i;\beta_m|A_{\mathrm{S}}|\alpha_j;\beta_n\right\rangle = {}_{\mathrm{S}}\left\langle \beta_m|A_{\mathrm{S}}|\beta_n\right\rangle_{\mathrm{S}}\ \delta(i,j)$$

die Spektraldarstellung in $\mathcal{H}$ auf:

$$A_{\mathrm{B}} = \left[\sum\!\!\!\!\!\!\int_i \sum\!\!\!\!\!\!\int_j |\alpha_i\rangle_{\mathrm{B}}\,{}_{\mathrm{B}}\langle\alpha_i|A_{\mathrm{B}}|\alpha_j\rangle_{\mathrm{B}}\,{}_{\mathrm{B}}\langle\alpha_j|\right]\mathbf{1}_{\mathrm{S}}\ , \tag{5.146}$$

$$A_{\mathrm{S}} = \left[\sum_m \sum_n |\beta_m\rangle_{\mathrm{S}}\,{}_{\mathrm{S}}\langle\beta_m|A_{\mathrm{S}}|\beta_n\rangle_{\mathrm{S}}\,{}_{\mathrm{S}}\langle\beta_n|\right]\mathbf{1}_{\mathrm{B}}\ . \tag{5.147}$$

$\mathbf{1}_{\mathrm{B,S}}$ ist der Einheitsoperator in $\mathcal{H}_{\mathrm{B,S}}$. Die Wirkung von $A_{\mathrm{B,S}}$ auf einen beliebigen Zustand $|\psi;\varphi\rangle$ des Produktraums geschieht dann so, dass der *jeweils andere* Teil des Zustands unbeeinflusst bleibt:

$$A_{\mathrm{B}}|\psi;\varphi\rangle = |\overline{\psi};\varphi\rangle \quad\longleftrightarrow\quad A_{\mathrm{B}}|\psi\rangle_{\mathrm{B}} = |\overline{\psi}\rangle_{\mathrm{B}}\ ,$$
$$A_s|\psi;\varphi\rangle = |\psi;\overline{\varphi}\rangle \quad\longleftrightarrow\quad A_{\mathrm{S}}|\varphi\rangle_{\mathrm{S}} = |\overline{\varphi}\rangle_{\mathrm{S}}\ .$$

Dies hat insbesondere zur Folge, dass solche Operatoren im Produktraum $\mathcal{H}$ kommutieren:

$$[A_{\mathrm{B}},A_{\mathrm{S}}]_- = 0\ . \tag{5.148}$$

In unserem konkreten Fall können wir daran unmittelbar die wichtigen Aussagen anschließen:

$$[\boldsymbol{S},\boldsymbol{r}]_- = 0\ , \tag{5.149}$$
$$[\boldsymbol{S},\boldsymbol{p}]_- = 0\ , \tag{5.150}$$
$$[\boldsymbol{S},\boldsymbol{L}]_- = 0\ . \tag{5.151}$$

Dieses Resultat ist außerordentlich *beruhigend*, besagt es doch, dass wir an der bislang durchgeführten *spinlosen* Quantenmechanik nichts zu revidieren haben. Alle von uns verwendeten Operatoren (Observablen) haben wie A_{B} in (5.146) keinen Einfluss auf den Spinraum $\mathcal{H}_s$.

Wir hatten bereits festgestellt, dass der Spinoperator $\boldsymbol{S}$ ein *ganz normaler* Drehimpuls in dem Sinne ist, dass seine kartesischen Komponenten die Vertauschungsrelationen (5.14) erfüllen:

$$[S_x,S_y]_- = \mathrm{i}\hbar\,S_z\ ;\ [S_y,S_z]_- = \mathrm{i}\hbar\,S_x\ ,$$
$$[S_z,S_x]_- = \mathrm{i}\hbar\,S_y\ . \tag{5.152}$$

Definieren wir wie in (5.21) auch für den Spin Stufenoperatoren,

$$S_{\pm} = S_x \pm \mathrm{i}\, S_y \,, \tag{5.153}$$

so gelten für diese die früher allgemein bewiesenen Beziehungen:

$$[S_z, S_{\pm}]_- = \pm\hbar\, S_{\pm} \;; \quad [S_+, S_-]_- = 2\hbar\, S_z \,. \tag{5.154}$$

Insbesondere sind die im Anschluss an (5.64) aufgelisteten Matrixdarstellungen direkt auf die Spinoperatoren zu übertragen, wenn man als Basis die gemeinsamen Eigenzustände $|S\, m_s\rangle$ (5.134) und (5.135) von $\boldsymbol{S}^2$ und S_z nimmt.

In $\mathcal{H}_\mathrm{S}$ bilden die $\{|S, m_s\rangle\}$ eine vollständige Orthonormalbasis. Für einen allgemeinen Spinzustand $|\alpha_\mathrm{S}\rangle$ gilt deshalb die Entwicklung:

$$|\alpha_\mathrm{S}\rangle = \sum_{m_s=-S}^{+S} \widehat{\alpha}_{m_s} |S\, m_s\rangle \,. \tag{5.155}$$

Mit Bezug auf die Matrixdarstellungen der Spinoperatoren lässt sich $|\alpha_\mathrm{S}\rangle$ durch einen $(2S+1)$-komponentigen Spaltenvektor repräsentieren:

$$|\alpha_\mathrm{S}\rangle = \begin{pmatrix} \langle S\, S|\alpha_\mathrm{S}\rangle \\ \langle S\, S-1|\alpha_\mathrm{S}\rangle \\ \vdots \\ \langle S\, -S|\alpha_\mathrm{S}\rangle \end{pmatrix} = \begin{pmatrix} \widehat{\alpha}_\mathrm{S} \\ \widehat{\alpha}_{\mathrm{S}-1} \\ \vdots \\ \widehat{\alpha}_{-\mathrm{S}} \end{pmatrix} . \tag{5.156}$$

Der Eigenzustand $|S\, m_s\rangle$ selbst ist ein Spaltenvektor mit einer 1 an der m_s-ten Stelle und sonst lauter Nullen. Man nennt (5.156) einen *Spinor*.

Wählen wir nun noch als Basis des Teilraums $\mathcal{H}_\mathrm{B}$ die Eigenzustände $|\boldsymbol{r}\rangle$ des Ortsoperators, dann gilt nach (5.144) für einen beliebigen Zustand des Produktraums $\mathcal{H} = \mathcal{H}_\mathrm{B} \otimes \mathcal{H}_\mathrm{S}$:

$$|\psi; \alpha_\mathrm{S}\rangle = \sum_{m_s=-S}^{+S} \int \mathrm{d}^3 r |\boldsymbol{r}\rangle |S\, m_s\rangle \langle \boldsymbol{r}|\psi\rangle \langle S\, m_s|\alpha_\mathrm{S}\rangle \,.$$

$\langle \boldsymbol{r}|\psi\rangle$ ist die Wellenfunktion $\psi(\boldsymbol{r})$ des Zustands $|\psi\rangle$:

$$|\psi; \alpha_\mathrm{S}\rangle = \sum_{m_s=-S}^{+S} \int \mathrm{d}^3 r\, \widehat{\alpha}_{m_s}\, \psi(\boldsymbol{r}) |\boldsymbol{r}\rangle |S\, m_s\rangle \,. \tag{5.157}$$

Durch skalare Multiplikation dieser Beziehung mit dem bra-Ortseigenzustand $\langle \boldsymbol{r}|$ erhält man analog zu (3.238) die *Ortsdarstellung* des Zustands $|\psi; \alpha_s\rangle$, die sich als **$(2S+1)$-komponentiger Spinor** schreiben lässt:

$$|\psi_\mathrm{S}(\boldsymbol{r})\rangle \equiv \begin{pmatrix} \psi_\mathrm{S}(\boldsymbol{r}) \\ \psi_{\mathrm{S}-1}(\boldsymbol{r}) \\ \vdots \\ \psi_{-\mathrm{S}}(\boldsymbol{r}) \end{pmatrix} \;; \quad \psi_{m_s}(\boldsymbol{r}) \equiv \langle \boldsymbol{r}|\psi\rangle \langle S\, m_s|\alpha_\mathrm{S}\rangle \,. \tag{5.158}$$

Dabei ist das Betragsquadrat einer Komponente,

$$|\psi_{m_s}(\boldsymbol{r})|^2 = |\widehat{\alpha}_{m_s}|^2\,|\psi(\boldsymbol{r})|^2\,, \tag{5.159}$$

als die Wahrscheinlichkeitsdichte zu interpretieren, bei einer gleichzeitigen Messung von *Spin* und *Ort* das Teilchen mit Spin S am Ort $\boldsymbol{r}$ mit einer durch m_s gekennzeichneten Spinorientierung zu finden. Man beachte, dass $\|\psi_S(\boldsymbol{r})\|^2 = |\psi(\boldsymbol{r})|^2$ ist. Ferner gilt in jedem Fall:

$$\boldsymbol{S}^2|\psi_S(\boldsymbol{r})\rangle = \hbar^2 S(S+1)|\psi_S(\boldsymbol{r})\rangle\,. \tag{5.160}$$

Ist außerdem

$$S_z|\psi_S(\boldsymbol{r})\rangle = \hbar\, m_s|\psi_S(\boldsymbol{r})\rangle$$

erfüllt, so spricht man von einem *Eigenspinor*. Von den Komponenten in (5.158) darf dann nur $\psi_{m_s} \neq 0$ sein.

Wir wollen die Diskussion des Spins im nächsten Abschnitt mit dem wichtigen Spezialfall $S = 1/2$ fortsetzen.

5.2.4 Spin $S = 1/2$

Spin $S = 1/2$ ist zum Beispiel für Elektronen, Protonen und Neutronen realisiert. Es handelt sich damit um den weitaus wichtigsten Spezialfall, den wir deshalb auch etwas genauer untersuchen wollen. Der Spinraum $\mathcal{H}_{S=1/2}$ ist für diese Teilchen zweidimensional. Die Spinoperatoren werden demnach durch 2×2-Matrizen dargestellt. Wir hatten diese Matrizen bereits am Schluss von Abschn. 5.1.4 berechnet:

$$\boldsymbol{S}^2 = \frac{3}{4}\hbar^2\,\mathbf{1}_2\,; \qquad \mathbf{1}_2 = \begin{pmatrix} 1 & 0 \\ 0 & 1 \end{pmatrix}, \tag{5.161}$$

$$S_z = \frac{\hbar}{2}\begin{pmatrix} 1 & 0 \\ 0 & -1 \end{pmatrix}, \tag{5.162}$$

$$S_+ = \hbar\begin{pmatrix} 0 & 1 \\ 0 & 0 \end{pmatrix}; \qquad S_- = \hbar\begin{pmatrix} 0 & 0 \\ 1 & 0 \end{pmatrix}. \tag{5.163}$$

Für den Spinoperator $\boldsymbol{S}$ schreibt man bisweilen auch:

$$\boldsymbol{S} = \frac{\hbar}{2}\boldsymbol{\sigma}\,; \qquad \boldsymbol{\sigma} \equiv (\sigma_x, \sigma_y, \sigma_z)\,. \tag{5.164}$$

Die Komponenten des Vektoroperators $\boldsymbol{\sigma}$ sind die **Pauli'schen Spinmatrizen**:

$$\sigma_x = \begin{pmatrix} 0 & 1 \\ 1 & 0 \end{pmatrix}; \quad \sigma_y = \begin{pmatrix} 0 & -\mathrm{i} \\ \mathrm{i} & 0 \end{pmatrix}; \quad \sigma_z = \begin{pmatrix} 1 & 0 \\ 0 & -1 \end{pmatrix}. \tag{5.165}$$

Für diese beweist man leicht die folgenden Eigenschaften:

$$\sigma_x^2 = \sigma_y^2 = \sigma_z^2 = \mathbf{1}_2 \,, \tag{5.166}$$

$$\left[\sigma_x, \sigma_y\right]_+ = \left[\sigma_y, \sigma_z\right]_+ = \left[\sigma_z, \sigma_x\right]_+ = 0 \,. \tag{5.167}$$

In dieser letzten Beziehung beachte man den Index. Mit $[\ldots, \ldots]_+$ bezeichnen wir den sogenannten *Antikommutator*,

$$[A, B]_+ = A\,B + B\,A \,, \tag{5.168}$$

der von dem uns schon geläufigen Kommutator $[A, B]_- = A\,B - B\,A$ zu unterscheiden ist.

$$\operatorname{Sp}\sigma_x = \operatorname{Sp}\sigma_y = \operatorname{Sp}\sigma_z = 0 \,, \tag{5.169}$$

$$\sigma_x\,\sigma_y\,\sigma_z = \mathrm{i}\,\mathbf{1}_2 \,. \tag{5.170}$$

Ferner gelten natürlich die Vertauschungsrelationen (5.152) in entsprechender Form für die Pauli'schen Spinmatrizen:

$$\left[\sigma_x, \sigma_y\right]_- = 2\mathrm{i}\,\sigma_z \,; \quad \left[\sigma_y, \sigma_z\right]_- = 2\mathrm{i}\,\sigma_x \,; \quad \left[\sigma_z, \sigma_x\right]_- = 2\mathrm{i}\,\sigma_y \,. \tag{5.171}$$

Für die gemeinsamen Eigenzustände $|S\,m_s\rangle$ von $\mathbf{S}^2$ und S_z benutzt man im Fall $S = 1/2$ verschiedene *suggestive* Symbole:

$$\begin{aligned} \left|\frac{1}{2}\,\frac{1}{2}\right\rangle &\equiv |\uparrow\rangle \equiv |+\rangle \equiv \begin{pmatrix}1\\0\end{pmatrix} \,, \\ \left|\frac{1}{2}\,-\frac{1}{2}\right\rangle &\equiv |\downarrow\rangle \equiv |-\rangle \equiv \begin{pmatrix}0\\1\end{pmatrix} \,. \end{aligned} \tag{5.172}$$

Die Zustände sind offensichtlich orthonormiert,

$$\langle\pm|\pm\rangle = 1 \,; \quad \langle\pm|\mp\rangle = 0 \,, \tag{5.173}$$

wobei natürlich mit (5.161) und (5.162) die Eigenwertgleichungen

$$\mathbf{S}^2|\pm\rangle = \frac{3}{4}\,\hbar^2|\pm\rangle \,; \quad S_z|\pm\rangle = \pm\frac{\hbar}{2}\,|\pm\rangle \tag{5.174}$$

erfüllt sind. Betrachten wir noch die Wirkung der Stufenoperatoren, für die in Übereinstimmung mit (5.64) gilt:

$$\begin{aligned} S_+|-\rangle &= \hbar|+\rangle \,; \quad & S_+|+\rangle &= 0 \,, \\ S_-|-\rangle &= 0 \,; \quad & S_-|+\rangle &= \hbar|-\rangle \,. \end{aligned} \tag{5.175}$$

Durch $S_\pm$ wird also der Teilchenspin „rauf-" bzw. „runtergeklappt". Natürlich lässt sich ein Spin $S = 1/2$ höchstens einmal „rauf-" bzw. „runterklappen", eine Tatsache, die man im $\mathcal{H}_{1/2}$ auch als Operatoridentität

$$(S_+)^2 = (S_-)^2 = 0 \tag{5.176}$$

formulieren kann.

Nach unseren allgemeinen Überlegungen des letzten Abschnitts lässt sich in der Ortsdarstellung der Zustand eines *Spin* 1/2*-Teilchens* als zweikomponentiger Spinor schreiben:

$$|\psi_{1/2}(\boldsymbol{r})\rangle = \begin{pmatrix} \psi_+(\boldsymbol{r}) \\ \psi_-(\boldsymbol{r}) \end{pmatrix} . \tag{5.177}$$

Dabei ist $|\psi_\pm(\boldsymbol{r})|^2\,\mathrm{d}^3r$ die Wahrscheinlichkeit dafür, bei einer gleichzeitigen Messung von *Spin* und *Ort*, was wegen (5.149) durchaus möglich ist, das Teilchen im Volumenelement d^3r bei $\boldsymbol{r}$ mit einem Spin 1/2 *parallel* (+) bzw. *antiparallel* (−) zur z-Achse anzutreffen. Bei $\psi_\pm(\boldsymbol{r})$ muss es sich deshalb insbesondere um quadratintegrable Funktionen handeln. Das Normquadrat des Spinors,

$$\left\|\psi_{1/2}(\boldsymbol{r})\right\|^2 = \langle\psi_{1/2}(\boldsymbol{r})|\psi_{1/2}(\boldsymbol{r})\rangle = |\psi_+(\boldsymbol{r})|^2 + |\psi_-(\boldsymbol{r})|^2 = |\psi(\boldsymbol{r})|^2 , \tag{5.178}$$

entspricht der *normalen* Aufenthaltswahrscheinlichkeitsdichte für das betrachtete Teilchen.

Ist für die aktuelle physikalische Fragestellung nur die Spinabhängigkeit von Interesse, so wird man natürlich die entsprechenden Rechnungen ausschließlich im Spinraum $\mathcal{H}_{1/2}$ durchführen, so wie wir uns in den früheren Kapiteln ja auf den Raum $\mathcal{H}_\mathrm{B}$ der Bahnbewegung beschränken konnten, da der Spin in den besprochenen Fällen unbedeutend war. Den allgemeinen, normierten Spinzustand $|\alpha_{1/2}\rangle$ können wir gemäß (5.155) nach den Eigenzuständen $|\pm\rangle$ entwickeln:

$$|\alpha_{1/2}\rangle = \alpha_+|+\rangle + \alpha_-|-\rangle = \alpha_+\begin{pmatrix}1\\0\end{pmatrix} + \alpha_-\begin{pmatrix}0\\1\end{pmatrix} = \begin{pmatrix}\alpha_+\\\alpha_-\end{pmatrix} , \tag{5.179}$$

$$|\alpha_+|^2 + |\alpha_-|^2 = 1 . \tag{5.180}$$

Der Spinraum $\mathcal{H}_{1/2}$ weist als Hilbert-Raum keinerlei Besonderheiten auf. Wir können alle Aussagen unserer allgemeinen Untersuchungen über Operatoren und Zustände in Hilbert-Räumen in Kap. 3 direkt übernehmen. Es ist sogar so, dass sich die abstrakte Hilbert-Raum-Theorie besonders einfach am Spinraum $\mathcal{H}_{1/2}$ demonstrieren lässt, da dieser endlich dimensional ist, damit insbesondere keine uneigentlichen Zustände (Abschn. 3.2.4) enthält. Wir haben deshalb in Kap. 3 mehrere Aufgaben zur Anwendung der Hilbert-Raum-Theorie formuliert, die den Spin zum Inhalt hatten, obwohl wir diesen streng genommen damals noch gar nicht kannten.

Mit dem Spin als Drehimpuls ist ein magnetisches Moment verknüpft. Über dieses koppelt der Spin an ein äußeres Magnetfeld. Wir erinnern uns, dass die experimentell nicht bestätigte, vom Moment des Bahndrehimpulses bewirkte, äquidistante Aufspaltung der atomaren Energieterme (5.132) für uns ja gerade das Motiv war, die Existenz des Spins mit einem entsprechenden magnetischen Spinmoment zu postulieren. Wie sieht nun aber dieses Spinmoment tatsächlich aus? Der Bahndrehimpuls des Elektrons bewirkt nach (5.129) ein magnetisches Moment der Form:

$$\boldsymbol{\mu}_L = \frac{-e}{2m_\mathrm{e}}\boldsymbol{L} = -\mu_\mathrm{B}\frac{1}{\hbar}\boldsymbol{L}\,. \tag{5.181}$$

Diesen Ausdruck konnten wir mit Hilfe des Korrespondenzprinzips aus entsprechenden Relationen der Klassischen Elektrodynamik gewinnen. Das Problem beim Spin liegt nun darin, dass wir kein klassisches Analogon als Vorlage benutzen können. So wäre die Erwartung, dass das Spinmoment $\widehat{\boldsymbol{\mu}}_\mathrm{S}$ exakt dieselbe Struktur wie $\widehat{\boldsymbol{\mu}}_\mathrm{L}$ besitzt, eigentlich auch durch kein Indiz gestützt. Es ist deshalb zunächst nicht mehr als ein plausibler Ansatz, wenn wir schreiben:

$$\boldsymbol{\mu}_\mathrm{S} = \mu_\mathrm{S}\cdot\boldsymbol{S}\,. \tag{5.182}$$

Wenn man zulässt, dass der Koeffizient μ_S für verschiedene Spin 1/2-Teilchen verschieden ist, dann hat sich dieser Ansatz allerdings in der Tat glänzend bewährt. Speziell für **Elektronen** liefert die Korrektur von (5.132) durch die experimentelle Auswertung des Zeeman-Effekts:

$$\mu_\mathrm{S}\left(e^-\right) = -g\,\frac{\mu_\mathrm{B}}{\hbar}\,. \tag{5.183}$$

g ist der Land'e-Faktor. Das Experiment fordert $g = 2$, was exakt durch die im nächsten Abschnitt zu besprechende, **relativistische Dirac-Theorie** bestätigt wird. In der **Quantenelektrodynamik** wird dieser Wert noch ein wenig korrigiert zu:

$$g = 2\left(1+\frac{\alpha}{2\pi}+\dots\right) = 2{,}002319\dots \tag{5.184}$$

Dabei ist $\alpha = 1/137$ die Sommerfeld'sche Feinstrukturkonstante. – In μ_B steckt die Elektronenmasse. Deswegen sind die magnetischen Momente des Protons und des Neutrons trotz gleichen Spins erheblich kleiner. Für die Nukleonen benutzt man deshalb als Richtwert statt des Bohr'schen Magnetons μ_B das *Kern-Magneton*:

$$\mu_\mathrm{K} = \frac{e\hbar}{2m_\mathrm{p}}\,. \tag{5.185}$$

m_p ist die Masse des Protons, die etwa das 1836-fache der Elektronenmasse m_e ausmacht ($\mu_\mathrm{S}(p) \approx 5,6\,\mu_\mathrm{K}/\hbar$; $\mu_\mathrm{S}(n) \approx -3,8\,\mu_\mathrm{K}/\hbar$).

Für das gesamte paramagnetische Moment des Elektrons haben wir nun nach Festlegung des Spinbeitrags (5.183) anzusetzen:

$$\boldsymbol{\mu}\left(e^-\right) = -\mu_\mathrm{B}\,\frac{1}{\hbar}\left(\boldsymbol{L}+2\boldsymbol{S}\right)\,. \tag{5.186}$$

Es ist üblich, die diamagnetische Komponente (5.129) gesondert zu zählen. Das Moment $\boldsymbol{\mu}$ koppelt linear an ein äußeres Magnetfeld $\boldsymbol{B}$ und bewirkt dann im Hamilton-Operator den paramagnetischen Zusatzterm:

$$H_{pm} = -\boldsymbol{\mu}(e^-) \cdot \boldsymbol{B} = \mu_{\mathrm{B}} \frac{1}{\hbar} (\boldsymbol{L} + 2\boldsymbol{S}) \cdot \boldsymbol{B} \,. \tag{5.187}$$

Der gesamte Hamilton-Operator eines Elektrons im homogenen Magnetfeld $\boldsymbol{B}$ und einem sonstigen Potentialfeld $V(\boldsymbol{r})$ lautet somit nach unserem jetzigen Kenntnisstand:

$$H = \frac{\boldsymbol{p}^2}{2m_{\mathrm{e}}} + V(\boldsymbol{r}) + H_{pm} + H_{\mathrm{dia}} \,, \tag{5.188}$$

$$H_{\mathrm{dia}} = \frac{e^2 \boldsymbol{B}^2}{8m_{\mathrm{e}}} r^2 \sin^2 \vartheta \,; \qquad \vartheta = \sphericalangle (\boldsymbol{r}, \boldsymbol{B}) \,. \tag{5.189}$$

Auch dieser Ausdruck wird sich als noch nicht ganz vollständig herausstellen. Wir haben nämlich stillschweigend vorausgesetzt, dass sich Bahndrehimpuls und Spin nicht gegenseitig beeinflussen. Diese Annahme wird sich später als nicht haltbar erweisen, da eine **Spin-Bahn-Wechselwirkung** (s. Abschn. 5.3.4) nicht auszuschließen ist.

In der von uns in diesem Abschnitt weitgehend verwendeten Ortsdarstellung liest sich nun die **zeitabhängige Schrödinger-Gleichung**,

$$\mathrm{i}\hbar \frac{\partial}{\partial t} \left| \psi_{1/2} (\boldsymbol{r}, t) \right\rangle = H \left| \psi_{1/2} (\boldsymbol{r}, t) \right\rangle \,,$$

für das Elektron im homogenen Magnetfeld $\boldsymbol{B}$ und dem Potential $V(\boldsymbol{r})$ ohne die noch nicht eingeführte Spin-Bahn-Wechselwirkung, die sich als ein rein relativistischer Effekt herausstellen wird:

$$\begin{aligned} \mathrm{i}\hbar \frac{\partial}{\partial t} \begin{pmatrix} \psi_+(\boldsymbol{r}, t) \\ \psi_-(\boldsymbol{r}, t) \end{pmatrix} = \Bigg[& \left(-\frac{\hbar^2 \Delta}{2m_{\mathrm{e}}} + V(\boldsymbol{r}) + \frac{\mu_{\mathrm{B}}}{\hbar} \boldsymbol{L} \cdot \boldsymbol{B} + H_{\mathrm{dia}} \right) \mathbf{1}_2 \\ & + 2 \frac{\mu_{\mathrm{B}}}{\hbar} \boldsymbol{S} \cdot \boldsymbol{B} \Bigg] \begin{pmatrix} \psi_+(\boldsymbol{r}, t) \\ \psi_-(\boldsymbol{r}, t) \end{pmatrix} \,. \end{aligned} \tag{5.190}$$

Ohne den Potentialterm $V(\boldsymbol{r})$ ist das die sogenannte „Pauli-Gleichung", die uns im nächsten Abschnitt als nicht-relativistischer Grenzfall der Dirac-Theorie wieder begegnen wird.

Wir haben für die Überlegungen der letzten beiden Abschnitte die in diesem Zusammenhang nicht essentielle Zeitabhängigkeit der Wellenfunktionen außer acht gelassen, um Schreibarbeit zu sparen. Man kann sie, wie in (5.190) geschehen, natürlich nachträglich leicht wieder ins Spiel bringen.

Wir schreiben zum Schluss die Schrödinger-Gleichung noch für den wichtigen Spezialfall eines Elektrons im zeit- und ortsabhängigen, elektromagnetischen Feld (Vektorpotential $\boldsymbol{A}(\boldsymbol{r}, t)$, skalares Potential $\varphi(\boldsymbol{r}, t)$) auf:

$$\begin{aligned} \mathrm{i}\hbar \frac{\partial}{\partial t} \begin{pmatrix} \psi_+(\boldsymbol{r}, t) \\ \psi_-(\boldsymbol{r}, t) \end{pmatrix} = \Bigg[& \left(\frac{1}{2m_{\mathrm{e}}} (\boldsymbol{p} + e\boldsymbol{A}(\boldsymbol{r}, t))^2 - e\varphi(\boldsymbol{r}, t) \right) \mathbf{1}_2 \\ & + \mu_{\mathrm{B}} \boldsymbol{\sigma} \cdot \boldsymbol{B}(\boldsymbol{r}, t) \Bigg] \begin{pmatrix} \psi_+(\boldsymbol{r}, t) \\ \psi_-(\boldsymbol{r}, t) \end{pmatrix} \,. \end{aligned} \tag{5.191}$$

In diesem Abschnitt haben wir die Existenz des Spins lediglich als *experimentelle Notwendigkeit* postuliert und seine Konsequenzen diskutiert. Im nächsten Abschnitt wollen wir mit Hilfe der relativistischen Dirac-Theorie den Elektronenspin, das magnetische Spinmoment und die Spin-Bahn-Wechselwirkung physikalisch korrekt begründen.

5.2.5 Aufgaben

Mehrere wichtige Aufgaben zum *Spin* wurden bereits in Kap. 3 gerechnet. Die Wiederholung der Aufgaben 3.3.4 bis 3.3.9, 3.4.1 und 3.4.2 ist an dieser Stelle sehr zu empfehlen.

Aufgabe 5.2.1

Beweisen Sie lediglich mit Hilfe der allgemeinen Drehimpulseigenschaften, also ohne die expliziten Matrixdarstellungen der Spinoperatoren, für einen Spin $S = 1/2$ die folgenden Relationen:

1. $[S_x, S_y]_+ = 0$,
2. $S_x^2 = S_y^2 = S_z^2 = \frac{\hbar^2}{4}\mathbf{1}_2$,
3. $S_x S_y = \mathrm{i}\frac{\hbar}{2} S_z$,
4. $S_x S_y S_z = \mathrm{i}\frac{\hbar^3}{8}$.

Aufgabe 5.2.2

1. Man zeige, dass für die Pauli'schen Spinmatrizen
$$\sigma_i \sigma_j = \delta_{ij}\,\mathbf{1}_2 + i\sum_k \varepsilon_{ijk}\,\sigma_k\,; \quad i,j,k \in \{x,y,z\}$$
gilt. Dabei ist ε_{ijk} der total antisymmetrische Einheitstensor dritter Stufe (5.4).
2. $\boldsymbol{a}$ und $\boldsymbol{b}$ seien zwei Vektoroperatoren, die mit allen drei Pauli'schen Spinmatrizen vertauschen. Beweisen Sie die Beziehung:
$$(\boldsymbol{\sigma}\cdot\boldsymbol{a})(\boldsymbol{\sigma}\cdot\boldsymbol{b}) = \boldsymbol{a}\cdot\boldsymbol{b}\,\mathbf{1}_2 + \mathrm{i}\,\boldsymbol{\sigma}\cdot(\boldsymbol{a}\times\boldsymbol{b})\,.$$

Aufgabe 5.2.3

$\widehat{A}$ und $\widehat{B}$ seien (2×2)-Matrizen, die sich wie folgt durch den Pauli-Spinoperator $\boldsymbol{\sigma}$ (5.164) ausdrücken lassen:

$$\widehat{A} = a_0 \mathbb{1}_2 + \boldsymbol{a} \cdot \boldsymbol{\sigma} \,; \quad \widehat{B} = b_0 \mathbb{1}_2 + \boldsymbol{b} \cdot \boldsymbol{\sigma} \,.$$

Dabei sind $\boldsymbol{a}$ und $\boldsymbol{b}$ beliebige dreidimensionale Vektoren (keine Operatoren!) und a_0, b_0 beliebige komplexe Zahlen.

1. Bringen Sie das Produkt $\widehat{A} \cdot \widehat{B}$ in die Form

$$\widehat{A} \cdot \widehat{B} = x \mathbb{1}_2 + \boldsymbol{y} \cdot \boldsymbol{\sigma} \,.$$

2. Drücken Sie die inverse Matrix $\widehat{A}^{-1}$ durch $\mathbb{1}_2$ und $\boldsymbol{\sigma}$ aus $(\boldsymbol{a}^2 \neq a_0^2)$.

Aufgabe 5.2.4

Berechnen Sie die Erwartungswerte $\langle S_x \rangle$, $\langle S_y \rangle$, $\langle S_z \rangle$ im Spinzustand:

$$|\alpha\rangle = \alpha_+ \begin{pmatrix} 1 \\ 0 \end{pmatrix} + \alpha_- \begin{pmatrix} 0 \\ 1 \end{pmatrix} .$$

Aufgabe 5.2.5

$\left\{ \left| \frac{1}{2} \, m_S \right\rangle \right\}$ seien die gemeinsamen Eigenzustände zu $\boldsymbol{S}^2$ und S_z für ein Spin-$\frac{1}{2}$-Teilchen.

1. Welche Eigenwerte besitzen S_x und S_y?
2. Bestimmen Sie die Eigenzustände zu S_x und S_y im Basissystem der Eigenzustände zu $\boldsymbol{S}^2$ und S_z.

Aufgabe 5.2.6

1. Der Einheitsvektor

$$\boldsymbol{e} = (e_1, e_2, e_3) = (\sin\vartheta \cos\varphi, \sin\vartheta \sin\varphi, \cos\vartheta)$$

definiere eine beliebige Raumrichtung. Berechnen Sie

$$(\boldsymbol{\sigma} \cdot \boldsymbol{e})^2 \,!$$

$\boldsymbol{\sigma}$: Pauli'scher Spinoperator.

2. Ein Teilchen mit dem Spin $S = 1/2$ befinde sich zu einem bestimmten Zeitpunkt in dem (normierten) Zustand

$$|\psi\rangle = \frac{1}{\sqrt{2}}|+\rangle + \frac{1+i}{2}|-\rangle \, .$$

$|\pm\rangle$ sind wie in (5.172) die Eigenzustände zu (S^2, S_z) im Fall $S = 1/2$. Für welche Raumrichtung $\boldsymbol{e}$ besitzt die Spinprojektion $\boldsymbol{S} \cdot \boldsymbol{e}$ die Unschärfe Null?

Aufgabe 5.2.7

Ein $S = 1/2$-Teilchen besitze nur einen Spinfreiheitsgrad. Die Matrixelemente des Hamilton-Operators in der Basis der (S^2, S_z)-Eigenzustände $|+\rangle \equiv |10\rangle$ und $|-\rangle \equiv |01\rangle$ sind die folgenden:

$$\langle \pm|H|\pm\rangle = 0 \, ; \; \langle +|H|-\rangle = \langle -|H|+\rangle = \eta \;\; (\eta > 0) \, .$$

1. Zeigen Sie, dass für den Zeitentwicklungsoperator im Schrödinger-Bild

$$U(t,0) = \cos\left(\frac{\eta}{\hbar}t\right) \mathbb{1}_2 - \mathrm{i} \sin\left(\frac{\eta}{\hbar}t\right) \sigma_x$$

gilt. σ_x: Pauli'sche Spinmatrix.
2. Zur Zeit $t = 0$ befinde sich das Teilchen im Zustand $|+\rangle$. Mit welcher Wahrscheinlichkeit ist es auch für $t > 0$ in diesem Zustand?
3. Bestimmen Sie die spezielle (zeitabhängige) Raumrichtung $\boldsymbol{e}(t)$, für die das Teilchen *mit Sicherheit* ein $\uparrow$-Teilchen ist, für die also eine Messung der Spinprojektion auf diese Richtung *mit Sicherheit* den Wert $+\hbar/2$ liefert.

Aufgabe 5.2.8

Ein Spin $S = 3/2$ befinde sich in einem normierten Zustand $|\varphi\rangle$, für den sich die folgenden Erwartungswerte ergeben:

$$\langle \varphi|S_z|\varphi\rangle = \frac{\hbar}{2} \, ; \quad \langle \varphi|S_x|\varphi\rangle = \langle \varphi|S_y|\varphi\rangle = 0 \, .$$

Zeigen Sie, dass die Schlussfolgerung hieraus, dass $|\varphi\rangle$ ein Eigenzustand zu S_z ist, hinreichend, aber nicht notwendig ist.

Kapitel 5

Aufgabe 5.2.9

Ein Spin $S = 3/2$ befinde sich in einem Zustand $|\psi\rangle$ mit

$$\langle\psi|S_z|\psi\rangle = \frac{3}{2}\,\hbar\,.$$

Ist $|\psi\rangle$ dann Eigenzustand zu S_z?

Aufgabe 5.2.10

Ein Elektron bewege sich in einem elektromagnetischen Feld $(\boldsymbol{E}, \boldsymbol{B})$, festgelegt durch das skalare Potential $\varphi(\boldsymbol{r}, t)$ und das Vektorpotential $\boldsymbol{A}(\boldsymbol{r}, t)$. Lösung der zeitabhängigen Schrödinger-Gleichung ist der zweikomponentige Spinor (5.177):

$$\left|\psi_{\frac{1}{2}}(\boldsymbol{r}, t)\right\rangle = \begin{pmatrix} \psi_+(\boldsymbol{r}, t) \\ \psi_-(\mathbf{r}, t) \end{pmatrix}.$$

Zeigen Sie, dass mit einem Produktansatz

$$\left|\psi_{\frac{1}{2}}(\boldsymbol{r}, t)\right\rangle = \eta(\boldsymbol{r}, t)\left|\chi_{\frac{1}{2}}(t)\right\rangle \qquad \left|\chi_{\frac{1}{2}}(t)\right\rangle = \begin{pmatrix} \chi_+(t) \\ \chi_-(t) \end{pmatrix}$$

bei einer **homogenen** magnetischen Induktion $\boldsymbol{B}(\boldsymbol{r}, t) \equiv \boldsymbol{B}(t)$ Spindynamik und Bahndynamik vollständig separiert werden können. Leiten Sie die entsprechenden Bewegungsgleichungen ab!

Aufgabe 5.2.11

Ein Elektron im Magnetfeld $\boldsymbol{B}$ besitze nur einen Spinfreiheitsgrad und werde somit durch den Hamilton-Operator

$$H = 2\,\frac{\mu_\mathrm{B}}{\hbar}\,\boldsymbol{S}\cdot\boldsymbol{B}$$

beschrieben. Berechnen Sie die Zeitabhängigkeiten der Erwartungswerte

$$\langle S_x\rangle_t\,, \quad \langle S_y\rangle_t\,, \quad \langle S_z\rangle_t\,.$$

Wählen Sie als z-Richtung die des Magnetfeldes $\boldsymbol{B}$.

Aufgabe 5.2.12

Berechnen Sie für ein Spin 1/2-Teilchen Eigenwerte und Eigenfunktionen des Operators $A = \alpha(S_x + S_y)$; α: reell! Mit welcher Wahrscheinlichkeit ergibt eine Messung von S_z den Wert $-\hbar/2$, wenn sich das Teilchen in einem Eigenzustand zu A befindet?

Aufgabe 5.2.13

Zur Zeit $t = 0$ befinde sich ein Spin 1/2-Teilchen in dem S_z-Eigenzustand $|+\rangle$. Es stehe unter dem Einfluss eines starken Magnetfeldes B_0 in z-Richtung und eines schwachen Wechselfeldes

$$\boldsymbol{B}_1 = B_1 \left(\boldsymbol{e}_x \cos \omega t - \boldsymbol{e}_y \sin \omega t \right) .$$

Mit welcher Wahrscheinlichkeit $w_-(t)$ befindet sich das Teilchen zu einem späteren Zeitpunkt t im Zustand $|-\rangle$? Diskutieren Sie das Ergebnis (*paramagnetische Resonanz*)! Berücksichtigen Sie nur den Spinfreiheitsgrad des Teilchens, d. h., benutzen Sie als Hamilton-Operator

$$H = -\mu_S \, \boldsymbol{S} \cdot \boldsymbol{B} .$$

Aufgabe 5.2.14

Ein Teilchen der Masse m und der Ladung q befinde sich in einem homogenen Magnetfeld

$$\boldsymbol{B} = \frac{1}{\sqrt{2}} B(\boldsymbol{e}_y + \boldsymbol{e}_z)$$

und einem homogenen elektrischen Feld $\boldsymbol{E} = E\,\boldsymbol{e}_x$.

1. Bestimmen Sie sein magnetisches Moment $\boldsymbol{\mu}$ (Operator!)
2. Berechnen Sie die Kommutatoren

$$[\mu_x, p_x]_- \; , \; [\mu_y, p_x]_-$$

und den Doppelkommutator

$$\left[[\mu_x, p_y]_- , z \right]_- .$$

Aufgabe 5.2.15

Ein Neutronenstrahl ist zu gleichen Teilen in x- und z-Richtung (senkrecht zur y-Richtung) spinpolarisiert.

1. Berechnen Sie den zugehörigen Statistischen Operator ρ!
2. Bestimmen Sie den Erwartungswert des Neutronenspins für eine Messung in Richtung $(\vartheta = \frac{\pi}{3}, \varphi = \frac{\pi}{6})$!
3. Geben Sie für die Messung in 2.) die Unschärfe der Spinmessung an (mittlere quadratische Schwankung)!

5.3 Relativistische Theorie des Elektrons

Es soll uns in diesem Abschnitt um eine strenge Rechtfertigung des bislang nur empirisch begründeten Elektronenspins gehen. Ausgangspunkt dafür ist die **Dirac-Gleichung**, die wir aus einer Linearisierung der relativistischen Verallgemeinerung der Schrödinger-Gleichung gewinnen werden. Dazu müssen wir natürlich vorübergehend den uns eigentlich interessierenden Bereich der nicht-relativistischen Quantenmechanik verlassen und uns einiger Begriffe und Gesetzmäßigkeiten der Speziellen Relativitätstheorie bedienen, die wir in Band 4 dieses **Grundkurs: Theoretische Physik** eingeführt und besprochen haben. Das ist unumgänglich, da sich **Spin**, **Spinmoment** und **Spin-Bahn-Wechselwirkung** als rein relativistisch begründbare Teilcheneigenschaften herausstellen. Der Leser, der mit dem Formalismus der Relativitätstheorie nicht oder nicht mehr vertraut ist, kann diesen Abschnitt überspringen, muss sich dann allerdings mit der Einführung des Spins mit Hilfe eines empirischen Postulats, wie in Abschn. 5.2 vollzogen, zufrieden geben. Für die weitere Diskussion der nicht-relativistischen Quantenmechanik in diesem Band ist hingegen das volle Verständnis der Dirac-Theorie des Elektrons nicht unbedingt Voraussetzung.

5.3.1 Dirac-Gleichung

Der relativistische, klassische Energiesatz für ein freies Elektron lautet nach (2.63), Bd. 4:

$$E^2 = c^2 \boldsymbol{p}^2 + m_e^2 c^4 \; .$$

Dabei sind c die Lichtgeschwindigkeit, m_e die Masse des Elektrons und $\boldsymbol{p}$ der relativistische, mechanische Impuls:

$$\boldsymbol{p} = \gamma \, m_e \, \boldsymbol{v} \; ; \qquad \gamma = \left(1 - \frac{v^2}{c^2}\right)^{-1/2} \; .$$

$\boldsymbol{v}$ ist die Elektronengeschwindigkeit. Bislang haben wir aus nicht-relativistischen, klassischen Relationen die entsprechenden quantenmechanischen Beziehungen zum Beispiel mit Hilfe der *Korrespondenzregeln* ((2.89), (2.108)),

$$\boldsymbol{p} \longrightarrow \frac{\hbar}{\mathrm{i}} \nabla ;$$

$$E \longrightarrow \mathrm{i}\hbar \frac{\partial}{\partial t} ,$$

gewinnen können, wobei die dadurch eingeführten Operatoren auf zeit- und ortsabhängige Wellenfunktionen $\psi(\boldsymbol{r}, t)$ angewendet werden müssen. – Bei entsprechender Transformation **relativistischer**, klassischer Gesetze in die Quantenmechanik muss ihre **Kovarianz** erhalten bleiben. Dies bedeutet, dass sie auch quantisiert wegen der grundsätzlichen Äquivalenz aller Inertialsysteme forminvariant gegenüber Lorentz-Transformationen bleiben müssen. Forminvarianz bei Lorentz-Transformationen liegt genau dann vor, wenn alle additiven Terme der Gleichung **Welt-(Vierer-)Tensoren gleicher Stufe** sind. So schreibt sich der obige klassische Energiesatz des freien Teilchens kompakt als

$$p^{\mu} p_{\mu} = m_{\mathrm{e}}^2 c^2 . \tag{5.192}$$

(Man beachte hier die *Summenkonvention*: Über gleiche griechische Indizes nebeneinander stehender Größen wird summiert!) – p^{μ} ist der kontravariante Vierer-Impuls und damit als Vektor ein Tensor erster Stufe:

$$\begin{aligned} p^{\mu} &= \left(\frac{E}{c}, \gamma\, m_{\mathrm{e}} v_x, \gamma\, m_{\mathrm{e}} v_y, \gamma\, m_{\mathrm{e}} v_z\right) \\ &= \left(\frac{E}{c}, \gamma\, m_{\mathrm{e}} \boldsymbol{v}\right) . \end{aligned}$$

Der sogenannte kovariante Vierer-Impuls p_{μ} unterscheidet sich von p^{μ} nur durch das entgegengesetzte Vorzeichen der Raumkomponenten. – Das Normquadrat des Vierer-Impulses p^{μ} ist wie die rechte Seite von (5.192) Vierer-Skalar. Der Energiesatz ist also kovariant formuliert.

Der kontravariante *Vierer-Gradient* ((2.31), Bd. 4),

$$\partial^{\mu} \equiv \left(\frac{1}{c} \frac{\partial}{\partial t}, -\nabla\right) ,$$

gestattet nun aber auch, die beiden *Korrespondenzregeln* in relativistisch kovarianter Form zusammenzufassen:

$$p^{\mu} \longrightarrow \mathrm{i}\hbar\, \partial^{\mu} . \tag{5.193}$$

Mit dieser *relativistischen Korrespondenzregel* wird aus dem Normquadrat des Vierer-Impulses:

$$p^{\mu} p_{\mu} \longrightarrow -\hbar^2 \partial^{\mu} \partial_{\mu} = \hbar^2 \,\square . \tag{5.194}$$

$\square$ ist der *d'Alembert-Operator* ((2.33), Bd. 4),

$$\square = \Delta - \frac{1}{c^2}\frac{\partial^2}{\partial t^2} \qquad (\Delta: \text{ Laplace-Operator})\ ,$$

als Skalarprodukt natürlich ein Vierer-Skalar. Bei der Quantisierung von (5.192) müssen wir selbstverständlich auch jetzt die entstehenden Operatoren auf eine den Zustand des Teilchens beschreibende Wellenfunktion anwenden. Diese wird von dem *Vierer-Ort*

$$x^\mu \equiv (ct, x, y, z)$$

abhängen, und damit letztlich wieder von $\boldsymbol{r}$ und t. Wir schreiben deshalb wie bisher $|\psi(\boldsymbol{r}, t)\rangle$. Aus dem Energiesatz (5.192) ergibt sich dann die relativistische Verallgemeinerung der Schrödinger-Gleichung,

$$\left(\hbar^2 \square - m_e^2 c^2\right) |\psi(\boldsymbol{r}, t)\rangle = 0\ ,$$

die in der folgenden Form **Klein-Gordon-Gleichung** genannt wird:

$$\left(\Delta - \frac{1}{c^2}\frac{\partial^2}{\partial t^2} - \frac{m_e^2 c^2}{\hbar^2}\right) |\psi(\boldsymbol{r}, t)\rangle = 0\ . \tag{5.195}$$

Diese Wellengleichung wirft nun aber ein nicht unerhebliches Problem auf. Es handelt sich bei ihr um eine Differentialgleichung zweiter Ordnung in der Zeit. Die Lösung erfordert also Anfangsbedingungen für $|\psi\rangle$ und $|\dot{\psi}\rangle$. Die nicht-relativistische Schrödinger-Gleichung ist dagegen von erster Ordnung. Man darf sicher bezweifeln, dass die Berücksichtigung relativistischer Effekte wirklich zu solchen drastischen Änderungen in der benötigten Ausgangsinformation führen muss. Dirac's Idee bestand deshalb darin, die Ausgangsgleichung (5.192) zunächst zu linearisieren, und zwar durch den Ansatz:

$$\left(E - c\sum_i \widehat{\alpha}_i p_i - \widehat{\beta} m_e c^2\right)\left(E + c\sum_j \widehat{\alpha}_j p_j + \widehat{\beta} m_e c^2\right) = 0\ ,$$
$$i, j \in \{x, y, z\}\ . \tag{5.196}$$

Die *neuen Größen* $\widehat{\boldsymbol{\alpha}}$, $\widehat{\beta}$ müssen die folgenden Relationen erfüllen:

$$\left[\widehat{\alpha}_i, \widehat{\alpha}_j\right]_+ = 2\delta_{ij}\,\mathbf{1}\ ,$$
$$\left[\widehat{\alpha}_i, \widehat{\beta}\right]_+ = 0\ ; \quad \widehat{\beta}^2 = \mathbf{1}\ . \tag{5.197}$$

Dies ist natürlich mit *normalen Zahlen* des $\mathbb{R}$ oder $\mathbb{C}$ nicht erreichbar. Wir werden deshalb später versuchen, $\widehat{\boldsymbol{\alpha}}$ und $\widehat{\beta}$ als quadratische Matrizen zu interpretieren. Diese müssen nach dem Übergang in die quantenmechanische Formulierung unbedingt, damit (5.196) gültig bleibt, mit dem Impulsoperator kommutieren, dürfen also insbesondere nicht ortsabhängig sein. Wir werden auf die explizite Festlegung der $\widehat{\alpha}_i$ und $\widehat{\beta}$ natürlich noch zurückzukommen haben.

Jede Lösung der linearisierten Gleichungen,

$$\left(E \mp c \sum_i \widehat{\alpha}_i p_i \mp \widehat{\beta} m_e c^2\right) = 0 \; ,$$

ist natürlich auch Lösung zu (5.196). Das führt mit Hilfe der Korrespondenzregel (5.193) zur

Dirac-Gleichung des freien Elektrons:

$$\left(\mathrm{i}\hbar \frac{\partial}{\partial t} + \mathrm{i}\hbar c \widehat{\boldsymbol{\alpha}} \cdot \nabla - \widehat{\beta} m_e c^2\right) |\psi(\boldsymbol{r}, t)\rangle = 0 \; . \tag{5.198}$$

Wir werden bald erkennen, dass die zweite linearisierte Gleichung, bei der der zweite und der dritte Summand in der Klammer das jeweils andere Vorzeichen haben, zu denselben physikalischen Aussagen führt. Man braucht also nur eine der beiden Gleichungen zu analysieren. – Wenn $\widehat{\boldsymbol{\alpha}}$ und $\widehat{\beta}$ wirklich $n \times n$-Matrizen sind, dann muss die *Wellenfunktion* $|\psi(\boldsymbol{r}, t)\rangle$ entsprechend ein n-komponentiger Vektor sein.

Damit (5.198) formal die Struktur der zeitabhängigen Schrödinger-Gleichung bekommt, führen wir den

Dirac-Operator des freien Elektrons:

$$H_\mathrm{D}^{(0)} = c \widehat{\boldsymbol{\alpha}} \cdot \boldsymbol{p} + \widehat{\beta} m_e c^2 \tag{5.199}$$

ein. Mit diesem formulieren wir die *zeitabhängige* und *zeitunabhängige Dirac-Gleichung*:

$$\mathrm{i}\hbar \frac{\partial}{\partial t} |\psi(\boldsymbol{r}, t)\rangle = H_\mathrm{D}^{(0)} |\psi(\boldsymbol{r}, t)\rangle \; , \tag{5.200}$$

$$H_\mathrm{D}^{(0)} |\psi(\boldsymbol{r}, t)\rangle = E |\psi(\boldsymbol{r}, t)\rangle \; . \tag{5.201}$$

Typisch für die Relativitätstheorie ist die Gleichberechtigung von Orts- und Zeitkomponenten, die sich bereits in der Lorentz-Transformations-Matrix ((1.16), Bd. 4) manifestiert. Eine relativistische Wellengleichung sollte deshalb symmetrisch in den Raum- und Zeitkoordinaten sein, d. h. insbesondere sollte sie auch bezüglich der Raumkoordinaten eine

Differentialgleichung erster Ordnung sein. Das wird von der Dirac-Gleichung (5.198) offensichtlich erfüllt.

Wir schieben an dieser Stelle ein, dass wir zur Beschreibung des Elektrons im elektromagnetischen Feld (Vektorpotential $\boldsymbol{A}(\boldsymbol{r}, t)$, skalares Potential $\varphi(\boldsymbol{r}, t)$) in den bislang abgeleiteten Beziehungen lediglich die *üblichen* Substitutionen,

$$\boldsymbol{p} \longrightarrow \boldsymbol{p} + e\boldsymbol{A}\,; \qquad E \longrightarrow E + e\varphi\,,$$

durchzuführen haben. Diese lassen sich mit Hilfe des *Vierer-Potentials* A^μ ((2.107), Bd. 4) zusammenfassen zu:

$$p^\mu \longrightarrow p^\mu + eA^\mu\,; \qquad A^\mu = \left(\frac{1}{c}\,\varphi, \boldsymbol{A}\right). \tag{5.202}$$

Analog zu (5.198) ergibt sich dann die

Dirac-Gleichung des Elektrons im elektromagnetischen Feld:

$$\left[\mathrm{i}\hbar\frac{\partial}{\partial t} - c\widehat{\boldsymbol{\alpha}}\cdot\left(\frac{\hbar}{\mathrm{i}}\nabla + e\boldsymbol{A}(\boldsymbol{r},t)\right) - \widehat{\beta}\,m_\mathrm{e}\,c^2 + e\,\varphi(\boldsymbol{r},t)\right]|\psi(\boldsymbol{r},t)\rangle = 0\,. \tag{5.203}$$

Der zugehörige Dirac-Operator H_D hat die Gestalt:

$$H_\mathrm{D} = c\widehat{\boldsymbol{\alpha}}\cdot(\boldsymbol{p} + e\boldsymbol{A}) + \widehat{\beta}\,m_\mathrm{e}\,c^2 - e\,\varphi\,. \tag{5.204}$$

Es verbleibt noch die Aufgabe, die **Dirac-Matrizen** $\widehat{\boldsymbol{\alpha}}$ und $\widehat{\beta}$ über die Bedingungen (5.197) festzulegen. Wie bereits erwähnt, können letztere nicht durch einfache *C*-Zahlen erfüllt werden. Wir erinnern uns aber, dass die Pauli'schen Spinmatrizen mit (5.166) und (5.167) dieselben Relationen erfüllen wie die drei Komponenten von $\widehat{\boldsymbol{\alpha}}$. Eine direkte Identifikation ist aber schon wegen der Existenz von $\widehat{\beta}$ nicht möglich. Man kann zeigen, dass $\widehat{\boldsymbol{\alpha}}$ und $\widehat{\beta}$ mindestens 4×4-Matrizen sein müssen, wobei mit der folgenden Wahl (5.197) erfüllt werden kann (Aufgabe 5.3.1):

$$\widehat{\boldsymbol{\alpha}} = \begin{pmatrix} 0 & \boldsymbol{\sigma} \\ \boldsymbol{\sigma} & 0 \end{pmatrix}; \quad \widehat{\beta} = \begin{pmatrix} \mathbf{1}_2 & 0 \\ 0 & -\mathbf{1}_2 \end{pmatrix}. \tag{5.205}$$

Die Komponenten des Spinoperators $\boldsymbol{\sigma}$ (5.164) sind die Pauli'schen 2×2-Spinmatrizen. $\mathbf{1}_2$ ist die 2×2-Einheitsmatrix. – Der Dirac-Operator (5.199) wird damit zur 4×4-Matrix:

$$H_\mathrm{D}^{(0)} \equiv \begin{pmatrix} m_\mathrm{e}\,c^2 & 0 & c p_z & c(p_x - \mathrm{i}p_y) \\ 0 & m_\mathrm{e}\,c^2 & c(p_x + \mathrm{i}p_y) & -c p_z \\ c p_z & c(p_x - \mathrm{i}p_y) & -m_\mathrm{e}\,c^2 & 0 \\ c(p_x + \mathrm{i}p_y) & -c p_z & 0 & -m_\mathrm{e}\,c^2 \end{pmatrix}. \tag{5.206}$$

Entsprechend muss dann auch die *Wellenfunktion* $|\psi(\boldsymbol{r},t)\rangle$ ein vierkomponentiges Gebilde sein. An (5.199) liest man ab, dass $H_{\mathrm{D}}^{(0)}$ mit dem Impulsoperator vertauscht. Der folgende Ansatz für $|\psi\rangle$ erscheint deshalb vielversprechend:

$$\begin{aligned}|\psi(\boldsymbol{r},t)\rangle &= \hat{a}\exp\left(-\frac{\mathrm{i}}{\hbar}\,p^{\mu}x_{\mu}\right)\\ &= \hat{a}\exp\left[\frac{\mathrm{i}}{\hbar}\,(\boldsymbol{p}\cdot\boldsymbol{r}-E\,t)\right]\,. \end{aligned} \tag{5.207}$$

Das ist nichts anderes als die relativistisch kovariant geschriebene ebene Welle (Impulseigenfunktion!), multipliziert mit einem Spaltenvektor,

$$\hat{a}\equiv\begin{pmatrix}a_1\\a_2\\a_3\\a_4\end{pmatrix}, \tag{5.208}$$

mit vier vom Ort unabhängigen Komponenten. Man nennt $\hat{a}$ oder auch $|\psi(\boldsymbol{r},t)\rangle$ einen *Dirac-Spinor*. Wenn wir diesen Ansatz in der zeitunabhängigen Dirac-Gleichung (5.201) verwenden, kommen wir zu dem folgenden homogenen Gleichungssystem:

$$\begin{pmatrix} m_{\mathrm{e}}\,c^2-E & 0 & c\,p_z & c(p_x-\mathrm{i}\,p_y)\\ 0 & m_{\mathrm{e}}\,c^2-E & c(p_x+\mathrm{i}\,p_y) & -c\,p_z\\ c\,p_z & c(p_x-\mathrm{i}\,p_y) & -m_{\mathrm{e}}\,c^2-E & 0\\ c(p_x+\mathrm{i}\,p_y) & -c\,p_z & 0 & -m_{\mathrm{e}}\,c^2-E \end{pmatrix}\begin{pmatrix}a_1\\a_2\\a_3\\a_4\end{pmatrix}=\begin{pmatrix}0\\0\\0\\0\end{pmatrix}. \tag{5.209}$$

Im Unterschied zu (5.206) sind die Impulse p_x, p_y, p_z in dieser Matrix keine Operatoren mehr, sondern Zahlen, die sich als Eigenwerte nach Anwendung der Operatoren in (5.206) auf die ebene Welle (5.207) ergeben haben. Die Nullstellen der Koeffizientendeterminante in (5.209),

$$0\stackrel{!}{=}\left\{\left(m_{\mathrm{e}}\,c^2\right)^2-E^2+c^2\boldsymbol{p}^2\right\}^2\,,$$

entsprechen den Energieeigenwerten des Dirac-Operators:

$$E_{\eta}=\eta\,E_p\,;\qquad \eta=\pm\,;\qquad E_p=\sqrt{c^2\boldsymbol{p}^2+m_{\mathrm{e}}^2\,c^4}\,. \tag{5.210}$$

Jeder der beiden Eigenwerte ist zweifach entartet. Es ist zunächst beruhigend, dass als Eigenwert wieder die klassische, relativistische Energieimpulsbeziehung des freien Elektrons herauskommt. Das gilt allerdings nur für E_+. Es gibt eine zweite Lösung E_-, die auf den ersten Blick *recht unphysikalisches* Verhalten zu beschreiben scheint. So **nimmt** die Energie E_- mit wachsendem Impuls **ab**! Obwohl hochinteressant und wichtig, können wir die detaillierte Interpretation dieses Sachverhalts hier nicht führen. Sie hat zur theoretischen

Vorhersage des **Positrons**, dem *Antiteilchen* des Elektrons, durch P. Dirac geführt. Das Positron hat dieselbe Masse wie das Elektron und eine entgegengesetzt gleich große, positive Ladung. Es ist experimentell inzwischen eindeutig nachgewiesen, sodass es sich bei E_- also um eine in der Tat *physikalische Lösung* handelt. Da es uns in diesem Abschnitt aber ausschließlich um die strenge Begründung des Elektronenspins geht, werden wir uns bei der Auswertung in den nächsten Abschnitten auf die *elektronische Lösung* E_+ beschränken.

Zu jedem der beiden Eigenwerte E_+ und E_- existieren zwei linear unabhängige *Eigenspinore* $\hat{a}^{\pm}_{1,2}$, die wir zunächst durch die unteren Indizes 1 und 2 unterscheiden wollen. Um diese zu bestimmen, müssen wir in (5.209) $E = E_\pm$ setzen. Man erkennt, dass zum Beispiel die ersten beiden Zeilen der Matrix orthogonal zueinander sind, während sich die dritte und vierte Zeile als Linearkombinationen der ersten beiden schreiben lassen. Umgekehrt sind auch die dritte und die vierte Zeile zueinander orthogonal, und die erste und zweite Zeile Linearkombinationen dieser beiden. Wenn wir also zunächst Normierungen außer Acht lassen, so können wir mit den Vorgaben $\left(a_{11}^{(+)} = 1,\ a_{12}^{(+)} = 0\right)$, $\left(a_{21}^{(+)} = 0,\ a_{22}^{(+)} = 1\right)$, $\left(a_{13}^{(-)} = 1,\ a_{14}^{(-)} = 0\right)$, $\left(a_{23}^{(-)} = 0,\ a_{24}^{(-)} = 1\right)$ schnell die beiden jeweils anderen Komponenten der Spinore $\hat{a}_1^{(\pm)}$, $\hat{a}_2^{(\pm)}$ über (5.209) festlegen:

$$\hat{a}_1^{(+)} \equiv d \begin{pmatrix} 1 \\ 0 \\ \dfrac{c p_z}{\widehat{E}} \\ \dfrac{c p_+}{\widehat{E}} \end{pmatrix} ; \quad \hat{a}_2^{(+)} \equiv d \begin{pmatrix} 0 \\ 1 \\ \dfrac{c p_-}{\widehat{E}} \\ -\dfrac{c p_z}{\widehat{E}} \end{pmatrix} , \tag{5.211}$$

$$\hat{a}_1^{(-)} \equiv d \begin{pmatrix} -\dfrac{c p_z}{\widehat{E}} \\ -\dfrac{c p_+}{\widehat{E}} \\ 1 \\ 0 \end{pmatrix} ; \quad \hat{a}_2^{(-)} \equiv d \begin{pmatrix} -\dfrac{c p_-}{\widehat{E}} \\ \dfrac{c p_z}{\widehat{E}} \\ 0 \\ 1 \end{pmatrix} . \tag{5.212}$$

Hier haben wir zur Abkürzung geschrieben:

$$\widehat{E} = E_p + m_e c^2 ; \qquad p_\pm = p_x \pm \mathrm{i} p_y . \tag{5.213}$$

Die Normierungskonstante d kann reell gewählt werden und ist dann für alle vier Spinore dieselbe:

$$d = \frac{m_e c^2 + E_p}{\sqrt{\left(m_e c^2 + E_p\right)^2 + c^2 \boldsymbol{p}^2}} = \frac{1}{\sqrt{1 + \dfrac{c^2 \boldsymbol{p}^2}{\widehat{E}^2}}} \underset{v \ll c}{\longrightarrow} 1 . \tag{5.214}$$

Die vier Spaltenvektoren sind offensichtlich orthogonal zueinander. Die Vektoren $\hat{a}_1^{(+)}$ und $\hat{a}_2^{(+)}$ bilden somit eine Basis des E_+-Eigenraums; $\hat{a}_1^{(-)}$ und $\hat{a}_2^{(-)}$ spannen den Eigenraum zum Eigenwert E_- auf. Jede beliebige Linearkombination von $\hat{a}_1^{(\pm)}$ und $\hat{a}_2^{(\pm)}$ ist dann natürlich ebenfalls Eigenlösung zur Energie $E_\pm$. Damit ist die Dirac-Gleichung (5.198) im Prinzip vollständig gelöst. Wir wollen jedoch versuchen, noch etwas mehr über die entarteten Lösungen $\hat{a}_{1,2}^{(+)}$ bzw. $\hat{a}_{1,2}^{(-)}$ in Erfahrung zu bringen. Im Sinne unserer allgemeinen Diskussion in Abschn. 3.3 ist es uns noch nicht gelungen, **reine** Zustände zu *präparieren*. Wir sollten nach einer Observablen suchen, deren *Messung* die noch vorliegende Entartung aufhebt. Sie muss andererseits mit dem Dirac-Operator $H_D^{(0)}$ kommutieren, um mit diesem einen *vollständigen Satz verträglicher Observabler* zu bilden (s. Abschn. 3.3.3).

5.3.2 Dirac'scher Spinoperator

Wir definieren als relativistische Verallgemeinerung des Pauli-Spinoperators $\boldsymbol{\sigma}$ in (5.164) den **Dirac-Spinoperator**:

$$\widehat{\mathbf{S}} = \frac{\hbar}{2}\widehat{\boldsymbol{\sigma}}\,; \quad \widehat{\boldsymbol{\sigma}} = \begin{pmatrix} \boldsymbol{\sigma} & 0 \\ 0 & \boldsymbol{\sigma} \end{pmatrix}. \tag{5.215}$$

Das ist zunächst nur eine Definition, die dieser 4×4-Matrix einen bestimmten Namen zuordnet. Die physikalische Eigenschaft *Spin* haben wir im vorigen Abschnitt diskutiert. Dass der Operator $\widehat{\mathbf{S}}$ damit etwas zu tun hat, was seinen Namen rechtfertigen würde, muss sich erst noch erweisen.

Wir hatten uns in Abschn. 5.1 überlegt, dass ein Vektoroperator immer dann als *Drehimpuls* aufgefasst werden kann, wenn seine Komponenten die fundamentalen Vertauschungsrelationen (5.14) erfüllen. Für die Komponenten von $\widehat{\mathbf{S}}$,

$$\widehat{S}_x = \frac{\hbar}{2}\begin{pmatrix} 0 & 1 & 0 & 0 \\ 1 & 0 & 0 & 0 \\ 0 & 0 & 0 & 1 \\ 0 & 0 & 1 & 0 \end{pmatrix};$$

$$\widehat{S}_y = \frac{\hbar}{2}\begin{pmatrix} 0 & -\mathrm{i} & 0 & 0 \\ \mathrm{i} & 0 & 0 & 0 \\ 0 & 0 & 0 & -\mathrm{i} \\ 0 & 0 & i & 0 \end{pmatrix};$$

$$\widehat{S}_z = \frac{\hbar}{2}\begin{pmatrix} 1 & 0 & 0 & 0 \\ 0 & -1 & 0 & 0 \\ 0 & 0 & 1 & 0 \\ 0 & 0 & 0 & -1 \end{pmatrix}, \tag{5.216}$$

lässt sich die Gültigkeit von (5.14) zeigen (Aufgabe 5.3.2), so dass $\widehat{\mathbf{S}}$ also in der Tat einen *Drehimpuls* darstellt. Für unsere Zwecke interessant ist eine spezielle Komponente des Dirac-Spinoperators, nämlich die in Richtung des Impulses $\boldsymbol{p}$:

$$\widehat{S}_p = \frac{1}{p}\left(\widehat{\mathbf{S}}\cdot\boldsymbol{p}\right) = \frac{\hbar}{2p}\begin{pmatrix} p_z & p_- & 0 & 0 \\ p_+ & -p_z & 0 & 0 \\ 0 & 0 & p_z & p_- \\ 0 & 0 & p_+ & -p_z \end{pmatrix}. \tag{5.217}$$

$\widehat{S}_p$ ist ein hermitescher Operator, der mit dem Dirac-Operator $H_{\mathrm{D}}^{(0)}$ vertauscht. Man berechnet nämlich leicht:

$$H_{\mathrm{D}}^{(0)}\widehat{S}_p = \widehat{S}_p H_{\mathrm{D}}^{(0)} = \frac{\hbar}{2p}\begin{pmatrix} m_{\mathrm{e}}c^2p_z & m_{\mathrm{e}}c^2p_- & c\boldsymbol{p}^2 & 0 \\ m_{\mathrm{e}}c^2p_+ & -m_{\mathrm{e}}c^2p_z & 0 & c\boldsymbol{p}^2 \\ c\boldsymbol{p}^2 & 0 & -m_{\mathrm{e}}c^2p_z & -m_{\mathrm{e}}c^2p_- \\ 0 & c\boldsymbol{p}^2 & -m_{\mathrm{e}}c^2p_+ & m_{\mathrm{e}}c^2p_z \end{pmatrix}.$$

Die anderen Komponenten von $\widehat{\mathbf{S}}$ kommutieren dagegen **nicht** mit $H_{\mathrm{D}}^{(0)}$.

$\widehat{S}_p$ könnte nun aber die gesuchte Observable sein, die zusammen mit $H_{\mathrm{D}}^{(0)}$ einen *vollständigen Satz verträglicher Observabler* bildet und deren Messung die energetisch entarteten (*gemischten*) Zustände $\hat{a}_{1,2}^{(+)}$ bzw. $\hat{a}_{1,2}^{(-)}$ in (5.211) und (5.212) eindeutig klassifiziert.

Die Eigenräume zu den Energiewerten E_+ und E_- sind jeweils zweidimensional. In diesen Räumen wird der Operator $\widehat{S}_p$ deshalb durch 2×2-Matrizen dargestellt, die sich für beide Räume als identisch erweisen: Mit den Basiszuständen (5.211) bzw. (5.212) findet man:

$$\widehat{S}_p \equiv \left(\left\langle \hat{a}_i^{(\pm)} \middle| \widehat{S}_p \middle| \hat{a}_j^{(\pm)} \right\rangle\right)_{i,j=1,2} = \frac{\hbar}{2p}\begin{pmatrix} p_z & p_- \\ p_+ & -p_z \end{pmatrix}. \tag{5.218}$$

Aus der Säkulardeterminanten

$$\det\left(\widehat{S}_p - \hbar\, m_\sigma\, \mathbf{1}_2\right) \stackrel{!}{=} 0$$

gewinnen wir die Eigenwerte $\hbar\, m_\sigma$ des Dirac-Spinoperators $\widehat{S}_p$:

$$m_\uparrow = +\frac{1}{2}\,; \quad m_\downarrow = -\frac{1}{2}\,. \tag{5.219}$$

Bei $\widehat{S}_p$ handelt es sich also um einen *Drehimpuls*-1/2-*Operator*, genau wie beim in Abschn. 5.2.4 empirisch eingeführten Elektronenspin. Die physikalische Ursache für die zweifache Entartung der Energie E_+ und E_- ist demnach in den beiden **Einstellmöglichkeiten**

des Dirac-Spins längs der Impulsrichtung $\boldsymbol{p}/p$ zu suchen. – Die zugehörigen Eigenzustände sind natürlich spezielle Linearkombinationen der *ursprünglichen* Basen $\hat{a}_{1,2}^{(+)}$ und $\hat{a}_{1,2}^{(-)}$. Man findet:

$$|+,\uparrow\rangle \equiv \hat{a}_{\uparrow}^{(+)} = \sqrt{\frac{p+p_z}{2p}}\,\hat{a}_1^{(+)} + \frac{p_+}{\sqrt{2p(p+p_z)}}\,\hat{a}_2^{(+)} = \frac{d}{\sqrt{2p(p+p_z)}}\begin{pmatrix} p+p_z \\ p_+ \\ \frac{cp}{\widehat{E}}(p+p_z) \\ \frac{cp}{\widehat{E}}p_+ \end{pmatrix}, \tag{5.220}$$

$$|+,\downarrow\rangle \equiv \hat{a}_{\downarrow}^{(+)} = -\sqrt{\frac{p-p_z}{2p}}\,\hat{a}_1^{(+)} + \frac{p_+}{\sqrt{2p(p-p_z)}}\,\hat{a}_2^{(+)} = \frac{-d}{\sqrt{2p(p-p_z)}}\begin{pmatrix} p-p_z \\ -p_+ \\ -\frac{cp}{\widehat{E}}(p-p_z) \\ \frac{cp}{\widehat{E}}p_+ \end{pmatrix}, \tag{5.221}$$

$$|-,\uparrow\rangle \equiv \hat{a}_{\uparrow}^{(-)} = \sqrt{\frac{p+p_z}{2p}}\,\hat{a}_1^{(-)} + \frac{p_+}{\sqrt{2p(p+p_z)}}\,\hat{a}_2^{(-)} = \frac{d}{\sqrt{2p(p+p_z)}}\begin{pmatrix} -\frac{cp}{\widehat{E}}(p+p_z) \\ -\frac{cp}{\widehat{E}}p_+ \\ p+p_z \\ p_+ \end{pmatrix}, \tag{5.222}$$

$$|-,\downarrow\rangle \equiv \hat{a}_{\downarrow}^{(-)} = -\sqrt{\frac{p-p_z}{2p}}\,\hat{a}_1^{(-)} + \frac{p_+}{\sqrt{2p(p-p_z)}}\,\hat{a}_2^{(-)} = \frac{-d}{\sqrt{2p(p-p_z)}}\begin{pmatrix} \frac{cp}{\widehat{E}}(p-p_z) \\ -\frac{cp}{\widehat{E}}p_+ \\ p-p_z \\ -p_+ \end{pmatrix}. \tag{5.223}$$

Die gemeinsamen Eigenspinore der Operatoren $H_{\mathrm{D}}^{(0)}$ und $\widehat{S}_p$ sind also durch die vier möglichen Kombinationen der Eigenwerte $E = \pm E_p$ und $m_\sigma = \pm 1/2$ charakterisiert:

$\eta = \pm; \quad \sigma = \uparrow, \downarrow$:

$$\begin{aligned} H_{\mathrm{D}}^{(0)}|\eta,\sigma\rangle &= \eta\, E_p|\eta,\sigma\rangle\,, \\ \widehat{S}_p|\eta,\sigma\rangle &= \hbar\, m_\sigma|\eta,\sigma\rangle\,. \end{aligned} \tag{5.224}$$

Mit der Konstanten d aus (5.214) sind die vier Eigenzustände $|\eta,\sigma\rangle$ jeweils auf Eins normiert!

Die Überlegungen dieses Abschnitts haben mit der vollständigen Lösung der Dirac-Gleichung (5.198) und der anschließenden Analyse der entarteten Eigenzustände des

Dirac-Operators $H_{\mathrm{D}}^{(0)}$ mit Hilfe des *Spinoperators* $\widehat{S}$ (5.215) deutliche Hinweise auf die physikalische Eigenschaft *Spin* gebracht. Auf jeden Fall besitzt das relativistische Elektron neben Masse m_e und Ladung $-e$ noch die Teilcheneigenschaft *Drehimpuls* 1/2. Diese ist unveränderlich und für alle Elektronen dieselbe. Für das Quadrat des Dirac-Spinoperators $\widehat{\boldsymbol{S}}^2$ gilt nämlich:

$$\begin{aligned}\widehat{\boldsymbol{S}}^2 &= \frac{\hbar^2}{4}\left[\begin{pmatrix}\sigma_x^2 & 0\\ 0 & \sigma_x^2\end{pmatrix}+\begin{pmatrix}\sigma_y^2 & 0\\ 0 & \sigma_y^2\end{pmatrix}+\begin{pmatrix}\sigma_z^2 & 0\\ 0 & \sigma_z^2\end{pmatrix}\right]\\ &\overset{5.166}{=} \frac{3\hbar^2}{4}\begin{pmatrix}\mathbf{1}_2 & 0\\ 0 & \mathbf{1}_2\end{pmatrix} = \hbar^2\,\frac{1}{2}\left(\frac{1}{2}+1\right)\mathbf{1}_4\,,\end{aligned} \tag{5.225}$$

sodass für alle Basiszustände (5.220) bis (5.223) gleichermaßen folgt:

$$\widehat{\boldsymbol{S}}^2|\eta,\sigma\rangle = \hbar^2 S(S+1)|\eta,\sigma\rangle\,;\qquad S=\frac{1}{2}\,. \tag{5.226}$$

Jeder beliebige, das Dirac-Elektron kennzeichnende Zustand des Lösungsraums lässt sich als Linearkombination der $|\eta,\sigma\rangle$ schreiben und besitzt damit ebenfalls *die Eigenschaft* $S = 1/2$.

Die Hinweise auf diese Teilcheneigenschaft haben wir bislang allerdings allein durch eine mathematisch abstrakte Auswertung der Dirac-Gleichung gewonnen. Eine anschauliche Interpretation als *Eigendrehimpuls* drängte sich eigentlich nirgendwo auf. Die *physikalische Gleichberechtigung* des Spins $\widehat{\boldsymbol{S}}$ mit dem uns *vertrauten*, weil ein klassisches Analogon besitzenden Bahndrehimpuls $\boldsymbol{L}$ macht die folgende Überlegung deutlich:

Nach der Diskussion am Schluss von Abschn. 5.1.3 (s. (5.47)) erwarten wir *nicht-relativistisch*, dass der Bahndrehimpuls $\boldsymbol{L}$ in einem Zentralpotential eine Konstante der Bewegung ist und deshalb mit dem Hamilton-Operator kommutiert. Das sollte dann insbesondere für das *freie* Teilchen gelten. Diese Erwartung wird allerdings vom Dirac-Operator $H_{\mathrm{D}}^{(0)}$ nicht erfüllt. Vielmehr gilt, wie wir explizit als Aufgabe 5.3.3 (Teil 2) nachrechnen:

$$\left[\boldsymbol{L}, H_{\mathrm{D}}^{(0)}\right]_- = \mathrm{i}\,\hbar\, c\,(\widehat{\boldsymbol{\alpha}}\times\boldsymbol{p})\,. \tag{5.227}$$

An dieser *Nicht-Vertauschbarkeit* ändert sich auch in der *nicht-relativistischen Grenze* $v \ll c$ nichts. Offensichtlich ist der Bahndrehimpuls $\boldsymbol{L}$ gar nicht der vollständige Drehimpuls des Elektrons. Betrachten wir deshalb zusätzlich den Dirac'schen Spinoperator $\widehat{\boldsymbol{S}}$. Bei der Berechnung des Kommutators von $\widehat{\boldsymbol{S}}$ mit $H_{\mathrm{D}}^{(0)}$, durchgeführt als Aufgabe 5.3.3 (Teil 1), nutzen wir aus, dass sämtliche Komponenten von $\widehat{\boldsymbol{S}}$ mit denen des Impulsoperators $\boldsymbol{p}$ vertauschen:

$$\left[\widehat{\boldsymbol{S}}, H_{\mathrm{D}}^{(0)}\right]_- = -\mathrm{i}\,\hbar\, c\,(\widehat{\boldsymbol{\alpha}}\times\boldsymbol{p})\,. \tag{5.228}$$

Wir erkennen, dass weder $\widehat{\boldsymbol{S}}$ noch $\boldsymbol{L}$ Erhaltungsgrößen sind, wohl aber die Summe aus beiden:

$$\left[\boldsymbol{L}+\widehat{\boldsymbol{S}}, H_{\mathrm{D}}^{(0)}\right]_- = 0\,. \tag{5.229}$$

Dies legt die folgende Interpretation nahe:

$$\widehat{S} \Leftrightarrow \text{Spinoperator mit Drehimpulscharakter,}$$
$$J = L + \widehat{S} \Leftrightarrow \text{Gesamtdrehimpulsoperator des Elektrons.}$$

Es bleibt allerdings noch ein Problem: Die empirisch begründete Theorie des Elektronenspins in Abschn. 5.2, die schließlich zur *Pauli-Gleichung* (5.190) führte, war eine *Zweikomponententheorie*. Der Dirac-Spinoperator $\widehat{S}$ sowie auch $H_{\mathrm{D}}^{(0)}$ wirken dagegen auf vierkomponentige Spinore. Das passt also noch nicht so recht zusammen. Allerdings haben wir in diesem Abschnitt auch eine *voll-relativistische* Theorie aufgebaut, während alle unseren früheren Überlegungen im Rahmen der *nicht-relativistischen* Quantenmechanik blieben. Es drängt sich also geradezu auf, die Aussagen der Dirac-Theorie einmal für die *nicht-relativistische Grenze* $v \ll c$ zu analysieren.

5.3.3 Elektronenspin (Pauli-Theorie)

Um zu demonstrieren, dass mit der im letzten Abschnitt eingeführten Größe *Spin* auch ein magnetisches Moment verknüpft ist, benutzen wir für die folgenden Überlegungen gleich den Dirac-Operator (5.204) für das Elektron im elektromagnetischen Feld. Dabei wollen wir uns ab jetzt auf den Lösungsraum zu positiven Energien (Elektronen!) beschränken.

Wir zerlegen nun den allgemeinen, vierkomponentigen Dirac-Spinor (5.207) in zwei *Zweierkomponenten*:

$$|\psi\rangle = \begin{pmatrix} \psi_1 \\ \vdots \\ \psi_4 \end{pmatrix} = \begin{pmatrix} \widehat{\psi} \\ 0 \end{pmatrix} + \begin{pmatrix} 0 \\ \chi \end{pmatrix}, \tag{5.230}$$

mit

$$|\widehat{\psi}\rangle = \begin{pmatrix} \psi_1 \\ \psi_2 \end{pmatrix}; \quad |\chi\rangle = \begin{pmatrix} \psi_3 \\ \psi_4 \end{pmatrix}. \tag{5.231}$$

Dies ist zunächst nur eine etwas geänderte Schreibweise, die sich aber unter gewissen Bedingungen als vorteilhaft herausstellt, wenn nämlich die Komponenten von $|\widehat{\psi}\rangle$ und $|\chi\rangle$ von unterschiedlicher Größenordung sind. Das, was uns letztlich für die nicht-relativistische Quantenmechanik wirklich interessiert, ist der entsprechende, *nicht-relativistische Grenzfall* $v \ll c$ der Dirac-Theorie. In dieser Grenze unterscheidet sich der Energieeigenwert E_p des freien Elektrons (5.210) nur wenig von dessen **Ruheenergie** $m_\mathrm{e}\, c^2$ ((2.55), Bd. 4). Die Differenz

$$T = E_p - m_\mathrm{e}\, c^2 = m_\mathrm{e}\, c^2 \left(\sqrt{1 + \frac{p^2}{m_\mathrm{e}^2 c^2}} - 1 \right) = \frac{p^2}{2m_\mathrm{e}} \left[1 + 0\left(\frac{v^2}{c^2} \right) \right] \tag{5.232}$$

ist dann gerade der bekannte Ausdruck für die kinetische Energie des Elektrons. Wir wollen damit einmal die relativen Größenordnungen der beiden Komponenten $|\widehat{\psi}\rangle$ und $|\chi\rangle$ abschätzen. Da $|\psi\rangle$ als Linearkombination der Basiszustände (5.211) mit Koeffizienten von der Größenordung Eins geschrieben werden kann, können wir die geplante Abschätzung auch direkt mit den Komponenten in (5.211) durchführen:

$$\left|\frac{\hat{a}_{13}^{(+)}}{\hat{a}_{11}^{(+)}}\right|^2 = \left|\frac{\hat{a}_{24}^{(+)}}{\hat{a}_{22}^{(+)}}\right|^2 = \frac{c^2 p_z^2}{\left(E_p + m_e c^2\right)^2}$$

$$\leq \frac{c^2 p^2}{\left(E_p + m_e c^2\right)^2} = \frac{E_p - m_e c^2}{E_p + m_e c^2} = \frac{T}{T + 2m_e c^2} = 0\left[\left(\frac{v}{c}\right)^2\right] .$$

Analog findet man:

$$\left|\frac{\hat{a}_{14}^{(+)}}{\hat{a}_{11}^{(+)}}\right|^2 = \left|\frac{\hat{a}_{23}^{(+)}}{\hat{a}_{22}^{(+)}}\right|^2 = \frac{c^2 (p_x^2 + p_y^2)}{\left(E_p + m_e c^2\right)^2} = 0\left[\left(\frac{v}{c}\right)^2\right] .$$

Die Komponenten $\hat{a}_{13}^{(+)}, \hat{a}_{14}^{(+)}$ bzw. $\hat{a}_{23}^{(+)}, \hat{a}_{24}^{(+)}$ werden also in der *nicht-relativistischen* Grenze gegenüber $\hat{a}_{11}^{(+)}$ bzw. $\hat{a}_{22}^{(+)}$ vernachlässigbar klein. Das überträgt sich unmittelbar auf unseren allgemeinen Spinor (5.230). Die Beträge $|\psi_{3,4}|$ werden sehr viel kleiner als $|\psi_{1,2}|$ sein. An dieser Tatsache, die wir hier für ein *freies* Elektron abgeschätzt haben, wird sich auch dann nicht sehr viel ändern, wenn wir ein *normales* elektromagnetisches Feld einschalten. Das ist letztlich das Motiv für die Zerlegung (5.230), denn damit wird die Dirac-Theorie in der *nicht-relativistischen Grenze* zu einer *Zweikomponententheorie*, der sogenannten *Pauli-Theorie*, äquivalent, um die wir uns jetzt bemühen wollen.

Wir wenden den Dirac-Operator H_D aus (5.204) auf den vierkomponentigen Spinor (5.230) an. Wenn wir die Wirkung der Dirac-Matrizen $\widehat{\boldsymbol{\alpha}}$ und $\widehat{\beta}$ gemäß (5.205) bereits ausführen, dann bleibt als Eigenwertgleichung:

$$H_D \begin{pmatrix} \widehat{\psi} \\ \chi \end{pmatrix} = c(\boldsymbol{p} + e\boldsymbol{A}) \cdot \begin{pmatrix} \boldsymbol{\sigma} & \chi \\ \boldsymbol{\sigma} & \widehat{\psi} \end{pmatrix} + m_e c^2 \begin{pmatrix} \widehat{\psi} \\ -\chi \end{pmatrix} - e\varphi \begin{pmatrix} \widehat{\psi} \\ \chi \end{pmatrix} \stackrel{!}{=} E \begin{pmatrix} \widehat{\psi} \\ \chi \end{pmatrix} .$$

Diese führt zu dem folgenden Gleichungssystem:

$$\left(E - m_e c^2 + e\varphi\right) |\widehat{\psi}\rangle = c(\boldsymbol{p} + e\boldsymbol{A}) \cdot \boldsymbol{\sigma} |\chi\rangle , \tag{5.233}$$

$$\left(E + m_e c^2 + e\varphi\right) |\chi\rangle = c(\boldsymbol{p} + e\boldsymbol{A}) \cdot \boldsymbol{\sigma} |\widehat{\psi}\rangle . \tag{5.234}$$

Noch ist alles exakt. Die letzte Gleichung macht erneut die Größenordnungsunterschiede klar:

$$|\chi\rangle = \left(E + m_e c^2 + e\varphi\right)^{-1} c(\boldsymbol{p} + e\boldsymbol{A}) \cdot \boldsymbol{\sigma} |\widehat{\psi}\rangle . \tag{5.235}$$

Der Eigenwert E des Dirac-Elektrons im *gewöhnlichen* elektromagnetischen Feld ist natürlich wie der des *freien* Elektrons E_p auch von der Größenordnung $m_e c^2$. Man kann deshalb abschätzen:

$$E \approx m_e c^2 + e\varphi \approx m_e c^2 \; ; \qquad E + m_e c^2 \approx 2m_e c^2 \; .$$

Damit lässt sich die noch exakte Gleichung (5.235) vereinfachen:

$$|\chi\rangle \approx \frac{1}{2m_e c}\,(\boldsymbol{p} + e\boldsymbol{A})\cdot\boldsymbol{\sigma}|\widehat{\psi}\rangle + 0\left(\frac{v^2}{c^2}\right) . \tag{5.236}$$

Wegen $|\chi\rangle \approx 0\,(v/c)\,|\widehat{\psi}\rangle$ haben sich in der Literatur die Bezeichnungen *kleine Komponente* für $|\chi\rangle$ und *große Komponente* für $|\widehat{\psi}\rangle$ etabliert.

Für die **Pauli-Theorie** als den *nicht-relativistischen* Grenzfall der Dirac-Theorie reicht die Abschätzung (5.236) für die *kleine Komponente* aus. Setzen wir diesen Ausdruck in (5.233) ein, so erhalten wir eine Eigenwertgleichung für die *große Komponente* $|\psi\rangle$:

$$\begin{aligned} H_p|\widehat{\psi}\rangle &= \left(E - m_e c^2\right)|\widehat{\psi}\rangle \, , \\ H_p &= \frac{1}{2m_e}\,\left[(\boldsymbol{p} + e\boldsymbol{A})\cdot\boldsymbol{\sigma}\right]\left[(\boldsymbol{p} + e\boldsymbol{A})\cdot\boldsymbol{\sigma}\right] - e\varphi\,\mathbf{1}_2 \, . \end{aligned} \tag{5.237}$$

Den Operator H_p nennen wir *Pauli-Hamilton-Operator*. Da die Pauli'schen Spinmatrizen mit $\boldsymbol{p}$ und $\boldsymbol{A}$ vertauschen, können wir zur weiteren Umformung die in Teil 2) von Aufgabe 5.2.2 bewiesene Relation

$$(\boldsymbol{\sigma}\cdot\boldsymbol{a})\,(\boldsymbol{\sigma}\cdot\boldsymbol{b}) = \boldsymbol{a}\cdot\boldsymbol{b}\,\mathbf{1}_2 + i\,\boldsymbol{\sigma}\cdot(\boldsymbol{a}\times\boldsymbol{b}) \tag{5.238}$$

verwenden. Dabei benötigen wir noch:

$$\begin{aligned} (\boldsymbol{p} + e\boldsymbol{A})\times(\boldsymbol{p} + e\boldsymbol{A}) &= e(\boldsymbol{p}\times\boldsymbol{A} + \boldsymbol{A}\times\boldsymbol{p}) \\ &= e\left(\frac{\hbar}{\mathrm{i}}\,\mathrm{rot}\,\boldsymbol{A} - \boldsymbol{A}\times\boldsymbol{p} + \boldsymbol{A}\times\boldsymbol{p}\right) = e\,\frac{\hbar}{\mathrm{i}}\,\boldsymbol{B} \, . \end{aligned}$$

$\boldsymbol{B} = \mathrm{rot}\,\boldsymbol{A}$ ist wie üblich die magnetische Induktion. Der Pauli-Hamilton-Operator, der letztlich eine 2×2-Matrix darstellt, hat dann die Form:

$$H_p = \left[\frac{1}{2m_e}\,(\boldsymbol{p} + e\boldsymbol{A})^2 - e\varphi\right]\mathbf{1}_2 + \frac{e\hbar}{2m_e}\,\boldsymbol{\sigma}\cdot\boldsymbol{B} \, . \tag{5.239}$$

Das ist der Hamilton-Operator eines Teilchens der Masse m_e, der Ladung $q = -e$ und des **magnetischen Moments**

$$\boldsymbol{\mu}_S = -2\,\frac{\mu_B}{\hbar}\,\boldsymbol{S} = -\frac{e\hbar}{2m_e}\,\boldsymbol{\sigma} = -\mu_B\boldsymbol{\sigma} \, . \tag{5.240}$$

Wir erkennen, dass H_p exakt mit dem Hamilton-Operator (5.191) aus der in Abschn. 5.2 *empirisch begründeten* Pauli-Gleichung übereinstimmt. Mit dem aus der Dirac-Theorie abgeleiteten Drehimpuls *Spin* ist ein magnetisches Moment $\boldsymbol{\mu}_S$ verknüpft, das genau die vom Experiment geforderte Struktur (5.183) hat. Dieser perfekte Anschluss der *nicht-relativistischen Grenze* der Dirac-Theorie an die *von experimentellen Tatsachen erzwungene* empirische Theorie des Abschn. 5.2.4 beweist nun endgültig ohne jede zusätzliche Plausibilitätsannahme:

1. Der **Spin** $\boldsymbol{S} = (\hbar/2)\boldsymbol{\sigma}$ existiert als fundamentale **relativistische** Eigenschaft des Elektrons. Es handelt sich um einen Drehimpuls mit den Eigenwerten $\pm\hbar/2$ für die z-Komponente.
2. Mit dem Spin ist ein magnetisches Moment $\boldsymbol{\mu}_S = \mu_S\,\boldsymbol{S}$ verknüpft, das im Hamilton-Operator **linear** an das äußere Magnetfeld $\boldsymbol{B}$ koppelt (5.239).
3. Der **Landé-Faktor** g des Elektrons, $\mu_S = -g(\mu_B/\hbar)$, ist exakt gleich zwei.

Damit sind fundamentale Forderungen des Experiments ohne jede Zusatzannahme theoretisch gedeutet.

5.3.4 Spin-Bahn-Wechselwirkung

Wir hatten bereits in Abschn. 5.2 gemutmaßt, dass der in (5.188) abgeleitete Hamilton-Operator, der für $V(\boldsymbol{r}) = -e\,\varphi(\boldsymbol{r})$ mit dem Pauli-Hamilton-Operator H_p aus (5.239) übereinstimmt, in dieser Form vielleicht noch nicht vollständig ist. Wenn Bahndrehimpuls $\boldsymbol{L}$ und Spin $\boldsymbol{S}$ letztlich wesensverwandte Drehimpulse sind, dann sollte auch eine gegenseitige Beeinflussung nicht völlig ausgeschlossen sein. Diese liegt in der Tat vor. Man spricht von einer **Spin-Bahn-Wechselwirkung**, die allerdings ein rein relativistischer Effekt ist und deshalb zu ihrer Ableitung die in den letzten Abschnitten entwickelte Dirac-Theorie benötigt.

Das Wesentliche erkennt man bereits an einer einfachen *klassischen* Abschätzung, die wir der exakten Ableitung vorausschicken wollen. Das Elektron bewegt sich im Ruhesystem des positiv geladenen Kerns, der ein elektrostatisches Feld hervorruft:

$$\boldsymbol{E} = -\nabla\,\varphi(\boldsymbol{r})\,.$$

Da sich das Elektron **relativ** zum Kern bewegt, *sieht* es ein elektromagnetisches Feld $\boldsymbol{E}'$, $\boldsymbol{B}'$, für das die relativistische Elektrodynamik ((2.142), (2.143), Bd. 4) die Ausdrücke

$$\boldsymbol{B}' = \gamma\left[\boldsymbol{B} - \frac{1}{c}(\boldsymbol{\beta}\times\boldsymbol{E})\right] - \frac{\gamma^2}{\gamma+1}\,\boldsymbol{\beta}(\boldsymbol{\beta}\cdot\boldsymbol{B})$$

$$;\quad \boldsymbol{\beta} = \frac{\boldsymbol{v}}{c}$$

$$\boldsymbol{E}' = \gamma\left[\boldsymbol{E} + c(\boldsymbol{\beta}\times\boldsymbol{B})\right] - \frac{\gamma^2}{\gamma+1}\,\boldsymbol{\beta}(\boldsymbol{\beta}\cdot\boldsymbol{E})$$

liefert. Dabei sind $\boldsymbol{E}$ und $\boldsymbol{B} = 0$ die Felder im Ruhesystem des Kerns, $\boldsymbol{E}'$ und $\boldsymbol{B}'$ die im Ruhesystem des Elektrons, in dem der positiv geladene Kern um das Elektron *kreist*. In der uns hier interessierenden *nicht-relativistischen Grenze* $v \ll c$ ist $\gamma \approx 1$. Der sich relativ zum Elektron bewegende, positiv geladene Kern bewirkt also im Ruhesystem des Elektrons eine magnetische Induktion,

$$\boldsymbol{B}' \approx -\frac{1}{c^2}\,(\boldsymbol{v} \times \boldsymbol{E})\,,$$

mit dem das elektronische Spinmoment wechselwirkt. Wie im letzten Abschnitt im Zusammenhang mit (5.239) abgeleitet, erscheint diese Wechselwirkung im Hamilton-Operator des Elektrons als additiver Zusatzterm:

$$H_{\mathrm{SB}}^{\mathrm{kl}} = 2\,\frac{\mu_{\mathrm{B}}}{\hbar}\,\boldsymbol{S}\cdot\boldsymbol{B}' = \frac{2\mu_{\mathrm{B}}}{\hbar\,c^2}\,(\boldsymbol{E}\times\boldsymbol{v})\cdot\boldsymbol{S}\,.$$

Nehmen wir noch an, dass das Kernpotential ein Zentralpotential $(\varphi(\boldsymbol{r}) = \varphi(r))$ ist, für das

$$\boldsymbol{E}(\boldsymbol{r}) = -\frac{\mathrm{d}\varphi}{\mathrm{d}r}\,\boldsymbol{e}_r = -\frac{1}{r}\,\frac{\mathrm{d}\varphi}{\mathrm{d}r}\,\boldsymbol{r}$$

gilt, so erkennen wir in dem Vektorprodukt den Bahndrehimpuls $\boldsymbol{L}$:

$$H_{\mathrm{SB}}^{\mathrm{kl}} = -\frac{e}{m_{\mathrm{e}}^2\,c^2}\left(\frac{1}{r}\,\frac{\mathrm{d}\varphi}{\mathrm{d}r}\right)(\boldsymbol{L}\cdot\boldsymbol{S})\,. \tag{5.241}$$

Dieser Zusatzterm drückt in direkter Weise die Kopplung des Elektronenspins an die Bahnbewegung im Kernfeld und damit an den Bahndrehimpuls aus. Bis auf einen Faktor 2 wird sich (5.241) sogar als exakt herausstellen. Die Diskrepanz lässt sich übrigens auf die Tatsache zurückführen, dass das Ruhesystem des Elektrons kein Inertialsystem ist. Obige Transformationsformeln $(\boldsymbol{E}, \boldsymbol{B}) \to (\boldsymbol{E}', \boldsymbol{B}')$ setzen aber Inertialsysteme voraus.

Für die strenge Herleitung der Spin-Bahn-Wechselwirkung benutzen wir wieder den **„nicht-relativistischen Grenzfall" der Dirac-Theorie**, wobei wir die Approximation nun allerdings einen Schritt weiter treiben müssen als bei der Begründung des Spinmoments im Abschnitt zuvor. Wir hatten dort bereits Terme der Größenordnung $0\left(v^2/c^2\right)$ vernachlässigt, um die *kleine Komponente* $|\chi\rangle$ zu eliminieren und dadurch von der *Vierkomponenten-* zu einer effektiven *Zweikomponententheorie* zu kommen. Bei der Vernachlässsigung von $|\chi\rangle$, d. h. beim Übergang vom allgemeinen vierkomponentigen Zustand $|\psi\rangle$ auf die *große Komponente* $|\widehat{\psi}\rangle$, haben wir uns nicht darum gekümmert, ob die für die Wahrscheinlichkeitsinterpretation wichtige Normierung erhalten bleibt. Dies wollen wir jetzt etwas genauer untersuchen:

$$|\psi\rangle = \begin{pmatrix}\widehat{\psi}\\ \chi\end{pmatrix} \;\Rightarrow\; \langle\psi|\psi\rangle = \langle\widehat{\psi}|\widehat{\psi}\rangle + \langle\chi|\chi\rangle\,.$$

Wir werden dafür sorgen, dass beim Übergang zur *Zweikomponententheorie* die Normierung durch den folgenden Ansatz

$$|\widehat{\psi}\rangle = \alpha|\eta\rangle \tag{5.242}$$

erhalten bleibt. Dabei wird die Größe α Operatorcharakter haben. Wir gehen aber davon aus, was später zu kontrollieren bleibt, dass es sich um einen hermiteschen Operator mit einem existierenden Inversen α^{-1} handelt:

$$\langle\psi|\psi\rangle \stackrel{!}{=} \langle\eta|\eta\rangle = \langle\widehat{\psi}|\widehat{\psi}\rangle + \langle\chi|\chi\rangle\ . \tag{5.243}$$

$|\eta\rangle$ soll der $|\widehat{\psi}\rangle$ ersetzende, *neue* Zustand unserer *nicht-relativistischen Zweikomponententheorie* werden, der also die korrekte Normierung besitzt.

Wir wollen dieselbe Situation diskutieren wie bei der vorangestellten *klassischen* Überlegung, die zu (5.241) führte. Das Elektron bewege sich also in einem elektrostatischen Potential $\varphi(\boldsymbol{r})$, das von einem positiv geladenen Kern hervorgerufen werde. Ein äußeres Magnetfeld $\boldsymbol{B}$ ist für die abzuleitende Spin-Bahn-Wechselwirkung unbedeutend. Es wird deshalb in diesem Abschnitt nicht berücksichtigt. Dann gilt zunächst nach (5.235) mit $\boldsymbol{A} \equiv 0$ für die *kleine Komponente* $|\chi\rangle$:

$$|\chi\rangle = \frac{c}{E + m_e c^2 + e\varphi}(\boldsymbol{p}\cdot\boldsymbol{\sigma})|\widehat{\psi}\rangle\ . \tag{5.244}$$

Die im *nicht-relativistischen* Bereich kleine Energiegröße ist nach (5.232) nicht E, sondern

$$T = E - m_e c^2\ . \tag{5.245}$$

Wir substitutieren entsprechend und entwickeln (5.244) dann nach Potenzen von v/c. Dabei benutzen wir, wie später noch mehrmals, die nützliche Reihenentwicklung:

$$\begin{aligned}(1+x)^m &= 1 + m x + \frac{m(m-1)}{2!}x^2 + \dots\\ &\dots + \frac{m(m-1)\cdots(m-n+1)}{n!}x^n + \dots\\ &(m \text{ ganz oder rational})\ ,\end{aligned} \tag{5.246}$$

die für $x \ll 1$ bereits nach wenigen Termen, je nach gewünschter Genauigkeit, abgebrochen werden kann.

$$\begin{aligned}|\chi\rangle &= \frac{1}{2m_e c}\left(1 + \frac{T + e\varphi}{2m_e c^2}\right)^{-1}(\boldsymbol{p}\cdot\boldsymbol{\sigma})|\widehat{\psi}\rangle\\ &= \frac{1}{2m_e c}\left[1 - \frac{T + e\varphi}{2m_e c^2} + 0\left(\frac{v^4}{c^4}\right)\right](\boldsymbol{p}\cdot\boldsymbol{\sigma})|\widehat{\psi}\rangle\ .\end{aligned} \tag{5.247}$$

Damit ist die Entwicklung nun einen Schritt weiter getrieben als in (5.236). Allerdings gelingt nun auch die Entkopplung von *großer* und *kleiner Komponente* nicht mehr ganz so einfach. – Durch Einsetzen von (5.247) in (5.243) erfüllen wir die Normierungsbedingung bis auf Terme der Größenordnung $0\left(v^2/c^2\right)$:

$$\begin{aligned}\langle\psi|\psi\rangle &\overset{!}{=} \langle\eta|\eta\rangle = \langle\widehat{\psi}|\alpha^{-2}|\widehat{\psi}\rangle = \langle\widehat{\psi}|\widehat{\psi}\rangle + \langle\chi|\chi\rangle \\ &\overset{(5.247)}{=} \langle\widehat{\psi}|\left[1 + \frac{1}{4m_e c^2}(\boldsymbol{p}\cdot\boldsymbol{\sigma})^2 + \mathcal{O}\left(\frac{v^4}{c^4}\right)\right]|\widehat{\psi}\rangle \\ &\curvearrowright \quad \alpha \approx 1 - \frac{1}{8m_e c^2}(\boldsymbol{p}\cdot\boldsymbol{\sigma})^2 .\end{aligned}$$

Nach der Vektorformel (5.238) ist $(\boldsymbol{p}\cdot\boldsymbol{\sigma})^2$ gleich $p^2\mathbf{1}_2$. Die Bedingung wird offensichtlich, unserem Ansatz (5.242) entsprechend, durch

$$|\widehat{\psi}\rangle = \left(1 - \frac{\boldsymbol{p}^2}{8m_e^2 c^2}\right)|\eta\rangle \tag{5.248}$$

befriedigt. Durch Einsetzen in (5.247) lässt sich auch die *kleine Komponente* $|\chi\rangle$ durch den *neuen* Zustand $|\eta\rangle$ ausdrücken:

$$|\chi\rangle = \frac{1}{2m_e c}\left[(\boldsymbol{p}\cdot\boldsymbol{\sigma})\left(1 - \frac{\boldsymbol{p}^2}{8m_e^2 c^2}\right) - \frac{T + e\varphi}{2m_e c^2}(\boldsymbol{p}\cdot\boldsymbol{\sigma}) + 0\left(\frac{v^4}{c^4}\right)\right]|\eta\rangle . \tag{5.249}$$

Man beachte die Nicht-Vertauschbarkeit von $\varphi(\boldsymbol{r})$ und $\boldsymbol{p}$ im dritten Summanden. Dieser und auch der zweite Summand sind im Vergleich zur Abschätzung (5.236) im letzten Abschnitt neu hinzugekommen. Sie sind gegenüber dem ersten Term in der eckigen Klammer um einen Faktor der Größenordnung v^2/c^2 kleiner und waren deshalb für die Überlegungen in Abschn. 5.3.3 irrelevant.

Wir setzen nun die Ausdrücke (5.248) und (5.249) in die exakte Relation (5.233) ein:

$$\begin{aligned}&(T + e\varphi)\left(1 - \frac{\boldsymbol{p}^2}{8m_e^2 c^2}\right)|\eta\rangle \approx \\ &\approx \frac{1}{2m_e}\left[\boldsymbol{p}^2\left(1 - \frac{\boldsymbol{p}^2}{8m_e^2 c^2}\right) - (\boldsymbol{p}\cdot\boldsymbol{\sigma})\frac{T + e\varphi}{2m_e c^2}(\boldsymbol{p}\cdot\boldsymbol{\sigma})\right]|\eta\rangle .\end{aligned} \tag{5.250}$$

Wegen der Nicht-Vertauschbarkeit von $\varphi(\boldsymbol{r})$ und $\boldsymbol{p}$,

$$[\boldsymbol{p}, \varphi(\boldsymbol{r})]_- = \frac{\hbar}{\mathrm{i}}\nabla\varphi(\boldsymbol{r}) ,$$

muss der letzte Term auf der rechten Seite mit besonderer Sorgfalt behandelt werden:

$$\begin{aligned}(\boldsymbol{p}\cdot\boldsymbol{\sigma})\,(T+e\,\varphi)\,(\boldsymbol{p}\cdot\boldsymbol{\sigma}) &= \frac{1}{2}\left[\boldsymbol{p}^2(T+e\,\varphi)+(T+e\,\varphi)\boldsymbol{p}^2\right]\\ &\quad+\frac{1}{2}\frac{\hbar}{\mathrm{i}}e\left[(\nabla\varphi\cdot\boldsymbol{\sigma})\,(\boldsymbol{p}\cdot\boldsymbol{\sigma})-(\boldsymbol{p}\cdot\boldsymbol{\sigma})\,(\nabla\varphi\cdot\boldsymbol{\sigma})\right]\,.\end{aligned}$$

Wir haben hier $(T+e\,\varphi)$ *symmetrisch* einmal nach links, einmal nach rechts mit $(\boldsymbol{p}\cdot\boldsymbol{\sigma})$ vertauscht und die beiden äquivalenten Ergebnisse addiert. Der Faktor $1/2$ garantiert dann das Gleichheitszeichen. Zur weiteren Auswertung benutzen wir noch einmal die Vektoridentität (5.238):

$$\begin{aligned}&(\nabla\varphi\cdot\boldsymbol{\sigma})\,(\boldsymbol{p}\cdot\boldsymbol{\sigma})-(\boldsymbol{p}\cdot\boldsymbol{\sigma})\,(\nabla\varphi\cdot\boldsymbol{\sigma})\\ &\quad=(\nabla\varphi\cdot\boldsymbol{p})\,\mathbf{1}_2-(\boldsymbol{p}\cdot\nabla\varphi)\,\mathbf{1}_2+\mathrm{i}\,\boldsymbol{\sigma}\cdot(\nabla\varphi\times\boldsymbol{p})-\mathrm{i}\,\boldsymbol{\sigma}\cdot(\boldsymbol{p}\times\nabla\varphi)\\ &\quad=\sum_{i=1}^{3}\left[\frac{\partial\varphi}{\partial x_i},p_i\right]_-\mathbf{1}_2+2\mathrm{i}\,\boldsymbol{\sigma}\cdot(\nabla\varphi\times\boldsymbol{p})\\ &\quad=-\frac{\hbar}{\mathrm{i}}\,\Delta\varphi\,\mathbf{1}_2+2\mathrm{i}\,\boldsymbol{\sigma}\cdot(\nabla\varphi\times\boldsymbol{p})\,.\end{aligned}$$

Überzeugen Sie sich, dass in der Tat $(\nabla\varphi\times\boldsymbol{p})=-(\boldsymbol{p}\times\nabla\varphi)$ gilt (Aufgabe 5.3.6), was wir von der zweiten zur dritten Gleichungsstufe ausgenutzt haben. Mit diesen Umformungen wird schließlich aus (5.250):

$$\begin{aligned}\left(1+\frac{\boldsymbol{p}^2}{8m_\mathrm{e}^2\,c^2}\right)(T+e\,\varphi)|\eta\rangle &\approx \frac{\boldsymbol{p}^2}{2m_\mathrm{e}}\left(1-\frac{\boldsymbol{p}^2}{8m_\mathrm{e}^2\,c^2}\right)|\eta\rangle\\ &\quad+\left[\frac{e\,\hbar^2}{8m_\mathrm{e}^2\,c^2}\Delta\varphi-\frac{e\,\hbar}{4m_\mathrm{e}^2\,c^2}\,(\nabla\varphi\times\boldsymbol{p})\cdot\boldsymbol{\sigma}\right]|\eta\rangle\,.\end{aligned}$$

Wir multiplizieren diese Gleichung mit $\left(1+(p^2/8m_\mathrm{e}^2\,c^2)\right)^{-1}$, entwickeln gemäß Formel (5.246) und vernachlässigen Terme der Größenordnung v^4/c^4. Damit haben wir dann ähnlich wie im letzten Abschnitt formal eine *Zweikomponententheorie* als *nicht-relativistischen Grenzfall* der Dirac-Theorie konstruiert, und zwar in Gestalt der folgenden Eigenwertgleichung:

$$H_\mathrm{nr}|\eta\rangle=E|\eta\rangle\,. \tag{5.251}$$

Der *nicht-relativistische* Dirac-Operator H_nr setzt sich aus verschiedenen charakteristischen Termen zusammen:

$$H_\mathrm{nr}=m_\mathrm{e}\,c^2+\frac{\boldsymbol{p}^2}{2m_\mathrm{e}}-\frac{\boldsymbol{p}^4}{8m_\mathrm{e}^3\,c^2}-e\,\varphi(\boldsymbol{r})+V_\mathrm{D}+H_\mathrm{SB}\,. \tag{5.252}$$

Die ersten drei Terme sind die Ruheenergie des Elektrons, die *normale* kinetische Energie und die erste relativistische Korrektur der kinetischen Energie. Es handelt sich um die drei führenden Terme in der Entwicklung der relativistischen kinetischen Energie $(m_e^2 c^4 + c^2 p^2)^{1/2}$ nach Potenzen von v/c. Ihr Erscheinen in H_{nr} verblüfft also ebenso wenig wie das der potentiellen Energie $(-e\,\varphi(\boldsymbol{r}))$ des Elektrons im elektrostatischen Feld des Kerns. Der Operator V_D ist dagegen nur schwer anschaulich deutbar. Dieser sogenannte *Darwin-Term*,

$$V_D = \frac{e\hbar^2}{8m_e^2 c^2}\,\Delta\varphi\,, \tag{5.253}$$

kann als erste relativistische Korrektur zur potentiellen Energie des Elektrons aufgefasst werden.

Für unsere ursprüngliche Absicht am wichtigsten ist der letzte Term in (5.252),

$$H_{SB} = -\frac{e\hbar}{4m_e^2 c^2}\,(\nabla\varphi \times \boldsymbol{p})\cdot\boldsymbol{\sigma}\,, \tag{5.254}$$

der eine *Spin-Bahn-Wechselwirkung* darstellt. Verwenden wir in (5.254) den Spinoperator $\boldsymbol{S} = (\hbar/2)\,\boldsymbol{\sigma}$ und nehmen wir wie zu unserer klassischen Abschätzung in (5.241) ein kugelsymmetrisches Kernpotential an,

$$\nabla\varphi = \frac{1}{r}\frac{d\varphi}{dr}\boldsymbol{r}\,,$$

so gilt:

$$H_{SB} = \lambda(\boldsymbol{L}\cdot\boldsymbol{S})\,; \quad \lambda = -\frac{e}{2m_e^2 c^2}\left(\frac{1}{r}\frac{d\varphi}{dr}\right). \tag{5.255}$$

Unser klassisches Resultat H_{SB}^{kl} (5.241) war also in der Tat bereits bis auf einen Faktor 1/2 korrekt. – In plausibler Näherung dürfte $\varphi(r) \sim 1/r$ sein, und damit $\lambda \sim 1/r^3$. Die Spin-Bahn-Wechselwirkung des Atomelektrons fällt also mit der dritten Potenz des Abstands vom Kern ab.

Der Operator H_{SB} sorgt dafür, dass selbst bei Abwesenheit eines äußeren Magnetfeldes der Bahndrehimpuls $\boldsymbol{L}$ und der Spin $\boldsymbol{S}$ nicht mehr mit dem Hamilton-Operator des Elektrons vertauschen, falls dieses sich in einem (Kern-)Potential $\varphi(\boldsymbol{r}) \neq 0$ befindet. Es gilt nämlich (Aufgabe 5.3.5):

$$[\boldsymbol{L}\cdot\boldsymbol{S}, \boldsymbol{L}]_- = i\hbar(\boldsymbol{L}\times\boldsymbol{S}) = -[\boldsymbol{L}\cdot\boldsymbol{S}, \boldsymbol{S}]_-\,. \tag{5.256}$$

Der Gesamtdrehimpuls $\boldsymbol{J} = \boldsymbol{L} + \boldsymbol{S}$, den wir am Schluss von Abschn. 5.3.2 eingeführt haben, kommutiert aber offensichtlich mit H_{SB},

$$[H_{SB}, \boldsymbol{J}]_- = 0\,, \tag{5.257}$$

und demnach mit dem gesamten Hamilton-Operator (*Konstante der Bewegung*). Ferner beweisen wir in Aufgabe 5.3.5 die folgenden Kommutatorrelationen:

$$\left[H_{SB}, \boldsymbol{L}^2\right]_- = \left[H_{SB}, \boldsymbol{S}^2\right]_- = \left[H_{SB}, \boldsymbol{J}^2\right]_- = 0\,. \tag{5.258}$$

Es muss deshalb gemeinsame Eigenzustände,

$$|x; j\, l\, S\, m_j\rangle \;,$$

zu den Operatoren H_D, $\boldsymbol{J}^2$, $\boldsymbol{L}^2$, $\boldsymbol{S}^2$ und J_z geben, die wir durch die Drehimpulsquantenzahlen j, l, S und m_j kennzeichnen können. Dabei ist m_j die *magnetische Quantenzahl* des Gesamtdrehimpulses $(J_z|x; j\, l\, S\, m_j\rangle = \hbar\, m_j|x; j\, l\, S\, m_j\rangle; -j \leq m_j \leq +j)$. Mit x fassen wir alle Quantenzahlen zusammen, die nichts mit Drehimpulsen zu tun haben, über H_D aber zur Kennzeichnung der Zustände notwendig sind. Das explizite Erscheinen des *Gesamtdrehimpulses* $\boldsymbol{J}$ in dem *maximalen Satz verträglicher Observabler* zur Präparation der reinen Zustände des Atomelektrons wirft die auch in anderem Zusammenhang wichtige Frage nach der korrekten *Addition von Drehimpulsen* auf, mit der wir uns im folgenden Abschn. 5.4 deshalb ausführlich befassen werden.

Die wohl wichtigste Konsequenz der Spin-Bahn-Wechselwirkung führt zu einer

▸ Feinstruktur der Energieterme,

die den Elektronen in den Atomen (Molekülen) zur Verfügung stehen. Wir greifen hier den detaillierten Überlegungen in Kap. 6 vor, mit denen wir die klassisch unverständlichen, stationären Atomelektronenzustände begründen wollen. Wir werden zeigen können, dass ohne Spin-Bahn-Wechselwirkung und ohne äußeres Magnetfeld die Elektronen im Atom *diskrete* Energien E_{xl} annehmen. Diese erhalten dann nach *Einschalten* der Spin-Bahn-Wechselwirkung H_SB wegen

$$\boldsymbol{L}\cdot\boldsymbol{S} = \frac{1}{2}\left(\boldsymbol{J}^2 - \boldsymbol{L}^2 - \boldsymbol{S}^2\right)$$

eine *Feinstruktur*, d. h., sie spalten noch einmal auf.

$$\begin{aligned} E_{xljs} &= \langle x; j\, l\, S\, m_j|H|x; j\, l\, S\, m_j\rangle \\ &= E_{xl} + \langle x; j\, l\, S\, m_j|H_\mathrm{SB}|x; j\, l\, S\, m_j\rangle \\ &= E_{xl} + \frac{1}{2}\,\lambda\,\hbar^2\,\left[j(j+1) - l(l+1) - S(S+1)\right] \;. \end{aligned} \tag{5.259}$$

Wegen des Faktors $1/c^2$ in λ ist die Aufspaltung sehr klein. Sie ist allerdings mit heutigen spektroskopischen Mitteln durchaus beobachtbar!

Wir wollen mit einer **Schlussbemerkung** unsere Überlegungen zur relativistischen Theorie des Elektrons beenden. In niedrigster Ordnung v/c sind die Dirac-Theorie und die Pauli'sche Zweikomponententheorie äquivalent. Der Übergang von der *Vier-* zur *Zweikomponententheorie* gelingt relativ einfach durch Entkopplung der *großen* und der *kleinen Komponente* des Dirac-Spinors. Schon wesentlich mühseliger gestaltete sich in diesem Abschnitt die Begründung der Spin-Bahn-Kopplung, da es sich um einen *relativistischen Effekt* höherer Ordnung handelt. Trotzdem kann man natürlich durch eine systematische Entwicklung der exakten Gleichungen (5.233) und (5.234) die gewünschten *relativistischen Korrekturen* ableiten. Ein wesentlich eleganteres Verfahren stellt die sogenannte *Foldy-Wouthuysen-Transformation* dar (L.L. Foldy, S.A. Wouthuysen, Phys. Rev. **78**, 29 (1958)). Dabei handelt es sich um eine geschickte unitäre Transformation der Operatoren und Spinore der Dirac-Theorie, die in jeder Ordnung v/c für eine vollständige Entkopplung von *großer* und *kleiner Komponente* sorgt, sodass man letztere einfach weglassen kann und damit direkt zu einer *Zweikomponententheorie* gelangt. Eine detaillierte Untersuchung dieses Ansatzes übersteigt allerdings den Rahmen dieses Grundkurses.

5.3.5 Aufgaben

Aufgabe 5.3.1

Zeigen Sie, dass die Dirac-Matrizen (5.205)

$$\widehat{\alpha} = \begin{pmatrix} 0 & \boldsymbol{\sigma} \\ \boldsymbol{\sigma} & 0 \end{pmatrix} ; \quad \widehat{\beta} = \begin{pmatrix} \mathbf{1}_2 & 0 \\ 0 & -\mathbf{1}_2 \end{pmatrix}$$

die Bedingungen (5.197) erfüllen:

$$\left[\widehat{\alpha}_i, \widehat{\alpha}_j\right]_+ = 2\delta_{ij}\,\mathbf{1}_4 ; \quad \left[\widehat{\alpha}_i, \widehat{\beta}\right]_+ = 0 ; \quad \widehat{\beta}^2 = \mathbf{1}_4 .$$

Aufgabe 5.3.2

Zeigen Sie, dass die kartesischen Komponenten des Dirac-Spinoperators (5.215),

$$\widehat{\mathbf{S}} = \frac{\hbar}{2}\begin{pmatrix} \boldsymbol{\sigma} & 0 \\ 0 & \boldsymbol{\sigma} \end{pmatrix} ; \quad (\boldsymbol{\sigma} : \text{Pauli-Spinoperator}) ,$$

die fundamentalen Vertauschungsrelationen (5.14) erfüllen:

$$\left[\widehat{S}_x, \widehat{S}_y\right]_- = \mathrm{i}\hbar\,\widehat{S}_z, \dots \quad \text{und zyklisch} .$$

Aufgabe 5.3.3

Berechnen Sie für ein *freies Dirac-Elektron* die Kommutatoren

1. $\left[\widehat{\mathbf{S}}, H_{\mathrm{D}}^{(0)}\right]_-$;
2. $\left[\boldsymbol{L}, H_{\mathrm{D}}^{(0)}\right]$,

wobei $\widehat{\mathbf{S}}$ der Dirac-Spinoperator und $\boldsymbol{L}$ der Bahndrehimpulsoperator sind.

Aufgabe 5.3.4

Berechnen Sie für ein (relativistisches) Elektron in einem äußeren elektromagnetischen Feld (Vektorpotential $\boldsymbol{A}(\boldsymbol{r},t)$, skalares Potential $\varphi(\boldsymbol{r},t)$) die Bewegungsgleichungen der Observablen *Ort* $\boldsymbol{r}$ und *mechanischer Impuls* $\boldsymbol{p}_m = \boldsymbol{p} + e\boldsymbol{A}$ (Heisenberg-Darstellung!). Zeigen Sie, dass die zeitabhängigen Operatoren das klassische Lorentz-Kraft-Gesetz

$$\frac{\mathrm{d}}{\mathrm{d}t}\boldsymbol{p}_m = -e\left[\boldsymbol{E} + \dot{\boldsymbol{r}} \times \boldsymbol{B}\right]$$

erfüllen (Ehrenfest-Theorem!).

Aufgabe 5.3.5

Berechnen Sie für den Operator der Spin-Bahn-Wechselwirkung

$$H_{\mathrm{SB}} = \lambda(\boldsymbol{L}\cdot\boldsymbol{S})$$

die folgenden Kommutatoren:

1. $[H_{\mathrm{SB}}, \boldsymbol{L}]_-$,
2. $[H_{\mathrm{SB}}, \boldsymbol{S}]_-$,
3. $[H_{\mathrm{SB}}, \boldsymbol{L}^2]_-$,
4. $[H_{\mathrm{SB}}, \boldsymbol{S}^2]$,
5. $[H_{\mathrm{SB}}, \boldsymbol{J}^2]_- \qquad (\boldsymbol{J} = \boldsymbol{L} + \boldsymbol{S})$.

Aufgabe 5.3.6

Beweisen Sie die zur Ableitung von (5.251) benötigte Beziehung

$$(\nabla\varphi \times \boldsymbol{p}) = -\,(\boldsymbol{p} \times \nabla\varphi) \; ,$$

in der $\boldsymbol{p}$ der Teilchenimpuls ist, und $\varphi(\boldsymbol{r},t)$ das (zweimal stetig differenzierbare) skalare, elektrische Potential darstellt, in dem sich das Teilchen bewegt.

5.4 Addition von Drehimpulsen

5.4.1 Gesamtdrehimpuls

Wir haben im letzten Abschnitt gesehen, dass es bisweilen notwendig werden kann, zwei Einzeldrehimpulse, deren Eigenwerte und Eigenzustände bekannt sind, miteinander zu einem **Gesamtdrehimpuls** zu kombinieren. Nach (5.256) und (5.257) sind zum Beispiel weder der Spin $\boldsymbol{S}$ noch der Bahndrehimpuls $\boldsymbol{L}$ des Elektrons, hingegen wohl der Gesamtdrehimpuls $\boldsymbol{J} = \boldsymbol{L} + \boldsymbol{S}$ Konstante der Bewegung. Es interessieren deshalb natürlich Überlegungen, wie man die Eigenschaften von $\boldsymbol{J}$ aus denen von $\boldsymbol{L}$ und $\boldsymbol{S}$ ableiten kann. Wir werden im folgenden noch weitere Beispiele für die Notwendigkeit der *Addition von Drehimpulsen* kennen lernen. Das Problem soll deshalb zunächst allgemein diskutiert und dann in Form von Übungsaufgaben auf konkrete Fragestellungen angewendet werden.

Ausgangspunkt seien zwei Vektoroperatoren $\boldsymbol{J}_1$ und $\boldsymbol{J}_2$, die miteinander kommutieren,

$$[\boldsymbol{J}_1, \boldsymbol{J}_2]_- = 0 \,, \tag{5.260}$$

und deren Komponenten hermitesche Operatoren sind. Sie sollen die fundamentalen Vertauschungsrelationen (5.14) erfüllen, sodass $\boldsymbol{J}_1$ und $\boldsymbol{J}_2$ nach unserer früheren Definition *Drehimpulse* mit allen in Abschn. 5.1.4 abgeleiteten Eigenschaften sind. So besitzen $\boldsymbol{J}_i^2$ und J_{iz} $(i = 1, 2)$ gemeinsame Eigenzustände $|j_i \, m_i\rangle$:

$$\boldsymbol{J}_{1,2}^2 |j_{1,2} \, m_{1,2}\rangle = \hbar^2 j_{1,2} \, (j_{1,2} + 1) |j_{1,2} \, m_{1,2}\rangle \,, \tag{5.261}$$

$$J_{1,2\,z} |j_{1,2} \, m_{1,2}\rangle = \hbar \, m_{1,2} |j_{1,2} \, m_{1,2}\rangle \,. \tag{5.262}$$

Wir interpretieren $\boldsymbol{J}_1$ und $\boldsymbol{J}_2$ als die Drehimpulse zweier Teilsysteme 1 und 2. Die Zustände des aus 1 und 2 zusammengesetzten Systems lassen sich dann durch

$$|\gamma; j_1 \, j_2; m_1 \, m_2\rangle$$

symbolisieren, wobei γ die Quantenzahlen zusammenfasst, die zur Definition eines reinen Zustands unerlässlich sind, jedoch nichts mit den Drehimpulsen zu tun haben. Es handelt sich also um die Eigenwerte von Observablen Γ_i, die mit

$$\boldsymbol{J}_1^2, \boldsymbol{J}_2^2, J_{1z}, J_{2z} \tag{5.263}$$

einen *vollständigen Satz verträglicher Observabler* bilden, also insbesondere mit den Drehimpulsen vertauschen. Für jedes γ spannen deshalb die Eigenzustände des Operatorsatzes (5.263) einen Unterraum $\mathcal{H}_\gamma$ auf, wobei jeder Unterraum $\mathcal{H}_\gamma$ gesondert behandelt werden kann. Da wir uns hier nur für Drehimpulseigenschaften interessieren, beschränken wir unsere Betrachtungen auf ein bestimmtes $\mathcal{H}_\gamma$ und lassen von jetzt an zur Erleichterung der

Schreibarbeit das γ in den Zustandssymbolen weg. Im $\mathcal{H}_\gamma$ bilden bereits die Operatoren (5.263) einen *vollständigen Satz*. Ihre gemeinsamen Eigenzustände lassen sich als Produktzustände aus den $|j_{1,2}\, m_{1,2}\rangle$ in (5.261) und (5.262) aufbauen:

$$|j_1\, j_2; m_1\, m_2\rangle \equiv |j_1\, m_1\rangle |j_2\, m_2\rangle\ . \tag{5.264}$$

Die Vektorsumme der beiden Drehimpulse $\boldsymbol{J}_1$ und $\boldsymbol{J}_2$ nennen wir

Gesamtdrehimpuls:

$$\boldsymbol{J} = \boldsymbol{J}_1 + \boldsymbol{J}_2\ . \tag{5.265}$$

Dass es sich bei $\boldsymbol{J}$ wirklich um einen Drehimpuls handelt, ist leicht gezeigt. Unter Ausnutzung von (5.260) berechnet man zum Beispiel:

$$\begin{aligned}\left[J_x, J_y\right]_- &= \left[J_{1x} + J_{2x}, J_{1y} + J_{2y}\right]_- = \left[J_{1x}, J_{1y}\right]_- + \left[J_{2x}, J_{2y}\right]_- \\ &= \mathrm{i}\hbar J_{1z} + \mathrm{i}\hbar J_{2z} = \mathrm{i}\hbar J_z\ .\end{aligned}$$

Analog findet man die beiden anderen fundamentalen Kommutatorrelationen (5.14) bestätigt. $\boldsymbol{J}$ ist also ein Drehimpuls!

Man erkennt nun unmittelbar, dass die Zustände (5.264) auch Eigenzustände zur z-Komponente J_z des Gesamtdrehimpulsoperators sind:

$$\begin{aligned}J_z|j_1 j_2; m_1 m_2\rangle &= (J_{1z} + J_{2z})\, |j_1 m_1\rangle |j_2 m_2\rangle \\ &= \hbar\,(m_1 + m_2)\, |j_1 j_2; m_1 m_2\rangle\ .\end{aligned} \tag{5.266}$$

Es sind allerdings keine Eigenzustände zu $\boldsymbol{J}^2$. Wegen

$$\boldsymbol{J}^2 = \boldsymbol{J}_1^2 + \boldsymbol{J}_2^2 + 2\boldsymbol{J}_1 \cdot \boldsymbol{J}_2 \tag{5.267}$$

kommutiert $\boldsymbol{J}^2$ nicht mit J_{1z} und J_{2z}:

$$\begin{aligned}\left[\boldsymbol{J}^2, J_{1z}\right]_- &= 2\left[J_{1x}J_{2x} + J_{1y}J_{2y}, J_{1z}\right]_- \\ &= 2\left[J_{1x}, J_{1z}\right]_- J_{2x} + 2\left[J_{1y}, J_{1z}\right]_-\, J_{2y} \\ &= 2\mathrm{i}\hbar\,(\boldsymbol{J}_1 \times \boldsymbol{J}_2)_z = -\left[\boldsymbol{J}^2, J_{2z}\right]_-\ .\end{aligned} \tag{5.268}$$

Andererseits gilt aber:

$$\left[\boldsymbol{J}^2, J_z\right]_- = \left[\boldsymbol{J}^2, \boldsymbol{J}_1^2\right]_- = \left[\boldsymbol{J}^2, \boldsymbol{J}_2^2\right]_- = 0\ . \tag{5.269}$$

Die Observablen

$$\boldsymbol{J}^2, J_z, \boldsymbol{J}_1^2, \boldsymbol{J}_2^2 \tag{5.270}$$

bilden deshalb ebenfalls einen *maximalen Satz von kommutierenden Observablen*. Denken wir noch einmal an das Beispiel des Elektrons zurück, so erinnern wir uns, dass $\boldsymbol{J}^2$, J_z, $\boldsymbol{J}_1^2 = \boldsymbol{L}^2, \boldsymbol{J}_2^2 = \boldsymbol{S}^2$ die eigentlichen Konstanten der Bewegung sind. Ihre gemeinsamen Eigenzustände,

$$|j_1 j_2; j\, m_j\rangle \qquad (-j \le m_j \le +j) \,,$$

sind deshalb möglicherweise interessanter als die Produktzustände (5.264). Sie genügen den üblichen Drehimpulseigenwertgleichungen:

$$\boldsymbol{J}^2 |j_1 j_2; j\, m_j\rangle = \hbar^2 j(j+1) |j_1 j_2; j\, m_j\rangle \,, \tag{5.271}$$

$$J_z |j_1 j_2; j\, m_j\rangle = \hbar\, m_j |j_1 j_2; j\, m_j\rangle \,, \tag{5.272}$$

$$\boldsymbol{J}_{1,2}^2 |j_1 j_2; j\, m_j\rangle = \hbar^2 j_{1,2}\,(j_{1,2}+1) |j_1 j_2; j\, m_j\rangle \,. \tag{5.273}$$

Die Produktzustände (5.264) bilden in $\mathcal{H}_\gamma$ eine orthonormierte Basis. Die Zustände $|j_1 j_2; j\, m_j\rangle$ lassen sich also auf jeden Fall nach ihnen entwickeln:

$$|j_1 j_2; j\, m_j\rangle = \sum_{j_1' j_2'} \sum_{m_1' m_2'} |j_1' j_2'; m_1' m_2'\rangle \langle j_1' j_2'; m_1' m_2' | j_1 j_2; j\, m_j\rangle \,. \tag{5.274}$$

Nun kann man sich schnell überlegen, dass die Entwicklungskoeffizienten nur für $j_1 = j_1'$ und $j_2 = j_2'$ von Null verschieden sein können. Zum Beweis benutzt man, dass $\boldsymbol{J}_1^2$, $\boldsymbol{J}_2^2$ hermitesche Operatoren mit positiven Quantenzahlen j_1, j_2 sind:

$$\begin{aligned} 0 &= \langle j_1' j_2'; m_1' m_2' | \left(\boldsymbol{J}_i^2 - \boldsymbol{J}_i^2\right) | j_1 j_2; j\, m_j\rangle \\ &= \hbar^2 \left[j_i'(j_i'+1) - j_i(j_i+1) \right] \langle j_1' j_2'; m_1' m_2' | j_1 j_2; j\, m_j\rangle \,. \end{aligned}$$

Für $j_i \neq j_i'$ muss also das Matrixelement verschwinden. Die obige Vierfachsumme vereinfacht sich demnach zu einer Doppelsumme:

$$|j_1 j_2; j\, m_j\rangle = \sum_{m_1 m_2} |j_1 j_2; m_1 m_2\rangle \langle j_1 j_2; m_1 m_2 | j_1 j_2; j\, m_j\rangle \,.$$

Die Amplituden dieser Entwicklung nennt man

Clebsch-Gordan-Koeffizienten:

$$C_{j_1 j_2}(m_1 m_2; j\, m_j) \equiv \langle j_1 j_2; m_1 m_2 | j_1 j_2; j\, m_j\rangle \,. \tag{5.275}$$

Von ihnen wird später noch zu reden sein. – Da nach (5.274) Zustände mit unterschiedlichen j_i nicht *mischen*, können wir ohne Informationseinbuße für die folgenden Betrachtungen neben γ auch j_1 und j_2 fest vorgeben. Jeder Unterraum $\mathcal{H}_\gamma(j_1, j_2)$ von $\mathcal{H}_\gamma$ lässt sich gesondert behandeln.

Es bleiben zwei wichtige Fragen zu klären:

1. Welche Werte kann j bei vorgegebenen j_1, j_2 annehmen?
2. Wie lassen sich die Clebsch-Gordan-Koeffizienten des Entwicklungssatzes (5.274) explizit berechnen?

Mit Frage 1) wollen wir uns im nächsten Abschnitt auseinandersetzen, während Frage 2) in Abschn. 5.4.3 beantwortet wird.

5.4.2 Quantenzahlen des Gesamtdrehimpulses

Fragen wir zunächst nach den möglichen Werten der magnetischen Quantenzahl m_j. Da J_z ein hermitescher Operator ist und beide Sätze von Zuständen nach (5.266) und (5.272) Eigenzustände zu J_z sind, gilt:

$$\begin{aligned} 0 &= \langle j_1 j_2; m_1 m_2 | (J_z - J_z) | j_1 j_2; j\, m_j \rangle \\ &= \hbar \left[(m_1 + m_2) - m_j \right] \langle j_1 j_2; m_1 m_2 | j_1 j_2; j\, m_j \rangle \,. \end{aligned}$$

Hier haben wir J_z einmal *nach links* auf den bra- und einmal *nach rechts* auf den ket-Zustand wirken lassen. Wir erkennen, dass nur für

$$m_j = m_1 + m_2 \tag{5.276}$$

der Clebsch-Gordan-Koeffizient von Null verschieden sein kann. Die Vielfachsumme in der Entwicklung (5.274) vereinfacht sich damit noch einmal und wird zu einer einfachen Summe. Mit m_1 liegt $m_2 = m_j - m_1$ fest. Wenden wir dann J_z auf den Zustand (5.274) an, so wird deutlich, dass neben den Werten (5.276) auch keine weiteren für m_j existieren.

Schwieriger gestaltet sich die Bestimmung der möglichen Quantenzahlen j. Sicher ist nach den allgemeinen Drehimpulseigenschaften, dass $j \geq 0$ sein muss und dass zu jedem möglichen j-Wert insgesamt $(2j+1)$ magnetische Quantenzahlen m_j gehören. Alle *denkbaren* m_j sind andererseits in (5.276) enthalten, d. h. durch die $(2j_1+1)\,(2j_2+1)$ möglichen (m_1, m_2)-Kombinationen gegeben. Diese Kombinationen sind natürlich nicht alle paarweise verschieden. Wir denken deshalb zunächst über die *Entartungsgrade* $g(m_j)$ der verschiedenen m_j- Werte nach, d. h. über die Zahl der verschiedenen (m_1, m_2)-Paare, die für ein gegebenes m_j (5.276) erfüllen.

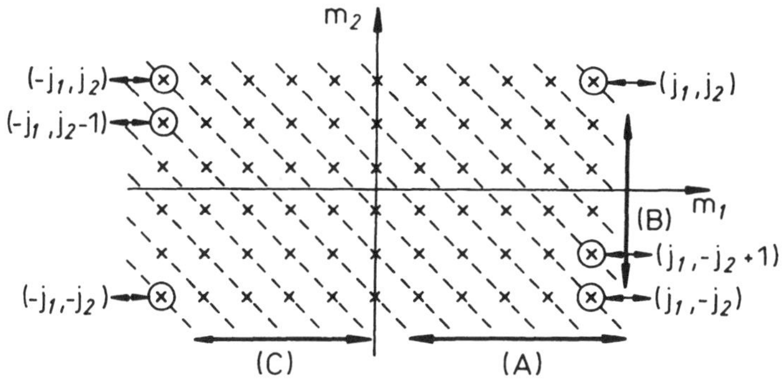

Abb. 5.3 Schema zur Bestimmung des Entartungsgrades der magnetischen Quantenzahl eines aus zwei Einzeldrehimpulsen zusammengesetzten Gesamtdrehimpulses

Für das Abzählen kann das in Abb. 5.3 skizzierte Diagramm nützliche Anschauungshilfe liefern. Wir tragen auf der Abszisse m_1 und auf der Ordinate m_2 ab. Jedes (m_1, m_2)-Paar ist dann durch einen Punkt in der (m_1, m_2)-Ebene repräsentiert. Die *erlaubten* (m_1, m_2)-Paare bilden ein Rechteck mit den *Kantenlängen* $(2j_1 + 1)$ und $(2j_2 + 1)$.

In Abb. 5.3 dargestellt ist eine Situation, bei der j_2 halbzahlig und j_1 ganzzahlig sind. Die Punkte auf einer gestrichelt gezeichneten Diagonalen unterscheiden sich um $\Delta m_1 = -\Delta m_2$, haben also denselben m_j-Wert. Die Zahl der Punkte auf einer solchen Diagonalen entspricht somit dem Entartungsgrad $g(m_j)$. Dabei nimmt m_j von Diagonale zu Diagonale jeweils um +1 zu, von $-(j_1 + j_2)$ *links unten* auf $+(j_1 + j_2)$ *rechts oben*.

Für die Diagonalen im Bereich (A) gilt im skizzierten Fall $(j_1 > j_2)$:

$$j_2 - j_1 \leq m_j \leq j_1 - j_2 \,,$$

oder allgemeiner:

$$-|j_1 - j_2| \leq m_j \leq |j_1 - j_2| \,. \tag{A}$$

Auf diesen Diagonalen liegen jeweils gleich viele Punkte, nämlich $2j_2 + 1$, oder allgemeiner:

$$g_A(m_j) = j_1 + j_2 - |j_1 - j_2| + 1 \,.$$

Dies ist nichts anderes als die *Länge* der kleineren Kante des Rechtecks in Einheiten des Punktabstands. – Für die Diagonalen im Bereich (B) gilt offenbar $j_1 + j_2 \geq m_j \geq j_1 - j_2 + 1$, oder allgemeiner:

$$j_1 + j_2 \geq m_j > |j_1 - j_2| \,. \tag{B}$$

Der *Entartungsgrad* nimmt in diesem Bereich (B) von *rechts oben* nach *links unten* jeweils um den Wert 1 zu, mit $g_B = 1$ für $m_j = j_1 + j_2$ startend:

$$g_B(m_j) = j_1 + j_2 - m_j + 1 \,.$$

Ganz analog sind die Verhältnisse im Bereich (C):

$$-|j_1 - j_2| > m_j \geq -(j_1 + j_2)$$
$$g_C(m_j) = j_1 + j_2 + m_j + 1 \,. \tag{C}$$

Wir stellen die Ergebnisse noch einmal in Form einer Tabelle zusammen:

$$\begin{aligned}
m_j < -(j_1 + j_2): &\quad g(m_j) = 0 \,, \\
-(j_1 + j_2) \leq m_j < -|j_1 - j_2|: &\quad g(m_j) = j_1 + j_2 + m_j + 1 \,, \\
-|j_1 - j_2| \leq m_j \leq |j_1 - j_2|: &\quad g(m_j) = j_1 + j_2 - |j_1 - j_2| + 1 \,, \\
|j_1 - j_2| < m_j \leq j_1 + j_2: &\quad g(m_j) = j_1 + j_2 - m_j + 1 \,, \\
j_1 + j_2 < m_j \quad : &\quad g(m_j) = 0 \,.
\end{aligned} \tag{5.277}$$

Anhand dieser Tabelle können wir nun auf die möglichen Werte von j schließen. Nehmen wir an, zu einem bestimmten j gäbe es $n(j)$ Folgen aus jeweils $2j + 1$ Zuständen $|j_1 j_2; j\, m_j\rangle$. Sicher wird $n(j)$ nur 0 oder 1 sein können. In jeder dieser Folgen kommt m_j genau einmal vor, wenn nur $j \geq |m_j|$ gilt. Also folgt für den *Entartungsgrad*:

$$g(m_j) = \sum_{j' \geq |m_j|} n(j') \,,$$

was insbesondere für den Maximalwert $m_j = j$ richtig ist. Mit diesem legen wir $n(j)$ fest:

$$g(m_j = j) - g(m_{j+1} = j + 1) = n(j) \,.$$

Wenn wir dann noch bedenken, dass j nicht negativ sein kann, so entnehmen wir Tabelle (5.277):

$$\begin{aligned}
0 \leq j < |j_1 - j_2|\,; &\quad n(j) = 0 \,, \\
|j_1 - j_2| \leq j \leq j_1 + j_2: &\quad n(j) = 1 \,, \\
j_1 + j_2 < j: &\quad n(j) = 0 \,.
\end{aligned}$$

Die Werte von j, zu denen Zustände $|j_1 j_2; j\, m_j\rangle$ existieren, erfüllen also die

Dreiecksungleichung

$$|j_1 - j_2| \leq j \leq j_1 + j_2 \,. \tag{5.278}$$

Das ist ein durchaus plausibles Ergebnis, entspricht es doch exakt dem klassischen **Vektormodell** (Abb. 5.4). Die Parallelstellung der Vektoren $\boldsymbol{j}_1$ und $\boldsymbol{j}_2$ bedeutet $j = j_1 + j_2$, die Antiparallelstellung $j = |j_1 - j_2|$.

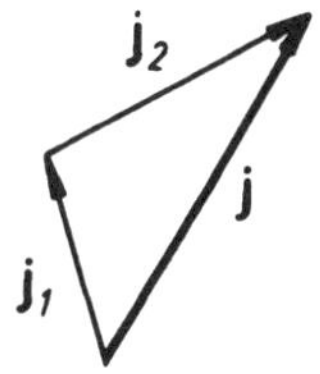

Abb. 5.4 Vektormodell zur Addition zweier quantenmechanischer Drehimpulse

Wir kennen nun die Quantenzahlen des Gesamtdrehimpulses und wollen zum Schluss mit dieser Kenntnis die Gesamtzahl N der Zustände $|j_1 j_2; j\, m_j\rangle$ ausrechnen. Zu jedem j gibt es $2j + 1$ verschiedene m_j-Werte. Damit berechnet sich N wie folgt:

$$\begin{aligned} N &= \sum_{j=|j_1-j_2|}^{j_1+j_2} (2j+1) = \\ &= \frac{1}{2}\left(j_1+j_2-|j_1-j_2|+1\right)\left[2\left(j_1+j_2\right)+1+2|j_1-j_2|+1\right] = \\ &= \left(j_1+j_2+1\right)^2-|j_1-j_2|^2 = \left(2j_1+1\right)\left(2j_2+1\right) . \end{aligned} \tag{5.279}$$

Dies entspricht aber haargenau der Dimension des Unterraums $\mathcal{H}_\gamma(j_1, j_2)$. Da die Zustände $|j_1 j_2; j\, m_j\rangle$ sicher linear unabhängig sind, bilden sie somit wie die $|j_1 j_2; m_1 m_2\rangle$ eine Basis des $\mathcal{H}_\gamma(j_1 j_2)$. Der Übergang (5.274) von der einen zu der anderen Basis wird durch eine **unitäre Transformation** bewerkstelligt. Die Elemente der Transformationsmatrix sind die Clebsch-Gordan-Koeffizienten (5.275), mit denen wir uns im nächsten Abschnitt genauer befassen wollen.

5.4.3 Clebsch-Gordan-Koeffizienten

Wie die bisherigen, so sind auch alle weiteren Überlegungen zu fest vorgegebenen Quantenzahlen j_1 und j_2 gedacht. Wir können deshalb die Zustandssymbole etwas vereinfachen,

$$|j_1 j_2; j\, m_j\rangle \longrightarrow |j\, m_j\rangle\,; \quad |j_1 j_2; m_1 m_2\rangle \longrightarrow |m_1 m_2\rangle\,,$$

um Schreibarbeit zu sparen.

Wir untersuchen die Beziehung (5.274):

$$|j\, m_j\rangle = \sum_{m_1, m_2}^{m_1+m_2=m_j} \langle m_1 m_2 | j\, m_j\rangle |m_1 m_2\rangle\,. \tag{5.280}$$

Viele Eigenschaften der Clebsch-Gordan-Koeffizienten $\langle m_1 m_2 | j\, m_j\rangle$ resultieren bereits aus der Tatsache, dass es sich bei ihnen, wie zum Schluss des letzten Abschnitts festgestellt, um die Elemente einer unitären Matrix vom Rang $(2j_1 + 1)(2j_2 + 1)$ handelt. So folgt aus der Orthonormalität der Spalten,

$$\sum_{m_1 m_2} \left\langle m_1 m_2 \middle| j\, m_j \right\rangle \left\langle m_1 m_2 \middle| j'\, m_j' \right\rangle^* = \delta_{jj'}\, \delta_{m_j m_j'} \,, \tag{5.281}$$

und aus der Orthonormalität der Zeilen:

$$\sum_{j\, m_j} \left\langle m_1 m_2 \middle| j\, m_j \right\rangle \left\langle m_1' m_2' \middle| j\, m_j \right\rangle^* = \delta_{m_1 m_1'}\, \delta_{m_2 m_2'} \,. \tag{5.282}$$

Man kann die Clebsch-Gordan-Koeffizienten durch passende Wahl der Phasen der Zustände $\left| j\, m_j \right\rangle$ stets reell machen:

$$\left\langle m_1 m_2 \middle| j\, m_j \right\rangle = \left\langle j\, m_j \middle| m_1 m_2 \right\rangle \,. \tag{5.283}$$

Wir wollen uns nun überlegen, wie sich die Clebsch-Gordan-Koeffizienten explizit berechnen lassen. Das Verfahren besteht aus zwei wesentlichen Teilschritten:

(I) Ausgangspunkt sei zunächst $j = j_1 + j_2$ und $m_j = j_1 + j_2$, also das größtmögliche j mit maximaler magnetischer Quantenzahl m_j. Die Summe in (5.280) kann dann nur aus einem Summanden bestehen, weil nur die Kombination $m_1 = j_1$ und $m_2 = j_2$ möglich ist. Da alle beteiligten Zustände auf 1 normiert sind und die Phase durch (5.283) festgelegt ist, muss gelten:

$$\left| j_1 + j_2\; j_1 + j_2 \right\rangle = \left| j_1 j_2 \right\rangle \,. \tag{5.284}$$

Mit Hilfe des Operators $J_- = J_{1-} + J_{2-}$, den wir nach den Regeln (5.64) aus Abschn. 5.1.4 auf beide Seiten der Gleichung anwenden, lassen sich daraus nun alle Zustände zu $j = j_1 + j_2$ und $-j \le m_j \le +j$ ableiten. Führen wir dies einmal explizit durch: Aus der linken Seite von (5.284) wird nach Anwendung von J_-,

$$J_- \left| j_1 + j_2\; j_1 + j_2 \right\rangle = \hbar \sqrt{2\,(j_1 + j_2)}\, \left| j_1 + j_2\; j_1 + j_2 - 1 \right\rangle \,,$$

und aus der rechten Seite:

$$\begin{aligned} J_- \left| j_1 j_2 \right\rangle &= (J_{1-} + J_{2-}) \left| j_1 j_2 \right\rangle \\ &= \hbar \sqrt{2 j_1} \left| j_1 - 1\, j_2 \right\rangle + \hbar \sqrt{2 j_2} \left| j_1 j_2 - 1 \right\rangle \,. \end{aligned}$$

Durch Gleichsetzen dieser beiden Beziehungen ergibt sich:

$$\left| j_1 + j_2\; j_1 + j_2 - 1 \right\rangle = \sqrt{\frac{j_1}{j_1 + j_2}} \left| j_1 - 1\, j_2 \right\rangle + \sqrt{\frac{j_2}{j_1 + j_2}} \left| j_1\, j_2 - 1 \right\rangle \,. \tag{5.285}$$

Wir haben damit bereits die ersten Clebsch-Gordan-Koeffizienten gefunden:

$$\langle m_1 m_2 | j_1 + j_2 \; j_1 + j_2 - 1 \rangle = \sqrt{\frac{j_1}{j_1 + j_2}} \, \delta_{m_1 j_1 - 1} \, \delta_{m_2 j_2} + \sqrt{\frac{j_2}{j_1 + j_2}} \, \delta_{m_1 j_1} \, \delta_{m_2 j_2 - 1} \; . \tag{5.286}$$

Das Verfahren lässt sich in dieser Weise fortsetzen. *Zur Übung* führen wir noch den nächsten Schritt aus, indem wir J_- auf beide Seiten der Gleichung (5.285) anwenden:

$$J_- | j_1 + j_2 \; j_1 + j_2 - 1 \rangle = \hbar \sqrt{2(2j_1 + 2j_2 - 1)} | j_1 + j_2 \, j_1 + j_2 - 2 \rangle \; .$$

Dies ist gleichzusetzen mit

$$\begin{aligned}
&\sqrt{\frac{j_1}{j_1 + j_2}} (J_{1-} + J_{2-}) | j_1 - 1 \, j_2 \rangle + \sqrt{\frac{j_2}{j_1 + j_2}} (J_{1-} + J_{2-}) | j_1 \, j_2 - 1 \rangle \\
&= \hbar \sqrt{\frac{j_1}{j_1 + j_2}} \left(\sqrt{2(2j_1 - 1)} | j_1 - 2 \, j_2 \rangle + \sqrt{2j_2} | j_1 - 1 \, j_2 - 1 \rangle \right) \\
&+ \hbar \sqrt{\frac{j_2}{j_1 + j_2}} \left(\sqrt{2j_1} | j_1 - 1 \, j_2 - 1 \rangle + \sqrt{2(2j_2 - 1)} | j_1 \, j_2 - 2 \rangle \right) \; .
\end{aligned}$$

Wir erhalten damit die Darstellung des Zustands $|j_1 + j_2 \; j_1 + j_2 - 2\rangle$ in der Basis $\{|m_1 m_2\rangle\}$ mit den folgenden Clebsch-Gordan-Koeffizienten:

$$\begin{aligned}
&\langle m_1 m_2 | j_1 + j_2 \; j_1 + j_2 - 2 \rangle \\
&= \sqrt{\frac{j_1(2j_1 - 1)}{(j_1 + j_2)(2j_1 + 2j_2 - 1)}} \, \delta_{m_1 j_1 - 2} \, \delta_{m_2 j_2} \\
&+ 2\sqrt{\frac{j_1 j_2}{(j_1 + j_2)(2j_1 + 2j_2 - 1)}} \, \delta_{m_1 j_1 - 1} \, \delta_{m_2 j_2 - 1} \\
&+ \sqrt{\frac{j_2(2j_2 - 1)}{(j_1 + j_2)(2j_1 + 2j_2 - 1)}} \, \delta_{m_1 j_1} \, \delta_{m_2 j_2 - 2} \; .
\end{aligned} \tag{5.287}$$

Das Verfahren lässt sich offensichtlich so fortsetzen, bis alle $2(j_1 + j_2) + 1$ Zustände $|j_1 + j_2 \; m_j\rangle$ berechnet sind.

(II) Im nächsten Schritt untersucht man die Zustände zu $j = j_1 + j_2 - 1$ und beginnt wieder mit der maximalen magnetischen Quantenzahl m_j. Dieser Zustand besteht nach (5.280) aus zwei Summanden:

$$|j_1 + j_2 - 1\; j_1 + j_2 - 1\rangle = \alpha|j_1 - 1\, j_2\rangle + \beta|j_1\, j_2 - 1\rangle\ .$$

α und β sind Clebsch-Gordan-Koeffizienten. Die Zustände $|j\, m_j\rangle$ sind orthonormiert. Das Skalarprodukt $\langle j_1 + j_2\; j_1 + j_2 - 1|j_1 + j_2 - 1\; j_1 + j_2 - 1\rangle$ muß deshalb gleich Null sein, woraus mit (5.285) eine Bestimmungsgleichung für α und β resultiert:

$$\alpha\sqrt{\frac{j_1}{j_1 + j_2}} + \beta\sqrt{\frac{j_2}{j_1 + j_2}} = 0\ .$$

Die in dem Zwischenergebnis,

$$|j_1 + j_2 - 1\; j_1 + j_2 - 1\rangle = \gamma\left(\sqrt{j_2}|j_1 - 1\, j_2\rangle - \sqrt{j_1}|j_1\, j_2 - 1\rangle\right)\ ,$$

noch verbliebene reelle Konstante γ wird durch die Normierungsbedingung ($\to \gamma^2((j_1+j_2) = 1)$ festgelegt:

$$|j_1 + j_2 - 1\; j_1 + j_2 - 1\rangle = \sqrt{\frac{j_2}{j_1 + j_2}}|j_1 - 1\, j_2\rangle - \sqrt{\frac{j_1}{j_1 + j_2}}|j_1\, j_2 - 1\rangle\ . \tag{5.288}$$

Wir haben damit weitere Clebsch-Gordan-Koeffizienten abgeleitet:

$$\begin{aligned}\langle m_1 m_2|j_1 + j_2 - 1\; j_1 + j_2 - 1\rangle = &\sqrt{\frac{j_2}{j_1 + j_2}}\ \delta_{m_1\, j_1-1}\,\delta_{m_2 j_2}\\ &- \sqrt{\frac{j_1}{j_1 + j_2}}\ \delta_{m_1 j_1}\,\delta_{m_2\, j_2-1}\ .\end{aligned} \tag{5.289}$$

Die anderen Zustände $|j_1 + j_2 - 1\; m_j\rangle$ erhält man nun wieder nach dem Verfahren (I), d. h. durch wiederholte Anwendung von $J_- = J_{1-} + J_{2-}$ auf Gleichung (5.288). Die Prozedur lässt sich auf diese Weise bis zur vollständigen Bestimmung aller Clebsch-Gordan-Koeffizienten fortsetzen. So würde man im nächsten Schritt für den Zustand $|j_1 + j_2 - 2\; j_1 + j_2 - 2\rangle$ einen (5.280) entsprechenden Ansatz machen und über Orthogonalitäts- und Normierungsbedingungen, wie unter (II) beschrieben, die Koeffizienten festlegen. Dann ist Verfahren (I) wieder an der Reihe, um die *anderen* Zustände $|j_1 + j_2 - 2\; m_j\rangle$ für $m_j = j_1 + j_2 - 3, \ldots, -(j_1 + j_2 - 2)$ zu bestimmen, usw.

Für die Addition von Drehimpulsen mit hohen Quantenzahlen j_1, j_2 wird das Verfahren natürlich sehr rechenaufwändig. Zum Glück bleibt uns im konkreten Fall diese Arbeit erspart. Die Clebsch-Gordan-Koeffizienten der wichtigsten (j_1, j_2)-Kombinationen liegen tabelliert vor, wobei eine solche Tabellierung durch gruppentheoretische Überlegungen sehr erleichtert wird.

5.4.4 Aufgaben

Aufgabe 5.4.1

$\boldsymbol{S}_1$ und $\boldsymbol{S}_2$ seien die Spinoperatoren zweier Spin 1/2-Teilchen, etwa der beiden Elektronen im He-Atom.

1. Finden Sie die gemeinsamen Eigenzustände $|S_1\, S_2; S\, m_s\rangle$ des Gesamtspinoperators $\boldsymbol{S} = \boldsymbol{S}_1 + \boldsymbol{S}_2$, seiner z-Komponente S_z sowie $\boldsymbol{S}_1^2$ und $\boldsymbol{S}_2^2$.
2. Zeigen Sie, dass diese Zustände auch Eigenzustände des Operators $\boldsymbol{S}_1 \cdot \boldsymbol{S}_2$ sind. Berechnen Sie die Eigenwerte.
3. Zeigen Sie, dass der Operator

$$P = \frac{3}{4} + \frac{1}{\hbar^2}\boldsymbol{S}_1 \cdot \boldsymbol{S}_2$$

im Raum der Spinzustände ein Projektionsoperator ist. Auf welchen Unterraum projeziert P?

Aufgabe 5.4.2

Der Hamilton-Operator zweier Spin 1/2-Teilchen sei

$$H = -J\,\boldsymbol{S}_1 \cdot \boldsymbol{S}_2 + \mu\,(S_{1z} + S_{2z}) \ .$$

Berechnen Sie die Eigenwerte und geben Sie die Eigenzustände in der Basis $\{|S_1\, S_2; S m_s\rangle\}$ an.

Aufgabe 5.4.3

Berechnen Sie für den Gesamtdrehimpuls des Elektrons,

$$\boldsymbol{J} = \boldsymbol{L} + \boldsymbol{S} \qquad \left(S = \frac{1}{2}, l \geq 1\right) ,$$

die gemeinsamen Eigenzustände $|l(1/2); j\, m_j\rangle \equiv |j\, m_j\rangle$ der Operatoren $\boldsymbol{J}^2, J_z, \boldsymbol{L}^2, \boldsymbol{S}^2$ als Linearkombinationen der Eigenzustände $|l(1/2); m_l\, m_s\rangle \equiv |l\, m_l\rangle|(1/2)\, m_s\rangle$ der Operatoren $\boldsymbol{L}^2$, $L_z, \boldsymbol{S}^2, S_z$. Führen Sie dazu die folgenden Schritte aus:

1. Zeigen Sie, dass für die Quantenzahl j nur die Werte $l + (1/2)$ und $l - (1/2)$ möglich sind.

2. Verifizieren Sie für die Eigenzustände die folgenden Ausdrücke:

$$\left| l \pm \frac{1}{2} \, m_j \right\rangle = \sqrt{\frac{l \pm m_j + (1/2)}{2l+1}} \left| l \; m_j - \frac{1}{2} \right\rangle |+\rangle$$
$$\pm \sqrt{\frac{l \mp m_j + (1/2)}{2l+1}} \left| l \; m_j + \frac{1}{2} \right\rangle |-\rangle \,.$$

Aufgabe 5.4.4

Zwei Drehimpulse $\boldsymbol{J}_1$, $\boldsymbol{J}_2$ koppeln zu einem Gesamtdrehimpuls $\boldsymbol{J} = \boldsymbol{J}_1 + \boldsymbol{J}_2$. Berechnen Sie für $j_1 = j_2 = 1$ sämtliche Clebsch-Gordan-Koeffizienten.

Aufgabe 5.4.5

Gegeben seien zwei Drehimpulse $\boldsymbol{J}_1$ und $\boldsymbol{J}_2$ mit den Quantenzahlen $j_1 = 1/2$ und $j_2 = 3/2$.

1. Welche Quantenzahlen j und m_j sind für das Quadrat und die z-Komponente des Gesamtdrehimpulsoperators
$$\boldsymbol{J} = \boldsymbol{J}_1 + \boldsymbol{J}_2$$
möglich?
2. Berechnen Sie für den Maximalwert von j und für alle nicht-negativen m_j sämtliche Clebsch-Gordan-Koeffizienten!

Kontrollfragen

Zu Abschn. 5.1

1. Warum ist der klassische Drehimpuls keine reine Teilcheneigenschaft?
2. Warum lassen sich zwei Bahndrehimpulskomponenten nicht gleichzeitig scharf messen?
3. Wie lautet die verallgemeinerte Unschärferelation für L_x und L_z?
4. Kann man $\boldsymbol{L}^2$ und L_y gleichzeitig scharf messen?
5. Wie sind die Stufenoperatoren $L_\pm$ definiert?

6. Was ergibt der Kommutator von L_+ mit L_-?
7. Was sind die wesentlichen Eigenschaften einer klassischen Drehmatrix?
8. Warum muss der Drehoperator $\widehat{D}$ unitär sein?
9. Was hat man anschaulich unter der Drehung einer Observablen zu verstehen?
10. Welcher Zusammenhang besteht zwischen dem Drehoperator und dem Bahndrehimpulsoperator?
11. $\boldsymbol{A}$ sei ein Vektoroperator. Was können Sie über die Kommutatoren $[L_z, A_z]_-$ und $[L_z, A_x]_-$ aussagen?
12. Warum müssen in einem Zentralfeld H, $\boldsymbol{L}^2$ und L_z einen gemeinsamen Satz von Eigenzuständen besitzen?
13. Welche Eigenschaften des Drehimpulsoperators werden zur Lösung seines Eigenwertproblems benötigt?
14. $|j\,m\rangle$ sei ein Eigenzustand von $\boldsymbol{J}^2$ und J_z. In welcher Weise ändert die Anwendung von J_+ oder J_- diesen Zustand?
15. Wie lauten die Eigenwerte von $\boldsymbol{J}^2$ und J_z? Welche Zahlenwerte können j und m annehmen?
16. Was versteht man unter *Richtungsentartung*?
17. Welche Eigenwerte besitzen die Operatoren J_x und J_y?
18. Was ist mit Richtungsquantelung gemeint?
19. Wie kann man die Eigenschaften des Drehimpulsoperators im Rahmen des sogenannten *Vektormodells* verstehen?
20. Welche Eigenschaften des Drehimpulses sind klassisch völlig unverständlich?
21. Wie berechnen sich die Matrixelemente der Operatoren J_+ und J_- in der $\{|j\,m\rangle\}$-Darstellung?
22. $\boldsymbol{J}^2$ habe den Eigenwert $12\hbar^2$. Welche Eigenwerte sind für J_z möglich?
23. Wie lautet die Ortsdarstellung der kartesischen Bahndrehimpulskomponenten?
24. Welche Gestalt nimmt L_z bei der Verwendung von Kugelkoordinaten an?
25. Welcher Zusammenhang besteht bei Verwendung von Kugelkoordinaten zwischen dem Drehimpulsquadrat $\boldsymbol{L}^2$ und dem Laplace-Operator?
26. Warum stellen in der Regel $\boldsymbol{L}^2$ und L_z keinen vollständigen Satz von Operatoren dar?
27. Warum muss die Drehimpulsquantenzahl l ganzzahlig sein?
28. Mit welcher bekannten Differentialgleichung lässt sich die Eigenwertgleichung zu $\boldsymbol{L}^2$ identifizieren?
29. Welchen mathematischen Funktionen entsprechen die Eigenfunktionen von $\boldsymbol{L}^2$ und L_z?
30. Welche Parität besitzt die Drehimpulseigenfunktion $Y_{3-2}(\vartheta, \varphi)$?

Zu Abschn. 5.2

1. Wie ist in der Klassischen Elektrodynamik das magnetische Moment einer lokalen Stromverteilung $\boldsymbol{j}$ definiert?
2. Wie lässt sich das magnetische Moment eines Teilchens aus der Energie berechnen?

3. Wie sieht die Observable *magnetisches Moment* in der Quantenmechanik aus?
4. Wie lautet die zum Ort $\boldsymbol{r}$ kanonisch konjugierte Variable für ein Teilchen der Masse m und Ladung $\hat{q}$ im elektromagnetischen Feld?
5. Was versteht man unter der *Zentralfeldnäherung*?
6. Welche Struktur hat der Hamilton-Operator eines Teilchens mit p Elektronen (Spin noch ausgeklammert)? Wie sieht das zugehörige magnetische Moment aus?
7. Welcher Term des magnetischen Moments bedingt Dia-, welcher Paramagnetismus?
8. Welche Aufspaltung der Energieterme im Magnetfeld ist zu erwarten, wenn sich das magnetische Moment eines Atoms allein aus den Bahndrehimpulsen der Elektronen bestimmt?
9. Welche experimentellen Beobachtungen machen die Einführung des Spins notwendig?
10. Welche Werte kann die Spinquantenzahl S annehmen?
11. Ist für ein bestimmtes quantenmechanisches Teilchen S veränderbar?
12. Erläutern Sie, warum Bahndrehimpuls- und Spinoperator miteinander kommutieren.
13. Was versteht man unter einem Spinor?
14. Sind die Komponenten $\widehat{\mu}_x$, $\widehat{\mu}_y$ des magnetischen Moments gleichzeitig scharf messbar?
15. Welche wichtigen Elementarteilchen besitzen einen Spin $S = 1/2$?
16. Wie sind die Pauli'schen Spinmatrizen definiert?
17. Was ergibt der Antikommutator $[S_x, S_z]_+$ für einen Spin $S = 1/2$?
18. Warum gilt im $\mathcal{H}_{S=1/2}$ die Operatoridentität $(S_+)^2 = 0$?
19. Welche Bedeutung besitzen die Betragsquadrate $|\psi_\pm(\boldsymbol{r})|^2$ der Komponenten des Spinors $|\psi_{1/2}(\boldsymbol{r})\rangle$?
20. Was ist $\| \psi_{1/2}(\boldsymbol{r}) \|^2$?
21. Welche Dimension besitzt der Spinraum $\mathcal{H}_{S=1/2}$?
22. Welches magnetische Moment wird durch den Spin hervorgerufen?
23. Worin unterscheiden sich die Spinmomente verschiedener Spin 1/2-Teilchen? Welche Gemeinsamkeiten haben sie?
24. Was versteht man unter dem Landé-Faktor des Elektrons?
25. Wie lautet das paramagnetische Gesamtmoment des Elektrons? Welchen Zusatzterm im Hamilton-Operator bewirkt dieses nach Einschalten eines homogenen Magnetfeldes?
26. Welche Gestalt hat die zeitabhängige Schrödinger-Gleichung des zweikomponentigen Spinors $|\psi_{1/2}(\boldsymbol{r}, t)\rangle$ für ein Elektron im Potential $V(\boldsymbol{r})$ und in einem homogenen Magnetfeld $\boldsymbol{B}$?

Zu Abschn. 5.3

1. Wie lautet der relativistische, klassische Energiesatz für ein freies Elektron?
2. Was versteht man unter *Kovarianz* relativistischer Gleichungen?
3. Wie lässt sich die *Korrespondenzregel* für die Übersetzung klassischer Gleichungen in die Quantenmechanik relativistisch-kovariant formulieren?

4. Wie erhält man die *Klein-Gordon-Gleichung*? Welche grundsätzlichen Probleme ergeben sich bei ihrer Lösung?
5. Durch welche Maßnahme folgt aus dem klassischen Energiesatz die Dirac-Gleichung des freien Teilchens (Elektrons)?
6. In welcher Hinsicht spiegelt die Dirac-Gleichung die für die Relativitätstheorie typische Gleichberechtigung von Raum- und Zeitkoordinaten wider?
7. Wie lautet die Dirac-Gleichung des Elektrons im elektromagnetischen Feld?
8. Wie sind die *Dirac-Matrizen* $\widehat{\boldsymbol{\alpha}}$ und $\widehat{\beta}$ aufgebaut?
9. Welche Struktur hat die Eigenlösungsfunktion $|\psi(\boldsymbol{r},t)\rangle$ des Dirac-Operators $H_{\mathrm{D}}^{(0)}$ des freien Teilchens?
10. Wie lauten die Energieeigenwerte zu $H_{\mathrm{D}}^{(0)}$? Wie sind diese entartet?
11. Wie ist der Dirac-Spinoperator $\widehat{\mathbf{S}}$ definiert?
12. Welche Komponente von $\widehat{\mathbf{S}}$ kommutiert mit $H_{\mathrm{D}}^{(0)}$?
13. Welche Eigenwerte besitzt diese Komponente?
14. Wie kann man mit Hilfe dieser Komponente des Dirac-Spinoperators die Entartung der Energieeigenwerte zu $H_{\mathrm{D}}^{(0)}$ erklären?
15. Durch welche Eigenschaft ist das (relativistische) Elektron neben Masse m_{e} und Ladung $q = -e$ ausgezeichnet?
16. Ist der Bahndrehimpuls $\boldsymbol{L}$ des *freien Dirac-Elektrons* eine Konstante der Bewegung?
17. Welcher Drehimpuls kommutiert mit $H_{\mathrm{D}}^{(0)}$?
18. In welcher Relation steht die *Pauli-Theorie* des Elektrons zur vollrelativistischen Dirac-Theorie?
19. Was bedeuten die Bezeichnungen *kleine* bzw. *große Komponente* des Dirac-Spinors?
20. Durch welche Überlegungen folgt aus der Dirac-Theorie des Elektrons die Existenz des Drehimpulses *Spin*, das Spinmoment und der Land'e-Faktor $g = 2$?
21. Wie kann man *klassisch* die Spin-Bahn-Kopplung begründen?
22. Bis zu welcher Ordnung v/c muss der *nicht-relativistische Grenzfall* der Dirac-Theorie korrekt sein, um die Spin-Bahn-Wechselwirkung zu erfassen?
23. Kann man mit der Pauli'schen *Zwei-Komponenten-Theorie* die Spin-Bahn-Wechselwirkung begründen?
24. Was versteht man unter dem Darwin-Term?
25. Wie sieht der Operator H_{SB} der Spin-Bahn-Wechselwirkung aus?
26. Vertauschen Bahndrehimpuls $\boldsymbol{L}$ und Spin $\boldsymbol{S}$ mit H_{SB}?
27. Welche wichtige Auswirkung der Spin-Bahn-Wechselwirkung kennen Sie?

Zu Abschn. 5.4

1. $\boldsymbol{J}_1$ und $\boldsymbol{J}_2$ seien die miteinander kommutierenden Drehimpulse zweier Teilsysteme. Welche vollständigen Sätze von Drehimpulsoperatoren existieren für das zusammengesetzte System?
2. Wie zeigt man, dass die Vektorsumme $\boldsymbol{J} = \boldsymbol{J}_1 + \boldsymbol{J}_2$ ebenfalls ein Drehimpuls ist?

3. Was versteht man unter einem Clebsch-Gordan-Koeffizienten?
4. Wie berechnet sich die magnetische Quantenzahl m_j des Gesamtdrehimpulses $\boldsymbol{J}$ aus denen der Einzeldrehimpulse $\boldsymbol{J}_1, \boldsymbol{J}_2$?
5. Wie lautet die *Dreiecksungleichung* für die möglichen Quantenzahlen j des Gesamtdrehimpulses? Wie lässt sie sich physikalisch begründen?
6. Wie kann man die Clebsch-Gordan-Koeffizienten explizit berechnen?

Zentralpotential

6

Kapitel 6

W. Nolting, *Grundkurs Theoretische Physik 5/2*, Springer-Lehrbuch,
DOI 10.1007/978-3-662-44230-2_6, © Springer-Verlag Berlin Heidelberg 2015

Nach den eher abstrakten Überlegungen des vorigen Kapitels zur Observablen *Drehimpuls* soll nun wieder ein Abschnitt folgen, in dem wir anhand von konkreten und wichtigen Beispielen praktische Lösungsmethoden erarbeiten wollen. Das theoretisch-quantenmechanische Grundproblem liegt stets in der Lösung der Schrödinger-Gleichung, d. h. in dem Eigenwertproblem des Hamilton-Operators. Die Schrödinger-Gleichung ist im Allgemeinen eine partielle Differentialgleichung zweiter Ordnung und damit *fast nie* streng lösbar. Für eindimensionale Problemstellungen geht sie dagegen in eine gewöhnliche Differentialgleichung über, die mathematisch wesentlich einfacher zu behandeln ist und in Kap. 4 in der Tat für einige einfache Modellsysteme exakt gelöst werden konnte. Eine bisweilen erfolgreiche Lösungsmethode zielt deshalb darauf ab, komplizierte mehrdimensionale Schrödinger-Gleichungen durch geschickte Wahl der Variablen in mehrere unabhängige, gewöhnliche Differentialgleichungen zu zerlegen. Man nennt dieses Verfahren *Separation der Variablen*, das wir im Übrigen schon an vielen Stellen dieses **Grundkurs: Theoretische Physik** angewendet haben. Natürlich lassen sich nicht alle Probleme *separieren*. Es gelingt allerdings insbesondere bei Teilchenbewegungen in einem **Zentralpotential**. Darunter versteht man ein sphärisch symmetrisches Potential,

$$V(\boldsymbol{r}) = V(r) \,, \tag{6.1}$$

in dem die potentielle Energie eines Teilchens nur von dessen Abstand $r = |\boldsymbol{r}|$ von einem fest vorgegebenen Kraftzentrum abhängt und nicht von der speziellen Richtung des Ortsvektors $\boldsymbol{r}$, falls der Koordinatenursprung mit dem Kraftzentrum zusammenfällt. Wir werden in Abschn. 6.1 demonstrieren, wie sich durch Verwendung von **Kugelkoordinaten** jedes Zentralfeldproblem letztlich auf die Lösung einer eindimensionalen *Radialgleichung* zurückführen lässt.

Für die Entwicklung und den Aufbau der Quantenmechanik hat die Theorie des **Wasserstoffatoms** eine ganz entscheidende Rolle gespielt. Wir sind darauf in unserer *induktiven Begründung* der Quantenmechanik in Kap. 1 sehr detailliert eingegangen. Die unwiderlegbaren experimentellen Aussagen z. B.über die diskreten, stationären Energieniveaus, die in dem spektroskopischen Kombinationsprinzip (1.102) ihren überprüfbaren Niederschlag fanden, standen zu Beginn dieses Jahrhunderts in eklatantem Widerspruch zum *klassischen Verständnis* der Physik. Das Hauptanliegen der Protagonisten der *vorquantenmechanischen Zeit* bestand deshalb in der Tat darin, eine *neue Theorie* zu entwickeln, mit der sich insbesondere die Eigenschaften des Wasserstoffatoms verstehen und begründen ließen. Das H-Atom besteht aus einem Elektron und einem einfach positiv geladenen Kern (Proton), deren Wechselwirkung dem Coulomb-Gesetz der Elektrostatik entspricht. Betrachtet man den etwa 2000-mal schwereren Kern als *ruhende Punktladung*, so bewegt sich das Elektron in einem **Zentralpotential** ($V(r) \sim 1/r$), dem wir in Abschn. 6.2 wegen der erwähnten *historischen Bedeutung* einen relativ breiten Raum widmen werden. Im Abschn. 6.3 wird als Beispiel für ein kurzreichweitiges Zentralpotential der **sphärisch symmetrische Potentialtopf** besprochen, dessen Verständnis vor allem für die Streutheorie des Kap. 9 wichtig werden wird.

6.1 Allgemeine Aussagen

6.1.1 Radialgleichung

Die besondere Symmetrie des Zentralpotentials $V(\boldsymbol{r}) = V(r)$ legt natürlich die Verwendung von Kugelkoordinaten r, ϑ, φ (5.76) nahe, weil dadurch die potentielle Energie des Teilchens eine Funktion einer einzigen unabhängigen Variablen wird. Für den Hamilton-Operator eines Teilchens der Masse m in einem solchen Zentralpotential,

$$H = \frac{\boldsymbol{p}^2}{2m} + V(\boldsymbol{r}) = -\frac{\hbar^2}{2m}\Delta + V(r)\,, \tag{6.2}$$

bleibt dann insbesondere der Laplace-Operator Δ in Kugelkoordinaten zu formulieren. Das haben wir bereits mit (5.83) durchgeführt,

$$\Delta = \frac{1}{r^2}\frac{\partial}{\partial r}\left(r^2\frac{\partial}{\partial r}\right) + \Delta_{\vartheta\varphi}\,, \tag{6.3}$$

und dabei gefunden, dass der Winkelanteil $\Delta_{\vartheta\varphi}$ sich in einfacher Weise durch den Operator des Bahndrehimpulsquadrats $\boldsymbol{L}^2$ ausdrücken lässt:

$$\Delta_{\vartheta\varphi} = -\frac{1}{r^2\hbar^2}\boldsymbol{L}^2\,. \tag{6.4}$$

Damit lautet der Hamilton-Operator:

$$H = -\frac{\hbar^2}{2m}\frac{1}{r^2}\frac{\partial}{\partial r}\left(r^2\frac{\partial}{\partial r}\right) + \frac{1}{2m\,r^2}\boldsymbol{L}^2 + V(r)\,. \tag{6.5}$$

Die Operatoren (6.2) und (6.5) sind natürlich zunächst nur bis auf den *kritischen* Punkt $r = 0$ äquivalent. Da nach (5.80) und (5.82) die Drehimpulsoperatoren $\boldsymbol{L}^2$ und L_z nur auf die Winkel ϑ, φ wirken, erkennen wir unmittelbar die wichtige Aussage:

$$[H, L_z]_- = \left[H, \boldsymbol{L}^2\right]_- = 0\,. \tag{6.6}$$

Die drei Operatoren L_z, $\boldsymbol{L}^2$ und H werden also einen gemeinsamen Satz von Eigenfunktionen (Eigenzuständen) besitzen. Dies bedeutet insbesondere, dass $\boldsymbol{L}^2$ und L_z Konstante der Bewegung sind (3.194), was allerdings auch nicht überraschen kann, da ja bereits in der Klassischen Mechanik der Bahndrehimpuls $\boldsymbol{L}$ unter dem Einfluss von Zentralkräften nach Richtung und Betrag konstant bleibt. Die Poisson-Klammern aller Komponenten von $\boldsymbol{L}$ mit der klassischen Hamilton-Funktion verschwinden deshalb, was sich wiederum nach dem Korrespondenzprinzip (Abschn. 3.5) auf die entsprechenden quantenmechanischen Kommutatoren überträgt und zu (6.6) führt. – Es sei aber auch noch einmal an die Überlegungen in Abschn. 5.1.3 erinnert. Da H im Falle eines Zentralpotentials ein gegenüber

Drehungen invarianter, skalarer Operator ist, muss er nach (5.47) mit jeder Komponente des Bahndrehimpulses vertauschbar sein.

Um die Analogie zur entsprechenden klassischen Problemstellung weiter zu verdeutlichen, versuchen wir, dem ersten Term in (6.5) ebenfalls eine anschauliche Bedeutung zuzuordnen. Dies gelingt mit Hilfe des **Radialimpulses** p_r. Dieser ist in der Klassischen Mechanik als die radiale Komponente des Teilchenimpulses $(m\dot{r} = (\boldsymbol{r}/r) \cdot \boldsymbol{p})$ definiert. Bei der Übertragung in die Quantenmechanik ist zu beachten, dass $\boldsymbol{p}$ und $\boldsymbol{r}$ nicht-kommutierende Operatoren sind. Der klassische Ausdruck ist deshalb nach den in Kap. 2 entwickelten Vorschriften zu *symmetrisieren*:

$$p_r = \frac{1}{2}\left(\frac{\boldsymbol{r}}{r} \cdot \boldsymbol{p} + \boldsymbol{p} \cdot \frac{\boldsymbol{r}}{r}\right) . \tag{6.7}$$

Wir beweisen in Aufgabe 6.1.1, dass p_r der zur Kugelkoordinate r kanonisch konjugierte Impuls ist,

$$[r, p_r]_- = \mathrm{i}\hbar , \tag{6.8}$$

der in der Ortsdarstellung die folgende Gestalt hat:

$$p_r = \frac{\hbar}{\mathrm{i}}\left(\frac{\partial}{\partial r} + \frac{1}{r}\right) = \frac{\hbar}{\mathrm{i}}\frac{1}{r}\frac{\partial}{\partial r} r . \tag{6.9}$$

Es handelt sich um einen hermiteschen Operator, wenn man nur solche Wellenfunktionen zulässt, die die folgenden beiden Bedingungen erfüllen (Aufgabe 6.1.1):

$$\lim_{r \to 0} r\psi(\boldsymbol{r}) = 0 , \tag{6.10}$$

$$\lim_{r \to \infty} r\psi(\boldsymbol{r}) = 0 . \tag{6.11}$$

Die zweite Forderung ist für quadratintegrable Wellenfunktionen selbstverständlich. Schärfer ist deshalb (6.10). – Der Operator p_r ist aus diesem Grund im eigentlichen Sinne **keine** Observable, da das Eigenwertproblem zu p_r im Hilbert-Raum der Wellenfunktionen, die (6.10) und (6.11) erfüllen, keine Lösung hat (s. Aufgabe 6.1.3).

Bilden wir nach (6.9) das Quadrat des Radialimpulses,

$$\begin{aligned} p_r^2 &= -\hbar^2\left(\frac{\partial}{\partial r} + \frac{1}{r}\right)\left(\frac{\partial}{\partial r} + \frac{1}{r}\right) \\ &= -\hbar^2\left(\frac{\partial^2}{\partial r^2} - \frac{1}{r^2} + \frac{1}{r}\frac{\partial}{\partial r} + \frac{1}{r}\frac{\partial}{\partial r} + \frac{1}{r^2}\right) \\ &= -\hbar^2\left(\frac{\partial^2}{\partial r^2} + \frac{2}{r}\frac{\partial}{\partial r}\right) = -\hbar^2\frac{1}{r^2}\frac{\partial}{\partial r}\left(r^2\frac{\partial}{\partial r}\right) , \end{aligned} \tag{6.12}$$

so führt der Vergleich mit (6.3) und (6.4) zu der **Operatoridentität**,

$$\boldsymbol{p}^2 = p_r^2 + \frac{\boldsymbol{L}^2}{r^2} \qquad (r \neq 0) , \tag{6.13}$$

die unabhängig vom speziellen Potential gültig ist und sich natürlich auch direkt aus den darstellungsunabhängigen Definitionen von p_r und $\boldsymbol{L}$ ableiten lässt (Aufgabe 6.1.2). Mit (6.13) lautet nun der **Hamilton-Operator** des Teilchens im Zentralfeld:

$$H = \frac{1}{2m}\left(p_r^2 + \frac{1}{r^2}\boldsymbol{L}^2\right) + V(r) \qquad (r \neq 0)\,. \tag{6.14}$$

Dieser Ausdruck erinnert stark an den Energiesatz der Klassischen Mechanik ((2.260), Bd. 1), der sich ganz analog aufschlüsseln lässt. Die kinetische Energie besteht aus einer radialen *Translationsenergie* $p_r^2/2m$ und einer *Rotationsenergie* $\boldsymbol{L}^2/2m\,r^2$. Der Term $m\,r^2$ ist mit dem Trägheitsmoment bezüglich des Koordinatenursprungs identisch. Hinzu kommt dann noch die potentielle Energie $V(r)$.

Das Ziel besteht auch im Fall der Zentralpotentiale natürlich darin, die **zeitunabhängige Schrödinger-Gleichung** zu lösen, d. h. Eigenwerte und Eigenfunktionen des Hamilton-Operators aufzuspüren:

$$\left[-\frac{\hbar^2}{2m}\left(\frac{\partial^2}{\partial r^2} + \frac{2}{r}\frac{\partial}{\partial r}\right) + \frac{\boldsymbol{L}^2}{2m\,r^2} + V(r)\right]\psi(\boldsymbol{r}) = E\,\psi(\boldsymbol{r})\,. \tag{6.15}$$

Wir können als Lösung allerdings nur solche Wellenfunktionen zulassen, die die Bedingung (6.10) erfüllen. Nur für diese ist (6.15) im **ganzen** Raum einschließlich des kritischen Punktes $r = 0$ mit der Schrödinger-Gleichung $H\,\psi = E\,\psi$ äquivalent. Hilfreich bei der praktischen Lösung von (6.15) ist die Tatsache, dass wegen (6.6) $\psi(\boldsymbol{r})$ simultane Eigenfunktion zu H, $\boldsymbol{L}^2$ und L_z sein muss. Da der Winkelanteil in (6.15) allein durch $\boldsymbol{L}^2$ bestimmt wird, liegt der folgende **Separationsansatz** nahe:

$$\psi(\boldsymbol{r}) = R(r)\,Y_{lm_l}(\vartheta, \varphi)\,. \tag{6.16}$$

Dabei sind die $Y_{lm_l}(\vartheta, \varphi)$ die in Abschn. 5.1.6 als simultane Eigenfunktionen von $\boldsymbol{L}^2$ und L_z eingeführten Kugelflächenfunktionen, die natürlich nicht mehr bestimmt zu werden brauchen, sondern als bekannt vorausgesetzt werden können:

$$\begin{aligned}\boldsymbol{L}^2\,Y_{lm_l}(\vartheta, \varphi) &= \hbar^2 l(l+1)\,Y_{lm_l}(\vartheta, \varphi)\,,\\ L_z\,Y_{lm_l}(\vartheta, \varphi) &= \hbar\,m_l\,Y_{lm_l}(\vartheta, \varphi)\,.\end{aligned}$$

Benutzen wir den Ansatz (6.16) in (6.15), dann können wir den Operator $\boldsymbol{L}^2$ durch seinen Eigenwert $\hbar^2 l(l+1)$ ersetzen und anschließend die Gleichung durch $Y_{lm_l}(\vartheta, \varphi)$ dividieren. Übrig bleibt eine Differentialgleichung für $R(r)$, die man als *Radialgleichung* bezeichnet:

$$\left[-\frac{\hbar^2}{2m}\left(\frac{\partial^2}{\partial r^2} + \frac{2}{r}\frac{\partial}{\partial r}\right) + \frac{\hbar^2 l(l+1)}{2m\,r^2} + V(r)\right]R(r) = E\,R(r)\,. \tag{6.17}$$

Wir sehen, dass die *magnetische Quantenzahl* m_l nirgendwo auftaucht. Die sich ergebenden Eigenenergien E werden also in jedem Fall, d. h. für jedes beliebige Zentralfeld, $(2l+1)$-fach entartet sein, entsprechend der Anzahl der möglichen m_l-Werte (5.63). Sie werden

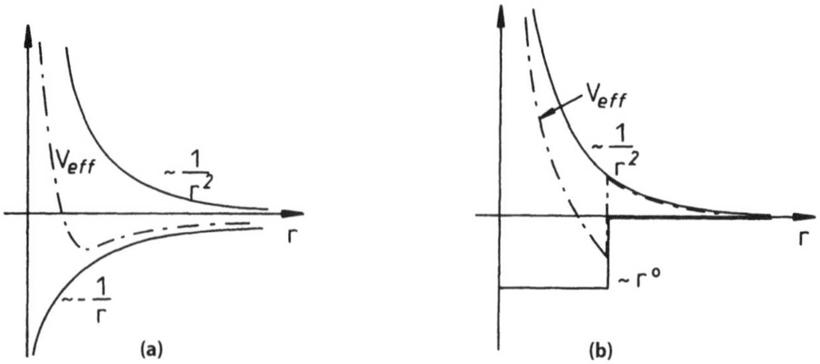

Abb. 6.1 Zwei Beispiele für die r-Abhängigkeit effektiver Zentralpotentiale: **a** Coulomb-Potential; **b** Kastenpotential

jedoch in der Regel von der Quantenzahl l abhängen. Eine Ausnahme stellt lediglich das **Coulomb-Potential** ($\sim 1/r$) dar, für das die Energieniveaus auch bezüglich l entartet sind (*zufällige Entartung*, s. Abschn. 6.2).

Bisweilen empfiehlt sich noch die Substitution,

$$u(r) = r\,R(r)\,, \tag{6.18}$$

mit der wegen

$$\frac{\mathrm{d}^2}{\mathrm{d}r^2}\,(r\,R(r)) = \frac{\mathrm{d}}{\mathrm{d}r}\,(R(r) + r\,R'(r)) = 2R'(r) + r\,R''(r)$$

aus der Radialgleichung (6.17) eine formal einfache, eindimensionale Schrödinger-Gleichung wird,

$$\left[-\frac{\hbar^2}{2m}\,\frac{\mathrm{d}^2}{\mathrm{d}r^2} + V_{\mathrm{eff}}(r)\right] u(r) = E\,u(r)\,, \tag{6.19}$$

die ein Teilchen der Masse m im *effektiven Zentralpotential*

$$V_{\mathrm{eff}}(r) = V(r) + \frac{\hbar^2 l(l+1)}{2m\,r^2} \tag{6.20}$$

beschreibt. Man bezeichnet den zweiten Summanden als *Zentrifugalbarriere*, die in jedem Fall abstoßend ist und quadratisch mit dem Abstand vom Kraftzentrum abnimmt (Abb. 6.1).

Die Struktur des *effektiven* Potentials weicht in der Regel durchaus drastisch von der des *wahren* Potentials ab. – Auch in der Klassischen Mechanik hatte sich das Konzept des *effektiven* Potentials bei Zentralkraftproblemen als nützlich erwiesen. Damit erhielt der

Energiesatz für die dreidimensionale Bewegung nämlich mathematisch dieselbe Struktur wie der stets integrable der eindimensionalen Bewegung. Das effektive Zentralpotential ((2.255), Bd. 1) hatte dabei genau die Gestalt (6.20); nur ist natürlich $\hbar^2 l(l+1)$ durch das klassische Drehimpulsquadrat $\boldsymbol{L}^2 = \text{const}$ zu ersetzen.

Die Forderung (6.10) an die Lösungswellenfunktion $\psi(\boldsymbol{r})$ überträgt sich mit (6.16) und (6.18) auf $u(r)$ in der Form:

$$u(0) = 0\,. \tag{6.21}$$

$\psi(\boldsymbol{r})$ soll ferner, zumindest für gebundene Zustände, quadratintegrabel sein. Wegen (5.103),

$$\int \mathrm{d}\Omega \left|Y_{lm_l}(\vartheta, \varphi)\right|^2 = 1\,,$$

bedeutet das für $u(r)$:

$$\int \mathrm{d}^3 r\,|\psi(\boldsymbol{r})|^2 = \int\limits_0^\infty \mathrm{d}r\, r^2\,|R(r)|^2 = \int\limits_0^\infty \mathrm{d}r\,|u(r)|^2 < \infty\,. \tag{6.22}$$

Diese Bedingung, die schärfer ist als (6.11), verlangt, dass $|u(r)|$ für $r \to \infty$ stärker als $1/\sqrt{r}$ auf Null abfällt.

Mit der wichtigen Randbedingung (6.21) wird das Eigenwertproblem (6.19) offensichtlich völlig äquivalent zu der Lösung einer **eindimensionalen** Schrödinger-Gleichung mit dem Potential:

$$\widehat{V}(q) = \begin{cases} V_{\text{eff}}(q) & \text{für } q > 0\,, \\ \infty & \text{für } q \le 0 \end{cases} \tag{6.23}$$

Viele der in Kap. 4 für eindimensionale Potentialprobleme abgeleiteten Aussagen werden sich deshalb direkt übernehmen lassen.

6.1.2 Lösungsstruktur

Bevor wir im Detail einige konkrete Zentralpotentiale diskutieren, wollen wir uns einen ersten, noch allgemeinen Überblick über die zu erwartenden Lösungsstrukturen verschaffen. Wir wollen allerdings voraussetzen, dass das Potential im Unendlichen mindestens wie $1/r$ verschwindet und im Nullpunkt entweder regulär ist oder aber dort schwächer als $-1/r^2 \to -\infty$ divergiert. Für alle $0 < r < \infty$ sei $V(r) \le 0$:

$$\begin{aligned} &\lim_{r\to\infty} r\,V(r) = 0 \qquad (\text{oder const})\,, \\ &\lim_{r\to 0} r^2 V(r) = 0\,. \end{aligned} \tag{6.24}$$

Das sind für die meisten der uns interessierenden Zentralpotentiale realistische Annahmen. Das Oszillatorpotential $c\,r^2$ scheidet hier allerdings aus! Wegen der ersten Bedingung müssen wir nach unseren allgemeinen Überlegungen in Abschn. 4.1 für $E > 0$ ein kontinuierliches Spektrum erwarten. Gebundene Zustände mit diskreten Energieeigenwerten können nur für $E < 0$ auftreten.

1. *Verhalten für* $r \to 0$

   Im effektiven Potential (6.20) dominiert für $r \to 0$ wegen (6.24) der Zentrifugalterm, sodass wir näherungsweise statt (6.19) die folgende Differentialgleichung zu lösen haben:

$$\left(-\frac{\mathrm{d}^2}{\mathrm{d}r^2} + \frac{l(l+1)}{r^2}\right) u(r) = 0\,.$$

   Diese hat die beiden linear unabhängigen Lösungen:

$$u_1(r) \sim r^{l+1}\,; \qquad u_2(r) \sim r^{-l}\,.$$

   Mit $u_2(r)$ lässt sich für $l > 0$ allerdings die Randbedingung (6.21) nicht erfüllen. Sie scheidet demnach aus (*irreguläre* Lösung). Auch für $l = 0$ ist $u_2(r)$ unbrauchbar, weil dann die zugehörige Wellenfunktion ($\psi(\mathbf{r}) \sim (1/r)\,u(r)$) einen $1/r$-Term enthielte, mit dem wegen $\Delta(1/r) = -4\pi\,\delta(\mathbf{r})$ ((1.69), Bd. 3) die Schrödinger-Gleichung nicht zu befriedigen wäre. Es bleibt deshalb als *reguläre Lösung*:

$$r \to 0: \quad u(r) \sim r^{l+1}\,. \tag{6.25}$$

2. *Verhalten für* $r \to \infty$

   Jetzt wird das gesamte effektive Potential unbedeutend, und (6.19) vereinfacht sich zu:

$$\left(\frac{\hbar^2}{2m}\frac{\mathrm{d}^2}{\mathrm{d}r^2} + E\right) u(r) = 0\,.$$

   Mit der Abkürzung

$$\kappa^2 = \frac{2m}{\hbar^2}(-E) \tag{6.26}$$

   ergeben sich die beiden linear unabhängigen Lösungen:

$$u_1(r) \sim \mathrm{e}^{-\kappa r}\,; \quad u_2(r) \sim \mathrm{e}^{+\kappa r}\,.$$

   Nach unseren Annahmen (6.24) zum Potential $V(r)$ sind gebundene Zustände nur für $E < 0$ zu erwarten. κ ist dann positiv-reell, und $u_2(r)$ divergiert für $r \to \infty$. Die Lösung $u_2(r)$ verletzt somit die Normierungsbedingung (6.22):

$$r \to \infty: \quad u(r) \sim \mathrm{e}^{-\kappa r} \qquad (E < 0)\,. \tag{6.27}$$

Für gebundene Zustände ($E < 0$) legen die beiden asymptotischen Lösungen (6.25) und (6.27) den folgenden **Ansatz** für die vollständige Lösung nahe:

$$u(r) = \mathrm{e}^{-\kappa r}\, r^{l+1}\, P(r)\,, \tag{6.28}$$

$$P(r) = \sum_{\mu} \alpha_\mu\, r^\mu\,. \tag{6.29}$$

Wir werden darauf im nächsten Abschnitt bei der Behandlung des Coulomb-Potentials zurückkommen. Dabei wird insbesondere zu untersuchen sein, ob die Reihe $P(r)$ nach endlich vielen Termen abbricht. Die Argumentation wird der *Sommerfeld'schen Polynommethode* entsprechen, die wir in Abschn. 4.4.5 bei der Diskussion des harmonischen Oszillators eingeführt haben.

Für $E > 0$ lässt sich die Wellenfunktion nicht mehr im eigentlichen Sinne normieren. Sie zeigt oszillatorisches Verhalten (Abschn. 4.1: *klassisch erlaubtes* Gebiet bis $r \to \infty$). Die korrekte vollständige Lösung muss, wie in Kap. 4 des Öfteren durchgeführt, durch *stetiges Anstückeln* an die für $r \to 0$ reguläre Lösung (6.25) gefunden werden.

6.1.3 Aufgaben

Aufgabe 6.1.1

Die klasssiche Definition des *Radialimpulses*

$$p_r^{\mathrm{kl}} = \frac{1}{r}\,(\boldsymbol{r}\cdot\boldsymbol{p})$$

muss in der Quantenmechanik wegen der Nicht-Vertauschbarkeit der Operatoren $\boldsymbol{r}$ und $\boldsymbol{p}$ *symmetrisiert* werden:

$$p_r = \frac{1}{2}\left(\frac{\boldsymbol{r}}{r}\cdot\boldsymbol{p} + \boldsymbol{p}\cdot\frac{\boldsymbol{r}}{r}\right).$$

1. Zeigen Sie, dass für den Radialimpuls gilt:
$$p_r = \frac{\hbar}{\mathrm{i}}\left(\frac{\partial}{\partial r} + \frac{1}{r}\right) = \frac{\hbar}{\mathrm{i}}\,\frac{1}{r}\,\frac{\partial}{\partial r}\,r\,.$$
2. Verifizieren Sie, dass p_r der zu $r = |\boldsymbol{r}|$ kanonisch konjugierte Impuls ist.
3. Zeigen Sie, dass p_r hermitesch ist. Welche Bedingungen sind dazu an die Wellenfunktionen zu stellen?

Aufgabe 6.1.2

Verifizieren Sie mit Hilfe der allgemeinen Definitionen für den Bahndrehimpuls $\boldsymbol{L}$ und den Radialimpuls p_r,

$$\boldsymbol{L} = \boldsymbol{r} \times \boldsymbol{p}\,; \quad p_r = \frac{1}{2}\left[\frac{1}{r}(\boldsymbol{r}\cdot\boldsymbol{p}) + (\boldsymbol{p}\cdot\boldsymbol{r})\,\frac{1}{r}\right],$$

die folgenden Operatoridentitäten:

1. $\boldsymbol{L}^2 = \mathrm{i}\,\hbar\,(\boldsymbol{r}\cdot\boldsymbol{p}) + \boldsymbol{r}^2\boldsymbol{p}^2 - (\boldsymbol{r}\cdot\boldsymbol{p})^2\,,$
2. $p_r = \frac{1}{r}\,(\boldsymbol{r}\cdot\boldsymbol{p}) + \frac{\hbar}{\mathrm{i}}\,\frac{1}{r}\,,$
3. $\boldsymbol{p}^2 = p_r^2 + \frac{1}{r^2}\,\boldsymbol{L}^2\,.$

Aufgabe 6.1.3

Begründen Sie, warum der Radialimpuls p_r nicht als Observable interpretiert werden kann. Untersuchen Sie dazu das Eigenwertproblem des Operators p_r.

Aufgabe 6.1.4

1. Beweisen Sie die folgende Aussage:

   Ist H ein Hamilton-Operator mit diskretem nach unten beschränktem Spektrum, so ist der Zustand $|\psi\rangle$, der den Erwartungswert

   $$\langle H\rangle = \langle\psi|H|\psi\rangle$$

   minimal macht, gerade der Eigenzustand zum niedrigsten Eigenwert von H.
2. Ein Teilchen bewege sich in einem Zentralpotential. Die gebundenen Eigenzustände werden dann durch die Drehimpulsquantenzahl l unterschieden. Es sei E_l^* der minimale Eigenwert zu einem festen l. Zeigen Sie mit Hilfe von Teil 1), dass für $l_1 < l_2$ stets $E_{l_1}^* < E_{l_2}^*$ gilt.

6.2 Coulomb-Potential (H-Atom)

Wir wollen nach unseren allgemeinen Überlegungen zum Zentralpotential als erste konkrete Anwendung die stationären Zustände eines Elektrons im Coulomb-Potential untersuchen. Dazu wählen wir im Hamilton-Operator (6.5) bzw. in der Radialgleichung (6.17) oder (6.19) explizit die potentielle Energie:

$$V(r) = -\frac{Z e^2}{4\pi\,\varepsilon_0\, r}\,. \tag{6.30}$$

e ist die Elementarladung. Für $Z = 1$ (Kern = einfach positiv geladenes Proton) haben wir die Situation des **Wasserstoffatoms** und für $Z > 1$ die der sogenannten **„wasserstoffähnlichen" Ionen** (He^+, Li^{++}, ...), die ebenfalls nur ein Elektron besitzen. Wir nehmen zunächst an, dass der Atomkern im Koordinatenursprung als positive Punktladung ($q = Z e$) *ruht*. In der Form (6.30) erfüllt das Coulomb-Potential alle Voraussetzungen, die wir in Abschn. 6.1.2 zur allgemeinen Diskussion der *Lösungsstruktur* verwendet haben. Insbesondere sind *gebundene Zustände* nur für $E < 0$ zu erwarten. Um diese soll es im folgenden Abschnitt gehen!

6.2.1 Diskretes Energiespektrum

Wir lassen den Spin des Elektrons zunächst außer acht. Da der Hamilton-Operator (6.5) keine spinabhängigen Terme enthält, wird die resultierende Wellenfunktion ohnehin in einen Spin- und einen Ortsanteil faktorisieren, wobei der Spinanteil nach den Überlegungen von Abschn. 5.2.4 als bekannt vorausgesetzt werden kann.

Nach unseren Vorüberlegungen in Abschn. 6.1 bleibt die folgende Radialgleichung zu lösen (m_e: Elektronenmasse):

$$\left[-\frac{\hbar^2}{2m_e}\frac{d^2}{dr^2} - \frac{Z e^2}{4\pi\varepsilon_0 r} + \frac{\hbar^2 l(l+1)}{2m_e r^2} - E\right] u(r) = 0\,. \tag{6.31}$$

Dies entspricht (6.19) mit (6.30) für $V(r)$. Die Notation ist natürlich dieselbe wie im vorigen Abschnitt. Es empfiehlt sich eine Maßstabstransformation:

$$\rho = Z\frac{r}{a_B}\,; \quad a_B = \frac{4\pi\,\varepsilon_0\hbar^2}{m_e\, e^2} = 0{,}529\,\text{Å}\,. \tag{6.32}$$

a_B ist der *Bohr'sche Radius*, der als typisches atomares Längenmaß aufgefasst werden kann. Die entsprechende charakteristische Energiegröße ist die *Rydberg-Energie* (1.118):

$$E_R = \frac{\hbar^2}{2m_e\, a_B^2} = \frac{m_e\, e^4}{2\hbar^2(4\pi\,\varepsilon_0)^2} = 13{,}605\,\text{eV}\,. \tag{6.33}$$

Wir multiplizieren die Differentialgleichung (6.31) mit

$$\frac{2m_e\,a_B^2}{Z^2\,\hbar^2} = \frac{1}{Z^2\,E_R}$$

und schreiben noch zur Abkürzung mit κ nach (6.26):

$$\eta = \frac{1}{Z}\,\kappa\,a_B = \frac{1}{Z}\sqrt{-\frac{E}{E_R}} \qquad (E < 0)\,. \tag{6.34}$$

Dies ergibt die folgende Gleichung:

$$\left[\frac{d^2}{d\rho^2} + \frac{2}{\rho} - \frac{l(l+1)}{\rho^2} - \eta^2\right] u(\rho) = 0\,. \tag{6.35}$$

Wir interessieren uns zunächst nur für das diskrete Spektrum ($E < 0$). η ist also positiv-reell. Unsere Überlegungen in Abschn. 6.1.2 zum asymptotischen Verhalten der Lösungsfunktion u lassen nach (6.28) den folgenden Ansatz vielversprechend erscheinen:

$$u(\rho) = e^{-\eta\rho}\,\rho^{l+1}\,P(\rho)\,. \tag{6.36}$$

Unser weiteres Vorgehen entspricht nun haargenau der in Abschn. 4.4.5 beim harmonischen Oszillator eingeführten **Sommerfeld'schen Polynommethode**. Zunächst formen wir (6.35) mit (6.36) zu einer Differentialgleichung für $P(\rho)$ um:

$$P''(\rho) + 2P'(\rho)\left(\frac{l+1}{\rho} - \eta\right) + P(\rho)\,\frac{2}{\rho}\,[1 - \eta(l+1)] = 0\,. \tag{6.37}$$

In diesen Ausdruck setzen wir den Ansatz

$$P(\rho) = \sum_{\mu=0}^{?} \alpha_\mu\,\rho^\mu \tag{6.38}$$

ein und sortieren die einzelnen Terme nach Potenzen von ρ. Das führt nach einfachen Umformungen zu:

$$\sum_{\mu=0}^{?} \left\{\alpha_{\mu+1}\,(\mu+1)\,[\mu + 2(l+1)] + 2\alpha_\mu\,[1 - \eta(\mu+l+1)]\right\}\rho^{\mu-1} = 0\,.$$

Diese Beziehung kann wiederum nur dann erfüllt werden, wenn bereits jeder Summand für sich verschwindet. Das ergibt die folgende Rekursionsformel für die Koeffizienten α_μ:

$$\alpha_{\mu+1} = 2\,\frac{\eta(l+\mu+1) - 1}{(\mu+1)\,(\mu+2l+2)}\,\alpha_\mu\,; \qquad \mu = 0, 1, 2, \ldots \tag{6.39}$$

Im nächsten Schritt überlegen wir uns, ob wir $P(\rho)$ in (6.38) als **unendliche** Reihe mit den so bestimmten Koeffizienten α_μ ansehen können, ohne dabei elementare Randbedingungen für $u(\rho)$ wie (6.21) und (6.22) zu verletzen. Dass (6.21): $u(0) = 0$ erfüllt wird, ergibt sich bereits aus dem Ansatz (6.36). Problematischer ist in diesem Zusammenhang die Normierungsbedingung (6.22). Wie beim harmonischen Oszillator (Abschn. 4.4.5) testen wir dazu das asymptotische Verhalten von $P(\rho)$. Für $\rho \to \infty$ dominieren die hohen Potenzen von ρ, deren Koeffizienten sich nach (6.39) in guter Näherung durch

$$\frac{\alpha_{\mu+1}}{\alpha_\mu} \approx \frac{2\eta}{\mu} ; \qquad \mu \gg l, 1$$

darstellen lassen. Dieselbe Untersuchung machen wir für die Exponentialfunktion,

$$e^{2\eta\rho} = \sum_{\mu=0}^{\infty} \frac{(2\eta)^\mu}{\mu!} \rho^\mu \equiv \sum_{\mu=0}^{\infty} \beta_\mu \rho^\mu ,$$

und finden, dass diese dasselbe asymptotische Koeffizientenverhalten aufweist:

$$\frac{\beta_{\mu+1}}{\beta_\mu} = \frac{2\eta}{\mu+1} \underset{\mu \gg 1}{\longrightarrow} \frac{2\eta}{\mu} .$$

Daraus schließen wir, dass bei Nicht-Abbrechen der Reihe $P(\rho)$ diese für $\rho \to \infty$ wie $\exp(2\eta\,\rho)$ verlaufen würde. Damit wäre aber nach (6.36)

$$u(\rho) \underset{\rho\to\infty}{\sim} e^{\eta\rho} \rho^{l+1} \qquad (\eta > 0)$$

nicht mehr normierbar. $u(\rho)$ muss im Unendlichen ja stärker als $1/\sqrt{\rho}$ auf Null abfallen. Dieses Problem zwingt uns zu der Schlussfolgerung, dass die Reihe $P(\rho)$ nicht unendlich viele Terme enthalten kann, sondern bei einem **endlichen** $\mu = \mu_0$ abbricht. Dann dominiert nämlich im Ansatz (6.36) für $\rho \to \infty$ die Exponentialfunktion und sorgt für korrektes asymptotisches Verhalten. Die Rekursionsformel (6.39) macht nun aber deutlich, dass ein Abbrechen der Reihe $P(\rho)$,

$$\alpha_{\mu_0} \neq 0 ; \quad \alpha_{\mu_0+1} = \alpha_{\mu_0+2} = \ldots = 0 ,$$

bei einem endlichen μ_0 nur für ganz bestimmte η-Werte möglich ist:

$$\eta \overset{!}{=} \frac{1}{\mu_0 + l + 1} . \tag{6.40}$$

Dieses überträgt sich nach (6.34) auf die Eigenenergien E, die deshalb ein **diskretes Spektrum** bilden. Die sogenannte *radiale Quantenzahl* μ_0 ist wie die *Bahndrehimpulsquantenzahl* l natürlich eine ganze Zahl ($\mu_0 = 0, 1, 2, \ldots$). Dies gilt dann auch für den gesamten Nenner in (6.40), der bei vorgegebenem l die Werte

$$n \equiv \mu_0 + l + 1 = l + 1,\; l + 2, \ldots \tag{6.41}$$

durchlaufen kann. Es hat sich so eingespielt, bei der Indizierung der Energieniveaus primär von der

Hauptquantenzahl:

$$n = 1, 2, 3, \ldots \tag{6.42}$$

auszugehen. Es ergibt sich dann mit (6.40) und (6.34) für die Energieniveaus das wichtige Ergebnis:

$$E_n = -\frac{Z^2\, E_\mathrm{R}}{n^2}\,; \qquad n = 1, 2, 3, \ldots \tag{6.43}$$

Zwischen der **Grundzustandsenergie**

$$E_1 = -Z^2\, E_\mathrm{R} \tag{6.44}$$

und $E = 0$ liegen also abzählbar unendlich viele diskrete Energien E_n, deren Abstände voneinander mit wachsender Hauptquantenzahl n immer geringer werden. Sie häufen sich bei $E = 0$.

Die Eigenenergien E_n hängen nur von n, nicht aber von der

Nebenquantenzahl (*Bahndrehimpulsquantenzahl*):

$$l = 0, 1, 2, \ldots, n-1 \tag{6.45}$$

ab, die bei festem n wegen (6.41) die angegebenen Werte durchlaufen kann. Alle Zustände mit unterschiedlichem l, aber gleichem n, haben dieselbe Energie. Diese Entartung bzgl. l ist eine Eigenart des Coulomb-Potentials und tritt bei anderen Zentralpotentialen nicht auf. Sie verschwindet im Übrigen bereits bei kleinsten Abweichungen des Coulomb-Potentials von der reinen $1/r$-Form (s. Aufgabe 6.2.2). Man spricht bisweilen auch von *zufälliger Entartung*, weil keine zwingende physikalische Ursache dafür vorzuliegen scheint. Die Entartung bzgl. der

magnetischen Quantenzahl:

$$m_l = -l, -l+1, \ldots, l-1, l \tag{6.46}$$

ist dagegen typisch für jedes Zentralpotential. Nehmen wir noch hinzu, dass das Elektron zwei mögliche Spineinstellungen besitzt ($m_s = \pm(1/2)$), die im Coulomb-Feld ebenfalls entartet sind, so berechnet sich der gesamte **Entartungsgrad** g_n des Energieniveaus E_n zu:

$$g_n = 2 \sum_{l=0}^{n-1} (2l + 1) = 2n^2 \,. \tag{6.47}$$

Die Quantentheorie liefert also ohne jedes zusätzliche Postulat, allein aus der Forderung nach physikalisch sinnvollen Lösungen der Schrödinger-Gleichung (eindeutig, normierbar, ...), die klassisch unverständliche Quantelung der Energie. Insbesondere ist die Existenz einer endlichen Grundzustandsenergie E_1 für das Atomelektron nachgewiesen. Klassisch wären wegen $V(r) \underset{r \to 0}{\longrightarrow} -\infty$ im Prinzip beliebig tiefe Elektronenenergien denkbar.

Wir wollen noch einige **Diskussionsbemerkungen** anschließen. Für eine vollständige Auswertung und Interpretation der Ergebnisse dieses Abschnitts muss jedoch auf die Spezialliteratur zur Atomphysik verwiesen werden.

1) Termschema

Das aus (6.43) mit $Z = 1$ für das Wasserstoffatom folgende Spektrum (Abb. 6.2) ist mit dem der semiklassischen Bohr'schen Theorie (Abschn. 1.5.2) völlig identisch. Die Hauptquantenzahl n definiert eine *Elektronenschale*, für die vor allem in der Röntgenspektroskopie die folgende Bezeichnungsweise üblich ist:

$$\begin{aligned} n &= 1: \quad \text{K-Schale,} \\ n &= 2: \quad \text{L-Schale,} \\ n &= 3: \quad \text{M-Schale,} \\ n &= 4: \quad \text{O-Schale.} \end{aligned}$$

Davon zu unterscheiden sind die bereits am Schluss von Abschn. 5.1.6 eingeführten **(s, p, d, f, ...)-Orbitale**, die sich in der Nebenquantenzahl $l = (0, 1, 2, 3, \dots)$ unterscheiden.

Übergänge des Elektrons zwischen den verschiedenen Energieniveaus erklären die in Kap. 1 diskutierten **Spektralserien** (Lyman (1.98), Balmer (1.99), Paschen (1.100), Brackett (1.101)). Das **Ritz'sche Kombinationsprinzip** (1.102), zunächst aufgrund experimenteller Fakten postuliert, erweist sich als exakt. Beim Übergang des Elektrons im H-Atom von einem energetisch höheren in ein tieferes Niveau wird die Energiedifferenz in Form eines Lichtquants der Energie

$$h\,\nu_{nm} = -E_{\mathrm{R}} \left(\frac{1}{n^2} - \frac{1}{m^2} \right)$$

emittiert. Umgekehrt kann das Atom natürlich auch ein entsprechendes Lichtquant absorbieren. Das Elektron wird dadurch auf ein energiereicheres Niveau angehoben; das Atom befindet sich dann in einem *angeregten Zustand*.

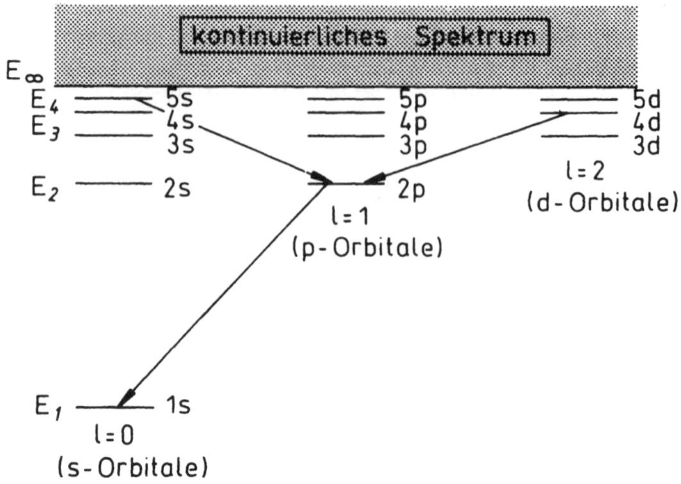

Abb. 6.2 Schematische Darstellung des Energiespektrums des Wasserstoffatoms

Natürlich verlässt ein Elektron einen *stationären Zustand* nicht ohne Grund. Es muss *gestört* werden. Wir wollen es in diesem Zusammenhang jedoch bei der Bemerkung belassen, dass bei der Lichtemission bzw. -absorption diese *Störung* durch die aus der Elektrodynamik bekannte Kopplung der Elektronenladung an das elektromagnetische Feld bewirkt wird.

2) Feinstruktur

Die quantenmechanische Theorie des H-Atoms, die wir in diesem Kapitel entwickelt haben, steht in bemerkenswert guter Übereinstimmung mit dem Experiment; exakt ist sie jedoch noch nicht. Es handelt sich um eine nicht-relativistische Theorie, die somit die *Feinstruktur* der Energieterme nicht erklären kann. Diese wird insbesondere durch die in Abschn. 5.3.4 abgeleitete **Spin-Bahn-Wechselwirkung** hervorgerufen, die wir ja als rein relativistischen Effekt kennen gelernt haben. Wie wir im Zusammenhang mit (5.259) abschätzen konnten, handelt es sich dabei um sehr kleine, aber durchaus messbare Korrekturen der Größenordnung $E_n/m\,c^2 \approx 10^{-4} - 10^{-5}$. Der Spin selbst kommt natürlich in der nicht-relativistischen Quantenmechanik auch nicht vor. Wir haben seine Existenz in Abschn. 5.3 mit Hilfe der relativistischen Dirac-Theorie begründen müssen.

Um eine weitere Größenordnung kleiner, aber ebenfalls mit heutigen spektroskopischen Methoden messbar, ist die *Hyperfeinstruktur*, die aus einer Wechselwirkung zwischen Elektronenspin und Kernspin resultiert. – Ferner ergeben sich Korrekturen aus der Tatsache, dass die Annahme eines im Koordinatenursprung *ruhenden* Atomkerns natürlich streng nicht haltbar ist. Das *Wasserstoffproblem* ist selbstverständlich ein *Zwei-Körper-Problem*. Die durch die Mitbewegung des Kerns bedingten Modifikationen sind jedoch nicht typisch quantenmechanischer Natur. Wir haben sie im Zusammenhang mit der semiklassischen

Bohr'schen Atomtheorie in Kap. 1 bereits diskutiert. Im wesentlichen ist in den obigen Formeln lediglich die Elektronenmasse m_e durch die *reduzierte Masse* $\mu = (m_e M)/(m_e + M)$ zu ersetzen, wobei M die Kernmasse ist. Wir werden auf das Zwei-Körper-Problem noch einmal gesondert in Abschn. 6.2.5 eingehen.

3) Mehr-Elektronen-Atome

Mehr-Teilchen-Systeme sind Gegenstand der Überlegungen in Kap. 8. Wir wollen deshalb hier nur ein paar qualitative Bemerkungen vorausschicken. Wegen der Elektron-Elektron-Wechselwirkung ist das Potential, dem ein einzelnes Elektron ausgesetzt ist, natürlich kein reines $1/r$-Potential. Die *zufällige Entartung* bezüglich der Nebenquantenzahl l wird also auf jeden Fall aufgehoben, die bezüglich m_l dagegen nur dann, wenn auch die Kugelsymmetrie des Potentials, zum Beispiel durch äußere Magnetfelder, gestört ist. In aller Regel bleibt jedoch die l-Aufspaltung klein gegenüber der gemäß (6.43), sodass das Termschema seine Struktur im wesentlichen beibehält. Einen brauchbaren Ansatz für die theoretische Behandlung des Mehr-Elektronen-Atoms stellt die sogenannte *Zentralfeldnäherung* dar, die die komplizierten Elektron-Elektron-Wechselwirkungen zusammen mit dem $1/r$-Coulomb-Potential des Kerns durch ein effektives Zentralpotential $V_{\text{eff}}(r)$ simuliert (*Hartree-Potential*, Abschn. 7.1.3). In diesem effektiven Feld bewegen sich die Elektronen dann unabhängig voneinander. Nach dem **Pauli-Prinzip**, das explizit ebenfalls erst in Kap. 8 eingeführt wird, ist dann jeder sich ergebende Energiezustand mit höchstens einem Elektron besetzt. Der Grundzustand eines Z-Elektronensystems entspricht der Situation, bei der die Z-Elektronen sich auf die Z energetisch niedrigsten Niveaus verteilen.

4) Periodensystem

Dieses ist jetzt aus dem Schalenaufbau der Elektronenhülle der Atome, zusammen mit dem vorweggenommenen Pauli-Prinzip, besser verständlich als in Kap. 1 auf der Basis der *vorquantenmechanischen*, semiklassischen Theorien. In einer *Periode* des Periodensystems wächst von Element zu Element (*von links nach rechts*) die Ordnungszahl Z um 1 und damit auch die Zahl der Hüllenelektronen, bis nach $2n^2$ Schritten die n-te Schale vollständig gefüllt ist. Damit ist $2n^2$ exakt die Anzahl der Elemente pro Periode. Vollständig gefüllte Elektronenschalen sind durch kugelsymmetrische Ladungsverteilungen ausgezeichnet, die sich als besonders stabil gegenüber äußeren Störungen erweisen. Die physikalisch-chemischen Eigenschaften der Elemente sind deshalb praktisch vollständig durch die Elektronen in der äußersten, nicht vollständig gefüllten Schale bestimmt. Das erklärt, warum sich die Eigenschaften der im Periodensystem untereinander in einer *Spalte* angeordneten Elemente so ähnlich sind. Alle Elemente innerhalb einer Spalte haben die gleiche Elektronenzahl in der *nicht abgeschlossenen*, äußersten Schale. – Dass dieses Aufbauprinzip an einigen Stellen des Periodensystems (Übergangselemente, Seltene Erden) unterbrochen wird, hat besondere Gründe. Dazu sei auf die Spezialliteratur der Atomphysik verwiesen.

6.2.2 Eigenfunktionen der gebundenen Zustände

Wir wollen uns jetzt um die zum Spektrum (6.43) gehörenden Eigenfunktionen kümmern. Dabei wissen wir bereits, dass in dem Ansatz (6.36) die Reihe $P(\rho)$ bei einem endlichen μ_0 abbricht:

$$P(\rho) = \sum_{\mu=0}^{\mu_0} \alpha_\mu \, \rho^\mu \, ; \qquad \mu_0 = n - (l+1) \, . \tag{6.48}$$

Die Koeffizienten α_μ bestimmen sich aus der Rekursionsformel (6.39), die sich mit $\eta = 1/n$ wie folgt umschreiben lässt:

$$\begin{aligned}\alpha_{\mu+1} &= -\frac{2}{n} \, \frac{n-(l+\mu+1)}{(\mu+1)\,(\mu+2l+2)} \, \alpha_\mu \\ &= \left(-\frac{2}{n}\right)^{\mu+1} \alpha_0 \left[\frac{n-(l+\mu+1)}{(\mu+1)\,(\mu+2l+2)} \cdot \frac{n-(l+\mu)}{\mu(\mu+2l+1)} \cdots \frac{n-(l+1)}{2l+2}\right] .\end{aligned}$$

Daran liest man ab:

$$\alpha_\mu = \alpha_0 \, (-1)^\mu \left(\frac{2}{n}\right)^\mu \frac{(2l+1)!\,(n-(l+1))!}{\mu!\,(\mu+2l+1)!(n-(l+\mu+1))!} \, .$$

α_0 bleibt zunächst unbestimmt. Die homogene Differentialgleichung (6.37) legt $P(\rho)$ natürlich nur bis auf einen konstanten Faktor fest, mit dem wir später die Normierungsbedingung für die resultierende Wellenfunktion erfüllen werden. Erinnern wir uns an die Definitionen (6.32) und (6.34) von ρ und η,

$$\eta \, \rho = \frac{r Z}{n \, a_B} = \kappa \, r \, , \tag{6.49}$$

so können wir für das Polynom $P(r)$ schreiben:

$$P(r) = \alpha_0 \sum_{\mu=0}^{n-(l+1)} (-1)^\mu \, (2\kappa \, r)^\mu \, \frac{(2l+1)!(n-(l+1))!}{\mu!(\mu+2l+1)!(n-(l+\mu+1))!} \, . \tag{6.50}$$

Es sei noch einmal an die vereinbarte „mathematisch-schludrige“ Schreibweise erinnert, für Funktionen auch nach Variablensubstitution denselben Buchstaben zu verwenden (hier: $P(\rho) \to P(r)$), solange Mißdeutungen nicht zu befürchten sind. Die Summe auf der rechten Seite in (6.50) ist bis auf einen konstanten Faktor das *zugeordnete Laguerre-Polynom*,

$$L_p^k(z) = (-1)^k \sum_{\mu=0}^{p-k} (-1)^\mu \, \frac{(p!)^2}{(p-k-\mu)!\,(k+\mu)!\,\mu!} \, z^\mu \, , \tag{6.51}$$

für $p = n+l$ und $k = 2l+1$. Wir werden einige Eigenschaften der Laguerre-Polynome, die in der mathematischen Standardliteratur ausgiebig diskutiert werden, im nächsten Abschnitt zusammenstellen, wollen hier jedoch zunächst den begonnenen Gedankengang zu Ende führen. Mit

$$P(r) \sim L_{n+l}^{2l+1}(2\kappa r)$$

sowie den Ansätzen (6.18) und (6.28) ist die gesuchte Radialfunktion bereits bis auf eine Konstante bestimmt:

$$R_{nl}(r) = D_{nl}\,\mathrm{e}^{-\kappa r}\,(2\kappa r)^l\,L_{n+l}^{2l+1}(2\kappa r)\,. \tag{6.52}$$

Da $R_{nl}(r)$ (6.22) erfüllen muss,

$$\int_0^\infty \mathrm{d}r\,r^2\,|R_{nl}(r)|^2 = 1\,, \tag{6.53}$$

können wir D_{nl} mit Hilfe des Normierungsintegrals der Laguerre-Polynome festlegen, das wir hier ohne Beweis der mathematischen Literatur entnehmen:

$$\int_0^\infty \mathrm{d}z\,z^{k+1}\,\mathrm{e}^{-z}\,\left[L_p^k(z)\right]^2 = \frac{(2p-k+1)\,(p!)^3}{(p-k)!}\,. \tag{6.54}$$

Die Normierungsbedingung (6.53) lautet, wenn wir die D_{nl} als reell voraussetzen:

$$1 = \frac{D_{nl}^2}{(2\kappa)^3}\int_0^\infty \mathrm{d}z\,\mathrm{e}^{-z}\,z^{2l+2}\,\left[L_{n+l}^{2l+1}(z)\right]^2\,.$$

Daraus folgt mit (6.54):

$$D_{nl} = \pm\left(\frac{Z}{a_\mathrm{B}}\right)^{3/2}\frac{2}{n^2(n+l)!}\sqrt{\frac{(n-l-1)!}{(n+l)!}}\,. \tag{6.55}$$

Über den Separationsansatz (6.16) haben wir nun mit (6.52) und (6.55) das vollständige System der Eigenfunktionen der gebundenen Zustände ($E < 0$) im Coulomb-Potential gefunden:

$$\begin{aligned}\psi_{nlm_l}(\boldsymbol{r}) &= D_{nl}\exp\left(-\frac{Zr}{n\,a_\mathrm{B}}\right)\left(\frac{2Zr}{n\,a_\mathrm{B}}\right)^l L_{n+l}^{2l+1}\left(\frac{2Zr}{n\,a_\mathrm{B}}\right) Y_{lm_l}(\vartheta,\varphi)\\ &\equiv R_{nl}(r)\,Y_{lm_l}(\vartheta,\varphi)\,.\end{aligned} \tag{6.56}$$

Als Eigenfunktionen eines hermiteschen Operators sind sie orthogonal; für die Normierung hatten wir ebenfalls gesorgt:

$$\int \mathrm{d}^3r\,\psi_{n'l'm_{l'}}^*(\boldsymbol{r})\,\psi_{nlm_l}(\boldsymbol{r}) = \delta_{nn'}\,\delta_{ll'}\,\delta_{m_lm_{l'}}\,. \tag{6.57}$$

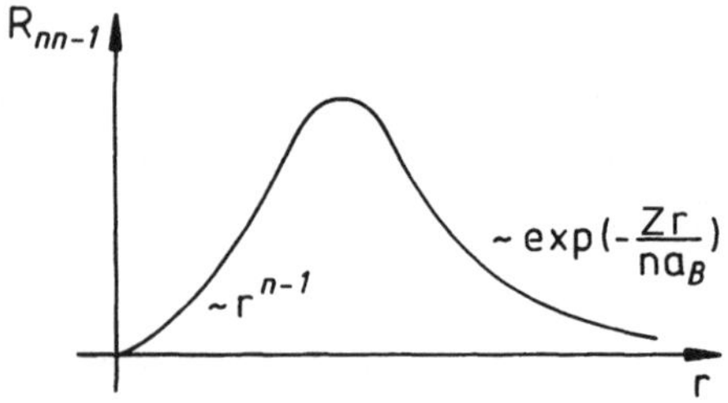

Abb. 6.3 Qualitativer Verlauf der Radialfunktion im Fall maximaler Nebenquantenzahl $l = n - 1$

Wegen

$$L_p^p(z) = (-1)^p \, p! \tag{6.58}$$

nimmt die Radialfunktion eine besonders einfache Struktur an, wenn die Nebenquantenzahl l gleich ihrem Maximalwert $n - 1$ ist:

$$R_{n\,n-1}(r) = \mp \left(\frac{2Z}{n\,a_B}\right)^{3/2} \sqrt{\frac{1}{(2n)!}}\; e^{-(Z\,r)/(n\,a_B)} \left(\frac{2Z\,r}{n\,a_B}\right)^{n-1} . \tag{6.59}$$

$R_{n\,n-1}(r)$ besitzt keine Nullstelle (Abb. 6.3). Da ganz allgemein das zugeordnete Laguerre-Polynom $L_p^k(z)$ im Bereich $z > 0$ $\quad p - k$ Nullstellen aufweist, hat die Radialfunktion $R_{nl}(r)$ **$(n - 1 - l)$ Nullstellen** auf der positiv-reellen r-Achse. Wir wählen das positive Vorzeichen in (6.59).

Wir geben noch die ersten Radialfunktionen explizit an, die nach (6.56) zugehörigen Kugelflächenfunktionen sind in (5.108) bis (5.113) aufgelistet:

$$R_{10}(r) = 2\left(\frac{Z}{a_B}\right)^{3/2} e^{-Z\,r/a_B} , \tag{6.60}$$

$$R_{20}(r) = 2\left(\frac{Z}{2a_B}\right)^{3/2} \left(1 - \frac{Z\,r}{2a_B}\right) e^{-Z\,r/2a_B} , \tag{6.61}$$

$$R_{21}(r) = \frac{1}{\sqrt{3}}\left(\frac{Z}{2a_B}\right)^{3/2} \frac{Z\,r}{a_B}\, e^{-Z\,r/2a_B} , \tag{6.62}$$

$$R_{30}(r) = 2\left(\frac{Z}{3a_B}\right)^{3/2} \left(1 - \frac{2Z\,r}{3a_B} + \frac{2(Z\,r)^2}{27a_B^2}\right) e^{-Z\,r/3a_B} , \tag{6.63}$$

$$R_{31}(r) = \frac{4\sqrt{2}}{3}\left(\frac{Z}{3a_B}\right)^{3/2} \frac{Z\,r}{a_B}\left(1 - \frac{Z\,r}{6a_B}\right) e^{-Z\,r/3a_B} , \tag{6.64}$$

$$R_{32}(r) = \frac{2\sqrt{2}}{27\sqrt{5}}\left(\frac{Z}{3a_B}\right)^{3/2} \left(\frac{Z\,r}{a_B}\right)^2 e^{-Z\,r/3a_B} . \tag{6.65}$$

Es ist eine bemerkenswerte Tatsache, dass alle Radialfunktionen R_{nl} mit $l = 0$ (s-Zustände) bei $r = 0$ von Null verschieden sind, wohingegen alle R_{nl} mit $l > 0$ dort verschwinden. Das Elektron im s-Zustand hat also eine endliche Aufenthaltswahrscheinlichkeit am Kernort!

6.2.3 Laguerre-Polynome

Wir wollen unsere Überlegungen zum Coulomb-Potential kurz unterbrechen, um als Einschub einige Eigenschaften der Laguerre-Polynome aufzulisten, die uns ja bislang in diesem **Grundkurs: Theoretische Physik** noch nicht begegnet sind. Bezüglich der entsprechenden mathematischen Ableitungen werden wir es jedoch weitgehend bei einem Hinweis auf die Spezialliteratur der mathematischen Physik belassen müssen.

Die **gewöhnlichen Laguerre-Polynome** $L_p(z)$ sind durch

$$L_p(z) = \mathrm{e}^z \frac{\mathrm{d}^p}{\mathrm{d}z^p} \left(z^p \,\mathrm{e}^{-z}\right) ; \quad p = 0, 1, \dots \tag{6.66}$$

definiert. Man sieht diesem Ausdruck an, dass er mit der niedrigsten Potenz $p!z^0$ beginnt, wenn man die p Differentiationen am ersten Faktor z^p durchführt, und mit der höchsten Potenz $(-1)^p z^p$ endet, wenn man die Exponentialfunktion p-mal differenziert. Es handelt sich bei $L_p(z)$ also um ein Polynom vom Grad p. Äquivalent mit (6.66) ist die Darstellung durch die **erzeugende Funktion**:

$$\frac{1}{1-t} \exp\left(-z \frac{t}{1-t}\right) = \sum_{p=0}^{\infty} L_p(z) \frac{t^p}{p!} . \tag{6.67}$$

Die **zugeordneten Laguerre-Polynome** folgen aus den gewöhnlichen durch k-fache Differentiation:

$$L_p^k(z) = \frac{\mathrm{d}^k}{\mathrm{d}z^k} L_p(z) ; \quad k \leq p . \tag{6.68}$$

Man verifiziert leicht (vollständige Induktion!) mit Hilfe von (6.66):

$$L_p^k(z) = \frac{p!}{(p-k)!} \mathrm{e}^z \frac{\mathrm{d}^p}{\mathrm{d}z^p} \left(z^{p-k} \mathrm{e}^{-z}\right) . \tag{6.69}$$

Daraus folgt insbesondere unmittelbar der Spezialfall (6.58). $L_p^k(z)$ ist ein Polynom $(p-k)$-ten Grades mit ebenso vielen Nullstellen auf der positiv-reellen Achse.

Leitet man (6.67) nach t ab,

$$\frac{1}{(1-t)^2} \left(1 - \frac{z}{1-t}\right) \exp\left(-z \frac{t}{1-t}\right) = \sum_{p=1}^{\infty} L_p(z) \frac{t^{p-1}}{(p-1)!} = \sum_{p=0}^{\infty} L_{p+1}(z) \frac{t^p}{p!} ,$$

und benutzt für die linke Seite noch einmal (6.67),

$$\sum_{p=0}^{\infty} L_p(z) \frac{t^p}{p!} (1 - t - z) = \sum_{p=0}^{\infty} L_{p+1}(z) \frac{t^p}{p!} (1-t)^2 ,$$

so erhält man durch Sortieren nach Potenzen von t einen Ausdruck,

$$\sum_{p=0}^{\infty} \frac{t^p}{p!} \left[L_{p+1}(z) - (2p+1-z)\, L_p(z) + p^2\, L_{p-1}(z)\right] = 0\,,$$

der in dieser Form nur richtig sein kann, wenn jeder Summand einzeln verschwindet. Dies ergibt eine nützliche **Rekursionsformel** für die gewöhnlichen Laguerre-Polynome:

$$L_{p+1}(z) - (2p+1-z)\, L_p(z) + p^2\, L_{p-1}(z) = 0\,. \tag{6.70}$$

Eine zweite Rekursionsformel verschafft man sich leicht aus der Definitionsgleichung (6.66), wenn man diese einmal nach z ableitet:

$$\frac{\mathrm{d}}{\mathrm{d}z} L_p(z) = L_p(z) + \mathrm{e}^z \frac{\mathrm{d}^{p+1}}{\mathrm{d}z^{p+1}} \left(z^p\, \mathrm{e}^{-z}\right) = p\, \mathrm{e}^z \frac{\mathrm{d}^p}{\mathrm{d}z^p} \left(z^{p-1}\, \mathrm{e}^{-z}\right)\,.$$

Damit folgt nämlich:

$$\frac{\mathrm{d}}{\mathrm{d}z} L_p(z) - p\left(\frac{\mathrm{d}}{\mathrm{d}z} L_{p-1}(z) - L_{p-1}(z)\right) = 0\,. \tag{6.71}$$

Wir zeigen in Aufgabe 6.2.1, dass man durch Kombination der beiden Rekursionsformeln (6.70) und (6.71) die folgende *Laguerre-Differentialgleichung* erhält:

$$\left[z\frac{\mathrm{d}^2}{\mathrm{d}z^2} + (1-z)\frac{\mathrm{d}}{\mathrm{d}z} + p\right] L_p(z) = 0\,. \tag{6.72}$$

Diese Gleichung hat die Eigenart, bei einer weiteren Differentiation nach z in eine Differentialgleichung derselben Art für die Ableitung von $L_p(z)$ überzugehen mit lediglich etwas geänderten Koeffizienten:

$$\left[z\frac{\mathrm{d}^2}{\mathrm{d}z^2} + (2-z)\frac{\mathrm{d}}{\mathrm{d}z} + (p-1)\right] \frac{\mathrm{d}}{\mathrm{d}z} L_p(z) = 0\,.$$

Das Verfahren lässt sich offensichtlich beliebig fortsetzen und ergibt nach k-facher Differentiation mit (6.68) eine **Differentialgleichung für die zugeordneten Laguerre-Polynome**:

$$\left[z\frac{\mathrm{d}^2}{\mathrm{d}z^2} + (k+1-z)\frac{\mathrm{d}}{\mathrm{d}z} + (p-k)\right] L_p^k(z) = 0\,. \tag{6.73}$$

Wir wollen uns nun überlegen, dass die Bestimmungsgleichung (6.37) für das Polynom $P(\rho)$ genau vom Typ (6.73) ist. Dazu substituieren wir in (6.37)

$$\overline{\rho} = 2\rho\,\eta = 2\kappa\, r$$

und erhalten dann zunächst:

$$4\eta^2 P''(\overline{\rho}) + 4\eta P'(\overline{\rho}) \left(\frac{2\eta(l+1)}{\overline{\rho}} - \eta \right) + P(\overline{\rho}) \frac{4\eta}{\overline{\rho}} \left[1 - \eta(l+1) \right] = 0 \, .$$

Wir multiplizieren diese Gleichung mit $\overline{\rho}/4\eta^2$ und nutzen $\eta = 1/n$ aus:

$$\left[\overline{\rho} \frac{d^2}{d\overline{\rho}^2} + (2l + 2 - \overline{\rho}) \frac{d}{d\overline{\rho}} + (n - l - 1) \right] P(\overline{\rho}) = 0 \, . \qquad (6.74)$$

Diese Differentialgleichung ist nun in der Tat für $k = 2l+1$ und $p = n+l$ mit (6.73) identisch. Wir haben damit auf anderem Weg die *alte* Lösung (6.52) reproduziert:

$$P(\overline{\rho}) \sim L_{n+l}^{2l+1}(\overline{\rho}) = L_{n+l}^{2l+1}(2\kappa r) \, .$$

6.2.4 Wahrscheinlichkeiten, Erwartungswerte

Die Aufenthaltswahrscheinlichkeit des Elektrons im Volumenelement $d^3 r$ bei $\boldsymbol{r}$ ist natürlich auch im Fall des Coulomb-Potentials durch das Betragsquadrat der dem Quantenzustand n, l, m_l entsprechenden Wellenfunktion gegeben:

$$\left| \psi_{nlm_l}(\boldsymbol{r}) \right|^2 d^3 r \, .$$

Bisweilen empfiehlt es sich, eine *radiale Aufenthaltswahrscheinlichkeit* als die Wahrscheinlichkeit einzuführen, das Teilchen unabhängig vom Winkel im Abstand $r, r + dr$ vom Ursprung anzutreffen. Dazu wird über den Winkelanteil der *normalen* Wahrscheinlichkeit integriert:

$$w_{nl}(r)\, dr = r^2 \, dr \int_0^{\pi} \sin \vartheta d\vartheta \int_0^{2\pi} d\varphi \left| \psi_{nlm_l}(\boldsymbol{r}) \right|^2 = r^2 dr \left| R_{nl}(r) \right|^2 \, . \qquad (6.75)$$

Die Nullstellen der R_{nl} definieren Kugelflächen mit bestimmten Radien, auf denen die Aufenthaltswahrscheinlichkeit des Elektrons Null ist. Man spricht von *Knotenflächen.* Ihre Anzahl ist mit der radialen Quantenzahl $\mu_0 = n - l - 1$ identisch. Zwischen diesen Knotenflächen hat $w_{nl}(r)$ $n - l$ *Buckel.* Für $l = n - 1$ (maximale Nebenquantenzahl) besitzt die radiale Aufenthaltswahrscheinlichkeit keine Knoten. Nach (6.59) verhält sie sich dann wie:

$$w_{n\,n-1}(r) \sim r^{2n} \exp\left(-\frac{2Zr}{n a_B} \right) \, .$$

Abb. 6.4 Radiale Aufenthaltswahrscheinlichkeitsdichte des Elektrons im H-Atom als Funktion des Abstands vom Kern

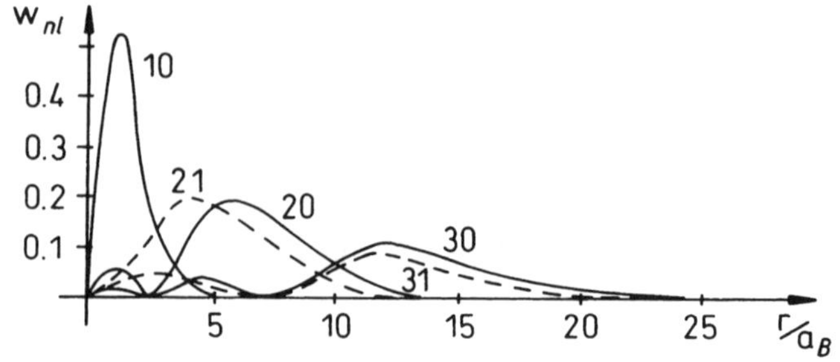

Das Maximum dieser speziellen radialen Verteilung erhalten wir durch Nullsetzen der ersten Ableitung. Es liegt bei

$$(r_{n\,n-1})_{\max} = \frac{n^2\, a_\mathrm{B}}{Z}\,, \tag{6.76}$$

wächst also quadratisch mit der Hauptquantenzahl an. Klassisch bestimmt der Bahndrehimpuls L die kleine Halbachse der Ellipsenbahnen. Maximales L führt dann zu Kreisbahnen. Wertet man (6.76) für den Grundzustand ($n = 1$, $l = 0$) des Wasserstoffatoms ($Z = 1$) aus, so ist $(r_{10})_{\max}$ mit dem Bohr'schen Radius a_B identisch. Das entspricht der semiklassischen Bohr-Theorie (Abschn. 1.5.2), nach der sich das Elektron im Grundzustand auf einer stationären Kreisbahn vom Radius a_B bewegt.

Abbildung 6.4 enthält einige *niedrig-indizierte* radiale Aufenthaltswahrscheinlichkeitsdichten. Man erkennt, dass sich die Verteilungen mit wachsendem n zu größeren r-Werten verschieben.

Als recht aufschlussreich erweisen sich die Erwartungswerte einiger Potenzen von r in den gebundenen Zuständen, definiert durch:

$$\left\langle r^k \right\rangle_{nl} = \int\limits_0^\infty \mathrm{d}r\, r^{2+k}\, \left[R_{nl}(r)\right]^2\,. \tag{6.77}$$

Wir leiten als Aufgabe 6.2.7 die in diesem Zusammenhang nützliche *Kramers-Relation* ab,

$$\frac{k+1}{n^2}\left\langle r^k \right\rangle_{nl} - (2k+1)\,\frac{a_\mathrm{B}}{Z}\left\langle r^{k-1} \right\rangle_{nl} + \frac{k}{4}\left[(2l+1)^2 - k^2\right]\frac{a_\mathrm{B}^2}{Z^2}\left\langle r^{k-2} \right\rangle_{nl} = 0\,,$$
$$k + 2l + 1 > 0\,. \tag{6.78}$$

Dieser entnimmt man, wenn man nacheinander $k = 0, 1, 2$ einsetzt:

$$\left\langle r^{-1} \right\rangle_{nl} = \frac{Z}{a_\mathrm{B}\, n^2}\,, \tag{6.79}$$

$$\langle r \rangle_{nl} = \frac{a_\mathrm{B}}{2Z}\left[3n^2 - l(l+1)\right]\,, \tag{6.80}$$

$$\left\langle r^2 \right\rangle_{nl} = \frac{n^2\, a_\mathrm{B}^2}{2Z^2}\left[5n^2 - 3l(l+1) + 1\right]\,. \tag{6.81}$$

Von besonderem Interesse sind die *Bahnradien* $\langle r\rangle_{nl}$, wobei der Begriff der *Bahn* natürlich problematisch ist, da nach (6.75) die Aufenthaltswahrscheinlichkeitsdichte $w_{nl}(r)$ des Elektrons bis auf die Knotenflächen im Prinzip im ganzen Raum von Null verschieden ist. Der mittlere Abstand $\langle r\rangle_{nl}$ des Elektrons vom Kern nimmt quadratisch mit der Hauptquantenzahl n zu, was wir bereits in der obigen $w_{nl}(r)$-Abbildung beobachten konnten. Die Abnahme proportional $1/Z$ erklärt sich aus der mit Z steigenden Anziehungskraft des Kerns. Für maximalen Drehimpuls $l = n - 1$ gilt insbesondere:

$$\langle r\rangle_{n\,n-1} = \frac{a_\mathrm{B}}{2Z}\left(2n^2 + n\right) . \tag{6.82}$$

Der Mittelwert ist also nicht identisch mit dem Maximalwert $(r_{n\,n-1})_{\max}$ in (6.76).

Als radiale Unschärfe des Teilchenortes interpretieren wir die **mittlere quadratische Schwankung** des Teilchen-Kern-Abstands:

$$\Delta r_{nl} \equiv \sqrt{\langle r^2\rangle_{nl} - \langle r\rangle_{nl}^2} .$$

Diese berechnet sich mit (6.80) und (6.81) zu:

$$\Delta r_{nl} = \frac{a_\mathrm{B}}{2Z}\sqrt{n^2\left(n^2+2\right) - l^2(l+1)^2} . \tag{6.83}$$

Die mittlere quadratische Schwankung für den Spezialfall $l = n - 1$, dem die klassischen Kreisbahnen entsprechen,

$$\Delta r_{n\,n-1} = \frac{n\,a_\mathrm{B}}{2Z}\sqrt{2n+1} ,$$

wächst zwar mit n über alle Grenzen. Die relative Schwankung wird jedoch für große n unbedeutend:

$$\frac{\Delta r_{n\,n-1}}{\langle r\rangle_{n\,n-1}} = \frac{1}{\sqrt{2n+1}} \underset{n\to\infty}{\longrightarrow} 0 . \tag{6.84}$$

Dies entspricht der Korrespondenzregel (Abschn. 1.5.3), nach der für große Quantenzahlen der klassische Bahnbegriff brauchbar werden sollte.

Mit Hilfe von (6.79) lässt sich schließlich noch eine interessante Aussage zum Erwartungswert der potentiellen Energie in den Eigenzuständen des Coulomb-Hamilton-Operators machen:

$$\langle V\rangle_{nl} = -\frac{Z e^2}{4\pi\varepsilon_0}\left\langle\frac{1}{r}\right\rangle_{nl} = -\frac{Z e^2}{4\pi\varepsilon_0}\frac{Z}{a_\mathrm{B}\,n^2} .$$

Mit den Definitionen (6.32) für den Bohr'schen Radius a_B und (6.33) für die Rydberg-Energie $\mathrm{E_R}$ folgt:

$$\langle V\rangle_{nl} = -2\frac{Z^2\,\mathrm{E_R}}{n^2} = 2E_n . \tag{6.85}$$

Für alle stationären Zustände ist demnach im Coulomb-Feld der Energieeigenwert E_n gleich dem halben Mittelwert der potentiellen Energie. Benutzt man noch $E_n = \langle H \rangle_{nl} = \langle T \rangle_{nl} + \langle V \rangle_{nl}$, so ergibt sich mit

$$\langle T \rangle_{nl} = -\frac{1}{2} \langle V \rangle_{nl} \tag{6.86}$$

das Analogon zum klassischen Virialsatz ((3.39), Bd. 1).

Wir haben bislang nur die *radiale Aufenthaltswahrscheinlichkeit* $w_{nl}(r)$ diskutiert. Interessant ist schließlich noch die Winkelverteilung der Eigenfunktionen $\psi_{nlm_l}(\boldsymbol{r})$. Analog zu (6.75) integriert man dazu die volle Aufenthaltswahrscheinlichkeitsdichte $|\psi_{nlm_l}(\boldsymbol{r})|^2$ über die radiale Komponente r:

$$\hat{w}_{lm_l}(\vartheta, \varphi)\, \mathrm{d}\Omega = \mathrm{d}\Omega \int\limits_0^\infty r^2\, \mathrm{d}r \left|\psi_{nlm_l}(\boldsymbol{r})\right|^2 = \mathrm{d}\Omega \left|Y_{lm_l}(\vartheta, \varphi)\right|^2 . \tag{6.87}$$

$\mathrm{d}\Omega = \sin\vartheta\, \mathrm{d}\vartheta\, \mathrm{d}\varphi$ ist das Raumwinkelelement. In (6.87) haben wir bereits die Normierung (6.53) der Radialfunktion $R_{nl}(r)$ ausgenutzt. Wegen (5.103) können wir auch schreiben:

$$\begin{aligned} \hat{w}_{l\,m_l}(\vartheta, \varphi) &= N_{l\,m_l} \left|P_l^{m_l}(\cos\vartheta)\right|^2 \equiv \hat{w}_{l\,m_l}(\vartheta) , \\ N_{l\,m_l} &= \frac{2l+1}{4\pi} \frac{(l-m_l)!}{(l+m_l)!} . \end{aligned} \tag{6.88}$$

Es gibt keine φ-Abhängigkeit; die Winkelverteilungen sind rotationssymmetrisch um die z-Achse! Wegen (5.104) folgt schließlich noch:

$$\hat{w}_{l\,m_l}(\vartheta) = \hat{w}_{l-m_l}(\vartheta) . \tag{6.89}$$

Zur Darstellung solcher Winkelverteilungen (Wahrscheinlichkeitsdichten) benutzt man sogenannte *Polardiagramme*, in denen die Größe $\hat{w}_{l\,m_l}$ als Radiusvektor aufgetragen wird.

Die **s-Zustände** $(l = 0,\ m_l = 0)$ sind wegen (5.108),

$$\hat{w}_{00}(\vartheta) \equiv \frac{1}{4\pi} , \tag{6.90}$$

durch Kugelsymmetrie ausgezeichnet (Abb. 6.5). Dazu gibt es keine entsprechende Bohr'sche Bahn. $l = 0$ wäre klassisch eine lineare Bewegung durch das Kraftzentrum.

Für die **p-Zustände** $(l = 1,\ m_l = 0, \pm 1)$ gilt wegen (5.109) und (5.110):

$$\hat{w}_{10}(\vartheta) = \frac{3}{4\pi} \cos^2\vartheta ; \quad \hat{w}_{1\pm 1}(\vartheta) = \frac{3}{8\pi} \sin^2\vartheta . \tag{6.91}$$

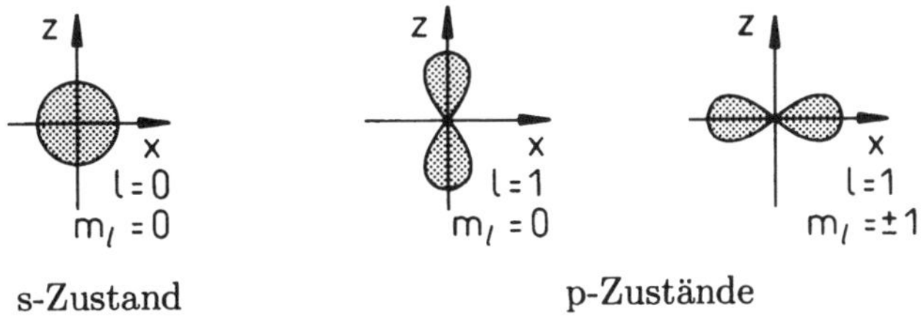

Abb. 6.5 Polardiagramme für *s*- und *p*-Zustände des Elektrons im Wasserstoffatom zur Veranschaulichung der Winkelverteilung der Aufenthaltswahrscheinlichkeit

Die Übereinstimmung mit den *Bohr'schen Bahnen* besteht hier darin, dass diese für $m_l = \pm 1$ in der xy-Ebene ($\vartheta = \pi/2$) und für $m_l = 0$ in der zy-Ebene ($\vartheta = 0$) verlaufen, also dort, wo $\hat{w}_{1\,m_l}(\vartheta)$ jeweils maximal wird (Abb. 6.5).

Für die **d-Zustände** ($l = 2$, $m_l = 0, \pm 1, \pm 2$) entnehmen wir ((5.111) bis (5.113)):

$$\hat{w}_{20}(\vartheta) = \frac{5}{16\pi}\left(3\cos^2\vartheta - 1\right)^2 , \tag{6.92}$$

$$\hat{w}_{2\,\pm 1}(\vartheta) = \frac{15}{8\pi}\sin^2\vartheta\cos^2\vartheta , \tag{6.93}$$

$$\hat{w}_{2\,\pm 2}(\vartheta) = \frac{15}{32\pi}\sin^4\vartheta . \tag{6.94}$$

Ganz generell sind die Verteilungen $\hat{w}_{l\,m_l = \pm l}(\vartheta)$ kompakt um die xy-Ebene herum konzentriert (Abb. 6.6).

Es sei zum Abschluss noch einmal daran erinnert, dass wir uns bei der Diskussion des Coulomb-Potentials bislang ausschließlich auf den Fall $E < 0$ beschränkt haben. Für $E > 0$ ergibt sich ein **kontinuierliches Energiespektrum**. Das erkennt man bereits an dem asymptotischen Verhalten (6.27) der Radialfunktion. κ ist für $E > 0$ rein imaginär, sodass die Radialfunktion $R(r) \approx \exp(\pm\mathrm{i}|\kappa|r)$ ein asymptotisch-oszillatorisches Verhalten aufweist. Da die zu lösenden Differentialgleichungen für $E > 0$ natürlich dieselben wie für $E < 0$ sind, kann man selbstverständlich auch dieselben Lösungsansätze versuchen, was allerdings zu

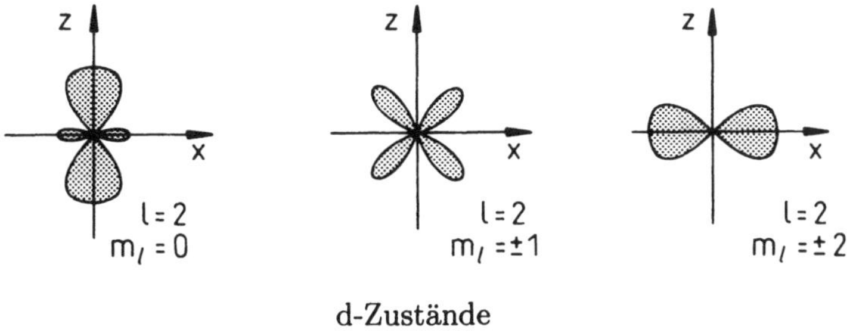

Abb. 6.6 Polardiagramme wie in Abb. 6.5, hier für *d*-Zustände

keiner Abbruchbedingung der Reihe $P(\rho)$ führen kann, da η nach (6.34) rein imaginär ist. Wir wollen diesen Aspekt hier jedoch nicht weiter verfolgen und uns mit der Feststellung begnügen, dass für $E > 0$ keine Energieauswahlkriterien existieren, das Spektrum also kontinuierlich ist.

6.2.5 Kernmitbewegung; Zwei-Körper-Problem

Bei der Diskussion der Elektronenbewegung im Coulomb-Potential haben wir bislang so getan, als ob der Kern als Kraftzentrum im Koordinatenursprung ruhe. Das ist wegen der im Vergleich zur Elektronenmasse m_e relativ großen Kernmasse $m_K \approx 1836\, m_e$ sicher eine vertretbare Approximation, exakt ist sie natürlich nicht. Das wasserstoffähnliche Atom stellt wie die Planetenbewegung der Klassischen Mechanik eigentlich ein Zwei-Körper-Problem dar. Wie man **Mehr-Teilchen-Systeme** behandelt, beschreiben wir in Kap. 8 und dann insbesondere in Band 7 dieses **Grundkurs: Theoretische Physik**. Wir wollen die Problematik aber bereits jetzt an dem hier vorliegenden, relativ einfachen Zwei-Teilchen-Problem ein wenig aufbereiten. Der *volle* Hamilton-Operator des wasserstoffähnlichen Teilchens lautet:

$$H = \frac{\boldsymbol{p}_K^2}{2m_K} + \frac{\boldsymbol{p}_e^2}{2m_e} + V(\boldsymbol{r}_K, \boldsymbol{r}_e) \ . \tag{6.95}$$

Die Indizes *K* und *e* beziehen sich auf den Kern bzw. das Elektron. V ist das lediglich abstandsabhängige Coulomb-Potential:

$$V(\boldsymbol{r}_K, \boldsymbol{r}_e) \equiv V(|\boldsymbol{r}_K - \boldsymbol{r}_e|) = -\frac{Z e^2}{4\pi\,\varepsilon_0\,|\boldsymbol{r}_K - \boldsymbol{r}_e|} \ . \tag{6.96}$$

Wenn wir wie bisher jedwede Spin-Bahn-Beeinflussung vernachlässigen, dann können wir auch jetzt davon ausgehen, dass die Spinanteile der resultierenden Wellenfunktion absepararierbar sind. Es genügt also, die Bahnbewegung zu diskutieren. In der Ortsdarstellung ergibt sich dann die folgende zeitunabhängige Schrödinger-Gleichung:

$$\left(-\frac{\hbar^2}{2m_K}\Delta_K - \frac{\hbar^2}{2m_e}\Delta_e - \frac{Z e^2}{4\pi\,\varepsilon_0\,|\boldsymbol{r}_K - \boldsymbol{r}_e|}\right)\psi(\boldsymbol{r}_K, \boldsymbol{r}_e) = E\,\psi(\boldsymbol{r}_K, \boldsymbol{r}_e) \ . \tag{6.97}$$

Die Wellenfunktion wird natürlich auf jeden Fall von den Koordinaten beider Teilchen abhängen, sodass das zu lösende Eigenwertproblem doch recht kompliziert aussieht. In der Klassischen Mechanik konnten wird das analoge Problem recht elegant durch Einführung von *Relativ-* und *Schwerpunktkoordinaten* lösen ((3.41) und (3.42), Bd. 1). Es liegt also nahe, hier dasselbe zu versuchen:

$$\begin{aligned} \boldsymbol{R} &= \frac{1}{M}\left(m_K\,\boldsymbol{r}_K + m_e\,\boldsymbol{r}_e\right) \equiv (X, Y, Z) \ , \\ \boldsymbol{r} &= \boldsymbol{r}_K - \boldsymbol{r}_e \equiv (x, y, z) \ . \end{aligned} \tag{6.98}$$

Mit

$$M = m_K + m_e$$

ist die Gesamtmasse gemeint. Wir erkennen, dass das Potential V (6.96) nur von der Relativkoordinate $\boldsymbol{r}$ abhängt. Mit der Auflösung von (6.98) nach $\boldsymbol{r}_K$ und $\boldsymbol{r}_e$,

$$\boldsymbol{r}_K = \boldsymbol{R} + \frac{m_e}{M}\boldsymbol{r}\,; \quad \boldsymbol{r}_e = \boldsymbol{R} - \frac{m_K}{M}\boldsymbol{r}\,, \tag{6.99}$$

lässt sich die Wellenfunktion ψ in den Koordinaten $\boldsymbol{r}$ und $\boldsymbol{R}$ formulieren:

$$\psi(\boldsymbol{r}_K, \boldsymbol{r}_e) = \psi\left[\boldsymbol{r}_K(\boldsymbol{r}, \boldsymbol{R}), \boldsymbol{r}_e(\boldsymbol{r}, \boldsymbol{R})\right] \equiv \widehat{\psi}(\boldsymbol{r}, \boldsymbol{R})\,.$$

Das ist natürlich nur dann sinnvoll, wenn wir auch die Laplace-Operatoren in (6.97),

$$\Delta_{K,e} = \frac{\partial^2}{\partial x^2_{K,e}} + \frac{\partial^2}{\partial y^2_{K,e}} + \frac{\partial^2}{\partial z^2_{K,e}}\,,$$

auf den neuen Koordinatensatz transformieren. Wir können dazu die bekannten Regeln der Variablentransformation (Bd. 1) verwenden oder aber in dem hier vorliegenden einfachen Fall die Transformation einfach schrittweise durchführen: Mit Hilfe der Kettenregel erhalten wir z. B.:

$$\frac{\partial}{\partial x_e} = \frac{\partial X}{\partial x_e}\frac{\partial}{\partial X} + \frac{\partial x}{\partial x_e}\frac{\partial}{\partial x} = \frac{m_e}{M}\frac{\partial}{\partial X} - \frac{\partial}{\partial x}\,.$$

Dies führt im nächsten Schritt zu

$$\begin{aligned}\frac{\partial^2}{\partial x_e^2} &= \frac{m_e}{M}\left(\frac{\partial X}{\partial x_e}\frac{\partial^2}{\partial X^2} + \frac{\partial x}{\partial x_e}\frac{\partial^2}{\partial x\,\partial X}\right) - \frac{\partial X}{\partial x_e}\frac{\partial^2}{\partial X\,\partial x} - \frac{\partial x}{\partial x_e}\frac{\partial^2}{\partial x^2}\\ &= \frac{m_e^2}{M^2}\frac{\partial^2}{\partial X^2} - 2\frac{m_e}{M}\frac{\partial^2}{\partial X\,\partial x} + \frac{\partial^2}{\partial x^2}\,.\end{aligned}$$

Analoge Ausdrücke ergeben sich für die beiden anderen Komponenten, sodass insgesamt folgt:

$$\Delta_e = \frac{m_e^2}{M^2}\Delta_R - 2\frac{m_e}{M}\left(\nabla_r \cdot \nabla_R\right) + \Delta_r\,. \tag{6.100}$$

In gleicher Weise finden wir Δ_K:

$$\Delta_K = \frac{m_K^2}{M^2}\Delta_R + 2\frac{m_K}{M}\left(\nabla_r \cdot \nabla_R\right) + \Delta_r\,. \tag{6.101}$$

Dabei sind Δ_R und Δ_r die auf die Schwerpunkt- bzw. Relativkoordinate wirkenden Laplace-Operatoren und ∇_R, ∇_r die entsprechenden Gradienten. Beim Einsetzen von (6.100) und (6.101) in die Schrödinger-Gleichung (6.97) fallen die *gemischten* Terme heraus:

$$\left(-\frac{\hbar^2}{2M}\Delta_R - \frac{\hbar^2}{2\mu}\Delta_r - \frac{Z\,e^2}{4\pi\,\varepsilon_0 r}\right)\widehat{\psi}(\boldsymbol{r}, \boldsymbol{R}) = E\,\widehat{\psi}(\boldsymbol{r}, \boldsymbol{R})\,. \tag{6.102}$$

μ ist die *reduzierte Masse*:

$$\mu = \frac{m_K\, m_e}{m_K + m_e} \,. \tag{6.103}$$

Gleichung (6.102) entspricht einem Hamilton-Operator der Form:

$$H = \frac{\boldsymbol{P}^2}{2M} + \frac{\boldsymbol{p}^2}{2\mu} + V(r) \,, \tag{6.104}$$

$$\boldsymbol{P} = M\dot{\boldsymbol{R}} \,, \quad \boldsymbol{p} = \mu\dot{\boldsymbol{r}} \,. \tag{6.105}$$

Es ist recht einfach zu zeigen (Aufgabe 6.2.10), dass die Komponenten von $\boldsymbol{P}$ und $\boldsymbol{R}$ sowie die von $\boldsymbol{p}$ und $\boldsymbol{r}$ in der Tat kanonisch konjugierte Variable sind, was letztlich erst die Ortsdarstellung (6.102) rechtfertigt.

Da die auf die Koordinaten $\boldsymbol{r}$ und $\boldsymbol{R}$ wirkenden Differentialoperatoren nicht *mischen*, sondern additiv in die Schrödinger-Gleichung (6.102) eingehen, bietet sich für $\widehat{\psi}$ ein **Separationsansatz** an:

$$\widehat{\psi}(\boldsymbol{r},\boldsymbol{R}) = \chi(\boldsymbol{R})\,\varphi(\boldsymbol{r}) \,. \tag{6.106}$$

Setzt man diesen in (6.102) ein und multipliziert *von links* mit $\widehat{\psi}^{-1}$, so ergibt sich:

$$\frac{1}{\chi(\boldsymbol{R})}\left(-\frac{\hbar^2}{2M}\,\Delta_R\,\chi(\boldsymbol{R})\right) = -\frac{1}{\varphi(\boldsymbol{r})}\left(-\frac{\hbar^2}{2\mu}\,\Delta_r + V(r)\right)\varphi(\boldsymbol{r}) + E \,.$$

Die linke Seite hängt nur von $\boldsymbol{R}$, die rechte nur von $\boldsymbol{r}$ ab. Die schon mehrfach verwendete Schlussfolgerung muß deshalb sein, dass beide Seiten für sich bereits konstant sind:

$$-\frac{\hbar^2}{2M}\,\Delta_R\,\chi(\boldsymbol{R}) = \lambda\,\chi(\boldsymbol{R}) \,, \tag{6.107}$$

$$\left(-\frac{\hbar^2}{2\mu}\,\Delta_r + V(r)\right)\varphi(\boldsymbol{r}) = (E-\lambda)\,\varphi(\boldsymbol{r}) \,. \tag{6.108}$$

Schwerpunkt- und Relativbewegung sind damit vollständig entkoppelt. Die entsprechenden Eigenwertprobleme haben wir zudem bereits gelöst. Besonders einfach ist die Schwerpunktbewegung:

$$\lambda = \frac{\hbar^2\boldsymbol{K}^2}{2M} \,; \qquad \chi(\boldsymbol{R}) = \exp(i\boldsymbol{K}\cdot\boldsymbol{R}) \,. \tag{6.109}$$

Die Wellenzahl $\boldsymbol{K}$ ist über $\hbar\boldsymbol{K} = \boldsymbol{P}$ mit dem Schwerpunktimpuls verknüpft. Die Schwerpunktbewegung entspricht also der eines *freien* Teilchens.

Das verbleibende, effektive Ein-Teilchen-Problem (6.108) beinhaltet die Bewegung eines Teilchens der Ladung $(-e)$ und der **Masse** μ im Coulomb-Feld eines **raumfesten** Kerns der Ladung $(+Z\,e)$, wobei der Ortsvektor des Teilchens durch die Relativkoordinate $\boldsymbol{r}$ gegeben ist. Das Eigenwertproblem haben wir aber gerade in den vorangegangenen Abschnitten vollständig gelöst. Wir können deshalb sämtliche Ergebnisse übernehmen, haben lediglich überall die Elektronenmasse m_e durch die reduzierte Masse μ zu ersetzen. Wir erhalten somit als Eigenenergien:

$$E_n = \frac{\hbar^2 \boldsymbol{K}^2}{2M} + \widehat{E}_n \,. \tag{6.110}$$

Mit $\widehat{E}_n$ sind die Energien (6.43) gemeint, wobei in der Rydberg-Energie E_R durch μ substituiert wird:

$$\widehat{E}_n = -\frac{Z^2\,\widehat{E}_R}{n^2}\,; \qquad n = 1, 2, 3, \ldots\,, \tag{6.111}$$

$$\widehat{E}_R = \frac{\mu\, e^4}{2\hbar^2\,(4\pi\,\varepsilon_0)^2}\,. \tag{6.112}$$

Die hier behandelte *Mitbewegungskorrektur* ist natürlich kein typisch quantenmechanischer Effekt. Wir haben bereits in Kap. 1 die Rydberg-Konstante im Rahmen der semiklassischen Bohr-Theorie korrigiert (1.125) und darauf hingewiesen, dass über diese Korrektur letztlich der *schwere Wasserstoff* Deuterium entdeckt wurde. Wegen $m_K \approx 1836\, m_e$ ist μ beim Wasserstoff natürlich nur unwesentlich von m_e verschieden. Dies ändert sich allerdings gewaltig, wenn die Massen der beiden Wechselwirkungspartner von derselben Größenordnung sind.

Es versteht sich von selbst, dass die in diesem Abschnitt präsentierte einfache Entkopplung eines Zwei-Teilchen-Problems in zwei effektive Ein-Teilchen-Probleme nicht immer so glatt vollzogen werden kann. Wir werden deshalb entsprechende Überlegungen in Kap. 8 noch einmal aufzugreifen und zu vertiefen haben.

6.2.6 Aufgaben

Aufgabe 6.2.1

Leiten Sie mit Hilfe der Rekursionsformeln (6.70) und (6.71) für die gewöhnlichen Laguerre-Polynome $L_p(z)$ die Laguerre-Differentialgleichung (6.72) ab.

Aufgabe 6.2.2

Berechnen Sie die Eigenenergien im Zentralpotential

$$V(r) = -\frac{Z\,e^2}{4\pi\,\varepsilon_0 r} + \frac{\hat{c}}{r^2}\,; \qquad \hat{c} = \frac{\hbar^2}{2m_e}\,c\,.$$

Dabei soll der zweite Summand eine schwache Korrektur zum eigentlichen Coulomb-Potential darstellen ($c \ll 1$). Zeigen Sie, dass dieser Zusatzterm die *zufällige* Entartung des Coulomb-Potentials bezüglich der Nebenquantenzahl l aufhebt.

Aufgabe 6.2.3

Das Elektron im H-Atom befinde sich in dem Eigenzustand $|n\, l\, m_l\, m_s\rangle$ mit dem Energieeigenwert E_n.

1. Wie ändern sich Eigenzustand und Eigenwert, wenn man ein konstantes Magnetfeld $\boldsymbol{B}$ in z-Richtung anlegt? Spin-Bahn-Wechselwirkung und diamagnetische Anteile sollen unberücksichtigt bleiben.
2. Wie hoch sind die Entartungsgrade vor und nach dem Einschalten des Feldes?

Aufgabe 6.2.4

Es sei

$$\psi(r, \vartheta, \varphi) = \alpha\, r \exp\left(-\frac{r}{2a_B}\right) Y_{11}(\vartheta, \varphi)\,.$$

Zeigen Sie durch direktes Lösen der zeitunabhängigen Schrödinger-Gleichung, dass $\psi(r, \vartheta, \varphi)$ Eigenfunktion für das (spinlose) Elektron im Wasserstoffatom ist. Geben Sie den zugehörigen Energieeigenwert an. Durch welche Quantenzahlen ist der Zustand des Elektrons gekennzeichnet?

$$a_B = \frac{4\pi\, \varepsilon_0\, \hbar^2}{m_e\, e^2} \qquad \textit{(Bohr'scher Radius)}\,.$$

Aufgabe 6.2.5

Das Elektron (Masse m, Ladung $-e$) des Wasserstoffatoms befinde sich in dem Eigenzustand $\psi_{nlm_l}(\boldsymbol{r})$.

1. Berechnen Sie die durch das Elektron bewirkte Stromdichte. (Der Spin des Elektrons kann unberücksichtigt bleiben!)
2. Bestimmen Sie das durch diesen Strom bewirkte magnetische Moment!

Aufgabe 6.2.6

Das Elektron im Wasserstoffatom befinde sich in dem durch die Wellenfunktion

$$\psi(\boldsymbol{r}) = \frac{1}{5}\left(3\psi_{100}(\boldsymbol{r}) - 2\psi_{211}(\boldsymbol{r}) + \sqrt{12}\psi_{21-1}(\boldsymbol{r})\right)$$

beschriebenen Zustand. Berechnen Sie den Erwartungswert der Energie in Einheiten der Rydberg-Energie E_R und die Erwartungswerte von $\boldsymbol{L}^2$ und L_z. ($\psi_{nlm_l}(\boldsymbol{r})$: Wasserstoffeigenfunktionen)

Aufgabe 6.2.7

Beweisen Sie die Kramers-Relation (6.78):

$$\frac{k+1}{n^2}\left\langle r^k\right\rangle_{nl} - (2k+1)\,\frac{a_\mathrm{B}}{Z}\left\langle r^{k-1}\right\rangle_{nl} + \frac{k}{4}\left[(2l+1)^2 - k^2\right]\left(\frac{a_\mathrm{B}}{Z}\right)^2\left\langle r^{k-2}\right\rangle_{nl} = 0$$

$$(2l + k + 1 > 0)\,.$$

Es empfiehlt sich, von der Radialgleichung (6.35) auszugehen, diese mit

$$\left[\rho^{k+1}\,u'(\rho) - \frac{1}{2}\,(k+1)\,\rho^k\,u(\rho)\right]$$

zu multiplizieren und von 0 bis ∞ über ρ zu integrieren!

Aufgabe 6.2.8

Betrachten Sie das Elektron im Wasserstoffatom ohne Berücksichtigung des Spins und der relativistischen Korrekturen. Man berechne für den Grundzustand:

1. den wahrscheinlichsten Wert für den Elektronenabstand vom Kern,
2. den Erwartungswert und die mittlere quadratische Schwankung dieses Abstands,
3. die Wahrscheinlichkeit, das Elektron im Abstand $r > a_B$ anzutreffen,
4. den wahrscheinlichsten Wert für den Impulsbetrag.

Aufgabe 6.2.9

Ein Teilchen der Ladung q befinde sich in einem Zentralpotential $V(r)$. Der Operator des elektrischen Dipolmoments ist definiert durch

$$\hat{p} = qz = qr\cos\vartheta \; .$$

$\psi_{nlm_l}(\boldsymbol{r}) = R_{nl}(r)\,Y_{lm_l}(\vartheta, \varphi)$ seien die Eigenzustände des Hamilton-Operators.

1. Zeigen Sie:
$$\int d^3r\, \psi^*_{nlm_l}(\boldsymbol{r}) \cdot \hat{p} \cdot \psi_{nlm_l}(\boldsymbol{r}) = 0 \; .$$

2. Für welche Paare $l'm'_l$; l, m_l ist das Matrixelement
$$\int d^3r\, \psi_{nl'm'_l}(\boldsymbol{r}) \cdot \hat{p} \cdot \psi_{nlm_l}(\boldsymbol{r})$$
von Null verschieden? Welche Bedeutung haben diese Übergänge? Benutzen Sie die Rekursionsformel für die zugeordneten Legendre-Polynome:
$$(2l+1)\, z\, P_l^{m_l}(z) = (l+1-m_l)\; P_{l+1}^{m_l}(z) + (l+m_l)\; P_{l-1}^{m_l}(z)$$
$$(0 \le m_l \le l-1) \; .$$

3. Konstruieren Sie mit den bekannten Eigenfunktionen des Wasserstoffatoms einen Eigenzustand zu $n = 2$, für den der Erwartungswert von $\hat{p}$ **nicht** verschwindet (Widerspruch zu 1)?) und berechnen Sie diesen.

Aufgabe 6.2.10

Zeigen Sie, dass der Relativimpuls (6.105) des Zwei-Körper-Problems (Abschn. 6.2.5),

$$\boldsymbol{p} = \mu\,\dot{\boldsymbol{r}} \; ; \qquad \mu = \left(\frac{1}{m_1} + \frac{1}{m_2}\right)^{-1} ,$$

und die Relativkoordinate,

$$\boldsymbol{r} = \boldsymbol{r}_1 - \boldsymbol{r}_2 \, ,$$

kanonisch konjugierte Variable sind. Demonstrieren Sie dasselbe für die Schwerpunktkoordinate $\boldsymbol{R}$ (6.98) und den Schwerpunktimpuls $\boldsymbol{P} = M\dot{\boldsymbol{R}}$ (6.105).

Aufgabe 6.2.11

1. Berechnen Sie für den Hamilton-Operator des Elektrons im Wasserstoffatom den Kommutator
$$\frac{\mathrm{i}}{\hbar}\,[H, \boldsymbol{r}\cdot\boldsymbol{p}]_- \;!$$
2. $\langle T\rangle = \langle\psi|T|\psi\rangle$ und $\langle V\rangle = \langle\psi|V|\psi\rangle$ seien die Erwartungswerte der kinetischen Energie T und der potentiellen Energie V in einem Eigenzustand $|\psi\rangle$ des Wasserstoffatoms. Begründen Sie mit 1. das sogenannte „Virialtheorem"
$$2\langle T\rangle + \langle V\rangle = 0\,.$$
Geben Sie $\langle T\rangle$ und $\langle V\rangle$ explizit an!
3. Wie lautet das Virialtheorem für den sphärischen harmonischen Oszillator?

6.3 Kugelsymmetrischer Potentialtopf

6.3.1 Radialgleichung

Als ein weiteres Beispiel für ein Zentralpotential untersuchen wir nun den sphärisch symmetrischen Potentialtopf:

$$V(r) = \begin{cases} -V_0 & \text{für } r \le a\,, \\ 0 & \text{für } r > a\,. \end{cases} \tag{6.113}$$

Das eindimensionale Analogon haben wir in Abschn. 4.2 ausführlich besprochen. Der Potentialtopf ist ein einfaches Modell für kurzreichweitige, anziehende Kräfte, wie zum Beispiel Kernkräfte.

Wir haben für die Lösung dieses Problems natürlich bereits viel Vorarbeit geleistet. So können wir direkt von der allgemeinen Radialgleichung (6.17) ausgehen, die für jedes Zentralpotential gilt:

$$\left\{-\frac{\hbar^2}{2m}\left(\frac{\mathrm{d}^2}{\mathrm{d}r^2} + \frac{2}{r}\frac{\mathrm{d}}{\mathrm{d}r} - \frac{l(l+1)}{r^2}\right) + V(r) - E\right\} R(r) = 0\,.$$

Das Potential ist stückweise konstant. Es ist deshalb

$$k^2 = \frac{2m}{\hbar^2}\,(E - V(r))$$

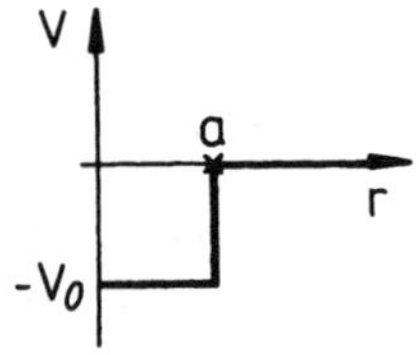

Abb. 6.7 Radialer Verlauf des kugelsymmetrischen Potentialtopfes

im Prinzip ebenfalls eine Konstante. Die Ortsabhängigkeit betrifft nur die Unstetigkeitsstelle bei $r = a$. Mit Ausnahme dieses Punktes können wir deshalb in der Radialgleichung $z = k\,r$ substituieren:

$$\left[\frac{\mathrm{d}^2}{\mathrm{d}z^2} + \frac{2}{z}\frac{\mathrm{d}}{\mathrm{d}z} - \frac{l(l+1)}{z^2} + 1\right] R(z) = 0\,. \tag{6.114}$$

Wir sind damit erneut auf eine Differentialgleichung gestoßen, die in der Lehrbuchliteratur zur mathematischen Physik ausführlich diskutiert wird, deren Lösungen deshalb wohlbekannt sind. Es handelt sich um die **Bessel'sche Differentialgleichung**, mit der wir uns im nächsten Abschnitt erst noch ein wenig vertraut machen wollen.

Die explizite Lösung des Problems wird dann später genauso erfolgen wie beim eindimensionalen Potentialtopf in Abschn. 4.2. Wir werden zunächst nach allgemeinen Lösungen in den Bereichen $0 \le r < a$ und $r > a$ suchen, dabei insbesondere das Verhalten für $r \to 0$ und $r \to \infty$ in Betracht ziehen und anschließend die Teillösungen über Stetigkeitsforderungen an die Wellenfunktion und ihre Ableitung passend *aneinanderstückeln*.

6.3.2 Bessel-Funktionen

Wir diskutieren einige Teilaspekte der Differentialgleichung (6.114), natürlich zweckgerichtet auf das, was für die folgenden physikalischen Betrachtungen von Bedeutung sein könnte. Wir präsentieren diese Diskussion in Form einer Liste:

1) *Wendepunkt*

Setzen wir $u(z) = z\,R(z)$, so gilt:

$$u''(z) = 2R'(z) + z\,R''(z)\,.$$

Damit wird aus (6.114):

$$u''(z) + \left(1 - \frac{l(l+1)}{z^2}\right) u(z) = 0\,. \tag{6.115}$$

Dies bedeutet aber, dass $u(z) = z\,R(z)$ bei $z = \sqrt{l(l+1)}$ einen Wendepunkt aufweist.

2) *Spezialfall:* $l = 0$

In diesem Fall lässt sich (6.115) leicht lösen:

$$u_0''(z) + u_0(z) = 0 \Rightarrow u_0(z) \sim \sin z, \cos z\,.$$

Für die Radialfunktion bedeutet das:

$$R_0(z) \sim \frac{\sin z}{z}\,; \quad R_0(z) \sim \frac{\cos z}{z}\,. \tag{6.116}$$

Die erste Lösung ist im Ursprung ($z \to 0$) regulär, die zweite divergiert dort.

3) *Explizite Lösung*

Wir wollen im folgenden die Lösungen der Bessel'schen Differentialgleichung (6.114) durch eine Rekursionsformel auf $R_0(z)$ zurückführen. Dabei hilft der folgende Ansatz:

$$R_l(z) = z^l f_l(z)\,. \tag{6.117}$$

Mit

$$\frac{2}{z}\frac{d}{dz}R_l(z) = z^l\left(\frac{2l}{z^2}f_l(z) + \frac{2}{z}\frac{d}{dz}f_l(z)\right),$$
$$\frac{d^2}{dz^2}R_l(z) = z^l\left(\frac{l(l-1)}{z^2}f_l(z) + \frac{2l}{z}\frac{d}{dz}f_l(z) + \frac{d^2}{dz^2}f_l(z)\right)$$

können wir (6.114) zunächst in eine Differentialgleichung für $f_l(z)$ umschreiben:

$$\left[\frac{d^2}{dz^2} + \frac{2(l+1)}{z}\frac{d}{dz} + 1\right]f_l(z) = 0\,. \tag{6.118}$$

Um zu einer Rekursionsformel zu kommen, leiten wir (6.118) noch einmal nach z ab:

$$\left[\frac{d^3}{dz^3} + \frac{2(l+1)}{z}\frac{d^2}{dz^2} + \left(1 - \frac{2(l+1)}{z^2}\right)\frac{d}{dz}\right]f_l(z) = 0\,.$$

Wenn wir in diese Gleichung

$$\frac{d}{dz}f_l(z) = z\,g(z)$$

einsetzen, dann kommen wir schließlich zu einer Differentialgleichung für $g(z)$:

$$\left[\frac{d^2}{dz^2} + \frac{2(l+2)}{z}\frac{d}{dz} + 1\right]g(z) = 0\,.$$

Vergleichen wir diese mit (6.118), so erkennen wir, dass $g(z)$ proportional zu $f_{l+1}(z)$ sein muss:

$$g(z) = \frac{1}{z}\frac{\mathrm{d}}{\mathrm{d}z} f_l(z) \sim f_{l+1}(z) \,.$$

Dies lässt sich iterieren und führt dann zu:

$$f_l(z) \sim \left(\frac{1}{z}\frac{\mathrm{d}}{\mathrm{d}z}\right)^l f_0(z) \,.$$

$f_0(z)$ ist aber nach (6.117) mit $R_0(z)$ identisch und damit bekannt. Es gibt einen im Ursprung regulären und einen dort irregulären Ausdruck. Mit (6.117) erhalten wir somit für die Radialfunktion die beiden speziellen Lösungen:

$$j_l(z) = (-z)^l \left(\frac{1}{z}\frac{\mathrm{d}}{\mathrm{d}z}\right)^l \frac{\sin z}{z} : \quad \textbf{sphärische Bessel-Funktion} \,, \tag{6.119}$$

$$n_l(z) = -(-z)^l \left(\frac{1}{z}\frac{\mathrm{d}}{\mathrm{d}z}\right)^l \frac{\cos z}{z} : \quad \textbf{sphärische Neumann-Funktion} \,. \tag{6.120}$$

Die Vorzeichenfaktoren sind natürlich willkürlich. Sie entsprechen üblicher Konvention. Die Bessel-Funktionen $j_l(z)$ sind im Ursprung regulär, die Neumann-Funktionen $n_l(z)$ dagegen nicht. Es handelt sich um linear unabhängige Funktionensätze. Die allgemeine Lösung der Radialgleichung (6.114) lautet deshalb:

$$R_l(z) = a_l j_l(z) + b_l n_l(z) \,. \tag{6.121}$$

Die Koeffizienten a_l, b_l müssen über Randbedingungen festgelegt werden.

4) *Verhalten für* $z \to 0$

Wir wollen die Lösungen (6.119) und (6.120) noch etwas genauer analysieren. Wichtig ist das Verhalten im Ursprung, das man am einfachsten mit Hilfe der Reihenentwicklungen der trigonometrischen Funktionen untersucht:

$$\frac{\sin z}{z} = \sum_{s=0}^{\infty} (-1)^s \frac{z^{2s}}{(2s+1)!} \,,$$

$$\frac{\cos z}{z} = \sum_{s=0}^{\infty} (-1)^s \frac{z^{2s-1}}{(2s)!} \,.$$

Auf diese Ausdrücke wenden wir den Operator $((1/z)\,(\mathrm{d}/\mathrm{d}z))^l$ an und sortieren den in der Grenze $z \to 0$ dominanten Term aus:

$$\left(\frac{1}{z}\frac{\mathrm{d}}{\mathrm{d}z}\right)^l \frac{\sin z}{z} = \sum_{s=0}^{\infty} (-1)^s \frac{2s(2s-2)\cdots(2s-2l+2)}{(2s+1)!} z^{2s-2l}$$

$$\underset{z\to 0}{\longrightarrow} (-1)^l \frac{2l(2l-2)\cdots 2}{(2l+1)!} + 0\left(z^2\right) \,,$$

$$\left(\frac{1}{z}\frac{\mathrm{d}}{\mathrm{d}z}\right)^l \frac{\cos z}{z} = \sum_{s=0}^{\infty}(-1)^s \frac{(2s-1)(2s-3)\cdots[2s-(2l-1)]}{(2s)!} z^{2s-(2l+1)}$$
$$\underset{z\to 0}{\longrightarrow} (-1)^l (2l-1)(2l-3)\cdots 1\cdot z^{-(2l+1)}\left(1+0\left(z^2\right)\right) .$$

In diesem letzten Ausdruck haben wir den für $z \to 0$ divergentesten Summanden $(s = 0)$ herausgenommen. Mit der Definition der sogenannten *Doppelfakultät*,

$$(2l+1)!! = 1\cdot 3\cdot 5\cdots(2l+1) , \tag{6.122}$$

ergeben sich somit die folgenden asymptotischen Verhaltensweisen für die Lösungen (6.119) und (6.120):

$$j_l(z) \underset{z\to 0}{\longrightarrow} \frac{z^l}{(2l+1)!!}\left(1+0\left(z^2\right)\right) , \tag{6.123}$$

$$n_l(z) \underset{z\to 0}{\longrightarrow} -\frac{(2l+1)!!}{(2l+1)z^{l+1}}\left(1+0\left(z^2\right)\right) . \tag{6.124}$$

Indem man die nächsten Glieder der obigen Entwicklung berücksichtigt, können diese Formeln natürlich unschwer auf höhere Genauigkeit erweitert werden.

5) *Verhalten für $z \to \infty$*

Für $z \to \infty$ dominieren diejenigen Terme in $j_l(z)$ bzw. $n_l(z)$, bei denen sich alle l Differentiationen auf den Sinus bzw. den Kosinus konzentrieren. Wegen

$$\cos z = -\sin\left(z - \frac{\pi}{2}\right)$$

können wir abschätzen,

$$\left(\frac{1}{z}\frac{\mathrm{d}}{\mathrm{d}z}\right)^l \frac{\sin z}{z} \underset{z\to\infty}{\longrightarrow} (-1)^l \frac{\sin(z-(l\pi/2))}{z^{l+1}} ,$$

und wegen

$$\sin z = \cos\left(z - \frac{\pi}{2}\right)$$

ergibt sich:

$$\left(\frac{1}{z}\frac{\mathrm{d}}{\mathrm{d}z}\right)^l \frac{\cos z}{z} \underset{z\to\infty}{\longrightarrow} (-1)^l \frac{\cos(z-(l\pi/2))}{z^{l+1}} .$$

Die Bessel- und die Neumann-Funktionen zeigen also das folgende asymptotische Verhalten:

$$j_l(z) \underset{z\to\infty}{\longrightarrow} \frac{1}{z}\sin\left(z - \frac{l\pi}{2}\right) , \tag{6.125}$$

$$n_l(z) \underset{z\to\infty}{\longrightarrow} -\frac{1}{z}\cos\left(z - \frac{l\pi}{2}\right) . \tag{6.126}$$

Abb. 6.8 Qualitativer Verlauf der sphärischen Bessel-Funktion für $l > 0$

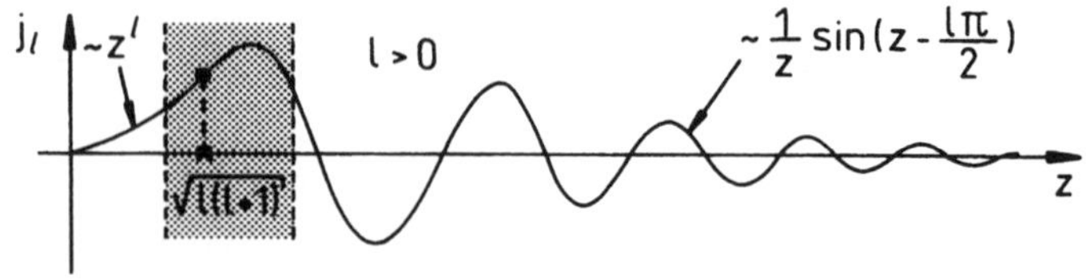

6) *Beispiele*

Für die sphärische Bessel-Funktion erwarten wir nunmehr den in Abb. 6.8 skizzierten qualitativen Verlauf. Nur im Bereich des Wendepunktes $z = \sqrt{l(l+1)}$ von $z\,j_l(z)$ treten wesentliche Abweichungen vom asymptotischen Verhalten auf. Bereits für $z > 2l$ kann (6.125) für $j_l(z)$ ohne nennenswerten Fehler verwendet werden, was sich für Abschätzungen als vorteilhaft erweist. Die $l = 0$-Bessel-Funktion fällt im Bereich kleiner z aus dem Rahmen. Sie startet für $z = 0$ bei dem Wert 1.

Die folgenden Beispiele für sphärische Bessel- und Neumann-Funktionen leiten sich direkt aus (6.119) und (6.120) ab:

$$\begin{aligned}
j_0(z) &= \frac{\sin z}{z}\,, \\
n_0(z) &= -\frac{\cos z}{z}\,, \\
j_1(z) &= \frac{\sin z}{z^2} - \frac{\cos z}{z}\,, \\
n_1(z) &= -\frac{\cos z}{z^2} - \frac{\sin z}{z}\,, \\
j_2(z) &= \left(\frac{3}{z^3} - \frac{1}{z}\right)\sin z - \frac{3}{z^2}\cos z\,, \\
n_2(z) &= -\left(\frac{3}{z^3} - \frac{1}{z}\right)\cos z - \frac{3}{z^2}\sin z\,.
\end{aligned}$$

7) *Hankel-Funktionen*

Ein anderes Fundamentalsystem für die Lösung der Bessel'schen Differentialgleichung (6.114) stellen die *Hankel-Funktionen 1. und 2. Art* dar, die wie folgt definiert sind:

$$h_l^{(\pm)}(z) = j_l(z) \pm \mathrm{i}\, n_l(z) = \mp \mathrm{i}\,(-z)^l \left(\frac{1}{z}\frac{\mathrm{d}}{\mathrm{d}z}\right)^l \frac{\mathrm{e}^{\pm \mathrm{i}z}}{z}\,. \tag{6.127}$$

Statt (6.121) können wir für die Lösung von (6.114) ebenso gut ansetzen:

$$R_l(z) = \alpha_l^{(+)}\, h_l^{(+)}(z) + \alpha_l^{(-)}\, h_l^{(-)}(z)\,. \tag{6.128}$$

Die konkrete Wahl des Ansatzes, (6.121) oder (6.128), wird natürlich durch die zu erfüllenden Randbedingungen nach Zweckmäßigkeit entschieden.

Das Verhalten der Hankel-Funktionen für $z \to 0$ entspricht dem der Neumann-Funktionen, sie divergieren im Ursprung. Für große z gilt andererseits:

$$h_l^{(\pm)}(z) \underset{z \to \infty}{\longrightarrow} \mp \mathrm{i} \frac{1}{z} \mathrm{e}^{\pm \mathrm{i}(z-(l\pi/2))} . \tag{6.129}$$

Wir geben noch einige Beispiele an:

$$h_0^{(+)}(z) = -\frac{\mathrm{i}}{z} \mathrm{e}^{\mathrm{i}z} = \left(h_0^{(-)}(z)\right)^* ,$$

$$h_1^{(+)}(z) = -\frac{1}{z} \mathrm{e}^{\mathrm{i}z} \left(1 + \frac{\mathrm{i}}{z}\right) = \left(h_1^{(-)}(z)\right)^* ,$$

$$h_2^{(+)}(z) = \frac{\mathrm{i}}{z} \mathrm{e}^{\mathrm{i}z} \left(1 + \frac{3\mathrm{i}}{z} - \frac{3}{z^2}\right) = \left(h_2^{(-)}(z)\right)^* .$$

Weitere Formeln zur Bessel'schen Differentialgleichung sind in Abschn. 7.4.6 zusammengestellt.

6.3.3 Gebundene Zustände

Wir kommen nun nach dieser mathematischen Zwischenbetrachtung wieder zur eigentlichen physikalischen Problemstellung zurück und suchen zunächst nach den *gebundenen Zuständen* im kugelsymmetrischen Potentialtopf. Es ist klar, dass diese nur für

$$-V_0 < E < 0$$

möglich sind. Wir schreiben

$$k^2 = \begin{cases} k_0^2 = \dfrac{2m}{\hbar^2}(E + V_0) & \text{für } r < a , \\[2ex] -\kappa^2 = \dfrac{2m}{\hbar^2} E & \text{für } r > a \end{cases} \tag{6.130}$$

und lösen das Eigenwertproblem im Prinzip nach demselben Schema, das bereits bei den eindimensionalen Potentialen in Kap. 4 erfolgreich war.

$\boxed{r < a}$

In diesem Bereich ist $k^2 = k_0^2$. Wir müssen fordern, dass die Radialfunktion im Koordinatenursprung regulär ist, was nur von der Bessel-Funktion gewährleistet wird. Der Lösungsansatz (6.121) ist deshalb zweckmäßig, wobei die Koeffizienten b_l sämtlich Null sein müssen:

$$R_l(r) = a_l j_l(k_0 r) . \tag{6.131}$$

$\boxed{r > a}$

Das ist *klassisch verbotenes* Gebiet. Die Wellenzahl k ist rein imaginär: $k = \mathrm{i}\,\kappa$. Wir müssen ein exponentielles Abklingen der Wellenfunktion erwarten. Dieses bietet nur die Hankel-Funktion erster Art (6.129). Wir wählen deshalb hier den Ansatz (6.128) für die Radialfunktion, wobei von vorneherein klar ist, dass sämtliche $\alpha_l^{(-)}$ gleich Null sind, da $h_l^{(-)}(\mathrm{i}\,\kappa\, r)$ für $r \to \infty$ divergiert:

$$R_l(r) = \alpha_l^{(+)}\, h_l^{(+)}(\mathrm{i}\,\kappa\, r)\,. \tag{6.132}$$

Bei $r = a$ müssen wir nun die Radialfunktion und ihre Ableitung stetig *aneinanderstückeln*:

$$a_l\, j_l\,(k_0 a) \stackrel{!}{=} \alpha_l^{(+)}\, h_l^{(+)}(\mathrm{i}\,\kappa\, a)\,, \tag{6.133}$$

$$a_l\, \frac{\mathrm{d}}{\mathrm{d}r} j_l\,(k_0 r)\,|_{r=a} \stackrel{!}{=} \alpha_l^{(+)}\, \frac{\mathrm{d}}{\mathrm{d}r} h_l^{(+)}(\mathrm{i}\,\kappa\, r)|_{r=a}\,. \tag{6.134}$$

Diese beiden Bedingungen lassen sich wie folgt zusammenfassen:

$$k_0\, \frac{\mathrm{d}}{\mathrm{d}z} \ln j_l(z)|_{z=k_0 a} \stackrel{!}{=} \mathrm{i}\,\kappa\, \frac{\mathrm{d}}{\mathrm{d}z} \ln h_l^{(+)}(z)|_{z=\mathrm{i}\,\kappa\, a}\,, \tag{6.135}$$

woraus eine recht komplizierte transzendente Gleichung resultiert, die bei vorgegebenem V_0 und l nur für bestimmte Energien E erfüllbar ist. Nach (6.130) ist E in k_0 und κ enthalten. Eine allgemeine analytische Lösung ist allerdings nicht möglich. Wir beschränken unsere weiteren Überlegungen deshalb auf den Spezialfall $l = 0$ (***s*-Zustand**). Die Auswertung für $l = 1$ wird als Aufgabe 6.3.2 durchgeführt.

Wenn wir

$$\begin{aligned} j_0(z) &= \frac{\sin z}{z}\,; \quad j_0'(z) = \frac{1}{z^2}\,(z\cos z - \sin z)\,, \\ h_0^{(+)}(z) &= \frac{\mathrm{e}^{\mathrm{i}z}}{\mathrm{i}\,z}\,; \quad \left(h_0^{(+)}(z)\right)' = \frac{z+\mathrm{i}}{z^2}\,\mathrm{e}^{\mathrm{i}z} \end{aligned} \tag{6.136}$$

in (6.135) einsetzen, so erhalten wir nach einfachen Umformungen mit

$$k_0 \cot k_0\, a = -\kappa \tag{6.137}$$

eine Energiebedingung, die uns in exakt derselben Form bereits beim eindimensionalen Potentialtopf (Abschn. 4.2) begegnet ist. Es war dort die Energiebedingung für die **antisymmetrischen** Lösungswellenfunktionen. Die Übereinstimmung von (4.43) und (6.137) ist kein Zufall! Wir hatten uns im Zusammenhang mit (6.23) bereits klar gemacht, dass die Lösung der Radialgleichung für Zentralpotentiale der einer **eindimensionalen** Schrödinger-Gleichung äquivalent ist, wenn man nur $V(r)$ durch

$$\widehat{V}(q) = \begin{cases} V(q) + \dfrac{\hbar^2 l(l+1)}{2m\, q^2} & \text{für } q > 0\,, \\ \infty & \text{für } q \le 0 \end{cases}$$

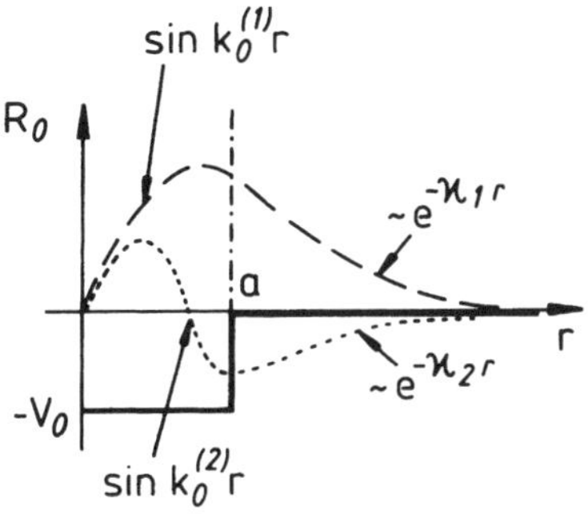

Abb. 6.9 Zwei mögliche Lösungen für die Radialfunktion des kugelsymmetrischen Potentialtopfs, die gebundenen Zuständen entsprechen

ersetzt. (Den Buchstaben q hatten wir in Kap. 4 stets für die eindimensionale Variable verwendet.) Für $l = 0$ ist nun aber auf der positiven Achse $\widehat{V}$ mit V identisch, während die Bedingung $\widehat{V} \equiv \infty$ für $q = r \leq 0$ in dem äquivalenten eindimensionalen Potentialtopfproblem den Lösungsansatz auf die antisymmetrischen Eigenfunktionen beschränkt, da nur diese für $q = 0$ verschwinden.

Die weitere Analyse von (6.137) kann praktisch unverändert aus Abschn. 4.3 übernommen werden. Es gilt z. B.auch hier die Aussage (4.49), wonach ein gebundener Zustand nur für den Fall existieren kann, dass die *Topftiefe* V_0 einen gewissen Minimalwert V_0^* übersteigt:

$$V_0 > V_0^* = \frac{\pi^2 \hbar^2}{8m\,a^2} . \qquad (6.138)$$

In Abb. 6.9 sind qualitativ zwei Lösungen der Radialfunktion dargestellt, wobei für $\left(k_0^{(1)}, \kappa_1\right)$ V_0 gerade einen und für $\left(k_0^{(2)}, \kappa_2\right)$ zwei gebundene Zustände zulässt.

In Aufgabe 6.3.4 untersuchen wir den Grenzfall des sehr tiefen kugelsymmetrischen Potentialtopfs, für den sich das Energiespektrum der gebundenen Zustände für beliebige l abschätzen lässt.

6.3.4 Kontinuumszustände

Wir besprechen schließlich noch den Fall

$$E > 0 ,$$

für den die gesamte r-Achse *klassisch erlaubtes* Gebiet darstellt. Die Lösungswellenfunktion wird überall oszillatorisches Verhalten aufweisen. Wir schreiben

$$q = \sqrt{\frac{2mE}{\hbar^2}} ; \quad k_0 = \sqrt{\frac{2m}{\hbar^2}(E + V_0)} , \qquad (6.139)$$

und wählen für die ganze r-Achse den Lösungsansatz (6.121). Es bleibt natürlich auch hier die Regularität der Radialfunktion im Ursprung zu beachten:

$$\begin{aligned} r < a: &\quad R_l(r) = a_l\, j_l(k_0 r)\;, \\ r > a: &\quad R_l(r) = \alpha_l\, j_l(q r) + \beta_l\, n_l(q r)\;. \end{aligned} \tag{6.140}$$

Der stetige Anschluss bei $r = a$ liefert nun Bedingungen für die Koeffizienten in diesen Lösungsansätzen, d. h., letztlich gibt es für **jede** Energie E eine mögliche Wellenfunktion und keine Auswahlbedingung für die Energie selbst. Wir erhalten somit ein **kontinuierliches Energiespektrum**. Die explizite Auswertung der Anschlussbedingung,

$$k_0\, \frac{(\mathrm{d}/\mathrm{d}z)\, j_l(z)}{j_l(z)}\bigg|_{z=k_0 a} = q\left(\frac{\alpha_l\,(\mathrm{d}/\mathrm{d}z)\, j_l(z) + \beta_l\,(\mathrm{d}/\mathrm{d}z)\, n_l(z)}{\alpha_l\, j_l(z) + \beta_l\, n_l(z)}\right)_{z=q a}\;, \tag{6.141}$$

ist außerordentlich mühsam. Wir beschränken uns deshalb hier wiederum auf den Spezialfall $l = 0$ (**s-Zustand**). Mit (6.136) finden wir für die linke Seite der Gleichung (6.141):

$$k_0\, \frac{(\mathrm{d}/\mathrm{d}z)\, j_l(z)}{j_l(z)}\bigg|_{z=k_0 a} = \frac{1}{a}\,(k_0 a \cot k_0 a - 1)\;.$$

Für die rechte Seite benötigen wir noch:

$$n_0(z) = -\frac{\cos z}{z}\;; \quad n_0'(z) = \frac{1}{z^2}\,(z \sin z + \cos z)\;.$$

Damit ergibt sich:

$$q\left(\frac{\alpha_0\, j_0'(z) + \beta_0\, n_0'(z)}{\alpha_0\, j_0(z) + \beta_0\, n_0(z)}\right)_{z=q a} = \frac{1}{a}\left(q a\, \frac{\cos q a + x_0 \sin q a}{\sin q a - x_0 \cos q a} - 1\right)\;.$$

Hier haben wir zur Abkürzung geschrieben:

$$x_0 = \frac{\beta_0}{\alpha_0} = -\tan \delta_0\;. \tag{6.142}$$

Wir erhalten somit die folgende $l = 0$-Anschlussbedingung:

$$k_0 \cot k_0 a = q\, \frac{\cos q a\, \cos \delta_0 - \sin q a\, \sin \delta_0}{\sin q a\, \cos \delta_0 + \cos q a\, \sin \delta_0} = q\, \frac{\cos(q a + \delta_0)}{\sin(q a + \delta_0)} = q \cot(q a + \delta_0)\;.$$

Die Phase δ_0 bestimmt nach (6.142) das Koeffizientenverhältnis β_0/α_0:

$$\delta_0 = \arctan\left(\frac{q}{k_0} \tan k_0 a\right) - q a = \delta_0\,(E, V_0)\;. \tag{6.143}$$

Die physikalische Bedeutung der Phase δ_0 macht man sich wie folgt klar: Für $V_0 = 0$ ist natürlich $q = k_0$ und damit $\delta_0 = 0$. Wegen der nach wie vor zu erfüllenden Regularitätsbedingung in $r = 0$ gilt:

$$R_0^{(0)}(r) \sim j_0(qr) \underset{qr \gg l}{\longrightarrow} \frac{1}{qr} \sin qr \,. \tag{6.144}$$

Für $V_0 \neq 0$ und $r > a$ gilt nach (6.140), (6.125), (6.126):

$$\begin{aligned} R_0(r) &\sim j_0(qr) + x_0\, n_0(qr) \underset{qr \gg l}{\longrightarrow} \frac{1}{qr} \left[\sin(qr) - x_0 \cos(qr)\right] \\ &\sim \frac{1}{qr} \left[\sin(qr) \cos \delta_0 + \cos(qr) \sin \delta_0\right] \,. \end{aligned}$$

Es ergibt sich also das folgende asymptotische Verhalten:

$$R_0(r) \longrightarrow \frac{1}{qr} \sin\left(qr + \delta_0\right) \,. \tag{6.145}$$

Vergleichen wir dieses Ergebnis mit (6.144), so erkennen wir, dass der *asymptotische Einfluss* des Potentialtopfs auf die Radialfunktion in einer Phasenverschiebung $\delta_0(E, V_0)$ gegenüber der *freien* Lösung besteht. Diese Phase haben wir in (6.143) berechnet.

Natürlich gelten die zuletzt angestellten Überlegungen nicht nur für $l = 0$, sondern für beliebige l,

$$R_l(r) \longrightarrow \frac{1}{qr} \sin\left(qr - \frac{l\pi}{2} + \delta_l\right) \,, \tag{6.146}$$

nur lässt sich die Phase

$$\delta_l = \delta_l\,(E, V_0)$$

für $l \geq 1$ nicht mehr so leicht berechnen (s. Kap. 9: *Streutheorie*).

6.3.5 Aufgaben

Aufgabe 6.3.1

Ein Teilchen der Masse m bewegt sich frei in einem kugelförmigen Hohlraum. Das Potential lautet dementsprechend:

$$V(r) = \begin{cases} 0 & \text{für } r \leq a \,, \\ \infty & \text{für } r > a \,. \end{cases}$$

1. Berechnen Sie die Energieeigenfunktionen.
2. Welche Bedingung legt die Energieeigenwerte fest? Diskutieren Sie diese für $l = 0$.
3. Wie sehen die Energieeigenwerte für $k\,a \gg l$ $\left(k^2 = (2m/\hbar^2)E\right)$ aus?

Aufgabe 6.3.2

Ein Teilchen bewegt sich im kugelsymmetrischen Potentialtopf:

$$V(r) = \begin{cases} -V_0, \ V_0 > 0 & \text{für } r < a\,, \\ 0 & \text{für } r \geq a\,. \end{cases}$$

Welche Gleichung bestimmt die Energieeigenwerte der gebundenen Zustände zu $l = 1$?

Aufgabe 6.3.3

Ein Teilchen bewege sich im Feld des Zentralpotentials

$$V(r) = \frac{c}{r^2} + \frac{1}{2} m\,\omega^2 r^2\,; \quad c > 0\,.$$

Es soll die zugehörige, zeitunabhängige Schrödinger-Gleichung $H\,\psi = E\,\psi$ gelöst werden, wobei der Winkelanteil mit den Kugelflächenfunktionen $Y_{lm_l}(\vartheta, \varphi)$ bereits bekannt ist:

$$\psi(\boldsymbol{r}) = R(r)\,Y_{lm_l}(\vartheta, \varphi)\,.$$

1. Formulieren Sie die Radialgleichung und diskutieren Sie diese für $r \to 0$ und $r \to \infty$. Zeigen Sie, dass
$$u(r) = r\,R(r) = r^x\,\mathrm{e}^{-\gamma r^2}\,g(r)$$
ein passender Ansatz ist, der diesen Grenzfällen Rechnung trägt. Welche Bedeutung haben x und γ?
2. Leiten Sie mit dem Ansatz aus 1) eine Bestimmungsgleichung für $g(r)$ ab.
3. Wählen Sie für $g(r)$ den Ansatz
$$g(r) = \sum_\mu \alpha_\mu\,r^\mu$$
und begründen Sie, warum die Reihe bei einem endlichen μ_0 abbrechen muß.
4. Bestimmen Sie das Spektrum der Energieeigenwerte.
5. Für welchen Wert von r wird die Aufenthaltswahrscheinlichkeitsdichte im Grundzustand maximal? Fällt dieser in das Potentialminimum?

Aufgabe 6.3.4

Berechnen Sie für den Grenzfall eines sehr tiefen, kugelsymmetrischen Potentialtopfs näherungsweise das diskrete Energiespektrum der gebundenden Zustände. Untersuchen Sie dazu die *Anschlussbedingung* (6.135) für den Fall $k_0 a \gg l$.

Aufgabe 6.3.5

Ein Teilchen der Masse m und Ladung $\hat{q}$ bewegt sich in einem konstanten Magnetfeld $\boldsymbol{B}$, dessen Vektorpotential in Zylinderkoordinaten ρ, φ, z durch

$$A_\varphi = \frac{1}{2} B \rho \, , \quad A_\rho = A_z = 0$$

gegeben ist.

1. Für dieses Problem ist die zeitunabhängige Schrödinger-Gleichung in Zylinderkoordinaten aufzustellen.
2. Welcher Gleichung genügen die Radialanteile der Eigenfunktionen?
3. Wie lauten die Energieeigenwerte?

Aufgabe 6.3.6

Ein Teilchen der Masse m bewegt sich in einem anziehenden, im Unendlichen hinreichend schnell verschwindenden *Zylinderpotential*:

$$V(\boldsymbol{r}) \equiv V(\rho) = -\frac{c}{\rho^\alpha} \, ; \quad \alpha > 1 \quad (\rho, \varphi, z: \text{ Zylinderkoordinaten}) \, .$$

1. Stellen Sie die zeitunabhängige Schrödinger-Gleichung auf.
2. Zerlegen Sie diese in eine Axial-, eine Radial- und eine Winkelgleichung.
3. Die Radialgleichung ist von der Struktur:

$$\left(\frac{\mathrm{d}^2}{\mathrm{d}\rho^2} + \frac{1}{\rho} \frac{\mathrm{d}}{\mathrm{d}\rho} + F(\rho) \right) R(\rho) = 0 \, .$$

   Durch welche Substitution für $R(\rho)$ lässt sich der lineare Term $(1/\rho)\,(\mathrm{d}/\mathrm{d}\rho)$ zum Verschwinden bringen?
4. Diskutieren Sie das Verhalten der Radialfunktion eines gebundenen Zustands für $\rho \to 0$ und $\rho \to \infty$, falls $1 < \alpha < 2$.

Aufgabe 6.3.7

Das Potential eines in z-Richtung lang ausgedehnten Moleküls kann man angenähert als von z unabhängig in Zylinderkoordinaten (ρ, φ, z) darstellen:

$$V(\boldsymbol{r}) = V(\rho) = -\frac{Z e^2}{4\pi\,\varepsilon_0 \rho} \qquad (Ze: \text{ Ladung des Moleküls})\,.$$

Berechnen Sie Eigenfunktionen und Energieeigenwerte eines in diesem Potential gebundenen Elektrons.

Aufgabe 6.3.8

Ein Elektron (Spin $1/2$) befinde sich im Feld eines Zentralpotentials in einem gebundenen Zustand. Die Radialfunktion $R(r)$ dieses Zustands sei bekannt. Ferner weiß man, dass die Wellenfunktion $\psi(\boldsymbol{r})$ Eigenfunktion der Operatoren $\boldsymbol{L}^2$, $\boldsymbol{J}^2$ und J_z ist ($\boldsymbol{J} = \boldsymbol{L} + \boldsymbol{S}$). Bestimmen Sie $\psi(\boldsymbol{r})$.

6.4 Das freie Teilchen

Wir wollen dieses Kapitel mit der Betrachtung eines Spezialfalles abschließen, der für die später zu besprechende Streutheorie (Kap. 9) wichtig sein wird und an dieser Stelle gewissermaßen als Nebenprodukt abfällt. Es handelt sich um das freie Teilchen:

$$H_0\,\psi_0(\boldsymbol{r}) = E\,\psi_0(\boldsymbol{r})\;; \quad H_0 = \frac{\boldsymbol{p}^2}{2m}\;; \quad E > 0\,.$$

Die Lösung des Eigenwertproblems ist natürlich bekannt. Die (nicht-normierte) ebene Welle,

$$\psi_0(\boldsymbol{r}) = \mathrm{e}^{\mathrm{i}\,\boldsymbol{k}\cdot\boldsymbol{r}}\;; \quad E = \frac{\hbar^2 k^2}{2m}\,, \tag{6.147}$$

ist gemeinsame Eigenfunktion zu den Komponenten p_x, p_y, p_z des Impulsoperators und damit auch zum Hamilton-Operator H_0. Das Teilchen hat in diesem Zustand einen scharfen Impuls $\hbar\,\boldsymbol{k}$ und eine scharfe Energie E, dagegen aber keinen definierten Drehimpuls.

Wir können in der *freien* Teilchenbewegung aber formal auch den Grenzfall einer Bewegung in einem *„Zentralpotential der Stärke Null"* erkennen und deshalb die bislang in diesem Abschnitt abgeleiteten Ergebnisse direkt verwenden. So bleibt selbstverständlich die Radialgleichung (6.114) gültig, wenn wir

$$k = \sqrt{\frac{2mE}{\hbar^2}}\;; \qquad z = k\,r$$

setzen:

$$\left(\frac{d^2}{dz^2} + \frac{2}{z}\frac{d}{dz} + 1 - \frac{l(l+1)}{z^2}\right) R_l(z) = 0\,.$$

Das Potential $V(r)$ ist zwar Null, die Zentrifugalbarriere (6.20) aber noch vorhanden. Die allgemeine Lösung dieser *Bessel-Gleichung* ist in (6.121) angegeben, wobei wegen der zu fordernden Regularität im Nullpunkt sämtliche Koeffizienten der Neumann-Funktionen gleich Null sein müssen:

$$R_l(r) \sim j_l(k\,r)\,.$$

Der Winkelanteil der Wellenfunktion ist nach (6.16) eine Kugelflächenfunktion $Y_{lm_l}(\vartheta,\varphi)$. Mit

$$j_l(k\,r)\,Y_{lm_l}(\vartheta,\varphi) \qquad (\boldsymbol{r} : r,\vartheta,\varphi)$$

haben wir damit für das *freie* Teilchen eine gemeinsame Eigenfunktion der Operatoren H_0, $\boldsymbol{L}^2$ und L_z gefunden. Diese Funktionen bilden ein vollständiges System, nach dem sich die ebene Welle (6.147) entwickeln lässt:

$$\psi_0(\boldsymbol{r}) = \sum_{l=0}^{\infty}\sum_{m_l=-l}^{+l} c_{lm_l}\,j_l(k\,r)\,Y_{lm_l}(\vartheta,\varphi)\,. \tag{6.148}$$

Die verbleibende Aufgabe besteht in der Festlegung der Koeffizienten c_{lm_l}. Wir betrachten dazu zunächst den Fall, dass die Richtung des Wellenvektors $\boldsymbol{k}$ die z-Achse des Koordinatensystems definiert. Die linke Seite der Gleichung (6.148) enthält dann den Winkel φ nicht mehr $(\boldsymbol{k}\cdot\boldsymbol{r} = k\,r\cos\vartheta)$. Dies muss dann auch für die rechte Seite gelten und hat $m_l = 0$ bzw.

$$c_{lm_l} = c_l\,\delta_{m_l 0}$$

zur Folge. Da nach (5.103) die $m_l = 0$-Kugelflächenfunktionen proportional zu den Legendre-Polynomen sind,

$$Y_{l0}(\vartheta,\varphi) = \sqrt{\frac{2l+1}{4\pi}}\,P_l(\cos\vartheta)\,,$$

bleibt als Zwischenergebnis:

$$e^{ikr\cos\vartheta} = \sum_{l=0}^{\infty}\sqrt{\frac{2l+1}{4\pi}}\,c_l\,j_l(k\,r)\,P_l(\cos\vartheta)\,. \tag{6.149}$$

Mit der Orthogonalitätsrelation (5.98) für Legendre-Polynome ergibt sich, wenn wir die letzte Gleichung mit $P_n(x)$ multiplizieren und über $x = \cos\vartheta$ von -1 bis $+1$ integrieren:

$$\frac{2n+1}{2}\int_{-1}^{+1} \mathrm{d}x\,\mathrm{e}^{\mathrm{i}krx}\,P_n(x) = c_n\sqrt{\frac{2n+1}{4\pi}}\,j_n(kr)\,. \tag{6.150}$$

Das eigentliche Ziel ist die Bestimmung der c_n, die von r unabhängig sind. Wir können deshalb bei der Auswertung die Koordinate r einem besonders *handlichen* Bereich zuordnen, zum Beispiel der asymptotischen Grenze $r \to \infty$. Die linke Seite der obigen Gleichung lässt sich dann wie folgt abschätzen:

$$\begin{aligned}\int_{-1}^{+1} \mathrm{d}x\,\mathrm{e}^{\mathrm{i}krx}\,P_n(x) &= \frac{1}{\mathrm{i}kr}\left[\mathrm{e}^{\mathrm{i}krx}\,P_n(x)\right]_{-1}^{+1} - \frac{1}{\mathrm{i}kr}\int_{-1}^{+1} \mathrm{d}x\,\mathrm{e}^{\mathrm{i}krx}\,P_n'(x)\\ &= \frac{1}{\mathrm{i}kr}\left[\mathrm{e}^{\mathrm{i}krx}\,P_n(x)\right]_{-1}^{+1} + O\left(\frac{1}{r^2}\right)\,.\end{aligned}$$

Den letzten Schritt erkennt man, wenn man $\mathrm{e}^{\mathrm{i}krx}\,P_n'(x)$ noch einmal partiell integriert. Mit $P_n(\pm 1) = (\pm 1)^n$ können wir also schreiben:

$$\begin{aligned}\int_{-1}^{+1} \mathrm{d}x\,\mathrm{e}^{\mathrm{i}krx}\,P_n(x) &= \frac{1}{\mathrm{i}kr}\left(\mathrm{e}^{\mathrm{i}kr} - (-1)^n\,\mathrm{e}^{-\mathrm{i}kr}\right) + O\left(\frac{1}{r^2}\right)\\ &= \frac{\mathrm{i}^n}{\mathrm{i}kr}\left(\mathrm{e}^{\mathrm{i}(kr-n(\pi/2))} - \mathrm{e}^{-\mathrm{i}(kr-n(\pi/2))}\right) + O\left(\frac{1}{r^2}\right)\\ &= \frac{2\mathrm{i}^n}{kr}\sin\left(kr - n\frac{\pi}{2}\right) + O\left(\frac{1}{r^2}\right)\,.\end{aligned} \tag{6.151}$$

Der Vergleich mit (6.125) zeigt, dass sich das Integral für große r praktisch wie die sphärische Bessel-Funktion verhält:

$$\int_{-1}^{+1} \mathrm{d}x\,\mathrm{e}^{\mathrm{i}krx}\,P_n(x) \approx 2\mathrm{i}^n\,j_n(kr)\,.$$

Mit (6.150) sind dann die Koeffizienten c_n bestimmt,

$$c_n = \mathrm{i}^n\sqrt{4\pi(2n+1)}\,,$$

die, in (6.149) eingesetzt, die folgende Entwicklung der ebenen Welle ergeben:

$$\mathrm{e}^{\mathrm{i}kr\cos\vartheta} = \sum_{l=0}^{\infty} \mathrm{i}^l(2l+1)\,j_l(kr)\,P_l(\cos\vartheta)\,. \tag{6.152}$$

Dieses Resultat lässt sich schließlich noch mit dem Additionstheorem für Kugelflächenfunktionen ((2.161), Bd. 3),

$$P_l(\cos\gamma) = \frac{4\pi}{2l+1}\sum_{m_l} Y^*_{lm_l}(\vartheta_k,\varphi_k)\, Y_{lm_l}(\vartheta_r,\varphi_r)\ ,$$
$$\gamma = \sphericalangle(\boldsymbol{r},\boldsymbol{k})\ ,$$

in dem ϑ_k, φ_k die Polarwinkel von $\boldsymbol{k}$ und ϑ_r, φ_r die von $\boldsymbol{r}$ sind, auf beliebige Raumrichtungen des Wellenvektors $\boldsymbol{k}$ verallgemeinern:

$$\psi_0(\boldsymbol{r}) = e^{i\,\boldsymbol{k}\cdot\boldsymbol{r}} = 4\pi\sum_{l,m_l} i^l j_l(kr)\, Y^*_{lm_l}(\vartheta_k,\varphi_k)\, Y_{lm_l}(\vartheta_r,\varphi_r)\ . \tag{6.153}$$

Kontrollfragen

Zu Abschn. 6.1

1. Was ist die physikalische Ursache dafür, dass im Falle eines Zentralpotentials der Hamilton-Operator H mit $\boldsymbol{L}^2$ und L_z vertauscht?
2. Wie ist der Radialimpuls p_r in der Quantenmechanik definiert? Welche Gestalt nimmt er in der Ortsdarstellung an?
3. Unter welchen Bedingungen ist p_r hermitesch?
4. Warum ist p_r im strengen Sinne keine Observable?
5. Welcher Zusammenhang besteht zwischen Teilchenimpuls $\boldsymbol{p}$, Radialimpuls p_r und Bahndrehimpulsquadrat $\boldsymbol{L}^2$?
6. Welcher Separationsansatz empfiehlt sich für die Wellenfunktion $\psi(\boldsymbol{r})$ eines Teilchens im Zentralfeld?
7. Was versteht man unter der *Radialgleichung*?
8. Bezüglich welcher Quantenzahl sind die Energien eines Teilchens in einem beliebigen Zentralfeld auf jeden Fall entartet?
9. Was versteht man unter der *Zentrifugalbarriere*?

Zu Abschn. 6.2

1. Wie lautet die potentielle Energie eines Elektrons in einem *wasserstoffähnlichen* Ion?
2. Welche Struktur hat die Radialgleichung für das Elektron im Wasserstoffatom?
3. Welcher Ansatz empfiehlt sich für die Lösungsfunktion der Radialgleichung?
4. Erläutern Sie am Beispiel des H-Atoms *die Idee* der Sommerfeld'schen Polynommethode.
5. Welche diskreten Energieniveaus stehen dem Elektron im H-Atom zur Verfügung?

6. Wie hoch sind diese entartet? Wie berechnet sich der Entartungsgrad?
7. Welche Grundzustandsenergie besitzt das Elektron im Wasserstoffatom? Geben Sie auch den ungefähren Zahlenwert in eV an.
8. Wie ist die Hauptquantenzahl definiert?
9. Welche Werte kann die Nebenquantenzahl annehmen?
10. Was bezeichnet man als *zufällige Entartung*?
11. Erläutern Sie am H-Atom den Begriff *Elektronenschale.*
12. Was ist eine L-Schale und was ein d-Orbital?
13. Wie erklärt sich das Ritz'sche Kombinationsprinzip am Beispiel des Wasserstoffatoms?
14. Welcher Funktionstyp bestimmt den Radialanteil der gebundenen Zustände im Coulomb-Potential?
15. Wie viele Nullstellen besitzt die Radialfunktion $R_{nl}(r)$ im Coulomb-Potential?
16. Welche $R_{nl}(r)$ sind für $r = 0$ von Null verschieden?
17. Was versteht man unter *radialer Aufenthaltswahrscheinlichkeit*?
18. Was sind *Knotenflächen*?
19. Wo liegt das Maximum der radialen Aufenthaltswahrscheinlichkeit des Elektrons im Wasserstoffatom für den Grundzustand $(n = 1, l = 0)$?
20. Wie verschiebt sich das Maximum der radialen Aufenthaltswahrscheinlichkeitsdichte mit wachsender Hauptquantenzahl bei maximaler Nebenquantenzahl $l = n - 1$?
21. Wie verhalten sich die *Bahnradien* $\langle r \rangle_{nl}$ in den gebundenen Zuständen des Coulomb-Potentials als Funktion der Hauptquantenzahl n und der Kernladungszahl Z?
22. In welchem Sinne erfüllt die quantenmechanische Behandlung der Elektronenbewegung im Coulomb-Potential die Korrespondenzregel, nach der für große Quantenzahlen n der klassische Bahnbegriff näherungsweise gültig sein sollte?
23. Wie lautet für das Coulomb-Potential das quantenmechanische Analogon zum klassischen Virialsatz?
24. Wie konstruiert man ein *Polardiagramm*?
25. Durch welche spezielle Symmetrie sind s-Zustände ausgezeichnet?
26. Welche Winkelverteilung zeichnet p-Zustände aus?
27. Warum ist das *Wasserstoffproblem* eigentlich ein Zwei-Teilchen-Problem? Durch welchen „Trick" lässt es sich auf ein effektives Ein-Teilchen-Problem reduzieren?
28. Wie unterscheiden sich die Lösungen des Wasserstoffproblems, wenn man zum einen den Kern als ruhend ansieht, zum anderen seine Bewegung mitberücksichtigt?
29. Wie sieht der zur Relativkoordinate $\boldsymbol{r}$ gehörige kanonisch konjugierte Impuls aus?
30. Wie bewegt sich der Schwerpunkt des Wasserstoffatoms, wenn als einzige Kraft die Coulomb-Anziehung zwischen Proton und Elektron wirkt?

Zu Abschn. 6.3

1. Für welchen Typ von Kräften kann der sphärisch symmetrische Potentialtopf als einfaches Modell dienen?

2. Welche Struktur hat die Bessel'sche Differentialgleichung?
3. Welche speziellen Funktionensätze lösen die Bessel'sche Differentialgleichung?
4. Wie verhalten sich die sphärischen Bessel- bzw. Neumann-Funktionen $(j_l(z), n_l(z))$ in der Nähe des Koordinatenursprungs $z = 0$? Welchen asymptotischen Verlauf zeigen sie für $z \to \infty$?
5. Welcher Zusammenhang besteht zwischen den Hankel-Funktionen erster und zweiter Art und den sphärischen Bessel- und Neumann-Funktionen?
6. Wie verhalten sich die Hankel-Funktionen für große z?
7. Warum muss sich die Radialfunktion eines gebundenen Zustands innerhalb des kugelsymmetrischen Potentialtopfs wie eine sphärische Bessel-Funktion verhalten?
8. Warum stimmt die Energiebedingung für gebundene s-Zustände $(l = 0)$ im kugelsymmetrischen Potentialtopf mit der für die antisymmetrischen Eigenfunktionen des eindimensionalen Potentialtopfes überein?
9. Sind für beliebige Tiefen V_0 des kugelsymmetrischen Potentialtopfs gebundene Zustände möglich?
10. Wie wirkt sich die Anwesenheit des Potentialtopfes asymptotisch auf die Radialfunktion der Kontinuumzustände aus?

Zu Abschn. 6.4

1. In welcher Weise lassen sich die allgemeinen Resultate für Zentralpotentialprobleme auf das nicht-wechselwirkende (*freie*) Teilchen übertragen?
2. Existiert die *Zentrifugalbarriere* auch für das *freie* Teilchen?
3. Welche Struktur haben für das *freie* Teilchen die gemeinsamen Eigenfunktionen der Operatoren H_0, $\boldsymbol{L}^2$ und L_z?

Näherungsmethoden 7

W. Nolting, *Grundkurs Theoretische Physik 5/2*, Springer-Lehrbuch,
DOI 10.1007/978-3-662-44230-2_7, © Springer-Verlag Berlin Heidelberg 2015

Nur sehr wenige Probleme der Theoretischen Physik lassen sich mathematisch wirklich streng lösen. Um in der Lage zu sein, experimentelle Beobachtungen zu verstehen und realistisch beschreiben zu können, benötigt der Theoretische Physiker ein möglichst großes Repertoire an Näherungsmethoden. Er ist gezwungen, die nicht zugängliche exakte Lösung durch eine wohlfundierte Approximation zu ersetzen, die die wesentlichen *physikalischen Aspekte* nicht verfälscht. Dazu wird er versuchen, die eigentliche Aufgabenstellung von unnötigem *Ballast* zu befreien, d. h. das Wichtige zu betonen und die *Randerscheinungen* zugunsten mathematischer Einfachheit zu unterdrücken. Wünschenswert, leider nicht immer zufrieden stellend zu erreichen, wäre es, den *Fehler* abschätzen zu können, der per definitionem mit einer solchen Approximation verknüpft ist.

Wir besprechen in diesem Kapitel vier vom Konzept her unterschiedliche Methoden, das Variationsverfahren (Abschn. 7.1), die zeitunabhängige Störungstheorie (Abschn. 7.2), die Dirac'sche (zeitabhängige) Störungstheorie (Abschn. 7.3) sowie die quasiklassische WKB-Methode (**W**entzel, **K**ramers, **B**rillouin). Alle diese Näherungsverfahren lassen sich abstrakt-theoretisch leicht verstehen; die Anwendung auf konkrete Probleme mag da bisweilen schon anspruchsvoller sein. Es sollte deshalb besonders in diesem Kapitel zur Vertiefung des Theorieverständnisses das Angebot der Übungsaufgaben wahrgenommen werden.

Die **Variationsmethode**, die auf dem allgemeinen Extremalprinzip beruht, wonach jeder Zustand $|\varphi\rangle$, für den der Erwartungswert $\langle\varphi|A|\varphi\rangle$ des hermiteschen Operators A extremal wird, ein Eigenzustand von A ist, lässt insbesondere exzellente Abschätzungen der Grundzustandsenergie eines physikalischen Systems zu.

Die **zeitunabhängige (Schrödinger'sche) Störungstheorie** ist auf Systeme zugeschnitten, deren Hamilton-Operator additiv in einen *ungestörten* Operator H_0 und eine *Störung* H_1 zerlegt werden kann. Das Eigenwertproblem zu H_0 sollte streng lösbar sein und H_1 eine *relativ kleine Größe* darstellen. Systematische Entwicklungen physikalisch relevanter Terme nach Potenzen der *Störung* lassen sich dann nach endlich vielen Summanden näherungsweise abbrechen.

Die Problemstellung der **Dirac'schen Störungstheorie** ist etwas anders. Ihr geht es um die zeitliche Entwicklung eines physikalischen Systems unter dem Einfluss einer zeitabhängigen äußeren Störung. Auch diese ist für realistische Situationen nur approximativ bestimmbar.

Während man *Störungstheorie* auf Probleme anwendet, für die sich die zu lösende Aufgabe *nur wenig* von einer bekannten, exakt rechenbaren unterscheidet, lässt sich das **WKB-Verfahren** immer dann benutzen, wenn das quantenmechanische System dem klassischen „$\hbar \to 0$"-Grenzfall noch recht ähnlich ist. Das setzt eine nur schwach ortsabhängige de Broglie-Wellenlänge voraus. Diese sollte insbesondere klein gegenüber allen geometrischen Abmessungen sein, über die sich das Potential des Systems spürbar ändert. Bei *gebundenen Zuständen* skaliert die Wellenlänge mit dem Knotenabstand. Für große Quantenzahlen treten viele Knoten auf, das System benimmt sich dann *quasiklassisch*. Dort liegt der Anwendungsbereich der WKB-Methode.

7.1 Variationsverfahren

Es sei A ein beliebiger hermitescher Operator (Observable), dessen Eigenwertproblem,

$$A|a\rangle = a|a\rangle \,,$$

zu kompliziert ist, um einer exakten Lösung zugänglich zu sein. Wir müssen uns deshalb mit einer approximativen Lösung zufrieden geben. Eine Möglichkeit, eine solche aufzufinden, stellt das Variationsverfahren dar, das auf einem allgemeingültigen Extremalprinzip beruht.

7.1.1 Extremalprinzip

Es sei $\mathcal{H}$ der Hilbert-Raum des betrachteten physikalischen Systems und $|\varphi\rangle \in \mathcal{H}$ ein Zustand mit endlicher Norm. Dann kann man den Erwartungswert von A im Zustand $|\varphi\rangle$,

$$\langle A\rangle_\varphi \equiv \frac{\langle\varphi|A|\varphi\rangle}{\langle\varphi|\varphi\rangle} \,, \tag{7.1}$$

als Funktional des Zustandsvektors $|\varphi\rangle$ auffassen. Wir wollen zunächst untersuchen, wie sich $\langle A\rangle_\varphi$ bei einer Variation von $|\varphi\rangle$, d. h. bei einer infinitesimalen Änderung von $|\varphi\rangle$ auf $|\varphi + \mathrm{d}\varphi\rangle$, verhält. Die Variation eines Funktionals wird mathematisch genauso gehandhabt wie die *normale* Differentiation (s. *Variationsproblem:* Abschn. 1.3.2, Bd. 2):

$$\begin{aligned}
\delta\langle A\rangle_\varphi &= \frac{1}{\langle\varphi|\varphi\rangle}\,\delta\langle\varphi|A|\varphi\rangle - \frac{1}{\langle\varphi|\varphi\rangle^2}\,\langle\varphi|A|\varphi\rangle\,\delta\,\langle\varphi|\varphi\rangle \\
&= \frac{1}{\langle\varphi|\varphi\rangle}\left[\langle\delta\varphi|(A - \langle A\rangle_\varphi\mathbf{1})|\varphi\rangle + \langle\varphi|(A - \langle A\rangle_\varphi\mathbf{1})|\delta\varphi\rangle\right] .
\end{aligned}$$

Besonders wichtig ist das **Extremalverhalten** von $\langle A\rangle_\varphi$:

$$\delta\langle A\rangle_\varphi \stackrel{!}{=} 0 \,. \tag{7.2}$$

Bedingung hierfür ist offenbar:

$$\langle\delta\varphi|(A - \langle A\rangle_\varphi\mathbf{1})|\varphi\rangle + \langle\varphi|(A - \langle A\rangle_\varphi\mathbf{1})|\delta\varphi\rangle = 0 \,. \tag{7.3}$$

$|\delta\varphi\rangle$ und $\langle\delta\varphi|$ sind als Variationen der zueinander dualen ket- und bra-Vektoren $|\varphi\rangle$ und $\langle\varphi|$ sicher nicht unabhängig voneinander. Wir können deshalb nicht unmittelbar schließen, dass die beiden Summanden in (7.3) jeder für sich bereits Null sind. Trotzdem ist der Schluss richtig. $|\delta\varphi\rangle$ ist eine infinitesimal kleine *Zustandsabweichung*. Das gilt aber natürlich auch für $\mathrm{i}|\delta\varphi\rangle = |\delta(\mathrm{i}\,\varphi)\rangle$. Jede **beliebige** infinitesimale Abweichung vom Extremum von $\langle A\rangle_\varphi$ führt zu (7.2), also auch $|\delta(\mathrm{i}\,\varphi)\rangle$. Wegen

$$|\delta(\mathrm{i}\,\varphi)\rangle = \mathrm{i}|\delta\varphi\rangle\,; \quad \langle\delta(\mathrm{i}\,\varphi)| = -\mathrm{i}\langle\delta\varphi|$$

folgt dann aber statt (7.3):

$$-\mathrm{i}\langle\delta\varphi|(A - \langle A\rangle_\varphi \mathbf{1})|\varphi\rangle + \mathrm{i}\langle\varphi|(A - \langle A\rangle_\varphi \mathbf{1})|\delta\varphi\rangle = 0\,.$$

Multipliziert man diese Gleichung mit i und addiert sie zu (7.3) bzw. subtrahiert sie von (7.3), so erkennt man, dass in der Tat beide Summanden in (7.3) für sich bereits Null sind. Das ist aber gleichbedeutend mit:

$$\left(A - \langle A\rangle_\varphi \mathbf{1}\right)|\varphi\rangle = 0\,; \quad \langle\varphi|\left(A - \langle A\rangle_\varphi \mathbf{1}\right) = 0\,. \tag{7.4}$$

Die zweite Gleichung ist äquivalent zu

$$\left(A^+ - \langle A\rangle_\varphi^* \mathbf{1}\right)|\varphi\rangle = 0\,.$$

A ist nach Voraussetzung hermitesch. Die Erwartungswerte von hermiteschen Operatoren sind zudem reell (3.64). Die beiden Gleichungen in (7.4) sind also identisch. Wir haben damit das wichtige Extremalprinzip hergeleitet:

Jeder Zustand $|\varphi\rangle$ des Hilbert-Raums, für den der Erwartungswert $\langle A\rangle_\varphi$ des hermiteschen Operators A extremal wird,

$$\delta\langle A\rangle_\varphi = 0\,,$$

ist Eigenzustand von A. Die Eigenwerte von A sind gerade die Extremalwerte des Funktionals $\langle A\rangle_\varphi$.

Mit diesem allgemeingültigen Prinzip lassen sich praktische Verfahren zur approximativen Bestimmung von Eigenwerten und Eigenzuständen gewinnen. Dies kann z. B.dadurch geschehen, dass man den Raum der zur Variation zugelassenen Zustände gegenüber $\mathcal{H}$ auf solche Zustände beschränkt, für die sich die Extremalbedingung (7.2) mathematisch einfach auswerten lässt. Befindet sich der eigentliche Eigenzustand nicht in diesem *eingeschränkten Raum*, so ergibt die Auswertung von (7.2) eine Näherungslösung. Der Nachteil solcher Methoden liegt auf der Hand. Es wird nicht immer einfach sein, die Güte der Näherung, d. h. ihre Abweichung von der exakten Lösung, abzuschätzen.

7.1.2 Ritz'sches Verfahren

Von besonderem Interesse sind natürlich Variationsverfahren für das Eigenwertproblem des Hamilton-Operators ($A = H$). Die sogenannte Ritz'sche Methode zielt auf die approximative Berechnung der Niveaus des diskreten Spektrums und kann insbesondere bei der Grundzustandsenergie zu erstaunlich guten Resultaten führen. Wenn nämlich das Spektrum nach unten beschränkt ist, also eine **Grundzustandsenergie** E_0 aufweist, dann gilt für **beliebige** *Testzustände* $|\varphi\rangle \in \mathcal{H}$:

$$\langle H \rangle_\varphi = \frac{\langle \varphi | H | \varphi \rangle}{\langle \varphi | \varphi \rangle} \geq E_0 \,. \tag{7.5}$$

Den Beweis haben wir bereits bei der Lösung von Aufgabe 6.1.4 erbracht. Benutzt man

$$H|E_n\rangle = E_n|E_n\rangle \,; \quad E_n \geq E_0 \,; \quad |\varphi\rangle = \sum_n \alpha_n |E_n\rangle \,,$$

so lässt sich leicht abschätzen:

$$\begin{aligned}\langle H \rangle_\varphi &= \frac{\sum\limits_{n,m} \alpha_n^* \, \alpha_m \, \langle E_n | H | E_m \rangle}{\sum\limits_{n,m} \alpha_n^* \, \alpha_m \, \langle E_n | E_m \rangle} = \frac{\sum\limits_n E_n \, |\alpha_n|^2}{\sum\limits_n |\alpha_n|^2} \\ &\geq E_0 \frac{\sum\limits_n |\alpha_n|^2}{\sum\limits_n |\alpha_n|^2} = E_0 \quad \text{q.e.d.}\end{aligned}$$

Wir erhalten damit die wichtige Aussage, dass $\langle H \rangle_\varphi$ in jedem Fall eine obere Schranke für die Grundzustandsenergie darstellt. Im Fall von $A = H$ ist das Extremum von $\langle A \rangle_\varphi$ also ein Minimum.

Auf (7.5) beruht das **Ritz'sche Verfahren**:

1. Man wählt einen *Testzustand*,

$$|\varphi\rangle = f\left(|\chi_1\rangle, \ldots, |\chi_m\rangle; \, \alpha_1, \ldots, \alpha_n\right) \,, \tag{7.6}$$

als Funktion gewisser fest vorgegebener Zustände $|\chi_1\rangle, \ldots, |\chi_m\rangle$, die untereinander nicht notwendig orthogonal zu sein brauchen. Sie sollten mathematisch allerdings nicht zu kompliziert sein, sodass sich $\langle H \rangle_\varphi$ mit ihnen *relativ leicht* berechnen lässt. Ansonsten wird man sie so gut wie möglich dem physikalischen Problem anpassen, indem man sie z. B.die offenkundigen **Symmetrien** des Systems, spezielle **Randbedingungen** (asymptotisches Verhalten, Nullpunktsverhalten) oder exakt lösbare **Grenzfälle** erfüllen lässt. Die $|\chi_i\rangle$ sind fest vorgegeben, also nicht zu variieren.
Außerdem enthält der *Testzustand* $|\varphi\rangle$ einen Satz von reellen, unabhängigen Parametern $\alpha_1, \ldots, \alpha_n$ als eigentliche Variationsvariable.

2. Man berechnet nun mit dem Ansatz (7.6) das Energiefunktional,

$$\langle H\rangle_\varphi = \frac{\langle\varphi|H|\varphi\rangle}{\langle\varphi|\varphi\rangle} \equiv g\,(\alpha_1,\ldots,\alpha_n)\ , \tag{7.7}$$

das dann eine Funktion der Parameter $\alpha_1,\ldots,\alpha_n$ wird.

3. Durch die Forderung

$$\frac{\partial}{\partial\alpha_i}\langle H\rangle_\varphi \stackrel{!}{=} 0\ ; \qquad i = 1,2,\ldots,n \tag{7.8}$$

erhält man ein Gleichungssystem, aus dem sich ein *optimaler Parametersatz*

$$\alpha_1^*,\ \alpha_2^*,\ldots,\alpha_n^*$$

ableiten lässt. Es kann durchaus mehrere Lösungsansätze zu (7.8) geben. Man wählt dann den, der zu dem kleinsten $\langle H\rangle_\varphi$ führt.

4. Schließlich berechnet man mit diesen Parametern

$$|\varphi^*\rangle = f\left(|\chi_1\rangle,\ldots,|\chi_m\rangle;\ \alpha_1^*,\ldots,\alpha_n^*\right) \tag{7.9}$$

als Näherung für den Grundzustand und

$$\langle H\rangle_{\varphi*} = g\ (\alpha_1^*,\ \alpha_2^*,\ldots,\alpha_n^*) \geq E_0 \tag{7.10}$$

als Abschätzung für die Grundzustandsenergie.

Es ist nach (7.5) klar, dass die Abschätzung (7.10) umso besser ist, je kleiner $\langle H\rangle_{\varphi*}$ ist. Mit einer großen Zahl von Variationsparametern lassen sich mit dieser Methode bisweilen erstaunlich gute Näherungswerte für die Grundzustandsenergie finden. Für den Grundzustand ist dagegen in der Regel das Verfahren bei weitem nicht so gut.

Die Variationsprozedur wird besonders einfach für den deswegen auch besonders häufig angewendeten Spezialfall, dass der *Testzustand* $|\varphi\rangle$ in (7.6) linear von den α_i abhängt:

$$|\varphi\rangle = \sum_{i=1}^{m} \alpha_i|\chi_i\rangle\ . \tag{7.11}$$

Die Extremalbedingung (7.8) kann dann weiter ausgewertet werden:

$$\frac{\partial}{\partial\alpha_i}\left(\langle H\rangle_\varphi\,\langle\varphi|\varphi\rangle\right) = \langle H\rangle_\varphi\,\frac{\partial}{\partial\alpha_i}\,\langle\varphi|\varphi\rangle = \frac{\partial}{\partial\alpha_i}\,\langle\varphi|H|\varphi\rangle\ .$$

Setzt man hierin (7.11) ein,

$$\frac{\partial}{\partial\alpha_i}\sum_{n,m}\alpha_n\,\alpha_m\left(\langle\chi_n|H|\chi_m\rangle - \langle H\rangle_\varphi\,\langle\chi_n|\chi_m\rangle\right) = 0\ ,$$

so ergibt sich ein lineares, homogenes Gleichungssystem,

$$\sum_n \alpha_n \left(\mathrm{Re}\langle\chi_n|H|\chi_m\rangle - \langle H\rangle_\varphi \,\mathrm{Re}\,\langle\chi_n|\chi_m\rangle\right) = 0\,,$$

dessen Lösbarkeit das Verschwinden der Säkulardeterminante erfordert:

$$\det\left\{\mathrm{Re}\langle\chi_n|H|\chi_m\rangle - \langle H\rangle_\varphi \,\mathrm{Re}\langle\chi_n|\chi_m\rangle\right\} \stackrel{!}{=} 0\,. \tag{7.12}$$

Von den möglichen Lösungen dieser Beziehung wählt man wiederum die mit minimalem $\langle H\rangle_\varphi$. Setzt man diese in das obige homogene Gleichungssystem ein, so sind auch die *optimalen* α_i^* bestimmt, die über (7.11) zu einer Näherung für den Grundzustand $|E_0\rangle$ führen.

Es sei noch erwähnt, dass sich mit dem Ritz'schen Variationsverfahren auch Näherungslösungen für angeregte Zustände und ihre Energien finden lassen. Geht man von der Spektraldarstellung des Hamilton-Operators aus,

$$H = \sum_n E_n|E_n\rangle\langle E_n|\,, \tag{7.13}$$

so lässt sich ein hermitescher Operator H_1 definieren:

$$H_1 = H - E_0|E_0\rangle\langle E_0|\,. \tag{7.14}$$

Falls nun E_0 und $|E_0\rangle$ **exakt** bekannt sind, so liefert das Ritz'sche Verfahren nach dem Extremalprinzip eine obere Schranke für das erste *angeregte* Energieniveau E_1:

$$\langle H_1\rangle_\varphi \geq E_1\,. \tag{7.15}$$

In der Regel werden jedoch die exakten Lösungen für E_0 und $|E_0\rangle$ nicht vorliegen, sondern Approximationen, z. B.aus einem vorangegangenen Variationsverfahren, zu verwenden sein. Dann ist die Aussage (7.15), dass $\langle H_1\rangle_\varphi$ auf jeden Fall eine obere Schranke für E_1 darstellt, natürlich nicht mehr bewiesen. Die bei weitem meisten Anwendungen des Variationsverfahrens haben deshalb die Bestimmung der Grundzustandsenergie zum Ziel.

Wir wollen noch auf eine Variante des Ritz'schen Verfahrens zu sprechen kommen, die darin besteht, in dem Testzustand $|\varphi\rangle$ nicht die reellen Parameter α_i, sondern die Zustände $|\chi_i\rangle$ als freie Variable anzusehen (7.6). Das Extremalprinzip liefert dann ein Gleichungssystem für *optimale* $|\chi_i\rangle$. Ein praktisch wichtiges Anwendungsbeispiel, das auf die sogenannten *Hartree-Gleichungen* für Mehr-Elektronen-Systeme führt, soll im nächsten Abschnitt Einzelheiten des Verfahrens erläutern.

7.1.3 Hartree-Gleichungen

Gegenstand der Überlegungen ist ein System aus $N > 2$ Elektronen. Dabei kann es sich um die Hüllenelektronen eines Atoms handeln oder aber auch um die Energiebandelektronen eines Festkörpers. Sie seien beschrieben durch den Hamilton-Operator:

$$H_N = \sum_{i=1}^{N} \left(\frac{\boldsymbol{p}_i^2}{2m} + V_i(\boldsymbol{r}_i) \right) + \frac{1}{2} \sum_{i,j}^{i \neq j} \frac{e^2}{4\pi\,\varepsilon_0 \left| \boldsymbol{r}_i - \boldsymbol{r}_j \right|} \,. \tag{7.16}$$

$\boldsymbol{r}_i$ und $\boldsymbol{p}_i$ sind Ort und Impuls des i-ten Teilchens. $V_i(\boldsymbol{r}_i)$ sei die potentielle Energie des Elektrons im Feld des positiv geladenen Kerns bzw. der periodisch angeordneten Gitterionen. Eine exakte Lösung des Eigenwertproblems für $N > 2$ verhindert der zweite Summand in (7.16), der die Wechselwirkung der Elektronen untereinander darstellt. Wir suchen einen *gut genäherten* Wert für die Grundzustandsenergie des N-Elektronensystems.

Die besondere Gestalt des Hamilton-Operators lässt die Ortsdarstellung zweckmäßig erscheinen. $\psi_i(\boldsymbol{r}_i)$ sei die Wellenfunktion des i-ten Elektrons mit

$$\int \mathrm{d}^3 r_i \, \psi_i^* \left(\boldsymbol{r}_i\right) \psi_i \left(\boldsymbol{r}_i\right) = 1 \qquad \forall i \,. \tag{7.17}$$

Vom Spin des Elektrons wollen wir hier der Einfachheit halber einmal absehen, da es uns im wesentlichen um die Darstellung des Näherungsverfahrens, nicht so sehr um Details des physikalischen Resultats geht. Natürlich würde die Einbeziehung des Spins gemäß Abschn. 5.2.4 keine prinzipiellen Probleme bereiten.

Als einfachste *Testzustandswellenfunktion* bietet sich das Produkt der N Ein-Teilchen-Wellenfunktionen an:

$$\varphi\left(\boldsymbol{r}_1, \ldots, \boldsymbol{r}_N\right) \equiv \psi_1\left(\boldsymbol{r}_1\right) \psi_2\left(\boldsymbol{r}_2\right) \cdots \psi_N\left(\boldsymbol{r}_N\right) \,, \tag{7.18}$$

$$\int \mathrm{d}^3 r_1 \ldots \mathrm{d}^3 r_N \, \varphi^* \left(\boldsymbol{r}_1, \ldots, \boldsymbol{r}_N\right) \varphi\left(\boldsymbol{r}_1, \ldots, \boldsymbol{r}_N\right) = 1 \,. \tag{7.19}$$

Wegen des Wechselwirkungsterms im Hamilton-Operator ist φ sicher nicht Eigenfunktion zu H_N. Wir werden aber solchen **Produktwellenfunktionen** in Kap. 8, wenn wir die *Quantenmechanik der Mehr-Teilchen-Systeme* systematisch abhandeln, noch häufig begegnen. Selbstverständlich ist, dass der Ansatz für unser Variationsverfahren die Koordinaten aller N Elektronen enthalten muss. Wir wollen mit ihm eine Abschätzung für die Grundzustandsenergie durch einen *optimalen* Satz von Ein-Teilchen-Funktionen in (7.18) gewinnen. Dazu bilden wir das *Energiefunktional*:

$$\begin{aligned}
\langle H_N \rangle_\varphi &= \int \mathrm{d}^3 r_1 \ldots \mathrm{d}^3 r_N \, \varphi^* \, H_N \varphi = \\
&= \sum_{i=1}^{N} \int \mathrm{d}^3 r_i \, \psi_i^* \left(\boldsymbol{r}_i\right) \left\{ -\frac{\hbar^2}{2m} \Delta_i + V_i \left(\boldsymbol{r}_i\right) \right\} \psi_i \left(\boldsymbol{r}_i\right) + \\
&\quad + \frac{1}{2} \sum_{i,j}^{i \neq j} \int \mathrm{d}^3 r_i \, \mathrm{d}^3 r_j \, \psi_i^* \left(\boldsymbol{r}_i\right) \psi_j^* \left(\boldsymbol{r}_j\right) \frac{e^2}{4\pi\,\varepsilon_0 \left| \boldsymbol{r}_i - \boldsymbol{r}_j \right|} \psi_j \left(\boldsymbol{r}_j\right) \psi_i \left(\boldsymbol{r}_i\right) \,.
\end{aligned} \tag{7.20}$$

Hier haben wir bereits die Normierung (7.17) ausgenutzt. Um die *optimalen* Ein-Teilchen-Wellenfunktionen zu finden, variieren wir das *Energiefunktional* nach $\psi_i^* \left(\boldsymbol{r}\right)$ und setzen die erste Variation gleich Null. Als komplexe Funktion besitzt $\psi_i^*(\boldsymbol{r})$ im Prinzip mit seinem Real- und seinem Imaginärteil zwei unabhängige Variationsfreiheitsgrade. Das können wir auch dahingehend ausnutzen, dass wir $\psi_i^*(\boldsymbol{r})$ und $\psi_i(\boldsymbol{r})$ als unabhängige Variationsvariable auffassen, müssen dann aber noch die Randbedingungen (7.17) für $i = 1, 2, \ldots, N$ mit Hilfe Lagrange'scher Multiplikatoren λ_i ankoppeln (zur *Methode der Lagrange'schen Multiplikatoren* s. Band 2, Abschn. 1.2.5):

$$\delta\left(\langle H_N\rangle_\varphi - \sum_{i=1}^{N} \lambda_i \int d^3r\,\psi_i^*(\boldsymbol{r})\,\psi_i(\boldsymbol{r})\right) \stackrel{!}{=} 0\,. \tag{7.21}$$

Dies bedeutet mit (7.20):

$$\sum_{i=1}^{N} \int d^3r_i\,\delta\psi_i^*(\boldsymbol{r}_i)\left[-\frac{\hbar^2}{2m}\Delta_i + V_i(\boldsymbol{r}_i)\right.$$
$$\left. + \sum_j^{\neq i} \int d^3r_j\,\psi_j^*(\boldsymbol{r}_j)\,\frac{e^2}{4\pi\,\varepsilon_0|\boldsymbol{r}_i - \boldsymbol{r}_j|}\,\psi_j(\boldsymbol{r}_j) - \lambda_i\right]\psi_i(\boldsymbol{r}_i) \stackrel{!}{=} 0\,.$$

Der Faktor 1/2 vor dem dritten Term in der Klammer verschwindet, da ψ_i^* in der Doppelsumme (7.20) zweimal vorkommt. Nach Ankoppeln der Randbedingungen durch die Multiplikatoren λ_i sind die Variationen $\delta\psi_i^*$ völlig beliebig. Wir können z. B.alle $\delta\psi_n^*(\boldsymbol{r}_n) = 0$ für $n \neq i$ setzen und auch die $\boldsymbol{r}_i$-Abhängigkeit der $\delta\psi_i^*$ willkürlich annehmen. Das ergibt dann die **Hartree-Gleichungen**:

$$\left[-\frac{\hbar^2}{2m}\Delta_i + V_i(\boldsymbol{r}_i) + \sum_j^{\neq i} \int d^3r_j\,\psi_j^*(\boldsymbol{r}_j)\,\frac{e^2}{4\pi\,\varepsilon_0\,|\boldsymbol{r}_i - \boldsymbol{r}_j|}\,\psi_j(\boldsymbol{r}_j) - \lambda_i\right]\psi_i(\boldsymbol{r}_i) = 0\,;$$
$$i = 1, 2, \ldots, N\,. \tag{7.22}$$

Diese haben die Gestalt von Eigenwertgleichungen, wobei die Lagrange'schen Multiplikatoren λ_i die Rolle der Energieeigenwerte und die *optimalen* $\psi_i(\boldsymbol{r}_i)$ die der Eigenfunktionen spielen:

$$\left[-\frac{\hbar^2}{2m}\Delta_i + V_i(\boldsymbol{r}_i) + V_{\text{eff}}^{(i)}(\boldsymbol{r}_i)\right]\psi_i(\boldsymbol{r}) = \lambda_i\,\psi_i(\boldsymbol{r}_i)\,,$$
$$i = 1, 2, \ldots, N\,. \tag{7.23}$$

Die Terme sind einfach zu interpretieren. Der erste ist die kinetische Energie des i-ten Elektrons, der zweite seine potentielle Energie im äußeren Potential (Kernpotential oder periodisches Gitterpotential). Der dritte Summand repräsentiert ein **abstoßendes** Potential, das von der Wechselwirkung mit den $N - 1$ anderen Elektronen herrührt:

$$V_{\text{eff}}^{(i)}(\boldsymbol{r}_i) = \frac{e^2}{4\pi\,\varepsilon_0} \sum_j^{\neq i} \int d^3r_j\,\frac{|\psi_j(\boldsymbol{r}_j)|^2}{|\boldsymbol{r}_i - \boldsymbol{r}_j|}\,. \tag{7.24}$$

Es handelt sich um ein *effektives* Potential, das durch die zu findenden Ein-Elektronenwellenfunktionen erst bestimmt ist, und deshalb, wie man sagt, *selbstkonsistent* berechnet werden muss. Dies erfolgt durch Iteration. Man löst das Problem zunächst ohne den Abstoßungsterm $V_{\text{eff}}^{(i)}$ und erhält damit in *nullter Ordnung* $\psi_i^{(0)}(\boldsymbol{r}_i)$, $\lambda_i^{(0)}$ (z. B. die Lösungen des Wasserstoffproblems aus Abschn. 6.2). Mit den $\psi_i^{(0)}(\boldsymbol{r}_i)$ berechnet man $V_{\text{eff}}^{(i)}(\boldsymbol{r}_i)$ und löst das Eigenwertproblem aufs Neue. Das wird so lange fortgesetzt, bis sich die Lösungen innerhalb gewisser Genauigkeitsgrenzen nicht ändern (*Methode des selbstkonsistenten Feldes*). Natürlich ist die praktische Durchführung nur mit Hilfe des Computers möglich. Nach Abschluss der Iteration erhält man als Abschätzung für die **Grundzustandsenergie**, wenn man die Hartree-Gleichungen (7.22) von links mit $\psi_i^*(\boldsymbol{r}_i)$ multipliziert, über $\boldsymbol{r}_i$ integriert und i summiert und dann mit (7.20) vergleicht:

$$E_0 \le \langle H_N \rangle_\varphi = \sum_{i=1}^{N} \lambda_i - \\ -\frac{e^2}{8\pi\varepsilon_0} \sum_{i,j}^{i\neq j} \iint d^3r_i\, d^3r_j\, \psi_i^*(\boldsymbol{r}_i)\, \psi_j^*(\boldsymbol{r}_j)\, \frac{1}{|\boldsymbol{r}_i - \boldsymbol{r}_j|}\, \psi_j(\boldsymbol{r}_j)\, \psi_i(\boldsymbol{r}_i)\,. \tag{7.25}$$

Der genäherte Grundzustand ergibt sich durch Einsetzen der *optimalen* $\psi_i(\boldsymbol{r}_i)$ in den Produktansatz (7.18).

In Kap. 8 wird allerdings deutlich werden, dass der *Hartree-Ansatz* (7.18) eigentlich nur für *spinlose* und sogenannte *unterscheidbare* Teilchen akzeptabel sein kann. Elektronen sind weder das eine noch das andere. Sie unterliegen dem fundamentalen **Pauli-Prinzip**, das eine antisymmetrisierte N-Teilchen-Wellenfunktion aus paarweise verschiedenen Ein-Teilchen-Funktionen erfordert. Dem wird durch die später zu besprechende **Hartree-Fock-Methode** (Abschn. 8.4.1) Rechnung getragen. Wir können also nicht erwarten, dass die nach dem Hartree-Verfahren bestimmte Wellenfunktion (7.18) *physikalisch vernünftig* ist. Die Abschätzung der Grundzustandsenergie nach (7.25) ist da schon realistischer!

7.1.4 Aufgaben

Aufgabe 7.1.1

Ein Teilchen bewege sich in dem Potential

$$V(q) = \begin{cases} \frac{1}{2} m\,\omega^2 q^2 & \text{für } q > 0\,, \\ \infty & \text{für } q \le 0\,. \end{cases}$$

1. Verifizieren Sie (ohne Rechnung!), dass die exakte Grundzustandsenergie $E_0 = (3/2)\,\hbar\,\omega$ beträgt.

2. Benutzen Sie den Variationsansatz

$$\varphi(q) = \begin{cases} 0 & \text{für } q \le 0\,, \\ c\,q\,\mathrm{e}^{-\alpha q} & \text{für } q > 0 \end{cases}$$

$$(\alpha = \text{Variationsparameter})\,,$$

um nach dem Ritz'schen Variationsverfahren die Grundzustandsenergie abzuschätzen. Diskutieren Sie die Wahl dieses Ansatzes.

3. Welches Ergebnis ergibt sich mit dem Variationsansatz:

$$\varphi(q) = \begin{cases} 0 & \text{für } q < 0\,, \\ c\,q\,\mathrm{e}^{-\alpha q^2} & \text{für } q \ge 0\,? \end{cases}$$

Formeln:

$$\int_0^\infty \mathrm{d}q\, q^n\, \mathrm{e}^{-\gamma q} = \frac{\Gamma(n+1)}{\gamma^{n+1}}\,,$$

$$\int_0^\infty \mathrm{d}q\, q^n\, \mathrm{e}^{-\gamma q^2} = \frac{(1/2)\,\Gamma((n+1)/2)}{\gamma^{(n+1)/2}}\,,$$

$$\Gamma(n+1) = n\,\Gamma(n)\,; \quad \Gamma(1) = 1\,; \quad \Gamma\left(\frac{1}{2}\right) = \sqrt{\pi}\,.$$

Aufgabe 7.1.2

Benutzen Sie das Ritz'sche Variationsverfahren zur Abschätzung der Grundzustandsenergie des linearen harmonischen Oszillators mit Hilfe des Ansatzes:

$$\varphi(q) = \frac{1}{\alpha^2 + q^2}\,.$$

Formeln:

$$\int_0^\infty \frac{\mathrm{d}q}{(\alpha^2+q^2)^2} = \frac{\pi}{4\alpha^3}\,; \quad \int_0^\infty \mathrm{d}q\,\frac{q^2}{(\alpha^2+q^2)^2} = \frac{\pi}{4\alpha}\,,$$

$$\int_0^\infty \frac{\mathrm{d}q}{(\alpha^2+q^2)^3} = \frac{3\pi}{16\alpha^5}\,; \quad \int_0^\infty \mathrm{d}q\,\frac{q^2}{(\alpha^2+q^2)^4} = \frac{\pi}{32\alpha^5}\,.$$

Aufgabe 7.1.3

Ein linearer harmonischer Oszillator

$$H = \frac{p^2}{2m} + \frac{1}{2} m\omega^2 q^2$$

befinde sich in einem Kraftfeld der Form:

$$F(q) = f - 2\gamma q\,; \quad (f, \gamma\text{: reelle Konstanten})$$

1. Finden Sie mit dem Variationsansatz (α: Variationsparameter),

$$\varphi(q) = c \exp\left(-\frac{1}{2}\alpha q^2\right)$$

eine Abschätzung für die Grundzustandsenergie!
2. Versuchen Sie das Eigenwertproblem exakt zu lösen und vergleichen Sie die Grundzustandsenergie mit dem Variationsergebnis aus Teil 1.

Aufgabe 7.1.4

1. Für den Grundzustand des Wasserstoffatoms wird die normierte Testwellenfunktion

$$\psi_\alpha(\boldsymbol{r}) = \left(\frac{\alpha}{\pi}\right)^{\frac{3}{4}} \exp\left(-\frac{1}{2}\alpha r^2\right)$$

angesetzt. Berechnen Sie nach dem Variationsprinzip damit eine obere Schranke für die Grundzustandsenergie. Vergleichen Sie diese mit dem exakten Ergebnis!
2. Was würde der Ansatz

$$\psi_\beta(\boldsymbol{r}) = \gamma \exp(-\beta r)$$

liefern? (γ: Normierungskonstante, β: Variationsparameter)

Aufgabe 7.1.5

Die Wechselwirkung zwischen einem Neutron und einem Proton im Abstand r soll durch ein anziehendes Yukawa-Potential,

$$V(r) = -V_0 \frac{\exp(-r/a)}{r/a} \qquad (V_0 > 0)\,,$$

beschrieben werden.

1. Stellen Sie die zeitunabhängige Schrödinger-Gleichung auf und separieren Sie diese nach Relativ- und Schwerpunktanteilen (vgl. Abschn. 6.2.5).
2. Lösen Sie die Gleichung für die Schwerpunktbewegung und geben Sie die Winkelabhängigkeit der Eigenfunktionen der Relativbewegung an.
3. Wählen und begründen Sie den Variationsansatz

$$\varphi(\boldsymbol{r}) = c \exp\left(-\alpha \frac{r}{a}\right)$$

   und berechnen Sie das Energiefunktional.
4. Bei welchem Wert von α wird dieses Energiefunktional minimal (Ritz'sches Variationsverfahren!)?
5. Für $a = 1{,}4 \cdot 10^{-13}$ cm, $V_0 = 50$ MeV, $q = 2\mu V_0 a^2/\hbar^2 = 2{,}46$ (μ: reduzierte Masse) hat das *optimale* α aus 4) den Zahlenwert 0,85. Schätzen Sie damit die Bindungsenergie des Deuterons ab.
6. Definieren Sie *möglichst sinnvoll* einen mittleren Radius des Deuterons und berechnen Sie diesen mit den Zahlenwerten aus Teil 5).

Aufgabe 7.1.6

Ein Teilchen der Masse m führe eine eindimensionale Bewegung in dem Potential

$$V(q) = \begin{cases} \gamma q & \text{für } q \geq 0\,, \\ +\infty & \text{für } q < 0 \end{cases}$$

durch.

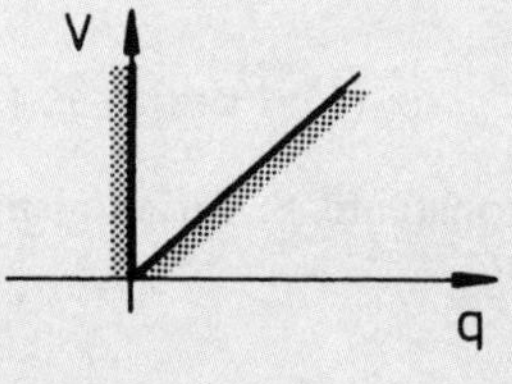

Abb. 7.1 Einfacher eindimensionaler Potentialverlauf mit linearer Ortsabhängigkeit für $q > 0$ und unendlich hoher Wand für $q < 0$

1. Berechnen Sie mit dem Variationsansatz

$$\varphi(q) = \begin{cases} q\,\mathrm{e}^{-\alpha q} & \text{für } q \geq 0\,, \\ 0 & \text{für } q < 0 \end{cases}$$

   das Energiefunktional $\langle H \rangle_\varphi$. Begründen Sie den Ansatz.
2. Finden Sie mit dem Ritz'schen Variationsverfahren eine obere Schranke für die Grundzustandsenergie.

Aufgabe 7.1.7

Ein Teilchen der Masse m bewege sich in einem eindimensionalen Potential $V = V(q)$. Dieses sei eine homogene Funktion von q vom Grade n, d. h.

$$V(\alpha q) = \alpha^n V(q) \qquad \forall\, \alpha \in \mathbb{R}.$$

Beweisen Sie mit Hilfe des Extremalprinzips des Variationsverfahrens, dass für Erwartungswerte in Energieeigenzuständen das „quantenmechanische Virialtheorem" gilt:

$$2\langle T\rangle = n \cdot \langle V\rangle$$

(T: kinetische Energie).

Hinweis: $|\psi(q)\rangle$ sei normierter Eigenzustand zu $H = T + V$. Untersuchen Sie das Energiefunktional $\langle H\rangle_{\psi(\alpha q)}$!

7.2 Zeitunabhängige Störungstheorie

Die **Schrödinger'sche Störungstheorie** ist auf Systeme zugeschnitten, deren Hamilton-Operator so zerlegt werden kann,

$$H = H_0 + H_1 \,, \tag{7.26}$$

dass sich das Eigenwertproblem zu H_0 streng lösen lässt und die *Störung* H_1 lediglich einen kleinen Korrekturterm darstellt. Ziel ist es, für das nicht exakt lösbare *volle* Problem,

$$H\,|E_n\rangle = E_n\,|E_n\rangle \,, \tag{7.27}$$

eine möglichst gute Approximation zu finden. Dazu wird im ersten Schritt das *ungestörte* Problem,

$$H_0\left|E_n^{(0)}\right\rangle = E_n^{(0)}\left|E_n^{(0)}\right\rangle \,, \tag{7.28}$$

exakt gelöst. Die Eigenzustände des hermiteschen Operators H_0 stellen ein vollständiges Orthonormalsystem dar:

$$\left\langle E_n^{(0)} \middle| E_m^{(0)} \right\rangle = \delta\,(n,m) \,, \tag{7.29}$$

$$\mathbf{1} = \sum_n\!\!\!\!\!\!\int \left|E_n^{(0)}\right\rangle\left\langle E_n^{(0)}\right| \,. \tag{7.30}$$

Kapitel 7

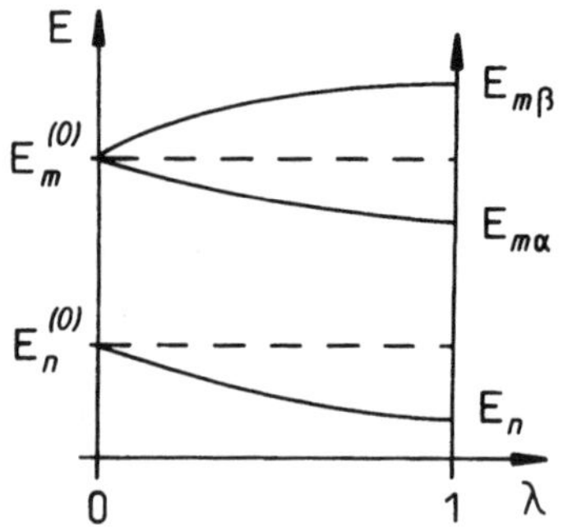

Abb. 7.2 Schematischer Verlauf der Eigenenergien des Hamilton-Operators eines physikalischen Systems, das sich mit Schrödinger'scher Störungstheorie behandeln lässt, bei stetigem Einschalten der Störung

Das Symbol $\delta(n,m)$ haben wir in (3.49) eingeführt. Im diskreten Teil des Spektrums hat es die Bedeutung des Kronecker-Deltas δ_{nm}, im kontinuierlichen Teil ist es die δ-Funktion $\delta\left(E_n^{(0)} - E_m^{(0)}\right)$. Wir werden im folgenden annehmen, dass der Eigenwert, dessen Verschiebung durch die *Störung* H_1 untersucht werden soll, **diskret** ist, was aber nicht notwendig für das gesamte Spektrum von H_0 gelten muss.

Da nach (7.27) die gesuchten Eigenzustände $|E_n\rangle$ nur bis auf einen beliebigen konstanten Faktor festgelegt sind, können wir die folgende **zweckmäßige Normierung** vereinbaren:

$$\left\langle E_n^{(0)} \middle| E_n \right\rangle \stackrel{!}{=} 1\,. \tag{7.31}$$

Nach Abschluss des störungstheoretischen Verfahrens lässt sich der Zustand $|E_n\rangle$ natürlich leicht nachnormieren.

Das Konzept der **Schrödinger'schen Störungstheorie** basiert auf der Idee, die *Störung* H_1 mit Hilfe eines reellen Parameters $0 \le \lambda \le 1$ *einzuschalten*:

$$H_1 \longrightarrow \lambda H_1\,. \tag{7.32}$$

Dem liegt die Vorstellung zugrunde, dass für $\lambda \to 0$ gilt (Abb. 7.2):

$$E_{n\alpha} \longrightarrow E_n^{(0)}\,,$$
$$|E_{n\alpha}\rangle \longrightarrow \left|E_n^{(0)}\right\rangle\,.$$

Die von H und H_0 beschriebenen Systeme werden sich wegen der *Störung* zwar quantitativ unterscheiden, **qualitativ** sollten sie sich aber sehr ähnlich sein. Das ist durchaus nicht immer gewährleistet. Gewisse Phänomene, wie z. B.die Supraleitung, lassen sich deshalb nicht störungstheoretisch behandeln. – Die *Störung* H_1 kann allerdings unter Umständen gewisse Entartungen im *ungestörten* System aufheben.

Bei dem Parameter λ in (7.32) wird es sich in konkreten Fällen auch um eine reale physikalische Größe (*Koppelkonstante*) handeln können. Für die folgenden formalen Überlegungen wird er jedoch nur aus Zweckmäßigkeitsgründen eingeführt. Die Methode besteht nämlich darin, die unbekannten Größen E_n und $|E_n\rangle$ als Potenzreihen in λ anzusetzen mit Koeffizienten, die ausschließlich aus den bekannten *ungestörten* Größen $E_n^{(0)}$ und $|E_n^{(0)}\rangle$ aufgebaut sind. Durch Sortieren nach Potenzen von λ kann man auf bequeme Weise die Approximation nach Potenzen der *Störung* H_1 bis zur gewünschten Genauigkeit entwickeln. Zum Schluss wird natürlich wieder $\lambda = 1$ gesetzt. – Die Konvergenz der erwähnten Reihen wird dabei ohne genauere Untersuchung implizit vorausgesetzt!

7.2.1 Störung eines nicht-entarteten Niveaus

Wir nehmen zunächst an, dass das zu untersuchende Niveau $E_n^{(0)}$ **nicht entartet** ist. Diese Voraussetzung braucht dagegen für die anderen Niveaus nicht notwendig erfüllt zu sein. Ausgangspunkt sind dann die folgenden Entwicklungen:

$$E_n = E_n^{(0)} + \lambda E_n^{(1)} + \lambda^2 E_n^{(2)} + \ldots \tag{7.33}$$

$$|E_n\rangle = \left|E_n^{(0)}\right\rangle + \lambda \left|E_n^{(1)}\right\rangle + \lambda^2 \left|E_n^{(2)}\right\rangle + \ldots \tag{7.34}$$

Wegen der speziellen Normierung (7.31) und wegen (7.29) gilt:

$$\lambda \left\langle E_n^{(0)} \middle| E_n^{(1)} \right\rangle + \lambda^2 \left\langle E_n^{(0)} \middle| E_n^{(2)} \right\rangle + \ldots = 0 \,.$$

Das wiederum hat

$$\left\langle E_n^{(0)} \middle| E_n^{(j)} \right\rangle = \delta_{0j} \tag{7.35}$$

zur Folge. Wir setzen nun die Ansätze (7.33) und (7.34) in die exakte Eigenwertgleichung (7.27) ein:

$$\begin{aligned}
H\,|E_n\rangle &= H_0 \left|E_n^{(0)}\right\rangle + \lambda \left(H_1 \left|E_n^{(0)}\right\rangle + H_0 \left|E_n^{(1)}\right\rangle\right) \\
&\quad + \lambda^2 \left(H_1 \left|E_n^{(1)}\right\rangle + H_0 \left|E_n^{(2)}\right\rangle\right) + \ldots \\
&= H_0 \left|E_n^{(0)}\right\rangle + \sum_{p=1}^{\infty} \lambda^p \left(H_1 \left|E_n^{(p-1)}\right\rangle + H_0 \left|E_n^{(p)}\right\rangle\right) , \\
E_n\,|E_n\rangle &= E_n^{(0)} \left|E_n^{(0)}\right\rangle + \lambda \left(E_n^{(1)} \left|E_n^{(0)}\right\rangle + E_n^{(0)} \left|E_n^{(1)}\right\rangle\right) \\
&\quad + \lambda^2 \left(E_n^{(2)} \left|E_n^{(0)}\right\rangle + E_n^{(1)} \left|E_n^{(1)}\right\rangle + E_n^{(0)} \left|E_n^{(2)}\right\rangle\right) + \ldots \\
&= E_n^{(0)} \left|E_n^{(0)}\right\rangle + \sum_{p=1}^{\infty} \lambda^p \left\{ \sum_{j=0}^{p} E_n^{(j)} \left|E_n^{(p-j)}\right\rangle \right\} .
\end{aligned}$$

Durch Sortieren nach Potenzen von λ ergeben sich die verschiedenen *Ordnungen* der Schrödinger'schen Störungstheorie. In nullter Ordnung ($\sim \lambda^0$) erhalten wir die *ungestörte* Eigenwertgleichung (7.28), die ja als bereits gelöst zu gelten hat. Für $p \geq 1$ folgt aus den letzten beiden Gleichungen:

$$H_1 \left|E_n^{(p-1)}\right\rangle + H_0 \left|E_n^{(p)}\right\rangle = \sum_{j=0}^{p} E_n^{(j)} \left|E_n^{(p-j)}\right\rangle \,. \tag{7.36}$$

Wenn wir diesen Ausdruck von links mit dem bra-Zustand $\langle E_n^{(0)}|$ multiplizieren und (7.35) sowie

$$\left\langle E_n^{(0)}\right| H_0 \left|E_n^{(p)}\right\rangle = E_n^{(0)} \left\langle E_n^{(0)}\middle| E_n^{(p)}\right\rangle = 0 \qquad (p \geq 1)$$

beachten, so bleibt für die

Energiekorrekturen:

$$E_n^{(p)} = \left\langle E_n^{(0)}\right| H_1 \left|E_n^{(p-1)}\right\rangle . \tag{7.37}$$

Um auch die *Zustandskorrekturen* zu erhalten, multiplizieren wir (7.36) von links mit $\langle E_m^{(0)}|$, wobei $m \neq n$ sein soll:

$$\begin{aligned}\left\langle E_m^{(0)}\right| \left(H_0 - E_n^{(0)}\right) \left|E_n^{(p)}\right\rangle &= \left(E_m^{(0)} - E_n^{(0)}\right) \left\langle E_m^{(0)}\middle| E_n^{(p)}\right\rangle \\ &= -\left\langle E_m^{(0)}\right| H_1 \left|E_n^{(p-1)}\right\rangle + \sum_{j=1}^{p} E_n^{(j)} \left\langle E_m^{(0)}\middle| E_n^{(p-j)}\right\rangle .\end{aligned}$$

Nach Voraussetzung ist das Niveau $E_n^{(0)}$ nicht entartet. Wir können also die letzte Gleichung durch $\left(E_m^{(0)} - E_n^{(0)}\right)$ dividieren und schließlich noch die Vollständigkeit der *ungestörten* Eigenzustände (7.30) ausnutzen:

$$\left|E_n^{(p)}\right\rangle = \sum\!\!\!\!\!\!\int_m \left|E_m^{(0)}\right\rangle \left\langle E_m^{(0)}\middle| E_n^{(p)}\right\rangle .$$

Man erkennt, dass wegen (7.35) der Term $m = n$ in dieser Entwicklung gleich Null ist $(p \geq 1)$. Damit ergeben sich die folgenden

Zustandskorrekturen:

$$\begin{aligned}\left|E_n^{(p)}\right\rangle = &\sum\!\!\!\!\!\!\int_{\substack{m \\ (m \neq n)}} \left|E_m^{(0)}\right\rangle \frac{\left\langle E_m^{(0)}\right| H_1 \left|E_n^{(p-1)}\right\rangle}{E_n^{(0)} - E_m^{(0)}} \\ &- \sum_{j=1}^{p} E_n^{(j)} \sum\!\!\!\!\!\!\int_{\substack{m \\ (m \neq n)}} \left|E_m^{(0)}\right\rangle \frac{\left\langle E_m^{(0)}\middle| E_n^{(p-j)}\right\rangle}{E_n^{(0)} - E_m^{(0)}} .\end{aligned} \tag{7.38}$$

Mit (7.37) und (7.38) lassen sich die Korrekturen sukzessiv bis zu beliebiger Ordnung berechnen. Die Ausdrücke werden jedoch sehr schnell kaum noch überschaubar, sodass man sich in Anwendungen in der Regel für die Energieniveaus auf die ersten zwei und für die Zustände auf die erste Korrektur beschränkt. Wir wollen die ersten beiden Ordnungen deshalb zum Schluss noch explizit angeben.

Die **Störungstheorie erster Ordnung** liefert zu den *ungestörten* Eigenwerten $E_n^{(0)}$ und den Eigenzuständen $|E_n^{(0)}\rangle$ die folgenden Korrekturen:

$$E_n^{(1)} = \left\langle E_n^{(0)} \right| H_1 \left| E_n^{(0)} \right\rangle , \tag{7.39}$$

$$\left|E_n^{(1)}\right\rangle = \sum_m^{\neq n}\!\!\!\!\!\!\int \left|E_m^{(0)}\right\rangle \frac{\left\langle E_m^{(0)} \right| H_1 \left| E_n^{(0)} \right\rangle}{E_n^{(0)} - E_m^{(0)}} . \tag{7.40}$$

Der Erwartungswert des Störoperators H_1 im *ungestörten* Eigenzustand $|E_n^{(0)}\rangle$ liefert also bereits die Energiekorrektur erster Ordnung. Speziell für den Grundzustand ($n = 0$) bedeutet dies nach dem Variationsprinzip (7.5), dass $E_0^{(0)} + E_0^{(1)}$ eine obere Schranke für die *wahre* Grundzustandsenergie darstellt. Soll die zweite Ordnung Störungstheorie in dieser Hinsicht zu einer Verbesserung führen, darf $E_0^{(2)}$ nicht positiv sein. – Bei der Zustandskorrektur (7.40) genügt es wegen des Energienenners häufig, in der Entwicklung nur die zu $E_n^{(0)}$ direkt benachbarten Niveaus zu berücksichtigen.

Die **Störungstheorie zweiter Ordnung** steuert die folgenden Korrekturen bei:

$$E_n^{(2)} = \sum_m^{\neq n}\!\!\!\!\!\!\int \frac{\left|\left\langle E_m^{(0)} \right| H_1 \left| E_n^{(0)} \right\rangle\right|^2}{E_n^{(0)} - E_m^{(0)}} , \tag{7.41}$$

$$\begin{aligned} \left|E_n^{(2)}\right\rangle = {} & \sum_m^{\neq n}\!\!\!\!\!\!\int \; \sum_q^{\neq n}\!\!\!\!\!\!\int \left|E_m^{(0)}\right\rangle \frac{\left\langle E_m^{(0)} \right| H_1 \left| E_q^{(0)} \right\rangle \left\langle E_q^{(0)} \right| H_1 \left| E_n^{(0)} \right\rangle}{\left(E_n^{(0)} - E_m^{(0)}\right)\left(E_n^{(0)} - E_q^{(0)}\right)} - \\ & - E_n^{(1)} \sum_m^{\neq n}\!\!\!\!\!\!\int \left|E_m^{(0)}\right\rangle \frac{\left\langle E_m^{(0)} \right| H_1 \left| E_n^{(0)} \right\rangle}{\left(E_n^{(0)} - E_m^{(0)}\right)^2} . \end{aligned} \tag{7.42}$$

Wir erkennen, dass in der Tat die Korrektur zweiter Ordnung $E_0^{(2)}$ für die Grundzustandsenergie negativ ist.

Leider gibt es kaum brauchbare Kriterien, um die Güte der störungstheoretischen Näherung abzuschätzen, d. h. um vorherzusagen, bei welcher Ordnung der gewünschte Genauigkeitsgrad erreicht ist. Es ist jedoch zu erwarten, dass man sich mit (7.42) zufrieden geben kann, falls für alle m gilt:

$$\left|\left\langle E_m^{(0)} \right| H_1 \left| E_n^{(0)} \right\rangle\right| \ll \left|E_n^{(0)} - E_m^{(0)}\right| . \tag{7.43}$$

Die *Störung* H_1 sollte also *möglichst klein* sein und der Niveauabstand *möglichst groß*.

7.2.2 Störung eines entarteten Niveaus

Unsere bisherigen Überlegungen galten nur für nicht-entartete *ungestörte* Niveaus. Ist das Niveau $E_n^{(0)}$ dagegen entartet, so muss die bislang entwickelte Theorie ganz offensichtlich erweitert werden. Die Korrekturterme (7.40) bis (7.42) würden nämlich in einem solchen Fall divergieren.

Wir nehmen nach wie vor an, dass das Energieniveau $E_n^{(0)}$ im diskreten Teil des Spektrums liegt. Es sei nun aber g_n-fach entartet:

$$\left(H_0 - E_n^{(0)}\right)\left|E_{n\alpha}^{(0)}\right\rangle = 0\,, \quad \alpha = 1, 2, \ldots, g_n\,. \tag{7.44}$$

Da jede Linearkombination der $|E_{n\alpha}^{(0)}\rangle$ ebenfalls ein Eigenzustand von H_0 zum Eigenwert $E_n^{(0)}$ ist, ist von vorneherein gar nicht klar, was die für die Störungstheorie **„richtigen" Zustände** nullter Ordnung sind. Wenn wir die *Grundformel* (7.36) für $p = 1$ auswerten,

$$H_1\left|E_n^{(0)}\right\rangle + H_0\left|E_n^{(1)}\right\rangle = E_n^{(0)}\left|E_n^{(1)}\right\rangle + E_n^{(1)}\left|E_n^{(0)}\right\rangle\,, \tag{7.45}$$

bleibt zunächst unbestimmt, was für $|E_n^{(0)}\rangle$ einzusetzen ist. Das soll nun genauer untersucht werden.

Sei $\left\{|E_{n\alpha}^{(0)}\rangle\right\}$ eine orthonormale Basis des g_n-dimensionalen Eigenraums zum Eigenwert $E_n^{(0)}$. Dann lässt sich ein allgemeiner Zustand dieses Raums als Linearkombination schreiben:

$$\left|E_n^{(0)}\right\rangle = \sum_{\alpha=1}^{g_n} c_\alpha \left|E_{n\alpha}^{(0)}\right\rangle\,. \tag{7.46}$$

Nehmen wir einmal an, es sei der „richtige" Zustand nullter Ordnung. Dann muss er (7.45) erfüllen:

$$\sum_\alpha c_\alpha \left(H_1 - E_n^{(1)}\right)\left|E_{n\alpha}^{(0)}\right\rangle + \left(H_0 - E_n^{(0)}\right)\left|E_n^{(1)}\right\rangle = 0\,.$$

Wenn wir diesen Ausdruck *von links* mit dem bra-Zustand $\langle E_{n\beta}^{(0)}|$ multiplizieren, so verschwindet wegen der Entartung der zweite Summand:

$$\sum_\alpha c_\alpha \left(H_{1n}^{\beta\alpha} - E_n^{(1)}\,\delta_{\beta\alpha}\right) = 0\,. \tag{7.47}$$

Hierin ist $H_{1n}^{\beta\alpha}$ ein Element der sogenannten **Störmatrix**:

$$H_{1n}^{\beta\alpha} \equiv \left\langle E_{n\beta}^{(0)}\middle| H_1 \middle|E_{n\alpha}^{(0)}\right\rangle\,. \tag{7.48}$$

Gleichung (7.47) stellt ein lineares, homogenes Gleichungssystem für die *richtigen* Entwicklungskoeffizienten c_α in (7.46) dar. Es hat nur dann eine nicht-triviale Lösung, wenn die **Säkulardeterminante** verschwindet:

$$\det\left(H_{1n}^{\beta\alpha} - E_n^{(1)}\,\delta_{\beta\alpha}\right) = 0\,. \tag{7.49}$$

Dieses ist ein Polynom g_n-ten Grades in $E_n^{(1)}$ mit g_n möglicherweise verschiedenen Lösungen:

$$E_n^{(1)} \longrightarrow E_{nx}^{(1)}\,; \quad x = 1, 2, \ldots, g_n\,. \tag{7.50}$$

Im nächsten Schritt lösen wir nun für jedes x das homogene Gleichungssystem (7.47):

$$c_\alpha \longrightarrow c_{\alpha x}\,; \quad x = 1, 2, \ldots, g_n\,. \tag{7.51}$$

Dann sind nun zwei Fälle zu unterscheiden:

1. *Alle* $E_{nx}^{(1)}$ *paarweise verschieden, Entartung vollständig aufgehoben.*
2. $E_{nx}^{(1)}$ *noch ganz oder teilweise entartet.*

Wir wollen uns zunächst mit dem Fall 1) befassen. Die $c_{\alpha x}$ legen dann eindeutig die *richtigen* Zustände nullter Ordnung fest:

$$\left|E_{nx}^{(0)}\right\rangle = \sum_{\alpha=1}^{g_n} c_{\alpha x} \left|E_{n\alpha}^{(0)}\right\rangle\,. \tag{7.52}$$

Gleichung (7.47) stellt letztlich die Eigenwertgleichung des Operators H_1 im Eigenraum zu $E_n^{(0)}$ dar. Die $|E_{nx}^{(0)}\rangle$ und $E_{nx}^{(1)}$ sind die entsprechenden Eigenzustände und Eigenwerte. Als Eigenzustände eines hermiteschen Operators können die $|E_{nx}^{(0)}\rangle$ als orthonormiert angesehen werden:

$$\left\langle E_{nx}^{(0)} \middle| E_{ny}^{(0)} \right\rangle = \sum_{\alpha=1}^{g_n} c_{\alpha x}^* c_{\alpha y} = \delta_{xy}\,. \tag{7.53}$$

Insbesondere ist natürlich H_1 in diesen *richtigen* Zuständen diagonal:

$$\left\langle E_{nx}^{(0)} \right| H_1 \left| E_{ny}^{(0)} \right\rangle = E_{nx}^{(1)}\,\delta_{xy}\,. \tag{7.54}$$

Bis zur ersten Ordnung *entarteter* Störungstheorie haben wir also den folgenden Energieeigenwert des *vollen* Problems gefunden:

$$E_{nx} \approx E_n^{(0)} + E_{nx}^{(1)}\,. \tag{7.55}$$

Wir wollen nun auch noch die Zustandskorrekturen erster Ordnung und die Energiekorrekturen zweiter Ordnung ableiten.

Da die *ungestörten* Energiezustände ein vollständiges System bilden, kann man zunächst ansetzen:

$$\left|E_{nx}^{(1)}\right\rangle = \sum\!\!\!\!\!\!\int_{m,y}^{\neq n} \left|E_{my}^{(0)}\right\rangle \left\langle E_{my}^{(0)}\middle| E_{nx}^{(1)}\right\rangle + \sum_{y}^{\neq x} \left|E_{ny}^{(0)}\right\rangle \left\langle E_{ny}^{(0)}\middle| E_{nx}^{(1)}\right\rangle . \tag{7.56}$$

Wegen der speziellen Normierungsvereinbarung (7.35) scheidet der $(x = y)$-Term im zweiten Summanden aus. Wenn wir die Gleichung (7.45),

$$\left(H_0 - E_n^{(0)}\right)\left|E_{nx}^{(1)}\right\rangle = \left(E_{nx}^{(1)} - H_1\right)\left|E_{nx}^{(0)}\right\rangle ,$$

von links mit $\langle E_{my}^{(0)}|$ multiplizieren, so folgt für $m \neq n$:

$$\left\langle E_{my}^{(0)}\middle| E_{nx}^{(1)}\right\rangle = \frac{\left\langle E_{my}^{(0)}\middle| H_1 \middle|E_{nx}^{(0)}\right\rangle}{E_n^{(0)} - E_m^{(0)}} . \tag{7.57}$$

Damit ist der erste Summand in (7.56) vollständig bestimmt.

Um auch den zweiten Summanden in den Griff zu bekommen, müssen wir (7.36) für $p = 2$ auswerten:

$$H_1\left|E_{nx}^{(1)}\right\rangle + H_0\left|E_{nx}^{(2)}\right\rangle = E_n^{(0)}\left|E_{nx}^{(2)}\right\rangle + E_{nx}^{(1)}\left|E_{nx}^{(1)}\right\rangle + E_{nx}^{(2)}\left|E_{nx}^{(0)}\right\rangle . \tag{7.58}$$

Dies wird *von links* mit $\langle E_{nz}^{(0)}|$ multipliziert:

$$\left\langle E_{nz}^{(0)}\middle| H_1 \middle|E_{nx}^{(1)}\right\rangle - E_{nx}^{(1)}\left\langle E_{nz}^{(0)}\middle| E_{nx}^{(1)}\right\rangle = E_{nx}^{(2)}\,\delta_{xz} . \tag{7.59}$$

In diese Gleichung setzen wir nun den Ansatz (7.56) ein:

$$\begin{aligned}&\sum\!\!\!\!\!\!\int_{\substack{m,y\\(m\neq n)}} \left\langle E_{nz}^{(0)}\middle| H_1 \middle|E_{my}^{(0)}\right\rangle \left\langle E_{my}^{(0)}\middle| E_{nx}^{(1)}\right\rangle + \sum_{y}^{\neq x} \left\langle E_{nz}^{(0)}\middle| H_1 \middle|E_{ny}^{(0)}\right\rangle \left\langle E_{ny}^{(0)}\middle| E_{nx}^{(1)}\right\rangle \\ &- E_{nx}^{(1)} \sum\!\!\!\!\!\!\int_{\substack{m,y\\(m\neq n)}} \left\langle E_{nz}^{(0)}\middle| E_{my}^{(0)}\right\rangle \left\langle E_{my}^{(0)}\middle| E_{nx}^{(1)}\right\rangle - E_{nx}^{(1)} \sum_{y}^{\neq x} \left\langle E_{nz}^{(0)}\middle| E_{ny}^{(0)}\right\rangle \left\langle E_{ny}^{(0)}\middle| E_{nx}^{(1)}\right\rangle = E_{nx}^{(2)}\,\delta_{xz} .\end{aligned}$$

Wegen (7.53) und (7.54) vereinfacht sich dieser Ausdruck noch beträchtlich:

$$\sum\!\!\!\!\!\!\int_{\substack{m,y\\(m\neq n)}} \left\langle E_{nz}^{(0)}\middle| H_1 \middle|E_{my}^{(0)}\right\rangle \left\langle E_{my}^{(0)}\middle| E_{nx}^{(1)}\right\rangle + \left(E_{nz}^{(1)} - E_{nx}^{(1)}\right)\left\langle E_{nz}^{(0)}\middle| E_{nx}^{(1)}\right\rangle = E_{nx}^{(2)}\,\delta_{xz} . \tag{7.60}$$

Für $x = z$ ergibt sich mit (7.57) unmittelbar die **Energiekorrektur zweiter Ordnung**:

$$E_{nz}^{(2)} = \sum\!\!\!\!\!\!\int_{\substack{m,y\\(m\neq n)}} \frac{\left|\left\langle E_{my}^{(0)}\middle| H_1 \middle|E_{nz}^{(0)}\right\rangle\right|^2}{E_n^{(0)} - E_m^{(0)}} . \tag{7.61}$$

Dieser Ausdruck stimmt formal mit dem Ergebnis (7.41) der nicht-entarteten Störungstheorie zweiter Ordnung überein.

Für die Zustandskorrektur erster Ordnung benötigen wir noch den zweiten Summanden in (7.56). Den erhalten wir aus (7.60) für $x \neq z$:

$$\left\langle E_{nz}^{(0)} \middle| E_{nx}^{(1)} \right\rangle = \frac{1}{E_{nx}^{(1)} - E_{nz}^{(1)}} \sum_{\substack{m,y \\ (m \neq n)}}\!\!\!\!\!\!\!\!\int \frac{\left\langle E_{nz}^{(0)} \middle| H_1 \middle| E_{my}^{(0)} \right\rangle \left\langle E_{my}^{(0)} \middle| H_1 \middle| E_{nx}^{(0)} \right\rangle}{E_n^{(0)} - E_m^{(0)}} . \tag{7.62}$$

Setzt man dieses zusammen mit (7.57) in (7.56) ein, so ist auch die Zustandskorrektur erster Ordnung vollständig bestimmt. Dabei haben wir in (7.62) davon Gebrauch gemacht, dass in erster Ordnung Störungstheorie die Energieentartung vollständig aufgehoben ist. Ansonsten hätten wir nicht durch $E_{nx}^{(1)} - E_{nz}^{(1)}$ dividieren dürfen.

Es kann allerdings auch sein (Fall 2)), dass die *Störung* H_1 die Entartung in erster Ordnung nur teilweise oder gar nicht aufhebt, dass also der Energieeigenwert $E_n^{(0)} + E_{nx}^{(1)}$ noch g_{nx}-fach $(1 \leq g_{nx} \leq g_n)$ entartet bleibt. Dann sind g_{nx} *richtige* Zustände nullter Ordnung zum Eigenwert $E_n^{(0)}$ noch unbestimmt. Die Aufhebung dieser Unbestimmtheit benötigt die zweite oder eine noch höhere Ordnung Störungstheorie. Es kann natürlich auch sein, dass in keiner Ordnung die Entartung vollständig aufgehoben wird. Der Eigenwert E_n des *vollen* Problems (7.27) kann selbst entartet sein.

Betrachten wir schließlich noch kurz den Spezialfall, dass die **Entartung** in erster Ordnung sogar **vollständig erhalten** bleibt. Die *richtigen* Zustände nullter Ordnung müssen auch jetzt (7.54) erfüllen. Sie stellen eine Basis des Eigenraums dar. Da aber alle $E_{nx}^{(1)}$ gleich sind, ist **jeder** Zustand des Eigenraums auch Eigenzustand zu H_1. **Jede** beliebige Basis des Eigenraums diagonalisiert H_1. Die *richtigen* Zustände nullter Ordnung müssen nun aber mit (7.57) zusätzlich auch (7.60) in der Form

$$E_{nx}^{(2)}\, \delta_{xz} = \sum_{\substack{m,y \\ (m \neq n)}}\!\!\!\!\!\!\!\!\int \frac{\left\langle E_{nz}^{(0)} \middle| H_1 \middle| E_{my}^{(0)} \right\rangle \left\langle E_{my}^{(0)} \middle| H_1 \middle| E_{nx}^{(0)} \right\rangle}{E_n^{(0)} - E_m^{(0)}} \tag{7.63}$$

erfüllen. Sollte in zweiter Ordnung die Entartung vollständig aufgehoben sein, so wird nur eine ganz bestimmte Basis des $E_n^{(0)}$-Eigenraums dieses leisten können. Deren Elemente sind dann die gesuchten *richtigen* Zustände nullter Ordnung, mit denen zudem $E_{nx}^{(2)}$ wiederum exakt die Gestalt (7.61) annimmt.

Diese letzten Überlegungen haben jedoch auch deutlich gemacht, dass mit wachsender Ordnung, insbesondere bei vorliegenden Entartungen, die Schrödinger'sche Störungstheorie sehr bald sehr kompliziert werden kann.

Wir fügen zum Schluss noch einige **Zusatzbemerkungen** an:

Es empfiehlt sich, zur Auswertung der Säkulardeterminante (7.49) die Freiheit bei der Wahl der Basis $\{|E_{n\alpha}^{(0)}\rangle\}$ des Eigenraums zum entarteten Eigenwert $E_n^{(0)}$ so anzuwenden, dass die Störmatrix (7.48) besonders einfach wird, d. h., dass möglichst viele Elemente der Matrix Null werden. Durch geschicktes Ausnutzen der Symmetrien des betrachteten physikalischen Systems (gruppentheoretische Überlegungen!) lässt sich bisweilen der Rechenaufwand erheblich senken. Günstig sind Situationen, für die sich eine Observable A finden lässt, die sowohl mit H_0 als auch mit H_1 kommutiert. Man stellt dann zweckmäßig die Störmatrix in der Basis der gemeinsamen Eigenzustände zu H_0 und A dar.

Hat A im Eigenraum zu $E_n^{(0)}$ mehrere verschiedene Eigenwerte $a_{1n}, a_{2n}, a_{3n}, \ldots$, so *zerfällt* die Störmatrix in *Blöcke*. Es gilt nämlich:

$$0 = \left\langle E_{n\alpha}^{(0)} \right| [A, H_1]_- \left| E_{n\beta}^{(0)} \right\rangle = \left(a_{\alpha n} - a_{\beta n}\right) H_{1n}^{\alpha\beta} \,. \tag{7.64}$$

Für $a_{\alpha n} \neq a_{\beta n}$ muss also $H_{1n}^{\alpha\beta}$ gleich Null sein:

$$\left(H_{1n}^{\alpha\beta}\right) \equiv \begin{pmatrix} \Box & & & 0 \\ & \Box & & \\ & & \Box & \\ 0 & & & \ddots \end{pmatrix} \begin{matrix} \longleftarrow & a_{1n} \\ \longleftarrow & a_{2n} \\ \longleftarrow & a_{3n} \\ & \vdots \end{matrix} \,.$$

Da ja auch der Gesamt-Hamilton-Operator H mit A vertauscht, werden sich auch die *vollen* Eigenzustände $|E_n\rangle$ nach den zugehörigen Eigenwerten von A klassifizieren lassen. Es genügt dann gewissermaßen, die Störungsrechnungen in den zueinander orthogonalen Unterräumen zu gegebenem Eigenwert von A durchzuführen.

7.2.3 Quasientartung

Ein im *ungestörten* System nicht-entartetes Niveau $E_n^{(0)}$ wird durch die *Störung* H_1 in zweiter Ordnung Schrödinger'scher Störungstheorie gemäß (7.39) und (7.41) wie folgt verschoben:

$$E_n \approx E_n^{(0)} + \left\langle E_n^{(0)} \right| H_1 \left| E_n^{(0)} \right\rangle + \sum_{\substack{m \\ (m \neq n)}} \frac{\left| \left\langle E_n^{(0)} \right| H_1 \left| E_m^{(0)} \right\rangle \right|^2}{E_n^{(0)} - E_m^{(0)}} \,. \tag{7.65}$$

Sehr viel weiter lässt sich die Entwicklung in der Regel auch nicht treiben. Die entscheidende Frage ist deshalb, ob diese ersten Korrekturterme überhaupt als sinnvolle Näherung für $(E_n - E_n^{(0)})$ ausreichen. Ein grobes Kriterium dafür hatten wir mit (7.43) angegeben. Die *Störung* H_1 sollte *möglichst klein* und der Niveauabstand $|E_n^{(0)} - E_m^{(0)}|$ *möglichst groß* sein.

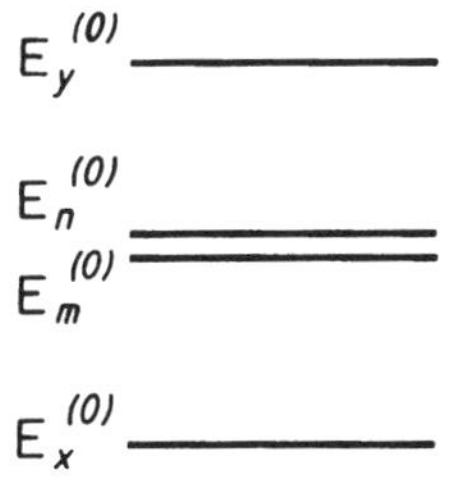

Abb. 7.3 Energiespektrum des ungestörten Systems mit zwei quasientarteten Niveaus

Wie behandelt man nun aber Systeme, die im *ungestörten Fall* zwar nicht entartet sind, für die aber gewisse Niveaus so dicht beieinander liegen, dass die Energienenner in den Störkorrekturen zweiter Ordnung so klein werden (Abb. 7.3), dass das Konzept der Störungstheorie fragwürdig wird? Offenbar müssen solche Fälle gesondert behandelt werden. Die erste Ordnung der Störungskorrektur des Eigenwerts $E_n^{(0)}$ wird noch durch den zugehörigen Eigenzustand $|E_n^{(0)}\rangle$ selbst bewirkt und ist unabhängig von den anderen Niveaus. Die zweite Ordnung enthält dagegen in **additiver** Form Beiträge aller anderen Zustände. Wenn wir einmal davon ausgehen, dass die Energien zweier *ungestörter* Zustände,

$$\left|E_n^{(0)}\right\rangle , \left|E_m^{(0)}\right\rangle ,$$

sehr dicht beieinander liegen, die der anderen Zustände jedoch *energetisch weit weg*, dann können wir letztere in guter Näherung vollständig vernachlässigen. Wir machen deshalb für das quasientartete, effektive Zwei-Niveau-System den folgenden Ansatz,

$$|E\rangle = \alpha_n \left|E_n^{(0)}\right\rangle + \alpha_m \left|E_m^{(0)}\right\rangle , \tag{7.66}$$

und bestimmen die Koeffizienten aus der Forderung, dass $|E\rangle$ Eigenzustand zum *vollen* Hamilton-Operator $H = H_0 + H_1$ ist:

$$H|E\rangle = E|E\rangle . \tag{7.67}$$

Mit den Abkürzungen

$$H_{xy} = \left\langle E_x^{(0)}\right| H \left|E_y^{(0)}\right\rangle = E_x^{(0)}\,\delta_{xy} + H_1^{xy} ,$$

$$H_1^{xy} = \left\langle E_x^{(0)}\right| H_1 \left|E_y^{(0)}\right\rangle$$

erhalten wir aus (7.67) ein lineares Gleichungssystem, wenn wir (7.66) einsetzen und *von links* mit den bra-Zuständen $\langle E_n^{(0)}|$ und $\langle E_m^{(0)}|$ multiplizieren:

$$(H_{nn} - E)\,\alpha_n + H_{nm}\,\alpha_m = 0 ,$$

$$H_{mn}\,\alpha_n + (H_{mm} - E)\,\alpha_m = 0 .$$

Das Verschwinden der Säkulardeterminante,

$$\det \begin{pmatrix} H_{nn} - E & H_{nm} \\ H_{mn} & H_{mm} - E \end{pmatrix} = 0 \,,$$

legt die korrigierten Energieeigenwerte fest:

$$E_\pm = \frac{1}{2} \left((H_{nn} + H_{mm}) \pm \sqrt{(H_{nn} - H_{mm})^2 + 4\,|H_{nm}|^2} \right) . \qquad (7.68)$$

Durch den Grenzübergang $H_1 \to 0$ wird die Zuordnung

$$E_n^{(0)} \Leftrightarrow E_+ \,; \quad E_m^{(0)} \Leftrightarrow E_-$$

klar, wobei wir o.B.d.A $E_n^{(0)} > E_m^{(0)}$ annehmen. Die Aufspaltung zwischen E_+ und E_- ist möglicherweise deutlich größer als die zwischen $E_n^{(0)}$ und $E_m^{(0)}$.

Durch (7.68) sind nun auch die Koeffizienten α_n und α_m des Ansatzes (7.66) festgelegt. Aus

$$(H_{nn} - E_\pm)\ \alpha_n^{(\pm)} + H_{nm}\,\alpha_m^{(\pm)} = 0$$

folgt:

$$\left|\alpha_n^{(\pm)}\right|^2 = \frac{|H_{nm}|^2}{(H_{nn} - E_\pm)^2} \left|\alpha_m^{(\pm)}\right|^2 .$$

Die Normierung des Zustands $|E\rangle$ hat

$$\left|\alpha_m^{(\pm)}\right|^2 = 1 - \left|\alpha_n^{(\pm)}\right|^2 \qquad (7.69)$$

zur Folge. Das führt schließlich zu:

$$\left|\alpha_n^{(\pm)}\right|^2 = \frac{|H_{nm}|^2}{(H_{nn} - E_\pm)^2 + |H_{nm}|^2} . \qquad (7.70)$$

Damit sind die Zustände $|E_\pm\rangle$ und die *korrigierten* Energien $E_\pm$ vollständig bestimmt. Um zu demonstrieren, dass die so gewonnenen Resultate für den Übergang Entartung $\Leftrightarrow$ Nichtentartung gute **Interpolationsformeln** darstellen, besprechen wir zwei Grenzfälle:

■ 1) $|H_{nn} - H_{mm}| \gg |H_{nm}| = |H_1^{nm}|$

Das kann zum Beispiel durch einen Niveauabstand $E_n^{(0)} - E_m^{(0)}$ realisiert sein, der zwar noch klein gegenüber den Abständen zu den anderen Niveaus ist, jedoch bereits groß im Vergleich zu den Nichtdiagonalelementen der Störmatrix. Dann sollte aber die *nicht-entartete*

Störungstheorie des Abschn. 7.2.1 verwendbar sein. – Wir entwickeln die Wurzel in (7.68):

$$\begin{aligned} E_+ &= \frac{1}{2}\left(H_{nn}+H_{mm}\right)+\frac{1}{2}\left(H_{nn}-H_{mm}\right)\left(1+\frac{4\left|H_{nm}\right|^2}{\left(H_{nn}-H_{mm}\right)^2}\right)^{1/2} \\ &\approx \frac{1}{2}\left(H_{nn}+H_{mm}\right)+\frac{1}{2}\left(H_{nn}-H_{mm}\right)\left(1+\frac{2\left|H_{nm}\right|^2}{\left(H_{nn}-H_{mm}\right)^2}\right) \\ &= H_{nn}+\frac{\left|H_{nm}\right|^2}{\left(H_{nn}-H_{mm}\right)}\,. \end{aligned}$$

Es ist also in dieser Grenze:

$$E_+ \approx E_n^{(0)} + \left\langle E_n^{(0)}\middle| H_1 \middle| E_n^{(0)}\right\rangle + \frac{\left|\left\langle E_n^{(0)}\middle| H_1 \middle| E_m^{(0)}\right\rangle\right|^2}{E_n^{(0)} - E_m^{(0)}}\,.$$

Im Nenner des dritten Summanden konnten wir noch $\left(H_1^{nn}-H_1^{mm}\right)$ gegen $\left(E_n^{(0)}-E_m^{(0)}\right)$ vernachlässigen. Das Ergebnis entspricht in der Tat dem der *nicht-entarteten* Störungstheorie zweiter Ordnung (7.41) für ein Zwei-Niveau-System bzw. approximativ für den Fall, dass die anderen Niveaus *weit entfernt* liegen.

Die Gewichtsfaktoren lassen sich in diesem Fall wie folgt abschätzen:

$$\left|\alpha_n^{(+)}\right|^2 \approx \frac{1}{\dfrac{\left|H_{nm}\right|^2}{\left(H_{nn}-H_{mm}\right)^2}+1} \approx 1\,; \quad \left|\alpha_m^{(+)}\right|^2 \approx 0\,.$$

Die *Beimischung* des Zustands $|E_m^{(0)}\rangle$ wird also unbedeutend. (Das kann man auch als nachträgliche Rechtfertigung für die im Ansatz vollzogene Vernachlässigung *entfernter* Niveaus auffassen.) – Dieselben Überlegungen lassen sich auf E_- und $|E_-\rangle$ mit völlig analogen Resultaten anwenden.

2) Entartung: $E_n^{(0)} = E_m^{(0)}$

In diesem Fall kann man wegen

$$\begin{aligned} H_{nn}+H_{mm} &\longrightarrow 2E_n^{(0)} + H_1^{nn} + H_1^{mm}\,, \\ H_{nn}-H_{mm} &\longrightarrow H_1^{nn} - H_1^{mm} \end{aligned}$$

direkt an (7.68) ablesen:

$$E_\pm \longrightarrow E_n^{(0)} + \frac{1}{2}\left(\left(H_1^{nn}+H_1^{mm}\right) \pm \sqrt{\left(H_1^{nn}-H_1^{mm}\right)^2 + 4\left|H_1^{nm}\right|^2}\right).$$

Das ist exakt das Ergebnis der Störungstheorie erster Ordnung für ein zweifach entartetes Niveau (s. Aufgabe 7.2.9).

Offensichtlich sind die Ergebnisse (7.68) bis (7.70) für $E_\pm$ bzw. $|E_\pm\rangle$ gute Interpolationsformeln für quasientartete Niveaus.

7.2.4 Störungstheoretische Grundformel

Die bisher verwendeten störungstheoretischen Ansätze sind nicht die einzig möglichen. Man kann das Problem auch allgemeiner formulieren. Das soll in diesem und dem nächsten Abschnitt demonstriert werden. Wir setzen dabei voraus, dass das untersuchte Energieniveau **nicht-entartet** ist und im **diskreten Teil des Spektrums** liegt. Ferner soll auch jetzt die spezielle Normierung (7.31) gültig sein.

Aus den Eigenwertgleichungen (7.27) und (7.28) folgt durch Multiplikation mit dem bra-Zustand $\langle E_n|$ unter Berücksichtigung von (7.31):

$$\langle E_n| H_0 \left|E_n^{(0)}\right\rangle = E_n^{(0)} \left\langle E_n \middle| E_n^{(0)} \right\rangle = E_n^{(0)} ,$$

$$\langle E_n| H \left|E_n^{(0)}\right\rangle = E_n \left\langle E_n \middle| E_n^{(0)} \right\rangle = E_n .$$

Daran liest man die noch exakte **Niveauverschiebung** ab:

$$E_n - E_n^{(0)} = \langle E_n| H_1 \left|E_n^{(0)}\right\rangle = \left\langle E_n^{(0)}\right| H_1 |E_n\rangle . \tag{7.71}$$

Diese ist so natürlich noch nicht auswertbar, da auf der rechten Seite der unbekannte Eigenzustand $|E_n\rangle$ erscheint.

Wir definieren den **Projektionsoperator**,

$$P_n = \left|E_n^{(0)}\right\rangle \left\langle E_n^{(0)}\right| , \tag{7.72}$$

für den wegen der speziellen Normierung (7.31) gilt:

$$P_n |E_n\rangle = \left|E_n^{(0)}\right\rangle . \tag{7.73}$$

P_n projiziert also den *vollen* Eigenzustand auf den entsprechenden des *ungestörten* Systems. Analog dazu benötigen wir noch den **Orthogonalprojektor**

$$Q_n = \mathbf{1} - P_n = \sum_{\substack{m \\ (m \neq n)}}\!\!\!\!\!\!\!\!\int \;\; \left|E_m^{(0)}\right\rangle \left\langle E_m^{(0)}\right| . \tag{7.74}$$

P_n kommutiert mit H_0 und damit auch Q_n:

$$[P_n, H_0]_- = [Q_n, H_0]_- = 0\,. \tag{7.75}$$

Wir können nun die Eigenwertgleichung (7.27) zunächst mit einer beliebigen reellen Konstanten D wie folgt umschreiben:

$$(D - H_0)\,|E_n\rangle = (D - H + H_1)\,|E_n\rangle = (D - E_n + H_1)\,|E_n\rangle\,.$$

Der Operator $(D - H_0)$ besitzt einen eindeutigen inversen Operator, falls H_0 als Eigenwert nicht gerade die Konstante D aufweist:

$$|E_n\rangle = \frac{1}{D - H_0}\,(D - E_n + H_1)\,|E_n\rangle\,.$$

Wir benutzen zur weiteren Umformung nun die oben eingeführten Projektionsoperatoren

$$|E_n\rangle = P_n\,|E_n\rangle + Q_n\,|E_n\rangle = \left|E_n^{(0)}\right\rangle + Q_n\,\frac{1}{D - H_0}\,(D - E_n + H_1)\,|E_n\rangle\,.$$

Diese Gleichung lässt sich offenbar iterieren und führt dann auf die

störungstheoretische Grundformel:

$$|E_n\rangle = \sum_{m=0}^{\infty}\left\{Q_n\,\frac{1}{D - H_0}\,Q_n\,(D - E_n + H_1)\right\}^m\left|E_n^{(0)}\right\rangle\,. \tag{7.76}$$

Hier haben wir noch die Vertauschbarkeit von Q_n mit $(D - H_0)^{-1}$ sowie die Idempotenz $Q_n^2 = Q_n$ des Projektors ausgenutzt. Diese Darstellung macht klar, dass wir bei der Wahl der Konstanten D nicht alle Eigenwerte von H_0 auszuschließen haben. $D = E_n^{(0)}$ ist wegen (7.74) offensichtlich erlaubt (s. (7.78)). Auf der rechten Seite tauchen nur noch die *ungestörten* Zustände $|E_n^{(0)}\rangle$ auf, allerdings auch der unbekannte Eigenwert E_n. Dafür haben wir die Konstante D noch frei. – Einsetzen der Grundformel (7.71) liefert die **Niveauverschiebung**:

$$E_n - E_n^{(0)} = \sum_{m=0}^{\infty}\left\langle E_n^{(0)}\right|H_1\left\{Q_n\,\frac{1}{D - H_0}\,Q_n\,(D - E_n + H_1)\right\}^m\left|E_n^{(0)}\right\rangle\,. \tag{7.77}$$

Die Formeln (7.76) und (7.77) sind noch exakt. Den Bezug zur **Schrödinger'schen Störungstheorie** stellen wir durch die Wahl

$$D = E_n^{(0)} \tag{7.78}$$

her. Dann folgt zum Beispiel in erster Ordnung für die Zustandskorrektur:

$$
\begin{aligned}
|E_n\rangle &= \left|E_n^{(0)}\right\rangle + Q_n \frac{1}{E_n^{(0)} - H_0} Q_n \left(E_n^{(0)} - E_n + H_1\right) \left|E_n^{(0)}\right\rangle \\
&= \left|E_n^{(0)}\right\rangle + \mathop{\sum\!\!\!\!\!\!\int}_{\substack{m \\ (m \neq n)}} Q_n \left|E_m^{(0)}\right\rangle \left\langle E_m^{(0)}\right| \frac{E_n^{(0)} - E_n + H_1}{E_n^{(0)} - E_m^{(0)}} \left|E_n^{(0)}\right\rangle \\
&= \left|E_n^{(0)}\right\rangle + \mathop{\sum\!\!\!\!\!\!\int}_{\substack{m \\ (m \neq n)}} \left|E_m^{(0)}\right\rangle \frac{\left\langle E_m^{(0)}\right| H_1 \left|E_n^{(0)}\right\rangle}{E_n^{(0)} - E_m^{(0)}} .
\end{aligned}
$$

Das ist aber exakt das Ergebnis (7.40) für die Zustandskorrektur in der Schrödinger-Theorie. Auf dieselbe Weise erhalten wir für die Niveauverschiebung:

$$
\begin{aligned}
& E_n - E_n^{(0)} \\
&= \left\langle E_n^{(0)}\right| H_1 \left|E_n^{(0)}\right\rangle + \left\langle E_n^{(0)}\right| H_1 Q_n \frac{1}{E_n^{(0)} - H_0} Q_n \left(E_n^{(0)} - E_n + H_1\right) \left|E_n^{(0)}\right\rangle \\
&= \left\langle E_n^{(0)}\right| H_1 \left|E_n^{(0)}\right\rangle \\
&\quad + \mathop{\sum\!\!\!\!\!\!\int}_{\substack{m \\ (m \neq n)}} \left\langle E_n^{(0)}\right| H_1 Q_n \frac{1}{E_n^{(0)} - H_0} \left|E_m^{(0)}\right\rangle \left\langle E_m^{(0)}\right| \left(E_n^{(0)} - E_n + H_1\right) \left|E_n^{(0)}\right\rangle \\
&= \left\langle E_n^{(0)}\right| H_1 \left|E_n^{(0)}\right\rangle + \mathop{\sum\!\!\!\!\!\!\int}_{\substack{m \\ (m \neq n)}} \frac{\left|\left\langle E_n^{(0)}\right| H_1 \left|E_m^{(0)}\right\rangle\right|^2}{E_n^{(0)} - E_m^{(0)}} .
\end{aligned}
$$

Dies stimmt mit (7.39) und (7.41) überein. Wir haben damit zumindest für die niedrigsten Ordnungen gezeigt, dass die Wahl (7.78) für die Konstante D die Resultate der Schrödinger'schen Störungstheorie reproduziert. Mit

$$
\Delta E_n = E_n - E_n^{(0)} \tag{7.79}
$$

lässt sich diese also nach (7.76) und (7.77) wie folgt in kompakter Form darstellen:

$$
|E_n\rangle = \sum_{m=0}^{\infty} \left\{ Q_n \frac{1}{E_n^{(0)} - H_0} Q_n \left(H_1 - \Delta E_n\right) \right\}^m \left|E_n^{(0)}\right\rangle , \tag{7.80}
$$

$$
\Delta E_n = \sum_{m=0}^{\infty} \left\langle E_n^{(0)}\right| H_1 \left\{ Q_n \frac{1}{E_n^{(0)} - H_0} Q_n \left(H_1 - \Delta E_n\right) \right\}^m \left|E_n^{(0)}\right\rangle . \tag{7.81}
$$

Wir können nun aber auch durch eine andere Wahl der Konstanten D zusätzliche Verfahren konstruieren!

7.2.5 Brillouin-Wigner'sche Störreihe

Setzt man in der störungstheoretischen Grundformel (7.76) bzw. in der Niveauverschiebung (7.77) für die noch freie Konstante D,

$$D = E_n \,, \tag{7.82}$$

so ergeben sich die folgenden Störreihen:

$$|E_n\rangle = \sum_{m=0}^{\infty} \left\{ Q_n \frac{1}{E_n - H_0} Q_n H_1 \right\}^m |E_n^{(0)}\rangle \,, \tag{7.83}$$

$$E_n - E_n^{(0)} = \sum_{m=0}^{\infty} \langle E_n^{(0)} | H_1 \left\{ Q_n \frac{1}{E_n - H_0} Q_n H_1 \right\}^m |E_n^{(0)}\rangle \,. \tag{7.84}$$

Sie stellen den Ausgangspunkt der *Brillouin-Wigner'schen Störungstheorie* dar. Wir werten die Niveauverschiebung bis zur zweiten Ordnung aus:

$$\begin{aligned} E_n - E_n^{(0)} &= \langle E_n^{(0)} | H_1 | E_n^{(0)} \rangle + \langle E_n^{(0)} | H_1 Q_n \frac{1}{E_n - H_0} Q_n H_1 | E_n^{(0)} \rangle \\ &= \langle E_n^{(0)} | H_1 | E_n^{(0)} \rangle + \sum\!\!\!\!\!\!\int_{\substack{m \\ (m \neq n)}} \langle E_n^{(0)} | H_1 | E_m^{(0)} \rangle \langle E_m^{(0)} | \frac{1}{E_n - H_0} Q_n H_1 | E_n^{(0)} \rangle \,. \end{aligned}$$

Hier haben wir die Darstellung (7.74) für Q_n ausgenutzt. Führen wir die Anwendung von H_0 noch aus, so bleibt als Ergebnis:

$$E_n - E_n^{(0)} = \langle E_n^{(0)} | H_1 | E_n^{(0)} \rangle + \sum\!\!\!\!\!\!\int_{m \neq n} \frac{\left| \langle E_n^{(0)} | H_1 | E_m^{(0)} \rangle \right|^2}{E_n - E_m^{(0)}} \,. \tag{7.85}$$

Der Vergleich mit den *Schrödinger'schen Resultaten* (7.39) und (7.41) zeigt als wichtigen Unterschied den Energienenner in der zweiten Ordnung. In der Version (7.85) lassen sich häufig Probleme vermeiden, die bei Entartung oder Quasientartung der *ungestörten* Niveaus auftreten. Allerdings muss (7.85) noch iteriert werden, da auf der rechten Seite der Gleichung die *volle* Eigenenergie E_n erscheint.

Ganz analog erfolgt die Ableitung der Zustandskorrekturen bis zur ersten Ordnung:

$$|E_n\rangle = |E_n^{(0)}\rangle + \sum\!\!\!\!\!\!\int_{\substack{m \\ (m \neq n)}} |E_m^{(0)}\rangle \frac{\langle E_m^{(0)} | H_1 | E_n^{(0)} \rangle}{E_n - E_m^{(0)}} \,. \tag{7.86}$$

Wenn wir davon ausgehen, dass beide Störreihen, die nach Schrödinger und die nach Brillouin-Wigner, konvergieren, dann müssen sie natürlich zu denselben Resultaten führen. Es handelt sich ja schließlich um exakte Ausdrücke. Das bedeutet allerdings keineswegs, dass auch die Korrekturen erster und zweiter Ordnung bereits übereinstimmen müssen. Es können ja bekanntlich durchaus zwei Reihen, die aus verschiedenen Termen aufgebaut sind, gegen den gleichen Grenzwert streben. Welche der beiden Störreihen sinnvoll und leichter handhabbar ist, entscheidet die aktuelle Problemstellung.

7.2.6 Aufgaben

Aufgabe 7.2.1

Beim vereinfachten Wasserstoffproblem (Abschn. 6.2) wird die räumliche Ausdehnung des Kerns vernachlässigt. Man kann den Kern in erster Näherung als homogen geladene Kugel vom Radius R auffassen.

1. Formulieren Sie den Hamilton-Operator $H = H_0 + H_1$ für das Atomelektron, wobei H_0 der bekannte Hamilton-Operator für den Fall eines punktförmigen Kerns ist und H_1 die durch die räumliche Kernausdehnung bewirkte *Störung* darstellt.
2. Für die Rechnung in Teil 3) benötigen Sie das Integral:

$$\int_0^{x_0} dx\, e^{-x} x^n = n! \left(1 - e^{-x_0} \sum_{\mu=0}^{n} \frac{x_0^\mu}{\mu!} \right) .$$

   Beweisen Sie diese Formel.
3. Berechnen Sie in erster Ordnung Störungstheorie den Einfluss der räumlichen Kernausdehnung auf die Grundzustandsenergie des Atomelektrons.

Aufgabe 7.2.2

Der Hamilton-Operator des linearen anharmonischen Oszillators sei durch

$$H = H_0 + H_1 , \quad H_0 = \frac{p^2}{2m} + \frac{1}{2} m\,\omega^2 q^2 ; \quad H_1 = \alpha \frac{m^2\omega^2}{\hbar} q^4 ; \quad \alpha > 0$$

gegeben. Welche Energiekorrekturen ergeben sich in erster Ordnung Störungstheorie bezüglich H_1?

Aufgabe 7.2.3

Der Hamilton-Operator des linearen harmonischen Oszillators sei in der Form

$$H = H_0 + H_1 ; \quad H_0 = \frac{p^2}{2m} + \frac{1}{2} m\,\omega^2 q^2 ,$$

$$H_1 = \alpha \frac{1}{2} m\,\omega^2 q^2 ; \quad |\alpha| < 1$$

gegeben. Die störungstheoretische Lösung lässt sich hier mit der exakten Lösung vergleichen.

1. Wie lautet die Energiekorrektur erster Ordnung?
2. Berechnen Sie die Zustandskorrektur $|n\rangle^{(1)}$ in erster Ordnung Störungstheorie.
3. Wie sieht die Energiekorrektur zweiter Ordnung aus?
4. Vergleichen Sie die Energiekorrekturen in 1) und 3) mit dem exakten Ergebnis für die Eigenenergie des harmonischen Oszillators.

Aufgabe 7.2.4

Eine schwache konstante Kraft F beeinflusst einen linearen harmonischen Oszillator, was zu dem folgenden Hamilton-Operator führt:

$$H = H_0 + H_1 \; ; \quad H_0 = \frac{p^2}{2m} + \frac{1}{2} m\,\omega^2 q^2 \, , \quad H_1 = -F\,q \, .$$

1. Berechnen Sie mit H_1 als *Störung* in erster Ordnung Störungsrechnung den Eigenzustand $|n\rangle$ des Oszillators.
2. Wie lauten die Energiekorrekturen erster und zweiter Ordnung?
3. Lösen Sie das Eigenwertproblem exakt und vergleichen Sie das Ergebnis für die Energie mit 2).
4. Verschwindet die Energiekorrektur dritter Ordnung?

Aufgabe 7.2.5

Der eindimensionale harmonische Oszillator unterliege der Störung:

$$H_1 = \lambda\,(\hat{q} \cdot \hat{p} + \hat{p} \cdot \hat{q}) \; .$$

Berechnen Sie die Zustände in 1. Ordnung und die Energien bis zur zweiten Ordnung Störungstheorie!

Aufgabe 7.2.6

Der Hamilton-Operator des zweidimensionalen, anharmonischen Oszillators sei durch $H = H_0 + H_1$,

$$H_0 = \frac{1}{2m}\left(p_x^2 + p_y^2\right) + \frac{1}{2} m\omega^2 \left(q_x^2 + q_y^2\right)$$
$$H_1 = \gamma\, q_x^2 \cdot q_y^2$$

gegeben.

1. Berechnen Sie die Energiekorrekturen erster und zweiter Ordnung für den Grundzustand von H_0!
2. Berechnen Sie die Energiekorrekturen erster Ordnung der beiden niedrigst angeregten Niveaus.

Aufgabe 7.2.7

Berechnen Sie in erster Ordnung Störungstheorie den Einfluss des Darwin-Terms (5.254) auf die Grundzustandsenergie des Elektrons im Wasserstoffatom.

Aufgabe 7.2.8

Ein Teilchen der Masse m bewege sich auf einer Kugeloberfläche mit dem Radius R.

1. Formulieren Sie den Hamilton-Operator und lösen Sie das *ungestörte* Eigenwertproblem. Welche Entartung liegt vor?
2. Es wirke als *Störung* das homogene Schwerefeld. Finden Sie eine Observable, die sowohl mit H_0 als auch mit H_1 kommutiert.
3. Geben Sie die *richtigen* Zustände nullter Ordnung an. Benutzen Sie dazu die Überlegungen aus Teil 2).
4. Berechnen Sie die Energiekorrektur erster Ordnung. Wird die Entartung aufgehoben?
5. Was ergibt sich als Energiekorrektur zweiter Ordnung?

Nützliche Formel:

$$\cos\vartheta\, Y_{lm_l}(\vartheta,\varphi) = \sqrt{\frac{(l+1)^2 - m_l^2}{(2l+1)(2l+3)}}\, Y_{l+1\,m_l}(\vartheta,\varphi) + \sqrt{\frac{l^2 - m_l^2}{(2l+1)(2l-1)}}\, Y_{l-1\,m_l}(\vartheta,\varphi)\,.$$

Aufgabe 7.2.9

Betrachten Sie ein zweifach entartetes *ungestörtes* Energieniveau $E_n^{(0)}$:

$$H_0\left|E_{n\alpha}^{(0)}\right\rangle = E_n^{(0)}\left|E_{n\alpha}^{(0)}\right\rangle\;;\quad \alpha = 1,2\,.$$

Bestimmen Sie die Energiekorrektur erster Ordnung und die *richtigen* Zustände nullter Ordnung zum „vollen“ Hamilton-Operator $H = H_0 + H_1$.

Aufgabe 7.2.10

Diskutiert werde ein Wasserstoffatom im homogenen elektrischen Feld (*Stark-Effekt*):

$$\boldsymbol{F} = F\,\boldsymbol{e}_z \ .$$

Dieses Feld soll als Störung angesehen werden.

1. Stellen Sie den Hamilton-Operator auf und zeigen Sie, dass er mit der z-Komponente L_z des Bahndrehimpulses vertauscht.
2. Es seien $|n\,l\,m_l\rangle$ die Eigenzustände des *feldfreien* Systems. Man zeige allgemein:
$$\langle n' l' m_{l'} | H_1 | n\,l\,m_l\rangle \neq 0$$
$$\text{höchstens für } m_{l'} = m_l \ ; \quad l' = l \pm 1 \ .$$
3. Berechnen Sie für $n = 1$ und $n = 2$ die Energiekorrekturen erster Ordnung.
4. Nach 1) genügt es, die Störungsrechnung in Unterräumen zu gegebenem Eigenwert von L_z durchzuführen. Berechnen Sie für $m_l = 0$ und $n = 2$ die *richtigen* Zustände nullter Ordnung.

Aufgabe 7.2.11

Betrachten Sie ein Atom mit der Kernladung Z, welches $(Z-1)$-fach ionisiert ist. Das verbleibende Elektron befinde sich im Zustand $|nlm_l\rangle_Z$. Dabei soll der Index Z auf die Ladung Ze des Kernes hindeuten. Der Elektronenspin spiele keine Rolle. Durch irgendeinen Prozess ändere sich die Kernladung um αe!

1. Berechnen Sie in 1. Ordnung Störungstheorie die Energieänderung des Zustands $|nlm_l\rangle_Z$. Benutzen Sie dazu das Virialtheorem aus Aufgabe 7.1.7.
2. Vergleichen Sie das Ergebnis von 1. mit der exakten Energie des Zustands $|nlm_l\rangle_{Z+\alpha}$. Für welche Werte von α ist die Störungsrechnung sinnvoll?

Aufgabe 7.2.12

Betrachten Sie die eindimensionale Bewegung eines Teilchens der Masse m in einem periodischen Potential $V(z)$. Die Perdiodenlänge sei a $(V(z+a) = V(z))$.

1. Fassen Sie $V(z)$ als Störung auf und geben Sie die *ungestörten* Eigenenergien $E_0(k)$ und Eigenfunktionen $\varphi_k(z)$ an. Normieren Sie diese im *Volumen* $L = N\,a$ mit periodischen Randbedingungen:
$$\varphi_k(z + N\,a) = \varphi_k(z)\ .$$
2. Wie hoch ist der Entartungsgrad der *ungestörten* Energien $E_0(k)$? Welche Wellenzahlen tragen zur Fourier-Zerlegung von $V(z)$ bei?
3. Welche notwendige Bedingung müssen k und k' erfüllen, damit
$$\langle \varphi_k | V | \varphi_{k'} \rangle \neq 0\ ?$$
Welche dieser Zustände $|\varphi_k\rangle$, $|\varphi_{k'}\rangle$ haben zusätzlich dieselbe Energie?
4. Berechnen Sie die Energiekorrekturen in erster Ordnung Störungstheorie und die *richtigen* Zustände nullter Ordnung.
5. Welcher Bezug besteht zum Bändermodell des Festkörpers (Abschn. 4.3.5)?

Aufgabe 7.2.13

Das Gitter eines Festkörpers sei aus zwei ineinander geschachtelten, chemisch äquivalenten Untergittern A und B aufgebaut. An jedem Gitterplatz befinde sich ein magnetisches Moment $\boldsymbol{m}_i$. Die Momente ordnen in den Untergittern jeweils ferromagnetisch, aber mit antiparalleler Orientierung in A und B (Antiferromagnet!). Quasi-frei bewegliche Elektronen eines teilweise gefüllten Energiebandes wechselwirken mit diesen Momenten und unterliegen damit dem folgenden, stark vereinfachten Modell-Hamilton-Operator:

$$\begin{aligned}
H &= H_0 + H_1 \\
H_0 &= \sum_{\substack{\mathbf{k},\sigma \\ \alpha,\beta}} \varepsilon_{\alpha\beta}(\mathbf{k})\, |\mathbf{k}\sigma\alpha\rangle\langle\mathbf{k}\sigma\beta| \\
H_1 &= -\frac{1}{2} J \sum_{\mathbf{k}\sigma\alpha} z_\sigma m_\alpha |\mathbf{k}\sigma\alpha\rangle\langle\mathbf{k}\sigma\alpha| \quad \left(z_\sigma = \delta_{\sigma\uparrow} - \delta_{\sigma\downarrow}\right).
\end{aligned}$$

α, β kennzeichnen die beiden chemisch äquivalenten, ferromagnetischen Untergitter A, B. m_α ist das mittlere (temperaturabhängige) magnetische Moment pro Gitterplatz, wobei wegen der antiferromagnetischen Ordnung

$$m_\mathrm{A} = -m_\mathrm{B} \equiv m$$

gelten muss. $|\mathbf{k}\sigma\alpha\rangle$ bezeichnet den Zustand eines Elektrons mit der Wellenzahl $\mathbf{k}$ und dem Spin $\sigma =\uparrow, \downarrow$ im Untergitter α. Die sogenannten Bloch-Energien $\varepsilon_{\alpha,\beta}(\mathbf{k})$,

$$\varepsilon_{AA}(\mathbf{k}) = \varepsilon_{BB}(\mathbf{k}) \equiv \varepsilon(\mathbf{k}) \; ; \quad \varepsilon_{AB}(\mathbf{k}) = \varepsilon^*_{BA}(\mathbf{k}) \equiv t(\mathbf{k}) \, ,$$

seien bekannt. Obwohl es für die Lösung der Aufgabe unbedeutend ist, sei noch erwähnt, dass $\mathbf{k}$ aufgrund periodischer Randbedingungen eine diskrete Wellenzahl der sogenannten ersten Brillouin-Zone ist. Einzelheiten entnehme man der Lehrbuchliteratur zur Festkörperphysik.

1. Finden Sie die Eigenwerte und Eigenzustände des „*ungestörten*" Operators H_0.
2. Formulieren Sie die „*Störung*" H_1 in der Basis der H_0-Eigenzustände!
3. Lösen Sie exakt das volle Eigenwertproblem zu $H = H_0 + H_1$!
4. Betrachten Sie H_1 im Sinne Schrödinger'scher Störungstheorie als „*Störung*" und berechnen Sie die Energiekorrekturen bis zur zweiten Ordnung. Vergleichen Sie diese mit dem exakten Ergebnis aus Teil 3.
5. Berechnen Sie die Energiekorrektur bis zur zweiten Ordnung in der Brillouin-Wigner-Störungstheorie. Vergleichen Sie auch diese mit dem exakten Resultat!

7.3 Zeitabhängige (Dirac'sche) Störungstheorie

7.3.1 Grundgedanken

Die **zeitunabhängige Störungstheorie** setzt voraus, dass das zu untersuchende System durch einen zeitunabhängigen Hamilton-Operator repräsentiert wird. Es stellt ein Näherungsverfahren zur Lösung des Energieeigenwertproblems dar. Die Idee ist, über die exakt bekannte Lösung eines *möglichst ähnlichen* Problems (*freies System*) zu einer guten Approximation der aktuellen, nicht streng lösbaren Eigenwertgleichung zu gelangen. Hat man die stationären Zustände $|E_n\rangle$ gefunden, so ist bei gegebenen Anfangsbedingungen die Zeitabhängigkeit eines beliebigen Systemzustands durch

$$|\psi(t)\rangle = \mathrm{e}^{-(\mathrm{i}/\hbar)Ht}|\psi(0)\rangle = \sum\!\!\!\!\!\!\int_n \mathrm{e}^{-(\mathrm{i}/\hbar)E_n t}\, |E_n\rangle \langle E_n|\,\psi(0)\rangle$$

vollständig bestimmt.

Häufig ist die physikalische Problemstellung jedoch eine andere. Man interessiert sich zum Beispiel dafür, wie das System auf eine *zeitabhängige Störung* reagiert. Es wird sich dabei in den meisten Fällen um *äußere Felder* handeln, die man auf das System aufschaltet. Die Zeitabhängigkeit kommt dann bereits durch Ein- und Ausschaltvorgänge ins Spiel, zusätzlich zu einer eventuell vorhandenen direkten zeitlichen Variation des Feldes. Man denke zum Beispiel an ein periodisches elektromagnetisches Wechselfeld. Die Aufgabe besteht dann darin herauszufinden, wie sich Zustände und Messwerte unter dem Einfluss der *Störung* zeitlich entwickeln. Da der Hamilton-Operator

$$H = H_0 + H_{1t} \equiv H_t \tag{7.87}$$

nun explizit zeitabhängig ist, kann die Energie des Systems keine Erhaltungsgröße sein. Wir schreiben die durch die Störung bewirkte, explizite Zeitabhängigkeit als Index, um sie von den *dynamischen* Zeitabhängigkeiten (Heisenberg-, Dirac-Bild) zu unterscheiden. Es gibt keine stationären Zustände, sodass eine völlig andere Problemstellung vorliegt als die, die wir im Rahmen der zeitunabhängigen Störungstheorie diskutiert hatten. Wir müssen allerdings wiederum davon ausgehen, dass sich für nahezu jede realistische Situation exakte und vollständige Lösungen nicht werden finden lassen. Die **zeitabhängige Störungstheorie** stellt eine Methode dar, mit der man unter gewissen Bedingungen **näherungsweise** die zeitliche Entwicklung eines physikalischen Systems, charakterisiert durch Bestimmungsgrößen wie **Übergangswahrscheinlichkeiten** (Abschn. 7.3.2) und **Übergangsraten**, berechnen kann.

Ausgangspunkt sei ein Hamilton-Operator der Form (7.87), wobei wir auch jetzt annehmen, dass die Lösung des H_0-*Problems* vollständig bekannt ist. H_0 selbst ist zeitunabhängig:

$$H_0 \left|E_n^{(0)}\right\rangle = E_n^{(0)} \left|E_n^{(0)}\right\rangle . \tag{7.88}$$

Natürlich wird sich die zeitabhängige Störungstheorie wegen der Zeitabhängigkeit des Hamilton-Operators nicht mehr auf der zeitunabhängigen Schrödinger-Gleichung (7.27) des *gestörten* Systems aufbauen lassen. Man könnte allerdings von der zeitabhängigen Schrödinger-Gleichung,

$$\mathrm{i}\hbar \frac{\partial}{\partial t}|\psi(t)\rangle = H_t|\psi(t)\rangle , \tag{7.89}$$

ausgehen und diese zu lösen versuchen. Da die Eigenzustände $|E_n^{(0)}\rangle$ ein vollständiges System bilden (7.30), böte sich der folgende Ansatz an:

$$|\psi(t)\rangle = \sum_m\!\!\!\!\!\!\int\; a_m(t) \left|E_m^{(0)}\right\rangle . \tag{7.90}$$

Diesen setzen wir in die Schrödinger-Gleichung (7.89) ein:

$$\sum_m\!\!\!\!\!\!\int\; \mathrm{i}\hbar\, \dot{a}_m(t) \left|E_m^{(0)}\right\rangle = \sum_m\!\!\!\!\!\!\int\; a_m(t) \left(E_m^{(0)} + H_{1t}\right) \left|E_m^{(0)}\right\rangle .$$

Multiplizieren wir nun *von links* mit dem bra-Zustand $\langle E_n^{(0)}|$, so ergibt sich:

$$\left(\mathrm{i}\hbar \frac{\partial}{\partial t} - E_n^{(0)}\right) a_n(t) = \sum_m\!\!\!\!\!\!\int\; a_m(t) \left\langle E_n^{(0)}\right| H_{1t} \left|E_m^{(0)}\right\rangle . \tag{7.91}$$

Das ist eine Schar von Differentialgleichungen erster Ordnung, zu deren Lösung Anfangsbedingungen,

$$|\psi(t_a)\rangle = \sum\!\!\!\!\!\!\int_m a_m(t_a)\,|E_m^{(0)}\rangle\ ,$$

bekannt sein müssen. Dabei wollen wir annehmen, dass die Störung zur Zeit t_a eingeschaltet wird. Offensichtlich erhalten wir bereits alles Wesentliche, wenn wir die spezielle Vereinbarung treffen, dass sich das System *vor dem Einschalten der Störung* $(t < t_a)$ in einem Eigenzustand $|E_a^{(0)}\rangle$ von H_0 befand. Dies bedeutet:

$$a_m(t_a) = \delta_{ma}\ . \tag{7.92}$$

Man kann nun ganz ähnlich vorgehen wie bei der zeitunabhängigen Schrödinger'schen Störungstheorie in Abschn. 7.2, indem man H_{1t} durch λH_{1t} ersetzt $(0 \le \lambda \le 1)$ und für die Koeffizienten $a_m(t)$ einen Potenzreihenansatz in λ macht. Durch Sortieren nach Potenzen von λ wird dann sukzessive die *zeitabhängige Störungstheorie erster, zweiter, dritter, ... Ordnung* entwickelt (s. Aufgabe 7.3.1).

Wir wollen hier jedoch einen anderen Weg einschlagen, der zwar formaler, aber auch konsequenter ist. Die wesentliche Vorarbeit haben wir bereits in Abschn. 3.4.4 bei der Diskussion des Dirac-Bildes (Wechselwirkungsdarstellung) geleistet. Im Dirac-Bild wird die dynamische Zeitabhängigkeit der Zustände vom Operator der Wechselwirkung bestimmt. Nach (3.206) lautet die Schrödinger-Gleichung:

$$\mathrm{i}\hbar\,|\dot{\psi}_\mathrm{D}(t)\rangle = H_{1t}^\mathrm{D}(t)\,|\psi_\mathrm{D}(t)\rangle\ . \tag{7.93}$$

Die Dynamik der Observablen wird dagegen durch H_0 bewirkt:

$$H_{1t}^\mathrm{D}(t) = \exp\left(\frac{\mathrm{i}}{\hbar}H_0\,(t-t_0)\right)H_{1t}\exp\left(-\frac{\mathrm{i}}{\hbar}H_0\,(t-t_0)\right)\ . \tag{7.94}$$

Wir wollen wie in Abschn. 3.4.4 Zustände und Observable des Dirac-Bildes durch den Index D kennzeichnen. Indexfreie Größen sind im Schrödinger-Bild gemeint. Zum Zeitpunkt t_0 sollen die beiden Darstellungen übereinstimmen. Wir können $t_0 = t_a$ wählen und haben dann:

$$|\psi_\mathrm{D}(t_a)\rangle = |\psi(t_a)\rangle \overset{(7.92)}{=} |E_a^{(0)}\rangle\ . \tag{7.95}$$

Gefragt ist nach $|\psi_\mathrm{D}(t)\rangle$ für $t > t_a$. Die Antwort gibt der **Zeitentwicklungsoperator** $U_\mathrm{D}(t, t_a)$,

$$|\psi_\mathrm{D}(t)\rangle = U_\mathrm{D}(t, t_a)\,|\psi_\mathrm{D}(t_a)\rangle\ , \tag{7.96}$$

für den wir in Abschn. 3.4.4 mit der **Dyson-Reihe** (3.210), (3.172) eine formale Integraldarstellung angeben konnten:

$$U_\mathrm{D}(t, t_a) = \mathbf{1} + \sum_{n=1}^{\infty} U_\mathrm{D}^{(n)}(t, t_a)\ , \tag{7.97}$$

$$U_{\mathrm{D}}^{(n)}(t,t_{\mathrm{a}}) = \left(-\frac{\mathrm{i}}{\hbar}\right)^n \int\limits_{t_{\mathrm{a}}}^{t} \mathrm{d}t_1 \int\limits_{t_{\mathrm{a}}}^{t_1} \mathrm{d}t_2 \cdots \int\limits_{t_{\mathrm{a}}}^{t_{n-1}} \mathrm{d}t_n\, H_{1t_1}^{\mathrm{D}}(t_1)\, H_{1t_2}^{\mathrm{D}}(t_2) \cdots H_{1t_n}^{\mathrm{D}}(t_n)\,. \tag{7.98}$$

Damit ist im Prinzip das zeitliche Verhalten des Dirac-Zustands $|\psi_{\mathrm{D}}(t)\rangle$ vollständig bestimmt, jedoch wird sich die Dyson-Reihe für reale Probleme nicht geschlossen aufsummieren lassen. Andererseits ist (7.97) natürlich eine hervorragende Ausgangsbasis für *störungstheoretische* Approximationen, wird doch in (7.97) bereits *nach Potenzen der Störung* H_{1t} sortiert. Wenn die Störung *klein* ist – was das genau bedeutet, müssen wir uns natürlich noch überlegen –, dann wird man die Reihe (7.97) nach endlichen vielen Termen abbrechen können. Man kann also konsequenterweise von einer

- **zeitabhängigen Störungstheorie *n*-ter Ordnung**

sprechen, wenn die Auswertung die ersten n Summanden der Dyson-Reihe erfasst. Da die Grundidee auf der Dirac-Darstellung beruht, spricht man im Übrigen auch von

- **Dirac'scher Störungstheorie.**

Für die Berechnung der Integrale in (7.98) ist dann allerdings ein Wechsel ins Schrödinger-Bild zu empfehlen. Wir vereinbaren die folgenden Abkürzungen:

$$E_{nm}^{(0)} = E_n^{(0)} - E_m^{(0)}\,, \tag{7.99}$$

$$H_{nm}(t) = \langle E_n^{(0)} | H_{1t} | E_m^{(0)} \rangle\,. \tag{7.100}$$

Zwischen die Störoperatoren im Integranden in (7.98) schieben wir nun jeweils die Identität **1** in Form der Vollständigkeitsrelation

$$\mathbf{1} = \sum\!\!\!\!\!\!\int_m |E_m^{(0)}\rangle\langle E_m^{(0)}|\,.$$

Wegen (7.94) wird dann die dynamische Zeitabhängigkeit trivial:

$$\langle E_m^{(0)} | H_{1t_n}^{\mathrm{D}}(t_n) | E_n^{(0)} \rangle = H_{mn}(t_n)\, \mathrm{e}^{(\mathrm{i}/\hbar)E_{mn}^{(0)}(t_n - t_0)}\,.$$

Das Matrixelement des n-ten Terms in der Dyson-Reihe für den Zeitentwicklungsoperator nimmt somit die folgende Gestalt an:

$$\begin{aligned}\langle E_{\mathrm{e}}^{(0)} | U_{\mathrm{D}}^{(n)}(t,t_{\mathrm{a}}) | E_{\mathrm{a}}^{(0)} \rangle &= \left(-\frac{\mathrm{i}}{\hbar}\right)^n \int\limits_{t_{\mathrm{a}}}^{t} \mathrm{d}t_1 \cdots \int\limits_{t_{\mathrm{a}}}^{t_{n-1}} \mathrm{d}t_n \sum\!\!\!\!\!\!\int_{m_1} \cdots \sum\!\!\!\!\!\!\int_{m_{n-1}} H_{\mathrm{e}m_1}(t_1)\\ &\cdot H_{m_1 m_2}(t_2) \cdots H_{m_{n-1}a}(t_n) \exp\left[\frac{\mathrm{i}}{\hbar} E_{\mathrm{e}m_1}^{(0)}(t_1 - t_{\mathrm{a}})\right]\\ &\cdot \exp\left[\frac{\mathrm{i}}{\hbar} E_{m_1 m_2}^{(0)}(t_2 - t_{\mathrm{a}})\right] \cdots \exp\left[\frac{\mathrm{i}}{\hbar} E_{m_{n-1}\mathrm{a}}^{(0)}(t_n - t_{\mathrm{a}})\right]\,.\end{aligned} \tag{7.101}$$

Damit die Reihe nach dem n-ten Summanden abgebrochen werden kann, muss man fordern, dass der $(n+1)$-te Term gegenüber dem n-ten Term vernachlässigt werden kann. Die beiden Reihenglieder unterscheiden sich nach (7.101) durch einen Faktor vom Typ:

$$\left| -\frac{\mathrm{i}}{\hbar} \int_{t_\mathrm{a}}^{t} \mathrm{d}t_n \sum_n\!\!\!\!\!\!\int H_{mn}(t_n) \exp\left[\frac{\mathrm{i}}{\hbar} E_{mn}^{(0)}(t_n - t_\mathrm{a})\right] \right| \leq \frac{1}{\hbar} \int_{t_\mathrm{a}}^{t} \mathrm{d}t_n \sum_n\!\!\!\!\!\!\int |H_{mn}(t_n)| \; .$$

Man wird also als *grobes Kriterium* für eine Dirac'sche Störungstheorie **endlicher** Ordnung fordern, dass

$$x_{mn}(t') \equiv (t - t_\mathrm{a}) \left| \left\langle E_m^{(0)} \right| H_{1t'} \left| E_n^{(0)} \right\rangle \right| \tag{7.102}$$

für alle m, n und $t' \in [t_\mathrm{a}, t]$ sehr viel kleiner als $\hbar$ ist. Das Produkt aus *Wechselwirkungsstärke* ($\sim |\langle E_m^{(0)}|H_{1t'}|E_n^{(0)}\rangle|$) und *Wechselwirkungsdauer* ($\sim (t - t_\mathrm{a})$) sollte demnach eine sehr kleine Größe sein.

7.3.2 Übergangswahrscheinlichkeit

Wir nehmen an, dass zur Zeit t_a eine Störung H_{1t} eingeschaltet wird und dass sich das System bis zu diesem Zeitpunkt in einem Eigenzustand $|E_\mathrm{a}^{(0)}\rangle$ von H_0 befand. Von besonderem Interesse sind dann *Übergangswahrscheinlichkeiten*, die angeben, mit welcher Wahrscheinlichkeit sich das System bei einer Messung zu einem späteren Zeitpunkt $t > t_\mathrm{a}$ in einem anderen Eigenzustand $|E_\mathrm{e}^{(0)}(t)\rangle$ von H_0 befindet. Mögliche Übergänge resultieren aus dem Einfluss der Störung, die gewissermaßen an dem System *rüttelt*. Für $H_{1t} \neq 0$ ist $|E_\mathrm{a}^{(0)}\rangle$ in der Regel kein Eigenzustand mehr. Wichtig sind vor allem die Fälle, bei denen die Störung eine endliche Zeit t_s wirkt. Es kann sich dabei um ein für eine gewisse Zeitspanne eingeschaltetes äußeres Feld handeln, oder man denke an die Störung, die durch den *Vorbeiflug* eines geladenen Teilchens hervorgerufen werden kann (Abb. 7.4). Da H_0 selbst zeitunabhängig ist, wird der genaue Einschaltzeitpunkt nicht entscheidend sein, sondern nur die Zeitdauer t_s der Störung. Wir können also ohne weiteres t_a beliebig wählen, zum Beispiel $t_\mathrm{a} = 0$. Für $0 \leq t \leq t_\mathrm{s}$ ist also die Störung H_{1t} wirksam, außerhalb dieses Zeitabschnitts bleibt die Gesamtenergie eine Konstante der Bewegung. Wir definieren nun als

Übergangswahrscheinlichkeit:

$$w_{\mathrm{ae}}(t) \equiv \left| \left\langle E_\mathrm{e}^{(0)} \right| U_\mathrm{D}(t,0) \left| E_\mathrm{a}^{(0)} \right\rangle \right|^2 \; . \tag{7.103}$$

Diese Formel muss noch ein wenig kommentiert werden. Es sei $|\psi(t)\rangle$ der Zustand im Schrödinger-Bild, der sich aus $|E_\mathrm{a}^{(0)}(0)\rangle$ unter dem Einfluss von $H = H_0 + H_{1t}$ entwickelt:

$$|\psi(t)\rangle = U(t,0) \left| E_\mathrm{a}^{(0)} \right\rangle \; . \tag{7.104}$$

Abb. 7.4 Schematische Darstellung einer für eine endliche Zeit eingeschalteten Störung

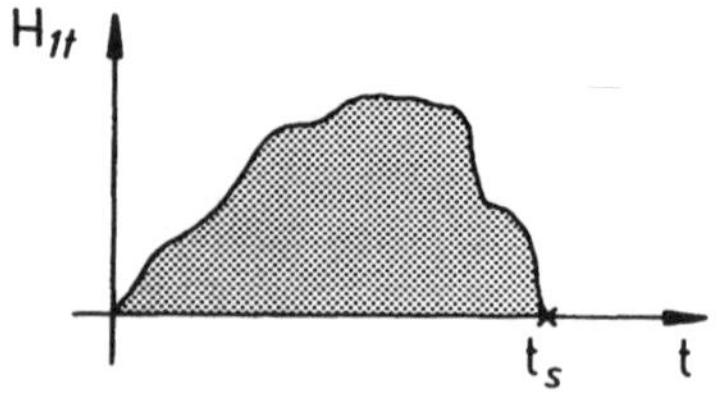

$U(t,0)$ ist der Zeitentwicklungsoperator im Schrödinger-Bild. Nach (3.200) besteht der Zusammenhang

$$U_D(t,t') = e^{(i/\hbar)H_0(t-t_0)}\, U(t,t')\, e^{-(i/\hbar)H_0(t'-t_0)} \; .$$

t_0 ist der Zeitpunkt, zu dem die verschiedenen *Bilder* übereinstimmen sollen. Dieser kann frei gewählt werden. Wir setzen $t_0 = 0$. Dann gilt aber:

$$U_D(t,0) = e^{(i/\hbar)H_0 t}\, U(t,0) \; .$$

Setzen wir diese Beziehung in (7.103) ein, so nimmt die Übergangswahrscheinlichkeit im Schrödinger-Bild die *etwas vertrautere* Gestalt

$$w_{ae}(t) = \left|\left\langle E_e^{(0)}(t)\middle|\psi(t)\right\rangle\right|^2 = |a_e(t)|^2 \tag{7.105}$$

an. Sie ist plausiblerweise mit dem Betragsquadrat des Entwicklungskoeffizienten $a_e(t)$ aus (7.90) identisch. Dabei ist t der **Zeitpunkt der Messung**! Soll $w_{ae(t)}$ die Wahrscheinlichkeit für einen *echten Übergang* sein, so ist natürlich insbesondere davon auszugehen, dass Anfangs- und Endzustand wirklich verschieden sind, $|E_a^{(0)}\rangle \neq |E_e^{(0)}\rangle$. Als Eigenzustände zu H_0 sind sie damit auch orthogonal. Mit (7.97) in (7.103) erhalten wir dann:

$$w_{ae}(t) = \left|\sum_{n=1}^{\infty} \left\langle E_e^{(0)}\right| U_D^{(n)}(t,0) \left|E_a^{(0)}\right\rangle\right|^2 \; . \tag{7.106}$$

Bisweilen definiert man noch für $|E_a^{(0)}\rangle = |E_e^{(0)}\rangle$ eine *Verweilwahrscheinlichkeit* $\hat{w}_{aa}(t)$, für die natürlich

$$\hat{w}_{aa}(t) = \left|\left\langle E_a^{(0)}\right| U_D(t,0) \left|E_a^{(0)}\right\rangle\right|^2 = 1 - \sum_{e}^{\neq a} w_{ae}(t) \tag{7.107}$$

gelten muss. Für die beiden ersten Terme in (7.106) lauten nach (7.101) die Matrixelemente:

$$\left\langle E_e^{(0)}\right| U_D^{(1)}(t,0) \left|E_a^{(0)}\right\rangle = \left(-\frac{i}{\hbar}\right) \int_0^t dt_1\, H_{ea}(t_1)\, e^{(i/\hbar)E_{ea}^{(0)} t_1} \; , \tag{7.108}$$

$$\begin{aligned}\left\langle E_e^{(0)}\right| U_D^{(2)}(t,0) \left|E_a^{(0)}\right\rangle &= \left(-\frac{i}{\hbar}\right)^2 \int_0^t dt_1 \int_0^{t_1} dt_2 \sum\!\!\!\!\!\!\int_m H_{em}(t_1)\, H_{ma}(t_2)\cdot \\ &\quad\cdot \exp\left[\frac{i}{\hbar}\left(E_{em}^{(0)} t_1 + E_{ma}^{(0)} t_2\right)\right] \; .\end{aligned} \tag{7.109}$$

Die Ausdrücke werden also bereits in zweiter Ordnung recht kompliziert. In den Ordnungen $n \geq 2$ entwickelt sich anschaulich das System vom **realen** Anfangszustand $|E_a^{(0)}\rangle$ in den **realen** Endzustand über sogenannte **virtuelle Zwischenzustände**. Diese heißen *virtuell*, da sie als Resultat einer formalen Entwicklung vom System nicht tatsächlich angenommen werden. Letzteres kann in diesem also nicht etwa beobachtet, d. h. gemessen werden. Reale Übergänge in solche Zwischenzustände würden in der Regel auch den Energiesatz verletzen. Formeln wie (7.109) vermitteln aber den Eindruck, *als ob* das System *tatsächlich* über solche Zwischenzustände von $|E_a^{(0)}\rangle$ nach $|E_e^{(0)}\rangle$ gelangen würde. Sie können deshalb bisweilen vorteilhafte Anschauungs- und Interpretationshilfen liefern.

In der Regel gibt man sich bei der Übergangswahrscheinlichkeit mit der ersten Ordnung Störungstheorie zufrieden, für die nach (7.106) und (7.108) zu berechnen bleibt:

$$w_{ae}^{(1)}(t) = \frac{1}{\hbar^2} \left| \int_0^t dt_1 \langle E_e^{(0)} | H_{1t_1} | E_a^{(0)} \rangle \exp\left(\frac{i}{\hbar} \left(E_e^{(0)} - E_a^{(0)} \right) t_1 \right) \right|^2 . \tag{7.110}$$

Die zweite Ordnung wird vor allem dann wichtig, wenn die Übergangswahrscheinlichkeit in erster Ordnung verschwindet, wenn also zum Beispiel das Matrixelement im Integranden von (7.110) Null ist. In einem solchen Fall ist $w_{ae}^{(2)}(t)$ direkt durch das Betragsquadrat des Ausdrucks (7.109) gegeben. Verschwindet $\langle E_e^{(0)}|H_{1t}|E_a^{(0)}\rangle$ nicht, so ist nach (7.106) für $w_{ae}^{(2)}(t)$ das Betragsquadrat einer Summe aus zwei Termen zu bilden. Wir wollen unsere Betrachtungen hier jedoch auf die erste Ordnung Störungstheorie (7.110) beschränken.

Für $t < t_s$, d. h., wenn die Messung während der Zeit der Störung erfolgt, wird $w_{ae}^{(1)}(t)$ zeitabhängig sein. Ist die Störung jedoch zum Zeitpunkt der Messung bereits *abgeschaltet*, also $t > t_s$, dann können wir für das Integral in (7.110) die obere Integrationsgrenze t durch t_s ersetzen. Die Übergangswahrscheinlichkeit $w_{ae}^{(1)}$ ist dann zeitunabhängig. Jede Messung liefert für $t > t_s$ dasselbe $w_{ae}^{(1)}$. Das System befindet sich für $t > t_s$ wieder in einem Zustand, der der *ungestörten*, zeitunabhängigen Schrödinger-Gleichung genügt. Dieser muss allerdings nicht mehr mit $|E_a^{(0)}\rangle$ identisch sein.

Wir wollen den Fall $t > t_s$ noch etwas genauer analysieren. Zunächst können wir in (7.110) die Integrationsgrenzen nach $\pm\infty$ ziehen, da $H_{ea}(t_1) = 0$ für $-\infty < t_1 < 0$ und $t_s < t_1 < +\infty$:

$$(t \geq t_s) \qquad w_{ae}^{(1)} = \frac{1}{\hbar^2} \left| \int_{-\infty}^{+\infty} dt_1\, H_{ea}(t_1)\, e^{(i/\hbar) E_{ea}^{(0)} t_1} \right|^2 .$$

Rechts steht jetzt im wesentlichen das Fourier-Integral der Störung ((4.190), Bd. 3):

$$H_{ea}(t) = \frac{1}{2\pi\hbar} \int_{-\infty}^{+\infty} dE\, H_{ea}(E)\, e^{-(i/\hbar)Et} , \tag{7.111}$$

$$H_{ea}(E) = \int_{-\infty}^{+\infty} dt\, H_{ea}(t)\, e^{(i/\hbar)Et} . \tag{7.112}$$

Damit gilt für die Übergangswahrscheinlichkeit in erster Ordnung Störungstheorie:

$$w_{\mathrm{ae}}^{(1)} = \frac{1}{\hbar^2} \left| H_{\mathrm{ea}} \left(E_{\mathrm{ea}}^{(0)} \right) \right|^2 . \tag{7.113}$$

$w_{\mathrm{ae}}^{(1)}$ ist also nur dann von Null verschieden, wenn die Energie $E_{\mathrm{e}}^{(0)} - E_{\mathrm{a}}^{(0)} = E_{\mathrm{ea}}^{(0)}$ im Fourier-Spektrum der Störung enthalten ist. Der Übergang besitzt somit **Resonanzcharakter**!

Bevor wir in den nächsten beiden Abschnitten die Diskussion in etwas konkreterer Form fortsetzen, sollten wir uns noch einmal daran erinnern, dass wegen (7.102) diese störungstheoretischen Ergebnisse für die Übergangswahrscheinlichkeit nur für $w_{\mathrm{ae}}^{(1)} \ll 1$ sinnvoll sind. Nur wenn Übergänge noch relativ unwahrscheinlich bleiben, können wir uns mit erster Ordnung Störungstheorie begnügen!

7.3.3 Fermi's Goldene Regel

Wir wollen nun die Übergangswahrscheinlichkeit für den wichtigen Spezialfall diskutieren, dass die Störung, die zur Zeit $t = 0$ eingeschaltet wird, bis zum Ausschalten bei $t = t_{\mathrm{s}}$ konstant bleibt (Abb. 7.5):

$$H_{1t} \equiv H_1 \Theta(t)\, \Theta(t_{\mathrm{s}} - t) . \tag{7.114}$$

Die *Stördauer* t_{s} sei lang genug, um spezielle Ein- und Ausschaltvorgänge vernachlässsigen zu können. Dann lässt sich das Integral in (7.110) einfach berechnen:

$$w_{\mathrm{ae}}^{(1)}(t) = \frac{1}{\hbar^2} \left| \langle E_{\mathrm{e}}^{(0)} | H_1 | E_{\mathrm{a}}^{(0)} \rangle \right|^2 F_t \left(E_{\mathrm{ea}}^{(0)} \right) . \tag{7.115}$$

Die Übergangswahrscheinlichkeit wird also von zwei Termen bestimmt, zum einen von dem **Übergangsmatrixelement** $\langle E_{\mathrm{e}}^{(0)} | H_1 | E_{\mathrm{a}}^{(0)} \rangle$ und zum anderen von dem zeitabhängigen **Gewichtsfaktor** $F_t\big(E_{\mathrm{ea}}^{(0)}\big) = F_t \left(E_{\mathrm{e}}^{(0)} - E_{\mathrm{a}}^{(0)} \right)$, den wir etwas genauer untersuchen wollen:

$$F_t(E) = \Theta(t) \left[\Theta(t_{\mathrm{s}} - t)\, F_t^*(E) + \Theta(t - t_{\mathrm{s}})\, F_{t_{\mathrm{s}}}^*(E) \right] . \tag{7.116}$$

Die Funktion $F_t^*(E)$,

$$F_t^*(E) = \left| \int_0^t \mathrm{d}t_1\, \mathrm{e}^{(\mathrm{i}/\hbar)E t_1} \right|^2 = \left| \frac{\mathrm{e}^{(\mathrm{i}/\hbar)Et} - 1}{(\mathrm{i}/\hbar)E} \right|^2 = 2\hbar^2 \frac{1 - \cos((E/\hbar)t)}{E^2} \tag{7.117}$$

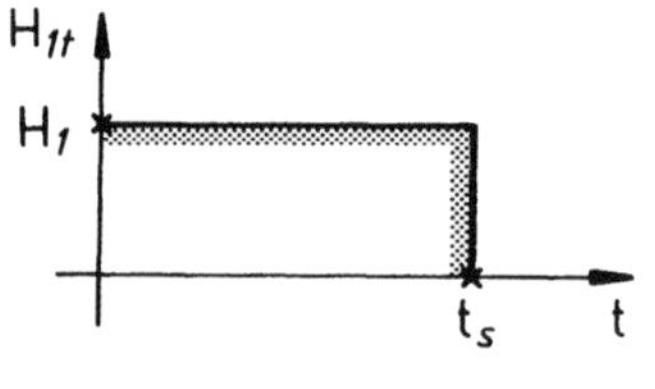

Abb. 7.5 Einfachste Form einer für eine endliche Zeit wirkenden Störung

hat Nullstellen bei $E = n\,(2\pi\hbar/t); n = \pm 1, \pm 2, \dots$ und ein ausgeprägtes Maximum bei $E = 0$. Mit Hilfe der Regel von l'Hospital findet man den Funktionswert $F_t^*\,(E = 0)$:

$$F_t^*(0) = \lim_{E\to 0} 2\hbar^2 \frac{(\mathrm{d}^2/\mathrm{d}E^2)\,(1 - \cos(E/\hbar)\,t)}{(\mathrm{d}^2/\mathrm{d}E^2)\,E^2} = t^2\,. \tag{7.118}$$

Die Halbwertsbreite lässt sich zu etwa $2\pi\hbar/t$ abschätzen. Der Peak wird also mit zunehmender Zeit immer ausgeprägter. Wir berechnen noch das folgende Integral:

$$\frac{1}{2\pi\,\hbar\,t}\int_{-\infty}^{+\infty} \mathrm{d}E\,F_t^*(E) = \frac{1}{\pi}\int_{-\infty}^{+\infty} \mathrm{d}y\,\frac{1-\cos y}{y^2} = \frac{1}{\pi}\int_{-\infty}^{+\infty} \mathrm{d}y\,\frac{\sin y}{y}\,.$$

Im zweiten Schritt haben wir $E = (\hbar/t)\,y$ substituiert und schließlich im dritten partiell integriert. Das verbleibende Integral lässt sich mit Hilfe des Residuensatzes leicht auswerten (s. 2. Beispiel in Abschn. 4.4.5, Bd. 3). Es hat den Wert π. Das hat zur Folge:

$$\frac{1}{2\pi\,\hbar\,t}\int_{-\infty}^{+\infty} \mathrm{d}E\,F_t^*(E) = 1\,. \tag{7.119}$$

Für $E \neq 0$ lässt sich schließlich noch mit Hilfe von (7.117) abschätzen:

$$\frac{F_t^*(E)}{2\pi\,\hbar\,t} \le \frac{2\hbar}{\pi\,E^2 t} \underset{t\to\infty}{\longrightarrow} 0\,. \tag{7.120}$$

An (7.118) bis (7.120) wird klar, dass die Funktion $F_t^*(E)/2\pi\,\hbar\,t$ für $t \to \infty$ zur δ-Funktion wird (s. (1.2) und (1.3), Bd. 3):

$$\lim_{t\to\infty} \frac{1}{2\pi\,\hbar\,t} F_t^*(E) = \delta(E)\,. \tag{7.121}$$

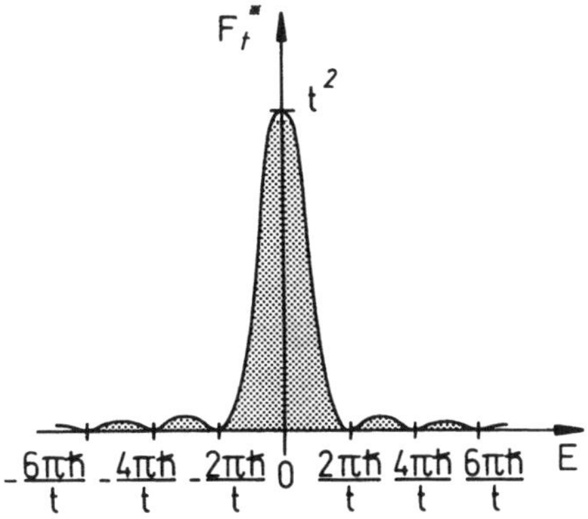

Abb. 7.6 Energieabhängigkeit des Gewichtsfaktors in der Übergangswahrscheinlichkeit erster Ordnung

Aus diesen mathematischen Eigenschaften der *Gewichtsfunktion* $F_t^*(E)$ (Abb. 7.6) lassen sich nun einige weit reichende Schlussfolgerungen für die Übergangswahrscheinlichkeit in (7.115) ziehen:

1. Übergänge erfolgen vorzugsweise zwischen Zuständen mit Energiedifferenzen aus dem Bereich:
$$\Delta E_t \approx \frac{2\pi\hbar}{t} \,. \tag{7.122}$$
2. Für $E_{\mathrm{ea}}^{(0)} \neq 0$ oszilliert die Übergangswahrscheinlichkeit als Funktion von t mit der Periode
$$\tau = \frac{2\pi\hbar}{E_{\mathrm{ea}}^{(0)}} \,.$$
3. In einem System, das praktisch unendlich lange einer konstanten Störung ausgesetzt ist,
$$t, t_{\mathrm{s}} \to \infty \,,$$
werden Übergänge höchstens zwischen entarteten Niveaus $\left(E_{\mathrm{ea}}^{(0)} = 0\right)$ induziert. Das erkennt man, wenn man (7.121) in (7.115) einsetzt:
$$w_{\mathrm{ae}}^{(1)}(t) \underset{\substack{t,t_s\\ \text{„groß"}}}{\approx} \frac{2\pi t}{\hbar} \left|\langle E_{\mathrm{e}}^{(0)} | H_1 | E_{\mathrm{a}}^{(0)} \rangle\right|^2 \delta\left(E_{\mathrm{e}}^{(0)} - E_{\mathrm{a}}^{(0)}\right) . \tag{7.123}$$
Die δ-Funktion drückt die Energieerhaltung aus. Häufig führt man noch als **Übergangsrate** die Übergangswahrscheinlichkeit pro Zeiteinheit ein:
$$\Gamma_{\mathrm{ae}}^{(1)} \equiv \frac{w_{\mathrm{ae}}^{(1)}(t)}{t} \approx \frac{2\pi}{\hbar} \left|\langle E_{\mathrm{e}}^{(0)} | H_1 | E_{\mathrm{a}}^{(0)} \rangle\right|^2 \delta\left(E_{\mathrm{e}}^{(0)} - E_{\mathrm{a}}^{(0)}\right) . \tag{7.124}$$
Man nennt diese Formel (bzw. die noch zu besprechende Version (7.128)), die vielfältig und mit gutem Erfolg eingesetzt wird, wegen ihrer Nützlichkeit auf Vorschlag von E. Fermi die **Goldene Regel**.
4. Der unbestreitbare Erfolg der *Goldenen Regel* muss bei genauerem Hinsehen allerdings mehr als verblüffen, da wir zu ihrer Ableitung mehrere, sich zum Teil eklatant widersprechende Voraussetzungen benutzt haben. Folgende Kritikpunkte drängen sich geradezu auf:

   a) Die *Stördauer* t_{s} sollte nach (7.102) *klein* sein, damit Störungstheorie erster Ordnung überhaupt sinnvoll anwendbar ist. Sie sollte andererseits aber auch *groß* sein, damit der mathematische Grenzfall (7.121) in (7.115) eingesetzt werden darf.
   b) Eine *Wahrscheinlichkeit*, die nach (7.123) linear mit der Zeit über alle Grenzen wächst, erscheint hochgradig unsinnig.
   c) *Wahrscheinlichkeiten* und *Übergangsraten*, die wie in (7.123) und (7.124) proportional zu δ-Funktionen sind, widersprechen dem *gesunden Menschenverstand*.

Es ist natürlich klar, dass die Ursache für diese Problempunkte in dem Fehler zu suchen ist, der durch die Störungstheorie erster Ordnung bedingt wird. Eine exakte, unendliche Reihe wird ja schließlich allein durch ihr erstes Glied approximiert. Warum sind nun aber dennoch (7.123) und (7.124) in vielen Fällen recht nützliche Formeln?
Zu den Punkten a) und b) argumentiert man häufig so, dass t (bzw. t_s) zwar makrophysikalisch klein ist, aber doch groß im Vergleich zu mikrophysikalischen Einschaltzeiten, sodass (7.121) näherungsweise in (7.115) verwendet werden darf. Die schon mehrfach verwendeten, etwas *schwammigen* Begriffe *große* und *kleine* Zeiten sind also im Einzelfall sehr sorgfältig zu konkretisieren.

5. Die Kritik c) umgeht man dadurch, dass man die Formeln (7.123) und (7.124) genau genommen nur für Übergänge in ein **kontinuierliches Spektrum** zulässt. Wenn die Endzustände quasidicht liegen, dann wird sinnvollerweise nicht nach dem Übergang in ein spezielles Niveau gefragt, sondern nach dem in ein bestimmtes Energie**intervall** $E_e^{(0)}, E_e^{(0)} + \Delta E_e$. Die Wahrscheinlichkeit ist dann gleich der Summe der Einzelwahrscheinlichkeiten:

$$w_{\mathrm{a}\,\Delta\mathrm{e}}^{(1)}(t) = \sum\!\!\!\!\!\!\int_{\Delta E_e} w_{\mathrm{ae}}^{(1)}(t) \, .$$

Bilden die Endzustände tatsächlich ein Kontinuum, so haben wir zu schreiben:

$$w_{\mathrm{a}\,\Delta\mathrm{e}}^{(1)}(t) = \int_{\Delta E_e} \mathrm{d}E_e^{(0)} \, \rho_0\left(E_e^{(0)}\right) w_{\mathrm{ae}}^{(1)}(t) \, . \tag{7.125}$$

Dabei ist $\rho_0(E)$ die **Zustandsdichte** des *ungestörten* Systems. Sie ist definiert durch die Aussage:

$\rho_0(E)\mathrm{d}E$ = Zahl der *ungestörten* Eigenzustände mit Energiewerten im Intervall $E, E + \mathrm{d}E$.

Die Zustandsdichte ist eine an vielen Stellen der Theoretischen Physik eingesetzte, sehr nützliche Größe. Sie wird uns insbesondere im Band 7 des **Grundkurs: Theoretische Physik (Viel-Teilchen-Theorie)** wieder begegnen.

Nach den vorangegangenen Überlegungen dieses Kapitels wissen wir, dass für *große Zeiten* t und t_s die Funktion $w_{\mathrm{ae}}^{(1)}(t)$ sehr scharf um $E_{\mathrm{ea}}^{(0)} = 0$ herum konzentriert ist. Die Halbwertsbreite des zentralen Peaks ließ sich ja zu $2\pi\hbar/t$ abschätzen. Ist nun das Energieintervall ΔE_e deutlich breiter als der Peak,

$$\Delta E_e \gg \frac{2\pi\hbar}{t} \, , \tag{7.126}$$

dann dürfen wir in (7.125) getrost das Integral von $-\infty$ bis $+\infty$ laufen lassen. Ferner sollte es erlaubt sein, die in der Regel stetige Zustandsdichte und das Matrixelement des *Störope-*

rators an der Stelle $E_{\mathrm{e}}^{(0)} = E_{\mathrm{a}}^{(0)}$ als Konstante vor das Integral zu ziehen:

$$
\begin{aligned}
w_{\mathrm{a}\,\Delta\mathrm{e}}^{(1)}(t) &\overset{(7.115)}{\approx} \rho_0\left(E_{\mathrm{a}}^{(0)}\right)\frac{1}{\hbar^2}\left|\left\langle E_{\mathrm{e}}^{(0)}\right|H_1\left|E_{\mathrm{a}}^{(0)}\right\rangle\right|^2 \int\limits_{-\infty}^{+\infty} \mathrm{d}E\, F_t^*(E) \\
&\overset{(7.119)}{=} \frac{2\pi}{\hbar}\rho_0\left(E_{\mathrm{a}}^{(0)}\right)\left|\left\langle E_{\mathrm{e}}^{(0)}\right|H_1\left|E_{\mathrm{a}}^{(0)}\right\rangle\right|^2 t\,.
\end{aligned}
\tag{7.127}
$$

Für die **Übergangsrate** gilt nun statt (7.124):

$$
\Gamma_{\mathrm{a}\,\Delta\mathrm{e}}^{(1)} = \frac{2\pi}{\hbar}\rho_0\left(E_{\mathrm{a}}^{(0)}\right)\left|\left\langle E_{\mathrm{e}}^{(0)}\right|H_1\left|E_{\mathrm{a}}^{(0)}\right\rangle\right|^2 . \tag{7.128}
$$

Diese Version der **Goldenen Regel** sieht nach Elimination der δ-Funktion im Sinne der vorangegangenen Diskussion *wesentlich vernünftiger* aus als (7.124).

7.3.4 Periodische Störungen

Die Annahme einer im Zeitintervall $0 \le t \le t_{\mathrm{s}}$ konstanten Störung H_1 führte im letzten Abschnitt zu einer Übergangswahrscheinlichkeit, die nur für Übergänge mit Energieerhaltung von Null verschieden ist. Dabei sind allerdings chrakteristische *Einschwingvorgänge* zu beachten, falls die Störung nur eine endliche Zeit t_{s} wirkt.

Wir wollen noch einen weiteren wichtigen, relativ leicht rechenbaren Spezialfall behandeln, in dem H_{1t} nun eine periodische Funktion der Zeit ist, realisiert zum Beispiel durch ein monochromatisches elektromagnetisches Feld:

$$
H_{1t} \equiv H_1 \cos\omega t\,\Theta(t)\,. \tag{7.129}
$$

Wir nehmen an, dass auch diese Störung zur Zeit $t_{\mathrm{a}} = 0$ eingeschaltet wird, lassen aber die *Störzeit* t_{s} unendlich groß werden. Für die Berechnung der Übergangswahrscheinlichkeit benutzen wir (7.110):

$$
\begin{aligned}
&w_{\mathrm{ae}}^{(1)}(t) \\
&\quad = \frac{1}{\hbar^2}\left|\int\limits_0^t \mathrm{d}t_1\, H_{\mathrm{ea}}(t_1)\,\mathrm{e}^{\mathrm{i}/\hbar E_{\mathrm{ea}}^{(0)}\, t_1}\right|^2 \\
&\quad = \frac{|H_{\mathrm{ea}}|^2}{4\hbar^2}\left|\int\limits_0^t \mathrm{d}t_1\,\mathrm{e}^{\mathrm{i}/\hbar\left(E_{\mathrm{ea}}^{(0)}+\hbar\omega\right)t_1} + \int\limits_0^t \mathrm{d}t_1\,\mathrm{e}^{\mathrm{i}/\hbar\left(E_{\mathrm{ea}}^{(0)}-\hbar\omega\right)t_1}\right|^2 \\
&\quad = \frac{1}{4}|H_{\mathrm{ea}}|^2\left|\frac{\exp\left[\mathrm{i}/\hbar\left(E_{\mathrm{ea}}^{(0)}+\hbar\omega\right)t\right]-1}{E_{\mathrm{ea}}^{(0)}+\hbar\omega} + \frac{\exp\left[\mathrm{i}/\hbar\left(E_{\mathrm{ea}}^{(0)}-\hbar\omega\right)t\right]-1}{E_{\mathrm{ea}}^{(0)}-\hbar\omega}\right|^2 .
\end{aligned}
\tag{7.130}
$$

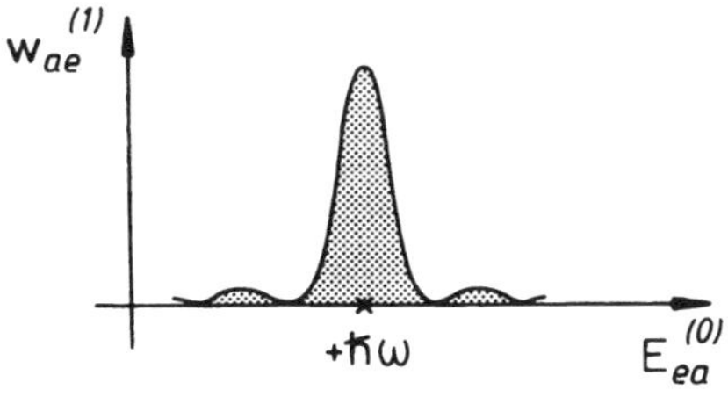

Abb. 7.7 Übergangswahrscheinlichkeit bei Absorption monochromatischer elektromagnetischer Strahlung als Funktion des Niveauabstands

Jeder der beiden Summanden hat eine Struktur, die der der Funktion $F_t^*(E)$ in (7.117) ähnelt. Für hinreichend große Zeiten t liefert der erste Summand einen Beitrag, der sich um $E_{ea}^{(0)} = -\hbar\,\omega$ konzentriert, während der des zweiten Summanden ein scharfes Maximum bei $E_{ea}^{(0)} = +\hbar\,\omega$ bewirkt. Beim Ausmultiplizieren des Betragsquadrats spielen deshalb die *gemischten* Terme keine Rolle. Die Übergangswahrscheinlichkeit setzt sich somit im wesentlichen aus zwei separierten Anteilen zusammen, die leicht interpretierbar sind.

1) $\boxed{E_e^0 > E_a^0\ ;\ \omega > 0}$

In diesem Fall dominiert der zweite Summand, insbesondere für solche Endzustandsenergien $E_e^{(0)}$, für die

$$E_e^{(0)} \approx E_a^{(0)} + \hbar\,\omega \tag{7.131}$$

gilt (Abb. 7.7). In diesem Energiebereich kann man den ersten Summanden vernachlässigen und erhält dann für die Übergangswahrscheinlichkeit einen ähnlichen Ausdruck wie in (7.123):

$$w_{ae}^{(1)}(t) \overset{(7.121)}{\approx} \frac{|H_{ea}|^2}{4\hbar^2} F_t^*\left(E_{ea}^{(0)} - \hbar\,\omega\right) \overset{(7.121)}{\approx} \frac{\pi}{2\hbar}|H_{ea}|^2\, t\,\delta\left(E_{ea}^{(0)} - \hbar\,\omega\right) . \tag{7.132}$$

Für die **Übergangsrate** ins Kontinuum ergibt sich dann mit denselben Überlegungen wie im letzten Kapitel:

$$\Gamma_{a\,\Delta e}^{(1)} \approx \frac{\pi}{2\hbar}\rho_0\left(E_a^{(0)} + \hbar\,\omega\right)\left|\left\langle E_e^{(0)}\right| H_1 \left|E_a^{(0)}\right\rangle\right|^2 . \tag{7.133}$$

Wenn die Frequenz ω der Störung gerade auf eine exakte Anregungsenergie $E_{ea}^{(0)} = E_e^{(0)} - E_a^{(0)}$ des *ungestörten* Systems trifft, werden Übergänge besonders wahrscheinlich. Es handelt sich dabei um ein typisches **Resonanzphänomen**. Ein wichtiges Anwendungsbeispiel ist das atomare System, auf das ein elektromagnetisches Feld der Frequenz ω auffällt. (7.131) entspricht in diesem Fall der Bohr'schen Frequenzbedingung (1.112). Das *ungestörte* System (Atom) absorbiert ein Energiequant $\hbar\,\omega$ (Photon) und wechselt damit in ein höheres Niveau, d. h. in einen **angeregten Zustand**. Wir hatten bereits früher darauf hingewiesen, dass Übergänge zwischen **stationären** Zuständen im Atom *nicht freiwillig* erfolgen, sondern durch *äußere Störungen* erzwungen werden müssen.

Kapitel 7

Abb. 7.8 Übergangswahrscheinlichkeit bei Emission monochromatischer elektromagnetischer Strahlung als Funktion des Niveauabstands

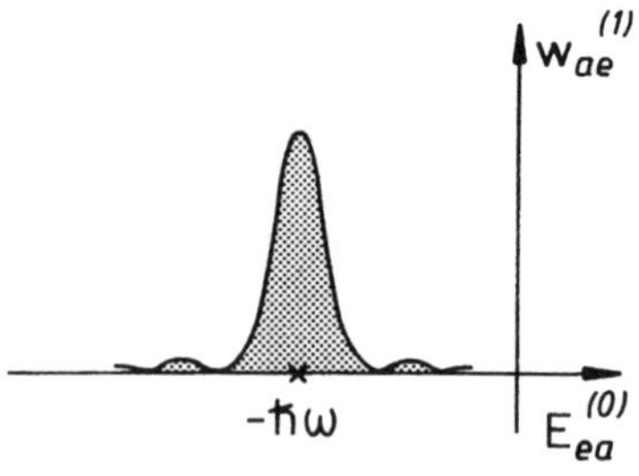

■ **2)** $E_e < E_a;\ \omega > 0$

Nun dominiert der erste Summand in (7.130) mit einem scharfen Peak bei $E_{ea}^{(0)} \approx -\hbar\omega$ (Abb. 7.8), d. h. für solche Endzustandsenergien, für die gilt:

$$E_e^{(0)} \approx E_a^{(0)} - \hbar\,\omega\,. \tag{7.134}$$

Die *störende* monochromatische Welle veranlasst das System in diesem Fall, die Energie $\hbar\omega$ zu **emittieren**. Mit denselben Überlegungen wie zu (7.133) ergibt sich nun als Übergangsrate:

$$\Gamma_{a\,\Delta e}^{(1)} \approx \frac{\pi}{2\hbar}\,\rho_0\left(E_a^{(0)} - \hbar\,\omega\right)\left|\langle E_e^{(0)}|\,H_1\,|E_a^{(0)}\rangle\right|^2\,. \tag{7.135}$$

Im Fall der **Resonanz** $\left(E_{ea}^{(0)} \stackrel{!}{=} \pm\hbar\,\omega\right)$ kann die monochromatische *Störwelle* sowohl Absorption 1) als auch Emission 2) erzwingen.

7.3.5 Aufgaben

Aufgabe 7.3.1

Zur Zeit $t = 0$ werde auf ein durch den Hamilton-Operator H_0 beschriebenes System eine Störung H_{1t} aufgeschaltet. Das System befinde sich unmittelbar vor dem Einschalten der Störung im Eigenzustand $|E_a^{(0)}\rangle$ von H_0. Entwickeln Sie den Zustand $|\psi(t)\rangle$ für $t > 0$ nach dem vollständigen System $\left\{|E_n^{(0)}\rangle\right\}$ (s. (7.90)) und bestimmen Sie die Entwicklungskoeffizienten in erster Ordnung Störungstheorie.

Aufgabe 7.3.2

Ein linearer harmonischer Oszillator mit der Masse m und der Ladung q befinde sich in einem elektrischen Wechselfeld:

$$\boldsymbol{F}(t) = F\,\boldsymbol{e}_z \cos\omega\,t$$

$$(\boldsymbol{e}_z:\ \text{Einheitsvektor in } z\text{-Richtung}, \alpha > 0)\,.$$

Berechnen Sie in erster Ordnung Störungstheorie die Abhängigkeit des Erwartungswertes des elektrischen Dipolmoments

$$\langle \hat{p} \rangle = \langle \psi | q\, z | \psi \rangle$$

von der Frequenz ω. Nehmen Sie dazu an, dass sich vor dem Einschalten des Feldes zur Zeit $t = 0$ der Oszillator im Eigenzustand $|E_n^{(0)}\rangle = |n\rangle$ befand.

Aufgabe 7.3.3

Ein linearer harmonischer Oszillator befinde sich in seinem Grundzustand $\varphi_0(q, t)$. Zur Zeit $t = 0$ wird die Kraftkonstante k seiner Rückstellkraft $(F = -k\,q)$ schlagartig auf einen neuen Wert k' gebracht. Wie groß ist die Wahrscheinlichkeit dafür, dass zur Zeit $t > 0$ der Oszillator sich in seinem *neuen* Grundzustand befindet?

Hinweis: Beachten Sie, dass die Formeln der *üblichen* zeitabhängigen Störungstheorie Übergänge zwischen Zuständen des *ungestörten* Systems beschreiben, hier also *nicht direkt* anwendbar sind.

Aufgabe 7.3.4

Ein linearer harmonischer Oszillator befinde sich in seinem Grundzustand. Zur Zeit $t = 0$ wird eine zusätzliche konstante Kraft F aufgeschaltet. Wie groß ist zur Zeit $t > 0$ die Übergangswahrscheinlichkeit in den *neuen* n-ten Eigenzustand?

Aufgabe 7.3.5

Ein Elektron befinde sich im Anziehungsbereich eines Z-fach positiv geladenen Kerns, der als Punktladung der Stärke Ze beschrieben werden kann. Zur Zeit $t = 0$ wird die Kernladung, zum Beispiel durch β-Zerfall, um $+e$ geändert. Wie groß ist zur Zeit $t > 0$ die Übergangswahrscheinlichkeit vom *alten* $1s$-Zustand in den *neuen* $2s$-Zustand des wasserstoffähnlichen Ions?

Aufgabe 7.3.6

Ein physikalisches System befinde sich für $t \leq 0$ im Zustand $|\varphi_1^{(0)}\rangle$ eines zweifach entarteten Niveaus $E^{(0)}$. Zur Zeit $t = 0$ werde eine konstante *Störung* eingeschaltet.

1. Wie lautet nach der Theorie aus Abschn. 7.3.3 in erster Ordnung Störungstheorie für $t > 0$ die Übergangswahrscheinlichkeit in den anderen Zustand $|\varphi_2^{(0)}\rangle$ gleicher *ungestörter* Energie?
2. Dasselbe Problem soll zum Vergleich nun auf eine andere Weise gelöst werden:

   2a) Berechnen Sie zunächst mit Hilfe zeitunabhängiger Störungstheorie die Energiekorrektur erster Ordnung $E^{(1)}$ und die *richtigen* Zustände nullter Ordnung $|\varphi_\pm^{(0)}\rangle$, für die in erster Näherung

   $$H\left|\varphi_\pm^{(0)}\right\rangle \approx \left(E^{(0)} + E_\pm^{(1)}\right)\left|\varphi_\pm^{(0)}\right\rangle$$

   angenommen werden darf ($H = H_0 + H_1$).

   2b) Bestimmen Sie in entsprechender Näherung die Zeitentwicklung des Systemzustands $|\varphi_1^{(0)}\rangle$ für $t > 0$, also die Entwicklung unter dem Einfluss der *Störung*.

   2c) Definieren Sie nun als Übergangswahrscheinlichkeit

   $$\widetilde{w}_{12}(t) \equiv \left|\left\langle \varphi_2^{(0)} \middle| \varphi_1^{(0)}(t)\right\rangle\right|^2$$

   und berechnen Sie diese.

   2d) Vergleichen Sie das Ergebnis mit dem aus Teil 1).

Aufgabe 7.3.7

Ein linearer harmonischer Oszillator der Masse m und der Ladung q befinde sich zur Zeit $t_a = -\infty$ in seinem Grundzustand. Zu diesem Zeitpunkt t_a wird ein homogenes, zeitabhängiges elektrisches Feld aufgeschaltet:

$$\boldsymbol{F}(t) = F\,e^{-\alpha t^2}\,\boldsymbol{e}_z$$

$$(\boldsymbol{e}_z: \text{ Einheitsvektor in } z\text{-Richtung}, \ \alpha > 0)\,.$$

1. Berechnen Sie für $t \to \infty$ die *Verweilwahrscheinlichkeit* $\hat{w}_{00}^{(1)}(\infty)$ des Oszillators in seinem Grundzustand.
2. Unter welchen Bedingungen ist Störungstheorie erster Ordnung anwendbar?

Aufgabe 7.3.8

Ein linearer harmonischer Oszillator der Masse m und der Frequenz ω befinde sich zu Zeiten $t < 0$ in seinem Grundzustand $|0\rangle^{(0)}$. Für $t \geq 0$ wirke auf ihn die Störung

$$H_{1t} = c\left(a^2 + a^{\dagger 2}\right) \mathrm{e}^{-\gamma t} \; ; \quad c > 0, \gamma > 0 \, .$$

Berechnen Sie die Übergangswahrscheinlichkeit in einen „ungestörten" Anregungszustand $|n\rangle^{(0)}$ zur Zeit $t > 0$ in erster Ordnung Störungstheorie!

Aufgabe 7.3.9

Ein System werde durch den Hamilton-Operator

$$H = H_0 + H_{1t}$$

beschrieben mit einer zeitabhängigen Störung H_{1t}. Betrachten Sie den Hilbert-Raum, der durch die Eigenzustände $|1\rangle$, $|2\rangle$ des „freien" Operators H_0 aufgespannt wird:

$$H_0 \, |n\rangle = \varepsilon_n |n\rangle \; ; \quad n = 1, 2 \; ; \quad \varepsilon_2 > \varepsilon_1 \, .$$

In diesem Raum gelte für die „Störung":

$$H_{1t} = \left(\langle n | H_{1t} | n' \rangle\right) = \hbar\omega_0 \begin{pmatrix} 0 & \mathrm{e}^{\mathrm{i}\omega t} \\ \mathrm{e}^{-\mathrm{i}\omega t} & 0 \end{pmatrix} .$$

1. Bestimmen Sie die Zeitabhängigkeit der „freien" Eigenzustände $|n(t)\rangle$!
2. Lösen Sie die zeitabhängige Schrödinger-Gleichung im Raum der beiden „freien" Zustände $|n(t)\rangle$ mit der Anfangsbedingung $|\psi(0)\rangle = |1\rangle$! Interpretieren Sie die Besetzungswahrscheinlichkeiten

$$|\alpha_n(t)|^2 = |\langle n | \, \psi(t) \rangle|^2 \, .$$

3. Berechnen Sie den Übergang $1 \to 2$ in 1. Ordnung Störungstheorie! Vergleichen Sie dieses Ergebnis mit dem exakten Resultat aus 2.!

Aufgabe 7.3.10

Ein quantenmechanisches System,

$$H = H_0 + H_{1t},$$

Kapitel 7

werde der zeitabhängigen Störung

$$H_{1t} = \widehat{B} f(t)$$

unterworfen. Dabei ist $\widehat{B}$ eine Observable und $f(t)$ eine zeitabängige reellwertige Funktion. $\widehat{A}$ sei eine nicht explizit zeitabhängige Observable. Es soll untersucht werden, wie der Erwartungswert $\langle\widehat{A}\rangle$ in einem beliebigen (gemischten) Zustand auf die Störung H_{1t} reagiert. Es bezeichnen

ρ_0: Statistischer Operator des freien Systems

ρ_t: Statistischer Operator des wechselwirkenden Systems,

jeweils im Schrödinger-Bild. Die Wechselwirkung werde zu irgendeinem Zeitpunkt eingeschaltet, sodass

$$\lim_{t \to -\infty} \rho_t = \rho_0$$

angenommen werden kann.

1. Zeigen Sie, dass in der Wechselwirkungsdarstellung („Dirac-Bild") für den Statistischen Operator gilt:

$$\rho_t^{\mathrm{D}}(t) = \mathrm{e}^{\frac{\mathrm{i}}{\hbar} H_0 t} \rho_t \mathrm{e}^{-\frac{\mathrm{i}}{\hbar} H_0 t} = \rho_0 - \frac{\mathrm{i}}{\hbar} \int_{-\infty}^{t} \mathrm{d}t' \left[H_{1t'}^{\mathrm{D}}(t'), \rho_{t'}^{\mathrm{D}}(t') \right]_-$$

   Deuten Sie die verschiedenen Zeitabhängigkeiten.

2. Geben Sie die formale Lösung

$$\rho_t^{\mathrm{D}}(t) = \rho_0 + \sum_{n=1}^{\infty} \rho_t^{\mathrm{D}(n)}(t)$$

   an.

3. Was ergibt sich explizit für $\rho_t^{\mathrm{D}}(t)$ in erster Ordnung Störungstheorie? Benutzen Sie das Resultat zur Berechnung der Erwartungswertänderung

$$\Delta A_t = \langle\widehat{A}\rangle_t - \langle\widehat{A}\rangle_0$$

   Zeigen Sie, dass gilt („linear response"):

$$\Delta A_t = -\frac{\mathrm{i}}{\hbar} \int_{-\infty}^{t} \mathrm{d}t' f(t') \langle \left[\widehat{A}^{\mathrm{D}}(t), \widehat{B}^{\mathrm{D}}(t') \right]_- \rangle_0 \,.$$

7.4 Quasiklassische Näherung (WKB-Verfahren)

Wir hatten in Kap. 2 die Schrödinger'sche Wellenmechanik über Analogieschlüsse mit Hilfe der klassischen *Hamilton-Jacobi-Theorie* begründet bzw. plausibel gemacht (Stichwort: *Wirkungswellen* ⟶ *Materiewellen*). Dem Vorgehen lag die Idee zugrunde, dass die *Klassische Mechanik* in irgendeiner Form als Grenzfall der übergeordneten *Quantenmechnik* zu interpretieren sei. Hinweise für den Übergang

- Wellenmechanik ⟷ Klassische Mechanik

wurden aus dem bekannten Zusammenhang

- Wellenoptik ⟷ geometrische (Strahlen-)Optik

abgeleitet. – Ein wesentlicher Unterschied zwischen Klassischer Mechanik und Quantenmechanik ist mit dem klassischen *Teilchenbahn*-Begriff verknüpft. Dieser setzt die simultane exakte Bestimmung von *Ort* und *Impuls* des Teilchens voraus, was in der Quantenmechanik prinzipiell unmöglich ist. Ein ähnliches Problem findet man beim *Strahl*-Begriff der *geometrischen Optik*, der für die exakte *Wellenoptik* auch nur als Grenzfall akzeptabel ist. Der approximative Übergang von der allgemeinen Wellenoptik zur speziellen Strahlenoptik lässt sich nur dann rechtfertigen, wenn die räumliche Variation $|\nabla n(\boldsymbol{r})|$ der Brechzahl $n(\boldsymbol{r})$ des Mediums klein gegenüber n/λ ist, wobei λ die Vakuumwellenlänge des Lichts darstellt. Wir werden sehen, dass die analoge Forderung der Wellenmechanik auf eine nur schwache Ortsabhängigkeit des Potentials $V(\boldsymbol{r})$ und, gleichbedeutend damit, der *de Broglie-Wellenlänge*,

$$\lambda(\boldsymbol{r}) = \frac{2\pi\hbar}{\sqrt{2m(E - V(\boldsymbol{r}))}} ,$$

abzielt. In einem solchen Fall ist eine *Korrespondenz* zwischen den Gesetzmäßigkeiten der Klassischen Mechanik und denen der Quantenmechanik zu erkennen (s. Abschn. 1.5.3 und 3.5).

Wir wollen diesen Gedanken hier noch einmal aufgreifen und explizit zeigen, dass die klassische **Hamilton-Jacobi-Differentialgleichung** (2.1) als Grenzfall der **zeitabhängigen Schrödinger-Gleichung** aufgefasst werden kann. Diese Überlegung wird dann zur Grundlage eines allgemeinen Lösungsverfahrens werden, dessen Entwicklung das eigentliche Ziel dieses Abschnitts darstellt. Es handelt sich um die sogenannte

- WKB-Methode,

die 1926 von den Wissenschaftlern **W**entzel, **K**ramers und **B**rillouin unabhängig voneinander vorgeschlagen wurde.

7.4.1 Der „$\hbar \to 0$"-Grenzfall der Wellenmechanik

Der Hamilton-Jacobi-Theorie liegt das Konzept der *kanonischen Transformation* zugrunde (s. Abschn. 2.1.1). Mit Hilfe einer erzeugenden Funktion, der sogenannten *Wirkungsfunktion* $S(\boldsymbol{q}, \bar{\boldsymbol{p}}, t)$, wird ein *alter* Satz kanonischer Variabler $(\boldsymbol{q}, \boldsymbol{p})$ auf einen *neuen* Satz $(\bar{\boldsymbol{q}}, \bar{\boldsymbol{p}})$ transformiert, und zwar so, dass die *neuen* Variablen $\bar{q}_i$ und $\bar{p}_i$ $(i = 1, 2, \ldots, s)$ bereits sämtlich Integrale der Bewegung sind. Das ist dann gewährleistet, wenn die Wirkungsfunktion S die Hamilton-Jacobi-Differentialgleichung (2.1) erfüllt (H = Hamilton-Funktion):

$$H\left(q_1, \ldots, q_s, \frac{\partial S}{\partial q_1}, \ldots, \frac{\partial S}{\partial q_s}, t\right) = -\frac{\partial S}{\partial t} .$$

Insbesondere gilt für ein Teilchen der Masse m im Potential $V(\boldsymbol{r}, t)$ ((3.185), Bd. 2):

$$\boldsymbol{p} = \nabla S ,$$

$$\frac{1}{2m} (\nabla S)^2 + V(\boldsymbol{r}, t) = -\frac{\partial S}{\partial t} . \tag{7.136}$$

Wir erinnern uns an die konkrete Bedeutung der Wirkungsfunktion:

1. Wegen $\boldsymbol{p} = \nabla S$ bewegen sich Teilchen auf Phasenraumbahnen, die senkrecht zu den S = const-Flächen verlaufen.
2. Die **Kontinuitätsgleichung** (*Teilchenzahlerhaltung*),

$$\frac{\partial \rho}{\partial t} + \operatorname{div}(\rho\, \boldsymbol{v}) = 0 ,$$

lässt sich durch S ausdrücken:

$$\frac{\partial \rho}{\partial t} + \frac{1}{m} (\nabla \rho \cdot \nabla S + \rho\, \Delta S) = 0 . \tag{7.137}$$

Wir wollen uns nun vergewissern, dass unter bestimmten Grenzbedingungen die zeitabhängige Schrödinger-Gleichung (2.18) zu analogen Resultaten führt. Dazu machen wir für die Wellenfunktion den folgenden Ansatz:

$$\psi(\boldsymbol{r}, t) = \exp\left[\frac{\mathrm{i}}{\hbar} S(\boldsymbol{r}, t)\right] . \tag{7.138}$$

Die Funktion S habe wie $\hbar$ die Dimension *Wirkung*, sei aber ansonsten noch nicht weiter spezifiziert. Mit (7.138) wird die Schrödinger-Gleichung zu einer nicht-linearen, partiellen Differentialgleichung für S:

$$-\frac{\partial S}{\partial t} = \frac{1}{2m} (\nabla S)^2 + V(\boldsymbol{r}, t) - \frac{\mathrm{i}\hbar}{2m} \Delta S . \tag{7.139}$$

Um zu einer *systematischen* approximativen Lösung dieser Gleichung zu kommen, entwickeln wir S nach Potenzen von $\hbar$:

$$S(\boldsymbol{r}, t) = \sum_{n=0}^{\infty} (\mathrm{i}\hbar)^n S_n(\boldsymbol{r}, t) ; \quad S_n \text{ reell} . \tag{7.140}$$

Dieser Ansatz, dessen Konvergenz ohne Überprüfung vorausgesetzt wird, wird in (7.139) eingesetzt und die resultierende Gleichung nach Potenzen von $\hbar$ sortiert:

$$\begin{aligned}
&-\left\{\frac{\partial S_0}{\partial t} + \mathrm{i}\hbar \frac{\partial S_1}{\partial t} - \hbar^2 \frac{\partial S_2}{\partial t} + \cdots\right\} \\
&= \frac{1}{2m} \left\{(\nabla S_0)^2 - \hbar^2 (\nabla S_1)^2 + \hbar^4 (\nabla S_2)^2 + \cdots + 2\mathrm{i}\hbar \left(\nabla S_0 \cdot \nabla S_1\right)\right. \\
&\quad \left. - 2\hbar^2 \left(\nabla S_0 \cdot \nabla S_2\right) - 2\mathrm{i}\hbar^3 \left(\nabla S_1 \cdot \nabla S_2\right) + \cdots\right\} + V(\boldsymbol{r}, t) \\
&\quad - \frac{\mathrm{i}\hbar}{2m} \left\{\Delta S_0 + \mathrm{i}\hbar \,\Delta S_1 - \hbar^2 \Delta S_2 + \cdots\right\} .
\end{aligned}$$

Wir nehmen an, dass dieser Ausdruck von jeder Potenz in $\hbar$ getrennt befriedigt wird, und erhalten dann das folgende Gleichungssystem:

$$\left(\sim \hbar^0\right) : \; -\frac{\partial S_0}{\partial t} = \frac{1}{2m} (\nabla S_0)^2 + V(\boldsymbol{r}, t) , \tag{7.141}$$

$$\left(\sim \hbar^1\right) : \; -\frac{\partial S_1}{\partial t} = \frac{1}{m} (\nabla S_0 \cdot \nabla S_1) - \frac{1}{2m} \Delta S_0 , \tag{7.142}$$

$$\left(\sim \hbar^2\right) : \; -\frac{\partial S_2}{\partial t} = \frac{1}{2m} (\nabla S_1)^2 + \frac{1}{m} (\nabla S_0 \cdot \nabla S_2)^2 - \frac{1}{2m} \Delta S_1 ,$$

$$\cdots$$

Wir erkennen, dass sich in nullter Ordnung ($\sim \hbar^0$) die Hamilton-Jacobi-Differentialgleichung (7.136) reproduziert. Die Gleichung erster Ordnung (7.142) formen wir noch etwas um. Für die **Aufenthaltswahrscheinlichkeitsdichte** $\rho(\boldsymbol{r}, t) = |\psi(\boldsymbol{r}, t)|^2$ gilt approximativ:

$$\begin{aligned}
\rho &= \exp\left[\frac{\mathrm{i}}{\hbar} \left(S_0 + \mathrm{i}\hbar\, S_1 - \hbar^2 S_2 + \ldots\right)\right] \exp\left[-\frac{\mathrm{i}}{\hbar} \left(S_0 - \mathrm{i}\hbar\, S_1 - \hbar^2 S_2 + \ldots\right)\right] \\
&= \exp\left(-2S_1 + 0\left(\hbar^2\right)\right) .
\end{aligned}$$

Dies bedeutet:

$$\frac{\partial \rho}{\partial t} \approx -2 \frac{\partial S_1}{\partial t} \rho ; \quad \nabla \rho \approx -2 \nabla S_1 \rho .$$

Wenn wir nun (7.142) mit 2ρ multiplizieren, so ergibt sich mit

$$\frac{\partial \rho}{\partial t} = -\frac{1}{m} (\nabla S_0 \cdot \nabla \rho) - \frac{1}{m} \rho \Delta\, S_0$$

gerade die Kontinuitätsgleichung (7.137), falls man für S den ersten Term („$\hbar \to 0$-Term") der Entwicklung (7.140) einsetzt. Die Schrödinger-Gleichung führt also in nullter Ordnung zu denselben Ergebnissen wie die klassische Hamilton-Jacobi-Differentialgleichung, wenn wir die Wellenfunktion wie in (7.138) ansetzen und die Phase $S(\boldsymbol{r}, t)$ wie in (7.140) entwickeln. In diesem Sinne können wir die Klassische Mechanik als den

- „$\hbar \to 0$"-Grenzfall der Quantenmechanik

interpretieren. Auf der anderen Seite legen diese Überlegungen ein iteratives quantenmechanisches Lösungsverfahren nahe, in dem man sukzessive immer *höhere* Terme in der Entwicklung von S zur Auswertung der exakten Differentialgleichung (7.139) heranzieht.

7.4.2 WKB-Methode

Der in dem vorangegangenen Abschnitt beschriebene Zusammenhang zwischen Klassischer Mechanik und Quantenmechanik begründet nicht nur das *Korrespondenzprinzip*, sondern kann, wie erwähnt, auch zu einem praktischen, iterativen Lösungsverfahren für quantenmechanische Eigenwertprobleme ausgebaut werden. Dieses ist besonders übersichtlich formulierbar und anwendbar für (effektiv) eindimensionale Probleme, die einer zeitunabhängigen Schrödinger-Gleichung der Form

$$u''(\rho) + k^2(\rho)\, u(\rho) = 0 \,, \qquad k^2(\rho) = \frac{2m}{\hbar^2}\left(E - \overline{V}(\rho)\right) \tag{7.143}$$

genügen. Dies betrifft die wirklich eindimensionalen Systeme (Kap. 4),

$$\rho = q\,; \quad \overline{V}(\rho) = V(q)\,; \quad u(\rho) = \psi(q)\,,$$

aber auch zum Beispiel dreidimensionale Systeme in Zentralfeldern ((6.18), (6.19)), bei denen die eigentliche Aufgabe in der Bestimmung des Radialanteils $R(r)$ der Wellenfunktion liegt:

$$\rho = r\,; \quad \overline{V}(\rho) = V(r) + \frac{\hbar^2 l(l+1)}{2m\,r^2}\,; \quad u(\rho) = r\,R(r)\,.$$

Wir starten mit einem zu (7.138) völlig analogen Ansatz, wobei wir allerdings die triviale Zeitabhängigkeit ($S(\rho, t) = W(\rho) - E\,t$; s. (2.3)) bereits abspalten:

$$u(\rho) = c \exp\left(\frac{\mathrm{i}}{\hbar}\, W(\rho)\right)\,. \tag{7.144}$$

In (7.143) benötigen wir die zweite Ableitung von $u(\rho)$:

$$u''(\rho) = \left(\frac{\mathrm{i}}{\hbar} W'(\rho)\, u(\rho)\right)' = \frac{\mathrm{i}}{\hbar} W''(\rho)\, u(\rho) - \frac{1}{\hbar^2} \left(W'(\rho)\right)^2 u(\rho)\,.$$

Damit wird die zeitunabhängige Schrödinger-Gleichung in eine inhomogene, nichtlineare Differentialgleichung zweiter Ordnung für W überführt:

$$\left(W'(\rho)\right)^2 - (\mathrm{i}\hbar)\, W''(\rho) = \hbar^2 k^2(\rho)\,. \tag{7.145}$$

Ohne den zweiten Summanden auf der linken Seite hätte man damit das strikte Analogon zur *Eikonalgleichung* der geometrischen Optik ((3.198), Bd. 2). – Ausgehend von der im letzten Abschnitt begründeten Idee, dass die Klassische Mechanik dem „$\hbar \to 0$"-Grenzfall der Wellenmechanik entsprechen sollte, erscheint eine Entwicklung der *Phase* W nach Potenzen von $(\mathrm{i}\hbar)$ wie in (7.140) sinnvoll:

$$W(\rho) = \sum_{n=0}^{\infty} (\mathrm{i}\hbar)^n\, W_n(\rho) \tag{7.146}$$

Diese setzen wir in (7.145) ein und sortieren wiederum nach Potenzen von $\hbar$:

$$\left(W_0'^2 - \hbar^2 k^2\right) + \mathrm{i}\hbar\,\left(2W_0'\, W_1' - W_0''\right) - \hbar^2 \left(W_1'^2 + 2W_0' W_2' - W_1''\right) + 0(\hbar^3) = 0\,. \tag{7.147}$$

($\hbar^2 k^2(\rho) = 2m\,(E - \overline{V}(\rho))$ ist dabei natürlich kein $\hbar^2$-, sondern ein $\hbar^0$-Term.) In nullter Ordnung ($\sim \hbar^0$) ergibt sich somit

$$W_0'(\rho) = \pm\hbar\, k(\rho) \;\Rightarrow\; W_0\,(\rho) = \pm\hbar \int^{\rho} k(\rho')\,\mathrm{d}\rho' \tag{7.148}$$

mit einer zunächst noch unbestimmten unteren Integrationsgrenze. Das so festgelegte $W_0(\rho)$ entspricht der *Wirkungsfunktion* (bzw. *charakteristischen Funktion*) der Klassischen Mechanik (s. (3.73), Bd. 2) und gewährleistet damit den erwarteten „$\hbar \to 0$"-Grenzfall.

Die Terme $\sim \hbar^1$ in (7.147) liefern die folgende Bestimmungsgleichung:

$$W_1'(\rho) = \frac{1}{2}\,\frac{W_0''(\rho)}{W_0'(\rho)} = \frac{1}{2}\,\frac{k'(\rho)}{k(\rho)}\,.$$

Diese legt bis auf eine Integrationskonstante $W_1(\rho)$ fest:

$$W_1(\rho) = \ln\sqrt{k(\rho)}\,. \tag{7.149}$$

Für die nächsthöhere Ordnung ($\sim \hbar^2$ in (7.147)) werten wir

$$W_1'^2(\rho) + 2W_0'(\rho)\, W_2'(\rho) - W_1''(\rho) = 0$$

aus und erhalten:

$$W_2'(\rho) = \frac{W_1''(\rho)}{2W_0'(\rho)} - \frac{W_1'^2(\rho)}{2W_0'(\rho)} = \pm\frac{1}{4\hbar}\left(\frac{k''(\rho)}{k^2(\rho)} - \frac{3}{2}\frac{k'^2(\rho)}{k^3(\rho)}\right).$$

Dabei haben wir die vorangegangenen Teilergebnisse bereits ausgenutzt:

$$W_2(\rho) = \pm\frac{1}{4\hbar}\int^{\rho} d\rho' \left(\frac{k''(\rho')}{k^2(\rho')} - \frac{3}{2}\frac{k'^2(\rho')}{k^3(\rho')}\right) \tag{7.150}$$

Auch hier bleibt zunächst eine Integrationskonstante frei. Das Verfahren kann nun nach diesem Schema im Prinzip schrittweise beliebig fortgesetzt werden, wobei die *höheren* Terme der Entwicklung (7.146) jeweils durch Differentiation und elementare Umformung aus den bereits berechneten gewonnen werden können.

Beim Einsetzen von (7.148) bis (7.150) in den Ansatz (7.144) kann der W_1-Beitrag (7.149) direkt ausgewertet werden und wird zum Vorfaktor:

$$u_\pm(\rho) \approx \frac{c_\pm}{\sqrt{k(\rho)}} \exp\left[\pm\frac{i}{\hbar}\int^{\rho} d\rho' \left(\hbar k(\rho') - \frac{\hbar}{4}\frac{k''(\rho')}{k^2(\rho')} + \frac{3}{8}\hbar\frac{k'^2(\rho')}{k^3(\rho')}\right)\right]. \tag{7.151}$$

In höheren Ordnungen ergeben sich abwechselnd Korrekturen zum Vorfaktor und zum Exponenten. Die **WKB-Näherung** besteht nun darin, die Entwicklung nach dem in $\hbar$ linearen Term (W_1) abzubrechen, wobei die vollständige Lösung natürlich eine Linearkombination der beiden linear unabhängigen Teillösungen darstellt:

$$\hat{u}(\rho) \equiv \frac{d_+}{\sqrt{k(\rho)}} \exp\left(i\int^{\rho} d\rho' k(\rho')\right) + \frac{d_-}{\sqrt{k(\rho)}} \exp\left(-i\int^{\rho} d\rho' k(\rho')\right). \tag{7.152}$$

Die Konstanten $d_\pm$ und die unteren Integrationsgrenzen im Exponenten müssen noch durch Randbedingungen festgelegt werden. Natürlich sind nur zwei von ihnen wirklich unabhängig voneinander, da $\hat{u}(\rho)$ die Lösung einer Differentialgleichung zweiter Ordnung (7.143) ist. (Wir werden später die noch offene Integrationsgrenze willkürlich mit einem *klassischen Umkehrpunkt* identifizieren.)

Das approximative Ergebnis (7.152) erscheint nicht unplausibel. Wäre zum Beispiel das Potential $\overline{V}(\rho)$ überall konstant, was sich natürlich auf $k(\rho)$ übertrüge, so würde die WKB-Lösung zur ebenen Welle $e^{\pm ik\rho}$ und damit dem exakten Resultat entsprechen. Für ein langsam veränderliches Potential könnte man dann in erster Näherung an Stelle der Phase $k\rho$ den Term $\int^{\rho} k(\rho')d\rho'$ erwarten, d. h. eine *ebene Welle* mit schwach ortsabhängiger Phase. – Auch das Auftreten des Faktors $(k(\rho))^{-1/2}$ lässt sich einfach erklären. Die Aufenthaltswahrscheinlichkeit des Teilchens im Intervall $(\rho, \rho + d\rho)$ ist proportional zu $|u(\rho)|^2$ und damit in der WKB-Näherung (7.152) im wesentlichen durch $1/k(\rho) \sim 1/p(\rho)$ gegeben.

Das ist aber genau das, was man von einem (quasi)klassischen Teilchen auch erwarten würde. Dessen mittlere Aufenthaltsdauer in dem Intervall ist sicher umgekehrt proportional zu seiner Geschwindigkeit $v(\rho) = 1/m\,p(\rho)$.

Das wirklich Neue der WKB-Lösung gegenüber den Lösungen der klassischen Hamilton-Jacobi-Differentialgleichung besteht nun aber darin, dass (7.152) nicht auf den *klassisch erlaubten* Bereich $(E > \overline{V}(\rho))$ beschränkt ist, sondern auch im *klassisch verbotenen* Gebiet,

$$E < \overline{V}(\rho)\,; \quad k(\rho) = \mathrm{i}\,|k(\rho)|\;,$$

anwendbar bleibt. Die Exponentialfunktionen bekommen dann reelle Argumente:

$$\hat{u}(\rho) = \frac{\overline{d}_+}{\sqrt{|k(\rho)|}} \exp\left(+\int^{\rho} |k(\rho')|\mathrm{d}\rho'\right) + \frac{\overline{d}_-}{\sqrt{|k(\rho)|}} \exp\left(-\int^{\rho} |k(\rho')|\mathrm{d}\rho'\right). \tag{7.153}$$

Bisweilen wird die Forderung nach korrektem asymptotischen Verhalten (*exponentielles Abklingen* der Wellenfunktion, Abschn. 4.1.1) dafür sorgen, dass nicht beide Koeffizienten $\overline{d}_+$ und $\overline{d}_-$ gleichzeitig von Null verschieden sein können.

Bevor wir diese Ergebnisse weiter konkretisieren und interpretieren, wollen wir uns im nächsten Abschnitt zunächst Gedanken über den Gültigkeitsbereich der WKB-Näherung machen.

7.4.3 Klassische Umkehrpunkte

Die WKB-Lösung (7.152) ist natürlich eine Approximation. Es ist deshalb ganz instruktiv, sich einmal klarzumachen, wie die Differentialgleichung zweiter Ordnung aussehen müsste, für die (7.152) eine **strenge** mathematische Lösung darstellt. Dazu leiten wir (7.152) zweimal nach ρ ab:

$$\left[\frac{d_\pm}{\sqrt{k(\rho)}} \exp\left(\pm\mathrm{i}\int^{\rho} \mathrm{d}\rho'\, k(\rho')\right)\right]''$$

$$= \left[\left(-\frac{1}{2}\frac{k'(\rho)}{k(\rho)} \pm \mathrm{i}\,k(\rho)\right) \frac{d_\pm}{\sqrt{k(\rho)}} \exp\left(\pm\mathrm{i}\int^{\rho} \mathrm{d}\rho'\, k(\rho')\right)\right]'$$

$$= \left[\frac{3}{4}\frac{k'^2(\rho)}{k^2(\rho)} - k^2(\rho) - \frac{1}{2}\frac{k''(\rho)}{k(\rho)}\right] \left[\frac{d_\pm}{\sqrt{k(\rho)}} \exp\left(\pm\mathrm{i}\int^{\rho} \mathrm{d}\rho'\, k(\rho')\right)\right].$$

Damit ist (7.152) Lösung der folgenden Differentialgleichung:

$$\hat{u}''(\rho) + \left(k^2(\rho) + \frac{1}{2}\frac{k''(\rho)}{k(\rho)} - \frac{3}{4}\frac{k'^2(\rho)}{k^2(\rho)}\right)\hat{u}(\rho) = 0\,. \tag{7.154}$$

Der Vergleich mit (7.143) steckt den Gültigkeitsbereich der WKB-Näherung ab. Offensichtlich muss

$$\left|\frac{\frac{1}{2}\frac{k''(\rho)}{k(\rho)} - \frac{3}{4}\frac{k'^2(\rho)}{k^2(\rho)}}{k^2(\rho)}\right| \ll 1 \tag{7.155}$$

gefordert werden, was insbesondere für schwach veränderliche $k(\rho)$ zutrifft. Mit (7.148) und (7.150) ergibt sich die äquivalente Formulierung:

$$\left|2\hbar^2\,\frac{W_2'(\rho)}{W_0'(\rho)}\right| \ll 1\,.$$

Verlangt man zusätzlich, dass in (7.155) bereits jeder Summand für sich klein gegen 1 ist, so folgt zum Beispiel aus dem zweiten Term mit (7.148):

$$\left|3\hbar^2\left(\frac{W_1'(\rho)}{W_0'(\rho)}\right)^2\right| \ll 1\,.$$

Die beiden letzten Ungleichungen beinhalten die plausible Forderung, dass in der Reihenentwicklung (7.146) für $W(\rho)$ die Korrekturen erster und zweiter Ordnung eine deutlich schwächere ρ-Abhängigkeit aufweisen als $W_0(\rho)$. – Wenn nun aber wirklich

$$\left|\frac{3}{4}\frac{k'^2(\rho)}{k^4(\rho)}\right| \ll 1$$

ist, dann gilt natürlich auch:

$$\left|\frac{k'(\rho)}{k^2(\rho)}\right| = \left|\frac{\mathrm{d}}{\mathrm{d}\rho}\frac{1}{k(\rho)}\right| \ll 1\,.$$

Auf einer Strecke $\Delta\rho$ darf sich deshalb die **de Broglie-Wellenlänge** $\lambda(\rho) = 2\pi/k(\rho)$ nur um einen Betrag ändern, der klein gegenüber $\Delta\rho$ ist:

$$\left|\frac{\mathrm{d}}{\mathrm{d}\rho}\lambda(\rho)\right| \overset{!}{\ll} 1\,. \tag{7.156}$$

Die WKB-Theorie sollte also ein brauchbares Konzept für den Fall darstellen, dass das Potential $\overline{V}(\rho)$ und damit auch die de Broglie-Wellenlänge nur schwach ortsabhängig sind. Das ist nun aber in der Tat analog zur Bedingung für den klassischen Übergang zwischen

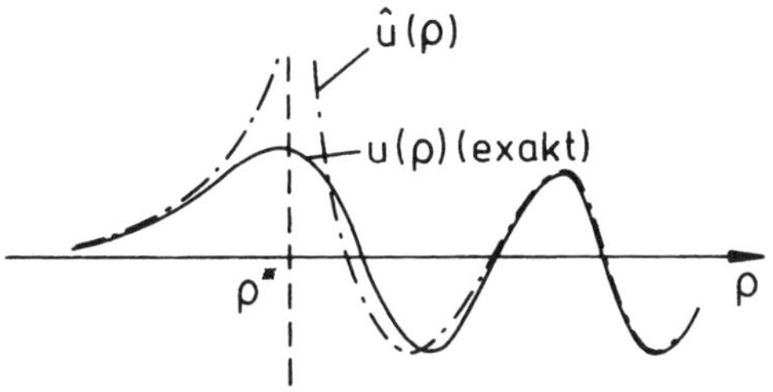

Abb. 7.9 Zum Fehlverhalten der WKB-Lösung am klassischen Umkehrpunkt

Wellen- und Strahlenoptik, die eine nur schwache räumliche Änderung des Brechungsindex fordert (s. Diskussion nach (2.11)).

Das Gültigkeitskriterium (7.155) legt aber auch eine offensichtliche Schwachstelle der WKB-Näherung bloß. In der Nähe **klassischer Umkehrpunkte** ρ^* (4.8),

$$k^2(\rho^*) = 0 \;\Leftrightarrow\; E = \overline{V}(\rho^*) \,,$$

ist die Ungleichung (7.155) nicht erfüllbar. Dort divergiert die Lösungsfunktion (7.152) in jedem Fall und wird somit unbrauchbar. Die WKB-Theorie ist nur *weit weg* von irgendwelchen Umkehrpunkten als physikalisch sinnvolle Näherung akzeptabel (Abb. 7.9).

Es gibt eine weitere unangenehme Konsequenz des singulären Verhaltens von $\hat{u}(\rho)$ an der Stelle $\rho = \rho^*$. Wir haben bei der praktischen Berechnung von Wellenfunktionen, die als Lösungen einer Differentialgleichung zweiter Ordnung stets freie Parameter enthalten, letztere in der Regel durch Stetigkeitsforderungen an die Wellenfunktion und ihre Ableitung festlegen können. Diese Möglichkeit scheidet bei der WKB-Methode aus. Wegen der Divergenz können die Koeffizienten d_+, d_- und $\overline{d}_+$, $\overline{d}_-$ nicht durch *stetiges Anstückeln* der Teillösungen (7.152) und (7.153) bei $\rho = \rho^*$ bestimmt werden. Damit erscheint die quasiklassische WKB-Methode eigentlich wenig erfolgversprechend. Man kann sich jedoch mit dem folgenden *Trick* weiterhelfen:

In der unmittelbaren Umgebung eines klassischen Umkehrpunktes ρ^* lässt sich $k^2(\rho)$ linearisieren:

$$\begin{aligned} k^2(\rho) &= \frac{2m}{\hbar^2}\left(E - \overline{V}(\rho^*)\right) - \frac{2m}{\hbar^2}\,(\rho - \rho^*)\,\overline{V}'(\rho^*) + \dots \\ &= c\,(\rho - \rho^*) + \mathcal{O}\left[(\rho - \rho^*)^2\right] , \\ c &= -\frac{2m}{\hbar^2}\,\overline{V}'(\rho^*) \,. \end{aligned} \tag{7.157}$$

Mit dieser Form für $k^2(\rho)$ kann man die Schrödinger-Gleichung (7.143) **exakt** lösen. Im *klassisch verbotenen* Bereich $(\overline{V}(\rho) > E)$ wird dann die WKB-Funktion (7.153) und im *klassisch erlaubten* Bereich $(\overline{V}(\rho) < E)$ (7.152) an die im *Umkehrpunktbereich* exakte Lösung *angestückelt*. Dadurch werden die unbekannten Parameter festgelegt. Ein auf R. E. Langer zurückgehendes Verfahren dieser Art soll im nächsten Abschnitt in detaillierten Einzelschritten erläutert werden. Mit diesem erreicht man, dass die im *Umkehrpunktbereich* korrekte Funktion *asymptotisch* mit den WKB-Approximationen übereinstimmt, wodurch die Parameteranpassung eindeutig wird.

7.4.4 Langer-Verfahren

Es empfiehlt sich, für die folgenden Überlegungen *linksseitige* und *rechtsseitige* Umkehrpunkte zu unterscheiden. Von einem *linksseitigen* Umkehrpunkt sprechen wir, wenn, wie bei ρ_1^* in Abb. 7.10, *links* von diesem ($\rho < \rho_1^*$) *klassisch verbotenes* und *rechts* von diesem ($\rho > \rho_1^*$) *klassisch erlaubtes* Gebiet sich anschließt. Bei einem *rechtsseitigen* Umkehrpunkt (ρ_2^* im Bild) ist es genau umgekehrt.

ρ^* sei nun irgendein *klassischer Umkehrpunkt* der *klassisch erlaubtes* von *klassisch verbotenem* Gebiet trennt. Nach einer Methode von Langer (R. E. Langer, Phys. Rev. **51**, 669 (1937)) wollen wir die beiden WKB-Teillösungen (7.152) und (7.153) bezüglich ρ^* *physikalisch vernünftig* einander anpassen. Die noch nicht spezifizierte untere Integrationsgrenze in den Exponenten in (7.152) und (7.153) setzen wir willkürlich, aber ohne Beschränkung der Allgemeingültigkeit der folgenden Überlegungen, gleich ρ^*. Damit können die Lösungen (7.152) und (7.153) auch als Funktionen einer neuen Variablen α,

$$\alpha \equiv \begin{cases} \int\limits_{\rho^*}^{\rho} k(\rho')\mathrm{d}\rho' \,, & \text{falls } \rho^* \textit{ linksseitig} \,, \\ \int\limits_{\rho}^{\rho^*} k(\rho')\,\mathrm{d}\rho' \,, & \text{falls } \rho^* \textit{ rechtsseitig} \,, \end{cases} \tag{7.158}$$

aufgefasst werden.

Die Integrationsgrenzen wurden dabei so gewählt, dass für beide Typen von Umkehrpunkten gleichermaßen gilt:

$$\begin{aligned} E > \overline{V}(\rho) \quad &\Rightarrow \quad \alpha > 0 \qquad &&\text{(klassisch erlaubt)} \,, \\ E < \overline{V}(\rho) \quad &\Rightarrow \quad \alpha = -\mathrm{i}|\alpha| \qquad &&\text{(klassisch verboten)} \,. \end{aligned} \tag{7.159}$$

Die WKB-Teillösungen (7.152) und (7.153) lauten in der neuen Variablen α:

$$\begin{aligned} \hat{u}(\alpha) &= \frac{1}{\sqrt{k(\alpha)}} \left(\gamma_+ \mathrm{e}^{\mathrm{i}\alpha} + \gamma_- \mathrm{e}^{-\mathrm{i}\alpha}\right) \text{ für } E > V \,, \\ \hat{u}(\alpha) &= \frac{1}{\sqrt{|k(\alpha)|}} \left(\delta_+ \mathrm{e}^{|\alpha|} + \delta_- \mathrm{e}^{-|\alpha|}\right) \text{ für } E < V \,. \end{aligned} \tag{7.160}$$

Dem Umkehrpunkt $\rho = \rho^*$ entspricht $\alpha = 0$!

Abb. 7.10 Zur Definition von links- und rechtsseitigen Umkehrpunkten

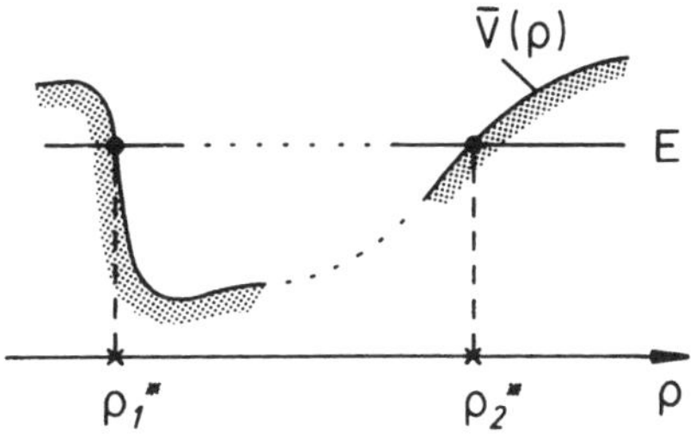

Die sich nun anschließenden Betrachtungen erfordern *etwas rechnerischen Aufwand* und sollen deshalb zur besseren Übersicht in mehrere Einzelschritte unterteilt werden. Dabei vereinbaren wir:

a) ρ^*: *linksseitiger* Umkehrpunkt,
b) $-\infty < \rho < \rho^*$: *klassisch verboten.*

Die Überlegungen lassen sich völlig analog für einen entsprechenden *rechtsseitigen* Umkehrpunkt anstellen und führen mit der Festlegung (7.158) für α zu formal exakt denselben Resultaten. (Es ist sicher eine hilfreiche Übung, dieses Schritt für Schritt zu überprüfen!) Das ist im Übrigen der Grund, warum α in (7.158) für *rechts-* und *linksseitige* Umkehrpunkte etwas anders definiert wurde.

Wegen der Voraussetzung b) muss die Wellenfunktion für $\rho \to -\infty$ exponentiell gegen Null gehen. Das ist aber nur für

$$\delta_+ = 0 \tag{7.161}$$

gewährleistet. Dieser Punkt wird später noch zu kommentieren sein.

■ 1) Schrödinger-Gleichung:

Die Ableitung nach der neuen Variablen α,

$$d\alpha = k\,d\rho \quad \Leftrightarrow \quad \frac{d}{d\rho} = k\frac{d}{d\alpha} ,$$

werde zur Unterscheidung von der nach ρ mit einem Punkt gekennzeichnet:

$$u'' = \frac{d^2}{d\rho^2}u = k\frac{d}{d\alpha}(k\dot{u}) = k\dot{k}\dot{u} + k^2\ddot{u} .$$

Damit liest sich die exakte Schrödinger-Gleichung (7.143) für $u = u(\alpha)$:

$$\ddot{u} + \frac{\dot{k}}{k}\dot{u} + u = 0 . \tag{7.162}$$

Im nächsten Schritt schreiben wir auch die *WKB-Gleichung* (7.154) auf die neue Variable α um.

2) WKB-Gleichung:

Dazu setzen wir

$$k' = k\dot{k}\,; \quad k'' = k\dot{k}^2 + k^2\ddot{k}$$

in (7.154) ein:

$$k\dot{k}\dot{\hat{u}} + k^2\ddot{\hat{u}} + \left(k^2 + \frac{1}{2}\dot{k}^2 + \frac{1}{2}k\ddot{k} - \frac{3}{4}\dot{k}^2\right)\hat{u} = 0\,.$$

Nach Division durch k^2 ergibt sich eine Differentialgleichung,

$$\ddot{\hat{u}} + \frac{\dot{k}}{k}\dot{\hat{u}} + \left(1 - \frac{1}{4}\frac{\dot{k}^2}{k^2} + \frac{1}{2}\frac{\ddot{k}}{k}\right)\hat{u} = 0\,, \tag{7.163}$$

zu der die die Schrödinger-Gleichung (7.162) nur approximativ erfüllenden WKB-Funktionen (7.160) **exakte** Lösungen darstellen.

3) Linearisierung im Umkehrpunktbereich:

In der unmittelbaren Nähe des *Umkehrpunktes* ρ^* sorgt die Linearisierung (7.157),

$$k^2(\rho) \sim (\rho - \rho^*)\,, \quad \alpha \sim (\rho - \rho^*)^{3/2}\,,$$

für die folgenden, relativ einfachen Beziehungen:

$$k(\alpha) \sim \alpha^{1/3}\,; \quad \frac{\dot{k}}{k} = \frac{1}{3\alpha}\,; \quad \frac{\ddot{k}}{k} = -\frac{2}{9\alpha^2}\,.$$

Im Umkehrpunktbereich lautet dann die Schrödinger-Gleichung (7.162),

$$\ddot{u} + \frac{1}{3\alpha}\dot{u} + u = 0\,, \tag{7.164}$$

während die WKB-Gleichung (7.163) dort die Gestalt

$$\ddot{\hat{u}} + \frac{1}{3\alpha}\dot{\hat{u}} + \left(1 - \frac{5}{36\alpha^2}\right)\hat{u} = 0 \tag{7.165}$$

annimmt. Der letzte Summand ist für die *störende* Singularität im Umkehrpunkt $\alpha = 0$ verantwortlich. Die Lösung der linearisierten Schrödinger-Gleichung (7.164) ist dagegen natürlich regulär bei $\alpha = 0$. Der *Trick* besteht nun darin, (7.164) nicht direkt zu lösen, was durchaus möglich wäre, sondern nach einer Version zu suchen, die den Anschluss an die WKB-Näherung besonders einfach werden lässt.

4) „Korrigierte" WKB-Gleichung:

Wir modifizieren die WKB-Gleichung (7.163) dahingehend, dass die $(\alpha \to 0)$-Singularität verschwindet. Der Vergleich von (7.164) und (7.165) gibt den Hinweis, wie das zu geschehen hat:

$$\ddot{v} + \frac{\dot{k}}{k}\dot{v} + \left(1 - \frac{\dot{k}^2}{4k^2} + \frac{\ddot{k}}{2k} + \frac{5}{36\alpha^2}\right) v = 0 \,. \tag{7.166}$$

Die Lösung $v(\alpha)$ dieser Gleichung hat die folgenden bemerkenswerten Eigenschaften:

$$\text{a)} \qquad v(\alpha) \underset{\alpha \to 0}{\longrightarrow} u(\alpha) \,.$$

Im Umkehrpunktbereich ist die Differentialgleichung (7.166) mit der linearisierten Schrödinger-Gleichung (7.164) identisch, liefert dort also dieselben Lösungen. Dies bedeutet insbesondere, dass sich $v(\alpha)$ problemlos vom *klassisch erlaubten* in den *klassisch verbotenen* Bereich fortsetzen lassen wird.

$$\text{b)} \qquad v(\alpha) \underset{|\alpha| \gg 1}{\longrightarrow} \hat{u}(\alpha) \,.$$

Asymptotisch stimmt (7.166) mit (7.163) überein, sodass $v(\alpha)$ für $|\alpha| \gg 1$ in die WKB-Lösung $\hat{u}(\alpha)$ übergeht. Man beachte, dass die zu (7.164) führenden Abschätzungen für $k(\alpha)$ in der Grenze $|\alpha| \gg 1$ natürlich nicht mehr gelten.

5) Lösung der „korrigierten" WKB-Gleichung:

Wegen a) und b) ist $v(\alpha)$ offensichtlich geeignet, eine *physikalisch vernünftige Anstückelung* der beiden WKB-Teillösungen (7.160) zu gewährleisten. Wir werden deshalb versuchen, die Differentialgleichung (7.166) zu lösen, um dann durch Anpassen der WKB-Funktionen für $|\alpha| \gg 1$ an $v(\alpha)$ die Integrationskonstanten in (7.160) festzulegen. Erfolgreich ist der Lösungsansatz

$$v(\alpha) = \sqrt{\frac{\alpha}{k}}\, x(\alpha) \,, \tag{7.167}$$

mit dem nach einfachen Umformungen aus (7.166) eine in der Lehrbuchliteratur zur mathematischen Physik ausführlich untersuchte Differentialgleichung für $x(\alpha)$ entsteht:

$$\ddot{x}(\alpha) + \frac{1}{\alpha}\dot{x}(\alpha) + \left(1 - \frac{1}{9\alpha^2}\right) x(\alpha) = 0 \,. \tag{7.168}$$

Es handelt sich um die sogenannte **allgemeine Bessel-Gleichung**:

$$y''(z) + \frac{1}{z}y'(z) + \left(1 - \frac{\nu^2}{z^2}\right) y(z) = 0 \tag{7.169}$$

für $\nu = \pm 1/3$. Lösungen sind die in ihrem mathematischen Verhalten sehr genau bekannten **Bessel-Funktionen erster Art** $J_{\pm\nu}(z)$. Einige spezielle Eigenschaften der allgemeinen Bessel-Gleichung und ihrer Lösungen sind in Abschn. 7.4.6 aufgelistet, so zum Beispiel auch der Zusammenhang mit der in Abschn. 6.3.2 benutzten **sphärischen Bessel-Gleichung**.

Da ν quadratisch in (7.168) eingeht, wird diese Gleichung von J_ν und $J_{-\nu}$ gelöst. Für nichtganzzahliges ν, wie in unserem Fall, sind J_ν und $J_{-\nu}$ linear unabhängig, sodass die allgemeine Lösung der *korrigierten* WKB-Gleichung (7.166) die folgende Gestalt hat:

$$v(\alpha) = \sqrt{\frac{\alpha}{k}}\,\left(a J_{1/3}(\alpha) + b J_{-1/3}(\alpha)\right) . \tag{7.170}$$

Diese Lösung ist analytisch im Umkehrpunkt $\alpha = 0$ (s. Aufgabe 7.4.2).

6) Anschlussbedingungen für $E < \overline{V}(\rho)$:

Nach unseren zu Anfang getroffenen Vereinbarungen bezüglich des Umkehrpunktes ρ^* muss im *klassisch verbotenen* Gebiet $(k^2(\rho) < 0)$ die Lösungsfunktion exponentiell abklingen. Es gilt deshalb $\delta_+ = 0$, eine der beiden Integrationskonstanten ist damit bereits bestimmt. Hier nutzen wir also eine Vorkenntnis über die gesuchte Wellenfunktion aus. Es wird sich herausstellen, dass ohne eine solche Vorkenntnis in der WKB-Lösung ein freier Parameter unbestimmt bleiben muss (s. Aufgabe 7.4.3). Nach (7.160) können wir also für die WKB-Lösung im *klassisch verbotenen* Bereich schreiben:

$$\hat{u}(\alpha) = \frac{\delta_-}{\sqrt{|k(\alpha)|}}\,\mathrm{e}^{-|\alpha|} . \tag{7.171}$$

Für die *Langer-Lösung* (7.170) gilt hier zunächst mit (7.159):

$$v(\alpha) = \sqrt{\frac{-\mathrm{i}|\alpha|}{\mathrm{i}|k|}}\,\left[a J_{1/3}\left(-\mathrm{i}|\alpha|\right) + b J_{-1/3}\left(-\mathrm{i}|\alpha|\right)\right] .$$

Die Bessel-Funktionen mit imaginärem Argument führen auf die sogenannten **modifizierten Bessel-Funktionen** $I_{\pm\nu}$ (s. (7.206) mit (7.207)):

$$J_{\pm 1/3}\left(-\mathrm{i}|\alpha|\right) = (-\mathrm{i})^{\pm 1/3}\, I_{\pm 1/3}\left(|\alpha|\right) .$$

Setzen wir noch

$$\mathrm{i}(-\mathrm{i})^{1/3} = -1 \; ; \quad \mathrm{i}(-\mathrm{i})^{-1/3} = +1 ,$$

so folgt als Zwischenergebnis:

$$v(\alpha) = \sqrt{\left|\frac{\alpha}{k}\right|}\,\left(-a I_{1/3}(|\alpha|) + b I_{-1/3}(|\alpha|)\right) . \tag{7.172}$$

Für $|\alpha| \gg 1$ sollte $v(\alpha)$ mit der WKB-Lösung (7.171) übereinstimmen, also insbesondere exponentiell abfallen. Die Asymptotik der modifizierten Bessel-Funktionen erfüllt dieses allerdings nur für ganz bestimmte Kombinationen ((7.208) und (7.213)):

$$\begin{aligned} I_{1/3}(|\alpha|) - I_{-1/3}(|\alpha|) &= -\frac{2\sin(1/3\pi)}{\pi} K_{1/3}(|\alpha|) \\ &\underset{|\alpha|\gg 1}{\longrightarrow} -\frac{2\sin(1/3\pi)}{\pi}\sqrt{\frac{\pi}{2|\alpha|}}\,\mathrm{e}^{-|\alpha|} \,. \end{aligned}$$

Wir haben deshalb in (7.172) $a = b$ zu wählen ($\sin\frac{\pi}{3} = \frac{1}{2}\sqrt{3}$):

$$v(\alpha) \underset{|\alpha|\gg 1}{\longrightarrow} a\sqrt{\frac{3}{2\pi|k|}}\,\mathrm{e}^{-|\alpha|} \,. \tag{7.173}$$

Die Forderung, dass $v(\alpha)$ für große $|\alpha|$ in die WKB-Lösung $\hat{u}(\alpha)$ übergeht, ist nach (7.171) gleichbedeutend mit:

$$\delta_- = a\sqrt{\frac{3}{2\pi}} \,. \tag{7.174}$$

■ 7) Anschlussbedingungen für $E > \overline{V}(\rho)$:

Im *klassisch erlaubten* Gebiet ($k^2(\rho) > 0$) ist $\alpha > 0$. Wir schließen aus dem asymptotischen Verhalten der Bessel-Funktionen (7.195),

$$J_\nu(\alpha) \underset{\alpha\gg 1}{\longrightarrow} \sqrt{\frac{2}{\pi\alpha}}\cos\left(\alpha - \frac{\pi}{4} - \nu\frac{\pi}{2}\right) ,$$

mit (7.170) und dem unter Punkt 6) abgeleiteten Ergebnis $a = b$ auf:

$$\begin{aligned} v(\alpha) &\underset{\alpha\gg 1}{\longrightarrow} a\sqrt{\frac{2}{\pi k}}\left[\cos\left(\alpha - \frac{\pi}{4} - \frac{\pi}{6}\right) + \cos\left(\alpha - \frac{\pi}{4} + \frac{\pi}{6}\right)\right] \\ &= 2a\sqrt{\frac{2}{\pi k}}\cos\left(\alpha - \frac{\pi}{4}\right)\cos\frac{\pi}{6} = a\sqrt{\frac{6}{\pi k}}\cos\left(\alpha - \frac{\pi}{4}\right) . \end{aligned} \tag{7.175}$$

Dabei haben wir das Additionstheorem

$$\cos(x \mp y) = \cos x \cos y \pm \sin x \sin y$$

und $\cos(\pi/6) = (1/2)\sqrt{3}$ ausgenutzt. Dieses Ergebnis müssen wir nun mit der WKB-Lösung für den *klassisch erlaubten* Bereich in (7.160) vergleichen. Offensichtlich muss für die Koeffizienten in (7.160)

$$\gamma_\pm = \frac{1}{2}\gamma\,\mathrm{e}^{\mp\mathrm{i}(\pi 4)} \tag{7.176}$$

gewählt werden, um für $\hat{u}(\alpha)$ dieselbe Struktur wie die des *asymptotischen* $v(\alpha)$ in (7.175) zu erreichen:

$$\hat{u}(\alpha) = \frac{\gamma}{\sqrt{k}} \cos\left(\alpha - \frac{\pi}{4}\right) . \tag{7.177}$$

Das Gleichsetzen von (7.175) und (7.177) liefert dann unmittelbar:

$$\gamma = a\sqrt{\frac{6}{\pi}} . \tag{7.178}$$

Wenn wir nun im letzten Schritt die Ausdrücke (7.174) und (7.178) miteinander kombinieren,

$$\delta_- = \frac{1}{2}\gamma , \tag{7.179}$$

dann sind in den WKB-Lösungen (7.160) alle Integrationskonstanten bis auf eine festgelegt. Die verbleibende Unbekannte kann als Normierungskonstante dienen. Wir geben das vollständige Ergebnis noch einmal explizit an:

$\boxed{E < \overline{V}(\rho)}$: $(\rho < \rho^*)$

$$\hat{u}(\rho) = \frac{\gamma}{2\sqrt{|k(\rho)|}} \exp\left\{-\int\limits_{\rho}^{\rho^*} |k(\rho')| \mathrm{d}\rho'\right\} , \tag{7.180}$$

$\boxed{E > \overline{V}(\rho)}$: $(\rho^* < \rho)$

$$\hat{u}(\rho) = \frac{\gamma}{\sqrt{k(\rho)}} \cos\left\{\int\limits_{\rho^*}^{\rho} \mathrm{d}\rho'\, k(\rho') - \frac{\pi}{4}\right\} . \tag{7.181}$$

Man beachte in (7.180), dass für den hier betrachteten *linksseitigen* Umkehrpunkt nach (7.158)

$$\begin{aligned} |\alpha| &= \left|\int\limits_{\rho^*}^{\rho} k(\rho')\,\mathrm{d}\rho'\right| = \left|\mathrm{i}\int\limits_{\rho^*}^{\rho} |k(\rho')|\mathrm{d}\rho'\right| \\ &= \left|\int\limits_{\rho^*}^{\rho} |k(\rho')|\mathrm{d}\rho'\right| \underset{\rho<\rho^*}{\rightarrow} = \int\limits_{\rho}^{\rho^*} |k(\rho')|\mathrm{d}\rho' \end{aligned}$$

gilt.

Wir schließen noch einige kommentierende Bemerkungen zum soeben durchgeführten Langer-Verfahren an:

1. Das *Langer-Verfahren* dient lediglich dazu, die WKB-Lösungen des *klassisch erlaubten* und des *klassisch verbotenen* Bereichs *physikalisch vernünftig* einander anzupassen, um damit zunächst unbestimmte Integrationskonstanten festlegen zu können. Die Singularitäten der WKB-Wellenfunktionen an *klassischen Umkehrpunkten* verschwinden dadurch natürlich nicht! Die Lösung bleibt dort unbrauchbar.
2. Die konkreten Einzelschritte der obigen Überlegungen bezogen sich auf einen *linksseitigen* Umkehrpunkt ρ^*, für den das **gesamte** Gebiet $-\infty < \rho < \rho^*$ *klassisch verboten* ist. Die Definition der Variablen α in (7.158) wurde nun aber gerade so getroffen, dass die Resultate (7.171), (7.177) und (7.178) auch für einen *rechtsseitigen* Umkehrpunkt $\bar{\rho}^*$ exakt dieselben bleiben, wenn in diesem Fall das **gesamte** Gebiet $\overline{\rho}^* < \rho < +\infty$ *klassisch verboten* ist. Die explizite Auswertung der genannten Gleichungen liefert dann:

$\boxed{E > \overline{V}(\rho)}: \ (\rho < \overline{\rho}^*)$

$$\hat{u}(\rho) = \frac{\overline{\gamma}}{\sqrt{k(\rho)}} \cos\left\{ \int\limits_{\rho}^{\overline{\rho}^*} d\rho' \, k(\rho') - \frac{\pi}{4} \right\} , \tag{7.182}$$

$\boxed{E < \overline{V}(\rho)}: \ (\overline{\rho}^* < \rho)$

$$\hat{u}(\rho) = \frac{\overline{\gamma}}{2\sqrt{|k(\rho)|}} \exp\left\{ - \int\limits_{\overline{\rho}^*}^{\rho} d\rho' |k(\rho')| \right\} . \tag{7.183}$$

Wichtig ist aber auch hier wiederum die Bedingung, dass das sich *rechts* an $\overline{\rho}^*$ anschließende *klassisch verbotene* Gebiet bis $+\infty$ reicht. Dadurch ist wie in (7.161) gewährleistet, dass in der *nichtoszillierenden* WKB-Teillösung (7.160) ein Koeffizient gleich Null ist.
3. Für den allgemeinen Fall, dass in dem sich an den *Umkehrpunkt* anschließenden *klassisch verbotenen* Bereich in der WKB-Lösung neben der abfallenden auch die ansteigende Exponentialfunktion zu berücksichtigen ist, ergibt sich nach der *Langer-Methode* das folgende Resultat:

$\boxed{E > \overline{V}(\rho)}$

$$\hat{u}(\alpha) = \frac{\widehat{\gamma}}{\sqrt{k}} \cos\left(\alpha - \frac{\pi}{4} + \varphi \right) , \tag{7.184}$$

$\boxed{E < \overline{V}(\rho)}$

$$\hat{u}(\alpha) = \frac{\widehat{\gamma}}{\sqrt{|k|}} \left(\frac{1}{2} \cos\varphi \, e^{-|\alpha|} + \sin\varphi \, e^{|\alpha|} \right) . \tag{7.185}$$

Die Variable α ist wie in (7.158) definiert. $\widehat{\gamma}$ und φ sind komplexe Konstante. Gegenüber den Lösungen (7.180) bis (7.183) stellt φ eine zusätzliche Integrationskonstante dar, die nur dann genauer spezifiziert werden kann, wenn gewisse *Vorinformationen*

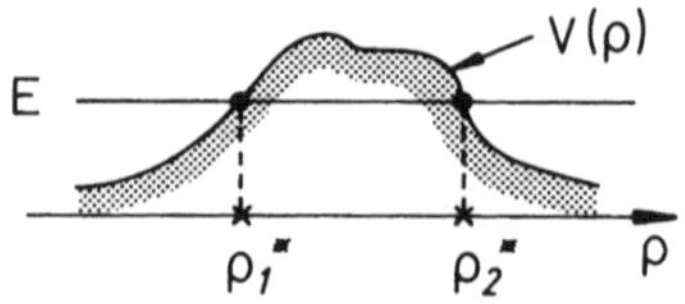

Abb. 7.11 Zum Tunneln quantenmechanischer Teilchen durch klassisch undurchdringliche Potentialberge

über die Lösungsfunktion vorliegen. In den obigen Beispielen war es das zu fordernde exponentielle Abklingen der Wellenfunktion im *klassisch verbotenen* Bereich, das $\varphi = 0$ zur Folge hatte, wie der Vergleich von (7.171) und (7.177) mit (7.184) und (7.185) verdeutlicht. – Wir führen den Beweis zu (7.184) und (7.185) als Aufgabe 7.4.3!

4. Wichtige Anwendungen als Näherungsmethode findet das WKB-Verfahren bei allen möglichen **Tunnelprozessen** quantenmechanischer Teilchen durch *klassisch undurchdringliche* Potentialschwellen komplizierter, realistischer Gestalt (Abb. 7.11). Obwohl die unter Punkt 3) beschriebene Situation vorliegt, lassen sich bisweilen recht konkrete Aussagen ableiten. So findet man für den **Transmissionskoeffizienten** $T(E)$ (4.56) eines Teilchens der Masse m durch einen Potentialwall $V(\rho)$ mit $V(\rho \to \pm\infty) < E$ und lediglich zwei Umkehrpunkten ρ_1^* und ρ_2^*:

$$T(E) \approx \exp\left(-\frac{2}{\hbar} \int\limits_{\rho_1^*}^{\rho_2^*} \sqrt{2m(V(\rho) - E)}\, \mathrm{d}\rho \right) . \tag{7.186}$$

Diese nützliche Formel, die wir als Aufgabe 7.4.4 ableiten, haben wir unter stark vereinfachenden Annahmen bereits in Abschn. 4.3.3 plausibel gemacht, wodurch sich so wichtige Phänomene wie die *α-Radioaktivität* (Abschn. 4.3.4) oder die *Feldemission* (Aufgabe 4.3.4) erklären ließen.

7.4.5 Phasenintegralquantisierung

Wir wollen nun mit Hilfe der WKB-Methode für einen wichtigen Spezialfall eine Formel ableiten, die es gestattet, das diskrete Energiespektrum gebundener Zustände zu berechnen. Wir betrachten einen Potentialverlauf, für den ein Teilchen der Masse m und der Energie E klassisch weder nach $+\infty$ noch nach $-\infty$ gelangen kann. Es existiere ein *links-* und ein *rechtsseitiger* Umkehrpunkt. Das Intervall $\rho_1^* < \rho < \rho_2^*$ stellt *klassisch erlaubtes* Gebiet dar, während die Bereiche $-\infty < \rho < \rho_1^*$ und $\rho_2^* < \rho < +\infty$ *klassisch verboten* sind (s. Abb. 7.12). Für den *linksseitigen* Umkehrpunkt ρ_1^* gelten die Formeln (7.180) und (7.181) und für den *rechtsseitigen* Umkehrpunkt ρ_2^* (7.182) und (7.183). Nun müssen natürlich innerhalb des *klassisch erlaubten* Intervalls $\rho_1^* < \rho < \rho_2^*$ die beiden Lösungen (7.181) und (7.182) übereinstimmen. Das erfordert offensichtlich, dass sich die beiden Konstanten γ und $\overline{\gamma}$ höchs-

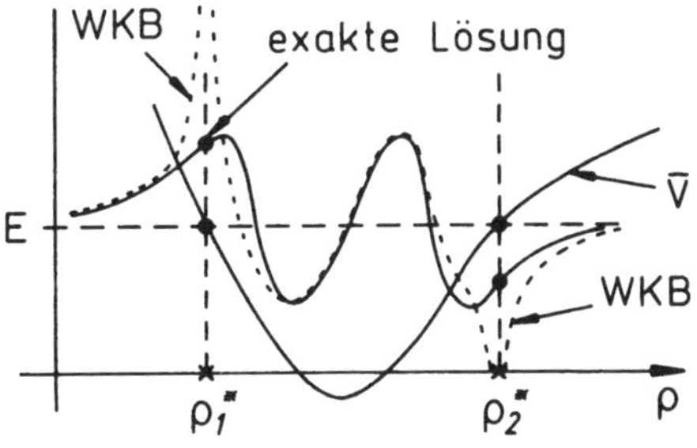

Abb. 7.12 Schematische Darstellung der exakten Lösung und der WKB-Näherung für eine Teilchenbewegung mit zwei klassischen Umkehrpunkten

tens um ein Vorzeichen unterscheiden und außerdem

$$\begin{aligned}\cos\left\{\int\limits_{\rho_1^*}^{\rho} d\rho'\, k(\rho') - \frac{\pi}{4}\right\} &\stackrel{!}{=} \pm\cos\left\{\int\limits_{\rho}^{\rho_2^*} d\rho'\, k(\rho') - \frac{\pi}{4}\right\}\\ &= \pm\cos\left\{-\int\limits_{\rho}^{\rho_2^*} d\rho'\, k(\rho') + \frac{\pi}{4}\right\}\\ &= \pm\cos\left\{-\int\limits_{\rho_1^*}^{\rho_2^*} d\rho'\, k(\rho') + \frac{\pi}{4} + \int\limits_{\rho_1^*}^{\rho} d\rho'\, k(\rho')\right\}\\ &= \pm\cos\left\{\int\limits_{\rho_1^*}^{\rho} d\rho'\, k(\rho') - \frac{\pi}{4} - \left(\int\limits_{\rho_1^*}^{\rho_2^*} d\rho'\, k(\rho') - \frac{\pi}{2}\right)\right\}\end{aligned}$$

gilt. Diese Forderung ist gleichbedeutend mit:

$$\gamma \stackrel{!}{=} (-1)^n\,\overline{\gamma}\,,$$

$$\int\limits_{\rho_1^*}^{\rho_2^*} d\rho'\, k(\rho') \stackrel{!}{=} \left(n + \frac{1}{2}\right)\pi\,; \quad n \in \mathbb{N}\,. \tag{7.187}$$

Die linke Seite ist positiv definit, deswegen kommen für n nur nicht-negative ganze Zahlen in Frage. Diese Beziehung erweist sich als außerordentlich nützlich, da aus ihr bei bekanntem Potential $\overline{V}(\rho)$ die **Energieeigenwerte der gebundenen Zustände** berechnet werden können (s. Aufgabe 7.4.1).

Für einen vollen Umlauf ($\rho_1^* \leftrightarrow \rho_2^*$) einer periodischen Bewegung schreibt sich (7.184), wenn man bedenkt, dass der Impuls $p = \hbar k$ auf dem *Rückweg* sein Vorzeichen wechselt:

$$\oint p\, d\rho = 2\pi\hbar\left(n + \frac{1}{2}\right)\,; \quad n \in \mathbb{N}\,. \tag{7.188}$$

Dies entspricht der semiklassischen **Phasenintegralquantisierung** (1.131). Sie ist hier das Resultat einer approximativen quantenmechanischen Überlegung, muss also nicht mehr als reines Postulat angesehen werden. Der Unterschied zur berühmten **Bohr-Sommerfeld'schen Quantisierungsregel** besteht nur in der additiven Konstanten 1/2!

Wegen des Versagens der WKB-Methode in den *Umkehrpunktbereichen* sind die Ergebnisse (7.187) und (7.188) umso glaubwürdiger, je mehr Oszillationen die Wellenfunktion im *klassisch erlaubten* Bereich vollzieht. Man ist dann bezüglich α aus (7.158) *schneller* im asymptotischen Bereich. Nach dem *Knotensatz* (Abschn. 4.1.3) sind demnach **große Quantenzahlen** n für dieses quasiklassische Näherungsverfahren günstig, was dem in Abschn. 1.5.3 behandelten **Korrespondenzprinzip** entspricht.

7.4.6 Mathematischer Zusatz: Bessel'sche Differentialgleichung

Es sollen in diesem Abschnitt einige Formeln und mathematische Gesetzmäßigkeiten zusammengestellt werden, die in den vorangegangenen Abschnitten eine Rolle spielten. Die strengen mathematischen Beweise können allerdings im Rahmen eines Grundkurses zur Theoretischen Physik nicht durchgeführt werden. Dazu muss auf die spezielle Lehrbuchliteratur verwiesen werden.

In der **allgemeinen Bessel'schen Differentialgleichung**,

$$y''(z) + \frac{1}{z}y'(z) + \left(1 - \frac{\nu^2}{z^2}\right)y(z) = 0\,, \tag{7.189}$$

sei ν eine beliebige **reelle** Zahl und z eine im allgemeinen komplexe Variable. Man spricht von der **speziellen** Bessel'schen Differentialgleichung, wenn ν eine ganze Zahl ist. Die **Lösungen** zu (7.189) werden allgemein **Zylinderfunktionen** genannt. Man unterscheidet mehrere Typen:

1) Bessel-Funktionen erster Art

Diese sind wie folgt definiert:

$$J_\nu(z) = \left(\frac{z}{2}\right)^\nu \sum_{k=0}^{\infty} \frac{(-1)^k}{k!\Gamma(k+\nu+1)} \left(\frac{z}{2}\right)^{2k}\,. \tag{7.190}$$

Man erkennt unmittelbar die Symmetrierelation:

$$J_\nu(-z) = (-1)^\nu J_\nu(z)\,. \tag{7.191}$$

Mit Γ ist in (7.190) die *Gammafunktion* gemeint:

$$\Gamma(\nu+1) = \int_0^\infty dt\, e^{-t}\, t^\nu \,. \tag{7.192}$$

Solange ν nicht ganzzahlig ist, sind $J_\nu(z)$ und $J_{-\nu}(z)$ linear unabhängig. Die allgemeine Lösung zu (7.189) lautet dann

$$Z_\nu(z) = \alpha\, J_\nu(z) + \beta\, J_{-\nu}(z) \tag{7.193}$$

mit irgendwelchen Konstanten α und β.

Wichtig ist die **Asymptotik**:

$$J_\nu(z) \underset{z\to 0}{\longrightarrow} \frac{1}{\Gamma(\nu+1)} \left(\frac{z}{2}\right)^\nu \,. \tag{7.194}$$

Hier ist ν nicht-negativ oder, wenn negativ, dann nicht ganzzahlig:

$$J_\nu(z) \underset{|z|\to\infty}{\longrightarrow} \sqrt{\frac{2}{\pi z}} \cos\left(z - \frac{\pi}{4} - \frac{\nu\pi}{2}\right) \,. \tag{7.195}$$

Falls $\nu = n$ eine ganze Zahl ist, sind J_ν und $J_{-\nu}$ nicht mehr linear unabhängig. Man liest vielmehr an (7.190) ab (Aufgabe 7.4.5):

$$J_{-n}(z) = (-1)^n\, J_n(z) \,. \tag{7.196}$$

In einem solchen Fall muss eine zweite linear unabhängige Lösung gefunden werden. Das sind die

2) Bessel-Funktionen zweiter Art,

die auch *Neumann-Funktionen* genannt werden:

$$N_\nu(z) = \frac{1}{\sin\nu\pi} \left(J_\nu(z)\cos\nu\pi - J_{-\nu}(z)\right) \,. \tag{7.197}$$

Diese Definition ist wegen (7.196) für ganzzahliges ν als Grenzwert (l'Hospital) zu lesen. Die $N_\nu(z)$ und $J_\nu(z)$ sind für jedes reelle ν linear unabhängig. Die allgemeine Lösung von (7.189) lässt sich deshalb immer als

$$Z_\nu(z) = \overline{\alpha}\, J_\nu(z) + \overline{\beta}\, N_\nu(z) \tag{7.198}$$

schreiben. Bei nicht-ganzzahligem ν sind sowohl (7.193) als auch (7.198) allgemeine Lösung, bei ganzzahligem ν nur (7.198).

Die Neumann-Funktionen sind singulär im Nullpunkt:

$$N_\nu(z) \underset{z\to 0}{\longrightarrow} \begin{cases} \frac{2}{\pi}\left[\ln\left(\frac{z}{2}\right) + 0{,}5772 + \ldots\right]; & \nu = 0\,, \\ -\frac{1}{\pi}\Gamma(\nu)\left(\frac{z}{2}\right)^{-\nu}; & \nu > 0\,, \end{cases} \tag{7.199}$$

$$N_\nu(z) \underset{|z|\to\infty}{\longrightarrow} \sqrt{\frac{2}{\pi z}}\sin\left(z - \frac{\pi}{4} - \frac{\nu\pi}{2}\right). \tag{7.200}$$

Es gibt noch ein drittes Fundamentalsystem. Das sind die

■ 3) Bessel-Funktionen dritter Art,

die man auch *Hankel-Funktionen* nennt:

$$H_\nu^{(1)}(z) = J_\nu(z) + \mathrm{i}\,N_\nu(z)\,; \quad H_\nu^{(2)}(z) = J_\nu(z) - \mathrm{i}\,N_\nu(z)\,. \tag{7.201}$$

Ihre Einführung ist bisweilen sinnvoll, um ein passendes asymptotisches Verhalten zu erreichen:

$$H_\nu^{(1,2)}(z) \underset{|z|\to\infty}{\longrightarrow} \sqrt{\frac{2}{\pi z}}\exp\left[\pm\mathrm{i}\left(z - \left(\nu + \frac{1}{2}\right)\frac{\pi}{2}\right)\right]. \tag{7.202}$$

Für $z \to 0$ sind sie natürlich durch die singulären Neumann-Funktionen bestimmt.

Wir erwähnen zum Schluss noch einige nützliche **Rekursionsformeln**, die von den Funktionen $J_\nu(z)$, $N_\nu(z)$, $H_\nu^{(1,2)}(z)$ in gleicher Weise erfüllt werden (Aufgabe 7.4.7):

$$y_{\nu-1}(z) + y_{\nu+1}(z) = \frac{2\nu}{z}\,y_\nu(z)\,, \tag{7.203}$$

$$y_{\nu-1}(z) - y_{\nu+1}(z) = 2\,\frac{\mathrm{d}}{\mathrm{d}z}\,y_\nu(z)\,, \tag{7.204}$$

$$y_\nu'(z) = y_{\nu-1}(z) - \frac{\nu}{z}\,y_\nu(z) = -y_{\nu+1}(z) + \frac{\nu}{z}\,y_\nu(z)\,. \tag{7.205}$$

Neben der allgemeinen kennt man noch die **modifizierte Bessel'sche Differentialgleichung**:

$$y''(z) + \frac{1}{z}\,y'(z) - \left(1 + \frac{\nu^2}{z^2}\right)y(z) = 0\,. \tag{7.206}$$

Die für alle reellen ν linear unabhängigen Partiallösungen $I_\nu(z)$ und $K_\nu(z)$ hängen wie folgt mit den bereits eingeführten Bessel-Funktionen zusammen:

$$I_\nu(z) = (-\mathrm{i})^\nu\,J_\nu(\mathrm{i}z)\,, \tag{7.207}$$

$$K_\nu(z) = \frac{\pi}{2}\,\mathrm{i}^{\nu+1}\,H_\nu^{(1)}(\mathrm{i}z) = \frac{\pi}{2}\,\frac{I_{-\nu}(z) - I_\nu(z)}{\sin(\nu\pi)} = K_{-\nu}(z)\,. \tag{7.208}$$

Für nicht-ganzzahlige ν sind auch $I_\nu(z)$ und $I_{-\nu}(z)$ linear unabhängig. Bei ganzzahligem $\nu = n$ gilt dagegen in Übereinstimmung mit (7.196):

$$I_{-n}(z) = I_n(z) \quad n \in \mathbb{N} . \tag{7.209}$$

Für $\nu = n$ muss deshalb die zweite Zeile in (7.208) wieder als Grenzübergang gelesen werden.

In der Grenze *kleiner* z verhalten sich die *modifizierten Bessel-Funktionen* wie folgt:

$$I_\nu(z) \underset{z\to 0}{\longrightarrow} \frac{1}{\Gamma(\nu+1)}\left(\frac{z}{2}\right)^\nu ; \quad \nu \neq -n , \quad n \in \mathbb{N} \tag{7.210}$$

$$K_\nu(z) \underset{z\to 0}{\longrightarrow} \begin{cases} -\left(\ln\frac{z}{2} + 0{,}5772 + \ldots\right) ; & \nu = 0 , \\ \frac{1}{2}\Gamma(\nu)\left(\frac{2}{z}\right)^\nu ; & \nu \neq 0 . \end{cases} \tag{7.211}$$

Asymptotisch ($|z| \to \infty$) sind diese Funktionen in erster Näherung sogar ν-unabhängig:

$$I_\nu(z) \underset{|z|\to\infty}{\longrightarrow} \frac{1}{\sqrt{2\pi z}}\,\mathrm{e}^z , \tag{7.212}$$

$$K_\nu(z) \underset{|z|\to\infty}{\longrightarrow} \sqrt{\frac{\pi}{2z}}\,\mathrm{e}^{-z} . \tag{7.213}$$

Neben der *allgemeinen* und der *modifizierten* gibt es als dritte Variante die in Abschn. 6.3.2 ausführlich diskutierte

sphärische Bessel'sche Differentialgleichung

$$R''(z) + \frac{2}{z}R'(z) + \left(1 - \frac{n(n+1)}{z^2}\right)R(z) = 0 , \quad n \in \mathbb{Z} , \tag{7.214}$$

die mit der Substitution $y(z) = \sqrt{z}\,R(z)$ in die *allgemeine* Gleichung (7.189) für $\nu = n + 1/2$ übergeht. Lösungen zu (7.214) sind die **sphärischen Bessel-, Neumann- und Hankel-Funktionen**, für die deshalb gilt:

$$j_n(z) = \sqrt{\frac{\pi}{2z}}\,J_{n+1/2}(z) , \tag{7.215}$$

$$n_n(z) = \sqrt{\frac{\pi}{2z}}\,N_{n+1/2}(z) , \tag{7.216}$$

$$h_n^{(1,2)}(z) = \sqrt{\frac{\pi}{2z}}\,H_{n+1/2}(z) . \tag{7.217}$$

Die Eigenschaften dieser Funktionen, insbesondere auch ihr asymptotisches Verhalten (s. (6.119) bis (6.126)), kennen wir bereits aus Abschn. 6.3.2.

7.4.7 Aufgaben

Aufgabe 7.4.1

Berechnen Sie mit Hilfe des WKB-Verfahrens die Energieeigenwerte des harmonischen Oszillators.

Aufgabe 7.4.2

Zeigen Sie, dass die *Langer-Lösung* (7.170),

$$v(\alpha) = \sqrt{\frac{\alpha}{k}}\,\left(a J_{1/3}(\alpha) + b J_{-1/3}(\alpha)\right) ,$$

im *Umkehrpunkt* $\alpha = 0$ endlich bleibt.

Aufgabe 7.4.3

ρ^* sei ein *klassischer Umkehrpunkt*, der *klassisch verbotenes* $(E < \overline{V}(\rho))$ von *klassisch erlaubtem* Gebiet $(E > \overline{V}(\rho))$ trennt. Betrachten Sie in Erweiterung der Theorie in Abschn. 7.4.4 den allgemeinen Fall, für den keine irgendwie geartete *Vorinformation* über die Wellenfunktion, weder im *erlaubten* noch im *verbotenen* Gebiet, vorliegt.

1. Zeigen Sie, dass im *klassisch erlaubten* Bereich die WKB-Lösung (7.160) die Struktur (7.184) hat:

   $$\hat{u}(\alpha) = \frac{\widehat{\gamma}}{\sqrt{k}} \cos\left(\alpha - \frac{\pi}{4} + \varphi\right) .$$

   Dabei ist α wie in (7.158) definiert, während $\widehat{\gamma}$ und φ komplexe Konstante sind. Welcher Zusammenhang besteht zwischen φ, $\widehat{\gamma}$ und den Konstanten $\gamma_\pm$ aus (7.160)?
2. Drücken Sie durch *asymptotisches Anpassen* der WKB-Lösung aus Teil 1) an die *Langer-Lösung* $v(\alpha)$ die Koeffizienten a und b in (7.170) durch $\widehat{\gamma}$ und φ aus.

3. Zeigen Sie, dass sich die *Langer-Lösung* (7.170) im *klassisch verbotenen* Bereich asymptotisch wie

$$v(\alpha) \underset{|\alpha|\to\infty}{\longrightarrow} \frac{1}{2\sqrt{2\pi|k|}}\left[\sqrt{3}(a+b)\,\mathrm{e}^{-|\alpha|} - 2(a-b)\,\mathrm{e}^{|\alpha|}\right]$$

verhält.
4. Bestätigen Sie schließlich, wiederum durch *asymptotisches Anpassen*, die WKB-Lösung (7.185) im *klassisch verbotenen* Bereich:

$$\hat{u}(\alpha) = \frac{\widehat{\gamma}}{\sqrt{|k|}}\left(\frac{1}{2}\cos\varphi\,\mathrm{e}^{-|\alpha|} + \sin\varphi\,\mathrm{e}^{|\alpha|}\right).$$

Aufgabe 7.4.4

Ein Teilchen der Masse m und der Energie E laufe auf einen breiten Potentialwall $V(\rho)$ zu, für den $V(\rho\to\pm\infty) < E$ gilt, wobei wie in Abb. 7.11 genau zwei Umkehrpunkte $(\rho_1^* < \rho_2^*)$ existieren sollen.

1. Wie lauten die WKB-Lösungen bezüglich ρ_1^*, wenn Sie näherungsweise annehmen können, dass wegen der Breite des Potentialwalls nur ein verschwindender Bruchteil der Teilchenwelle den Wall durchdringen kann?
2. Berechnen Sie mit Teil 1) die in Richtung Potentialwall *einlaufende* Stromdichte j_{ein}.
3. Wie lauten die WKB-Lösungen bezüglich ρ_2^*? Nutzen Sie aus, dass aus dem Unendlichen $(\rho\to+\infty)$ kein Wellenanteil reflektiert wird.
4. Berechnen Sie die den Wall durchdringende *auslaufende* Stromdichte j_{aus}.
5. Bestimmen Sie den Transmissionskoeffizienten

$$T(E) = \left|\frac{j_{\mathrm{aus}}}{j_{\mathrm{ein}}}\right|.$$

Bestätigen Sie das Resultat (7.186).

Aufgabe 7.4.5

Benutzen Sie die Eigenschaften der Gamma-Funktion,

1.

$$\Gamma(n+1) = n! \quad \text{für} \quad n = 0,1,2,\ldots$$

2.

$$\Gamma(z) \text{ singulär bei } z = -n \quad (n = 0, 1, 2, \dots) \quad \text{mit Residuen} \quad \frac{(-1)^n}{n!} ,$$

um aus (7.190) die Eigenschaft (7.196),

$$J_{-n}(z) = (-1)^n J_n(z) \qquad n = 0, 1, 2, \dots ,$$

für Bessel-Funktionen erster Art mit ganzzahligem Index abzuleiten!

Aufgabe 7.4.6

Leiten Sie direkt aus der Definition (7.190) die beiden Bessel-Funktionen erster Art zu den Indizes $\nu = +1/2$ und $\nu = -1/2$ ab!

Aufgabe 7.4.7

Betrachten Sie im Folgenden ausschließlich Bessel-Funktionen erster Art mit ganzzahligem Index $\nu = n \in \mathbb{Z}$.

1. Beweisen Sie den Zusammenhang:
$$\exp\left(\frac{z}{2}\left(t - \frac{1}{t}\right)\right) = \sum_{n=-\infty}^{+\infty} J_n(z)\, t^n .$$
Man nennt die Funktion auf der linken Seite die „*Erzeugende*" der Bessel-Funktionen erster Art.
2. Benutzen Sie das Ergebnis aus 1.), um die Rekursionsformel (7.203) abzuleiten:
$$J_{n-1}(z) + J_{n+1}(z) = \frac{2n}{z} J_n(z) .$$
3. Verifizieren Sie die Rekursionsformel (7.204):
$$J_{n-1}(z) - J_{n+1}(z) = 2\frac{d}{dz} J_n(z) .$$
4. Beweisen Sie die Rekursionsformel (7.205):
$$\frac{\mathrm{d}}{\mathrm{d}z} J_n(z) = J_{n-1}(z) - \frac{n}{z} J_n(z) = -J_{n+1}(z) + \frac{n}{z} J_n(z) .$$
5. Leiten Sie die folgenden Zusammenhänge ab:
$$\frac{\mathrm{d}}{\mathrm{d}z}\left(z^n J_n(z)\right) = z^n J_{n-1}(z) ; \quad \frac{\mathrm{d}}{\mathrm{d}z}\left(z^{-n} J_n(z)\right) = -z^{-n} J_{n+1}(z) .$$

Kontrollfragen

Zu Abschn. 7.1

1. Was besagt das *Extremalprinzip*?
2. Auf welche Weise lassen sich mit dem *Extremalprizip* Näherungsverfahren entwickeln?
3. Auf welcher allgemeingültigen Aussage beruht das Ritz'sche Variationsverfahren?
4. Wie funktioniert das Ritz'sche Verfahren zur Berechnung der Grundzustandsenergie?
5. Was wird durch das Ritz'sche Verfahren in der Regel besser bestimmt, der Grundzustand oder die Grundzustandsenergie?
6. Wie lassen sich im Prinzip auch *angeregte* Zustände und ihre Energien mit dem Ritz'schen Verfahren bestimmen?
7. Welcher Variationsansatz liegt dem Hartree-Verfahren zugrunde?

Zu Abschn. 7.2

1. Auf welche physikalische Problemstellung ist die Schrödinger'sche Störungstheorie zugeschnitten?
2. In der Schrödinger'schen Störungstheorie wird *künstlich* aus der Wechselwirkung H_1 ein Parameter λ herausgezogen. Welcher Zweck wird damit verfolgt?
3. Wie berechnet sich die Energiekorrektur erster Ordnung für ein nicht-entartetes Niveau?
4. Welches *grobe* Kriterium sollte erfüllt sein, damit in der *nicht-entarteten* Störungstheorie die Entwicklungen für die Eigenenergien und Eigenzustände nach wenigen Termen abgebrochen werden können?
5. Was ist bei der *Störkorrektur* eines entarteten Energieniveaus zu beachten?
6. Wie berechnen sich die Energiekorrekturen erster Ordnung für ein entartetes Energienievau?
7. Welche Probleme bezüglich der Schrödinger'schen Störentwicklungen ergeben sich bei sehr dicht liegenden (*quasientarteten*) Energieniveaus?
8. Stellt *Quasientartung* auch für die Energiekorrektur erster Ordnung ein Problem dar?
9. Wie lässt sich die Störung eines zweifach quasientarteten Systems approximativ behandeln?
10. Welche *Idee* führt zur störungstheoretischen Grundformel?
11. Wie erhält man aus dieser Grundformel die Schrödinger'sche und wie die Brillouin-Wigner'sche Störreihen?
12. Worin könnte ein Vorteil, worin ein Nachteil der Brillouin-Wigner'schen gegenüber der Schrödinger'schen Störungstheorie liegen?

Zu Abschn. 7.3

1. Auf welche physikalische Problemstellung ist die zeitabhängige Störungsrechnung zugeschnitten?
2. Worin bestehen die wesentlichen Unterschiede in der Zielsetzung der zeitunabhängigen und der zeitabhängigen Störungstheorie?
3. Welche Vorteile bietet die Dirac-Darstellung für die Entwicklung der zeitabhängigen Störungstheorie?
4. Was versteht man unter der Dyson-Reihe?
5. Formulieren Sie ein *grobes Kriterium* für die Anwendbarkeit der zeitabhängigen Störungstheorie.
6. Wie ist die *Übergangswahrscheinlichkeit* definiert?
7. Was versteht man unter *virtuellen Zwischenzuständen*?
8. Was ist für die Übergangswahrscheinlichkeit erster Ordnung zu berechnen?
9. Auf welchen Wertebereich der Übergangswahrscheinlichkeit $w_{\text{ae}}^{(1)}$ ist die Störungstheorie erster Ordnung beschränkt?
10. Von welchen Termen wird die Übergangswahrscheinlichkeit $w_{\text{ae}}^{(1)}$ bestimmt, wenn im Zeitintervall $0 \leq t \leq t_{\text{s}}$ eine konstante Störung eingeschaltet ist?
11. Welche Aussage macht *Fermis Goldene Regel*?
12. Was können Sie über den Gültigkeitsbereich der *Goldenen Regel* aussagen?
13. Was versteht man unter einer Zustandsdichte?
14. Was meint man, wenn man sagt, die Übergangswahrscheinlichkeit besitze *Resonanzcharakter*?

Zu Abschn. 7.4

1. Inwiefern lässt sich die Klassische Mechanik als der „$\hbar \to 0$"-Grenzfall der Quantenmechanik interpretieren?
2. Mit welchem Ansatz für die Wellenfunktion startet die WKB-Methode? Auf welche Probleme ist sie insbesondere zugeschnitten?
3. Welche Struktur hat die Wellenfunktion in WKB-Näherung? Wie sieht diese für den Spezialfall eines überall konstanten Potentials aus?
4. Was wissen Sie über den Gültigkeitsbereich der WKB-Näherung?
5. In welchen Bereichen ist die WKB-Lösung auf jeden Fall unbrauchbar?
6. Warum lassen sich die WKB-Lösungen und ihre Ableitungen aus *klassisch verbotenem* und *klassisch erlaubtem* Bereich am *klassischen Umkehrpunkt* nicht wie üblich stetig aneinander anpassen?
7. Wie erreicht man dennoch beim WKB-Verfahren eine physikalisch überzeugende Anpassung?
8. Was ist die Zielsetzung des Langer-Verfahrens?

9. Bei einem eindimensionalen Potentialproblem gebe es einen *unteren* und einen *oberen* klassischen Umkehrpunkt. Aus welcher Beziehung lassen sich in der WKB-Näherung die Energieeigenwerte der gebundenen Zustände berechnen?
10. In welchem Bezug steht die semiklassische Bohr-Sommerfeld'sche Quantisierungsregel zur WKB-Näherung?
11. Welche Gestalt hat die allgemeine Bessel'sche Differentialgleichung?
12. Welcher Zusammenhang besteht zwischen der allgemeinen und der sphärischen Bessel'schen Differentialgleichung?

Mehr-Teilchen-Systeme

8

Kapitel 8

W. Nolting, *Grundkurs Theoretische Physik 5/2*, Springer-Lehrbuch,
DOI 10.1007/978-3-662-44230-2_8,

In den vorangegangenen Kapiteln bezogen sich unsere Überlegungen auf Systeme, die aus genau einem Teilchen bestehen. Wir haben gelernt, wie solche **Ein-Teilchen-Systeme** quantenmechanisch zu beschreiben sind. Wir müssen uns nun Gedanken darüber machen, was bei der Behandlung von **Mehr-Teilchen-Systemen** zusätzlich zu beachten ist. Es wird sich als notwendig herausstellen, strikt die sogenannten **unterscheidbaren** von den ununterscheidbaren, d. h. **identischen Teilchen**, zu trennen. *Unterscheidbar* heißt, dass es irgendeine physikalische Eigenschaft gibt (Masse, Ladung, Spin, ...), durch die sich die Einzelteilchen gegeneinander abheben, sodass es im Prinzip möglich ist, durch eine entsprechende Messung die Teilchen zu identifizieren. *Identische Teilchen* stimmen dagegen in allen ihren Eigenschaften überein, sind deshalb durch keine Messung voneinander zu unterscheiden. So sind Elektronen und Protonen aufgrund unterschiedlicher Masse und unterschiedlicher Ladung unterscheidbar, die Elektronen unter sich sowie die Protonen unter sich sind dagegen *identisch*.

Wir wollen zunächst in Abschn. 8.1 damit beginnen, Systeme aus N unterscheidbaren Teilchen zu diskutieren. Ihre Beschreibung richtet sich im Grunde unmittelbar nach den uns bereits bekannten, allgemeinen Postulaten der Quantenmechanik, was nicht ausschließt, dass wir uns sehr sorgfältig überlegen müssen, welcher Hilbert-Raum und welcher Typ von Observablen diesen Systemen zuzuordnen ist. Es wird sich zeigen, dass Operatoren, die sich auf verschiedene Teilchen beziehen, in jedem Fall kommutieren. Es ist also zum Beispiel möglich, den Ort von Teilchen i und den Impuls von Teilchen $j\,(\neq i)$ gleichzeitig scharf zu messen.

Bei der Beschreibung **identischer Teilchen** werden wir auf ein neues Prinzip stoßen (Abschn. 8.2), zu dem es kein klassisches Analogon gibt und durch das ganz bestimmte Symmetrieforderungen an die Hilbert-Raum-Vektoren zu stellen sind. Dieses **Prinzip der Ununterscheidbarkeit** identischer Teilchen hat sehr weit reichende Konsequenzen. Eine unmittelbare Folge ist das **Pauli-Prinzip**, durch das letztlich der gesamte Aufbau der Materie reguliert wird.

Die *normale* Beschreibung von Viel-Teilchen-Systemen erweist sich als außerordentlich mühselig, erfährt jedoch eine starke und elegante Vereinfachung im **Formalismus der zweiten Quantisierung** (Abschn. 8.3). Typisch für diesen ist die Einführung von **Erzeugungs- und Vernichtungsoperatoren**.

Wir werden dieses Kapitel mit einigen konkreten Anwendungsbeispielen beschließen, die die Auswirkungen des Prinzips der Ununterscheidbarkeit demonstrieren. Die **Hartree-Fock-Gleichungen** (Abschn. 8.4.1) sind wichtige Grundgleichungen zur Bestimmung der Elektronenverteilungen in Atomen, Mokekülen und Festkörpern. Im Zusammenhang mit den Zwei-Elektronen-Systemen **Wasserstoffmolekül** (Abschn. 8.4.2) und **Heliumatom** (Abschn. 8.4.3) werden wir die *klassisch unverständliche* **Austauschwechselwirkung** kennen lernen, auf der so wichtige Phänomene wie die **chemische Bindung** oder der weite Bereich des **Magnetismus** beruhen.

8.1 Unterscheidbare Teilchen

Wir wollen in diesem ersten Abschnitt zunächst nach einer Darstellung für solche Systeme suchen, die aus N Teilchen bestehen, die nicht in allen ihren Eigenschaften übereinstimmen und deswegen paarweise **unterscheidbar** sind. *Unterscheidbare* Teilchen sind insbesondere *numerierbar* $(i = 1, 2, \ldots, N)$. Alles Wesentliche lässt sich bereits an dem noch gut überschaubaren Fall $N = 2$ demonstrieren, mit dem wir deshalb beginnen wollen.

8.1.1 Hilbert-Raum zweier unterscheidbarer Teilchen

Wie beschreibt man ein System von zwei unterscheidbaren Teilchen? Wir wollen der Einfachheit halber zunächst voraussetzen, dass die beiden Teilchen nicht miteinander wechselwirken. Diese Einschränkung werden wir natürlich bald aufheben können. Klassisch wird einem solchen System eine Hamilton-Funktion der Gestalt

$$H = \sum_{i=1}^{2} H^{(i)} , \tag{8.1}$$

$$H^{(i)} = \frac{\boldsymbol{p}_i^2}{2m_i} + V_i(\boldsymbol{q}_i) \tag{8.2}$$

zugeordnet, worin V_i die Wechselwirkung des i-ten Teilchens mit einem eventuell vorhandenen äußeren Feld darstellt. Nach dem Korrespondenzprinzip wird daraus der Hamilton-**Operator**, wenn wir die Teilchenvariablen in bekannter Weise zu Operatoren machen. Mit $H^{(1)}$ und $H^{(2)}$ sind dann zeitunabhängige Schrödinger-Gleichungen zu erfüllen:

$$H^{(1)}|\varepsilon^{(1)}\rangle = \varepsilon^{(1)}|\varepsilon^{(1)}\rangle ; \quad H^{(2)}|\eta^{(2)}\rangle = \eta^{(2)}|\eta^{(2)}\rangle . \tag{8.3}$$

Dabei gehören die Eigenzustände zu den jeweiligen Ein-Teilchen-Hilbert-Räumen:

$$|\varepsilon^{(1)}\rangle \in \mathcal{H}_1^{(1)} ; \quad |\eta^{(2)}\rangle \in \mathcal{H}_1^{(2)} . \tag{8.4}$$

Der untere Index der Hilbert-Raum-Symbole $\mathcal{H}$ bezieht sich auf die Zahl der Teilchen in dem System ($\mathcal{H}_N \Leftrightarrow N$-Teilchen-System); der obere Index kennzeichnet die unterscheidbaren und deshalb numerierbaren Teilchen. – Wegen der fehlenden Wechselwirkung sind die Eigenenergien des Gesamt-Hamilton-Operators H natürlich gleich der Summe der beiden Teilenergien in (8.3):

$$E = \varepsilon^{(1)} + \eta^{(2)} . \tag{8.5}$$

Wie sehen nun aber die Eigenzustände des Gesamt-Hamilton-Operators aus? Wir erinnern uns, eine ähnliche Fragestellung bereits einmal in Abschn. 5.2.3 gelöst zu haben, als es darum ging, den Teilchenspin zusätzlich zur Bahnbewegung in die Beschreibung einzubauen. Dies gelang mit Hilfe der **direkten Produktzustände** (5.138). Es liegt deshalb nahe, dasselbe hier zu versuchen und den gesuchten Zwei-Teilchen-Zustand,

$$|\varepsilon\,\eta\rangle \equiv \left|\varepsilon^{(1)}\right\rangle \left|\eta^{(2)}\right\rangle = \left|\eta^{(2)}\right\rangle \left|\varepsilon^{(1)}\right\rangle , \tag{8.6}$$

formal als (kommutatives) Produkt der beiden Ein-Teilchen-Zustände anzusetzen. Wegen

$$\begin{aligned} H|\varepsilon\,\eta\rangle &= \left(H^{(1)} + H^{(2)}\right)\left|\varepsilon^{(1)}\right\rangle \left|\eta^{(2)}\right\rangle \\ &= \left(H^{(1)}\left|\varepsilon^{(1)}\right\rangle\right)\left|\eta^{(2)}\right\rangle + \left(H^{(2)}\left|\eta^{(2)}\right\rangle\right)\left|\varepsilon^{(1)}\right\rangle \\ &= \left(\varepsilon^{(1)} + \eta^{(2)}\right)\left|\varepsilon^{(1)}\right\rangle \left|\eta^{(2)}\right\rangle = E|\varepsilon\,\eta\rangle \end{aligned} \tag{8.7}$$

handelt es sich in der Tat um die gesuchten Eigenzustände, wenn wir vernünftigerweise voraussetzen, dass der nur in $\mathcal{H}_1^{(i)}$ definierte Operator $H^{(i)}$ $(i = 1, 2)$ auch nur auf die Elemente dieses Raumes wirkt und die anderen unberührt lässt. Wir kommen auf diesen Punkt im nächsten Abschnitt noch einmal zu sprechen.

Die Zustände (8.6) sind natürlich weder Elemente des $\mathcal{H}_1^{(1)}$ noch des $\mathcal{H}_1^{(2)}$, sondern des sogenannten **Produktraums**

$$\mathcal{H}_2 = \mathcal{H}_1^{(1)} \otimes \mathcal{H}_1^{(2)} . \tag{8.8}$$

Dieser besteht aus allen Produktzuständen, die sich wie in (8.6) aus den Elementen der beiden Ein-Teilchen-Hilbert-Räume $\mathcal{H}_1^{(i)}$ bilden lassen, sowie aus allen denkbaren Linearkombinationen dieser Produktzustände mit komplexen Koeffizienten. Für ein beliebiges Element $|\varphi_2\rangle$ des $\mathcal{H}_2$ lässt sich also stets schreiben:

$$\begin{gathered} |\varphi_2\rangle = \sum\!\!\!\!\!\!\int_i \sum\!\!\!\!\!\!\int_j \alpha_{ij}(\varphi)|\overline{\varphi}_i\,\widehat{\varphi}_j\rangle = \sum\!\!\!\!\!\!\int_i \sum\!\!\!\!\!\!\int_j \alpha_{ij}(\varphi)|\overline{\varphi}_i^{(1)}\rangle|\widehat{\varphi}_j^{(2)}\rangle , \\ |\overline{\varphi}_i^{(1)}\rangle \in \mathcal{H}_1^{(1)} ; \quad |\widehat{\varphi}_j^{(2)}\rangle \in \mathcal{H}_1^{(2)} ; \quad \alpha_{ij}(\varphi) \in \mathbb{C} . \end{gathered} \tag{8.9}$$

Das Summationssymbol $\sum\!\!\!\!\!\!\int$ macht deutlich, dass wir sowohl eigentliche wie uneigentliche Zustände (Elemente) zulassen. Jeder Produktzustand vom Typ (8.6) ist Element von $\mathcal{H}_2$. Die Umkehrung gilt allerdings nicht. Es wird an (8.9) klar, dass sich nicht jeder Zustand des $\mathcal{H}_2$ als Produktzustand wird schreiben lassen. Es ist gerade dieser Umstand, der den Einschluss von Wechselwirkungen in den Formalismus möglich macht. Es leuchtet unmittelbar ein, dass bei vorliegenden Wechselwirkungen (8.6) nicht mehr Eigenzustand zu H sein wird. Wohl aber ist anzunehmen, dass sich dieser nach den Eigenzuständen des *freien* Systems entwickeln lassen wird, um damit dann Element des $\mathcal{H}_2$ zu sein.

Damit $\mathcal{H}_2$ ein unitärer Vektorraum ist, müssen wir noch das Skalarprodukt erklären. Wie in (5.140) führen wir dieses auf die entsprechenden Skalarprodukte in den Teilräumen $\mathcal{H}_1^{(i)}$

zurück. Es macht nur Sinn, Zustände aus demselben Teilraum zu kombinieren. Für die reinen Produktzustände,

$$|\chi\rho\rangle = |\chi^{(1)}\rangle|\rho^{(2)}\rangle\,; \quad |\overline{\chi}\overline{\rho}\rangle = |\overline{\chi}^{(1)}\rangle|\overline{\rho}^{(2)}\rangle\,,$$

die eine echte Teilmenge des $\mathcal{H}_2$ bilden, soll gelten:

$$\langle\overline{\chi}\overline{\rho}|\chi\rho\rangle = \langle\overline{\chi}^{(1)}|\chi^{(1)}\rangle\langle\overline{\rho}^{(2)}|\rho^{(2)}\rangle\,. \tag{8.10}$$

Konsistent damit werden allgemeine Zustände $|\varphi_2\rangle$, $|\psi_2\rangle \in \mathcal{H}_2$, die wie in (8.9) aufgebaut sind, wie folgt *skalar multipliziert*:

$$\langle\psi_2|\varphi_2\rangle = \sum\!\!\!\!\!\!\!\int_{k,l}\ \sum\!\!\!\!\!\!\!\int_{i,j} \alpha^*_{kl}(\psi)\,\alpha_{ij}(\varphi)\,\langle\overline{\psi}_k^{(1)}|\overline{\varphi}_i^{(1)}\rangle\langle\widehat{\psi}_l^{(2)}|\widehat{\varphi}_j^{(2)}\rangle\,. \tag{8.11}$$

Wir beweisen als Aufgabe 8.1.1, dass diese Definition in der Tat alle Axiome eines Skalarproduktes erfüllt.

Seien nun

$$\left\{|a_n^{(1)}\rangle\right\}\,; \quad \left\{|b_m^{(2)}\rangle\right\}$$

Eigenzustände vollständiger Sätze von kommutierenden Observablen in $\mathcal{H}_1^{(1)}$ bzw. $\mathcal{H}_1^{(2)}$ und damit orthonormierte Basen dieser Räume, dann bilden die Produktzustände

$$\left\{|a_n\,b_m\rangle = |a_n^{(1)}\rangle|b_m^{(2)}\rangle\right\} \tag{8.12}$$

eine (kontinuierliche oder diskrete) **orthonormierte Basis des** $\mathcal{H}_2$. Dies wollen wir überprüfen:

1. *Orthonormalität*

$$\langle a_{n'}\,b_{m'}|a_n\,b_m\rangle = \langle a_{n'}^{(1)}|a_n^{(1)}\rangle\langle b_{m'}^{(2)}|b_m^{(2)}\rangle = \delta(n',n)\delta(m',m)\,. \tag{8.13}$$

   Das δ-Symbol hatten wir in (3.49) eingeführt. Es ist gleich dem Kronecker-Delta im Fall diskreter Zustände und gleich der δ-Funktion für uneigentliche (Dirac-)Zustände.

2. *Vollständigkeit*
   Es sei $|\varphi_2\rangle$ ein beliebiger Zustand aus $\mathcal{H}_2$, für den die Darstellung (8.9) gelte. Dann können wir zunächst die Ein-Teilchen-Zustände $|\overline{\varphi}_i^{(1)}\rangle$, $|\widehat{\varphi}_j^{(2)}\rangle$ nach den jeweiligen, in ihren Ein-Teilchen-Räumen $\mathcal{H}_1^{(1,2)}$ vollständigen Basen $\left\{|a_n^{(1)}\rangle\right\}$ bzw. $\left\{|b_m^{(2)}\rangle\right\}$ entwickeln:

$$|\overline{\varphi}_i^{(1)}\rangle = \sum\!\!\!\!\!\!\!\int_n c_n^{(i)}|a_n^{(1)}\rangle\,,$$

$$|\widehat{\varphi}_j^{(2)}\rangle = \sum\!\!\!\!\!\!\!\int_m d_m^{(j)}|b_m^{(2)}\rangle\,.$$

Dies setzen wir in (8.9) ein:

$$|\varphi_2\rangle = \sum\!\!\!\!\!\!\int_{i,j} \sum\!\!\!\!\!\!\int_{n,m} \alpha_{ij}(\varphi)\, c_n^{(i)}\, d_m^{(j)} |a_n^{(1)}\rangle|b_m^{(2)}\rangle = \sum\!\!\!\!\!\!\int_{m,n} \gamma_{nm}(\varphi)|a_n\, b_m\rangle \,,$$

$$\gamma_{nm}(\varphi) = \sum\!\!\!\!\!\!\int_{i,j} \alpha_{ij}(\varphi)\, c_n^{(i)}\, d_m^{(j)} \in \mathbb{C}\,. \tag{8.14}$$

Jeder beliebige Zustand des $\mathcal{H}_2$ lässt sich also als Linearkombination der Produktzustände (8.13) schreiben. Damit ist deren Vollständigkeit gezeigt, die man auch durch

$$\sum\!\!\!\!\!\!\int_{n,m} |a_n\, b_m\rangle\langle a_n\, b_m| = \mathbf{1}_2 \tag{8.15}$$

ausdrücken kann. $\mathbf{1}_2$ ist die Identität im Zwei-Teilchen-Hilbert-Raum $\mathcal{H}_2$. Handelt es sich bei $\mathcal{H}_1^{(1,2)}$ um endlich-dimensionale Räume, so ist die Dimension des $\mathcal{H}_2$ offensichtlich gleich dem Produkt der Dimensionen der Ein-Teilchen-Räume $\mathcal{H}_1^{(1)}$ und $\mathcal{H}_1^{(2)}$. Man kann selbstverständlich für den Produktraum auch andere Basissysteme finden, deren Elemente dann nicht mehr direkte Produkte von jeweils einem Zustand aus $\mathcal{H}_1^{(1)}$ und $\mathcal{H}_1^{(2)}$ sein müssen. So hatten wir in Abschn. 6.2.5 festgestellt, dass es bei Zwei-Teilchen-Systemen mit abstandsabhängender Wechselwirkung $V = V(|\boldsymbol{r}_1 - \boldsymbol{r}_2|)$ zweckmäßig sein kann, auf Schwerpunkt- und Relativkoordinaten $\boldsymbol{R}$ und $\boldsymbol{r}$ (6.98) zu transformieren. Die Zwei-Teilchen-Zustände $|\boldsymbol{R}\,\boldsymbol{r}\rangle$ lassen sich ersichtlich nicht als direkte Produkte von Zuständen aus $\mathcal{H}_1^{(1)}$ und $\mathcal{H}_1^{(2)}$ schreiben. – Ein anderes Beispiel ist uns bei der Addition von Drehimpulsen in Abschn. 5.4 begegnet. Im Produktraum zweier Einzeldrehimpulse $\boldsymbol{j}_1$ und $\boldsymbol{j}_2$ kann es sinnvoll sein, die Eigenzustände $|j_1 j_2; j\, m_j\rangle$ des Gesamtdrehimpulses als Basis zu wählen.

Die Komponenten $\gamma_{nm}(\varphi)$ des allgemeinen Zustands $|\varphi_2\rangle$ in (8.14) müssen als Projektionen von $|\varphi_2\rangle$ auf die entsprechenden Basiszustände $|a_n\, b_m\rangle$ verstanden werden:

$$\gamma_{nm}(\varphi) = \langle a_n\, b_m|\varphi_2\rangle\,. \tag{8.16}$$

Setzen wir $|\varphi_2\rangle$ als normiert voraus, so kann man auf die Zwei-Teilchen-Zustände exakt dieselben Wahrscheinlichkeitsinterpretationen anwenden wie auf die Ein-Teilchen-Zustände. Die diesbezüglichen Aussagen in Kap. 2 lassen sich fast wortwörtlich übernehmen. So stellt

$$|\gamma_{nm}(\varphi)|^2 \equiv |\langle a_n\, b_m|\varphi_2\rangle|^2 \tag{8.17}$$

die Wahrscheinlichkeit dafür dar, dass bei einer Messung am Zwei-Teilchen-System $|\varphi_2\rangle$ Teilchen 1 im Zustand $|a_n^{(1)}\rangle$ und Teilchen 2 im Zustand $|b_m^{(2)}\rangle$ angetroffen wird. Insbesondere gilt mit (8.15):

$$\sum\!\!\!\!\!\!\int_{n,m} |\gamma_{nm}(\varphi)|^2 = \langle\varphi_2|\varphi_2\rangle = 1\,. \tag{8.18}$$

8.1.2 Observable im Produktraum

Wir müssen uns nun noch Gedanken über die Wirkungsweise der Operatoren im Produktraum machen, wobei wir jedoch glücklicherweise nahezu alles übernehmen können, was wir uns in Abschn. 3.2 für die Operatoren des $\mathcal{H}_1$ erarbeitet hatten. Auch für Mehr-Teilchen-Systeme sind zunächst einmal nur die **linearen Operatoren** (Abschn. 3.2.5) interessant. Seien

$$\left\{A_1^{(1)}\right\} \quad \text{die Observablen des } \mathcal{H}_1^{(1)} ,$$

$$\left\{B_1^{(2)}\right\} \quad \text{die Observablen des } \mathcal{H}_1^{(2)} ,$$

dann werden die **Observablen des** $\mathcal{H}_2$ irgendwelche Operatorfunktionen der $A_1^{(1)}$ und $B_1^{(2)}$ sein, und zwar in dem Sinne, wie wir sie unter Punkt 5d) in Abschn. 3.2.7 eingeführt haben (Summen, Produkte, Potenzen, Potenzreihen, ...):

$$D_2 = \mathcal{F}\left(A_1^{(1)}, B_1^{(2)}\right) . \tag{8.19}$$

Nehmen wir als Basis des $\mathcal{H}_2$ die Produktzustände (8.12), so finden wir mit Hilfe von (8.15) die folgende Zerlegung des Operators D_2:

$$D_2 = \mathbf{1}_2 \, D_2 \, \mathbf{1}_2 = \sum\!\!\!\!\!\!\int_{n,m} \; \sum\!\!\!\!\!\!\int_{p,q} |a_n \, b_m\rangle\langle a_n \, b_m|D_2|a_p \, b_q\rangle\langle a_p \, b_q| . \tag{8.20}$$

Im Integranden steht das **Matrixelement** des Operators D_2 bezüglich der Basis $\{|a_n \, b_m\rangle\}$:

$$(D_2)_{nm,pq} \equiv \langle a_n \, b_m|D_2|a_p \, b_q\rangle . \tag{8.21}$$

Das Indexpaar n, m nummeriert die Zeilen, das Indexpaar p, q die Spalten der D_2-Matrix. Dadurch wird gegenüber dem $\mathcal{H}_1$ die Darstellung ein klein wenig komplizierter, bietet ansonsten aber nichts Neues. Die Anwendung des Operators D_2 auf den Zustand $|\varphi_2\rangle \in \mathcal{H}_2$,

$$D_2|\varphi_2\rangle = |\psi_2\rangle \in \mathcal{H}_2 ,$$

führt mit (8.16), (8.20) und (8.21) zu dem folgenden Gleichungssystem für die Entwicklungskoeffizienten $\gamma_{nm}(\psi)$ des Zustands $|\psi_2\rangle$:

$$\gamma_{nm}(\psi) = \sum\!\!\!\!\!\!\int_{p,q} (D_2)_{nm,pq} \, \gamma_{pq}(\varphi) . \tag{8.22}$$

Eine gewisse Sonderstellung nehmen die Operatoren $A_1^{(1)}$, $B_1^{(2)}$ ein, die nur in einem der beiden Teilräume $\mathcal{H}_1^{(i)}$ wirken. Für diese schreiben wir im $\mathcal{H}_2$ gemäß (8.20):

$$A_1^{(1)} = \sum\!\!\!\!\!\!\int_{n,p} |a_n^{(1)}\rangle\langle a_n^{(1)}|A_1^{(1)}|a_p^{(1)}\rangle\langle a_p^{(1)}| \left(\sum\!\!\!\!\!\!\int_{m,q} |b_m^{(2)}\rangle\langle b_m^{(2)}|b_q^{(2)}\rangle\langle b_q^{(2)}| \right) .$$

Die Klammer stellt wegen der Orthonormalität der Ein-Teilchen-Zustände $\left(\langle b_m^{(2)}|b_q^{(2)}\rangle = \delta(m,q)\right)$ gerade die Identität des $\mathcal{H}_1^{(2)}$ dar:

$$\mathbf{1}_1^{(2)} = \sum\!\!\!\!\!\!\int_m |b_m^{(2)}\rangle\langle b_m^{(2)}| \,. \tag{8.23}$$

Somit bleibt für $A_1^{(1)}$:

$$A_1^{(1)} = \left[\sum\!\!\!\!\!\!\int_{n,p} |a_n^{(1)}\rangle\langle a_n^{(1)}|A_1^{(1)}|a_p^{(1)}\rangle\langle a_p^{(1)}|\right]\cdot \mathbf{1}_1^{(2)} \,. \tag{8.24}$$

Der Punkt auf der rechten Seite soll nicht etwa ein Skalarprodukt andeuten, sondern lediglich zum Ausdruck bringen, dass $A_1^{(1)}$ nicht im $\mathcal{H}_1^{(1)}$, sondern im $\mathcal{H}_2 = \mathcal{H}_1^{(1)} \otimes \mathcal{H}_1^{(2)}$ wirkt. (Bisweilen benutzt man auch das Zeichen $\times$.) Eine analoge Beziehung gilt für $B_1^{(2)}$:

$$B_1^{(2)} = \mathbf{1}_1^{(1)} \cdot \left[\sum\!\!\!\!\!\!\int_{m,q} |b_m^{(2)}\rangle\langle b_m^{(2)}|B_1^{(2)}|b_q^{(2)}\rangle\langle b_q^{(2)}|\right] \,. \tag{8.25}$$

In der Regel werden wir allerdings die Identitäten $\mathbf{1}_1^{(1)}$ bzw. $\mathbf{1}_1^{(2)}$ nicht explizit hinschreiben.

Lassen wir nun den Ein-Teilchen-Operator $A_1^{(1)}$ auf einen Basis-Produktzustand wirken,

$$\begin{aligned} A_1^{(1)}|a_n\, b_m\rangle &= |\tilde{a}_n\, b_m\rangle = |\tilde{a}_n^{(1)}\rangle|b_m^{(2)}\rangle \,, \\ |\tilde{a}_n^{(1)}\rangle &= \sum\!\!\!\!\!\!\int_p |a_p^{(1)}\rangle\langle a_p^{(1)}|A_1^{(1)}|a_n^{(1)}\rangle \,, \end{aligned} \tag{8.26}$$

so bleibt nach (8.24) der Zustand $|b_m^{(2)}\rangle$ offensichtlich unbeeinflusst. Analog verändert $B_1^{(2)}$ den Zustand $|a_n^{(1)}\rangle$ nicht:

$$\begin{aligned} B_1^{(2)}|a_n\, b_m\rangle &= |a_n\, \tilde{b}_m\rangle = |a_n^{(1)}\rangle|\tilde{b}_m^{(2)}\rangle \,, \\ |\tilde{b}_m^{(2)}\rangle &= \sum\!\!\!\!\!\!\int_q |b_q^{(2)}\rangle\langle b_q^{(2)}|B_1^{(2)}|b_m^{(2)}\rangle \,. \end{aligned} \tag{8.27}$$

Dies hat eine wichtige Konsequenz:

$$B_1^{(2)}\, A_1^{(1)}|a_n\, b_m\rangle = B^{(2)}|\tilde{a}_n\, b_m\rangle = |\tilde{a}_n\, \tilde{b}_m\rangle = A_1^{(1)}|a_n\, \tilde{b}_m\rangle = A_1^{(1)}\, B_1^{(2)}|a_n\, b_m\rangle \,.$$

Da $|a_n\, b_m\rangle$ ein **beliebiger** Basiszustand ist, bedeutet dieses die Operatoridentität:

$$\left[A_1^{(1)}, B_1^{(2)}\right]_- = 0 \,. \tag{8.28}$$

Ein-Teilchen-Operatoren, die sich auf verschiedene Teilchen beziehen, kommutieren also in jedem Fall!

Zu Beginn dieses Abschn. 8.1 hatten wir vorausgesetzt, dass die beiden betrachteten Teilchen nicht miteinander wechselwirken. Damit ließen sich die ersten Ansätze leichter begründen. Der Aufwand wäre allerdings nicht gerechtfertigt, wenn es bei diesem Spezialfall bleiben müsste. Man kann sich in der Tat leicht klar machen, dass die bisherigen Überlegungen auch für wechselwirkende Teilchen ihre Gültigkeit behalten. Zunächst ist der Hamilton-Operator (8.1) um einen Wechselwirkungsterm zu erweitern:

$$H = H^{(1)} + H^{(2)} + H^{(1,2)} . \tag{8.29}$$

(Hier müsste man natürlich eigentlich $H_2 = H_1^{(1)} \cdot \mathbf{1}_1^{(2)} + \mathbf{1}_1^{(1)} \cdot H_1^{(2)} + H_2^{(1,2)}$ schreiben!) Der Energieeigenwert ist damit nicht mehr so einfach wie in (8.5) gleich der Summe der *freien* Ein-Teilchenenergien. Wichtig ist jedoch lediglich, dass auch die Wechselwirkung als Operatorfunktion nur von den dynamischen Variablen der beiden Teilchen abhängen wird, zum Beispiel

$$H_2^{(1,2)} = H_2^{(1,2)}(\boldsymbol{r}_1, \boldsymbol{r}_2) .$$

Dies gilt auch für alle anderen Observablen des Zwei-Teilchen-Systems, die sämtlich die Struktur von D_2 in (8.19) haben. Somit bleibt alles bisher Gesagte gültig, der $\mathcal{H}_2$ ist auch bei vorliegenden Wechselwirkungen der *passende* Hilbert-Raum. Die zeitunabhängige Schrödinger-Gleichung,

$$H|\varphi_2(E)\rangle = E|\varphi_2(E)\rangle , \tag{8.30}$$

wird allerdings in der Regel nicht mehr von reinen Produktzuständen wie (8.6) gelöst. Die Eigenzustände $|\varphi_2(E)\rangle$ werden sich aber gemäß (8.14) stets nach solchen entwickeln lassen und liegen damit im $\mathcal{H}_2$. Wir hatten bereits angemerkt, dass die Wechselwirkungsoperatoren dafür verantwortlich sind, dass die Menge der direkten Produktzustände vom Typ (8.6), die eine **echte** Teilmenge des $\mathcal{H}_2$ darstellt, zur Beschreibung allgemeiner Zwei-Teilchen-Systeme nicht ausreicht.

Die Dynamik des zusammengesetzten Systems richtet sich nach einer formal unveränderten, zeitabhängigen Schrödinger-Gleichung:

$$\mathrm{i}\hbar|\dot{\varphi}_2(E)\rangle = H|\varphi_2(E)\rangle . \tag{8.31}$$

Die explizite Berechnung der Energieeigenwerte und -zustände sowie ihrer Zeitabhängigkeiten wird allerdings in der überwiegenden Zahl der interessierenden, realistischen Fälle Näherungsverfahren (Kap. 7) erforderlich machen.

8.1.3 Systeme aus *N* unterscheidbaren Teilchen

Es bleibt noch ein weiterer Schritt zu tun, nämlich die Verallgemeinerung von den bislang besprochenen Zwei-Teilchen-Systemen auf solche, die beliebig viele ($N > 2$) Teilchen enthalten. Die notwendige Erweiterung unserer bisherigen Theorie stellt jedoch kein Problem dar. Den Rahmen bildet der zu (8.8) analoge Produktraum:

$$\mathcal{H}_N = \mathcal{H}_1^{(1)} \otimes \mathcal{H}_1^{(2)} \otimes \ldots \otimes \mathcal{H}_1^{(N)} . \tag{8.32}$$

Er enthält alle direkten

N-Teilchen-Produktzustände

$$|\varphi_{\alpha_1}\varphi_{\alpha_2}\cdots\varphi_{\alpha_N}\rangle \equiv |\varphi_{\alpha_1}^{(1)}\rangle|\varphi_{\alpha_2}^{(2)}\rangle\ldots|\varphi_{\alpha_N}^{(N)}\rangle , \tag{8.33}$$

und alle Linearkombinationen derselben, wobei die Produktzustände aus Ein-Teilchen-Zuständen der Räume $\mathcal{H}_1^{(i)}$ ($i = 1, 2, \ldots, N$) aufgebaut sind. Ihre Reihenfolge in (8.33) ist natürlich beliebig. Die Verwendung desselben Buchstabens φ soll nicht implizieren, dass die Ein-Teilchen-Basen sämtlich gleich wären. Es soll sich nach wie vor um unterscheidbare Teilchen handeln.

Sind die $\left\{|\varphi_{\alpha_i}^{(i)}\rangle\right\}$ gemeinsame Eigenzustände eines vollständigen Satzes kommutierender Observabler des i-ten Teilchens, so bilden sie eine orthonormierte Basis des $\mathcal{H}_1^{(i)}$. Gilt das für alle i, so können die Produktzustände (8.33) als orthonormierte Basis des $\mathcal{H}_N$ verwendet werden, nach der sich jeder beliebige N-Teilchen-Zustand entwickeln lässt:

$$|\psi_N\rangle = \sum\!\!\!\!\!\!\!\int_{\alpha_1\ldots\alpha_N} \gamma_{\alpha_1\ldots\alpha_N}(\psi)|\varphi_{\alpha_1}\cdots\varphi_{\alpha_N}\rangle . \tag{8.34}$$

Die Beweisführung für Orthonormalität und Vollständigkeit der $|\varphi_{\alpha_1}\cdots\varphi_{\alpha_N}\rangle$ erfolgt völlig analog zu der in Abschn. 8.1.1 für das Zwei-Teilchen-System. Aus der Orthonormalität ergibt sich zum Beispiel für die Entwicklungskoeffizienten in (8.34):

$$\gamma_{\alpha_1\ldots\alpha_N}(\psi) = \langle\varphi_{\alpha_1}\varphi_{\alpha_2}\cdots\varphi_{\alpha_N}|\psi_N\rangle . \tag{8.35}$$

Das Skalarprodukt ist ebenfalls eine direkte Verallgemeinerung desjenigen in (8.11):

$$\begin{aligned}\langle\chi_N|\psi_N\rangle &= \sum\!\!\!\!\!\!\!\int_{\beta_1\ldots\beta_N}\ \sum\!\!\!\!\!\!\!\int_{\alpha_1\ldots\alpha_N} \gamma^*_{\beta_1\ldots\beta_N}(\chi)\,\gamma_{\alpha_1\ldots\alpha_N}(\psi)\\ &\quad\cdot\langle\varphi_{\beta_1}^{(1)}|\varphi_{\alpha_1}^{(1)}\rangle\langle\varphi_{\beta_2}^{(2)}|\varphi_{\alpha_2}^{(2)}\rangle\ldots\langle\varphi_{\beta_N}^{(N)}|\varphi_{\alpha_N}^{(N)}\rangle\\ &= \sum\!\!\!\!\!\!\!\int_{\alpha_1\ldots\alpha_N} \gamma^*_{\alpha_1\ldots\alpha_N}(\chi)\,\gamma_{\alpha_1\ldots\alpha_N}(\psi) .\end{aligned} \tag{8.36}$$

Insbesondere ist die Norm eines allgemeinen N-Teilchen-Zustands durch

$$\| \psi_N \|^2 = \langle \psi_N | \psi_N \rangle = \sum\!\!\!\!\!\!\int_{\alpha_1 \dots \alpha_N} |\gamma_{\alpha_1 \dots \alpha_N}(\psi)|^2 \tag{8.37}$$

gegeben. In der Regel werden wir die Zustände des $\mathcal{H}_N$ auf 1 normieren, sodass ihre *statistische Interpretation* konsequent aus der der Ein-Teilchen-Zustände verallgemeinert werden kann. So ist zum Beispiel:

$|\gamma_{\alpha_1 \dots \alpha_N}(\psi)|^2$ = Wahrscheinlichkeit(sdichte), bei einer Messung am N-Teilchen-System im Zustand $|\psi_N\rangle$ den Eigenwert zu $|\varphi_{\alpha_1} \dots \varphi_{\alpha_N}\rangle$ zu finden, d. h. Teilchen 1 im Zustand $|\varphi_{\alpha_1}\rangle$, Teilchen 2 im Zustand $|\varphi_{\alpha_2}\rangle, \dots$ anzutreffen.

Daraus ergibt sich zum Beispiel als Spezialfall:

$\sum\!\!\!\!\!\!\int_{\alpha_2 \dots \alpha_N} |\gamma_{\alpha_1 \dots \alpha_N}(\psi)|^2$ = Wahrscheinlichkeit(sdichte), Teilchen 1 im Zustand $|\varphi_{\alpha_1}\rangle$ anzutreffen, wenn sich das N-Teilchen-System im Zustand $|\psi_N\rangle$ befindet.

Es sei schon jetzt darauf hingewiesen, dass eine Fragestellung, die ein spezielles Teilchen heraushebt, wie zum Beispiel die nach der obigen Wahrscheinlichkeit, natürlich nur bei unterscheidbaren Teilchen Sinn macht. Für die im nächsten Abschnitt zu besprechenden *identischen Teilchen* ist sie grundsätzlich nicht beantwortbar.

Die Observablen des $\mathcal{H}_N$ werden Operatorfunktionen der Observablen $A_1^{(i)}$ der Ein-Teilchen-Räume $\mathcal{H}_1^{(i)}$ sein,

$$X_N = \mathcal{F}\left(A_1^{(1)}, B_1^{(2)}, \dots, K_1^{(N)}\right), \tag{8.38}$$

und in der Basis (8.33) die Darstellung

$$X_N = \sum\!\!\!\!\!\!\int_{\alpha_1 \dots \alpha_N} \sum\!\!\!\!\!\!\int_{\beta_1 \dots \beta_N} |\varphi_{\alpha_1} \cdots \varphi_{\alpha_N}\rangle \cdot \langle \varphi_{\alpha_1} \cdots \varphi_{\alpha_N} | X_N | \varphi_{\beta_1} \cdots \varphi_{\beta_N} \rangle \langle \varphi_{\beta_1} \cdots \varphi_{\beta_N} | \tag{8.39}$$

besitzen. Auch hier nehmen die Operatoren, die einem ganz bestimmten Einzelteilchen zugeordnet sind, eine Sonderstellung ein:

$$A_1^{(i)} = \left[\sum\!\!\!\!\!\!\int_{\alpha_i, \beta_i} |\varphi_{\alpha_i}^{(i)}\rangle \langle \varphi_{\alpha_i}^{(i)} | A_1^{(i)} | \varphi_{\beta_i}^{(i)} \rangle \langle \varphi_{\beta_i}^{(i)} | \right] \cdot \mathbf{1}_{N-1}^{(i)} . \tag{8.40}$$

Dabei ist mit $\mathbf{1}_{N-1}^{(i)}$ die Identität des $(N-1)$-Teilchen-Produktraums gemeint, in dem, verglichen mit dem $\mathcal{H}_N$, der $\mathcal{H}_1^{(i)}$ *fehlt*. Wie in (8.28) für den Spezialfall $N = 2$ beweist man allgemein, dass Ein-Teilchen-Operatoren, die sich auf verschiedene Teilchen beziehen, in jedem Fall kommutieren:

$$\left[A_1^{(i)}, B_1^{(j)}\right]_- = 0 \,. \tag{8.41}$$

Die Dynamik der N-Teilchen-Systeme berechnet sich aus der **zeitabhängigen Schrödinger-Gleichung**,

$$\mathrm{i}\,\hbar|\dot{\psi}_N\rangle = H_N|\psi_N\rangle \,, \tag{8.42}$$

in der H_N der dem System zugeordnete Hamilton-Operator ist.

Wir stellen abschließend fest, dass die Behandlung der Mehr-Teilchen-Systeme bei Unterscheidbarkeit gegenüber der *Quantentheorie des Einzelteilchens*, die wir in den vorangegangenen Kapiteln entwickelt haben, keine neuartigen Konzepte erfordert. Es nimmt *lediglich* der rechen- und arbeitstechnische Aufwand gewaltig zu. Das ist in der Klassischen Mechanik beim Übergang vom Ein- zum Viel-Teilchen-Problem aber auch nicht anders. Bei den nicht-unterscheidbaren Teilchen werden jedoch völlig neue und klassisch unverständliche Aspekte ins Spiel kommen!

8.1.4 Aufgaben

Aufgabe 8.1.1

Zeigen Sie, dass durch die Vorschrift (8.11) für Zwei-Teilchen-Zustände des $\mathcal{H}_2$ die allgemeinen Axiome eines Skalarprodukts erfüllt sind.

Aufgabe 8.1.2

Die beiden Hilbert-Räume $\mathcal{H}_1^{(1)}$ und $\mathcal{H}_1^{(2)}$ seien zweidimensional (z.B. Spin (1/2)-Teilchen!). In den Basen $\{|a_n^{(1)}\rangle\}$ und $\{|b_m^{(2)}\rangle\}$ mögen die Observablen $A_1^{(1)}$ und $B_1^{(2)}$ die Matrixdarstellung $\left(A_1^{(1)}\right)_{ij} = \alpha_{ij}$ bzw. $\left(B_1^{(2)}\right)_{ij} = \beta_{ij}$ besitzen:

1. Geben Sie die Matrixdarstellung von $A_1^{(1)}$ in der Produktbasis $\{|a_n\, b_m\rangle\}$ des $\mathcal{H}_2 = \mathcal{H}_1^{(1)} \otimes \mathcal{H}_1^{(2)}$ an.
2. Wie sieht die Matrixdarstellung von $B_1^{(2)}$ im $\mathcal{H}_2$ aus?
3. Schreiben Sie explizit die Produktmatrix $A_1^{(1)} \cdot B_1^{(2)}$ auf und verifizieren Sie die Kommutativität der beiden Operatoren!

8.2 Identische Teilchen

Es scheint zunächst nahezuliegen, die Theorie aus Abschn. 8.1 als für beliebige Mehr-Teilchen-Systeme wirklich vollständig anzusehen. Bei genauerem Hinsehen gibt aber bereits unsere *physikalische Alltagswelt* deutliche Hinweise, dass da irgendetwas noch nicht ganz passt. Es sind Phänomene zu beobachten, die ganz offenbar den Rahmen der bislang entwickelten Quantentheorie sprengen. Bei der heuristischen Begründung der Struktur der Atomelektronenhülle und dem daraus folgenden Aufbauprinzip des Periodensystems im Rahmen der semiklassischen *Vorquantenmechanik* (Bohr, Sommerfeld, ..., s. Kap. 1) musste man zum Beispiel noch *ad hoc* annehmen, dass die stationären Energieniveaus eines Atoms nicht von beliebig vielen Hüllenelektronen besetzt werden können. Heute wissen wir, dass dieses Phänomen eine Folge des fundamentalen **Pauli-Prinzips** ist, demzufolge zwei Elektronen nie gleichzeitig ein und denselben Zustand besetzen können. Damit sorgt das Pauli-Prinzip dafür, dass selbst wechselwirkungsfreie Elektronen nicht ganz unabhängig voneinander sind. In unseren bisherigen quantenmechanischen Überlegungen war jedoch noch kein Hinweis auf das Pauli-Prinzip zu entdecken. Wir werden in diesem Kapitel zeigen können, dass es sich um eine unmittelbare Folge der **prinzipiellen Ununterscheidbarkeit identischer Teilchen** handelt!

8.2.1 Prinzip der Ununterscheidbarkeit

Was sind nun aber *identische Teilchen*? Um Mißverständnissen vorzubeugen, sollten wir zunächst strikt die echten **Teilcheneigenschaften** von den **Messwerten der Teilchenobservablen** unterscheiden. Eine *Teilcheneigenschaft* (z. B. Masse, Spin, Ladung, magnetisches Moment, Volumen, Trägheitsmoment) ist ein im Prinzip unveränderliches Charakteristikum des Teilchens. Sobald durch eine *grobe Maßnahme* eine solche Eigenschaft dennoch geändert wird, verliert das Teilchen gewissermaßen seine Identität. Die *Messwerte der Teilchenobservablen* (z. B. Ort, Impuls, Drehimpuls, Spinprojektion) können sich dagegen zeitabhängig ändern.

Definition 8.2.1

„Identische Teilchen" stimmen in allen ihren Teilcheneigenschaften überein!

Sie verhalten sich unter gleichen physikalischen Bedingungen völlig gleich und sind deshalb durch keine objektive Messung voneinander unterscheidbar. Natürlich können die Messwerte der Teilchenobservablen in einem System identischer Teilchen unterschiedlich sein. Die *identischen* Elektronen in einem Energieband eines Festkörpers haben zum Beispiel unterschiedliche Energien, unterschiedliche Impulse. **Jedes** Elektron kommt aber für

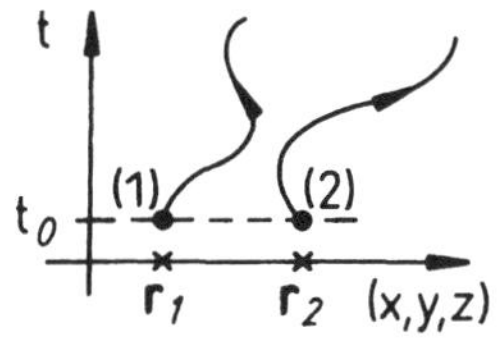

Abb. 8.1 Bahnbewegungen klassischer (identischer) Teilchen

jeden Energiezustand in Frage. Es ist nicht festzustellen, welches der identischen Teilchen welchen Zustand einnimmt.

Identische Teilchen gibt es natürlich auch in der Klassischen Physik. Ich kann für diese aber zum Zeitpunkt t_0 eine Orts- und Impulsmessung durchführen und daraus dann mit Hilfe der Hamilton'schen Bewegungsgleichungen (Abschn. 2.2.1, Bd. 2) ihren Phasenraumpunkt $(\boldsymbol{r}, \boldsymbol{p})(t)$ für jede spätere Zeit vorherberechnen (Abb. 8.1). Die $(\boldsymbol{r}, \boldsymbol{p})$-Messung zu einem einzigen Zeitpunkt t_0 gestattet mir, aus einem Ensemble von klassischen identischen Teilchen jedes Individuum zu jedem späteren Zeitpunkt eindeutig zu identifizieren. Durch die Messung zum Zeitpunkt t_0 habe ich an den Teilchen gewissermaßen *Marken* angebracht, die sie für alle Zeiten trotz identischer Eigenschaften unverwechselbar machen.

Eben diese *Markierung* ist bei quantenmechanischen identischen Teilchen prinzipiell unmöglich. Die tiefere Ursache liegt in dem statistischen Charakter des Teilchenzustands, den wir in den Kapiteln 2 und 3 ausführlich besprochen haben. Wir erinnern uns, dass bei der Messung einer Observablen A in der Regel nicht vorhergesagt werden kann, welcher Messwert nun tatsächlich beobachtet wird. Gesichert ist nur, dass es einer der Eigenwerte von A sein wird. Ansonsten lässt sich nur die Wahrscheinlichkeit angeben, mit der ein bestimmter Eigenwert als Messwert erscheint. Denken wir an die oben für klassische Teilchen besprochene Ortsmessung, die zur Zeit t_0 Teilchen 1 bei $\boldsymbol{r}_1$ und Teilchen 2 bei $\boldsymbol{r}_2$ beobachtete. Wenn nun zu einem späteren Zeitpunkt eine Messung bei $\boldsymbol{r}$ ein Signal liefert, so können wir nicht sagen, ob es sich um Teilchen 1 oder Teilchen 2 handelt. Die Aufenthaltswahrscheinlichkeitsdichte beider Teilchen $\rho_{1,2}(\boldsymbol{r}, t) = |\psi_{1,2}(\boldsymbol{r}, t)|^2$, sofern sie sich überhaupt noch sinnvoll definierten lässt, ist für **beide** Teilchen bei $\boldsymbol{r}$ von Null verschieden. Da es sich bei den beiden Teilchen ohnehin um identische handelt, können die unveränderlichen Teilcheneigenschaften sowieso nicht zur Diskriminierung beitragen.

Diese Überlegungen beweisen zwar nicht das

- **Prinzip der Ununterscheidbarkeit,**

machen es aber zumindest plausibel. Es muss als weiteres **Postulat** in das Gerüst der Quantentheorie eingebaut werden:

> Identische Teilchen sind grundsätzlich ununterscheidbar, besitzen somit keine Individualität.

Daraus ergibt sich nun eine Reihe von weit reichenden Konsequenzen, die wir Punkt für Punkt analysieren wollen.

Zunächst einmal werden Zuordnungen der Art

$$(\text{Teilchen})_i \;\Leftrightarrow\; \text{Zustand}\,|\varphi^{(i)}\rangle$$

bedeutungslos und müssen durch die *pauschalere* Zuordnung

$$\{(\text{Teilchen})_i\,; \quad i = 1,2,\ldots,N\} \;\Leftrightarrow\; N\text{-Teilchen-Zustand}\,|\varphi_N\rangle$$

ersetzt werden. Jede Fragestellung, die auf die Beobachtung eines Einzelteilchens abzielt, ist für Systeme identischer Teilchen verboten bzw. sinnlos.

Die für N identische Teilchen zulässigen Zustände kennen wir noch nicht; wir können aber davon ausgehen, dass es sich um spezielle Kombinationen der in Abschn. 8.1 diskutierten direkten Produkte von Ein-Teilchen-Zuständen handeln wird. Wir wollen sie vorläufig wie folgt kennzeichnen:

$$|\varphi_N\rangle \equiv \left|\varphi_{\alpha_1}^{(1)}\,\varphi_{\alpha_2}^{(2)}\cdots\varphi_{\alpha_N}^{(N)}\right\rangle . \tag{8.43}$$

An dem N-Teilchen-Zustand $|\varphi_N\rangle$ seien in einer noch herauszufindenden Weise die Ein-Teilchen-Zustände $|\varphi_{\alpha_1}\rangle, |\varphi_{\alpha_2}\rangle, \ldots, |\varphi_{\alpha_N}\rangle$ beteiligt. Die unteren Indizes im Symbol (8.43) beziehen sich demnach auf die (Sätze von) Quantenzahlen, durch die diese Ein-Teilchen-Zustände eindeutig charakterisiert sind, und die oberen Indizes auf die über diese Zustände verteilten Teilchen.

Versuchen wir, den obigen Gedankengang zu konkretisieren, d. h. in eine mathematisch auswertbare Form zu bringen! Es kann also in einem System von N identischen Teilchen keine Observable zugelassen werden, die sich auf ein bestimmtes Individuum konzentriert. Bei unterscheidbaren Teilchen ist das sehr wohl möglich (s. (8.40)). Ausdrücke der Form

$$\langle\varphi_N|A_1^{(i)}|\varphi_N\rangle$$

sind nur für unterscheidbare Teilchen akzeptabel. Würden sie auch für identische Teilchen relevante Aussagen liefern, so hätten wir ein Mittel an der Hand, das Teilchen i durch Messung der Observablen $A_1^{(i)}$ gegenüber den anderen Teilchen auszuzeichnen und damit zu markieren.

Sinnvolle Messgrößen, wie zum Beispiel Erwartungswerte von Observablen, dürfen nur auf das gesamte *Kollektiv* Bezug nehmen. Deshalb kommen als *erlaubte* Observable auch sicher nur solche in Betracht, die explizit von den Koordinaten aller Teilchen abhängen, und das in gleichgewichtiger (*symmetrischer*) Weise:

$$\left\langle\varphi_{\alpha_1}^{(1)}\cdots\varphi_{\alpha_N}^{(N)}\right|A_N(1,2,\ldots,N)\left|\varphi_{\alpha_1}^{(1)}\cdots\varphi_{\alpha_N}^{(N)}\right\rangle .$$

Diese Darstellung macht aber bereits das eigentliche Problem deutlich. Aus rein rechentechnischen Gründen sind wir gezwungen, so etwas wie eine *Teilchennumerierung* durchzuführen, zum Beispiel zur Unterscheidung der Variablen in Vielfachintegralen und -summen oder für die richtige Zuordnung der die $|\varphi_N\rangle$ aufbauenden Ein-Teilchen-Zustände zu *ihren* Hilbert-Räumen $\mathcal{H}_1^{(i)}$. Wenn diese Nummerierung nun aber schon unvermeidbar ist, so muss sie, um das Prinzip der Ununterscheidbarkeit nicht zu verletzen, doch so erfolgen, dass **physikalisch relevante Aussagen** von der Art der Nummerierung unbeeinflusst bleiben, d. h. invariant gegenüber Änderungen derselben sind. *Physikalisch relevant* ist all das, was dem Experiment in irgendeiner Form zugänglich ist (Erwartungwerte, Eigenwerte, Skalarprodukte, Matrixelemente, ...). Dazu zählen die *nackten* Operatoren und Zustände im Übrigen nicht. Für den Erwartungswert einer *erlaubten* Observablen in einem *erlaubten* Zustand eines Systems aus N identischen Teilchen muss also zum Beispiel gefordert werden:

$$\begin{aligned} &\left\langle \cdots \varphi_{\alpha_i}^{(i)} \cdots \varphi_{\alpha_j}^{(j)} \cdots \middle| A_N \middle| \cdots \varphi_{\alpha_i}^{(i)} \cdots \varphi_{\alpha_j}^{(j)} \cdots \right\rangle \\ &\stackrel{!}{=} \left\langle \cdots \varphi_{\alpha_i}^{(j)} \cdots \varphi_{\alpha_j}^{(i)} \cdots \middle| A_N \middle| \cdots \varphi_{\alpha_i}^{(j)} \cdots \varphi_{\alpha_j}^{(i)} \cdots \right\rangle . \end{aligned} \tag{8.44}$$

Das Vertauschen von Teilchenindizes in den Zustandssymbolen darf den eigentlichen Messwert nicht ändern! Wir werden im nächsten Abschnitt einige wichtige Folgerungen allein aus dieser Forderung ableiten können.

8.2.2 Observable und Zustände

Wir wollen uns die Bedingung (8.44) zunutze machen, um konkrete Informationen über die *erlaubten* Observablen und Zustände eines Systems identischer Teilchen zu erhalten.

Wir definieren zunächst den **Permutationsoperator** $\mathcal{P}$ durch seine Wirkungsweise auf den N-Teilchen-Zustand (8.43):

$$\mathcal{P}\left|\varphi_{\alpha_1}^{(1)}\varphi_{\alpha_2}^{(2)}\cdots\varphi_{\alpha_N}^{(N)}\right\rangle = \left|\varphi_{\alpha_1}^{(i_1)}\varphi_{\alpha_2}^{(i_2)}\cdots\varphi_{\alpha_N}^{(i_N)}\right\rangle . \tag{8.45}$$

$\mathcal{P}$ greift an den Teilchenindizes an, verändert die Verteilung der Teilchen über die N Ein-Teilchen-Zustände. $(i_1, i_2, \dots, i_N)$ ist das permutierte N-Tupel $(1, 2, \dots, N)$. Das *vorher* an der i_j-ten Stelle platzierte Teilchen wechselt in die j-te Position. Jede Permutation lässt sich auf ein Produkt von einfachen Vertauschungen zweier Teilchen zurückführen. Wir definieren deshalb noch den **Transpositionsoperator** P_{ij},

$$P_{ij}\left|\cdots\varphi_{\alpha_i}^{(i)}\cdots\varphi_{\alpha_j}^{(j)}\cdots\right\rangle = \left|\cdots\varphi_{\alpha_i}^{(j)}\cdots\varphi_{\alpha_j}^{(i)}\cdots\right\rangle , \tag{8.46}$$

der die Teilchen an der i-ten und der j-ten Position austauscht. P_{ij} ist natürlich eine spezielle Permutation. Wir betrachten ein einfaches Beispiel:

$$P_{23}\,P_{12}\left|\varphi_{\alpha_1}^{(1)}\,\varphi_{\alpha_2}^{(2)}\,\varphi_{\alpha_3}^{(3)}\right\rangle = P_{23}\left|\varphi_{\alpha_1}^{(2)}\,\varphi_{\alpha_2}^{(1)}\,\varphi_{\alpha_3}^{(3)}\right\rangle = \left|\varphi_{\alpha_1}^{(2)}\,\varphi_{\alpha_2}^{(3)}\,\varphi_{\alpha_3}^{(1)}\right\rangle ,$$

$$P_{12}\,P_{23}\left|\varphi_{\alpha_1}^{(1)}\,\varphi_{\alpha_2}^{(2)}\,\varphi_{\alpha_3}^{(3)}\right\rangle = P_{12}\left|\varphi_{\alpha_1}^{(1)}\,\varphi_{\alpha_2}^{(3)}\,\varphi_{\alpha_3}^{(2)}\right\rangle = \left|\varphi_{\alpha_1}^{(3)}\,\varphi_{\alpha_2}^{(1)}\,\varphi_{\alpha_3}^{(2)}\right\rangle .$$

Das Beispiel macht klar, dass Transpositonsoperatoren in der Regel nicht vertauschbar sind. Zweimalige Anwendung desselben Transpositionsoperators führt offensichtlich auf den Ausgangszustand zurück:

$$P_{ij}^2 = \mathbf{1}_N \quad\Leftrightarrow\quad P_{ij} = P_{ij}^{-1} \,. \tag{8.47}$$

Die Abbildungen (8.45) bzw. (8.46) dürfen wegen der Ununterscheidbarkeit der Teilchen insbsondere die Norm des Zustands nicht ändern. $\mathcal{P}$ und P_{ij} sind deshalb im $\mathcal{H}_N$ unitär, P_{ij} zusätzlich wegen (8.47) auch hermitesch:

$$\mathcal{P}^+ = \mathcal{P}^{-1} \,; \qquad P_{ij}^+ = P_{ij}^{-1} = P_{ij} \,. \tag{8.48}$$

Wegen der Nicht-Vertauschbarkeit der Transpositionen ist der allgemeine Permutationsoperator im $\mathcal{H}_N$ nicht hermitesch.

Wir können nun die grundlegende Forderung (8.44) in die folgende Form bringen:

$$\langle\varphi_N|A_N|\varphi_N\rangle \stackrel{!}{=} \langle P_{ij}\,\varphi_N|A_N|P_{ij}\,\varphi_N\rangle = \langle\varphi_N|P_{ij}^+\,A_N\,P_{ij}|\varphi_N\rangle \,.$$

Diese Beziehung muss für **alle** Zustände des Systems identischer Teilchen erfüllt sein. Ist sie erfüllt, so gilt sie auch für beliebige Matrixelemente,

$$\langle\varphi_N|A_N|\psi_N\rangle \stackrel{!}{=} \langle\varphi_N|P_{ij}^+\,A_N\,P_{ij}|\psi_N\rangle \,, \tag{8.49}$$

denn diese lassen sich stets in Erwartungswerte der obigen Form zerlegen:

$$\begin{aligned}&\langle\varphi_N|A_N|\psi_N\rangle\\ &= \frac{1}{4}\{\langle\varphi_N+\psi_N|A_N|\varphi_N+\psi_N\rangle - \langle\varphi_N-\psi_N|A_N|\varphi_N-\psi_N\rangle\\ &\quad + \mathrm{i}\langle\varphi_N-\mathrm{i}\,\psi_N|A_N|\varphi_N-\mathrm{i}\,\psi_N\rangle - \mathrm{i}\langle\varphi_N+\mathrm{i}\,\psi_N|A_N|\varphi_N+\mathrm{i}\,\psi_N\rangle\} \,.\end{aligned}$$

In dem, uns bislang allerdings noch unbekannten, Zustandsraum für identische Teilchen muss also die Operatoridentität

$$A_N = P_{ij}^+\,A_N\,P_{ij} \tag{8.50}$$

gelten. Multiplizieren wir diese Identität von links mit P_{ij} und beachten (8.48), so erkennen wir, dass alle *erlaubten* Observablen des N-Teilchen-Systems mit sämtlichen

Transpositions- und folglich auch mit allen Permutationsoperatoren kommutieren müssen:

$$[A_N, P_{ij}]_- = 0 \quad \forall i,j\,; \quad [A_N, \mathcal{P}]_- = 0\,. \tag{8.51}$$

Damit haben wir ein sehr wichtiges Charakteristikum der Observablen identischer Teilchen kennen gelernt.

Was lässt sich nun über die im Sinne des Prinzips der Ununterscheidbarkeit *erlaubten* Zustände aussagen? Sei $|\varphi_N\rangle$ ein solcher Zustand, dann stellt der Projektionsoperator $|\varphi_N\rangle\langle\varphi_N|$ eine Observable dar, auf die (8.50) zutrifft:

$$|\varphi_N\rangle\langle\varphi_N| = P_{ij}^+|\varphi_N\rangle\langle\varphi_N|P_{ij} = |P_{ij}^+\,\varphi_N\rangle\langle P_{ij}^+\,\varphi_N| = |P_{ij}\,\varphi_N\rangle\langle P_{ij}\,\varphi_N|\,.$$

Der Zustand $|P_{ij}\,\varphi_N\rangle$ erzeugt somit denselben Unterraum wie $|\varphi_N\rangle$. Das geht aber nur, wenn die beiden Hilbert-Raumvektoren *parallel* sind, d. h., wenn $|\varphi_N\rangle$ Eigenzustand zu P_{ij} ist:

$$P_{ij}|\varphi_N\rangle = \lambda_{ij}|\varphi_N\rangle\,.$$

Wegen (8.47) kommt für alle i und j nur $\lambda_{ij} = \pm 1$ in Frage. Dies bedeutet:

$$P_{ij}\left|\varphi_N^{(\pm)}\right\rangle = \pm\left|\varphi_N^{(\pm)}\right\rangle \quad \forall i,j\,. \tag{8.52}$$

Die Zustände eines Systems **identischer Teilchen** sind gegenüber Vertauschung zweier Teilchenindizes entweder symmetrisch oder antisymmetrisch.

Alle diese Zustände sind natürlich außerdem Elemente des Produktraums $\mathcal{H}_N$ (8.32), den wir in Abschn. 8.1 für Systeme unterscheidbarer Teilchen konstruiert haben. Für Systeme identischer Teilchen erweist er sich allerdings als zu groß, da nicht alle Elemente des $\mathcal{H}_N$ die Symmetrieforderungen (8.52) des *Prinzips der Ununterscheidbarkeit* erfüllen. Die entsprechenden Unterräume werden wir noch zu diskutieren haben.

Wir wollen einige weitere grundlegende Eigenschaften der Zustände identischer Teilchen auflisten:

1. Eine erste wichtige Schlussfolgerung resultiert aus der Tatsache, dass Gleichung (8.51) insbesondere auf den Hamilton-Operator des Systems zutrifft:

   $$[H_N, P_{ij}]_- = 0\,.$$

   Da für den Zeitentwicklungsoperator U nach (3.177) bei nicht explizit zeitabhängigem H_N

   $$U(t,t_0) = \exp\left[-\frac{\mathrm{i}}{\hbar}H_N(t-t_0)\right]$$

gilt, vertauscht auch U mit P_{ij}:

$$[U, P_{ij}]_- = 0 \,. \tag{8.53}$$

(Diese Aussage bleibt auch bei zeitabhängigem H_N richtig, s. Aufgabe 8.2.1.) Besitzt nun der Zustand $|\varphi_N\rangle$ zu irgendeinem Zeitpunkt t_0 eine bestimmte Symmetrie,

$$P_{ij}|\varphi_N(t_0)\rangle = \pm|\varphi_N(t_0)\rangle \,,$$

so weist er diese auch zu allen anderen Zeiten auf:

$$\begin{aligned} P_{ij}|\varphi_N(t)\rangle &= P_{ij}\, U(t,t_0)|\varphi_N(t_0)\rangle \overset{(8.53)}{=} U(t,t_0)\, P_{ij}|\varphi_N(t_0)\rangle \\ &= \pm U(t,t_0)|\varphi_N(t_0)\rangle = \pm|\varphi_N(t)\rangle \,. \end{aligned}$$

Die Zustände eines Systems identischer Teilchen behalten also ihren Symmetriecharakter für alle Zeiten bei!

2. Symmetrische und antisymmetrische Zustände sind orthogonal zueinander:

$$\begin{aligned} \left\langle \varphi_N^{(+)} \middle| \psi_N^{(-)} \right\rangle &= \left\langle \varphi_N^{(+)} \middle| \mathbf{1}_N \middle| \psi_N^{(-)} \right\rangle = \left\langle \varphi_N^{(+)} \middle| P_{ij}^+ P_{ij} \middle| \psi_N^{(-)} \right\rangle \\ &= -\left\langle \varphi_N^{(+)} \middle| \psi_N^{(-)} \right\rangle = 0 \,. \end{aligned} \tag{8.54}$$

3. Es gibt keine Observable, die einen symmetrischen auf einen antisymmetrischen Zustand, und umgekehrt, abbilden kann:

$$\left\langle \varphi_N^{(+)} \middle| A_N \middle| \psi_N^{(-)} \right\rangle = 0 \quad \forall A_N \tag{8.55}$$

(s. Aufgabe 8.2.2).

4. Die Zustände eines bestimmten Systems identischer Teilchen gehören sämtlich zum $\mathcal{H}_N^{(+)}$ oder sämtlich zum $\mathcal{H}_N^{(-)}$. Könnte sich ein und dasselbe System in Zuständen mit unterschiedlichem Symmetrieverhalten befinden, so müsste auch jede Linearkombination derselben ein möglicher Zustand sein. Der wäre dann aber weder symmetrisch noch antisymmetrisch.

8.2.3 Hilbert-Raum

Der zeitunabhängige Symmetriecharakter und die Orthogonalität von symmetrischen und antisymmetrischen Zuständen identischer Teilchen lassen die folgende Aufteilung sinnvoll erscheinen:

$\mathcal{H}_N^{(+)}$: Raum der symmetrischen Zustände $|\varphi_N^{(+)}\rangle \in \mathcal{H}_N$ mit

$$P_{ij}\left|\varphi_N^{(+)}\right\rangle = \left|\varphi_N^{(+)}\right\rangle \quad \forall i,j \,.$$

$\mathcal{H}_N^{(-)}$: Raum der antisymmetrischen Zustände $|\varphi_N^{(-)}\rangle \in \mathcal{H}_N$ mit

$$P_{ij}\left|\varphi_N^{(-)}\right\rangle = -\left|\varphi_N^{(-)}\right\rangle \quad \forall i,j\,.$$

Die Räume $\mathcal{H}_N^{(\pm)}$ sind Unterräume des in (8.32) definierten Produktraums $\mathcal{H}_N$. Sie enthalten von den Elementen des $\mathcal{H}_N$ gerade die mit dem passenden Symmetrieverhalten.

Wie aber findet man nun diese *total symmetrischen* bzw. *total antisymmetrischen* N-Teilchen-Zustände? Gleichung (8.43) war ja bislang nur ein abstraktes, nicht weiter spezifiziertes Symbol.

Da die zu suchenden (anti-)symmetrischen Zustände auf jeden Fall Elemente des $\mathcal{H}_N$ sein müssen, liegt es nahe, von einem der Basiszustände des Produktraums auszugehen:

$$\left|\varphi_{\alpha_1}\,\varphi_{\alpha_2}\cdots\varphi_{\alpha_N}\right\rangle = \left|\varphi_{\alpha_1}^{(1)}\right\rangle\left|\varphi_{\alpha_2}^{(2)}\right\rangle\cdots\left|\varphi_{\alpha_N}^{(N)}\right\rangle\,.$$

Wenn es gelingt, diesen durch eine passende Maßnahme zu (anti)symmetrisieren, so wird sich die Methode unschwer auf jedes Element des $\mathcal{H}_N$ übertragen lassen.

Wir führen einen neuen Operator ein,

$$S_N^{(\pm)} = \frac{1}{N!}\sum_{\mathcal{P}}(\pm)^p\,\mathcal{P}\,, \tag{8.56}$$

den man **Symmetrisierungsoperator** $(+)$ bzw. **Antisymmetrisierungsoperator** $(-)$ nennt. Die Summe läuft über alle denkbaren Permutationen des N-Tupels $(1,2,\dots,N)$ einschließlich der Identität. p ist die Zahl der Transpositionen, aus denen $\mathcal{P}$ aufgebaut ist. Wir wollen uns überlegen, dass in der Tat mit $S_N^{(\pm)}$ die gewünschten (Anti)Symmetrisierungen der Basiszustände und damit letztlich aller Zustände des $\mathcal{H}_N$ vorgenommen werden können.

Multipliziert man irgendein $\mathcal{P}$ der Summe (8.56) mit irgendeiner Transposition P_{ij}, so ergibt sich offenbar eine andere Permutation $\mathcal{P}'$ mit einer um eins unterschiedlichen Zahl von Transpositionen $p' = p \pm 1$. Da die Summe in (8.56) alle Permutationen enthält, kommt natürlich auch $\mathcal{P}'$ in ihr vor:

$$\begin{aligned} P_{ij}\,S_N^{(\pm)} &= \frac{1}{N!}\sum_{\mathcal{P}}(\pm)^p\,P_{ij}\,\mathcal{P} = (\pm)\,\frac{1}{N!}\sum_{\mathcal{P}'}(\pm)^{p'}\,\mathcal{P}' \\ &= \pm S_N^{(\pm)}\,\left(= S_N^{(\pm)}\,P_{ij}\right)\,. \end{aligned} \tag{8.57}$$

Dieses Resultat überträgt sich unmittelbar auf allgemeine Permutationen:

$$\mathcal{P}\,S_N^{(\pm)} = S_N^{(\pm)}\,\mathcal{P} = (\pm)^p\,S_N^{(\pm)}\,. \tag{8.58}$$

Wenden wir also $S_N^{(\pm)}$ auf einen nicht-symmetrisierten Produktzustand des $\mathcal{H}_N$ an, so können wir sicher sein, dass der resultierende Zustand ein Element des $\mathcal{H}_N^{(\pm)}$ ist:

$$\begin{aligned}|\varphi_N^{(\pm)}\rangle \equiv |\varphi_{\alpha_1} \cdots \varphi_{\alpha_N}\rangle^{(\pm)} &= S_N^{(\pm)}|\varphi_{\alpha_1} \cdots \varphi_{\alpha_N}\rangle \\ &= \frac{1}{N!}\sum_{\mathcal{P}}(\pm)^p\,\mathcal{P}|\varphi_{\alpha_1} \cdots \varphi_{\alpha_N}\rangle\,. \end{aligned} \tag{8.59}$$

Man beachte streng die unterschiedlichen Bedeutungen von $|\varphi_{\alpha_1} \cdots \varphi_{\alpha_N}\rangle$ und $|\varphi_{\alpha_1} \cdots \varphi_{\alpha_N}\rangle^{(\pm)}$! Wegen (8.57) und (8.58) gilt in jedem Fall für die so konstruierten Zustände:

$$P_{ij}\left|\varphi_N^{(\pm)}\right\rangle = \pm\left|\varphi_N^{(\pm)}\right\rangle\,;\quad \mathcal{P}\left|\varphi_N^{(\pm)}\right\rangle = (\pm)^p\left|\varphi_N^{(\pm)}\right\rangle\,. \tag{8.60}$$

Dies bedeutet insbesondere:

$$S_N^{(\pm)}\left|\varphi_N^{(\pm)}\right\rangle = \frac{1}{N!}\sum_{\mathcal{P}}(\pm)^p\,\mathcal{P}\left|\varphi_N^{(\pm)}\right\rangle = \left|\varphi_N^{(\pm)}\right\rangle\,. \tag{8.61}$$

Die (anti)symmetrisierten Zustände $|\varphi_N^{(\pm)}\rangle$ sind natürlich wiederum Elemente des $\mathcal{H}_N$. Durch Anwendung von $S_N^{(\pm)}$ auf **jeden einzelnen** Zustand des $\mathcal{H}_N$ erhalten wir **alle** (anti)symmetrisierten Zustände des $\mathcal{H}_N$. Die bereits symmetrischen bzw. antisymmetrischen Elemente des Produktraums werden nach (8.61) auf sich selbst abgebildet. – $S_N^{(\pm)}$ ist im $\mathcal{H}_N$ ein **Projektionsoperator**:

$$S_N^{(\pm)} : \mathcal{H}_N \longrightarrow \mathcal{H}_N^{(\pm)}\,.$$

Seine *Idempotenz* ist leicht gezeigt:

$$\begin{aligned}\left[S_N^{(\pm)}\right]^2|\varphi_{\alpha_1} \cdots \varphi_{\alpha_N}\rangle &= S_N^{(\pm)}|\varphi_{\alpha_1} \cdots \varphi_{\alpha_N}\rangle^{(\pm)} = |\varphi_{\alpha_1} \cdots \varphi_{\alpha_N}\rangle^{(\pm)} \\ &= S_N^{(\pm)}|\varphi_{\alpha_1} \cdots \varphi_{\alpha_N}\rangle\,.\end{aligned}$$

Dies gilt für beliebige Zustände $|\varphi_{\alpha_1} \cdots \varphi_{\alpha_N}\rangle$ des $\mathcal{H}_N$. Es ist somit:

$$\left[S_N^{(\pm)}\right]^2 = S_N^{(\pm)}\,. \tag{8.62}$$

Nach (8.48) ist $\mathcal{P}^+ = \mathcal{P}^{-1}$. Da $\mathcal{P}$ ein Produkt von Transpositionen darstellt, ist $\mathcal{P}^{-1}$ wegen (8.47) gerade die Permutation, in der die Transpositionen in umgekehrter Reihenfolge erscheinen. Insbesondere ist die Zahl der Transpositionen für $\mathcal{P}$ und $\mathcal{P}^{-1}$ dieselbe. In Ausdrücken wie (8.56) kann natürlich statt über alle $\mathcal{P}$ auch über alle $\mathcal{P}^{-1}$ summiert werden. Dies bedeutet:

$$\begin{aligned}\left(S_N^{(\pm)}\right)^+ &= \frac{1}{N!}\sum_{\mathcal{P}}(\pm)^p\,\mathcal{P}^+ = \frac{1}{N!}\sum_{\mathcal{P}^{-1}}(\pm)^p\,\mathcal{P}^{-1} \\ &= \frac{1}{N!}\sum_{\mathcal{P}'}(\pm)^{p'}\,\mathcal{P}' = S_N^{(\pm)}\,.\end{aligned} \tag{8.63}$$

$S_N^{(+)}$ und $S_N^{(-)}$ sind also idempotent und hermitesch, besitzen damit die Eigenschaften von Projektionsoperatoren (Abschn. 3.2.7). Für beliebige Zustände $|\varphi_N\rangle$, $|\psi_N\rangle$ des $\mathcal{H}_N$ gilt:

$$\langle\psi_N| S_N^{(+)} S_N^{(-)} |\varphi_N\rangle = \left\langle \psi_N^{(+)} \middle| \varphi_N^{(-)} \right\rangle \overset{(8.54)}{=} 0 .$$

$S_N^{(+)}$ und $S_N^{(-)}$ projizieren also auf orthogonale Teilräume des $\mathcal{H}_N$:

$$S_N^{(+)} S_N^{(-)} = S_N^{(-)} S_N^{(+)} = 0 . \tag{8.64}$$

Bereits für $N > 2$ ist die Summe aus $S_N^{(+)}$ und $S_N^{(-)}$ nicht mehr die Identität $\mathbf{1}_N$. Die von $S_N^{(+)}$ und $S_N^{(-)}$ erzeugten Unterräume decken somit nicht den gesamten $\mathcal{H}_N$ ab. Definieren wir den Operator $S_N^{(0)}$ durch

$$S_N^{(+)} + S_N^{(-)} + S_N^{(0)} = \mathbf{1}_N , \tag{8.65}$$

so lässt sich zeigen, dass es sich ebenfalls um einen Projektionsoperator handelt. Er bildet auf einen Teilraum $\mathcal{H}_N^{(0)}$ ab, der orthogonal zu den von $S_N^{(+)}$ und $S_N^{(-)}$ erzeugten Räumen ist. Zusammen bauen die drei Räume $\mathcal{H}_N^{(+)}$, $\mathcal{H}_N^{(-)}$, $\mathcal{H}_N^{(0)}$ wegen (8.65) den gesamten Produktraum $\mathcal{H}_N$ auf. – Die Hermitezität von $S_N^{(0)}$ ist wegen (8.63) unmittelbar klar. Aus

$$S_N^{(0)} S_N^{(\pm)} = \left(\mathbf{1}_N - S_N^{(+)} - S_N^{(-)}\right) S_N^{(\pm)} \overset{(8.64)}{=} S_N^{(\pm)} - \left[S_N^{(\pm)}\right]^2 \overset{(8.62)}{=} 0 \tag{8.66}$$

folgt die Orthogonalität von $\mathcal{H}_N^{(0)}$ zu den beiden anderen Räumen und aus

$$\left[S_N^{(0)}\right]^2 = S_N^{(0)} \left(\mathbf{1}_N - S_N^{(+)} - S_N^{(-)}\right) = S_N^{(0)} \tag{8.67}$$

die Idempotenz des Operators $S_N^{(0)}$.

8.2.4 Basiszustände

Wir müssen uns nun überlegen, welche Basis für die (anti-)symmetrisierten Räume $\mathcal{H}_N^{(\pm)}$ in Frage kommt. Im Produktraum $\mathcal{H}_N$, angemessen für ein System aus N unterscheidbaren Teilchen, lassen sich die N-Teilchen-Basiszustände als direkte Produkte (8.33) von Ein-Teilchen-Basiszuständen schreiben. Fassen wir mit $\widehat{\varphi}$ einen vollständigen Satz von kommutierenden Ein-Teilchen-Observablen zusammen, so bilden die Eigenzustände $\{|\varphi_{\alpha_i}\rangle\}$ eine orthonormierte Basis des Ein-Teilchen-Hilbert-Raums,

$$\widehat{\varphi}|\varphi_{\alpha_i}\rangle = \varphi_{\alpha_i}|\varphi_{\alpha_i}\rangle , \tag{8.68}$$

$$\langle\varphi_{\alpha_i}|\varphi_{\alpha_j}\rangle = \delta(\alpha_i, \alpha_j) , \tag{8.69}$$

$$\int\!\!\!\!\!\!\sum_{\alpha_i} |\varphi_{\alpha_i}\rangle\langle\varphi_{\alpha_i}| = \mathbf{1}_1 , \tag{8.70}$$

und die aus ihnen gebildeten Produktzustände (8.33) eine solche für den N-Teilchen-Raum $\mathcal{H}_N$, nach der sich jeder Zustand des $\mathcal{H}_N$ entwickeln lässt:

$$|\psi_N\rangle = \sum\!\!\!\!\!\!\int_{\alpha_1\cdots\alpha_N} |\varphi_{\alpha_1}\cdots\varphi_{\alpha_N}\rangle\langle\varphi_{\alpha_1}\cdots\varphi_{\alpha_N}|\psi_N\rangle\,. \tag{8.71}$$

Da die (anti-)symmetrisierten Zustände der Unterräume $\mathcal{H}_N^{(\pm)}$ auch zu den Elementen des $\mathcal{H}_N$ zählen, lassen sie sich natürlich ebenfalls wie in (8.71) entwickeln:

$$|\psi_N^{(\pm)}\rangle = \sum\!\!\!\!\!\!\int_{\alpha_1\cdots\alpha_N} |\varphi_{\alpha_1}\cdots\varphi_{\alpha_N}\rangle\langle\varphi_{\alpha_1}\cdots\varphi_{\alpha_N}|\psi_N^{(\pm)}\rangle\,. \tag{8.72}$$

Das Skalarprodukt im Integranden wird wie folgt umgeformt:

$$\begin{aligned}\langle\varphi_{\alpha_1}\cdots\varphi_{\alpha_N}|\psi_N^{(\pm)}\rangle &\overset{(8.61)}{=} \langle\varphi_{\alpha_1}\cdots\varphi_{\alpha_N}|S_N^{(\pm)}|\psi_N^{(\pm)}\rangle\\ &\overset{(8.63)}{=} {}^{(\pm)}\langle\varphi_{\alpha_1}\cdots\varphi_{\alpha_N}|\psi_N^{(\pm)}\rangle\,.\end{aligned} \tag{8.73}$$

Setzen wir dieses in die obige Gleichung (8.72) ein und wenden auf beide Seiten noch einmal den Operator $S_N^{(\pm)}$ an, so bleibt wegen (8.59) und (8.61):

$$|\psi_N^{(\pm)}\rangle = \sum\!\!\!\!\!\!\int_{\alpha_1\cdots\alpha_N} |\varphi_{\alpha_1}\cdots\varphi_{\alpha_N}\rangle^{(\pm)}\,{}^{(\pm)}\langle\varphi_{\alpha_1}\cdots\varphi_{\alpha_N}|\psi_N^{(\pm)}\rangle\,. \tag{8.74}$$

Diese Beziehung ist für beliebige Zustände aus $\mathcal{H}_N^{(\pm)}$ richtig. Die (anti-)symmetrisierten Produktzustände,

$$\begin{aligned}|\varphi_{\alpha_1}\cdots\varphi_{\alpha_N}\rangle^{(\pm)} &= \frac{1}{N!}\sum_{\mathcal{P}}(\pm)^p\,\mathcal{P}|\varphi_{\alpha_1}\cdots\varphi_{\alpha_N}\rangle\\ &= \frac{1}{N!}\sum_{\mathcal{P}}(\pm)^p\,\mathcal{P}\left(\left|\varphi_{\alpha_1}^{(1)}\right\rangle\cdots\left|\varphi_{\alpha_N}^{(N)}\right\rangle\right)\,,\end{aligned} \tag{8.75}$$

bilden also eine Basis des $\mathcal{H}_N^{(\pm)}$ und genügen dabei der **Vollständigkeitsrelation**:

$$\sum\!\!\!\!\!\!\int_{\alpha_1\cdots\alpha_N} |\varphi_{\alpha_1}\cdots\varphi_{\alpha_N}\rangle^{(\pm)}\,{}^{(\pm)}\langle\varphi_{\alpha_1}\cdots\varphi_{\alpha_N}| = \mathbf{1}_N\,. \tag{8.76}$$

Eine interessante Besonderheit ergibt sich für die Basiszustände des antisymmetrisierten Raums $\mathcal{H}_N^{(-)}$, die sich offenbar als Determinanten schreiben lassen:

$$|\varphi_{\alpha_1}\cdots\varphi_{\alpha_N}\rangle^{(-)} = \frac{1}{N!}\begin{vmatrix}|\varphi_{\alpha_1}^{(1)}\rangle & |\varphi_{\alpha_1}^{(2)}\rangle & \cdots & |\varphi_{\alpha_1}^{(N)}\rangle\\ |\varphi_{\alpha_2}^{(1)}\rangle & |\varphi_{\alpha_2}^{(2)}\rangle & \cdots & |\varphi_{\alpha_2}^{(N)}\rangle\\ \vdots & \vdots & & \vdots\\ |\varphi_{\alpha_N}^{(1)}\rangle & |\varphi_{\alpha_N}^{(2)}\rangle & \cdots & |\varphi_{\alpha_N}^{(N)}\rangle\end{vmatrix}\,. \tag{8.77}$$

Man bezeichnet diesen Ausdruck als **Slater-Determinante**. Sind in dem N-Teilchen-Zustand zwei Sätze von Quantenzahlen gleich ($\alpha_i = \alpha_j$ für $i \neq j$), dann bedeutet das, dass zwei Zeilen der Determinante gleich sind. Selbige ist also Null. Die Wahrscheinlichkeit(sdichte) dafür, dass in einem N-Teilchen-Zustand des $\mathcal{H}_N^{(-)}$ zwei identische Teilchen in allen Quantenzahlen übereinstimmen, ist demnach Null. Das ist die Aussage des fundamentalen **Pauli-Prinzips**, auf das wir im übernächsten Abschnitt noch einmal zurückkommen werden. Eine analoge Beschränkung für die Zustände des $\mathcal{H}_N^{(+)}$ existiert nach (8.75) offenbar nicht!

Um wirklich in dem Raum $\mathcal{H}_N^{(\pm)}$ arbeiten zu können, müssen wir uns noch Gedanken über das Skalarprodukt zwischen (anti-)symmetrisierten Basiszuständen machen. Mit (8.73) können wir dieses direkt angeben:

$$\begin{aligned}
&{}^{(\pm)}\langle\varphi_{\beta_1}\cdots\varphi_{\beta_N}|\varphi_{\alpha_1}\cdots\varphi_{\alpha_N}\rangle^{(\pm)} = \langle\varphi_{\beta_1}\cdots\varphi_{\beta_N}|\varphi_{\alpha_1}\cdots\varphi_{\alpha_N}\rangle^{(\pm)}\\
&= \frac{1}{N!}\sum_{\mathcal{P}}(\pm)^p\left[\left\langle\varphi_{\beta_1}^{(1)}\right|\left\langle\varphi_{\beta_2}^{(2)}\right|\cdots\left\langle\varphi_{\beta_N}^{(N)}\right|\mathcal{P}\left(\left|\varphi_{\alpha_1}^{(1)}\right\rangle\left|\varphi_{\alpha_2}^{(2)}\right\rangle\cdots\left|\varphi_{\alpha_N}^{(N)}\right\rangle\right)\right]\\
&= \frac{1}{N!}\sum_{\mathcal{P}_\alpha}(\pm)^{p_\alpha}\mathcal{P}_\alpha\left[\left\langle\varphi_{\beta_1}^{(1)}\middle|\varphi_{\alpha_1}^{(1)}\right\rangle\cdots\left\langle\varphi_{\beta_N}^{(N)}\middle|\varphi_{\alpha_N}^{(N)}\right\rangle\right]\\
&\overset{(8.69)}{=}\frac{1}{N!}\sum_{\mathcal{P}_\alpha}(\pm)^{p_\alpha}\mathcal{P}_\alpha\left[\delta(\beta_1,\alpha_1)\cdots\delta(\beta_N,\alpha_N)\right]\,. \qquad (8.78)
\end{aligned}$$

Das ist die konsequente Verallgemeinerung des Ein-Teilchen-Skalarprodukts (8.69) für die (anti-)symmetrisierten N-Teilchen-Zustände. Der Index α am $\mathcal{P}$–Symbol soll andeuten, dass sich nach Bildung der Skalarprodukte in den jeweiligen Ein-Teilchen-Räumen $\mathcal{H}_1^{(i)}$ die Permutation ausschließlich auf die Quantenzahlen α_i bezieht. Sobald die Ein-Teilchen-Skalarprodukte gebildet sind, ist der Teilchenindex an den Zustandssymbolen überflüssig geworden, da die Hilbert-Räume $\mathcal{H}_1^{(i)}$ der identischen Teilchen und damit insbesondere auch die Skalarprodukte in diesen natürlich völlig äquivalent sind. Die Teilchenindizes dienen ja nur der *richtigen Zuordnung* der Ein-Teilchen-Zustände.

Mit der Vollständigkeitsrelation (8.76) lässt sich jede Observable A_N durch ihre Matrixelemente in der (anti-)symmetrisierten N-Teilchen-Basis ausdrücken:

$$\begin{aligned}
A_N &= \mathbf{1}_N A_N \mathbf{1}_N\\
&= \sum\!\!\!\!\!\!\int_{\alpha_1\cdots\alpha_N}\;\sum\!\!\!\!\!\!\int_{\beta_1\cdots\beta_N}|\varphi_{\alpha_1}\cdots\varphi_{\alpha_N}\rangle^{(\pm)}\\
&\quad\cdot\,{}^{(\pm)}\langle\varphi_{\alpha_1}\cdots\varphi_{\alpha_N}|A_N|\varphi_{\beta_1}\cdots\varphi_{\beta_N}\rangle^{(\pm)}\,{}^{(\pm)}\langle\varphi_{\beta_1}\cdots\varphi_{\beta_N}|\,. \qquad (8.79)
\end{aligned}$$

8.2.5 Besetzungszahldarstellung

Der Fall, dass sich die (anti-)symmetrisierten N-Teilchen-Zustände aus Elementen einer **diskreten Ein-Teilchen-Basis** zusammensetzen, lässt eine spezielle, bisweilen außerordentlich nützliche Darstellung zu. Betrachten wir zunächst einmal die Normierung der N-Teilchen-Zustände:

$$\begin{aligned} &{}^{(\pm)}\langle \varphi_{\alpha_1} \cdots \varphi_{\alpha_N} | \varphi_{\alpha_1} \cdots \varphi_{\alpha_N} \rangle^{(\pm)} \\ &\overset{(8.73)}{=} \frac{1}{N!} \sum_{\mathcal{P}} (\pm)^p \left(\left\langle \varphi_{\alpha_1}^{(1)} \right| \left\langle \varphi_{\alpha_2}^{(2)} \right| \cdots \left\langle \varphi_{\alpha_N}^{(N)} \right| \right) \mathcal{P} \left(\left| \varphi_{\alpha_1}^{(1)} \right\rangle \left| \varphi_{\alpha_2}^{(2)} \right\rangle \cdots \left| \varphi_{\alpha_N}^{(N)} \right\rangle \right) . \end{aligned} \tag{8.80}$$

Bevor wir diesen Ausdruck auswerten, führen wir den später noch häufig zu verwendenden Begriff der

- **Besetzungszahl n_{α_i}**

ein. Das ist die Häufigkeit, mit der der Ein-Teilchen-Zustand $|\varphi_{\alpha_i}\rangle$ in dem betrachteten N-Teilchen-Zustand vorkommt. Anschaulicher könnte man n_α auch als die Zahl der identischen Teilchen bezeichnen, die sich im Ein-Teilchen-Zustand $|\varphi_{\alpha_i}\rangle$ befinden. Offenbar gilt:

$$\begin{aligned} &\sum_i n_{\alpha_i} = N , \\ &n_{\alpha_i} = 0, 1 \qquad \text{für Zustände im } \mathcal{H}_N^{(-)} , \\ &n_{\alpha_i} = 0, 1, 2, \ldots \qquad \text{für Zustände im } \mathcal{H}_N^{(+)} . \end{aligned}$$

Wegen der Orthonormalität der Ein-Teilchen-Basiszustände liefern von der Summe in (8.80) nur diejenigen Permutationen einen Beitrag, die lediglich Teilchen innerhalb der n_{α_i} gleichen Ein-Teilchen-Zustände austauschen. Das sind insgesamt

$$n_{\alpha_1}!\, n_{\alpha_2}! \cdots n_{\alpha_N}!$$

mögliche Permutationen. Jeder Summand dieser Art ist gleich 1:

$${}^{(\pm)}\langle \varphi_{\alpha_1} \cdots \varphi_{\alpha_N} | \varphi_{\alpha_1} \cdots \varphi_{\alpha_N} \rangle^{(\pm)} = \frac{1}{N!} \prod_{i=1}^{N} n_{\alpha_i}! \tag{8.81}$$

Wegen $0! = 1! = 1$ vereinfacht sich die rechte Seite für antisymmetrisierte Zustände, die nur $n_{\alpha_i} = 0, 1$ zulassen, zu $1/N!$. Die in der Form (8.75) konstruierten Basiszustände des $\mathcal{H}_N^{(\pm)}$ sind also nicht auf eins normiert. Das lässt sich natürlich, falls erwünscht oder sogar erforderlich, leicht durch Einführen der Normierungskonstanten,

$$C_+ = \left\{ \frac{1}{N!} \prod_{i=1}^{N} n_{\alpha_i}! \right\}^{-1/2} \quad ; \quad C_- = \sqrt{N!} , \tag{8.82}$$

in (8.75) nachholen. Man beachte jedoch, dass dann die Vollständigkeitsrelation (8.76), wenn sie mit den normierten Zuständen geschrieben wird, einen entsprechenden, zusätzlichen Faktor erhalten muss.

Wir kommen nun zu der oben erwähnten alternativen Darstellung, die man die

- **Besetzungszahldarstellung**

nennt. Sie beruht auf der folgenden Idee: Man erkennt an (8.75), dass bei einer fest vorgegebenen Ein-Teilchen-Basis $\{|\varphi_{\alpha_i}\rangle\}$ der (anti-)symmetrisierte N-Teilchen-Zustand vollständig durch Angabe der Besetzungszahlen n_{α_i} bestimmt ist. In dem nicht-symmetrisierten, direkten Produkt $|\varphi_{\alpha_1} \cdots \varphi_{\alpha_N}\rangle$ ist andererseits die Reihenfolge der Ein-Teilchen-Zustände im Prinzip beliebig. Sie muss nur einmal, und dann für immer, fest vorgegeben sein. Wir dürfen die Ausgangsanordnung also nach Zweckmäßigkeit wählen. Zunächst nehmen wir die n_{α_1} Zustände $|\varphi_{\alpha_1}\rangle$, daran schließen wir die n_{α_2} Zustände $|\varphi_{\alpha_2}\rangle$ an, usw.:

$$C_\pm \frac{1}{N!} \sum_{\mathcal{P}} (\pm)^p \mathcal{P} \left\{ \underbrace{\left|\varphi_{\alpha_1}^{(1)}\right\rangle \left|\varphi_{\alpha_1}^{(2)}\right\rangle \cdots}_{n_{\alpha_1}} \cdots \underbrace{\left|\varphi_{\alpha_i}^{(p)}\right\rangle \left|\varphi_{\alpha_i}^{(p+1)}\right\rangle \cdots}_{n_{\alpha_i}} \right\} \cdots$$

$$\equiv \left|N;\, n_{\alpha_1}\, n_{\alpha_2} \cdots n_{\alpha_i} \cdots n_{\alpha_j} \cdots\right\rangle^{(\pm)} . \tag{8.83}$$

Bei dieser Anordnung definieren die Besetzungszahlen eindeutig den Zustand. Wichtig ist, dass in dem ket-Symbol **alle** Besetzungszahlen angegeben werden. Unbesetzte Ein-Teilchen-Zustände sind durch $n_\alpha = 0$ zu kennzeichnen. Die Darstellung (8.83) ist offenbar nur für diskrete Basen realisierbar. Die Orthonormalität dieser sogenannten **Fock-Zustände** liest man direkt an (8.78), (8.81) und (8.83) ab:

$$^{(\pm)}\langle N; \cdots n_{\alpha_i} \cdots | \widehat{N}; \cdots \hat{n}_{\alpha_i} \cdots \rangle^{(\pm)} = \delta_{N\widehat{N}} \prod_i \delta_{n_{\alpha_i}\,\hat{n}_{\alpha_i}} . \tag{8.84}$$

Sie bilden im sogenannten *Fock-Raum* eine vollständige Basis:

$$\sum_{n_{\alpha_1}} \sum_{n_{\alpha_2}} \cdots \sum_{n_{\alpha_i}} \cdots |N;\, n_{\alpha_1}\, n_{\alpha_2} \cdots n_{\alpha_i} \cdots\rangle^{(\pm)}\, {}^{(\pm)}\langle N; n_{\alpha_1}\, n_{\alpha_2} \cdots n_{\alpha_i} \cdots | = \mathbf{1}_N . \tag{8.85}$$

Summiert wird über alle *erlaubten* Besetzungszahlen mit der Nebenbedingung: $\sum_i n_{\alpha_i} = N$. Wir werden auf die Besetzungszahldarstellung im nächsten Abschnitt zurückkommen.

8.2.6 Pauli-Prinzip

Es bleibt schließlich noch die wichtige Frage zu klären, welcher Typ von identischen Teilchen in welchem der beiden Räume $\mathcal{H}_N^{(+)}$ und $\mathcal{H}_N^{(-)}$ zu beschreiben ist. Wie kann ich für ein gegebenes Teilchensystem entscheiden, ob dessen Zustände Elemente des $\mathcal{H}_N^{(+)}$ oder $\mathcal{H}_N^{(-)}$ sind? Diese Frage ist nun allerdings mit den Mitteln der Quantenmechanik nicht zu beantworten. Der sogenannte **Spin-Statistik-Zusammenhang**, der hier entscheidend ist, wurde 1925 von W. Pauli zunächst rein empirisch zur theoretischen Deutung experimentell gewonnener Atomspektren formuliert und von demselben Autor dann 1940 im Rahmen der *relativistischen Quantenfeldtheorie* streng bewiesen (Phys. Rev. **58**, 716 (1940)). Demnach bestimmt der **Teilchenspin**, welcher Raum, $\mathcal{H}_N^{(+)}$ oder $\mathcal{H}_N^{(-)}$, für das jeweilige System identischer Teilchen zuständig ist:

$\mathcal{H}_N^{(+)}$: Raum der total symmetrischen Zustände identischer Teilchen mit

- ganzzahligem Spin ($S = 0, 1, 2, \ldots$).

  Diese Teilchen nennt man

- Bosonen.

  Beispiele:
  π-Mesonen ($S = 0$), Photonen ($S = 1$), Phononen ($S = 1$), Magnonen ($S = 1$), α-Teilchen ($S = 0$), ...

$\mathcal{H}_N^{(-)}$: Raum der total antisymmetrisierten Zustände mit

- halbzahligem Spin ($S = \frac{1}{2}, \frac{3}{2}, \ldots$).

  Diese Teilchen nennt man

- Fermionen.

  Beispiele:
  Elektronen ($S = 1/2$), Positronen ($S = 1/2$), Neutronen ($S = 1/2$), Protonen ($S = 1/2$), ...

Die Aussage, die wir im Zusammenhang mit der Darstellung der antisymmetrisierten N-Teilchen-Basis-Zustände als Slater-Determinanten (8.77) formuliert hatten, entpuppt sich als das fundamentale **Pauli-Prinzip**:

> In einem System von identischen Fermionen können bei einer Messung nie zwei Teilchen in allen Quantenzahlen übereinstimmen!

Zwei Elektronen in ein und demselben Atom können also nicht denselben Satz von Quantenzahlen n, l, m_l, m_s aufweisen. Zwei Protonen mit parallelem Spin können sich nicht an demselben Raumpunkt aufhalten. Zwei spinparallele Elektronen desselben Festkörperenergiebandes können nicht exakt denselben Impuls (dieselbe Wellenzahl) besitzen. Das *Besetzungsverbot* des Pauli-Prinzips hat die bemerkenswerte Konsequenz, dass selbst wechselwirkungsfreie Fermionen nicht ganz unabhängig voneinander sind. **Ein solches Besetzungsverbot gibt es für Bosonen nicht**!

Wichtige Folgen des Pauli-Prinzips sind die *Schalenstruktur der Elektronenhülle eines Atoms* und das *Periodensystem der Elemente*. Das Pauli-Prinzip vorwegnehmend sind wir auf beide Phänomene schon am Ende von Abschn. 6.2.1 eingegangen, können es also an dieser Stelle bei einem entsprechenden Hinweis belassen. Die direkten Folgen des Pauli-Prinzips sind dem Leser natürlich auch aus der elementaren Atomphysik bekannt.

Die Resultate dieses Kapitels zwingen uns, doch einmal darüber nachzudenken, ob die Art und Weise, wie wir bisher die Quantenmechanik betrieben haben, nämlich im wesentlichen als *Ein-Teilchen-Theorie* überhaupt sinnvoll war. Müssen wir nicht eigentlich bei der theoretisch-physikalischen Naturbeschreibung *alle identischen Teilchen dieser Welt* mit in die Formulierung einbeziehen? Wenn ich die elektronische Struktur eines ferromagnetischen Nickelkristalls berechnen will, kann ich mich da auf die Elektronen des im Labor vorliegenden kleinen Nickelstücks beschränken oder muss ich auch die Elektronen der Umgebung mitberücksichtigen? Können sich eigentlich die beiden Elektronen zweier Wasserstoffatome, das eine in Deutschland, das andere in Spanien lokalisiert, beide mit parallelem Spin im Grundzustand befinden, ohne das Pauli-Prinzip zu verletzen?

Die Antwort auf die letzte Frage ist die einfachere. Sie lautet: ja! Es handelt sich um unterschiedliche Ein-Teilchen-Zustände, da die Wasserstoffkerne an verschiedenen Orten lokalisiert sind. In Kap. 6, bei der Berechnung des Wasserstoffspektrums, haben wir den Kernort mit dem Koordinatenursprung identifiziert. Das können wir in unserem Beispiel natürlich nur für eines der beiden H-Atome, das in Deutschland oder das in Spanien, machen, aber nicht für beide. Man überzeugt sich leicht, dass in der Ortsdarstellung die Wasserstoff-Wellenfunktionen vom Kernort abhängen.

Die Frage, ob wir nicht eigentlich Zustände zu (anti-)symmetrisieren haben, die **alle** identischen Teilchen erfassen, verursacht mehr Kopfzerbrechen, denn die Antwort lautet: im Prinzip ja! Glücklicherweise ist das allerdings auch wirklich nur *im Prinzip* notwendig! Betrachten wir dazu das gerade erwähnte Beispiel der beiden Wasserstoffelektronen in Deutschland und in Spanien. Die Wellenfunktionen, insbesondere ihre Betragsquadrate, fallen exponentiell mit dem Abstand vom Kernzentrum ab. Der Überlapp der *spanischen* und der *deutschen* H-Wellenfunktionen ist deshalb unmessbar klein. Die entsprechenden Ein-Teilchen-Zustände ($|\varphi_\mathrm{E}\rangle$ und $|\varphi_\mathrm{D}\rangle$ mit $\langle\varphi_\mathrm{E,D}|\varphi_\mathrm{E,D}\rangle = 1$) sind also faktisch orthogonal:

$$\langle\varphi_\mathrm{E}|\varphi_\mathrm{D}\rangle = \int \mathrm{d}^3 r\, \langle\varphi_\mathrm{E}|\boldsymbol{r}\rangle\langle\boldsymbol{r}|\varphi_\mathrm{D}\rangle = \int \mathrm{d}^3 r\, \varphi_\mathrm{E}^*(\boldsymbol{r})\, \varphi_\mathrm{D}(\boldsymbol{r}) \approx 0\,. \tag{8.86}$$

Das ist der erste wichtige Punkt. Wir führen nun an dem Zwei-Elektronensystem eine Messung der Zwei-Teilchen-Observablen A_2 durch, wobei wir uns ausschließlich für die *deutschen* Resultate interessieren wollen. Die Frage, die wir dabei klären wollen, ist, ob wir dann das Wasserstoffatom in Spanien schlicht und einfach *vergessen* können, oder ob es doch die Messung in Deutschland substantiell beeinflusst.

Ohne Antisymmetrisierung wird das System durch einen Produktzustand vom Typ

$$|\varphi_E\,\varphi_D\rangle = |\varphi_E^{(1)}\rangle|\varphi_D^{(2)}\rangle$$

beschrieben, wenn wir wider besseres Wissen annehmen, dass die beiden Elektronen doch irgendwie unterscheidbar seien. Der Index 1 kann dann dem Elektron in Spanien, der Index 2 dem in Deutschland zugeordnet werden. In diesem Fall erwarten wir natürlich eine Unabhängigkeit der Messungen in Spanien und Deutschland. Um das zu zeigen, berechnen wir die Wahrscheinlichkeit für das Auftreten des Messwertes a_D in dem *deutschen Labor* als Eigenwert zum (nicht-symmetrisierten) Eigenzustand

$$|a_E\,a_D\rangle = \left|a_E^{(1)}\right\rangle \left|a_D^{(2)}\right\rangle$$

der Observablen A_2. Die *spanischen Messbeiträge* interessieren dabei nicht. Über deren Beiträge wird deshalb summiert:

$$\begin{aligned} w &= \sum_{a_E} |\langle a_E\,a_D|\varphi_E\,\varphi_D\rangle|^2 = |\langle a_D|\varphi_D\rangle|^2 \sum_{a_E} |\langle a_E|\varphi_E\rangle|^2 \\ &= |\langle a_D|\varphi_D\rangle|^2 \sum_{a_E} \langle \varphi_E|a_E\rangle\langle a_E|\varphi_E\rangle = |\langle a_D|\varphi_D\rangle|^2 \,\langle\varphi_E|\varphi_E\rangle \\ &= |\langle a_D|\varphi_D\rangle|^2\,. \end{aligned} \tag{8.87}$$

Wie erwartet, ergibt sich ein *rein deutsches* Ergebnis, völlig unabhängig von dem H-Atom in Spanien.

Was passiert nun aber bei korrekter Antisymmetrisierung? Die beiden Elektronen sind nicht unterscheidbare Fermionen:

$$|\varphi_E\,\varphi_D\rangle^{(-)} = \frac{1}{\sqrt{2}}\left(\left|\varphi_E^{(1)}\right\rangle \left|\varphi_D^{(2)}\right\rangle - \left|\varphi_E^{(2)}\right\rangle \left|\varphi_D^{(1)}\right\rangle\right)\,. \tag{8.88}$$

Der Faktor $1/\sqrt{2}$ sorgt für die richtige Normierung (s. (8.82)). Analog ist der Eigenzustand $|a_E\,a_D\rangle^{(-)}$ aufgebaut. Wir können nun bei der Auswertung die faktische Orthogonalität (8.86) der E- und D-Zustände ausnutzen:

$$\begin{aligned} &{}^{(-)}\langle a_E\,a_D|\varphi_E\,\varphi_D\rangle^{(-)} \\ &= \frac{1}{2}\Big[\langle a_E^{(1)}|\varphi_E^{(1)}\rangle\langle a_D^{(2)}|\varphi_D^{(2)}\rangle + \langle a_E^{(2)}|\varphi_E^{(2)}\rangle\langle a_D^{(1)}|\varphi_D^{(1)}\rangle - \\ &\quad -\langle a_E^{(1)}|\varphi_D^{(1)}\rangle\langle a_D^{(2)}|\varphi_E^{(2)}\rangle - \langle a_E^{(2)}|\varphi_D^{(2)}\rangle\langle a_D^{(1)}|\varphi_E^{(1)}\rangle\Big] \\ &\approx \frac{1}{2}\Big[\langle a_E^{(1)}|\varphi_E^{(1)}\rangle\langle a_D^{(2)}|\varphi_D^{(2)}\rangle + \langle a_E^{(2)}|\varphi_E^{(2)}\rangle\langle a_D^{(1)}|\varphi_D^{(1)}\rangle\Big]\,. \end{aligned}$$

Wegen der Identität der Teilchen sind die beiden Summanden natürlich identisch!

Wir führen dann in einem Gedankenexperiment dieselbe Messung der Observablen A_2 wie oben durch, wobei uns wiederum die *spanischen* Teilergebnisse nicht interessieren:

$$\begin{aligned} w &= \sum_{a_E} \left| {}^{(-)}\langle a_E\, a_D | \varphi_E\, \varphi_D \rangle^{(-)} \right|^2 \\ &= |\langle a_D | \varphi_D \rangle|^2 \sum_{a_E} |\langle a_E | \varphi_E \rangle|^2 = |\langle a_D | \varphi_D \rangle|^2 \,. \end{aligned} \tag{8.89}$$

Das ist exakt dasselbe Ergebnis wie das aus der an sich nicht korrekten nicht-symmetrisierten Darstellung. Insbesondere ist damit klar, dass, wenn mich die *spanischen Messwerte* nicht interessieren, ich das weit entfernte Elektron ohne Beeinträchtigung der mich interessierenden Resultate auch *vergessen* kann. Das ist außerordentlich beruhigend, rettet es doch die bislang stets für vernünftig gehaltene Vorgehensweise. Die (anti-)symmetrisierte Formulierung ist streng genommen die einzig korrekte, braucht jedoch nicht immer strikt eingehalten zu werden. Kommen sich die identischen Teilchen jedoch mikroskopisch nahe, so treten neuartige Phänomene auf (Abschn. 8.4), die nur von der richtigen (anti-)symmetrisierten Darstellung erfasst werden können.

8.2.7 Aufgaben

Aufgabe 8.2.1

Zeigen Sie, dass für ein System identischer Teilchen der Zeitentwicklungsoperator $U(t, t_0)$ mit jedem Transpositionsoperator vertauscht. Beweisen Sie damit (8.53) auch für einen explizit zeitabhängigen Hamilton-Operator!

Aufgabe 8.2.2

Zeigen Sie, dass es keine Observable A_N gibt, die Zustände des $\mathcal{H}_N^{(+)}$ in den $\mathcal{H}_N^{(-)}$ überführt:

$$\left\langle \varphi_N^{(+)} \middle| A_N \middle| \psi_N^{(-)} \right\rangle \stackrel{!}{=} 0 \,.$$

Aufgabe 8.2.3

Untersuchen Sie, ob für

1. $N = 2$,
2. $N = 3$

die Basiszustände des $\mathcal{H}_N^{(-)}$ zusammen mit denen des $\mathcal{H}_N^{(+)}$ den gesamten Produktraum $\mathcal{H}_N$ aufspannen.

Aufgabe 8.2.4

Zeigen Sie, dass der Permutationsoperator $\mathcal{P}$ in dem (anti-)symmetrisierten Raum $\mathcal{H}_N^{(\pm)}$ hermitesch ist.

Aufgabe 8.2.5

Zwei identische Teilchen sollen sich wechselwirkungsfrei in einem eindimensionalen Potentialtopf mit unendlich hohen Wänden bewegen:

$$V(q) = \begin{cases} 0 & \text{für } |q| < q_0 \,, \\ \infty & \text{für } |q| \geq q_0 \,. \end{cases}$$

Der Spinzustand des Zwei-Teilchen-Systems möge symmetrisch gegenüber Teilchenvertauschung sein. Die beiden Einzelspins seien *parallel*, die beiden Teilchen sollen also dieselbe magnetische Quantenzahl m_s besitzen.

1. Formulieren Sie den Hamilton-Operator des Zwei-Teilchen-Systems. Zeigen Sie, dass die Energieeigenzustände in einen Orts- und einen Spinanteil separieren. Welche Symmetrie muss der Ortsanteil des Gesamtzustandes besitzen, wenn es sich bei den beiden Teilchen um Bosonen bzw. Fermionen handelt?
2. Berechnen Sie die möglichen Eigenzustände und Eigenenergien für Bosonen bzw. Fermionen.
3. Geben Sie die Grundzustandsenergie für zwei Bosonen bzw. zwei Fermionen an.

Aufgabe 8.2.6

Ein System von zwei identischen Fermionen werde durch einen Hamilton-Operator H beschrieben, der **nicht** von den Spins der beiden Fermionen abhängt, aber z. B. explizit zeitabhängig sein kann. Die Eigenzustände von H faktorisieren deshalb in einen Orts- und einen Spinanteil:

$$\left|\psi_2^{(S)}\right\rangle = \left|q^{(+)}\right\rangle |S\, m_S\rangle^{(-)} \qquad \left|\psi_2^{(T)}\right\rangle = \left|q^{(-)}\right\rangle |S\, m_S\rangle^{(+)} .$$

Die oberen Indizes $(\pm)$ deuten auf den Symmetriecharakter der Teilzustände hin.

1. P_{12} sei der Transpositionsoperator. Was ergibt
$$P_{12}\left|\psi_2^{(S,T)}\right\rangle ?$$
2. Zerlegen Sie P_{12} in einen Orts- und einen Spinanteil,
$$P_{12} = P_{12}^{(q)} \cdot P_{12}^{(S)} = P_{12}^{(S)} \cdot P_{12}^{(q)} ,$$
und begründen Sie, warum $P_{12}^{(q)}$ mit H kommutiert.
3. Zeigen Sie, dass auch der Zeitentwicklungsoperator $U(t,t_0)$ mit $P_{12}^{(q)}$ kommutiert, selbst wenn H explizit zeitabhängig sein sollte.
4. Begründen Sie mit den vorangegangenen Teilergebnissen, warum in der zeitlichen Entwicklung eines Zustands des Zwei-Fermionen-Systems keine Übergänge zwischen $|\psi_2^{(S)}\rangle$ und $|\psi_2^{(T)}\rangle$ erfolgen können, obwohl beide denselben Symmetriecharakter besitzen.

Aufgabe 8.2.7

Ausgangspunkt ist ein System von zwei Spin-1/2-Teilchen. Der Transpositionsoperator P_{12} wird durch seine Wirkung auf die gemeinsamen Eigenzustände,

$$|m_1 m_2\rangle = |m_1\rangle^{(1)} |m_2\rangle^{(2)} \; ; \quad m_{1,2} = \pm\frac{1}{2} ,$$

der Spinoperatoren $\mathbf{S}_1^2, \mathbf{S}_2^2, S_1^z, S_2^z$ im Produktraum $H_2 = H_1^{(1)} \otimes H_1^{(2)}$ der beiden Spin-1/2-Hilberträume $H_1^{(1,2)}$ definiert:

$$\begin{aligned}
P_{12}|m_1 m_2\rangle &= P_{12}|m_1\rangle^{(1)}|m_2\rangle^{(2)} \\
&= |m_1\rangle^{(2)}|m_2\rangle^{(1)} \\
&= |m_2\rangle^{(1)}|m_1\rangle^{(2)} \\
&= |m_2 m_1\rangle .
\end{aligned}$$

1. Überprüfen Sie die bekannten Relationen:

$$P_{12}^{-1} = P_{12}^{+} = P_{12}$$

P_{12} besitzt nur die Eigenwerte ± 1.

2. Die gemeinsamen Eigenzustände zu

$$\boldsymbol{S}_1^2 \,, \quad \boldsymbol{S}_2^2 \,, \quad \boldsymbol{S}^2 \,, \quad S^z \qquad (\boldsymbol{S} = \boldsymbol{S}_1 + \boldsymbol{S}_2)$$

sind auch Eigenzustände zu P_{12}.

3. Zeigen Sie, dass gilt

$$P_{12}\boldsymbol{S}_1 P_{12}^{+} = \boldsymbol{S}_2 \,; \quad P_{12}\boldsymbol{S}_2 P_{12}^{+} = \boldsymbol{S}_1 \,.$$

4. Verifizieren Sie die Darstellung

$$P_{12} = \frac{1}{2}\left[\mathbf{1} + \frac{4}{\hbar^2}\boldsymbol{S}_1 \cdot \boldsymbol{S}_2\right] .$$

Aufgabe 8.2.8

Der Symmetrisierungsoperator

$$S_N^{(\pm)} = \frac{1}{N!}\sum_{\mathcal{P}}(\pm 1)^p \mathcal{P}$$

projiziert den Produktraum H_N auf den Unterraum $H_N^{(\pm)}$ der (anti-)symmetrischen Zustände $|\varphi_N^{(\pm)}\rangle$ eines Systems aus N identischen Teilchen. Es handele sich um wechselwirkungsfreie Teilchen in den nicht-entarteten Ein-Teilchen-Energiezuständen $|n\rangle$:

$$H|n\rangle = (\alpha \cdot n + \varepsilon_0)|n\rangle \,; \quad n = 0, 1, 2, \ldots \,; \quad \alpha > 0 \,; \quad \varepsilon_0 > 0 \,.$$

1. Drücken Sie $S_2^{(-)}$ und $S_3^{(+)}$ durch Transpositionsoperatoren P_{ij} aus!
2. Das System bestehe aus $N = 3$ wechselwirkungsfreien Bosonen. Wie sehen der Grundzustand $|E_0^{(+)}\rangle$ und die Grundzustandsenergie $E_0^{(+)}$ des Drei-Bosonen-Systems aus?
3. Das System bestehe aus $N = 2$ wechselwirkungsfreien Fermionen. Geben Sie den Grundzustand $|E_0^{(-)}\rangle$ und die Grundzustandsenergie $E_0^{(-)}$ des Zwei-Fermionen-Systems an.
4. Geben Sie für das Drei-Bosonen-System aus 2) den ersten angeregten Zustand $|E_1^{(+)}\rangle$ an.

Aufgabe 8.2.9

N wechselwirkungsfreie identische Teilchen seien in einem Quader vom Volumen $V = L^3$ eingeschlossen:

1. Bestimmen Sie für den Fall periodischer Randbedingungen (Abschn. 2.2.5: $\psi(x,y,z) = \psi(x+L,y,z) = \psi(x,y+L,z) = \psi(x,y,z+L)$) die Ein-Teilchen-Wellenfunktionen und Ein-Teilchen-Energien.
2. Betrachten Sie den Grundzustand für den Fall von Bosonen bzw. Fermionen ($S = 1/2$). Berechnen Sie den maximalen Ein-Teilchen-Impulsbetrag.
3. Berechnen Sie die Grundzustandsenergie des N-Teilchen-Systems.

Aufgabe 8.2.10

Drei wechselwirkungsfreie, identische Teilchen mit Spin $S = 0$ befinden sich in einem eindimensionalen Potentialtopf mit unendlich hohen Wänden (s. Aufgabe 8.2.5):

$$V(q) = \begin{cases} 0 & \text{für } |q| < q_0\,, \\ \infty & \text{für } |q| \geq q_0\,. \end{cases}$$

Bestimmen Sie die Wellenfunktionen für den Grundzustand und den ersten angeregten Zustand des Drei-Teilchen-Systems. Geben Sie auch die zugehörigen Energien an.

8.3 Zweite Quantisierung

Die Überlegungen in den vorangegangenen Abschn. 8.1 und 8.2 haben deutlich gemacht, wie mühselig die Beschreibung von Viel-Teilchen-Systemen sein kann. Der Formalismus der *zweiten Quantisierung*, mit dem wir uns nun beschäftigen wollen, führt zu einer starken Vereinfachung derselben, bedeutet letztlich allerdings nur eine Umformulierung des Viel-Teilchen-Problems und stellt nicht etwa bereits ein fertiges Lösungskonzept dar. Typisch für die *zweite Quantisierung* ist die Einführung von sogenannten

- Erzeugungs- und Vernichtungsoperatoren,

die das mühsame Aufstellen von (anti-)symmetrisierten Produkten von Ein-Teilchen-Zuständen überflüssig machen. Die Fülle an Konsequenzen des *Prinzips der Ununterscheid-*

Kapitel 8

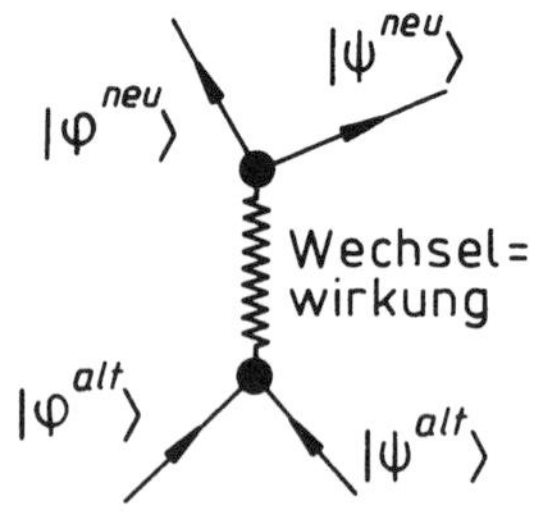

Abb. 8.2 Symbolische Darstellung eines Wechselwirkungsprozesses

barkeit, die wir in den letzten beiden Kapiteln zusammengestellt haben, lässt sich dann auf wenige fundamentale **(Anti-)Kommutatorrelationen** zwischen diesen sogenannten *Konstruktionsoperatoren* zurückführen. Formal wird die Theorie von der Teilchenzahl unabhängig. Wechselwirkungsprozesse werden durch *Erzeugung* und *Vernichtung* von Teilchen ausgedrückt. Das mag zunächst recht ungewöhnlich erscheinen, ist aber im Grunde genommen eine *höchst anschauliche* Beschreibungsweise. Wenn ein Teilchen vom Ort $\boldsymbol{R}_i$ zum Ort $\boldsymbol{R}_j$ hüpft, so lässt sich das natürlich auch so auffassen, als ob das Teilchen am Ort $\boldsymbol{R}_i$ *vernichtet* und anschließend am Ort $\boldsymbol{R}_j$ *erzeugt* wird. Wechselwirkungsprozesse ändern die Zustände der Partner. Das kann man anschaulich durchaus verstehen als ein *Vernichten* der beiden Teilchen in ihren *alten* Zuständen und anschließendes Erzeugen in *neuen* Zuständen.

Der Formalismus der *zweiten Quantisierung* hat sich als so vorteilhaft erwiesen, dass er heute eine sehr breite Anwendung in der Forschungsliteratur findet. Man muss ihn also beherrschen, um entsprechende Arbeiten überhaupt lesen zu können. Wir werden ihn in Band 7 **(Viel-Teilchen-Theorie)** praktisch ausschließlich benutzen, deswegen dort auch einige der wichtigsten folgenden Überlegungen noch einmal wiederholen.

Der Bezeichnung *zweite Quantisierung* sollten wir hier keine allzu große Bedeutung beimessen; sie wird auch weitgehend für eher unglücklich gehalten. Die eleganteste Herleitung des Formalismus gestattet die für uns hier nicht aktuelle *Quantenfeldtheorie*, die auf der Quantisierung des Schrödingerschen Materiefeldes basiert. Da die Schrödingersche Quantentheorie bereits eine *erste Quantisierung* beinhaltet, glaubte man, nun von *zweiter Quantisierung* sprechen zu müssen. Es lässt sich zeigen, dass diese *Notationsbegründung* eigentlich auf einer Fehlinterpretation beruht. Das ändert aber nichts an der Tatsache, dass sich die Bezeichnung etabliert hat.

8.3.1 Erzeugungs- und Vernichtungsoperatoren

Zum Aufbau der (anti-)symmetrisierten Basiszustände (8.75) des Hilbert-Raums $\mathcal{H}_N^{(\pm)}$ definieren wir einen speziellen Operator, der diese Schritt für Schritt aus dem sogenannten

Vakuumzustand

$$|0\rangle\,; \quad \langle 0|0\rangle = 1 \tag{8.90}$$

erzeugt. Dieser

Erzeugungsoperator:

$$a^+_{\varphi_\alpha} \equiv a^+_\alpha$$

hat die spezielle Eigenart, Hilbert-Räume zu verschiedenen Teilchenzahlen miteinander zu verknüpfen:

$$a^+_\alpha : \mathcal{H}^{(\pm)}_N \longrightarrow \mathcal{H}^{(\pm)}_{N+1}\,. \tag{8.91}$$

Ansonsten ist er durch seine Wirkungsweise eindeutig definiert:

$$a^+_{\alpha_1}|0\rangle = \sqrt{1}|\varphi_{\alpha_1}\rangle \in \mathcal{H}^{(\pm)}_1\,,$$

$$a^+_{\alpha_2}|\varphi_{\alpha_1}\rangle = \sqrt{2}|\varphi_{\alpha_2}\,\varphi_{\alpha_1}\rangle^{(\pm)} \in \mathcal{H}^{(\pm)}_2\,,$$

$$a^+_{\alpha_3}|\varphi_{\alpha_2}\,\varphi_{\alpha_1}\rangle^{(\pm)} = \sqrt{3}|\varphi_{\alpha_3}\,\varphi_{\alpha_2}\,\varphi_{\alpha_1}\rangle^{(\pm)} \in \mathcal{H}^{(\pm)}_3$$

$$\cdots$$

Der Zustand $|0\rangle$ charakterisiert also ein *System ohne Teilchen* (Vakuum). Allgemein gilt die Zuordnung:

$$a^+_\beta|\underbrace{\varphi_{\alpha_1}\cdots\varphi_{\alpha_N}\rangle^{(\pm)}}_{\in\mathcal{H}^{(\pm)}_N} = \sqrt{N+1}\,|\underbrace{\varphi_\beta\,\varphi_{\alpha_1}\cdots\varphi_{\alpha_N}\rangle^{(\pm)}}_{\in\mathcal{H}^{(\pm)}_{N+1}}\,. \tag{8.92}$$

Der *Erzeugungsoperator* a^+_β fügt dem N-Teilchen-Zustand ein weiteres Teilchen im Ein-Teilchen-Zustand $|\varphi_\beta\rangle$ hinzu. Dieser *neue* Zustand $|\varphi_\beta\rangle$ wird vereinbarungsgemäß in der Ausgangsanordnung der Ein-Teilchen-Zustände an die erste Stelle gesetzt. Die Relation (8.92) lässt sich natürlich auch umkehren:

$$|\varphi_{\alpha_1}\cdots\varphi_{\alpha_N}\rangle^{(\pm)} = \frac{1}{\sqrt{N!}}\,a^+_{\alpha_1}\,a^+_{\alpha_2}\cdots a^+_{\alpha_N}|0\rangle\,. \tag{8.93}$$

Da eine Änderung der Ausgangsanordnung der Ein-Teilchen-Symbole in $|\varphi_{\alpha_1}\cdots\cdots\varphi_{\alpha_N}\rangle^{(\pm)}$ bei Fermionen einen Vorzeichenwechsel verursachen kann (8.60), ist die Reihenfolge der Operatoren in (8.93) wichtig. Wollen wir diese ändern, müssen wir die

Vertauschungsrelation der Operatoren kennen. Diese erhalten wir durch die folgende Überlegung:

$$a^+_{\alpha_1}\, a^+_{\alpha_2} \underbrace{|\varphi_{\alpha_3} \cdots \varphi_{\alpha_N}\rangle^{(\pm)}}_{\in \mathcal{H}^{(\pm)}_{N-2}} = \sqrt{N\,(N-1)}\, \underbrace{|\varphi_{\alpha_1}\, \varphi_{\alpha_2}\, \varphi_{\alpha_3} \cdots \varphi_{\alpha_N}\rangle^{(\pm)}}_{\in \mathcal{H}^{(\pm)}_N} ,$$

$$\begin{aligned} a^+_{\alpha_2}\, a^+_{\alpha_1} |\varphi_{\alpha_3} \cdots \varphi_{\alpha_N}\rangle^{(\pm)} &= \sqrt{N(N-1)} |\varphi_{\alpha_2}\, \varphi_{\alpha_1}\, \varphi_{\alpha_3} \cdots \varphi_{\alpha_N}\rangle^{(\pm)} \\ &= \pm\sqrt{N(N-1)} |\varphi_{\alpha_1}\, \varphi_{\alpha_2}\, \varphi_{\alpha_3} \cdots \varphi_{\alpha_N}\rangle^{(\pm)} . \end{aligned}$$

Vertauschung zweier nebeneinander stehender Ein-Teilchen-Symbole im N-Teilchen-ket-Vektor $|\cdots\rangle^{(\pm)}$ ändert für den antisymmetrisierten Zustand das Vorzeichen. – Die beiden Gleichungen gelten für beliebige Basiszustände. Sie führen nach Subtraktion bzw. Addition damit zu der folgenden Operatoridentität:

$$\left[a^+_{\alpha_1}, a^+_{\alpha_2}\right]_\mp \equiv a^+_{\alpha_1}\, a^+_{\alpha_2} \mp a^+_{\alpha_2}\, a^+_{\alpha_1} \equiv 0 . \tag{8.94}$$

Das obere Zeichen ($[\ldots,\ldots]_-$: *Kommutator*) gilt im Raum $\mathcal{H}^{(+)}_N$, das untere Zeichen ($[\ldots,\ldots]_+$: *Antikommutator*) im Raum $\mathcal{H}^{(-)}_N$. **Erzeugungsoperatoren für Bosonen kommutieren, die für Fermionen antikommutieren**!

Wir führen nun den zu a^+_α adjungierten Operator ein und nennen diesen aus Gründen, die sehr bald klar werden, den

Vernichtungsoperator:

$$a_{\varphi_\alpha} \equiv \left(a^+_{\varphi_\alpha}\right)^+ \longleftrightarrow a_\alpha \equiv (a^+_\alpha)^+ .$$

Nach (8.92) und (8.93) gilt zunächst einmal für die entsprechenden bra-Zustände:

$${}^{(\pm)}\langle\varphi_{\alpha_1} \cdots \varphi_{\alpha_N}| a_\gamma = \sqrt{N+1}\;{}^{(\pm)}\langle\varphi_\gamma\, \varphi_{\alpha_1} \cdots \varphi_{\alpha_N}| , \tag{8.95}$$

$$\begin{aligned} {}^{(\pm)}\langle\varphi_{\alpha_1} \cdots \varphi_{\alpha_N}| &= \frac{1}{\sqrt{N!}} \langle 0| \left(a^+_{\alpha_1} \cdots a^+_{\alpha_N}\right)^+ \\ &= \frac{1}{\sqrt{N!}} \langle 0| a_{\alpha_N}\, a_{\alpha_{N-1}} \cdots a_{\alpha_1} . \end{aligned} \tag{8.96}$$

Welche Bedeutung und Funktionsweise hat der so eingeführte *Vernichtungsoperator*? Die Antwort finden wir, wenn wir das folgende Matrixelement auswerten:

$$
\begin{aligned}
&{}^{(\pm)}\langle \underbrace{\varphi_{\beta_2}\cdots\varphi_{\beta_N}}_{\in\mathcal{H}_{N-1}^{(\pm)}}|a_\gamma|\underbrace{\varphi_{\alpha_1}\cdots\varphi_{\alpha_N}}_{\in\mathcal{H}_N^{(\pm)}}\rangle^{(\pm)}\\
&\overset{(8.95)}{=}\sqrt{N}\,{}^{(\pm)}\langle\varphi_\gamma\,\varphi_{\beta_2}\cdots\varphi_{\beta_N}|\varphi_{\alpha_1}\cdots\varphi_{\alpha_N}\rangle^{(\pm)}\\
&\overset{(8.78)}{=}\frac{\sqrt{N}}{N!}\sum_{\mathcal{P}_\alpha}(\pm)^{p_\alpha}\,\mathcal{P}_\alpha\left[\delta(\gamma,\alpha_1)\,\delta(\beta_2,\alpha_2)\cdots\delta(\beta_N,\alpha_N)\right]\\
&=\frac{1}{\sqrt{N}}\frac{1}{(N-1)!}\Bigg\{\delta(\gamma,\alpha_1)\sum_{\mathcal{P}_\alpha}(\pm)^{p_\alpha}\,\mathcal{P}_\alpha\left[\delta(\beta_2,\alpha_2)\cdots\delta(\beta_N,\alpha_N)\right]\\
&\quad+(\pm)^1\,\delta(\gamma,\alpha_2)\sum_{\mathcal{P}_\alpha}(\pm)^{p_\alpha}\,\mathcal{P}_\alpha\left[\delta(\beta_2,\alpha_1)\,\delta(\beta_3,\alpha_3)\cdots\delta(\beta_N,\alpha_N)\right]\\
&\quad+\dots\\
&\quad+(\pm)^{(N-1)}\,\delta(\gamma,\alpha_N)\sum_{\mathcal{P}_\alpha}(\pm)^{p_\alpha}\,\mathcal{P}_\alpha\left[\delta(\beta_2,\alpha_1)\,\delta(\beta_3,\alpha_2)\cdots\delta(\beta_N,\alpha_{N-1})\right]\Bigg\}\\
&\overset{(8.78)}{=}\frac{1}{\sqrt{N}}\Bigg\{\delta(\gamma,\alpha_1)\,{}^{(\pm)}\langle\varphi_{\beta_2}\dots\varphi_{\beta_N}|\varphi_{\alpha_2}\cdots\varphi_{\alpha_N}\rangle^{(\pm)}\\
&\quad+(\pm)^1\,\delta(\gamma,\alpha_2)\,{}^{(\pm)}\langle\varphi_{\beta_2}\cdots\varphi_{\beta_N}|\varphi_{\alpha_1}\,\varphi_{\alpha_3}\cdots\varphi_{\alpha_N}\rangle^{(\pm)}\\
&\quad+\dots\\
&\quad+(\pm)^{(N-1)}\,\delta(\gamma,\alpha_N)\,{}^{(\pm)}\langle\varphi_{\beta_2}\cdots\varphi_{\beta_N}|\varphi_{\alpha_1}\,\varphi_{\alpha_2}\cdots\varphi_{\alpha_{N-1}}\rangle^{(\pm)}\Bigg\}\,.
\end{aligned}
$$

Der $(N-1)$-Teilchen-bra-Zustand ${}^{(\pm)}\langle\varphi_{\beta_2}\cdots\varphi_{\beta_N}|$ ist in allen Summanden derselbe, wie auch auf der linken Seite der Gleichung, und außerdem ein völlig beliebiger Basiszustand des $\mathcal{H}_{N-1}^{(\pm)}$. Wir können deshalb schreiben:

$$
\begin{aligned}
&a_\gamma|\varphi_{\alpha_1}\cdots\varphi_{\alpha_N}\rangle^{(\pm)}\\
&=\frac{1}{\sqrt{N}}\Big\{\delta(\gamma,\alpha_1)|\varphi_{\alpha_2}\cdots\varphi_{\alpha_N}\rangle^{(\pm)}\\
&\quad+(\pm)^1\,\delta(\gamma,\alpha_2)|\varphi_{\alpha_1}\,\varphi_{\alpha_3}\cdots\varphi_{\alpha_N}\rangle^{(\pm)}\\
&\quad\dots\\
&\quad+(\pm)^{N-1}\,\delta(\gamma,\alpha_N)|\varphi_{\alpha_1}\,\varphi_{\alpha_2}\cdots\varphi_{\alpha_{N-1}}\rangle^{(\pm)}\Big\}\,.
\end{aligned}
\tag{8.97}
$$

Kommt der Ein-Teilchen-Zustand $|\varphi_\gamma\rangle$ unter den Zuständen $|\varphi_{\alpha_1}\rangle$ bis $|\varphi_{\alpha_N}\rangle$ vor, die gemäß (8.75) den (anti-)symmetrisierten Zustand $|\varphi_{\alpha_1}\cdots\varphi_{\alpha_N}\rangle^{(\pm)}$ aufbauen, dann resultiert nach Anwendung von a_γ ein $(N-1)$-Teilchen-Zustand, in dem $|\varphi_\gamma\rangle$ gegenüber dem Ausgangszustand elimiert (*vernichtet*) ist. Kommt $|\varphi_\gamma\rangle$ unter den N Ein-Teilchen-Zuständen dagegen nicht vor, so bringt die Anwendung von a_γ den Zustand $|\varphi_{\alpha_1}\cdots\varphi_{\alpha_N}\rangle^{(\pm)}$ zum Verschwinden. Der Vakuumzustand *enthält überhaupt kein Teilchen*, deshalb gilt für diesen unabhängig von γ (bzw. φ_γ):

$$a_\gamma|0\rangle = 0\,. \tag{8.98}$$

Wegen

$$[a_{\alpha_1}, a_{\alpha_2}]_\mp = \left(\left[a^+_{\alpha_2}, a^+_{\alpha_1}\right]_\mp\right)^+$$

folgt die fundamentale Vertauschungsrelation für die Vernichtungsoperatoren direkt aus der für die *Erzeuger* (8.94). **Vernichtungsoperatoren kommutieren im Fall von Bosonen, antikommutieren im Fall von Fermionen**:

$$[a_{\alpha_1}, a_{\alpha_2}]_\mp = 0\,. \tag{8.99}$$

Es bleibt noch als dritte fundamentale Vertauschungsrelation die zwischen *Erzeugern* und *Vernichtern* abzuleiten. Sei $|\varphi_{\alpha_1}\cdots\varphi_{\alpha_N}\rangle^{(\pm)}$ wiederum ein beliebiger Basiszustand des $\mathcal{H}_N^{(\pm)}$. Auf diesen wenden wir nacheinander die beiden Operatoren a_β und a_γ^+ an:

$$\begin{aligned}
&a_\beta\left(a_\gamma^+|\varphi_{\alpha_1}\cdots\varphi_{\alpha_N}\rangle^{(\pm)}\right)\\
&= \sqrt{N+1}\,a_\beta|\varphi_\gamma\,\varphi_{\alpha_1}\cdots\varphi_{\alpha_N}\rangle^{(\pm)}\\
&= \delta(\beta,\gamma)|\varphi_{\alpha_1}\cdots\varphi_{\alpha_N}\rangle^{(\pm)}\\
&\quad + (\pm)^1\,\delta(\beta,\alpha_1)|\varphi_\gamma\,\varphi_{\alpha_2}\cdots\varphi_{\alpha_N}\rangle^{(\pm)}\\
&\quad + \ldots\\
&\quad + (\pm)^N\,\delta(\beta,\alpha_N)|\varphi_\gamma\,\varphi_{\alpha_1}\cdots\varphi_{\alpha_{N-1}}\rangle^{(\pm)}\,.
\end{aligned}$$

Ein etwas anderes Ergebnis ergibt sich, wenn wir die Operatoren in umgekehrter Reihenfolge wirken lassen:

$$\begin{aligned}
&a_\gamma^+\left(a_\beta|\varphi_{\alpha_1}\cdots\varphi_{\alpha_N}\rangle^{(\pm)}\right)\\
&= \delta(\beta,\alpha_1)|\varphi_\gamma\,\varphi_{\alpha_2}\cdots\varphi_{\alpha_N}\rangle^{(\pm)}\\
&\quad + (\pm)^1\,\delta(\beta,\alpha_2)|\varphi_\gamma\,\varphi_{\alpha_1}\,\varphi_{\alpha_3}\cdots\varphi_{\alpha_N}\rangle^{(\pm)}\\
&\quad + \ldots\\
&\quad + (\pm)^{N-1}\,\delta(\beta,\alpha_N)|\varphi_\gamma\,\varphi_{\alpha_1}\cdots\varphi_{\alpha_{N-1}}\rangle^{(\pm)}\,.
\end{aligned}$$

Multiplizieren wir die letzte Gleichung mit ± 1 und ziehen sie von der vorhergehenden ab, so heben sich bis auf den ersten Summanden der ersten Gleichung alle Terme weg:

$$\left(a_\beta\,a_\gamma^+ \mp a_\gamma^+\,a_\beta\right)|\varphi_{\alpha_1}\cdots\varphi_{\alpha_N}\rangle^{(\pm)} = \delta(\beta,\gamma)|\varphi_{\alpha_1}\cdots\varphi_{\alpha_N}\rangle^{(\pm)}\,.$$

Dies können wir mit der üblichen Begründung wieder als Operatoridentität lesen:

$$\left[a_\beta, a_\gamma^+\right]_\mp = \delta(\beta,\gamma)\,. \tag{8.100}$$

Der Kommutator gilt für Bosonen, der Antikommutator für Fermionen.

Durch die Beziehungen (8.93) und (8.97) ist es uns gelungen, alle N-Teilchen-Zustände auf den Vakuumzustand $|0\rangle$ zurückzuführen. Die Wirkungsweise des Vernichtungsoperators auf diesen ist sehr einfach (8.98).

Die lästige *(Anti-)Symmetrisierung* der N-Teilchen-Zustände sind wir durch die Einführung der neuen Operatoren losgeworden. Der entsprechende Effekt wird nun durch drei formal einfache, fundamentale Vertauschungsrelationen (8.94), (8.99) und (8.100) aufgefangen. Diese geben an, auf welche Weise die Reihenfolge von *Konstruktionsoperatoren* geändert werden kann.

Die bislang präsentierte Herleitung der Erzeugungs- und Vernichtungsoperatoren und ihrer Wirkungsweisen ist gleichermaßen für diskrete (eigentliche) und kontinuierliche (uneigentliche) Ein-Teilchen-Basiszustände gültig. Im *diskreten Fall* sind allerdings die *Fock-Zustände* (8.83) der Besetzungsdarstellung aus Abschn. 8.2.5 ein weitaus üblicherer Ausgangspunkt als die allgemeinen (anti-)symmetrisierten Basiszustände (8.75). Die entsprechende Ableitung läuft völlig analog zu der gerade besprochenen ab, jedoch unglücklicherweise mit etwas modifizierten Normierungsfaktoren.

Man schreibt anstelle von (8.92):

$$\begin{aligned}
a_{\alpha_r}^+|N;\cdots n_{\alpha_r}\cdots\rangle^{(\pm)} &= a_{\alpha_r}^+\,C_\pm|\varphi_{\alpha_1}\cdots\varphi_{\alpha_N}\rangle^{(\pm)}\\
&\equiv \sqrt{N+1}\,C_\pm|\varphi_{\alpha_r}\underbrace{\varphi_{\alpha_1}\cdots}_{n_{\alpha_1}}\ldots\underbrace{\varphi_{\alpha_r}\cdots}_{n_{\alpha_r}}\ldots\rangle^{(\pm)}\\
&= (\pm)^{N_r}\sqrt{N+1}\,C_\pm|\cdots\underbrace{\varphi_{\alpha_r}\varphi_{\alpha_r}\cdots}_{n_{\alpha_r}+1}\cdots\rangle^{(\pm)}\,.
\end{aligned}$$

Dabei entspricht N_r der Zahl der paarweisen Vertauschungen, die notwendig sind, um den zunächst *an der ersten Stelle erzeugten* Ein-Teilchen-Zustand $|\varphi_{\alpha_r}\rangle$ an die *richtige* Stelle, d. h. zu den schon vorhandenen n_{α_r} Zuständen gleicher Art, zu permutieren:

$$N_r = \sum_{i=1}^{r-1} n_{\alpha_i}\,. \tag{8.101}$$

Der Erzeugungsoperator soll also auf Fock-Zustände wie folgt wirken:

$$a_{\alpha_r}^+|N;\cdots n_{\alpha_r}\cdots\rangle^{(\pm)} = (\pm)^{N_r}\sqrt{n_{\alpha_r}+1}\,|N+1;\cdots n_{\alpha_r}+1\cdots\rangle^{(\pm)}\,. \tag{8.102}$$

Das unterscheidet sich in der Tat von (8.92) durch den Normierungsfaktor. Bei der Darstellung (8.102) ist jedoch darauf zu achten, dass die Besetzungsbeschränkung für Fermionen nicht direkt erkennbar ist. Es empfiehlt sich deshalb bisweilen, den Ausdruck nach Fermionen und Bosonen aufzuschlüsseln:

Bosonen

$$a^+_{\alpha_r}|N; \cdots n_{\alpha_r} \cdots\rangle^{(+)} = \sqrt{n_{\alpha_r} + 1}|N+1; \cdots n_{\alpha_r} + 1 \cdots\rangle^{(+)} ,$$

$$n_{\alpha_r} = 0, 1, 2 \tag{8.103}$$

Fermionen:

$$a^+_{\alpha_r}|N; \cdots n_{\alpha_r} \cdots\rangle^{(-)} = (-1)^{N_r}\, \delta_{n_{\alpha_r},0}|N+1; \cdots n_{\alpha_r} + 1 \cdots\rangle^{(-)} . \tag{8.104}$$

Natürlich können wir auch hier jeden beliebigen Fock-Zustand durch wiederholtes Anwenden des Erzeugungsoperators aus dem Vakuumzustand $|0\rangle$ entwickeln,

$$|N; n_{\alpha_1} \cdots n_{\alpha_r} \cdots\rangle^{(\pm)} = \prod_r \frac{\left(a^+_{\alpha_r}\right)^{n_{\alpha_r}}}{\sqrt{n_{\alpha_r}!}} (\pm)^{N_r}|0\rangle , \tag{8.105}$$

wobei allerdings wiederum auf die Besetzungsbeschränkung für Fermionen $\left(n_{\alpha_r} = 0, 1;\right.$ $\left.n_{\alpha_r}! = 0! = 1! = 1\right)$ zu achten ist.

Der **Vernichtungsoperator** a_{α_r} ist natürlich auch jetzt als der zum Erzeugungsoperator adjungierte Operator definiert. Seine Wirkungsweise lernen wir mit einer ähnlichen Überlegung wie der nach (8.96) kennen:

$$\begin{aligned}
&{}^{(\pm)}\langle N; \cdots n_{\alpha_r} \cdots |a_{\alpha_r}|\overline{N}; \cdots \overline{n}_{\alpha_r} \cdots\rangle^{(\pm)} \\
&\overset{(8.102)}{=} (\pm)^{N_r} \sqrt{n_{\alpha_r} + 1}\,{}^{(\pm)}\langle N+1; \cdots n_{\alpha_r} + 1 \cdots |\overline{N}; \cdots \overline{n}_{\alpha_r} \cdots\rangle^{(\pm)} \\
&\overset{(8.84)}{=} (\pm)^{N_r} \sqrt{n_{\alpha_r} + 1}\, \delta_{N+1,\overline{N}} \left(\delta_{n_{\alpha_1}\overline{n}_{\alpha_1}} \cdots \delta_{n_{\alpha_r}+1,\overline{n}_{\alpha_r}} \cdots\right) \\
&= (\pm)^{N_r} \sqrt{\overline{n}_{\alpha_r}}\, \delta_{N,\overline{N}-1} \left(\delta_{n_{\alpha_1}\overline{n}_{\alpha_1}} \cdots \delta_{n_{\alpha_r},\overline{n}_{\alpha_r}-1} \cdots\right) \\
&= (\pm)^{N_r} \sqrt{\overline{n}_{\alpha_r}}\,{}^{(\pm)}\langle N; n_{\alpha_1} \cdots n_{\alpha_r} \cdots |\overline{N}-1; \cdots \overline{n}_{\alpha_r} - 1 \cdots\rangle^{(\pm)} .
\end{aligned}$$

Das Produkt der Kronecker-Deltas sorgt dafür, dass

$$N_r = \sum_{i=1}^{r-1} n_{\alpha_i} = \sum_{i=1}^{r-1} \overline{n}_{\alpha_i} = \overline{N}_r$$

ist. Vergleicht man die erste mit der letzten Zeile in der obigen Gleichungskette und bedenkt, dass als bra-Zustand ${}^{(\pm)}\langle \cdots |$ ein beliebiger Basiszustand des Fock-Raums gewählt wurde, so bleibt die Schlussfolgerung:

$$a_{\alpha_r}|N; \cdots n_{\alpha_r} \cdots\rangle^{(\pm)} = (\pm)^{N_r} \sqrt{n_{\alpha_r}}|N-1; \cdots n_{\alpha_r} - 1 \cdots\rangle^{(\pm)} . \tag{8.106}$$

Auch diese Beziehung sollten wir noch einmal explizit für Bosonen und Fermionen getrennt formulieren:

Bosonen:

$$a_{\alpha_r}|N; \cdots n_{\alpha_r} \cdots\rangle^{(+)} = \sqrt{n_{\alpha_r}}|N-1; \cdots n_{\alpha_r} - 1 \cdots\rangle^{(+)} ,$$
$$n_{\alpha_r} = 0, 1, 2, \ldots \tag{8.107}$$

Fermionen:

$$a_{\alpha_r}|N; \cdots n_{\alpha_r} \cdots\rangle^{(-)} = (-1)^{N_r} \delta_{n_{\alpha_r},1}|N-1; \cdots n_{\alpha_r} - 1 \cdots\rangle^{(-)} . \tag{8.108}$$

Mit Hilfe der Gleichungen (8.103), (8.104), (8.107) und (8.108) lassen sich die **fundamentalen Vertauschungsrelationen** der Erzeugungs- und Vernichtungsoperatoren im Fock-Raum ableiten (s. Aufgabe 8.3.1):

$$\left[a_{\alpha_r}, a_{\alpha_s}\right]_{\mp} = \left[a^{+}_{\alpha_r}, a^{+}_{\alpha_s}\right]_{\mp} = 0 , \tag{8.109}$$

$$\left[a_{\alpha_r}, a^{+}_{\alpha_s}\right]_{\mp} = \delta_{rs} . \tag{8.110}$$

Sie sind natürlich mit (8.94), (8.99) und (8.100) identisch. Die Kommutatoren beziehen sich wiederum auf Bosonen, die Antikommutatoren auf Fermionen.

8.3.2 Operatoren in zweiter Quantisierung

Wir haben im vorangegangenen Kapitel alle (anti-)symmetrisierten N-Teilchen-Zustände letztlich auf den Vakuumzustand $|0\rangle$ zurückführen können, in dem wir den komplizierten Prozess der (Anti-)Symmetrisierung durch die Anwendung von Erzeugungs- und Vernichtungsoperatoren ersetzt haben, die einer sehr einfachen Algebra genügen, die sich in drei fundamentalen Vertauschungsrelationen manifestiert. Sinn macht das Ganze aber natürlich erst dann, wenn es uns auch gelingt, die Observablen des N-Teilchen-Systems durch

Erzeugungs- und Vernichtungsoperatoren auszudrücken, sodass ihre Wirkung auf die Zustände mit Hilfe der Vertauschungsrelationen berechenbar wird.

Ausgangspunkt für die folgenden Überlegungen ist die Darstellung (8.79) der allgemeinen N-Teilchen-Observablen A_N, wobei wir die Basiszustände bereits gemäß (8.93) und (8.96) durch *Erzeuger* und *Vernichter* ausdrücken können:

$$A_N = \frac{1}{N!} \sum\!\!\!\!\!\!\!\int_{\alpha_1 \cdots \alpha_N} \sum\!\!\!\!\!\!\!\int_{\beta_1 \cdots \beta_N} a^+_{\alpha_1} \cdots a^+_{\alpha_N} |0\rangle \, {}^{(\pm)}\langle \varphi_{\alpha_1} \cdots | A_N | \varphi_{\beta_1} \cdots \rangle^{(\pm)} \langle 0 | a_{\beta_N} \cdots a_{\beta_1} \,. \tag{8.111}$$

In allen physikalisch relevanten Fällen besteht ein solcher Operator aus Summen von Ein- und Zwei-Teilchen-Anteilen:

$$A_N = \sum_{i=1}^{N} A_1^{(i)} + \frac{1}{2} \sum_{i,j}^{i \neq j} A_2^{(i,j)} \,. \tag{8.112}$$

Durch genaue Inspektion des Matrixelements in (8.111) lassen sich noch beträchtliche Vereinfachungen erzielen. Dies zeigen wir zunächst für den Ein-Teilchen-Anteil. Wir formen das Matrixelement dazu noch etwas um:

$$\begin{aligned}
&{}^{(\pm)}\langle \varphi_{\alpha_1} \cdots \varphi_{\alpha_N} | \sum_i A_1^{(i)} | \varphi_{\beta_1} \cdots \varphi_{\beta_N} \rangle^{(\pm)} \\
&\overset{(8.59)}{=} \langle \varphi_{\alpha_1} \cdots \varphi_{\alpha_N} | S_N^{(\pm)} \sum_i A_1^{(i)} | \varphi_{\beta_1} \cdots \varphi_{\beta_N} \rangle^{(\pm)} \\
&\overset{(8.51),(8.61)}{=} \langle \varphi_{\alpha_1} \cdots \varphi_{\alpha_N} | \sum_{i=1}^{N} A_1^{(i)} | \varphi_{\beta_1} \cdots \varphi_{\beta_N} \rangle^{(\pm)} \\
&= \frac{1}{N!} \sum_{\mathcal{P}_\beta} (\pm)^{p_\beta} \mathcal{P}_\beta \left[\left\langle \varphi_{\alpha_1}^{(1)} \middle| A_1^{(1)} \middle| \varphi_{\beta_1}^{(1)} \right\rangle \left\langle \varphi_{\alpha_2}^{(2)} \middle| \varphi_{\beta_2}^{(2)} \right\rangle \cdots \right. \\
&\quad \left. \cdots \left\langle \varphi_{\alpha_N}^{(N)} \middle| \varphi_{\beta_N}^{(N)} \right\rangle + \ldots + \left\langle \varphi_{\alpha_1}^{(1)} \middle| \varphi_{\beta_1}^{(1)} \right\rangle \cdots \left\langle \varphi_{\alpha_N}^{(N)} \middle| A_1^{(N)} \middle| \varphi_{\beta_N}^{(N)} \right\rangle \right] .
\end{aligned}$$

Dieser Ausdruck muss nun in (8.111) eingesetzt werden, wobei folgende vereinfachende Maßnahmen möglich sind:

1. Jeder Term der Summe über die Permutationen $\mathcal{P}_\beta$ liefert in (8.111) denselben Beitrag, da jede durch $\mathcal{P}_\beta$ permutierte Anordnung der $|\varphi_{\beta_i}^{(i)}\rangle$ durch

   a) Umbenennung der Integrations-(Summations)variablen β_i und
   b) anschließende, dementsprechende Vertauschung der *Vernichter* im Produkt $a_{\beta_N} \cdots a_{\beta_1}$

   auf die Ausgangsanordnung zurückgeführt werden kann. Der Teilschritt b) liefert gemäß (8.99) einen Faktor $(\pm)^{p_\beta}$, der zusammen mit dem in der obigen Darstellung des

Matrixelements bereits vorhandenen gleichen Faktor insgesamt $(\pm)^{2p_\beta} = +1$ ergibt. Die Summe liefert also in (8.111) $N!$ gleiche Beiträge.

2. Jeder Summand in der eckigen Klammer liefert ebenfalls denselben Beitrag. Wichtig ist dabei, sich zu erinnern, dass die Teilchenindizes nur dazu dienen, die *richtigen* Ein-Teilchen-Zustände in den *richtigen* Hilbert-Räumen zu Skalarprodukten zu kombinieren. Die Hilbert-Räume $\mathcal{H}_1^{(i)}$ als solche sind natürlich für alle i völlig äquivalent. – Um dann zu sehen, dass zum Beispiel der erste und der letzte Summand in der eckigen Klammer der obigen Gleichung zu (8.111) dasselbe beitragen, können wir im letzten Term β_N durch β_1 und α_N durch α_1 ersetzen. Diese Umbenennung der Variablen ist erlaubt, da in (8.111) über alle Quantenzahlen summiert bzw. integriert wird. Nach der Umbenennung sind allerdings die *Erzeuger* und die *Vernichter* nicht mehr in der ursprünglichen Reihenfolge. Um sie dorthin zurückzubringen, sind jedoch gleich viele Vertauschungen zwischen den a's wie zwischen a^+'s notwendig, was wiederum lediglich einen Faktor $+1$ ergibt.

Wir können nunmehr ein Zwischenergebnis formulieren:

$$\begin{aligned}
\sum_{i=1}^{N} A_1^{(i)} &= \frac{N}{N!} \sum\!\!\!\!\!\!\int_{\alpha_1\cdots\alpha_N} \sum\!\!\!\!\!\!\int_{\beta_1\cdots\beta_N} a^+_{\alpha_1}\cdots a^+_{\alpha_N}|0\rangle \\
&\quad\cdot\left\{\left\langle\varphi^{(1)}_{\alpha_1}\middle|A_1^{(1)}\middle|\varphi^{(1)}_{\beta_1}\right\rangle \delta(\alpha_2,\beta_2)\cdots\delta(\alpha_N,\beta_N)\right\}\langle 0|a_{\beta_N}\cdots a_{\beta_1} \\
&= \sum\!\!\!\!\!\!\int_{\alpha_1} \sum\!\!\!\!\!\!\int_{\beta_1} \left\langle\varphi^{(1)}_{\alpha}\middle|A_1^{(1)}\middle|\varphi^{(1)}_{\beta}\right\rangle a^+_{\alpha_1} \\
&\quad\cdot\left\{\frac{1}{(N-1)!}\sum\!\!\!\!\!\!\int_{\alpha_2\cdots\alpha_N} a^+_{\alpha_2}\cdots a^+_{\alpha_N}|0\rangle\langle 0|a_{\alpha_N}\cdots a_{\alpha_2}\right\} a_{\beta_1}\,.
\end{aligned}$$

Die geschweifte Klammer stellt gerade die Identität des $\mathcal{H}_{N-1}^{(\pm)}$ dar (8.76). Es bleibt damit das bemerkenswert einfache Schlussergebnis:

$$\sum_{i=1}^{N} A_1^{(i)} = \sum\!\!\!\!\!\!\int_{\alpha} \sum\!\!\!\!\!\!\int_{\beta} \langle\varphi_\alpha|A_1|\varphi_\beta\rangle a^+_\alpha a_\beta\,. \tag{8.113}$$

Das Matrixelement ist bei vorgegebener Ein-Teilchen-Basis in der Regel leicht berechenbar. Man beachte, dass auf der rechten Seite die Teilchenzahl N nicht mehr erscheint. Sie steckt in der Identität $\mathbf{1}_{N-1}$, die wir zwischen a^+_α und a_β eigentlich einzuschieben haben.

Schauen wir uns noch den Zwei-Teilchen-Anteil in (8.112) an. Für diesen ist das folgende Matrixelement zu berechnen und in (8.111) einzusetzen:

$$
\begin{aligned}
&{}^{(\pm)}\langle\varphi_{\alpha_1}\cdots\varphi_{\alpha_N}|\frac{1}{2}\sum_{i,j}^{i\neq j}A_2^{(i,j)}|\varphi_{\beta_1}\cdots\varphi_{\beta_N}\rangle^{(\pm)}\\
&\overset{(8.59)}{=}\langle\varphi_{\alpha_1}\cdots\varphi_{\alpha_N}|S_N^{(\pm)}\frac{1}{2}\sum_{i,j}^{i\neq j}A_2^{(i,j)}|\varphi_{\beta_1}\cdots\varphi_{\beta_N}\rangle^{(\pm)}\\
&\overset{(8.51),(8.61)}{=}\langle\varphi_{\alpha_1}\cdots\varphi_{\alpha_N}|\frac{1}{2}\sum_{i,j}^{i\neq j}A_2^{(i,j)}|\varphi_{\beta_1}\cdots\varphi_{\beta_N}\rangle^{(\pm)}\\
&=\frac{1}{2N!}\sum_{\mathcal{P}_\beta}(\pm)^{p_\beta}\mathcal{P}_\beta\Big[\Big\langle\varphi_{\alpha_1}^{(1)}\Big|\Big\langle\varphi_{\alpha_2}^{(2)}\Big|A_2^{(1,2)}\Big|\varphi_{\beta_1}^{(1)}\Big\rangle\Big|\varphi_{\beta_2}^{(2)}\Big\rangle\\
&\quad\cdot\Big\langle\varphi_{\alpha_3}^{(3)}\Big|\varphi_{\beta_3}^{(3)}\Big\rangle\cdots\Big\langle\varphi_{\alpha_N}^{(N)}\Big|\varphi_{\beta_N}^{(N)}\Big\rangle+\Big\langle\varphi_{\alpha_1}^{(1)}\Big|\Big\langle\varphi_{\alpha_3}^{(3)}\Big|A_2^{(1,3)}\Big|\varphi_{\beta_1}^{(1)}\Big\rangle\Big|\varphi_{\beta_3}^{(3)}\Big\rangle\\
&\quad\cdot\Big\langle\varphi_{\alpha_2}^{(2)}\Big|\varphi_{\beta_2}^{(2)}\Big\rangle\Big\langle\varphi_{\alpha_4}^{(4)}\Big|\varphi_{\beta_4}^{(4)}\Big\rangle\cdots\Big\langle\varphi_{\alpha_N}^{(N)}\Big|\varphi_{\beta_N}^{(N)}\Big\rangle+\cdots\Big]\,.
\end{aligned}
$$

Die eckige Klammer enthält $N(N-1)$ Summanden. Exakt dieselbe Begründung, die wir gerade ausführlich zum Ein-Teilchen-Anteil präsentiert haben, zeigt, dass sämtliche $N!$ Permutationen $\mathcal{P}_\beta$ und alle $N(N-1)$ Terme in der eckigen Klammer in (8.111) denselben Beitrag liefern. Wiederum mitentscheidend ist dabei, dass der Teilchenindex lediglich die richtige Zuordnung der Ein-Teilchen-Zustände reguliert. Sobald diese wie in der obigen Gleichung erfolgt ist, kann der Teilchenindex natürlich weggelassen werden. Es bleibt damit für den Zwei-Teilchen-Anteil in (8.111):

$$
\begin{aligned}
&\frac{1}{2}\sum_{i,j}^{i\neq j}A_2^{(i,j)}\\
&=\frac{1}{2}\sum\!\!\!\!\!\!\int_{\alpha_1,\alpha_2}\sum\!\!\!\!\!\!\int_{\beta_1,\beta_2}\langle\varphi_{\alpha_1}\varphi_{\alpha_2}|A_2^{(1,2)}|\varphi_{\beta_1}\varphi_{\beta_2}\rangle\\
&\quad\cdot a_{\alpha_1}^{+}a_{\alpha_2}^{+}\left\{\frac{1}{(N-2)!}\sum\!\!\!\!\!\!\int_{\alpha_3\ldots\alpha_N}a_{\alpha_3}^{+}\cdots a_{\alpha_N}^{+}|0\rangle\langle 0|a_{\alpha_N}\cdots a_{\alpha_3}\right\}a_{\beta_2}a_{\beta_1}\,.
\end{aligned}
$$

In der geschweiften Klammer steht die Identität des $(N-2)$-Teilchen-Hilbert-Raums $\mathcal{H}_{N-2}^{(\pm)}$. Auch der Zwei-Teilchen-Operator wird damit formal unabhängig von der Teilchenzahl:

$$
\frac{1}{2}\sum_{i,j}^{i\neq j}A_2^{(i,j)}=\frac{1}{2}\sum\!\!\!\!\!\!\int_{\alpha_1\alpha_2\beta_1\beta_2}\langle\varphi_{\alpha_1}\varphi_{\alpha_2}\big|A_2^{(1,2)}\big|\varphi_{\beta_1}\varphi_{\beta_2}\big\rangle a_{\alpha_1}^{+}a_{\alpha_2}^{+}a_{\beta_2}a_{\beta_1}\,. \tag{8.114}
$$

Man beachte die *β-Indizierung*, die bei den Operatoren gerade umgekehrt zu der im Matrixelement ist. Letzteres muss von unserer Ableitung her mit nicht-symmetrisierten Zwei-Teilchen-Zuständen gebildet werden. Man macht sich jedoch leicht klar, dass die vier Terme, die entstehen, wenn man stattdessen die (anti-)symmetrisierten Zustände nimmt, in der Vierfachsumme (dem Vierfachintegral) (8.114) identisch sind, sodass der Normierungsfaktor $1/(2!)^2$ dafür sorgt, dass das symmetrisierte mit dem nicht-symmetrisierten Matrixelement gleichbedeutend ist. Man kann also je nach Zweckmäßigkeit bei der Berechnung des Matrixelementes (anti-)symmetrisierte oder nicht-symmetrisierte Zustände verwenden.

Wir hatten in Abschn. 8.2.5 festgestellt, dass im Fall einer diskreten Ein-Teilchen-Basis die *Besetzungszahl-(Fock-)Darstellung* besonders günstig wird. Die Erzeugungs- und Vernichtungsoperatoren erfüllen dieselben fundamentalen Vertauschungsrelationen (8.109) und (8.110) wie die der *allgemeinen* Darstellung (8.94), (8.99) und (8.100). Auch die Darstellung einer allgemeinen Observablen A_N bleibt im Fock-Raum dieselbe wie in (8.113) und (8.114), nur müssen dann die Matrixelemente des Zwei-Teilchen-Operators auf jeden Fall mit den nicht-symmetrisierten Zuständen gebildet werden. Ursache ist die besondere Normierung (8.83), die für die Fock-Zustände gewählt wurde. Das ist aber auch der einzige Unterschied.

Was haben wir schlussendlich erreicht? Durch die Einführung von Erzeugungs- und Vernichtungsoperatoren konnten wir das mühselige (Anti-)Symmetrisieren der N-Teilchen-Zustände durch die Anwendung eines bestimmten Produkts von solchen Operatoren auf den Vakuumzustand $|0\rangle$ ersetzen. Die letztlich aus dem Prinzip der Ununterscheidbarkeit folgenden Symmetrieforderungen stecken in drei einfachen Vertauschungsrelationen. Dadurch entfällt insbesondere die *an sich unerlaubte* Teilchennumerierung. Die Observablen ließen sich ebenfalls durch *Erzeuger* und *Vernichter* ausdrücken. Die einen Operator *physikalisch kennzeichnenden* Matrixelemente sind in der Regel leicht berechenbar. Sie müssen auch nur einmal bestimmt werden, um dann für alle Zeiten den Operator festzulegen. Dabei besteht ein besonderer Vorteil darin, dass die vollständige Ein-Teilchen-Basis, für die es ja in der Regel mehrere Realisierungen gibt, nach Zweckmäßigkeit festgelegt werden kann.

8.3.3 Spezielle Operatoren

Wir wollen zunächst einmal an einem Anwendungsbeispiel den soeben entwickelten Formalismus der zweiten Quantisierung üben. Betrachten wir dazu ein System von N identischen (spinlosen) Teilchen mit einer lediglich vom Abstand abhängigen Paarwechselwirkung:

$$V_2^{(i,j)} \equiv v\left(\left|\boldsymbol{r}^{(i)} - \boldsymbol{r}^{(j)}\right|\right) .$$

Der Hamilton-Operator lautet demnach in der *normalen* quantenmechanischen Formulierung:

$$H = \sum_{i=1}^{N} \frac{\boldsymbol{p}_i^2}{2} + \frac{1}{2} \sum_{i,j}^{i \neq j} v\left(\left|\boldsymbol{r}^{(i)} - \boldsymbol{r}^{(j)}\right|\right) . \tag{8.115}$$

Zweckmäßig erscheint die (kontinuierliche) Impuls- bzw. Wellenzahldarstellung:

$$|\boldsymbol{k}\rangle \longleftrightarrow \langle \boldsymbol{r}|\boldsymbol{k}\rangle = \frac{1}{(2\pi)^{3/2}} \mathrm{e}^{\mathrm{i}\,\boldsymbol{k}\cdot\boldsymbol{r}} \quad \text{(ebene Welle)} ,$$

da in dieser der Ein-Teilchen-Operator (*kinetische Energie*) diagonal wird. Der Vorfaktor in der ebenen Welle ist bei kontinuierlichen Wellenzahlen $\boldsymbol{k}$ ein anderer als im Fall von diskreten $\boldsymbol{k}$-Werten (*periodische Randbedingungen*, (2.38), (2.78)). Er ist so gewählt, dass die Ein-Teilchen-Zustände $|\boldsymbol{k}\rangle$ *auf δ-Funktionen* normiert sind:

$$\langle \boldsymbol{k}'|\boldsymbol{k}\rangle = \int \mathrm{d}^3 r \langle \boldsymbol{k}'|\boldsymbol{r}\rangle\langle \boldsymbol{r}|\boldsymbol{k}\rangle = \frac{1}{(2\pi)^3} \int \mathrm{d}^3 r\, \mathrm{e}^{\mathrm{i}(\boldsymbol{k}-\boldsymbol{k}')\cdot\boldsymbol{r}} = \delta(\boldsymbol{k}' - \boldsymbol{k}) . \tag{8.116}$$

Für die kinetische Energie benutzen wir die Formel (8.113):

$$\sum_{i=1}^{N} \frac{\boldsymbol{p}_i^2}{2m} = \iint \mathrm{d}^3 k\, \mathrm{d}^3 k' \langle \boldsymbol{k}|\frac{\boldsymbol{p}^2}{2m}|\boldsymbol{k}'\rangle a_{\boldsymbol{k}'}^{+} a_{\boldsymbol{k}} .$$

Das Matrixelement ist schnell berechnet:

$$\langle \boldsymbol{k}|\frac{\boldsymbol{p}^2}{2m}|\boldsymbol{k}'\rangle = \frac{\hbar^2 \boldsymbol{k}'^2}{2m} \langle \boldsymbol{k}|\boldsymbol{k}'\rangle = \frac{\hbar^2 \boldsymbol{k}'^2}{2m} \delta(\boldsymbol{k} - \boldsymbol{k}') .$$

Damit lautet der Ein-Teilchen-Anteil des Hamilton-Operators (8.115):

$$\sum_{i=1}^{N} \frac{\boldsymbol{p}_i^2}{2m} = \int \mathrm{d}^3 k \frac{\hbar^2 \boldsymbol{k}^2}{2m} a_{\boldsymbol{k}}^{+} a_{\boldsymbol{k}} . \tag{8.117}$$

Das Wechselwirkungsmatrixelement muss nun natürlich ebenfalls in der Ein-Teilchen-Basis $\{|\boldsymbol{k}\rangle\}$ berechnet werden. Die Ortsdarstellung wäre eigentlich günstiger. Wir schieben deshalb an *passenden* Stellen die Identität in der Form

$$\mathbf{1}_1 = \int \mathrm{d}^3 r |\boldsymbol{r}\rangle\langle \boldsymbol{r}| \tag{8.118}$$

ein; ein *Trick*, den wir ja auch schon zur Berechnung von (8.116) verwendet haben:

$$\begin{aligned}\langle \boldsymbol{k}_1\, \boldsymbol{k}_2 |\, V_2^{(1,2)}\, |\boldsymbol{k}_3\, \boldsymbol{k}_4\rangle &= \left\langle \boldsymbol{k}_1^{(1)}\right| \left\langle \boldsymbol{k}_2^{(2)}\right| V_2^{(1,2)} \left|\boldsymbol{k}_3^{(1)}\right\rangle \left|\boldsymbol{k}_4^{(2)}\right\rangle \\ &= \int \cdots \int \mathrm{d}^3 r_1 \cdots \mathrm{d}^3 r_4 \left(\left\langle \boldsymbol{k}_1^{(1)} \middle| \boldsymbol{r}_1^{(1)}\right\rangle \left\langle \boldsymbol{r}_1^{(1)}\right|\right)\end{aligned}$$

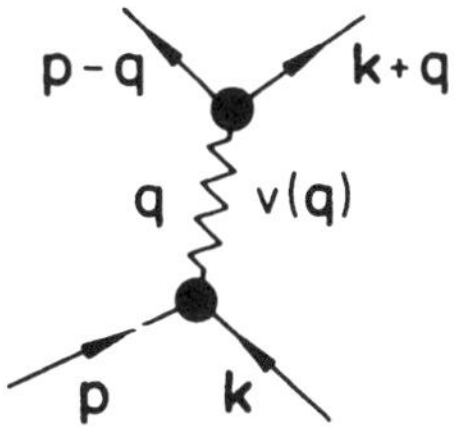

Abb. 8.3 Darstellung eines Wechselwirkungsprozesses durch Vernichtung (*einlaufende Pfeile*) und Erzeugung (*auslaufende Pfeile*) zweier Teilchen mit Impuls- und Energieaustausch

$$\cdot \left(\left\langle \boldsymbol{k}_2^{(2)} \middle| \boldsymbol{r}_2^{(2)} \right\rangle \left\langle \boldsymbol{r}_2^{(2)} \right| \right) V_2^{(1,2)} \left(\left| \boldsymbol{r}_3^{(1)} \right\rangle \left\langle \boldsymbol{r}_3^{(1)} \middle| \boldsymbol{k}_3^{(1)} \right\rangle \right) \left(\left| \boldsymbol{r}_4^{(2)} \right\rangle \left\langle \boldsymbol{r}_4^{(2)} \middle| \boldsymbol{k}_4^{(2)} \right\rangle \right)$$

$$= \int \cdots \int \mathrm{d}^3 r_1 \cdots \mathrm{d}^3 r_4 \, v\left(|\boldsymbol{r}_3 - \boldsymbol{r}_4|\right) \left\langle \boldsymbol{k}_1^{(1)} \middle| \boldsymbol{r}_1^{(1)} \right\rangle$$

$$\cdot \left\langle \boldsymbol{k}_2^{(2)} \middle| \boldsymbol{r}_2^{(2)} \right\rangle \left\langle \boldsymbol{r}_3^{(1)} \middle| \boldsymbol{k}_3^{(1)} \right\rangle \left\langle \boldsymbol{r}_4^{(2)} \middle| \boldsymbol{k}_4^{(2)} \right\rangle \left\langle \boldsymbol{r}_1^{(1)} \middle| \boldsymbol{r}_3^{(1)} \right\rangle \left\langle \boldsymbol{r}_2^{(2)} \middle| \boldsymbol{r}_4^{(2)} \right\rangle$$

$$= \iint \mathrm{d}^3 r_1 \, \mathrm{d}^3 r_2 \, v\left(|\boldsymbol{r}_1 - \boldsymbol{r}_2|\right) (2\pi)^{-6} \, \mathrm{e}^{\mathrm{i}(\boldsymbol{k}_3 - \boldsymbol{k}_1)\cdot \boldsymbol{r}_1} \, \mathrm{e}^{\mathrm{i}(\boldsymbol{k}_4 - \boldsymbol{k}_2)\cdot \boldsymbol{r}_2} \, .$$

Die weitere Auswertung empfiehlt den Übergang zu Relativ- und Schwerpunktkoordinaten,

$$\boldsymbol{r} = \boldsymbol{r}_1 - \boldsymbol{r}_2 \, ; \quad \boldsymbol{R} = \frac{1}{2} (\boldsymbol{r}_1 + \boldsymbol{r}_2) \, ,$$

was mit der Darstellung (8.116) für die δ-Funktion auf

$$\langle \boldsymbol{k}_1 \, \boldsymbol{k}_2 | V_2^{(1,2)} | \boldsymbol{k}_3 \, \boldsymbol{k}_4 \rangle = v(\boldsymbol{k}_1 - \boldsymbol{k}_3) \, \delta(\boldsymbol{k}_1 - \boldsymbol{k}_3 + \boldsymbol{k}_2 - \boldsymbol{k}_4)$$

führt. Dabei ist

$$v(\boldsymbol{q}) = \frac{1}{(2\pi)^3} \int \mathrm{d}^3 r \, v(\boldsymbol{r}) \, \mathrm{e}^{\mathrm{i}\, \boldsymbol{q}\cdot \boldsymbol{r}} = v(-\boldsymbol{q}) \tag{8.119}$$

die Fourier-Transformierte des Wechselwirkungspotentials. Mit den Substitutionen

$$\boldsymbol{k}_1 \to \boldsymbol{k} + \boldsymbol{q} \, ; \quad \boldsymbol{k}_2 \to \boldsymbol{p} - \boldsymbol{q} \, ; \quad \boldsymbol{k}_3 \to \boldsymbol{k} \, ; \quad \boldsymbol{k}_4 \to \boldsymbol{p}$$

bleibt schließlich als Wechselwirkungsoperator:

$$\frac{1}{2} \sum_{i,j}^{i \neq j} V_2^{(i,j)} = \frac{1}{2} \iiint \mathrm{d}^3 k \, \mathrm{d}^3 p \, \mathrm{d}^3 q \, v(\boldsymbol{q}) a_{\boldsymbol{k}+\boldsymbol{q}}^{+} \, a_{\boldsymbol{p}-\boldsymbol{q}}^{+} \, a_{\boldsymbol{p}} \, a_{\boldsymbol{k}} \, . \tag{8.120}$$

Die Operatorkombination beschreibt *anschaulich* den Wechselwirkungsprozeß als ein *Vernichten* zweier Teilchen mit den Wellenzahlen $\boldsymbol{p}$ und $\boldsymbol{k}$ (*einlaufende* Pfeile in dem Graphen) und anschließendes *Erzeugen* zweier Teilchen mit Wellenzahlen $\boldsymbol{k}+\boldsymbol{q}$ und $\boldsymbol{p}-\boldsymbol{q}$ (*auslaufende* Pfeile). Dabei wird der Impuls $\hbar\, \boldsymbol{q}$ ausgetauscht und die Wechselwirkungsenergie $v(\boldsymbol{q})$ aufgewendet. (Das *diskrete* Analogon zu (8.120) wird als Aufgabe 8.3.7 gerechnet!)

Wir wollen zum Abschluss dieses Abschnitts noch ein paar spezielle Operatoren einführen, die für den Formalismus der zweiten Quantisierung typisch sind.

1) Besetzungsdichteoperator

$$\hat{n}_\alpha = a_\alpha^+ a_\alpha \,. \tag{8.121}$$

Voraussetzung ist eine **kontinuierliche** Ein-Teilchen-Basis (z. B. Ortseigenzustände). Die Wirkungsweise ergibt sich aus (8.92) und (8.97):

$$\begin{aligned}
&\hat{n}_\alpha |\varphi_{\alpha_1} \cdots \varphi_{\alpha_N}\rangle^{(\pm)} = \\
&= \big[\delta(\alpha - \alpha_1)|\varphi_\alpha \varphi_{\alpha_2} \cdots\rangle^{(\pm)} + \\
&\quad + (\pm)^1 \, \delta(\alpha - \alpha_2)|\underbrace{\varphi_\alpha \varphi_{\alpha_1}}_{(\pm)^1} \varphi_{\alpha_3} \cdots\rangle^{(\pm)} + \\
&\quad + \ldots + \\
&\quad + (\pm)^{N-1} \, \delta(\alpha - \alpha_N)|\underbrace{\varphi_\alpha \varphi_{\alpha_1} \varphi_{\alpha_2} \cdots \varphi_{\alpha_{N-1}}}_{(\pm)^{N-1}}\rangle^{(\pm)}\big] = \\
&= \left[\sum_{i=1}^{N} \delta(\alpha - \alpha_i)\right] |\varphi_{\alpha_1} \cdots \varphi_{\alpha_N}\rangle^{(\pm)} \,.
\end{aligned} \tag{8.122}$$

Die Basiszustände des $\mathcal{H}_N^{(\pm)}$ sind Eigenzustände des *Besetzungsdichteoperators* $\hat{n}_\alpha$. Der zugehörige Eigenwert ist die *mikroskopische Besetzungsdichte* $\sum_{i=1}^{N} \delta(\alpha - \alpha_i)$.

2) Besetzungszahloperator

$$\hat{n}_{\alpha_r} = a_{\alpha_r}^+ a_{\alpha_r} \,. \tag{8.123}$$

Dieser Operator ist für den Fall **diskreter** Ein-Teilchen-Basen das Analogon zu (8.121). Die Fock-Zustände (8.83) sind Eigenzustände, wobei nach (8.103) und (8.107) gilt:

$$\hat{n}_{\alpha_r}|N; \cdots n_{\alpha_r} \cdots\rangle^{(\pm)} = n_{\alpha_r}|N; \cdots n_{\alpha_r} \cdots\rangle^{(\pm)} \,. \tag{8.124}$$

Als Eigenwert tritt die Besetzungszahl n_{α_r} auf.

3) Teilchenzahloperator

$$\widehat{N} = \int d\alpha \, \hat{n}_\alpha \quad \text{(kontinuierlich)} \tag{8.125}$$

$$= \sum_r \hat{n}_{\alpha_r} \quad \text{(diskret)} \,. \tag{8.126}$$

$\widehat{N}$ hat offenbar dieselben Eigenzustände wie $\hat{n}_\alpha$ bzw. $\hat{n}_{\alpha_r}$. Der Eigenwert ist in beiden Fällen die Teilchenzahl N:

$$\begin{aligned}
N &= \int d\alpha \sum_{i=1}^{N} \delta(\alpha - \alpha_i) \quad \text{(kontinuierlich)} \\
&= \sum_r n_{\alpha_r} \quad \text{(diskret)} \,.
\end{aligned}$$

8.3.4 Aufgaben

Aufgabe 8.3.1

Beweisen Sie die fundamentalen Vertauschungsrelationen,

$$[a_{\alpha_r}, a_{\alpha_s}]_\mp = [a^+_{\alpha_r}, a^+_{\alpha_s}]_\mp = 0\,,$$
$$[a_{\alpha_r}, a^+_{\alpha_s}]_\mp = \delta_{rs}\,,$$

für die Erzeugungs- und Vernichtungsoperatoren im *diskreten* Fock-Raum ((8.109) und (8.110)).

Aufgabe 8.3.2

Es sei $|0\rangle$ der normierte Vakuumzustand. a^+_α und a_α seien Erzeugungs- und Vernichtungsoperatoren für ein Teilchen im Ein-Teilchen-Zustand $|\varphi_\alpha\rangle$. Leiten Sie mit Hilfe der fundamentalen Vertauschungsrelationen die Beziehung

$$\langle 0|a_{\beta_N} \cdots a_{\beta_1}\, a^+_{\alpha_1} \cdots a^+_{\alpha_N}|0\rangle = \sum_{\mathcal{P}_\alpha} (\pm)^{p_\alpha}\, \mathcal{P}_\alpha\, [\delta(\beta_1, \alpha_1) \cdots \delta(\beta_N, \alpha_N)]$$

ab. $\mathcal{P}_\alpha$ ist der auf die Zustandsindizes α_i wirkende Permutationsoperator.

Aufgabe 8.3.3

Berechnen Sie für den Besetzungsdichteoperator die Kommutatoren:

$$1) \quad [\hat{n}_\alpha, a^+_\beta]_- \,; \qquad 2) \quad [\hat{n}_\alpha, a_\beta]_- \,.$$

Gibt es Unterschiede für Bosonen und Fermionen?

Aufgabe 8.3.4

Berechnen Sie für den Besetzungszahloperator die Kommutatoren:

$$1) \quad [\hat{n}_{\alpha_r}, a^+_{\alpha_s}]_- \,; \qquad 2) \quad [\hat{n}_{\alpha_r}, a_{\alpha_s}]_- \,.$$

Gibt es Unterschiede für Bosonen und Fermionen?

Aufgabe 8.3.5

Zeigen Sie, dass für Fermionen die folgenden Beziehungen gültig sind:

1.
$$(a_\alpha)^2 = 0 \; ; \; (a_\alpha^+)^2 = 0$$
2.
$$(\hat{n}_\alpha)^2 = \hat{n}_\alpha$$
3.
$$a_\alpha \, \hat{n}_\alpha = a_\alpha \; ; \; a_\alpha^+ \, \hat{n}_\alpha = 0$$
4.
$$\hat{n}_\alpha \, a_\alpha = 0 \; ; \; \hat{n}_\alpha \, a_\alpha^+ = a_\alpha^+ \, .$$

Aufgabe 8.3.6

Die (anti-)symmetrisierten Basiszustände $|\varphi_{\alpha_1} \cdots \varphi_{\alpha_N}\rangle^{(\pm)}$ des $\mathcal{H}_N^{(\pm)}$ seien aus *kontinuierlichen* Ein-Teilchen-Basiszuständen aufgebaut. Es handelt sich um Eigenzustände des Teilchenzahloperators $\widehat{N}$. Zeigen Sie, dass dann auch

$$1) \quad a_\beta^+ |\varphi_{\alpha_1} \cdots \varphi_{\alpha_N}\rangle^{(\pm)} \; ; \qquad 2) \quad a_\beta |\varphi_{\alpha_1} \cdots \varphi_{\alpha_N}\rangle^{(\pm)}$$

Eigenzustände zu $\widehat{N}$ sind, und berechnen Sie die Eigenwerte!

Aufgabe 8.3.7

Gegeben sei ein System von N Elektronen im Volumen $V = L^3$, die aufeinander die Coulomb-Wechselwirkung

$$V_2 = \frac{1}{2} \sum_{i,j}^{i \neq j} V_2^{(i,j)} \; ; \quad V_2^{(i,j)} = \frac{e^2}{4\pi \, \varepsilon_0} \frac{1}{|\hat{\boldsymbol{r}}_i - \hat{\boldsymbol{r}}_j|}$$

ausüben. $\hat{\boldsymbol{r}}_i$, $\hat{\boldsymbol{r}}_j$ sind die Ortsoperatoren des i-ten bzw. j-ten Elektrons. Formulieren Sie den Hamilton-Operator des Systems in zweiter Quantisierung. Benutzen Sie als Ein-Teilchen-Basis ebene Wellen mit infolge periodischer Randbedingungen auf $V = L^3$ diskreten Wellenvektoren $\boldsymbol{k}$.

Aufgabe 8.3.8

Für ein System von N Elektronen ist der Operator der Elektronendichte durch

$$\widehat{\rho}(\boldsymbol{r}) = \sum_{i=1}^{N} \delta(\boldsymbol{r} - \hat{\boldsymbol{r}}_i)$$

gegeben. ($\widehat{\rho}$ und $\hat{\boldsymbol{r}}_i$ sind Operatoren; $\boldsymbol{r}$ ist als Variable eine c-Zahl, also kein Operator.) Wie lautet $\widehat{\rho}(\boldsymbol{r})$ in zweiter Quantisierung? Benutzen Sie wie in Aufgabe 8.3.7 als Ein-Teilchen-Basis ebene Wellen mit diskreten Wellenvektoren $\boldsymbol{k}$.

Aufgabe 8.3.9

Zum Aufbau der Zustände und der Observablen eines N-Elektronen-Systems diene als Ein-Teilchen-Basis die des wechselwirkungsfreien Systems:

$$|\boldsymbol{k}\sigma\rangle = |\boldsymbol{k}\rangle\, |\sigma\rangle \quad ; \quad \boldsymbol{k}: \text{ diskrete Wellenzahl}$$

$$|\uparrow\rangle = \begin{pmatrix} 1 \\ 0 \end{pmatrix} \qquad |\downarrow\rangle = \begin{pmatrix} 0 \\ 1 \end{pmatrix} .$$

Formulieren Sie damit die folgenden Operatoren in zweiter Quantisierung:

1. Gesamtimpuls;

$$\boldsymbol{P} = \sum_{i=1}^{N} \boldsymbol{p}_i$$

2. Gesamtspin (x-Komponente)

$$S^x = \sum_{i=1}^{N} s_i^x$$

3. Berechnen Sie mit den Ergebnissen aus 1. und 2. den Kommutator

$$[S^x, \boldsymbol{P}]_- .$$

Aufgabe 8.3.10

Zeigen Sie, dass der in Aufgabe 8.3.7 berechnete Hamilton-Operator des wechselwirkenden N-Elektronensystems

$$H_N = \sum_{\boldsymbol{k}\sigma} \varepsilon_0(\boldsymbol{k})\, a^+_{\boldsymbol{k}\sigma}\, a_{\boldsymbol{k}\sigma} + \frac{1}{2} \sum_{\substack{\boldsymbol{k},\boldsymbol{p},\boldsymbol{q}\\ \sigma\sigma'}} v_0(\boldsymbol{q})\, a^+_{\boldsymbol{k}+\boldsymbol{q}\sigma}\, a^+_{\boldsymbol{p}-\boldsymbol{q}\sigma'}\, a_{\boldsymbol{p}\sigma'}\, a_{\boldsymbol{k}\sigma}$$

mit dem Teilchenzahloperator

$$\widehat{N} = \sum_{\boldsymbol{k}\sigma} a^+_{\boldsymbol{k}\sigma}\, a_{\boldsymbol{k}\sigma}$$

vertauscht. Was bedeutet dies physikalisch?

Kapitel 8

Aufgabe 8.3.11

$a_{i\sigma}^{+}$ und $a_{i\sigma}$ sind der Erzeugungs- und Vernichtungsoperator eines Elektrons mit dem Spin σ ($\sigma = \uparrow, \downarrow$) am Gitterplatz $\boldsymbol{R}_i$. Es gelten die Vertauschungsrelationen (8.109), (8.110) für Fermionen:

$$\left[a_{i\sigma}, a_{j\sigma'}\right]_+ = \left[a_{i\sigma}^+, a_{j\sigma'}^+\right]_+ = 0 \qquad \left[a_{i\sigma}, a_{j\sigma'}^+\right]_+ = \delta_{ij}\delta_{\sigma\sigma'} \ .$$

Zeigen Sie, dass durch

$$S_i^z = \frac{\hbar}{2}\left(n_{i\uparrow} - n_{i\downarrow}\right) \ ; \ n_{i\sigma} = a_{i\sigma}^+ a_{i\sigma}$$
$$S_i^+ = \hbar\, a_{i\uparrow}^+ a_{i\downarrow}$$
$$S_i^- = \hbar\, a_{i\downarrow}^+ a_{i\uparrow}$$

„ganz normale" Spinoperatoren definiert werden. Verifizieren Sie dazu die Vertauschungsrelationen!

8.4 Anwendungen

Wir wollen in diesem Kapitel an ein paar konkreten Anwendungsbeispielen die Auswirkungen des Prinzips der Ununterscheidbarkeit demonstrieren. Beginnen werden wir mit der Herleitung der sogenannten **Hartree-Fock-Gleichungen**, die als praktisch wichtige, numerisch auswertbare Grundgleichungen zur Bestimmung der Elektronenverteilungen in Atomen, Molekülen und Festkörpern zu gelten haben. Anschließend besprechen wir zwei relativ einfache, aber aufschlussreiche Zwei-Elektronen-Systeme, nämlich das Wasserstoffmolekül und das Heliumatom. Wir werden dabei die sogenannte **Austauschwechselwirkung** kennen lernen, auf der so wichtige Phänomene wie die *chemische Bindung* oder der gesamte Bereich des *Magnetismus* beruhen.

8.4.1 Hartree-Fock-Gleichungen

Als Anwendungsbeispiel für das *Variationsverfahren* haben wir in Abschn. 7.1.3 die Hartree-Gleichungen abgeleitet. Sie dienen der Festlegung optimaler Ein-Teilchen-Zustände für die Beschreibung von Viel-Teilchen-Systemen. Die nun abzuleitenden Hartree-Fock-Gleichungen erfüllen denselben Zweck, gehen aber von einem physikalisch korrekteren Ansatz aus. Um konkret zu sein, wollen wir in diesem Abschnitt an ein **Mehr-Elektronen-**

Atom denken, dessen Hamilton-Operator

$$H_N = \sum_{i=1}^{N} H_1^{(i)} + \frac{1}{2} \sum_{i,j}^{i \neq j} H_2^{(i,j)} \tag{8.127}$$

sich zusammensetzt aus einem Ein-Teilchen-Operator, der die kinetische Energie der Elektronen und ihre potentielle Energie im Coulomb-Feld des Z-fach positiv geladenen Kerns enthält,

$$H_1^{(i)} = \frac{\boldsymbol{p}_i^2}{2m} - \frac{Z e^2}{4\pi \varepsilon_0 r_i} , \tag{8.128}$$

und einem Zwei-Teilchen-Anteil, der die Coulomb-Abstoßung der Hüllenelektronen untereinander darstellt:

$$H_2^{(i,j)} = \frac{e^2}{4\pi \varepsilon_0 |\boldsymbol{r}_i - \boldsymbol{r}_j|} . \tag{8.129}$$

$\boldsymbol{r}_i$, $\boldsymbol{r}_j$ sind die Elektronenorte. Der Koordinatenursprung liege im als *ruhend* angenommenen Kern. Wir vernachlässigen jegliche spinabhängigen Effekte, insbesondere die *Spin-Bahn-Wechselwirkung*. Beim *Hartree-Verfahren* in Abschn. 7.1.3 hatten wir als *Testzustandswellenfunktion* für das N-Elektronen-System einen einfachen Produktansatz aus N Ein-Teilchen-Wellenfunktionen gewählt (7.18). Inzwischen haben wir gelernt, wie Systeme identischer Teilchen korrekt zu behandeln sind, und wissen darum, dass der Produktansatz nicht den notwendigen Symmetrieforderungen genügt. Elektronen sind Fermionen und werden deshalb durch antisymmetrisierte Zustände beschrieben. Darin besteht der neue Aspekt des Hartree-Fock-Verfahrens, das sich ebenfalls der Variationsmethode bedient, aber als *Testfunktional* $|\mathrm{HF}\rangle^{(-)}$ der zu variierenden Ein-Teilchen-Zustände Slater-Determinanten (8.77) verwendet, um von vorneherein die Symmetrie richtig zu gestalten:

$$|\mathrm{HF}\rangle^{(-)} = \frac{1}{\sqrt{N!}} \sum_{\mathcal{P}} (-1)^p \mathcal{P} \left(\left|\varphi_{\alpha_1}^{(1)}\right\rangle \left|\varphi_{\alpha_2}^{(2)}\right\rangle \cdots \left|\varphi_{\alpha_N}^{(N)}\right\rangle \right) . \tag{8.130}$$

Dieser Zustand ist gemäß (8.82) gleich passend normiert. In den Sätzen von Quantenzahlen α_i steckt nun insbesondere die Projektion ($\sigma = \uparrow$ oder $\downarrow$) des Elektronenspins:

$$|\varphi_\alpha\rangle \longleftrightarrow \begin{pmatrix} |\varphi_{\nu\uparrow}\rangle \\ |\varphi_{\nu\downarrow}\rangle \end{pmatrix} . \tag{8.131}$$

Die Aufgabe besteht wie beim Hartree-Verfahren darin, optimale Ein-Teilchen-Zustände $|\varphi_{\alpha_i}\rangle$ aufzufinden, wobei wir diese als orthonormiert voraussetzen wollen:

$$\langle \varphi_{\alpha_i} | \varphi_{\alpha_j} \rangle = \delta_{ij} . \tag{8.132}$$

Dies ist eine Nebenbedingung, die wir später mit Hilfe von *Lagrange'schen Multiplikatoren* (Abschn. 1.2.6, Bd. 2) in das Variationsverfahren einbeziehen werden. Vorerst gilt es jedoch, das Funktional

$$\langle H_N \rangle_{\mathrm{HF}} = \frac{^{(-)}\langle \mathrm{HF}|H_N|\mathrm{HF}\rangle^{(-)}}{^{(-)}\langle \mathrm{HF}|\mathrm{HF}\rangle^{(-)}} = {}^{(-)}\langle \mathrm{HF}|H_N|\mathrm{HF}\rangle^{(-)} \tag{8.133}$$

zu berechnen, um es dann nach den Ein-Teilchen-Zuständen zu variieren.

Wir bestimmen zunächst den Beitrag des Ein-Teilchen-Anteils im Hamilton-Operator (8.127):

$$\begin{aligned} &^{(-)}\langle \mathrm{HF}|\sum_i H_1^{(i)}|\mathrm{HF}\rangle^{(-)} \\ &= \frac{1}{N!}\sum_{\mathcal{P}\mathcal{P}'}(-1)^{p+p'}\langle \varphi_{\alpha_1}\cdots\varphi_{\alpha_N}|\mathcal{P}^+\sum_i H_1^{(i)}\mathcal{P}'|\varphi_{\alpha_1}\cdots\varphi_{\alpha_N}\rangle\,. \end{aligned}$$

In der Doppelsumme liefern nur die Terme $\mathcal{P}' = \mathcal{P}$ einen Beitrag, da die Ein-Teilchen-Zustände orthogonal sind und jeder von ihnen im N-Teilchen-Zustand genau einmal vorkommt. Für $\mathcal{P}' \neq \mathcal{P}$ gibt es mindestens ein Skalarprodukt $\langle \varphi_{\alpha_\mu}^{(j)}|\varphi_{\alpha_\nu}^{(j)}\rangle = 0$ wegen $\mu \neq \nu$:

$$^{(-)}\langle \mathrm{HF}|\sum_i H_1^{(i)}|HF\rangle^{(-)} = \sum_i \frac{1}{N!}\sum_{\mathcal{P}}\langle \varphi_{\alpha_1}\cdots\varphi_{\alpha_N}|\mathcal{P}^+ H_1^{(i)}\mathcal{P}|\varphi_{\alpha_1}\cdots\varphi_{\alpha_N}\rangle\,.$$

Die $(N-1)!$ Permutationen, die das i-te Teilchen festlassen, aber die $(N-1)$ anderen permutieren, liefern sämtlich denselben Beitrag:

$$^{(-)}\langle \mathrm{HF}|\sum_i H_1^{(i)}|\mathrm{HF}\rangle^{(-)} = \frac{(N-1)!}{N!}\sum_i\sum_{\mu=1}^N \left\langle \varphi_{\alpha_\mu}^{(i)}\middle| H_1^{(i)}\middle|\varphi_{\alpha_\mu}^{(i)}\right\rangle\,.$$

Wir können nun wieder die Äquivalenz der Ein-Teilchen-Hilbert-Räume ausnutzen und erhalten dann das bemerkenswerte Ergebnis, dass die Summation über die Teilchenindizes durch eine Summation über die verschiedenen Ein-Teilchen-Zustände ersetzt wird, die in der Slater-Determinante $|\mathrm{HF}\rangle^{(-)}$ vorkommen, wobei nur *Ein-Teilchen-Erwartungswerte* zu berechnen bleiben:

$$^{(-)}\langle \mathrm{HF}|\sum_{i=1}^N H_1^{(i)}|\mathrm{HF}\rangle^{(-)} = \sum_{\mu=1}^N \left\langle \varphi_{\alpha_\mu}^{(1)}\middle| H_1^{(1)}\middle|\varphi_{\alpha_\mu}^{(1)}\right\rangle\,. \tag{8.134}$$

Die Teilchenindizierung auf der rechten Seite ist jetzt natürlich eigentlich überflüssig geworden.

Auf dieselbe Art und Weise behandeln wir nun den Zwei-Teilchen-Term im Hamilton-Operator (8.127):

$$\begin{aligned} &^{(-)}\langle \mathrm{HF}|\frac{1}{2}\sum_{i,j}^{i\neq j} H_2^{(i,j)}|\mathrm{HF}\rangle^{(-)} \\ &= \frac{1}{2}\sum_{i,j}^{i\neq j}\frac{1}{N!}\sum_{\mathcal{P},\mathcal{P}'}(-1)^{p+p'}\langle \varphi_{\alpha_1}\cdots|\mathcal{P}^+ H_2^{(i,j)}\mathcal{P}'|\varphi_{\alpha_1}\cdots\rangle\,. \end{aligned}$$

Wegen (8.132) werden nur die Permutationen $\mathcal{P}' = \mathcal{P}$ und $\mathcal{P}' = P_{ij}\,\mathcal{P}$ einen von Null verschiedenen Beitrag liefern. Für die Anzahl der Transpositionen in $\mathcal{P}'$ kommt dann $p' = p$ oder $p' = p \pm 1$ in Frage:

$$
\begin{aligned}
&{}^{(-)}\langle \mathrm{HF}|\,\frac{1}{2}\sum_{i,j}^{i\neq j} H_2^{(i,j)}\,|\mathrm{HF}\rangle^{(-)} \\
&= \frac{1}{2}\sum_{i,j}^{i\neq j}\frac{1}{N!}\sum_{\mathcal{P}}\Big\{\langle\varphi_{\alpha_1}\cdots|\mathcal{P}^+ H_2^{(i,j)}\mathcal{P}|\varphi_{\alpha_1}\cdots\rangle \\
&\quad -\langle\varphi_{\alpha_1}\cdots|\mathcal{P}^+ H_2^{(i,j)}\,P_{ij}\,\mathcal{P}|\varphi_{\alpha_1}\cdots\rangle\Big\} \\
&= \frac{1}{2N(N-1)}\sum_{i,j}^{i\neq j}\sum_{\nu,\mu=1}^{N}\Big\{\Big\langle\varphi_{\alpha_\nu}^{(i)}\,\varphi_{\alpha_\mu}^{(j)}\Big|H_2^{(i,j)}\Big|\varphi_{\alpha_\nu}^{(i)}\,\varphi_{\alpha_\mu}^{(j)}\Big\rangle \\
&\quad -\Big\langle\varphi_{\alpha_\nu}^{(i)}\,\varphi_{\alpha_\mu}^{(j)}\Big|H_2^{(i,j)}\Big|\varphi_{\alpha_\nu}^{(j)}\,\varphi_{\alpha_\mu}^{(i)}\Big\rangle\Big\}\;.
\end{aligned}
$$

Im letzten Schritt haben wir, analog zu dem Gedankengang, der zu (8.134) führte, ausgenutzt, dass die $(N-2)!$ Permutationen $\mathcal{P}$, die die Teilchen i und j festlassen, zu identischen Summanden führen. In der Klammer stehen nicht-symmetrisierte Zwei-Teilchen-Zustände, deren Beiträge natürlich nicht wirklich von den Teilchenindizes i und j abhängen. Es lässt sich deshalb weiter vereinfachen:

$$
\begin{aligned}
&{}^{(-)}\langle \mathrm{HF}|\,\frac{1}{2}\sum_{i,j}^{i\neq j} H_2^{(i,j)}\,|\mathrm{HF}\rangle^{(-)} \\
&= \frac{1}{2}\sum_{\nu,\mu}^{\nu\neq\mu}\Big\{\Big\langle\varphi_{\alpha_\nu}^{(1)}\,\varphi_{\alpha_\mu}^{(2)}\Big|H_2^{(1,2)}\Big|\varphi_{\alpha_\nu}^{(1)}\,\varphi_{\alpha_\mu}^{(2)}\Big\rangle - \Big\langle\varphi_{\alpha_\nu}^{(1)}\,\varphi_{\alpha_\mu}^{(2)}\Big|H_2^{(1,2)}\Big|\varphi_{\alpha_\nu}^{(2)}\,\varphi_{\alpha_\mu}^{(1)}\Big\rangle\Big\}\;. \qquad (8.135)
\end{aligned}
$$

Mit (8.134) und (8.135) ist das Funktional $\langle H_N\rangle_{\mathrm{HF}}$ berechnet. Die weitere Auswertung erfolgt nun zweckmäßig in der **Ortsdarstellung**, wobei allerdings der Elektronenspin mitberücksichtigt werden muss. Da eine Spin-Bahn-Wechselwirkung außer acht bleiben soll, faktorisieren Orts- und Spinanteile in den Basiszuständen:

$$
|\boldsymbol{r}\,m_s\rangle = |\boldsymbol{r}\rangle|m_s\rangle\;,
$$

$$
\left|m_s = +\frac{1}{2}\right\rangle = \begin{pmatrix}1\\0\end{pmatrix}\;;\quad \left|m_s = -\frac{1}{2}\right\rangle = \begin{pmatrix}0\\1\end{pmatrix}\;.
$$

Mit (8.131) gilt dann für den Ein-Teilchen-Zustand $|\varphi_\alpha\rangle$ in der *Ortsdarstellung*:

$$
\langle\boldsymbol{r}\,m_s|\varphi_\alpha\rangle \equiv \varphi_{\nu\sigma}(\boldsymbol{r})\,\delta_{\sigma\,m_s}\;;\quad \alpha = (\nu,\sigma)\;, \qquad (8.136)
$$

$$
\langle\boldsymbol{r}|\varphi_{\nu\sigma}\rangle \equiv \varphi_{\nu\sigma}(\boldsymbol{r})\;;\quad \sigma = \uparrow,\downarrow\;. \qquad (8.137)
$$

Für die Identität des Ein-Teilchen-Hilbert-Raums lässt sich in der Basis $\{|\boldsymbol{r}\,m_s\rangle\}$ schreiben:

$$
\mathbf{1}_1 = \sum_{m_s}\int \mathrm{d}^3r\,|\boldsymbol{r}\,m_s\rangle\langle\boldsymbol{r}\,m_s|\;. \qquad (8.138)
$$

Durch passendes *Einschieben der Identität* formen wir (8.134) um:

$$\begin{aligned}\langle\varphi_{\alpha_\mu}|H_1|\varphi_{\alpha_\mu}\rangle &\overset{\alpha_\mu\equiv(\mu,\sigma_\mu)}{=} \sum_{m_s}\int d^3r\langle\varphi_{\alpha_\mu}|\boldsymbol{r}\,m_s\rangle\langle\boldsymbol{r}\,m_s|H_1|\varphi_{\alpha_\mu}\rangle \\ &= \int d^3r\,\langle\varphi_{\mu\,\sigma_\mu}|\boldsymbol{r}\rangle\langle\boldsymbol{r}|H_1|\varphi_{\mu\,\sigma_\mu}\rangle \\ &= \int d^3r\,\varphi^*_{\mu\,\sigma_\mu}(\boldsymbol{r})\left(-\frac{\hbar^2}{2m}\Delta-\frac{Z\,e^2}{4\pi\,\varepsilon_0 r}\right)\varphi_{\mu\,\sigma_\mu}(\boldsymbol{r})\,.\end{aligned}$$

Hier haben wir zunächst ausgenutzt, dass H_1 spinunabhängig ist, und sind dann *wie üblich* (s. (3.253)) in die Ortsdarstellung gewechselt.

Die Matrixelemente in (8.135) werden auf die gleiche Weise umgeformt:

$$\begin{aligned}&\left\langle\varphi^{(1)}_{\alpha_\nu}\,\varphi^{(2)}_{\alpha_\mu}\right|H_2^{(1,2)}\left|\varphi^{(1)}_{\alpha_\nu}\,\varphi^{(2)}_{\alpha_\mu}\right\rangle \\ &= \sum_{m_s}\sum_{m_s'}\iint d^3r\,d^3r'\left\langle\varphi^{(1)}_{\alpha_\nu}\,\varphi^{(2)}_{\alpha_\mu}\right|(\boldsymbol{r}\,m_s)^{(1)}\,(\boldsymbol{r}'\,m_s')^{(2)}\Big\rangle \\ &\quad\cdot\Big\langle(\boldsymbol{r}\,m_s)^{(1)}\,(\boldsymbol{r}'\,m_s')^{(2)}\Big|H_2^{(1,2)}\left|\varphi^{(1)}_{\alpha_\nu}\,\varphi^{(2)}_{\alpha_\mu}\right\rangle \\ &= \iint d^3r\,d^3r'\,\varphi^*_{\nu\,\sigma_\nu}(\boldsymbol{r})\,\varphi^*_{\mu\sigma_\mu}(\boldsymbol{r}')\,\frac{e^2}{4\pi\,\varepsilon_0|\boldsymbol{r}-\boldsymbol{r}'|}\,\varphi_{\nu\,\sigma_\nu}(\boldsymbol{r})\,\varphi_{\mu\,\sigma_\mu}(\boldsymbol{r}')\,.\end{aligned}$$

Ganz analog findet man für den zweiten Summanden in (8.135):

$$\begin{aligned}&\left\langle\varphi^{(1)}_{\alpha_\nu}\,\varphi^{(2)}_{\alpha_\mu}\right|H_2^{(1,2)}\left|\varphi^{(2)}_{\alpha_\nu}\,\varphi^{(1)}_{\alpha_\mu}\right\rangle \\ &= \delta_{\sigma_\nu\sigma_\mu}\iint d^3r\,d^3r'\,\varphi^*_{\nu\,\sigma_\nu}(\boldsymbol{r})\,\varphi^*_{\mu\,\sigma_\mu}(\boldsymbol{r}')\,\frac{e^2}{4\pi\,\varepsilon_0|\boldsymbol{r}-\boldsymbol{r}'|}\,\varphi_{\nu\,\sigma_\nu}(\boldsymbol{r}')\,\varphi_{\mu\,\sigma_\mu}(\boldsymbol{r})\,.\end{aligned}$$

Das Kronecker-Delta für die Spinvariable resultiert wegen (8.136) aus der *Teilchenvertauschung* im ket-Zustand. Hier handelt es sich also offenbar um einen Wechselwirkungsterm ausschließlich zwischen Elektronen **parallelen** Spins.

Insgesamt haben wir für das Energiefunktional (8.133) den folgenden Ausdruck gefunden:

$$\begin{aligned}\langle H_N\rangle_{\mathrm{HF}} &= \sum_{\mu\sigma}\int d^3r\,\varphi^*_{\mu\sigma}(\boldsymbol{r})\left(-\frac{\hbar^2}{2m}\Delta-\frac{Z\,e^2}{4\pi\,\varepsilon_0 r}\right)\varphi_{\mu\sigma}(\boldsymbol{r}) \\ &\quad+\frac{1}{2}\,\frac{e^2}{4\pi\,\varepsilon_0}\sum_{\substack{\mu,\nu\\ \sigma,\sigma'}}^{(\mu,\sigma)\neq(\nu,\sigma')}\iint d^3r\,d^3r'\,\varphi^*_{\mu\sigma}(\boldsymbol{r})\,\varphi^*_{\nu\sigma'}(\boldsymbol{r}')\,\frac{1}{|\boldsymbol{r}-\boldsymbol{r}'|} \\ &\quad\cdot\left(\varphi_{\mu\sigma}(\boldsymbol{r})\,\varphi_{\nu\sigma'}(\boldsymbol{r}')-\delta_{\sigma\sigma'}\,\varphi_{\mu\sigma'}(\boldsymbol{r}')\,\varphi_{\nu\sigma}(\boldsymbol{r})\right)\,.\end{aligned}\qquad(8.139)$$

Mit den zu berücksichtigenden Nebenbedingungen (8.132) haben wir diese Beziehung nun nach den Ein-Teilchen-Wellenfunktionen zu variieren und die erste Variation gleich Null zu setzen:

$$\delta\Big(\langle H_N\rangle_{\mathrm{HF}} - \sum_{\substack{\mu\nu\\ \sigma}} \varepsilon_{\mu\nu\sigma} \int d^3r\, \varphi^*_{\mu\sigma}(\boldsymbol{r})\, \varphi_{\nu\sigma}(\boldsymbol{r})\Big) \stackrel{!}{=} 0\,.$$

Die $\varepsilon_{\mu\nu\sigma}$ sind **Lagrange-Multiplikatoren**. Die Durchführung des Verfahrens erfolgt exakt so wie zu den Hartree-Gleichungen (7.22) ausführlich besprochen. Wir können uns hier deshalb auf die Angabe des Ergebnisses beschränken:

Hartree-Fock-Gleichungen

$$\left(-\frac{\hbar^2}{2m}\Delta - \frac{Ze^2}{4\pi\varepsilon_0 r}\right)\varphi_{\mu\sigma}(\boldsymbol{r}) + \frac{e^2}{4\pi\varepsilon_0}\sum_{\nu,\sigma'}^{(\mu\sigma)\neq(\nu\sigma')}\int d^3r'\,\varphi^*_{\nu\sigma'}(\boldsymbol{r}')\,\frac{1}{|\boldsymbol{r}-\boldsymbol{r}'|}$$
$$\cdot\left(\varphi_{\mu\sigma}(\boldsymbol{r})\varphi_{\nu\sigma'}(\boldsymbol{r}') - \delta_{\sigma\sigma'}\,\varphi_{\mu\sigma'}(\boldsymbol{r}')\,\varphi_{\nu\sigma}(\boldsymbol{r})\right) - \sum_{\nu}\varepsilon_{\mu\nu\sigma}\,\varphi_{\nu\sigma}(\boldsymbol{r}) \stackrel{!}{=} 0\,. \tag{8.140}$$

Es ist üblich, den letzten Term noch durch eine passende unitäre Transformation zu diagonalisieren,

$$\varepsilon_{\mu\nu\sigma} \xrightarrow{U} \varepsilon_{\mu\sigma}\,\delta_{\mu\nu}\,,$$

wodurch natürlich auch die Wellenfunktionen $\varphi_{\nu\sigma}(\boldsymbol{r})$ in entsprechende Linearkombinationen übergehen. Da wir über diese aber noch gar nicht verfügt haben, sie ja erst berechnen wollen, benutzen wir weiterhin dieselben Buchstaben. Das ergibt die folgende, häufiger benutzte Form der

Hartree-Fock-Gleichungen

$$\left[-\frac{\hbar^2}{2m}\Delta - \frac{Ze^2}{4\pi\varepsilon_0 r} + \frac{e^2}{4\pi\varepsilon_0}\sum_{\nu,\sigma'}^{(\mu\sigma)\neq(\nu\sigma')}\int d^3r'\,\frac{|\varphi_{\nu\sigma'}(\boldsymbol{r}')|^2}{|\boldsymbol{r}-\boldsymbol{r}'|}\right.$$
$$\left. - \widehat{A}_{\mu\sigma}(\boldsymbol{r})\right]\varphi_{\mu\sigma}(\boldsymbol{r}) = \varepsilon_{\mu\sigma}\,\varphi_{\mu\sigma}(\boldsymbol{r})\,. \tag{8.141}$$

Die Hartree-Fock-Gleichungen unterscheiden sich von den Hartree-Gleichungen (7.22) durch den **Austauschterm**,

$$\widehat{A}_{\mu\sigma}(\boldsymbol{r}) = \sum_{\nu}^{\nu\neq\mu}\int d^3r'\,\frac{e^2}{4\pi\varepsilon_0|\boldsymbol{r}-\boldsymbol{r}'|}\,\frac{\varphi^*_{\nu\sigma}(\boldsymbol{r}')\varphi_{\mu\sigma}(\boldsymbol{r}')\,\varphi_{\nu\sigma}(\boldsymbol{r})}{\varphi_{\mu\sigma}(\boldsymbol{r})}\,, \tag{8.142}$$

der ausschließlich von den Elektronen bewirkt wird, deren Spin parallel zu dem des herausgehobenen (μ, σ)-Elektrons orientiert ist. Man bezeichnet diesen Term als **nicht-lokal**, da in ihm $\varphi_{\mu\sigma}$ mit dem Argument $\boldsymbol{r}' \neq \boldsymbol{r}$ vorkommt. Nicht zuletzt dadurch wird das System der Integraldifferentialgleichungen (8.141) analytisch in der Regel unlösbar. Man kommt für realistische Problemstellungen ohne leistungsfähigen Computer nicht aus.

Auch die *Hartree-Fock-Gleichungen* haben die Gestalt einer Eigenwertgleichung für die Lagrange'schen Multiplikatoren $\varepsilon_{\mu\sigma}$ und die Ein-Teilchen-Wellenfunktionen $\varphi_{\mu\sigma}(\boldsymbol{r})$. Folgende Terme bestimmen diese:

1. kinetische Energie,
2. Coulomb-Anziehung durch den Z-fach positiv geladenen Kern,
3. (*selbstkonsistente*) Abstoßung durch *die anderen* Elektronen,
4. *effektive* Anziehung durch *andere* Elektronen mit parallelem Spin infolge des *Austauschterms*.

Neu im Vergleich zu den Hartree-Gleichungen ist Punkt 4). Der Austauschterm ist eine unmittelbare Folge des *Antisymmetrisierungsprinzips* und damit *klassisch unverständlich*. Er vermittelt den Eindruck, als läge für das herausgegriffene Elektron im Zustand $|\varphi_{\mu\sigma}\rangle$ eine *zusätzliche, effektive* Wechselwirkung vor. Dieser hat man den Namen *Austauschwechselwirkung* gegeben. Gleichbedeutend mit dem *Antisymmetrisierungsprinzip* ist ja das **Pauli-Prinzip**, demzufolge Elektronen parallelen Spins *einander ausweichen*. Jeder Mechanismus, der gleichnamig geladene Teilchen *auf Abstand* hält, bewirkt aber andererseits eine Absenkung der potentiellen Energie, äquivalent zu einer *effektiv anziehenden* Wechselwirkung.

Der eben geschilderte Einfluss des Pauli-Prinzips wird natürlich besonders groß, wenn möglichst viele Elektronen *spontan*, d. h. ohne äußere Einwirkung, ihre Spins parallel stellen. Daraus erklärt sich das Phänomen *Magnetismus* in einem Festkörper. Die Tatsache, dass nicht alle Stoffe *magnetisch* sind, ist ebenfalls eine Folge des Pauli-Prinzips. Durch die Parallelstellung der Spins müssen die Elektronen immer höhere Niveaus besetzen, ihre *kinetische Energie* nimmt gewissermaßen zu. Wenn die Abnahme der potentiellen Energie die Zunahme an kinetischer Energie übertrifft, werden sich die Elektronenspins *spontan* parallel stellen. Die magnetischen Spinmomente (5.240) sorgen dann für eine *spontane Magnetisierung* des Festkörpers. Im umgekehrten Fall ist es für das System energetisch günstiger, gleich viele $\sigma = \uparrow$- wie $\sigma = \downarrow$-Elektronen zu enthalten. Die magnetischen Spinmomente (Vektoren!) kompensieren sich. Der Festkörper ist dann *unmagnetisch*.

Die Lösung der *Hartree-Fock-Gleichungen* (8.141) erfolgt durch Iteration, genauso wie im Zusammenhang mit den *Hartree-Gleichungen* im Anschluss an (7.24) erläutert. Das Ergebnis sind *optimale* Ein-Teilchen-Zustände $\varphi_{\mu\sigma}(\boldsymbol{r})$, mit denen sich eine Abschätzung (obere Schranke) der Grundzustandsenergie E_0 berechnen lässt. Der Vergleich von (8.141) und

(8.139) liefert zusammen mit dem Variationsprinzip (7.5):

$$E_0 \leq \langle H_N \rangle_{\mathrm{HF}} = \sum_{\mu\sigma} \varepsilon_{\mu\sigma} - \frac{1}{2} \sum_{\substack{\mu,\nu \\ \sigma,\sigma'}}^{(\mu\sigma)\neq(\nu\sigma')} \left(C_{\mu\sigma}^{\nu\sigma'} - A_{\mu\sigma}^{\nu\sigma} \, \delta_{\sigma\sigma'} \right) . \tag{8.143}$$

Hier haben wir die folgenden Abkürzungen benutzt:

Coulomb-Integral

$$C_{\mu\sigma}^{\nu\sigma'} = \frac{e^2}{4\pi\,\varepsilon_0} \iint \mathrm{d}^3 r \, \mathrm{d}^3 r' \, \frac{|\varphi_{\mu\sigma}(\boldsymbol{r})|^2 \, |\varphi_{\nu\sigma'}(\boldsymbol{r}')|^2}{|\boldsymbol{r} - \boldsymbol{r}'|} , \tag{8.144}$$

Austauschintegral

$$A_{\mu\sigma}^{\nu\sigma} = \frac{e^2}{4\pi\,\varepsilon_0} \iint \mathrm{d}^3 r \, \mathrm{d}^3 r' \, \frac{\varphi_{\mu\sigma}^*(\boldsymbol{r}) \, \varphi_{\nu\sigma}^*(\boldsymbol{r}') \, \varphi_{\mu\sigma}(\boldsymbol{r}') \, \varphi_{\nu\sigma}(\boldsymbol{r})}{|\boldsymbol{r} - \boldsymbol{r}'|} . \tag{8.145}$$

Die Hartree-Fock-Energie ist niedriger als die Hartree-Energie, stellt damit nach dem Variationsprinzip eine bessere Näherung für die Grundzustandsenergie dar. Exakt ist natürlich auch sie nicht, da die Slater-Determinante (8.130) nur im Fall **nicht** wechselwirkender Elektronen mit dem Grundzustand übereinstimmt.

8.4.2 Wasserstoffmolekül

Wir wollen in diesem Abschnitt mit Hilfe einer einfachen Modellrechnung (*Heitler-London-Verfahren*) demonstrieren, dass die **homöopolare (chemische) Bindung** des H_2-Moleküls eine unmittelbare Folge des *Antisymmetrisierungsprinzips* für Systeme identischer Fermionen ist. Beim Wasserstoffmolekül handelt es sich natürlich eigentlich um ein Vier-Teilchen-Problem, da es sich aus zwei Elektronen $(\mathrm{e}_1^-, \mathrm{e}_2^-)$ und zwei Protonen $(\mathrm{p_a}, \mathrm{p_b})$ zusammensetzt. Protonenmassen sind jedoch rund 2000 mal größer als Elektronenmassen. Wir können deshalb in einer ersten, recht gut zu rechtfertigenden Approximation die Kernmitbewegung vernachlässigen und die Protonen mit festem Abstand bei $\boldsymbol{R}_\mathrm{a}$ und $\boldsymbol{R}_\mathrm{b}$ fixieren. Es bleibt dann effektiv ein *Zwei-Elektronen-Problem*.

In einer weiteren Vereinfachung wollen wir im Hamilton-Operator nur Coulomb-Wechselwirkungen berücksichtigen und den Spin der Elektronen lediglich bei der Klassifikation

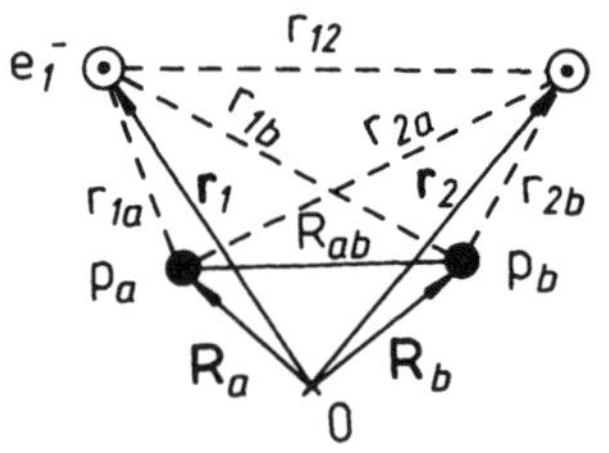

Abb. 8.4 Zur Festlegung der Abstände im Wasserstoffmolekül

der Zustände ins Spiel bringen. Abbildung 8.4 verdeutlicht, welche Terme in Betracht kommen:

$$H = \sum_{i=1}^{2} \left[\frac{\boldsymbol{p}_i^2}{2m} - \frac{e^2}{4\pi\,\varepsilon_0} \left(\frac{1}{r_{i\,\mathrm{a}}} + \frac{1}{r_{i\,\mathrm{b}}} \right) \right] + \frac{e^2}{4\pi\,\varepsilon_0} \left(\frac{1}{r_{12}} + \frac{1}{R_{\mathrm{ab}}} \right) . \tag{8.146}$$

Neben der kinetischen Energie der beiden Elektronen und ihrer Coulomb-Anziehung durch die beiden Protonen,

$$r_{i\,\mathrm{a}} = |\boldsymbol{r}_i - \boldsymbol{R}_\mathrm{a}| \, ; \quad r_{i\,\mathrm{b}} = |\boldsymbol{r}_i - \boldsymbol{R}_\mathrm{b}| \, , \quad (i = 1, 2) \, , \tag{8.147}$$

haben wir noch ihre wechselseitige Abstoßung und die analoge Abstoßung zwischen den Protonen einzubeziehen:

$$r_{12} = |\boldsymbol{r}_1 - \boldsymbol{r}_2| \, ; \quad R_{\mathrm{ab}} = |\boldsymbol{R}_\mathrm{a} - \boldsymbol{R}_\mathrm{b}| \, . \tag{8.148}$$

Die Eigenzustände und Eigenwerte des Gesamt-Hamilton-Operators werden Funktionen des Protonenabstands R_{ab} sein, der in unserem Modell als Parameter aufzufassen ist und nicht etwa eine dynamische Variable darstellt.

Der Hamilton-Operator (8.146) ist, wie von der allgemeinen Theorie gefordert, symmetrisch in den Indizes 1 und 2 der beiden identischen Fermionen. H enthält keine Spinanteile, vertauscht somit sowohl mit dem Quadrat als auch mit der z-Komponente des Gesamtspinoperators $\boldsymbol{S}$ des Zwei-Elektronen-Systems. Die gemeinsamen Eigenzustände werden in einen Ortsanteil $|q\rangle$ und einen Spinanteil faktorisieren:

$$|\psi_2\rangle = |q\rangle |S\, m_s\rangle \, .$$

Den Spinanteil können wir exakt angeben. Aus Abschn. 5.4.4 wissen wir, dass die beiden Spin $(1/2)$-Teilchen zu einem Gesamtspin $S = 0$ oder $S = 1$ koppeln können. Die zugehörigen vier möglichen Spinzustände,

$$|0\,0\rangle \, ; \quad |1\,-1\rangle, |1\,0\rangle, |1\,1\rangle \, ,$$

haben wir als Aufgabe 5.4.1 berechnet. Es ergibt sich ein Singulett,

$$|0\;0\rangle = \frac{1}{\sqrt{2}} \left(|\uparrow\rangle^{(1)} |\downarrow\rangle^{(2)} - |\uparrow\rangle^{(2)} |\downarrow\rangle^{(1)} \right) , \tag{8.149}$$

und ein Triplett:

$$\begin{aligned} |1\,-1\rangle &= |\downarrow\rangle^{(1)}|\downarrow\rangle^{(2)}\,, \\ |1\,0\rangle &= \frac{1}{\sqrt{2}}\left(|\uparrow\rangle^{(1)}|\downarrow\rangle^{(2)} + |\uparrow\rangle^{(2)}|\downarrow\rangle^{(1)}\right), \\ |1\,1\rangle &= |\uparrow\rangle^{(1)}|\uparrow\rangle^{(2)}\,. \end{aligned} \tag{8.150}$$

Der Singulett-Zustand ist offensichtlich antisymmetrisch gegenüber Teilchenvertauschung, der Triplett-Zustand symmetrisch. Da der Gesamtzustand $|\psi_2\rangle$ des Zwei-Elektronen-Systems auf jeden Fall antisymmetrisch sein muss, koppelt $|0\,0\rangle$ mit einem symmetrischen und $|1\,m_s\rangle$ mit einem antisymmetrischen Ortsanteil:

$$\left|\psi_2^{(S)}\right\rangle = \left|q^{(+)}\right\rangle |0\,0\rangle\;; \quad \left|\psi_2^{(T)}\right\rangle = \left|q^{(-)}\right\rangle |1\,m_s\rangle\,. \tag{8.151}$$

Hier deutet sich eine bemerkenswerte Korrelation zwischen der Symmetrie der Ortswellenfunktion und dem Spin S an. Sollte sich herausstellen, dass zu $|q^{(+)}\rangle$ und $|q^{(-)}\rangle$ unterschiedliche Energien gehören, so wäre eine gewisse Spineinstellung energetisch bevorzugt, und das, obwohl der Hamilton-Operator selbst spinunabhängig ist.

Der Ortsanteil $|q^{(\pm)}\rangle$ lässt sich nicht exakt berechnen. Wir werden uns hier mit einer sehr einfachen Abschätzung zufrieden geben, die aber bereits die physikalisch wichtigen Aspekte recht gut wiedergibt. Für den Grenzfall $R_{\mathrm{ab}} \to \infty$, in dem die beiden Protonen zusammen mit *ihrem* Elektron unendlich weit voneinander entfernt sind, geht die Aufgabenstellung in das aus Abschn. 6.2 bekannte *normale* Wasserstoffproblem über, dessen Lösungen wir bereits kennen:

$$\begin{aligned} \left(\frac{\boldsymbol{p}_1^2}{2m} - \frac{e^2}{4\pi\,\varepsilon_0 r_{1\mathrm{a}}}\right)\left|\varphi_{\mathrm{a}}^{(1)}\right\rangle &= E_{\mathrm{a}}\left|\varphi_{\mathrm{a}}^{(1)}\right\rangle\,, \\ \left(\frac{\boldsymbol{p}_2^2}{2m} - \frac{e^2}{4\pi\,\varepsilon_0 r_{2\mathrm{b}}}\right)\left|\varphi_{\mathrm{b}}^{(2)}\right\rangle &= E_{\mathrm{b}}\left|\varphi_{\mathrm{b}}^{(2)}\right\rangle\,. \end{aligned}$$

Wir benutzen die aus diesen Gleichungen resultierenden Eigenzustände als Ein-Teilchen-Zustände zum Aufbau korrekt antisymmetrisierter Zwei-Teilchen-Zustände:

$$\begin{aligned} \left|q^{(\pm)}\right\rangle &= S_2^{(\pm)}\,|\varphi_{\mathrm{a}}\,\varphi_{\mathrm{b}}\rangle \overset{(8.56)}{=} \frac{1}{2!}\left(\mathbf{1}_2 \pm P_{12}\right)\left(\left|\varphi_{\mathrm{a}}^{(1)}\right\rangle\left|\varphi_{\mathrm{b}}^{(2)}\right\rangle\right) \\ &= \frac{1}{2}\left(\left|\varphi_{\mathrm{a}}^{(1)}\right\rangle\left|\varphi_{\mathrm{b}}^{(2)}\right\rangle \pm \left|\varphi_{\mathrm{a}}^{(2)}\right\rangle\left|\varphi_{\mathrm{b}}^{(1)}\right\rangle\right)\,. \end{aligned} \tag{8.152}$$

Dieses ist der exakte Eigenzustand natürlich nur dann, wenn die beiden Wasserstoffatome unendlich weit voneinander entfernt sind. Die Näherung besteht nun darin (*Heitler-London-Verfahren*), auch für endliches R_{ab} den Zwei-Elektronen-Zustand $|q^{(\pm)}\rangle$ als *approximativen* Eigenzustand zu verwenden, um mit diesem dann den Erwartungswert des

Hamilton-Operators als Abschätzung für die Systemenergie zu berechnen:

$$E_\pm = \frac{\left\langle q^{(\pm)} \middle| H \middle| q^{(\pm)} \right\rangle}{\left\langle q^{(\pm)} \middle| q^{(\pm)} \right\rangle} \,. \tag{8.153}$$

Wir nehmen dabei in Kauf, dass der Ansatz (8.152) *polare* Zustände von der Form

$$\left|\varphi_{a_1}^{(1)}\right\rangle \left|\varphi_{a_2}^{(2)}\right\rangle \; ; \quad \left|\varphi_{b_1}^{(1)}\right\rangle \left|\varphi_{b_2}^{(2)}\right\rangle$$

vernachlässigt, die Situationen betreffen, in denen sich beide Elektronen bei ein und demselben Proton aufhalten. Im Hinblick auf die *chemische Bindung*, auf deren Verständnis diese Modellrechnung abzielen soll, wären sie ein Maß für die *Rest-Ionizität.*

Uns kommt es vor allem auf eine Abschätzung der Grundzustandsenergie an. Es liegt dann natürlich nahe, $|\varphi_a\rangle$ und $|\varphi_b\rangle$ als die beiden Grundzustände der Wasserstoffatomelektronen aufzufassen ($\hat{=}$ 1s-Wellenfunktionen). Da die Zustände zu verschiedenen Kernen gehören, braucht das Pauli-Prinzip nicht beachtet zu werden. Die beiden Elektronen können die Grundzustände auch mit gleichen Spinprojektionen besetzen. Nach dem *Variationsprinzip* (7.5) stellt (8.153) auf jeden Fall eine obere Schranke für die Grundzustandsenergie dar.

Wir wollen von der Tatsache, dass $|\varphi_a\rangle$, $|\varphi_b\rangle$ Grundzustände sein sollen, zunächst keinen expliziten Gebrauch machen, sondern beliebige Eigenzustände des Wasserstoffatoms zulassen. Diese sollen normiert sein, können aber nicht als zueinander orthogonal angenommen werden. Das sogenannte *Überlappintegral,*

$$L_{ab} \equiv \left\langle \varphi_a^{(1,2)} \middle| \varphi_b^{(1,2)} \right\rangle = \int d^3r\, \varphi_a^*(\boldsymbol{r})\, \varphi_b(\boldsymbol{r}) = L_{ba}^* \,, \tag{8.154}$$

wird stets von Null verschieden sein, da die Wasserstoffeigenfunktionen um **verschiedene** Kernorte zentriert sind. Allerdings wird L_{ab} rasch mit wachsendem Kernabstand R_{ab} abnehmen. Es bestimmt die Normierung des *Testzustands* $|q^{(\pm)}\rangle$:

$$\left\langle q^{(\pm)} \middle| q^{(\pm)} \right\rangle = \frac{1}{2}\left(1 \pm |L_{ab}|^2\right) . \tag{8.155}$$

Für den Zähler in (8.153) sind die folgenden Terme zu berechnen:

$$\left\langle \varphi_a^{(1)} \right| \left\langle \varphi_b^{(2)} \right| H \left| \varphi_a^{(1)} \right\rangle \left| \varphi_b^{(2)} \right\rangle = \left\langle \varphi_a^{(2)} \right| \left\langle \varphi_b^{(1)} \right| H \left| \varphi_a^{(2)} \right\rangle \left| \varphi_b^{(1)} \right\rangle$$

$$= E_a + E_b + \frac{e^2}{4\pi\,\varepsilon_0 R_{ab}}$$

$$+ \frac{e^2}{4\pi\,\varepsilon_0} \left\langle \varphi_a^{(1)} \right| \left\langle \varphi_b^{(2)} \right| \left(\frac{1}{r_{12}} - \frac{1}{r_{1b}} - \frac{1}{r_{2a}} \right) \left| \varphi_a^{(1)} \right\rangle \left| \varphi_b^{(2)} \right\rangle$$

$$= E_a + E_b + \frac{e^2}{4\pi\,\varepsilon_0}\left[\frac{1}{R_{ab}} - \left\langle\varphi_a^{(1)}\right|\frac{1}{r_{1b}}\left|\varphi_a^{(1)}\right\rangle\right.$$

$$\left. - \left\langle\varphi_b^{(2)}\right|\frac{1}{r_{2a}}\left|\varphi_b^{(2)}\right\rangle + \left\langle\varphi_a^{(1)}\right|\left\langle\varphi_b^{(2)}\right|\frac{1}{r_{12}}\left|\varphi_a^{(1)}\right\rangle\left|\varphi_b^{(2)}\right\rangle\right],$$

$$\left\langle\varphi_a^{(1)}\right|\left\langle\varphi_b^{(2)}\right|H\left|\varphi_a^{(2)}\right\rangle\left|\varphi_b^{(1)}\right\rangle = \left(\left\langle\varphi_a^{(2)}\right|\left\langle\varphi_b^{(1)}\right|H\left|\varphi_a^{(1)}\right\rangle\left|\varphi_b^{(2)}\right\rangle\right)^*$$

$$= \left(E_a + E_b + \frac{e^2}{4\pi\,\varepsilon_0 R_{ab}}\right)|L_{ab}|^2 - \frac{e^2}{4\pi\,\varepsilon_0}\left(\left\langle\varphi_a^{(1)}\right|\frac{1}{r_{1b}}\left|\varphi_b^{(1)}\right\rangle L_{ab}^*\right.$$

$$\left. + \left\langle\varphi_b^{(2)}\right|\frac{1}{r_{2a}}\left|\varphi_a^{(2)}\right\rangle L_{ab}\right) + \frac{e^2}{4\pi\,\varepsilon_0}\left\langle\varphi_a^{(1)}\right|\left\langle\varphi_b^{(2)}\right|\frac{1}{r_{12}}\left|\varphi_a^{(2)}\right\rangle\left|\varphi_b^{(1)}\right\rangle .$$

Man definiert nun, etwas anders als bei den Hartree-Fock-Gleichungen in (8.144), als **Coulomb-Integral**:

$$C_{ab} = \frac{e^2}{4\pi\,\varepsilon_0}\left[\frac{1}{R_{ab}} - \int d^3r_1\,\frac{|\varphi_a(\boldsymbol{r}_1)|^2}{|\boldsymbol{r}_1 - \boldsymbol{R}_b|} - \int d^3r_2\,\frac{|\varphi_b(\boldsymbol{r}_2)|^2}{|\boldsymbol{r}_2 - \boldsymbol{R}_a|}\right.$$
$$\left. + \iint d^3r_1\,d^3r_2\,\frac{|\varphi_a(\boldsymbol{r}_1)|^2\,|\varphi_b(\boldsymbol{r}_2)|^2}{|\boldsymbol{r}_1 - \boldsymbol{r}_2|}\right]. \qquad (8.156)$$

Die Terme sind leicht (*klassisch*) interpretierbar. Der erste resultiert aus der Coulomb-Abstoßung der beiden Protonen, der zweite aus der Anziehung des zum Kern *a* gehörigen Elektrons durch Kern *b*, der dritte aus der Anziehung des zum Kern *b* gehörigen Elektrons durch Kern *a* und der vierte aus der Coulomb-Abstoßung der beiden Elektronen.

Klassisch nicht interpretierbar sind dagegen die Terme des **Austauschintegrals**:

$$A_{ab} = \frac{e^2}{4\pi\,\varepsilon_0}\left[\frac{1}{R_{ab}}|L_{ab}|^2 - \mathrm{Re}\left(L_{ab}^*\int d^3r_1\,\frac{\varphi_a^*(\boldsymbol{r}_1)\,\varphi_b(\boldsymbol{r}_1)}{|\boldsymbol{r}_1 - \boldsymbol{R}_b|}\right.\right.$$
$$\left. + L_{ab}\int d^3r_2\,\frac{\varphi_b^*(\boldsymbol{r}_2)\,\varphi_a(\boldsymbol{r}_2)}{|\boldsymbol{r}_2 - \boldsymbol{R}_a|}\right)$$
$$\left. + \mathrm{Re}\iint d^3r_1\,d^3r_2\,\frac{\varphi_a^*(\boldsymbol{r}_1)\,\varphi_b^*(\boldsymbol{r}_2)\,\varphi_a(\boldsymbol{r}_2)\,\varphi_b(\boldsymbol{r}_1)}{|\boldsymbol{r}_1 - \boldsymbol{r}_2|}\right]. \qquad (8.157)$$

Wenn $|\varphi_a\rangle$ und $|\varphi_b\rangle$ die Grundzustände der beiden Wasserstoffatome sind, so sind sämtliche Größen in (8.157) reell. Außerdem werden dann der zweite und dritte Summand identisch.

Setzen wir nun die zuletzt berechneten Teilergebnisse in (8.153) ein, so ergibt sich:

$$E_\pm = E_a + E_b + \frac{C_{ab} \pm A_{ab}}{1 \pm |L_{ab}|^2}. \qquad (8.158)$$

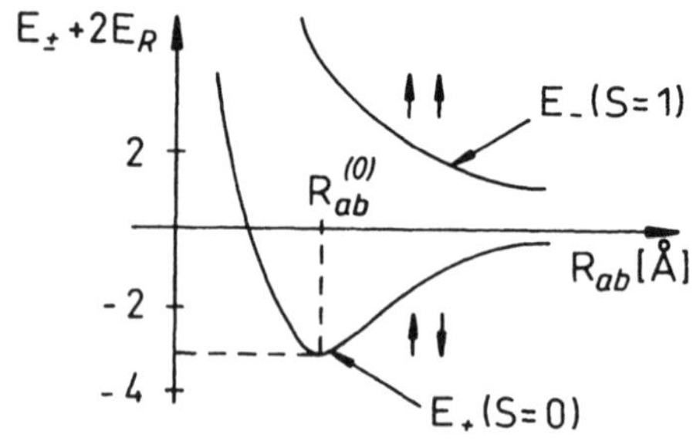

Abb. 8.5 Singulett- und Triplett-Grundzustandsenergien für das Wasserstoffmolekül nach dem Heitler-London-Verfahren als Funktionen des Protonenabstands

Die Energie E_+ gehört zum Singulett-Zustand $|\psi_2^{(S)}\rangle$, die Energie E_- zum Triplett-Zustand $|\psi_2^{(T)}\rangle$ (8.151). Die Integrale L_{ab}, C_{ab}, A_{ab} sind mit den bekannten Eigenfunktionen des Wasserstoffatoms (s. (6.60) bis (6.65)) am Rechner leicht auswertbar. Die erste analytische Berechnung geht auf W. Heitler und F. London (Z. Phys. **44**, 455 (1927)) und Y. Suguira (Z. Phys. **45**, 485 (1927)) zurück, wobei die Grundzustandswellenfunktionen der um $\boldsymbol{R}_{\text{a}}$ und $\boldsymbol{R}_{\text{b}}$ zentrierten Wasserstoffatome verwendet wurden. Die numerischen Werte der Integrale hängen stark vom Kernabstand R_{ab} ab (Abb. 8.5). Wichtig ist, dass für nicht zu kleine Abstände $|L_{\text{ab}}| \ll 1$ und $A_{\text{ab}} < 0$ sind. Dies bedeutet:

$$E_+ < E_- \,. \tag{8.159}$$

Für den Singulett-Zustand mit der Energie E_+ gibt es einen energetisch günstigsten, **endlichen** (!) Kernabstand $R_{\text{ab}}^{(0)}$. Das erklärt die *chemische Bindung* des Wasserstoffmoleküls, da das System natürlich bestrebt sein wird, den Zustand minimaler Energie einzunehmen. – Der Triplett-Zustand $|\psi_2^{(T)}\rangle$, zu dem die antisymmetrische Ortswellenfunktion gehört, ist ersichtlich nicht-bindend.

In Anbetracht des einfachen Ansatzes ist die Übereinstimmung der Modellresultate mit dem Experiment recht befriedigend:

$$\begin{aligned} &\text{Modell:} && R_{\text{ab}}^{(0)} = 0{,}869\,\text{Å}\,; && (E_+ + 2E_{\text{R}})^{(0)} = -3{,}14\,\text{eV}\,, \\ &\text{Experiment:} && R_{\text{ab}}^{(0)} \approx 0{,}74\,\text{Å}\,; && (E_+ + 2E_{\text{R}})^{(0)} \approx -4{,}73\,\text{eV}\,. \end{aligned}$$

8.4.3 Heliumatom

Das Heliumatom ist das einfachste Mehrelektronenatom des Periodensystems und dennoch bereits nicht mehr exakt lösbar. Es soll uns deshalb hier nur darum gehen, mit Hilfe einfacher Approximationen zu verdeutlichen, welche Konsequenzen sich aus der Tatsache ergeben, dass es sich bei den beiden Heliumelektronen um zwei identische Teilchen handelt. Wir werden sehen, dass das *Prinzip der Ununterscheidbarkeit* zu einigen interessanten, klassisch nicht zu erwartenden Effekten führt.

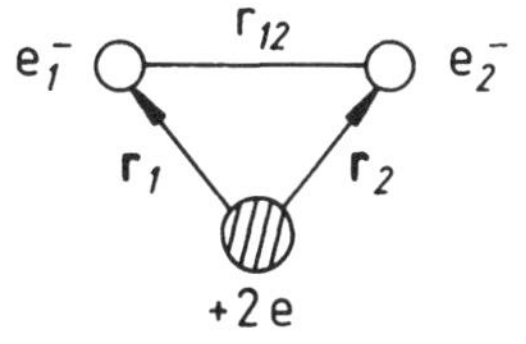

Abb. 8.6 Schematische Anordnung von Elektronen und Kern im Heliumatom

Wir vernachlässigen wie bei der Behandlung des Wasserstoffmoleküls die Kernmitbewegung und legen den Koordinatenursprung in den zweifach positiv geladenen Kern. Weiterhin nehmen wir an, dass spinabhängige Wechselwirkungen (Spin-Bahn-Wechselwirkung, magnetische Wechselwirkungen, ...) keine Rolle spielen, sodass der Spin lediglich zur Klassifikation der Zustände herangezogen wird. Die in Frage kommenden Coulomb-Wechselwirkungen liest man direkt an Abb. 8.6 ab:

$$H = H_1^{(1)} + H_1^{(2)} + H_2^{(1,2)} = \sum_{i=1}^{2} \left(\frac{\boldsymbol{p}_i^2}{2m} - \frac{2e^2}{4\pi\,\varepsilon_0\, r_i} \right) + \frac{e^2}{4\pi\varepsilon_0} \frac{1}{|\boldsymbol{r}_1 - \boldsymbol{r}_2|} \,. \tag{8.160}$$

Die ersten beiden Terme sind Ein-Teilchen-Operatoren und stellen das *ungestörte Problem* eines Elektrons im Coulomb-Feld einer Punktladung $Z\,e\,(Z = 2)$ dar. Die Lösung kennen wir aus Abschn. 6.2. Der dritte Summand ist als Elektron-Elektron-Wechselwirkung ein Zwei-Teilchen-Operator. Da H keine Spinanteile enthält, werden die Eigenzustände wie beim H_2-Molekül (Abschn. 8.4.2) in einen Orts- (Bahn-) und einen Spinanteil faktorisieren. Die Spinzustände sind natürlich wie in (8.149) und (8.150) ein Singulett-($S = 0$)- und ein Triplett-($S = 1$)-Zustand. Wir können also wie in (8.151) ansetzen:

$$\left|\psi_2^{(\mathrm{S})}\right\rangle = \left|q^{(+)}\right\rangle |0,0\rangle \;;$$

$$\left|\psi_2^{(\mathrm{T})}\right\rangle = \left|q^{(-)}\right\rangle |1\, m_s\rangle \;. \tag{8.161}$$

Beide Gesamtzustände $|\psi_2^{(\mathrm{S,T})}\rangle$ sind antisymmetrisch gegenüber Teilchenvertauschung, sodass im Prinzip zunächst nichts gegen mögliche Übergänge zwischen ihnen spricht. Der Transpositionsoperator P_{12} lässt sich formal als Produkt zweier Transpositionsoperatoren schreiben, $P_{12} = P_{12}^{\mathrm{Ort}}\, P_{12}^{\mathrm{Spin}}$, von denen der eine die Teilchen nur im Orts-, der andere nur im Spinzustand vertauscht. Wegen der Spinunabhängigkeit des Hamilton-Operators vertauscht dieser bereits mit P_{12}^{Ort}. Mit denselben Überlegungen wie nach (8.53) (s. auch Aufgabe 8.2.1) lässt sich dann aber schlussfolgern, dass der Ortsanteil $|q^{(\pm)}\rangle$ seinen Symmetriecharakter zeitunabhängig beibehält. Dies bedeutet, dass Übergänge zwischen $|\psi_2^{(S)}\rangle$ und $|\psi_2^{(T)}\rangle$ unmöglich sind (*Interkombinationsverbot*) (s. Aufgabe 8.2.6). Übergänge erfordern:

$$\Delta S = 0 \,. \tag{8.162}$$

Es sieht also so aus, und das ist eine erste wichtige Folge des Prinzips der Ununterscheidbarkeit, als gäbe es zwei Sorten von Helium, eine mit $S = 0$ und die andere mit $S = 1$. Für diese haben sich spezielle Bezeichnungen etabliert:

$$\begin{aligned} \left|\psi_2^{(S)}\right\rangle &\longleftrightarrow S = 0 \longleftrightarrow \textbf{Parahelium,} \\ \left|\psi_2^{(T)}\right\rangle &\longleftrightarrow S = 1 \longleftrightarrow \textbf{Orthohelium.} \end{aligned} \tag{8.163}$$

Natürlich wird der *exakte* He-Hamilton-Operator nicht völlig spinunabhängig sein, sodass das Übergangsverbot nicht ausnahmslos gelten wird. Es werden aber sicher Übergänge mit $\Delta S = 0$ sehr stark dominieren. Interessant ist aber auf jeden Fall die schon beim H_2-Molekül beobachtete Tatsache, dass das Prinzip der Ununterscheidbarkeit zu dramatischen Spineffekten Anlaß gibt, ohne dass der Modell-Hamilton-Operator selbst spinabhängig wäre!

Wir wollen uns im folgenden einen qualitativen Überblick über das Energiespektrum des Heliums verschaffen. Dies soll in drei Etappen geschehen:

1) „Ungestörtes" Heliumspektrum

Wir *schalten* zunächst einmal die Elektron-Elektron-Wechselwirkung *ab* $(H_2^{(1,2)} \equiv 0)$. Wenn sich die beiden Elektronen aber ignorieren, dann bleibt nichts anderes als das in Abschn. 6.2 gelöste *normale* Coulomb-Problem $(Z = 2)$. Die Eigenzustände werden (anti-) symmetrisierte Produkte der Ein-Elektronen-Zustände $|\varphi_{nlm_l}\rangle$ sein:

$$\left|q^{(\pm)}\right\rangle^{(0)} \equiv \left|\varphi_{nlm_l}\,\varphi_{n'l'm'_l}\right\rangle^{(\pm)} = A\left(\left|\varphi^{(1)}_{nlm_l}\right\rangle\left|\varphi^{(2)}_{n'l'm'_l}\right\rangle \pm \left|\varphi^{(2)}_{nlm_l}\right\rangle\left|\varphi^{(1)}_{n'l'm'_l}\right\rangle\right) . \tag{8.164}$$

n, l, m_l sind Haupt-, Neben- und Projektionsquantenzahlen. Die Normierungskonstante A ist gleich $1/2$ für $(n\,l\,m_l) = (n'\,l'\,m'_l)$, sonst gleich $1/\sqrt{2}$. Die Ein-Teilchen-Zustände $|\varphi_{n\,l\,m_l}\rangle$ sind die aus (6.56) und (6.60) bis (6.65) bekannten Lösungen für $Z = 2$:

$$\left(H_1^{(1)} + H_1^{(2)}\right)\left|\varphi_{n\,l\,m_l}\,\varphi_{n'\,l'\,m'_l}\right\rangle^{(\pm)} = \left(E_n^{(0)} + E_{n'}^{(0)}\right)\left|\varphi_{n\,l\,m_l}\,\varphi_{n'\,l'\,m'_l}\right\rangle^{(\pm)} .$$

Für die Energien $E_{n,n'}^{(0)}$ gilt (6.43):

$$E_{n^{(\prime)}}^{(0)} = -\frac{4E_\mathrm{R}}{n^{(\prime)2}} ; \quad n^{(\prime)} = 1, 2, 3, \ldots$$

E_R ist die in (6.33) definierte *Rydberg-Energie*. Die Zustände sind bezüglich l, m_l, l', m'_l insgesamt $n^2 \cdot n'^2$-fach entartet. Hinzu kommt beim Orthohelium noch die dreifache Entartung gemäß m_s. Die symmetrischen Zustände des Paraheliums $|\varphi_{n\,l\,m_l}\,\varphi_{n'\,l'\,m'_l}\rangle^{(+)}$ lassen sich für alle Kombinationen von Quantenzahlen bilden, also auch für $n' = n$, $l' = l$, $m'_l = m_l$. Letztere fehlen aber offenbar im Spektrum des Orthoheliums. Die betreffenden Zustände sind nach (8.164) identisch Null. Dies bedeutet, dass insbesondere der *ungestörte* Grundzustand,

$$|E_{100,\,100}^{(0)}\rangle \equiv |\varphi_{100}\,\varphi_{100}\rangle^{(+)} ,$$

dem Parahelium zugeschrieben werden muss:

$$E^{(0)}_{100,\,100} = 2E^{(0)}_1 = -8E_\mathrm{R} \approx -108{,}8\,\mathrm{eV}\ . \tag{8.165}$$

Der erste angeregte Zustand des *ungestörten* Zwei-Elektronen-Systems hat die Energie:

$$E^{(0)}_{100,\,2lm_l} = -5E_\mathrm{R} \approx -68{,}0\,\mathrm{eV}\ . \tag{8.166}$$

Dabei verbleibt eines der beiden Teilchen im *ungestörten* Grundzustand, das andere wechselt in den ersten angeregten Zustand. Für den Fall, dass beide Elektronen in den ersten angeregten Zustand gehen, berechnet man:

$$E^{(0)}_{2l\,m_l,\,2l'\,m_{l'}} = -2E_\mathrm{R} \approx -27{,}2\,\mathrm{eV}\ . \tag{8.167}$$

Dies entspricht einer *Anregungsenergie* von

$$E^{(0)}_{2l\,m_l,\,2l'\,m_{l'}} - E^{(0)}_{100,100} = 6E_\mathrm{R} \approx 81{,}6\,\mathrm{eV}\ .$$

Es ist interessant, diese mit der sogenannten *Ionisierungsenergie* $E^{(0)}_\mathrm{ion}$ zu vergleichen. Das ist die Energie, die aufgebracht werden muss, um eines der beiden Elektronen aus dem Grundzustand ins Kontinuum $\left(E^{(0)}_{n=\infty} = 0\right)$ zu verschieben:

$$E^{(0)}_\mathrm{ion} = E^{(0)}_{100,\infty} - E^{(0)}_{100,100} = -4E_\mathrm{R} + 8E_\mathrm{R} \approx 54{,}4\,\mathrm{eV}\ . \tag{8.168}$$

Man sieht, dass die Anregungsenergie für den Zustand $|\varphi_{2l\,m_l}\,\varphi_{2l'\,m_{l'}}\rangle$ bereits wesentlich größer ist als die Ionisierungsenergie. Dieser Zustand liegt somit bereits im Kontinuum des Spektrums von $H_0 = H_1^{(1)} + H_1^{(2)}$. Wird ein solcher Zustand durch Absorption von Strahlung einmal angeregt, so braucht die nachfolgende *Abregung* nicht notwendig in den Grundzustand oder einen anderen Zustand des He-Spektrums zu erfolgen. Es kann sich auch ein einfach ionisiertes Helium (He^+) zusammen mit einem freien Elektron bilden, wobei der Energiesatz die kinetische Energie des Elektrons bestimmt. Man nennt diesen Prozess *Autoionisation*. Bei allen diskreten Zuständen unterhalb der *Kontinuumsgrenze* (Ionisierungsgrenze) bleibt eines der beiden He-Elektronen im Ein-Teilchen-Grundzustand $|\varphi_{100}\rangle$. Zu ihrer Charakterisierung reicht also die Angabe der Quantenzahlen des *anderen* Elektrons $(n\,l\,m_l)$ völlig aus. Sie häufen sich für $n \to \infty$ an der Kontinuumsgrenze. Wir haben in der schematischen Abb. 8.7 nur die diskreten Niveaus für $n = 1, 2, 3$ eingetragen.

2) Einfluss der Elektron-Elektron-Wechselwirkung auf den Grundzustand

Der Grundzustand

$$|\varphi_{100}\,\varphi_{100}\rangle^{(+)} = |\varphi^{(1)}_{100}\rangle|\varphi^{(2)}_{100}\rangle$$

gehört zum Parahelium und ist nicht entartet. Wir wollen die aufgrund der Coulomb-Abstoßung der beiden Elektronen zu erwartende Energieverschiebung in erster Ordnung

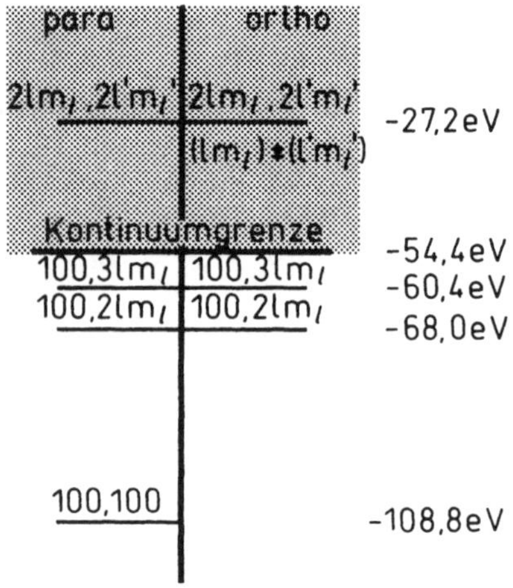

Abb. 8.7 Energiespektrum von Ortho- und Para-Helium

Störungstheorie berechnen. Nach (7.39) bedeutet dies, den Erwartungswert des Wechselwirkungsoperators $H_2^{(1,2)}$ im *ungestörten* Grundzustand auszuwerten:

$$\Delta E^{(1)}_{100,100} = {}^{(+)}\langle \varphi_{100}\, \varphi_{100} | H_2^{(1,2)} | \varphi_{100}\, \varphi_{100}\rangle^{(+)} \,. \tag{8.169}$$

Dies geschieht am einfachsten in der Ortsdarstellung. Dazu fügen wir an passenden Stellen die Identität,

$$\mathbf{1} = \int \mathrm{d}^3 r |\boldsymbol{r}\rangle\langle \boldsymbol{r}| \,,$$

ein, wobei $|\boldsymbol{r}\rangle$ ein Eigenzustand des Ortsoperators ist:

$$\begin{aligned}\Delta E^{(1)}_{100,100} &= \iint \mathrm{d}^3 r_1\, \mathrm{d}^3 r_2 \left\langle \varphi^{(1)}_{100}\right| \left\langle \varphi^{(2)}_{100}\right| H_2^{(1,2)} \left(\left|\boldsymbol{r}_1^{(1)}\right\rangle \left\langle \boldsymbol{r}_1^{(1)} \middle| \varphi^{(1)}_{100}\right\rangle \right) \\ &\quad \cdot \left(\left|\boldsymbol{r}_2^{(2)}\right\rangle \left\langle \boldsymbol{r}_2^{(2)} \middle| \varphi^{(2)}_{100}\right\rangle \right) \\ &= \frac{e^2}{4\pi\,\varepsilon_0} \iint \mathrm{d}^3 r_1\, \mathrm{d}^3 r_2 \frac{1}{|\boldsymbol{r}_1 - \boldsymbol{r}_2|} |\langle \varphi_{100}|\boldsymbol{r}_1\rangle|^2 |\langle \varphi_{100}|\boldsymbol{r}_2\rangle|^2 \,.\end{aligned}$$

Für die Ein-Teilchen-Wellenfunktionen gilt nach (6.56) und (6.60) mit $Z = 2$:

$$\varphi_{100}(\boldsymbol{r}) = \langle \boldsymbol{r}|\varphi_{100}\rangle = \sqrt{\frac{8}{\pi\, a_\mathrm{B}^3}} \exp\left(-\frac{2r}{a_\mathrm{B}}\right) .$$

a_B ist der *Bohr'sche Radius* (6.32):

$$2a_\mathrm{B}\, E_\mathrm{R} = \frac{e^2}{4\pi\,\varepsilon_0} \,. \tag{8.170}$$

Für die Störkorrektur erster Ordnung bleibt dann zu berechnen:

$$\Delta E_{100,100}^{(1)} = E_R \frac{128}{\pi^2 a_B^5} \iint d^3r_1\, d^3r_2 \frac{\exp\left[-(4/a_B)(r_1 + r_2)\right]}{|\boldsymbol{r}_1 - \boldsymbol{r}_2|} . \tag{8.171}$$

Bei der $\boldsymbol{r}_2$-Integration betrachten wir $\boldsymbol{r}_1$ als Polarachse und können wegen der Symmetrie des Integranden $r_2 \geq r_1$ annehmen, wobei das Resultat mit einem Faktor 2 zu versehen ist:

$$\Delta E_{100,100}^{(1)} = E_R \frac{8^3}{\pi\, a_B^5} Q ,$$

$$Q = \int d^3r_1\, e^{-(4/a_B)\, r_1} D_{r_1} ,$$

$$D_{r_1} = \int_{r_1}^{\infty} dr_2\, r_2^2\, e^{-(4/a_B)\, r_2} I_{r_1 \leq r_2} .$$

$I_{r_1 \leq r_2}$ beinhaltet die Polarwinkelintegration des $\boldsymbol{r}_2$-Integrals, für die wegen $r_2 \geq r_1$ gilt:

$$I_{r_1 \leq r_2} = \int_{-1}^{+1} \frac{dx}{\sqrt{r_1^2 + r_2^2 - 2r_1 r_2 x}} = \frac{2}{r_2} .$$

Damit berechnen wir D_{r_1}:

$$D_{r_1} = 2 \int_{r_1}^{\infty} dr_2\, r_2\, e^{-(4/a_B)\, r_2} = 2 \left[-\frac{d}{d\lambda} \int_{r_1}^{\infty} dr_2\, e^{-\lambda r_2} \right]_{\lambda=(4/a_B)}$$

$$= \frac{1}{2} a_B \left(r_1 + \frac{1}{4} a_B \right) e^{-(4/a_B)\, r_1} .$$

Dieses wird in den Ausdruck für Q eingesetzt und mit der bekannten Integralformel,

$$\int_0^{\infty} dx\, x^n e^{-ax} = \frac{n!}{a^{n+1}} ,$$

ausgewertet:

$$Q = 2\pi a_B \int_0^{\infty} dr_1 \left(r_1^3 + \frac{1}{4} a_B r_1^2 \right) e^{-\frac{8}{a_B} r_1} = \frac{5}{2} \frac{\pi a_B^5}{8^3} .$$

Damit steht die Energiekorrektur fest:

$$\Delta E_{100,100}^{(1)} = \frac{5}{2} E_R \approx 34\, \text{eV} . \tag{8.172}$$

Die elektrostatische Abstoßung der beiden Elektronen erhöht die Systemenergie doch recht beträchtlich. Zusammen mit (8.165) ergibt sich die durch Störungstheorie erster Ordnung *korrigierte* Grundzustandsenergie des Heliumatoms:

$$E^{(1)}_{100,100} = -\frac{11}{2} E_R \approx -74{,}8\,\mathrm{eV}\,. \tag{8.173}$$

Vergleicht man dies mit dem experimentellen Wert,

$$E^{\mathrm{exp}}_{100,100} = -78{,}98\,\mathrm{eV}\,, \tag{8.174}$$

so ist die Übereinstimmung eigentlich noch nicht sehr überzeugend. Als Ursache für die Diskrepanz lässt sich die *Abschirmung* des Kerns anführen, wonach jedes der beiden Elektronen durch die Anwesenheit des jeweils anderen Elektrons nicht die volle $Z = 2$-Kernladung *sieht*, sondern eine effektiv etwas kleinere. Dies lässt sich mit Hilfe einer Variationsrechnung, die wir explizit als Aufgabe 8.4.3 durchführen, sehr schön demonstrieren. In dem durch $\langle \boldsymbol{r}_1|\varphi_{100}\rangle\,\langle \boldsymbol{r}_2|\varphi_{100}\rangle$ *nahegelegten* Variationsansatz,

$$\psi_{Z^*}(\boldsymbol{r}_1, \boldsymbol{r}_2) = \exp\left[-\frac{Z^*}{a_B}(r_1 + r_2)\right], \tag{8.175}$$

kann Z^* als *effektive* Kernladung aufgefasst werden. Die Variation des Energiefunktionals,

$$\langle H\rangle_{Z^*} = \frac{\langle \psi_{Z^*}|H|\psi_{Z^*}\rangle}{\langle \psi_{Z^*}|\psi_{Z^*}\rangle}\,,$$

liefert ein *optimales* Z_0^*:

$$Z_0^* = \frac{27}{16} = 2 - \frac{5}{16}\,.$$

Dies entspricht in der Tat einer effektiven Reduzierung der Kernladung durch *Abschirmung* um $(5/16)\,e$. Die Energieschranke,

$$\langle H\rangle_{Z_0^*} \approx -5{,}7\,E_R \approx -77{,}49\,\mathrm{eV}\,,$$

kommt dem experimentellen Wert schon wesentlich näher als das störungstheoretische Resultat.

Wir bemerken noch, dass die so berechnete *Abschirmung* des Kerns für den Grundzustand gilt. Befinden sich die Elektronen in angeregten Zuständen, werden sie andere *Abschirmungen* empfinden.

3) Energieverschiebung der angeregten Zustände

Wir wollen uns im dritten und letzten Schritt noch ein qualitatives Bild vom Einfluss der Elektron-Elektron-Wechselwirkung auf die angeregten Zustände erarbeiten. Es ist zu erwarten, dass die Entartungen bezüglich der Bahndrehimpulsquantenzahl l aufgehoben werden. Wie wir im Anschluss an (6.45) diskutiert haben, handelt es sich dabei ja ohnehin um eine *zufällige* Entartung, die nur im *reinen* Coulomb-Feld auftritt. Durch die Anwesenheit des zweiten Elektrons wird das Coulomb-Feld des Kerns jedoch gestört. Dagegen wird die m_l-Entartung wegen

$$\left[H_2^{(1,2)}, L_z\right]_- = 0 \tag{8.176}$$

bestehen bleiben. Wir werden im folgenden der Einfachheit halber stets $m_l = 0$ setzen.

Wir interessieren uns hier nur für den diskreten Teil des Spektrums, also für die Zustände, deren Anregungsenergien kleiner als die Ionisierungsenergie sind. Wir hatten gesehen, dass dann nur eines der beiden Elektronen angeregt wird, während das andere im Grundzustand bleibt. Wir schätzen die Energieverschiebung der angeregten Zustände durch den Erwartungswert des Wechselwirkungsoperators in den betreffenden *ungestörten* Energiezuständen ab:

$$\begin{aligned}
\Delta E_{100,\,nl0}^{\substack{\text{para}\\ \text{ortho}}} &\equiv {}^{(\pm)}\langle \varphi_{100}\,\varphi_{nl0}|\, H_2^{(1,2)}\,|\varphi_{100}\,\varphi_{nl0}\rangle^{(\pm)} \\
&= \frac{1}{2}\left\{\left\langle \varphi_{100}^{(1)}\right| \left\langle \varphi_{nl0}^{(2)}\right| H_2^{(1,2)} \left|\varphi_{100}^{(1)}\right\rangle \left|\varphi_{nl0}^{(2)}\right\rangle\right. \\
&\quad + \left\langle \varphi_{100}^{(2)}\right| \left\langle \varphi_{nl0}^{(1)}\right| H_2^{(1,2)} \left|\varphi_{100}^{(2)}\right\rangle \left|\varphi_{nl0}^{(1)}\right\rangle \\
&\quad \pm \left\langle \varphi_{100}^{(1)}\right| \left\langle \varphi_{nl0}^{(2)}\right| H_2^{(1,2)} \left|\varphi_{100}^{(2)}\right\rangle \left|\varphi_{nl0}^{(1)}\right\rangle \\
&\quad \left.\pm \left\langle \varphi_{100}^{(2)}\right| \varphi_{nl0}^{(1)} \left|H_2^{(1,2)}\right| \varphi_{100}^{(1)}\right\rangle \left|\varphi_{nl0}^{(2)}\right\rangle\Big\}\,.
\end{aligned}$$

Die ersten beiden und die letzten beiden Summanden liefern jeweils denselben Beitrag. Wir schreiben zur Abkürzung:

$$\Delta E_{100,\,nl0}^{\text{para}} = C_{10}^{nl} + A_{10}^{nl}\,, \tag{8.177}$$

$$\Delta E_{100,\,nl0}^{\text{ortho}} = C_{10}^{nl} - A_{10}^{nl}\,. \tag{8.178}$$

Dabei sind C_{10}^{nl} und A_{10}^{nl} Coulomb- und Austauschintegrale, die analog zu denen des *Hartree-Fock-Verfahrens*, (8.144) und (8.145), definiert sind:

Coulomb-Integral:

$$C_{10}^{nl} = \frac{e^2}{4\pi\,\varepsilon_0}\iint d^3r_1\,d^3r_2\,\frac{|\varphi_{100}(\boldsymbol{r}_1)|^2\,|\varphi_{nl0}(\boldsymbol{r}_2)|^2}{|\boldsymbol{r}_1-\boldsymbol{r}_2|}\,. \tag{8.179}$$

Austauschintegral:

$$A_{10}^{nl} = \frac{e^2}{4\pi\,\varepsilon_0} \iint d^3r_1\, d^3r_2\, \frac{\varphi_{100}^*(\boldsymbol{r}_1)\,\varphi_{nl0}^*(\boldsymbol{r}_2)\,\varphi_{100}(\boldsymbol{r}_2)\,\varphi_{nl0}(\boldsymbol{r}_1)}{|\boldsymbol{r}_1 - \boldsymbol{r}_2|}\,. \qquad (8.180)$$

Man findet:

$$C_{10}^{nl} \geq 0\,; \quad A_{10}^{nl} \geq 0\,. \qquad (8.181)$$

Dass die Coulomb-Integrale nicht-negativ sind, liest man direkt an (8.179) ab. Die elektrostatische Wechselwirkungsenergie zwischen zwei gleichnamigen Ladungsdichten muss natürlich positiv sein. Dass auch die Austauschintegrale nicht-negativ sind, lässt sich nur für $l = n - 1$ unmittelbar erkennen (s. Aufgabe 8.4.4). Ansonsten zeigt dies die explizite Berechnung der A_{10}^{nl}. Die Coulomb-Integrale sind in der Regel um eine Größenordnung größer als die Austauschintegrale (s. Aufgabe 8.4.7).

Wir erkennen, dass der physikalisch wichtige Effekt, nämlich die energetische Trennung von ortho- und para-He-Zuständen, wiederum von den *klassisch unverständlichen* Austauschintegralen herrührt. Die Triplett-Zustände des Orthoheliums liegen energetisch tiefer als die Singulett-Zustände des Paraheliums. Zu den Triplett-Zuständen gehören antisymmetrische Ortszustände, die, wie wir bereits beim H_2-Molekül gesehen hatten, die Elektronen stärker voneinander trennen (*antibindend* beim H_2) als die symmetrischen Zustände. Effekte, die gleichnamig geladene Teilchen *auf Abstand* halten, senken die Gesamtenergie!

Wir wollen zum Schluss einmal schematisch (nicht maßstabsgetreu!) den untersten Teil des He-Termschemas skizzieren (s. Abb. 8.8). Die Zustände $|\varphi_{100}\,\varphi_{200}\rangle^{(\pm)}$ $(1s,\,2s)$ und $|\varphi_{100}\,\varphi_{210}\rangle^{(\pm)}$ $(1s,\,2p)$, die ohne Wechselwirkung entartet sind und den ersten angeregten Zustand bilden, spalten infolge der Elektron-Elektron-Wechselwirkung gemäß (8.177) und (8.178) auf. Wir berechnen die entsprechenden Austausch- und Coulomb-Integrale explizit in den Aufgaben 8.4.5, 8.4.7 und 8.4.8:

$$\begin{aligned} C_{10}^{20} &\approx 11{,}42\,\text{eV}\,; \quad & C_{10}^{21} &\approx 13{,}21\,\text{eV}\,, \\ A_{10}^{20} &\approx 1{,}19\,\text{eV}\,; \quad & A_{10}^{21} &\approx 0{,}93\,\text{eV}\,. \end{aligned} \qquad (8.182)$$

Für die *gestörten* Zustände haben wir im Bild rechts die übliche spektroskopische Notation

$$^{2S+1}L_J$$

verwendet ($L = 0, 1, 2, \ldots \longleftrightarrow S, P, D, \ldots$). Die ortho-Zustände gehören zum Gesamtspin $S = 1$ und können deshalb für $L \geq 1$ infolge der in dieser Betrachtung vernachlässigten Spin-Bahn-Wechselwirkung noch zusätzlich dreifach ($J = L - 1,\ L,\ L + 1$) aufspalten (s. (5.259)). Für die para-Zustände ist stets $J = L$. Sie bleiben von der Spin-Bahn-Wechselwirkung unbeeinflusst.

Wir müssen an dieser Stelle nun allerdings auf eine weitere detaillierte Diskussion des He-Spektrums verzichten und statt dessen auf die Spezialliteratur zur Atomphysik verweisen.

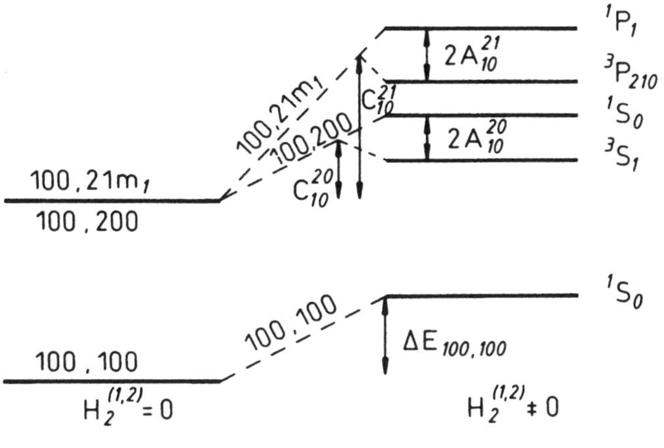

Abb. 8.8 Schematische Darstellung des untersten Teils des He-Energiespektrums mit und ohne Coulomb-Wechselwirkung der beiden Elektronen. Aufhebung der Entartung durch die Wechselwirkung

8.4.4 Aufgaben

Aufgabe 8.4.1

Benutzen Sie zur approximativen Berechnung der Grundzustandsenergie des H_2-Moleküls das Variationsverfahren mit dem *Testzustand*:

$$|q\rangle = c_1 \left|\varphi_a^{(1)}\right\rangle \left|\varphi_b^{(2)}\right\rangle + c_2 \left|\varphi_a^{(2)}\right\rangle \left|\varphi_b^{(1)}\right\rangle \; ; \qquad c_1,\, c_2 \text{ reell.}$$

Bestimmen Sie die *optimalen* Koeffizienten c_1, c_2 und vergleichen Sie das Ergebnis mit dem aus Abschn. 8.4.2.

Aufgabe 8.4.2

Der in Gleichung (8.146) verwendete Hamilton-Operator des H_2-Moleküls enthält keine spinabhängigen Terme. Der Gesamtzustand des Zwei-Elektronen-Systems faktorisiert deshalb in einen Ortsanteil $|q^{(\pm)}\rangle$ und einen Spinanteil $|S\,m_s\rangle^{(\pm)}$. Der Modell-Hamilton-Operator wirkt nur auf $|q^{(\pm)}\rangle$:

$$\frac{\langle q^{(\pm)}|H|q^{(\pm)}\rangle}{\langle q^{(\pm)}|q^{(\pm)}\rangle} = E_\pm \; .$$

Konstruieren Sie aus den Spinoperatoren $\boldsymbol{S}_1$ und $\boldsymbol{S}_2$ der beiden Elektronen einen äquivalenten Hamilton-Operator $\widehat{H}$, der nur auf den Spinanteil wirkt und die Energieeigenwerte $E_\pm$ liefert:

$$\widehat{H}|S\,m_s\rangle^{(\mp)} = E_\pm |S\,m_s\rangle^{(\mp)} \; .$$

Aufgabe 8.4.3

Berechnen Sie mit dem Variationsansatz

$$\psi_{Z^*}(\boldsymbol{r}_1, \boldsymbol{r}_2) = \exp\left[-\frac{Z^*}{a_B}(r_1 + r_2)\right]$$

eine obere Schranke für die Grundzustandsenergie des Heliums. Z^* kann als *effektive* Kernladung aufgefasst werden, die von einem der beiden Elektronen infolge *Abschirmung* des Kerns durch das andere Elektron *wahrgenommen* wird. Bestimmen Sie das *optimale* Z^*.

Aufgabe 8.4.4

Zeigen Sie, dass sich die Austauschintegrale (8.180), die für die energetische Trennung der ortho- und para-He-Zustände verantwortlich sind, in der folgenden Form schreiben lassen:

$$A_{10}^{nl} = \frac{e^2}{4\pi\,\varepsilon_0(2l+1)} \int\limits_0^\infty \mathrm{d}r_1\, r_1^2 \int\limits_0^\infty \mathrm{d}r_2\, r_2^2\, \frac{r_<^l}{r_>^{l+1}}\, R_{10}(r_1)\, R_{nl}(r_2)\, R_{10}(r_2)\, R_{nl}(r_1)\,.$$

Dabei sind $R_{nl}(r)$ die Radialfunktionen der Coulomb-Eigenfunktionen $\varphi_{nlm}(\boldsymbol{r})$ (s. (6.56)). Ferner gilt:

$$r_> = \max(r_1, r_2)\,; \quad r_< = \min(r_1, r_2)\,.$$

Begründen Sie, warum für $l = n-1$ die Austauschintegrale nicht negativ sein können.

Aufgabe 8.4.5

Berechnen Sie die energetische Aufspaltung des $(1s)(2s)$-Zustands ($\sim |\varphi_{100}\,\varphi_{200}\rangle^{(\pm)}$) im Heliumspektrum aufgrund der Elektron-Elektron-Wechselwirkung.

Aufgabe 8.4.6

Zeigen Sie, dass sich die Coulomb-Integrale (8.179) in der folgenden Form schreiben lassen:

$$C_{10}^{nl} = \frac{e^2}{4\pi\,\varepsilon_0} \int\limits_0^\infty \mathrm{d}r_1\, r_1^2 \int\limits_0^\infty \mathrm{d}r_2\, r_2^2\, \frac{1}{r_>}\, R_{10}^2(r_1)\, R_{nl}^2(r_2)\,.$$

Die Bezeichnungen sind dieselben wie in Aufgabe 8.4.4.

Aufgabe 8.4.7

Berechnen Sie das Coulomb-Integral C_{10}^{20} und vergleichen Sie dessen Größenordnung mit der des zugehörigen Austauschintegrals A_{10}^{20} (s. Aufgabe 8.4.5).

Aufgabe 8.4.8

Die Energieverschiebung $\Delta E^{(21)}_{\substack{\text{para}\\ \text{ortho}}}$ des $(1s)\,(2p)$-Zustandes $(\sim\ |\varphi_{100}\,\varphi_{210}\rangle^{(\pm)})$, die als Folge der Coulomb-Wechselwirkung zwischen den beiden Heliumelektronen auftritt, ist zu berechnen.

Kontrollfragen

Zu Abschnitt 8.1

1. Von welchem Typ sind die Lösungen der zeitunabhängigen Schrödinger-Gleichung für ein System aus zwei nicht miteinander wechselwirkenden unterscheidbaren Teilchen?
2. Welche Zustände enthält der Produktraum $\mathcal{H}_2 = \mathcal{H}_1^{(1)} \otimes \mathcal{H}_1^{(2)}$, wenn $\mathcal{H}_1^{(1,2)}$ die Hilbert-Räume von Teilchen 1 und Teilchen 2 sind?
3. Wie ist das Skalarprodukt im Produktraum $\mathcal{H}_2$ erklärt?
4. Wie findet man eine orthonormierte Basis des $\mathcal{H}_2$?
5. Es sei $|\varphi_2\rangle \in \mathcal{H}_2$ und $|a_n\, b_m\rangle = |a_n^{(1)}\rangle|b_m^{(2)}\rangle$ ein Basiszustand des $\mathcal{H}_2$. Was bedeutet dann $|\langle a_n\, b_m|\psi_2\rangle|^2$?
6. Die Eigenzustände $|a_n^{(1)}\rangle$ des Operators $A_1^{(1)}$ sollen eine Basis des $\mathcal{H}_1^{(1)}$ bilden. Wie lautet dann die Spektraldarstellung von $A_1^{(1)}$ im Produktraum $\mathcal{H}_2 = \mathcal{H}_1^{(1)} \otimes \mathcal{H}_1^{(2)}$?
7. Teilchen 1 und 2 seien unterscheidbar. Kann man den Impuls von Teilchen 1 und den Ort von Teilchen 2 gleichzeitig scharf messen?
8. Wie sieht der Hilbert-Raum $\mathcal{H}_N$ eines Systems aus N unterscheidbaren Teilchen aus?
9. Wie konstruiert man eine orthonormierte Basis im $\mathcal{H}_N$?
10. Was lässt sich zur statistischen Interpretation eines N-Teilchen-Zustands $|\psi_N\rangle$ aussagen?

Zu Abschnitt 8.2

1. Was sind *identische Teilchen*?
2. Gibt es *identische Teilchen* auch in der Klassischen Physik?
3. Wie lautet das *Prinzip der Ununterscheidbarkeit*?
4. Welche Grundvoraussetzungen müssen die Observablen eines Systems aus N identischen Teilchen erfüllen?
5. Beschreiben Sie die Wirkungsweise des Permutations- und des Transpositionsoperators.
6. Sind Transpositionsoperatoren vertauschbar?
7. Ist der Permutations-(Transpositions-)operator im Produktraum $\mathcal{H}_N$ hermitesch?
8. Welche fundamentale Forderung müssen Observable eines Systems identischer Teilchen erfüllen?
9. Welche wichtige Symmetrieforderung ist an die Zustände eines Systems identischer Teilchen zu stellen?
10. Ist der Produktraum $\mathcal{H}_N = \mathcal{H}_1^{(1)} \otimes \mathcal{H}_1^{(2)} \otimes \ldots \otimes \mathcal{H}_1^{(N)}$ zur Beschreibung N identischer Teilchen angemessen?
11. Warum ändert sich für Zustände identischer Teilchen der Symmetriecharakter nicht mit der Zeit?
12. Wie sind die Räume $\mathcal{H}_N^{(\pm)}$ definiert?
13. Was ergibt das Skalarprodukt aus einem Zustand des $\mathcal{H}_N^{(+)}$ mit einem des $\mathcal{H}_N^{(-)}$?
14. Warum kann ein System identischer Teilchen nicht sowohl symmetrisierte als auch antisymmetrisierte Zustände besitzen?
15. Wie erhält man aus einem nicht-symmetrisierten Produktzustand $|\varphi_N\rangle \in \mathcal{H}_N$ einen (anti-)symmetrisierten Zustand des $\mathcal{H}_N^{(\pm)}$?
16. Was ergibt die Anwendung des Symmetrisierungsoperators $S_N^{(\pm)}$ auf einen bereits (anti-)symmetrisierten Zustand $|\varphi_N^{(\pm)}\rangle$?
17. Ist die Vereinigung der Teilräume $\mathcal{H}_N^{(+)}$ und $\mathcal{H}_N^{(-)}$ mit dem Produktraum $\mathcal{H}_N$ identisch?
18. Welche Basiszustände spannen den $\mathcal{H}_N^{(\pm)}$ auf?
19. Was ist eine Slater-Determinante?
20. Was versteht man unter der Besetzungszahl n_{α_i}? Welche Werte kann sie im $\mathcal{H}_N^{(-)}$ und welche im $\mathcal{H}_N^{(+)}$ annehmen?
21. Wie lautet das Skalarprodukt zwischen den (anti-)symmetrisierten Basiszuständen des $\mathcal{H}_N^{(\pm)}$?
22. Was versteht man unter der *Besetzungszahldarstellung*?
23. Welcher Teilchentyp wird im Hilbert-Raum $\mathcal{H}_N^{(+)}$, welcher im Hilbert-Raum $\mathcal{H}_N^{(-)}$ beschrieben?
24. Welche Aussage macht der *Spin-Statistik-Zusammenhang*?
25. Was sind Bosonen, was sind Fermionen?
26. Auf welchen Teilchentyp bezieht sich das Pauli-Prinzip?
27. Können sich die zwei Elektronen von zwei Wasserstoffatomen, das eine hier auf der Erde, das andere auf dem Mond, gleichzeitig mit parallelem Spin im Grundzustand befinden?

Zu Abschnitt 8.3

1. Welche Hilbert-Räume werden durch den Erzeugungsoperator a_α^+ miteinander verknüpft?
2. Auf welche Weise lässt sich der (anti-)symmetrisierte N-Teilchen-Zustand $|\varphi_{\alpha_1} \cdots \cdots \varphi_{\alpha_N}\rangle^{(\pm)}$ mit Hilfe von Erzeugungsoperatoren aus dem Vakuumzustand $|0\rangle$ *erzeugen*?
3. Wie lautet die fundamentale Vertauschungsrelation für Erzeugungsoperatoren von Bosonen bzw. Fermionen?
4. Welche Bedeutung und Funktionsweise besitzt der *Vernichtungsoperator*?
5. Was ergibt die Anwendung des *Vernichters* a_γ auf einen N-Teilchen-Zustand, in dem der Ein-Teilchen-Zustand $|\varphi_\gamma\rangle$ gar nicht vorkommt?
6. Wie lautet die fundamentale Vertauschungsrelation für Vernichtungsoperatoren?
7. Welche Vertauschungsrelation gilt zwischen Erzeugungs- und Vernichtungsoperatoren?
8. Wie ist die Wirkungsweise von a_r^+ auf einen Fock-Zustand $|N; n_{\alpha_1} \cdots n_{\alpha_r} \ldots\rangle^{(\pm)}$ definiert? Wie wirkt der Vernichtungsoperator?
9. Welche allgemeine Struktur hat ein Ein-Teilchen-Operator im Formalismus der zweiten Quantisierung?
10. Wie sehen Zwei-Teilchen-Operatoren in zweiter Quantisierung aus?
11. Wie ist der Besetzungsdichte-(Besetzungszahl-)operator definiert? Was sind seine Eigenzustände und Eigenenergien?
12. Wie ist der Teilchenzahloperator definiert? Was sind seine Eigenzustände und Eigenenergien?

Zu Abschnitt 8.4

1. Was ist die Zielsetzung des Hartree-Fock-Verfahrens?
2. Worin unterscheiden sich Hartree- und Hartree-Fock-Methode?
3. Durch welchen Term unterscheiden sich die Hartree-Fock-Gleichungen von den Hartree-Gleichungen? Wie kann man diesen Zusatzterm physikalisch interpretieren?
4. Was versteht man unter *Austauschwechselwirkung*?
5. Mit welchem Hamilton-Operator wird im *Heitler-London-Verfahren* das Wasserstoffmolekül beschrieben?
6. Was lässt sich beim H_2-Molekül über den Zusammenhang von Gesamtelektronenspin und Symmetrie der Ortswellenfunktion aussagen?
7. Wie kann man sich erklären, dass eine bestimmte Spineinstellung der beiden Elektronen energetisch bevorzugt ist, obwohl der Modell-Hamilton-Operator des H_2-Moleküls spinunabhängig ist?
8. Mit welchem Zustandsansatz wird beim Heitler-London-Verfahren die Grundzustandsenergie abgeschätzt?
9. In welcher Hinsicht trägt die Modellrechnung des H_2-Moleküls nach dem Heitler-London-Verfahren zum Verständnis der *chemischen Bindung* bei?

10. Was versteht man beim Heliumatom unter dem *Interkombinationsverbot*?
11. Worin unterscheiden sich Ortho- und Parahelium?
12. Wie lassen sich die starken Spineffekte des Heliums erklären, obwohl dieses in guter Näherung durch einen spinunabhängigen Hamilton-Operator beschrieben wird?
13. Zu welcher *Sorte* Helium (para oder ortho) gehört der Grundzustand?
14. Wie lässt sich die *Autoionisation* des Heliums erklären?
15. Von welcher Größenordnung (in eV) ist die elektrostatische Abstoßungsenergie der beiden Heliumelektronen im Grundzustand?
16. Welche *Größe* ist für die energetische Trennung von angeregten ortho- und para-He-Zuständen verantwortlich?

Streutheorie

9

Kapitel 9

W. Nolting, *Grundkurs Theoretische Physik 5/2*, Springer-Lehrbuch,
DOI 10.1007/978-3-662-44230-2_9, © Springer-Verlag Berlin Heidelberg 2015

Ein wichtiges Anwendungsgebiet der Quantenmechanik stellt die theoretische Untersuchung und Beschreibung von **Streu-(Stoß)prozessen** atomarer Teilchen dar. Es lassen sich damit wertvolle Aufschlüsse über Teilchenwechselwirkungen (z. B. Kernkräfte), elementare Wechselwirkungspotentiale, den Aufbau der Materie (z. B. Kristallstrukturen) usw. gewinnen. Die energetische Struktur der Atome und Moleküle wird dagegen *spektroskopisch* untersucht, wobei durch eine irgendwie geartete Energiezufuhr das Teilchen aus seinem Grundzustand in einen angeregten Zustand versetzt wird. Die bei der Rückkehr in den Grundzustand zum Beispiel in Form eines Photons emittierte Energie wird analysiert. Anfangs- und Endzustand des Prozesses stammen aus dem diskreten Spektrum des Hamilton-Operators (*gebundene Zustände*). Typisch für Streuprozesse ist dagegen, dass Anfangs- und Endzustand des betrachteten Systems beide im kontinuierlichen Teil des Eigenwertspektrums liegen. Das gestreute Teilchen kommt aus dem Unendlichen in den Wirkungsbereich des *Streuers*, um nach dem Stoß asymptotisch im Unendlichen detektiert zu werden. Es befindet sich also **nicht** in einem gebundenen Zustand.

Ein Beispiel dafür, wie man aus Streuvorgängen Rückschlüsse auf physikalische Eigenschaften atomarer und subatomarer Teilchen ziehen kann, haben wir mit der *klassischen* Rutherford-Streuung in Abschn. 1.3.3 bereits kennen gelernt. Deren Analyse führte zu einem ersten, schon recht realistischen *Kernmodell*. Wir hatten dort gesehen, dass sich in der Klassischen Physik der Stoß zweier Teilchen eindeutig durch deren Geschwindigkeiten und den *Stoßparameter* beschreiben lässt. Obwohl sich letzterer nicht exakt angeben ließ, so dass wir zu Mitteln der Statistik greifen mussten, blieb dennoch natürlich der gesamte *klassische Prozess* im Prinzip deterministisch. Das ist nun allerdings in der Quantenmechanik anders, da Begriffe wie *Bahn*, *Stoßparameter* keinen Sinn mehr haben. Demzufolge bleiben für den Streuvorgang quantenmechanisch auch nur Wahrscheinlichkeitsaussagen möglich. Wir werden uns im folgenden mit der Frage zu beschäftigen haben, mit welcher Wahrscheinlichkeit Teilchen infolge ihrer Wechselwirkung mit *Stoßpartnern* um den Winkel (ϑ, φ) gegen ihre ursprüngliche Bewegungsrichtung abgelenkt (*gestreut*) werden. Das wird zum Begriff des

▸ (differentiellen) Wirkungsquerschnitts

führen (Abschn. 9.1). Dieser ist dem Experiment direkt zugänglich. Man schießt dazu einen Teilchenstrahl auf ein *Target* und zählt mit Hilfe eines Detektors die um den Winkel (ϑ, φ) in das Raumwinkelelement $d\Omega$ gestreuten Teilchen. Bezogen auf die Gesamtzahl der *einfallenden* Teilchen liefert dies direkt den Wirkungsquerschnitt. Die Aufgabe des Theoretikers besteht nun darin, den Wirkungsquerschnitt mit elementaren Wechselwirkungspotentialen in Verbindung zu bringen, um aus dem Vergleich mit dem experimentellen Befund konkrete Aussagen über diese Potentiale zu gewinnen. In diesem Kapitel werden einige Verfahren besprochen, die diese Verbindung zumindest approximativ herzustellen gestatten.

9.1 Grundbegriffe

Wir wollen in diesem ersten Abschnitt zunächst versuchen, unsere *klassische Vorstellung* vom Ablauf eines Streuprozesses in eine *quantenmechanische Formulierung* zu übertragen.

9.1.1 Modell des Streuprozesses

Beim Streuprozeß handelt es sich um einen **dynamischen** Vorgang, zu dessen Beschreibung nur die **zeitabhängige Schrödinger-Gleichung** in Frage kommen kann. Die Vorstellung, dass zu irgendeinem Zeitpunkt an irgendeinem Ort ein Teilchen in Richtung auf ein Streuzentrum *losgeschickt* wird, macht die Darstellung des Teilchens als **Wellenpaket** von der Art, wie wir es in Abschn. 2.2.3 diskutiert haben, notwendig. Man kann sich dann den gesamten Streuprozeß in die folgenden Teilschritte zerlegt denken:

- **1) Vor dem Streuakt:**

Das das Teilchen repräsentierende Wellenpaket bewege sich mit der Gruppengeschwindigkeit $\boldsymbol{v}_\mathrm{g} = v_\mathrm{g}\,\boldsymbol{e}_z$ längs der z-Achse auf das Streuzentrum zu. Wir betrachten den Vorgang im *Laborsystem*, d. h. in einem Bezugssystem, dessen Koordinatenursprung durch den Ort des Streuzentrums definiert wird. Bei dem *Streuer* möge es sich um ein sehr viel schwereres Teilchen oder um ein Teilchen in einem raumfesten Target handeln, sodass uns dessen Bewegung ohnehin nicht interessieren muss.

Wir nehmen an, dass die Wirkungssphäre des Streuzentrums auf einen engen Raumbereich um den Koordinatenursprung konzentriert ist, sodass das *einlaufende* Teilchen nur innerhalb der *Reichweite* R beeinflusst wird (Abb. 9.1). In großer Entfernung vom Streuer wird sich das Wellenpaket deshalb **kräftefrei** bewegen und durch die Wellenfunktion (2.49) beschreiben lassen:

$$\begin{aligned}\psi(\boldsymbol{r},t) &= \int \mathrm{d}^3k\,\widehat{\psi}(\boldsymbol{k})\,\mathrm{e}^{\mathrm{i}(\boldsymbol{k}\cdot\boldsymbol{r}-\omega(\boldsymbol{k})t)}\,,\\ \omega(k) &= \frac{\hbar k^2}{2m}\,.\end{aligned} \tag{9.1}$$

Die Amplitudenfunktion $\widehat{\psi}(\boldsymbol{k})$ *schnürt* das Wellenpaket auf eine longitudinale (transversale) Breite $\Delta b_{\mathrm{l(t)}}$ zusammen. Das so präparierte Paket ist zwar Lösung der zeitabhängigen Schrödinger-Gleichung, aber kein Eigenzustand des *kräftefreien* Hamilton-Operators. Es besitzt deshalb weder einen scharfen Impuls noch eine exakt definierte Energie. Die Ausdehnungen Δb_t und Δb_l sind Maße für die zugehörigen Ortsunschärfen. Sie sollten sehr viel größer sein als die mittlere de Broglie-Wellenlänge λ des Pakets, damit Impuls und Energie des Teilchens noch halbwegs gut definiert sind:

$$\lambda \ll \Delta b_\mathrm{t}, \Delta b_\mathrm{l}\,. \tag{9.2}$$

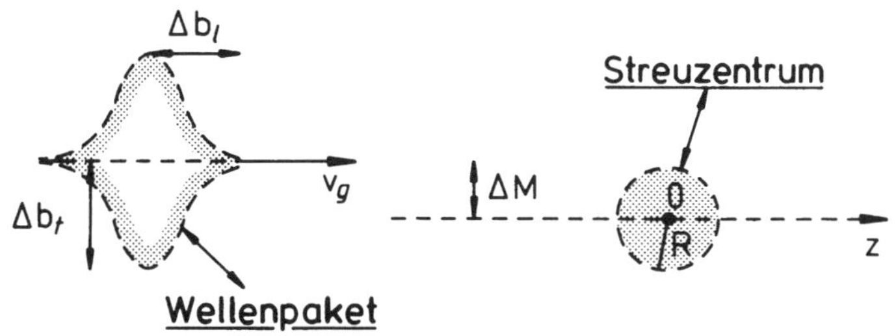

Abb. 9.1 Modellhafte Darstellung des Streuprozesses vor dem eigentlichen Streuakt

Um aber auch im Teilchenbild bleiben zu können, muss das Paket andererseits natürlich auch hinreichend scharf gebündelt sein. Man kann sich mit Überlegungen wie in Abschn. 2.2.3 klar machen, dass selbst für atomare Teilchen diese beiden, an sich zuwiderlaufenden Forderungen durchaus in Einklang zu bringen sind.

In einem wirklichen Experiment wird man selbstverständlich nicht ein einzelnes Teilchen auf ein anderes einzelnes Teilchen schießen können, sondern man wird es mit Teilchenströmen zu tun haben, d. h. mit vielen Wellenpaketen der eben besprochenen Art. Die Teilchendichte sei jedoch so klein, dass die Wechselwirkung der *einfallenden* Teilchen untereinander vernachlässigt und der gesamte Vorgang als eine Summe von unabhängigen Einzelprozessen gesehen werden kann.

2) Der eigentliche Streuakt

Im zweiten Schritt gerät das Teilchen in den Einflussbereich des *Streuers*, wenn die transversale Ausdehnung Δb_t nicht kleiner ist als der senkrechte Abstand ΔM des Paketschwerpunkts vom Koordinatenursprung. Für $\Delta M + R > \Delta b_\mathrm{t}$ *übersieht* das Teilchen natürlich den *Streuer* (s. Abb. 9.2). Damit die spezielle Struktur des Wellenpakets den Streuvorgang nicht allzu sehr beeinflusst, sollte das Paket die Streuzone völlig überdecken:

$$R \ll \Delta b_\mathrm{t}, \Delta b_\mathrm{l} \,. \tag{9.3}$$

Wir nehmen ferner an, dass die Streuung **elastisch** erfolgt, das gestreute Teilchen also lediglich seine Richtung ändert, nicht jedoch seine kinetische Energie. Wir schließen damit innere Anregungen der Stoßparameter aus. Im Fall *inelastischer Streuung* würde das Problem natürlich viel komplizierter, da dann ja auch der Anfangszustand des *Streuers* eine Rolle spielen würde. Im Fall *elastischer Streuung* lässt sich die Anwesenheit des *Streuers* durch ein *Streupotential* $V(\boldsymbol{r})$ darstellen, von dem wir annehmen wollen, dass es sich um ein kugelsymmetrisches Zentralpotential $V(\boldsymbol{r}) = V(r)$ handelt.

Natürlich wird im Experiment in der Regel die Streuung nicht von einem Einzelatom bewirkt. Das Target möge jedoch *hinreichend dünn* sein, sodass nur Einfachstreuungen eine

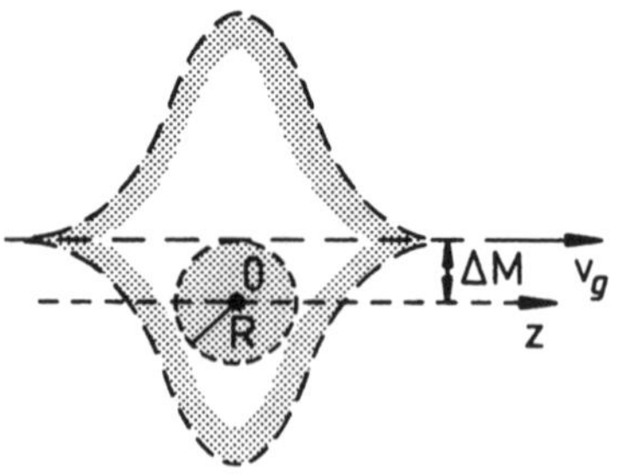

Abb. 9.2 Modellhafte Darstellung des eigentlichen Streuaktes

Rolle spielen. Der Atomabstand muß dazu insbesondere groß gegenüber der Wellenlänge λ der *einfallenden* Teilchen, gegenüber der Reichweite R des Potentials und gegenüber der räumlichen Ausdehnung des Wellenpakets sein. Diese Annahmen sind nicht immer gut erfüllt, bisweilen allerdings auch gar nicht gewollt. Bei Kristallstrukturuntersuchungen (s. Abschn. 1.4.3) werden bewusst *Beugungsphänomene* in Strahlen aus Elektronen, Photonen oder thermischen Neutronen als Informationsquelle ausgenutzt. – Sind diese Annahmen jedoch zusammen mit den unter 1) genannten erfüllt, so stellt der gesamte Streuvorgang eine Summe von unabhängigen Einzelvorgängen dar, die sich als zentralsymmetrische Zwei-Körper-Probleme behandeln lassen.

3) Nach dem Streuakt

Wegen der angenommenen Kurzreichweitigkeit des Potentials gerät das Teilchen nach der Streuung wieder in einen kräftefreien Bereich. Wie wir noch im einzelnen zu begründen haben werden, setzt sich aufgrund des Streuprozesses die Wellenfunktion nun aus zwei Bestandteilen zusammen, einem *durchgehenden*, unbeeinflussten Wellenpaket und einem *gestreuten* Paket, das sich aus nach allen Seiten hin auslaufenden Kugelwellen zusammensetzt. Die Situation ist völlig analog zu dem Reflexions- und Transmissionsverhalten von Wellen an eindimensionalen Potentialbarrieren, das wir in den Abschn. 4.2 und 4.3 untersucht haben. Der Nachweis des gestreuten Teilchens erfolgt mit Hilfe eines geeigneten Detektors im Abstand D vom Streuzentrum. Dieser muss so weit entfernt stehen, dass die Bedingung der kräftefreien Bewegung erfüllt ist, das Paket also nicht mehr von der Streuzone beeinflusst wird:

$$R, \lambda \ll D\,. \tag{9.4}$$

Andererseits sollte der Detektor jedoch auch nah genug sein, um das in Abschn. 2.2.3 besprochene, kräftefreie *Zerfließen* des Wellenpakets in Grenzen zu halten. Wir hatten als Bedingung dafür in Teil 2) von Aufgabe 2.2.3 abgeschätzt:

$$\sqrt{\frac{\lambda D}{2\pi}} \ll \Delta b_1\,. \tag{9.5}$$

Die durchgehende und die in Vorwärtsrichtung gestreute Welle werden sich nicht voneinander trennen lassen. Damit nicht die transmittierte Welle den Zähler auslöst, muss die

Messung schließlich noch unter einem hinreichend großen Winkel ϑ erfolgen:

$$\Delta b_{\mathrm{t}} \ll D \sin \vartheta \, . \tag{9.6}$$

Die Überlegungen dieses Abschnitts zeigen, dass es möglich ist, unsere anschauliche Vorstellung von einem Streuprozeß in den Formalismus der Quantenmechanik zu übertragen. Allerdings gelingt dies wegen sehr restriktiver Randbedingungen doch mehr oder weniger nur *asymptotisch*. Unter diesem Aspekt sind auch alle folgenden Untersuchungen zu verstehen. Wir werden uns sicher davor hüten, den genauen Weg des Teilchens, innerhalb der Streuzone zum Beispiel, berechnen zu wollen. Um die gewünschten Informationen zu erhalten, wird sich dies glücklicherweise auch nicht als nötig erweisen.

9.1.2 Formulierung des Streuproblems

Wie im vorigen Abschnitt beschrieben, nehmen wir an, dass ein Teilchenstrom mit *hinreichend scharfem* $(\boldsymbol{p}, E)$ auf ein Target mit N_{T} Streuzentren pro cm^2 fällt. Die Streuung möge elastisch erfolgen, wobei es sich um eine Summe von inkohärenten Einzelprozessen handelt, sodass das zu lösende Problem auf ein **Zwei-Körper-Problem** reduziert werden kann. Das Wechselwirkungspotential wird als kugelsymmetrisch und kurzreichweitig vorausgesetzt:

$$r\,V(r) \underset{r \to \infty}{\longrightarrow} 0 \, . \tag{9.7}$$

Das Coulomb-Potential muss deshalb gesondert betrachtet werden. – Das *einfallende* Teilchen sollte eigentlich als Wellenpaket beschrieben werden. Dieses lässt sich jedoch stets wie in (9.1) als Überlagerung von ebenen Wellen mit einer passenden Amplitudenfunktion $\widehat{\psi}(\boldsymbol{k})$ darstellen. Es genügt deshalb, die Streuung einer ebenen Welle zu berechnen. Um Widersprüche und Missverständnisse zu vermeiden, müssen wir jedoch das *Wellenpaketbild* später hin und wieder mit in die Argumentation einbeziehen. So ist die ebene Welle durch scharfen Impuls und scharfe Energie gekennzeichnet und damit durch einen völlig unbestimmten Ort. Sie ist *überall vorhanden* und infolgedessen auch *nie weit weg* vom Streuzentrum. Auch die zu (9.6) führende Forderung, dass die transmittierte Welle den Detektor nicht beeinflusst, ist natürlich mit der ebenen Welle nicht erfüllbar. Bisweilen werden wir deshalb im folgenden implizit ausnutzen müssen, dass die Amplitudenfunktion $\widehat{\psi}(\boldsymbol{k})$ in (9.1) dafür sorgt, dass sich die zu untersuchenden ebenen Wellen bis auf einen engen Raumbereich überall *weginterferieren* (Abb. 9.3). Natürlich wäre auch die konsequente Beschreibung des Streuvorgangs mit Wellenpaketen möglich, gestaltet sich mathematisch jedoch etwas mühsamer.

Die ebene Welle ist ein Energieeigenzustand, wobei sich die Energie bei der *elastischen* Streuung auch nicht ändert. Alle Erwartungswerte werden zeitunabhängig (*stationäres*

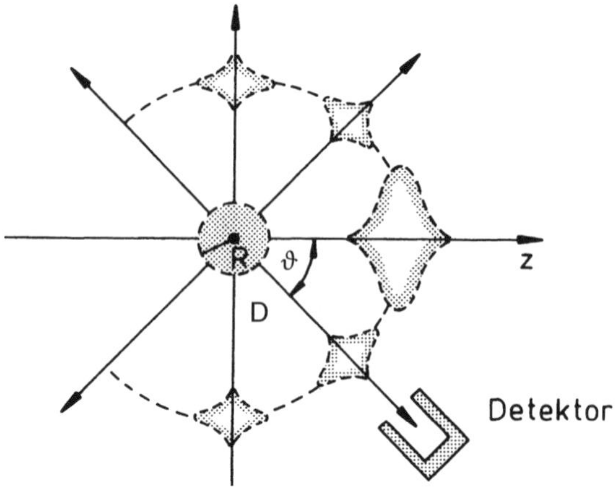

Abb. 9.3 Modellhafte Darstellung des Streuprozesses nach dem eigentlichen Streuakt

Streuproblem!). Weit vor der Streuzone ist die ebene Welle Lösung der *kräftefreien*, zeitunabhängigen Schrödinger-Gleichung:

$$-\frac{\hbar^2}{2m}\,\Delta\,\varphi_0(\boldsymbol{r}) = E\,\varphi_0(\boldsymbol{r})\;.$$

Die Einfallsrichtung definiere die z-Richtung:

$$\boldsymbol{p} = \hbar\,\boldsymbol{k}_0 = \hbar\,k_0\,\boldsymbol{e}_z\;;\qquad E = \frac{\hbar^2 k_0^2}{2m}\;,$$

$$\varphi_0(\boldsymbol{r}) = \mathrm{e}^{\mathrm{i}\,k_0 z}\;.$$

Wenn n_0 die Teilchendichte im *einfallenden* Strahl ist, so ergibt sich mit (2.27) die folgende zeitunabhängige (*stationäre*) Stromdichte:

$$\boldsymbol{j}_0 = n_0\,\frac{\hbar}{2m\,\mathrm{i}}\,\left(\varphi_0^*(\boldsymbol{r})\,\nabla\,\varphi_0(\boldsymbol{r}) - \varphi_0(\boldsymbol{r})\,\nabla\,\varphi_0^*(\boldsymbol{r})\right) = n_0\,\frac{\hbar\,\boldsymbol{k}_0}{m}\;. \tag{9.8}$$

Wir hatten in Abschn. 6.4 eine spezielle Darstellung für die ebene Welle gefunden, die sich für die weiteren Betrachtungen als außerordentlich nützlich erweist. Gemeint ist die Entwicklung (6.152) nach Drehimpulseigenfunktionen:

$$\mathrm{e}^{\mathrm{i}kz} = \mathrm{e}^{\mathrm{i}kr\cos\vartheta} = \sum_{l=0}^{\infty} i^l(2l+1)\,j_l(kr)\,P_l(\cos\vartheta)\;.$$

Diese ist deswegen günstig, weil das Streupotential $V(r)$ kugelsymmetrisch ist und deswegen den Drehimpuls erhält. Es wird für die resultierende Wellenfunktion nach dem Streuvorgang deshalb ebenfalls eine solche Entwicklung nach Drehimpulseigenfunktionen angebracht sein. (Es empfiehlt sich an dieser Stelle, sich die Ergebnisse aus Abschn. 6.4 noch einmal in Erinnerung zu rufen.) Für das Folgende wichtig ist insbesondere das Resultat

(6.125), wonach man sich die ebene Welle asymptotisch aus einer aus- und einer einlaufenden Kugelwelle zusammengesetzt denken kann. Dies ergibt sich aus dem entsprechenden Verhalten der Kugel-Bessel-Funktion:

$$j_l(kr) \underset{\text{große } r}{\longrightarrow} \frac{1}{2\,\mathrm{i}kr}\left(\mathrm{e}^{\mathrm{i}(kr-l\pi/2)} - \mathrm{e}^{-\mathrm{i}(kr-l\pi/2)}\right) . \tag{9.9}$$

Das eigentliche *Streuproblem* besteht nun in der Lösung der Schrödinger-Gleichung,

$$\left[\frac{\boldsymbol{p}^2}{2m} + V(r)\right]\varphi(\boldsymbol{r}) = E\,\varphi(\boldsymbol{r}) , \tag{9.10}$$

mit $E > 0$ und

$$\varphi(\boldsymbol{r}) = \varphi_0(\boldsymbol{r}) + \varphi_s(\boldsymbol{r}) . \tag{9.11}$$

Am Streuzentrum erzeugt die *einfallende* Welle $\varphi_0(\boldsymbol{r})$ eine **Streuwelle** $\varphi_s(\boldsymbol{r})$. Da diese dort erst *erzeugt* wird, darf sie natürlich nur *auslaufende* Anteile enthalten. Bedenkt man, dass für $r \to \infty$ wieder eine *kräftefreie* Bewegung einsetzt, so ist für $\varphi(\boldsymbol{r})$ asymptotisch eine Gestalt wie in (9.9) mit *passender* Modifikation des *auslaufenden* Anteils zu erwarten. Für die Streuwelle ergibt sich damit der folgende Ansatz:

$$\varphi_s(\boldsymbol{r}) \underset{r\to\infty}{\longrightarrow} f(\vartheta)\,\frac{\mathrm{e}^{\mathrm{i}kr}}{r} . \tag{9.12}$$

Dass der Vorfaktor nur von ϑ, nicht von φ abhängt, liegt natürlich an der speziellen Symmetrie, die wir für den Streuvorgang gewählt haben. Man nennt $f(\vartheta)$ die **Streuamplitude**. Sie enthält die gesamte Information über das streuende Potential.

Normalerweise werden die mathematischen Lösungen zu (9.10) entartet sein. Erst durch die physikalische Randbedingung, dass $\varphi(\boldsymbol{r})$ sich aus einer *einlaufenden* ebenen Welle und einer *auslaufenden* Kugelwelle mit winkelabhängiger Amplitude zusammensetzen muss, wird die Sache eindeutig. Eine *einlaufende* Streuwelle ließe sich natürlich auch als Lösung zu (9.10) konstruieren, wäre aber *unphysikalisch*.

Berechnen wir einmal im nächsten Schritt die Stromdichte $\boldsymbol{j}_s$ der Streuwelle. Mit der als Gleichung (1.395) in Band 1 abgeleiteten Darstellung des Gradienten in Kugelkoordinaten (r, ϑ, φ),

$$\nabla \equiv \boldsymbol{e}_r\,\frac{\partial}{\partial r} + \boldsymbol{e}_\vartheta\,\frac{1}{r}\,\frac{\partial}{\partial\vartheta} + \boldsymbol{e}_\varphi\,\frac{1}{r\sin\vartheta}\,\frac{\partial}{\partial\varphi} ,$$

findet man leicht:

$$\varphi_s^*(\boldsymbol{r})\,\nabla\,\varphi_s(\boldsymbol{r}) = \boldsymbol{e}_r\,\frac{|f(\vartheta)|^2}{r}\left(\frac{\mathrm{i}k}{r} - \frac{1}{r^2}\right) + \boldsymbol{e}_\vartheta\,\frac{1}{r^3}f^*(\vartheta)\,\frac{\partial f(\vartheta)}{\partial\vartheta} .$$

$\varphi_s(\boldsymbol{r})\,\nabla\,\varphi_s^*(\boldsymbol{r})$ ist das Konjugiert-Komplexe hiervon. Damit ergibt sich als Stromdichte der Streuwelle:

$$\begin{aligned} \boldsymbol{j}_s(\boldsymbol{r}) &= n_0\,\frac{\hbar}{2m\mathrm{i}}\left(\varphi_s^*(\boldsymbol{r})\,\nabla\,\varphi_s(\boldsymbol{r}) - \varphi_s(\boldsymbol{r})\,\nabla\,\varphi_s^*(\boldsymbol{r})\right) \\ &= n_0\,\frac{\hbar k}{m}\,\frac{|f(\vartheta)|^2}{r^2}\,\boldsymbol{e}_r + O\left(\frac{1}{r^3}\right)\,. \end{aligned} \tag{9.13}$$

Der zweite Summand kann asymptotisch vernachlässigt werden. $\boldsymbol{j}_s$ hat dann nur eine Radialkomponente. Der radiale Teilchenstrom durch eine Kugelfläche vom Radius r,

$$\iint \mathrm{d}\varphi\,\mathrm{d}\cos\vartheta\, r^2\,(\boldsymbol{e}_r\cdot\boldsymbol{j}_s) \longrightarrow \text{const} > 0\,,$$

ist unabhängig von r und positiv, der Tatsache entsprechend, dass es sich bei $\varphi_s(\boldsymbol{r})$ um eine **auslaufende** Kugelwelle handelt.

Nähmen wir den Ansatz (9.11) wirklich in jeder Beziehung ernst, so wäre die obige Überlegung natürlich nicht ganz korrekt. Die Stromdichte der Lösungsfunktion $\varphi(\boldsymbol{r})$ ist selbstverständlich nicht einfach die Summe aus der Stromdichte der *einfallenden* und der *gestreuten* Welle. Es werden Interferenzterme auftreten. Um die separate Berechnung von $\boldsymbol{j}_s$ zu begründen, müssen wir uns vielmehr das Wellenpaketbild wieder in Erinnerung rufen, wonach der *einfallende* Strahl ja nur eine geringfügige transversale Ausdehnung besitzt. Uns interessiert aber die Stromdichte, die auf den Detektor fällt. Wegen (9.6) sind Anteile der *einfallenden* Welle davon ausgeschlossen. Die gesamte, vom Detektor registrierte Stromdichte wird sich deshalb in der Tat lediglich aus Streubeiträgen zusammensetzen.

Versuchen wir schließlich noch den Kontakt zum Experiment herzustellen. Das gelingt mit Hilfe des **Wirkungsquerschnitts**. Dieser ist allgemein als

$$\blacktriangleright\quad \frac{\text{Zahl der Prozesse pro Zeiteinheit}}{\text{einfallende Teilchenstromdichte}}$$

definiert. Der uns hier interessierende Prozess ist der Durchgang eines Teilchens durch die Fläche $\mathrm{d}\boldsymbol{F}$, die durch den Detektor abgedeckt wird (Abb. 9.4). Mit

$$\mathrm{d}\boldsymbol{F} = r^2\mathrm{d}\Omega\,\boldsymbol{e}_r \qquad (\mathrm{d}\Omega = \sin\vartheta\,\mathrm{d}\vartheta\,\mathrm{d}\varphi)$$

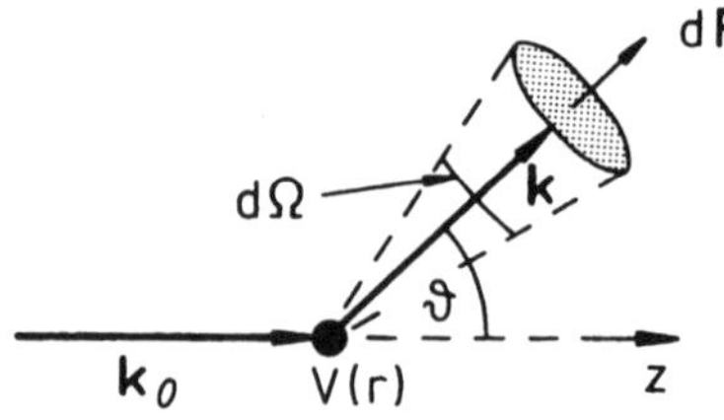

Abb. 9.4 Winkelbeziehungen zur Festlegung des Wirkungsquerschnitts

findet man für die Zahl der in das Raumwinkelelement $d\Omega$ gestreuten Teilchen, die pro Sekunde durch $d\boldsymbol{F}$ hindurchtreten:

$$\boldsymbol{j}_s \cdot d\boldsymbol{F} = n_0 \frac{\hbar k}{m} |f(\vartheta)|^2 d\Omega + 0\left(\frac{1}{r}\right) .$$

Dies ergibt den **differentiellen Wirkungsquerschnitt**

$$d\sigma(\vartheta) = \frac{\boldsymbol{j}_s \cdot d\boldsymbol{F}}{|\boldsymbol{j}_0|} = |f(\vartheta)|^2 d\Omega , \tag{9.14}$$

wobei wir (9.8) und $k = k_0$ (elastische Streuung) benutzt haben. Der Wirkungsquerschnitt ist also vollständig durch die Streuamplitude bestimmt. $d\sigma$ hat die Dimension einer Fläche. Die für kernphysikalische Streuversuche gebräuchliche Einheit ist 1 barn = 10^{-24} cm^2. Integriert man (9.14) über den gesamten Raumwinkel, so ergibt sich der **totale Wirkungsquerschnitt**

$$\sigma = \int d\Omega \frac{d\sigma}{d\Omega} = 2\pi \int_0^\pi d\vartheta \sin\vartheta |f(\vartheta)|^2 . \tag{9.15}$$

Im Experiment sind N_0 die Zahl der pro s und cm^2 auf das Target auffallenden Teilchen, N_T die Zahl der atomaren Streuer im Target pro cm^2 und $dn(\vartheta)$ die Zahl der pro s in das Winkelelement $d\Omega$ gestreuten Teilchen. Alle drei Größen sind messbar und somit auch der **differentielle Wirkungsquerschnitt:**

$$d\sigma(\vartheta) = \frac{dn(\vartheta)}{N_\mathrm{T} N_0} . \tag{9.16}$$

Dies bedeutet letztlich, dass $|f(\vartheta)|^2$ experimentell bestimmt werden kann. Die Aufgabe der Theorie besteht folglich darin, $|f(\vartheta)|^2$ mit dem Wechselwirkungspotential $V(r)$ in Verbindung zu bringen.

9.1.3 Aufgaben

Aufgabe 9.1.1

Berechnen Sie die Stromdichte der aus der *einfallenden* ebenen Welle $\varphi_0(\boldsymbol{r})$ und der *Streuwelle* $\varphi_s(\boldsymbol{r})$ zusammengesetzten Wellenfunktion (9.11):

$$\varphi(\boldsymbol{r}) = \varphi_0(\boldsymbol{r}) + \varphi_s(\boldsymbol{r}) ,$$

$$\varphi_0(\boldsymbol{r}) = e^{ikr\cos\vartheta} ,$$

$$\varphi_s(\boldsymbol{r}) = f(\vartheta) \frac{e^{ikr}}{r} .$$

Welche Interferenzterme treten auf?

Aufgabe 9.1.2

Zeigen Sie, dass die asymptotische Lösung (9.11) des Streuproblems,

$$\varphi(\boldsymbol{r}) = \mathrm{e}^{\mathrm{i}kz} + f(\vartheta)\,\frac{\mathrm{e}^{\mathrm{i}kr}}{r} \qquad \left(k^2 = \frac{2mE}{\hbar^2}\right),$$

die Schrödinger-Gleichung erfüllt, wenn das Streupotential für $r \to \infty$ stärker als $1/r$ abfällt.

9.2 Partialwellenmethode

9.2.1 Zerlegung nach Partialwellen

Der Hamilton-Operator (9.10) des vollen Streuproblems kommutiert mit den Drehimpulsoperatoren $\boldsymbol{L}^2$ und L_z. Es bietet sich deshalb die Entwicklung der Lösungsfunktion nach Drehimpulseigenfunktionen, also nach Kugelflächenfunktionen, an. Bei der vereinbarten Anordnung besitzt das Streuproblem zudem azimutale Symmetrie ($m_l = 0$), d. h. keine Abhängigkeit vom Winkel φ. Die Kugelflächenfunktionen reduzieren sich dann auf Legendre-Polynome (5.103),

$$Y_{l0}\,(\vartheta, \varphi) = \sqrt{\frac{2l+1}{4\pi}}\,P_l(\cos\vartheta)\,.$$

Wir wählen deshalb den Ansatz

$$\varphi(\boldsymbol{r}) = \sum_{l=0}^{\infty} \frac{u_l(\boldsymbol{r})}{r}\,P_l(\cos\vartheta)\,. \tag{9.17}$$

Wie zu Gleichung (6.19) im einzelnen erläutert, führt die zeitunabhängige Schrödinger-Gleichung mit einem solchen Ansatz auf die folgende Differentialgleichung für $u_l(r)$:

$$u_l''(r) + \left(k^2 - v_{\mathrm{eff}}(r)\right)\,u_l(r) = 0\,. \tag{9.18}$$

Dabei ist zur Abkürzung, wie schon des Öfteren,

$$k^2 = \frac{2m}{\hbar^2}\,E$$

gesetzt. Das effektive Potential enthält den *Zentrifugalanteil* (6.20):

$$v_{\mathrm{eff}}(r) = \frac{2m}{\hbar^2}\,V_{\mathrm{eff}}(r) = \frac{2m}{\hbar^2}\left[V(r) + \frac{\hbar^2 l(l+1)}{2m\,r^2}\right]. \tag{9.19}$$

Ein völlig analoges Problem haben wir in Abschn. 6.4 für das *freie* Teilchen gelöst, d. h. für den Spezialfall $V = 0$. Die Lösung (6.152) hat in der Tat die Struktur (9.17) mit

$$u_l^{(0)}(r) = \mathrm{i}^l\,(2l+1)\,r j_l\,(kr)\,.$$

Wichtig an dieser Stelle ist das asymptotische Verhalten $(kr \gg l)$ der Bessel-Funktion (6.125):

$$u_l^{(0)}(r) \sim \frac{1}{k}\,\mathrm{i}^l(2l+1)\sin\left(kr - \frac{l\pi}{2}\right)\,. \tag{9.20}$$

Da sich die Wellenfunktion $\varphi(\boldsymbol{r})$ des *vollen* Streuproblems asymptotisch ebenfalls als Lösung einer kräftefreien Bewegung schreiben lassen muss, da nach Voraussetzung (9.7) das Potential $V(r)$ hinreichend kurzreichweitig ist, liegt die Vermutung nahe, dass sich asymptotisch der Einfluss des Potentials im wesentlichen in einer Phasenverschiebung manifestieren wird:

$$u_l(r) \sim \alpha_l \sin\left(kr - \frac{l\pi}{2} + \delta_l\right)\,. \tag{9.21}$$

Man bezeichnet δ_l als die **Streuphase der l-ten Partialwelle**. Sie ist natürlich für das jeweilige Potential $V(r)$ charakteristisch und wird über k eine Funktion der Energie E sein.

Mit dem **Ansatz** (9.21) lässt sich die Lösungsfunktion (9.17) asymptotisch als Summe einer ein- und einer auslaufenden Kugelwelle schreiben:

$$\varphi(\boldsymbol{r}) \sim \left(\frac{\mathrm{e}^{\mathrm{i}kr}}{r}\sum_l \frac{\alpha_l}{2\mathrm{i}}\,\mathrm{e}^{\mathrm{i}\delta_l}\,\mathrm{e}^{-\mathrm{i}(l\pi/2)}\,P_l(\cos\vartheta) + \frac{\mathrm{e}^{-\mathrm{i}kr}}{r}\sum_l \frac{\alpha_l}{2\mathrm{i}}\,\mathrm{e}^{-\mathrm{i}\delta_l}\,\mathrm{e}^{\mathrm{i}(l\pi/2)}\,P_l(\cos\vartheta)\right)\,.$$

Die Summen laufen im Prinzip über **alle** Drehimpulsquantenzahlen. Man muss sich deshalb fragen, ob und wie für $l \to \infty$ die Voraussetzung $kr \gg l$ für das asymptotische Verhalten erfüllt werden kann. Wir werden uns am Ende dieses Kapitels jedoch klar machen, dass bei einem kurzreichweitigen Potential $V(r)$ nur die niedrigsten Quantenzahlen l beachtet zu werden brauchen, für die $kr \gg l$ stets realisierbar ist.

Die obige asymptotische Form der Lösungsfunktion $\varphi(\boldsymbol{r})$ muss nun aber die Struktur (9.11), (9.12) besitzen, d. h. mit (9.20) sollte auch gelten:

$$\varphi(\boldsymbol{r}) \sim \left\{\frac{\mathrm{e}^{\mathrm{i}kr}}{r}\left[\frac{1}{k}\sum_l \frac{\mathrm{i}^l}{2\mathrm{i}}\,(2l+1)\,\mathrm{e}^{-\mathrm{i}(l\pi/2)}\,P_l(\cos\vartheta) + f(\vartheta)\right]\right.$$
$$\left. + \frac{\mathrm{e}^{-\mathrm{i}kr}}{r}\,\frac{1}{k}\sum_l \frac{\mathrm{i}^l}{2\mathrm{i}}\,(2l+1)\,\mathrm{e}^{\mathrm{i}(l\pi/2)}\,P_l(\cos\vartheta)\right\}\,.$$

Darin steckt u. a. die Tatsache, dass nur die auslaufende Kugelwelle vom Streuzentrum beeinflusst wird. Damit andererseits der einlaufende Wellenanteil ausschließlich der ebenen

Welle zugeschrieben werden kann, muss in unserem Ansatz offensichtlich

$$\alpha_l = \frac{1}{k}\,\mathrm{i}^l(2l+1)\,\mathrm{e}^{\mathrm{i}\delta_l} = \frac{1}{k}(2l+1)\,\mathrm{e}^{\mathrm{i}(\delta_l+(l\pi/2))} \tag{9.22}$$

gelten. Damit ist dann aber auch durch Vergleich der beiden asymptotischen Ausdrücke für $\varphi(\boldsymbol{r})$ die Streuamplitude $f(\vartheta)$ festgelegt:

$$\begin{aligned} f(\vartheta) &= \frac{1}{k}\sum_l(2l+1)\,\frac{1}{2\mathrm{i}}\left(\mathrm{e}^{2\mathrm{i}\,\delta_l}-1\right)P_l(\cos\vartheta) \\ &= \frac{1}{k}\sum_l(2l+1)\,\mathrm{e}^{\mathrm{i}\,\delta_l}\sin\delta_l\,P_l(\cos\vartheta)\,. \end{aligned} \tag{9.23}$$

Bei Kenntnis der Streuphasen δ_l ist demnach die den Wirkungsquerschnitt (9.14) bestimmende Streuamplitude $f(\vartheta)$ berechenbar. Allerdings scheint damit nicht viel gewonnen zu sein; im Gegenteil, statt **einer** gesuchten Funktion sind nun **unendlich viele** Partialwellen zu bestimmen. Nützlich wird die Darstellung (9.23) sicher nur dann, wenn aus irgendwelchen Gründen die l-Summe nach wenigen Termen $(l \le l_0)$ abgebrochen werden kann. Wie bereits besprochen, ist ja auch nur dann der *asymptotische* $(kr \gg l)$ *Ansatz* (9.21) streng zu rechtfertigen. Wir werden am Ende dieses Kapitels mit einer Analogiebetrachtung zum *klassischen* Streuprozeß die *wirksamen* Drehimpulsquantenzahlen $l \le l_0$ abzuschätzen versuchen.

Mit der Streuamplitude $f(\vartheta = 0)$ für Vorwärtsstreuung kann eine **Summenregel für Streuphasen** formuliert werden:

$$f(0) = \frac{1}{k}\sum_l(2l+1)\,\mathrm{e}^{\mathrm{i}\,\delta_l}\sin\delta_l\,. \tag{9.24}$$

Der *differentielle Wirkungsquerschnitt* (9.14) lässt sich mit (9.23) nun ebenfalls durch die Streuphasen ausdrücken:

$$\frac{\mathrm{d}\sigma}{\mathrm{d}\Omega} = \frac{1}{k^2}\sum_{l,l'}(2l+1)\,(2l'+1)\sin\delta_l\sin\delta_{l'}\,\mathrm{e}^{\mathrm{i}(\delta_l-\delta_{l'})}\,P_l(\cos\vartheta)\,P_{l'}(\cos\vartheta)\,. \tag{9.25}$$

Zur Berechnung des *totalen Wirkungsquerschnitts* (9.15) verwenden wir die Orthogonalitätsrelation (5.98) der Legendre-Polynome:

$$\sigma = 2\pi\int_{-1}^{+1}\mathrm{d}\cos\vartheta\,\frac{\mathrm{d}\sigma}{\mathrm{d}\Omega} = \frac{4\pi}{k^2}\sum_l(2l+1)\sin^2\delta_l\,. \tag{9.26}$$

Der Vergleich dieses Ausdrucks mit (9.24) liefert eine interessante Beziehung, die **optisches Theorem** genannt wird:

$$\sigma = \frac{4\pi}{k}\,\mathrm{Im}\,f(0)\,. \tag{9.27}$$

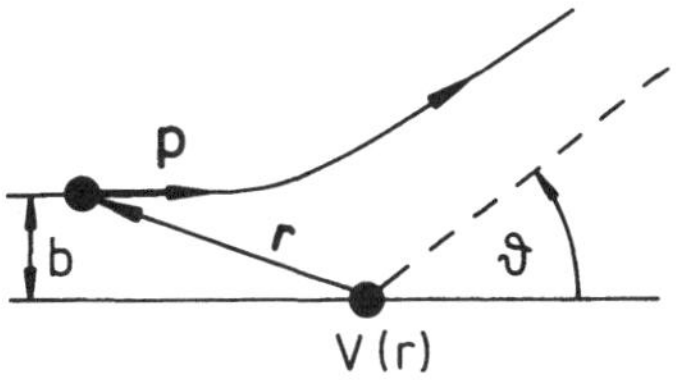

Abb. 9.5 Zur Definition des Stoßparameters beim klassischen Streuprozess

Qualitativ lässt sich dieses Theorem wie folgt verstehen: Durch den Streuprozeß ändert sich die Teilchenzahl nicht. Deshalb muss das, was der totale Wirkungsquerschnitt an *gestreuter* Intensität registriert, aus der einfallenden Welle *weginterferiert* worden sein. Interferenz ist aber nur mit der in Vorwärtsrichtung ($\vartheta = 0$) gestreuten Welle möglich. Diese Interferenz sorgt in Primärstrahlrichtung für einen *Teilchenschatten*, der gerade dem neu hinzugekommenen Streustrom entspricht. Warum nun gerade der Imaginärteil von $f(0)$ im *optischen Theorem* erscheint, muss durch eine detailliertere Betrachtung, auf die wir hier verzichten wollen, begründet werden.

Wir erwähnten bereits, dass durch Einführung der Partialwellen das Problem zunächst komplizierter geworden zu sein scheint. Nur wenn die Reihen für σ und $\mathrm{d}\sigma/\mathrm{d}\Omega$ rasch konvergieren, sodass nur wenige Streuphasen eine Rolle spielen, dürfte die in (9.23), (9.25) und (9.26) vollzogene *Zerlegung nach Partialwellen* von praktischem Nutzen sein. Aber wann kann man mit einer solchen raschen Konvergenz rechnen? Wir wollen versuchen, diese Frage mit einer Analogiebetrachtung aus der Klassischen Mechanik zu beantworten.

Klassisch kann keine Streuung stattfinden, wenn der *Stoßparameter b* größer ist als die effektive Reichweite R_0 des Potentials $V(r)$. Wir erinnern uns, dass der *Stoßparameter* als der senkrechte Abstand definiert ist, in dem das *einfallende* Teilchen am *Streuer* vorbeifliegen würde, wenn keine Potentialkraft die Flugbahn beeinflussen würde. (Zur Vermeidung von Verwechslungen mit dem Impuls bezeichnen wir ihn hier nicht mit dem Buchstaben p wie in Abschn. 1.3.3, sondern mit b (s. Abb. 9.5).)

Da das Teilchen von einem Zentralpotential gestreut wird, ist der klassische Drehimpuls eine Erhaltungsgröße:

$$|\boldsymbol{L}| = |\boldsymbol{r} \times \boldsymbol{p}| = \text{const} = b\,p_\infty = b\sqrt{2mE}\,.$$

p_∞ ist der Betrag des Teilchenimpulses in großer Entfernung vom Streuzentrum. Die Bedingung, dass für eine *Streuung* der Stoßparameter kleiner als die Reichweite des Potentials sein muss, lässt bei gegebener Teilchenenergie E offensichtlich nicht beliebig große Drehimpulse zu:

$$|\boldsymbol{L}| \le R_0\sqrt{2mE}\,. \tag{9.28}$$

Übertragen wir nun diese Überlegung im Sinne des *Korrespondenzprinzips* (Abschn. 3.5) in die Quantenmechanik, so sollte entsprechend

$$l \le \sqrt{l(l+1)} \le \frac{1}{\hbar} R_0 \sqrt{2mE} = k R_0 \tag{9.29}$$

zu fordern sein. Wir dürfen deshalb annehmen, dass die Summen (9.23), (9.25) und (9.26) bei einer maximalen Drehimpulsquantenzahl l_0 von der Größenordnung $k R_0$ abgebrochen werden können. Diese Vermutung wollen wir in den nächsten Kapiteln durch einige Beispiele erhärten.

Man bezeichnet den Beitrag zu $l = 0$ als *s-Streuung*, den zu $l = 1$ als *p-Streuung* usw. in Analogie zur entsprechenden Orbitalbezeichnung, die wir am Schluss von Abschn. 5.1.6 eingeführt haben. Nach (9.29) erwarten wir für kleine Teilchenenergien bei sehr kurzreichweitigen Potentialen *reine s-Streuung* mit einem kugelsymmetrischen Wirkungsquerschnitt:

$$\frac{\mathrm{d}\sigma}{\mathrm{d}\Omega} \underset{s\text{-Streuung}}{\longrightarrow} \frac{1}{k^2} \sin^2 \delta_0 \,. \tag{9.30}$$

Dies werden wir im nächsten Abschnitt durch eine explizite Auswertung der Streuung an einem einfachen, idealisierten Potential bestätigen können.

Im Prinzip können wir natürlich die Radialgleichung (9.18) bei gegebenem Potential $V(r)$ für beliebige Drehimpulsquantenzahlen l am Computer lösen. Für r-Werte, die außerhalb der Reichweite des Potentials liegen, sollte der Vergleich der numerischen Lösung mit (9.21), (9.22) die Streuphasen δ_l bestimmen. Die explizite *analytische* Berechnung von Streuungen an einfachen Potentialen ist hier jedoch vorzuziehen, da sie zu einem besseren Verständnis der physikalischen Zusammenhänge führt.

9.2.2 Streuung an der harten Kugel

Wir wollen die Streuphasenmethode zunächst an dem einfachen Modell der *harten Kugel* demonstrieren:

$$V(r) = \begin{cases} \infty & \text{für } r \leq R_0 \,, \\ 0 & \text{für } r > R_0 \,. \end{cases} \tag{9.31}$$

Man kann mit diesem Potential in allereinfachster Näherung die Streuung mikroskopischer Teilchen an einem Atomkern simulieren. Die *Reichweite* R_0 des Potentials würde dann dem *Kernradius* entsprechen.

Die zu bestimmende Wellenfunktion $\varphi(\boldsymbol{r})$ hat die offensichtliche Randbedingung

$$\varphi(\boldsymbol{r}) \equiv 0 \quad \text{für } r \leq R_0 \tag{9.32}$$

zu erfüllen. Für $r > R_0$ verschwindet das Potential. Das Teilchen bewegt sich dann gewissermaßen in einem *Zentralfeld der Stärke Null*, so wie wir es in Abschn. 6.4 diskutiert haben. Das Potential V ist zwar Null, die *Zentrifugalbarriere* (6.20) $(\hbar^2 l(l+1))/(2mr^2)$ aber noch wirksam. Es empfiehlt sich deshalb ein Ansatz wie der in (6.16) bzw. (9.17), wobei wir wiederum die azimutale Symmetrie des Streuvorgangs bereits ausnutzen können:

$$\varphi(\boldsymbol{r}) = \sum_{l=0}^{\infty} R_l(r)\, P_l(\cos\vartheta)\,. \tag{9.33}$$

Wie im einzelnen in Kap. 6 erläutert, muss auch hier der Radialanteil $R_l(r)$ die Bessel'sche Differentialgleichung (6.114) erfüllen. Die allgemeine Lösung können wir mit Hilfe der sphärischen Bessel (j_l)- und Neumann (n_l)-Funktionen ((6.119), (6.120)) formulieren,

$$R_l(r) = a_l\, j_l(kr) + b_l\, n_l(kr) \qquad \left(k = \sqrt{\frac{2mE}{\hbar^2}}\right),$$

oder aber auch mit den in (6.127) definierten Hankel-Funktionen:

$$R_l(r) = c_l\, h_l^{(+)}(kr) + d_l\, h_l^{(-)}(kr)\,.$$

Nun muss $\varphi(\boldsymbol{r})$ natürlich vor allem die Lösungsstruktur (9.11) besitzen, sich also aus einer ebenen Welle $\varphi_0(\boldsymbol{r})$ und einer Streuwelle $\varphi_s(\boldsymbol{r})$ zusammensetzen. Nach (9.12) muss sich letztere asymptotisch wie eine auslaufende Kugelwelle verhalten. Von allen vier Lösungstypen $(j_l,\, n_l,\, h_l^{(+)},\, h_l^{(-)})$ wird das nur von der Hankel-Funktion $h_l^{(+)}(kr)$ gewährleistet (s. (6.129)):

$$h_l^{(+)}(kr) \sim -\frac{\mathrm{i}}{kr}\, \mathrm{e}^{\mathrm{i}(kr-(l\pi/2))}\,.$$

Mit der Entwicklung (6.152) für die ebene Welle ergibt sich somit der im Vergleich zu (9.33) schon wesentlich detailliertere Lösungsansatz:

$$\varphi(\boldsymbol{r}) = \sum_l (2l+1)\,\mathrm{i}^l \left[j_l(kr) + \gamma_l\, h_l^{(+)}(kr)\right] P_l(\cos\vartheta)\,. \tag{9.34}$$

In dieser Form hat $\varphi(\boldsymbol{r})$ das richtige asymptotische Verhalten, und der Radialanteil löst die Bessel'sche Differentialgleichung (6.114). Die Koeffizienten γ_l müssen durch die Randbedingung (9.32) festgelegt werden:

$$\gamma_l = -\frac{j_l(kR_0)}{h_l^{(+)}(kR_0)} = -\frac{j_l(kR_0)}{j_l(kR_0) + \mathrm{i}\, n_l(kR_0)}\,. \tag{9.35}$$

Damit ist $\varphi(\boldsymbol{r})$ vollständig für den gesamten Raum, also nicht nur asymptotisch, bestimmt.

Der zweite Summand in (9.34) stellt die Streuwelle $\varphi_s(\boldsymbol{r})$ dar. Deren Verhalten für $r \to \infty$ muss nach (9.12) die Streuamplitude $f(\vartheta)$ festlegen:

$$\begin{aligned} f(\vartheta) &= \sum_l (2l+1)\,\mathrm{i}^l\,\gamma_l \left(-\frac{\mathrm{i}}{k}\,\mathrm{e}^{-\mathrm{i}(l\pi/2)}\right) P_l(\cos\vartheta) \\ &= \frac{1}{k}\sum_l (2l+1)\,(-\mathrm{i})\,\gamma_l\, P_l(\cos\vartheta)\,. \end{aligned}$$

Setzen wir diesen Ausdruck mit der *Streuphasendarstellung* (9.23) für $f(\vartheta)$ gleich, so gilt wegen der Orthogonalität der Legendre-Polynome die Gleichung bereits für jeden einzelnen Summanden:

$$\gamma_l = \mathrm{i}\,\mathrm{e}^{\mathrm{i}\delta_l} \sin \delta_l = \frac{1}{2}\left(\mathrm{e}^{2\mathrm{i}\delta_l} - 1\right) . \tag{9.36}$$

Über (9.35) und (9.36) haben wir nun die Möglichkeit, sämtliche Streuphasen δ_l als Funktionen der Energie E (in k) und der *Reichweite* R_0 des Potentials darzustellen:

$$\tan 2\delta_l = \frac{\sin 2\delta_l}{\cos 2\delta_l} = \frac{2\,\mathrm{Im}\,\gamma_l}{2\,\mathrm{Re}\,\gamma_l + 1} = \frac{2 j_l(kR_0)\, n_l(kR_0)}{n_l^2(kR_0) - j_l^2(kR_0)} .$$

Der Vergleich mit

$$\tan 2\delta_l = \frac{2\tan\delta_l}{1 - \tan^2\delta_l}$$

führt zu:

$$\tan\delta_l = \frac{j_l(kR_0)}{n_l(kR_0)} . \tag{9.37}$$

Es gibt mit $\tan\delta_l = -n_l(kR_0)/\,j_l(kR_0)$ noch eine weitere mathematische Lösung. Diese verletzt jedoch die *physikalische Randbedingung*, dass für $R_0 \to 0$ alle Streuphasen Null werden müssen.

Setzen wir nun mit (9.37)

$$\sin^2\delta_l = \frac{\tan^2\delta_l}{1 + \tan^2\delta_l}$$

in Gleichung (9.26) ein, so können wir den **Wirkungsquerschnitt für die Streuung an der harten Kugel** exakt angeben:

$$\sigma = \frac{4\pi}{k^2} \sum_l (2l+1) \frac{j_l^2(kR_0)}{n_l^2(kR_0) + j_l^2(kR_0)} . \tag{9.38}$$

Wir wollen dieses Ergebnis noch ein wenig durch eine Grenzwertbetrachtung kommentieren:

1) Grenzfall: $k R_0 \ll 1$

Die de Broglie-Wellenlänge des Streuteilchens sei zunächst viel größer als die Reichweite des Potentials. Nach unserer *halbklassischen* Abschätzung (9.29) erwarten wir in dieser Grenze praktisch reine *s-Streuung* mit einem isotropen Wirkungsquerschnitt (9.30).

Mit den Näherungsformeln (6.123) und (6.124) für die Bessel- bzw. Neumann-Funktionen bei kleinem Argument lässt sich abschätzen:

$$l = 0: \quad \tan\delta_0 \approx -kR_0 \approx \sin\delta_0 ,$$

$$l \ge 1: \quad \tan\delta_l \approx -\frac{(kR_0)^{2l+1}}{(2l-1)!!\,(2l+1)!!} \approx \sin\delta_l .$$

Daran erkennen wir, dass mit wachsender Drehimpulsquantenzahl l die Streuphasen sehr schnell sehr klein werden bzw. sehr dicht bei einem ganzzahligen Vielfachen von π liegen

$$\frac{\sin^2 \delta_{l+1}}{\sin^2 \delta_l} \approx \frac{\tan^2 \delta_{l+1}}{\tan^2 \delta_l} \approx \frac{(k R_0)^4}{(2l+1)^2 (2l+3)^2} \ll 1 \,, \tag{9.39}$$

sodass in der Tat praktisch *reine s-Streuung* vorliegt. In der Summe (9.26) dominiert der $l = 0$-Term:

$$\sigma \approx \frac{4\pi}{k^2} \sin^2 \delta_0 \approx 4\pi R_0^2 \,. \tag{9.40}$$

Der Wirkungsquerschnitt ist also in der Grenze großer de Broglie-Wellenlängen gerade das Vierfache des geometrischen Kugelquerschnitts.

2) Grenzfall: $k R_0 \gg 1$

Da in dieser Grenze die de Broglie-Wellenlänge sehr viel kleiner ist als die Linearabmessungen des Streuzentrums, sollte der quantenmechanische Wirkungsquerschnitt dem klassischen $\sigma_k = \pi R_0^2$ recht nahekommen. So sollte man zumindest nach dem Korrespondenzprinzip vermuten dürfen.

Die Randbedingungen, die zu (9.37) führen, sind unabhängig von $k R_0$. Gleichung (9.37) gilt also auch in dieser Grenze, wobei wir nun aber die asymptotischen Formen (6.125) und (6.126) der Bessel- bzw. Neumann-Funktionen verwenden müssen:

$$\tan \delta_l \underset{k R_0 \gg l}{\longrightarrow} -\tan\left(k R_0 - \frac{l\pi}{2}\right) .$$

Daran können wir die Streuphase δ_l bis auf ein ganzzahliges Vielfaches von π ablesen:

$$\delta_l \longrightarrow -k R_0 + l\,\frac{\pi}{2}\,(+n\,\pi) \,. \tag{9.41}$$

Die Gültigkeit unserer quasiklassischen Abschätzung (9.29) voraussetzend, wollen wir die *Partialwellensummation* (9.26) für den totalen Wirkungsquerschnitt näherungsweise bei der Drehimpulsquantenzahl l_0 abbrechen. Bei dieser handelt es sich um die maximale positive ganze Zahl, für die

$$\sqrt{l_0(l_0+1)} \le k R_0 \tag{9.42}$$

gilt. Es ist also sicher $l_0 \gg 1$. Damit lässt sich σ berechnen:

$$\begin{aligned}\sigma &\approx \frac{4\pi}{k^2} \sum_{l=0}^{l_0} (2l+1) \sin^2 \delta_l \\ &\overset{(9.41)}{\approx} \frac{4\pi}{k^2} \sum_{l=0}^{l_0} \left[(l+1)\cos^2\left(k R_0 - (l+1)\,\frac{\pi}{2}\right) + l \sin^2\left(k R_0 - l\,\frac{\pi}{2}\right)\right]\end{aligned}$$

$$
\begin{aligned}
&= \frac{4\pi}{k^2} \sum_{l'=1}^{l_0} l' \left[\cos^2\left(k R_0 - l' \frac{\pi}{2}\right) + \sin^2\left(k R_0 - l' \frac{\pi}{2}\right)\right] \\
&\quad + \frac{4\pi}{k^2} (l_0 + 1) \cos^2\left[k R_0 - (l_0 + 1)\frac{\pi}{2}\right] \\
&= \frac{4\pi}{k^2} \sum_{l'=1}^{l_0} l' + \mathcal{O}(l_0) \, .
\end{aligned}
$$

Die Summe hat den Wert $(1/2)\, l_0(l_0 + 1)$, sodass wir wegen $l_0 \gg 1$ und mit (9.42) den Wirkungsquerschnitt wie folgt abschätzen können:

$$
\sigma \approx \frac{2\pi}{k^2}\, l_0^2 \approx 2\pi R_0^2 \, . \tag{9.43}
$$

Entgegen unserer Erwartung ist der Wirkungsquerschnitt bei hoher Energie (kleinen Wellenlängen) des *einfallenden* Teilchens **doppelt so groß** wie der klassische Wirkungsquerschnitt, der mit dem geometrischen Querschnitt πR_0^2 der Kugel identisch ist. Die Ursache ist dieselbe, die auch dem *optischen Theorem* (9.27) zugrundeliegt. Der Wirkungsquerschnitt besteht aus zwei Termen, einem echten *Streuterm*, der exakt der *klassischen Erwartung* entspricht, und einem *Beugungsterm*, der auf die Vorwärtsrichtung zentriert ist und für den *Schatten* hinter der harten Kugel sorgt. Wie zum *optischen Theorem* bereits ausgeführt, entspricht die Auslöschung der *einfallenden* Wellenintensität im *Schattenbereich* der Kugel durch die in Vorwärtsrichtung *gestreute* Welle exakt der um endliche Winkel reflektierten Streuintensität, da sich ja die Teilchenzahl durch den Streuprozeß nicht ändert. Die Streuintensität in Vorwärtsrichtung $(\vartheta = 0)$ ist also genauso groß wie die restliche Streuintensität. Weil nun aber der *klassische* Wirkungsquerschnitt nur die wirklich gestreute Strahlung registriert, ist er gerade halb so groß wie der *totale*, auch den *Beugungsterm* berücksichtigende, quantenmechanische Wirkungsquerschnitt.

9.2.3 Streuung langsamer Teilchen am Potentialtopf

Wir wollen als weiteres Anwendungsbeispiel die Streuung am dreidimensionalen *Potentialtopf*

$$
V(r) = \begin{cases} -V_0, & \text{falls } r < a \, , \\ 0, & \text{falls } r \geq a \end{cases}
$$

besprechen. Mit diesem Potentialproblem haben wir uns bereits in Abschn. 6.3 beschäftigt und dabei insbesondere die *gebundenen Zustände* (Abschn. 6.3.3) für Energien $-V_0 < E < 0$ untersucht. Uns interessiert hier der Fall $E > 0$, den wir in Abschn. 6.3.4 nur kurz andiskutieren konnten. Wir benutzen im folgenden die Abkürzungen:

$$q^2 = \begin{cases} k_0^2 & \text{für } r < a\,, \\ k^2 & \text{für } r \geq a\,, \end{cases}$$

$$k^2 = \frac{2m}{\hbar^2} E\,; \quad k_0^2 = \frac{2m}{\hbar^2}(E + V_0)\,. \tag{9.44}$$

Nach (6.17) und (6.114) haben wir die Lösung der *Radialgleichung*

$$\left[\frac{\mathrm{d}^2}{\mathrm{d}r^2} + \frac{2}{r}\frac{\mathrm{d}}{\mathrm{d}r} + \left(q^2 - \frac{l(l+1)}{r^2}\right)\right] R_l(r) = 0$$

aufzusuchen. Diesen Typ Differentialgleichung haben wir inzwischen zur Genüge ausgewertet. Wir sind deshalb in der Lage, die Lösungsstruktur direkt anzugeben. Mit der Forderung, dass $R_l(r)$ im Nullpunkt regulär ist, bleibt nur die Wahl (s. (6.140)):

$$R_l(r) = \begin{cases} a_l\, j_l(k_0 r) & \text{für } r < a\,, \\ \alpha_l\, j_l(kr) + \beta_l\, n_l(kr) & \text{für } r \geq a\,. \end{cases} \tag{9.45}$$

Dabei sind j_l und n_l natürlich wieder die Bessel- bzw. Neumann-Funktionen. Wichtig für die folgenden Überlegungen wird erneut das asymptotische ($r \to \infty$) Verhalten der Teilchenwelle sein. Mit (6.125) und (6.126) hat der Ansatz (9.45) für die Radialfunktion in dieser Grenze die Gestalt:

$$R_l(r) \longrightarrow \frac{1}{kr}\left[\alpha_l \sin\left(kr - \frac{l\pi}{2}\right) - \beta_l \cos\left(kr - \frac{l\pi}{2}\right)\right]\,.$$

Andererseits ist ganz allgemein wegen (9.21) und (9.22) zu fordern:

$$\begin{aligned} R_l(r) &\longrightarrow \mathrm{i}^l(2l+1)\frac{1}{kr}\sin\left(kr - \frac{l\pi}{2} + \delta_l\right)\mathrm{e}^{\mathrm{i}\delta_l} \\ &= \mathrm{i}^l(2l+1)\frac{\mathrm{e}^{\mathrm{i}\delta_l}}{kr}\left[\sin\left(kr - \frac{l\pi}{2}\right)\cos\delta_l + \cos\left(kr - \frac{l\pi}{2}\right)\sin\delta_l\right]\,. \end{aligned}$$

Der Vergleich der beiden letzten Gleichungen bringt die Koeffizienten α_l, β_l mit den Streuphasen δ_l in Verbindung:

$$\begin{aligned} \alpha_l &= \mathrm{i}^l(2l+1)\,\mathrm{e}^{\mathrm{i}\delta_l}\cos\delta_l\,, \\ \beta_l &= -\mathrm{i}^l(2l+1)\,\mathrm{e}^{\mathrm{i}\delta_l}\sin\delta_l\,. \end{aligned}$$

Das Amplitudenverhältnis

$$\frac{\beta_l}{\alpha_l} = -\tan\delta_l \tag{9.46}$$

hatten wir für den Spezialfall $l = 0$ schon in (6.142) gefunden. Weitere Aussagen zum Quotienten β_l/α_l können wir aus den Stetigkeitsbedingungen für die Radialfunktion $R_l(r)$ und ihre Ableitung $(\mathrm{d}/\mathrm{d}r)\, R_l(r)$ am Potentialsprung bei $r = a$ gewinnen. Diese beiden Forderungen lassen sich zur *Anschlussbedingung*

$$\frac{1}{R_l(r)}\,\frac{\mathrm{d}}{\mathrm{d}r}\,R_l(r)\bigg|_{r=a} \qquad \text{stetig!}$$

zusammenfassen. Dabei fallen die Koeffizienten a_l des Ansatzes (9.45) heraus. Sie sind für unsere Zwecke hier auch unbedeutend und können über die Normierung der Lösungsfunktion später bei Bedarf nachbestimmt werden:

$$k_0\,\frac{j_l'(k_0 a)}{j_l(k_0 a)} \stackrel{!}{=} k\,\frac{\alpha_l j_l'(ka) + \beta_l n_l'(ka)}{\alpha_l j_l(ka) + \beta_l n_l(ka)}\,. \tag{9.47}$$

Der Strich bedeutet Ableitung nach dem gesamten Argument. Wir formen (9.47) noch ein wenig um,

$$k_0\, j_l'(k_0 a)\left[j_l(ka) + \frac{\beta_l}{\alpha_l}\,n_l(ka)\right] = k\, j_l(k_0 a)\left[j_l'(ka) + \frac{\beta_l}{\alpha_l}\,n_l'(ka)\right],$$

und lösen nach β_l/α_l auf. Dann folgt mit (9.46):

$$\tan\delta_l = \frac{k\, j_l'(ka)\, j_l(k_0 a) - k_0\, j_l'(k_0 a)\, j_l(ka)}{k\, n_l'(ka)\, j_l(k_0 a) - k_0\, j_l'(k_0 a)\, n_l(ka)}\,. \tag{9.48}$$

Damit sind sämtliche Streuphasen $\delta_l = \delta_l(E, V_0)$ vollständig bestimmt. Die rechte Seite sieht kompliziert aus, lässt sich aber problemlos am Rechner auswerten. Wir wollen uns hier jedoch einen gewissen Überblick über den *physikalischen Inhalt* von (9.48) verschaffen und betrachten dazu *langsame Teilchen*, also den Grenzfall

$$ka \ll 1\,.$$

Dies muss natürlich nicht notwendig auch $k_0\, a \ll 1$ bedeuten. Deswegen können wir die Näherungsformeln (6.123) und (6.124) auch nur für die Bessel- und Neumann-Funktionen in (9.48) mit dem kleinen Argument ka verwenden:

$$\begin{aligned} j_l(z) &\approx \frac{z^l}{(2l+1)!!} \quad\longrightarrow\quad j_l'(z) \approx \frac{l\,z^{l-1}}{(2l+1)!!}\,,\\ n_l(z) &\approx -\frac{(2l+1)!!}{(2l+1)\,z^{l+1}} \quad\longrightarrow\quad n_l'(z) \approx \frac{(l+1)\,(2l+1)!!}{(2l+1)\,z^{l+2}}\,. \end{aligned}$$

Nach ein paar einfachen Umformungen erhalten wir damit anstelle von (9.48):

$$\tan\delta_l = \frac{2l+1}{[(2l+1)!!]^2}\,(ka)^{2l+1}\,\widehat{P}_l(k_0 a)\,. \tag{9.49}$$

Dabei haben wir zur Abkürzung geschrieben:

$$\widehat{P}_l(k_0 a) = \left(\frac{l j_l(z) - z j_l'(z)}{(l+1) j_l(z) + z j_l'(z)} \right)_{z = k_0 a} . \tag{9.50}$$

Wenn der Nenner nicht gerade Null ist, – ein interessanter Sonderfall, den wir im nächsten Abschnitt erörtern werden –, dann wird sich $\widehat{P}_l\,(k_0 a)$ als Funktion der Teilchenenergie *vernünftig* verhalten, d. h. keinerlei Besonderheiten aufweisen. Wegen $k a \ll 1$ muss dann auch $\tan \delta_l$ sehr klein sein. Wir werden $\tan^2 \delta_l \approx \sin^2 \delta_l$ setzen können und finden mit

$$\frac{\sin^2 \delta_{l+1}}{\sin^2 \delta_l} \approx \frac{(k a)^4}{(2l+1)^2\,(2l+3)^2} \ll 1 \tag{9.51}$$

eine Abschätzung, die exakt mit der für die *harte Kugel* übereinstimmt (s. (9.39)), falls Kugel- und Topfradius gleich sind $(R_0 = a)$. Wie dort können wir schließen, dass in der Entwicklung (9.26) für den totalen Wirkungsquerschnitt σ der s-Term $(l = 0)$ dominiert. Für die langsamen (niederenergetischen) Teilchen liegt auch im Fall des Potentialtopfs praktisch reine, isotrope s-**Streuung** vor:

$$\sigma \approx \frac{4\pi}{k^2} \sin^2 \delta_0 \,. \tag{9.52}$$

Dies gilt allerdings nur unter der oben getroffenen Annahme, dass sich $\widehat{P}_l(k_0 a)$ *gutartig* verhält, also als Funktion von E nicht gerade singulär wird.

Die in (9.52) benötigte Streuphase δ_0 lässt sich mit (9.48) berechnen. Noch einfacher ist die direkte Berechnung der $l = 0$-Streuphase, wie wir sie in Abschn. 6.3.4 durchgeführt haben. Wir übernehmen das Ergebnis (6.143), das streng, also ohne Beschränkung auf kleine $k a$ gilt:

$$\delta_0 = \arctan\left(\frac{k}{k_0} \tan k_0 a \right) - k a \quad (+n\,\pi) \,. \tag{9.53}$$

Die Streuphase ist natürlich nur bis auf ein ganzzahliges Vielfaches von π bestimmt. In Abschn. 9.2.5 werden wir die Diskussion der s-Streuung am Potentialtopf noch einmal aufgreifen.

Auf den ersten Blick mag die Ähnlichkeit der Resultate (9.51), (9.52) für den Potentialtopf mit denen für die *harte Kugel* ((9.39), (9.40)) etwas verblüffen, ist jedoch relativ einfach zu erklären. Ursache ist die **Zentrifugalbarriere** ($\sim \hbar^2 l(l+1)/2m r^2$ (6.20)), die für $l \geq 1$ bei kleinen Energien die Welle gar nicht ganz an den Potentialbereich herankommen lässt. Die Welle kann offensichtlich in den *Zentrifugalberg* nicht eindringen. Für $r > R_0 = a$ ist das effektive Streupotential $V_{\text{eff}}(r) = V(r) + \hbar^2 l(l+1)/2m r^2$ jedoch für die harte Kugel und den Potentialtopf gleich (s. Abb. 9.6). Das Resultat

$$\tan \delta_l \sim (k a)^{2l+1} \tag{9.54}$$

Kapitel 9

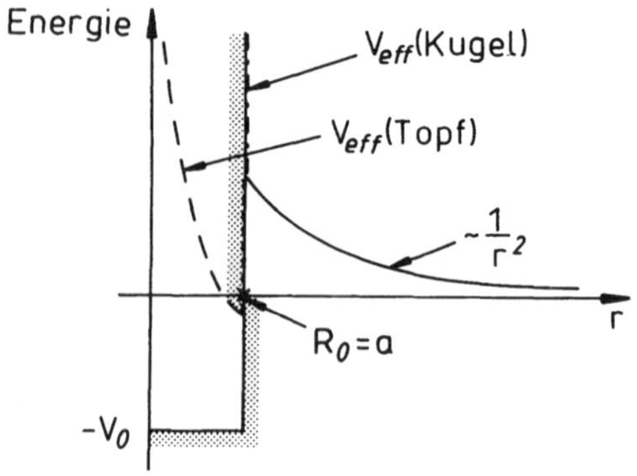

Abb. 9.6 Abstandsabhängigkeit der effektiven Potentiale für die harte Kugel und den Potentialtopf

ist bei kleinen Teilchenergien deshalb typisch für alle Potentiale endlicher Reichweite. Man spricht in diesem Fall von **Potentialstreuung**, von der wir gesehen haben, dass sie für alle derartigen Potentiale dominant s-artig ist. Für die s-Streuung entfällt dann allerdings die Zentrifugalbarriere, diese Partialstreuung ist deshalb durch das *nackte* Potential bestimmt.

9.2.4 Resonanzstreuung

Wir haben bei der bisherigen Analyse des Streuphasenergebnisses (9.49) stets vorausgesetzt, dass der in (9.50) definierte Term $\widehat{P}_l(k_0 a)$ *gutartig* ist. Das ist gewissermaßen die Grundvoraussetzung für *Potentialstreuung*. Nun kann bei bestimmten Teilchenenergien E der Nenner von $\widehat{P}_l(k_0 a)$ durchaus Null werden. Dann wird insbesondere die Abschätzung (9.51) falsch. Im Bereich um die sogenannte *Resonanzenergie* E_R, die die folgende Gleichung löst,

$$0 \stackrel{!}{=} \left[(l+1)\, j_l(k_0 a) + k_0 a\, j_l'(k_0 a)\right]_{E=E_R} , \tag{9.55}$$

tritt ein anderer Typ Streuung auf, den man **Resonanzstreuung** nennt. $\widehat{P}_l(k_0 a)$ divergiert bei $E = E_R$. Um zu sehen, was *physikalisch* diese Singularität ausmacht, wollen wir (9.55) einmal für den Spezialfall eines sehr tiefen Potentialtopfs

$$k_0 a \gg l \qquad (l \geq 1)$$

approximativ auswerten. In diesem Fall können wir für die Kugel-Bessel-Funktion $j_l(k_0 a)$ die asymptotische Form (6.125) verwenden:

$$j_l(k_0 a) \approx \frac{1}{k_0 a} \sin\left(k_0 a - \frac{l\pi}{2}\right) ,$$
$$j_l'(k_0 a) \approx -\frac{1}{(k_0 a)^2} \sin\left(k_0 a - \frac{l\pi}{2}\right) + \frac{1}{k_0 a} \cos\left(k_0 a - \frac{l\pi}{2}\right) .$$

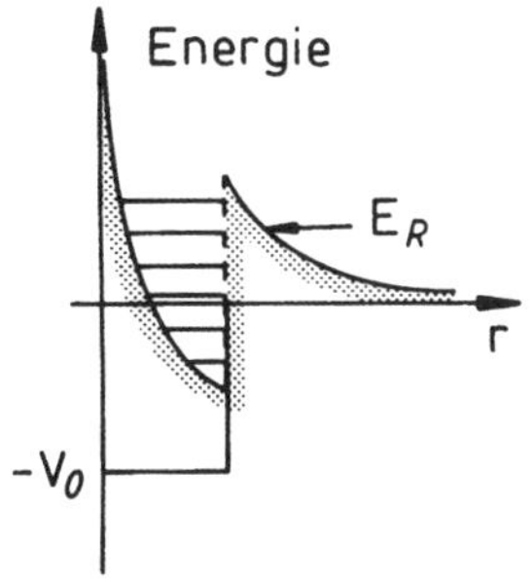

Abb. 9.7 Zur Erläuterung der Resonanzstreuung am Potentialtopf

Damit wird aus (9.55):

$$0 \stackrel{!}{=} \frac{l}{k_0 a} \sin\left(k_0 a - \frac{l\pi}{2}\right) + \cos\left(k_0 a - \frac{l\pi}{2}\right)$$

$$= \frac{l}{k_0 a} \cos\left[k_0 a - (l+1)\frac{\pi}{2}\right] - \sin\left[k_0 a - (l+1)\frac{\pi}{2}\right] .$$

Dies bedeutet:

$$\tan\left[k_0 a - (l+1)\frac{\pi}{2}\right] = \frac{l}{k_0 a} \ll 1 .$$

Da die rechte Seite sehr klein ist, muss der Tangens bis auf ein ganzzahliges Vielfaches von π ungefähr gleich seinem Argument sein:

$$k_0 a - l\frac{\pi}{2} \approx \left(n + \frac{1}{2}\right)\pi + \frac{l}{k_0 a} \qquad (n = 0, 1, 2, \dots) . \tag{9.56}$$

Negative Werte von n kommen wegen $k_0 a \gg l$ nicht in Betracht. Ohne den letzten Summanden, der ja nach Voraussetzung klein gegen 1 ist, stellt (9.56) gerade die Bedingung für einen gebundenen Zustand (diskretes Niveau) im (sehr tiefen) dreidimensionalen Potentialtopf dar (s. Lösung zu Aufgabe 6.3.4). Immer dann, wenn die Energie des *einfallenden* Teilchens der Energie eines solchen gebundenen Zustands entspricht (Abb. 9.7), tritt **Resonanzstreuung** auf. In der *Resonanz* divergiert nach (9.49) und (9.50) $\tan\delta_l$. Da im Bereich der *Potentialstreuung* $\tan\delta_l \ll 1$ ist und somit δ_l dicht bei einem ganzzahligen Vielfachen von π liegt, muss offensichtlich δ_l als Funktion von E in der Nähe von E_R abrupt von $m\,\pi$ auf $(m \pm 1)\,\pi$ springen und dabei in der Resonanz

$$\delta_l(E = E_R) = m\,\pi \pm \frac{\pi}{2} \tag{9.57}$$

durchqueren. – Wir wollen den Energiebereich um E_R einmal etwas genauer untersuchen. Zunächst lässt sich dort der Nenner von $\widehat{P}_l(k_0 a)$ nach Taylor in eine Reihe um E_R entwickeln, die wir nach dem linearen Term abbrechen:

$$\begin{aligned}&(l+1)\,j_l\,(k_0a)+k_0a\,j_l'\,(k_0a)\\&=0+(E-E_\mathrm{R})\left[(l+1)\,\frac{\mathrm{d}}{\mathrm{d}E}\,j_l\,(k_0a)+\frac{\mathrm{d}}{\mathrm{d}E}\,(k_0a\,j_l'\,(k_0a))\right]_{E=E_\mathrm{R}}+0\left[(E-E_\mathrm{R})^2\right]\,.\end{aligned}$$

Im Zähler von $\widehat{P}_l(k_0a)$ können wir direkt E durch E_R ersetzen. Mit der Definition

$$\gamma_l=\frac{2l+1}{[(2l+1)!!]^2}\left[\frac{l\,j_0\,(k_0a)-k_0a\,j_l'(k_0a)}{(l+1)\,(\mathrm{d}/\mathrm{d}E)\,j_l\,(k_0a)+(\mathrm{d}/\mathrm{d}E)\left(k_0a\,j_l'\,(k_0a)\right)}\right]_{E=E_\mathrm{R}} \tag{9.58}$$

gilt dann in der unmittelbaren Umgebung der Resonanz:

$$\tan\delta_l\approx\gamma_l\,\frac{(k\,a)^{2l+1}}{E-E_\mathrm{R}}\,. \tag{9.59}$$

Wenn man davon ausgeht, dass δ_l als Funktion von E monoton von 0 auf π (bzw. von $m\pi$ auf $(m+1)\pi$) wächst und bei E_R den Wert $\pi/2$ (bzw. $(m+1/2)\pi$) annimmt, dann muss offensichtlich $\gamma_l<0$ sein. Damit erhält der *Partialquerschnitt* σ_l (l-Beitrag zum Wirkungsquerschnitt σ (9.26)),

$$\sigma_l=\frac{4\pi(2l+1)}{k^2}\sin^2\delta_l=\frac{4\pi(2l+1)}{k^2}\,\frac{\tan^2\delta_l}{1+\tan^2\delta_l}\,,$$

eine *lorentzartige* Gestalt:

$$\sigma_l=\frac{4\pi(2l+1)}{k^2}\,\frac{\gamma_l^2\,(k\,a)^{4l+2}}{(E-E_\mathrm{R})^2+\gamma_l^2\,(k\,a)^{4l+2}}\,. \tag{9.60}$$

Diese Beziehung wird **Breit-Wigner-Formel** genannt. In der Resonanz $E=E_\mathrm{R}$ nimmt σ_l seinen Maximalwert

$$\sigma_l^{\max}=\frac{4\pi(2l+1)}{k^2} \tag{9.61}$$

an. Definieren wir als *Halbwertsbreite* ΔE_l den Abstand der Punkte auf der E-Achse, bei denen σ_l auf die Hälfte seines Maximalwertes abgefallen ist (Abb. 9.8),

$$\Delta E_l=2|\gamma_l|\,(k\,a)^{2l+1}\,, \tag{9.62}$$

so erkennen wir, dass es sich wegen $k\,a\ll1$ um eine äußerst scharfe Resonanz handelt. Die anderen Partialquerschnitte $\sigma_{l'}$, deren Quantenzahl l' die Resonanzbedingung (9.56) **nicht** erfüllen, befinden sich im Bereich der *Potentialstreuung* und sind dann gegenüber σ_l vernachlässigbar.

Außerhalb der *Resonanz* erfährt eine $l\geq1$-Partialwelle nur eine unbedeutende Streuung und kann auch nicht merklich in den Potentialbereich eindringen. Die Streuverhältnisse erweisen sich als praktisch unabhängig vom tatsächlichen Potential. Im Bereich der

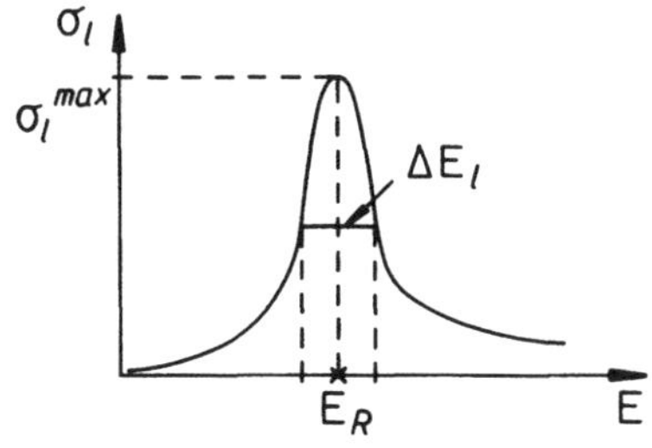

Abb. 9.8 Resonanzverhalten des Partialquerschnitts

Resonanz durchtunnelt die entsprechende Partialwelle offenbar zu einem großen Teil die Zentrifugalbarriere und besetzt im Innern einen quasi-gebundenen Zustand, der sich aus einer Beziehung wie (9.56) berechnen lässt. Nach einer relativ langen Zeitspanne wird das Teilchen dann wieder emittiert, woraus der hohe Streuquerschnitt resultiert. Das Teilchen hat somit im Potentialtopf nur eine *endliche Lebensdauer* τ. Der Resonanzzustand ist deshalb auch kein wirklich gebundener Zustand (*metastabil*). Nach der Energie-Zeit-Unschärferelation (3.221) besitzt er eine Energieunschärfe von der Größenordnung $\Delta E = \hbar/\tau$.

9.2.5 *s*-Streuung am Potentialtopf

Die Überlegungen und Interpretationen des letzten Kapitels schlossen die *s*-Streuung aus, da für $l = 0$ die Zentrifugalbarriere entfällt. Deswegen wollen wir diesen Fall jetzt gesondert betrachten.

Die Streuphase δ_0 kennen wir bereits. Die Form (9.53) gilt zunächst sogar für alle Teilchenenergien. Bei kleinen Energien und für den Fall, dass $\tan k_0 a$ nicht gerade divergiert ($k_0 a \neq (\hat{n} + 1/2)\,\pi;\ \hat{n} \overset{!}{=} \mathbb{Z}$), können wir den Arcustangens durch sein Argument ersetzen:

$$\delta_0 \approx \frac{k}{k_0} \tan k_0 a - k\,a + n\,\pi\,. \tag{9.63}$$

Man definiert als **Streulänge** den Ausdruck

$$a_\mathrm{s} = a\left(1 - \frac{\tan k_0 a}{k_0 a}\right) \tag{9.64}$$

und kann damit schreiben:

$$\delta_0 \approx n\,\pi - k\,a_\mathrm{s}\,. \tag{9.65}$$

Dies bedeutet für den Wirkungsquerschnitt ($l = 0$):

$$\sigma_0 \approx \frac{4\pi}{k^2} \sin^2 k\,a_\mathrm{s} \approx 4\pi\,a_\mathrm{s}^2\,. \tag{9.66}$$

Es lässt sich zeigen, dass die ersten Korrekturen zu diesem Ergebnis von der Größenordnung k^2 sind.

Um weitere Information über die Streuphase δ_0 und den partiellen Wirkungsquerschnitt σ_0 zu gewinnen, betrachten wir einmal die Beziehung (9.53) in der Form

$$\frac{\tan(ka+\delta_0)}{\tan k_0 a} = \frac{k}{k_0} = \frac{k}{\sqrt{k^2 + 2mV_0/\hbar^2}} \ . \tag{9.67}$$

Die rechte Seite ist eine positive, monoton von 0 auf 1 wachsende Funktion von k. Folglich gilt für die linke Seite:

$$\lim_{k\to\infty} \frac{\tan(ka+\delta_0)}{\tan k_0 a} = \lim_{k\to\infty} \frac{\tan(ka+\delta_0)}{\tan ka} \stackrel{!}{=} 1 \ . \tag{9.68}$$

Aus (9.65) und (9.68) können wir schließen, dass sowohl für $k \to 0$ als auch für $k \to \infty$ die Streuphase δ_0 ein ganzzahliges Vielfaches von π sein muss. Streuphasen sind aber andererseits von ihrer Definition (9.21) her mit einer Willkür *modulo* π behaftet. Wir haben deshalb die Freiheit, diese Willkür durch die folgende Konvention aufzuheben: Wenn $k_0 a$ in dem Intervall

$$\pi\left(\hat{n} - \frac{1}{2}\right) < k_0 a < \pi\left(\hat{n} + \frac{1}{2}\right) \ ; \quad \hat{n} = 0, 1, 2, \ldots \tag{9.69}$$

liegt, so fordern wir, dass dieses auch für $ka + \delta_0$ der Fall ist. Nach (9.68) muss dann für $k \to \infty$ offensichtlich gelten:

$$\lim_{k\to\infty} \delta_0(k) = 0 \ , \tag{9.70}$$

und wegen (9.69) für $k \to 0$:

$$\lim_{k\to 0} \delta_0(k) = \hat{n}\,\pi \ . \tag{9.71}$$

Um zu sehen, was die nicht-negative ganze Zahl $\hat{n}$ bedeutet, untersuchen wir (9.69) für $k \to 0$. Dann ist dort k_0 durch

$$k_0^0 = k_0\,(k=0) = \sqrt{\frac{2mV_0}{\hbar^2}} \tag{9.72}$$

zu ersetzen. Für $V_0 = 0$ wird somit (9.69) durch $\hat{n} = 0$ erfüllt. Plausiblerweise verschwindet für diesen Grenzfall die Streuphase. – Steigern wir die Tiefe des Potentialtopfs so weit, dass $k_0^0 a > \pi/2$ wird, so springt $\hat{n}$ auf 1 und $\delta_0(0)$ ist gleich π. Andererseits bedeutet $k_0^0 a > \pi/2$ aber auch:

$$V_0 > \frac{\pi^2\hbar^2}{8ma^2} \ .$$

Das wiederum ist nach (6.138) die Bedingung für einen ersten gebundenen Zustand im Potentialtopf. – Bei größer werdendem V_0 erscheinen immer mehr gebundene Zustände,

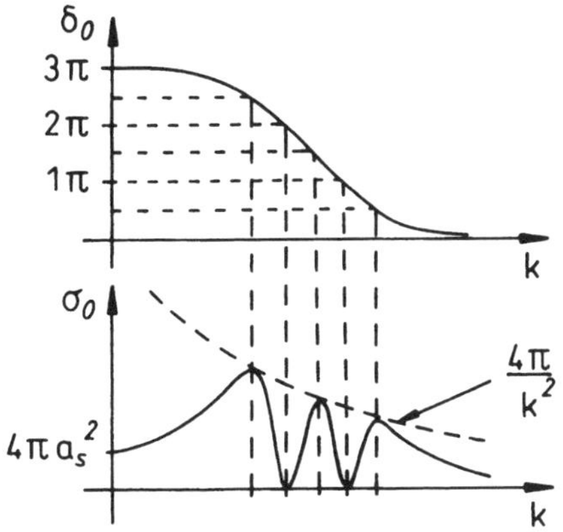

Abb. 9.9 Zusammenhang zwischen Streuphase und Wirkungsquerschnitt für *s*-Streuung am Potentialtopf

deren Zahl N_- sich nach (6.137) und den auf (4.48) folgenden Überlegungen zu

$$N_- = \left[\frac{1}{\pi}\sqrt{\frac{2m\,V_0 a^2}{\hbar^2}} - \frac{1}{2}\right] = \left[\frac{k_0^0\,a}{\pi} - \frac{1}{2}\right]$$

berechnet. ($[x]$ ist die auf x folgende, nächstgrößere ganze Zahl.) An (9.69) lesen wir aber ab:

$$\hat{n} - 1 < \frac{k_0^0\,a}{\pi} - \frac{1}{2} < \hat{n}\,.$$

Die Zahl $\hat{n}$ in (9.71) ist also gleich der Zahl der gebundenen Zustände im Potentialtopf der Tiefe V_0. Sie ist damit eindeutig festgelegt. Nehmen wir einmal an, dass die Potentialtopftiefe V_0 gerade so sei, dass $\hat{n} = 3$ gebundene Zustände auftreten, dann ergibt sich aus (9.70) und (9.71) für (stetiges) δ_0 als Funktion von k, und damit als Funktion der Teilchenenergie E, qualitativ der in Abb. 9.9 skizzierte Verlauf. Mit (9.66) ist der $k \to 0$-Wert des Wirkungsquerschnitts σ_0,

$$\sigma_0 = \frac{4\pi}{k^2}\sin^2\delta_0\,,$$

bekannt, sodass wir auch für σ_0 als Funktion der Teilchenenergie E ein recht detailliertes Bild erhalten. Es ergeben sich in Abhängigkeit der Energie des *einfallenden* Teilchens typische Oszillationen (*Resonanzen*).

9.2.6 Integraldarstellung für Streuphasen

Die Berechnung von Streuphasen ist im Allgemeinen äußerst schwierig und nur unter stark einschränkenden Annahmen möglich. Unterschiedliche Darstellungen bieten verschiedene Ausgangspunkte für Approximationen, was bei der Behandlung eines Streuproblems von großer Wichtigkeit sein kann. Wir wollen in diesem Kapitel deshalb eine alternative Integraldarstellung der Streuphasen ableiten.

Der allgemeine, die Symmetrie des Streuproblems berücksichtigende Ansatz (9.17) für die Lösungsfunktion $\varphi(\boldsymbol{r})$ führt für die radiale Funktion $u_l(r) = r\,R_l(r)$ auf die Differentialgleichung (9.18), die wir in der folgenden Form verwenden wollen:

$$u_l''(r) + \left[k^2 - \frac{2m}{\hbar^2}\,V(r) - \frac{l(l+1)}{r^2}\right] u_l(r) = 0\,. \tag{9.73}$$

$u_l(r)$ löst diese Gleichung mit der Randbedingung (6.21)

$$u_l(0) = 0$$

und weist nach (9.21), (9.22) für $r \to \infty$ das asymptotische Verhalten

$$u_l(r) \sim \frac{1}{k}\mathrm{i}^l(2l+1)\,\mathrm{e}^{\mathrm{i}\delta_l}\sin\left(k\,r - \frac{l\pi}{2} + \delta_l\right)$$

auf. – Im Grenzfall verschwindenden Wechselwirkungspotentials lautet die zu (9.73) analoge Differentialgleichung:

$$u_l''^{(0)}(r) + \left[k^2 - \frac{l(l+1)}{r^2}\right] u_l^{(0)}(r) = 0\,. \tag{9.74}$$

Die Lösung zur Randbedingung $u_l^{(0)}(0) = 0$ ist uns bereits bekannt (9.20):

$$u_l^{(0)}(r) = \mathrm{i}^l\,(2l+1)\,r\,j_l\,(k\,r) \underset{r\to\infty}{\sim} \frac{1}{k}\,\mathrm{i}^l\,(2l+1)\sin\left(k\,r - \frac{l\pi}{2}\right).$$

Wir multiplizieren nun (9.73) mit $u_l^{(0)}(r)$ und (9.74) mit $u_l(r)$, ziehen die beiden Gleichungen voneinander ab und integrieren über alle r:

$$\int\limits_0^\infty \mathrm{d}r\left(u_l''(r)\,u_l^{(0)}(r) - u_l^{(0)''}(r)\,u_l(r)\right) = \frac{2m}{\hbar^2}\int\limits_0^\infty \mathrm{d}r\,V(r)\,u_l(r)\,u_l^{(0)}(r)\,.$$

Die linke Seite werten wir durch partielle Integration weiter aus, wobei wir die beiden Randbedingungen für u_l und $u_l^{(0)}$ verwenden:

$$\begin{aligned}
&\int\limits_0^\infty \mathrm{d}r\left(u_l''(r)\,u_l^{(0)}(r) - u_l^{(0)''}(r)\,u_l(r)\right)\\
&= \left(u_l'(r)\,u_l^{(0)}(r) - u_l^{(0)'}(r)\,u_l(r)\right)\Big|_0^\infty - \int\limits_0^\infty \mathrm{d}r\left(u_l'(r)\,u_l^{(0)'}(r) - u_l^{(0)'}(r)\,u_l'(r)\right)\\
&= \lim_{r\to\infty}\left(u_l'(r)\,u_l^{(0)}(r) - u_l^{(0)'}(r)\,u_l(r)\right)\,.
\end{aligned}$$

Wenn wir im nächsten Schritt die asymptotischen Lösungsformen einsetzen, bringen wir die uns eigentlich interessierenden Streuphasen δ_l ins Spiel:

$$\begin{aligned}
&\lim_{r\to\infty}\left(u_l' u_l^{(0)} - u_l^{(0)\prime} u_l\right)\\
&= \left(\frac{1}{k}(2l+1)\,\mathrm{i}^l\right)^2 \mathrm{e}^{\mathrm{i}\delta_l} \lim_{r\to\infty}\left[k\cos\left(kr-\frac{l\pi}{2}+\delta_l\right)\sin\left(kr-\frac{l\pi}{2}\right)\right.\\
&\quad\left.-k\sin\left(kr-\frac{l\pi}{2}+\delta_l\right)\cos\left(kr-\frac{l\pi}{2}\right)\right]\\
&= k\left(\frac{1}{k}(2l+1)\,\mathrm{i}^l\right)^2 \mathrm{e}^{\mathrm{i}\delta_l} \lim_{r\to\infty}\left[\cos\left(kr-\frac{l\pi}{2}\right)\cos\delta_l\right.\\
&\quad\cdot\sin\left(kr-\frac{l\pi}{2}\right) - \sin^2\left(kr-\frac{l\pi}{2}\right)\sin\delta_l\\
&\quad\left.-\sin\left(kr-\frac{l\pi}{2}\right)\cos\delta_l\cos\left(kr-\frac{l\pi}{2}\right) - \cos^2\left(kr-\frac{l\pi}{2}\right)\sin\delta_l\right]\\
&= -k\left(\frac{1}{k}(2l+1)\,\mathrm{i}^l\right)^2 \mathrm{e}^{\mathrm{i}\delta_l}\sin\delta_l\,.
\end{aligned}$$

Damit haben wir eine exakte Integraldarstellung für die Streuphasen δ_l gefunden:

$$\mathrm{i}^l(2l+1)\,\mathrm{e}^{\mathrm{i}\delta_l}\sin\delta_l = -\frac{2m}{\hbar^2}\int_0^\infty \mathrm{d}r\, V(r)\,\left[kr\,j_l(kr)\right]\,u_l(r)\,. \tag{9.75}$$

Diese Beziehung macht die enge Verknüpfung von Streuphasen und Wechselwirkungspotential deutlich. Sie stellt aber natürlich noch keine Lösung des Streuproblems dar, da ja auf der rechten Seite die *volle*, unbekannte Lösungsfunktion $u_l(r)$ erscheint.

Wenn das Wechselwirkungspotential $V(r)$ genügend klein ist, wird sich die *volle* Lösung $u_l(r)$ von der *freien* Lösung $u_l^{(0)}(r)$ nur wenig unterscheiden. Gleichzeitig werden die Streuphasen δ_l, abgesehen von ganzzahligen Vielfachen von π, sehr klein sein. Wir werden deshalb keinen allzu großen Fehler machen, wenn wir auf der rechten Seite von (9.75) $u_l(r)$ durch $u_l^{(0)}(r)$ ersetzen und ferner auf der linken Seite $\mathrm{e}^{\mathrm{i}\delta_l}\sin\delta_l$ durch δ_l approximieren:

$$\delta_l \approx -\frac{2m}{\hbar^2}\frac{1}{k}\int_0^\infty \mathrm{d}r\, V(r)\left[kr\,j_l(kr)\right]^2\,. \tag{9.76}$$

Man nennt dies die **Born'sche Näherung für Streuphasen**.

Wir wollen versuchen, die Güte dieser Näherung bzw. ihren Gültigkeitsbereich abzuschätzen. Die Schritte, die zu (9.76) führten, machen klar, dass nur *schwache* Streuprozesse in Betracht kommen können. Die Streuphasen δ_l müssen klein sein, folglich auch die rechte Seite von (9.76).

1) Kleine Energien $\longleftrightarrow$ kleine k

Wir wissen aus Abschn. 6.3.2, dass die Funktion $z j_l(z)$ bei $z = \sqrt{l(l+1)}$ einen Wendepunkt besitzt und bis zu diesem wie z^{l+1} anwächst. Damit das Integral in (9.76) klein ist, muss $k r j_l(k r)$ innerhalb der effektiven Reichweite R_0 des Potentials klein bleiben. Letzteres ist bis zu

$$r \leq \frac{1}{k} \sqrt{l(l+1)}$$

gewährleistet. Die rechte Seite dieser Ungleichung ist gerade das in Abschn. 9.2.1 diskutierte quantenmechanische Analogon zum klassischen Stoßparameter (s. (9.28)). Für kleine k kann die Näherung (9.76) also höchstens dann gut sein, wenn

$$k R_0 \leq \sqrt{l(l+1)}$$

angenommen werden kann. Andererseits wird diese Bedingung aber gerade von den Drehimpulsquantenzahlen l erfüllt, die für den Streuprozeß unbedeutend sein dürften (s. (9.29)). – Für kleine Teilchenenergien erscheint deshalb die Born'sche Näherung (9.76) eher fraglich.

2) Große Energien $\longleftrightarrow$ große k

Der Term $[k r j_l(k r)]^2$ ist für alle Argumentwerte beschränkt (s. Abschn. 6.3.2). Die rechte Seite von (9.76) ist deshalb auf jeden Fall klein, wenn

$$\frac{2m}{\hbar^2 k} \int\limits_0^\infty \mathrm{d}r |V(r)| \ll 1 \tag{9.77}$$

angenommen werden darf. Bei großen Teilchenenergien und schwachen Wechselwirkungspotentialen ist deshalb die Born'sche Näherung für alle Drehimpulsquantenzahlen l akzeptabel. Bei hoher Energie *spürt* das *einfallende* Teilchen das schwache Potential kaum noch. Die Näherung $u_l(r) \approx u_l^{(0)}(r)$ wird offenbar vertretbar.

9.2.7 Aufgaben

Aufgabe 9.2.1

Es sei bei reiner s-Streuung der differentielle Wirkungsquerschnitt

$$\frac{\mathrm{d}\sigma}{\mathrm{d}\Omega} = a\,; \quad a > 0$$

gemessen worden. Bestimmen Sie die komplexe Streuamplitude $f(\vartheta)$.

Aufgabe 9.2.2

Für elastische Streuung am Zentralpotential

$$V(\boldsymbol{r}) = V(r) = \frac{c}{r^2}\,; \quad c > 0$$

sind die Streuphasen $\delta_l(k)$ unter der vereinfachenden Voraussetzung

$$c \ll \frac{\hbar^2}{2m}$$

zu bestimmen. Ferner ist die Streuamplitude anzugeben.

Nützliche Formel:

$$\sum_{l=0}^{\infty} P_l(\cos\vartheta) = \frac{1}{2\sin(\vartheta/2)}\,.$$

Aufgabe 9.2.3

Betrachten Sie die s-Streuung an einem kugelförmigen Potentialwall mit dem Radius R_0:

$$V(r) = \begin{cases} V_0 > 0 & \text{für } r < a\,, \\ 0 & \text{für } r \geq a\,. \end{cases}$$

1. Finden Sie für den Fall $E < V_0$ eine Bestimmungslgeichung für die Streuphase δ_0.
2. Schätzen Sie für kleine Energien E des *einfallenden* Teilchens die Streuphase δ_0 ab und bestimmen Sie den partiellen Wirkungsquerschnitt σ_0. Untersuchen Sie auch den Grenzfall $V_0 \to \infty$.

Aufgabe 9.2.4

Betrachten Sie die Streuung an einem zentralsymmetrischen, δ-förmigen Potential:

$$V(r) = V_0\,\delta(r - R)\,; \quad (V_0 > 0)\,.$$

Die beteiligten Energien seien so niedrig, dass man sich auf reine s-Streuung beschränken kann.

1. Leiten Sie eine Bestimmungsgleichung für die Streuphase δ_0 ab, d. h. berechnen Sie $\tan\delta_0$!
2. Zeigen Sie, dass in der Nähe von Resonanzen $\tan\delta_0$ die Gestalt (9.59) annimmt:

$$\tan\delta_{0,n} = \gamma_n\,\frac{kR}{E - E_n}\,; \quad (n = 1, 2, \ldots)$$

Dabei sind mit $E_n = \hbar^2 k_n^2/2m$ die Resonanzenergien bezeichnet, von denen es möglicherweise mehr als nur eine gibt. Welche Vorzeichen besitzen die γ_n?

3. Schätzen Sie für starke Kopplungen $V_0 R \gg 1$ die Resonanzenergien E_n ab und diskutieren Sie die Resultate!
4. Zeigen Sie, dass für starke Kopplung folgender approximativer Zusammenhang zwischen den Koeffizienten γ_n und den Resonanzenergien E_n besteht:

$$\gamma_n \approx -\frac{1}{2} E_n \left(\frac{\hbar^2}{m V_0 R} \right)^2 .$$

Aufgabe 9.2.5

Der differentielle Wirkungsquerschnitt $d\sigma/d\Omega$ für elastische Streuung kann durch die Streuphasen δ_l ausgedrückt werden (9.25). Damit sind die Integrale

$$\int d\Omega \, \frac{d\sigma}{d\Omega} \quad \text{und} \quad \int d\Omega \, \cos\vartheta \, \frac{d\sigma}{d\Omega}$$

auszurechnen, und es ist festzustellen, wie diese Integrale in eine Entwicklung von $d\sigma/d\Omega$ nach Legendre-Polynomen eingehen.

9.3 Integralgleichungen für Streuprobleme

Bei hohen Teilchenenergien tragen sehr viele Streuphasen zum Wirkungsquerschnitt bzw. zur Streuamplitude bei, wodurch die Praktikabilität der Partialwellenmethode doch sehr in Frage gestellt wird. Wir wollen uns deshalb nun um einen anderen Zugang zur Streuamplitude $f(\vartheta)$ bemühen, mit deren Bestimmung das Streuproblem ja als gelöst angesehen werden kann. Wir versuchen, das Problem durch Integration der Schrödinger-Gleichung umzuformulieren, in der Hoffnung, über die ensprechende Integralgleichung Hinweise auf neue, vielleicht vielversprechende Approximationen zu gewinnen.

9.3.1 Integralform der Streuamplitude

Zur Berechnung der Streuamplitude $f(\vartheta)$ ist die Lösung der zeitunabhängigen Schrödinger-Gleichung (9.10) notwendig, die wir mit den Abkürzungen

$$k^2 = \frac{2mE}{\hbar^2} ; \quad v(\boldsymbol{r}) = \frac{2m}{\hbar^2} V(\boldsymbol{r})$$

in der Form

$$(\Delta_r + k^2)\,\varphi(\boldsymbol{r}) = v(\boldsymbol{r})\,\varphi(\boldsymbol{r}) \tag{9.78}$$

ansetzen können. Die Voraussetzung, dass $V(\boldsymbol{r})$ ein Zentralpotential ist, soll erst später ins Spiel gebracht werden. Wir wollen die lineare, inhomogene Differentialgleichung (9.78) in eine Integralgleichumg umformen, die die Randbedingungen bereits explizit enthält.

$\varphi_0(\boldsymbol{r})$ sei die Lösung der zugehörigen homogenen Differentialgleichung:

$$\left(\Delta_r + k^2\right)\,\varphi_0(\boldsymbol{r}) = 0\,. \tag{9.79}$$

Dann ist aber jede Lösung der **Integralgleichung**

$$\varphi(\boldsymbol{r}) = \varphi_0(\boldsymbol{r}) + \int d^3r'\, G(\boldsymbol{r}-\boldsymbol{r}')\,v(\boldsymbol{r}')\,\varphi(\boldsymbol{r}') \tag{9.80}$$

auch Lösung der Schrödinger-Gleichung (9.78), falls die

- Green'sche Funktion $G(\boldsymbol{r}-\boldsymbol{r}')$

die Gleichung

$$\left(\Delta_r + k^2\right)\,G(\boldsymbol{r}-\boldsymbol{r}') = \delta(\boldsymbol{r}-\boldsymbol{r}') \tag{9.81}$$

erfüllt. $G(\boldsymbol{r}-\boldsymbol{r}')$ ist gewissermaßen die Lösung des Streuproblems für eine *fiktive* punktförmige Streuquelle bei $\boldsymbol{r}'$. Die *Methode der Green'schen Funktion* haben wir bereits in der Elektrodynamik (Abschn. 2.3.3 und Abschn. 4.5.1, Bd. 3) kennen gelernt. Die Vorgehensweise ist hier völlig analog.

In (9.80) müssen $\varphi_0(\boldsymbol{r})$ und $G(\boldsymbol{r}-\boldsymbol{r}')$ den Randbedingungen entsprechend festgelegt werden. Bei $\varphi_0(\boldsymbol{r})$ ist die Sache eindeutig und einfach:

$$\varphi_0(\boldsymbol{r}) = e^{ikz} \qquad (\boldsymbol{r} = (x,y,z))\,. \tag{9.82}$$

Um $G(\boldsymbol{r}-\boldsymbol{r}')$ zu finden, lösen wir (9.81) durch Fourier-Transformation:

$$G(\boldsymbol{r}-\boldsymbol{r}') = \frac{1}{(2\pi)^{3/2}} \int d^3q\, e^{i\boldsymbol{q}\cdot(\boldsymbol{r}-\boldsymbol{r}')}\, G(\boldsymbol{q})\,,$$

$$\delta(\boldsymbol{r}-\boldsymbol{r}') = \frac{1}{(2\pi)^3} \int d^3q\, e^{i\boldsymbol{q}\cdot(\boldsymbol{r}-\boldsymbol{r}')}\,.$$

Setzt man diese beiden Ausdrücke in (9.81) ein, so ergibt sich eine Bestimmungsgleichung für $G(\boldsymbol{q})$:

$$\int \mathrm{d}^3 q\, \mathrm{e}^{\mathrm{i}\,\boldsymbol{q}\cdot(\boldsymbol{r}-\boldsymbol{r}')} \left[(2\pi)^{3/2}\, G(\boldsymbol{q})\,(k^2-q^2)-1\right]=0\,.$$

Nach Fourier-Umkehr folgt:

$$G(\boldsymbol{q}) = \frac{1}{(2\pi)^{3/2}}\,\frac{1}{k^2-q^2}\,.$$

Auf der rechten Seite ließe sich natürlich noch die Lösung

$$[a_+(q)\,\delta(q+k)+a_-(q)\,\delta(q-k)]$$

der *homogenen* Beziehung $G(\boldsymbol{q})\,(k^2-q^2)=0$ addieren (s. (4.330), Bd. 3), doch sieht man sehr schnell, dass dadurch die *physikalischen* Randbedingungen verletzt würden. Wir haben damit gefunden:

$$G(\boldsymbol{r}-\boldsymbol{r}') = \frac{1}{(2\pi)^3}\int \mathrm{d}^3 q\,\frac{\mathrm{e}^{\mathrm{i}\,\boldsymbol{q}\cdot(\boldsymbol{r}-\boldsymbol{r}')}}{k^2-q^2}\,. \tag{9.83}$$

Mit der Richtung von $(\boldsymbol{r}-\boldsymbol{r}')$ als Polarachse lassen sich die Winkelintegrationen leicht ausführen:

$$\int\limits_{-1}^{+1}\mathrm{d}x\,\mathrm{e}^{\mathrm{i}\,q|\boldsymbol{r}-\boldsymbol{r}'|x} = \frac{2\sin(q|\boldsymbol{r}-\boldsymbol{r}'|)}{q|\boldsymbol{r}-\boldsymbol{r}'|}\,.$$

Wir erhalten als Zwischenergebnis:

$$G(\boldsymbol{r}-\boldsymbol{r}') = \frac{1}{2\pi^2}\int\limits_0^\infty \mathrm{d}q\,\frac{\sin(q|\boldsymbol{r}-\boldsymbol{r}'|)}{|\boldsymbol{r}-\boldsymbol{r}'|}\,\frac{q}{k^2-q^2}\,.$$

Für die weitere Auswertung empfiehlt sich eine kleine Umformung:

$$\begin{aligned}
&\int\limits_0^\infty \mathrm{d}q\,\sin(q\,|\boldsymbol{r}-\boldsymbol{r}'|)\,\frac{q}{k^2-q^2}\\
&= \frac{1}{4\mathrm{i}}\int\limits_0^\infty \mathrm{d}q\left(\frac{1}{k-q}-\frac{1}{k+q}\right)\mathrm{e}^{\mathrm{i}\,q|\boldsymbol{r}-\boldsymbol{r}'|}\\
&\quad-\frac{1}{4\mathrm{i}}\int\limits_0^{-\infty}\mathrm{d}(-q)\left(\frac{1}{k+q}-\frac{1}{k-q}\right)\mathrm{e}^{\mathrm{i}\,q|\boldsymbol{r}-\boldsymbol{r}'|}\\
&= \frac{1}{4\mathrm{i}}\int\limits_{-\infty}^{+\infty}\mathrm{d}q\left(\frac{1}{k-q}-\frac{1}{k+q}\right)\mathrm{e}^{\mathrm{i}\,q|\boldsymbol{r}-\boldsymbol{r}'|}\,.
\end{aligned}$$

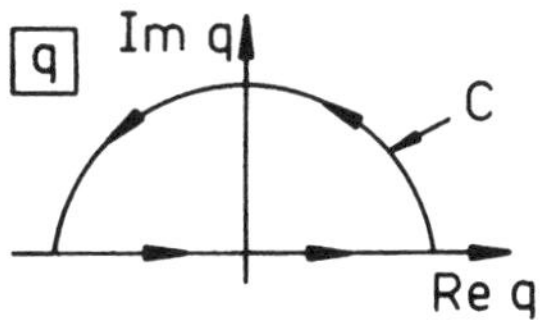

Abb. 9.10 Integrationsweg C in der komplexen q-Ebene zur Berechnung der Green'schen Funktion des Streuproblems

Mit der Definition

$$J_{\pm} \equiv \int_{-\infty}^{+\infty} \mathrm{d}q \, \mathrm{e}^{\mathrm{i}\,q|\boldsymbol{r}-\boldsymbol{r}'|} \frac{1}{q \pm k} \tag{9.84}$$

schreibt sich nun die Green'sche Funktion:

$$G(\boldsymbol{r}-\boldsymbol{r}') = \frac{\mathrm{i}}{8\pi^2|\boldsymbol{r}-\boldsymbol{r}'|} \left(J_+ + J_-\right) . \tag{9.85}$$

$J_{\pm}$ werten wir durch Integration im Komplexen mit Hilfe des *Residuensatzes* ((4.322), Bd. 3) aus. Der Integrationsweg C wird durch einen Halbkreis in der oberen Halbebene im Unendlichen geschlossen (Abb. 9.10) und liefert dann wegen der Exponentialfunktion auf diesem keinen Beitrag. Es gibt vier Möglichkeiten, die Pole bei $\pm k$ zu umlaufen. Die damit verbundene Willkür wird später durch die physikalische Randbedingung aufgehoben. Mit dem Residuensatz finden wir die folgenden Lösungen für J_+ und J_-:

1) $J_+ = J_- = 0$

2) $J_+ = 0\,;\; J_- = 2\pi\,\mathrm{i}\;\mathrm{e}^{\mathrm{i}\,k|\boldsymbol{r}-\boldsymbol{r}'|}$

3) $J_+ = 2\pi\,\mathrm{i}\;\mathrm{e}^{-\mathrm{i}k|\boldsymbol{r}-\boldsymbol{r}'|}\,;\quad J_- = 0$

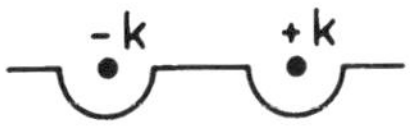

4) $J_{\pm} = 2\pi\,\mathrm{i}\;\mathrm{e}^{\mp\mathrm{i}k|\boldsymbol{r}-\boldsymbol{r}'|}$

Dies ergibt für die Green'sche Funktion:

$$G(\boldsymbol{r}-\boldsymbol{r}') = \frac{-1}{4\pi|\boldsymbol{r}-\boldsymbol{r}'|} \begin{cases} 0 & (1)\,, \\ \mathrm{e}^{\mathrm{i}\,k|\boldsymbol{r}-\boldsymbol{r}'|} & (2)\,, \\ \mathrm{e}^{-\mathrm{i}k|\boldsymbol{r}-\boldsymbol{r}'|} & (3)\,, \\ 2\cos\left(k|\boldsymbol{r}-\boldsymbol{r}'|\right) & (4)\,. \end{cases}$$

Abb. 9.11 Streupotential mit endlicher Reichweite

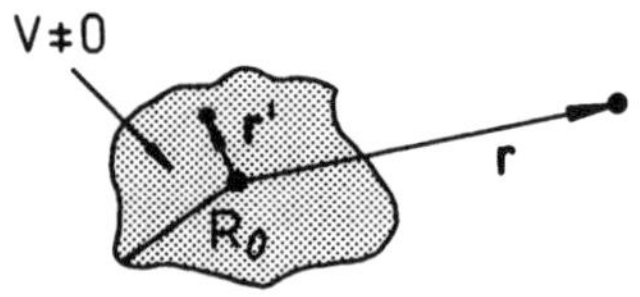

Linear unabhängige Lösungen sind (2) und (3). Da sich der Streuanteil der Lösungsfunktion $\varphi(\boldsymbol{r})$ (zweiter Summand in (9.80)) asymptotisch wie eine auslaufende Kugelwelle verhalten muss, wird nur (2) als *physikalisch richtige* Green'sche Funktion in Frage kommen können: Setzen wir (2) zusammen mit (9.82) in (9.80) ein, so lautet die zu lösende **Integralgleichung**, die nun bereits die richtigen Randbedingungen enthält und damit äquivalent zur Schrödinger-Gleichung **mit** Randbedingungen ist:

$$\varphi(\boldsymbol{r}) = \mathrm{e}^{\mathrm{i}kz} - \frac{m}{2\pi\hbar^2} \int \mathrm{d}^3r'\, V(\boldsymbol{r}') \frac{\mathrm{e}^{\mathrm{i}k|\boldsymbol{r}-\boldsymbol{r}'|}}{|\boldsymbol{r}-\boldsymbol{r}'|} \varphi(\boldsymbol{r}') \,. \tag{9.86}$$

Wir wollen noch einmal überprüfen, ob diese Lösung wirklich das richtige asymptotische Verhalten besitzt, und dabei die explizite Integraldarstellung der Streuamplitude finden. Wir gehen von der in Abschn. 9.1.1 vereinbarten generellen Voraussetzung aus, dass das Streupotential eine endliche effektive Reichweite besitzt. Wir beobachten die Streuwelle im Abstand $r \gg R_0$. Der Integrand in (9.86) ist nur dann von Null verschieden, wenn $\boldsymbol{r}'$ im Einflussbereich des Potentials bleibt ($r' \leq R_0$). Es ist somit auch $r' \ll r$. Wir können deshalb den Nenner durchaus durch

$$\frac{1}{|\boldsymbol{r}-\boldsymbol{r}'|} \approx \frac{1}{r}$$

approximieren. In der Exponentialfunktion (Oszillationen!) müssen wir die Näherung etwas sorgfältiger gestalten:

$$|\boldsymbol{r}-\boldsymbol{r}'| = \sqrt{r^2 + r'^2 - 2\boldsymbol{r}\cdot\boldsymbol{r}'} \approx r\left(1 - \frac{2\boldsymbol{r}\cdot\boldsymbol{r}'}{r^2}\right)^{1/2} \approx r - \frac{\boldsymbol{r}\cdot\boldsymbol{r}'}{r} = r - \boldsymbol{e}_r\cdot\boldsymbol{r}' \,.$$

Asymptotisch wird also aus (9.86):

$$\varphi(\boldsymbol{r}) \longrightarrow \mathrm{e}^{\mathrm{i}kz} - \frac{\mathrm{e}^{\mathrm{i}kr}}{r} \frac{m}{2\pi\hbar^2} \int \mathrm{d}^3r'\, V(\boldsymbol{r}')\, \varphi(\boldsymbol{r}')\, \mathrm{e}^{-\mathrm{i}k(\boldsymbol{e}_r\cdot\boldsymbol{r}')} \,. \tag{9.87}$$

Die Randbedingung (9.12) ist offensichtlich erfüllt. Gleichzeitig haben wir damit eine (bislang noch exakte) Integralgleichung für die **Streuamplitude** gefunden:

$$f(\vartheta,\varphi) = -\frac{m}{2\pi\hbar^2} \int \mathrm{d}^3r'\, V(\boldsymbol{r}')\, \varphi(\boldsymbol{r}')\, \mathrm{e}^{-\mathrm{i}k(\boldsymbol{e}_r\cdot\boldsymbol{r}')} \,. \tag{9.88}$$

Wir haben an keiner Stelle voraussetzen müssen, dass $V(\boldsymbol{r})$ ein Zentralpotential ist. Im allgemeinen wird f deshalb von beiden Winkeln ϑ und φ abhängen. (Man unterscheide *Winkel* φ und *Wellenfunktion* $\varphi(\boldsymbol{r}')$!) Beim zentralsymmetrischen Potential $V(\boldsymbol{r}') = V(r')$ bleibt nur die ϑ-Abhängigkeit.

9.3.2 Born'sche Reihe

Die exakten Resultate (9.86) und (9.88) des letzten Abschnitts legen ein Iterationsverfahren nahe. Die formale Lösung zu (9.86) wird **Born'sche Reihe** genannt:

$$\begin{aligned} \varphi(\boldsymbol{r}) &= \sum_{n=0}^{\infty} \varphi^{(n)}(\boldsymbol{r}) \,, \\ \varphi^{(0)}(\boldsymbol{r}) &= \mathrm{e}^{\mathrm{i}kz} \,, \\ \varphi^{(n)}(\boldsymbol{r}) &= -\frac{m}{2\pi\hbar^2} \int \mathrm{d}^3r'\, V(\boldsymbol{r}')\, \frac{\mathrm{e}^{\mathrm{i}\,k|\boldsymbol{r}-\boldsymbol{r}'|}}{|\boldsymbol{r}-\boldsymbol{r}'|}\, \varphi^{(n-1)}(\boldsymbol{r}') \,. \end{aligned} \tag{9.89}$$

Mit der Born'schen Reihe in dem exakten Ausdruck (9.88) für die Streuamplitude ergibt sich die Möglichkeit, Näherungsverfahren anzuschließen:

$$f(\vartheta,\varphi) = -\frac{m}{2\pi\hbar^2} \sum_{n=0}^{\infty} \int \mathrm{d}^3r'\, V(\boldsymbol{r}')\, \mathrm{e}^{-\mathrm{i}k(\boldsymbol{e}_r\cdot\boldsymbol{r}')}\, \varphi^{(n)}(\boldsymbol{r}') \,. \tag{9.90}$$

Man spricht von der ***n*-ten Born'schen Näherung**, wenn die Reihe für $\varphi(\boldsymbol{r})$ nach dem n-ten und die in $f(\vartheta,\varphi)$ nach dem $(n-1)$-ten Summanden abgebrochen wird. Praktisch ausschließlich benutzt wird jedoch die

erste Born'sche Näherung

$$\begin{aligned} f^{(1)}(\vartheta,\varphi) &= -\frac{m}{2\pi\hbar^2} \int \mathrm{d}^3r'\, V(\boldsymbol{r}')\, \mathrm{e}^{-\mathrm{i}k(\boldsymbol{e}_r-\boldsymbol{e}_z)\cdot\boldsymbol{r}'} \\ &\quad \left(z' = \boldsymbol{r}'\cdot\boldsymbol{e}_z\,;\quad \vartheta = \sphericalangle(\boldsymbol{e}_r,\boldsymbol{e}_z)\right) . \end{aligned} \tag{9.91}$$

In erster Näherung ist die Streuamplitude im wesentlichen gleich der Fourier-Transformierten $V(\boldsymbol{K})$ $\left(\boldsymbol{K} = k(\boldsymbol{e}_r - \boldsymbol{e}_z)\right)$ des Wechselwirkungspotentials. – Beschränken wir uns nun für die weitere Auswertung auf **zentralsymmetrische Potentiale**

$$V(\boldsymbol{r}') = V(r') \,,$$

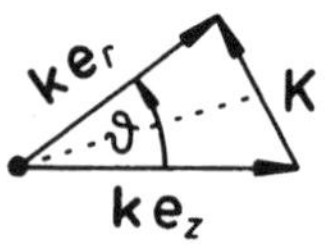

Abb. 9.12 Winkelbeziehungen für die Berechnung der Streuamplitude in erster Born'scher Näherung

so können wir die Winkelintegrationen in (9.91) explizit durchführen. Aus Abb. 9.12 entnehmen wir:

$$\boldsymbol{K} = k(\boldsymbol{e}_r - \boldsymbol{e}_z)\;;$$
$$K = 2k\sin\frac{\vartheta}{2}\,. \tag{9.92}$$

Legen wir die Polarachse parallel zu $\boldsymbol{r}'$, so folgt für das Integral in (9.91):

$$\int d^3r'\,V(r')\,e^{-ik(\boldsymbol{e}_r-\boldsymbol{e}_z)\cdot\boldsymbol{r}'}$$
$$= 2\pi\int\limits_0^\infty dr'\,r'^2\,V(r')\int\limits_{-1}^{+1}dx\,e^{-iKr'x} = \frac{4\pi}{K}\int\limits_0^\infty dr'\,r'\,V(r')\sin(Kr')\,.$$

Die Streuamplitude $f^{(1)}(\vartheta)$ hängt damit nur vom Impulsübertrag K ab:

$$f^{(1)}(\vartheta) = -\frac{2m}{\hbar^2}\frac{1}{K}\int\limits_0^\infty dr'\,r'\,V(r')\sin(Kr')\,. \tag{9.93}$$

Ein Manko der ersten Born'schen Näherung erkennen wir in der Tatsache, dass $f^{(1)}(\vartheta)$ **reell** ist, wodurch das *optische Theorem* (9.27) verletzt wird. Die Näherung (9.93) kann deshalb auch nur für *schwache* Streuprozesse akzeptiert werden.

Es ist nicht ganz einfach, den **Gültigkeitsbereich** der Born'schen Näherung abzustecken. Notwendige Voraussetzung für die Anwendbarkeit von (9.91) bzw. (9.93) ist aber sicher, dass

$$|\varphi^{(1)}(\boldsymbol{r})| \ll |\varphi^{(0)}(\boldsymbol{r})| = 1$$

gilt. Dies ist gleichbedeutend mit

$$\frac{m}{2\pi\hbar^2}\left|\int d^3r'\,V(r')\,\frac{e^{ik|\boldsymbol{r}-\boldsymbol{r}'|}}{|\boldsymbol{r}-\boldsymbol{r}'|}\,e^{ikz'}\right| \ll 1\,.$$

Wegen $r \gg R_0 \geq r'$ stellt der Term $1/(|\boldsymbol{r}-\boldsymbol{r}'|)$ so etwas wie einen *Dämpfungsfaktor* für das Streupotential dar. Die Gültigkeitsbedingung ist also erst recht erfüllt, wenn sie auch für $r = 0$ befriedigt wird. Nach Eliminierung der Winkelintegrationen,

$$\int d^3r'\,V(r')\,\frac{1}{r'}\,e^{ikr'(1+\cos\vartheta')} = \frac{2\pi}{ik}\int\limits_0^\infty dr'\,V(r')\,e^{ikr'}\left(e^{ikr'} - e^{-ikr'}\right),$$

Abb. 9.13 Typischer Verlauf eines Potentials mit „Topfcharakter", für das sich noch eine effektive Reichweite und eine effektive Topftiefe angeben lassen

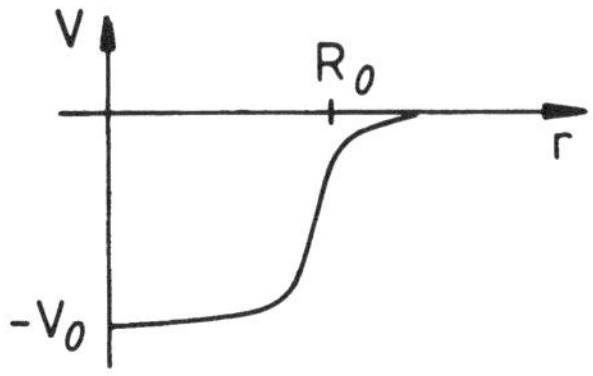

bleibt dann die Forderung:

$$\left|\int_0^\infty \mathrm{d}r\, V(r)\, \left(\mathrm{e}^{2\mathrm{i}kr} - 1\right)\right| \ll \frac{\hbar^2 k}{m}\,. \tag{9.94}$$

Um zu sehen, ob diese Bedingung überhaupt erfüllbar ist, untersuchen wir zwei Grenzfälle:

1) Hohe Energien: $k\, R_0 \gg 1$

In diesem Fall oszilliert die Exponentialfunktion sehr rasch, sodass bei *halbwegs stetigem* Potential $V(r)$ der erste Summand auf der linken Seite der Ungleichung (9.94) vernachlässigt werden kann:

$$\left|\int_0^\infty \mathrm{d}r\, V(r)\right| \ll \frac{\hbar^2 k}{m}\,. \tag{9.95}$$

Hat $V(r)$ angenähert *Topfcharakter* mit *effektivem* Radius R_0 und *effektiver* Tiefe V_0 (Abb. 9.13), dann lässt sich (9.95) weiter vereinfachen:

$$V_0\, R_0 \ll \frac{\hbar^2 k}{m}\,.$$

Für hohe Teilchenenergien und schwaches Streupotential ist (9.95) erfüllt. Die Born'sche Näherung (9.93) sollte dann vertrauenswürdig sein. $f^{(1)}(\vartheta)$ ist in dieser Grenze nur eine kleine Größe, und damit auch der gesamte Wirkungsquerschnitt $\sigma^{(1)}$. – Zu praktisch demselben Ergebnis wie in (9.95) sind wir mit (9.77) bei der Abschätzung des Gültigkeitsbereichs der *Born'schen Näherung* für Streuphasen in Abschn. 9.2.6 gekommen.

2) Kleine Energien: $k\, R_0 \ll 1$

In diesem Fall können wir die Exponentialfunktion in (9.94) bis zum linearen Term entwickeln:

$$\left|\int_0^\infty \mathrm{d}r\, r\, V(r)\right| \ll \frac{\hbar^2}{2m}\,. \tag{9.96}$$

Bei einem *topfähnlichen* $V(r)$ bedeutet diese Bedingung:

$$V_0\, R_0^2 \ll \frac{\hbar^2}{m}\,.$$

Die Forderung (9.96) ist doch sehr einschränkend. Das Streupotential muss noch sehr viel geringer als die ohnehin schon kleine Teilchenenergie sein!

Insgesamt ergibt sich, dass die Born'sche Näherung für große Teilchenenergien ($kR_0 \gg 1$) sehr viel besser ist als für kleine ($kR_0 \ll 1$). Zu demselben Schluss waren wir in Abschn. 9.2.6 im Zusammenhang mit den Streuphasen gelangt. Die Äquivalenz der *Born'schen Näherungen* für die Streuphasen in (9.76) und für die Streuamplitude in (9.91) beweisen wir als Aufgabe 9.3.5.

9.3.3 Aufgaben

Aufgabe 9.3.1

Ein Teilchen der Masse m werde an dem abgeschirmten Coulomb-Potential

$$V(r) = \frac{\alpha}{r} \exp\left(-\frac{r}{R_0}\right) , \qquad \alpha > 0 \quad (\textit{Yukawa-Potential})$$

gestreut.

1. Berechnen Sie in erster Born'scher Näherung die Streuamplitude $f(\vartheta)$ und den differentiellen Wirkungsquerschnitt $d\sigma/d\Omega$.
2. In welchem Wertebereich für α bzw. R_0 stellt bei kleinen Teilchenenergien die Born'sche Näherung eine brauchbare Approximation dar?
3. Wie sieht der Grenzfall des Coulomb-Potentials aus?

Aufgabe 9.3.2

Ein Teilchen der Masse m werde an dem Potential

$$V(r) = -V_0 \, e^{-r/R_0} , \qquad V_0 > 0$$

gestreut.

1. Berechnen Sie in erster Born'scher Näherung die Streuamplitude $f(\vartheta)$.
2. Werten Sie das allgemeine Gültigkeitskriterium (9.94) für die Born'sche Näherung aus.
3. Berechnen Sie mit dem Ergebnis aus Teil 1) die Phase δ_0 für s-Streuung.
4. Bestimmen Sie die Phase δ_1 für p-Streuung.

Aufgabe 9.3.3

Ein Teilchen der Masse m werde am Potentialtopf

$$V(r) = \begin{cases} -V_0 & \text{für } r < R_0 \\ 0 & \text{für } r > R_0 , \end{cases} \qquad V_0 > 0$$

gestreut.

1. Berechnen Sie in erster Born'scher Näherung die Streuamplitude $f(\vartheta)$.
2. Geben Sie den differentiellen Wirkungsquerschnitt $\mathrm{d}\sigma/\mathrm{d}\Omega$ an und diskutieren Sie diesen für kleine Teilchenenergien ($k R_0 \ll 1$).
3. Unter welchen Bedingungen ist nach dem Gültigkeitskriterium (9.94) die Born'sche Näherung erlaubt? Betrachten Sie speziell die Grenzen kleiner ($k R_0 \ll 1$) und großer ($k R_0 \gg 1$) Teilchenenergien.
4. Der Potentialtopf sei so tief, dass zumindest ein gebundener Zustand existieren kann. Was lässt sich dann zur Born'schen Näherung für niederenergetische Teilchenstreuung sagen?

Aufgabe 9.3.4

Diskutieren Sie die Streuung von Elektronen an neutralen Wasserstoffatomen. Betrachten Sie dabei nur Einzelstreuprozesse. Jedes Elektron wird an genau einem H-Atom gestreut. Die Wasserstoffatome sollen sich dabei im Grundzustand befinden.

1. Formulieren Sie das Streupotential. Zeigen Sie insbesondere, dass es sich um ein Zentralpotential handelt.
2. Berechnen Sie die Streuamplitude in erster Born'scher Näherung.
3. Bestimmen Sie mit 2) den differentiellen Wirkungsquerschnitt.
4. Leiten Sie den totalen Wirkungsquerschnitt ab.
5. Wie lautet die Bedingung für die Gültigkeit der ersten Born'schen Näherung?

Formeln:

$$\int_0^{x_0} \mathrm{d}x\, \mathrm{e}^{-\alpha x} x^n = \frac{n!}{\alpha^{n+1}} \left(1 - \mathrm{e}^{-\alpha x_0} \sum_{\nu=0}^{n} \frac{(\alpha x_0)^\nu}{\nu!} \right) ,$$

$$\int_{x_0}^{\infty} \mathrm{d}x\, \mathrm{e}^{-\alpha x} x^n = \frac{n!}{\alpha^{n+1}} \mathrm{e}^{-\alpha x_0} \sum_{\nu=0}^{n} \frac{(\alpha x_0)^\nu}{\nu!} .$$

Aufgabe 9.3.5

Beweisen Sie die Äquivalenz der Born'schen Näherung für Streuphasen (9.76),

$$\delta_l \approx -\frac{2m}{\hbar^2}\frac{1}{k}\int\limits_0^\infty \mathrm{d}r\, V(r)\,[k r j_l(k r)]^2\,,$$

und der Born'schen Näherung für die Streuamplitude (9.91),

$$f^{(1)}(\vartheta) = -\frac{m}{2\pi\hbar^2}\int \mathrm{d}^3 r'\, V(r')\,\mathrm{e}^{-\mathrm{i}k(\boldsymbol{e}_r - \boldsymbol{e}_z)\cdot \boldsymbol{r}'}\,.$$

9.4 Formale Streutheorie

Wir haben bisher das Streuproblem ausschließlich in der *anschaulichen* Ortsdarstellung formuliert. Das *einfallende* Teilchen wurde als Wellenpaket interpretiert. Da dieses aus ebenen Wellen aufgebaut ist, konnten wir die gesamte Theorie auf die Untersuchung einer *einfallenden ebenen Welle* konzentrieren. Da diese zudem, im Gegensatz zum Wellenpaket, Energieeigenzustand des *freien* Hamilton-Operators ist, wurde das Streuproblem *stationär*. Wir wollen in diesem Kapitel nun noch nach abstrakteren Darstellungen suchen, um über diese in der Wahl der für die jeweilige Auswertung zweckmäßigsten Realisierung frei zu sein.

9.4.1 Lippmann-Schwinger-Gleichung

Das dem Streuprozeß unterliegende Teilchen (System) werde im Schrödinger-Bild durch den zeitabhängigen Zustand $|\varphi(t)\rangle$ beschrieben. Dessen Zeitverhalten unter dem Einfluss des Hamilton-Operators

$$H = H_0 + H_1$$

enthält natürlich die gesamte Information über den Streuvorgang, wenn H_1 der Operator der Wechselwirkung zwischen Teilchen und Streuzentrum ist. Der *weit weg vom Streuzentrum* allein wirksame *freie* Operator $H_0 = \boldsymbol{p}^2/2m$ soll ein kontinuierliches Eigenwertspektrum besitzen:

$$H_0\left|E_n^{(0)}\right\rangle = E_n^{(0)}\left|E_n^{(0)}\right\rangle\,.$$

Dabei ist n ein Satz von Quantenzahlen, wie zum Beispiel die kartesischen Wellenzahlkomponenten k_x, k_y, k_z. Die Eigenzustände $|E_n^{(0)}\rangle$ seien vollständig und auf δ-Funktionen orthonormiert:

$$\int dn \left|E_n^{(0)}\right\rangle \left\langle E_n^{(0)}\right| = \mathbf{1}\,; \quad \left\langle E_n^{(0)} \middle| E_m^{(0)}\right\rangle = \delta(n-m)\,.$$

Wenn wir zunächst die Wechselwirkung *ausschalten* und zur Zeit $t = 0$ den Teilchenzustand, zum Beispiel als Wellenpaket, präparieren,

$$|\varphi_0(0)\rangle = \int dn\, \alpha_n \left|E_n^{(0)}\right\rangle\,; \quad \int dn \left|\alpha_n\right|^2 = 1\,,$$

so würde für diesen zur Zeit t gelten:

$$|\varphi_0(t)\rangle = e^{-(i/\hbar)H_0 t} \int dn\, \alpha_n \left|E_n^{(0)}\right\rangle = \int dn\, \alpha_n\, e^{-(i/\hbar)E_n^{(0)} t} \left|E_n^{(0)}\right\rangle\,. \tag{9.97}$$

Die Entwicklungskoeffizienten α_n können dabei als bekannt angesehen werden. Bei *eingeschalteter* Wechselwirkung kann $|\varphi_0(t)\rangle$ allerdings nur für $t \to -\infty$ (*lange Zeit vor der Streuung*) exakter Eigenzustand sein. Mit Hilfe des Schrödingerschen Zeitentwicklungsoperators (3.177) können wir aber eine formal exakte Beziehung zwischen $|\varphi_0(t \to -\infty)\rangle$ und dem allgemeinen Streuzustand $|\varphi(t)\rangle$ angeben:

$$\begin{aligned} |\varphi(t)\rangle &= \lim_{t' \to -\infty} e^{-(i/\hbar)H(t-t')} |\varphi_0(t')\rangle \\ &= e^{-(i/\hbar)Ht} \lim_{t' \to -\infty} \int dn\, \alpha_n\, e^{-(i/\hbar)(E_n^{(0)} - H)t'} \left|E_n^{(0)}\right\rangle\,. \end{aligned} \tag{9.98}$$

Wir haben uns natürlich zu fragen, wie man einen solchen Grenzübergang durchführt. Dass der Grenzwert für *vernünftige* Streupotentiale überhaupt exisitiert, wollen wir ohne Beweis voraussetzen. Dann hilft die folgende Überlegung weiter: Sei $f(t)$ eine Funktion mit einem Grenzwert für $t \to -\infty$:

$$\begin{aligned} f(-\infty) = f(-\infty) \int_{-\infty}^{0} dx\, e^x &= \lim_{\eta \to 0^+} \int_{-\infty}^{0} dx\, e^x f\left(\frac{x}{\eta}\right) \\ &= \lim_{\eta \to 0^+} \eta \int_{-\infty}^{0} dt\, e^{\eta t} f(t)\,. \end{aligned} \tag{9.99}$$

Man beachte im zweiten Teilschritt, dass wegen der speziellen Integrationsgrenzen x stets negativ ist. Der Grenzübergang führt also in der Tat auf $f(-\infty)$. Mit (9.99) berechnen wir den Grenzübergang in (9.98):

$$\begin{aligned} &\lim_{t' \to -\infty} e^{-(i/\hbar)(E_n^{(0)} - H)t'} \left|E_n^{(0)}\right\rangle = \lim_{\eta \to 0^+} \eta \int_{-\infty}^{0} dt\, e^{-(i/\hbar)(E_n^{(0)} - H + i\hbar\eta)t} \left|E_n^{(0)}\right\rangle \\ &= \lim_{\eta \to 0^+} \eta \frac{1}{-(i/\hbar)\left(E_n^{(0)} - H + i\hbar\eta\right)} \left|E_n^{(0)}\right\rangle = \frac{i0^+}{E_n^{(0)} - H + i0^+} \left|E_n^{(0)}\right\rangle\,. \end{aligned} \tag{9.100}$$

Mit dem *neuen* Zustandsvektor

$$\left|E_n^{(+)}\right\rangle = \lim_{t' \to -\infty} e^{-(i/\hbar)(E_n^{(0)} - H)t'} \left|E_n^{(0)}\right\rangle = \frac{i0^+}{E_n^{(0)} - H + i0^+} \left|E_n^{(0)}\right\rangle \tag{9.101}$$

können wir nun (9.98) wie folgt schreiben:

$$|\varphi(t)\rangle = e^{-(i/\hbar)Ht} \int dn\, \alpha_n |E_n^{(+)}\rangle \,. \tag{9.102}$$

Dieser Ausdruck wird sich noch weiter verarbeiten lassen, sobald wir gezeigt haben, dass $|E_n^{(+)}\rangle$ Eigenzustand des Hamilton-Operators H ist. Dies sieht man aber sofort, wenn man auf beide Seiten der Definitionsgleichung (9.101) den Operator $(E_n^{(0)} - H + i0^+)$ anwendet:

$$\left(E_n^{(0)} - H + i0^+\right)\left|E_n^{(+)}\right\rangle = i0^+ \left|E_n^{(0)}\right\rangle \Leftrightarrow \left(E_n^{(0)} - H\right)\left|E_n^{(+)}\right\rangle = 0 \,. \tag{9.103}$$

Die Zustände $|E_n^{(+)}\rangle$ sind also Eigenzustände zu H mit den Eigenwerten $E_n^{(0)}$ des *freien* Systems. Wir können deshalb an Stelle von (9.102) schreiben:

$$|\varphi(t)\rangle = \int dn\, \alpha_n\, e^{-(i/\hbar)E_n^{(0)} t} \left|E_n^{(+)}\right\rangle \,. \tag{9.104}$$

Die Zustände $|E_n^{(+)}\rangle$ lösen offensichtlich das Streuproblem, dessen Zeitabhängigkeit in (9.104) bereits absepariert ist.

Wenn man in (9.101) ausnutzt, dass die Zahl $E_n^{(0)}$ natürlich mit dem Operator H vertauscht ($e^A\, e^B = e^{A+B}$ nur, falls $[A, B]_- = 0$!), dann lässt sich $|E_n^{(+)}\rangle$ in eine Gestalt bringen,

$$\left|E_n^{(+)}\right\rangle = \lim_{t' \to -\infty} e^{(i/\hbar)Ht'}\, e^{-(i/\hbar)E_n^{(0)} t'} \left|E_n^{(0)}\right\rangle = \lim_{t' \to -\infty} e^{(i/\hbar)Ht'}\, e^{-(i/\hbar)H_0 t'} \left|E_n^{(0)}\right\rangle \,,$$

an der wir die später benötigte *Orthonormierung* dieser Zustände ablesen können. Sie ist mit der der *freien* Zustände identisch:

$$\left\langle E_m^{(+)} \middle| E_n^{(+)}\right\rangle = \left\langle E_m^{(0)} \middle| E_n^{(0)}\right\rangle = \delta(m - n) \,. \tag{9.105}$$

Die nach (9.104) verbleibende Aufgabe besteht nun in der Bestimmung der $|E_n^{(+)}\rangle$. Aus der Definition (9.101) folgt zunächst:

$$\left|E_n^{(+)}\right\rangle = \frac{1}{E_n^{(0)} - H + i0^+} \left[i0^+ + \left(E_n^{(0)} - H_0\right)\right] \left|E_n^{(0)}\right\rangle \,;.$$

Dies ist gleichbedeutend mit:

$$\begin{aligned} &\frac{1}{E_n^{(0)} - H_0 + i0^+} \left(E_n^{(0)} - H + i0^+\right) \left|E_n^{(+)}\right\rangle \\ &= \left(\mathbf{1} - \frac{1}{E_n^{(0)} - H_0 + i0^+} H_1\right) \left|E_n^{(+)}\right\rangle = \left|E_n^{(0)}\right\rangle \,. \end{aligned}$$

Wir definieren:

Green'scher Operator zu H_0

$$R_n^{(\pm)} = \frac{1}{E_n^{(0)} - H_0 \pm \mathrm{i}0^+} \,. \tag{9.106}$$

Den Operator $R_n^{(-)}$ benötigen wir zwar erst im nächsten Kapitel. Er sei hier jedoch gleich miteingeführt. Aus der letzten Gleichung wird mit der Definition des Green'schen Operators die für die formale Streutheorie fundamentale

Lippmann-Schwinger-Gleichung

$$\left|E_n^{(+)}\right\rangle = \left|E_n^{(0)}\right\rangle + R_n^{(+)} H_1 \left|E_n^{(+)}\right\rangle \tag{9.107}$$

eingeführt. Diese lässt sich iterieren,

$$\left|E_n^{(+)}\right\rangle = \sum_{m=0}^{\infty} \left|E_n^{(m)}\right\rangle \,, \tag{9.108}$$

$$\left|E_n^{(m=0)}\right\rangle = \left|E_n^{(0)}\right\rangle \;; \quad \left|E_n^{(m)}\right\rangle = R_n^{(+)} H_1 \left|E_n^{(m-1)}\right\rangle \,, \tag{9.109}$$

und erinnert dann stark an die **Born'sche Reihe** (9.89) des Abschn. 9.3.2. Diese Ähnlichkeit ist nicht zufällig. Die Born'sche Reihe ist gerade die Ortsdarstellung der abstrakten Lippmann-Schwinger-Gleichung. Dies wollen wir überprüfen.

Zunächst einmal können wir mit einem beliebigen vollständigen System $\{|\rho\rangle\}$ des Hilbert-Raums Gleichung (9.107) umformen zu:

$$\left\langle\rho\middle|E_n^{(+)}\right\rangle = \left\langle\rho\middle|E_n^{(0)}\right\rangle + \iint \mathrm{d}\rho'\,\mathrm{d}\rho''\,\left\langle\rho\left|R_n^{(+)}\right|\rho'\right\rangle \left\langle\rho'\right|H_1\left|\rho''\right\rangle \left\langle\rho''\middle|E_n^{(+)}\right\rangle \,. \tag{9.110}$$

In der speziellen Ortsdarstellung ist die Wechselwirkung H_1 diagonal:

$$\langle \boldsymbol{r}'|H_1|\boldsymbol{r}''\rangle = V(\boldsymbol{r}')\delta(\boldsymbol{r}' - \boldsymbol{r}'') \,.$$

Spezifizieren wir den Satz der Quantenzahlen auf $n = (k_x, k_y\, k_z) = \boldsymbol{k}$, so bezeichnet

$$\left\langle\boldsymbol{r}\middle|E_n^{(0)}\right\rangle \Rightarrow \varphi_{\boldsymbol{k}}^{(0)}(\boldsymbol{r}) = \mathrm{e}^{\mathrm{i}\,\boldsymbol{k}\boldsymbol{r}}$$

die (nicht-normierte) ebene Welle. Es ist dann

$$\left\langle\boldsymbol{r}\middle|E_n^{(+)}\right\rangle \;\Rightarrow\; \varphi_{\boldsymbol{k}}^{(+)}(\boldsymbol{r})$$

die Lösungswellenfunktion:

$$\varphi_k^{(+)}(\boldsymbol{r}) = \varphi_k^{(0)}(\boldsymbol{r}) + \int d^3r' \langle \boldsymbol{r}| R_k^{(+)} |\boldsymbol{r}'\rangle V(\boldsymbol{r}')\, \varphi_k^{(+)}(\boldsymbol{r}')\,. \tag{9.111}$$

Wir zeigen nun, dass bis auf einen unwesentlichen Faktor die Ortsdarstellung des Green'schen **Operators** $R_k^{(+)}$ mit der Green'schen **Funktion** (9.83) übereinstimmt. Beim Einsetzen von

$$H_0 = \frac{\hbar^2}{2m}\hat{\boldsymbol{k}}^2\,; \quad E_n^{(0)} = \frac{\hbar^2}{2m}\boldsymbol{k}^2$$

haben wir zu beachten, dass $\hat{\boldsymbol{k}}$ der Operator der Wellenzahl $\boldsymbol{k}$ ist. Letztere hingegen ist eine c-Zahl, also kein Operator:

$$\begin{aligned}
\langle \boldsymbol{r}|R_k^{(+)}|\boldsymbol{r}'\rangle &= \langle \boldsymbol{r}|\frac{1}{E_n^{(0)} - H_0 + \mathrm{i}\,0^+}|\boldsymbol{r}'\rangle \\
&= \frac{2m}{\hbar^2}\langle \boldsymbol{r}|\frac{1}{\boldsymbol{k}^2 - \hat{\boldsymbol{k}}^2 + \mathrm{i}\,0^+}|\boldsymbol{r}'\rangle \\
&= \frac{2m}{\hbar^2}\int d^3q \langle \boldsymbol{r}|\frac{1}{\boldsymbol{k}^2 - \hat{\boldsymbol{k}}^2 + \mathrm{i}\,0^+}|\boldsymbol{q}\rangle\langle \boldsymbol{q}|\boldsymbol{r}'\rangle \\
&= \frac{2m}{\hbar^2}\int d^3q \,\frac{\langle \boldsymbol{r}|\boldsymbol{q}\rangle\langle \boldsymbol{q}|\boldsymbol{r}'\rangle}{\boldsymbol{k}^2 - \boldsymbol{q}^2 + \mathrm{i}\,0^+}\,.
\end{aligned}$$

$\langle \boldsymbol{r}|\boldsymbol{q}\rangle = (2\pi)^{-3/2}\exp(\mathrm{i}\,\boldsymbol{q}\cdot\boldsymbol{r})$ ist die normierte ebene Welle:

$$\langle \boldsymbol{r}|R_k^{(+)}|\boldsymbol{r}'\rangle = \frac{2m}{\hbar^2}\frac{1}{(2\pi)^3}\int d^3q\,\frac{e^{\mathrm{i}\,\boldsymbol{q}\cdot(\boldsymbol{r}-\boldsymbol{r}')}}{\boldsymbol{k}^2 - \boldsymbol{q}^2 + \mathrm{i}\,0^+}\,. \tag{9.112}$$

Bis auf den Faktor $2m/\hbar^2$ ist das nun aber gerade die Green'sche Funktion $G(\boldsymbol{r}-\boldsymbol{r}')$ (9.83). Der Faktor erklärt sich aus der Integralgleichung (9.80), durch die $G(\boldsymbol{r}-\boldsymbol{r}')$ definiert wird. Dort hatten wir statt des wirklichen das *renormierte* Potential $v(\boldsymbol{r}) = 2m/\hbar^2\, V(\boldsymbol{r})$ angesetzt. – Der Integrand in (9.112) besitzt Pole an den Stellen

$$q = \pm\sqrt{\boldsymbol{k}^2 + \mathrm{i}\,0^+} = \pm(k + \mathrm{i}\,0^+)\,.$$

Das Infinitesimal $+\mathrm{i}\,0^+$ in (9.112) hat deshalb denselben Effekt wie das im Anschluss an (9.85) bei der Auswertung der Green'schen Funktion diskutierte *Umlaufen der Pole*. Es entspricht gerade dem dort mit 2) bezeichneten *physikalisch korrekten* Integrationsweg. Die Integralgleichungen (9.111) und (9.80) sind also identisch. Die Lippmann-Schwinger-Gleichung (9.107), für die (9.111) eine spezielle Realisierung ist, lässt nun gemäß (9.110) aber auch noch andere Darstellungen zu. Das kann für die praktische Lösung eines Streuproblems ein nicht unerheblicher Vorteil sein.

Versuchen wir zum Schluss auch noch für die wichtige **Streuamplitude** eine verallgemeinerte, abstrakte Darstellung zu finden. Dazu formulieren wir (9.88) um:

$$\begin{aligned} f_k(\vartheta,\varphi) &= \frac{-m}{2\pi\hbar^2}(2\pi)^3 \int d^3r' \int d^3r''\, V(\mathbf{r}')\,\delta(\mathbf{r}'-\mathbf{r}'')\langle k\,\mathbf{e}_r|\mathbf{r}'\rangle\langle\mathbf{r}''|E_{\mathbf{k}}^{(+)}\rangle \\ &= -\frac{4\pi^2 m}{\hbar^2}\int d^3r' \int d^3r''\langle k\,\mathbf{e}_r|\mathbf{r}'\rangle\langle\mathbf{r}'|H_1|\mathbf{r}''\rangle\langle\mathbf{r}''|E_{\mathbf{k}}^{(+)}\rangle\,. \end{aligned}$$

Die Richtung von $\boldsymbol{k}$ definiert die Polarachse; ϑ, φ sind die Polarwinkel des Einheitsvektors $\mathbf{e}_r$:

$$f_k(\vartheta,\varphi) = -\frac{4\pi^2 m}{\hbar^2}\langle k\,\mathbf{e}_r|H_1|E_{\mathbf{k}}^{(+)}\rangle\,. \tag{9.113}$$

In dieser Form lassen sich auch andere Darstellungen zur Berechnung der Streuamplitude verwenden.

9.4.2 *S*- und *T*-Matrix

Die Überlegungen des letzten Abschnitts lassen sich weiter verallgemeinern. Sie liefern dann einen abstrakten Zugang zur Streutheorie über die wichtige **Streumatrix (*S*-Matrix)**, deren Elemente als *Übergangswahrscheinlichkeiten* zwischen gegebenen *Eingangs-* und wohldefinierten *Ausgangszuständen* zu interpretieren sind. Die Streumatrix weist deshalb einen engen Bezug zu *praktischen Größen* der Streutheorie wie dem Wirkungsquerschnitt oder der Streuamplitude auf. Um die entsprechenden Zusammenhänge soll es in diesem abschließenden Kapitel gehen.

Die Aufgabenstellung des vorigen Kapitels konzentrierte sich auf die Berechnung des Systemzustands $|\varphi(t)\rangle$ aus dem *freien* Zustand,

$$|\varphi_0(t)\rangle = \int dn\,\alpha_n\,e^{-(i/\hbar)E_n^{(0)}t}\,|E_n^{(0)}\rangle\,,$$

der für $t\to-\infty$, also *lange vor* dem eigentlichen Streuakt, mit dem tatsächlichen Zustand identisch ist. Die Entwicklungskoeffizienten α_n sind als bekannt anzusehen. Die Bestimmung des Zustands $|\varphi(t)\rangle$ für endliche Zeiten t,

$$|\varphi(t)\rangle = \lim_{t'\to-\infty} e^{-(i/\hbar)H(t-t')}\,|\varphi_0(t')\rangle\,,$$

löst das Streuproblem und lässt sich mit (9.104) auf die des zeit**un**abhängigen *Streuzustands* $|E_n^{(+)}\rangle$ (9.101) zurückführen.

Nun war allerdings der gesamte Streuformalismus in diesem Kapitel *asymptotisch* angelegt. *Endliche Zeiten t* waren bislang nicht Gegenstand der Untersuchungen. Anstelle von $|\varphi(t)\rangle$ interessieren wir uns eigentlich mehr für die Übergangswahrscheinlichkeiten zwischen den *kräftefreien* Zuständen *lange vor* $(t \to -\infty)$ und *lange nach* $(t \to +\infty)$ dem tatsächlichen Streuvorgang. Dahingehend wollen wir das Verfahren von Abschn. 9.4.1 modifizieren. Zunächst empfiehlt es sich, sowohl den Anfangs- als auch den Endzustand nach dem vollständigen Satz der Eigenzustände $|E_n^{(0)}\rangle$ des *freien* Hamilton-Operators H_0 zu entwickeln:

$$\lim_{t \to -\infty} |\varphi(t)\rangle = \lim_{t \to -\infty} \int \mathrm{d}n\, \alpha_n\, \mathrm{e}^{-(\mathrm{i}/\hbar)E_n^{(0)}t} \left|E_n^{(0)}\right\rangle , \tag{9.114}$$

$$\lim_{t \to +\infty} |\varphi(t)\rangle = \lim_{t \to +\infty} \int \mathrm{d}n\, \beta_n\, \mathrm{e}^{-(\mathrm{i}/\hbar)E_n^{(0)}t} \left|E_n^{(0)}\right\rangle . \tag{9.115}$$

Wir postulieren auch hier, dass diese Grenzwerte für *physikalisch vernünftige* Streupotentiale existieren. Die α_n des Anfangszustands (9.114) sind (durch Präparation) bekannt. Die Aufgabe besteht demnach darin, die Koeffizienten β_n des Endzustands (9.115) aus den vorgegebenen α_n zu berechnen.

Es erweist sich als zweckmäßig, für die folgenden Überlegungen die *Wechselwirkungsdarstellung* (*Dirac-Bild*, Abschn. 3.4.4) zu benutzen, in der die Zeitabhängigkeit der Zustände von der Wechselwirkung H_1 und die der Operatoren von H_0 bestimmt wird. Da für $t \to \pm\infty$ das Teilchen sich außerhalb der Wechselwirkungssphäre $(H_1 \neq 0)$ befindet, werden die Grenzübergänge (9.114) und (9.115) im Dirac-Bild sehr einfach. – Wir kennzeichnen im folgenden Zustände des Dirac-Bildes durch den Index D und nehmen an, dass sie zur Zeit $t = 0$ mit denen des Schrödinger-Bildes (ohne Index) übereinstimmen (3.196). Dann gilt insbesondere (3.198):

$$|\varphi_\mathrm{D}(t)\rangle = \mathrm{e}^{(\mathrm{i}/\hbar)H_0 t}\, |\varphi(t)\rangle .$$

Für den *Zeitentwicklungsoperator* $U_\mathrm{D}(t, t')$,

$$|\varphi_\mathrm{D}(t)\rangle = U_\mathrm{D}(t, t')\, |\varphi_\mathrm{D}(t')\rangle ,$$

hatten wir mit (3.200) gefunden:

$$U_\mathrm{D}(t, t') = \mathrm{e}^{(\mathrm{i}/\hbar)H_0 t}\, \mathrm{e}^{-(\mathrm{i}/\hbar)H(t-t')}\, \mathrm{e}^{-(\mathrm{i}/\hbar)H_0 t'} . \tag{9.116}$$

Ohne Wechselwirkung $(H_1 = 0)$ ist U_D die Identität.

Die Grenzübergänge in (9.114) und (9.115) vereinfachen sich beträchtlich in der Wechselwirkungsdarstellung:

$$\begin{aligned}
\lim_{t \to -\infty} |\varphi_\mathrm{D}(t)\rangle &= \lim_{t \to -\infty} \mathrm{e}^{(\mathrm{i}/\hbar)H_0 t}\, |\varphi(t)\rangle \\
&= \lim_{t \to -\infty} \mathrm{e}^{(\mathrm{i}/\hbar)H_0 t} \int \mathrm{d}n\, \alpha_n\, \mathrm{e}^{-(\mathrm{i}/\hbar)E_n^{(0)}t} \left|E_n^{(0)}\right\rangle \\
&= \int \mathrm{d}n\, \alpha_n \left|E_n^{(0)}\right\rangle .
\end{aligned} \tag{9.117}$$

Ganz analog zeigt man:

$$\lim_{t \to +\infty} |\varphi_\mathrm{D}(t)\rangle = \int \mathrm{d}n\, \beta_n \left|E_n^{(0)}\right\rangle . \tag{9.118}$$

Die Wahrscheinlichkeitsamplitude dafür, dass sich das Teilchen zur Zeit t in einem *freien* Energieeigenzustand $|E_m^{(0)}\rangle$ befindet, wenn zur Zeit t' der Zustand $|\varphi_\mathrm{D}(t')\rangle$ angenommen wurde, entspricht dem Skalarprodukt:

$$\begin{aligned}\left\langle E_m^{(0)} \middle| \varphi_\mathrm{D}(t)\right\rangle &= \left\langle E_m^{(0)}\right| U_\mathrm{D}(t,t') \left|\varphi_\mathrm{D}(t')\right\rangle \\ &= \int \mathrm{d}n \left\langle E_m^{(0)}\right| U_\mathrm{D}(t,t') \left|E_n^{(0)}\right\rangle \left\langle E_n^{(0)} \middle| \varphi_\mathrm{D}(t')\right\rangle . \end{aligned} \tag{9.119}$$

Dieser Ausdruck, für den wir im letzten Schritt die Vollständigkeitsrelation der $|E_n^{(0)}\rangle$ ausgenutzt haben, verknüpft die Wahrscheinlichkeitsamplituden zu beliebigen Zeiten t und t', insbesondere auch für $t \to +\infty$ und $t' \to -\infty$. Wegen (9.117) und (9.118) gilt aber:

$$\lim_{t\to+\infty} \left\langle E_m^{(0)} \middle| \varphi_\mathrm{D}(t)\right\rangle = \beta_m ,$$

$$\lim_{t'\to-\infty} \left\langle E_n^{(0)} \middle| \varphi_\mathrm{D}(t')\right\rangle = \alpha_n .$$

Dies benutzen wir in (9.119):

$$\beta_m = \int \mathrm{d}n \left\langle E_m^{(0)}\right| U_\mathrm{D}(+\infty,-\infty) \left|E_n^{(0)}\right\rangle \alpha_n .$$

Man schreibt dafür kürzer,

$$\beta_m = \int \mathrm{d}n\, S_{mn}\, \alpha_n , \tag{9.120}$$

und definiert durch

$$S_{mn} \equiv \left\langle E_m^{(0)}\right| U_\mathrm{D}(+\infty,-\infty) \left|E_n^{(0)}\right\rangle \tag{9.121}$$

das (m,n)-Element der sogenannten

- **Streumatrix (S-Matrix) $U_\mathrm{D}(+\infty,-\infty)$.**

Die physikalische Bedeutung der S-Matrixelemente ist klar. Sie entprechen *asymptotischen* Übergangswahrscheinlichkeitsamplituden zwischen den *freien* Zuständen $|E_n^{(0)}\rangle$ und $|E_m^{(0)}\rangle$. – Mit (9.116) formen wir S_{mn} noch ein wenig um:

$$\begin{aligned} S_{mn} &= \lim_{t\to+\infty} \lim_{t'\to-\infty} \left\langle E_m^{(0)}\right| U_\mathrm{D}(t,t') \left|E_n^{(0)}\right\rangle \\ &= \lim_{t\to+\infty} \lim_{t'\to-\infty} \left\langle E_m^{(0)}\right| \mathrm{e}^{(\mathrm{i}/\hbar)(E_m^{(0)}-H)t}\, \mathrm{e}^{-(\mathrm{i}/\hbar)(E_n^{(0)}-H)t'} \left|E_n^{(0)}\right\rangle . \end{aligned} \tag{9.122}$$

Zur Berechnung dieser Grenzwerte können wir dasselbe Verfahren wie im vorigen Kapitel verwenden. Die Beziehung (9.100) für den Übergang $t \to -\infty$ kann sogar direkt übernommen werden. Für $t \to +\infty$ argumentieren wir völlig analog wie zu (9.99). Falls die Funktion $f(t)$ einen solchen Grenzwert besitzt, lässt sich schreiben:

$$\lim_{t \to +\infty} f(t) = f(\infty) \int_0^\infty dx\, e^{-x} = \lim_{\eta \to 0^+} \int_0^\infty dx\, e^{-x} f\left(\frac{x}{\eta}\right)$$
$$= \lim_{\eta \to 0^+} \eta \int_0^\infty dt'\, e^{-\eta t'} f(t') .$$

Uns interessiert diese Formel in dem folgenden Zusammenhang:

$$\lim_{t \to +\infty} e^{-(i/\hbar)(E_m^{(0)} - H)t} \left|E_m^{(0)}\right\rangle = \lim_{\eta \to 0^+} \eta \int_0^\infty dt'\, e^{-(i/\hbar)(E_m^{(0)} - H - i\hbar\eta)t'} \left|E_m^{(0)}\right\rangle$$
$$= \lim_{\eta \to 0^+} \frac{-\eta}{-(i/\hbar)\left(E_m^{(0)} - H - i\hbar\,\eta\right)} \left|E_m^{(0)}\right\rangle = \frac{-i\,0^+}{E_m^{(0)} - H - i\,0^+} \left|E_m^{(0)}\right\rangle .$$

Dies ähnelt sehr dem Ergebnis (9.101). Wir fassen deshalb beide Grenzwerte in der folgenden Definition zusammen:

$$\left|E_n^{(\pm)}\right\rangle = \lim_{t \to \mp\infty} e^{-(i/\hbar)(E_n^{(0)} - H)t} \left|E_n^{(0)}\right\rangle = \frac{\pm i\,0^+}{E_n^{(0)} - H \pm i\,0^+} \left|E_n^{(0)}\right\rangle . \tag{9.123}$$

$|E_n^{(-)}\rangle$ ist genau wie $|E_n^{(+)}\rangle$ Eigenzustand des *vollen* Hamilton-Operators H zum Eigenwert $E_n^{(0)}$ des *freien* Hamilton-Operators H_0. Die Begründung ist dieselbe wie die zu (9.103):

$$H\left|E_n^{(\pm)}\right\rangle = E_n^{(0)} \left|E_n^{(\pm)}\right\rangle . \tag{9.124}$$

Auch die Normierung der Zustände $|E_n^{(-)}\rangle$ ist mit der für die $|E_n^{(+)}\rangle$ (9.105) identisch:

$$\left\langle E_m^{(\pm)} \middle| E_n^{(\pm)} \right\rangle = \delta(m - n) . \tag{9.125}$$

Ersetzen wir schließlich noch in der Ableitung zu (9.107) überall $i\,0^+$ durch $-i\,0^+$, $|E_n^{(+)}\rangle$ durch $|E_n^{(-)}\rangle$ und $R_n^{(+)}$ durch $R_n^{(-)}$, so ergibt sich für $|E_n^{(-)}\rangle$ gegenüber (9.107) eine formal unveränderte

Lippmann-Schwinger-Gleichung

$$\left|E_n^{(\pm)}\right\rangle = \left|E_n^{(0)}\right\rangle + R_n^{(\pm)} H_1 \left|E_n^{(\pm)}\right\rangle . \tag{9.126}$$

Für die folgenden Schlüsse ist jedoch noch eine *zweite Version* der Lippmann-Schwinger-Gleichung interessant und hilfreich, die anstelle von $R_n^{(\pm)}$ den

Green'schen Operator zu H

$$G_n^{(\pm)} = \frac{1}{E_n^{(0)} - H \pm \mathrm{i}0^+} \tag{9.127}$$

benutzt. Im Unterschied zur Definition (9.106) für die Operatoren $R_n^{(\pm)}$ steht hier im Nenner der *volle* Hamilton-Operator H. Ausgehend von (9.123) finden wir:

$$\begin{aligned}\left|E_n^{(\pm)}\right\rangle &= \frac{1}{E_n^{(0)} - H \pm \mathrm{i}0^+}\left[\left(E_n^{(0)} - H \pm \mathrm{i}0^+\right) + \left(H_0 + H_1 - E_n^{(0)}\right)\right]\left|E_n^{(0)}\right\rangle \\ &= \left[\mathbf{1} + G_n^{(\pm)} H_1\right]\left|E_n^{(0)}\right\rangle \,.\end{aligned}$$

Äquivalent zu (9.126) ist also der folgende Ausdruck für die *Streuzustände* $|E_n^{(\pm)}\rangle$:

$$\left|E_n^{(\pm)}\right\rangle = \left|E_n^{(0)}\right\rangle + G_n^{(\pm)} H_1 \left|E_n^{(0)}\right\rangle \,. \tag{9.128}$$

Wir kommen nun zu der *Streumatrix* zurück, deren Untersuchung wir nach (9.122) unterbrochen hatten. Anstelle von (9.122) können wir mit (9.123) nun schreiben:

$$S_{mn} = \left\langle E_m^{(-)} \middle| E_n^{(+)} \right\rangle \,. \tag{9.129}$$

Zur weiteren Umformung verwenden wir (9.128):

$$\left|E_m^{(-)}\right\rangle - \left|E_m^{(+)}\right\rangle = \left(G_m^{(-)} - G_m^{(+)}\right) H_1 \left|E_m^{(0)}\right\rangle \,.$$

Diese Gleichung multiplizieren wir skalar mit dem bra-Zustand $\langle E_n^{(+)}|$ und beachten die Normierungsbedingung (9.125):

$$S_{mn}^* = \left\langle E_n^{(+)} \middle| E_m^{(-)} \right\rangle = \delta(n-m) + \left\langle E_n^{(+)} \right|\left(G_m^{(-)} - G_m^{(+)}\right) H_1 \left| E_m^{(0)} \right\rangle \,.$$

H_1 ist hermitesch, und für den Green'schen Operator (9.127) gilt:

$$\left[G_m^{(\pm)}\right]^+ = G_m^{(\mp)} \,.$$

Das bedeutet:

$$S_{mn} = \delta(n-m) + \left\langle E_m^{(0)} \right| H_1 \left(G_m^{(+)} - G_m^{(-)}\right) \left| E_n^{(+)} \right\rangle \,.$$

Kapitel 9

$|E_n^{(+)}\rangle$ ist Eigenzustand zu H mit dem Eigenwert $E_n^{(0)}$. Wir kennen deshalb auch die Wirkung der Green'schen Operatoren auf diesen Zustand:

$$\left(G_m^{(+)} - G_m^{(-)}\right)|E_n^{(+)}\rangle = \left(\frac{1}{E_m^{(0)} - E_n^{(0)} + \mathrm{i}\,0^+} - \frac{1}{E_m^{(0)} - E_n^{(0)} - \mathrm{i}\,0^+}\right)|E_n^{(+)}\rangle$$
$$= \frac{-2\mathrm{i}\,0^+}{\left(E_m^{(0)} - E_n^{(0)}\right)^2 + (0^+)^2}\,|E_n^{(+)}\rangle\ .$$

Mit der speziellen Darstellung der δ-Funktion ((1.7), Bd. 3),

$$\delta(x) = \lim_{\eta \to 0^+} \frac{1}{\pi}\frac{\eta}{x^2 + \eta^2}\ ,$$

kommen wir zu einer für die abstrakte Streutheorie fundamentalen Form der Streumatrix:

Grundformel der Streutheorie

$$S_{mn} = \delta(m-n) - 2\pi\,\mathrm{i}\,\delta\left(E_m^{(0)} - E_n^{(0)}\right)\langle E_m^{(0)}|\,H_1\,|E_n^{(+)}\rangle\ . \tag{9.130}$$

Beachten Sie die beiden **nicht** äquivalenten δ-Funktionen!

Man pflegt neben der S-Matrix noch eine sogenannte

Transfermatrix (*T*-Matrix)

$$T^{(n)} \equiv H_1\left(\mathbf{1} + G_n^{(+)}H_1\right) \tag{9.131}$$

zu definieren, für die wegen (9.128) gilt:

$$H_1\,|E_n^{(+)}\rangle = H_1\left(\mathbf{1} + G_n^{(+)}H_1\right)|E_n^{(0)}\rangle = T^{(n)}\,|E_n^{(0)}\rangle\ . \tag{9.132}$$

Damit nimmt die *Grundformel* (9.130) die folgende äquivalente Gestalt an:

$$S_{mn} = \delta(m-n) - 2\pi\,\mathrm{i}\,\delta\left(E_m^{(0)} - E_n^{(0)}\right)\langle E_m^{(0)}|\,T^{(n)}|\,E_n^{(0)}\rangle\ . \tag{9.133}$$

Bei bekannter T-Matrix ist der Zustand nach der Streuung vollständig bestimmt. Setzen wir nämlich (9.133) in (9.120) ein, so können wir die Koeffizienten β_m des *asymptotischen*

Endzustands (9.118) aus den Koeffizienten α_n des *asymptotischen Anfangszustands* (9.117) berechnen:

$$\beta_m = \alpha_m - 2\pi\,\mathrm{i} \int \mathrm{d}n\; \delta\left(E_m^{(0)} - E_n^{(0)}\right) \alpha_n \left\langle E_m^{(0)} \middle| T^{(n)} \middle| E_n^{(0)} \right\rangle . \qquad (9.134)$$

Der erste Term auf der rechten Seite muss der *durchgehenden Welle* zugeschrieben werden. Bei fehlender Wechselwirkung ($H_1 = 0 \Rightarrow T^{(n)} = 0$) sollten Anfangs- und Endzustand natürlich gleich sein ($\beta_m = \alpha_m$). Auch bei *eingeschalteter* Wechselwirkung gibt es einen *durchgehenden* Anteil. – Der zweite Term in (9.134) beschreibt die Streuwelle, wobei die δ-Funktion für Energieerhaltung sorgt (elastische Streuung!). Ein wenig mag diese *Energieerhaltung* schon verblüffen, wenn man sich fragt, an welchem Punkt der vorangegangenen Ableitung sie eigentlich in die Überlegungen eingegangen sein könnte. Das ist in der Tat *etwas versteckt* geschehen, nämlich dadurch, dass wir von Anfang an nur die Zustände des *gestreuten* Teilchens untersucht haben. Dabei wurde implizit vorausgesetzt, dass das Streuzentrum keine inneren Anregungen erfährt. Nur deshalb ließ sich das Streuzentrum durch ein Potential $V(r)$ simulieren (s. Überlegungen im Anschluss an (9.3)). Wenn aber kein Partner für Energieaustausch vorhanden ist, muß die Streuung des Teilchens zur Erfüllung des Energiesatzes **elastisch** erfolgen. Bei inelastischer Streuung müsste natürlich der Hamilton-Operator des Gesamtsystems ($\hat{=}$ *streuendes* plus *gestreutes* Teilchen) mit seinen Eigenzuständen und Eigenwerten in die Theorie einbezogen werden. Es würde dann Energieerhaltung im Gesamtsystem zu fordern sein, was Energie**austausch** zwischen den beiden Teilchen **nicht** ausschlösse.

Die T-Matrix ist nach (9.134) offensichtlich der für die Streuung maßgebliche Operator. Seine Matrixelemente $\langle E_m^{(0)}|T^{(n)}|E_n^{(0)}\rangle$ bestimmen die *Stärke* der Streuung. $T^{(n)}$ wird sich für realistische Probleme nicht immer exakt berechnen lassen. Wir werden deshalb Näherungsverfahren zur Bestimmung der T-Matrix benötigen. Dafür kann die im folgenden abzuleitende *Integralgleichung* eine gute Ausgangsbasis bilden. Wir beginnen mit der Definitionsgleichung (9.131):

$$\begin{aligned} T^{(n)} &= \left(\mathbf{1} + H_1\, G_n^{(+)}\right) H_1 = \left(E_n^{(0)} - H + \mathrm{i}\,0^+ + H_1\right) G_n^{(+)}\, H_1 \\ &= \left(R_n^{(+)}\right)^{-1} \left[\left(R_n^{(+)}\right)^{-1} - H_1\right]^{-1} H_1 = \left(\mathbf{1} - H_1\, R_n^{(+)}\right)^{-1} H_1 \,. \end{aligned}$$

Daran lesen wir die nützliche Beziehung

$$T^{(n)} = H_1 + H_1\, R_n^{(+)}\, T^{(n)} \qquad (9.135)$$

ab, die sich formal durch Iteration lösen lässt:

$$T^{(n)} = \sum_{m=0}^{\infty} \left[T^{(n)}\right]^{(m)} ,$$

$$
\begin{aligned}
\left[T^{(n)}\right]^{(0)} &= H_1 \,, \\
\left[T^{(n)}\right]^{(m)} &= H_1\, R_n^{(+)} \left[T^{(n)}\right]^{m-1} \,. \qquad (9.136)
\end{aligned}
$$

Wir wollen abschließend die Streumatrix in dem speziellen Basissystem der

▸ Impulseigenzustände $|\boldsymbol{k}\rangle$

darstellen. ($n \to \boldsymbol{k}$; $m \to \boldsymbol{k}'$). Das in Richtung von $\boldsymbol{k}$ *einfallende* Teilchen wird in die Richtung von $\boldsymbol{k}'$ gestreut. Wir benötigen in (9.130) bzw. (9.133):

$$
\begin{aligned}
\delta\left(E_m^{(0)} - E_n^{(0)}\right) \longrightarrow \delta\left(\frac{\hbar^2 k'^2}{2m} - \frac{\hbar^2 k^2}{2m}\right) &= \frac{2m}{\hbar^2}\,\delta(k'^2 - k^2) \\
&= \frac{2m}{\hbar^2}\,\frac{1}{2k}\,\left[\delta\left(k' + k\right) + \delta\left(k' - k\right)\right] = \frac{m}{\hbar^2 k}\,\delta\left(k' - k\right) \,.
\end{aligned}
$$

Wegen $k, k' > 0$ verschwindet $\delta(k' + k)$. Damit lautet die Streumatrix:

$$
\begin{aligned}
S_{\boldsymbol{k}'\boldsymbol{k}} &= \delta(\boldsymbol{k}' - \boldsymbol{k}) - 2\pi\,\mathrm{i}\,\frac{m}{\hbar^2 k}\,\delta(k - k')\left\langle \boldsymbol{k}' \middle| H_1 \middle| E_{\boldsymbol{k}}^{(+)} \right\rangle \\
&= \delta(\boldsymbol{k}' - \boldsymbol{k}) - 2\pi\,\mathrm{i}\,\frac{m}{\hbar^2 k}\,\delta(k - k')\left\langle \boldsymbol{k}' \middle| T^{(\boldsymbol{k})} \middle| \boldsymbol{k} \right\rangle \,. \qquad (9.137)
\end{aligned}
$$

Man beachte, dass im Argument der ersten δ-Funktion die **Vektoren** $\boldsymbol{k}$ und $\boldsymbol{k}'$ erscheinen, in dem der zweiten dagegen die **Beträge** k, k'. Der Vergleich von (9.137) mit (9.113),

$$
\left\langle \boldsymbol{k}' \middle| T^{(\boldsymbol{k})} \middle| \boldsymbol{k} \right\rangle = -\frac{\hbar^2}{4\pi^2 m} f_{\boldsymbol{k}}(\vartheta, \varphi) \,, \qquad (9.138)
$$

zeigt, dass in der Impulsdarstellung die Elemente der T-Matrix der in den vorangegangenen Kapiteln ausgiebig besprochenen, zentral wichtigen **Streuamplitude** $f_{\boldsymbol{k}}(\vartheta, \varphi)$ äquivalent sind. Dabei definiert die Richtung von $\boldsymbol{k}$ die Polarachse, und ϑ, φ sind die Polarwinkel der *Streurichtung* $\boldsymbol{k}'/k$. Die abstrakte Operatorbeziehung (9.135) bzw. (9.136) entspricht in der Impulsdarstellung offenbar der **Born'schen Reihe** (9.90) für die Streuamplitude. Das unterstreicht noch einmal die Bedeutung der T-Matrix.

9.4.3 Møller-Operatoren

Wir wollen uns in diesem Abschnitt um eine alternative und ergänzende Darstellung des Streuvorgangs bemühen, um die Aussagen des abstrakten Formalismus des letzten Abschnitts besser zu verstehen. Ausgangspunkt ist wiederum ein Hamilton-Operator der Form

$$
H = H_0 + H_1 \,,
$$

wobei H_1 die Wechselwirkung des Teilchens mit dem Streuzentrum wiedergibt. Wir zerlegen den Hilbert-Raum in zwei Teilräume,

$$\mathcal{H} = \mathcal{H}_d + \mathcal{H}_S \ , \tag{9.139}$$

wobei $\mathcal{H}_d$ durch die (gebundenen) Zustände des diskreten Spektrums von H aufgespannt ist. Diese können für die Beschreibung von Streuprozessen natürlich **nicht** in Frage kommen. $\mathcal{H}_S$ enthält alle zu $\mathcal{H}_d$ orthogonalen Zustände, stellt somit den Raum der Streuzustände dar. Die Zustände aus $\mathcal{H}_S$ gehören zum *kontinuierlichen* Spektrum von H. Nur diese sind hier interessant.

Betrachten wir noch einmal den „Streuprozess". Ein beliebiger Zustand $|\psi\rangle \in \mathcal{H}_S$, den man sich in der Ortsdarstellung als ein irgendwie geartetes Wellenpaket vorstellen kann, wird in der Wechselwirkungszone durch H_1 modifiziert, wobei seine Zeitabhängigkeit gemäß (3.156) und (3.177) durch

$$|\psi(t)\rangle = \exp\left(-\frac{\mathrm{i}}{\hbar}Ht\right)|\psi(0)\rangle \tag{9.140}$$

gegeben ist. Nun ist es anschaulich klar, dass das Wellenpaket für $t \to +\infty$ irgendwann einmal aus dem Einflussbereich des Streupotentials H_1 hinausläuft und sich dann praktisch wie ein freies, nur durch H_0 bestimmtes Wellenpaket bewegt. Es sollte also für „hinreichend große" Zeiten t_0 und $t > t_0$ gelten:

$$\begin{aligned}|\psi(t)\rangle &\approx \exp\left(-\frac{\mathrm{i}}{\hbar}H_0(t-t_0)\right)\left(\exp\left(-\frac{\mathrm{i}}{\hbar}Ht_0\right)|\psi\rangle\right)\\ &= \exp\left(-\frac{\mathrm{i}}{\hbar}H_0 t\right)\left[\exp\left(\frac{\mathrm{i}}{\hbar}H_0 t_0\right)|\psi(t_0)\rangle\right] .\end{aligned} \tag{9.141}$$

Der Zustand in der eckigen Klammer dürfte bei „normalen" Streupotentialen als Element in $\mathcal{H}$ existieren. Es handelt sich demnach um einen Zustand $|\varphi\rangle$ aus $\mathcal{H}$, der sich unter der alleinigen Wirkung von H_0 zeitlich asymptotisch genauso entwickelt wie der Streuzustand $|\psi\rangle$ unter dem Einfluss des vollen Hamilton-Operators H. Natürlich wird in aller Regel $|\varphi\rangle$ von $|\psi\rangle$ verschieden sein.

Dieselben Überlegungen gelten natürlich auch für sehr frühe Zeiten, wenn das Wellenpaket noch nicht in den Einflussbereich des Streupotentials gelangt ist, wenn also seine zeitliche Entwicklung noch ausschließlich durch H_0 bestimmt ist. Zusammenfassend sollten also zu jedem $|\psi\rangle \in \mathcal{H}_S$ Grenzzustände $|\varphi_\mp\rangle$ als Elemente in $\mathcal{H}$ existieren[1]:

$$|\varphi_\mp\rangle = \lim_{t\to\pm\infty}\exp\left(\frac{\mathrm{i}}{\hbar}H_0 t\right)\exp\left(-\frac{\mathrm{i}}{\hbar}Ht\right)|\psi\rangle \in \mathcal{H} . \tag{9.142}$$

[1] Die vielleicht etwas kontraintuitive Indizierung der Zustände $|\varphi_\mp\rangle$ wurde bewusst im Einklang mit den Indizierungen in Abschn. 9.4.1 gewählt. Der Grenzzustand, der dem *einlaufenden* Wellenpaket zugeordnet ist, bekommt das Pluszeichen, der für das *auslaufende* Wellenpaket das Minuszeichen.

Das lässt sich auch wie folgt formulieren:

$$\lim_{t\to\pm\infty}\left\|\exp\left(-\frac{\mathrm{i}}{\hbar}H_0 t\right)\varphi_\mp - \exp\left(-\frac{\mathrm{i}}{\hbar}Ht\right)\psi\right\| = 0\,. \tag{9.143}$$

Wenn wir also annehmen, dass die Zustände $|\varphi_\mp\rangle$ als Elemente des Hilbert-Raums $\mathcal{H}$ existieren, – den exakten, nicht ganz einfachen mathematischen Beweis müssen wir hier überspringen –, dann sollten sich diese aber auch nach ebenen Wellen $|\boldsymbol{k}\rangle$, die als Eigenzustände zu H_0 ein vollständiges Orthonormalsystem darstellen, entwickeln lassen:

$$\begin{aligned}\exp\left(-\frac{\mathrm{i}}{\hbar}H_0 t\right)|\varphi_\mp\rangle &= \exp\left(-\frac{\mathrm{i}}{\hbar}H_0 t\right)\int \mathrm{d}^3k\,\widehat{\varphi}_\mp(\boldsymbol{k})\,|\boldsymbol{k}\rangle\\ &= \int \mathrm{d}^3k\,\widehat{\varphi}_\mp(\boldsymbol{k})\,\exp\left(-\mathrm{i}\frac{\hbar k^2}{2m}t\right)|\boldsymbol{k}\rangle\,.\end{aligned} \tag{9.144}$$

In der Ortsdarstellung,

$$\varphi_\mp(\boldsymbol{r}) \equiv \langle \boldsymbol{r}|\varphi_\mp\rangle\,;\quad \langle \boldsymbol{r}|\boldsymbol{k}\rangle = \frac{1}{(2\pi)^{3/2}}\,\mathrm{e}^{\mathrm{i}\boldsymbol{k}\cdot\boldsymbol{r}}\,, \tag{9.145}$$

liest sich dieses:

$$\exp\left(-\frac{\mathrm{i}}{\hbar}H_0 t\right)\varphi_\mp(\boldsymbol{r}) = \frac{1}{(2\pi)^{3/2}}\int \mathrm{d}^3k\left(\widehat{\varphi}_\mp(\boldsymbol{k})\,\exp\left(-\mathrm{i}\frac{\hbar k^2}{2m}t\right)\right)\mathrm{e}^{\mathrm{i}\boldsymbol{k}\cdot\boldsymbol{r}}\,. \tag{9.146}$$

Auf der rechten Seite steht ein freies, propagierendes, durch die Wellenzahlverteilung $\widehat{\varphi}_\mp(\boldsymbol{k})$ festgelegtes Wellenpaket (s. (2.49)). Wegen (9.143) gehört zu jedem $|\psi\rangle \in \mathcal{H}_S$ für $t \to -\infty$ ein einlaufendes und für $t \to +\infty$ ein auslaufendes *freies* Wellenpaket. Das entspricht nun aber genau dem Streuvorgang: $\widehat{\varphi}_+(\boldsymbol{k})$ kennzeichnet ein vor dem Streuprozess einlaufendes freies Wellenpaket, das in der Wechselwirkungszone vom Streupotential beeinflusst wird und asymptotisch wieder als freies Wellenpaket ausläuft, dann aber in der Regel mit veränderter Impulsverteilung $\widehat{\varphi}_-(\boldsymbol{k})$. Die Aufgabe besteht also darin, für eine bei $t \to -\infty$ präparierte Verteilung $\widehat{\varphi}_+(\boldsymbol{k})$ abzufragen, ob und mit welcher Wahrscheinlichkeit im gestreuten Wellenpaket die Verteilung $\widehat{\varphi}_-(\boldsymbol{k})$ vorliegt.

Das eigentlich Ziel ist also die Bestimmung von Streuzuständen $|\psi_\pm\rangle \in \mathcal{H}_S$, die *asymptotisch* den vorgegebenen Verteilungen $\widehat{\varphi}_\pm(\boldsymbol{k})$ entsprechen:

$$\lim_{t\to\pm\infty}\left\|\mathrm{e}^{-\frac{\mathrm{i}}{\hbar}H_0 t}\,\varphi_\mp - \mathrm{e}^{-\frac{\mathrm{i}}{\hbar}Ht}\,\psi_\mp\{\widehat{\varphi}_\mp(\boldsymbol{k})\}\right\| = 0\,. \tag{9.147}$$

Im *Schrödinger-Bild* ändert sich der Streuzustand zeitabhängig unter dem Einfluss von H,

$$\exp\left(-\frac{\mathrm{i}}{\hbar}Ht\right)\left|\psi_\mp\left\{\widehat{\varphi}_\mp(\boldsymbol{k})\right\}\right\rangle,$$

unter Erfüllung der Randbedingungen für $t \to \pm\infty$. Im *Heisenberg-Bild* ist der Streuzustand zeit**un**abhängig. $|\psi_\mp\{\widehat{\varphi}_\mp(\boldsymbol{k})\}\rangle$ entspricht dann der „auslaufenden" bzw. „einlaufenden Situation". Damit ist

$$\left|\left\langle \psi_+\{\widehat{\varphi}_+(\boldsymbol{k})\} \,\middle|\, \psi_-\{\widehat{\varphi}_-(\boldsymbol{k})\}\right\rangle\right|^2$$

die Wahrscheinlichkeit dafür, lange nach der Streuung ein Wellenpaket mit der Verteilung $\widehat{\varphi}_-(\boldsymbol{k})$ zu messen, wenn lange vor der Streuung eines mit der Verteilung $\widehat{\varphi}_+(\boldsymbol{k})$ präpariert wurde.

Wir haben bisher so argumentiert, dass jedem Streuzustand aus $\mathcal{H}_S$ asymptotisch ein freies Wellenpaket zugeordnet werden kann. Nun sollte aber auch in gewisser Weise die „Umkehrung" gelten. Im Prinzip lässt sich jede beliebige Verteilung $\widehat{\varphi}(\boldsymbol{k})$ präparieren und kann als solche in die Streuzone geschickt werden. Bei „halbwegs normalem" Streupotential sollte es dann aber auch für jedes Wellenpaket $|\varphi\rangle$ Streuzustände $|\psi_\mp\rangle \in \mathcal{H}_S$ geben, die sich für $t \to \pm\infty$ wie $|\varphi\rangle$ verhalten. Es müsste somit analog zu (9.143)

$$\lim_{t\to\pm\infty}\left\|\exp\left(-\frac{\mathrm{i}}{\hbar}H_0 t\right)\varphi - \exp\left(-\frac{\mathrm{i}}{\hbar}Ht\right)\psi_\mp\right\| = 0 \tag{9.148}$$

gelten und gleichbedeutend damit der Grenzwert

$$\lim_{t\to\pm\infty}\exp\left(\frac{\mathrm{i}}{\hbar}Ht\right)\exp\left(-\frac{\mathrm{i}}{\hbar}H_0 t\right)|\varphi\rangle \tag{9.149}$$

für jedes $|\varphi\rangle \in \mathcal{H}$ zu einem Streuzustand aus $\mathcal{H}_S$ führen.

Unsere bisherigen Überlegungen lassen sich wie folgt zusammenfassen: Für „normale" Streupotentiale sollten die sogenannten

▸ **Møller-Operatoren $M_\pm, \widehat{M}_\pm$**

existieren:

$$M_\pm \equiv \lim_{t\to\mp\infty}\exp\left(\frac{\mathrm{i}}{\hbar}Ht\right)\exp\left(-\frac{\mathrm{i}}{\hbar}H_0 t\right)\;;\quad M_\pm : \mathcal{H} \subseteq \mathcal{H}_S \tag{9.150}$$

$$\widehat{M}_\pm \equiv \lim_{t\to\mp\infty}\exp\left(\frac{\mathrm{i}}{\hbar}H_0 t\right)\exp\left(-\frac{\mathrm{i}}{\hbar}Ht\right)P_S\;;\quad \widehat{M}_\pm : \mathcal{H}_{(S)} \subseteq \mathcal{H}\,. \tag{9.151}$$

P_S ist der Projektionsoperator auf den Teilraum $\mathcal{H}_S$ der Streuzustände.

Wir wollen einige offensichtliche Eigenschaften der Møller-Operatoren auflisten.

- Direkt aus der Definition (9.151) folgt wegen $P_S^2 = P_S$:

$$\widehat{M}_\pm P_S = \widehat{M}_\pm \tag{9.152}$$

- Da $e^{-i/\hbar H_0 t}$ und $e^{-i/\hbar Ht}$ unitäre Operatoren sind, folgt unmittelbar:

$$\|M_\pm \varphi\| = \|\varphi\| \quad \forall\, |\varphi\rangle \in \mathcal{H}\,. \tag{9.153}$$

Die Begründung ist in der Tat sehr einfach:

$$\begin{aligned}
\|M_\pm \varphi\|^2 &= \langle M_\pm \varphi | M_\pm \varphi\rangle \\
&= \lim_{t\to\mp\infty} \left\langle e^{\frac{i}{\hbar}Ht} e^{-\frac{i}{\hbar}H_0 t}\varphi \,\middle|\, e^{\frac{i}{\hbar}Ht} e^{-\frac{i}{\hbar}H_0 t}\varphi\right\rangle \\
&= \lim_{t\to\mp\infty} \left\langle e^{-\frac{i}{\hbar}H_0 t}\varphi \middle| e^{-\frac{i}{\hbar}Ht} e^{\frac{i}{\hbar}Ht} \middle| e^{-\frac{i}{\hbar}H_0 t}\varphi\right\rangle \\
&= \lim_{t\to\mp\infty} \left\langle \varphi \middle| e^{\frac{i}{\hbar}H_0 t} e^{-\frac{i}{\hbar}H_0 t} \middle| \varphi\right\rangle \\
&= \langle\varphi|\varphi\rangle = \|\varphi\|^2\,.
\end{aligned}$$

- Da der Projektionsoperator zwar hermitesch aber nicht unitär ist $(P_S^\dagger P_S \neq \mathbb{1})$, gilt für den *anderen* Møller-Operator:

$$\|\widehat{M}_\pm \varphi\| = \|P_S \varphi\| \quad \forall\, |\varphi\rangle \in \mathcal{H}\,. \tag{9.154}$$

Auch das erkennt man leicht:

$$\begin{aligned}
\|\widehat{M}_\pm \varphi\|^2 &= \langle \widehat{M}_\pm \varphi | \widehat{M}_\pm \varphi\rangle \\
&= \lim_{t\to\mp\infty} \left\langle e^{\frac{i}{\hbar}H_0 t} e^{-\frac{i}{\hbar}Ht} P_S\varphi \,\middle|\, e^{\frac{i}{\hbar}H_0 t} e^{-\frac{i}{\hbar}Ht} P_S\varphi\right\rangle \\
&= \lim_{t\to\mp\infty} \langle P_S\varphi \,|P_S\varphi\rangle \\
&= \|P_S\varphi\|^2
\end{aligned}$$

- Als nächstes beweisen wir den folgenden Zusammenhang zwischen den beiden Møller-Operatoren:

$$M_\pm^\dagger = \widehat{M}_\pm\,. \tag{9.155}$$

Seien $|\varphi_1\rangle$ und $|\varphi_2\rangle$ zwei beliebige Zustände aus $\mathcal{H}$, dann gilt:

$$\begin{aligned}
\left\langle \varphi_1 \middle| \widehat{M}_\pm \middle| \varphi_2\right\rangle &= \lim_{t\to\mp\infty} \left\langle \varphi_1 \middle| e^{\frac{i}{\hbar}H_0 t} e^{-\frac{i}{\hbar}Ht} P_S \middle| \varphi_2\right\rangle \\
&= \lim_{t\to\mp\infty} \left\langle P_S e^{\frac{i}{\hbar}Ht} e^{-\frac{i}{\hbar}H_0 t} \varphi_1 \middle| \varphi_2\right\rangle \\
&= \Big\langle P_S \underbrace{M_\pm \varphi_1}_{\in \mathcal{H}_S} \Big| \varphi_2\Big\rangle \\
&= \left\langle M_\pm \varphi_1 \middle| \varphi_2\right\rangle \\
&= \left\langle \varphi_1 \middle| M_\pm^\dagger \middle| \varphi_2\right\rangle .
\end{aligned}$$

Das beweist die Behauptung (9.155).

- Eine weitere wichtige Eigenschaft stellt die Beziehung

$$M_\pm^\dagger M_\pm = \mathbb{1} \tag{9.156}$$

dar, die sich wie folgt begründet: Für einen beliebigen Zustand $|\varphi\rangle$ aus $\mathcal{H}$ gilt:

$$\begin{aligned}
\left\|\left(M_\pm^\dagger M_\pm - \mathbb{1}\right)\varphi\right\|^2 &= \left\langle\left(M_\pm^\dagger M_\pm - \mathbb{1}\right)\varphi \,\middle|\left(M_\pm^\dagger M_\pm - \mathbb{1}\right)\varphi\right\rangle \\
&= \left\langle M_\pm^\dagger M_\pm\varphi \,\middle| M_\pm^\dagger M_\pm\varphi\right\rangle + \langle\varphi|\varphi\rangle \\
&\quad - \left\langle\varphi \,\middle| M_\pm^\dagger M_\pm\varphi\right\rangle - \left\langle M_\pm^\dagger M_\pm\varphi \middle| \varphi\right\rangle \\
&= \left\|M_\pm^\dagger M_\pm\varphi\right\|^2 + \|\varphi\|^2 - 2\left\langle M_\pm\varphi \,|M_\pm\varphi\right\rangle \\
&= \left\|M_\pm^\dagger M_\pm\varphi\right\|^2 + \|\varphi\|^2 - 2\left\|M_\pm\varphi\right\|^2
\end{aligned}$$

$$\left\|M_\pm\varphi\right\|^2 \overset{(9.153)}{=} \|\varphi\|^2$$

$$\begin{aligned}
\Bigg\|M_\pm^\dagger \underbrace{M_\pm\varphi}_{=|\psi\rangle\in\mathcal{H}_S}\Bigg\|^2 &= \left\|M_\pm^\dagger\psi\right\|^2 \overset{(9.155)}{=} \left\|\widehat{M}_\pm\psi\right\|^2 \overset{(9.154)}{=} \|P_S\psi\|^2 \\
&= \|\psi\|^2 = \|M_\pm\varphi\|^2 \overset{(9.153)}{=} \|\varphi\|^2
\end{aligned}$$

$$\curvearrowright \quad \left\|\left(M_\pm^\dagger M_\pm - \mathbb{1}\right)\varphi\right\|^2 = 0\,.$$

Da $|\varphi\rangle$ ein beliebiger Zustand aus $\mathcal{H}$ ist, hat das (9.156) zur Folge.

- Ganz analog zeigt man

$$M_\pm M_\pm^\dagger = P_S\,. \tag{9.157}$$

Wir wählen wiederum ein beliebiges Element $|\varphi\rangle \in \mathcal{H}$:

$$\left\|\left(M_\pm M_\pm^\dagger - P_S\right)\varphi\right\|^2 = \left\|M_\pm M_\pm^\dagger \varphi\right\|^2 + \|P_S\varphi\|^2 - \left\langle M_\pm M_\pm^\dagger \varphi \middle| P_S\varphi\right\rangle - \left\langle P_S\varphi \middle| M_\pm M_\pm^\dagger \varphi\right\rangle$$

$$\begin{aligned}\left\|M_\pm M_\pm^\dagger \varphi\right\|^2 &= \left\langle M_\pm M_\pm^\dagger \varphi \middle| M_\pm M_\pm^\dagger \varphi\right\rangle \\ &= \left\langle M_\pm^\dagger \varphi \middle| M_\pm^\dagger M_\pm M_\pm^\dagger \varphi\right\rangle \\ &\overset{(9.156)}{=} \left\langle M_\pm^\dagger \varphi \middle| M_\pm^\dagger \varphi\right\rangle \overset{(9.155)}{=} \left\|\widehat{M}_\pm \varphi\right\|^2 \\ &\overset{(9.154)}{=} \|P_S\varphi\|^2\end{aligned}$$

$$\begin{aligned}\left\langle M_\pm M_\pm^\dagger \varphi \middle| P_S\varphi\right\rangle &= \left\langle M_\pm^\dagger \varphi \middle| M_\pm^\dagger P_S\varphi\right\rangle \\ &\overset{(9.155)}{\underset{(9.152)}{=}} \left\langle \widehat{M}_\pm \varphi \middle| \widehat{M}_\pm \varphi\right\rangle = \left\|\widehat{M}_\pm \varphi\right\|^2 \\ &\overset{(9.154)}{=} \|P_S\varphi\|^2\end{aligned}$$

$$\begin{aligned}\left\langle P_S\varphi \middle| M_\pm M_\pm^\dagger \varphi\right\rangle &= \left\langle M_\pm M_\pm^\dagger \varphi \middle| P_S\varphi\right\rangle^* \\ &= \|P_S\varphi\|^2\end{aligned}$$

$$\curvearrowright \quad \left\|\left(M_\pm M_\pm^\dagger - P_S\right)\varphi\right\|^2 = 0\,.$$

Damit ist die Eigenschaft (9.157) gezeigt.

- Die bislang abgeleiteten Eigenschaften zeigen, dass die Møller-Operatoren jedem Element aus $\mathcal{H}$ eineindeutig ein Element aus $\mathcal{H}_S$ zuordnen, d. h. in (9.150) gilt bereits das Gleichheitszeichen:

$$M_\pm : \mathcal{H} = \mathcal{H}_S\,. \tag{9.158}$$

- Eine weitere wichtige Beziehung leiten wir aus folgender Überlegung ab:

$$\begin{aligned}e^{-\frac{i}{\hbar}Ht_0} M_\pm &= \lim_{t\to\mp\infty} e^{\frac{i}{\hbar}H(t-t_0)} e^{-\frac{i}{\hbar}H_0(t-t_0)} e^{-\frac{i}{\hbar}H_0 t_0} \\ &= \lim_{t'\to\mp\infty} e^{\frac{i}{\hbar}Ht'} e^{-\frac{i}{\hbar}H_0 t'} e^{-\frac{i}{\hbar}H_0 t_0} \\ &= M_\pm\, e^{-\frac{i}{\hbar}H_0 t_0}\,.\end{aligned}$$

Da t_0 beliebig gewählt werden kann, muss diese Gleichung bereits für jeden Summanden in der Exponentialfunktion gelten:

$$H^n M_\pm = M_\pm H_0^n\,; \quad n \in \mathbb{N}\,. \tag{9.159}$$

Das gilt insbesondere für $n = 1$:

$$H\,M_\pm = M_\pm\,H_0\,. \tag{9.160}$$

Geht man schließlich noch zum Adjungierten über, so wird aus (9.159):

$$M_\pm^\dagger\,H^n = H_0^n\,M_\pm^\dagger\,;\qquad n \in \mathbb{N}\,. \tag{9.161}$$

9.4.4 Streuoperator

Wir wollen nun mit Hilfe der Møller-Operatoren versuchen, den Anschluss an die zeitunabhängige Streutheorie des Abschn. 9.3 herzustellen. Dazu bringen wir zunächst die Operatoren in eine für das Folgende günstigere Gestalt. Das gelingt mit Hilfe der Grenzwert-Darstellungen, die wir im Zusammenhang mit (9.99) und (9.122) kennengelernt und begründet haben:

$$M_\pm = \lim_{\eta\to 0^+}(\mp\eta)\int\limits_0^{\mp\infty} \mathrm{d}t\,\mathrm{e}^{\pm\eta t}\,\mathrm{e}^{\frac{\mathrm{i}}{\hbar}Ht}\,\mathrm{e}^{-\frac{\mathrm{i}}{\hbar}H_0 t} \tag{9.162}$$

$$\widehat{M}_\pm = M_\pm^\dagger = \lim_{\eta\to 0^+}(\mp\eta)\int\limits_0^{\mp\infty} \mathrm{d}t\,\mathrm{e}^{\pm\eta t}\,\mathrm{e}^{\frac{\mathrm{i}}{\hbar}H_0 t}\,\mathrm{e}^{-\frac{\mathrm{i}}{\hbar}Ht}\,. \tag{9.163}$$

Diese Ausdrücke lassen sich weiter umformen. Dazu betrachten wir die Operatorfunktion

$$f(t) = \mathrm{e}^{\frac{\mathrm{i}}{\hbar}Ht}\,\mathrm{e}^{-\frac{\mathrm{i}}{\hbar}H_0 t}\,;\qquad f(t=0) = \mathbb{1}\,. \tag{9.164}$$

Diese genügt der Differentialgleichung

$$\frac{\mathrm{d}}{\mathrm{d}t}f(t) = \frac{\mathrm{i}}{\hbar}\,\mathrm{e}^{\frac{\mathrm{i}}{\hbar}Ht}(H - H_0)\mathrm{e}^{-\frac{\mathrm{i}}{\hbar}H_0 t} = \frac{\mathrm{i}}{\hbar}\mathrm{e}^{\frac{\mathrm{i}}{\hbar}Ht}H_1\mathrm{e}^{-\frac{\mathrm{i}}{\hbar}H_0 t}\,. \tag{9.165}$$

Das benutzen wir zur Darstellung der Møller-Operatoren. Nach (9.162) gilt:

$$\begin{aligned}
M_\pm &= \lim_{\eta\to 0^+}(\mp\eta)\int\limits_0^{\mp\infty} \mathrm{d}t\,\mathrm{e}^{\pm\eta t}f(t)\\
&= -\lim_{\eta\to 0^+}\int\limits_0^{\mp\infty} \mathrm{d}t\left(\frac{\mathrm{d}}{\mathrm{d}t}\mathrm{e}^{\pm\eta t}\right)f(t)\\
&= -\lim_{\eta\to 0^+}\left\{\left(\mathrm{e}^{\pm\eta t}f(t)\right)_0^{\mp\infty} - \int\limits_0^{\mp\infty}\mathrm{d}t\,\mathrm{e}^{\pm\eta t}\,\frac{\mathrm{d}f}{\mathrm{d}t}\right\}.
\end{aligned}$$

Mit (9.164) und (9.165) folgt dann:

$$M_\pm = \mathbb{1} + \frac{\mathrm{i}}{\hbar} \lim_{\eta\to 0^+} \int\limits_0^{\mp\infty} \mathrm{d}t\, \mathrm{e}^{\pm\eta t}\, \mathrm{e}^{\frac{\mathrm{i}}{\hbar}Ht}\, H_1\, e^{-\frac{\mathrm{i}}{\hbar}H_0 t} \tag{9.166}$$

$$\widehat{M}_\pm = M_\pm^\dagger = \mathbb{1} - \frac{\mathrm{i}}{\hbar} \lim_{\eta\to 0^+} \int\limits_0^{\mp\infty} \mathrm{d}t\, \mathrm{e}^{\pm\eta t}\, \mathrm{e}^{\frac{\mathrm{i}}{\hbar}H_0 t}\, H_1\, \mathrm{e}^{-\frac{\mathrm{i}}{\hbar}Ht} \,. \tag{9.167}$$

Die Grenzzustände $|\varphi_\mp\rangle$ (9.142) lassen sich als Elemente von $\mathcal{H}$ nach den Eigenzuständen von H_0,

$$H_0 \left|E_{\boldsymbol{k}}^{(0)}\right\rangle = E_{\boldsymbol{k}}^{(0)} \left|E_{\boldsymbol{k}}^{(0)}\right\rangle \,; \quad \left\langle E_{\boldsymbol{k}}^{(0)} \,\middle|\, E_{\boldsymbol{k}'}^{(0)}\right\rangle = \delta(\boldsymbol{k} - \boldsymbol{k}') \tag{9.168}$$

entwickeln:

$$|\varphi\{\widehat{\varphi}(\boldsymbol{k})\}\rangle = \int \mathrm{d}^3k\, \widehat{\varphi}(\boldsymbol{k}) \left|E_{\boldsymbol{k}}^{(0)}\right\rangle \,. \tag{9.169}$$

Wir betrachten deshalb zunächst einen speziellen Eigenvektor des „freien“ Anteils H_0 des Hamilton-Operators und definieren dazu „aus-“ und „einlaufende“ Zustände:

$$\left|E_{\boldsymbol{k}}^{(\pm)}\right\rangle = M_\pm \left|E_{\boldsymbol{k}}^{(0)}\right\rangle \,. \tag{9.170}$$

Mit (9.156) folgt auch:

$$\left|E_{\boldsymbol{k}}^{(0)}\right\rangle = M_\pm^\dagger \left|E_{\boldsymbol{k}}^{(\pm)}\right\rangle \,. \tag{9.171}$$

Man erkennt, dass diese „neuen“ Zustände auf δ-Funktionen normiert sind:

$$\begin{aligned} \left\langle E_{\boldsymbol{k}'}^{(\pm)} \,\middle|\, E_{\boldsymbol{k}}^{(\pm)}\right\rangle &= \left\langle E_{\boldsymbol{k}'}^{(0)}\right| M_\pm^\dagger M_\pm \left|E_{\boldsymbol{k}}^{(0)}\right\rangle \\ &\overset{(9.156)}{=} \left\langle E_{\boldsymbol{k}'}^{(0)} \,\middle|\, E_{\boldsymbol{k}}^{(0)}\right\rangle = \delta(\boldsymbol{k} - \boldsymbol{k}') \,. \end{aligned} \tag{9.172}$$

Außerdem handelt es sich um Eigenzustände zum vollen Hamilton-Operator H mit Eigenenergien, die denen von H_0 entsprechen:

$$\begin{aligned} H\left|E_{\boldsymbol{k}}^{(\pm)}\right\rangle &= H\, M_\pm \left|E_{\boldsymbol{k}}^{(0)}\right\rangle \overset{(9.160)}{=} M_\pm\, H_0 \left|E_{\boldsymbol{k}}^{(0)}\right\rangle \\ &= E_{\boldsymbol{k}}^{(0)}\, M_\pm \left|E_{\boldsymbol{k}}^{(0)}\right\rangle = E_{\boldsymbol{k}}^{(0)} \left|E_{\boldsymbol{k}}^{(\pm)}\right\rangle \,. \end{aligned} \tag{9.173}$$

Die Gleichungen (9.172) und (9.173) entsprechen exakt (9.124) und (9.125). Bei den in (9.170) eingeführten speziellen Streuzuständen $\left|E_{\boldsymbol{k}}^{(\pm)}\right\rangle$ handelt es sich also gerade um die mit (9.101) und (9.123) in Abschn. 9.4.1 diskutierten Zustandsvektoren.

Für einen allgemeinen Streuzustand aus $\mathcal{H}_S$ (im Heisenberg-Bild) folgt nun mit (9.169):

$$\begin{aligned}\left|E^{(\pm)}\{\widehat{\varphi}(\boldsymbol{k})\}\right\rangle &= M_\pm \,|\varphi\{\widehat{\varphi}(\boldsymbol{k})\}\rangle \\ &= M_\pm \int \mathrm{d}^3k\,\widehat{\varphi}(\boldsymbol{k})\,\left|E_{\boldsymbol{k}}^{(0)}\right\rangle \\ &= \int \mathrm{d}^3k\,\widehat{\varphi}(\boldsymbol{k})\,\left(M_\pm \left|E_{\boldsymbol{k}}^{(0)}\right\rangle\right) \\ &= \int \mathrm{d}^3k\,\widehat{\varphi}(\boldsymbol{k})\,\left|E_{\boldsymbol{k}}^{(\pm)}\right\rangle \end{aligned} \tag{9.174}$$

mit einer Zeitabhängigkeit,

$$\mathrm{e}^{-\frac{\mathrm{i}}{\hbar}Ht}\left|E^{(\pm)}\{\widehat{\varphi}(\boldsymbol{k}))\}\right\rangle = \int \mathrm{d}^3k\,\widehat{\varphi}(\boldsymbol{k})\,\mathrm{e}^{-\frac{\mathrm{i}}{\hbar}E_{\mathbf{k}}^{(0)}t}\left|E_{\boldsymbol{k}}^{(\pm)}\right\rangle ,$$

die exakt (9.104) entspricht. Da die Wellenzahlverteilung $\widehat{\varphi}(\boldsymbol{k})$ als bekannt vorausgesetzt werden kann, löst die Bestimmung der $\left|E_{\boldsymbol{k}}^{(\pm)}\right\rangle$ offenbar das volle Streuproblem[2]. Dazu setzen wir nun (9.166) in (9.170) ein:

$$\left|E_{\boldsymbol{k}}^{(\pm)}\right\rangle = \left|E_{\boldsymbol{k}}^{(0)}\right\rangle + \frac{\mathrm{i}}{\hbar}\lim_{\eta\to 0^+}\int_0^{\mp\infty} \mathrm{d}t\,\exp\left(\frac{\mathrm{i}}{\hbar}\left(H - E_{\boldsymbol{k}}^{(0)} \mp \mathrm{i}\eta\hbar\right)t\right)H_1\left|E_{\boldsymbol{k}}^{(0)}\right\rangle .$$

Die Integration lässt sich leicht ausführen, wobei der ausintegrierte Teil wegen $\eta > 0$ an der oberen Grenze verschwindet:

$$\begin{aligned}\left|E_{\boldsymbol{k}}^{(\pm)}\right\rangle &= \left|E_{\boldsymbol{k}}^{(0)}\right\rangle - \frac{1}{H - E_{\boldsymbol{k}}^{(0)} \mp \mathrm{i}0^+}H_1\left|E_{\boldsymbol{k}}^{(0)}\right\rangle \\ &= \left|E_{\boldsymbol{k}}^{(0)}\right\rangle + \frac{1}{E_{\boldsymbol{k}}^{(0)} - H \pm \mathrm{i}0^+}H_1\left|E_{\boldsymbol{k}}^{(0)}\right\rangle .\end{aligned} \tag{9.175}$$

Wir erkennen auf der rechten Seite den Green'schen Operator zu H $G_{\boldsymbol{k}}^{(\pm)}$ aus (9.127):

$$\left|E_{\boldsymbol{k}}^{(\pm)}\right\rangle = \left|E_{\boldsymbol{k}}^{(0)}\right\rangle + G_{\boldsymbol{k}}^{(\pm)}H_1\left|E_{\boldsymbol{k}}^{(0)}\right\rangle . \tag{9.176}$$

Das ist exakt die Lippmann-Schwinger-Gleichung in der Form (9.128).

[2] Das rechtfertigt im übrigen auch die Behandlung des Streuproblems in Abschn. 9.4.1.

Um auch die andere Form (9.126) der Lippmann-Schwinger-Gleichung zu bestätigen, setzen wir nun (9.167) in (9.171) ein:

$$\begin{aligned}\left|E_{\boldsymbol{k}}^{(0)}\right\rangle &= \left|E_{\boldsymbol{k}}^{(\pm)}\right\rangle - \frac{\mathrm{i}}{\hbar}\lim_{\eta\to 0^+}\int\limits_0^{\mp\infty} \mathrm{d}t\, \mathrm{e}^{\pm\eta t}\,\mathrm{e}^{\frac{\mathrm{i}}{\hbar}H_0 t}\,H_1\,\mathrm{e}^{-\frac{\mathrm{i}}{\hbar}Ht}\left|E_{\boldsymbol{k}}^{(\pm)}\right\rangle \\ &\overset{(9.173)}{=} \left|E_{\boldsymbol{k}}^{(\pm)}\right\rangle - \frac{\mathrm{i}}{\hbar}\lim_{\eta\to 0^+}\int\limits_0^{\mp\infty} \mathrm{d}t\, \mathrm{e}^{\frac{\mathrm{i}}{\hbar}\left(H_0 - E_{\boldsymbol{k}}^{(0)} \mp \mathrm{i}\eta\hbar\right)t}\,H_1\left|E_{\boldsymbol{k}}^{(\pm)}\right\rangle \\ &= \left|E_{\boldsymbol{k}}^{(\pm)}\right\rangle + \frac{1}{H_0 - E_{\boldsymbol{k}}^{(0)} \mp \mathrm{i}0^+}\,H_1\left|E_{\boldsymbol{k}}^{(\pm)}\right\rangle \\ &= \left|E_{\boldsymbol{k}}^{(\pm)}\right\rangle - R_{\boldsymbol{k}}^{(\pm)}\,H_1\left|E_{\boldsymbol{k}}^{(\pm)}\right\rangle .\end{aligned}$$

Im letzten Schritt haben wir den Green'schen Operator zu H_0 aus (9.106) eingesetzt. Wir haben damit in der Tat die Lippmann-Schwinger-Gleichung in der Form (9.126) reproduziert:

$$\left|E_{\boldsymbol{k}}^{(\pm)}\right\rangle = \left|E_{\boldsymbol{k}}^{(0)}\right\rangle + R_{\boldsymbol{k}}^{(\pm)}\,H_1\left|E_{\boldsymbol{k}}^{(\pm)}\right\rangle . \tag{9.177}$$

Eine spezielle Realisierung der Lippmann-Schwinger-Gleichung hatten wir in Abschn. 9.4.1 mit der Ortsdarstellung (9.111) gefunden und diese dann mit der anderweitig abgeleiteten Born'schen Reihe (9.90) identifizieren können. Damit ist uns über die darstellungsunabhängige Lippmann-Schwinger-Gleichung der Anschluss an die zeitunabhängige Behandlung des Streuproblems in der Ortsdarstellung (Abschn. 9.3) gelungen.

Wir wollen zum Schluss noch den Zusammenhang zwischen den Møller-Operatoren und der fundamentalen Streumatrix (9.121) herstellen. Wir wollen zeigen, dass die Definition

$$S \equiv M_-^{\dagger}\,M_+ \tag{9.178}$$

als „Streuoperator" oder „S-Operator" mit den Ausdrücken (9.129) und (9.121) für die Elemente der Streumatrix kompatibel ist.

$$\begin{aligned}\left\langle E_m^{(0)}\right|S\left|E_n^{(0)}\right\rangle &= \left\langle E_m^{(0)}\right|M_-^{\dagger}\,M_+\left|E_n^{(0)}\right\rangle \\ &\overset{(9.170)}{=} \left\langle E_m^{(-)}\right.\left|E_n^{(+)}\right\rangle \\ &\overset{(9.129)}{\equiv} S_{mn} .\end{aligned} \tag{9.179}$$

Benutzt man andererseits die Ausdrücke (9.150), (9.155) und (9.151) für die Møller-Operatoren, so folgt auch

$$\begin{aligned}
\langle E_m^{(0)} | S | E_n^{(0)} \rangle &= \langle E_m^{(0)} | M_-^\dagger M_+ | E_n^{(0)} \rangle \\
&= \lim_{t \to +\infty} \langle E_m^{(0)} | e^{\frac{i}{\hbar} H_0 t} e^{-\frac{i}{\hbar} H t} \underbrace{P_S M_+}_{\equiv M_+} | E_n^{(0)} \rangle \\
&= \lim_{t \to +\infty} \lim_{t' \to -\infty} \langle E_m^{(0)} | e^{\frac{i}{\hbar} H_0 t} e^{-\frac{i}{\hbar} H t} e^{\frac{i}{\hbar} H t'} e^{-\frac{i}{\hbar} H_0 t'} | E_n^{(0)} \rangle \\
&\overset{(9.116)}{=} \lim_{t \to +\infty} \lim_{t' \to -\infty} \langle E_m^{(0)} | U_D(t, t') | E_n^{(0)} \rangle \\
&= \langle E_m^{(0)} | U_D(+\infty, -\infty) | E_n^{(0)} \rangle \\
&\overset{(9.121)}{\equiv} S_{mn} \, .
\end{aligned} \tag{9.180}$$

Der Ansatz (9.178) für den Streuoperator erscheint sinnvoll. In der Basis der Eigenzustände des *freien* Hamilton-Operators H_0 stimmen die Matrixelemente des Streuoperators mit den früher eingeführten Elementen der Streumatrix ((9.121), (9.129)) überein. Sie entsprechen demnach asymptotischen Übergangswahrscheinlichkeiten zwischen zwei *freien* Energieeigenzuständen.

Wichtig sind noch die beiden folgenden Eigenschaften des Streuoperators (9.178). Zunächst erweist er sich als unitär in $\mathcal{H}$:

$$S S^\dagger = S^\dagger S = \mathbb{1} \, . \tag{9.181}$$

Das lässt sich mit unseren Vorüberlegungen leicht beweisen:

$$\begin{aligned}
S S^\dagger &= M_-^\dagger M_+ M_+^\dagger M_- \overset{(9.157)}{=} M_-^\dagger P_S M_- \overset{(9.150)}{=} M_-^\dagger M_- \overset{(9.156)}{=} \mathbb{1} \\
S^\dagger S &= M_+^\dagger M_- M_-^\dagger M_+ \overset{(9.157)}{=} M_+^\dagger P_S M_+ \overset{(9.150)}{=} M_+^\dagger M_+ \overset{(9.156)}{=} \mathbb{1} \, .
\end{aligned}$$

Außerdem sieht man noch, dass der Streuoperator mit dem *freien* Hamilton-Operator kommutiert:

$$[S, H_0]_- = 0 \, . \tag{9.182}$$

Den Beweis führen wir als Aufgabe 9.4.3. Die Matrixelemente (9.179) des Streuoperators bzw. der Streumatrix können also nur für $E_n^{(0)} = E_m^{(0)}$ von null verschieden sein:

$$\begin{aligned}
[S, H_0]_- = 0 \quad &\curvearrowright \quad \langle E_n^{(0)} | [S, H_0]_- | E_m^{(0)} \rangle = 0 \\
&\curvearrowright \quad \left(E_m^{(0)} - E_n^{(0)}\right) \langle E_n^{(0)} | S | E_m^{(0)} \rangle = 0 \\
\langle E_n^{(0)} | S | E_m^{(0)} \rangle \neq 0 \quad &\curvearrowright \quad E_m^{(0)} = E_n^{(0)} \, .
\end{aligned}$$

Physikalisch bedeutet das natürlich nichts anderes als die eingangs vorausgesetzte **elastische** Streuung[3].

Die weiteren Überlegungen bis hin zur *Grundformel der Streutheorie* (9.130) sind identisch mit denen in Abschn. 9.4.2, müssen hier also nicht noch einmal wiederholt werden.

9.4.5 Aufgaben

Aufgabe 9.4.1

Zeigen Sie, dass die Green'schen Operatoren $R_n^{(\pm)}$ (9.106) und $G_n^{(\pm)}$ (9.127) die *Dyson-Gleichung*

$$G_n^{(\pm)} = R_n^{(\pm)} + R_n^{(\pm)} H_1 G_n^{(\pm)}$$

erfüllen.

Aufgabe 9.4.2

Zeigen Sie, dass (9.128) eine formale Lösung der Lippmann-Schwinger-Gleichung (9.126) darstellt. Benutzen Sie dazu die Dyson-Gleichung aus Aufgabe 9.4.1.

Aufgabe 9.4.3

Zeigen Sie, dass der Streuoperator S mit dem *wechselwirkungsfreien* Hamilton-Operator H_0 kommutiert:

$$[S, H_0]_- = 0 \,.$$

Aufgabe 9.4.4

Anders als in (9.178) wird der Streuoperator manchmal auch als

$$\widehat{S} = M_+ M_-^\dagger$$

definiert. Bestätigen Sie die folgenden Eigenschaften dieses Operators:

---

[3] Man beachte hierzu auch die Bemerkungen im Anschluss an (9.134).

1.
$$\widehat{S}\widehat{S}^{\dagger} = \widehat{S}^{\dagger}\widehat{S} = P_S \quad (= \mathbb{1} \text{ in } \mathcal{H}_S)$$

2.
$$\left[\widehat{S}, H\right]_{-} = 0$$

3.
$$\widehat{S}\left|E_n^{(-)}\right\rangle = \left|E_n^{(+)}\right\rangle .$$

Kontrollfragen

Zu Abschnitt 9.1

1. Welche Informationen lassen sich aus Streuprozessen ableiten?
2. Für den Streuprozeß wird vor dem eigentlichen Streuakt das *einfallende* Teilchen als Wellenpaket beschrieben. Welche Forderungen müssen an die longitudinalen und transversalen Ausdehnungen des Wellenpakets gestellt werden?
3. Unter welchen Voraussetzungen lässt sich das Streuzentrum durch ein Potential darstellen?
4. Welche Randbedingungen müssen bezüglich der Position des Detektors, der die gestreuten Teilchen zählt, erfüllt werden?
5. Welche asymptotische Gestalt muss die durch ein Zentralpotential $V(r)$ hervorgerufene Streuwelle besitzen?
6. Wie ist die Streuamplitude $f(\vartheta)$ definiert?
7. Wie hängt $f(\vartheta)$ mit der Stromdichte $\boldsymbol{j}_s$ der Streuwelle zusammen?
8. Wie ist allgemein der Wirkungsquerschnitt definiert?
9. Welcher Zusammenhang besteht zwischen dem differentiellen Wirkungsquerschnitt und der Streuamplitude?

Zu Abschnitt 9.2

1. Warum empfiehlt sich für die Lösungsfunktion des Streuproblems eine Entwicklung nach Kugelflächenfunktionen?
2. Wie manifestiert sich asymptotisch $(kr \gg 1)$ der Einfluss des Streupotentials auf die Wellenfunktion des Streuproblems?
3. Was bezeichnet man als *Streuphase der l-ten Partialwelle*? Von welchen Größen wird sie im wesentlichen bestimmt?
4. Was versteht man unter dem *optischen Theorem*? Wie kann man dieses physikalisch deuten?

5. Wie lässt sich abschätzen, welche Partialwellen bei der Streuung eines Teilchens der Energie E an einem Potential der effektiven Reichweite R_0 eine Rolle spielen?
6. Was meint man mit s- oder p-Streuung?
7. Unter welchen Bedingungen ist *reine s-Streuung* zu erwarten?
8. Wie hängen bei der Streuung an der *harten Kugel* die Streuphasen δ_l vom Kugelradius R_0 und von der Teilchenenergie E ab?
9. In welchem Verhältnis stehen bei der Streuung an der *harten Kugel* Wirkungsquerschnitt σ und geometrischer Kugelquerschnitt ($= \pi R_0^2$) im Fall großer de Broglie-Wellenlänge ($k R_0 \ll 1$) der einfallenden Teilchen?
10. Wie erklärt man sich, dass bei der Streuung an der *harten Kugel* in der Grenze $k R_0 \gg 1$ der Wirkungsquerschnitt σ gerade doppelt so groß ist wie der geometrische Kugelquerschnitt?
11. Wie erklärt man sich die relative Ähnlichkeit der Streuprozesse langsamer Teilchen an allen Potentialen endlicher Reichweite?
12. Was versteht man unter *Potentialstreuung*?
13. Wann tritt bei der Streuung am Kastenpotential *Resonanzstreuung* auf?
14. Was passiert mit der Streuphase δ_l in der Resonanz?
15. Wie sieht qualitativ der *Partialquerschnitt* σ_l in der Nähe der Resonanz aus?
16. Wie hängen bei kleinen Teilchenenergien die Phase δ_0 und der partielle Wirkungsquerschnitt σ_0 für s-Streuung am Potentialtopf mit der Streulänge a_s zusammen?
17. Was kann über die Streuphase δ_0 für $E \to 0$ und $E \to \infty$ ausgesagt werden?
18. Welche Willkür (Unbestimmtheit) ergibt sich bei der Festlegung von Streuphasen?
19. Die Unbestimmtheit von δ_0 sei derart behoben, dass $\lim_{k \to 0} \delta_0(k) = \hat{n}\,\pi$, $\lim_{k \to \infty} \delta_0(k) = 0$ gilt. Welche physikalische Bedeutung hat die ganze Zahl $\hat{n}$?
20. Wie sieht qualitativ σ_0 für $\hat{n} = 3$ als Funktion von k aus?
21. Welche Voraussetzungen und Annahmen gehen in die Born'sche Näherung für Streuphasen ein?
22. Welchen Gültigkeitsbereich besitzt die Born'sche Näherung für Streuphasen?

Zu Abschnitt 9.3

1. Welche Differentialgleichung erfüllt die *Green'sche Funktion* des Streuproblems?
2. Welche Struktur besitzt die exakte Integralgleichung für die Streuamplitude $f(\vartheta, \varphi)$? Wie geht das Wechselwirkungspotential $V(\boldsymbol{r})$ ein?
3. Welche Bedingung muss $V(\boldsymbol{r})$ erfüllen, damit die Streuamplitude nur vom Winkel ϑ abhängt?
4. Was versteht man unter der *Born'schen Reihe*?
5. Wie ist die *n-te Born'sche Näherung* definiert?
6. Auf welche Weise ist in erster Born'scher Näherung die Streuamplitude mit der wellenzahlabhängigen Fourier-Transformierten des Wechselwirkungspotentials verknüpft?
7. Erfüllt die erste Born'sche Näherung das *optische Theorem*?
8. Was lässt sich zum Gültigkeitsbereich der ersten Born'schen Näherung sagen?

Zu Abschnitt 9.4

1. Wie ist der Green'sche Operator $R_n^{(\pm)}$ definiert?
2. Formulieren und interpretieren Sie die Lippmann-Schwinger-Gleichung.
3. In welcher Beziehung steht die Lippmann-Schwinger-Gleichung zur Born'schen Reihe?
4. Wie hängen Green'scher Operator und Green'sche Funktion zusammen?
5. Wie ist die Streumatrix definiert?
6. Welche physikalische Bedeutung hat das (m, n)-Element der Streumatrix?
7. Wie ist der Green'sche Operator $G_n^{(\pm)}$ definiert?
8. Worin unterscheiden sich die Green'schen Operatoren $R_n^{(\pm)}$ und $G_n^{(\pm)}$?
9. In welchem Zusammenhang stehen die *Streuzustände* $|E_n^{(\pm)}\rangle$ mit der Streumatrix?
10. Worin unterscheiden sich die Lippmann-Schwinger-Gleichungen für $|E_n^{(+)}\rangle$ und $|E_n^{(-)}\rangle$?
11. Was ist der adjungierte Operator zu $G_n^{(+)}$ bzw. $R_n^{(0)}$?
12. Was kann man als die *Grundformel* der abstrakten Streutheorie auffassen?
13. Wie ist die T-Matrix definiert?
14. Was hat die T-Matrix mit der Streuamplitude zu tun?

Lösungen der Übungsaufgaben

Abschnitt 5.1.7

Lösung zu Aufgabe 5.1.1

Für die Einheitsvektoren $\boldsymbol{e}_i$ des raumfesten Koordinatensystems Σ gilt im mitgedrehten System $\overline{\Sigma}$:

$$\boldsymbol{e}_i = \sum_j \overline{x}_j^{(i)} \overline{\boldsymbol{e}}_j \longrightarrow \overline{x}_j^{(i)} = (\overline{\boldsymbol{e}}_j \cdot \boldsymbol{e}_i) \overset{(5.27)}{=} D_{ij} \,.$$

Also folgt:

$$\boldsymbol{e}_i = \sum_j D_{ij} \overline{\boldsymbol{e}}_j \,.$$

Orthonormalität der Basisvektoren:

$$\begin{aligned}\delta_{ij} = \boldsymbol{e}_i \cdot \boldsymbol{e}_j &= \sum_{km} D_{ik} D_{jm} (\overline{\boldsymbol{e}}_k \cdot \overline{\boldsymbol{e}}_m) = \sum_{km} D_{ik} D_{jm} \delta_{km} \\ &= \sum_k D_{ik} D_{jk} \quad \text{q.e.d.}\end{aligned}$$

Lösung zu Aufgabe 5.1.2

1. Offensichtlich sind Zeilen und Spalten der Matrix orthonormiert. Wir überprüfen die Determinante:

$$\det D = \begin{vmatrix} -\frac{1}{2}\sqrt{2} & 0 & -\frac{1}{2}\sqrt{2} \\ 0 & 1 & 0 \\ \frac{1}{2}\sqrt{2} & 0 & -\frac{1}{2}\sqrt{2} \end{vmatrix} = \frac{2}{4} + 0 + 0 + \frac{2}{4} - 0 - 0 = 1 \,.$$

W. Nolting, *Grundkurs Theoretische Physik 5/2*, Springer-Lehrbuch,
DOI 10.1007/978-3-662-44230-2, © Springer-Verlag Berlin Heidelberg 2015

Es handelt sich also um eine Drehung

$$D_{ij} = \left(\boldsymbol{e}_i \cdot \hat{\boldsymbol{e}}_j\right) = \cos\varphi_{ij} \ .$$

φ_{ij}: Winkel zwischen i-ter Achse (vorher) und j-ter Achse (nachher). Bedeutet hier:

$$\cos\varphi_{11} = \cos\varphi_{33} = -\frac{1}{2}\sqrt{2} \curvearrowright \varphi_{11} = \varphi_{33} = 135° \ .$$

Es handelt sich also um eine Drehung um die y-Achse um 135°.

2.

$$\hat{\boldsymbol{a}} = D\begin{pmatrix} 0 \\ -2 \\ 1 \end{pmatrix} = \begin{pmatrix} -\frac{1}{2}\sqrt{2} & 0 & -\frac{1}{2}\sqrt{2} \\ 0 & 1 & 0 \\ \frac{1}{2}\sqrt{2} & 0 & -\frac{1}{2}\sqrt{2} \end{pmatrix}\begin{pmatrix} 0 \\ -2 \\ 1 \end{pmatrix} = \begin{pmatrix} -\frac{1}{2}\sqrt{2} \\ -2 \\ -\frac{1}{2}\sqrt{2} \end{pmatrix}$$

$$\hat{\boldsymbol{b}} = D\begin{pmatrix} 3 \\ 5 \\ -4 \end{pmatrix} = \begin{pmatrix} -\frac{1}{2}\sqrt{2} & 0 & -\frac{1}{2}\sqrt{2} \\ 0 & 1 & 0 \\ \frac{1}{2}\sqrt{2} & 0 & -\frac{1}{2}\sqrt{2} \end{pmatrix}\begin{pmatrix} 3 \\ 5 \\ -4 \end{pmatrix} = \begin{pmatrix} \frac{1}{2}\sqrt{2} \\ 5 \\ \frac{7}{2}\sqrt{2} \end{pmatrix}$$

Skalarprodukt:

- vorher:

$$\boldsymbol{a} \cdot \boldsymbol{b} = \begin{pmatrix} 0 & -2 & 1 \end{pmatrix}\begin{pmatrix} 3 \\ 5 \\ -4 \end{pmatrix} = -14$$

- nachher

$$\hat{\boldsymbol{a}} \cdot \hat{\boldsymbol{b}} = \begin{pmatrix} -\frac{1}{2}\sqrt{2} & -2 & -\frac{1}{2}\sqrt{2} \end{pmatrix}\begin{pmatrix} \frac{1}{2}\sqrt{2} \\ 5 \\ \frac{7}{2}\sqrt{2} \end{pmatrix} = -14$$

Das Skalarprodukt ist also nach der Drehung unverändert.

3. Bezeichnungen wie in (5.26):

$$\hat{x}_i = \sum_{j=1}^{3} D_{ij}\, x_j$$

„Länge":

$$\sum_{1=1}^{3} \hat{x}_i^2 = \sum_{ijk} D_{ij} D_{ik}\, x_j x_k$$
$$= \sum_{jk} \underbrace{\left(\sum_i D_{ij} D_{ik} \right)}_{\delta_{jk}} x_j x_k = \sum_j x_j^2$$

Hier haben wir die Orthonormalität der Spalten einer Drehmatrix ausgenutzt. Die „Länge" von Vektoren bleibt also von der Drehung unbeeinflusst!

Lösung zu Aufgabe 5.1.3

Für jede Komponente gilt (5.12); ε_{imn} ist reell:

$$L_i^+ = \sum_{m,n} \varepsilon_{imn} \left(x_m\, p_n \right)^+ = \sum_{m,n} \varepsilon_{imn}\, p_n^+ x_m^+$$
$$= \sum_{m,n} \varepsilon_{imn}\, p_n\, x_m = \sum_{m,n} \varepsilon_{imn}\, x_m\, p_n = L_i \; .$$

Der letzte Schritt ist erlaubt, da $m \neq n$ angenommen werden darf. Für $m = n$ ist $\varepsilon_{imn} = 0$!

Lösung zu Aufgabe 5.1.4

1.

$$\begin{aligned}
[L_x, L_y]_- &= [y p_z - z p_y, z p_x - x p_z]_- = [y p_z, z p_x]_- + [z p_y, x p_z]_- \\
&= y[p_z, z]_- p_x + x[z, p_z]_- p_y = -\mathrm{i}\hbar\, y p_x + \mathrm{i}\hbar\, x p_y = \mathrm{i}\hbar (x p_y - y p_x) \\
&= \mathrm{i}\hbar\, L_z \; , \\
[L_y, L_z]_- &= [z p_x - x p_z, x p_y - y p_x]_- = [z p_x, x p_y]_- + [x p_z, y p_x]_- \\
&= z[p_x, x]_- p_y + y[x, p_x]_- p_z = -\mathrm{i}\hbar\, z p_y + \mathrm{i}\hbar\, y p_z \\
&= \mathrm{i}\hbar (y p_z - z p_y) = \mathrm{i}\hbar\, L_x \; , \\
[L_z, L_x]_- &= [x p_y - y p_x, y p_z - z p_y]_- = [x p_y, y p_z]_- + [y p_x, z p_y]_- \\
&= x[p_y, y]_- p_z + z[y, p_y]_- p_x = -\mathrm{i}\hbar\, x p_z + \mathrm{i}\hbar\, z p_x \\
&= \mathrm{i}\hbar (z p_x - x p_z) = \mathrm{i}\hbar\, L_y \; .
\end{aligned}$$

2.

$$\begin{aligned}[\boldsymbol{L}^2, L_x]_- &= [L_x^2, L_x]_- + [L_y^2, L_x]_- + [L_z^2, L_x]_- \\ &= 0 + L_y\,[L_y, L_x]_- + [L_y, L_x]\,L_y + L_z\,[L_z, L_x]_- + [L_z, L_x]\,L_z \\ &= -\mathrm{i}\hbar\,L_y\,L_z - \mathrm{i}\hbar\,L_z\,L_y + \mathrm{i}\hbar\,L_z\,L_y + \mathrm{i}\hbar\,L_y\,L_z = 0\,.\end{aligned}$$

Ganz analog, da symmetrisch in x, y, z:

$$[\boldsymbol{L}^2, L_y]_- = [\boldsymbol{L}^2, L_z]_- = 0\,.$$

3.

$$\begin{aligned}[L_x, \boldsymbol{r}^2]_- &= [y\,p_z - z\,p_y, x^2 + y^2 + z^2]_- \\ &= [y\,p_z, z^2]_- - [z\,p_y, y^2]_- = y[p_z, z^2]_- - z[p_y, y^2]_- \\ &= y\,z[p_z, z]_- + y[p_z, z]_- z - z\,y[p_y, y]_- - z[p_y, y]_- y \\ &= -\mathrm{i}\hbar\,y\,z - \mathrm{i}\hbar\,y\,z + \mathrm{i}\hbar\,z\,y + \mathrm{i}\hbar\,z y = 0\,.\end{aligned}$$

4.

$$\begin{aligned}[L_y, \boldsymbol{p}^2]_- &= [z\,p_x - x\,p_z, p_x^2 + p_y^2 + p_z^2]_- = [z\,p_x, p_z^2]_- - [x\,p_z, p_x^2]_- \\ &= [z, p_z^2]_- p_x - [x, p_x^2]_- p_z = p_z[z, p_z]_- p_x + [z, p_z]\,p_z p_x - \\ &\quad - p_x[x, p_x]_- p_z - [x, p_x]_- p_x p_z \\ &= \mathrm{i}\hbar\,p_z\,p_x + \mathrm{i}\hbar\,p_z\,p_x - \mathrm{i}\hbar\,p_x\,p_z - \mathrm{i}\hbar\,p_x\,p_z = 0\,.\end{aligned}$$

5.

$$\begin{aligned}[L_z, x]_- &= [x\,p_y - y\,p_x, x]_- = -[y\,p_x, x]_- = -y[p_x, x] = \mathrm{i}\hbar\,y\,, \\ [L_z, p_x]_- &= [x\,p_y - y\,p_x, p_x]_- \\ &= [x\,p_y, p_x]_- = [x, p_x]_- p_y = \mathrm{i}\hbar\,p_y\,.\end{aligned}$$

6.

$$\begin{aligned}[L_i, x_j]_- &\overset{(5.12)}{=} \sum_{mn} \varepsilon_{imn}[x_m p_n, x_j]_- \\ &= \sum_{mn} \varepsilon_{imn} x_m [p_n, x_j]_-\end{aligned}$$

$$= -\mathrm{i}\hbar \sum_{mn} \varepsilon_{imn} x_m \, \delta_{nj}$$

$$= -\mathrm{i}\hbar \sum_{m} \varepsilon_{imj} \, x_m$$

$$= \mathrm{i}\hbar \sum_{m} \varepsilon_{ijm} \, x_m \quad (5.19)$$

$$[L_i, p_j]_- \overset{(5.12)}{=} \sum_{mn} \varepsilon_{imn} [x_m p_n, p_j]_-$$

$$= \sum_{mn} \varepsilon_{imn} [x_m, p_j]_- p_n$$

$$= \mathrm{i}\hbar \sum_{mn} \varepsilon_{imn} p_n \, \delta_{mj}$$

$$= \mathrm{i}\hbar \sum_{n} \varepsilon_{ijn} \, p_n \quad (5.20) \, .$$

Lösung zu Aufgabe 5.1.5

$$[L_i, L_j]_- = \mathrm{i}\,\hbar\, L_k \, ; \quad (i, j, k) \text{ zyklisch aus } (1, 2, 3) \, .$$

A sei ein Operator mit

$$[L_i, A]_- = [L_j, A]_- = 0 \, .$$

Dann folgt:

$$[L_k, A]_- = \frac{1}{\mathrm{i}\,\hbar} \left[[L_i, L_j]_-, A \right]_- = \frac{1}{\mathrm{i}\,\hbar} \left\{ [L_i \, L_j, A]_- - [L_j \, L_i, A] \right\}$$

$$= \frac{1}{\mathrm{i}\,\hbar} \left\{ L_i [L_j, A]_- + [L_i, A]_- L_j - L_j [L_i, A]_- - [L_j, A] L_i \right\}$$

$$= \frac{1}{\mathrm{i}\,\hbar} \{ 0 + 0 - 0 - 0 \} = 0 \qquad \text{q.e.d.}$$

Lösung zu Aufgabe 5.1.6

$$L_+ \, L_- = (L_x + \mathrm{i}\, L_y)\,(L_x - \mathrm{i}\, L_y) = L_x^2 + L_y^2 + \mathrm{i}\,[L_y, L_x]_- = \boldsymbol{L}^2 - L_z^2 + \hbar\, L_z \, ,$$

$$L_- \, L_+ = (L_x - \mathrm{i}\, L_y)\,(L_x + \mathrm{i}\, L_y) = L_x^2 + L_y^2 + \mathrm{i}\,[L_x, L_y]_- = \boldsymbol{L}^2 - L_z^2 - \hbar\, L_z \, .$$

Lösung zu Aufgabe 5.1.7

1. Aus (5.19) folgt direkt:

$$[L_z, z]_- = 0 \,,$$

$$\begin{aligned}[L_z, x \pm \mathrm{i}\,y]_- &= [L_z, x]_- \pm \mathrm{i}[L_z, y]_- = \mathrm{i}\,\hbar\, y \pm \mathrm{i}(-\mathrm{i}\,\hbar\, x) \\ &= \mathrm{i}\,\hbar\, y \pm \hbar\, x = \pm\hbar(x \pm \mathrm{i}\,y) \,.\end{aligned}$$

2. Wir benutzen noch einmal (5.19):

$$\begin{aligned}[\boldsymbol{L}^2, x]_- &= [L_y^2, x]_- + [L_z^2, x]_- \\ &= L_y\,[L_y, x]_- + [L_y, x]_-\,L_y + L_z\,[L_z, x]_- + [L_z, x]_-\,L_z \\ &= \mathrm{i}\,\hbar\{-L_y\, z - z\, L_y + L_z\, y + y\, L_z\} \,.\end{aligned}$$

Analog berechnen sich die anderen Komponenten:

$$\begin{aligned}[\boldsymbol{L}^2, y]_- &= \mathrm{i}\,\hbar\{L_x\, z + z\, L_x - L_z\, x - x\, L_z\} \,, \\ [\boldsymbol{L}^2, z]_- &= \mathrm{i}\,\hbar\{L_y\, x + x\, L_y - L_x\, y - y\, L_x\} \,.\end{aligned}$$

Damit leiten wir nun die angegebene Kommutatorrelation für die x-Komponente ab:

$$\begin{aligned}\left[\boldsymbol{L}^2, [\boldsymbol{L}^2, x]_-\right]_- &= \mathrm{i}\hbar[\boldsymbol{L}^2, -L_y z - z L_y + L_z y + y L_z]_- \\ &= \mathrm{i}\hbar\Big\{ - L_y\,[\boldsymbol{L}^2, z]_- - [\boldsymbol{L}^2, z]_- L_y + L_z\,[\boldsymbol{L}^2, y]_- + [\boldsymbol{L}^2, y]_-\,L_z\Big\} \\ &= -\hbar^2\Big\{ - L_y(L_y x + x L_y - L_x y - y L_x) \\ &\quad - (L_y x + x L_y - L_x y - y L_x)L_y \\ &\quad + L_z(L_x z + z L_x - L_z x - x L_z) \\ &\quad + (L_x z + z L_x - L_z x - x L_z)L_z\Big\} \\ &= -\hbar^2\Big\{ - 2L_y^2 x - L_y\,[x, L_y]_- + 2L_y y L_x + [L_y, L_x]_- y \\ &\quad - 2x L_y^2 - [L_y, x]_- L_y + 2L_x y L_y + y\,[L_x, L_y]_- \\ &\quad + 2L_z z L_x + L_z\,[L_x, z]_- - 2L_z^2 x - L_z\,[x, L_z]_- \\ &\quad + 2L_x z L_z + [z, L_x]_-\,L_z - 2x L_z^2 - [L_z, x]_- L_z\Big\}\end{aligned}$$

$$
\begin{aligned}
&= 2\hbar^2\left\{(L_y^2 + L_z^2)x + x(L_y^2 + L_x^2)\right\} \\
&- 2\hbar^2\left\{(L_y y + L_z z)L_x + L_x(L_y y + L_z z)\right\} \\
&- \hbar^2(+\mathrm{i}\hbar)\left\{ - L_y z - L_z y + z L_y + y L_z \right. \\
&\left. - L_z y + L_z y + y L_z - y L_z \right\} \\
&= 2\hbar^2\left\{\boldsymbol{L}^2\, x - L_x^2\, x + x\,\boldsymbol{L}^2 - x\,L_x^2\right\} \\
&- 2\hbar^2\left\{(\boldsymbol{L}\cdot\boldsymbol{r})\, L_x - L_x x L_x + L_x\,(\boldsymbol{L}\cdot\boldsymbol{r}) - L_x^2 x\right\} \\
&+ \mathrm{i}\hbar^3\left\{[L_y, z]_- - [y, L_z]_-\right\} .
\end{aligned}
$$

Nun gilt nach (5.19)

$$
L_x x = x L_x \quad \text{und} \quad [L_y, z]_- = [y, L_z]_- .
$$

Wegen $\boldsymbol{r}\cdot\boldsymbol{L} = \boldsymbol{L}\cdot\boldsymbol{r} = 0$ folgt dann die Behauptung:

$$
\left[\boldsymbol{L}^2, [\boldsymbol{L}^2, x]_-\right]_- = 2\hbar^2\left\{\boldsymbol{L}^2\, x + x\,\boldsymbol{L}^2\right\} .
$$

Analog beweist man die Kommutatorrelationen für die beiden anderen Komponenten.

Lösung zu Aufgabe 5.1.8

1. Wir setzen $m = j - x$ mit $x = 0, 1, 2, \ldots, 2j$. Dann bleibt zu beweisen:

$$
(J_-)^x |j\, j\rangle = \hbar^x \sqrt{\frac{(2j)!x!}{(2j-x)!}}\, |j\, j - x\rangle .
$$

Wir benutzen vollständige Induktion:
$x = 1$:

$$
J_- |j\, j\rangle \overset{(5.64)}{=} \hbar\sqrt{2j}|j\, j - 1\rangle .
$$

Induktionsschluss von x auf $x+1$:

$$(J_-)^{x+1}|j\,j\rangle = \hbar^x \sqrt{\frac{(2j)!x!}{(2j-x)!}}\, J_-|j\,j-x\rangle$$

$$\stackrel{(5.64)}{=} \hbar^x \sqrt{\frac{(2j)!x!}{(2j-x)!}}\, \hbar\sqrt{(2j-x)\,(x+1)}\,|j\,j-x-1\rangle$$

$$= \hbar^{x+1} \sqrt{\frac{(2j)!(x+1)!}{[2j-(x+1)]!}}\, |j\,j-(x+1)\rangle \quad \text{q.e.d.}$$

2. Wir setzen $m = -j + x$ mit $x = 0, 1, \ldots, 2j$ und haben dann zu verifizieren:

$$(J_+)^x|j-j\rangle = \hbar^x \sqrt{\frac{(2j)!x!}{(2j-x)!}}\, |j\ -j+x\rangle\ .$$

Wir benutzen wieder vollständige Induktion:
$x = 1$:

$$J_+|j-j\rangle \stackrel{(5.64)}{=} \hbar\sqrt{2j}|j\ -j+1\rangle\ .$$

Induktionsschluss von x auf $x+1$:

$$(J_+)^{x+1}|j-j\rangle = \hbar^x \sqrt{\frac{(2j)!x!}{(2j-x)!}}\, J_+|j\ -j+x\rangle$$

$$\stackrel{(5.64)}{=} \hbar^x \sqrt{\frac{(2j)!x!}{(2j-x)!}}\, \hbar\sqrt{(2j-x)\,(x+1)}\,|j\ -j+x+1\rangle$$

$$= \hbar^{x+1} \sqrt{\frac{(2j)!(x+1)!}{[2j-(x+1)]!}}\, |j\ -j+x+1\rangle \quad \text{q.e.d.}$$

Lösung zu Aufgabe 5.1.9

$$J_x = \frac{1}{\mathrm{i}\hbar}[J_y, J_z]_-\ ; \quad J_y = \frac{1}{\mathrm{i}\hbar}[J_z, J_x]_-\ ,$$

$$\langle j\,m|J_x|j\,m\rangle = \frac{1}{\mathrm{i}\hbar}\left(\langle j\,m|J_y J_z|j\,m\rangle - \langle j\,m|J_z J_y|j\,m\rangle\right)$$

$$= -\mathrm{i}\,m\left(\langle j\,m|J_y|j\,m\rangle - \langle j\,m|J_y|j\,m\rangle\right) = 0\ .$$

Hier haben wir ausgenutzt, dass J_z ein hermitescher Operator ist:

$$J_z|j\,m\rangle = \hbar\,m|j\,m\rangle\;; \quad \langle j\,m|J_z = \hbar\,m\langle j\,m|\;.$$

Ganz analog zeigt man:

$$\langle j\,m|J_y|j\,m\rangle = 0\;.$$

Quadratische Schwankungen:

$$J_x^2 = \frac{1}{4}\left(J_+ + J_-\right)^2 = \frac{1}{4}\left(J_+^2 + J_-^2 + J_+J_- + J_-J_+\right)$$

$$\Rightarrow\;\langle j\,m|J_x^2|j\,m\rangle = \frac{1}{4}\langle j\,m|(J_+J_- + J_-J_+)|j\,m\rangle$$

$$\stackrel{(5.58),(5.59)}{=}\frac{1}{4}\langle j\,m|2(\boldsymbol{J}^2 - J_z^2)|j\,m\rangle = \frac{1}{2}\hbar^2\left[j(j+1) - m^2\right]\;,$$

$$J_y^2 = -\frac{1}{4}\left(J_+ - J_-\right)^2 = -\frac{1}{4}\left(J_+^2 + J_-^2 - J_+J_- - J_-J_+\right)$$

$$\Rightarrow\;\langle j\,m|J_y^2|j\,m\rangle = \langle j\,m|J_x^2|j\,m\rangle = \frac{1}{2}\hbar^2\left[j(j+1) - m^2\right]\;.$$

Damit folgt schließlich:

$$\Delta J_{x,y} = \sqrt{\langle j\,m|J_{x,y}^2|j\,m\rangle - \langle j\,m|J_{x,y}|j\,m\rangle^2} = \hbar\sqrt{\frac{1}{2}\left[j(j+1) - m^2\right]}\;.$$

Lösung zu Aufgabe 5.1.10

m	$\frac{3}{2}$	$\frac{1}{2}$	$-\frac{1}{2}$	$-\frac{3}{2}$
$(j-m)\,(j+m+1)$	0	3	4	3
$(j+m)\,(j-m+1)$	3	4	3	0

Wegen $2j + 1 = 4$ werden die Operatoren durch 4×4-Matrizen dargestellt:

$$J_+ = \hbar\begin{pmatrix} 0 & \sqrt{3} & 0 & 0 \\ 0 & 0 & 2 & 0 \\ 0 & 0 & 0 & \sqrt{3} \\ 0 & 0 & 0 & 0 \end{pmatrix}\;,$$

$$J_- = \hbar \begin{pmatrix} 0 & 0 & 0 & 0 \\ \sqrt{3} & 0 & 0 & 0 \\ 0 & 2 & 0 & 0 \\ 0 & 0 & \sqrt{3} & 0 \end{pmatrix},$$

$$J_x = \frac{1}{2}(J_+ + J_-) = \frac{\hbar}{2} \begin{pmatrix} 0 & \sqrt{3} & 0 & 0 \\ \sqrt{3} & 0 & 2 & 0 \\ 0 & 2 & 0 & \sqrt{3} \\ 0 & 0 & \sqrt{3} & 0 \end{pmatrix},$$

$$J_y = \frac{1}{2\mathrm{i}}(J_+ - J_-) = \frac{\hbar}{2\mathrm{i}} \begin{pmatrix} 0 & \sqrt{3} & 0 & 0 \\ -\sqrt{3} & 0 & 2 & 0 \\ 0 & -2 & 0 & \sqrt{3} \\ 0 & 0 & -\sqrt{3} & 0 \end{pmatrix},$$

$$J_z = \hbar \begin{pmatrix} \frac{3}{2} & 0 & 0 & 0 \\ 0 & \frac{1}{2} & 0 & 0 \\ 0 & 0 & -\frac{1}{2} & 0 \\ 0 & 0 & 0 & -\frac{3}{2} \end{pmatrix}.$$

Lösung zu Aufgabe 5.1.11

1.

$$(\Delta J_x)^2 = \langle J_x^2 \rangle - \langle J_x \rangle^2 \quad (\langle \ldots \rangle \equiv \langle jm| \ldots |jm\rangle)$$

$$(\Delta J_y)^2 = \langle J_y^2 \rangle - \langle J_y \rangle^2$$

$$J_x = \frac{1}{2}(J_+ + J_-)$$

$$J_y = \frac{1}{2\mathrm{i}}(J_+ - J_-)$$

$$\langle jm|J_\pm|jm\rangle = \hbar\sqrt{j(j+1) - m(m \pm 1)} \cdot \underbrace{\langle jm|jm \pm 1\rangle}_{=0}$$

$$= 0$$

$$\langle J_\pm \rangle = 0 \;\Rightarrow\; \langle J_x \rangle = \langle J_y \rangle = 0$$

Außerdem:

$$J_x^2 = \frac{1}{4}\left(J_+^2 + J_-^2 + J_+J_- + J_-J_+\right)$$
$$J_y^2 = -\frac{1}{4}\left(J_+^2 + J_-^2 - J_+J_- - J_-J_+\right)$$

Wie oben lässt sich zeigen:

$$\langle J_\pm^2 \rangle = 0$$
$$\Rightarrow \langle J_x^2 \rangle = \langle J_y^2 \rangle = \frac{1}{4}\langle J_+J_- + J_-J_+ \rangle$$

Nach (5.58), (5.59):

$$J_+J_- = \boldsymbol{J}^2 - J_z^2 + \hbar J_z$$
$$J_-J_+ = \boldsymbol{J}^2 - J_z^2 - \hbar J_z$$

$$\Rightarrow J_+J_- + J_-J_+ = 2\left(\boldsymbol{J}^2 - J_z^2\right)$$
$$\Rightarrow \langle J_x^2 \rangle = \langle J_y^2 \rangle = \frac{1}{2}\hbar^2\left(j(j+1) - m^2\right)$$
$$\Rightarrow \Delta J_x = \Delta J_y = \hbar\sqrt{\frac{1}{2}(j(j+1) - m^2)}$$

„Kleinste Unbestimmtheit" für $m = \pm j$, also in den Zuständen:

$$|jj\rangle\,; \quad |j\,-j\rangle$$

mit

$$(\Delta J_x)_{\min} = (\Delta J_y)_{\min} = \hbar\sqrt{\frac{1}{2}j}$$

2. Ja, für

$$|jm\rangle = |00\rangle$$

denn dann nach 1. wegen $j = m = 0$

$$\Delta J_x = \Delta J_y = 0\,,$$

außerdem natürlich $\Delta J_z = 0$.

Alternativ:

$$(\Delta J_x)^2 = \langle\psi|(J_x - \langle J_x\rangle)^2|\psi\rangle$$
$$(\Delta J_y)^2 = \langle\psi|(J_y - \langle J_y\rangle)^2|\psi\rangle$$
$$(\Delta J_z)^2 = \langle\psi|(J_z - \langle J_z\rangle)^2|\psi\rangle$$

Falls die drei Komponenten einen scharfen Wert besitzen, muss gelten:

$$\Delta J_x = 0 \Leftrightarrow J_x|\psi\rangle = \alpha_x|\psi\rangle$$
$$\Delta J_y = 0 \Leftrightarrow J_y|\psi\rangle = \alpha_y|\psi\rangle$$
$$\Delta J_z = 0 \Leftrightarrow J_z|\psi\rangle = \alpha_z|\psi\rangle$$

$|\psi\rangle$ ist Eigenzustand zu allen drei Komponenten:

$$[J_i, J_j]_-|\psi\rangle = (\alpha_i\alpha_j - \alpha_j\alpha_i)|\psi\rangle = 0 = \mathrm{i}\hbar J_k|\psi\rangle$$

$$\Leftrightarrow J_k|\psi\rangle = 0 \quad \text{für} \quad k = x, y, z$$
$$\Leftrightarrow \boldsymbol{J}^2|\psi\rangle = (J_x^2 + J_y^2 + J_z^2)|\psi\rangle = 0$$

$$\Rightarrow |\psi\rangle \sim |j = 0m\rangle$$
$$j = 0 \Rightarrow m = 0 \Rightarrow |\psi\rangle \sim |00\rangle$$

Lösung zu Aufgabe 5.1.12

1. J_x, J_y, J_z sind die völlig gleichberechtigten kartesischen Komponenten des Drehimpulsoperators $\boldsymbol{J}$. Dies bedeutet, dass die Operatorsätze $(\boldsymbol{J}^2, J_x)$ und $(\boldsymbol{J}^2, J_y)$ natürlich dieselben Eigenwerte besitzen wie $(\boldsymbol{J}^2, J_z)$. Die entsprechenden Ableitungen laufen exakt so wie die für $(\boldsymbol{J}^2, J_z)$ in Abschn. 5.1.4. Dies bedeutet hier:

$$\boldsymbol{J}^2|1\, m_x\rangle = 2\hbar^2|1\, m_x\rangle\,,$$
$$J_x|1\, m_x\rangle = \hbar\, m_x|1\, m_x\rangle$$
$$\text{mit} \quad m_x = 1, 0, -1\,,$$
$$|1\, m_x\rangle = \sum_{m_z}^{1,0,-1} \gamma(1, m_z)|1\, m_z\rangle\,.$$

Aber auch:

$$|1\, m_z\rangle = \sum_{m_x}^{1,0,-1} \alpha(1, m_x)|1\, m_x\rangle\,.$$

2. Wahrscheinlichkeiten:

$$w(m_x) = \left|\langle 1\, m_x | 1\, m_z\rangle\right|^2 = |\gamma(1, m_z)|^2 \;.$$

Für die explizite Auswertung benötigen wir die Eigenzustände $|1\, m_x\rangle$ des Operators J_x in der (J^2, J_z)-Darstellung!

Die Matrixdarstellung von J_x für $j = 1$ wurde am Ende von Abschn. 5.1.4 abgeleitet:

$$\text{allgemeiner Zustand } |\psi\rangle = \begin{pmatrix} \psi_x \\ \psi_y \\ \psi_z \end{pmatrix} \;; \quad J_x = \frac{\hbar}{2} \begin{pmatrix} 0 & \sqrt{2} & 0 \\ \sqrt{2} & 0 & \sqrt{2} \\ 0 & \sqrt{2} & 0 \end{pmatrix}$$

$$\Rightarrow \; J_x|\psi\rangle = \frac{\hbar}{\sqrt{2}} \begin{pmatrix} \psi_y \\ \psi_x + \psi_z \\ \psi_y \end{pmatrix} .$$

Eigenwertgleichungen:

a) $m_x = 1$:

$$J_x|1\, m_x = 1\rangle = \hbar|1\, m_x = 1\rangle = \hbar \begin{pmatrix} a \\ b \\ c \end{pmatrix}$$

$$\Rightarrow \; \frac{\hbar}{\sqrt{2}} \begin{pmatrix} b \\ a + c \\ b \end{pmatrix} \stackrel{!}{=} \hbar \begin{pmatrix} a \\ b \\ c \end{pmatrix}$$

$$\Rightarrow \; b = \sqrt{2}\, a \;; \quad a + c = \sqrt{2}\, b \;; \quad b = \sqrt{2}\, c \,.$$

Damit folgt:

$$|1\, m_x = 1\rangle = b \begin{pmatrix} \frac{1}{\sqrt{2}} \\ 1 \\ \frac{1}{\sqrt{2}} \end{pmatrix} .$$

Normierung $\Rightarrow$ $b^2 = 1/2$:

$$|1\, m_x = 1\rangle = \frac{1}{2} \begin{pmatrix} 1 \\ \sqrt{2} \\ 1 \end{pmatrix} .$$

b) $m_x = 0$:

$$J_x|1\, m_x = 0\rangle = 0$$

$$\Rightarrow \begin{pmatrix} b \\ a+c \\ b \end{pmatrix} = 0 \Rightarrow b = 0\,; \quad a = -c\,,$$

$$|1\, m_x = 0\rangle = a \begin{pmatrix} 1 \\ 0 \\ -1 \end{pmatrix}.$$

Normierung $\Rightarrow\; a^2 = 1/2$:

$$|1\, m_x = 0\rangle = \frac{1}{\sqrt{2}} \begin{pmatrix} 1 \\ 0 \\ -1 \end{pmatrix}.$$

c) $m_x = -1$:

$$J_x|1\, m_x = -1\rangle = -\hbar|1\, m_x = -1\rangle$$

$$\Rightarrow \frac{\hbar}{\sqrt{2}} \begin{pmatrix} b \\ a+c \\ b \end{pmatrix} = -\hbar \begin{pmatrix} a \\ b \\ c \end{pmatrix} \Rightarrow b = -\sqrt{2}\, a\,; \quad a + c = -\sqrt{2}\, b\,; \quad b = -\sqrt{2}\, c\,,$$

$$|1\, m_x = -1\rangle = -b \begin{pmatrix} \frac{1}{\sqrt{2}} \\ -1 \\ \frac{1}{\sqrt{2}} \end{pmatrix}.$$

Normierung $\Rightarrow\; b^2 = 1/2$:

$$\Rightarrow |1\, m_x = -1\rangle = \frac{1}{2} \begin{pmatrix} -1 \\ \sqrt{2} \\ -1 \end{pmatrix}.$$

Nun lassen sich die Wahrscheinlichkeiten berechnen:

α) $m_z = +1$:

$$w(1) = \left|\langle 1\, m_x = 1|1\, m_z = 1\rangle\right|^2 = \frac{1}{4}\,,$$

$$w(0) = \frac{1}{2}\,,$$

$$w(-1) = \frac{1}{4}\,.$$

β) $m_z = 0$:

$$w(1) = \frac{1}{2}\,; \quad w(0) = 0\,; \quad w(-1) = \frac{1}{2}\,.$$

γ) $m_z = -1$:

$$w(1) = \frac{1}{4}\,; \quad w(0) = \frac{1}{2}\,; \quad w(-1) = \frac{1}{4}\,.$$

3. Nach der Messung von J_x ist aus dem reinen Zustand $|1\,m_z\rangle$ der reine Zustand $|1\,m_x\rangle$ geworden. Eine erneute Messung von J_z liefert dann mit der Wahrscheinlichkeit

$$\left|\langle 1\,m_z|1\,m_x\rangle\right|^2$$

den Messwert $\hbar\,m_z$. Das sind aber gerade die Wahrscheinlichkeiten, die in Teil 2) berechnet wurden!

Lösung zu Aufgabe 5.1.13

1. $j = 1$:

$$|\varphi\rangle = \sum_m |1m\rangle\langle 1m|\varphi\rangle \qquad \Big(\mathbf{1} = \sum_m |1m\rangle\langle 1m|\Big)$$

$$\begin{aligned}
\Rightarrow\ -1\hbar &\overset{!}{=} \langle\varphi|J_z|\varphi\rangle \\
&= \sum_{m,m'} \langle\varphi|1m\rangle\langle 1m|J_z|1m'\rangle\langle 1m'|\varphi\rangle \\
&= \sum_{m,m'} \hbar m' \langle\varphi|1m\rangle \underbrace{\langle 1m|1m'\rangle}_{=\delta_{mm'}} \langle 1m'|\varphi\rangle \\
&= \sum_m \hbar m\,|\langle\varphi|1m\rangle|^2
\end{aligned}$$

Normierung:

$$\begin{aligned}
1 \overset{!}{=} \langle\varphi|\varphi\rangle &= \sum_{m,m'} \langle\varphi|1m\rangle \underbrace{\langle 1m|1m'\rangle}_{=\delta_{mm'}} \langle 1m'|\varphi\rangle \\
&= \sum_m |\langle\varphi|1m\rangle|^2
\end{aligned}$$

Kombination:

$$\begin{aligned} 0 &= \langle\varphi|J_z|\varphi\rangle + \hbar\langle\varphi|\varphi\rangle \\ &= \sum_m \hbar(m+1)\,|\langle\varphi|1m\rangle|^2 \end{aligned}$$

Wegen $j = 1$ ist $(m+1) \geq 0 \quad \forall m$
$\Rightarrow$ alle Summanden nicht-negativ
$\Rightarrow$ jeder Summand für sich bereits Null
$\Rightarrow \langle\varphi|1m\rangle \neq 0$ höchstens für $m = -1$

$$\Rightarrow |\varphi\rangle = \sum_m |1m\rangle\langle 1m|\varphi\rangle \sim |1-1\rangle$$

$\Rightarrow |\varphi\rangle$ ist Eigenzustand zu J_z

$$\begin{aligned} J_+|\varphi\rangle &\sim \hbar\sqrt{1(1+1) - m(m+1)}|10\rangle \\ &\sim \hbar\sqrt{2}|10\rangle \\ J_-|\varphi\rangle &= 0 \end{aligned}$$

$$J_x = \frac{1}{2}(J_+ + J_-)\,; \quad J_y = \frac{1}{2i}(J_+ - J_-)$$

$$\begin{aligned} \Rightarrow \langle\varphi|J_x|\varphi\rangle &\sim \langle\varphi|J_+|\varphi\rangle \sim \langle 1-1|10\rangle = 0 \\ \langle\varphi|J_y|\varphi\rangle &\sim \langle\varphi|J_+|\varphi\rangle \sim \langle 1-1|10\rangle = 0 \end{aligned}$$

Alternativ:

$$\begin{aligned} \langle\varphi|J_x|\varphi\rangle &= \frac{1}{\mathrm{i}\hbar}\langle\varphi|\left[J_y, J_z\right]_-|\varphi\rangle \\ &= \frac{1}{\mathrm{i}\hbar}\left\{\langle\varphi|J_yJ_z|\varphi\rangle - \langle\varphi|J_zJ_y|\varphi\rangle\right\} \\ &= \frac{-\hbar}{\mathrm{i}\hbar}\left\{\langle\varphi|J_y|\varphi\rangle - \langle\varphi|J_y|\varphi\rangle\right\} \\ &= 0 \end{aligned}$$

Analog: $\langle\varphi|J_y|\varphi\rangle = 0$

2. $|\psi\rangle$ **kann** Eigenzustand sein, z. B.

$$|\psi\rangle = \left|\frac{7}{2}\frac{3}{2}\right\rangle$$

$$\Rightarrow \langle\psi|J_z|\psi\rangle = \frac{3}{2}\hbar\langle\psi|\psi\rangle = \frac{3}{2}\hbar$$

$$\langle\psi|J_x|\psi\rangle = \frac{1}{2}\langle\psi|J_+ + J_-|\psi\rangle$$

$$= c_1 \underbrace{\left\langle\frac{7}{2}\frac{3}{2}\middle|\frac{7}{2}\frac{5}{2}\right\rangle}_{=0} + c_2 \underbrace{\left\langle\frac{7}{2}\frac{3}{2}\middle|\frac{7}{2}\frac{1}{2}\right\rangle}_{=0}$$

$$= 0$$

Analog: $\langle\psi|J_y|\psi\rangle = 0$

$|\psi\rangle$ muss **aber nicht notwendig** Eigenzustand sein.
Gegenbeispiel:

$$|\psi\rangle = \sqrt{\frac{4}{5}}\left|\frac{7}{2}\frac{5}{2}\right\rangle + \sqrt{\frac{1}{5}}\left|\frac{7}{2}-\frac{5}{2}\right\rangle$$

Kontrolle:

$$\langle\psi|J_z|\psi\rangle = \frac{4}{5}\left\langle\frac{7}{2}\frac{5}{2}\middle|J_z\middle|\frac{7}{2}\frac{5}{2}\right\rangle + \frac{1}{5}\left\langle\frac{7}{2}-\frac{5}{2}\middle|J_z\middle|\frac{7}{2}-\frac{5}{2}\right\rangle$$

$$= \hbar\left(\frac{4}{5}\cdot\frac{5}{2} - \frac{1}{5}\cdot\frac{5}{2}\right) = \hbar\left(2 - \frac{1}{2}\right)$$

$$= \frac{3}{2}\hbar$$

$$\langle\psi|J_x|\psi\rangle = c_1 \underbrace{\left\langle\psi\middle|\frac{7}{2}\frac{7}{2}\right\rangle}_{=0} + c_2 \underbrace{\left\langle\psi\middle|\frac{7}{2}\frac{3}{2}\right\rangle}_{=0}$$

$$+ d_1 \underbrace{\left\langle\psi\middle|\frac{7}{2}-\frac{3}{2}\right\rangle}_{=0} + d_2 \underbrace{\left\langle\psi\middle|\frac{7}{2}-\frac{7}{2}\right\rangle}_{=0}$$

$$= 0$$

Analog: $\langle\psi|J_y|\psi\rangle = 0$

Also alle angegebenen Eigenschaften erfüllt!
Dennoch:

$$J_z|\psi\rangle = \hbar\frac{5}{2}\sqrt{\frac{4}{5}}\left|\frac{7}{2}\frac{5}{2}\right\rangle - \hbar\frac{5}{2}\sqrt{\frac{1}{5}}\left|\frac{7}{2} - \frac{5}{2}\right\rangle$$
$$\neq \alpha|\psi\rangle$$

$\Rightarrow$ $|\psi\rangle$ ist **nicht** Eigenzustand!

Lösung zu Aufgabe 5.1.14

1.

$$L_x L_y = -\hbar^2\left(-\sin\varphi\frac{\partial}{\partial\vartheta} - \cot\vartheta\cos\varphi\frac{\partial}{\partial\varphi}\right)\left(\cos\varphi\frac{\partial}{\partial\vartheta} - \cot\vartheta\sin\varphi\frac{\partial}{\partial\varphi}\right)$$
$$= -\hbar^2\left[-\sin\varphi\cos\varphi\frac{\partial^2}{\partial\vartheta^2} - \frac{\sin^2\varphi}{\sin^2\vartheta}\frac{\partial}{\partial\varphi}\right.$$
$$+ \cot\vartheta\sin^2\varphi\frac{\partial^2}{\partial\vartheta\,\partial\varphi} + \cot\vartheta\cos\varphi\sin\varphi\frac{\partial}{\partial\vartheta}$$
$$- \cot\vartheta\cos^2\varphi\frac{\partial^2}{\partial\varphi\,\partial\vartheta} + \cot^2\vartheta\cos^2\varphi\frac{\partial}{\partial\varphi}$$
$$\left. + \cot^2\vartheta\sin\varphi\cos\varphi\frac{\partial^2}{\partial\varphi^2}\right],$$

$$L_y L_x = -\hbar^2\left(\cos\varphi\frac{\partial}{\partial\vartheta} - \cot\vartheta\sin\varphi\frac{\partial}{\partial\varphi}\right)\left(-\sin\varphi\frac{\partial}{\partial\vartheta} - \cot\vartheta\cos\varphi\frac{\partial}{\partial\varphi}\right)$$
$$= -\hbar^2\left[-\cos\varphi\sin\varphi\frac{\partial^2}{\partial\vartheta^2} + \frac{\cos^2\varphi}{\sin^2\vartheta}\frac{\partial}{\partial\varphi}\right.$$
$$- \cot\vartheta\cos^2\varphi\frac{\partial^2}{\partial\vartheta\,\partial\varphi} + \cot\vartheta\sin\varphi\cos\varphi\frac{\partial}{\partial\vartheta}$$
$$+ \cot\vartheta\sin^2\varphi\frac{\partial^2}{\partial\varphi\,\partial\vartheta} - \cot^2\vartheta\sin^2\varphi\frac{\partial}{\partial\varphi}$$
$$\left. + \cot^2\vartheta\sin\varphi\cos\varphi\frac{\partial^2}{\partial\varphi^2}\right].$$

Damit folgt:

$$
\begin{aligned}
&[L_x, L_y]_- \\
&= -\hbar^2 \left[-\frac{\sin^2\varphi}{\sin^2\vartheta} + \cot^2\vartheta\cos^2\varphi - \frac{\cos^2\varphi}{\sin^2\vartheta} + \cot^2\vartheta\sin^2\varphi \right] \frac{\partial}{\partial\varphi} \\
&= -\hbar^2 \left[-\frac{1}{\sin^2\vartheta} + \cot^2\vartheta \right] \frac{\partial}{\partial\varphi} = \hbar^2 \frac{\partial}{\partial\varphi} = \mathrm{i}\,\hbar \left(\frac{\hbar}{\mathrm{i}} \frac{\partial}{\partial\varphi} \right) = \mathrm{i}\,\hbar\, L_z \quad \text{q.e.d.}
\end{aligned}
$$

2. L_y enthält keine r-Anteile, vertauscht also mit $\boldsymbol{r}^2 = r^2$!
3. Zu Gleichung (5.82) in Abschn. 5.1.5 hatten wir bereits berechnet:

$$
L_+ L_- = -\hbar^2 \left[\frac{\partial^2}{\partial\vartheta^2} + \mathrm{i}\frac{\partial}{\partial\varphi} + \cot\vartheta \frac{\partial}{\partial\vartheta} + \cot^2\vartheta \frac{\partial^2}{\partial\varphi^2} \right] .
$$

Wir brauchen also noch:

$$
\begin{aligned}
L_- L_+ &= \hbar^2 \,\mathrm{e}^{-\mathrm{i}\varphi} \left(-\frac{\partial}{\partial\vartheta} + \mathrm{i}\cot\vartheta \frac{\partial}{\partial\varphi} \right) \mathrm{e}^{\mathrm{i}\varphi} \left(\frac{\partial}{\partial\vartheta} + \mathrm{i}\cot\vartheta \frac{\partial}{\partial\varphi} \right) \\
&= \hbar^2 \left(-\frac{\partial^2}{\partial\vartheta^2} + \frac{\mathrm{i}}{\sin^2\vartheta} \frac{\partial}{\partial\varphi} - \mathrm{i}\cot\vartheta \frac{\partial^2}{\partial\vartheta\,\partial\varphi} \right. \\
&\qquad - \cot\vartheta \frac{\partial}{\partial\vartheta} + \mathrm{i}\cot\vartheta \frac{\partial^2}{\partial\varphi\,\partial\vartheta} \\
&\qquad \left. - \mathrm{i}\cot^2\vartheta \frac{\partial}{\partial\varphi} - \cot^2\vartheta \frac{\partial^2}{\partial\varphi^2} \right) \\
&= -\hbar^2 \left(\frac{\partial^2}{\partial\vartheta^2} - \mathrm{i}\frac{\partial}{\partial\varphi} + \cot\vartheta \frac{\partial}{\partial\vartheta} + \cot^2\vartheta \frac{\partial^2}{\partial\varphi^2} \right) .
\end{aligned}
$$

Daraus folgt:

$$
[L_+, L_-]_- = -2\mathrm{i}\,\hbar^2 \frac{\partial}{\partial\varphi} = 2\hbar \left(\frac{\hbar}{\mathrm{i}} \frac{\partial}{\partial\varphi} \right) = 2\hbar\, L_z \quad \text{q.e.d.}
$$

Lösung zu Aufgabe 5.1.15

1. Das Normierungsintegral lautet (c_l reell!):

$$1 = c_l^2 \int_0^{2\pi} d\varphi \int_0^{\pi} \sin\vartheta \, d\vartheta \sin^{2l}\vartheta = c_l^2 \, 2\pi \int_{-1}^{+1} d\cos\vartheta \, (1-\cos^2\vartheta)^l$$

$$\Rightarrow \quad c_l = \frac{1}{\sqrt{2\pi}} \left[\int_{-1}^{+1} dz \, \left(1-z^2\right)^l \right]^{-1/2} ,$$

$$x_l = \int_{-1}^{+1} dz \, \left(1-z^2\right)^l = \int_{-1}^{+1} dz \, \left(1-z^2\right)^{l-1} - \int_{-1}^{+1} dz \, z^2 \, \left(1-z^2\right)^{l-1}$$

$$= x_{l-1} + \frac{1}{2l} \int_{-1}^{+1} dz \, z \frac{d}{dz} \left(1-z^2\right)^l$$

$$= x_{l-1} + \left[\frac{1}{2l} z \left(1-z^2\right)^l \right]_{-1}^{+1} - \frac{1}{2l} \int_{-1}^{+1} dz \, \left(1-z^2\right)^l .$$

$l \geq 1$:

$$x_l \left(1 + \frac{1}{2l}\right) = x_{l-1}$$

$$\Rightarrow \quad x_l = \frac{2l}{2l+1} x_{l-1} = \frac{2l}{2l+1} \frac{2(l-1)}{2l-1} x_{l-2} ,$$

$$x_0 = 2 .$$

Dies lässt sich wie folgt schreiben:

$$x_l = \frac{2l \, 2l \, 2(l-1) \, 2(l-1) \, 2(l-2) \cdots 2}{(2l+1) \, 2l \, (2l-1) \, (2l-2) \, (2l-3) \cdots 1} = \frac{2 \, 2^l \, 2^l \, l! \, l!}{(2l+1)!} .$$

Damit lauten die gesuchten Normierungskonstanten:

$$c_l = \sqrt{\frac{(2l+1)!}{4\pi}} \, \frac{1}{2^l \, l!} .$$

2.

$$
\begin{aligned}
\boldsymbol{L}^2\, Y_{l-l}(\vartheta,\varphi) &= -\frac{\hbar^2}{\sin^2\vartheta}\left(\sin\vartheta\,\frac{\partial}{\partial\vartheta}\sin\vartheta\,\frac{\partial}{\partial\vartheta}+\frac{\partial^2}{\partial\varphi^2}\right) Y_{l-l}(\vartheta,\varphi)\\
&= \frac{-\hbar^2 c_l}{\sin^2\vartheta}\left[\sin\vartheta\,\frac{\partial}{\partial\vartheta}\left(l\cos\vartheta\sin^l\vartheta\right)-l^2\sin^l\vartheta\right]\mathrm{e}^{-\mathrm{i}l\varphi}\\
&= \frac{-\hbar^2 c_l}{\sin^2\vartheta}\left(-l\sin^2\vartheta\sin^l\vartheta+l^2\cos^2\vartheta\sin^l\vartheta-l^2\sin^l\vartheta\right)\mathrm{e}^{-\mathrm{i}l\varphi}\\
&= \frac{-\hbar^2}{\sin^2\vartheta}\left(-l\sin^2\vartheta-l^2\sin^2\vartheta\right) Y_{l-l}(\vartheta,\varphi)
\end{aligned}
$$

$$
\Rightarrow\ \boldsymbol{L}^2 Y_{l-l}(\vartheta,\varphi)=\hbar^2 l(l+1)\, Y_{l-l}(\vartheta,\varphi)\quad \text{q.e.d.}
$$

Lösung zu Aufgabe 5.1.16

1. Kugelflächenfunktionen (5.108)–(5.110) sind Eigenzustände des Bahndrehimpulses:

$$
\begin{aligned}
Y_{00}(\vartheta,\varphi) &= \frac{1}{\sqrt{4\pi}} \cong |0\,0\rangle\\
Y_{10}(\vartheta,\varphi) &= \sqrt{\frac{3}{4\pi}}\cos\vartheta \cong |1\,0\rangle\\
Y_{1\pm1}(\vartheta,\varphi) &= \mp\sqrt{\frac{3}{8\pi}}\sin\vartheta\,\mathrm{e}^{\pm\mathrm{i}\varphi} \cong |1\ \pm 1\rangle\,.
\end{aligned}
$$

Das bedeutet:

$$
\begin{aligned}
Y_{11}(\vartheta,\varphi)+Y_{1-1}(\vartheta,\varphi) &= -\sqrt{\frac{3}{8\pi}}\sin\vartheta\left(\mathrm{e}^{+\mathrm{i}\varphi}-\mathrm{e}^{-\mathrm{i}\varphi}\right)\\
&= -2\mathrm{i}\sqrt{\frac{3}{8\pi}}\sin\vartheta\,\sin\varphi\\
Y_{11}(\vartheta,\varphi)-Y_{1-1}(\vartheta,\varphi) &= -\sqrt{\frac{3}{8\pi}}\sin\vartheta\left(\mathrm{e}^{+\mathrm{i}\varphi}+\mathrm{e}^{-\mathrm{i}\varphi}\right)\\
&= -2\sqrt{\frac{3}{8\pi}}\sin\vartheta\,\cos\varphi
\end{aligned}
$$

$$
\curvearrowright\ \sin\vartheta\cos\varphi = -\sqrt{\frac{2\pi}{3}}\left(Y_{11}(\vartheta,\varphi)-Y_{1-1}(\vartheta,\varphi)\right)
$$

$$\sin\vartheta\sin\varphi = \mathrm{i}\sqrt{\frac{2\pi}{3}}\,(Y_{11}(\vartheta,\varphi) + Y_{1-1}(\vartheta,\varphi))$$
$$\sqrt{3}\cos\vartheta = \sqrt{4\pi}Y_{10}(\vartheta,\varphi)$$
$$\sin\vartheta\cos\varphi + \sin\vartheta\sin\varphi = \sqrt{\frac{2\pi}{3}}\Big((\mathrm{i}-1)Y_{11}(\vartheta,\varphi) + (\mathrm{i}+1)Y_{1-1}(\vartheta,\varphi)\Big).$$

Damit:

$$|\psi\rangle = \alpha\sqrt{\frac{2\pi}{3}}\Big((i-1)\,|1\,1\rangle + \sqrt{6}|1\,0\rangle + (i+1)\,|1\,-1\rangle\Big).$$

Normierung:

$$\langle\psi|\psi\rangle \stackrel{!}{=} 1 = \alpha^2\frac{2\pi}{3}(2+6+2) \quad\curvearrowright\quad \alpha = \sqrt{\frac{3}{20\pi}}\,.$$

Nach Bahndrehimpulseigenzuständen entwickelter Rotatorzustand:

$$|\psi\rangle = \frac{1}{2}\sqrt{\frac{2}{5}}\Big((i-1)\,|1\,1\rangle + \sqrt{6}|1\,0\rangle + (i+1)\,|1\,-1\rangle\Big).$$

2.

$$\boldsymbol{L}^2\,|l\,m\rangle = \hbar^2 l(l+1)\,|l\,m\rangle\,.$$

Der Eigenwert $2\hbar^2$ gehört zu $l = 1$. $|\psi\rangle$ ist offensichtlich Eigenzustand zu $l = 1$. Damit ist die Wahrscheinlichkeit, bei der Messung von $\boldsymbol{L}^2$ den Wert $2\hbar^2$ zu finden, gleich 1.

3.

$$W(2\hbar^2,0) = |\langle 1\,0|\psi\rangle|^2 = \left|\frac{1}{2}\sqrt{\frac{2}{5}}\sqrt{6}\right|^2 = \frac{3}{5}\,.$$

Lösung zu Aufgabe 5.1.17

1.

$$H|l\,m\rangle = E_{lm}|l\,m\rangle\,,$$
$$E_{lm} = \frac{1}{2J}\hbar^2 l(l+1)\,.$$

Wegen der Unbestimmtheit von m ist jeder Eigenwert $(2l+1)$-fach entartet!

Eigenfunktionen:

$$\langle \vartheta\varphi | l\,m \rangle = Y_{lm}(\vartheta,\varphi) \quad \text{Kugelflächenfunktionen} \,.$$

2.

$$\psi(\vartheta,\varphi) = \alpha\left(\cos^2\vartheta + \sin^2\vartheta\cos\varphi\right) .$$

Nach (5.108) und (5.111) ist

$$\cos^2\vartheta = \frac{\sqrt{4\pi}}{3}\left[\sqrt{\frac{4}{5}}\,Y_{20}(\vartheta,\varphi) + Y_{00}(\vartheta,\varphi)\right]$$

und aus (5.113) folgt:

$$\sin^2\vartheta\cos 2\varphi = \sqrt{\frac{8\pi}{15}}\,\left[Y_{22}(\vartheta,\varphi) + Y_{2-2}(\vartheta,\varphi)\right] .$$

Damit lässt sich der Systemzustand $|\psi\rangle$ durch Drehimpulseigenzustände ausdrücken:

$$|\psi\rangle = \alpha\sqrt{4\pi}\left(\sqrt{\frac{2}{15}}|2\,2\rangle + \sqrt{\frac{2}{15}}|2-2\rangle + \frac{1}{3}\sqrt{\frac{4}{5}}|2\,0\rangle + \frac{1}{3}|0\,0\rangle\right) .$$

Wir normieren $|\psi\rangle$ und nutzen dabei die Orthonormiertheit der $|l\,m\rangle$ aus (α reell!):

$$\langle\psi|\psi\rangle = 1 \;\Rightarrow\; \alpha^{-2} = \frac{8\,\pi}{15} + \frac{8\,\pi}{15} + \frac{16\,\pi}{45} + \frac{4\,\pi}{9} = \frac{28\,\pi}{15} \;\Rightarrow\; \alpha = \sqrt{\frac{15}{28\,\pi}}$$

$$\Rightarrow\; |\psi\rangle = \sqrt{\frac{2}{7}}|2\,2\rangle + \sqrt{\frac{2}{7}}|2-2\rangle + \frac{1}{3}\sqrt{\frac{12}{7}}|2\,0\rangle + \frac{1}{3}\sqrt{\frac{15}{7}}|0\,0\rangle .$$

Wahrscheinlichkeiten für die Messung von $\boldsymbol{L}^2$:

$$w(6\,\hbar^2) = \sum_{m=-2}^{+2} |\langle 2\,m|\psi\rangle|^2 = \frac{2}{7} + \frac{2}{7} + \frac{4}{21} = \frac{16}{21} ,$$

$$w(2\,\hbar^2) = \sum_{m=-1}^{+1} |\langle 1\,m|\psi\rangle|^2 = 0 ,$$

$$w(0) = |\langle 0\,0|\psi\rangle|^2 = \frac{5}{21} .$$

3. Gleichzeitige Messung von $\boldsymbol{L}^2$ und L_z:

$$w(6\,\hbar^2, -2\,\hbar) = |\langle 2-2|\psi\rangle|^2 = \frac{2}{7} .$$

Lösung zu Aufgabe 5.1.18

1. In einem sogenannten *Polardiagramm* trägt man

$$\left|Y_{lm}(\vartheta,\varphi)\right|^2 = \left|\Theta_{lm}(\vartheta)\right|^2$$

als Funktion von ϑ auf. Wegen der fehlenden φ-Abhängigkeit haben diese Darstellungen Rotationssymmetrie um die z-Achse. Diagramme zu m und $-m$ sind aus diesem Grund identisch.

$$(5.109) \Rightarrow Y_{10}(\vartheta,\varphi) = \sqrt{\frac{3}{4\pi}}\cos\vartheta\,,$$

$$|Y_{10}|^2 = \frac{3}{4\pi}\cos^2\vartheta\,.$$

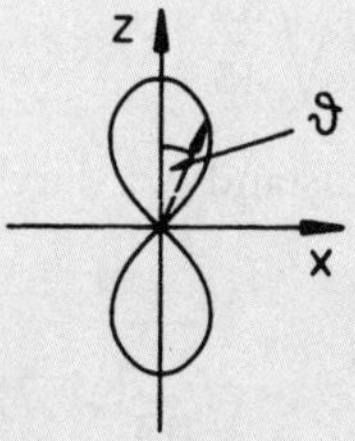

Abb. A.1

2. Wir wählen nun die x-Achse als Symmetrieachse. Für die *neue* Aufenthaltswahrscheinlichkeitsdichte soll nach Voraussetzung gelten:

$$|f(\alpha)|^2 = \frac{3}{4\pi}\cos^2\alpha\,.$$

Der Winkel α muss durch ϑ und φ ausgedrückt werden. Es gilt:

$$x = r\cos\alpha\,,$$
$$x = r\sin\vartheta\cos\varphi\,.$$

Dies bedeutet:

$$\cos\alpha = \sin\vartheta\cos\varphi\,.$$

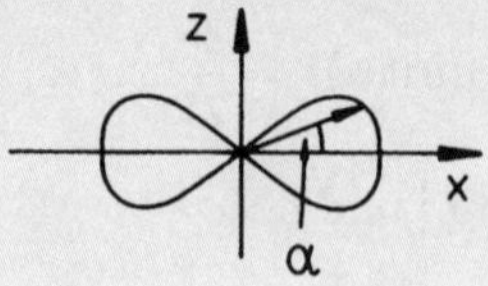

Abb. A.2

Nun gilt nach (5.110):

$$Y_{11}(\vartheta,\varphi) - Y_{1-1}(\vartheta,\varphi) = -\sqrt{\frac{3}{8\pi}}\sin\vartheta\left(e^{i\varphi}+e^{-i\varphi}\right) = -\sqrt{\frac{3}{2\pi}}\sin\vartheta\cos\varphi$$

$$\Rightarrow\ \sin\vartheta\cos\varphi = \sqrt{\frac{2\pi}{3}}\left[Y_{1-1}(\vartheta,\varphi) - Y_{11}(\vartheta,\varphi)\right].$$

Dies bedeutet für die *neue* Aufenthaltswahrscheinlichkeitsdichte:

$$|f(\alpha)|^2 = \frac{1}{2}\left(Y_{1-1}(\vartheta,\varphi) - Y_{11}(\vartheta,\varphi)\right)^2 .$$

Lösung zu Aufgabe 5.1.19

Wegen $L_x^2 + L_y^2 = \boldsymbol{L}^2 - L_z^2$ gilt auch:

$$H = B\boldsymbol{L}^2 + (A-B)L_z^2 .$$

Eigenfunktionen sind also die Kugelflächenfunktionen:

$$H\,Y_{lm}(\vartheta,\varphi) = \hbar^2\left[B\,l(l+1) + (A-B)\,m^2\right]Y_{lm}(\vartheta,\varphi)$$

$$\Rightarrow\ \text{Eigenwerte:}\ E_{lm} = \hbar^2\left[B\,l(l+1) + (A-B)\,m^2\right].$$

Die Eigenfunktionen sind allerdings bis auf die für $m = 0$ nicht reell. Wir bilden mit Hilfe von (5.104) die folgenden reellen Kombinationen:

$$\widehat{Y}_{lm}^{+}(\vartheta,\varphi) = \alpha\left[Y_{lm}(\vartheta,\varphi) + Y_{lm}^{*}(\vartheta,\varphi)\right] = \alpha\left[Y_{lm}(\vartheta,\varphi) + (-1)^m\,Y_{l-m}(\vartheta,\varphi)\right],$$

$$\widehat{Y}_{lm}^{-}(\vartheta,\varphi) = i\beta\left[Y_{lm}(\vartheta,\varphi) - Y_{lm}^{*}(\vartheta,\varphi)\right] = i\beta\left[Y_{lm}(\vartheta,\varphi) - (-1)^m\,Y_{l-m}(\vartheta,\varphi)\right].$$

Ganz offensichtlich gilt:

$$\boldsymbol{L}^2\,\widehat{Y}_{lm}^{\pm}(\vartheta,\varphi) = \hbar^2 l(l+1)\,\widehat{Y}_{lm}^{(\pm)}(\vartheta,\varphi),$$

$$L_z^2\,\widehat{Y}_{lm}^{(\pm)}(\vartheta,\varphi) = \hbar^2 m^2\,\widehat{Y}_{lm}^{(\pm)}(\vartheta,\varphi),$$

und damit:

$$H\,\widehat{Y}_{lm}^{(\pm)}(\vartheta,\varphi) = E_{lm}\,\widehat{Y}_{lm}^{(\pm)}(\vartheta,\varphi).$$

Lösung zu Aufgabe 5.1.20

Ortsdarstellung des Bahndrehimpulses (5.81)

$$L_\pm = \hbar\, e^{\pm i\varphi}\left(\pm\frac{\partial}{\partial\vartheta} + i\cot\vartheta\frac{\partial}{\partial\varphi}\right) .$$

Eigenfunktionen zu $(L_z, \boldsymbol{L}^2)$:

$$Y_{lm}(\vartheta,\varphi) = \Theta_{lm}(\vartheta)\, e^{im\varphi} .$$

1. Hypothese: $l = \frac{1}{2}$
   Dies bedeutet für $l = m$:

$$\begin{aligned} L_+ Y_{ll}(\vartheta,\varphi) &= 0 \\ \curvearrowright\quad \hbar\, e^{i\varphi}\left(\frac{\partial}{\partial\vartheta} + i\cot\vartheta\frac{\partial}{\partial\varphi}\right)\Theta_{ll}(\vartheta)\, e^{il\varphi} &= 0 \\ \curvearrowright\quad \left(\frac{\partial}{\partial\vartheta} - l\cot\vartheta\right)\Theta_{ll}(\vartheta) &= 0 \\ \curvearrowright\quad \Theta_{ll}(\vartheta) &\propto \sin^l\vartheta . \end{aligned}$$

   Dies ergibt als „mögliche" Eigenfunktion

$$\widehat{Y}_{\frac{1}{2}\frac{1}{2}}(\vartheta,\varphi) = \left\langle \vartheta\varphi \,\middle|\, \frac{1}{2}\;\frac{1}{2}\right\rangle \propto \sqrt{\sin\vartheta}\,\exp\left(i\frac{\varphi}{2}\right) .$$

2. Falls $\widehat{Y}_{\frac{1}{2}\frac{1}{2}}(\vartheta,\varphi)$ wirklich Eigenfunktion ist, dann muss gelten, da m maximal ist:

$$L_+\,\widehat{Y}_{\frac{1}{2}\frac{1}{2}}(\vartheta,\varphi) = 0 .$$

   Das ist in der Tat erfüllt:

$$\begin{aligned} L_+\,\widehat{Y}_{\frac{1}{2}\frac{1}{2}}(\vartheta,\varphi) &\propto \hbar\, e^{i\varphi}\left(\frac{\partial}{\partial\vartheta} + i\cot\vartheta\frac{\partial}{\partial\varphi}\right)\sqrt{\sin\vartheta}\,\exp\left(i\frac{\varphi}{2}\right) \\ &\propto \left(\frac{\partial}{\partial\vartheta} - \frac{1}{2}\cot\vartheta\right)\sqrt{\sin\vartheta} \\ &= \frac{1}{2}\frac{\cos\vartheta}{\sqrt{\sin\vartheta}} - \frac{1}{2}\frac{\cos\vartheta}{\sin\vartheta}\sqrt{\sin\vartheta} = 0 . \end{aligned}$$

   Dies dient hier eigentlich nur der Kontrolle. Letztlich haben wir $\widehat{Y}_{\frac{1}{2}\frac{1}{2}}(\vartheta,\varphi)$ ja aus der Beziehung $L_+\,\widehat{Y}_{\frac{1}{2}\frac{1}{2}}(\vartheta,\varphi) \stackrel{!}{=} 0$ abgeleitet.

3. Es muss aber auch gelten

$$L_-^2\,\widehat{Y}_{\frac{1}{2}\frac{1}{2}}(\vartheta,\varphi) = 0\,.$$

Dies ist dann ein echtes Kriterium:

$$\begin{aligned}
L_-\,\widehat{Y}_{\frac{1}{2}\frac{1}{2}}(\vartheta,\varphi) &\propto \hbar\,\mathrm{e}^{-\mathrm{i}\varphi}\left(-\frac{\partial}{\partial\vartheta} + \mathrm{i}\cot\vartheta\frac{\partial}{\partial\varphi}\right)\sqrt{\sin\vartheta}\,\exp\left(\mathrm{i}\frac{\varphi}{2}\right)\\
&= \hbar\,\mathrm{e}^{-\mathrm{i}\frac{\varphi}{2}}\left(-\frac{\partial}{\partial\vartheta} - \frac{1}{2}\cot\vartheta\right)\sqrt{\sin\vartheta}\\
&= \hbar\,\mathrm{e}^{-\mathrm{i}\frac{\varphi}{2}}\left(-\frac{\cos\vartheta}{2\sqrt{\sin\vartheta}} - \frac{\cos\vartheta}{2\sqrt{\sin\vartheta}}\right)\\
&= -\hbar\,\frac{\cos\vartheta}{\sqrt{\sin\vartheta}}\,\mathrm{e}^{-\mathrm{i}\frac{\varphi}{2}} \not\equiv 0\\
L_-^2\,\widehat{Y}_{\frac{1}{2}\frac{1}{2}}(\vartheta,\varphi) &\propto -\hbar^2\,\mathrm{e}^{-\mathrm{i}\varphi}\left(-\frac{\partial}{\partial\vartheta} + \mathrm{i}\cot\vartheta\frac{\partial}{\partial\varphi}\right)\frac{\cos\vartheta}{\sqrt{\sin\vartheta}}\,\mathrm{e}^{-\mathrm{i}\frac{\varphi}{2}}\\
&\propto \mathrm{e}^{-\mathrm{i}\frac{3\varphi}{2}}\left(-\frac{\partial}{\partial\vartheta} + \frac{1}{2}\cot\vartheta\right)\frac{\cos\vartheta}{\sqrt{\sin\vartheta}}\\
&= \mathrm{e}^{-\mathrm{i}\frac{3\varphi}{2}}\left(\frac{\sin\vartheta\sqrt{\sin\vartheta} - \frac{\cos^2\vartheta}{2\sqrt{\sin\vartheta}}}{\sin\vartheta} + \frac{\cos^2\vartheta}{2\sin\vartheta\sqrt{\sin\vartheta}}\right)\\
&= \mathrm{e}^{-\mathrm{i}\frac{3\varphi}{2}}\sqrt{\sin\vartheta}\\
&\not\equiv 0\,.
\end{aligned}$$

Damit kann $\widehat{Y}_{\frac{1}{2}\frac{1}{2}}(\vartheta,\varphi)$ **keine** Eigenfunktion zu $(\boldsymbol{L}^2, L_z)$ sein.

Abschnitt 5.2.5

Lösung zu Aufgabe 5.2.1

1. Es gilt $S_+|+\rangle = S_-|-\rangle = 0$ und damit $(S_\pm)^2 \equiv 0$. Mit $S_\pm = S_x \pm \mathrm{i}\,S_y$ folgt daraus:

$$\begin{aligned}
0 = S_+^2 &= S_x^2 - S_y^2 + \mathrm{i}\,(S_x\,S_y + S_y\,S_x)\,,\\
0 = S_-^2 &= S_x^2 - S_y^2 - \mathrm{i}\,(S_x\,S_y + S_y\,S_x)\,.
\end{aligned}$$

Subtraktion dieser beiden Gleichungen:

$$0 = 2\mathrm{i}\,(S_x\,.S_y + S_y\,S_x) = 2\mathrm{i}\,[S_x, S_y]_+ \;\Rightarrow\; \text{q.e.d.}$$

2. Addition der beiden Gleichungen für S_+^2 und S_-^2 aus 1):

$$0 = 2\left(S_x^2 - S_y^2\right) \;\Rightarrow\; S_x^2 = S_y^2\,,$$

$$\mathbf{S}^2|\pm\rangle = \frac{3}{4}\,\hbar^2|\pm\rangle\,; \quad S_z^2|\pm\rangle = \frac{\hbar^2}{4}|\pm\rangle\,.$$

Die Zustände $|+\rangle$ und $|-\rangle$ bilden in $\mathcal{H}_{S=1/2}$ eine vollständige Basis. Deswegen gelten in $\mathcal{H}_{S=1/2}$ die Operatoridentitäten:

$$\mathbf{S}^2 = \frac{3}{4}\,\hbar^2\,\mathbf{1}_2\,; \quad S_z^2 = \frac{1}{4}\,\hbar^2\,\mathbf{1}_2$$

$$\Rightarrow \mathbf{S}^2 - S_z^2 = \frac{2}{4}\,\hbar^2\,\mathbf{1}_2 = S_x^2 + S_y^2$$

$$\Rightarrow S_x^2 = S_y^2 = S_z^2 = \frac{1}{4}\,\hbar^2\,\mathbf{1}_2\,.$$

3. Aus 1) folgt:

$$S_x\,S_y = -S_y\,S_x$$

$$\Rightarrow\; [S_x, S_y]_- = 2S_x\,S_y = \mathrm{i}\,\hbar\,S_z \;\Rightarrow\; S_x\,S_y = \mathrm{i}\,\frac{\hbar}{2}\,S_z\,.$$

4. Mit 3):

$$S_x\,S_y\,S_z = \mathrm{i}\,\frac{\hbar}{2}\,S_z^2 \overset{2)}{=} \mathrm{i}\,\frac{\hbar^3}{8}\,\mathbf{1}_2\,.$$

Lösung zu Aufgabe 5.2.2

1. Vertauschungsrelationen (5.14):

$$[S_i, S_j]_- = \mathrm{i}\,\hbar\,\sum_k \varepsilon_{ijk}\,S_k\,. \qquad (*)$$

Nach Teil 1) von Aufgabe 5.2.1:

$$[S_x, S_y]_+ = 0\,. \qquad (**)$$

Ferner gilt:

$$S_z\, S_x|\pm\rangle = S_z\, \frac{1}{2}\,(S_+ + S_-)|\pm\rangle = \frac{1}{2}\, S_z\, S_\mp|\pm\rangle$$
$$= \frac{1}{2}\, S_z|\mp\rangle = \mp\frac{\hbar}{4}|\mp\rangle\,,$$
$$S_x\, S_z|\pm\rangle = \pm\frac{\hbar}{2}\, S_x|\pm\rangle = \pm\frac{\hbar}{4}\, S_\mp|\pm\rangle = \pm\frac{\hbar}{4}|\mp\rangle$$
$$\Rightarrow\; S_z\, S_x|\pm\rangle = -S_x\, S_z|\pm\rangle\,,$$

$\{|+\rangle, |-\rangle\}$ vollständige Basis des $\mathcal{H}_{S=1/2}$

$\Rightarrow$ Operatoridentität in $\mathcal{H}_{S=1/2}$:

$$S_z\, S_x = -S_x\, S_z\,.$$

Analog zeigt man:

$$S_z\, S_y = -S_y\, S_z\,.$$

Insgesamt folgt mit (**) und Teil 2) von Aufgabe 5.2.1:

$$\left[S_i, S_j\right]_+ = \frac{\hbar^2}{2}\,\delta_{ij}\,\mathbf{1}_2\,.$$

Dies wird zu (*) addiert:

$$S_i\, S_j = \frac{\hbar^2}{4}\,\delta_{ij}\,\mathbf{1}_2 + \mathrm{i}\,\frac{\hbar}{2}\sum_k \varepsilon_{ijk}\, S_k\,.$$

Dies bedeutet für die Pauli'schen Spinmatrizen:

$$\boldsymbol{\sigma} = \frac{2}{\hbar}\,\boldsymbol{S}\,,$$
$$\sigma_i\sigma_j = \delta_{ij}\,\mathbf{1}_2 + \mathrm{i}\sum_k \varepsilon_{ijk}\,\sigma_k \quad \text{q.e.d.}$$

2. Wegen der angenommenen Vertauschbarkeit gilt:

$$(\boldsymbol{\sigma}\cdot a)\,(\boldsymbol{\sigma}\cdot \boldsymbol{b}) = \sum_{i,j} a_i b_j\,\sigma_i\sigma_j \stackrel{1)}{=} \sum_{i,j} a_i\, b_j \left(\delta_{ij}\,\mathbf{1}_2 + \mathrm{i}\sum_k \varepsilon_{ijk}\,\sigma_k\right)$$
$$= \left(\sum_i a_i\, b_i\right)\mathbf{1}_2 + \mathrm{i}\sum_{ijk} \varepsilon_{ijk}\, a_i\, b_j\,\sigma_k = (\boldsymbol{a}\cdot\boldsymbol{b})\,\mathbf{1}_2 + \mathrm{i}\,\boldsymbol{a}\cdot(\boldsymbol{b}\times\boldsymbol{\sigma})$$

(s. Formel (1.197), Bd. 1 für das Spatprodukt) ,

$$\boldsymbol{a} \cdot (\boldsymbol{b} \times \boldsymbol{\sigma}) = (\boldsymbol{a} \times \boldsymbol{b}) \cdot \boldsymbol{\sigma}$$

$$= \boldsymbol{\sigma} \cdot (\boldsymbol{a} \times \boldsymbol{b}) \,, \quad \text{da } \boldsymbol{\sigma} \text{ mit } \boldsymbol{a} \text{ und } \boldsymbol{b} \text{ vertauscht} \,.$$

Damit ist die Behauptung bewiesen!

Lösung zu Aufgabe 5.2.3

1. Wir benutzen das Ergebnis aus Teil 2. von Aufgabe 5.2.2:

$$(\boldsymbol{a} \cdot \boldsymbol{\sigma})(\boldsymbol{b} \cdot \boldsymbol{\sigma}) = \boldsymbol{a} \cdot \boldsymbol{b} \mathbb{1}_2 + \mathrm{i}\,(\boldsymbol{a} \times \boldsymbol{b}) \cdot \boldsymbol{\sigma} \,.$$

Damit findet man:

$$\begin{aligned} \widehat{A} \cdot \widehat{B} &= a_0 b_0 \mathbb{1}_2 + a_0 \boldsymbol{b} \cdot \boldsymbol{\sigma} + b_0 \boldsymbol{a} \cdot \boldsymbol{\sigma} + (\boldsymbol{a} \cdot \boldsymbol{\sigma})(\boldsymbol{b} \cdot \boldsymbol{\sigma}) \\ &= \underbrace{(a_0 b_0 + \boldsymbol{a} \cdot \boldsymbol{b})}_{x} \mathbb{1}_2 + \underbrace{(a_0 \boldsymbol{b} + b_0 \boldsymbol{a} + \mathrm{i}(\boldsymbol{a} \times \boldsymbol{b}))}_{y} \cdot \boldsymbol{\sigma} \,. \end{aligned}$$

2. Spezielle Wahl:

$$\widehat{B} = \widehat{A}^{-1} \quad \curvearrowright \quad \widehat{A} \cdot \widehat{B} = \mathbb{1}_2 \,.$$

Dies erfordert nach Teil 1.:

$$\begin{aligned} a_0 b_0 + \boldsymbol{a} \cdot \boldsymbol{b} &\overset{!}{=} 1 \\ a_0 \boldsymbol{b} + b_0 \boldsymbol{a} + \mathrm{i}(\boldsymbol{a} \times \boldsymbol{b}) &\overset{!}{=} 0 \,. \end{aligned}$$

Die letzte Gleichung besagt, dass die Vektoren $\boldsymbol{a}$, $\boldsymbol{b}$ und $\boldsymbol{a} \times \boldsymbol{b}$ linear abhängig sind. Nun gilt aber auch

$$(\boldsymbol{a} \times \boldsymbol{b}) \perp \boldsymbol{a}, \boldsymbol{b} \,.$$

Das bedeutet, dass die zweite Bedingungsgleichung nur erfüllt werden kann, falls

$$\boldsymbol{a} \times \boldsymbol{b} = 0 \quad \text{und} \quad a_0 \boldsymbol{b} + b_0 \boldsymbol{a} = 0$$

gilt. Das liefert

$$\boldsymbol{b} = -\frac{b_0}{a_0} \boldsymbol{a} \,.$$

Dies setzen wir in die erste Bedingungsgleichung ein:

$$1 \overset{!}{=} a_0 b_0 + \boldsymbol{a} \cdot \left(-\frac{b_0}{a_0} \boldsymbol{a} \right) = \frac{b_0}{a_0} \left(a_0^2 - \boldsymbol{a} \cdot \boldsymbol{a} \right) .$$

Die Klammer ist von null verschieden:

$$b_0 = \frac{a_0}{a_0^2 - \boldsymbol{a} \cdot \boldsymbol{a}} \qquad \boldsymbol{b} = -\frac{1}{a_0^2 - \boldsymbol{a} \cdot \boldsymbol{a}} \boldsymbol{a} .$$

Damit ist die inverse Matrix $\widehat{B} = \widehat{A}^{-1}$ bestimmt:

$$\widehat{A}^{-1} = b_0 \mathbb{1}_2 + \boldsymbol{b} \cdot \boldsymbol{\sigma} = \frac{1}{a_0^2 - \boldsymbol{a} \cdot \boldsymbol{a}} \left(a_0 \mathbb{1}_2 - \boldsymbol{a} \cdot \boldsymbol{\sigma} \right) .$$

Lösung zu Aufgabe 5.2.4

$$S_x|\alpha\rangle = \frac{\hbar}{2} \begin{pmatrix} 0 & 1 \\ 1 & 0 \end{pmatrix} \begin{pmatrix} \alpha_+ \\ \alpha_- \end{pmatrix} = \frac{\hbar}{2} \begin{pmatrix} \alpha_- \\ \alpha_+ \end{pmatrix} ,$$

$$S_y|\alpha\rangle = \frac{\hbar}{2} \begin{pmatrix} 0 & -\mathrm{i} \\ \mathrm{i} & 0 \end{pmatrix} \begin{pmatrix} \alpha_+ \\ \alpha_- \end{pmatrix} = \frac{\hbar}{2} \begin{pmatrix} -\mathrm{i}\,\alpha_- \\ \mathrm{i}\,\alpha_+ \end{pmatrix} ,$$

$$S_z|\alpha\rangle = \frac{\hbar}{2} \begin{pmatrix} 1 & 0 \\ 0 & -1 \end{pmatrix} \begin{pmatrix} \alpha_+ \\ \alpha_- \end{pmatrix} = \frac{\hbar}{2} \begin{pmatrix} \alpha_+ \\ -\alpha_- \end{pmatrix}$$

$$\Rightarrow \langle S_x \rangle = \langle \alpha | S_x | \alpha \rangle = \frac{\hbar}{2} \left(\alpha_+^* \alpha_- + \alpha_-^* \alpha_+ \right) = \hbar \,\mathrm{Re}\, \left(\alpha_+^* \alpha_- \right) ,$$

$$\langle S_y \rangle = \langle \alpha | S_y | \alpha \rangle = \frac{\hbar}{2} \mathrm{i} \left(-\alpha_+^* \alpha_- + \alpha_-^* \alpha_+ \right) = \hbar \,\mathrm{Im}\, \left(\alpha_+^* \alpha_- \right) ,$$

$$\langle S_z \rangle = \langle \alpha | S_z | \alpha \rangle = \frac{\hbar}{2} \left(|\alpha_+|^2 - |\alpha_-|^2 \right) .$$

Lösung zu Aufgabe 5.2.5

1.

$$S_x = \frac{\hbar}{2} \begin{pmatrix} 0 & 1 \\ 1 & 0 \end{pmatrix} ; \quad S_y = \frac{\hbar}{2} \begin{pmatrix} 0 & -i \\ i & 0 \end{pmatrix}$$

Eigenwert-Gleichungen:

$$\begin{pmatrix} -\lambda_x & \frac{\hbar}{2} \\ \frac{\hbar}{2} & -\lambda_x \end{pmatrix} \begin{pmatrix} a_x \\ b_x \end{pmatrix} \stackrel{!}{=} 0$$

$$0 \stackrel{!}{=} \begin{vmatrix} -\lambda_x & \frac{\hbar}{2} \\ \frac{\hbar}{2} & -\lambda_x \end{vmatrix} = \lambda_x^2 - \frac{\hbar^2}{4} \quad \Rightarrow \quad \lambda_x = \pm\frac{\hbar}{2}$$

$$\begin{pmatrix} -\lambda_y & -\mathrm{i}\frac{\hbar}{2} \\ \mathrm{i}\frac{\hbar}{2} & -\lambda_y \end{pmatrix} \begin{pmatrix} a_y \\ b_y \end{pmatrix} \stackrel{!}{=} 0$$

$$0 \stackrel{!}{=} \begin{vmatrix} -\lambda_y & -\mathrm{i}\frac{\hbar}{2} \\ \mathrm{i}\frac{\hbar}{2} & -\lambda_y \end{vmatrix} = \lambda_y^2 - \frac{\hbar^2}{4} \quad \Rightarrow \quad \lambda_y = \pm\frac{\hbar}{2}$$

Eigenwerte als Messwerte(!) natürlich dieselben wie zu S_z!

2.

$$|1\,0\rangle \equiv \begin{pmatrix} 1 \\ 0 \end{pmatrix} \; ; \; |0\,1\rangle \equiv \begin{pmatrix} 0 \\ 1 \end{pmatrix}$$

Eigenzustände zu S_x:

$$\begin{pmatrix} -\frac{\hbar}{2} & \frac{\hbar}{2} \\ \frac{\hbar}{2} & -\frac{\hbar}{2} \end{pmatrix} \begin{pmatrix} a_x^{(+)} \\ b_x^{(+)} \end{pmatrix} = 0$$

$$\Rightarrow \quad \frac{\hbar}{2}\left(-a_x^{(+)} + b_x^{(+)}\right) = 0 \quad \Rightarrow \quad a_x^{(+)} = b_x^{(+)}$$

Normierung (bis auf Phasenfaktor):

$$a_x^{(+)} = b_x^{(+)} = \frac{1}{\sqrt{2}}$$

$$\Rightarrow \quad |x_+\rangle = \frac{1}{\sqrt{2}}(|1\,0\rangle + |0\,1\rangle)$$

$$\begin{pmatrix} \frac{\hbar}{2} & \frac{\hbar}{2} \\ \frac{\hbar}{2} & \frac{\hbar}{2} \end{pmatrix} \begin{pmatrix} a_x^{(-)} \\ b_x^{(-)} \end{pmatrix} = 0$$

$$\Rightarrow \quad \frac{\hbar}{2}\left(a_x^{(-)} + b_x^{(-)}\right) = 0 \quad \Rightarrow \quad a_x^{(-)} = -b_x^{(-)}$$

Normierung:

$$a_x^{(-)2} + b_x^{(-)2} = 1 \quad \Rightarrow \quad a_x^{(-)} = -b_x^{(-)} = \frac{1}{\sqrt{2}}$$

$$\Rightarrow \quad |x_-\rangle = \frac{1}{\sqrt{2}}(|1\,0\rangle - |0\,1\rangle)$$

Eigenzustände zu S_y:

$$\begin{pmatrix} -\frac{\hbar}{2} & -\mathrm{i}\frac{\hbar}{2} \\ \mathrm{i}\frac{\hbar}{2} & -\frac{\hbar}{2} \end{pmatrix} \begin{pmatrix} a_y^{(+)} \\ b_y^{(+)} \end{pmatrix} = 0$$

$$\Rightarrow\ -\frac{\hbar}{2} a_y^{(+)} - \mathrm{i}\frac{\hbar}{2} b_y^{(+)} = 0 \quad \Rightarrow\ a_y^{(+)} = -\mathrm{i} b_y^{(+)}$$

Normierung:

$$\left|a_y^{(+)}\right|^2 + \left|b_y^{(+)}\right|^2 = 1$$

$$\Rightarrow\ a_y^{(+)} = \frac{1}{\sqrt{2}}\ ;\ b_y^{(+)} = i\frac{1}{\sqrt{2}}$$

$$\Rightarrow\ |y_+\rangle = \frac{1}{\sqrt{2}}\left(|1\,0\rangle + \mathrm{i}|0\,1\rangle\right)$$

$$\begin{pmatrix} \frac{\hbar}{2} & -\mathrm{i}\frac{\hbar}{2} \\ \mathrm{i}\frac{\hbar}{2} & \frac{\hbar}{2} \end{pmatrix} \begin{pmatrix} a_y^{(-)} \\ b_y^{(-)} \end{pmatrix} = 0$$

$$\Rightarrow\ \frac{\hbar}{2} a_y^{(-)} - \mathrm{i}\frac{\hbar}{2} b_y^{(-)} = 0 \quad \Rightarrow\ a_y^{(-)} = \mathrm{i} b_y^{(-)}$$

Normierung:

$$\left|a_y^{(-)}\right|^2 + \left|b_y^{(-)}\right|^2 = 1$$

$$\Rightarrow\ a_y^{(-)} = \frac{1}{\sqrt{2}}\ ;\ b_y^{(-)} = -\mathrm{i}\frac{1}{\sqrt{2}}$$

$$\Rightarrow\ |y_-\rangle = \frac{1}{\sqrt{2}}\left(|1\,0\rangle - \mathrm{i}|0\,1\rangle\right)$$

Lösung zu Aufgabe 5.2.6

1.

$$(\boldsymbol{\sigma}\cdot\boldsymbol{e})^2 = \sum_{ij} \sigma_i\sigma_j\, e_i e_j = \sum_i \sigma_i^2\, e_i^2 + \sum_{ij}^{i\neq j} \sigma_i\sigma_j\, e_i e_j$$

$$\sum_i \sigma_i^2\, e_i^2 \overset{(5.166)}{=} \mathbb{1}_2 \sum_i e_i^2 = \mathbb{1}_2$$

$$\sum_{ij}^{i\neq j} (\sigma_i\sigma_j)\,(e_i e_j) = \sum_{ji}^{j\neq i} (\sigma_j\sigma_i)\,(e_j e_i) \overset{(5.167)}{=} \sum_{ij}^{i\neq j} (-\sigma_i\sigma_j)\,(e_i e_j) = 0\,.$$

Damit gilt:

$$(\boldsymbol{\sigma}\cdot\boldsymbol{e})^2 = \mathbb{1}_2\,.$$

2. Die Unschärfe ist genau dann Null, wenn $|\psi\rangle$ ein Eigenzustand zu $\boldsymbol{S} \cdot \boldsymbol{e}$ ist. Es ist also zu fordern:

$$(\boldsymbol{S} \cdot \boldsymbol{e})|\psi\rangle \stackrel{!}{=} \pm\frac{\hbar}{2}|\psi\rangle \quad \Leftrightarrow \quad (\boldsymbol{\sigma} \cdot \boldsymbol{e})|\psi\rangle \stackrel{!}{=} \pm|\psi\rangle \,.$$

Nach (5.175) gilt:

$$\sigma_+|+\rangle = 0 = \sigma_-|-\rangle \;;\; \sigma_+|-\rangle = 2|+\rangle \;;\; \sigma_-|+\rangle = 2|-\rangle \,.$$

Damit folgt:

$$\begin{aligned}
(\boldsymbol{\sigma} \cdot \boldsymbol{e})|+\rangle &= (\sigma_x e_x + \sigma_y e_y + \sigma_z e_z)|+\rangle \\
&= e_x\frac{1}{2}(\sigma_+ + \sigma_-)|+\rangle + e_y\frac{1}{2i}(\sigma_+ - \sigma_-)|+\rangle + e_z\sigma_z|+\rangle \\
&= (e_x + \mathrm{i}e_y)|-\rangle + e_z|+\rangle \\
(\boldsymbol{\sigma} \cdot \boldsymbol{e})|-\rangle &= (e_x - \mathrm{i}e_y)|+\rangle - e_z|-\rangle
\end{aligned}$$

Es bleibt als Bestimmungsgleichung:

$$\begin{aligned}
\frac{1}{\sqrt{2}}\Big((e_x + \mathrm{i}e_y)|-\rangle + e_z|+\rangle\Big) \quad &+ \frac{1+\mathrm{i}}{2}\Big((e_x - \mathrm{i}e_y)|+\rangle - e_z|-\rangle\Big) \\
&\stackrel{!}{=} \pm\left(\frac{1}{\sqrt{2}}|+\rangle + \frac{1+\mathrm{i}}{2}|-\rangle\right)
\end{aligned}$$

$$\begin{aligned}
\curvearrowright \quad &\left(\frac{1}{\sqrt{2}}(e_x + \mathrm{i}e_y) - \frac{1+\mathrm{i}}{2}e_z \mp \frac{1+\mathrm{i}}{2}\right)|-\rangle \\
&+\left(\frac{1}{\sqrt{2}}e_z + \frac{1+\mathrm{i}}{2}(e_x - \mathrm{i}e_y) \mp \frac{1}{\sqrt{2}}\right)|+\rangle = 0
\end{aligned}$$

$|+\rangle$ und $|-\rangle$ sind linear unabhängig. Die entsprechenden Vorfaktoren müssen also bereits verschwinden:

$$\begin{aligned}
\left(\frac{1}{\sqrt{2}}e_x - \frac{1}{2}e_z \mp \frac{1}{2}\right) + \mathrm{i}\left(\frac{1}{\sqrt{2}}e_y - \frac{1}{2}e_z \mp \frac{1}{2}\right) = 0 \\
\left(\frac{1}{\sqrt{2}}e_z + \frac{1}{2}e_x + \frac{1}{2}e_y \mp \frac{1}{\sqrt{2}}\right) + \mathrm{i}\left(\frac{1}{2}e_x - \frac{1}{2}e_y\right) = 0 \,.
\end{aligned}$$

Trennung von Real- und Imaginärteilen:

$$\frac{1}{\sqrt{2}}e_x - \frac{1}{2}e_z \mp \frac{1}{2} = 0$$
$$\frac{1}{\sqrt{2}}e_y - \frac{1}{2}e_z \mp \frac{1}{2} = 0$$
$$\frac{1}{\sqrt{2}}e_z + \frac{1}{2}e_x + \frac{1}{2}e_y \mp \frac{1}{\sqrt{2}} = 0$$
$$\frac{1}{2}e_x - \frac{1}{2}e_y = 0\,.$$

Die letzte Gleichung ergibt unmittelbar $e_x = e_y$. Damit sind die beiden ersten Gleichungen identisch und die zweite und dritte vereinfachen sich zu:

$$e_x - \frac{1}{\sqrt{2}}e_z \mp \frac{1}{\sqrt{2}} = 0$$
$$\frac{1}{\sqrt{2}}e_z + e_x \mp \frac{1}{\sqrt{2}} = 0\,.$$

Durch Addition bzw. Subtraktion dieser beiden Gleichungen erhalten wir unmittelbar e_x und e_z:

$$e_x = e_y = \pm\frac{1}{\sqrt{2}}\;;\; e_z = 0 \;\curvearrowright\; \boldsymbol{e} = \pm\frac{1}{\sqrt{2}}\,(1,1,0)\,.$$

Lösung zu Aufgabe 5.2.7

1. Hamilton-Operator:

$$H = \eta\,\sigma_x\,.$$

Zeitentwicklungsoperator:

$$U(t,0) = \exp\left(-\frac{\mathrm{i}}{\hbar}Ht\right) = \exp\left(-\frac{\mathrm{i}}{\hbar}\eta\sigma_x t\right) = \cos\left(\frac{\eta}{\hbar}\sigma_x t\right) - \mathrm{i}\sin\left(\frac{\eta}{\hbar}\sigma_x t\right)\,.$$

Pauli'sche Spinmatrix:

$$n \in \mathbb{N}:\quad \sigma_x^{2n} = \left(\sigma_x^2\right)^n \overset{(5.166)}{=} \mathbb{1}_2^n = \mathbb{1}_2$$
$$\curvearrowright\quad \sigma_x^{2n+1} = \sigma_x\,.$$

Dies bedeutet:

$$\cos\left(\frac{\eta}{\hbar}\sigma_x t\right) = \cos\left(\frac{\eta}{\hbar}t\right) \mathbb{1}_2$$
$$\sin\left(\frac{\eta}{\hbar}\sigma_x t\right) = \sin\left(\frac{\eta}{\hbar}t\right) \sigma_x$$
$$\curvearrowright \quad U(t,0) = \cos\left(\frac{\eta}{\hbar}t\right) \mathbb{1}_2 - \mathrm{i}\sin\left(\frac{\eta}{\hbar}t\right) \sigma_x \,.$$

2.

$$|\psi(t)\rangle = U(t,0)\,|\psi(0)\rangle = \left(\cos\left(\frac{\eta}{\hbar}t\right) \mathbb{1}_2 - \mathrm{i}\sin\left(\frac{\eta}{\hbar}t\right) \sigma_x\right) |+\rangle \,.$$

Es gilt

$$\sigma_x|+\rangle = \frac{1}{2}(\sigma_+ + \sigma_-)|+\rangle = |-\rangle$$

und damit

$$|\psi(t)\rangle = \cos\left(\frac{\eta}{\hbar}t\right) |+\rangle - \mathrm{i}\sin\left(\frac{\eta}{\hbar}t\right) |-\rangle \,.$$

Wahrscheinlichkeit:

$$W_+(t) = |\langle +|\psi(t)\rangle|^2 = \cos^2\left(\frac{\eta}{\hbar}t\right) = \frac{1}{2}\left(1 + \cos\left(\frac{2\eta}{\hbar}t\right)\right) .$$

Periodische Funktion mit der Periodendauer $\tau = \pi\hbar/\eta$.

3. Es handelt sich um eine ähnliche Fragestellung wie die, die im 2. Teil von Aufgabe 5.2.6 behandelt wurde. Forderung:

$$(\boldsymbol{\sigma}\cdot\boldsymbol{e})\,|\psi(t)\rangle \stackrel{!}{=} +|\psi(t)\rangle \,; \quad (\boldsymbol{e} = (e_x, e_y, e_z)) \,.$$

Wir übernehmen aus Aufgabe 5.2.6:

$$(\boldsymbol{\sigma}\cdot\boldsymbol{e})\,|+\rangle = (e_x + \mathrm{i}e_y)\,|-\rangle + e_z\,|+\rangle$$
$$(\boldsymbol{\sigma}\cdot\boldsymbol{e})\,|-\rangle = (e_x - \mathrm{i}e_y)\,|+\rangle - e_z\,|-\rangle \,.$$

Für den Zustand $|\psi(t)\rangle$ aus Teil 2. ist dann zu fordern:

$$\begin{aligned}(\boldsymbol{\sigma}\cdot\boldsymbol{e})\,|\psi(t)\rangle &= \cos\left(\frac{\eta}{\hbar}t\right)(\boldsymbol{\sigma}\cdot\boldsymbol{e})\,|+\rangle - \mathrm{i}\sin\left(\frac{\eta}{\hbar}t\right)(\boldsymbol{\sigma}\cdot\boldsymbol{e})\,|-\rangle \\ &= \cos\left(\frac{\eta}{\hbar}t\right)(e_x + \mathrm{i}e_y)\,|-\rangle + \cos\left(\frac{\eta}{\hbar}t\right) e_z|+\rangle \\ &\quad - \mathrm{i}\sin\left(\frac{\eta}{\hbar}t\right)(e_x - \mathrm{i}e_y)\,|+\rangle + \mathrm{i}\sin\left(\frac{\eta}{\hbar}t\right) e_z\,|-\rangle \\ &\stackrel{!}{=} \cos\left(\frac{\eta}{\hbar}t\right)|+\rangle - \mathrm{i}\sin\left(\frac{\eta}{\hbar}t\right)|-\rangle \,.\end{aligned}$$

Das lässt sich sortieren:

$$\begin{aligned}&\left\{\cos\left(\frac{\eta}{\hbar}t\right)(e_x+\mathrm{i}e_y)+\mathrm{i}\sin\left(\frac{\eta}{\hbar}t\right)e_z+\mathrm{i}\sin\left(\frac{\eta}{\hbar}t\right)\right\}|-\rangle\\&\quad+\left\{\cos\left(\frac{\eta}{\hbar}t\right)e_z-\mathrm{i}\sin\left(\frac{\eta}{\hbar}t\right)(e_x-\mathrm{i}e_y)-\cos\left(\frac{\eta}{\hbar}t\right)\right\}|+\rangle\\&=0\,.\end{aligned}$$

$|+\rangle$ und $|-\rangle$ sind linear unabhängig. Es muss deshalb bereits gelten:

$$\cos\left(\frac{\eta}{\hbar}t\right)(e_x+\mathrm{i}e_y)+\mathrm{i}\sin\left(\frac{\eta}{\hbar}t\right)e_z+\mathrm{i}\sin\left(\frac{\eta}{\hbar}t\right)=0$$

$$\cos\left(\frac{\eta}{\hbar}t\right)e_z-\mathrm{i}\sin\left(\frac{\eta}{\hbar}t\right)(e_x-\mathrm{i}e_y)-\cos\left(\frac{\eta}{\hbar}t\right)=0\,.$$

Diese Gleichungen müssen für Real- und Imaginärteile getrennt erfüllt sein:

$$\cos\left(\frac{\eta}{\hbar}t\right)e_x=0 \tag{A.1}$$

$$\cos\left(\frac{\eta}{\hbar}t\right)e_y+\sin\left(\frac{\eta}{\hbar}t\right)e_z=-\sin\left(\frac{\eta}{\hbar}t\right) \tag{A.2}$$

$$\cos\left(\frac{\eta}{\hbar}t\right)e_z-\sin\left(\frac{\eta}{\hbar}t\right)e_y=\cos\left(\frac{\eta}{\hbar}t\right) \tag{A.3}$$

$$\sin\left(\frac{\eta}{\hbar}t\right)e_x=0\,. \tag{A.4}$$

Aus (1) und (4) folgt bereits:

$$e_x(t)\equiv 0\,.$$

Wir multiplizieren (2) mit $\sin\left(\frac{\eta}{\hbar}t\right)$ und (3) mit $\cos\left(\frac{\eta}{\hbar}t\right)$:

$$\sin\left(\frac{\eta}{\hbar}t\right)\cos\left(\frac{\eta}{\hbar}t\right)e_y+\sin^2\left(\frac{\eta}{\hbar}t\right)e_z=-\sin^2\left(\frac{\eta}{\hbar}t\right)$$

$$\cos^2\left(\frac{\eta}{\hbar}t\right)e_z-\cos\left(\frac{\eta}{\hbar}t\right)\sin\left(\frac{\eta}{\hbar}t\right)e_y=\cos^2\left(\frac{\eta}{\hbar}t\right)\,.$$

Wir bilden die Summe der beiden Gleichungen:

$$e_z(t)=\cos^2\left(\frac{\eta}{\hbar}t\right)-\sin^2\left(\frac{\eta}{\hbar}t\right)=\cos\left(2\frac{\eta}{\hbar}t\right)\,.$$

Aus der Differenz der beiden Gleichungen folgt dagegen:

$$\begin{aligned}
&2\sin\left(\frac{\eta}{\hbar}t\right)\cos\left(\frac{\eta}{\hbar}t\right)\, e_y + \left(\sin^2\left(\frac{\eta}{\hbar}t\right) - \cos^2\left(\frac{\eta}{\hbar}t\right)\right) e_z \\
&= -\sin^2\left(\frac{\eta}{\hbar}t\right) - \cos^2\left(\frac{\eta}{\hbar}t\right) \\
\Leftrightarrow\quad & \sin\left(2\frac{\eta}{\hbar}t\right) e_y - \cos\left(2\frac{\eta}{\hbar}t\right) e_z = -1 \\
\Leftrightarrow\quad & \sin\left(2\frac{\eta}{\hbar}t\right) e_y - \cos^2\left(2\frac{\eta}{\hbar}t\right) = -1 \\
\Leftrightarrow\quad & \sin\left(2\frac{\eta}{\hbar}t\right) e_y = -1 + \cos^2\left(2\frac{\eta}{\hbar}t\right) = -\sin^2\left(2\frac{\eta}{\hbar}t\right) \\
\Leftrightarrow\quad & e_y(t) = -\sin\left(2\frac{\eta}{\hbar}t\right) .
\end{aligned}$$

Die Spitze des gesuchten Einheitsvektors präzediert also als Funktion der Zeit mit der Winkelgeschwindigkeit $2\eta/\hbar$ (Periodendauer $\pi\hbar/\eta$, s. Teil 2.) in der yz-Ebene:

$$\boldsymbol{e} = \left(0, -\sin\left(2\frac{\eta}{\hbar}t\right), \cos\left(2\frac{\eta}{\hbar}t\right)\right) .$$

Lösung zu Aufgabe 5.2.8

Hinreichend: $|\varphi\rangle$ sei Eigenzustand zu S_z:

$$\begin{aligned}
|\varphi\rangle &= \left|\frac{3}{2}\;\frac{1}{2}\right\rangle \\
\Rightarrow\quad \langle\varphi|S_z|\varphi\rangle &= \frac{\hbar}{2} ,
\end{aligned}$$

$$\begin{aligned}
S_x &= \frac{1}{2}\left(S_+ + S_-\right) , \\
S_y &= \frac{1}{2\mathrm{i}}\left(S_+ - S_-\right)
\end{aligned}$$

$\Rightarrow$ wegen der Orthonormalität der Zustände $|(3/2)\, m\rangle$:

$$\langle\varphi|S_x|\varphi\rangle = \langle\varphi|S_y|\varphi\rangle = 0 .$$

Der Eigenzustand $|(3/2)\,(1/2)\rangle$ führt also in der Tat zu den angegebenen Erwartungswerten!

Notwendig:

Gegenbeispiel:

$$|\varphi\rangle = a\left|\frac{3}{2}\,\frac{3}{2}\right\rangle + b\left|\frac{3}{2}\,-\frac{3}{2}\right\rangle \;; \quad a, b \text{ reell}\,, \quad \langle\varphi|\varphi\rangle = 1\,.$$

Zunächst gilt:

$$\begin{aligned}
&\langle\varphi|S_\pm|\varphi\rangle = 0\\
&\Rightarrow \langle\varphi|S_x|\varphi\rangle = \langle\varphi|S_y|\varphi\rangle = 0\,,\\
&\langle\varphi|S_z|\varphi\rangle = \frac{3}{2}\hbar\,(a^2 - b^2) \stackrel{!}{=} \frac{\hbar}{2}\\
&\Rightarrow a^2 - b^2 = \frac{1}{3}\,,\\
&\text{Normierung: } a^2 + b^2 = 1\\
&\Rightarrow a = \sqrt{\frac{2}{3}}\,, \quad b = \sqrt{\frac{1}{3}}\,.
\end{aligned}$$

Der Zustand

$$|\varphi\rangle = \sqrt{\frac{2}{3}}\left|\frac{3}{2}\,\frac{3}{2}\right\rangle + \sqrt{\frac{1}{3}}\left|\frac{3}{2}\,-\frac{3}{2}\right\rangle$$

besitzt die Erwartungswerte

$$\langle\varphi|S_z|\varphi\rangle = \frac{\hbar}{2}\;; \quad \langle\varphi|S_x|\varphi\rangle = \langle\varphi|S_y|\varphi\rangle = 0\,,$$

ist aber kein Eigenzustand zu S_z:

$$S_z|\varphi\rangle = \frac{3}{2}\hbar\left(\sqrt{\frac{2}{3}}\left|\frac{3}{2}\,\frac{3}{2}\right\rangle - \sqrt{\frac{1}{3}}\left|\frac{3}{2}\,-\frac{3}{2}\right\rangle\right) \neq c|\varphi\rangle\,.$$

Lösung zu Aufgabe 5.2.9

Antwort: ja

Begründung:

$$\begin{aligned}\langle\psi|S_z|\psi\rangle &= \sum_{m,m'}\left\langle\psi\Big|\frac{3}{2}\,m\right\rangle\left\langle\frac{3}{2}\,m\,|S_z|\,\frac{3}{2}\,m'\right\rangle\left\langle\frac{3}{2}\,m'\Big|\psi\right\rangle\\ &= \sum_{m,m'}\hbar\,m'\,\delta_{mm'}\left\langle\psi\Big|\frac{3}{2}\,m\right\rangle\left\langle\frac{3}{2}\,m'\Big|\psi\right\rangle\\ &= \hbar\sum_m m\left|\left\langle\psi\Big|\frac{3}{2}\,m\right\rangle\right|^2 \overset{!}{=} \frac{3}{2}\hbar\,.\end{aligned}$$

Normierung:

$$\langle\psi|\psi\rangle = \sum_m\left|\left\langle\psi\Big|\frac{3}{2}\,m\right\rangle\right|^2 \overset{!}{=} 1\,.$$

Kombination der beiden Gleichungen:

$$\sum_m\underbrace{\left(m-\frac{3}{2}\right)}_{\le 0}\underbrace{\left|\left\langle\psi\Big|\frac{3}{2}\,m\right\rangle\right|^2}_{\ge 0} = 0\,.$$

Nur erfüllbar, falls

$$\left\langle\psi\Big|\frac{3}{2}\,m\right\rangle = 0 \quad \forall m \neq \frac{3}{2}$$

$$\Rightarrow\ |\psi\rangle \sim \left|\frac{3}{2}\,\frac{3}{2}\right\rangle\ :\ \text{Eigenzustand!}$$

Lösung zu Aufgabe 5.2.10

Schrödinger-Gleichung für ein Elektron im elektromagnetischen Feld (5.191):

$$\begin{aligned}\mathrm{i}\hbar\frac{\partial}{\partial t}\begin{pmatrix}\psi_+(\boldsymbol{r},t)\\ \psi_-(\boldsymbol{r},t)\end{pmatrix} = \Bigg[&\left(\frac{1}{2m}(\boldsymbol{p}+e\boldsymbol{A}(\boldsymbol{r},t))^2 - e\varphi(\boldsymbol{r},t)\right)\mathbb{1}_2\\ &+\mu_\mathrm{B}\,\boldsymbol{\sigma}\cdot\boldsymbol{B}(t)\Bigg]\begin{pmatrix}\psi_+(\boldsymbol{r},t)\\ \psi_-(\boldsymbol{r},t)\end{pmatrix}.\end{aligned}$$

Die magnetische Induktion sei homogen, wenn auch evtl. zeitabhängig.

Separationsansatz für Bahn- und Spindynamik:

$$\begin{pmatrix} \psi_+(\boldsymbol{r},t) \\ \psi_-(\boldsymbol{r},t) \end{pmatrix} \equiv \left|\psi_{\frac{1}{2}}(\boldsymbol{r},t)\right\rangle = \eta(\boldsymbol{r},t)\left|\chi_{\frac{1}{2}}(t)\right\rangle \quad ; \quad \left|\chi_{\frac{1}{2}}(t)\right\rangle = \begin{pmatrix} \chi_+(t) \\ \chi_-(t) \end{pmatrix} .$$

Einsetzen in die Schrödinger-Gleichung:

$$\begin{aligned} \left(\mathrm{i}\hbar\frac{\partial}{\partial t}\eta(\boldsymbol{r},t)\right)\left|\chi_{\frac{1}{2}}(t)\right\rangle + \mathrm{i}\hbar\eta(\boldsymbol{r},t)\frac{\mathrm{d}}{\mathrm{d}t}\left|\chi_{\frac{1}{2}}(t)\right\rangle \\ = \left(\frac{1}{2m}(\boldsymbol{p}+e\boldsymbol{A}(\boldsymbol{r},t))^2\eta(\boldsymbol{r},t)\right)\left|\chi_{\frac{1}{2}}(t)\right\rangle \\ - e\varphi(\boldsymbol{r},t)\eta(\boldsymbol{r},t)\left|\chi_{\frac{1}{2}}(t)\right\rangle \\ + \mu_{\mathrm{B}}\,\eta(\boldsymbol{r},t)\,\boldsymbol{\sigma}\cdot\boldsymbol{B}(t)\left|\chi_{\frac{1}{2}}(t)\right\rangle . \end{aligned}$$

Durch η dividieren:

$$\frac{1}{\eta(\boldsymbol{r},t)}\left[\left(\frac{1}{2m}(\boldsymbol{p}+e\boldsymbol{A}(\boldsymbol{r},t))^2 - e\varphi(\boldsymbol{r},t)\right)\eta(\boldsymbol{r},t) - \left(\mathrm{i}\hbar\frac{\partial}{\partial t}\eta(\boldsymbol{r},t)\right)\right]\left|\chi_{\frac{1}{2}}(t)\right\rangle$$

$$= \left(\mathrm{i}\hbar\frac{\mathrm{d}}{\mathrm{d}t} - \mu_{\mathrm{B}}\,\boldsymbol{\sigma}\cdot\boldsymbol{B}(t)\right)\left|\chi_{\frac{1}{2}}(t)\right\rangle .$$

Die rechte Seite der Gleichung ist nur von t abhängig. Deshalb muss auf der linken Seite der Vorfaktor des Spinors ebenfalls eine reine Zeitfunktion sein:

$$D(t) \equiv \frac{1}{\eta(\boldsymbol{r},t)}\left[\left(\frac{1}{2m}(\boldsymbol{p}+e\boldsymbol{A}(\boldsymbol{r},t))^2 - e\varphi(\boldsymbol{r},t)\right)\eta(\boldsymbol{r},t) - \left(\mathrm{i}\hbar\frac{\partial}{\partial t}\eta(\boldsymbol{r},t)\right)\right] .$$

Es bleibt dann zunächst zu lösen:

$$D(t)\left|\chi_{\frac{1}{2}}(t)\right\rangle = \left(\mathrm{i}\hbar\frac{\mathrm{d}}{\mathrm{d}t} - \mu_{\mathrm{B}}\,\boldsymbol{\sigma}\cdot\boldsymbol{B}(t)\right)\left|\chi_{\frac{1}{2}}(t)\right\rangle .$$

Das gelingt mit dem Ansatz:

$$\left|\chi_{\frac{1}{2}}(t)\right\rangle = \left|\widehat{\chi}(t)\right\rangle \exp\left(-\frac{\mathrm{i}}{\hbar}\int\limits_0^t D(t')\,\mathrm{d}t'\right) .$$

Einsetzen:

$$D(t)\,\left|\widehat{\chi}(t)\right\rangle\,\mathrm{e}^{-\frac{\mathrm{i}}{\hbar}\int\limits_0^t D(t')\,\mathrm{d}t'} = \mathrm{i}\hbar\left(-\frac{\mathrm{i}}{\hbar}D(t)\right)\left|\widehat{\chi}(t)\right\rangle\,\mathrm{e}^{-\frac{\mathrm{i}}{\hbar}\int\limits_0^t D(t')\,\mathrm{d}t'}$$
$$+\left(\mathrm{i}\hbar\frac{\mathrm{d}}{\mathrm{d}t}\left|\widehat{\chi}(t)\right\rangle\right)\mathrm{e}^{-\frac{\mathrm{i}}{\hbar}\int\limits_0^t D(t')\,\mathrm{d}t'}$$
$$-\mu_{\mathrm{B}}\,\boldsymbol{\sigma}\cdot\boldsymbol{B}(t)\,\left|\widehat{\chi}(t)\right\rangle\,\mathrm{e}^{-\frac{\mathrm{i}}{\hbar}\int\limits_0^t D(t')\,\mathrm{d}t'}\,.$$

$\left|\widehat{\chi}(t)\right\rangle$ hat also die folgende, von $D(t)$ unabhängige Differentialgleichung zu erfüllen:

$$\left(\mathrm{i}\hbar\frac{\mathrm{d}}{\mathrm{d}t}-\mu_{\mathrm{B}}\,\boldsymbol{\sigma}\cdot\boldsymbol{B}(t)\right)\left|\widehat{\chi}(t)\right\rangle = 0\,. \tag{A.5}$$

Andererseits muss gelten:

$$D(t)\,\eta(\boldsymbol{r},t) = \left(\frac{1}{2m}(\boldsymbol{p}+e\boldsymbol{A}(\boldsymbol{r},t))^2 - e\varphi(\boldsymbol{r},t)\right)\eta(\boldsymbol{r},t) - \mathrm{i}\hbar\frac{\partial}{\partial t}\eta(\boldsymbol{r},t)\,.$$

Zur Lösung wählen wir einen ähnlichen Ansatz wie oben für den Spin-Spinor:

$$\eta(\boldsymbol{r},t) = \widehat{\eta}(\boldsymbol{r},t)\,\exp\left(+\frac{\mathrm{i}}{\hbar}\int\limits_0^t D(t')\,\mathrm{d}t'\right)\,.$$

Das führt zu:

$$D(t)\,\widehat{\eta}(\boldsymbol{r},t)\,\mathrm{e}^{\frac{\mathrm{i}}{\hbar}\int\limits_0^t D(t')\,\mathrm{d}t'} = \left(\frac{1}{2m}(\boldsymbol{p}+e\boldsymbol{A}(\boldsymbol{r},t))^2 - e\varphi(\boldsymbol{r},t)\right)\widehat{\eta}(\boldsymbol{r},t)\,\mathrm{e}^{\frac{\mathrm{i}}{\hbar}\int\limits_0^t D(t')\,\mathrm{d}t'}$$
$$-\mathrm{i}\hbar\left(\frac{\partial}{\partial t}\widehat{\eta}(\boldsymbol{r},t)\right)\mathrm{e}^{\frac{\mathrm{i}}{\hbar}\int\limits_0^t D(t')\,\mathrm{d}t'}$$
$$-\mathrm{i}\hbar\left(\frac{\mathrm{i}}{\hbar}D(t)\right)\widehat{\eta}(\boldsymbol{r},t)\,\mathrm{e}^{\frac{\mathrm{i}}{\hbar}\int\limits_0^t D(t')\,\mathrm{d}t'}$$

Damit bleibt eine ebenfalls von $D(t)$ unabhängige Differentialgleichung:

$$\left(\mathrm{i}\hbar\frac{\partial}{\partial t} - \frac{1}{2m}(\boldsymbol{p}+e\boldsymbol{A}(\boldsymbol{r},t))^2 + e\varphi(\boldsymbol{r},t)\right)\widehat{\eta}(\boldsymbol{r},t) = 0\,. \tag{A.6}$$

Spin- und Ortsanteil des zweikomponentigen Spinors können deshalb unabhängig voneinander über (1) und (2) bestimmt werden. Wegen

$$\left|\psi_{\frac{1}{2}}(\boldsymbol{r},t)\right\rangle = \eta(\boldsymbol{r},t)\,\left|\chi_{\frac{1}{2}}(t)\right\rangle = \widehat{\eta}(\boldsymbol{r},t)\,\left|\widehat{\chi}(t)\right\rangle$$

ist damit das Problem gelöst.

Lösung zu Aufgabe 5.2.11

Wir führen zur Abkürzung die *Larmor-Frequenz des Elektrons* ein:

$$\omega_\mathrm{L} = \frac{\mu_\mathrm{B}}{\hbar} B \, .$$

Heisenberg'sche Bewegungsgleichung (3.191):

$$\mathrm{i}\hbar \dot{S}_{\substack{z\\y\\x}}(t) = \left[S_{\substack{z\\y\\x}}, H\right]_-(t) = 2\frac{\omega_\mathrm{L}}{B}\left[S_{\substack{z\\y\\x}}, S_x B_x + S_y B_y + S_z B_z\right]_-$$

$$= \mathrm{i}\hbar\, 2\frac{\omega_\mathrm{L}}{B}\begin{cases} S_y B_x - S_x B_y \\ -S_z B_x + S_x B_z \\ S_z B_y - S_y B_z \end{cases} = \mathrm{i}\hbar\, 2\frac{\omega_\mathrm{L}}{B}\begin{cases} -(\boldsymbol{S}\times\boldsymbol{B})_z \\ -(\boldsymbol{S}\times\boldsymbol{B})_y \\ -(\boldsymbol{S}\times\boldsymbol{B})_x \end{cases} .$$

Die Bewegungsgleichung lautet also:

$$\dot{\boldsymbol{S}}(t) = -2\frac{\omega_\mathrm{L}}{B}(\boldsymbol{S}\times\boldsymbol{B})(t) = (\boldsymbol{\mu}_S \times \boldsymbol{B})(t) \, .$$

Der Operator des zeitabgeleiteten Spins entspricht also dem Drehmoment, das vom Feld $\boldsymbol{B}$ auf das magnetische Spinmoment (s. (3.53), Bd. 3) ausgeübt wird. Nach dem Ehrenfest'schen Theorem (3.211) ist die Bewegungsgleichung der Erwartungswerte von Observablen in allen drei Bildern formal dieselbe. Wir können also aus der letzten Gleichung, die das Heisenberg-Bild benutzt, direkt folgern:

$$\frac{\mathrm{d}}{\mathrm{d}t}\langle\boldsymbol{S}\rangle_t = -2\frac{\omega_\mathrm{L}}{B}\left(\langle\boldsymbol{S}\rangle_t \times \boldsymbol{B}\right) .$$

Wir setzen jetzt: $\boldsymbol{B} = B\,\boldsymbol{e}_z$. Dann lauten die Bewegungsgleichungen im einzelnen:

$$\frac{\mathrm{d}}{\mathrm{d}t}\langle S_x\rangle_t = -2\omega_\mathrm{L}\langle S_y\rangle_t \, ,$$

$$\frac{\mathrm{d}}{\mathrm{d}t}\langle S_y\rangle_t = 2\omega_\mathrm{L}\langle S_x\rangle_t \, ,$$

$$\frac{\mathrm{d}}{\mathrm{d}t}\langle S_z\rangle_t = 0 \, .$$

Durch nochmaliges Ableiten der ersten beiden Gleichungen ergibt sich eine uns vertraute Differentialgleichung,

$$\frac{\mathrm{d}^2}{\mathrm{d}t^2}\langle S_{x,y}\rangle_t + (2\omega_\mathrm{L})^2\langle S_{x,y}\rangle_t = 0,$$

die sich leicht integrieren lässt:

$$\langle S_x\rangle_t = a \sin 2\omega_L\, t + b \cos 2\omega_L\, t \,,$$
$$\langle S_y\rangle_t = \hat{a} \sin 2\omega_L\, t + \hat{b} \cos 2\omega_L\, t \,.$$

Mit den Anfangsbedingungen,

$$\langle S_x\rangle_{t=0} = b \,,$$
$$\frac{d}{dt}\langle S_x\rangle_t\bigg|_{t=0} = 2\omega_L\, a = -2\omega_L \langle S_y\rangle_{t=0} \,,$$
$$\langle S_y\rangle_{t=0} = \hat{b} \,,$$
$$\frac{d}{dt}\langle S_y\rangle_t\bigg|_{t=0} = 2\omega_L\, \hat{a} = 2\omega_L \langle S_x\rangle_{t=0} \,,$$

haben wir die vollständigen Lösungen:

$$\langle S_x\rangle_t = \langle S_y\rangle_{t=0} \sin 2\omega_L\, t + \langle S_x\rangle_{t=0} \cos 2\omega_L\, t \,,$$
$$\langle S_y\rangle_t = -\langle S_x\rangle_{t=0} \sin 2\omega_L\, t + \langle S_y\rangle_{t=0} \cos 2\omega_L\, t \,,$$
$$\langle S_z\rangle_t = \langle S_z\rangle_{t=0} \,.$$

Der Erwartungswert $\langle \boldsymbol{S}\rangle_t$ des Spinoperators präzediert also mit der doppelten Larmor-Frequenz um das Magnetfeld $\boldsymbol{B}$. Der Öffnungswinkel des Präzessionskegels bestimmt sich aus den Anfangsbedingungen $\langle S_x\rangle_{t=0}$ und $\langle S_y\rangle_{t=0}$.

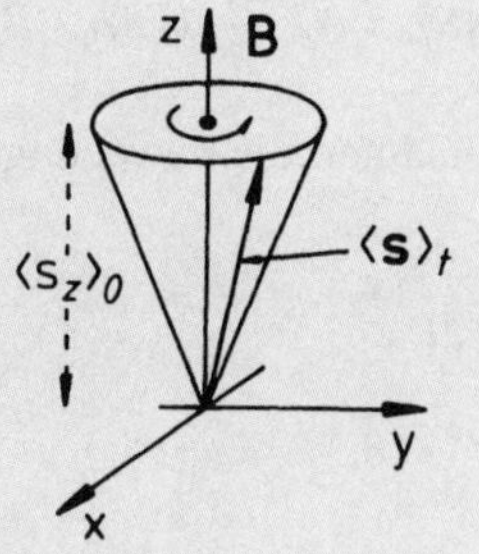

Abb. A.3

Lösung zu Aufgabe 5.2.12

In der S_z-*Darstellung* lauten S_x und S_y:

$$S_x = \frac{\hbar}{2}\begin{pmatrix} 0 & 1 \\ 1 & 0 \end{pmatrix} ; \quad S_y = \frac{\hbar}{2}\begin{pmatrix} 0 & -\mathrm{i} \\ \mathrm{i} & 0 \end{pmatrix} ,$$

und damit A:

$$A = \alpha \frac{\hbar}{2}\begin{pmatrix} 0 & 1-\mathrm{i} \\ 1+\mathrm{i} & 0 \end{pmatrix} .$$

Eigenwerte aus der Säkulargleichung:

$$\det\left(A - \lambda\,\mathbf{1}_2\right) \stackrel{!}{=} 0 ,$$

$$\det\begin{pmatrix} -\lambda & (1-\mathrm{i})\,\alpha\,\dfrac{\hbar}{2} \\ (1+\mathrm{i})\,\alpha\,\dfrac{\hbar}{2} & -\lambda \end{pmatrix} = \lambda^2 - \alpha^2\,\frac{\hbar^2}{4}\,2$$

$$\Rightarrow \quad \lambda_\pm = \pm\frac{\alpha\,\hbar}{\sqrt{2}} .$$

Eigenzustände aus:

$$A|\lambda_\pm\rangle = \pm\frac{\alpha\,\hbar}{\sqrt{2}}|\lambda_\pm\rangle ; \quad |\lambda_\pm\rangle = \begin{pmatrix} a_\pm \\ b_\pm \end{pmatrix}$$

$$\Leftrightarrow \quad \begin{pmatrix} \mp\sqrt{2} & 1-\mathrm{i} \\ 1+\mathrm{i} & \mp\sqrt{2} \end{pmatrix}\begin{pmatrix} a_\pm \\ b_\pm \end{pmatrix} \stackrel{!}{=} 0$$

$$\Rightarrow \quad \mp\sqrt{2}\,a_\pm + (1-\mathrm{i})\,b_\pm = 0 ,$$

$$(1+\mathrm{i})\,a_\pm \mp \sqrt{2}\,b_\pm = 0$$

$$\Rightarrow \quad b_\pm = \pm\frac{1+\mathrm{i}}{\sqrt{2}}\,a_\pm .$$

Normierung: $|b_\pm|^2 + |a_\pm|^2 \stackrel{!}{=} 1$

$$\Rightarrow \quad 1 = |a_\pm|^2\left(\frac{2}{2}+1\right) .$$

Phase so wählen, dass $a_\pm$ reell:

$$a_\pm = \frac{1}{\sqrt{2}} ; \quad b_\pm = \pm\frac{1}{2}\,(1+\mathrm{i}) .$$

Damit lauten die Eigenzustände in der S_z-*Darstellung*:

$$|\lambda_+\rangle = \begin{pmatrix} \frac{1}{\sqrt{2}} \\ \frac{1}{2}(1+\mathrm{i}) \end{pmatrix} \; ; \quad |\lambda_-\rangle = \begin{pmatrix} \frac{1}{\sqrt{2}} \\ -\frac{1}{2}(1+\mathrm{i}) \end{pmatrix} .$$

Wahrscheinlichkeiten:

$$|\langle - |\lambda_+\rangle|^2 = \left|\frac{1}{2}(1+\mathrm{i})\right|^2 = \frac{1}{2} \; ; \quad |\langle - |\lambda_-\rangle|^2 = \frac{1}{2} .$$

Lösung zu Aufgabe 5.2.13

Hamilton-Operator in der S_z-Darstellung:

$$H = -\mu_s \frac{\hbar}{2}\left(\sigma_x B_x + \sigma_y B_y + \sigma_z B_z\right) = -\mu_s \frac{\hbar}{2} \begin{pmatrix} B_0 & B_1\,\mathrm{e}^{\mathrm{i}\omega t} \\ B_1\,\mathrm{e}^{-\mathrm{i}\omega t} & -B_0 \end{pmatrix} .$$

Schrödinger-Gleichung für den allgemeinen Zustand:

$$|\psi(t)\rangle = \begin{pmatrix} a_+(t) \\ a_-(t) \end{pmatrix} ,$$

$$\mathrm{i}\hbar \begin{pmatrix} \dot{a}_+(t) \\ \dot{a}_-(t) \end{pmatrix} = -\mu_s \frac{\hbar}{2} \begin{pmatrix} B_0\, a_+(t) + B_1\,\mathrm{e}^{\mathrm{i}\omega t}\, a_-(t) \\ B_1\,\mathrm{e}^{-\mathrm{i}\omega t}\, a_+(t) - B_0\, a_-(t) \end{pmatrix} .$$

Wir leiten die Gleichung für $a_-(t)$ noch einmal nach der Zeit ab:

$$\begin{aligned} \ddot{a}_-(t) &= \frac{\mathrm{i}\,\mu_s}{2}\left(-\mathrm{i}\,\omega\, B_1\,\mathrm{e}^{-\mathrm{i}\omega t}\, a_+(t) + B_1\,\mathrm{e}^{-\mathrm{i}\omega t}\,\dot{a}_+(t) - B_0\,\dot{a}_-(t)\right) \\ &= \frac{\mathrm{i}\,\mu_s}{2}\left[-\mathrm{i}\,\omega\left(-\mathrm{i}\frac{2}{\mu_s}\,\dot{a}_-(t) + B_0\, a_-(t)\right)\right. \\ &\qquad + B_1\,\mathrm{e}^{-\mathrm{i}\omega t}\,\frac{\mathrm{i}\,\mu_s}{2}\left(B_0\, a_+(t) + B_1\,\mathrm{e}^{\mathrm{i}\omega t}\, a_-(t)\right) \\ &\qquad \left. - B_0\,\frac{\mathrm{i}\,\mu_s}{2}\left(B_1\,\mathrm{e}^{-\mathrm{i}\omega t}\, a_+(t) - B_0\, a_-(t)\right)\right] \\ &= -\mathrm{i}\,\omega\,\dot{a}_-(t) + a_-(t)\left[\frac{1}{2}\,\omega\,\mu_s\, B_0 - \frac{1}{4}\,\mu_s^2\left(B_1^2 + B_0^2\right)\right] . \end{aligned}$$

Lösungsansatz:

$$a_-(t) \sim e^{i\alpha t}$$

$$\Rightarrow -\alpha^2 = \alpha\,\omega + \left[-\left(\frac{1}{2}\mu_s B_0 - \frac{1}{2}\omega\right)^2 + \frac{1}{4}\omega^2 - \frac{1}{4}\mu_s^2 B_1^2\right]$$

$$\Leftrightarrow \frac{1}{4}\left[(\mu_s B_0 - \omega)^2 + \mu_s^2 B_1^2\right] = \left(\alpha + \frac{1}{2}\omega\right)^2 .$$

Wir kürzen ab:

$$\Delta = \frac{1}{2}\sqrt{(\mu_s B_0 - \omega)^2 + \mu_s^2 B_1^2} .$$

Damit folgt:

$$\alpha_\pm = -\frac{1}{2}\omega \pm \Delta .$$

Die allgemeine Lösung für $a_-(t)$ lautet demnach:

$$a_-(t) = e^{-(i/2)\omega t}\left[A\,e^{i\Delta t} + B\,e^{-i\Delta t}\right] .$$

Anfangsbedingungen:

$$a_-(t=0) = 0 ; \quad a_+(t=0) = 1$$

$$\Rightarrow A = -B ,$$

$$\dot{a}_-(t=0) = i\Delta\,[A - B] = 2i\,\Delta\,A \overset{!}{=} \frac{i\,\mu_s}{2} B_1$$

$$\Rightarrow A = \frac{\mu_s}{4\Delta} B_1 .$$

Lösung:

$$a_-(t) = \frac{i\,\mu_s}{2\Delta} B_1\,e^{-\frac{i}{2}\omega t}\,\sin\Delta t .$$

Übergangswahrscheinlichkeit:

$$w_-(t) = |a_-(t)|^2 = \frac{\mu_s^2 B_1^2}{(\mu_s B_0 - \omega)^2 + \mu_s^2 B_1^2}\sin^2\frac{1}{2}\sqrt{(\mu_s B_0 - \omega)^2 + \mu_s^2 B_1^2}\;t .$$

Diese Wahrscheinlichkeit ist normalerweise sehr klein, da im Experiment $B_0 \gg B_1$ gewählt werden muss. Wenn aber die Frequenz ω des Wechselfeldes in die Nähe von $\mu_s B_0$ kommt, wird der Vorfaktor von der Größenordnung 1:

$$w_-(t) \underset{\omega \to \mu_s B_0}{\longrightarrow} \sin^2\left(\frac{1}{2}\mu_s B_1 t\right) .$$

Zu den Zeitpunkten

$$t_n = \frac{(2n+1)\pi}{\mu_s B_1}\,; \quad n = 0,1,2,\dots$$

wird die Übergangswahrscheinlichkeit sogar 1. Im Feld unterscheiden sich die Energien der Zustände $|+\rangle$ und $|-\rangle$ um die Energie $\Delta E \approx \hbar\, \mu_s B_0$. Da diese Energie dem angelegten Feld entnommen werden muss, ist die Resonanzfrequenz $\omega_0 = \mu_s B_0$ an der Energieabsorption sehr genau erkennbar. Dieses Verfahren (*paramagnetische Resonanz*) erlaubt die Bestimmung des magnetischen Moments μ_s.

Lösung zu Aufgabe 5.2.14

1. Homogenes Magnetfeld:

$$\boldsymbol{B} = \frac{B}{\sqrt{2}}(0,1,1)\,.$$

Vektorpotential

$$\boldsymbol{B} \overset{!}{=} \operatorname{rot}\boldsymbol{A}$$
$$0 \overset{!}{=} \operatorname{div}\boldsymbol{A} \quad \text{(Coulomb-Eichung!)}\,.$$

Dies bedeutet:

$$0 = \frac{\partial}{\partial y}A_z - \frac{\partial}{\partial z}A_y$$
$$\frac{1}{\sqrt{2}}B = \frac{\partial}{\partial z}A_x - \frac{\partial}{\partial x}A_z$$
$$\frac{1}{\sqrt{2}}B = \frac{\partial}{\partial x}A_y - \frac{\partial}{\partial y}A_x\,.$$

Mögliche Wahl:

$$\boldsymbol{A}(\boldsymbol{r}) = \frac{1}{2\sqrt{2}}B(z-y,x,-x)\,.$$

Es gilt auch:

$$\boldsymbol{B}\times\boldsymbol{r} = \frac{1}{\sqrt{2}}B(z-y,x,-x) \quad \curvearrowright \quad \boldsymbol{A}(\boldsymbol{r}) = \frac{1}{2}(\boldsymbol{B}\times\boldsymbol{r})\,.$$

Kanonischer Impuls:

$$\boldsymbol{p} = m\dot{\boldsymbol{r}} + q\boldsymbol{A}(\boldsymbol{r})\,.$$

Hamilton-Funktion:

$$H = \frac{1}{2m}\left(\boldsymbol{p} - q\boldsymbol{A}(\boldsymbol{r})\right)^2 + qEx\,.$$

Jetzt Quantisieren, wodurch p_i und x_i zu Operatoren werden. Es folgt als Hamilton-Operator:

$$H = \frac{1}{2m}\left(\boldsymbol{p}^2 + q^2\boldsymbol{A}^2(\boldsymbol{r}) - q\boldsymbol{p}\cdot\boldsymbol{A}(\boldsymbol{r}) - q\boldsymbol{A}(\boldsymbol{r})\cdot\boldsymbol{p}\right) + qEx\,.$$

Ortsdarstellung und Coulomb-Eichung:

$$\boldsymbol{p}\cdot\boldsymbol{A}(\boldsymbol{r}) = \frac{\hbar}{\mathrm{i}}(\nabla\cdot\boldsymbol{A}(\boldsymbol{r}) + \boldsymbol{A}(\boldsymbol{r})\cdot\nabla) = \frac{\hbar}{\mathrm{i}}\boldsymbol{A}(\boldsymbol{r})\cdot\nabla = \boldsymbol{A}(\boldsymbol{r})\cdot\boldsymbol{p}\,.$$

In der Coulomb-Eichung kommutieren $\boldsymbol{A}$ und $\boldsymbol{p}$.

$$H = \left(\frac{1}{2m}\boldsymbol{p}^2 + qEx\right) + \frac{1}{2m}q^2\boldsymbol{A}^2(\boldsymbol{r}) - \frac{q}{m}\boldsymbol{A}(\boldsymbol{r})\cdot\boldsymbol{p}$$

$$\frac{1}{2m}q^2\boldsymbol{A}^2(\boldsymbol{r}) = \frac{q^2}{16m}\left((z-y)^2 + 2x^2\right)\boldsymbol{B}^2$$

$$\frac{q}{m}\boldsymbol{A}(\boldsymbol{r})\cdot\boldsymbol{p} = \frac{q}{2m}(\boldsymbol{B}\times\boldsymbol{r})\cdot\boldsymbol{p} = \frac{q}{2m}(\boldsymbol{r}\times\boldsymbol{p})\cdot\boldsymbol{B} = \frac{q}{2m}\boldsymbol{L}\cdot\boldsymbol{B}\,.$$

$\boldsymbol{L}$ ist der Bahndrehimpuls. Es bleibt demnach als **Hamilton-Operator**:

$$H = \left(\frac{1}{2m}\boldsymbol{p}^2 + qEx\right) - \frac{q}{2m}\boldsymbol{L}\cdot\boldsymbol{B} + \frac{q^2}{16m}\left((z-y)^2 + 2x^2\right)\boldsymbol{B}^2\,.$$

▸ Operator des magnetischen Moments

$$\boldsymbol{\mu} = -\nabla_{\mathrm{B}}H = \frac{q}{2m}\boldsymbol{L} - \frac{q^2}{8m}\left((z-y)^2 + 2x^2\right)\boldsymbol{B}\,.$$

Der erste Term repräsentiert ein *permanentes* magnetisches Moment (falls $\boldsymbol{L} \neq 0$), wohingegen der zweite Summand nach Ausschalten des Magnetfeldes offensichtlich verschwindet. Er sorgt also für ein *induziertes* Moment, das dem erregenden Feld entgegengerichtet ist (Induktionseffekt, Lenz'sche Regel).

2. Wegen $B_x = 0$ folgt:

$$\mu_x = \frac{q}{2m} L_x$$

$$\mu_y = \frac{q}{2m} L_y - \frac{q^2}{8\sqrt{2}m} \left((z-y)^2 + 2x^2\right) B .$$

Damit berechnen wir:

- $$[\mu_x, p_x]_- = \frac{q}{2m} [L_x, p_x]_- .$$

  Wir benutzen die Vektorformel (5.43)

  $$\left[e_i \cdot L, e_j \cdot A\right]_- = i\hbar(e_i \times e_j) \cdot A .$$

  Dabei ist A ein beliebiger Vektoroperator. Wir wählen: $A = p$:

  $$[\mu_x, p_x]_- = \frac{q}{2m} [L_x, p_x]_- = \frac{q}{2m} i\hbar(e_x \times e_x) \cdot p = 0 .$$

- $$\left[\mu_y, p_x\right]_- = \frac{q}{2m} \left[L_y, p_x\right]_- - \frac{q^2}{8\sqrt{2}m} \left[2x^2 B, p_x\right]_- .$$

  Wir benutzen wieder obige Vektorformel:

  $$\left[L_y, p_x\right]_- = i\hbar(e_y \times e_x) \cdot p = -i\hbar p_z$$

  $$\left[2x^2 B, p_x\right]_- = 2B\left(x[x, p_x]_- + [x, p_x]_- x\right) = 4i\hbar Bx$$

  $$\curvearrowright \quad \left[\mu_y, p_x\right]_- = -i\hbar \frac{q}{2m} \left(p_z + \frac{1}{\sqrt{2}} qBx\right) .$$

- $$\left[\mu_x, p_y\right]_- = \frac{q}{2m} \left[L_x, p_y\right]_- = \frac{q}{2m} i\hbar(e_x \times e_y) \cdot p = i\hbar \frac{q}{2m} p_z$$

  $$\curvearrowright \quad \left[\left[\mu_x, p_y\right]_-, z\right]_- = i\hbar \frac{q}{2m} [p_z, z]_- = \hbar^2 \frac{q}{2m}$$

Lösung zu Aufgabe 5.2.15

1. Neutronen sind Spin-$\frac{1}{2}$-Teilchen. Mit (5.164) gilt deshalb:

$$\langle\sigma_x\rangle = \langle\sigma_z\rangle = \frac{1}{2} \ ; \ \langle\sigma_y\rangle = 0 \,.$$

Statistischer Operator ρ:

a) Formel aus Aufgabe 3.3.9 aus Band 5/1:

$$\rho = \frac{1}{2}\left(\mathbb{1} + \langle\boldsymbol{\sigma}\rangle \cdot \boldsymbol{\sigma}\right) \,.$$

Dabei ist:

$$\langle\boldsymbol{\sigma}\rangle \cdot \boldsymbol{\sigma} = \frac{1}{2}(\sigma_x + \sigma_z) = \frac{1}{2}\begin{pmatrix} 1 & 1 \\ 1 & -1 \end{pmatrix} .$$

Das ergibt:

$$\rho = \frac{1}{4}\begin{pmatrix} 3 & 1 \\ 1 & 1 \end{pmatrix} .$$

b) Alternative Lösung durch direkte Rechnung:

i.

$$\langle\sigma_x\rangle = \frac{1}{2} = \mathrm{Sp}(\rho\sigma_x) = \mathrm{Sp}\begin{pmatrix} \rho_{12} & \rho_{11} \\ \rho_{22} & \rho_{21} \end{pmatrix} = \rho_{12} + \rho_{21} \,.$$

ii.

$$\langle\sigma_z\rangle = \frac{1}{2} = \mathrm{Sp}(\rho\sigma_z) = \mathrm{Sp}\begin{pmatrix} \rho_{11} & -\rho_{12} \\ \rho_{21} & -\rho_{22} \end{pmatrix} = \rho_{11} - \rho_{22} \,.$$

iii.

$$\langle\sigma_y\rangle = 0 = \mathrm{Sp}(\rho\sigma_y) = \mathrm{Sp}\begin{pmatrix} \mathrm{i}\rho_{12} & -\mathrm{i}\rho_{11} \\ \mathrm{i}\rho_{22} & -\mathrm{i}\rho_{21} \end{pmatrix} = \mathrm{i}(\rho_{12} - \rho_{21}) \,.$$

iv.

$$\mathrm{Sp}\,\rho = 1 = \rho_{11} + \rho_{22} \,.$$

$$
\begin{aligned}
\text{(iii)} \quad &\curvearrowright \rho_{12} = \rho_{21} \\
\text{(i)} \quad &\curvearrowright \rho_{12} = \rho_{21} = \frac{1}{4} \\
\text{(ii)} + \text{(iv)} \quad &\curvearrowright \rho_{11} = \frac{3}{4} \\
\text{(iv)} \quad &\curvearrowright \rho_{22} = \frac{1}{4} \,.
\end{aligned}
$$

Damit ergibt sich wieder

$$\rho = \frac{1}{4}\begin{pmatrix} 3 & 1 \\ 1 & 1 \end{pmatrix} .$$

2. Beliebige Raumrichtung:

$$\boldsymbol{e} = (\sin\vartheta\cos\varphi, \sin\vartheta\sin\varphi, \cos\vartheta) \,.$$

Spinkomponente in Richtung $\boldsymbol{e}$:

$$(\boldsymbol{\sigma}\cdot\boldsymbol{e}) = \begin{pmatrix} \cos\vartheta & \mathrm{e}^{-\mathrm{i}\varphi}\sin\vartheta \\ \mathrm{e}^{\mathrm{i}\varphi}\sin\vartheta & -\cos\vartheta \end{pmatrix} .$$

Polarisation:

$$
\begin{aligned}
\langle\boldsymbol{\sigma}\cdot\boldsymbol{e}\rangle &= \mathrm{Sp}(\rho(\boldsymbol{\sigma}\cdot\boldsymbol{e})) \\
&= \frac{1}{4}\,\mathrm{Sp}\begin{pmatrix} 3 & 1 \\ 1 & 1 \end{pmatrix}\begin{pmatrix} \cos\vartheta & \mathrm{e}^{-\mathrm{i}\varphi}\sin\vartheta \\ \mathrm{e}^{\mathrm{i}\varphi}\sin\vartheta & -\cos\vartheta \end{pmatrix} \\
&= \frac{1}{4}\left(3\cos\vartheta + \mathrm{e}^{\mathrm{i}\varphi}\sin\vartheta + \mathrm{e}^{-\mathrm{i}\varphi}\sin\vartheta - \cos\vartheta\right) \\
&= \frac{1}{2}(\cos\vartheta + \sin\vartheta\cos\varphi) \,.
\end{aligned}
$$

Speziell war vorgegeben:

$$\left(\vartheta = \frac{\pi}{3}, \varphi = \frac{\pi}{6}\right) \curvearrowright \cos\vartheta = \frac{1}{2}\,;\ \sin\vartheta = \frac{1}{2}\sqrt{3}\,;\ \cos\varphi = \frac{1}{2}\sqrt{3} \,.$$

Das bedeutet für die Polarisation in der vorgegebenen Richtung:

$$\langle\boldsymbol{\sigma}\cdot\boldsymbol{e}\rangle = \frac{1}{2}\left(\frac{1}{2} + \frac{3}{4}\right) = \frac{5}{8} \,.$$

3. Mittlere quadratische Schwankung:

$$(\Delta\sigma_e)^2 \equiv \left\langle(\boldsymbol{\sigma}\cdot\boldsymbol{e})^2\right\rangle - \langle\boldsymbol{\sigma}\cdot\boldsymbol{e}\rangle^2 \qquad \langle\boldsymbol{\sigma}\cdot\boldsymbol{e}\rangle^2 = \frac{25}{64}\,.$$

Wir brauchen:

$$\begin{aligned}(\boldsymbol{\sigma}\cdot\boldsymbol{e})^2 &= \begin{pmatrix}\cos\vartheta & e^{-i\varphi}\sin\vartheta\\ e^{i\varphi}\sin\vartheta & -\cos\vartheta\end{pmatrix}\cdot\begin{pmatrix}\cos\vartheta & e^{-i\varphi}\sin\vartheta\\ e^{i\varphi}\sin\vartheta & -\cos\vartheta\end{pmatrix}\\ &= \begin{pmatrix}\cos^2\vartheta+\sin^2\vartheta & e^{-i\varphi}\cos\vartheta\sin\vartheta - e^{-i\varphi}\sin\vartheta\cos\vartheta\\ e^{i\varphi}\sin\vartheta\cos\vartheta - e^{i\varphi}\cos\vartheta\sin\vartheta & \sin^2\vartheta+\cos^2\vartheta\end{pmatrix}\\ &= \begin{pmatrix}1 & 0\\ 0 & 1\end{pmatrix} = \mathbb{1}_2\,.\end{aligned}$$

Damit gilt:

$$\left\langle(\boldsymbol{\sigma}\cdot\boldsymbol{e})^2\right\rangle = \mathrm{Sp}\left(\rho(\boldsymbol{\sigma}\cdot\boldsymbol{e})^2\right) = \mathrm{Sp}\,(\rho) = 1\,.$$

Unschärfe der Spinmessung:

$$\Delta\sigma_e = \sqrt{1-\frac{25}{64}} = \frac{1}{8}\sqrt{39}\,.$$

Abschnitt 5.3.5

Lösung zu Aufgabe 5.3.1

Man erkennt unmittelbar:

$$\widehat{\alpha}_i\,\widehat{\alpha}_j = \begin{pmatrix}\sigma_i\,\sigma_j & 0\\ 0 & \sigma_i\,\sigma_j\end{pmatrix}.$$

Mit den Vertauschungsrelationen (5.167) der Pauli'schen Spinmatrizen σ_i, wobei $i = x, y, z$, folgt dann:

$$\left[\widehat{\alpha}_i, \widehat{\alpha}_j\right]_+ = \begin{pmatrix} [\sigma_i, \sigma_j]_+ & 0 \\ 0 & [\sigma_i, \sigma_j]_+ \end{pmatrix}$$

$$= 2\delta_{ij} \begin{pmatrix} \mathbf{1}_2 & 0 \\ 0 & \mathbf{1}_2 \end{pmatrix} = 2\delta_{ij}\,\mathbf{1}_4 \,.$$

Weiterhin berechnet man:

$$\widehat{\alpha}_i \widehat{\beta} = \begin{pmatrix} 0 & \sigma_i \\ \sigma_i & 0 \end{pmatrix} \begin{pmatrix} \mathbf{1}_2 & 0 \\ 0 & -\mathbf{1}_2 \end{pmatrix} = \begin{pmatrix} 0 & -\sigma_i \\ \sigma_i & 0 \end{pmatrix} ,$$

$$\widehat{\beta} \widehat{\alpha}_i = \begin{pmatrix} \mathbf{1}_2 & 0 \\ 0 & -\mathbf{1}_2 \end{pmatrix} \begin{pmatrix} 0 & \sigma_i \\ \sigma_i & 0 \end{pmatrix} = \begin{pmatrix} 0 & \sigma_i \\ -\sigma_i & 0 \end{pmatrix}$$

$$\Rightarrow \left[\widehat{\alpha}_i, \widehat{\beta}\right]_+ = 0 \,,$$

$$\widehat{\beta}^2 = \begin{pmatrix} \mathbf{1}_2 & 0 \\ 0 & -\mathbf{1}_2 \end{pmatrix} \begin{pmatrix} \mathbf{1}_2 & 0 \\ 0 & -\mathbf{1}_2 \end{pmatrix} = \begin{pmatrix} \mathbf{1}_2 & 0 \\ 0 & \mathbf{1}_2 \end{pmatrix} = \mathbf{1}_4 \,.$$

Damit sind die Bedingungen (5.197) offensichtlich erfüllt.

Lösung zu Aufgabe 5.3.2

Der Lösungsweg ist derselbe wie in der vorangegangenen Aufgabe:

$$[S_i, S_j]_- = \frac{\hbar^2}{4} \begin{pmatrix} [\sigma_i, \sigma_j]_- & 0 \\ 0 & [\sigma_i, \sigma_j]_- \end{pmatrix} \stackrel{(5.171)}{=} \frac{\hbar^2}{4} \begin{pmatrix} 2\mathrm{i} \sum\limits_k \varepsilon_{ijk}\,\sigma_k & 0 \\ 0 & 2\mathrm{i} \sum\limits_k \varepsilon_{ijk}\,\sigma k \end{pmatrix}$$

$$= \mathrm{i}\,\frac{\hbar^2}{2} \sum_k \varepsilon_{ijk} \begin{pmatrix} \sigma_k & 0 \\ 0 & \sigma_k \end{pmatrix} = \mathrm{i}\,\hbar \sum_k \varepsilon_{ijk}\, S_k \,.$$

Dies entspricht genau (5.14)!

Lösung zu Aufgabe 5.3.3

$$H_{\mathrm{D}}^{(0)} = c\,\widehat{\boldsymbol{\alpha}} \cdot \boldsymbol{p} + \widehat{\beta}\, m_{\mathrm{e}}\, c^2 \,.$$

1. $\widehat{\boldsymbol{S}}$ vertauscht mit dem Impuls $\boldsymbol{p}$:

$$\widehat{S}_i\,\widehat{\alpha}_j = \frac{\hbar}{2}\begin{pmatrix}\sigma_i & 0\\ 0 & \sigma_i\end{pmatrix}\begin{pmatrix}0 & \sigma_j\\ \sigma_j & 0\end{pmatrix} = \frac{\hbar}{2}\begin{pmatrix}0 & \sigma_i\sigma_j\\ \sigma_i\sigma_j & 0\end{pmatrix}$$

$$\begin{aligned}
\Rightarrow\ \left[\widehat{S}_i, \widehat{\alpha}_j\right]_- &= \frac{\hbar}{2}\begin{pmatrix}0 & [\sigma_i, \sigma_j]_-\\ \left[\sigma_i\sigma_j\right]_- & 0\end{pmatrix}\\
&\overset{(5.171)}{=} \frac{\hbar}{2}\begin{pmatrix}0 & 2\mathrm{i}\sum\limits_k \varepsilon_{ijk}\,\sigma_k\\ 2\mathrm{i}\sum\limits_k \varepsilon_{ijk}\,\sigma_k & 0\end{pmatrix}\\
&= \mathrm{i}\,\hbar\sum_k \varepsilon_{ijk}\begin{pmatrix}0 & \sigma_k\\ \sigma_k & 0\end{pmatrix} = \mathrm{i}\,\hbar\sum_k \varepsilon_{ijk}\,\widehat{\alpha}_k \,.
\end{aligned}$$

Dies bedeutet:

$$\left[\widehat{S}_i, \widehat{\boldsymbol{\alpha}}\cdot\boldsymbol{p}\right]_- = \mathrm{i}\,\hbar\sum_{jk}\varepsilon_{ijk}\,p_j\,\widehat{\alpha}_k = \mathrm{i}\,\hbar(\boldsymbol{p}\times\widehat{\boldsymbol{\alpha}})_i\,,$$

$$\left[\widehat{\boldsymbol{S}}, \widehat{\boldsymbol{\alpha}}\cdot\boldsymbol{p}\right]_- = \mathrm{i}\,\hbar\,(\boldsymbol{p}\times\widehat{\boldsymbol{\alpha}})\,.$$

Außerdem gilt:

$$\begin{aligned}
\widehat{S}_i\cdot\widehat{\beta} &= \frac{\hbar}{2}\begin{pmatrix}\sigma_i & 0\\ 0 & \sigma_i\end{pmatrix}\begin{pmatrix}\mathbf{1}_2 & 0\\ 0 & -\mathbf{1}_2\end{pmatrix} = \frac{\hbar}{2}\begin{pmatrix}\sigma_i & 0\\ 0 & -\sigma_i\end{pmatrix}\\
&= \widehat{\beta}\cdot\widehat{S}_i\ \Rightarrow\ \left[\widehat{\boldsymbol{S}}, \widehat{\beta}\right]_- = 0\,.
\end{aligned}$$

Es bleibt also:

$$\left[\widehat{\boldsymbol{S}}, H_{\mathrm{D}}^{(0)}\right]_- = \mathrm{i}\,\hbar\,c\,(\boldsymbol{p}\times\widehat{\boldsymbol{\alpha}})\,.$$

2. Nach (5.20) gilt:

$$[L_i, p_j]_- = \mathrm{i}\,\hbar\sum_k \varepsilon_{ijk}\,p_k$$

$$\Rightarrow\ [L_i, \widehat{\boldsymbol{\alpha}}\cdot\boldsymbol{p}]_- = \mathrm{i}\,\hbar\sum_{jk}\varepsilon_{ijk}\,\widehat{\alpha}_j\,p_k = \mathrm{i}\,\hbar\,(\widehat{\boldsymbol{\alpha}}\times\boldsymbol{p})_i\,.$$

Wegen

$$\left[L_i, \widehat{\beta}\right]_- = 0$$

bleibt dann:

$$\left[\boldsymbol{L}, H_{\mathrm{D}}^{(0)}\right]_- = \mathrm{i}\hbar\, c\,(\widehat{\boldsymbol{\alpha}} \times \boldsymbol{p})\,.$$

Lösung zu Aufgabe 5.3.4

$$H_{\mathrm{D}} = c\widehat{\boldsymbol{\alpha}} \cdot (\boldsymbol{p} + e\boldsymbol{A}) + \widehat{\beta}\, m_{\mathrm{e}}\, c^2 - e\varphi\,.$$

Heisenberg'sche Bewegungsgleichungen:

$$\mathrm{i}\hbar \frac{\mathrm{d}}{\mathrm{d}t} \boldsymbol{r} = [\boldsymbol{r}, H_{\mathrm{D}}]_- = c\,[\boldsymbol{r}, \boldsymbol{p}] \cdot \widehat{\boldsymbol{\alpha}} = \mathrm{i}\hbar\, \widehat{\boldsymbol{\alpha}}\, c$$

$$\Rightarrow \quad \dot{\boldsymbol{r}}(t) = c\,\widehat{\boldsymbol{\alpha}}\,,$$

$$\begin{aligned}
\mathrm{i}\hbar \frac{\mathrm{d}}{\mathrm{d}t}(\boldsymbol{p} + e\boldsymbol{A}) &= [(\boldsymbol{p} + e\boldsymbol{A}), H_{\mathrm{D}}]_- + \mathrm{i}\hbar \frac{\partial}{\partial t}(\boldsymbol{p} + e\boldsymbol{A}) \\
&= c\,e\,[\boldsymbol{p}, \widehat{\boldsymbol{\alpha}} \cdot \boldsymbol{A}]_- - e[\boldsymbol{p}, \varphi]_- \\
&\quad + e\,c[\boldsymbol{A}, \widehat{\boldsymbol{\alpha}} \cdot \boldsymbol{p}]_- + \mathrm{i}\hbar\, e \frac{\partial \boldsymbol{A}}{\partial t} \\
&= e\,c \frac{\hbar}{\mathrm{i}} \left[-\widehat{\boldsymbol{\alpha}} \cdot \nabla \boldsymbol{A} + \nabla(\widehat{\boldsymbol{\alpha}} \cdot \boldsymbol{A})\right] \\
&\quad - e \frac{\hbar}{\mathrm{i}} \nabla\varphi + \mathrm{i}\hbar\, e \frac{\partial \boldsymbol{A}}{\partial t} \\
&\overset{(\text{Lös. 1.7.13, Bd. 3})}{=} e\,c \frac{\hbar}{\mathrm{i}} (\widehat{\boldsymbol{\alpha}} \times (\nabla \times \boldsymbol{A})) - e \frac{\hbar}{\mathrm{i}} \nabla\varphi + \mathrm{i}\hbar\, e \frac{\partial \boldsymbol{A}}{\partial t}
\end{aligned}$$

$$\Rightarrow \quad \frac{\mathrm{d}}{\mathrm{d}t}(\boldsymbol{p} + e\boldsymbol{A}) = -e\,c\,(\widehat{\boldsymbol{\alpha}} \times \boldsymbol{B}) + e\left(\nabla\varphi + \frac{\partial \boldsymbol{A}}{\partial t}\right)\,.$$

Mit

$$\boldsymbol{E} = -\nabla\boldsymbol{\varphi} - \frac{\partial \boldsymbol{A}}{\partial t}$$

folgt schließlich:

$$\frac{\mathrm{d}}{\mathrm{d}t}(\boldsymbol{p} + e\boldsymbol{A}) = -e\,(\dot{\boldsymbol{r}} \times \boldsymbol{B} + \boldsymbol{E})\,.$$

Rechts steht die Lorentz-Kraft.

Lösung zu Aufgabe 5.3.5

1.
$$
\begin{aligned}
[H_{\text{SB}}, L_i]_- &= \sum_{j=1}^{3} \lambda \, [L_j S_j, L_i]_- = \sum_{j=1}^{3} \lambda \, [L_j, L_i]_- S_j \\
&= \sum_{j=1}^{3} \lambda \sum_k \varepsilon_{jik} L_k S_j \, i\hbar = \mathrm{i}\hbar\lambda \sum_{jk} \varepsilon_{kji} L_k S_j \\
&= \mathrm{i}\hbar\lambda \, (\boldsymbol{L} \times \boldsymbol{S})_i \, , \\
\Rightarrow \; [H_{\text{SB}}, \boldsymbol{L}]_- &= \mathrm{i}\hbar\lambda \, (\boldsymbol{L} \times \boldsymbol{S}) \, .
\end{aligned}
$$

2.
$$
\begin{aligned}
[H_{\text{SB}}, S_i]_- &= \sum_{j=1}^{3} \lambda \, [L_j S_j, S_i]_- = \lambda \sum_{j=1}^{3} L_j \, [S_j, S_i]_- \\
&= \lambda \sum_{j=1}^{3} L_j \, \mathrm{i}\hbar \sum_k \varepsilon_{jik} S_k = \mathrm{i}\hbar\lambda \sum_{jk} \varepsilon_{kji} S_k L_j \\
&= \mathrm{i}\hbar\lambda \, (\boldsymbol{S} \times \boldsymbol{L})_i \\
\Rightarrow \; [H_{\text{SB}}, \boldsymbol{S}]_- &= \mathrm{i}\hbar\lambda \, (\boldsymbol{S} \times \boldsymbol{L}) \, .
\end{aligned}
$$

3.
$$
\left[H_{\text{SB}}, \boldsymbol{L}^2\right]_- = \sum_{i=1}^{3} \lambda \, [L_i S_i, \boldsymbol{L}^2]_- = \sum_{i=1}^{3} \lambda \, [L_i, \boldsymbol{L}^2]_- S_i = 0 \, .
$$

4.
$$
\left[H_{\text{SB}}, \boldsymbol{S}^2\right]_- = \lambda \sum_{i=1}^{3} L_i \, [S_i, \boldsymbol{S}^2]_- = 0 \, .
$$

5. Aus 1) und 2) folgt:
$$
\begin{aligned}
&[H_{\text{SB}}, J_i]_- = 0 \quad \text{für } i = x, y, z \\
\Rightarrow \; &\left[H_{\text{SB}}, \boldsymbol{J}^2\right]_- = \sum_i \left[H_{\text{SB}}, J_i^2\right]_- = 0 \, .
\end{aligned}
$$

Lösung zu Aufgabe 5.3.6

Wir berechnen die i-te Komponente:

$$
\begin{aligned}
(\nabla\varphi \times \boldsymbol{p})_i &= \sum_{jk} \varepsilon_{ijk} \frac{\partial \varphi}{\partial x_j} \cdot \frac{\hbar}{\mathrm{i}} \frac{\partial}{\partial x_k} \\
&= \frac{\hbar}{\mathrm{i}} \sum_{jk} \varepsilon_{ijk} \left(\frac{\partial}{\partial x_k} \frac{\partial \varphi}{\partial x_j} - \frac{\partial^2 \varphi}{\partial x_k \partial x_j} \right) .
\end{aligned}
$$

Stetige Differenzierbarkeit des skalaren Potentials:

$$\begin{aligned}\sum_{jk} \varepsilon_{ijk} \frac{\partial^2 \varphi}{\partial x_k \partial x_j} &\overset{k\leftrightarrow j}{=} \sum_{jk} \varepsilon_{ikj} \frac{\partial^2 \varphi}{\partial x_j \partial x_k} = \sum_{jk} \varepsilon_{ikj} \frac{\partial^2 \varphi}{\partial x_k \partial x_j} \\ &= -\sum_{jk} \varepsilon_{ijk} \frac{\partial^2 \varphi}{\partial x_k \partial x_j} \\ &= 0\,.\end{aligned}$$

Es bleibt also:

$$\begin{aligned}(\nabla\varphi \times \boldsymbol{p})_i &= \frac{\hbar}{\mathrm{i}} \sum_{jk} \varepsilon_{ijk} \frac{\partial}{\partial x_k} \frac{\partial \varphi}{\partial x_j} \\ &= \frac{\hbar}{\mathrm{i}} \sum_{jk} \varepsilon_{ikj} \frac{\partial}{\partial x_j} \frac{\partial \varphi}{\partial x_k} \\ &= -\sum_{jk} \varepsilon_{ijk} \left(\frac{\hbar}{\mathrm{i}} \frac{\partial}{\partial x_j}\right) \frac{\partial \varphi}{\partial x_k} \\ &= -(\boldsymbol{p} \times \nabla\varphi)_i\,.\end{aligned}$$

Damit gilt die Behauptung!

Abschnitt 5.4.4

Lösung zu Aufgabe 5.4.1

1. Für die gesuchten Spinzustände gilt nach (5.280):

$$|S_1\,S_2; S\,m_s\rangle = \sum_{m_{s_1}, m_{s_2}} \langle m_{s_1}\, m_{s_2}|S\,m_s\rangle |S_1\,S_2; m_{s_1}\, m_{s_2}\rangle\,.$$

Die Zustände

$$|S_1\,S_2; m_{s_1}\, m_{s_2}\rangle = |S_1\,m_{s_1}\rangle |S_2\,m_{s_2}\rangle$$

sind die Produktzustände der aus Abschn. 5.2.4 bekannten Spinore.

Dreiecksungleichung (5.278):

$$\left|\frac{1}{2}-\frac{1}{2}\right| \leq S \leq \frac{1}{2}+\frac{1}{2}$$
$$\Rightarrow \; S = 1, 0 \text{ möglich!} \,.$$

Es gibt also die folgenden vier Eigenzustände:

$$|S_1\,S_2; S\,m_s\rangle \equiv |S\,m_s\rangle = |1\,1\rangle, |1\,0\rangle, |1-1\rangle, |0\,0\rangle \,.$$

Diese lassen sich sehr leicht mit den Ergebnissen aus Abschn. 5.4.3 herleiten:

(5.284) $\Rightarrow |1\,1\rangle = \left|S_1\,S_2; \frac{1}{2}\,\frac{1}{2}\right\rangle = |+\rangle_1|+\rangle_2$

Wir benutzen für die Spinzustände die Symbole $|+\rangle, |-\rangle$ aus Abschn. 5.2.4. Der untere Index kennzeichne Teilchen 1 und 2,

(5.286) $\Rightarrow$ Clebsch-Gordan-Koeffizienten:

$$\langle m_{s_1}\,m_{s_2}|1\,0\rangle = \frac{1}{\sqrt{2}}\,\delta_{m_{s_1}\,-1/2}\,\delta_{m_{s_2}\,1/2} + \frac{1}{\sqrt{2}}\,\delta_{m_{s_1}\,1/2}\,\delta_{m_{s_2}\,-1/2}$$
$$\Rightarrow \; |1\,0\rangle = \frac{1}{\sqrt{2}}\left(|-\rangle_1|+\rangle_2 + |+\rangle_1|-\rangle_2\right) \,,$$

(5.287) $\Rightarrow |1-1\rangle = |-\rangle_1|-\rangle_2$,

(5.289) $\Rightarrow$ Clebsch-Gordan-Koeffizienten:

$$\langle m_{s_1}\,m_{s_2}|0\,0\rangle = \frac{1}{\sqrt{2}}\,\delta_{m_{s_1}\,-1/2}\,\delta_{m_{s_2}\,1/2} - \frac{1}{\sqrt{2}}\,\delta_{m_{s_1}\,1/2}\,\delta_{m_{s_2}\,-1/2}$$
$$\Rightarrow \; |0\,0\rangle = \frac{1}{\sqrt{2}}\left(|-\rangle_1|+\rangle_2 - |+\rangle_1|-\rangle_2\right) \,.$$

2.

$$\boldsymbol{S}^2 = (\boldsymbol{S}_1 + \boldsymbol{S}_2)^2 \;\Rightarrow\; \boldsymbol{S}_1 \cdot \boldsymbol{S}_2 = \frac{1}{2}\left(\boldsymbol{S}^2 - \boldsymbol{S}_1^2 - \boldsymbol{S}_2^2\right) \,.$$

Die Eigenzustände $|S_1\,S_2; S\,m_s\rangle$ sind gemeinsame Eigenzustände der Operatoren

$$\boldsymbol{S}^2, S^z, \boldsymbol{S}_1^2, \boldsymbol{S}_2^2$$

und damit auch zu $\boldsymbol{S}_1 \cdot \boldsymbol{S}_2$:

$$\boldsymbol{S}_1 \cdot \boldsymbol{S}_2 |1\, m_s\rangle = \frac{\hbar^2}{2}\left(2 - \frac{3}{4} - \frac{3}{4}\right)|1\, m_s\rangle = \frac{1}{4}\hbar^2 |1\, m_s\rangle$$

$$\text{Eigenwert: } \frac{1}{4}\hbar^2 \text{ (dreifach entartet),}$$

$$\boldsymbol{S}_1 \cdot \boldsymbol{S}_2 |0\,0\rangle = \frac{\hbar^2}{2}\left(0 - \frac{3}{4} - \frac{3}{4}\right)|0\,0\rangle = -\frac{3}{4}\hbar^2 |0\,0\rangle$$

$$\text{Eigenwert: } -\frac{3}{4}\hbar^2 .$$

3. P ist hermitesch, da die Spinoperatoren $\boldsymbol{S}_1$ und $\boldsymbol{S}_2$ hermitesch sind und miteinander vertauschen. Ferner gilt:

$$P|1\, m_s\rangle = \left(\frac{3}{4} + \frac{1}{4}\right)|1\, m_s\rangle = |1\, m_s\rangle ,$$

$$P|0\,0\rangle = \left(\frac{3}{4} - \frac{3}{4}\right)|0\,0\rangle = 0$$

$$\Rightarrow \quad P^2|S\, m_s\rangle = P|S\, m_s\rangle .$$

P projiziert auf den Unterraum der sogenannten *Triplettzustände* $|1\, m_s\rangle$.

Lösung zu Aufgabe 5.4.2

Wir benutzen Teilergebnisse der vorigen Aufgabe:

$$\boldsymbol{S}_1 \cdot \boldsymbol{S}_2 = \frac{1}{2}\left(\boldsymbol{S}^2 - \boldsymbol{S}_1^2 - \boldsymbol{S}_2^2\right) = \frac{1}{2}\left(\boldsymbol{S}^2 - \frac{3}{2}\hbar^2 \mathbf{1}\right),$$

$$S_{1z} + S_{2z} = S_z .$$

Damit lautet der Hamilton-Operator:

$$H = -\frac{1}{2}J\left(\boldsymbol{S}^2 - \frac{3}{2}\hbar^2\,\mathbf{1}\right) + \mu\, S_z .$$

Die gemeinsamen Eigenzustände

$$|1\,1\rangle, |1\,0\rangle, |1\,-1\rangle, |0\,0\rangle$$

von $\boldsymbol{S}^2$, S_z, $\boldsymbol{S}_1^2$, $\boldsymbol{S}_2^2$, die wir in der vorigen Aufgabe berechnet haben, sind also auch die Eigenzustände zu H:

$$H|1\,m_s\rangle = \left\{-\frac{1}{2}J\left(2\hbar^2 - \frac{3}{2}\hbar^2\right) + \mu\, m_s\right\}|1\,m_s\rangle$$

$$\Rightarrow E_{11} = -\frac{1}{4}J\hbar^2 + \mu\,,$$

$$E_{10} = -\frac{1}{4}J\hbar^2\,,$$

$$E_{1-1} = -\frac{1}{4}J\hbar^2 - \mu\,,$$

$$H|0\,0\rangle = -\frac{1}{2}J\left(0 - \frac{3}{2}\hbar^2\right)|0\,0\rangle$$

$$\Rightarrow E_{00} = +\frac{3}{4}\hbar^2 J\,.$$

Lösung zu Aufgabe 5.4.3

1. Dreiecksungleichung (5.278):

$$\left|l - \frac{1}{2}\right| \le j \le l + \frac{1}{2}\,,$$

$$l = 0 \Rightarrow j = \frac{1}{2}\,,$$

$$l \ge 1 \Rightarrow j = l + \frac{1}{2}, l - \frac{1}{2}\,.$$

2. Wir führen den Beweis mit vollständiger Induktion und beginnen mit $|l{+}1/2\, m_j\rangle$. Für $m_j = l + 1/2$ lautet die Behauptung:

$$\left|l + \frac{1}{2}\; l + \frac{1}{2}\right\rangle = |l\,l\rangle|+\rangle \qquad \left(|+\rangle \equiv \left|\frac{1}{2}\,\frac{1}{2}\right\rangle\right)\,.$$

Dies stimmt mit (5.284) überein. Überprüfen wir noch den Fall $m_j = l - (1/2)$:

$$\left|l + \frac{1}{2}\; l - \frac{1}{2}\right\rangle = \sqrt{\frac{2l}{2l+1}}\,|l\,l-1\rangle|+\rangle + \sqrt{\frac{1}{2l+1}}\,|l\,l\rangle|-\rangle\,.$$

Dies ist identisch mit (5.285). – Wir setzen nun voraus, dass die Formel für m_j korrekt ist, und schließen auf $m_j - 1$:

$$J_- = L_- + S_- ,$$

$$J_- \left| l + 1/2\, m_j \right\rangle \overset{(5.64)}{=} \hbar \sqrt{\left(l + 1/2 + m_j\right)\left(l + 1/2 - m_j + 1\right)} \left| l + 1/2\, m_j - 1 \right\rangle ,$$

$$J_- \left| l\, m_j - \frac{1}{2} \right\rangle |+\rangle = \hbar \left| l\, m_j - \frac{1}{2} \right\rangle |-\rangle + \hbar \sqrt{\left(l + m_j - \frac{1}{2}\right)\left(l - m_j + \frac{3}{2}\right)} \left| l\, m_j - \frac{3}{2} \right\rangle |+\rangle ,$$

$$J_- \left| l\, m_j + \frac{1}{2} \right\rangle |-\rangle = \hbar \sqrt{\left(l + m_j + \frac{1}{2}\right)\left(l - m_j + \frac{1}{2}\right)} \left| l\, m_j - 1 \right\rangle |-\rangle .$$

Damit folgt:

$$\begin{aligned} &\left| l + \frac{1}{2}\, m_j - 1 \right\rangle \\ &= \left| l\, m_j - \frac{1}{2} \right\rangle |-\rangle \left\{ \sqrt{\frac{1}{(2l+1)\,(l - m_j + \frac{3}{2})}} \right. \\ &\quad \left. + \frac{l - m_j + 1/2}{\sqrt{(2l+1)\,\left(l - m_j + 3/2\right)}} \right\} + \left| l\, m_j - \frac{3}{2} \right\rangle |+\rangle \sqrt{\frac{l + m_j - 1/2}{2l+1}} \\ &= \sqrt{\frac{l - m_j + 3/2}{2l+1}}\, \left| l\, m_j - 1/2 \right\rangle |-\rangle + \sqrt{\frac{l + m_j - 1/2}{2l+1}} \left| l\, m_j - \frac{3}{2} \right\rangle |+\rangle . \end{aligned}$$

Dies ist die Behauptung für $m_j - 1$. Die Relation für $|l + 1/2\, m_j\rangle$ ist damit bewiesen. Untersuchen wir nun den Zustand $|l - 1/2\, m_j\rangle$: Für $m_j = l - 1/2$ lautet die Behauptung:

$$\left| l - \frac{1}{2}\;\; l - \frac{1}{2} \right\rangle = +\sqrt{\frac{1}{2l+1}}\, |l\, l - 1\rangle |+\rangle - \sqrt{\frac{2l}{2l+1}}\, |l\, l\rangle |-\rangle .$$

Das ist das exakte Ergebnis (5.288). Wir schließen wieder von m_j auf $m_j - 1$:

$$J_- \left| l - \frac{1}{2}\;\; m_j \right\rangle = \hbar \sqrt{\left(l - \frac{1}{2} + m_j\right)\left(l + \frac{1}{2} - m_j\right)} \left| l - \frac{1}{2}\;\; m_j - 1 \right\rangle ,$$

$$J_-\left|l\,m_j-\frac{1}{2}\right\rangle|+\rangle=\hbar\left|l\,m_j-\frac{1}{2}\right\rangle|-\rangle$$
$$+\hbar\sqrt{\left(l+m_j-\frac{1}{2}\right)\left(l-m_j+\frac{3}{2}\right)}\left|l\,m_j-\frac{3}{2}\right\rangle|+\rangle\,,$$

$$J_-\left|l\,m_j+\frac{1}{2}\right\rangle|-\rangle=\hbar\sqrt{\left(l+m_j+\frac{1}{2}\right)\left(l-m_j+\frac{1}{2}\right)}\left|l\,m_j-\frac{1}{2}\right\rangle|-\rangle\,.$$

Dies lässt sich wieder zusammenfassen, da wir die Exaktheit der Formel für $|l-1/2\,m_j\rangle$ voraussetzen:

$$\left|l-\frac{1}{2}\;m_j-1\right\rangle=\sqrt{\frac{1}{(2l+1)\,(l+m_j-1/2)}}\left|l\,m_j-\frac{1}{2}\right\rangle|-\rangle$$
$$+\sqrt{\frac{l-m_j+3/2}{2l+1}}\left|l\,m_j-\frac{3}{2}\right\rangle|+\rangle$$
$$-\sqrt{\frac{(l+m_j+1/2)^2}{(2l+1)\,(l+m_j-1/2)}}\left|l\,m_j-\frac{1}{2}\right\rangle|-\rangle$$
$$=\sqrt{\frac{l-m_j+3/2}{2l+1}}\left|l\,m_j-\frac{3}{2}\right\rangle|+\rangle-$$
$$-\sqrt{\frac{l+m_j-1/2}{2l+1}}\left|l\,m_j-\frac{1}{2}\right\rangle|-\rangle\,.$$

Das ist die Behauptung für m_j-1. Damit ist der Beweis vollständig!

Lösung zu Aufgabe 5.4.4

Dreiecksungleichung:

$$0\le j\le 2\;\Rightarrow\;j=0,1,2\;\text{möglich.}$$

1. $\boxed{j=2}$

$$\langle m_1\,m_2|2\,2\rangle=\delta_{m_11}\,\delta_{m_21}\quad\text{(s. (5.284))}\,,$$

$$\langle m_1\,m_2|2\,1\rangle=\frac{1}{\sqrt{2}}\,\delta_{m_10}\,\delta_{m_21}+\frac{1}{\sqrt{2}}\,\delta_{m_11}\,\delta_{m_20}\quad\text{(s. (5.285))}\,,$$

$$\langle m_1\, m_2|2\,0\rangle = \frac{1}{\sqrt{6}}\,\delta_{m_1-1}\,\delta_{m_2 1} + \frac{2}{\sqrt{6}}\,\delta_{m_1 0}\,\delta_{m_2 0} + \frac{1}{\sqrt{6}}\,\delta_{m_1 1}\,\delta_{m_2-1} \quad (\text{s. } (5.287))\ .$$

Diese Beziehungen haben wir direkt aus dem Text entnehmen können. Die noch fehlenden Clebsch-Gordan-Koeffizienten müssen wir uns aber erst noch ableiten. Es gilt zunächst:

$$|2\,0\rangle = \frac{1}{\sqrt{6}}\left(|-1\,1\rangle + 2|0\,0\rangle + |1-1\rangle\right).$$

Darauf wenden wir $J_- = J_{1-} + J_{2-}$ an:

$$J_-|2\,0\rangle = \hbar\sqrt{6}\,|2-1\rangle\,,$$
$$J_-|-1\,1\rangle = \hbar\sqrt{2}\,|-1\,0\rangle\,,$$
$$J_-|1-1\rangle = \hbar\sqrt{2}\,|0-1\rangle$$
$$J_-|00\rangle = \hbar\sqrt{2}\,\left(|0-1\rangle + |-1\,0\rangle\right).$$

Daraus folgt:

$$|2-1\rangle = \frac{1}{\sqrt{2}}\left(|-1\,0\rangle + |0-1\rangle\right).$$

Noch einmal J_- angewendet, ergibt schließlich:

$$|2-2\rangle = |-1-1\rangle\,.$$

Die noch fehlenden Clebsch-Gordan-Koeffizienten lauten also:

$$\langle m_1\, m_2|2-1\rangle = \frac{1}{\sqrt{2}}\left(\delta_{m_1-1}\,\delta_{m_2 0} + \delta_{m_1 0}\,\delta_{m_2-1}\right),$$
$$\langle m_1\, m_2|2-2\rangle = \delta_{m_1-1}\,\delta_{m_2-1}\,.$$

2. $\boxed{j = 1}$

Wir lesen an (5.288) ab:

$$|1\,1\rangle = \frac{1}{\sqrt{2}}\left(|0\,1\rangle - |1\,0\rangle\right).$$

Darauf wenden wir $J_- = J_{1-} + J_{2-}$ an:

$$J_-|1\,1\rangle = \hbar\sqrt{2}\,|1\,0\rangle\,,$$
$$J_-|0\,1\rangle = \hbar\sqrt{2}\left(|-1\,1\rangle + |0\,0\rangle\right),$$
$$J_-|1\,0\rangle = \hbar\sqrt{2}\left(|0\,0\rangle + |1-1\rangle\right).$$

Dies ergibt:

$$|1\,0\rangle = \frac{1}{\sqrt{2}}\left(|-1\,1\rangle - |1\,-1\rangle\right) .$$

Noch einmal J_- angewendet, liefert:

$$|1\,-1\rangle = \frac{1}{\sqrt{2}}\left(|-1\,0\rangle - |0\,-1\rangle\right) .$$

Damit können wir sämtliche Clebsch-Gordan-Koeffizienten für $j = 1$ angeben:

$$\langle m_1\, m_2|1\,1\rangle = \frac{1}{\sqrt{2}}\left(\delta_{m_1 0}\,\delta_{m_2 1} - \delta_{m_1 1}\,\delta_{m_2 0}\right) ,$$

$$\langle m_1\, m_2|1\,0\rangle = \frac{1}{\sqrt{2}}\left(\delta_{m_1 -1}\,\delta_{m_2 1} - \delta_{m_1 1}\,\delta_{m_2 -1}\right) ,$$

$$\langle m_1\, m_2|1\,-1\rangle = \frac{1}{\sqrt{2}}\left(\delta_{m_1 -1}\,\delta_{m_2 0} - \delta_{m_1 0}\,\delta_{m_2 -1}\right) .$$

3. $\boxed{j = 0}$

Wegen $m_j = m_1 + m_2 \stackrel{!}{=} 0$ gilt der folgende Ansatz:

$$|0\,0\rangle = \alpha|-1\,1\rangle + \beta|0\,0\rangle + \gamma|1\,-1\rangle .$$

Wir nutzen Orthogonalität und Normierung aus:

$$\langle 0\,0|0\,0\rangle \stackrel{!}{=} 1 = \alpha^2 + \beta^2 + \gamma^2 ,$$

$$\langle 2\,0|0\,0\rangle \stackrel{!}{=} 0 = \frac{1}{\sqrt{6}}(\alpha + 2\beta + \gamma) ,$$

$$\langle 1\,0|0\,0\rangle \stackrel{!}{=} 0 = \frac{1}{\sqrt{2}}(\alpha - \gamma)$$

$$\Rightarrow \quad \alpha = \gamma = -\beta = \frac{1}{\sqrt{3}}$$

$$\Rightarrow \quad |0\,0\rangle = \frac{1}{\sqrt{3}}\left(|-1\,1\rangle - |0\,0\rangle + |1\,-1\rangle\right) .$$

Clebsch-Gordan-Koeffizient:

$$\langle m_1\, m_2|0\,0\rangle = \frac{1}{\sqrt{3}}\left(\delta_{m_1 -1}\,\delta_{m_2 1} - \delta_{m_1 0}\,\delta_{m_2 0} + \delta_{m_1 1}\,\delta_{m_2 -1}\right) .$$

Lösung zu Aufgabe 5.4.5

1. Dreiecksungleichung (5.278):

$$|j_1 - j_2| \leq j \leq j_1 + j_2 \,.$$

Wegen $j_1 = 1/2$ und $j_2 = 3/2$ gilt demnach:

$$j = 1, 2 \quad \text{mit} \quad m_{j=1} = -1, 0, +1 \;;\; m_{j=2} = -2, -1, 0, +1, +2$$

2.

$$j = j_{\max} = 2 \quad \curvearrowright \quad -2 \leq m_j \leq +2 \,.$$

Hier sollen nur $m_{j=2} = 0, 1, 2$ untersucht werden. Nach (5.276) und (5.280) gilt:

$$\begin{aligned} m_j &= m_1 + m_2 \\ m_1 &= +\frac{1}{2}, -\frac{1}{2} \\ m_2 &= +\frac{3}{2}, +\frac{1}{2}, -\frac{1}{2}, -\frac{3}{2} \\ |2\, m_{j=2}\rangle &= \sum_{m_1}^{m_2 = m_{j=2} - m_1} |m_1 m_2\rangle \underbrace{\langle m_1 m_2 | 2\, m_{j=2}\rangle}_{\text{Clebsch-Gordan-Koeffizient}} \,. \end{aligned}$$

Alle Zustände seien normiert!

(a)

$$j = 2 \,, \quad m_j = 2 \,.$$

Das geht nur, wenn $m_1 = +1/2$ und $m_2 = +3/2$. Das bedeutet:

$$|jm_j\rangle = |22\rangle = |m_1 m_2\rangle = \left|\frac{1}{2}\frac{3}{2}\right\rangle \,.$$

Das ergibt den *Clebsch-Gordan-Koeffizienten*:

$$\langle m_1 m_2 | 22\rangle = \delta_{m_1 1/2}\delta_{m_2 3/2}$$

(b)

$$j = 2 \,, \quad m_j = 1 \,.$$

Mit (5.64) findet man:

$$J_-\,|22\rangle = \hbar\sqrt{2(2+1)-2(2-1)}\,|21\rangle = 2\hbar\,|21\rangle$$

$$(J_{1-}+J_{2-})\left|\frac{1}{2}\frac{3}{2}\right\rangle = \hbar\sqrt{\frac{1}{2}\left(\frac{1}{2}+1\right)-\frac{1}{2}\left(\frac{1}{2}-1\right)}\left|-\frac{1}{2}\frac{3}{2}\right\rangle$$
$$+\hbar\sqrt{\frac{3}{2}\left(\frac{3}{2}+1\right)-\frac{3}{2}\left(\frac{3}{2}-1\right)}\left|\frac{1}{2}\frac{1}{2}\right\rangle$$
$$= \hbar\left|-\frac{1}{2}\frac{3}{2}\right\rangle + \hbar\sqrt{3}\left|\frac{1}{2}\frac{1}{2}\right\rangle$$
$$\curvearrowright\quad |j=2\;m_j=1\rangle = \frac{1}{2}\left(\left|-\frac{1}{2}\frac{3}{2}\right\rangle + \sqrt{3}\left|\frac{1}{2}\frac{1}{2}\right\rangle\right).$$

Clebsch-Gordan-Koeffizienten:

$$\langle m_1\,m_2|21\rangle = \frac{1}{2}\,\delta_{m_1-\frac{1}{2}}\,\delta_{m_2\frac{3}{2}} + \frac{1}{2}\sqrt{3}\,\delta_{m_1\frac{1}{2}}\,\delta_{m_2\frac{1}{2}}$$

(c)

$$j=2\;,\quad m_j=0\,.$$

Wiederum mit (5.64) findet man:

$$J_-\,|2\,1\rangle = \hbar\sqrt{2(2+1)-1(1-1)}\,|20\rangle = \hbar\sqrt{6}\,|2\,0\rangle$$
$$(J_{1-}+J_{2-})\,\frac{1}{2}\left(\left|-\frac{1}{2}\frac{3}{2}\right\rangle + \sqrt{3}\left|\frac{1}{2}\frac{1}{2}\right\rangle\right)$$
$$= \frac{1}{2}\left(0+\sqrt{3}\hbar\sqrt{\frac{1}{2}\left(\frac{1}{2}+1\right)-\frac{1}{2}\left(\frac{1}{2}-1\right)}\left|-\frac{1}{2}\frac{1}{2}\right\rangle\right)$$
$$+\frac{1}{2}\left(\hbar\sqrt{\frac{3}{2}\left(\frac{3}{2}+1\right)-\frac{1}{2}\left(\frac{3}{2}-1\right)}\left|-\frac{1}{2}\frac{1}{2}\right\rangle\right.$$
$$\left.+\sqrt{3}\hbar\sqrt{\frac{3}{2}\left(\frac{3}{2}+1\right)-\frac{1}{2}\left(\frac{1}{2}-1\right)}\left|\frac{1}{2}-\frac{1}{2}\right\rangle\right)$$
$$= \hbar\frac{\sqrt{3}}{2}\left|-\frac{1}{2}\frac{1}{2}\right\rangle + \hbar\frac{\sqrt{3}}{2}\left|-\frac{1}{2}\frac{1}{2}\right\rangle + \hbar\frac{\sqrt{3}}{2}\,4\left|\frac{1}{2}-\frac{1}{2}\right\rangle$$
$$\curvearrowright\quad |j=2\;m_j=0\rangle = \frac{1}{\sqrt{2}}\left|-\frac{1}{2}\frac{1}{2}\right\rangle + \sqrt{2}\left|\frac{1}{2}-\frac{1}{2}\right\rangle.$$

Clebsch-Gordan-Koeffizienten:

$$\langle m_1\,m_2|2\,0\rangle = \frac{1}{\sqrt{2}}\,\delta_{m_1-\frac{1}{2}}\,\delta_{m_2\frac{1}{2}} + \sqrt{2}\,\delta_{m_1\frac{1}{2}}\,\delta_{m_2-\frac{1}{2}}\,.$$

Abschnitt 6.1.3

Lösung zu Aufgabe 6.1.1

1.

$$\begin{aligned} p_{\mathrm{r}} &= \frac{1}{2}\sum_{i=1}^{3}\left(p_i\frac{x_i}{r}+\frac{x_i}{r}p_i\right)=\frac{\hbar}{2\mathrm{i}}\sum_{i=1}^{3}\left(\frac{\partial}{\partial x_i}\frac{x_i}{r}+\frac{x_i}{r}\frac{\partial}{\partial x_i}\right)\\ &=\frac{\hbar}{2\mathrm{i}}\sum_{i=1}^{3}\left(\frac{1}{r}-\frac{x_i}{r^2}\frac{\partial r}{\partial x_i}+2\frac{x_i}{r}\frac{\partial}{\partial x_i}\right)=\frac{\hbar}{2\mathrm{i}}\sum_{i=1}^{3}\left(\frac{1}{r}-\frac{x_i^2}{r^3}+2\frac{x_i}{r}\frac{\partial}{\partial x_i}\right)\\ &=\frac{\hbar}{2\mathrm{i}}\left(\frac{3}{r}-\frac{r^2}{r^3}+2\frac{\boldsymbol{r}}{r}\cdot\nabla\right). \end{aligned}$$

Gradient in Kugelkoordinaten (5.78):

$$\nabla \equiv \boldsymbol{e}_{\mathrm{r}}\frac{\partial}{\partial r}+\boldsymbol{e}_{\vartheta}\frac{1}{r}\frac{\partial}{\partial\vartheta}+\boldsymbol{e}_{\varphi}\frac{1}{r\sin\vartheta}\frac{\partial}{\partial\varphi}\Rightarrow \frac{\boldsymbol{r}}{r}\cdot\nabla=\frac{\partial}{\partial r}.$$

Es bleibt also:

$$p_{\mathrm{r}}=\frac{\hbar}{\mathrm{i}}\left(\frac{1}{r}+\frac{\partial}{\partial r}\right)=\frac{\hbar}{\mathrm{i}}\frac{1}{r}\frac{\partial}{\partial r}r.$$

2.

$$\begin{aligned} [p_{\mathrm{r}},r]_-\,\psi(\boldsymbol{r}) &= \frac{\hbar}{\mathrm{i}}\left[\frac{1}{r}\frac{\partial}{\partial r}r,r\right]_-\psi(\boldsymbol{r})=\frac{\hbar}{\mathrm{i}}\left(\frac{1}{r}\frac{\partial}{\partial r}r^2\psi(\boldsymbol{r})-\frac{\partial}{\partial r}r\psi(\boldsymbol{r})\right)\\ &=\frac{\hbar}{\mathrm{i}}\left(2\psi(\boldsymbol{r})+r\frac{\partial}{\partial r}\psi(\boldsymbol{r})-\psi(\boldsymbol{r})-r\frac{\partial}{\partial r}\psi(\boldsymbol{r})\right)=\frac{\hbar}{\mathrm{i}}\psi(\boldsymbol{r}), \end{aligned}$$

$$\psi(\boldsymbol{r})\text{ beliebig}\Rightarrow [p_{\mathrm{r}},r]_-=\frac{\hbar}{\mathrm{i}}\quad\text{q.e.d.}$$

3. p_{r} hermitesch

$$\begin{aligned} &\Leftrightarrow \int \mathrm{d}^3r\,\varphi^*(\boldsymbol{r})\left(\frac{\hbar}{\mathrm{i}}\frac{1}{r}\frac{\partial}{\partial r}r\psi(\boldsymbol{r})\right)\overset{!}{=}-\frac{\hbar}{\mathrm{i}}\int \mathrm{d}^3r\left(\frac{1}{r}\frac{\partial}{\partial r}r\varphi(\boldsymbol{r})\right)^*\psi(\boldsymbol{r})\\ &\Leftrightarrow \int \mathrm{d}^3r\left[\varphi^*(\boldsymbol{r})\frac{\partial}{\partial r}\psi(r)+\psi(r)\frac{\partial}{\partial r}\varphi^*(\boldsymbol{r})+\frac{2}{r}\varphi^*(\boldsymbol{r})\psi(\boldsymbol{r})\right]\overset{!}{=}0\\ &\Leftrightarrow \int \mathrm{d}\Omega\int_0^\infty \mathrm{d}r\frac{\partial}{\partial r}\left[r^2\varphi^*(\boldsymbol{r})\psi(\boldsymbol{r})\right]\overset{!}{=}0\\ &\Leftrightarrow \int \mathrm{d}\Omega\left[r^2\varphi^*(\boldsymbol{r})\psi(\boldsymbol{r})\right]_0^\infty\overset{!}{=}0. \end{aligned}$$

p_r ist somit hermitesch, falls die Wellenfunktionen die folgenden zwei Bedingungen erfüllen:

$$\text{a)} \quad \lim_{r \to 0} r\psi(\boldsymbol{r}) = 0 \,,$$

$$\text{b)} \quad \lim_{r \to \infty} r\psi(\boldsymbol{r}) = 0 \,.$$

Lösung zu Aufgabe 6.1.2

1.

$$\boldsymbol{L}^2 = \sum_{i=1}^{3} L_i^2 = \sum_i \sum_{m,n} \varepsilon_{imn}\, x_m\, p_n \sum_{q,r} \varepsilon_{iqr}\, x_q p_r \,.$$

Mit

$$\sum_i \varepsilon_{imn}\, \varepsilon_{iqr} = \delta_{mq}\, \delta_{nr} - \delta_{mr}\, \delta_{nq}$$

folgt weiter:

$$\begin{aligned} \boldsymbol{L}^2 &= \sum_{m,n} x_m\, p_n\, (x_m\, p_n - x_n\, p_m) \\ &= \sum_{m,n} \left[x_m \left(\frac{\hbar}{\mathrm{i}}\, \delta_{mn}\, p_n + x_m\, p_n^2 \right) - x_m\, p_n\, (\mathrm{i}\hbar\, \delta_{nm} + p_m\, x_n) \right] \\ &= \frac{\hbar}{\mathrm{i}} (\boldsymbol{r} \cdot \boldsymbol{p}) + \boldsymbol{r}^2 \boldsymbol{p}^2 - \mathrm{i}\hbar(\boldsymbol{r} \cdot \boldsymbol{p}) - (\boldsymbol{r} \cdot \boldsymbol{p})\, (\boldsymbol{p} \cdot \boldsymbol{r}) \,. \end{aligned}$$

Wir brauchen noch:

$$\boldsymbol{p} \cdot \boldsymbol{r} = \sum_i p_i\, x_i = \sum_i \left(\frac{\hbar}{\mathrm{i}} + x_i\, p_i \right) = 3\frac{\hbar}{\mathrm{i}} + \boldsymbol{r} \cdot \boldsymbol{p} \,.$$

Damit bleibt für das Bahndrehimpulsquadrat:

$$\begin{aligned} \boldsymbol{L}^2 &= 2\frac{\hbar}{\mathrm{i}} (\boldsymbol{r} \cdot \boldsymbol{p}) + \boldsymbol{r}^2 \boldsymbol{p}^2 - (\boldsymbol{r} \cdot \boldsymbol{p})^2 - 3\frac{\hbar}{\mathrm{i}} (\boldsymbol{r} \cdot \boldsymbol{p}) \\ &= \mathrm{i}\hbar(\boldsymbol{r} \cdot \boldsymbol{p}) + \boldsymbol{r}^2 \boldsymbol{p}^2 - (\boldsymbol{r} \cdot \boldsymbol{p})^2 \quad \text{q.e.d.} \end{aligned}$$

2.

$$p_r = \frac{1}{2} \left[\frac{1}{r} (\boldsymbol{r} \cdot \boldsymbol{p}) + (\boldsymbol{p} \cdot \boldsymbol{r})\, \frac{1}{r} \right] .$$

Als Spezialfall von Aufgabe 2.3.5 gilt:

$$\left[p_i, \frac{1}{r}\right]_- = \frac{\hbar}{\mathrm{i}} \frac{\partial}{\partial x_i} \frac{1}{r} = -\frac{\hbar}{\mathrm{i}} \frac{x_i}{r^3}$$

$$\Rightarrow \ \boldsymbol{p} \frac{1}{r} = \frac{1}{r} \boldsymbol{p} - \frac{\hbar}{\mathrm{i}} \frac{\boldsymbol{r}}{r^3} ,$$

$$(\boldsymbol{p} \cdot \boldsymbol{r}) \frac{1}{r} = \frac{1}{r} (\boldsymbol{p} \cdot \boldsymbol{r}) - \frac{\hbar}{\mathrm{i}} \frac{1}{r} \stackrel{1)}{=} 2 \frac{\hbar}{\mathrm{i}} \frac{1}{r} + \frac{1}{r} (\boldsymbol{r} \cdot \boldsymbol{p}) .$$

Das setzen wir in die Definitionsgleichung für p_r ein:

$$p_\mathrm{r} = \frac{1}{r} (\boldsymbol{r} \cdot \boldsymbol{p}) + \frac{\hbar}{\mathrm{i}} \frac{1}{r} .$$

3. Wir bilden zunächst:

$$p_\mathrm{r}^2 = \frac{1}{r} (\boldsymbol{r} \cdot \boldsymbol{p}) \frac{1}{r} (\boldsymbol{r} \cdot \boldsymbol{p}) + \frac{\hbar}{\mathrm{i}} \frac{1}{r} (\boldsymbol{r} \cdot \boldsymbol{p}) \frac{1}{r} + \frac{\hbar}{\mathrm{i}} \frac{1}{r^2} (\boldsymbol{r} \cdot \boldsymbol{p}) - \hbar^2 \frac{1}{r^2} .$$

Wie in 2) zeigt man:

$$(\boldsymbol{r} \cdot \boldsymbol{p}) \frac{1}{r} = \frac{1}{r} (\boldsymbol{r} \cdot \boldsymbol{p}) - \frac{\hbar}{\mathrm{i}} \frac{1}{r}$$

$$\Rightarrow \ p_\mathrm{r}^2 = \frac{1}{r} \left[\frac{1}{r} (\boldsymbol{r} \cdot \boldsymbol{p}) - \frac{\hbar}{\mathrm{i}} \frac{1}{r} \right] (\boldsymbol{r} \cdot \boldsymbol{p}) + \frac{\hbar}{\mathrm{i}} \frac{1}{r^2} (\boldsymbol{r} \cdot \boldsymbol{p}) + \hbar^2 \frac{1}{r^2}$$

$$+ \frac{\hbar}{\mathrm{i}} \frac{1}{r^2} (\boldsymbol{r} \cdot \boldsymbol{p}) - \hbar^2 \frac{1}{r^2}$$

$$= \frac{1}{r^2} \left[(\boldsymbol{r} \cdot \boldsymbol{p})^2 - \mathrm{i} \hbar (\boldsymbol{r} \cdot \boldsymbol{p}) \right] .$$

Mit dem Ergebnis aus Teil 1) folgt dann:

$$\boldsymbol{L}^2 = -r^2 p_\mathrm{r}^2 + r^2 \boldsymbol{p}^2 \ \Rightarrow \ \boldsymbol{p}^2 = p_\mathrm{r}^2 + \frac{1}{r^2} \boldsymbol{L}^2 \quad \text{q.e.d.}$$

Lösung zu Aufgabe 6.1.3

Eigenwertproblem:

$$p_r\,\varphi(\boldsymbol{r}) = \frac{\hbar}{\mathrm{i}}\,\frac{1}{r}\,\frac{\partial}{\partial r}\,[r\,\varphi(\boldsymbol{r})] \stackrel{!}{=} \alpha\,\varphi(\boldsymbol{r})$$

$$\Leftrightarrow\quad \frac{\partial}{\partial r}\,(r\,\varphi(\boldsymbol{r})) = \frac{\mathrm{i}}{\hbar}\,\alpha\,(r\,\varphi(\boldsymbol{r}))$$

$$\Rightarrow\quad r\,\varphi(\boldsymbol{r}) \sim \exp\left(\frac{\mathrm{i}}{\hbar}\alpha\,r\right)\,,$$

$$\varphi(\boldsymbol{r}) \sim \frac{1}{r}\exp\left(\frac{\mathrm{i}}{\hbar}\,\alpha\,r\right)\,.$$

Die Lösungsfunktion $\varphi(\boldsymbol{r})$ erfüllt nicht die Bedingung

$$\lim_{r\to 0}\, r\,\varphi(\boldsymbol{r}) = 0$$

((s. Teil 3) von Aufgabe 6.1.1). In dem Raum der Wellenfunktionen, in dem p_r hermitesch ist, hat das Eigenwertproblem von p_r **keine** Lösung. Der Operator p_r kann deshalb **nicht** als Observable interpretiert werden.

Lösung zu Aufgabe 6.1.4

1.

$$H|E_n\rangle = E_n|E_n\rangle\,.$$

Die $|E_n\rangle$ bilden ein vollständiges, orthonormiertes System von Eigenzuständen mit Eigenwerten:

$$E_0 \le E_1 \le E_2 \le \ldots\,.$$

$|\psi\rangle$ sei ein beliebiger, normierter Zustand:

$$|\psi\rangle = \sum_n \alpha_n|E_n\rangle\,;\qquad \sum_n |\alpha_n|^2 = 1$$

$$\Rightarrow\ \langle\psi|H|\psi\rangle = \sum_{n,m} \alpha_n^*\,\alpha_m\langle E_n|H|E_m\rangle$$

$$= \sum_{n,m} \alpha_n^*\,\alpha_m\,E_m\langle E_n|E_m\rangle$$

$$= \sum_n E_n|\alpha_n|^2 \ge E_0\sum_n |\alpha_n|^2 = E_0\,.$$

Das Gleichheitszeichen gilt genau dann, wenn in der Entwicklung für $|\psi\rangle$ alle $\alpha_n = 0$ sind mit Ausnahme von α_0. Dann ist aber $|\psi\rangle = |E_0\rangle$. – Die Aussage bleibt auch bei einem entarteten Grundzustand richtig!

2. Wir lesen die Radialgleichung (6.17) als Eigenwertgleichung des Operators

$$H_l = R + \frac{\hbar^2 l(l+1)}{2m\,r^2}\,,$$

$$R = -\frac{\hbar^2}{2m}\left(\frac{\partial^2}{\partial r^2} + \frac{2}{r}\frac{\partial}{\partial r}\right) + V(r)\,.$$

Es seien nun $\psi_l(\boldsymbol{r})$ und $\psi_{l+1}(\boldsymbol{r})$ die Wellenfunktionen zu den niedrigsten Eigenwerten E_l^* und E_{l+1}^*:

$$E_l^* = \int \mathrm{d}^3r\,\psi_l^*(\boldsymbol{r})\left(R + \frac{\hbar^2 l(l+1)}{2m\,r^2}\right)\psi_l(\boldsymbol{r})\,,$$

$$E_{l+1}^* = \int \mathrm{d}^3r\,\psi_{l+1}^*(\boldsymbol{r})\left(R + \frac{\hbar^2 (l+1)\,(l+2)}{2m\,r^2}\right)\psi_{l+1}(\boldsymbol{r})\,.$$

Nach Teil 1) gilt für jede beliebige Wellenfunktion $\psi(\boldsymbol{r})$:

$$\int \mathrm{d}^3r\,\psi^*(r)\left(R + \frac{\hbar^2 l(l+1)}{2m\,r^2}\right)\psi^*(r) \geq E_l^*\,.$$

Nun können wir schreiben:

$$E_{l+1}^* = A + B\,,$$

$$A = \int \mathrm{d}^3r\,\psi_{l+1}^*(\boldsymbol{r})\left(R + \frac{\hbar^2 l(l+1)}{2m\,r^2}\right)\psi_{l+1}(\boldsymbol{r}) \geq E_l^*\,,$$

$$B = \int \mathrm{d}^3r\,\psi_{l+1}^*(\boldsymbol{r})\,\frac{\hbar^2}{m\,r^2}\,(l+1)\,\psi_{l+1}(\boldsymbol{r})$$

$$= \int \mathrm{d}^3r\,\frac{\hbar^2}{m\,r^2}\,(l+1)|\psi_{l+1}(\boldsymbol{r})|^2 > 0$$

$$\Rightarrow\; E_{l+1}^* > E_l^* \quad \text{q.e.d.}$$

Abschnitt 6.2.6

Lösung zu Aufgabe 6.2.1

(6.70) ⇒

$$L'_{p+1} - L_{p+1} = (2p + 1 - z)\left(L'_p - L_p\right) - L_p - p^2\left(L'_{p-1} - L_{p-1}\right)$$
$$\stackrel{(6.71)}{=} (p + 1 - z)\, L'_p - (2p + 2 - z)\, L_p \,.$$

(6.71) ⇒

$$L'_{p+1} = (p + 1)\left(L'_p - L_p\right) . \qquad (*)$$

Kombination dieser beiden Gleichungen liefert:

$$L_{p+1} = z\, L'_p + (p + 1 - z)\, L_p \,.$$

Nochmaliges Differenzieren ergibt:

$$L'_{p+1} = z\, L''_p + L'_p + (p + 1 - z)\, L'_p - L_p \,.$$

Mit $(*)$ folgt:

$$(p + 1)\,(L'_p - L_p) = z\, L''_p + (p + 2 - z)\, L'_p - L_p$$

und daraus:

$$0 = z\, L''_p + (1 - z)\, L'_p + p\, L_p \quad \text{q.e.d.}$$

Lösung zu Aufgabe 6.2.2

Ausgangspunkt ist die Radialgleichung (6.31), die jetzt die folgende Gestalt annimmt:

$$\left(-\frac{\hbar^2}{2m_\mathrm{e}} \frac{\mathrm{d}^2}{\mathrm{d}r^2} - \frac{Z e^2}{4\pi\, \varepsilon_0 r} + \frac{\hat{c}}{r^2} + \frac{\hbar^2 l\,(l + 1)}{2m_\mathrm{e}\, r^2} - E \right) u(r) = 0 \,.$$

Wenn wir

$$\hat{l}\,\left(\hat{l} + 1\right) \equiv l\,(l + 1) + c$$

definieren, so folgt mit den Definitionen (6.32) bis (6.34) für ρ, E_R und η eine mit (6.35) formal identische Differentialgleichung:

$$\left(\frac{\mathrm{d}^2}{\mathrm{d}\rho^2} + \frac{2}{\rho} - \frac{\hat{l}(\hat{l} + 1)}{\rho^2} - \eta^2 \right) u(\rho) = 0 \,.$$

Der Lösungsweg ist deshalb exakt derselbe wie der in Abschn. 6.2.1. Wir erhalten die zu (6.40) analoge Abbruchbedingung:

$$\eta \overset{!}{=} \frac{1}{\mu_0 + \hat{l} + 1} = \frac{1}{n - l + \hat{l}} \, .$$

Dies führt zu den Eigenenergien:

$$E_{nl} = -\frac{Z^2 E_R}{(n - l + \hat{l})^2} \, ; \quad n = 1, 2, \dots \, .$$

Wir schätzen ab ($c \ll 1$):

$$\hat{l}(\hat{l} + 1) = l(l + 1) + c$$
$$\Rightarrow \left(\hat{l} + \frac{1}{2}\right)^2 = \left(l + \frac{1}{2}\right)^2 + c$$
$$\Rightarrow \hat{l} + \frac{1}{2} \approx \left(l + \frac{1}{2}\right)\left[1 + \frac{1}{2}\frac{c}{(l + 1/2)^2}\right]$$
$$\Rightarrow \hat{l} \approx l + \frac{c}{(2l + 1)} \, .$$

Die *zufällige* Entartung bezüglich l ist also aufgehoben:

$$E_{nl} \approx -\frac{Z^2 E_R}{\left(n + \frac{c}{2l + 1}\right)^2} \, ; \quad n = 1, 2, 3, \dots \, .$$

Lösung zu Aufgabe 6.2.3

1. H_0 : Hamilton-Operator ohne Feld. Nach (5.187) gilt mit Feld:

$$H = H_0 + H_m \, ; \quad H_m = \frac{\mu_B}{\hbar}(\boldsymbol{L} + 2\boldsymbol{S}) \cdot \boldsymbol{B} = \frac{1}{\hbar}\mu_B B(L_z + 2S_z) \, .$$

   $|n\, l\, m_l\, m_s\rangle$ ist auch Eigenzustand zu L_z und S_z. Der Zustand ändert sich deshalb nicht!

$$H|n\, l\, m_l\, m_s\rangle = [E_n + \mu_B B(m_l + 2m_s)]\, |n\, l\, m_l\, m_s\rangle \, .$$

   Neue Eigenenergien:

$$\widehat{E}_{n m_l m_s} = E_n + \mu_B B(m_l + 2m_s) \, .$$

2. Vorher: Entartungsgrad $g_n = 2n^2$ (6.47). Durch das Feld $\boldsymbol{B}$ wird die Entartung bezüglich m_l und m_s aufgehoben. Es bleibt nur noch die bezüglich l, wobei allerdings nur die Werte $l \geq |m_l|$ zugelassen sind:

$$g_{nm_lm_s} = \sum_{l=|m_l|}^{n-1} 1 = n - |m_l| \,.$$

Lösung zu Aufgabe 6.2.4

Hamilton-Operator in Ortsdarstellung:

$$H = -\frac{\hbar^2}{2m_e}\Delta - \frac{e^2}{4\pi\,\varepsilon_0 r} = -\frac{\hbar^2}{2m_e}\left(\Delta + \frac{2}{a_B\, r}\right).$$

Laplace-Operator:

$$\Delta = \frac{\partial^2}{\partial r^2} + \frac{2}{r}\frac{\partial}{\partial r} - \frac{\boldsymbol{L}^2}{\hbar^2 r^2}$$

$$\Rightarrow\ \Delta\psi = \left(\frac{\partial^2}{\partial r^2} + \frac{2}{r}\frac{\partial}{\partial r} - \frac{1\cdot 2}{r^2}\right)\psi\,,$$

$$\frac{\mathrm{d}}{\mathrm{d}r}\, r\,\mathrm{e}^{-r/2a_B} = \left(1 - \frac{r}{2a_B}\right)\mathrm{e}^{-r/2a_B}\,,$$

$$\frac{\mathrm{d}^2}{\mathrm{d}r^2}\, r\,\mathrm{e}^{-\frac{r}{2a_B}} = \left(-\frac{1}{2a_B} - \frac{1}{2a_B} + \frac{r}{4a_B^2}\right)\mathrm{e}^{-\frac{r}{2a_B}}$$

$$\Rightarrow\ \Delta\psi = \left(-\frac{1}{a_B r} + \frac{1}{4a_B^2} + \frac{2}{r^2} - \frac{1}{a_B r} - \frac{2}{r^2}\right)\psi = \left(-\frac{2}{a_B r} + \frac{1}{4a_B^2}\right)\psi$$

$$\Rightarrow\ H\psi = -\frac{\hbar^2}{2m_e}\frac{1}{4a_B^2}\psi \overset{(6.33)}{=} -\frac{E_R}{4}\psi\ \Rightarrow\ \psi \text{ ist Eigenzustand!}$$

Energieeigenwert:

$$E_2 = -\frac{E_R}{4}\,.$$

Quantenzahlen:

$$n = 2,\ l = 1,\ m_l = 1: \quad \psi = \psi_{211}(\boldsymbol{r})\,.$$

Lösung zu Aufgabe 6.2.5

$$\psi_{nlm_l}(\boldsymbol{r}) = R_{nl}(r) Y_{lm_l}(\vartheta, \varphi)$$

Radialanteil $R_{nl}(r)$: reell!

$$Y_{lm_l}(\vartheta, \varphi) = \sqrt{\frac{2l+1}{4\pi} \frac{(l-m_l)!}{(l+m_l)!}} P_l^{m_l}(\cos\vartheta) \mathrm{e}^{\mathrm{i} m_l \varphi}$$

$P_l^{m_l}(\cos\vartheta)$: reell!

1. Stromdichte des Elektrons:

$$\boldsymbol{j} = (-\mathrm{e}) \frac{\hbar}{2m\mathrm{i}} (\psi^* \nabla \psi - \psi \nabla \psi^*)$$

Kugelkoordinaten:

$$\nabla = \left(\frac{\partial}{\partial r}, \frac{1}{r} \frac{\partial}{\partial \vartheta}, \frac{1}{r \sin\vartheta} \frac{\partial}{\partial \varphi} \right) .$$

Komponentenweise:

$$j_r = -\frac{\mathrm{e}\hbar}{2m\mathrm{i}} \left| Y_{lm_l}(\vartheta, \varphi) \right|^2 \underbrace{\left(R_{nl}^* \frac{\partial}{\partial r} R_{nl} - R_{nl} \frac{\partial}{\partial r} R_{nl}^* \right)}_{=0, \text{ da } R_{nl} \equiv R_{nl}^*} = 0$$

$$j_\vartheta = -\frac{\mathrm{e}\hbar}{2m\mathrm{i}} R_{nl}^2(r) \frac{2l+1}{4\pi} \frac{(l-m_l)!}{(l+m_l)!} \frac{1}{r}$$
$$\times \underbrace{\left(P_l^{m_l *}(\cos\vartheta) \frac{\partial}{\partial \vartheta} P_l^{m_l}(\cos\vartheta) - P_l^{m_l}(\cos\vartheta) \frac{\partial}{\partial \vartheta} P_l^{m_l *}(\cos\vartheta) \right)}_{=0, \text{ da } P_l^{m_l} \equiv P_l^{m_l *}} = 0 .$$

Das ist anschaulich klar, da z. B. bei $j_r \neq 0$ Ladung auseinander fließen oder sich im Kern konzentrieren würde.

$$j_\varphi = -\frac{\mathrm{e}\hbar}{2m\mathrm{i}} R_{nl}^2(r) \frac{2l+1}{4\pi} \frac{(l-m_l)!}{(l+m_l)!} \left(P_l^{m_l}(\cos\vartheta) \right)^2 \frac{1}{r \sin\vartheta}$$
$$\times \underbrace{\left(\mathrm{e}^{-\mathrm{i} m_l \varphi} \frac{\partial}{\partial \varphi} \mathrm{e}^{\mathrm{i} m_l \varphi} - \mathrm{e}^{\mathrm{i} m_l \varphi} \frac{\partial}{\partial \varphi} \mathrm{e}^{-\mathrm{i} m_l \varphi} \right)}_{=2\mathrm{i} m_l}$$
$$= -\frac{\mathrm{e}\hbar}{m} m_l \frac{1}{r \sin\vartheta} R_{nl}^2(r) \left| Y_{lm_l}(\vartheta, \varphi) \right|^2$$

⇒ Stromdichte

$$\boldsymbol{j}(\boldsymbol{r}) = -\frac{e\hbar}{m} m_l \frac{1}{r \sin\vartheta} R_{nl}^2(r) \left|Y_{lm_l}(\vartheta, \varphi)\right|^2 \boldsymbol{e}_\varphi \, .$$

2. magnetisches Moment

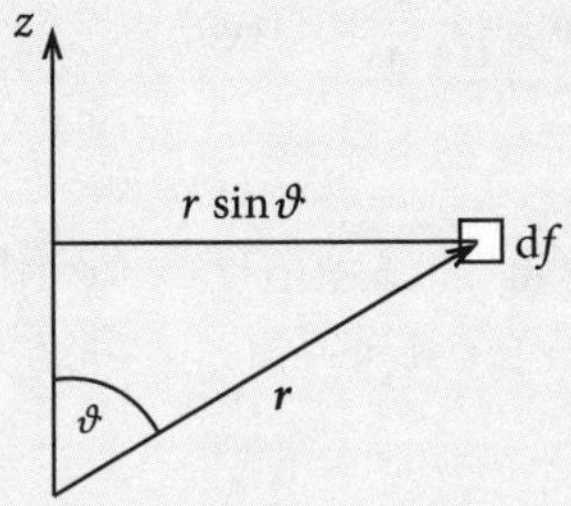

$$\mathrm{d}f \parallel \boldsymbol{j}$$
$$\mathrm{d}I_\varphi = j_\varphi \mathrm{d}f$$

Abb. A.4

Elektrodynamik: Strom, der die Fläche F umfließt, bewirkt ein magnetisches Moment

$$\mathrm{d}\mu_z = F \, \mathrm{d}I_\varphi \, .$$

Mit $F = \pi r^2 \sin^2 \vartheta$:

$$\begin{aligned} \Rightarrow \quad \mathrm{d}\mu_z &= -\frac{e\hbar}{m} m_l \frac{1}{r \sin\vartheta} \left|\psi_{nlm_l}(\boldsymbol{r})\right|^2 \pi r^2 \sin^2 \vartheta \, \mathrm{d}f \\ &= -\frac{e\hbar}{2m} m_l \left|\psi_{nlm_l}(\boldsymbol{r})\right|^2 \underbrace{(2\pi r \sin\vartheta)\mathrm{d}f}_{\text{Volumen des Stromfadens}} \, . \end{aligned}$$

Summation über „alle" Stromfäden;
$\left|\psi_{nlm_l}\right|^2$: φ unabhängig, normiert

$$\Rightarrow \quad \boldsymbol{\mu} = \mu_z \boldsymbol{e}_z$$
$$\mu_z = -\mu_\mathrm{B} m_l$$

μ_B: Bohr'sches Magneton.

Lösung zu Aufgabe 6.2.6

$$H\psi_{100}(\boldsymbol{r}) = -E_R\,\psi_{100}(\boldsymbol{r})$$
$$H\psi_{211}(\boldsymbol{r}) = -\frac{E_R}{4}\psi_{211}(\boldsymbol{r})$$
$$H\psi_{21-1}(\boldsymbol{r}) = -\frac{E_R}{4}\psi_{21-1}(\boldsymbol{r})$$

$$\begin{aligned} \boldsymbol{L}^2\psi_{100}(\boldsymbol{r}) &= 0\,; & L_z\psi_{100}(\boldsymbol{r}) &= 0 \\ \boldsymbol{L}^2\psi_{211}(\boldsymbol{r}) &= 2\hbar^2\psi_{211}(\boldsymbol{r})\,; & L_z\psi_{211}(\boldsymbol{r}) &= \hbar\psi_{211}(\boldsymbol{r}) \\ \boldsymbol{L}^2\psi_{21-1}(\boldsymbol{r}) &= 2\hbar^2\psi_{21-1}(\boldsymbol{r})\,; & L_z\psi_{21-1}(\boldsymbol{r}) &= -\hbar\psi_{21-1}(\boldsymbol{r})\,. \end{aligned}$$

Erwartungswerte:

$$\begin{aligned} \langle\psi|H|\psi\rangle &= \frac{1}{25}\left(9\langle 100|H|100\rangle + 4\langle 211|H|211\rangle + 12\langle 21-1|H|21-1\rangle\right) \\ &= -\frac{E_R}{25}\left(9\cdot 1 + 4\cdot\frac{1}{4} + 12\cdot\frac{1}{4}\right) = -\frac{13}{25}E_R \\ \langle\psi|\boldsymbol{L}^2|\psi\rangle &= \frac{1}{25}\left(9\cdot 0 + 4\cdot 2\hbar^2 + 12\cdot 2\hbar^2\right) = \frac{32}{25}\hbar^2 \\ \langle\psi|L_z|\psi\rangle &= \frac{1}{25}\left(9\cdot 0 + 4\hbar - 12\hbar\right) = -\frac{8}{25}\hbar\,. \end{aligned}$$

Lösung zu Aufgabe 6.2.7

Ausgangspunkt ist die Radialgleichung (6.35). Der Einfachheit halber lassen wir die Indizes n, l an der Lösungsfunktion $u(\rho)$ zunächst weg. Wir multiplizieren (6.35) mit

$$\left[\rho^{k+1}\,u'(\rho) - \frac{1}{2}(k+1)\,\rho^k\,u(\rho)\right]$$

und schreiben:

$$\overline{\rho^k} \equiv \int\limits_0^\infty d\rho\,\rho^k\,u^2(\rho) \overset{(6.32)}{\longrightarrow} \left(\frac{Z}{a_B}\right)^{k+1}\langle r^k\rangle\,.$$

Dann ergibt sich zunächst:

$$(1) + (2) + (3) = (k+1)\,\overline{\rho^{k-1}} - \frac{1}{2}(k+1)l(l+1)\,\overline{\rho^{k-2}} - \frac{1}{2}(k+1)\,\eta^2\,\overline{\rho^k}\,,$$

$$(1) = \int_0^\infty d\rho\, u''(\rho)\, u'(\rho)\, \rho^{k+1}\,,$$

$$(2) = -\frac{1}{2}(k+1) \int_0^\infty d\rho\, u''(\rho)\, u(\rho)\, \rho^{k}\,,$$

$$(3) = \int_0^\infty d\rho\, u'(\rho) u(\rho) \left[2\rho^k - l(l+1)\,\rho^{k-1} - \eta^2\, \rho^{k+1}\right] .$$

Für die folgenden partiellen Integrationen nutzen wir (6.28) aus:

$$\rho \to \infty :\ u(\rho) \to 0\,; \quad u'(\rho) \to 0\,,$$
$$\rho \to 0 :\ u(\rho) \sim \rho^{l+1}\,; \quad u'(\rho) \sim \rho^{l},$$

$$(1) = \int_0^\infty d\rho\, \rho^{k+1}\, \frac{1}{2}\left[(u'(\rho))^2\right]'$$

$$= \underbrace{\rho^{k+1}\frac{1}{2}\,(u'(\rho))^2}_{=0,\ \text{falls}\ 2l+k+1>0}\Bigg|_0^\infty - \frac{1}{2}(k+1) \int_0^\infty d\rho\, \rho^{k}\, (u'(\rho))^2\,,$$

$$(2) = -\frac{1}{2}(k+1) \int_0^\infty d\rho\, \left(u(\rho)\, \rho^{k}\right) u''(\rho)$$

$$= \underbrace{-\frac{1}{2}(k+1)\, u(\rho)\, u'(\rho)\, \rho^{k}}_{=0,\ \text{falls}\ 2l+k+1>0}\Bigg|_0^\infty$$

$$+ \frac{1}{2}(k+1) \int_0^\infty d\rho\, u'(\rho)\, \left(k\, u(\rho)\, \rho^{k-1} + u'(\rho)\, \rho^{k}\right) .$$

Dies ergibt:

$$(1) + (2) = \frac{1}{2}\, k\,(k+1) \int_0^\infty d\rho\, \rho^{k-1}\, u'(\rho)\, u(\rho)\,.$$

Dies lässt sich mit (3) zusammenfassen zu:

$$(1) + (2) + (3)$$
$$= \int_0^\infty d\rho\, \frac{1}{2}\,(u^2(\rho))' \left[2\rho^k + \left\{\frac{1}{2}\, k(k+1) - l(l+1)\right\} \rho^{k-1} - \eta^2\, \rho^{k+1}\right]$$

$$= \underbrace{\frac{1}{2}u^2(\rho)[\dots]}_{=0,\ \text{falls}\ 2l+k+1>0}\Bigg|_0^\infty - \frac{1}{2}\int\limits_0^\infty d\rho\, u^2(\rho)\Big[2k\rho^{k-1}$$

$$+ (k-1)\left\{\frac{1}{2}k(k+1) - l(l+1)\right\}\rho^{k-2} - \eta^2(k+1)\rho^k\Big]$$

$$= \frac{1}{2}(k+1)\eta^2\overline{\rho^k} - k\overline{\rho^{k-1}} - \frac{1}{2}(k-1)\left\{\frac{1}{2}k(k+1) - l(l+1)\right\}\overline{\rho^{k-2}}\,.$$

Damit haben wir insgesamt gefunden:

$$(k+1)\eta^2\overline{\rho^k} - (2k+1)\overline{\rho^{k-1}}$$
$$+\left[-\frac{1}{4}k(k^2-1) + \frac{1}{2}(k-1)\,l(l+1) + \frac{1}{2}(k+1)\,l(l+1)\right]\overline{\rho^{k-2}} = 0\,.$$

Mit $\eta = 1/n$ folgt schließlich:

$$\frac{k+1}{n^2}\overline{\rho^k} - (2k+1)\overline{\rho^{k-1}} + \frac{k}{4}\left[(2l+1)^2 - k^2\right]\overline{\rho^{k-2}} = 0\,.$$

Diese Gleichung multiplizieren wir nun noch mit $(a_B/Z)^{k+1}$ und führen die bislang unterdrückten Indizes n, l der Erwartungswerte wieder ein:

$$\frac{k+1}{n^2}\langle r^k\rangle_{nl} - (2k+1)\frac{a_B}{Z}\langle r^{k-1}\rangle_{nl} + \frac{k}{4}\left[(2l+1)^2 - k^2\right]\left(\frac{a_B}{Z}\right)^2\langle r^{k-2}\rangle_{nl} = 0\,.$$

Lösung zu Aufgabe 6.2.8

Grundzustandswellenfunktion

$$\psi_{100}(\boldsymbol{r}) = R_{10}(r)\cdot Y_{00}(\vartheta,\varphi)$$
$$= \frac{2}{a_B^{3/2}}\exp\left(-\frac{r}{a_B}\right)\frac{1}{\sqrt{4\pi}}\,.$$

1. Radiale Aufenthaltswahrscheinlichkeit:

$$w_{nl}(r)dr = r^2 dr\int d\Omega\,\left|\psi_{nlm_l}(\boldsymbol{r})\right|^2$$
$$= r^2 dr\,|R_{nl}(r)|^2\,.$$

Wahrscheinlichster Wert = Maximum von $w_{10}(r)$

$$w_{10}(r) = \frac{4}{a_B^3} \exp\left(-\frac{2r}{a_B}\right) r^2$$

$$\Rightarrow \quad \frac{dw_{10}}{dr} = \frac{4}{a_B^3}\left(2r - \frac{2r^2}{a_B}\right) \exp\left(-\frac{2r}{a_B}\right) \stackrel{!}{=} 0$$

$$\Rightarrow \quad (r)_{10}^{\max} = a_B .$$

2. Erwartungswerte im Grundzustand

$$\langle r^k \rangle_{10} = \int d^3r\, r^k \, |\psi_{100}(\boldsymbol{r})|^2 = \int_0^\infty dr\, r^{2+k} \, |R_{10}(r)|^2$$

$$= \int_0^\infty dr\, r^k w_{10}(r) = \frac{4}{a_B^3} \int_0^\infty dr\, r^{2+k} e^{-\frac{2r}{a_B}} .$$

Zur Abkürzung $\rho = 2\frac{r}{a_B}$:

$$\langle r^k \rangle_{10} = \frac{a_B^k}{2^{k+1}} \int_0^\infty d\rho\, \rho^{k+2} e^{-\rho} = \frac{a_B^k}{2^{k+1}} \underbrace{\Gamma(k+3)}_{=(k+2)!}$$

$$\Rightarrow \quad \langle r^k \rangle_{10} = \frac{(k+2)!}{2^{k+1}} a_B^k , \quad k = -2, -1, 0, 1, \dots$$

Speziell:

$$k = 1 : \quad \langle r \rangle_{10} = \frac{3}{2} a_B$$

$$k = 2 : \quad \langle r^2 \rangle_{10} = \frac{4!}{8} a_B^2 = 3a_B^2$$

$$\Rightarrow \quad \Delta r_{10} = a_B \sqrt{3 - \frac{9}{4}} = \frac{\sqrt{3}}{2} a_B .$$

3.

$$W = \int_{a_B}^\infty dr\, w_{10}(r) = \frac{4}{a_B^3} \int_{a_B}^\infty dr\, r^2 e^{-\frac{2r}{a_B}} = \frac{1}{2} \int_2^\infty d\rho\, \rho^2 e^{-\rho}$$

$$= \frac{1}{2} \left\{ -\rho^2 e^{-\rho} \Big|_2^\infty + \left(-2\rho e^{-\rho}\right) \Big|_2^\infty + 2 \int_2^\infty d\rho\, e^{-\rho} \right\}$$

$$= \frac{1}{2} \cdot 10\, e^{-2} \approx 0{,}6767 .$$

4. Analog zu 1.)

$$\bar{w}(p)\mathrm{d}p = p^2\mathrm{d}p \int \mathrm{d}\Omega_p \, |\bar{\psi}_{100}(\boldsymbol{p})|^2 \,.$$

Nun ist:

$$\begin{aligned}
\bar{\psi}_{100}(\boldsymbol{p}) &= \frac{1}{(2\pi\hbar)^{3/2}} \int \mathrm{d}^3 r\, \mathrm{e}^{-\frac{\mathrm{i}}{\hbar}\boldsymbol{p}\cdot\boldsymbol{r}}\, \psi_{100}(\boldsymbol{r}) \\
&= \frac{1}{\sqrt{4\pi}} \frac{2}{(2\pi\hbar a_\mathrm{B})^{3/2}} \int\limits_0^\infty \mathrm{d}r\, r^2 \mathrm{e}^{-\frac{r}{a_\mathrm{B}}} \int\limits_0^{2\pi} \mathrm{d}\varphi \underbrace{\int\limits_{-1}^{+1} \mathrm{d}\cos\vartheta\, \mathrm{e}^{-\frac{\mathrm{i}}{\hbar}p\,r\cos\vartheta}}_{=\frac{1}{-\frac{\mathrm{i}}{\hbar}pr}\left(\mathrm{e}^{-\frac{\mathrm{i}}{\hbar}pr} - \mathrm{e}^{\frac{\mathrm{i}}{\hbar}pr}\right)} \\
&= \frac{2}{\sqrt{4\pi}} \frac{2\pi}{(2\pi\hbar a_\mathrm{B})^{3/2}} \frac{\mathrm{i}\hbar}{p} \left(\int\limits_0^\infty \mathrm{d}r\, r\, \mathrm{e}^{-\left(\frac{1}{a_\mathrm{B}} + \frac{\mathrm{i}p}{\hbar}\right)r} - \int\limits_0^\infty \mathrm{d}r\, r\, \mathrm{e}^{-\left(\frac{1}{a_\mathrm{B}} - \frac{\mathrm{i}p}{\hbar}\right)r} \right) \\
&= \frac{1}{\pi\sqrt{2\hbar}} \frac{\mathrm{i}}{p\, a_\mathrm{B}^{3/2}} \left(\frac{1}{\frac{1}{a_\mathrm{B}} + \frac{\mathrm{i}p}{\hbar}} \int\limits_0^\infty \mathrm{d}r\, \mathrm{e}^{-\left(\frac{1}{a_\mathrm{B}} + \frac{\mathrm{i}p}{\hbar}\right)r} \right. \\
&\qquad \left. - \frac{1}{\frac{1}{a_\mathrm{B}} - \frac{\mathrm{i}p}{\hbar}} \int\limits_0^\infty \mathrm{d}r\, \mathrm{e}^{-\left(\frac{1}{a_\mathrm{B}} - \frac{\mathrm{i}p}{\hbar}\right)r} \right)
\end{aligned}$$

(eigentlich komplexe Integration!)

$$\begin{aligned}
&= \frac{\mathrm{i}}{\pi\sqrt{2\hbar}p\, a_\mathrm{B}^{3/2}} \left(\frac{1}{\left(\frac{1}{a_\mathrm{B}} + \frac{\mathrm{i}p}{\hbar}\right)^2} - \frac{1}{\left(\frac{1}{a_\mathrm{B}} - \frac{\mathrm{i}p}{\hbar}\right)^2} \right) \\
&= \frac{\frac{4}{\hbar\, a_\mathrm{B}}}{\pi\sqrt{2\hbar}\, a_\mathrm{B}^{3/2}} \frac{1}{\left(\frac{1}{a_\mathrm{B}^2} + \frac{p^2}{\hbar^2}\right)^2}
\end{aligned}$$

$$\Rightarrow \quad \bar{\psi}_{100}(\boldsymbol{p}) = \frac{\left(\frac{2a_\mathrm{B}}{\hbar}\right)^{3/2}}{\pi\left(1 + \frac{a_\mathrm{B}^2 p^2}{\hbar^2}\right)^2} \,.$$

Keine Winkelabängigkeit:

$$\bar{w}(p) = 4\pi p^2\, |\bar{\psi}_{100}(\boldsymbol{p})|^2 = \frac{32}{\pi}\left(\frac{\hbar}{a_\mathrm{B}}\right)^5 \frac{p^2}{\left(p^2 + \frac{\hbar^2}{a_\mathrm{B}^2}\right)^4} \,.$$

Lage des Maximums:

$$\frac{d\bar{w}}{dp} \stackrel{!}{=} 0 = \frac{32}{\pi}\left(\frac{\hbar}{a_B}\right)^5 \frac{\left(p^2+\frac{\hbar^2}{a_B^2}\right)^4 2p - 4p^2 \cdot 2p\left(p^2+\frac{\hbar^2}{a_B^2}\right)^3}{\left(p^2+\frac{\hbar^2}{a_B^2}\right)^8}$$

$$\Leftrightarrow \left(p^2+\frac{\hbar^2}{a_B^2}\right) = 4p^2$$

$$\Rightarrow p_{10}^{\max} = \frac{1}{\sqrt{3}}\frac{\hbar}{a_B} \approx 0{,}5774\frac{\hbar}{a_B}$$

ist der wahrscheinlichste Wert des Impulsbetrages!

Lösung zu Aufgabe 6.2.9

1.

$$\int d^3r\, \psi^*_{nlm_l}(\boldsymbol{r})\, \hat{p}\, \psi_{nlm_l}(\boldsymbol{r}) = q\int_0^\infty dr\, r^3 R^*_{nl}(r) R_{nl}(r) \int_0^{2\pi} d\varphi\, I_{lm_l}\,,$$

$$I_{lm_l} \equiv \int_{-1}^{+1} d\cos\vartheta \cos\vartheta |Y_{lm_l}(\vartheta,\varphi)|^2 \stackrel{(5.103)}{=} \frac{(2l+1)\,(l-m_l)!}{4\pi\,(l+m_l)!} Q_{lm_l}\,,$$

$$Q_{lm_l} = \int_{-1}^{+1} d\cos\vartheta \cos\vartheta \left|P_l^{m_l}(\cos\vartheta)\right|^2 .$$

Nach (5.95) und (5.96):

$$P_l^{m_l}(-\cos\vartheta) = (-1)^{l+m_l} P_l^{m_l}(\cos\vartheta)$$

$$\Rightarrow |P_l^{m_l}(\cos\vartheta)|^2 \text{ gerade Funktion von } \cos\vartheta$$

$$\Rightarrow Q_{lm_l} = 0\,.$$

2. Zunächst muss sicher

$$m_l' = m_l$$

sein, da $\hat{p}$ nicht von φ abhängt:

$$\int d^3r\, \psi^*_{nl'm_l}(\boldsymbol{r})\, \hat{p}\, \psi_{nlm_l}(\boldsymbol{r}) \sim \widehat{Q}_{l'l}$$

$$\widehat{Q}_{l'l} = \int_{-1}^{+1} d\cos\vartheta \cos\vartheta\, P_{l'}^{m_l}(\cos\vartheta)\, P_l^{m_l}(\cos\vartheta)\,.$$

Wegen (5.95),

$$P_l^{-m_l}(z) = (-1)^{m_l} \frac{(l-m_l)!}{(l+m_l)!} P_l^{m_l}(z),$$

dürfen wir $m_l \geq 0$ annehmen. Für $l = l'$ verschwindet das Matrixelement. Wir setzen deshalb o.B.d.A.:

$$l' \leq l - 1 \, .$$

Dann muss aber auch

$$0 \leq m_l \leq l - 1$$

sein. Wir können also die Rekursionsformel benutzen:

$$z \, P_l^{m_l}(z) = \alpha_{lm_l} P_{l+1}^{m_l}(z) + \beta_{lm_l} P_{l-1}^{m_l}(z) \, .$$

Wegen der Orthogonalität der Legendre-Polynome (5.101) ist somit

$$\widehat{Q}_{l'l} \neq 0 \text{ nur für } l' = l+1 \text{ und } l' = l-1.$$

Das Matrixelement des Dipolmomentenoperators ist also nur für

$$m_l' = m_l \, ,$$
$$l' = l \pm 1$$

von Null verschieden. Es beschreibt elektrische Dipolübergänge!

3.

$$\langle \psi | \hat{p} | \psi \rangle \overset{!}{\neq} 0, \quad |\psi\rangle \text{ Eigenzustand zu } n = 2.$$

Wegen 1) muss $|\psi\rangle$ dann eine Linearkombination aus mehreren $|2l\,m_l\rangle$ sein:

$$|\psi\rangle = \frac{1}{\sqrt{2}} \left(|200\rangle + |210\rangle \right) \, .$$

Dieser Ansatz ist nur für den Spezialfall des Coulomb-Potentials mit seiner *zufälligen* Entartung bezüglich l ein Eigenzustand. Für andere Zentralpotentiale gilt das nicht!

$$\langle \psi | \hat{p} | \psi \rangle = \frac{1}{2} \left(\langle 200 | \hat{p} | 210 \rangle + \langle 210 | \hat{p} | 200 \rangle \right) \, ,$$

$$|200\rangle \,\widehat{=}\, \frac{1}{2\sqrt{2\pi \, a_\mathrm{B}^3}} \left(1 - \frac{r}{2a_\mathrm{B}} \right) \mathrm{e}^{-r/2a_\mathrm{B}} \quad ((6.61) \text{ und } (5.108)) \, ,$$

$$|210\rangle \,\widehat{=}\, \frac{1}{4\sqrt{2\pi \, a_\mathrm{B}^5}} \cos \vartheta \, r \, \mathrm{e}^{-r/2a_\mathrm{B}} \quad ((6.62) \text{ und } (5.109)) \, ,$$

$$\langle 200|\hat{p}|210\rangle = \frac{q}{16\pi\, a_B^4}\, 2\pi \int_0^\infty r^2\, dr \int_{-1}^{+1} d\cos\vartheta \left(1 - \frac{r}{2a_B}\right) r^2 \cos^2\vartheta\, e^{-r/a_B}$$

$$= \frac{q}{12\, a_B^4} \int_0^\infty dr \left(r^4 - \frac{r^5}{2a_B}\right) e^{-r/a_B} = \frac{q}{12}\, a_B \int_0^\infty d\rho \left(\rho^4 - \frac{1}{2}\rho^5\right) e^{-\rho}$$

$$= \frac{q}{12}\, a_B \left(\Gamma(5) - \frac{1}{2}\Gamma(6)\right) = \frac{1}{12}\, q\, a_B \left(4! - \frac{1}{2}\, 5!\right) = -3q\, a_B$$

$$\Rightarrow \langle\psi|\hat{p}|\psi\rangle = -3q\, a_B\ .$$

Lösung zu Aufgabe 6.2.10

Wir führen den Beweis für die x-Komponente:

$$p_x = \mu\dot{x} = \mu\,(\dot{x}_1 - \dot{x}_2)$$

$$\Rightarrow [x, p_x]_- = [x_1 - x_2,\ \mu(\dot{x}_1 - \dot{x}_2)]_- = \mu\,([x_1, \dot{x}_1]_- + [x_2, \dot{x}_2]_-)$$

$$= \mu\left(\frac{1}{m_1}[x_1, m_1\dot{x}_1]_- + \frac{1}{m_2}[x_2, m_2\dot{x}_2]_-\right).$$

In der Klammer stehen die fundamentalen Kommutatoren zwischen x-Komponenten der Ortsvektoren $\boldsymbol{r}_1$ und $\boldsymbol{r}_2$ und *normalen* Impulsen $\boldsymbol{p}_{1,2} = m_{1,2}\,\dot{\boldsymbol{r}}_{1,2}$:

$$[x, p_x]_- = \mu\left(\frac{1}{m_1}\,\mathrm{i}\hbar + \frac{1}{m_2}\,\mathrm{i}\hbar\right) = \mathrm{i}\hbar\ .$$

Analog läuft der Beweis für die anderen Komponenten.

Im Fall der Schwerpunktkoordinaten gilt:

$$[X, P_x]_- = \left[\frac{1}{M}(m_1 x_1 + m_2 x_2),\ M\frac{1}{M}(m_1\dot{x}_1 + m_2\dot{x}_2)\right]_-$$

$$= \frac{1}{M}\,(m_1\,[x_1, m_1\dot{x}_1]_- + m_2\,[x_2, m_2\dot{x}_2]_-)$$

$$= \frac{1}{M}\,(m_1 + m_2)\,\mathrm{i}\hbar = \mathrm{i}\hbar\ .$$

Lösung zu Aufgabe 6.2.11

1. Hamilton-Operator:

$$H = T + V = \frac{\boldsymbol{p}^2}{2m} - \frac{e^2}{4\pi\varepsilon_0 r} .$$

Zu berechnen ist:

$$[H, \boldsymbol{r}\cdot\boldsymbol{p}]_- = [H, \boldsymbol{r}]_- \cdot \boldsymbol{p} + \boldsymbol{r}\cdot[H, \boldsymbol{p}]_-$$

$$\begin{aligned}
[H, \boldsymbol{r}]_- &= \left[\frac{\boldsymbol{p}^2}{2m}, \boldsymbol{r}\right]_- = \frac{1}{2m}\sum_i \left(p_i\,[p_i, \boldsymbol{r}]_- + [p_i, \boldsymbol{r}]_-\,p_i\right)\\
&= \frac{1}{2m}\sum_i \left(p_i\,[p_i, x_i]_-\,\boldsymbol{e}_i + [p_i, x_i]_-\,\boldsymbol{e}_i p_i\right)\\
&= \frac{1}{2m}\sum_i \left(\frac{\hbar}{\mathrm{i}} p_i \boldsymbol{e}_i + \frac{\hbar}{\mathrm{i}} \boldsymbol{e}_i p_i\right)\\
&= \frac{\hbar}{\mathrm{i}m}\boldsymbol{p}
\end{aligned}$$

$$[H, \boldsymbol{p}]_- = [V(\boldsymbol{r}), \boldsymbol{p}]_- = -\frac{\hbar}{\mathrm{i}}\nabla V(\boldsymbol{r}) .$$

Damit gilt noch ganz allgemein:

$$\frac{\mathrm{i}}{\hbar}[H, \boldsymbol{r}\cdot\boldsymbol{p}]_- = \frac{1}{m}\boldsymbol{p}^2 - (\boldsymbol{r}\cdot\nabla)\,V(\boldsymbol{r}) .$$

Wegen

$$-(\boldsymbol{r}\cdot\nabla)\,V(\boldsymbol{r}) = -r\frac{\partial}{\partial r}V(\boldsymbol{r}) = -r\frac{e^2}{4\pi\varepsilon_0 r^2} = V(\boldsymbol{r})$$

folgt schließlich für das Wasserstoffatom:

$$\frac{\mathrm{i}}{\hbar}[H, \boldsymbol{r}\cdot\boldsymbol{p}]_- = 2T + V .$$

2. $|\psi\rangle$ ist Eigenzustand zu H:

$$H|\psi\rangle = E|\psi\rangle .$$

Dies wird mit der Tatsache, dass H hermitesch ist, zur Berechnung des folgenden Erwartungswertes ausgenutzt:

$$\begin{aligned}
\langle\psi|\,[H, \boldsymbol{r}\cdot\boldsymbol{p}]_-\,|\psi\rangle &= \langle\psi|H\,\boldsymbol{r}\cdot\boldsymbol{p}|\psi\rangle - \langle\psi|\boldsymbol{r}\cdot\boldsymbol{p}\,H|\psi\rangle\\
&= E\left(\langle\psi|\boldsymbol{r}\cdot\boldsymbol{p}|\psi\rangle - \langle\psi|\boldsymbol{r}\cdot\boldsymbol{p}|\psi\rangle\right)\\
&= 0 .
\end{aligned}$$

Mit 1. folgt dann das „Virialtheorem“:

$$2\langle T\rangle + \langle V\rangle = 0\,.$$

Das lässt sich noch etwas weiter aufschlüsseln, wenn man das Ergebnis (6.43) benutzt:

$$\langle H\rangle = \langle T\rangle + \langle V\rangle = -\frac{E_\mathrm{R}}{n^2}\,.$$

Subtraktion der beiden letzten Gleichungen ergibt:

$$\langle T\rangle = \frac{E_\mathrm{R}}{n^2}\;;\;\langle V\rangle = -2\frac{E_\mathrm{R}}{n^2}\,.$$

3. Sphärischer harmonischer Oszillator:

$$H = \frac{\boldsymbol{p}^2}{2m} + \frac{1}{2}m\omega^2 r^2\,.$$

Genau wie unter 1. gilt zunächst:

$$\frac{\mathrm{i}}{\hbar}\left[H, \boldsymbol{r}\cdot\boldsymbol{p}\right]_- = \frac{1}{m}\boldsymbol{p}^2 - r\frac{\partial}{\partial r}V(\boldsymbol{r}) = \frac{1}{m}\boldsymbol{p}^2 - 2V(\boldsymbol{r}) = 2T - 2V\,.$$

Wegen $H|\psi\rangle = E|\psi\rangle$ gilt wieder:

$$\langle\psi|\left[H, \boldsymbol{r}\cdot\boldsymbol{p}\right]_-|\psi\rangle = 0\,.$$

Dies bedeutet

$$\langle T\rangle = \langle V\rangle\,.$$

Abschnitt 6.3.5

Lösung zu Aufgabe 6.3.1

1. Ausgangspunkt ist die Bessel'sche Differentialgleichung (6.114):

$$\left[\frac{d^2}{dz^2}+\frac{2}{z}\frac{d}{dz}-\frac{l(l+1)}{z^2}+1\right]R(z)=0\,,$$

$$z=kr\,,$$

Wellenfunktion: $\psi(\boldsymbol{r})=R(r)\,Y_{lm_l}(\vartheta\varphi)$,
Randbedingungen:

$$a)\quad \psi(\boldsymbol{r})\equiv 0 \quad \text{für } r>a,$$

$$b)\quad V(r)\equiv 0 \quad \text{für } r\leq a$$

$$\Rightarrow\ k^2=\frac{2m}{\hbar^2}E\,,$$

$$c)\quad \psi(\boldsymbol{r}) \text{ regulär im Ursprung.}$$

Allgemeine Lösung (6.121):

$$R_l(z)=a_l\,j_l(z)+b_l\,n_l(z)\,,$$

$$b_l=0 \text{ wegen (c)}$$

$$\Rightarrow\ \psi_{lm_l}(\boldsymbol{r})=a_l\,j_l(kr)\,Y_{lm_l}(\vartheta,\varphi)\,.$$

2. Randbedingung a):

$$j_l(ka)=0\,.$$

Die Nullstellen der Bessel-Funktionen sind bekannt. Diesen entnimmt man für gegebenes l die *erlaubten* Werte für ka und damit für die Energie E!

$\boxed{l=0}$

$$j_0(z)=\frac{\sin z}{z}\,.$$

Keine Nullstelle bei $z=0$:

$$\lim_{z\to 0} j_0(z)=\lim_{z\to 0}\frac{\cos z}{1}=1$$

(Regel von l'Hospital) ,

$$j_0\,(k_0 a) \stackrel{!}{=} 0 \;\Rightarrow\; k_{0,\mu} = \mu\,\pi\,\frac{1}{a}\,,$$

$$\mu = 1, 2, 3, \ldots$$

$$\Rightarrow\; E_{0,\mu} = \frac{\hbar^2 \pi^2}{2m\,a^2}\,\mu^2\,.$$

3. Asymptotische Lösungen:

$$z \gg \sqrt{l(l+1)} \gtrsim l\,,$$

$$j_l(z) \sim \frac{1}{z}\sin\left(z - \frac{l\pi}{2}\right),$$

$$j_l(k a) \stackrel{!}{=} 0 \;\Leftrightarrow\; k_{l,\mu}\,a = \mu\,\pi + \frac{l\pi}{2}$$

$$\Rightarrow\; E_{l,\mu} = \frac{\hbar^2 \pi^2}{2m\,a^2}\left(\mu + \frac{l}{2}\right)^2\,.$$

Lösung zu Aufgabe 6.3.2

Allgemeine Bestimmungsgleichung (6.135):

$$k\,\frac{(\mathrm{d}/\mathrm{d}z)\,j_l(z)}{j_l(z)}\bigg|_{z=k a} \stackrel{!}{=} \mathrm{i}\,\kappa\,\frac{(\mathrm{d}/\mathrm{d}z)\,h_l^{(+)}(z)}{h_l^{(+)}(z)}\bigg|_{z=\mathrm{i}\kappa a}\,,$$

$$j_1(z) = \frac{\sin z}{z^2} - \frac{\cos z}{z} = \frac{1}{z^2}\left(\sin z - z\cos z\right),$$

$$h_1^{(+)}(z) = -\frac{\mathrm{e}^{\mathrm{i}z}}{z}\left(1 + \frac{\mathrm{i}}{z}\right),$$

$$\frac{\mathrm{d}}{\mathrm{d}z}\,j_1(z) = \frac{1}{z^2}\left[2\cos z + \sin z\left(z - \frac{2}{z}\right)\right]$$

$$\Rightarrow\; k\,\frac{(\mathrm{d}/\mathrm{d}z)\,j_1(z)}{j_1(z)}\bigg|_{z=k a} = \frac{1}{a}\,\frac{2\,k a\cos k a + \sin k a\,(k^2 a^2 - 2)}{\sin k a - k a\cos k a}\,,$$

$$\frac{\mathrm{d}}{\mathrm{d}z}\,h_1^{(+)}(z) = -\frac{\mathrm{e}^{\mathrm{i}z}}{z}\left(\mathrm{i} - \frac{2}{z} - \frac{2\mathrm{i}}{z^2}\right)$$

$$\Rightarrow\; \mathrm{i}\,\kappa\,\frac{(\mathrm{d}/\mathrm{d}z)\,h_1^{(+)}(z)}{h_1^{(+)}(z)}\bigg|_{z=\mathrm{i}\,k a} = -\frac{1}{a}\,\frac{(\kappa\,a + 1)^2 + 1}{\kappa\,a + 1}\,.$$

Bestimmungsgleichung für $l = 1$:

$$-2 + \frac{k^2 a^2 \sin k a}{\sin k a - k a \cos k a} \stackrel{!}{=} -2 - \frac{\kappa^2 a^2}{\kappa a + 1}$$

$$\Leftrightarrow \quad \frac{k^2}{\kappa^2} (\kappa a + 1) \sin k a = k a \cos k a - \sin k a$$

$$\Leftrightarrow \quad \frac{k^2}{\kappa^2} (\kappa a + 1) \stackrel{!}{=} k a \cot k a - 1 \, .$$

Diese Gleichung legt mit

$$k^2 = \frac{2m}{\hbar^2} (E + V_0) \, ; \quad \kappa^2 = -\frac{2m}{\hbar^2} E$$

die zu $l = 1$ *erlaubten* Energiewerte fest!

Lösung zu Aufgabe 6.3.3

1. Wie in (6.19) finden wir die Radialgleichung:

$$\left[\frac{d^2}{dr^2} + \frac{2m}{\hbar^2} \left(E - \frac{1}{2} m \omega^2 r^2 - \frac{D}{r^2} \right) \right] u(r) = 0 \, ,$$

$$D = c + \frac{\hbar^2}{2m} l(l+1) \, .$$

Grenzfälle:

a) $r \to 0$:

$$\left(\frac{d^2}{dr^2} - \frac{2m D}{\hbar^2 r^2} \right) u(r) \approx 0$$

$\Rightarrow$ $u(r) \sim r^x$ mit x aus:

$$x(x-1) = \frac{2m c}{\hbar^2} + l(l+1) \, .$$

Da $u(r)$ im Koordinatenursprung Null werden muss, ist $x > 0$ zu fordern!

b) $r \to \infty$:

$$\left(\frac{d^2}{dr^2} - 4\gamma^2 r^2 \right) u(r) \approx 0 \, ; \quad \gamma = \frac{m \omega}{2\hbar} \, .$$

Wir setzen:

$$u(r) \sim e^{-\gamma r^2}$$

$$\Rightarrow\ u''(r) \sim \frac{d}{dr}\left(-2\gamma r\, e^{-\gamma r^2}\right) = \left(-2\gamma + 4\gamma^2 r^2\right) e^{-\gamma r^2} \underset{r\to\infty}{\longrightarrow} 4\gamma^2 r^2 e^{-\gamma r^2} .$$

Der Ansatz ist also approximative Lösung der asymptotischen Radialgleichung.

Die beiden Grenzfälle lassen den folgenden allgemeinen Ansatz sinnvoll erscheinen:

$$u(r) = r^x e^{-\gamma r^2} g(r) .$$

x und γ sind oben eindeutig vorgegeben!

2. Für die Radialgleichung benötigen wir die erste und zweite Ableitung von $u(r)$:

$$u'(r) = \left(x r^{x-1} g(r) + r^x g'(r) - 2\gamma r^{x+1} g(r)\right) e^{-\gamma r^2} ,$$

$$u''(r) = \left[g(r)\left\{x(x-1) r^{x-2} - 2\gamma x r^x - 2\gamma(x+1) r^x + 4\gamma^2 r^{x+2}\right\}\right.$$
$$\left. + g'(r)\left\{2x r^{x-1} - 4\gamma r^{x+1}\right\} + g''(r) r^x\right] e^{-\gamma r^2} .$$

Dies wird in die Radialgleichung eingesetzt:

$$g''(r) + 2g'(r)\left(\frac{x}{r} - 2\gamma r\right) + g(r)\left\{\frac{x(x-1)}{r^2} - 2\gamma(2x+1) + 4\gamma^2 r^2\right.$$
$$\left. + \frac{2m}{\hbar^2}\left(E - \frac{D}{r^2}\right) - \frac{m^2\omega^2}{\hbar^2} r^2\right\} = 0 .$$

Dieser Ausdruck vereinfacht sich noch wegen

$$4\gamma^2 = \frac{m^2\omega^2}{\hbar^2} ; \quad \frac{2m}{\hbar^2} D = x(x-1) .$$

Es bleibt damit:

$$g''(r) + 2g'(r)\left(\frac{x}{r} - 2\gamma r\right) + g(r)\left[\frac{2mE}{\hbar^2} - 2\gamma(2x+1)\right] = 0 .$$

3. Ansatz:

$$g(r) = \sum_\mu \alpha_\mu r^\mu .$$

Einsetzen in die Differentialgleichung für g:

$$\sum_\mu \alpha_\mu \left[\left(\mu(\mu-1) + 2x\mu\right) r^{\mu-2} + \left(\frac{2m}{\hbar^2} E - 2\gamma(2x+1) - 4\gamma\mu\right) r^\mu\right] = 0 .$$

Umindizieren im ersten Term:

$$\sum_{\mu} \left\{ \alpha_{\mu+2} \left((\mu+2)(\mu+1) + 2x(\mu+2) \right) \right.$$
$$\left. + \alpha_{\mu} \left(\frac{2m}{\hbar^2} E - 2\gamma(2x+1) - 4\gamma\mu \right) \right\} r^{\mu} = 0 \,.$$

Dies kann nur richtig sein, wenn jeder Summand für sich bereits verschwindet:

$$\alpha_{\mu+2} = \frac{2\gamma(2x+1) + 4\gamma\mu - (2m/\hbar^2)E}{(\mu+2)(\mu+1) + 2x(\mu+2)} \alpha_{\mu} \,.$$

Für große Indizes μ schätzen wir ab:

$$\frac{\alpha_{\mu+2}}{\alpha_{\mu}} \underset{\mu \to \infty}{\longrightarrow} \frac{4\gamma}{\mu} \,.$$

Zum Vergleich:

$$e^{4\gamma r^2} = \sum_{\nu=0}^{\infty} \frac{(4\gamma)^{\nu}}{\nu!} r^{2\nu} = \sum_{\nu=0}^{\infty} \beta_{\nu} r^{2\nu} \,.$$

$\alpha_{\mu+2}$ und α_{μ} sind in dem obigen Ausdruck die Koeffizienten zu $r^{\mu+2}$ und r^{μ}. Dies entspricht in der Entwicklung der Exponentialfunktion einem Anwachsen des Summationsindex ν um 1:

$$\frac{\beta_{\nu+1}}{\beta_{\nu}} = \frac{4\gamma}{\nu+1} \underset{\nu \gg 1}{\longrightarrow} \frac{4\gamma}{\nu} \,.$$

Damit würde sich $g(r)$ bei einem Nichtabbrechen der Reihe für große r, wenn die hohen Potenzen dominieren, wie $\exp(4\gamma r^2)$ verhalten. Die Funktion $u(r)$ wäre dann nicht mehr normierbar, wie in (6.22) gefordert. Wir müssen also annehmen, dass die Reihe bei einem endlichen μ_0 abbricht:

$$\alpha_{\mu_0} \neq 0 \,; \quad \alpha_{\mu_0+1} = \alpha_{\mu_0+2} = \ldots = 0 \,.$$

4. Die Abbruchbedingung liefert das diskrete Energiespektrum:

$$E_{\mu_0} \mathrel{\widehat{=}} \frac{\hbar^2}{2m} \left[2\gamma(2\mu_0 + 2x + 1) \right] \,.$$

Mit der Bedeutung von γ und x $(x > 0)$ folgt:

$$E_{\mu_0 l} = \hbar\,\omega\left(\mu_0 + 1 + \sqrt{\frac{2m\,c}{\hbar^2} + \left(l + \frac{1}{2}\right)^2}\right),$$

$$\mu_0 = 0, 1, 2, 3, \ldots\,.$$

Für $c \to 0$ ergeben sich die bekannten Eigenenergien des dreidimensionalen harmonischen Oszillators mit der Grundzustandsenergie $(3/2)\,\hbar\,\omega$ (4.186).

5. Grundzustand: $\mu_0 = l = 0$
   In diesem Fall ist:

$$g_0(r) \equiv \alpha_0 = \text{const} \;\Rightarrow\; u_0(r) = \alpha_0\, r^x\, \mathrm{e}^{-\gamma r^2}\,.$$

Grundzustandswellenfunktion:

$$\psi_0(\boldsymbol{r}) = \frac{1}{r}\,u_0(r)\,Y_{00}\,(\vartheta, \varphi)$$

$$\Rightarrow\; |\psi_0(\boldsymbol{r})|^2 = \frac{|\alpha_0|^2}{4\pi}\,r^{2(x_0-1)}\,\mathrm{e}^{-2\gamma r^2}\,.$$

Maximale Aufenthaltswahrscheinlichkeitsdichte:

$$\frac{\mathrm{d}}{\mathrm{d}r}|\psi_0(\boldsymbol{r})|^2 \overset{!}{=} 0 = \frac{|\alpha_0|^2}{4\pi}\left[2(x-1)\,r_0^{2x-3} - 4\gamma\,r_0^{2x-1}\right]\mathrm{e}^{-2\gamma\,r_0^2}$$

$$\Rightarrow\; r_0^2 = \frac{1}{2}\,\frac{x_0 - 1}{\gamma}\,,$$

$$x_0 = x\,(l = 0) = \frac{1}{2}\left(1 + \sqrt{1 + \frac{8m\,c}{\hbar^2}}\right)$$

$$\Rightarrow\; r_0^2 = \frac{\hbar}{2m\,\omega}\left(\sqrt{1 + \frac{8m\,c}{\hbar^2}} - 1\right) \underset{c\text{ klein}}{\longrightarrow} \frac{2c}{\hbar\,\omega}\,.$$

Potentialminimum:

$$\frac{\mathrm{d}}{\mathrm{d}r}\,V(r) = -2\,\frac{c}{r_{\min}^3} + m\,\omega^2\,r_{\min} \overset{!}{=} 0$$

$$\Rightarrow\; r_{\min}^2 = \frac{1}{\omega}\sqrt{\frac{2c}{m}}\,.$$

Die maximale Aufenthaltswahrscheinlichkeitsdichte fällt nicht ins Potentialminimum!

Lösung zu Aufgabe 6.3.4

Wir können in (6.135) wegen $k_0 a \gg l$ für $j_l(z)$ die asymptotische Form (6.125) verwenden:

$$\frac{d}{dz} j_l(z) \approx -\frac{1}{z^2} \sin\left(z - \frac{l\pi}{2}\right) + \frac{1}{z} \cos\left(z - \frac{l\pi}{2}\right)$$

$$\Rightarrow \quad \frac{d}{dz} \ln j_l(z) \approx -\frac{1}{z} + \cot\left(z - \frac{l\pi}{2}\right) .$$

Die Anschlussbedingung lautet dann:

$$-\frac{1}{a} + k_0 \cot\left(k_0\, a - \frac{l\pi}{2}\right) = \mathrm{i}\,\kappa \,\frac{d}{dz} \ln h_l^{(+)}(z)\bigg|_{z=\mathrm{i}\kappa a} ,$$

$$k_0^2 = \frac{2m}{\hbar^2}(E + V_0) \; ; \quad \kappa^2 = -\frac{2m}{\hbar^2} E .$$

Die rechte Seite hängt nicht von V_0 ab. Das muss dann für $V_0 \to \infty$ auch für die linke Seite gelten. Wegen $k_0 \to \infty$ muß der Kotangens dann für das Verschwinden des zweiten Summanden in der obigen Bestimmungsgleichung sorgen:

$$k_0\, a - \frac{l\pi}{2} \approx \left(n + \frac{1}{2}\right)\pi \; ; \quad n \in \mathbb{N} .$$

$n \gg 1$, damit $k_0\, a \gg l$ erfüllt bleibt.

$$\Rightarrow \quad E_{nl} = \frac{\hbar^2 \pi^2}{2m\, a^2}\left(n + \frac{l}{2} + \frac{1}{2}\right)^2 - V_0 .$$

Lösung zu Aufgabe 6.3.5

Zylinderkoordinaten (Abschn. 1.7.3, Bd. 1):

$$x = \rho \cos\varphi ,$$

$$y = \rho \sin\varphi ,$$

$$z = z .$$

Gradient ((1.388), Bd. 1):

$$\nabla_\rho = \frac{\partial}{\partial\rho} \; ; \quad \nabla_\varphi = \frac{1}{\rho}\frac{\partial}{\partial\varphi} \; ; \quad \nabla_z = \frac{\partial}{\partial z} .$$

Divergenz:

$$\operatorname{div} \boldsymbol{a} = \frac{1}{\rho}\frac{\partial}{\partial\rho}(\rho\, a_\rho) + \frac{1}{\rho}\frac{\partial}{\partial\varphi} a_\varphi + \frac{\partial}{\partial z} a_z\,.$$

Laplace-Operator:

$$\Delta \equiv \frac{1}{\rho}\frac{\partial}{\partial\rho}\left(\rho\frac{\partial}{\partial\rho}\right) + \frac{1}{\rho^2}\frac{\partial^2}{\partial\varphi^2} + \frac{\partial^2}{\partial z^2}\,.$$

1. Hamilton-Operator

$$\begin{aligned} H &= \frac{1}{2m}\left(\boldsymbol{p} - \hat{q}\boldsymbol{A}(\boldsymbol{r})\right)^2 \\ &= \frac{1}{2m}\boldsymbol{p}^2 - \frac{\hat{q}}{2m}\left(\boldsymbol{p}\cdot\boldsymbol{A}(\boldsymbol{r}) + \boldsymbol{A}(\boldsymbol{r})\cdot\boldsymbol{p}\right) + \frac{\hat{q}^2}{2m}\boldsymbol{A}^2(\boldsymbol{r})\,, \end{aligned}$$

$$\operatorname{div} \boldsymbol{A}(\boldsymbol{r}) = \frac{1}{\rho}\frac{\partial}{\partial\rho}(\rho\, A_\rho) + \frac{1}{\rho}\frac{\partial}{\partial\varphi} A_\varphi + \frac{\partial}{\partial z} A_z = 0$$

$$\Rightarrow \boldsymbol{p}\cdot\boldsymbol{A}(\boldsymbol{r}) = \boldsymbol{A}(\boldsymbol{r})\cdot\boldsymbol{p} = \frac{\hbar}{\mathrm{i}} A_\varphi(\boldsymbol{r})\,\frac{1}{\rho}\frac{\partial}{\varphi} = \frac{\hbar}{2\mathrm{i}} B\frac{\partial}{\partial\varphi}\,.$$

Hamilton-Operator in Ortsdarstellung:

$$H = -\frac{\hbar^2}{2m}\left(\frac{\partial^2}{\partial\rho^2} + \frac{1}{\rho}\frac{\partial}{\partial\rho} + \frac{1}{\rho^2}\frac{\partial^2}{\partial\varphi^2} + \frac{\partial^2}{\partial z^2}\right) + \mathrm{i}\,\hbar\,\frac{\hat{q}\,B}{2m}\frac{\partial}{\partial\varphi} + \frac{\hat{q}^2\,B^2}{8m}\rho^2\,.$$

Mit $k^2 = (2m/\hbar^2)\,E$ lautet dann die zeitunabhängige Schrödinger-Gleichung in Zylinderkoordinaten:

$$\begin{aligned} &\left[\left\{\frac{\partial^2}{\partial\rho^2} + \frac{1}{\rho}\frac{\partial}{\partial\rho} - \left(\frac{\hat{q}\,B}{2\hbar}\right)^2\rho^2 + k^2\right\}\right. \\ &\left.\quad + \left\{\frac{1}{\rho^2}\frac{\partial^2}{\partial\varphi^2} - \mathrm{i}\,\frac{\hat{q}\,B}{\hbar}\frac{\partial}{\partial\varphi}\right\} + \frac{\partial^2}{\partial z^2}\right]\psi(\rho,\varphi,z) = 0\,. \end{aligned}$$

2. Die Struktur der Gleichung legt einen Separationsansatz nahe:

$$\psi(\rho,\varphi,z) = R(\rho)\,f(\varphi)\,g(z)\,.$$

In die Schrödinger-Gleichung einsetzen und durch ψ dividieren:

$$\begin{aligned} &\frac{1}{R(\rho)}\left\{\frac{\partial^2}{\partial\rho^2} + \frac{1}{\rho}\frac{\partial}{\partial\rho} - \left(\frac{\hat{q}\,B}{2\hbar}\right)^2\rho^2 + k^2\right\}R(\rho) \\ &\quad + \frac{1}{f(\varphi)}\left\{\frac{1}{\rho^2}\frac{\partial^2}{\partial\varphi^2} - \frac{\mathrm{i}}{\hbar}\,\hat{q}\,B\frac{\partial}{\partial\varphi}\right\}f(\varphi) + \frac{1}{g(z)}\frac{\partial^2}{\partial z^2}g(z) = 0\,. \end{aligned}$$

Zweckmäßiger Ansatz:

$$g(z) \sim \exp(\mathrm{i}\, k_z\, z)\,; \quad f(\varphi) \sim \exp(\mathrm{i}\, m^* \varphi)\,.$$

Wir schreiben zur Abkürzung:

$$k^{*2} = k^2 - k_z^2 + \frac{m^*\,\hat{q}\,B}{\hbar}\,; \quad F = \left(\frac{\hat{q}\,B}{2\hbar}\right)^2\,.$$

Dann bleibt:

$$\left\{\frac{\partial^2}{\partial\rho^2} + \frac{1}{\rho}\frac{\partial}{\partial\rho} - F\,\rho^2 + k^{*2} - \frac{m^{*2}}{\rho^2}\right\} R(\rho) = 0\,.$$

Es empfiehlt sich noch die folgende Substitution:

$$u(\rho) = \sqrt{\rho}\, R(\rho)$$

$$\Rightarrow \sqrt{\rho}\left(\frac{\partial^2}{\partial\rho^2} + \frac{1}{\rho}\frac{\partial}{\partial\rho}\right) R(\rho) = \left(\frac{\partial^2}{\partial\rho^2} + \frac{1}{4\rho^2}\right) u(\rho)\,.$$

Dies ergibt die folgende Radialgleichung:

$$\left\{\frac{\mathrm{d}^2}{\mathrm{d}\rho^2} + k^{*2} - F\,\rho^2 - \frac{m^{*2} - 1/4}{\rho^2}\right\} u(\rho) = 0\,.$$

3. Diese Differentialgleichung ist von der Struktur her mit der in Lösung 6.3.3 (1) identisch. Wir können deshalb die dortigen Ergebnisse übernehmen, wenn wir die folgenden Zuordnungen treffen:

$$\frac{2m}{\hbar^2} E \Leftrightarrow k^{*2}\,,$$

$$\frac{m^2\omega^2}{\hbar^2} \Leftrightarrow F\,,$$

$$\frac{2m}{\hbar^2} D = \frac{2mc}{\hbar^2} + l(l+1) \Leftrightarrow m^{*2} - \frac{1}{4}\,.$$

Die Eigenenergien aus Teil 4) von Aufgabe 6.3.3,

$$E_{\mu_0 l} = \hbar\,\omega\left(\mu_0 + 1 + \sqrt{\frac{2mc}{\hbar^2} + \left(l + \frac{1}{2}\right)^2}\right),$$

gehen nun über in:

$$\frac{\hbar^2}{2m}\left(k^2 - k_z^2 + m^* \frac{\hat{q}B}{\hbar}\right) = \frac{\hbar^2}{m}\frac{\hat{q}B}{2\hbar}\left(\mu_0 + 1 + \sqrt{m^{*2}}\right)$$

$$\Rightarrow\; E_{\mu_0,m^*} = \frac{\hbar^2 k^2}{2m} = \frac{\hbar^2 k_z^2}{2m} + \hbar\frac{\hat{q}B}{2m}(\mu_0 + 1) \equiv E_{\mu_0}\,,$$

$$\mu_0 = 0, 1, 2, \ldots$$

Lösung zu Aufgabe 6.3.6

1. Zylinderkoordinaten s. Lösung Aufgabe 6.3.5.
   Schrödinger-Gleichung:

$$\left(-\frac{\hbar^2}{2m}\Delta + V(\rho) - E\right)\psi(\rho,\varphi,z) = 0$$

$$\Rightarrow\; \left\{\frac{\partial^2}{\partial\rho^2} + \frac{1}{\rho}\frac{\partial}{\partial\rho} - \frac{2m}{\hbar^2}\left(V(\rho) - E\right)\right\}\psi(\rho,\varphi,z)$$

$$+\frac{1}{\rho^2}\frac{\partial^2}{\partial\varphi^2}\psi(\rho,\varphi,z) + \frac{\partial^2}{\partial z^2}\psi(\rho,\varphi,z) = 0\,.$$

2. Es bietet sich der folgende Separationsansatz an:

$$\psi(\rho,\varphi,z) = R(\rho)f(\varphi)g(z)\,.$$

   In 1) einsetzen und anschließend durch ψ dividieren:

$$\frac{1}{R(\rho)}\left\{\frac{\partial^2}{\partial\rho^2} + \frac{1}{\rho}\frac{\partial}{\partial\rho} - \frac{2m}{\hbar^2}\left(V(\rho) - E\right)\right\}R(\rho)$$

$$+\frac{1}{f(\varphi)}\frac{1}{\rho^2}\frac{\partial^2}{\partial\varphi^2}f(\varphi) + \frac{1}{g(z)}\frac{\partial^2}{\partial z^2}g(z) = 0\,.$$

   Der letzte Summand hängt nur von z ab, die beiden anderen dagegen nicht. Der letzte Term und ebenso die Summe der beiden ersten Terme müssen deshalb für sich konstant sein. Daraus folgt:

Axialgleichung

$$\frac{\partial^2}{\partial z^2} g(z) = -k_z^2 g(z) \;\Rightarrow\; g(z) = \mathrm{e}^{\mathrm{i}k_z z} \,.$$

Diese setzen wir in die obige Schrödinger-Gleichung ein:

$$\frac{1}{R(\rho)} \left\{ \rho^2 \frac{\partial^2}{\partial \rho^2} + \rho \frac{\partial}{\partial \rho} - \left[\frac{2m}{\hbar^2} (V(\rho) - E) + k_z^2 \right] \rho^2 \right\} R(\rho) + \frac{1}{f(\varphi)} \frac{\partial^2}{\partial \varphi^2} f(\varphi) = 0 \,.$$

Dieselbe Argumentation wie oben führt nun unmittelbar zur

Winkelgleichung

$$\frac{\partial^2}{\partial \varphi^2} f(\varphi) = -m^{*2} f(\varphi) \;\Rightarrow\; f(\varphi) = \mathrm{e}^{\mathrm{i}m^* \varphi} \,.$$

Die Eindeutigkeit der Wellenfunktion fordert schließlich noch:

$$m^* \in \mathbb{Z} \,.$$

Damit bleibt schließlich als

Radialgleichung

$$\left\{ \frac{\mathrm{d}^2}{\mathrm{d}\rho^2} + \frac{1}{\rho} \frac{\mathrm{d}}{\mathrm{d}\rho} - \left[\frac{2m}{\hbar^2} (V(\rho) - E) + k_z^2 + \frac{m^{*2}}{\rho^2} \right] \right\} R(\rho) = 0 \,.$$

3. Ansatz:

$$R(\rho) = \rho^n u(\rho)$$

$$\Rightarrow\; R'(\rho) = n \rho^{n-1} u(\rho) + \rho^n u'(\rho) \,,$$

$$R''(\rho) = n(n-1) \rho^{n-2} u(\rho) + 2n \rho^{n-1} u'(\rho) + \rho^n u''(\rho) \,.$$

Setzen wir

$$F(\rho) = \left[\frac{2m}{\hbar^2} (V(\rho) - E) + k_z^2 + \frac{m^{*2}}{\rho^2} \right],$$

so folgt:

$$\rho^n \left\{ \frac{n(n-1)}{\rho^2} + \frac{2n}{\rho} \frac{\mathrm{d}}{\mathrm{d}\rho} + \frac{\mathrm{d}^2}{\mathrm{d}\rho^2} + \frac{n}{\rho^2} + \frac{1}{\rho} \frac{\mathrm{d}}{\mathrm{d}\rho} - F(\rho) \right\} u(\rho) = 0 \,.$$

Dies ist gleichbedeutend mit:

$$\left\{\frac{d^2}{d\rho^2} + \frac{2n+1}{\rho}\frac{d}{d\rho} + \frac{n^2}{\rho^2} - F(\rho)\right\} u(\rho) = 0 \,.$$

Die Wahl $n = -1/2$ bringt den linearen Term zum Verschwinden:

$$u(\rho) = \sqrt{\rho}\, R(\rho) \,,$$

$$\left\{\frac{d^2}{d\rho^2} - \left[\frac{2m}{\hbar^2}\,(V(\rho) - E) + k_z^2 + \frac{m^{*2} - 1/4}{\rho^2}\right]\right\} u(\rho) = 0 \,.$$

4a) $\rho \to 0$:
In dieser Grenze gilt näherungsweise:

$$\left(\frac{d^2}{d\rho^2} - \frac{m^{*2} - 1/4}{\rho^2}\right) u(\rho) = 0 \,.$$

Allgemeine Lösung:

$$u(\rho) = A\,\rho^{\nu+1} + B\,\rho^{-\nu} \,,$$

$$u(0) = 0 \;\Rightarrow\; B = 0 \,,$$

$$(\nu + 1)\,\nu \overset{!}{=} m^{*2} - \frac{1}{4} \;\Leftrightarrow\; \left(\nu + \frac{1}{2}\right)^2 = m^{*2}$$

$$\Rightarrow\; u(\rho) \sim \rho^{|m^*| + 1/2} \quad \text{für } \rho \to 0.$$

4b) $\rho \to \infty$:

$$\left[\frac{d^2}{d\rho^2} + \left(\frac{2m}{\hbar^2}\,E - k_z^2\right)\right] u(\rho) = 0$$

$$\Rightarrow\; u(\rho) \sim e^{-\gamma\rho} \,; \quad \gamma = \sqrt{k_z^2 - \frac{2m}{\hbar^2}\,E} \,,$$

$E < 0$, da gebundener Zustand!

Lösung zu Aufgabe 6.3.7

Es handelt sich hier um einen Spezialfall des in der vorangegangenen Aufgabe diskutierten allgemeineren Problems. Wir können deshalb übernehmen:

$$\psi(\boldsymbol{r}) = R(\rho)\, e^{im^*\varphi}\, e^{ik_z z} \,.$$

Für $u(\rho) = \sqrt{\rho}\, R(\rho)$ ist die folgende Differentialgleichung zu lösen:

$$\left[\frac{d^2}{d\rho^2} - \left(\gamma^2 - \frac{\varepsilon}{\rho} + \frac{m^{*2} - 1/4}{\rho^2}\right)\right] u(\rho) = 0\,,$$

$$\gamma^2 = k_z^2 - \frac{2m_e}{\hbar^2} E\,; \quad \varepsilon = \frac{2m_e}{\hbar^2} \frac{Z e^2}{4\pi \varepsilon_0}\,.$$

Teil 4) von Aufgabe 6.3.6 führt zu dem folgenden Lösungsansatz:

$$u(\rho) = \rho^{|m^*|+1/2} e^{-\gamma\rho} P(\rho)\,,$$

$$P(\rho) = \sum_{\mu=0}^{?} a_\mu \rho^\mu\,,$$

$$\Rightarrow u'(\rho) = e^{-\gamma\rho} \left[\left(|m^*| + \frac{1}{2}\right) \rho^{|m^*|-1/2} P(\rho) - \gamma\rho^{|m^*|+1/2} P(\rho) + \rho^{|m^*|+1/2} P'(\rho)\right]$$

$$\Rightarrow u''(\rho) = \rho^{|m^*|+1/2} e^{-\gamma\rho} \left[P''(\rho) + \left(\frac{2|m^*|+1}{\rho} - 2\gamma\right) P'(\rho) + \left(\frac{m^{*2} - 1/4}{\rho^2} - 2\gamma \frac{|m^*| + 1/2}{\rho} + \gamma^2\right) P(\rho)\right].$$

Damit wird aus der Radialgleichung eine Differentialgleichung für $P(\rho)$:

$$\left\{\frac{d^2}{d\rho^2} + \left(\frac{2|m^*|+1}{\rho} - 2\gamma\right) \frac{d}{d\rho} + \frac{1}{\rho}\left[\varepsilon - 2\gamma\left(|m^*| + \frac{1}{2}\right)\right]\right\} P(\rho) = 0\,.$$

Das ergibt mit dem Reihenansatz für $P(\rho)$:

$$\sum_{\mu=0}^{?} \left[\alpha_{\mu+1} (\mu+1)(\mu + 2|m^*| + 1) + \alpha_\mu \left(\varepsilon - 2\gamma\left(|m^*| + \frac{1}{2}\right) - 2\gamma\mu\right)\right] \rho^{\mu-1} = 0\,.$$

Jeder Summand muss für sich genommen bereits Null sein. Daraus folgt die Rekursionsformel:

$$\alpha_{\mu+1} = \frac{2\gamma\,(|m^*| + 1/2 + \mu) - \varepsilon}{(\mu+1)(\mu + 2|m^*| + 1)}\, \alpha_\mu\,.$$

Für $\mu \gg 1, |m^*|$ gilt näherungsweise:

$$\frac{\alpha_{\mu+1}}{\alpha_\mu} \approx \frac{2\gamma}{\mu}\,.$$

Mit derselben Überlegung wie in Abschn. 6.2.1 schließen wir daraus, dass bei einem Nicht-Abbrechen der Reihe

$$P(\rho) \sim e^{2\gamma\rho}$$

gelten würde, was die Divergenz von $u(\rho)$ für $\rho \to \infty$ zur Folge hätte. Dieses Problem löst sich nur durch die Annahme, dass die Reihe bei einem endlichen μ_0 abbricht, für das gelten muss:

$$\mu_0 = \frac{\varepsilon}{2\gamma} - \left(|m^*| + \frac{1}{2}\right) .$$

Nach Einsetzen der Definitionen von γ und ε erhalten wir hieraus das Energiespektrum:

$$E_n = -\frac{Z^2 E_R}{(n + 1/2)^2} + \frac{\hbar^2 k_z^2}{2m_e} .$$

E_R ist die in (6.33) definierte *Rydberg-Energie* und n die Quantenzahl

$$n = \mu_0 + |m^*| = 0, 1, 2, \dots .$$

Für die Eigenfunktionen haben wir dann gefunden:

$$\psi_{nm^*}(\boldsymbol{r}) = e^{-\gamma\rho} \left(\sum_{\mu=0}^{n-|m^*|} \alpha_\mu \rho^{\mu+|m^*|} \right) e^{im^*\varphi} e^{ik_z z} .$$

Die Koeffizienten α_μ ergeben sich aus der obigen Rekursionsformel und der Normierungsbedingung für $\psi_{nm^*}(\boldsymbol{r})$.

Lösung zu Aufgabe 6.3.8

Ansatz:

$$\psi(\boldsymbol{r}) = R(r) \left(f_\uparrow(\vartheta, \varphi) \begin{pmatrix} 1 \\ 0 \end{pmatrix} + f_\downarrow(\vartheta, \varphi) \begin{pmatrix} 0 \\ 1 \end{pmatrix} \right) .$$

$R(r)$ gilt als bekannt.

1. $\psi(\boldsymbol{r})$ *Eigenfunktion zu* $J_z = L_z + S_z$:
   J_z ist im Spinraum diagonal:

$$J_z \equiv \begin{pmatrix} L_z + \frac{\hbar}{2} & 0 \\ 0 & L_z - \frac{\hbar}{2} \end{pmatrix} ; \quad L_z = \frac{\hbar}{i} \frac{\partial}{\partial\varphi} .$$

Forderung $J_z \psi \stackrel{!}{=} \hbar m_j \psi$:

$$\begin{pmatrix} \left(\frac{\hbar}{\mathrm{i}}\frac{\partial}{\partial\varphi} + \frac{\hbar}{2}\right) f_\uparrow(\vartheta,\varphi) \\ \left(\frac{\hbar}{\mathrm{i}}\frac{\partial}{\partial\varphi} - \frac{\hbar}{2}\right) f_\downarrow(\vartheta,\varphi) \end{pmatrix} \stackrel{!}{=} \hbar m_j \begin{pmatrix} f_\uparrow(\vartheta,\varphi) \\ f_\downarrow(\vartheta,\varphi) \end{pmatrix}$$

$$f_\uparrow(\vartheta,\varphi) \sim \exp\left[\mathrm{i}\left(m_j - \frac{1}{2}\right)\varphi\right] ,$$

$$f_\downarrow(\vartheta,\varphi) \sim \exp\left[\mathrm{i}\left(m_j + \frac{1}{2}\right)\varphi\right] .$$

Wegen der Eindeutigkeit der Wellenfunktion muss m_j halbzahlig sein. Die *Dreiecksungleichung* (5.278) lässt nur

$$j = l \pm \frac{1}{2}$$

zu. Damit ist m_j automatisch halbzahlig.

2. *$\psi(\boldsymbol{r})$ Eigenfunktion zu $\boldsymbol{L}^2$:*
   Dies bedeutet zusammen mit dem Ergebnis 1):

$$f_\uparrow(\vartheta,\varphi) = a_\uparrow Y_{l,m_j-1/2}(\vartheta,\varphi) ,$$

$$f_\downarrow(\vartheta,\varphi) = a_\downarrow Y_{l,m_j+1/2}(\vartheta,\varphi) .$$

Die Koeffizienten $a_{\uparrow\downarrow}$ werden noch von den Quantenzahlen l, j, m_j abhängen können.

3. *$\psi(\boldsymbol{r})$ Eigenfunktion zu $\boldsymbol{J}^2$:*

$$\boldsymbol{J}^2 = (\boldsymbol{L} + \boldsymbol{S})^2 = \boldsymbol{L}^2 + \boldsymbol{S}^2 + 2\boldsymbol{L}\cdot\boldsymbol{S} .$$

Im Spinraum:

$$\boldsymbol{J}^2 \equiv \begin{pmatrix} \boldsymbol{L}^2 + \boldsymbol{S}^2 + \hbar L_z & \hbar L_- \\ \hbar L_+ & \boldsymbol{L}^2 + \boldsymbol{S}^2 - \hbar L_z \end{pmatrix} .$$

Nach (5.64) gilt:

$$L_\pm |l,m\rangle = \hbar\sqrt{l(l+1) - m(m\pm 1)}\,|l, m\pm 1\rangle$$

$$\Rightarrow L_- Y_{l,m_j+1/2}(\vartheta,\varphi) = \hbar\sqrt{\left(l+\frac{1}{2}\right)^2 - m_j^2}\; Y_{l,m_j-1/2}(\vartheta,\varphi) ,$$

$$L_+ Y_{l,m_j-1/2}(\vartheta,\varphi) = \hbar\sqrt{\left(l+\frac{1}{2}\right)^2 - m_j^2}\; Y_{l,m_j+1/2}(\vartheta,\varphi) .$$

Eigenwertgleichung zu $\boldsymbol{J}^2$:

$$\boldsymbol{J}^2 \begin{pmatrix} f_\uparrow \\ f_\downarrow \end{pmatrix} = \begin{pmatrix} (\boldsymbol{L}^2 + \boldsymbol{S}^2 + \hbar L_z) f_\uparrow + \hbar L_- f_\downarrow \\ \hbar L_+ f_\uparrow + (\boldsymbol{L}^2 + \boldsymbol{S}^2 - \hbar L_z) f_\downarrow \end{pmatrix} = \hbar^2 j(j+1) \begin{pmatrix} f_\uparrow \\ f_\downarrow \end{pmatrix} .$$

Das liefert für die Koeffizienten die folgenden Bestimmungsgleichungen:

$$a_\uparrow \left(l(l+1) + \frac{3}{4} + \left(m_j - \frac{1}{2} \right) - j(j+1) \right) + a_\downarrow \sqrt{\left(l + \frac{1}{2} \right)^2 - m_j^2} = 0$$

$$a_\uparrow \sqrt{\left(l + \frac{1}{2} \right)^2 - m_j^2} + a_\downarrow \left(l(l+1) + \frac{3}{4} + \left(m_j + \frac{1}{2} \right) - j(j+1) \right) = 0 .$$

Beide Gleichungen führen zu identischen Resultaten:

$$\begin{aligned} a_\uparrow &= -\frac{\sqrt{\left(l + \frac{1}{2} \right)^2 - m_j^2}}{(l + \frac{1}{2})^2 + m_j - j(j+1)} a_\downarrow \\ &= -\frac{(l + \frac{1}{2})^2 - m_j - j(j+1)}{\sqrt{\left(l + \frac{1}{2} \right)^2 - m_j^2}} a_\downarrow . \end{aligned}$$

Zusammen mit der Normierungsbedingung legt dieses die Koeffizienten $a_\uparrow$ und $a_\downarrow$ fest.

Abschnitt 7.1.3

Lösung zu Aufgabe 7.1.1

1. s. Aufgabe 4.4.11:
   Für $q > 0$ sind die Eigenfunktionen $\varphi_n(q)$ mit denen des harmonischen Oszillators identisch. Für $q \le 0$ muss notwendig $\varphi_n(q) \equiv 0$ gelten. Aus Stetigkeitsgründen kommen deshalb für $q > 0$ nur die Oszillatorfunktionen mit ungeraden Indizes in Frage. Die exakte Grundzustandsenergie ist deshalb die zu $n = 1$:

   $$E_0 = \frac{3}{2} \hbar \omega .$$

2. Der Ansatz ist für $q \leq 0$ exakt und sorgt für Stetigkeit bei $q = 0$. Ferner ist durch die Exponentialfunktion die Normierbarkeit gewährleistet ($\alpha > 0$).
Energiefunktional:

$$\langle H \rangle_\varphi = \frac{\langle \varphi | H | \varphi \rangle}{\langle \varphi | \varphi \rangle} .$$

Ortsdarstellung:

$$\begin{aligned} \langle \varphi | H | \varphi \rangle &= \int_{-\infty}^{+\infty} \mathrm{d}q \, \langle \varphi | \, q \rangle \langle q | H | \varphi \rangle \\ &= \int_0^\infty \mathrm{d}q \, \varphi^*(q) \left(-\frac{\hbar^2}{2m} \frac{\mathrm{d}^2}{\mathrm{d}q^2} + \frac{1}{2} m \, \omega^2 q^2 \right) \varphi(q) \, , \end{aligned}$$

$$\frac{\mathrm{d}^2}{\mathrm{d}q^2} q \, \mathrm{e}^{-\alpha q} = \frac{\mathrm{d}}{\mathrm{d}q} (1 - \alpha q) \, \mathrm{e}^{-\alpha q} = \left(-2\alpha + \alpha^2 q \right) \mathrm{e}^{-\alpha q} \, ,$$

$$\begin{aligned} \langle H \rangle_\varphi &= \frac{\int_0^\infty \mathrm{d}q \, \mathrm{e}^{-2\alpha q} \left[(\hbar^2/2m) \left(2\alpha q - \alpha^2 q^2 \right) + (1/2) \, m \, \omega^2 q^4 \right]}{\int_0^\infty \mathrm{d}q \, q^2 \, \mathrm{e}^{-2\alpha q}} \\ &= \frac{(\hbar^2/2m) \left(2\alpha \left(1!/(2\alpha)^2 \right) - \alpha^2 \left(2!/(2\alpha)^3 \right) \right) + \frac{1}{2} m \, \omega^2 \left(4!/(2\alpha)^5 \right)}{(2!/(2\alpha)^3)} \\ &\Rightarrow \ \langle H \rangle_\varphi = \frac{\hbar^2}{2m} \alpha^2 + \frac{3}{2} m \, \omega^2 \frac{1}{\alpha^2} \, . \end{aligned}$$

Extremalbedingung:

$$\begin{aligned} 0 \overset{!}{=} \frac{\partial}{\partial \alpha} \langle H \rangle_\varphi &= \frac{\hbar^2}{m} \alpha - 3m \, \omega^2 \frac{1}{\alpha^3} \\ &\Rightarrow \ (\alpha^*)^4 = 3 \frac{m^2 \omega^2}{\hbar^2} \, . \end{aligned}$$

Genäherte Grundzustandsenergie:

$$\begin{aligned} \langle H \rangle_{\varphi^*} &= \frac{\hbar^2}{2m} \sqrt{3} \frac{m \, \omega}{\hbar} + \frac{3}{2} m \, \omega^2 \frac{\hbar}{\sqrt{3} m \, \omega} \\ &= \sqrt{3} \hbar \, \omega \approx 1{,}732 \, \hbar \, \omega > E_0 = 1{,}5 \, \hbar \omega \, . \end{aligned}$$

Als Approximation durchaus brauchbar!

3. Energiefunktional:

$$\langle H\rangle_\varphi = \frac{\langle\varphi|H|\varphi\rangle}{\langle\varphi|\varphi\rangle}\,,$$

$$\langle\varphi|H|\varphi\rangle = |c|^2 \int_0^\infty \mathrm{d}q\, q\, e^{-\alpha q^2}\left(-\frac{\hbar^2}{2m}\frac{\mathrm{d}^2}{\mathrm{d}q^2} + \frac{1}{2} m\,\omega^2 q^2\right) q\, e^{-\alpha q^2}\,,$$

$$\frac{\mathrm{d}^2}{\mathrm{d}q^2}\, q\, e^{-\alpha q^2} = \frac{\mathrm{d}}{\mathrm{d}q}\left(1 - 2\alpha q^2\right) e^{-\alpha q^2} = \left(-6\alpha\, q + 4\alpha^2 q^3\right) e^{-\alpha q^2}$$

$$\Rightarrow \langle\varphi|H|\varphi\rangle = |c|^2 \int_0^\infty \mathrm{d}q\, e^{-2\alpha q^2}\left[\frac{\hbar^2}{2m}\left(6\alpha\, q^2 - 4\alpha^2 q^4\right) + \frac{1}{2} m\,\omega^2 q^4\right]$$

$$= |c|^2 \left[\frac{\hbar^2}{2m}\left(\frac{3\alpha}{(2\alpha)^{3/2}}\Gamma\left(\frac{3}{2}\right) - \frac{2\alpha^2}{(2\alpha)^{5/2}}\Gamma\left(\frac{5}{2}\right)\right) + \frac{1}{2} m\,\omega^2\,\frac{1/2}{(2\alpha)^{5/2}}\Gamma\left(\frac{5}{2}\right)\right]$$

$$= |c|^2 \frac{(1/4)\sqrt{\pi}}{(2\alpha)^{3/2}}\left[\frac{\hbar^2}{2m}(6\alpha - 3\alpha) + \frac{3}{8} m\,\omega^2\,\frac{1}{\alpha}\right],$$

$$\langle\varphi|\varphi\rangle = |c|^2 \int_0^\infty \mathrm{d}q\, q^2\, e^{-2\alpha q^2} = |c|^2 \frac{(1/4)\sqrt{\pi}}{(2\alpha)^{3/2}}\,.$$

Damit folgt für das Energiefunktional:

$$\langle H\rangle_\varphi = \frac{3\hbar^2}{2m}\alpha + \frac{3m\,\omega^2}{8\alpha}\,.$$

Extremalbedingung:

$$0 \stackrel{!}{=} \frac{\partial}{\partial\alpha}\langle H\rangle_\varphi = \frac{3\hbar^2}{2m} - \frac{3m\,\omega^2}{8\alpha^2} \;\Rightarrow\; \alpha^* = \frac{m\,\omega}{2\hbar}\,.$$

Dies ergibt mit

$$\langle H\rangle_{\varphi^*} = \frac{3}{2}\hbar\,\omega$$

die **exakte** Grundzustandsenergie. Das resultiert daraus, dass der Variationsansatz dieselbe Struktur hat wie die exakte Oszillatorfunktion!

Lösung zu Aufgabe 7.1.2

$$\langle\varphi|H|\varphi\rangle = \int\limits_{-\infty}^{+\infty} \mathrm{d}q\,\varphi^*(q)\left(-\frac{\hbar^2}{2m}\frac{\mathrm{d}^2}{\mathrm{d}q^2} + \frac{1}{2}m\,\omega^2 q^2\right)\varphi(q)\,,$$

$$\frac{\mathrm{d}^2}{\mathrm{d}q^2}\varphi(q) = \frac{\mathrm{d}}{\mathrm{d}q}\frac{-2q}{(\alpha^2+q^2)^2} = \frac{-2}{(\alpha^2+q^2)^2} + \frac{8q^2}{(\alpha^2+q^2)^3}\,.$$

Zu berechnen ist somit:

$$\begin{aligned}
\langle\varphi|H|\varphi\rangle &= \frac{\hbar^2}{m}\int\limits_{-\infty}^{+\infty}\frac{\mathrm{d}q}{(\alpha^2+q^2)^3} - \frac{4\hbar^2}{m}\int\limits_{-\infty}^{+\infty}\mathrm{d}q\,\frac{q^2}{(\alpha^2+q^2)^4} + \frac{1}{2}m\,\omega^2\int\limits_{\infty}^{+\infty}\mathrm{d}q\,\frac{q^2}{(\alpha^2+q^2)^2}\\
&= 2\,\frac{\hbar^2}{m}\,\frac{3\pi}{16\,\alpha^5} - \frac{8\hbar^2}{m}\,\frac{\pi}{32\,\alpha^5} + m\,\omega^2\,\frac{\pi}{4\alpha}\,,\\
\langle\varphi|H|\varphi\rangle &= \frac{\hbar^2\pi}{8m\,\alpha^5} + \frac{\pi\,m\,\omega^2}{4\alpha}\,.
\end{aligned}$$

Ferner ist noch zu bestimmen:

$$\langle\varphi|\varphi\rangle = \int\limits_{-\infty}^{+\infty}\mathrm{d}q\,\frac{1}{(\alpha^2+q^2)^2} = \frac{\pi}{2\alpha^3}\,.$$

Damit lautet das Energiefunktional:

$$\langle H\rangle_\varphi = \frac{\hbar^2}{4m\,\alpha^2} + \frac{1}{2}m\,\omega^2\alpha^2\,.$$

Extremalbedingung:

$$0 \overset{!}{=} \frac{\partial}{\partial\alpha}\langle H\rangle_\varphi = -\frac{\hbar^2}{2m\,\alpha^3} + m\,\omega^2\alpha \;\Rightarrow\; (\alpha^*)^4 = \frac{\hbar^2}{2m^2\omega^2}\,.$$

Dies ergibt:

$$\langle H\rangle_{\varphi^*} = \frac{\sqrt{2}}{2}\hbar\,\omega > E_0 = \frac{1}{2}\hbar\,\omega\,.$$

Lösung zu Aufgabe 7.1.3

1.

$$F(q) = f - 2\gamma\,q = -\frac{\mathrm{d}}{\mathrm{d}q}V(q) \;\curvearrowright\; V(q) = -fq + \gamma q^2\,.$$

Hamilton-Operator:

$$H = \frac{p^2}{2m} + \frac{1}{2}m\omega^2 q^2 - fq + \gamma q^2 = \frac{p^2}{2m} + \frac{1}{2}m\widehat{\omega}^2 q^2 - fq$$

mit

$$\frac{1}{2}m\omega^2 + \gamma \stackrel{!}{=} \frac{1}{2}m\widehat{\omega}^2 \quad \curvearrowright \quad \widehat{\omega}^2 = \omega^2 + \frac{2\gamma}{m} .$$

Energiefunktional:

$$\langle H \rangle_\alpha = \frac{\int\limits_{-\infty}^{+\infty} \mathrm{d}q \mathrm{e}^{-1/2\alpha q^2} \left(-\frac{\hbar^2}{2m}\frac{\mathrm{d}^2}{\mathrm{d}q^2} + \frac{1}{2}m\widehat{\omega}^2 q^2 - fq \right) \mathrm{e}^{-1/2\alpha q^2}}{\int\limits_{-\infty}^{+\infty} \mathrm{d}q \mathrm{e}^{-\alpha q^2}} .$$

Die Auswertung gelingt mit:

$$\frac{\mathrm{d}^2}{\mathrm{d}q^2}\mathrm{e}^{-1/2\alpha q^2} = \frac{\mathrm{d}}{\mathrm{d}q}\left(-\alpha q \mathrm{e}^{-1/2\alpha q^2}\right) = (-\alpha + \alpha^2 q^2)\mathrm{e}^{-1/2\alpha q^2}$$

$$\int\limits_{-\infty}^{+\infty} \mathrm{d}q \, \mathrm{e}^{-\alpha q^2} = \sqrt{\frac{\pi}{\alpha}}$$

$$\int\limits_{-\infty}^{+\infty} \mathrm{d}q \underbrace{q \mathrm{e}^{-\alpha q^2}}_{\text{ungerade}} = 0$$

$$\int\limits_{-\infty}^{+\infty} \mathrm{d}q \, q^2 \mathrm{e}^{-\alpha q^2} = -\frac{\mathrm{d}}{\mathrm{d}\alpha}\sqrt{\frac{\pi}{\alpha}} = \frac{1}{2\pi}\left(\frac{\pi}{\alpha}\right)^{\frac{3}{2}} .$$

Energiefunktional:

$$\begin{aligned}
\langle H \rangle_\alpha &= \sqrt{\frac{\alpha}{\pi}}\left(\frac{\hbar^2\alpha}{2m}\sqrt{\frac{\pi}{\alpha}} + \left(-\frac{\hbar^2\alpha^2}{2m} + \frac{1}{2}m\widehat{\omega}^2\right)\frac{1}{2\pi}\left(\frac{\pi}{\alpha}\right)^{\frac{3}{2}} - f\cdot 0\right) \\
&= \frac{\hbar^2\alpha}{2m} + \left(-\frac{\hbar^2\alpha^2}{2m} + \frac{1}{2}m\widehat{\omega}^2\right)\frac{1}{2\pi}\frac{\pi}{\alpha} \\
&= \frac{\hbar^2\alpha}{4m} + \frac{m\widehat{\omega}^2}{4\alpha} .
\end{aligned}$$

Variationsbedingung:

$$\frac{\mathrm{d}}{\mathrm{d}\alpha}\langle H \rangle_\alpha \bigg|_{\alpha=\alpha^*} \stackrel{!}{=} 0 = \frac{\hbar^2}{4m} - \frac{m\widehat{\omega}^2}{4\alpha^{*2}} \quad \curvearrowright \quad \alpha^* = \frac{m\widehat{\omega}}{\hbar} .$$

Das liefert die Energieschranke:

$$E_0 \leq \langle H \rangle_{\alpha^*} = \frac{\hbar\widehat{\omega}}{2}$$

2. Hamilton-Operator:

$$\begin{aligned} H &= \frac{p^2}{2m} + \frac{1}{2}m\widehat{\omega}^2 q^2 - fq \\ &= \frac{p^2}{2m} + \frac{1}{2}m\widehat{\omega}^2 \left(q^2 - \frac{2f}{m\widehat{\omega}^2}q\right) \\ &= \frac{p^2}{2m} + \frac{1}{2}m\widehat{\omega}^2 \left(q - \frac{f}{m\widehat{\omega}^2}\right)^2 - \frac{f^2}{2m\widehat{\omega}^2} \,. \end{aligned}$$

Substitution:

$$\widehat{q} = q - \frac{f}{m\widehat{\omega}^2} \quad \curvearrowright \quad \widehat{p} = \frac{\hbar}{\mathrm{i}}\frac{d}{d\widehat{q}} = \frac{\hbar}{\mathrm{i}}\frac{\mathrm{d}}{\mathrm{d}q} = p \,.$$

Dies bedeutet

$$H = \left(\frac{\widehat{p}^2}{2m} + \frac{1}{2}m\widehat{\omega}^2\widehat{q}^2\right) - \frac{f^2}{2m\widehat{\omega}^2} \,.$$

In der Klammer steht der Hamilton-Operator des harmonischen $(m, \widehat{\omega})$-Operators. Dessen Eigenwerte sind bekannt. Der zweite Term ist eine Konstante. Es gilt also für die Grundzustandsenergie:

$$E_0 = \frac{1}{2}\hbar\widehat{\omega} - \frac{f^2}{2m\widehat{\omega}^2} < \langle H \rangle_{\alpha^*} \,.$$

Lösung zu Aufgabe 7.1.4

1. Variationsprinzip:

$$E_0 \leq \langle \psi_\alpha | H | \psi_\alpha \rangle \,.$$

Hamilton-Operator:

$$H = \frac{\boldsymbol{p}^2}{2m} - \frac{\mathrm{e}^2}{4\pi\varepsilon_0 r} \,.$$

- Kinetische Energie:

$$\begin{aligned}
\left\langle \psi_\alpha \left| \frac{\boldsymbol{p}^2}{2m} \right| \psi_\alpha \right\rangle &= \frac{1}{2m} \langle \boldsymbol{p}\psi_\alpha | \boldsymbol{p}\psi_\alpha \rangle \\
&= \left(\frac{\alpha}{\pi}\right)^{\frac{3}{2}} \frac{\hbar^2}{2m} \int \mathrm{d}^3 r \left| \nabla \mathrm{e}^{-\frac{\alpha}{2} r^2} \right|^2 \\
&= \left(\frac{\alpha}{\pi}\right)^{\frac{3}{2}} \frac{\hbar^2}{2m} \int \mathrm{d}^3 r \left| -\alpha r \mathrm{e}^{-\frac{\alpha}{2} r^2} \right|^2 \\
&= 4\pi\alpha^2 \left(\frac{\alpha}{\pi}\right)^{\frac{3}{2}} \frac{\hbar^2}{2m} \int_0^\infty \mathrm{d}r\, r^4 \mathrm{e}^{-\alpha r^2} \\
&= 4\pi\alpha^2 \left(\frac{\alpha}{\pi}\right)^{\frac{3}{2}} \frac{\hbar^2}{2m} \frac{\mathrm{d}^2}{\mathrm{d}\alpha^2} \underbrace{\int_0^\infty \mathrm{d}r\, \mathrm{e}^{-\alpha r^2}}_{\frac{1}{2}\sqrt{\frac{\pi}{\alpha}}} \\
&= 4\pi\alpha^2 \left(\frac{\alpha}{\pi}\right)^{\frac{3}{2}} \frac{\hbar^2}{2m} \frac{3}{8} \sqrt{\pi} \frac{1}{\alpha^{\frac{5}{2}}} \\
&= \frac{3\hbar^2}{4m} \alpha\,.
\end{aligned}$$

- Potentielle Energie:

$$\begin{aligned}
\left\langle \psi_\alpha \left| \frac{-\mathrm{e}^2}{4\pi\varepsilon_0 r} \right| \psi_\alpha \right\rangle &= \frac{-\mathrm{e}^2}{4\pi\varepsilon_0} \left(\frac{\alpha}{\pi}\right)^{\frac{3}{2}} \int \mathrm{d}^3 r \frac{1}{r} \mathrm{e}^{-\alpha r^2} \\
&= \frac{-\mathrm{e}^2}{\varepsilon_0} \left(\frac{\alpha}{\pi}\right)^{\frac{3}{2}} \int_0^\infty \mathrm{d}r\, r \mathrm{e}^{-\alpha r^2} \\
&= \frac{\mathrm{e}^2}{\varepsilon_0} \left(\frac{\alpha}{\pi}\right)^{\frac{3}{2}} \frac{1}{2\alpha} \int_0^\infty \mathrm{d}r\, \frac{\mathrm{d}}{\mathrm{d}r} \mathrm{e}^{-\alpha r^2} \\
&= -\frac{\mathrm{e}^2}{2\pi\varepsilon_0} \sqrt{\frac{\alpha}{\pi}}\,.
\end{aligned}$$

- Energiefunktional

$$E(\alpha) \equiv \langle \psi_\alpha | H | \psi_\alpha \rangle = \frac{3\hbar^2}{4m}\alpha - \frac{\mathrm{e}^2}{2\pi\varepsilon_0}\sqrt{\frac{\alpha}{\pi}}\,.$$

- Extremalbedingung:

$$\frac{dE(\alpha)}{d\alpha} \stackrel{!}{=} 0 = \frac{3\hbar^2}{4m} - \frac{e^2}{4\pi\varepsilon_0}\sqrt{\frac{1}{\pi}}\frac{1}{\sqrt{\alpha^*}}$$

$$\curvearrowright \alpha^* = \frac{1}{\pi}\left(\frac{me^2}{3\pi\hbar^2\varepsilon_0}\right)^2 = \frac{1}{\pi}\left(\frac{4}{3a_B}\right)^2$$

$$a_B = \frac{4\pi\varepsilon_0\hbar^2}{me^2} \quad \text{Bohr'scher Radius}\,.$$

- Obere Schranke der Grundzustandsenergie:

$$\begin{aligned} E(\alpha^*) &= \frac{3\hbar^2}{4m}\frac{1}{\pi}\left(\frac{4}{3a_B}\right)^2 - \frac{e^2}{2\pi\varepsilon_0}\frac{1}{\sqrt{\pi}}\frac{1}{\sqrt{\pi}}\left(\frac{4}{3a_B}\right) \\ &= -\frac{4}{3}\frac{\hbar^2}{\pi m a_B^2} \\ &= -\frac{8}{3\pi}E_R \approx -0{,}849\, E_R \\ E_R &= \frac{\hbar^2}{2ma_B^2} \quad \text{Rydberg-Energie}\,. \end{aligned}$$

Die Grundzustandsenergie beträgt $E_0 = -E_R$. Damit ist $E(\alpha^*)$ eine obere Schranke für die Grundzustandsenergie, weicht etwa um 15 % von derselben ab.

2. - Energiefunktional

$$E(\beta) = \frac{\langle\psi_\beta|H|\psi_\beta\rangle}{\langle\psi_\beta|\psi_\beta\rangle} = \frac{\int d^3r\, e^{-\beta r} H e^{-\beta r}}{\int d^3r\, e^{-2\beta r}}\,.$$

- Normierung:

$$\begin{aligned} \int d^3r\, e^{-2\beta r} &= 4\pi\int_0^\infty dr\, r^2 e^{-2\beta r} \\ &= \frac{1}{(2\beta)^3}4\pi\underbrace{\int_0^\infty dy\, y^2 e^{-y}}_{\Gamma(3)=2!} \\ &= \frac{\pi}{\beta^3} \end{aligned}$$

$$\curvearrowright \langle\psi_\beta|\psi_\beta\rangle = |\gamma|^2\frac{\pi}{\beta^3}\,.$$

- Kinetische Energie

$$
\begin{aligned}
\left\langle \psi_\beta \left| \frac{\boldsymbol{p}^2}{2m} \right| \psi_\beta \right\rangle &= |\gamma|^2 \frac{\hbar^2}{2m} \int \mathrm{d}^3 r \left| \nabla \mathrm{e}^{-\beta r} \right|^2 \\
&= |\gamma|^2 \beta^2 \frac{\hbar^2}{2m} 4\pi \int_0^\infty \mathrm{d}r \, r^2 \mathrm{e}^{-2\beta r} \\
&= |\gamma|^2 \beta^2 \frac{\hbar^2}{2m} 4\pi \frac{1}{4\beta^3} \\
&= |\gamma|^2 \frac{\hbar^2}{2m} \pi \frac{1}{\beta} \, .
\end{aligned}
$$

- Potentielle Energie

$$
\begin{aligned}
\left\langle \psi_\beta \left| \frac{-\mathrm{e}^2}{4\pi\varepsilon_0 r} \right| \psi_\beta \right\rangle &= |\gamma|^2 \frac{-\mathrm{e}^2}{4\pi\varepsilon_0} \int \mathrm{d}^3 r \, \frac{1}{r} \mathrm{e}^{-\beta r} \\
&= |\gamma|^2 \frac{-\mathrm{e}^2}{\varepsilon_0} \int_0^\infty \mathrm{d}r \, r \, \mathrm{e}^{-2\beta r} \\
&= |\gamma|^2 \frac{-\mathrm{e}^2}{\varepsilon_0} \frac{1}{4\beta^2} \underbrace{\int_0^\infty \mathrm{d}y \, y \, \mathrm{e}^{-y}}_{\Gamma(2)=1!=1} \\
&= |\gamma|^2 \frac{-\mathrm{e}^2}{\varepsilon_0} \frac{1}{4\beta^2} \, .
\end{aligned}
$$

- Energiefunktional

$$
E(\beta) = \frac{\beta^3}{\pi} \left(\frac{\hbar^2}{2m} \pi \frac{1}{\beta} - \frac{\mathrm{e}^2}{\varepsilon_0} \frac{1}{4\beta^2} \right) = \frac{\hbar^2}{2m} \beta^2 - \frac{\mathrm{e}^2}{4\pi\varepsilon_0} \beta \, .
$$

- Extremalbedingung

$$
\begin{aligned}
&\frac{\mathrm{d}E(\beta)}{\mathrm{d}\beta} \overset{!}{=} 0 = \frac{\hbar^2}{m} \beta^* - \frac{\mathrm{e}^2}{4\pi\varepsilon_0} \\
&\curvearrowright \quad \beta^* = \frac{m\mathrm{e}^2}{4\pi\varepsilon_0 \hbar^2} = \frac{1}{a_\mathrm{B}} \\
&\curvearrowright \quad E(\beta^*) = \frac{\hbar^2}{2m a_\mathrm{B}^2} - \frac{\mathrm{e}^2}{4\pi\varepsilon_0 a_\mathrm{B}} = E_\mathrm{R} - \frac{\hbar^2}{m a_\mathrm{B}^2} = E_\mathrm{R} - 2E_\mathrm{R} \\
&\curvearrowright \quad E(\beta^*) = -E_\mathrm{R} = E_0 \, .
\end{aligned}
$$

Das Energiefunktional entspricht also der exakten Grundzustandsenergie. Demnach gehört die exakte Grundzustandswellenfunktion in diesem Fall zu der Menge der zur Variation zugelassenen Testfunktionen.

Lösung zu Aufgabe 7.1.5

1.

$$\begin{aligned} \boldsymbol{r}_\mathrm{p}: &\quad \text{Ortsvektor des Protons,} \\ \boldsymbol{r}_\mathrm{n}: &\quad \text{Ortsvektor des Neutrons.} \end{aligned}$$

Schrödinger-Gleichung:

$$\left\{-\frac{\hbar^2}{2m_\mathrm{n}}\Delta_\mathrm{n} - \frac{\hbar^2}{2m_\mathrm{p}}\Delta_\mathrm{p} + V\left(|\boldsymbol{r}_\mathrm{n} - \boldsymbol{r}_\mathrm{p}|\right)\right\}\psi(\boldsymbol{r}_\mathrm{n}, \boldsymbol{r}_\mathrm{p}) = E\,\psi(\boldsymbol{r}_\mathrm{n}, \boldsymbol{r}_\mathrm{p}) \,.$$

Relativkoordinate:

$$\boldsymbol{r} = \boldsymbol{r}_\mathrm{n} - \boldsymbol{r}_\mathrm{p} \,.$$

Schwerpunktkoordinate:

$$\boldsymbol{R} = \frac{1}{M}\left(m_\mathrm{n}\boldsymbol{r}_\mathrm{n} + m_\mathrm{p}\boldsymbol{r}_\mathrm{p}\right) \; ; \qquad M = m_\mathrm{n} + m_\mathrm{p} \,.$$

Exakt derselbe Gedankengamg wie in Abschn. 6.2.5 führt dann zu der *neuen* Schrödinger-Gleichung:

$$\left\{-\frac{\hbar^2}{2M}\Delta_\mathrm{R} - \frac{\hbar^2}{2\mu}\Delta_\mathrm{r} + V(r)\right\}\psi(\boldsymbol{r}, \boldsymbol{R}) = E\,\psi(\boldsymbol{r}, \boldsymbol{R}) \,,$$

$$\mu = \frac{m_\mathrm{n}\,m_\mathrm{p}}{m_\mathrm{n} + m_\mathrm{p}} : \text{ reduzierte Masse.}$$

Separationsansatz:

$$\psi(\boldsymbol{r}, \boldsymbol{R}) = \chi(\boldsymbol{R})\,\varphi(\boldsymbol{r}) \,.$$

Einsetzen und *von links* mit ψ^{-1} multiplizieren:

$$-\frac{1}{\chi(\boldsymbol{R})}\frac{\hbar^2}{2M}\Delta_\mathrm{R}\,\chi(\boldsymbol{R}) = \frac{1}{\varphi(\boldsymbol{r})}\frac{\hbar^2}{2\mu}\Delta_\mathrm{r}\,\varphi(\boldsymbol{r}) - V(r) + E \,.$$

Die linke Seite nur von $\boldsymbol{R}$, die rechte Seite nur von $\boldsymbol{r}$ abhängig, deswegen die *übliche* Schlussfolgerung:

$$-\frac{\hbar^2}{2M}\Delta_\mathrm{R}\,\chi(\boldsymbol{R}) = \lambda\chi(\boldsymbol{r}) \,,$$

$$\left(-\frac{\hbar^2}{2\mu}\Delta_\mathrm{r} + V(r)\right)\varphi(\boldsymbol{r}) = (E - \lambda)\,\varphi(\boldsymbol{r}) \,.$$

2. *Freie* Bewegung des Schwerpunktes:

$$\chi(\boldsymbol{R}) = \mathrm{e}^{\mathrm{i}\,\boldsymbol{K}\cdot\boldsymbol{R}}$$
$$\Rightarrow \lambda = \frac{\hbar^2 K^2}{2M}\,.$$

Es bleibt das *äquivalente* Ein-Körper-Problem:

$$\left(-\frac{\hbar^2}{2\mu}\,\Delta_\mathrm{r} + V(r)\right)\varphi(\boldsymbol{r}) = \varepsilon\,\varphi(\boldsymbol{r})\,,$$
$$\varepsilon = E - \frac{\hbar^2 K^2}{2M}\,.$$

Das ist offensichtlich ein Zentralkraftproblem. Die allgemeinen Aussagen aus Abschn. 6.1 können direkt übernommen werden, zum Beispiel (6.16):

$$\varphi(\boldsymbol{r}) = R(r)\,Y_{lm_l}(\vartheta,\varphi)\,.$$

3. Der Ansatz entspricht der Grundzustandswellenfunktion des Wasserstoffatoms (6.60) und bietet sich an, weil für $1/a \to 0$ das Yukawa- in das Coulomb-Potential übergeht. Wegen $Y_{00}(\vartheta,\varphi) = 1/\sqrt{4\pi}$ ist der Ansatz kugelsymmetrisch. Mit (6.17) und $\boldsymbol{L}^2\varphi(\boldsymbol{r}) = 0$ gilt:

$$\begin{aligned}
\langle\varphi|H|\varphi\rangle &= \int \mathrm{d}^3r\,\varphi^*(\boldsymbol{r})\,H\,\varphi(\boldsymbol{r})\\
&= 4\pi|c|^2\int_0^\infty \mathrm{d}r\,r^2\,\mathrm{e}^{-\alpha(r/a)}\left[-\frac{\hbar^2}{2\mu}\left(\frac{\mathrm{d}^2}{\mathrm{d}r^2}+\frac{2}{r}\frac{\mathrm{d}}{\mathrm{d}r}\right)\right]\mathrm{e}^{-\alpha(r/a)}\\
&\quad - 4\pi|c|^2\,V_0\,a\int_0^\infty \mathrm{d}r\,r\,\mathrm{e}^{-(1+2\alpha)(r/a)}\\
&= 4\pi|c|^2\left\{-\frac{\hbar^2}{2\mu}\frac{\alpha^2}{a^2}\int_0^\infty \mathrm{d}r\,r^2\,\mathrm{e}^{-2\alpha(r/a)}\right.\\
&\quad\left.+\frac{\hbar^2}{2\mu}\frac{2\alpha}{a}\int_0^\infty \mathrm{d}r\,r\,\mathrm{e}^{-2\alpha(r/a)} - V_0\,a\int_0^\infty \mathrm{d}r\,r\,\mathrm{e}^{-(1+2\alpha)(r/a)}\right\},
\end{aligned}$$

$$\int_0^\infty \mathrm{d}x\,x^n\mathrm{e}^{-\gamma x} = n!\,\gamma^{-n-1}\,,$$

$$\langle\varphi|H|\varphi\rangle = 4\pi|c|^2\left\{-\frac{\hbar^2}{2\mu}\frac{\alpha^2}{a^2}2!\left(\frac{a}{2\alpha}\right)^3+\frac{\hbar^2}{2\mu}\frac{2\alpha}{a}\left(\frac{a}{2\alpha}\right)^2-V_0\,a\left(\frac{a}{1+2\alpha}\right)^2\right\}$$
$$= 4\pi|c|^2\left\{\frac{\hbar^2}{2\mu}\frac{a}{4\alpha}-\frac{V_0\,a^3}{(1+2\alpha)^2}\right\}.$$

Es fehlt noch das Normierungsintegral:

$$\langle\varphi|\varphi\rangle = 4\pi|c|^2\int\limits_0^\infty \mathrm{d}r\,r^2\,\mathrm{e}^{-2\alpha(r/a)} = 4\pi|c|^2\,2!\left(\frac{a}{2\alpha}\right)^3.$$

Energiefunktional:

$$\langle H\rangle_\varphi = \frac{\langle\varphi|H|\varphi\rangle}{\langle\varphi|\varphi\rangle} = \frac{\hbar^2}{2\mu}\frac{\alpha^2}{a^2}-V_0\frac{4\alpha^3}{(1+2\alpha)^2}.$$

4. Extremalbedingung:

$$\frac{\partial}{\partial\alpha}\langle H\rangle_\varphi = \frac{\hbar^2}{\mu}\frac{\alpha}{a^2}-12\,V_0\frac{\alpha^2}{(1+2\alpha)^2}+V_0\frac{16\,\alpha^3}{(1+2\alpha)^3}$$
$$= \frac{\hbar^2}{\mu\,a^2}\alpha-4V_0\frac{\alpha^2(3+2\alpha)}{(1+2\alpha)^3}\overset{!}{=}0.$$

Dies ist gleichbedeutend mit:

$$0 = 1-2q\frac{\alpha(3+2\alpha)}{(1+2\alpha)^3}\,;\quad q=\frac{2\mu\,V_0\,a^2}{\hbar^2}.$$

Diese Gleichung bestimmt das *optimale* α.

5. Bindungsenergie $E_\mathrm{B}\le\langle H\rangle_\varphi$:

$$\langle H\rangle_\varphi = \frac{V_0}{q}\alpha^2-4V_0\frac{\alpha^3}{(1+2\alpha)^2}$$
$$\approx\left[20{,}28\cdot(0{,}85)^2-200\frac{(0{,}85)^3}{(1+1{,}7)^2}\right]\mathrm{MeV}\approx -2{,}19\,\mathrm{MeV}.$$

Experimentell:

$$E_\mathrm{B}\approx -2{,}23\,\mathrm{MeV}.$$

6. Sinnvoll erscheint es, als Radius den halben mittleren Abstand der beiden Nukleonen zu definieren:

$$R=\frac{1}{2}\frac{\langle\varphi|r|\varphi\rangle}{\langle\varphi|\varphi\rangle}.$$

$\langle\varphi|\varphi\rangle$ wurde in 3) berechnet:

$$R = \frac{1}{2}\,\frac{1}{2!\,(a/2\alpha)^3}\int_0^\infty \mathrm{d}r\, r^3\, \mathrm{e}^{-2\alpha\frac{r}{a}} = \frac{1}{4\,(a/2\alpha)^3}\,3!\left(\frac{a}{2\alpha}\right)^4$$

$$\Rightarrow\ R = \frac{3a}{4\alpha} = 0{,}75\,\frac{1{,}4}{0{,}85}\cdot 10^{-13}\,\mathrm{cm}\,,$$

$$R \approx 1{,}235\cdot 10^{-13}\,\mathrm{cm}\,.$$

Lösung zu Aufgabe 7.1.6

1. Die exakte Wellenfunktion muss für $q < 0$ verschwinden. Das ist genauso wie die Stetigkeit bei $q = 0$ durch den Ansatz gewährleistet. Für jede endliche Energie E erreicht das Teilchen für $q \to \infty$ *klassisch verbotenes* Gebiet. Die Wellenfunktion muss deshalb für große q exponentiell abfallen. In diesem Sinn erscheint der Ansatz vernünftig!

$$\frac{\mathrm{d}^2}{\mathrm{d}q^2}\, q\,\mathrm{e}^{-\alpha q} = (-2\alpha + \alpha^2 q)\,\mathrm{e}^{-\alpha q} \qquad \text{(s. Teil 2) in Lösung 7.1.1}\,,$$

$$\langle H\rangle_\varphi = \frac{\int_0^\infty \mathrm{d}q\,\mathrm{e}^{-2\alpha q}\left[(\hbar^2/2m)\,(2\alpha q - \alpha^2 q^2) + \gamma q^3\right]}{\int_0^\infty \mathrm{d}q\,\mathrm{e}^{-2\alpha q}\, q^2}\,,$$

$$\int_0^\infty \mathrm{d}x\, x^n\,\mathrm{e}^{-\gamma x} = \frac{n!}{\gamma^{n+1}}\,,$$

$$\langle H\rangle_\varphi = \frac{(\hbar^2/2m)\left(2\alpha\left(1/(2\alpha)^2\right) - \alpha^2\left(2!/(2\alpha)^3\right)\right) + \gamma\left(3!/(2\alpha)^4\right)}{(2!/(2\alpha)^3)}\,,$$

$$\langle H\rangle_\varphi = \frac{\hbar^2}{2m}\alpha^2 + \frac{3\gamma}{2\alpha}\,.$$

2. Extremalbedingung:

$$\frac{\partial}{\partial\alpha}\langle H\rangle_\varphi = \frac{\hbar^2}{m}\alpha - \frac{3\gamma}{2\alpha^2} \overset{!}{=} 0$$

$$\Rightarrow\ \alpha^* = \left(\frac{3\gamma m}{2\hbar^2}\right)^{1/3}\,.$$

Grundzustandsenergie:

$$\begin{aligned}\langle H\rangle_{\varphi^*} &= \frac{\hbar^2}{2m}\left(\frac{3\gamma m}{2\hbar^2}\right)^{2/3} + \frac{3}{2}\gamma\left(\frac{2\hbar^2}{3\gamma m}\right)^{1/3} \\ &= \frac{3}{4}\left(\frac{2\gamma^2\hbar^2}{3m}\right)^{1/3} + \frac{3}{2}\left(\frac{2\gamma^2\hbar^2}{3m}\right)^{1/3} \\ &= \frac{9}{4}\left(\frac{2\gamma^2\hbar^2}{3m}\right)^{1/3} \ge E_0\,.\end{aligned}$$

Lösung zu Aufgabe 7.1.7

$|\psi(q)\rangle$ Eigenzustand zu H:

$$E(\alpha) = \langle H\rangle_{\psi(\alpha q)} = \frac{\langle\psi(\alpha q)|H|\psi(\alpha q)\rangle}{\langle\psi(\alpha q)|\psi(\alpha q)\rangle}$$

Normierung:

$$\begin{aligned}\langle\psi(\alpha q)|\psi(\alpha q)\rangle &= \int \mathrm{d}q\,\psi^*(\alpha q)\psi(\underbrace{\alpha q}_{x}) \\ &= \frac{1}{\alpha}\underbrace{\int \mathrm{d}x\,\psi^*(x)\psi(x)}_{=1} = \frac{1}{\alpha}\end{aligned}$$

Zähler:

$$\begin{aligned}\langle\psi(\alpha q)|H|\psi(\alpha q)\rangle &= \int \mathrm{d}q\,\psi^*(\alpha q)\left(-\frac{\hbar^2}{2m}\frac{\mathrm{d}^2}{\mathrm{d}q^2}\right)\psi(\alpha q) \\ &\quad + \int \mathrm{d}q\,V(q)|\psi(\alpha q)|^2 \\ &= \frac{1}{\alpha}\alpha^2\int \mathrm{d}x\,\psi^*(x)\left(-\frac{\hbar^2}{2m}\frac{\mathrm{d}^2}{\mathrm{d}x^2}\right)\psi(x) \\ &\quad + \frac{1}{\alpha}\int \mathrm{d}x\,V\left(\frac{x}{\alpha}\right)|\psi(x)|^2 \\ &= \alpha\langle T\rangle + \frac{1}{\alpha}\frac{1}{\alpha^n}\int \mathrm{d}x\,V(x)|\psi(x)|^2 \\ &\qquad\qquad\qquad \llcorner\ \text{Homogenität} \\ &= \alpha\langle T\rangle + \frac{1}{\alpha^{n+1}}\langle V\rangle\,.\end{aligned}$$

Energiefunktional:

$$E(\alpha) = \alpha^2 \langle T \rangle + \frac{1}{\alpha^n} \langle V \rangle \, .$$

Extremalprinzip: da $|\psi(q)\rangle$ Eigenzustand zu H, ist $E(\alpha)$ extremal für $\alpha = 1$!

$$\begin{aligned}
\longrightarrow \quad 0 = \frac{\mathrm{d}}{\mathrm{d}\alpha} E(\alpha)\Big|_{\alpha=1} &= \left(2\alpha \langle T \rangle - \frac{n}{\alpha^{n+1}} \langle V \rangle \right)_{\alpha=1} \\
&= 2\langle T \rangle - n \cdot \langle V \rangle \\
\longrightarrow \quad 2\langle T \rangle &= n \cdot \langle V \rangle \qquad \text{q.e.d.}
\end{aligned}$$

Beispiele:

1. harmonischer Oszillator

$$V(q) = \frac{1}{2} m \omega^2 q^2 \qquad \longrightarrow \langle T \rangle = \langle V \rangle$$

2. Teilchen im Coulomb-Feld (Wasserstoffatom)

$$V(q) \sim \frac{1}{q} \qquad \longrightarrow 2\langle T \rangle = -\langle V \rangle \, .$$

Abschnitt 7.2.6

Lösung zu Aufgabe 7.2.1

1. Wir berechnen zunächst das elektrostatische Potential einer homogen geladenen Kugel. Das ist eine Standardaufgabe der Elektrostatik, die mit Hilfe des Gauß'schen Satzes ((1.58), Bd. 3) gelöst werden kann.

$$\text{Ladung: } Q = +e \, ,$$

$$\text{Ladungsdichte: } \frac{Q}{(4\pi/3)\, R^3} \Theta(R - r) \, ,$$

$$\text{Maxwell-Gleichung: } \operatorname{div} \boldsymbol{D} = \varepsilon_0 \operatorname{div} \boldsymbol{E} = \rho \, ,$$

$$\text{Symmetrie: } \boldsymbol{E} = E(r) \cdot \boldsymbol{e}_\mathrm{r} \, .$$

$\boxed{r \leq R}$

$$\int_v \mathrm{d}^3 r \,\mathrm{div}\, \boldsymbol{E} = \int_{S(v)} \mathrm{d}\boldsymbol{f} \cdot \boldsymbol{E} = \frac{1}{\varepsilon_0} \int_v \mathrm{d}^3 r\, \rho \,,$$

$$v = \text{Kugel vom Radius } r$$

$$\Rightarrow \quad 4\pi r^2 E(r) = \frac{4\pi}{\varepsilon_0} Q \frac{3}{4\pi R^3} \int_0^r \mathrm{d}r'\, r'^2 = \frac{1}{\varepsilon_0} Q \left(\frac{r}{R}\right)^3 \,,$$

$$\Rightarrow \quad E(r) = \frac{1}{4\pi\varepsilon_0} Q \frac{r}{R^3}$$

$\boxed{r > R}$

$$4\pi r^2 E(r) = \frac{1}{\varepsilon_0} Q$$

$$\Rightarrow \quad E(r) = \frac{1}{4\pi\,\varepsilon_0} Q \frac{1}{r^2} \,.$$

Die Kugel erzeugt also das folgende elektrostatische Potential ($\varphi(r \to \infty) = 0$):

$$\varphi(\boldsymbol{r}) = \begin{cases} -\dfrac{1}{8\pi\,\varepsilon_0} Q \dfrac{r^2}{R^3} + a & \text{für } r \leq R, \\[2ex] +\dfrac{1}{4\pi\,\varepsilon_0} Q \dfrac{1}{r} & \text{für } r > R. \end{cases}$$

Stetigkeit bei $r = R$:

$$a = \frac{3}{2} \frac{1}{4\pi\,\varepsilon_0} \frac{Q}{R} \,.$$

Potentielle Energie des Elektrons im Kernfeld:

$$V(\boldsymbol{r}) = -e\,\varphi(\boldsymbol{r}) = \begin{cases} -\dfrac{e^2}{4\pi\,\varepsilon_0 R} \left(\dfrac{3}{2} - \dfrac{1}{2} \dfrac{r^2}{R^2}\right) & \text{für } r \leq R, \\[2ex] -\dfrac{e^2}{4\pi\,\varepsilon_0} \dfrac{1}{r} & \text{für } r > R. \end{cases}$$

Hamilton-Operator:

$$H = H_0 + H_1 \,,$$

$$H_0 = \frac{p^2}{2m_\mathrm{e}} - \frac{e^2}{4\pi\,\varepsilon_0 r} \,,$$

$$H_1 = \begin{cases} -\dfrac{e^2}{4\pi\,\varepsilon_0 R}\left(\dfrac{3}{2} - \dfrac{R}{r} - \dfrac{r^2}{2R^2}\right) & \text{für } r \le R, \\ 0 & \text{für } r > R. \end{cases}$$

2. Behauptung:

$$I_n = \int\limits_0^{x_0} \mathrm{d}x\, \mathrm{e}^{-x} x^n = n! \left(1 - \mathrm{e}^{-x_0} \sum_{\mu=0}^{n} \frac{x_0^\mu}{\mu!}\right) .$$

Beweis durch vollständige Induktion:

$$I_0 = \int\limits_0^{x_0} \mathrm{d}x\ \mathrm{e}^{-x} = -\mathrm{e}^{-x}\Big|_0^{x_0} = \left(1 - \mathrm{e}^{-x_0}\right) ,$$

$$I_1 = \int\limits_0^{x_0} \mathrm{d}x\, x\ \mathrm{e}^{-x} = -x\,\mathrm{e}^{-x}\Big|_0^{x_0} + \int\limits_0^{x_0} \mathrm{d}x\, \mathrm{e}^{-x} = \left(1 - \mathrm{e}^{-x_0} - x_0\,\mathrm{e}^{-x_0}\right) .$$

Schluss von n auf $n+1$:

$$\begin{aligned} I_{n+1} &= \int\limits_0^{x_0} \mathrm{d}x\, x^{n+1}\, \mathrm{e}^{-x} = -x^{n+1}\ \mathrm{e}^{-x}\Big|_0^{x_0} + (n+1) \int\limits_0^{x_0} \mathrm{d}x\, x^n\, \mathrm{e}^{-x_0} \\ &= -x_0^{n+1}\, \mathrm{e}^{-x_0} + (n+1)\, I_n \\ &= -\frac{(n+1)!}{(n+1)!} x_0^{n+1}\, \mathrm{e}^{-x_0} + (n+1)! \left(1 - \mathrm{e}^{-x_0} \sum_{\mu=0}^{n} \frac{x_0^\mu}{\mu!}\right) \\ &= (n+1)! \left(1 - \mathrm{e}^{-x_0} \sum_{\mu=0}^{n+1} \frac{x_0^\mu}{\mu!}\right) \quad \text{q.e.d.} \end{aligned}$$

3. *Ungestörte* Wellenfunktion:

$$\psi_{100}(\boldsymbol{r}) = R_{10}(r)\, Y_{00}(\vartheta, \varphi) \overset{(6.60)}{=} \frac{1}{\sqrt{\pi a_\mathrm{B}^3}} \exp\left(-\frac{r}{a_\mathrm{B}}\right) .$$

Energiekorrektur:

$$E_{100}^{(1)} = \int d^3r\, \psi_{100}^*(\boldsymbol{r})\, H_1\, \psi_{100}(\boldsymbol{r})$$
$$= -\frac{e^2}{\pi\, \varepsilon_0 R\, a_B^3} \int\limits_0^R dr\, e^{-(2r/a_B)} \left(\frac{3}{2}r^2 - r\,R - \frac{r^4}{2R^2}\right) .$$

Substitution:

$$x = \frac{2r}{a_B}\, ; \quad x_0 = \frac{2R}{a_B}\, ,$$

$$E_{100}^{(1)} = \frac{-e^2}{\pi\, \varepsilon_0 R\, a_B^3} \int\limits_0^{x_0} dx\, \frac{a_B}{2}\, e^{-x} \left(\frac{3a_B^2}{8}x^2 - \frac{R\,a_B}{2}x - \frac{a_B^4}{32\,R^2}x^4\right)$$
$$= \frac{e^2}{4\pi\, \varepsilon_0} \left(\frac{a_B^2}{16\,R^3} I_4 - \frac{3}{4R} I_2 + \frac{1}{a_B} I_1\right) ,$$

$$\frac{a_B^2}{16\,R^3} I_4 = \frac{3a_B^2}{2R^3} \left\{1 - e^{-x_0} \left[1 + \frac{2R}{a_B} + \frac{1}{2}\left(\frac{2R}{a_B}\right)^2 + \frac{1}{6}\left(\frac{2R}{a_B}\right)^3 + \frac{1}{24}\left(\frac{2R}{a_B}\right)^4\right]\right\} ,$$

$$-\frac{3}{4R} I_2 = -\frac{3}{2R} \left\{1 - e^{-x_0} \left[1 + \frac{2R}{a_B} + \frac{1}{2}\left(\frac{2R}{a_B}\right)^2\right]\right\} .$$

$$\frac{1}{a_B} I_1 = \frac{1}{a_B} \left[1 - e^{-x_0} \left(1 + \frac{2R}{a_B}\right)\right] .$$

Energiekorrektur:

$$E_{100}^{(1)} = \frac{e^2}{4\pi\varepsilon_0\, a_B} \left[\left(\frac{3a_B^3}{2R^3} - \frac{3a_B}{2R} + 1\right) - e^{-(2R/a_B)} \left(\frac{3a_B^3}{2R^3} + \frac{3a_B^2}{R^2} + \frac{3a_B}{2R}\right)\right] .$$

Der Bohr'sche Radius a_B und der Kernradius R sind von verschiedenen Größenordnungen

$$\frac{a_B}{R} \approx 10^3 .$$

Man wird deshalb die Exponentialfunktion entwickeln und in der Klammer alle Terme bis zur Ordnung $(R/a_B)^2$ mitnehmen:

$$E_{100}^{(1)} \approx \frac{e^2}{4\pi\, \varepsilon_0\, a_B} \frac{2}{5} \left(\frac{R}{a_B}\right)^2 \overset{(6.33)}{=} \frac{4}{5} E_R \left(\frac{R}{a_B}\right)^2 = -\frac{4}{5} E_{100}^{(0)} \left(\frac{R}{a_B}\right)^2 .$$

Insgesamt lautet dann die *korrigierte* Grundzustandsenergie:

$$E_{100} \approx E_{100}^{(0)} + E_{100}^{(1)} = E_{100}^{(0)} \left[1 - \frac{4}{5}\left(\frac{R}{a_B}\right)^2\right] .$$

Der Einfluss der räumlichen Kernausdehnung ist also von der Größenordnung 10^{-6} und damit sicher vernachlässigbar!

Lösung zu Aufgabe 7.2.2

Günstig ist die Besetzungszahldarstellung. Nach (4.129) gilt für den *ungestörten* Hamilton-Operator:

$$H_0 = -\frac{\hbar^2}{2m}\frac{d^2}{dq^2} + \frac{1}{2}m\,\omega^2 q^2 \equiv \hbar\,\omega\left(\hat{n} + \frac{1}{2}\right) ,$$

$$\hat{n} = a^+ a .$$

$|n\rangle$ sind die *ungestörten* Eigenzustände (4.145) ⇒

$$H_0|n\rangle = E_n^{(0)}|n\rangle \; ; \quad n \in \mathbb{N}_0 ,$$

$$E_n^{(0)} = \hbar\,\omega\left(n + \frac{1}{2}\right) .$$

(4.139), (4.140) ⇒

$$a^+|n\rangle = \sqrt{n+1}|n+1\rangle \; ; \quad a|n\rangle = \sqrt{n}|n-1\rangle .$$

(4.127) ⇒

$$q = \sqrt{\frac{\hbar}{2m\,\omega}}\,(a + a^+) .$$

Energiekorrektur erster Ordnung:

$$E_n^{(1)} = \langle n|H_1|n\rangle = \alpha\,\frac{m^2\omega^2}{\hbar}\langle n|q^4|n\rangle ,$$

$$q^2 = \frac{\hbar}{2m\,\omega}\left(a^2 + a^{+2} + a\,a^+ + a^+ a\right) ,$$

$$q^4 = \frac{\hbar^2}{4m^2\omega^2}\big(a^4 + a^2\,a^{+2} + a^3 a^+ + a^2 a^+ a + a^{+2}a^2 + a^{+4} + a^{+2}a\,a^+ + a^{+3}a + a\,a^+a^2 + a\,a^{+3} + a\,a^+a\,a^+ + a\,a^{+2}a + a^+a^3 + a^+a\,a^{+2} + a^+a^2a^+ + a^+a\,a^+a\big) .$$

Wegen $\langle n|m\rangle = \delta_{nm}$ liefern nicht alle Terme einen Beitrag zu $E_n^{(1)}$:

$$\begin{aligned}
&\langle n|q^4|n\rangle \\
&= \frac{\hbar^2}{4m^2\omega^2}\left(\langle n|a^2a^{+2}|n\rangle + \langle n|a^{+2}a^2|n\rangle + \langle n|a\,a^+a\,a^+|n\rangle\right. \\
&\quad \left. + \langle n|a\,a^{+2}a|n\rangle + \langle n|a^+a^2a^+|n\rangle + \langle n|\hat{n}^2|n\rangle\right) \\
&= \frac{\hbar^2}{4m^2\omega^2}\left[(n+1)(n+2) + n(n-1) + (n+1)^2 + n(n+1) + (n+1)\,n + n^2\right] \\
&= \frac{\hbar^2}{4m^2\omega^2}(6n^2 + 6n + 3) \\
&\Rightarrow\ E_n^{(1)} = \frac{3}{4}\,\hbar\,\alpha\,(2n^2 + 2n + 1)\ .
\end{aligned}$$

Lösung zu Aufgabe 7.2.3

Wir benutzen wie in der letzten Aufgabe die Besetzungszahldarstellung

$$H_0 = \hbar\,\omega\left(\hat{n} + \frac{1}{2}\right)\ .$$

1. Wie bei der Lösung zur letzten Aufgabe:

$$q^2 = \frac{\hbar}{2m\,\omega}\left(a^2 + a^{+2} + a\,a^+ + a^+a\right) \overset{(4.120)}{=} \frac{\hbar}{2m\,\omega}\left(a^2 + a^{+2} + 2\hat{n} + 1\right)\ .$$

Damit folgt unmittelbar:

$$E_n^{(1)} = \frac{1}{4}\,\alpha\,\hbar\,\omega\,(2n+1)\ .$$

2. Zustandskorrektur erster Ordnung:

$$|n\rangle^{(1)} = \sum_m^{\neq n} |m\rangle^{(0)}\,\frac{{}^{(0)}\langle m|H_1|n\rangle^{(0)}}{E_n^{(0)} - E_m^{(0)}}\ ,$$

$$E_n^{(0)} - E_m^{(0)} = \hbar\,\omega\,(n-m)\ ,$$

$$\begin{aligned}
{}^{(0)}\langle m|H_1|n\rangle^{(0)} &= \frac{1}{4}\,\alpha\,\hbar\,\omega\;{}^{(0)}\langle m|\left(a^2 + a^{+2}\right)|n\rangle^{(0)} \\
&= \frac{1}{4}\,\alpha\,\hbar\,\omega\left\{\delta_{m\,n-2}\sqrt{n(n-1)} + \delta_{m\,n+2}\sqrt{(n+1)(n+2)}\right\}
\end{aligned}$$

$$\Rightarrow\ |n\rangle^{(1)} = \frac{\alpha}{8}\left\{\sqrt{n(n-1)}\,|n-2\rangle^{(0)} - \sqrt{(n+1)(n+2)}\,|n+2\rangle^{(0)}\right\}\ .$$

3.

$$E_n^{(2)} = \sum_m^{m \neq n} \frac{\left|{}^{(0)}\langle m|H_1|n\rangle^{(0)}\right|^2}{E_n^{(0)} - E_m^{(0)}} .$$

Nach Teil 2):

$$E_n^{(0)} - E_m^{(0)} = \hbar\,\omega(n-m) ,$$

$$\left|{}^{(0)}\langle m|H_1|n\rangle^{(0)}\right|^2 = \frac{1}{16}\alpha^2\hbar^2\omega^2\left[n(n-1)\,\delta_{m\,n-2} + (n+1)\,(n+2)\,\delta_{m\,n+2}\right]$$

$$\Rightarrow E_n^{(2)} = \frac{\alpha^2}{16}\hbar\,\omega\left[\frac{1}{2}(n^2-n) - \frac{1}{2}(n^2+3n+2)\right] ,$$

$$E_n^{(2)} = -\frac{\alpha^2}{16}\hbar\,\omega\,(2n+1) .$$

4. Exakt gilt:

$$E_n = \hbar\,\widehat{\omega}\left(n+\frac{1}{2}\right)$$

mit

$$\widehat{\omega} = \omega\sqrt{1+\alpha} .$$

Reihenentwicklung der Wurzel:

$$E_n = \hbar\,\omega\left(n+\frac{1}{2}\right)\left(1+\frac{1}{2}\alpha - \frac{1}{8}\alpha^2 + \dots\right) .$$

Störreihe auf jeden Fall bis zum dritten Term exakt!

Lösung zu Aufgabe 7.2.4

1.

$$|n\rangle \approx |n\rangle^{(0)} + \sum_m^{\neq n} |m\rangle^{(0)} \frac{{}^{(0)}\langle m|H_1|n\rangle^{(0)}}{E_n^{(0)} - E_m^{(0)}} ,$$

$$E_n^{(0)} - E_m^{(0)} = \hbar\,\omega(n-m) ,$$

$$(4.127) \Rightarrow q = \sqrt{\frac{\hbar}{2m\,\omega}}\,(a+a^+) ,$$

$${}^{(0)}\langle m|q|n\rangle^{(0)} = \sqrt{\frac{\hbar}{2m\,\omega}}\left(\sqrt{n}\,\delta_{m\,n-1} + \sqrt{n+1}\,\delta_{m\,n+1}\right)$$

$$\Rightarrow |n\rangle \approx |n\rangle^{(0)} - F\sqrt{\frac{1}{2\hbar\,m\,\omega^3}}\left(\sqrt{n}|n-1\rangle - \sqrt{n+1}|n+1\rangle\right) .$$

2.

$$E_n^{(1)} = -F\,^{(0)}\langle n|q|n\rangle^{(0)} = 0\,,$$

$$E_n^{(2)} = \sum_m^{m\neq n} \frac{\left|^{(0)}\langle m|H_1|n\rangle^{(0)}\right|^2}{E_n^{(0)} - E_m^{(0)}}\,,$$

$$\left|^{(0)}\langle m|H_1|n\rangle^{(0)}\right|^2 = F^2 \frac{\hbar}{2m\,\omega}\left(n\,\delta_{m\,n-1} + (n+1)\,\delta_{m\,n+1}\right)$$

$$\Rightarrow\ E_n^{(2)} = \frac{F^2}{2m\,\omega^2}\,[n-(n+1)] = -\frac{F^2}{2m\,\omega^2}\,.$$

3. Exakte Lösung (s. Aufgabe 4.4.14 oder 7.1.3):

$$H = \frac{p^2}{2m} + \frac{1}{2}m\omega^2\left(q^2 - \frac{2F}{m\,\omega^2}q\right)\,.$$

Substitution:

$$\overline{q} = q - \frac{F}{m\,\omega^2}\,,$$

$$\frac{\mathrm{d}}{\mathrm{d}\overline{q}} = \frac{\mathrm{d}}{\mathrm{d}q} \Rightarrow \overline{p} = p\,,$$

$$H = \frac{\overline{p}^2}{2m} + \frac{1}{2}m\,\omega^2\,\overline{q}^2 - \frac{F^2}{2m\,\omega^2}\,.$$

$\Rightarrow$ exakte Eigenenergien:

$$E_n^{(\mathrm{ex})} = \hbar\,\omega\left(n+\frac{1}{2}\right) - \frac{F^2}{2m\,\omega^2} = E_n^{(0)} + E_n^{(2)}\,.$$

Die zweite Ordnung Störungstheorie ist bereits exakt!

4. Nach (7.37) gilt:

$$E_n^{(3)} = \langle E_n^{(0)}|H_1|E_n^{(2)}\rangle\,.$$

$|E_n^{(2)}\rangle$ nach (7.42) einsetzen und $E_n^{(1)} = 0$ ausnutzen:

$$E_n^{(3)} = \sum_m^{\neq n}\sum_q^{\neq n} \frac{\left\langle E_n^{(0)}|H_1|E_m^{(0)}\right\rangle\left\langle E_m^{(0)}|H_1|E_q^{(0)}\right\rangle\left\langle E_q^{(0)}|H_1|E_n^{(0)}\right\rangle}{\left(E_n^{(0)} - E_m^{(0)}\right)\left(E_n^{(0)} - E_q^{(0)}\right)}\,,$$

$$\text{Zähler} = -F^3\left(\frac{\hbar}{2m\,\omega}\right)^{3/2} I_{nmq}\,L_{qn}\,,$$

$$I_{nmq} = \left(\sqrt{m}\,\delta_{n\,m-1} + \sqrt{m+1}\,\delta_{n\,m+1}\right)\left(\sqrt{q}\,\delta_{m\,q-1} + \sqrt{q+1}\,\delta_{m\,q+1}\right)\,,$$

$$L_{qn} = \left(\sqrt{n}\,\delta_{q\,n-1} + \sqrt{n+1}\,\delta_{q\,n+1}\right)\,,$$

$$I_{nmq} = \left(\sqrt{m\,q}\,\delta_{n\,m-1}\,\delta_{m\,q-1} + \sqrt{m(q+1)}\,\delta_{n\,m-1}\,\delta_{m\,q+1}\right.$$
$$\left. + \sqrt{q(m+1)}\,\delta_{n\,m+1}\,\delta_{m\,q-1} + \sqrt{(m+1)\,(q+1)}\,\delta_{n\,m+1}\,\delta_{m\,q+1}\right)$$
$$= \delta_{q\,n+2}\left(\sqrt{mq}\delta_{m\,q-1}\right) + \delta_{qn}\left(\sqrt{m(q+1)}\,\delta_{m\,q+1} + \sqrt{q(m+1)}\,\delta_{m\,q-1}\right)$$
$$+ \delta_{q\,n-2}\left(\sqrt{(m+1)\,(q+1)}\,\delta_{m\,q+1}\right) .$$

L_{qn} ist nun für $q = n - 1$ und $q = n + 1$ ungleich Null.

$$\Rightarrow \; I_{nmq}\,L_{qn} = 0 \;\Rightarrow\; E_n^{(3)} = 0 .$$

Lösung zu Aufgabe 7.2.5

Nach (4.127) und (4.128) (Band 5/1) gilt:

$$\hat{q} = \sqrt{\frac{\hbar}{2m\omega}}\left(a + a^{\dagger}\right) \;;\; \hat{p} = -\mathrm{i}\sqrt{\frac{1}{2}\hbar m\omega}\left(a - a^{\dagger}\right)$$

$$\curvearrowright \; \hat{q}\cdot\hat{p} + \hat{p}\cdot\hat{q} = -\mathrm{i}\frac{\hbar}{2}\left((a + a^{\dagger})(a - a^{\dagger}) + (a - a^{\dagger})(a + a^{\dagger})\right)$$
$$= -\mathrm{i}\hbar\left(a^2 - a^{\dagger 2}\right) .$$

- Matrixelemente:

$$^{(0)}\langle m|H_1|n\rangle^{(0)} = -\mathrm{i}\hbar\lambda\, ^{(0)}\langle m|\left(a^2 - a^{\dagger 2}\right)|n\rangle^{(0)}$$
$$= -\mathrm{i}\hbar\lambda\left(\sqrt{n(n-1)}\,\delta_{m,n-2} - \sqrt{(n+1)(n+2)}\,\delta_{m,n+2}\right) .$$

- Energiekorrektur 1. Ordnung:

$$E_n^{(1)} = {}^{(0)}\langle n|H_1|n\rangle^{(0)} = 0 .$$

- Zustandskorrekturen 1. Ordnung

$$|n\rangle^{(1)} = \sum_m^{\neq 0} |m\rangle^{(0)}\,\frac{^{(0)}\langle m|H_1|n\rangle^{(0)}}{E_n^{(0)} - E_m^{(0)}}$$
$$= -\mathrm{i}\frac{\lambda}{2\omega}\left(\sqrt{n(n-1)}|n-2\rangle^{(0)} + \sqrt{(n+1)(n+2)}|n+2\rangle^{(0)}\right) .$$

- Energiekorrektur 2. Ordnung:

$$
\begin{aligned}
E_n^{(2)} &= {}^{(0)}\langle n|H_1|n\rangle^{(1)} \\
&= -\mathrm{i}\hbar\lambda\,{}^{(0)}\langle n|\left(a^2 - a^{+2}\right)|n\rangle^{(1)} \\
&= -\lambda^2 \frac{\hbar}{2\omega}\left(\sqrt{n(n-1)}\,{}^{(0)}\langle n|\left(a^2 - a^{+2}\right)|n-2\rangle^{(0)}\right. \\
&\quad \left. + \sqrt{(n+1)(n+2)}\,{}^{(0)}\langle n|\left(a^2 - a^{+2}\right)|n+2\rangle^{(0)}\right) \\
&= -\lambda^2 \frac{\hbar}{2\omega}\left(-\sqrt{n(n-1)}\sqrt{(n-1)n}\right. \\
&\quad \left. + \sqrt{(n+1)(n+2)}\sqrt{(n+2)(n+1)}\right) \\
&= -\lambda^2 \frac{\hbar}{2\omega}\left(-n(n-1) + (n+2)(n+1)\right) \\
\curvearrowright\quad E_n^{(2)} &= -\lambda^2 \frac{\hbar}{\omega}(2n+1)\,.
\end{aligned}
$$

Lösung zu Aufgabe 7.2.6

Lösung des Eigenwertproblems des „ungestörten" Oszillators

$$
\begin{aligned}
H_0|n_i n_j\rangle &= E_{n_i n_j}^{(0)}|n_i n_j\rangle \\
|n_i n_j\rangle &= |n_i\rangle^{(x)}|n_j\rangle^{(y)}\,; \qquad n_{i,j} = 0, 1, 2, \ldots \\
E_{n_i n_j}^{(0)} &= (n_i + n_j + 1)\hbar\omega\,.
\end{aligned}
$$

1. Grundzustand

$$
n_i = n_j = 0\,; \qquad \text{nicht entartet!}
$$

Matrixelemente der Störung:

$$
\langle n_i n_j|H_1|n_i' n_j'\rangle = \gamma\,{}^{(x)}\langle n_i|q_x^2|n_i'\rangle^{(x)}\,{}^{(y)}\langle n_j|q_y^2|n_j'\rangle^{(y)}
$$

$$
q = \sqrt{\frac{\hbar}{2m\omega}}(a + a^+) \tag{4.127}
$$

$$
q^2 = \frac{\hbar}{2m\omega}(a^2 + \underbrace{a\,a^+ + a^+a}_{2\hat{n}+1} + a^{+2})
$$

$$
\begin{aligned}
\langle n_i|q_x^2|n_i'\rangle^{(x)} &= \frac{\hbar}{2m\omega}\left(\sqrt{n_i'(n_i'-1)}\,\delta_{n_i n_i'-2}\right. \\
&\quad \left. + (2n_i'+1)\delta_{n_i n_i'} + \sqrt{(n_i'+1)(n_i'+2)}\,\delta_{n_i n_i'+2}\right)\,.
\end{aligned}
$$

Energiekorrektur erster Ordnung:

$$E_0^{(1)} = \langle 0\,0|H_1|0\,0\rangle = \gamma \frac{\hbar^2}{4m^2\omega^2}\,.$$

Energiekorrektur zweiter Ordnung

$$E_0^{(2)} = \sum_{n_i,n_j}^{\neq(0,0)} \frac{|\langle 0\,0|H_1|n_i n_j\rangle|^2}{E_0^{(0)} - E_{n_i n_j}}$$

$${}^{(x)}\langle 0|q_x^2|n_i\rangle^{(x)} = \frac{\hbar}{2m\omega}\left(\sqrt{2}\,\delta_{n_i2} + \delta_{n_i0}\right)$$

$$\begin{aligned}E_0^{(2)} &= \frac{|\langle 0\,0|H_1|0\,2\rangle|^2}{\hbar\omega - 3\hbar\omega} + \frac{|\langle 0\,0|H_1|2\,0\rangle|^2}{\hbar\omega - 3\hbar\omega} + \frac{|\langle 0\,0|H_1|2\,2\rangle|^2}{\hbar\omega - 5\hbar\omega}\\ &= \frac{\gamma^2}{\hbar\omega}\left(\frac{\hbar}{2m\omega}\right)^4 \left(\frac{(\sqrt{2}\cdot 1)^2}{-2} + \frac{(\sqrt{2}\cdot 1)^2}{-2} + \frac{(\sqrt{2}\cdot\sqrt{2})^2}{-4}\right)\end{aligned}$$

$$\Rightarrow\; E_0^{(2)} = -3\frac{\gamma^2}{\hbar\omega}\left(\frac{\hbar}{2m\omega}\right)^4.$$

2. erste Anregungsenergie

$$n_i + n_j = 1$$

$$E_1^{(0)} = 2\hbar\omega$$

zweifach entartet: $|0\,1\rangle, |1\,0\rangle$.
Störmatrix

$$\hat{H}_1 = \begin{pmatrix} \langle 1\,0|H_1|1\,0\rangle & \langle 1\,0|H_1|0\,1\rangle \\ \langle 0\,1|H_1|1\,0\rangle & \langle 0\,1|H_1|0\,1\rangle \end{pmatrix}$$

$$\langle 1\,0|H_1|0\,1\rangle = \langle 0\,1|H_1|1\,0\rangle = 0$$

$$\begin{aligned}\langle 1\,0|H_1|1\,0\rangle &= \gamma\left(\frac{\hbar}{2m\omega}\right)^2 (2\cdot 1 + 1)\cdot 1\\ &= 3\gamma\left(\frac{\hbar}{2m\omega}\right)^2 = \langle 0\,1|H_1|0\,1\rangle\end{aligned}$$

$$\Rightarrow\; \hat{H}_1 = 3\gamma\left(\frac{\hbar}{2m\omega}\right)^2 \begin{pmatrix} 1 & 0 \\ 0 & 1 \end{pmatrix}.$$

Matrix ist bereits diagonal

$$\Rightarrow \quad E_{11}^{(1)} = E_{12}^{(1)} = 3\gamma\left(\frac{\hbar}{2m\omega}\right)^2$$

Entartung wird **nicht** aufgehoben!

$$E_1 \approx 2\hbar\omega + 3\gamma\left(\frac{\hbar}{2m\omega}\right)^2 .$$

Nächste Anregungsenergie:

$$n_i + n_j = 2$$
$$E_2^{(0)} = 3\hbar\omega$$

dreifach entartet: $|0\,2\rangle$, $|1\,1\rangle$, $|2\,0\rangle$.
Störmatrix im Eigenraum zu $E_2^{(0)}$:

$$\widehat{H}_1 = \begin{pmatrix} \langle 2\,0|H_1|2\,0\rangle & \langle 2\,0|H_1|1\,1\rangle & \langle 2\,0|H_1|0\,2\rangle \\ \langle 1\,1|H_1|2\,0\rangle & \langle 1\,1|H_1|1\,1\rangle & \langle 1\,1|H_1|0\,2\rangle \\ \langle 0\,2|H_1|2\,0\rangle & \langle 0\,2|H_1|1\,1\rangle & \langle 0\,2|H_1|0\,2\rangle \end{pmatrix}$$

$$\langle 2\,0|H_1|2\,0\rangle = \gamma\left(\frac{\hbar}{2m\omega}\right)^2 (2\cdot 2+1)\cdot 1 = 5\gamma\left(\frac{\hbar}{2m\omega}\right)^2$$
$$\langle 2\,0|H_1|1\,1\rangle = 0$$
$$\langle 2\,0|H_1|0\,2\rangle = \gamma\left(\frac{\hbar}{2m\omega}\right)^2 (\sqrt{2}\cdot\sqrt{2}) = 2\gamma\left(\frac{\hbar}{2m\omega}\right)^2$$
$$\langle 1\,1|H_1|2\,0\rangle = 0$$
$$\langle 1\,1|H_1|1\,1\rangle = \gamma\left(\frac{\hbar}{2m\omega}\right)^2 (3\cdot 3) = 9\gamma\left(\frac{\hbar}{2m\omega}\right)^2$$
$$\langle 1\,1|H_1|0\,2\rangle = 0$$
$$\langle 0\,2|H_1|2\,0\rangle = \gamma\left(\frac{\hbar}{2m\omega}\right)^2 (\sqrt{2}\cdot\sqrt{2}) = 2\gamma\left(\frac{\hbar}{2m\omega}\right)^2$$
$$\langle 0\,2|H_1|1\,1\rangle = 0$$
$$\langle 0\,2|H_1|0\,2\rangle = \gamma\left(\frac{\hbar}{2m\omega}\right)^2 \cdot 1\cdot(2\cdot 2+1) = 5\gamma\left(\frac{\hbar}{2m\omega}\right)^2 .$$

$\widehat{H}_1$ natürlich hermitesch:

$$\hat{H}_1 = \gamma\left(\frac{\hbar}{2m\omega}\right)^2 \begin{pmatrix} 5 & 0 & 2 \\ 0 & 9 & 0 \\ 2 & 0 & 5 \end{pmatrix} .$$

Es muss gelten:

$$\det(\widehat{H}_1 - E_2^{(1)}\mathbf{1}) \stackrel{!}{=} 0 .$$

Mit

$$\alpha \equiv \gamma\left(\frac{\hbar}{2m\omega}\right)^2$$

$$\Rightarrow\ 0 \stackrel{!}{=} (5\alpha - E_2^{(1)})^2(9\alpha - E_2^{(1)}) - 4\alpha^2(9\alpha - E_2^{(1)})$$

$$\Rightarrow\ E_{21}^{(1)} = 3\alpha\ ; \quad E_{22}^{(1)} = 7\alpha\ ; \quad E_{23}^{(1)} = 9\alpha\ .$$

Die Entartung wird vollständig aufgehoben!

Lösung zu Aufgabe 7.2.7

Relativistischer Darwin-Term nach (5.253):

$$H_1 = V_\mathrm{D} = \frac{e\hbar^2}{8m_\mathrm{e}^2 c^2}\,\Delta\varphi\ .$$

Der punktförmige Wasserstoffkern erzeugt das Coulomb-Feld:

$$\varphi(\boldsymbol{r}) = \frac{e}{4\pi\,\varepsilon_0 r}\ .$$

Nach (1.70) in Band 3:

$$\Delta\frac{1}{r} = -4\pi\,\delta(\boldsymbol{r})\ .$$

Damit lautet die *Störung*:

$$H_1 = -\frac{e^2\hbar^2}{8m_\mathrm{e}^2 c^2 \varepsilon_0}\,\delta(\boldsymbol{r})\ .$$

Grundzustandswellenfunktion des Elektrons im H-Atom:

$$\psi_{100}(\boldsymbol{r}) \overset{(6.60)}{=} \frac{1}{\sqrt{\pi\, a_B^3}} \exp\left(-\frac{r}{a_B}\right) .$$

Energiekorrektur erster Ordnung:

$$E_{100}^{(1)} = \int d^3 r\, \psi_{100}^*(\boldsymbol{r})\, H_1\, \psi_{100}(\boldsymbol{r}) = -\frac{e^2\hbar^2}{8m_e^2 c^2 \varepsilon_0} \frac{1}{\pi\, a_B^3} \int d^3 r\, e^{-(2r/a_B)}\, \delta(\boldsymbol{r})$$

$$= -\frac{e^2}{4\pi\, \varepsilon_0 m_e c^2\, a_B} \left(\frac{\hbar^2}{2m_e\, a_B^2}\right) ,$$

$$(6.33) \Rightarrow 1\,\text{Ry} = \frac{\hbar^2}{2m_e a_B^2} ,$$

$$(6.32) \Rightarrow a_B = \frac{4\pi\, \varepsilon_0 \hbar^2}{m_e e^2}$$

$$\Rightarrow E_{100}^{(1)} = -\left(\frac{e^2}{4\pi\, \varepsilon_0 \hbar\, c}\right)^2 [\text{Ry}] .$$

In der Klammer steht die *Sommerfeld'sche Feinstrukturkonstante*:

$$\alpha = \frac{e^2}{4\pi\, \varepsilon_0 \hbar\, c} \approx \frac{1}{137}$$

$$\Rightarrow E_{100}^{(1)} \approx -5{,}33 \cdot 10^{-5}\, [\text{Ry}] .$$

Es handelt sich also um eine relativ kleine Korrektur!

Lösung zu Aufgabe 7.2.8

1. *Freie* Bewegung mit Zwangsbedingung:

$$H_0 = \frac{p^2}{2m} = -\frac{\hbar^2}{2m}\Delta .$$

Zwangsbedingung lässt sich am einfachsten in Kugelkoordinaten formulieren:

$$(6.3) \Rightarrow \Delta = \frac{1}{r^2}\frac{\partial}{\partial r}\left(r^2 \frac{\partial}{\partial r}\right) - \frac{\boldsymbol{L}^2}{r^2\hbar^2} .$$

Zwangsbedingung: $r \stackrel{!}{=} R = \text{const}$

$$\Rightarrow H_0 = \frac{\boldsymbol{L}^2}{2mR^2} = \frac{\boldsymbol{L}^2}{2J}\,; \quad J = mR^2: \text{ Trägheitsmoment.}$$

Eigenfunktionen sind also die Kugelflächenfunktionen:

$$H_0\, Y_{lm_l}(\vartheta, \varphi) = \frac{1}{2J}\boldsymbol{L}^2\, Y_{lm_l}(\vartheta, \varphi) = \frac{1}{2J}\hbar^2 l(l+1)\, Y_{lm}(\vartheta, \varphi)\,.$$

Eigenwerte:

$$E_l^{(0)} = \frac{\hbar^2}{2J}\, l(l+1)\,.$$

Die Eigenwerte sind offensichtlich bezüglich der magnetischen Quantenzahl m_l $(2l+1)$-fach entartet.

2.

$$H = H_0 + H_1\,,$$
$$H_1 = mgz = mgR\cos\vartheta\,.$$

Das Teilchen bleibt an die Kugeloberfläche gebunden!
Die z-Komponente des Bahndrehimpulses L_z vertauscht wegen (5.19) mit H_1,

$$[H_1, L_z]_- = mg\,[z, L_z]_- = 0\,,$$

und natürlich auch mit H_0:

$$[H_0, L_z]_- = 0\,.$$

3. L_z kommutiert mit dem Gesamt-Hamilton-Operator. Die vollen Energieeigenzustände werden deshalb auch nach der Quantenzahl m_l zu klassifizieren sein. Wenn wir aber Störungstheorie für einen Eigenzustand (Eigenwert) mit festem m_l durchführen, dann muss auch der *richtige* Zustand nullter Ordnung zu dieser Quantenzahl gewählt werden. Damit ist klar, dass die Kugelflächenfunktionen aus Teil 1) bereits die *richtigen* Zustände nullter Ordnung sind.
4. Mit der angegebenen Formel ist unmittelbar einzusehen, dass sämtliche Elemente der Störmatrix Null sind:

$$\langle l\, m_l | H_1 | l\, m_l' \rangle = H_{1l}^{m_l m_l'} = 0\,.$$

Damit ist natürlich auch die Energiekorrektur erster Ordnung Null:

$$E_l^{(1)} = 0\,.$$

Die Entartung bezüglich m_l bleibt also vollständig erhalten!

5. Für die Energiekorrektur zweiter Ordnung gilt (7.61) bzw. (7.63):

$$E^{(2)}_{l\,m_l} = \sum_{\substack{l',\,m_{l'}\\(l'\neq l)}} \frac{|\langle l' m_{l'}|H_1|l\,m_l\rangle|^2}{E^{(0)}_l - E^{(0)}_{l'}}\ .$$

Das Matrixelement berechnen wir mit Hilfe der angegebenen Formel:

$$\langle l'\,m_{l'}|H_1|l\,m_l\rangle = \iint \mathrm{d}\varphi\,\mathrm{d}\cos\vartheta\; Y^*_{l'm_{l'}}(\vartheta,\varphi)\, m\,g\,R\cos\vartheta\; Y_{lm_l}(\vartheta,\varphi)$$

$$= m\,g\,R\left\{\sqrt{\frac{(l+1)^2-m_l^2}{(2l+1)\,(2l+3)}}\iint \mathrm{d}\varphi\,\mathrm{d}\cos\vartheta\; Y^*_{l'm_{l'}}(\vartheta,\varphi)\,Y_{l+1\,m_l}(\vartheta,\varphi)\right.$$

$$\left.+\sqrt{\frac{l^2-m_l^2}{(2l+1)\,(2l-1)}}\iint \mathrm{d}\varphi\,\mathrm{d}\cos\vartheta\; Y^*_{l'm_{l'}}(\vartheta,\varphi)\,Y_{l-1\,m_l}(\vartheta,\varphi)\right\}$$

$$\overset{(5.102)}{=} m\,g\,R\,\delta_{m_{l'}m_l}\left\{\sqrt{\frac{(l+1)^2-m_l^2}{(2l+1)\,(2l+3)}}\,\delta_{l'\,l+1}+\sqrt{\frac{l^2-m_l^2}{(2l+1)\,(2l-1)}}\,\delta_{l'\,l-1}\right\}.$$

Dass das Matrixelement nur für $m_l = m_{l'}$ von Null verschieden sein kann, ist nach 2) und 3) klar und hätte in der Energieformel von vorneherein so angenommen werden können.

$$E^{(2)}_{lm_l} = \frac{2J}{\hbar^2}(m\,g\,R)^2\left[\frac{(l+1)^2-m_l^2}{(2l+3)\,(2l+1)}\,\frac{1}{l(l+1)-(l+1)\,(l+2)}\right.$$

$$\left.+\frac{l^2-m_l^2}{(2l-1)\,(2l+1)}\,\frac{1}{l(l+1)-(l-1)\,l}\right]$$

$$= \frac{2J}{\hbar^2}\,\frac{(m\,g\,R)^2}{(2l+3)\,(2l+2)\,(2l+1)\,2l\,(2l-1)}$$

$$\cdot\left\{-m_l^2\,[(2l+3)\,(2l+2)-2l\,(2l-1)]\right.$$

$$\left.+\,l^2\,(2l+3)\,(2l+2)-(l+1)^2\,2l\,(2l-1)\right\}\ .$$

Die Entartung bezüglich m_l wird durch die Energiekorrektur zweiter Ordnung zu einem großen Teil aufgehoben:

$$E^{(2)}_{lm_l} = \frac{2J}{\hbar^2}(m\,g\,R)^2\,\frac{l(l+1)-3m_l^2}{(2l+3)\,(l+1)\,2l\,(2l-1)} = E^{(2)}_{l|m_l|}\ .$$

Jeder Eigenwert, außer $m_l = 0$, ist noch zweifach entartet (m_l und $-m_l$).

Lösung zu Aufgabe 7.2.9

Mit den entarteten Zuständen $|E_{n1}^{(0)}\rangle$, $|E_{n2}^{(0)}\rangle$ bilden wir die Elemente

$$H_{1n}^{\alpha\beta} = \langle E_{n\alpha}^{(0)}|H_1|E_{n\beta}^{(0)}\rangle$$

der Störmatrix und berechnen die Säkulardeterminante (7.49):

$$\begin{vmatrix} H_{1n}^{11} - E_n^{(1)} & H_{1n}^{12} \\ H_{1n}^{21} & H_{1n}^{22} - E_n^{(1)} \end{vmatrix} \overset{!}{=} 0 = \left(H_{1n}^{11} - E_n^{(1)}\right)\left(H_{1n}^{22} - E_n^{(1)}\right) - |H_{1n}^{12}|^2 \,.$$

$\Rightarrow$ Energiekorrektur erster Ordnung:

$$E_{n\pm}^{(1)} = \frac{1}{2}\left\{\left(H_{1n}^{11} + H_{1n}^{22}\right) \pm \sqrt{\left(H_{1n}^{11} - H_{1n}^{22}\right)^2 + 4|H_{1n}^{12}|^2}\right\} .$$

Ist die Wurzel von Null verschieden, so führt die Energiekorrektur erster Ordnung zu einer *Abstoßung* der ursprünglich entarteten Niveaus!

Richtige Zustände nullter Ordnung:

$$\left|E_{n\pm}^{(0)}\right\rangle = c_1^{(\pm)}\left|E_{n1}^{(0)}\right\rangle + c_2^{(\pm)}\left|E_{n2}^{(0)}\right\rangle .$$

Lineares, homogenes Gleichungssystem:

$$\begin{pmatrix} H_{1n}^{11} - E_{n\pm}^{(1)} & H_{1n}^{12} \\ H_{1n}^{21} & H_{1n}^{22} - E_{n\pm}^{(1)} \end{pmatrix}\begin{pmatrix} c_1^{(\pm)} \\ c_2^{(\pm)} \end{pmatrix} = \begin{pmatrix} 0 \\ 0 \end{pmatrix}$$

$$\Rightarrow \left(H_{1n}^{11} - E_{n\pm}^{(1)}\right) c_1^{(\pm)} + H_{1n}^{12} c_2^{(\pm)} = 0$$

$$\Rightarrow |c_1^{(\pm)}|^2 = \frac{|H_{1n}^{12}|^2}{\left(H_{1n}^{11} - E_{n\pm}^{(1)}\right)^2}\left|c_2^{(\pm)}\right|^2 .$$

Normierung:

$$\left|c_2^{(\pm)}\right|^2 = 1 - \left|c_1^{(\pm)}\right|^2$$

$$\Rightarrow \left|c_1^{(\pm)}\right|^2 = \frac{\left|H_{1n}^{12}\right|^2}{\left(H_{1n}^{11} - E_{n\pm}^{(1)}\right)^2 + |H_{1n}^{12}|^2} = 1 - \left|c_2^{(\pm)}\right|^2 .$$

Lösung zu Aufgabe 7.2.10

1. Potentielle Energie des Elektrons im homogenen elektrischen Feld:

$$V(\boldsymbol{r}) = V(z) = +e F z,$$

da

$$-\frac{\mathrm{d}}{\mathrm{d}z} V(z) = -e F$$

sein muss.
Hamilton-Operator:

$$H = H_0 + H_1 ,$$

H_0 : *ungestörtes* Wasserstoffproblem, Lösung bekannt!

$$H_1 = e F z : \ \textit{Störung} .$$

Wegen (5.19):

$$[H_1, L_z]_- = e F [z, L_z]_- = 0 .$$

2. Diese Aussage haben wir in anderem Zusammenhang bereits als Teil 2) von Aufgabe 6.2.9 bewiesen. Man wiederhole den Lösungsweg!
3. *Ungestörte* Wasserstoffeigenzustände:
(6.60) und (5.108):

$$|100\rangle \mathrel{\widehat{=}} \frac{1}{\sqrt{\pi\, a_\mathrm{B}^3}} \mathrm{e}^{-r/a_\mathrm{B}} .$$

(6.61) und (5.108):

$$|200\rangle \mathrel{\widehat{=}} \frac{1}{2\sqrt{2\pi\, a_\mathrm{B}^3}} \left(1 - \frac{r}{2a_\mathrm{B}}\right) \mathrm{e}^{-r/2a_\mathrm{B}} .$$

(6.62) und (5.109):

$$|210\rangle \mathrel{\widehat{=}} \frac{1}{4\sqrt{2\pi\, a_\mathrm{B}^5}} \cos\vartheta\, r\, \mathrm{e}^{-r/2a_\mathrm{B}} .$$

(6.62) und (5.110):

$$|21 \pm 1\rangle \mathrel{\widehat{=}} \frac{\mp 1}{8\sqrt{\pi\, a_\mathrm{B}^5}} \sin\vartheta\, r\, \mathrm{e}^{-r/2a_\mathrm{B}}\, \mathrm{e}^{\pm \mathrm{i}\varphi} .$$

Ungestörte Eigenenergien:

$$E_n^{(0)} = -\frac{E_\mathrm{R}}{n^2},$$

ohne Spin n^2-fach entartet!

a) $n = 1 \;\Rightarrow\; l = 0,\ m_l = 0$
keine Entartung!

$$E_1^{(1)} = \langle 100|H_1|100\rangle = 0 \quad \text{wegen 2)}\,.$$

b)

$$n = 2 \;\Rightarrow\; l = 0,\ m_l = 0\,,$$
$$l = 1, m_l = \pm 1, 0\,.$$

Störmatrix:

$$\left(H_{12}^{\alpha\beta}\right) \equiv \begin{pmatrix} \langle 200|H_1|200\rangle & \langle 200|H_1|210\rangle & \langle 200|H_1|211\rangle & \langle 200|H_1|21-1\rangle \\ \langle 210|H_1|200\rangle & \langle 210|H_1|210\rangle & \langle 210|H_1|211\rangle & \langle 210|H_1|21-1\rangle \\ \langle 211|H_1|200\rangle & \langle 211|H_1|210\rangle & \langle 211|H_1|211\rangle & \langle 211|H_1|21-1\rangle \\ \langle 21-1|H_1|200\rangle & \langle 21-1|H_1|210\rangle & \langle 21-1|H_1|211\rangle & \langle 21-1|H_1|21-1\rangle \end{pmatrix}$$

zerfällt wegen 1) in Blöcke:

$$\left(H_{12}^{\alpha\beta}\right) = \begin{pmatrix} 0 & \langle 200|H_1|210\rangle & 0 & 0 \\ \langle 210|H_1|200\rangle & 0 & 0 & 0 \\ 0 & 0 & 0 & 0 \\ 0 & 0 & 0 & 0 \end{pmatrix}.$$

Matrixelement:

$$\begin{aligned}
&\langle 200|H_1|210\rangle \\
&= \frac{eF\,2\pi}{16\,\pi\,a_B^4}\int_0^\infty r^2\,\mathrm{d}r \int_{-1}^{+1} \mathrm{d}\cos\vartheta \left(1 - \frac{r}{2a_B}\right) \mathrm{e}^{-r/2a_B}\, r\cos\vartheta\cos\vartheta\, r\,\mathrm{e}^{-r/2a_B} \\
&= \frac{eF}{8a_B^4}\,\frac{2}{3}\int_0^\infty \mathrm{d}r \left(r^4 - \frac{r^5}{2a_B}\right) \mathrm{e}^{-r/a_B} \\
&= \frac{eF}{12\,a_B^4}\,a_B \int_0^\infty \mathrm{d}x \left(a_B^4\,x^4 - \frac{1}{2}\,a_B^4\,x^5\right) \mathrm{e}^{-x} \\
&= \frac{1}{12}\,eF\,a_B\left(\Gamma(5) - \frac{1}{2}\,\Gamma(6)\right) \\
&= \frac{1}{12}\,eF\,a_B\,(24 - 60) = -3e\,a_B\,F\,.
\end{aligned}$$

Säkulardeterminante:

$$0 \stackrel{!}{=} \begin{vmatrix} -E_2^{(1)} & -3e\,a_B\,F & & \\ -3e\,a_B\,F & -E_2^{(1)} & & \\ & & -E_2^{(1)} & \\ & & & -E_2^{(1)} \end{vmatrix} \quad \begin{matrix} \leftrightarrow & m_l = 0 \\ \leftrightarrow & m_l = 1 \\ \leftrightarrow & m_l = -1\,. \end{matrix}$$

Die Zustände $|21 \pm 1\rangle$ werden in erster Ordnung nicht gestört:

$$E_{21\pm1}^{(1)} = 0\,.$$

Energiekorrektur zu $m_l = 0$:

$$0 \stackrel{!}{=} \begin{vmatrix} -E_2^{(1)} & -3e\,a_B\,F \\ -3e\,a_B\,F & -E_2^{(1)} \end{vmatrix} = \left(E_2^{(1)}\right)^2 - (3e\,a_B\,F)^2$$

$$\Rightarrow \quad E_{2l\,m_l=0}^{(1)} = \pm 3e\,a_B\,F\,.$$

Die Entartung des Energieniveaus $E_2^{(0)}$ wird durch das elektrische Feld teilweise aufgehoben. Die Niveaus spalten linear mit dem Feld auf. Man spricht deshalb vom *linearen Stark-Effekt*.

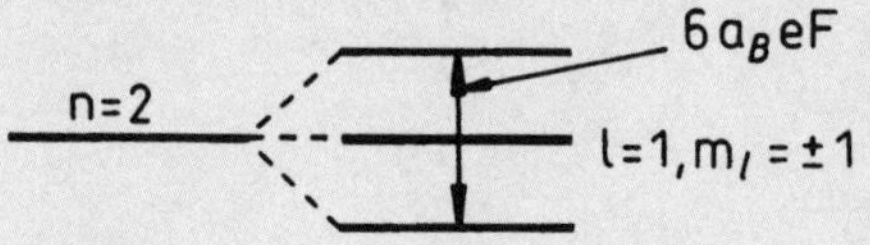

Abb. A.5

4. Im $m_l = 0$-Unterraum ist die Entartung vollständig aufgehoben. Wir können also die *richtigen* Zustände nullter Ordnung bestimmen:

$$|2\,m_l = 0\rangle^{(\pm)} = c_0^{(\pm)}|200\rangle + c_1^{(\pm)}|210\rangle\,.$$

$E_{2l\,m_l=0}^{(1)} = +3a_B\,e\,F$:

$$\begin{pmatrix} -3a_B\,e\,F & -3a_B\,e\,F \\ -3a_B\,e\,F & -3a_B\,e\,F \end{pmatrix} \begin{pmatrix} c_0^{(+)} \\ c_1^{(+)} \end{pmatrix} = \begin{pmatrix} 0 \\ 0 \end{pmatrix}$$

$$\Rightarrow \quad c_0^{(+)} = -c_1^{(+)} = \frac{1}{\sqrt{2}} \quad \text{(mit Normierung)}\,.$$

$E^{(1)}_{2l\,m_l=0} = -3a_B\,e\,F$:

$$\begin{pmatrix} 3a_B\,e\,F & -3a_B\,e\,F \\ -3a_B\,e\,F & 3a_B\,e\,F \end{pmatrix} \begin{pmatrix} c_0^{(-)} \\ c_1^{(-)} \end{pmatrix} = \begin{pmatrix} 0 \\ 0 \end{pmatrix}$$

$$\Rightarrow\; c_0^{(-)} = c_1^{(-)} = \frac{1}{\sqrt{2}} \quad \text{(mit Normierung)}$$

$$\Rightarrow\; |2m_l = 0\rangle^{(\pm)} = \frac{1}{\sqrt{2}}\left(|200\rangle \mp |210\rangle\right) .$$

Lösung zu Aufgabe 7.2.11

1. Kernladung Z:

$$H(Z) = \frac{\boldsymbol{p}^2}{2m} - \frac{Ze^2}{4\pi\varepsilon_0 \cdot r} = T + V(Z)$$

Kernladung $Z + \alpha$:

$$H(Z+\alpha) = \frac{\boldsymbol{p}^2}{2m} - \frac{(Z+\alpha)\,e^2}{4\pi\varepsilon_0 \cdot r}$$

$$\curvearrowright\; H(Z+\alpha) = H(Z) + H_1 \;;\; H_1 = -\alpha\frac{e^2}{4\pi\varepsilon_0 \cdot r} .$$

Energiekorrektur 1. Ordnung:

$$E^{(1)} = {}_Z\langle nlm_l|H_1|nlm_l\rangle_Z = -\frac{\alpha e^2}{4\pi\varepsilon_0}\,{}_Z\langle nlm_l|\frac{1}{r}|nlm_l\rangle_Z .$$

Vergleich mit $V(Z)$:

$$E^{(1)} = \frac{\alpha}{Z}\,{}_Z\langle nlm_l|V(Z)|nlm_l\rangle_Z .$$

Wir benutzen nun das Virialtheorem aus Aufgabe 7.1.7. Da $|nlm_l\rangle_Z$ Eigenzustand zu $H(Z)$ ist, muss demnach folgen:

$$2\,{}_Z\langle nlm_l|T|nlm_l\rangle_Z = n'\,{}_Z\langle nlm_l|V(Z)|nlm_l\rangle_Z = -\,{}_Z\langle nlm_l|V(Z)|nlm_l\rangle_Z .$$

Hier wurde ausgenutzt, dass für das Coulomb-Potential $V \propto \frac{1}{r} \curvearrowright n' = -1$ gilt. Es bleibt somit:

$${}_Z\langle nlm_l|H(Z)|nlm_l\rangle_Z = \left(-\frac{1}{2} + 1\right){}_Z\langle nlm_l|V(Z)|nlm_l\rangle_Z .$$

Wasserstoffproblem:

$$
\begin{aligned}
{}_Z\langle nlm_l|H(Z)|nlm_l\rangle_Z &= -\frac{Z^2 E_R}{n^2} \\
\curvearrowright \quad {}_Z\langle nlm_l|V(Z)|nlm_l\rangle_Z &= -2\frac{Z^2 E_R}{n^2}
\end{aligned}
$$

Energiekorrektur 1. Ordnung:

$$E^{(1)} = -2\alpha \frac{Z E_R}{n^2} .$$

oder

$$E(Z+\alpha) \approx -\frac{E_R}{n^2}\left(Z^2 + 2Z\alpha\right) .$$

2. Exaktes Ergebnis:

$$E(Z+\alpha) = -\frac{E_R}{n^2}(Z+\alpha)^2 = -\frac{E_R}{n^2}\left(Z^2 + 2Z\alpha + \alpha^2\right) .$$

Störungsrechnung also sinnvoll, falls

$$\alpha^2 \ll 2Z\alpha \quad \Leftrightarrow \quad \alpha \ll 2Z .$$

Lösung zu Aufgabe 7.2.12

1.

$$
\begin{aligned}
H_0 &= \frac{p^2}{2m} = -\frac{\hbar^2}{2m}\frac{d^2}{dz^2} , \\
H_0\varphi(z) &= E\,\varphi(z) \Rightarrow \varphi(z) \sim e^{ikz} .
\end{aligned}
$$

Normierung auf $L = N a$: $1 = \int_0^L dz|\varphi(z)|^2$

$$\Rightarrow \varphi(z) = \frac{1}{\sqrt{L}}e^{ikz} ; \quad E_0(k) = \frac{\hbar^2 k^2}{2m}$$

Periodische Randbedingungen:

$$
\begin{aligned}
\varphi(z+Na) &\overset{!}{=} \varphi(z) \Rightarrow k = \frac{2\pi}{Na} m ; \quad m \in \mathbb{Z} , \\
\varphi(z) &\longrightarrow \varphi_k(z) .
\end{aligned}
$$

2. $E_0(k) = E_0(-k) \;\Rightarrow$ jedes Energieniveau ist zweifach entartet!

$$V(z) = \sum_K V_K \, \mathrm{e}^{\mathrm{i}Kz} \,,$$

$V(z):$ reell $\curvearrowright V_K = V_{-K}$

$$V(z+a) = V(z) \;\Rightarrow\; K = \frac{2\pi}{a} n\,; \quad n \in \mathbb{Z}\,,$$

$K:$ reziproker Gittervektor .

3.

$$\langle \varphi_k | V | \varphi_{k'} \rangle = \frac{1}{L} \int\limits_0^L \mathrm{d}z \, \mathrm{e}^{\mathrm{i}(k'-k)z} \, V(z)$$

$$= \sum_K V_K \frac{1}{L} \int\limits_0^L \mathrm{d}z \, \mathrm{e}^{\mathrm{i}(k'-k+K)z} = \sum_K V_K \, \delta_{k',\,k-K} \,.$$

Notwendige Bedingung:

$$k - k' = K = \frac{2\pi}{a} n\,; \quad n \in \mathbb{Z}\,.$$

Andererseits muss auch gelten:

$$k - k' = \frac{2\pi}{Na}(m - m') \;\Rightarrow\; \frac{m - m'}{N} = n \in \mathbb{Z}\,.$$

Ausgezeichnet sind die Zustände gleicher Energie:

$$k' = -k \;\Leftrightarrow\; m' = -m \;\Rightarrow\; \frac{2m}{N} = n \;\Rightarrow\; m = \frac{N}{2} n$$

$$\Rightarrow \text{ Entartungsbedingung: } k = \frac{\pi}{a} n = \frac{K}{2}\,.$$

4. Störungstheorie für zweifach entartete Niveaus:
Störmatrix:

$$V \equiv \begin{pmatrix} \langle \varphi_k | V | \varphi_k \rangle & \langle \varphi_k | V | \varphi_{-k} \rangle \\ \langle \varphi_{-k} | V | \varphi_k \rangle & \langle \varphi_{-k} | V | \varphi_{-k} \rangle \end{pmatrix}.$$

Nach 3):

$$\langle \varphi_k | V | \varphi_k \rangle = \langle \varphi_{-k} | V | \varphi_{-k} \rangle = V_0 \,,$$

$$\langle \varphi_{-k} | V | \varphi_k \rangle = \sum_K V_K \, \delta_{k,\frac{1}{2}K} = \langle \varphi_k | V | \varphi_{-k} \rangle \,.$$

Fallunterscheidung:

a) $k \neq K/2$:

$$V \equiv \begin{pmatrix} V_0 & 0 \\ 0 & V_0 \end{pmatrix} \Rightarrow E^{(1)}(k) \equiv V_0 \,.$$

Entartung wird nicht aufgehoben. Für solche k-Werte ist auch nicht-entartete Störungstheorie anwendbar, da für $k' = -k$ die entsprechenden Matrixelemente verschwinden. Mit

$$\begin{aligned} |\langle\varphi_k|V|\varphi_{k'}\rangle|^2 &= \sum_{K,K'} V_K V_{K'}\, \delta_{k',k-K}\delta_{k,k'-K'} \\ &= \sum_K V_K V_{k'-k}\, \delta_{k',k-K} \\ &= \sum_K V_K V_{-K}\, \delta_{k',k-K} \\ &\overset{V_K=V_{-K}}{=} \sum_K V_K^2\, \delta_{k',k-K} \end{aligned}$$

ergibt sich:

$$\begin{aligned} E(k) &\approx E_0(k) + V_0 + \sum_{k'}^{\neq k,-k} \frac{|\langle\varphi_{k'}|V|\varphi_k\rangle|^2}{E_0(k) - E_0(k')} \\ &= E_0(k) + V_0 + \sum_K^{\neq 0,2k} \frac{V_K^2}{E_0(k) - E_0(k-K)} \\ &= E_0(k) + V_0 + \frac{m}{\hbar^2} \sum_K^{\neq 0,2k} \frac{V_K^2}{K\left(k - \frac{K}{2}\right)} \,. \end{aligned}$$

b) $k = K/2$:

$$V \equiv \begin{pmatrix} V_0 & V_K \\ V_K & V_0 \end{pmatrix} \Rightarrow \text{Säkulardeterminante:}$$

$$\begin{vmatrix} V_0 - E^{(1)} & V_K \\ V_K & V_0 - E^{(1)} \end{vmatrix} \overset{!}{=} 0 \Leftrightarrow E_\pm^{(1)} = \pm V_K + V_0 \,.$$

Entartung wird aufgehoben $\Rightarrow$ *Energiegap*.
Richtige Zustände nullter Ordnung:

a) $k \neq (1/2)\,K$:

$$|E_0(k)\rangle \longleftrightarrow \varphi_k(z) : \text{ ebene, propagierende Welle.}$$

b) $k = (1/2)\,K$:

$$|E_\pm(k)\rangle \;\longleftrightarrow\; c_1^{(\pm)}\,\varphi_k(z) + c_2^{(\pm)}\,\varphi_{-k}(z)\,,$$

$$\begin{pmatrix} \mp V_K & V_K \\ V_K & \mp V_K \end{pmatrix} \begin{pmatrix} c_1^{(\pm)} \\ c_2^{(\pm)} \end{pmatrix} = \begin{pmatrix} 0 \\ 0 \end{pmatrix}$$

$$\Rightarrow\; c_1^{(+)} = c_2^{(+)}\;;\quad c_1^{(-)} = -c_2^{(-)}\,.$$

Normierung:

$$c_1^{(+)} = c_2^{(+)} = \frac{1}{\sqrt{2}}\;;\quad c_1^{(-)} = -c_2^{(-)} = \frac{1}{\sqrt{2}}$$

$$\Rightarrow\; |E_\pm(k)\rangle \;\longleftrightarrow\; \frac{1}{\sqrt{2L}}\left(\mathrm{e}^{ikz} \pm \mathrm{e}^{-ikz}\right)\,.$$

Stehende Wellen:

$$|E_+(k)\rangle \;\longleftrightarrow\; \sqrt{\frac{2}{L}}\,cos\left(\frac{1}{2}Kz\right)\,,$$

$$|E_-(k)\rangle \;\longleftrightarrow\; \mathrm{i}\sqrt{\frac{2}{L}}\,\sin\left(\frac{1}{2}Kz\right)\,.$$

5. Bändermodell:

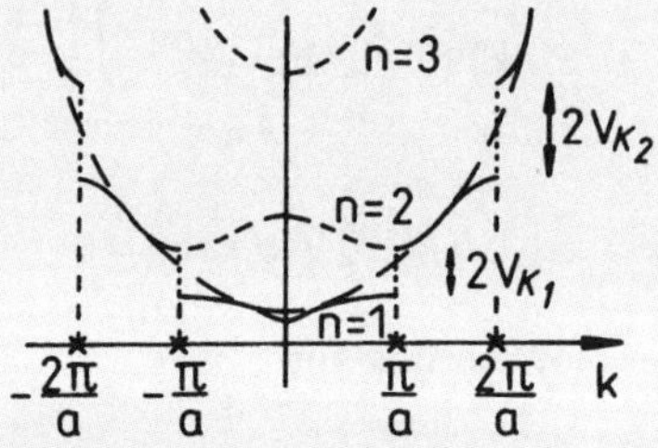

Abb. A.6

Entartungsbedingung in drei Dimensionen:

$$\boldsymbol{k}^2 = (\boldsymbol{k} - \boldsymbol{K})^2$$

$$\Leftrightarrow\; \boldsymbol{k}\cdot\boldsymbol{e}_K = \frac{1}{2}K\;;\quad \textit{Bragg-Ebenen}\text{ (Abschn. 1.4.3).}$$

Lösung zu Aufgabe 7.2.13

1. H_0 separiert nach Wellenzahl und Spinprojektion:

$$H_0 = \sum_{\substack{\boldsymbol{k},\sigma \\ \alpha,\beta}} \varepsilon_{\alpha\beta}(\boldsymbol{k})\, |\boldsymbol{k}\sigma\alpha\rangle\langle\boldsymbol{k}\sigma\beta| = \sum_{\boldsymbol{k}\sigma} (H_{\boldsymbol{k}\sigma})^{(0)} \; .$$

In der Basis der $|\boldsymbol{k}\sigma\alpha\rangle$ zu festem $\boldsymbol{k}$, σ gilt:

$$(H_{\boldsymbol{k}\sigma})^{(0)} = \begin{pmatrix} \varepsilon(\boldsymbol{k}) & t(\boldsymbol{k}) \\ t^*(\boldsymbol{k}) & \varepsilon(\boldsymbol{k}) \end{pmatrix} .$$

Eigenwerte:

$$\det \begin{pmatrix} \varepsilon(\boldsymbol{k}) - E & t(\boldsymbol{k}) \\ t^*(\boldsymbol{k}) & \varepsilon(\boldsymbol{k}) - E \end{pmatrix} \overset{!}{=} 0$$

$$\curvearrowright \quad E_\pm^{(0)}(\boldsymbol{k}\sigma) = \varepsilon(\boldsymbol{k}) \pm |t(\boldsymbol{k})| \equiv E_\pm^{(0)}(\boldsymbol{k}) \; .$$

Keine echte Spinabhängigkeit!
Eigenzustände:

$$|E_\pm^{(0)}(\boldsymbol{k}\sigma)\rangle = c_A^\pm |\boldsymbol{k}\sigma A\rangle + c_B^\pm |\boldsymbol{k}\sigma B\rangle$$

$$\curvearrowright \quad \begin{pmatrix} \varepsilon(\boldsymbol{k}) - E_\pm^{(0)} & t(\boldsymbol{k}) \\ t^*(\boldsymbol{k}) & \varepsilon(\boldsymbol{k}) - E_\pm^{(0)} \end{pmatrix} \begin{pmatrix} c_A^\pm \\ c_B^\pm \end{pmatrix} = 0 \; .$$

Hieraus folgt

$$\mp |t(\boldsymbol{k})|\, c_A^\pm + t(\boldsymbol{k})\, c_B^\pm = 0$$

was zusammen mit der Normierung auf

$$c_A^\pm = \frac{\gamma}{\sqrt{2}} \;\; ; \; c_B^\pm = \pm\frac{1}{\sqrt{2}} \;\; ; \; \gamma = \frac{t(\boldsymbol{k})}{|t(\boldsymbol{k})|}$$

führt. Die Eigenzustände 0. Ordnung lauten damit:

$$\left|E_\pm^{(0)}(\boldsymbol{k})\right\rangle = \frac{1}{\sqrt{2}}\big(\gamma|\boldsymbol{k}\sigma A\rangle \pm |\boldsymbol{k}\sigma B\rangle\big) \; .$$

Man beachte, dass wegen der Symmetrie $(\sigma, A) \leftrightarrow (-\sigma, B)$ des Antiferromagneten die Eigenzustände keine echte Spinabhängigkeit aufweisen.

2. Störung:

$$H_1 = -\frac{1}{2}J \sum_{k\sigma\alpha\beta} z_\sigma m_\alpha |\boldsymbol{k}\sigma\alpha\rangle\langle\boldsymbol{k}\sigma\beta|\delta_{\alpha\beta} = \sum_{\boldsymbol{k}\sigma} (H_{\boldsymbol{k}\sigma})^{(1)}$$

$$m_A = -m_B = m \qquad \left(z_\sigma = \delta_{\sigma\uparrow} - \delta_{\sigma\downarrow}\right).$$

In der Basis der Ausgangszustände $|\boldsymbol{k}\sigma\alpha\rangle$ gilt:

$$(H_{\boldsymbol{k}\sigma})^{(1)} = \begin{pmatrix} -\frac{1}{2}Jz_\sigma m & 0 \\ 0 & +\frac{1}{2}Jz_\sigma m \end{pmatrix}.$$

Störmatrix in der Basis der Eigenzustände des „ungestörten" Hamilton-Operators:

$$\begin{aligned}
\langle E_\pm^{(0)}|(H_{\boldsymbol{k}\sigma})^{(1)}|E_\pm^{(0)}\rangle &= \frac{1}{2}\begin{pmatrix} \gamma^* & \pm 1 \end{pmatrix}\begin{pmatrix} -\frac{1}{2}Jz_\sigma m & 0 \\ 0 & +\frac{1}{2}Jz_\sigma m \end{pmatrix}\begin{pmatrix} \gamma \\ \pm 1 \end{pmatrix} \\
&= \frac{1}{2}\left(-\frac{1}{2}Jz_\sigma m|\gamma|^2 + \frac{1}{2}Jz_\sigma m\right) = 0 \\
\langle E_+^{(0)}|(H_{\boldsymbol{k}\sigma})^{(1)}|E_-^{(0)}\rangle &= \frac{1}{2}\begin{pmatrix} \gamma^* & +1 \end{pmatrix}\begin{pmatrix} -\frac{1}{2}Jz_\sigma m & 0 \\ 0 & +\frac{1}{2}Jz_\sigma m \end{pmatrix}\begin{pmatrix} \gamma \\ -1 \end{pmatrix} \\
&= -\frac{1}{4}Jz_\sigma m(|\gamma|^2 + 1) = -\frac{1}{2}Jz_\sigma m \\
&= \langle E_-^{(0)}|(H_{\boldsymbol{k}\sigma})^{(1)}|E_+^{(0)}\rangle .
\end{aligned}$$

Damit nimmt der Störoperator in der Basis der H_0-Eigenzustände die folgende einfache Gestalt an:

$$(H_{\boldsymbol{k}\sigma})^{(1)} = \begin{pmatrix} 0 & -\frac{1}{2}Jz_\sigma m \\ -\frac{1}{2}Jz_\sigma m & 0 \end{pmatrix}$$

3. Exakte Lösung:
Gesamt-Hamilton-Operator in der H_0-Basis:

$$(H_{\boldsymbol{k}\sigma}) = \begin{pmatrix} \varepsilon(\boldsymbol{k}) + |t(\boldsymbol{k})| & -\frac{1}{2}Jz_\sigma m \\ -\frac{1}{2}Jz_\sigma m & \varepsilon(\boldsymbol{k}) - |t(\boldsymbol{k})| \end{pmatrix}.$$

Eigenwerte:

$$\det\begin{pmatrix} \varepsilon(\boldsymbol{k}) + |t(\boldsymbol{k})| - E & -\frac{1}{2}Jz_\sigma m \\ -\frac{1}{2}Jz_\sigma m & \varepsilon(\boldsymbol{k}) - |t(\boldsymbol{k})| - E \end{pmatrix} \stackrel{!}{=} 0 .$$

Zu lösen bleibt:

$$\left(\varepsilon(\boldsymbol{k}) - E\right)^2 - |t(\boldsymbol{k})|^2 = \frac{1}{4}J^2 m^2 .$$

Das ergibt:

$$E_\pm(\boldsymbol{k}) = \varepsilon(\boldsymbol{k}) \pm \sqrt{\frac{1}{4}J^2m^2 + |t(\boldsymbol{k})|^2}$$

4. Schrödinger-Störungstheorie
Energiekorrektur erster Ordnung:

$$\left\langle E_\pm^{(0)}(\boldsymbol{k}\sigma)\right| (H_{\boldsymbol{k}\sigma})^{(1)} \left|E_\pm^{(0)}(\boldsymbol{k}\sigma)\right\rangle = 0 \;\curvearrowright\; E_\pm^{(1)}(\boldsymbol{k}\sigma) = 0\,.$$

Energiekorrektur zweiter Ordnung:

$$E_\pm^{(2)}(\boldsymbol{k}\sigma) = \frac{\left|\left\langle E_\mp^{(0)}(\boldsymbol{k}\sigma)\right| (H_{\boldsymbol{k}\sigma})^{(1)} \left|E_\pm^{(0)}(\boldsymbol{k}\sigma)\right\rangle\right|^2}{E_\pm^{(0)}(\boldsymbol{k}\sigma) - E_\mp^{(0)}(\boldsymbol{k}\sigma)} = \frac{\frac{1}{4}J^2m^2}{\pm 2|t(\boldsymbol{k})|} \equiv E_\pm^{(2)}(\boldsymbol{k})\,.$$

Die Störungstheorie liefert also:

$$E_\pm(\boldsymbol{k}) \approx \varepsilon(\boldsymbol{k}) \pm |t(\boldsymbol{k})| \pm \frac{J^2m^2}{8|t(\boldsymbol{k})|}\,.$$

Das entspricht den ersten Termen einer Entwicklung der exakten Eigenenergien für $\frac{1}{2}Jm \ll |t(\boldsymbol{k}|$. Nun gibt es allerdings $\boldsymbol{k}$-Vektoren, für die $|t(\boldsymbol{k})|$ sehr klein oder sogar null werden kann (Rand der Brillouin-Zone!). Dann wird die Störungstheorie nach Schrödinger offensichtlich unbrauchbar.

5. Brillouin-Wigner-Störungstheorie
Die Energiekorrektur erster Ordnung ist dieselbe wie in der Schrödinger-Version, verschwindet also.
Energiekorrektur zweiter Ordnung:

$$\begin{aligned} E_\pm(\boldsymbol{k}\sigma) &= E_\pm^{(0)}(\boldsymbol{k}) + E_\pm^{(1)}(\boldsymbol{k}) + \frac{\left|\left\langle E_\mp^{(0)}(\boldsymbol{k})\right| (H_{\boldsymbol{k}\sigma})^{(1)} \left|E_\pm^{(0)}(\boldsymbol{k})\right\rangle\right|^2}{E_\pm(\boldsymbol{k}\sigma) - E_\mp^{(0)}(\boldsymbol{k})} \\ &= \varepsilon(\boldsymbol{k}) \pm |t(\boldsymbol{k})| + \frac{\frac{1}{4}J^2m^2}{E_\pm(\boldsymbol{k}\sigma) - \varepsilon(\boldsymbol{k}) \pm |t(\boldsymbol{k})|}\,. \end{aligned}$$

Das ist eine quadratische Gleichung für die gesuchten Eigenenergien $E_\pm(\boldsymbol{k}\sigma)$ mit der offensichtlich spinunabhängigen Lösung:

$$E_\pm(\boldsymbol{k}) = \varepsilon(\boldsymbol{k}) \pm \sqrt{\frac{1}{4}J^2m^2 + |t(\boldsymbol{k})|^2}\,.$$

Die Brillouin-Wigner-Störungstheorie liefert also bereits in zweiter Ordnung das exakte Resultat!

Abschnitt 7.3.5

Lösung zu Aufgabe 7.3.1

Nach (7.104) gilt:

$$|\psi(t)\rangle = U(t,0)\left|E_a^{(0)}\right\rangle = \mathrm{e}^{-(\mathrm{i}/\hbar)H_0 t}\, U_\mathrm{D}(t,0)\left|E_a^{(0)}\right\rangle$$

$$(t_a = t_0 = 0)\,.$$

Ansatz wie in (7.90):

$$|\psi(t)\rangle = \sum\!\!\!\!\!\!\int_m a_m(t)\left|E_m^{(0)}\right\rangle .$$

Skalare Multiplikation mit $\left\langle E_n^{(0)}\right|$ liefert:

$$a_n(t) = \mathrm{e}^{-(\mathrm{i}/\hbar)E_n^{(0)}t}\left\langle E_n^{(0)}\right| U_\mathrm{D}(t,0)\left|E_a^{(0)}\right\rangle .$$

Dies ist noch exakt und wird in erster Ordnung Störungstheorie nach (7.101) angenähert durch:

$$a_n^{(1)}(t) = \mathrm{e}^{-(\mathrm{i}/\hbar)E_n^{(0)}t}\left\{\delta_{na} - \frac{\mathrm{i}}{\hbar}\int_0^t \mathrm{d}t_1\, H_{na}(t_1)\,\mathrm{e}^{(\mathrm{i}/\hbar)E_{na}^{(0)}t_1}\right\},$$

$$H_{na}(t_1) = \left\langle E_n^{(0)}\right| H_{1t_1}\left|E_a^{(0)}\right\rangle ,$$

$$E_{na}^{(0)} = E_n^{(0)} - E_a^{(0)} .$$

Lösung zu Aufgabe 7.3.2

Ungestörter Oszillator:

$$H_0 = \frac{p^2}{2m} + \frac{1}{2}m\,\omega^2 z^2 ,$$

$$H_0|m\rangle = \hbar\,\omega_0\left(m + \frac{1}{2}\right)|m\rangle ,$$

Störung:

$$H_{1t} = -q\,z\,F\,\cos\omega t\,.$$

Ansatz:

$$|\psi(t)\rangle = \sum_m a_m(t)|m\rangle \,,$$
$$|\psi(t=0)\rangle = |n\rangle \,.$$

Dipolmoment:

$$\langle\hat{p}\rangle = q\sum_{m,r} a_m^*(t)\, a_\mathrm{r}(t)\langle m|z|r\rangle \,.$$

Nach (4.127) gilt:

$$\langle m|z|r\rangle = \sqrt{\frac{\hbar}{2m\,\omega_0}}\,\langle m|(a+a^+)|r\rangle$$
$$= \sqrt{\frac{\hbar}{2m\,\omega_0}}\,\left(\delta_{m\,r-1}\sqrt{r}+\delta_{m\,r+1}\sqrt{r+1}\right) \,.$$

Zwischenergebnis:

$$\langle\hat{p}\rangle = q\sqrt{\frac{\hbar}{2m\,\omega_0}}\sum_r a_\mathrm{r}(t)\left(\sqrt{r}\,a_{r-1}^*(t)+\sqrt{r+1}\,a_{r+1}^*(t)\right) \,.$$

Entwicklungskoeffizienten in Störungstheorie erster Ordmung (s. Lösung 7.3.1):

$$a_\mathrm{r}^{(1)}(t) = \mathrm{e}^{-(\mathrm{i}/\hbar)E_\mathrm{r}^{(0)}t}\left\{\delta_{rn} - \frac{\mathrm{i}}{\hbar}\int\limits_0^t \mathrm{d}t_1\, H_{rn}(t_1)\,\mathrm{e}^{(\mathrm{i}/\hbar)\,E_{rn}^{(0)}\,t_1}\right\} \,,$$

$$H_{rn}(t_1) = -q\,F\cos\omega\,t_1\sqrt{\frac{\hbar}{2m\,\omega_0}}\,\left(\delta_{r\,n-1}\sqrt{n}+\delta_{r\,n+1}\sqrt{n+1}\right) \,.$$

Bis zur ersten Ordnung:

$$a_\mathrm{r}(t)\,a_{r-1}^*(t) \approx \mathrm{e}^{-(\mathrm{i}/\hbar)E_\mathrm{r}^{(0)}t}\,\delta_{rn}\,a_{r-1}^{(1)*}(t)$$
$$+\,\mathrm{e}^{(\mathrm{i}/\hbar)\,E_{r-1}^{(0)}t}\,\delta_{r-1\,n}\,a_\mathrm{r}^{(1)}(t) \,,$$

$$a_\mathrm{r}(t)\,a_{r+1}^*(t) \approx \mathrm{e}^{-(\mathrm{i}/\hbar)\,E_\mathrm{r}^{(0)}t}\,\delta_{rn}\,a_{r+1}^{(1)*}(t)$$
$$+\,\mathrm{e}^{(\mathrm{i}/\hbar)\,E_{r+1}^{(0)}t}\,\delta_{r+1\,n}\,a_\mathrm{r}^{(1)}(t) \,,$$

$$\delta_{r-1\,n}\, a_{\mathrm{r}}^{(1)}(t) = +\mathrm{i}\,\frac{q}{\hbar}\, F\sqrt{\frac{\hbar}{2m\,\omega_0}}\,\sqrt{n+1}\,\mathrm{e}^{-(\mathrm{i}/\hbar)E_{n+1}^{(0)}t} \cdot \int\limits_0^t \mathrm{d}t_1 \cos\omega\, t_1\, \mathrm{e}^{\mathrm{i}\omega_0 t_1}\, \delta_{r\,n+1}\,,$$

$$\delta_{r+1\,n}\, a_{\mathrm{r}}^{(1)}(t) = +\mathrm{i}\,\frac{q}{\hbar}\, F\sqrt{\frac{\hbar}{2m\,\omega_0}}\,\sqrt{n}\,\mathrm{e}^{-(\mathrm{i}/\hbar)\,E_{n-1}^{(0)}t} \cdot \int\limits_0^t \mathrm{d}t_1 \cos\omega\, t_1\, \mathrm{e}^{-\mathrm{i}\,\omega_0 t_1}\, \delta_{r\,n-1}\,,$$

$$\delta_{rn}\, a_{r-1}^{(1)*}(t) = -\mathrm{i}\,\frac{q}{\hbar}\, F\sqrt{\frac{\hbar}{2m\,\omega_0}}\,\sqrt{n}\,\mathrm{e}^{+(\mathrm{i}/\hbar)E_{n-1}^{(0)}t} \cdot \int\limits_0^t \mathrm{d}t_1\, \cos\omega\, t_1\, \mathrm{e}^{+\mathrm{i}\omega_0 t_1}\, \delta_{rn}\,,$$

$$\delta_{rn}\, a_{r+1}^{(1)*}(t) = -i\,\frac{q}{\hbar}\, F\sqrt{\frac{\hbar}{2m\,\omega_0}}\,\sqrt{n+1}\,\mathrm{e}^{(\mathrm{i}/\hbar)E_{n+1}^{(0)}t} \cdot \int\limits_0^t \mathrm{d}t_1\, \cos\omega\, t_1\, \mathrm{e}^{-\mathrm{i}\omega_0 t_1}\, \delta_{rn}\,.$$

Durch Einsetzen ergibt sich als weiteres Zwischenergebnis:

$$\begin{aligned}
\langle\hat{p}\rangle &= \mathrm{i}\,\frac{q^2F}{2m\,\omega_0}\int\limits_0^t \mathrm{d}t_1 \cos\omega\, t_1\, \left(\mathrm{e}^{\mathrm{i}\omega_0(t_1-t)} - \mathrm{e}^{\mathrm{i}\omega_0(t-t_1)}\right)\\
&= \frac{q^2F}{m\,\omega_0}\int\limits_0^t \mathrm{d}t_1\, \cos\omega\, t_1 \sin\omega_0(t-t_1)\\
&= \frac{q^2F}{2m\,\omega_0}\left[\int\limits_0^t \mathrm{d}t_1 \sin[(\omega-\omega_0)t_1+\omega_0 t] + \int\limits_0^t \mathrm{d}t_1 \sin[-(\omega_0+\omega)\,t_1+\omega_0 t]\right]\\
&= \frac{q^2F}{2m\,\omega_0}\,(\cos\omega\, t - \cos\omega_0 t)\left(-\frac{1}{\omega-\omega_0}+\frac{1}{\omega_0+\omega}\right).
\end{aligned}$$

Dabei haben wir das Additionstheorem,

$$2\sin x\cos y = \sin(x+y) + \sin(x-y)\,,$$

benutzt. Es bleibt schließlich:

$$\langle\hat{p}\rangle = \frac{q^2 F}{m(\omega_0^2 - \omega^2)}\,(\cos\omega t - \cos\omega_0 t)\ .$$

Lösung zu Aufgabe 7.3.3

$t < 0:$ Oszillator im Grundzustand:

$$\varphi(q,t) = \mathrm{e}^{-(\mathrm{i}/\hbar)Ht}\,\varphi_0(q) = \mathrm{e}^{-(\mathrm{i}/2)\omega t}\,\varphi_0(q)\ .$$

(4.158):

$$\varphi_0(q) = \left(\frac{m\,\omega}{\hbar\,\pi}\right)^{1/4}\mathrm{e}^{-(m\,\omega/2\hbar)\,q^2}\ .$$

$t = 0^-:$ $\varphi(q,0^-) \equiv \varphi_0(q)$.

$t = 0:$ *schlagartige* Änderung der Kraftkonstanten:

$$k \longrightarrow k' \Leftrightarrow \omega = \sqrt{\frac{k}{m}} \longrightarrow \omega' = \sqrt{\frac{k'}{m}}\ .$$

$t = 0^+:$ Wellenfunktion kann sich noch nicht geändert haben:

$$\varphi(q,0^+) \equiv \varphi_0(q)\ .$$

$\varphi_0(q)$ ist aber kein Eigenzustand zum *neuen* Hamilton-Operator H':

$$H' = \frac{p^2}{2m} + \frac{1}{2}m\omega'^2 q^2\ ,$$

$$H'\varphi'_n(q) = E'_n\,\varphi'_n(q)\ .$$

Die *neuen* Eigenfunktionen bilden ein vollständiges System:

$$\varphi_0(q) = \sum_n \alpha_n \varphi'_n(q)\ .$$

$t > 0:$ H' zeitunabhängig für $t > 0$:

$$\varphi(q,t) = \mathrm{e}^{-(\mathrm{i}/\hbar)H't}\,\varphi(q,0^+) = \sum_n \alpha_n\,\varphi'_n(q)\,\mathrm{e}^{-\mathrm{i}\omega'(n+1/2)\,t}\ .$$

Damit ergibt sich als Wahrscheinlichkeit, den Oszillator zur Zeit $t > 0$ im *neuen* Eigenzustand φ'_n anzutreffen:

$$w_n = \left| \int_{-\infty}^{+\infty} dq\, \varphi(q,t)\, \varphi_n'^*(q,t) \right|^2 = |\alpha_n|^2 \,.$$

Speziell für den Grundzustand gilt:

$$\begin{aligned} w_0 &= \left| \int_{-\infty}^{+\infty} dq\, \varphi(q,t)\, \varphi_0'^*(q,t) \right|^2 = \left| \int_{-\infty}^{+\infty} dq \varphi_0(q)\, \varphi_0'^*(q) \right|^2 \\ &= \frac{m}{\hbar\pi} \sqrt{\omega\,\omega'} \left| \int_{-\infty}^{+\infty} dq \exp\left(-\frac{m}{2\hbar} (\omega + \omega')\, q^2 \right) \right|^2 \\ &= \frac{m}{\hbar\pi} \sqrt{\omega\,\omega'}\, \frac{1}{(m/2\hbar)(\omega + \omega')} \left| \int_{-\infty}^{+\infty} dy\, e^{-y^2} \right|^2 . \end{aligned}$$

Das Integral haben wir in der Lösung 2.2.1 berechnet. Es hat den Wert $\sqrt{\pi}$:

$$w_0 = \frac{2}{\omega + \omega'} \sqrt{\omega\,\omega'} \quad (w_0 = 1 \text{ für } \omega = \omega'!) \,.$$

Lösung zu Aufgabe 7.3.4

Es gelten dieselben Überlegungen zur Übergangswahrscheinlichkeit wie in der vorigen Aufgabe:

$$w_n = \left| \int_{-\infty}^{+\infty} dq\, \varphi_0(q)\, \varphi_n'^*(q) \right|^2 ,$$

$$H' = H - Fq \,,$$

$$H = \frac{p^2}{2m} + \frac{1}{2} m\, \omega^2 q^2 \,.$$

$\varphi'_n(q)$ haben wir in Aufgabe 4.4.14 berechnet:

$$\varphi'_n(q) = \left(2^n\, n!\, q_0 \sqrt{\pi}\right)^{-1/2} \exp\left[-\frac{1}{2}\left(\frac{q-a}{q_0}\right)^2\right] H_n\left(\frac{q-a}{q_0}\right),$$

$$a = \frac{F}{m\,\omega^2}\,; \quad q_0 = \sqrt{\frac{\hbar}{m\,\omega}}\,.$$

Für den Grundzustand zu H haben wir in der vorausgegangenen Lösung bereits angegeben:

$$\varphi_0(q) = \left(q_0 \sqrt{\pi}\right)^{-1/2} \exp\left[-\frac{1}{2}\left(\frac{q}{q_0}\right)^2\right].$$

Wir schreiben zur Abkürzung:

$$y = \frac{q-a}{q_0}\,; \quad y_0 = \frac{a}{q_0}\,.$$

Es folgt dann mit (4.163),

$$H_n(y) = (-1)^n\, \mathrm{e}^{y^2} \frac{\mathrm{d}^n}{\mathrm{d}y^n} \mathrm{e}^{-y^2},$$

der folgende Ausdruck für w_n:

$$w_n = \left(2^n\, n!\, \pi\, q_0^2\right)^{-1} \left| q_0 \int\limits_{-\infty}^{+\infty} \mathrm{d}y\, \mathrm{e}^{-(1/2)\left(y^2+2y\,y_0+y_0^2-y^2\right)} \frac{\mathrm{d}^n}{\mathrm{d}y^n} \mathrm{e}^{-y^2} \right|^2 = \frac{\mathrm{e}^{-y_0^2}}{2^n\, n!\, \pi} |I|^2\,.$$

Das Integral

$$I = \int\limits_{-\infty}^{+\infty} \mathrm{d}y\, \mathrm{e}^{-y\,y_0} \frac{\mathrm{d}^n}{\mathrm{d}y^n} \mathrm{e}^{-y^2}$$

lässt sich n-mal partiell integrieren, wobei der ausintegrierte Teil jeweils herausfällt:

$$I = (-y_0)^n \int\limits_{-\infty}^{+\infty} \mathrm{d}y\, \mathrm{e}^{-y\,y_0}\, \mathrm{e}^{-y^2}$$

$$= (-y_0)^n\, \mathrm{e}^{(1/4)\,y_0^2} \int\limits_{-\infty}^{+\infty} \mathrm{d}z\, \mathrm{e}^{-z^2} = \sqrt{\pi}\,(-y_0)^n\, \mathrm{e}^{(1/4)\,y_0^2}\,.$$

Übergangswahrscheinlichkeit:

$$w_n = \frac{a^{2n}}{q_0^{2n}\, 2^n\, n!} \exp\left[-\frac{1}{2}\left(\frac{a}{q_0}\right)^2\right].$$

Lösung zu Aufgabe 7.3.5

Auch hier gelten die Überlegungen zur Übergangswahrscheinlichkeit der Lösung 7.3.3:

$$w_{1s\to 2s} = \left| \int d^3r\, \varphi_{100}^{(Z)*}(\boldsymbol{r})\, \varphi_{200}^{(Z+1)}(\boldsymbol{r}) \right|^2 .$$

(6.60):

$$\varphi_{100}^{(Z)}(\boldsymbol{r}) = \sqrt{\frac{Z^3}{\pi\, a_B^3}} \exp\left(-\frac{Z\,r}{a_B}\right) .$$

(6.61):

$$\varphi_{200}^{(Z+1)}(\boldsymbol{r}) = \frac{1}{2}\sqrt{\frac{(Z+1)^3}{2\pi\, a_B^3}} \left(1 - \frac{(Z+1)r}{2a_B}\right) \exp\left(-\frac{(Z+1)r}{2a_B}\right) .$$

Einsetzen ergibt:

$$w_{1s\to 2s} = 16\,\pi^2 \frac{Z^3}{\pi\, a_B^3} \frac{1}{4} \frac{(Z+1)^3}{2\pi\, a_B^3} \left| \int\limits_0^\infty dr\, r^2 \left[1 - \frac{(Z+1)r}{2a_B}\right] \cdot \right.$$

$$\left. \cdot \exp\left\{-\frac{r}{a_B}\left[Z + \frac{1}{2}(Z+1)\right]\right\} \right|^2 = \frac{2}{a_B^6} Z^3 (Z+1)^3 |I_1 - I_2|^2 ,$$

$$I_1 = \int\limits_0^\infty dr\, r^2 \exp\left[-\frac{r}{2a_B}(3Z+1)\right] = \left(\frac{2a_B}{3Z+1}\right)^3 \underbrace{\int\limits_0^\infty dy\, y^2\, e^{-y}}_{=\Gamma(3)=2!} = 2\left(\frac{2a_B}{3Z+1}\right)^3 ,$$

$$\begin{aligned} I_2 &= \frac{Z+1}{2a_B} \int\limits_0^\infty dr\, r^3 \exp\left[-\frac{r}{2a_B}(3Z+1)\right] \\ &= \frac{Z+1}{2a_B}\left(\frac{2a_B}{3Z+1}\right)^4 \Gamma(4) = 3\,\frac{Z+1}{a_B}\left(\frac{2a_B}{3Z+1}\right)^4 . \end{aligned}$$

Übergangswahrscheinlichkeit:

$$w_{1s\to 2s} = 2^{11} \frac{Z^3 (Z+1)^3}{(3Z+1)^8} .$$

Lösung zu Aufgabe 7.3.6

1. Mit den Formeln (7.115) und (7.118) gilt:

$$w_{12}^{(1)}(t) = \frac{1}{\hbar^2} \left| \left\langle \varphi_1^{(0)} | H_1 | \varphi_2^{(0)} \right\rangle \right|^2 t^2 .$$

2a) Dieses Problem haben wir als Aufgabe 7.2.9 gelöst. Mit der Abkürzung

$$H_1^{\alpha\beta} \equiv \left\langle \varphi_\alpha^{(0)} | H_1 | \varphi_\beta^{(0)} \right\rangle \; ; \quad \alpha, \beta = 1, 2,$$

gilt:

$$E_\pm^{(1)} = \frac{1}{2} \left\{ H_1^{11} + H_1^{22} \pm \sqrt{(H_1^{11} - H_1^{22})^2 + 4|H_1^{12}|^2} \right\} ,$$

$$\left| \varphi_\pm^{(0)} \right\rangle = c_1^{(\pm)} \left| \varphi_1^{(0)} \right\rangle + c_2^{(\pm)} \left| \varphi_2^{(0)} \right\rangle ,$$

$$\left| c_1^{(\pm)} \right|^2 = \frac{|H_1^{12}|^2}{\left(H_1^{11} - E_\pm^{(1)} \right)^2 + |H_1^{12}|^2} = 1 - \left| c_2^{(\pm)} \right|^2 .$$

Wir setzen reelle Koeffizienten voraus und beachten die Orthogonalität der Zustände $|\varphi_\pm^{(0)}\rangle$:

$$\left\langle \varphi_+^{(0)} | \varphi_-^{(0)} \right\rangle = 0 = c_1^{(+)} c_1^{(-)} + c_2^{(+)} c_2^{(-)} .$$

Schreibt man dann noch

$$|H_1^{12}|^2 = \frac{1}{4} \left(\sqrt{(H_1^{11} - H_1^{22})^2 + 4|H_1^{12}|^2} \right)^2 - \frac{1}{4} \left(H_1^{11} - H_1^{22} \right)^2$$
$$\equiv \frac{1}{4} A^2 - \frac{1}{4} \left(H_1^{11} - H_1^{22} \right)^2$$

und außerdem

$$\left(H_1^{11} - E_\pm^{(1)} \right)^2 + |H_1^{12}|^2 = \frac{1}{4} \left(H_1^{11} - H_1^{22} \mp A \right)^2 + |H_1^{12}|^2$$
$$= \frac{1}{4} \left(H_1^{11} - H_1^{22} \right)^2 + \frac{1}{4} A^2 \mp \frac{1}{2} A \left(H_1^{11} - H_1^{22} \right) + |H_1^{12}|^2$$
$$= \frac{1}{2} A \left(A \mp \left(H_1^{11} - H_1^{22} \right) \right)$$

so folgt:

$$\left| c_1^{(\pm)} \right|^2 = \frac{\frac{1}{4} \left(A + \left(H_1^{11} - H_1^{22} \right) \right) \left(A - \left(H_1^{11} - H_1^{22} \right) \right)}{\frac{1}{2} A \left(A \mp \left(H_1^{11} - H_1^{22} \right) \right)} = \frac{1}{2A} \left(A \pm \left(H_1^{11} - H_1^{22} \right) \right) .$$

Dies bedeutet, falls die $c_1^{(\pm)}$ reell sind:

$$c_1^{(\pm)} = \left\{ \frac{1}{2} \left(1 \pm \frac{H_1^{11} - H_1^{22}}{\sqrt{(H_1^{11} - H_1^{22})^2 + 4|H_1^{12}|^2}} \right) \right\}^{1/2} .$$

Mit

$$c_2^{(\pm)} = \pm c_1^{(\mp)}$$

sind dann sowohl Orthogonalität als auch Normierung gewährleistet!

2b) Offensichtlich gilt:

$$\left|\varphi_1^{(0)}\right\rangle = \frac{c_2^{(-)}\left|\varphi_+^{(0)}\right\rangle - c_2^{(+)}\left|\varphi_-^{(0)}\right\rangle}{c_1^{(+)} c_2^{(-)} - c_2^{(+)} c_1^{(-)}} .$$

Wegen

$$H\left|\varphi_\pm^{(0)}\right\rangle \approx \left(E^{(0)} + E_\pm^{(1)}\right)\left|\varphi_\pm^{(0)}\right\rangle$$

ist die Zeitabhängigkeit der *richtigen* Zustände nullter Ordnung relativ einfach:

$$\left|\varphi_\pm^{(0)}(t)\right\rangle = e^{-(i/\hbar) H t}\left|\varphi_\pm^{(0)}\right\rangle \approx e^{-(i/\hbar)\left(E^{(0)} + E_\pm^{(1)}\right)t}\left|\varphi_\pm^{(0)}\right\rangle .$$

Dies bedeutet für den Systemzustand:

$$\left|\varphi_1^{(0)}(t)\right\rangle = e^{-(i/\hbar) H t}\left|\varphi_1^{(0)}\right\rangle \approx \frac{e^{-(i/\hbar) E^{(0)} t}}{c_1^{(+)} c_2^{(-)} - c_2^{(+)} c_1^{(-)}} \times$$
$$\times \left(c_2^{(-)} e^{-(i/\hbar) E_+^{(1)} t}\left|\varphi_+^{(0)}\right\rangle - c_2^{(+)} e^{-(i/\hbar) E_-^{(1)} t}\left|\varphi_-^{(0)}\right\rangle \right) .$$

2c) Wegen

$$\left\langle \varphi_2^{(0)} \middle| \varphi_\pm^{(0)} \right\rangle = c_2^{(\pm)}$$

gilt zunächst:

$$\left\langle \varphi_2^{(0)} \middle| \varphi_1(t) \right\rangle \approx e^{-(i/\hbar) E^{(0)} t} \frac{c_2^{(+)} c_2^{(-)}}{c_1^{(+)} c_2^{(-)} - c_2^{(+)} c_1^{(-)}} \left(e^{-(i/\hbar) E_+^{(1)} t} - e^{-(i/\hbar) E_-^{(1)} t} \right) .$$

Wir benötigen das Betragsquadrat:

$$\left|c_2^{(+)}\, c_2^{(-)}\right|^2 = \frac{1}{4}\left(1 - \frac{\left(H_1^{11} - H_1^{22}\right)^2}{\left(H_1^{11} - H_1^{22}\right)^2 + 4\left|H_1^{12}\right|^2}\right),$$

$$\left|c_1^{(+)}\, c_2^{(-)} - c_2^{(+)}\, c_1^{(-)}\right|^2 = \left|-\left(c_1^{(+)}\right)^2 - \left(c_2^{(+)}\right)^2\right|^2 = 1\,,$$

$$\begin{aligned}\left|e^{-(i/\hbar)E_+^{(1)}t} - e^{-(i/\hbar)E_-^{(1)}t}\right|^2 &= \left|e^{-(i/\hbar)\left(E_+^{(1)}-E_-^{(1)}\right)t} - 1\right|^2\\ &= \left\{\cos\left[\frac{1}{\hbar}\left(E_+^{(1)} - E_-^{(1)}\right)t\right] - 1\right\}^2\\ &\quad + \sin^2\left[\frac{1}{\hbar}\left(E_+^{(1)} - E_-^{(1)}\right)t\right]\\ &= 2\left\{1 - \cos\left[\frac{1}{\hbar}\left(E_+^{(1)} - E_-^{(1)}\right)t\right]\right\}.\end{aligned}$$

Dies ergibt schließlich die folgende Übergangswahrscheinlichkeit:

$$\begin{aligned}\widetilde{w}_{12}(t) = &\frac{\left|H_1^{12}\right|^2}{\left(H_1^{11} - H_1^{22}\right)^2 + 4\left|H_1^{12}\right|^2}\\ &\times\left[1 - \cos\left(\frac{1}{\hbar}\sqrt{\left(H_1^{11} - H_1^{22}\right)^2 + 4\left|H_1^{12}\right|^2}\; t\right)\right].\end{aligned}$$

Sie oszilliert mit der Frequenz:

$$\omega = \frac{1}{\hbar}\sqrt{\left(H_1^{11} - H_1^{22}\right)^2 + 4\left|H_1^{12}\right|^2}\,.$$

2d) Störungstheorie erster Ordnung ist nur für *kleine Störzeiten* anwendbar. Für $t \ll 1/\omega$ gilt näherungsweise:

$$\widetilde{w}_{12}(t) \approx \frac{1}{\hbar^2}\left|H_1^{12}\right|^2 t^2\,.$$

Dies ist mit dem Ergebnis für $w_{12}^{(1)}$ aus Teil 1) identisch!

Lösung zu Aufgabe 7.3.7

1. $H = H_0 + H_{1t}$

$$H_0|n\rangle = \hbar\,\omega\left(n + \frac{1}{2}\right)|n\rangle\,,$$

$$H_{1t} = -qF\,e^{-\alpha t^2} z\,.$$

Übergangswahrscheinlichkeit (7.110):

$$w_{0n}^{(1)}(\infty) = \frac{1}{\hbar^2}\left|\int\limits_{-\infty}^{+\infty} \mathrm{d}t_1 \langle n|H_{1\,t_1}|0\rangle\, \mathrm{e}^{(\mathrm{i}/\hbar)\hbar\,\omega\,n\,t_1}\right|^2$$

$$= \frac{q^2F^2}{\hbar^2}|\langle n|z|0\rangle|^2 \left|\int\limits_{-\infty}^{+\infty} \mathrm{d}t_1\, \exp\left(-\alpha\,t_1^2 + \mathrm{i}\,\omega\,n\,t_1\right)\right|^2 .$$

Nach (4.127) gilt:

$$\langle n|z|0\rangle = \sqrt{\frac{\hbar}{2m\,\omega}}\langle n|(a+a^+)|0\rangle = \sqrt{\frac{\hbar}{2m\,\omega}}\,\delta_{n1} .$$

Auswertung des Integrals:

$$\int\limits_{-\infty}^{+\infty} \mathrm{d}t_1\, \exp\left(-\alpha\,t_1^2 + \mathrm{i}\,\omega\,n\,t_1\right) = \int\limits_{-\infty}^{+\infty} \mathrm{d}t_1\, \exp\left[-\alpha\left(t_1 - \frac{\mathrm{i}\,\omega\,n}{2\alpha}\right)^2 - \frac{\omega^2 n^2}{4\alpha}\right]$$

$$= \exp\left(-\frac{\omega^2 n^2}{4\alpha}\right)\frac{1}{\sqrt{\alpha}} \int\limits_{-\infty-\mathrm{i}x}^{+\infty-\mathrm{i}x} \mathrm{d}y\,\mathrm{e}^{-y^2} ; \quad x = \frac{\omega\,n}{2\sqrt{\alpha}} ,$$

$$\int\limits_{-\infty-\mathrm{i}x}^{+\infty-\mathrm{i}x} \mathrm{d}y\,\mathrm{e}^{-y^2} = \sqrt{\pi} \quad \text{(s. Aufgabe 2.2.2)} .$$

Damit bleibt als Übergangswahrscheinlichkeit:

$$w_{0n}^{(1)}(\infty) = \frac{q^2F^2\pi}{2m\,\alpha\,\hbar\,\omega}\,\mathrm{e}^{-(n^2\omega^2/2\alpha)}\,\delta_{n1} .$$

Verweilwahrscheinlichkeit (7.107):

$$\hat{w}_{00}^{(1)}(\infty) = 1 - \sum_n^{\neq 0} w_{0n}^{(1)}(\infty) = 1 - \frac{q^2F^2\pi}{2m\,\alpha\,\hbar\,\omega}\,\mathrm{e}^{-(\omega^2/2\alpha)} .$$

2. Forderung:

$$w_{0n}^{(1)}(\infty) \ll 1 ; \quad \hat{w}_{00}^{(1)}(\infty) \lesssim 1 .$$

Dies bedeutet:

$$\frac{q^2F^2\pi}{2m\,\alpha\,\hbar\,\omega}\,\mathrm{e}^{-(\omega^2/2\alpha)} \ll 1 .$$

Lösung zu Aufgabe 7.3.8

Nach (7.110) ist auszuwerten:

$$w_{n0}^{(1)}(t) = \frac{1}{\hbar^2}\left|\int_0^t dt'\, {}^{(0)}\langle n|H_{1t'}|0\rangle^{(0)} \exp\left(\frac{i}{\hbar}\left(E_n^{(0)} - E_0^{(0)}\right)t'\right)\right|^2 .$$

Dabei benutzen wir:

$$\begin{aligned}
E_n^{(0)} - E_0^{(0)} &= n\hbar\omega \\
{}^{(0)}\langle n|H_{1t}|0\rangle^{(0)} &= c\,e^{-\gamma t}\ {}^{(0)}\langle n|\left(a^2 + a^{\dagger 2}\right)|0\rangle^{(0)} \\
a|0\rangle^{(0)} &= 0 \\
a^\dagger|0\rangle^{(0)} &= \sqrt{1}\,|1\rangle^{(0)} \\
a^{\dagger 2}|0\rangle^{(0)} &= \sqrt{1}\sqrt{2}\,|2\rangle^{(0)} \\
\curvearrowright\quad {}^{(0)}\langle n|H_{1t}|0\rangle^{(0)} &= \sqrt{2}\,c\,e^{-\gamma t}\delta_{n2} .
\end{aligned}$$

Damit folgt:

$$\begin{aligned}
w_{n0}^{(1)}(t) &= 2\frac{c^2}{\hbar^2}\left|\int_o^t dt'\, e^{-\gamma t'}\, e^{ni\omega t'}\right|^2 \delta_{n2} \\
&= 2\frac{c^2}{\hbar^2}\left|\frac{1}{-\gamma + ni\omega}\left(e^{(ni\omega-\gamma)t} - 1\right)\right|^2 \delta_{n2} \\
&= 2\frac{c^2}{\hbar^2}\frac{1}{\gamma^2 + n^2\omega^2}\left(e^{(ni\omega-\gamma)t} - 1\right)\left(e^{(-ni\omega-\gamma)t} - 1\right)\delta_{n2} \\
&= \frac{2c^2}{\hbar^2(\gamma^2 + n^2\omega^2)}\left(e^{-2\gamma t} + 1 - e^{-\gamma t}\, 2\cos(n\omega t)\right)\delta_{n2} \\
&= \frac{2c^2}{\hbar^2(\gamma^2 + n^2\omega^2)}\, e^{-\gamma t}\,\left(2\cosh\gamma t - 2\cos(n\omega t)\right)\delta_{n2} \\
\curvearrowright\quad w_{n0}^{(1)}(t) &= \frac{4c^2}{\hbar^2(\gamma^2 + n^2\omega^2)}\, e^{-\gamma t}\left(\cosh\gamma t - \cos(n\omega t)\right)\delta_{n2} .
\end{aligned}$$

Lösung zu Aufgabe 7.3.9

1.

$$H_0\,|n\rangle = \varepsilon_n|n\rangle \ ; \ n = 1, 2 .$$

Schrödinger-Gleichung

$$\mathrm{i}\hbar \frac{\partial}{\partial t} |n(t)\rangle = H_0 |n(t)\rangle = \varepsilon_n |n(t)\rangle \,.$$

H_0 ist zeitunabhängig. Deswegen gilt:

$$|n(t)\rangle = \mathrm{e}^{-\frac{\mathrm{i}}{\hbar} H_0 t} |n\rangle = \mathrm{e}^{-\frac{\mathrm{i}}{\hbar} \varepsilon t} |n\rangle \,.$$

$\mathrm{e}^{-\frac{\mathrm{i}}{\hbar} H_0 t}$ ist der Zeitentwicklungsoperator des „freien" Systems.

2. allgemeiner Zustand:

$$|\psi(t)\rangle = \sum_{n'=1}^{2} \alpha_{n'}(t) |n'(t)\rangle = \sum_{n'=1}^{2} \alpha_{n'}(t)\, \mathrm{e}^{-\frac{\mathrm{i}}{\hbar} \varepsilon_{n'} t} |n'\rangle$$

zeitabhängige Schrödinger-Gleichung:

$$\begin{aligned}
\mathrm{i}\hbar \frac{\partial}{\partial t} |\psi(t)\rangle &= \sum_{n'=1}^{2} \left(\mathrm{i}\hbar \dot{\alpha}_{n'}(t) + \varepsilon_{n'}\, \alpha_{n'}(t)\right) \mathrm{e}^{-\frac{\mathrm{i}}{\hbar} \varepsilon_{n'} t} |n'\rangle \\
&\overset{!}{=} (H_0 + H_{1t})\, |\psi(t)\rangle \\
&= \sum_{n'=1}^{2} \alpha_{n'}(t)\, \mathrm{e}^{-\frac{\mathrm{i}}{\hbar} \varepsilon_{n'} t} (\varepsilon_{n'} + H_{1t})\, |n'\rangle
\end{aligned}$$

$$\curvearrowright \quad \mathrm{i}\hbar \sum_{n'=1}^{2} \dot{\alpha}_{n'}(t)\, \mathrm{e}^{-\frac{\mathrm{i}}{\hbar} \varepsilon_{n'} t} |n'\rangle = \sum_{n'=1}^{2} \alpha_{n'}(t)\, \mathrm{e}^{-\frac{\mathrm{i}}{\hbar} \varepsilon_{n'} t} H_{1t} |n'\rangle \,.$$

Von links mit $\langle n|$ skalar multiplizieren:

$$\mathrm{i}\hbar \dot{\alpha}_n(t) = \sum_{n'=1}^{2} \alpha_{n'}(t)\, \mathrm{e}^{\frac{\mathrm{i}}{\hbar} (\varepsilon_n - \varepsilon_{n'}) t} \langle n | H_{1t} | n' \rangle \,.$$

Das ergibt ein gekoppeltes Gleichungssystem:

$$\begin{aligned}
\mathrm{i}\hbar \dot{\alpha}_1(t) &= \hbar\omega_0\, \mathrm{e}^{\frac{\mathrm{i}}{\hbar} (\varepsilon_1 - \varepsilon_2) t}\, \alpha_2(t)\, \mathrm{e}^{\mathrm{i}\omega t} \\
\mathrm{i}\hbar \dot{\alpha}_2(t) &= \hbar\omega_0\, \mathrm{e}^{\frac{\mathrm{i}}{\hbar} (\varepsilon_2 - \varepsilon_1) t}\, \alpha_1(t)\, \mathrm{e}^{-\mathrm{i}\omega t} \,.
\end{aligned}$$

Mit der Abkürzung

$$\hbar \overline{\omega} = \varepsilon_2 - \varepsilon_1 - \hbar\omega$$

bleibt zu lösen:

$$\begin{aligned} \mathrm{i}\,\dot{\alpha}_1(t) &= \omega_0\,\alpha_2(t)\,\mathrm{e}^{-\mathrm{i}\overline{\omega}t} \\ \mathrm{i}\,\dot{\alpha}_2(t) &= \omega_0\,\alpha_1(t)\,\mathrm{e}^{\mathrm{i}\overline{\omega}t}\,. \end{aligned}$$

Aus der zweiten Gleichung folgt:

$$\begin{aligned} \mathrm{i}\,\ddot{\alpha}_2 &= \omega_0\dot{\alpha}_1(t)\mathrm{e}^{\mathrm{i}\overline{\omega}t} + \mathrm{i}\overline{\omega}\omega_0\alpha_1(t)\mathrm{e}^{\mathrm{i}\overline{\omega}t} \\ &= -\mathrm{i}\omega_0^2\alpha_2(t)\mathrm{e}^{-\mathrm{i}\overline{\omega}t}\mathrm{e}^{\mathrm{i}\overline{\omega}t} + \mathrm{i}\overline{\omega}\omega_0\frac{\mathrm{i}\dot{\alpha}_2(t)}{\omega_0}\mathrm{e}^{-\mathrm{i}\overline{\omega}t}\mathrm{e}^{\mathrm{i}\overline{\omega}t} \\ \curvearrowright \quad & \ddot{\alpha}_2(t) - \mathrm{i}\overline{\omega}\,\dot{\alpha}_2(t) + \omega_0^2\,\alpha_2(t) = 0\,. \end{aligned}$$

Ansatz:

$$\begin{aligned} &\alpha_2(t) = A\,\mathrm{e}^{\gamma t} \\ \curvearrowright\quad &\gamma^2 - \mathrm{i}\overline{\omega}\gamma + \omega_0^2 = 0 \\ \curvearrowright\quad &\gamma_\pm = \frac{1}{2}\mathrm{i}\overline{\omega} \pm \mathrm{i}d \quad ; \quad d^2 = \omega_0^2 + \frac{1}{4}\overline{\omega}^2 \\ \curvearrowright\quad &\alpha_2(t) = \mathrm{e}^{\frac{1}{2}\mathrm{i}\overline{\omega}t}\left(A_+\mathrm{e}^{\mathrm{i}dt} + A_-\mathrm{e}^{-\mathrm{i}dt}\right)\,. \end{aligned}$$

Anfangsbedingung:

$$\alpha_2(0) \stackrel{!}{=} 0 = A_+ + A_- \qquad \curvearrowright \quad A_+ = -A_-\,.$$

Damit ergibt sich:

$$\alpha_2(t) = A\sin(dt)\,\mathrm{e}^{\frac{1}{2}\mathrm{i}\overline{\omega}t} \quad (A = 2\mathrm{i}A_+)\,.$$

Der zweite Koeffizient berechnet sich aus:

$$\alpha_1(t) = \frac{\mathrm{i}}{\omega_0}\,\mathrm{e}^{-\mathrm{i}\overline{\omega}t}\,\dot{\alpha}_2(t) = \frac{\mathrm{i}}{\omega_0}\,\mathrm{e}^{-\mathrm{i}\overline{\omega}t}\,A\,\mathrm{e}^{\frac{1}{2}\mathrm{i}\overline{\omega}t}\left(\mathrm{d}\cos(\mathrm{d}t) + \frac{1}{2}\mathrm{i}\overline{\omega}\sin(\mathrm{d}t)\right)\,.$$

Anfangsbedingung:

$$\alpha_1(0) \stackrel{!}{=} 1 = \frac{\mathrm{i}d}{\omega_0}A \qquad \curvearrowright \quad A = -\mathrm{i}\frac{\omega_0}{d}\,.$$

Damit ergibt sich die vollständige Lösung:

$$\begin{aligned} \alpha_1(t) &= \mathrm{e}^{-\frac{1}{2}\mathrm{i}\overline{\omega}t}\left(\cos(\mathrm{d}t) + \frac{\mathrm{i}\overline{\omega}}{2d}\sin(\mathrm{d}t)\right) \\ \alpha_2(t) &= -\mathrm{i}\frac{\omega_0}{d}\sin(\mathrm{d}t)\,\mathrm{e}^{\frac{1}{2}\mathrm{i}\overline{\omega}t} \qquad d = \sqrt{\omega_0^2 + \frac{1}{4}\overline{\omega}^2}\,. \end{aligned}$$

Besetzungswahrscheinlichkeiten:

$$|\alpha_1(t)|^2 = \cos^2(\mathrm{d}t) + \frac{\overline{\omega}^2}{4d^2}\sin^2(\mathrm{d}t)$$

$$|\alpha_2(t)|^2 = \frac{\omega_0^2}{d^2}\sin^2(\mathrm{d}t) .$$

Wegen

$$d^2 = \omega_0^2 + \frac{1}{4}\overline{\omega}^2$$

gilt offensichtlich:

$$|\alpha_1(t)|^2 + |\alpha_2(t)|^2 = 1 .$$

Die Besetzungswahrscheinlichkeiten sind periodisch in der Zeit. Zu Zeiten

$$t_n = 2n\pi\frac{1}{d}$$

ist das System im Grundzustand $|1\rangle$. Eine bei $t = 0$ eingeschaltete und bei $t = t_n$ ausgeschaltete Störung (z. B. Lichtquelle) lässt das System im Grundzustand!

3. Übergangswahrscheinlichkeit in 1. Ordnung Störungstheorie:

$$\begin{aligned}
w_{21}^{(1)}(t) &= \frac{1}{\hbar^2}\left|\int_0^t \mathrm{d}t_1\,\langle 2|H_{1t_1}|1\rangle\,\mathrm{e}^{\frac{\mathrm{i}}{\hbar}(\varepsilon_2-\varepsilon_1)t_1}\right|^2 \\
&= \frac{1}{\hbar^2}\left|\int_0^t \mathrm{d}t_1\,\hbar\omega_0\,\mathrm{e}^{\mathrm{i}\overline{\omega}t_1}\right|^2 \\
&= \frac{\omega_0^2}{\overline{\omega}^2}\left|\mathrm{e}^{\mathrm{i}\overline{\omega}t} - 1\right|^2 \\
&= \frac{\omega_0^2}{\overline{\omega}^2}\left|\mathrm{e}^{\mathrm{i}\frac{1}{2}\overline{\omega}t}\left(\mathrm{e}^{\mathrm{i}\frac{1}{2}\overline{\omega}t} - \mathrm{e}^{-\mathrm{i}\frac{1}{2}\overline{\omega}t}\right)\right|^2 \\
w_{21}^{(1)}(t) &= 4\frac{\omega_0^2}{\overline{\omega}^2}\sin^2\left(\frac{1}{2}\overline{\omega}t\right)
\end{aligned}$$

das lässt sich mit dem exakten Ausdruck für $|\alpha_2(t)|^2$ aus Teil 2. vergleichen. Bei schwacher Störung

$$\omega_0 \ll |\overline{\omega}| ; \qquad d \approx \frac{1}{2}\overline{\omega}$$

wird aus der exakten Lösung:

$$|\alpha_2(t)|^2 = \frac{\omega_0^2}{d^2}\sin^2(\mathrm{d}t) \approx \frac{4\omega_0^2}{\overline{\omega}^2}\sin^2\left(\frac{1}{2}\overline{\omega}t\right) .$$

Bei schwacher Störung wird die Störungstheorie 1. Ordnung also korrekt!

Lösung zu Aufgabe 7.3.10

1. Schrödinger-Bild

$$\lim_{t\to-\infty} \rho_t = \rho_0$$

Dirac-Bild

$$\lim_{t\to-\infty} \rho_t^{\mathrm{D}}(t) = \rho_0 \qquad \text{(Randbedingung)}$$

($\dot{\rho}_0 = 0 \;\rightarrow\; [\rho_0, H_0]_- = 0$).
Bewegungsgleichung (3.207):

$$\dot{\rho}_t^{\mathrm{D}}(t) = \frac{\mathrm{i}}{\hbar}\left[\rho_t^{\mathrm{D}}(t), H_{1t}^{\mathrm{D}}(t)\right]_-$$

formale Integration

$$\rho_t^{\mathrm{D}}(t) = \rho_0 - \frac{\mathrm{i}}{\hbar}\int_{-\infty}^{t} \mathrm{d}t' \left[H_{1t'}^{\mathrm{D}}(t'), \rho_{t'}^{\mathrm{D}}(t')\right]_- \;.$$

$$\rho_t^{\mathrm{D}}(t) \begin{cases} \text{„dynamische" Zeitabhängigkeit durch } H_0 \\ \text{explizite Zeitabhängigkeit durch äußere Störung} \end{cases}$$

2. Formale Lösung durch Iteration

$$\rho_t^{\mathrm{D}}(t) = \rho_0 + \sum_{n=1}^{\infty} \rho_t^{\mathrm{D}(n)}(t)$$

$$\rho_t^{\mathrm{D}(n)}(t) = \left(-\frac{\mathrm{i}}{\hbar}\right)^n \int_{-\infty}^{t} \mathrm{d}t_1 \int_{-\infty}^{t_1} \mathrm{d}t_2 \ldots \int_{-\infty}^{t_{n-1}} \mathrm{d}t_n$$
$$\times \left[H_{1t_1}^{\mathrm{D}}(t_1), \left[H_{1t_2}^{\mathrm{D}}(t_2), \left[\ldots \left[H_{1t_n}^{\mathrm{D}}(t_n), \rho_0\right]_- \ldots\right]_-\right]_-\right]_- \;.$$

3. „Linear response"

$$\rho_t^{\mathrm{D}}(t) \approx \rho_0 - \frac{\mathrm{i}}{\hbar}\int_{-\infty}^{t} \mathrm{d}t' \left[H_{1t'}^{\mathrm{D}}(t'), \rho_0\right]_-$$

→ Schrödinger-Bild:

$$\rho_t = \rho_0 - \frac{\mathrm{i}}{\hbar}\int_{-\infty}^{t} \mathrm{d}t' \mathrm{e}^{-\frac{\mathrm{i}}{\hbar}H_0 t}\left[H_{1t'}^{\mathrm{D}}(t'), \rho_0\right]_- \mathrm{e}^{\frac{\mathrm{i}}{\hbar}H_0 t} \;.$$

Damit Eigenwerte berechnen:

$$\langle\widehat{A}\rangle_t = \mathrm{Sp}(\rho_t\widehat{A})$$
$$\langle\widehat{A}\rangle_0 = \mathrm{Sp}(\rho_0\widehat{A})\,.$$

Es gilt:

$$\begin{aligned}\Delta A_t &= -\frac{\mathrm{i}}{\hbar}\int\limits_{-\infty}^{t} \mathrm{d}t'\ \mathrm{Sp}\left(\mathrm{e}^{-\frac{\mathrm{i}}{\hbar}H_0 t}\left[H_{1t'}^{\mathrm{D}}(t'),\rho_0\right]_{-}\mathrm{e}^{\frac{\mathrm{i}}{\hbar}H_0 t}\hat{A}\right)\\
&= -\frac{\mathrm{i}}{\hbar}\int\limits_{-\infty}^{t} \mathrm{d}t' f(t')\ \mathrm{Sp}\,(\underbrace{\left[B^{\mathrm{D}}(t'),\rho_0\right]_{-} A^{\mathrm{D}}(t)}_{=B\rho_0 A - \rho_0 BA})\\
&= -\frac{\mathrm{i}}{\hbar}\int\limits_{-\infty}^{t} \mathrm{d}t' f(t')\ \mathrm{Sp}\left(\rho_0\left[A^{\mathrm{D}}(t),B^{\mathrm{D}}(t')\right]_{-}\right)\\
&= -\frac{\mathrm{i}}{\hbar}\int\limits_{-\infty}^{t} \mathrm{d}t' f(t')\,\langle\left[A^{\mathrm{D}}(t),B^{\mathrm{D}}(t')\right]_{-}\rangle_0\,.\end{aligned}$$

Im ersten und zweiten Schritt haben wir die zyklische Invarianz der Spur ausgenutzt. Die Mittelung in der letzten Zeile erfolgt im freien(!) System.

Abschnitt 7.4.7

Lösung zu Aufgabe 7.4.1

Es gilt:

$$k(q) = \frac{\sqrt{2m}}{\hbar}\sqrt{E - V(q)} = \frac{1}{\hbar}\sqrt{2m\left(E - \frac{1}{2}m\,\omega^2 q^2\right)}\,.$$

Klassische Umkehrpunkte:

$$q_{1,2}^* = \pm\sqrt{\frac{2E}{m\,\omega^2}}\,.$$

Wir berechnen das Integral

$$I = \int\limits_{q_1^*}^{q_2^*} \mathrm{d}q\,\frac{1}{\hbar}\sqrt{2m\left(E - \frac{1}{2}m\,\omega^2 q^2\right)} = \frac{\sqrt{2m\,E}}{\hbar}\int\limits_{q_1^*}^{q_2^*} \mathrm{d}q\sqrt{1 - \frac{m\,\omega^2}{2E}\,q^2}$$

mit Hilfe der Variablensubstitution

$$y = \sqrt{\frac{m}{2E}}\,\omega\, q \;\Rightarrow\; dq = \sqrt{\frac{2E}{m}}\,\frac{1}{\omega}\, dy,$$

die auf ein Standardintegral führt:

$$I = \frac{2E}{\hbar\,\omega}\int_{-1}^{+1} dy\sqrt{1-y^2} = \frac{2E}{\hbar\,\omega}\,\frac{1}{2}\arcsin y\Big|_{-1}^{+1} = \frac{E\pi}{\hbar\,\omega}\,.$$

Die WKB-Bedingung (7.187) fordert:

$$I \stackrel{!}{=} \left(n+\frac{1}{2}\right)\pi \;\Rightarrow\; E = \hbar\,\omega\left(n+\frac{1}{2}\right)\;; \quad n \in \mathbb{Z}\,.$$

Das WKB-Verfahren ist also in diesem Fall exakt!

Lösung zu Aufgabe 7.4.2

Das $\alpha \to 0$-Verhalten der Bessel-Funktionen ist bekannt (7.194):

$$J_{1/3}(\alpha) \sim \alpha^{1/3}\,; \quad J_{-1/3}(\alpha) \sim \alpha^{-1/3}\,.$$

Ferner gilt in der Nähe des Umkehrpunktes $\alpha = 0$:

$$k(\alpha) \sim \alpha^{1/3} \;\Rightarrow\; \sqrt{\frac{\alpha}{k}} \sim \alpha^{1/3}\,.$$

Die beiden Terme der Langer-Lösung verhalten sich also wie folgt:

$$\sqrt{\frac{\alpha}{k}}\,J_{1/3}(\alpha) \sim \alpha^{2/3}\,; \quad \sqrt{\frac{\alpha}{k}}\,J_{-1/3}(\alpha) \sim \alpha^{0}\,.$$

Sie bleiben damit für $\alpha \to 0$ endlich.

Lösung zu Aufgabe 7.4.3

1. Nach (7.160) lautet die WKB-Lösung im *klassisch erlaubten* Bereich:

$$\hat{u}(\alpha) = \frac{\gamma_+^*}{\sqrt{k}}\,e^{i(\alpha-\pi/4)} + \frac{\gamma_-^*}{\sqrt{k}}\,e^{-i(\alpha-\pi/4)}\,.$$

Es erweist sich hier als zweckmäßig, die Faktoren $e^{\pm i\pi/4}$ abzuspalten:

$$\hat{u}(\alpha) = \frac{1}{\sqrt{k}} \left\{ (\gamma_+^* + \gamma_-^*) \cos\left(\alpha - \frac{\pi}{4}\right) + i\,(\gamma_+^* - \gamma_-^*) \sin\left(\alpha - \frac{\pi}{4}\right) \right\} .$$

Mit dem Ansatz

$$\gamma_\pm^* = \frac{1}{2}\,\widehat{\gamma}\, e^{\pm i\,\varphi} \;; \quad \widehat{\gamma}, \varphi : \text{ komplexe Konstante}$$

folgt dann:

$$\hat{u}(\alpha) = \frac{\widehat{\gamma}}{\sqrt{k}} \left\{ \cos\varphi \cos\left(\alpha - \frac{\pi}{4}\right) - \sin\varphi \sin\left(\alpha - \frac{\pi}{4}\right) \right\} .$$

Damit hat die WKB-Lösung im klassisch erlaubten Bereich die Struktur

$$\hat{u}(\alpha) = \frac{\widehat{\gamma}}{\sqrt{k}} \cos\left(\alpha - \frac{\pi}{4} + \varphi\right)$$

und es gilt der Zuammenhang:

$$\gamma_\pm = \frac{1}{2}\,\widehat{\gamma}\, e^{\pm i(\varphi + \pi/4)} .$$

2. Asymptotisch gilt für die Langer-Lösung (7.170) mit (7.195):

$$v(\alpha) \underset{\alpha \to \infty}{\longrightarrow} \sqrt{\frac{2}{\pi k}} \left\{ (a+b) \cos\frac{\pi}{6} \cos\left(\alpha - \frac{\pi}{4}\right) + (a-b) \sin\frac{\pi}{6} \sin\left(\alpha - \frac{\pi}{4}\right) \right\} ,$$

$$\cos\frac{\pi}{6} = \frac{1}{2}\sqrt{3} \;; \quad \sin\frac{\pi}{6} = \frac{1}{2} .$$

Der Vergleich mit der WKB-Lösung liefert:

$$\sqrt{\frac{3}{2\pi}}\,(a+b) = \widehat{\gamma}\cos\varphi ,$$

$$\sqrt{\frac{1}{2\pi}}\,(a-b) = -\widehat{\gamma}\sin\varphi$$

oder:

$$a + b = \sqrt{\frac{2\pi}{3}}\,\widehat{\gamma}\cos\varphi \;; \quad a - b = -\sqrt{2\pi}\,\widehat{\gamma}\sin\varphi .$$

3. Für die *Langer-Lösung* $v(\alpha)$ gilt nach (7.172) im *klassisch verbotenen* Bereich:

$$v(\alpha) = \sqrt{\left|\frac{\alpha}{k}\right|}\left(-a\,I_{1/3}(|\alpha|) + b\,I_{-1/3}(|\alpha|)\right)$$

$$= \sqrt{\left|\frac{\alpha}{k}\right|}\left\{-\frac{1}{2}(a+b)\left(I_{\frac{1}{3}}(|\alpha|) - I_{-1/3}(|\alpha|)\right)\right.$$

$$\left. -\frac{1}{2}(a-b)\left(I_{1/3}(|\alpha|) + I_{-1/3}(|\alpha|)\right)\right\} .$$

Asymptotik der modifizierten Bessel-Funktionen:

$$I_{1/3}(|\alpha|) + I_{-1/3}(|\alpha|) \underset{|\alpha|\to\infty}{\overset{(7.212)}{\longrightarrow}} \frac{2}{\sqrt{2\pi|\alpha|}}\,\mathrm{e}^{|\alpha|} ,$$

$$I_{1/3}(|\alpha|) - I_{-1/3}(|\alpha|) \overset{(7.208)}{=} -\frac{2}{\pi}\sin\frac{1}{3}\pi\,K_{-1/3}(|\alpha|) \underset{|\alpha|\to\infty}{\overset{(7.212)}{\longrightarrow}} -\sqrt{\frac{3}{2\pi|\alpha|}}\,\mathrm{e}^{-|\alpha|}$$

$$\left(\sin\frac{1}{3}\pi = \frac{1}{2}\sqrt{3}\right) .$$

Dies bedeutet:

$$v(\alpha) \underset{|\alpha|\to\infty}{\longrightarrow} \frac{1}{\sqrt{|k|}}\left[\frac{1}{2}(a+b)\sqrt{\frac{3}{2\pi}}\,\mathrm{e}^{-|\alpha|} - (a-b)\frac{1}{\sqrt{2\pi}}\,\mathrm{e}^{|\alpha|}\right] .$$

4. WKB-Lösung (7.160) im *klassisch verbotenen* Gebiet:

$$\hat{u}(\alpha) = \frac{1}{\sqrt{|k|}}\left(\delta_+\,\mathrm{e}^{|\alpha|} + \delta_-\,\mathrm{e}^{-|\alpha|}\right) .$$

Asymptotischer Vergleich mit $v(\alpha)$:

$$\delta_+ = -\frac{1}{\sqrt{2\pi}}(a-b) \overset{2)}{=} \widehat{\gamma}\sin\varphi ,$$

$$\delta_- = \frac{1}{2}\sqrt{\frac{3}{2\pi}}(a+b) \overset{2)}{=} \frac{1}{2}\widehat{\gamma}\cos\varphi .$$

Daraus folgt die Behauptung:

$$\hat{u}(\alpha) = \frac{\widehat{\gamma}}{\sqrt{|k|}}\left(\sin\varphi\,\mathrm{e}^{|\alpha|} + \frac{1}{2}\cos\varphi\,\mathrm{e}^{-|\alpha|}\right) .$$

Lösung zu Aufgabe 7.4.4

1. ρ_1^* ist ein *rechtsseitiger* Umkehrpunkt. Unter den getroffenen Annahmen kann das *klassisch verbotene* Gebiet $\rho_1^* < \rho$ näherungsweise als bis unendlich reichend angesehen werden, so dass (7.182) und (7.183) gültig sind:

$$\rho < \rho_1^* : \quad \hat{u}(\rho) = \frac{\overline{\gamma}}{\sqrt{k}} \cos\left[\int\limits_{\rho}^{\rho_1^*} d\rho' k(\rho') - \frac{\pi}{4}\right] ,$$

$$\rho > \rho_1^* : \quad \hat{u}(\rho) = \frac{\overline{\gamma}}{2\sqrt{k}} \exp\left[-\int\limits_{\rho_1^*}^{\rho} d\rho' \left|k(\rho')\right|\right] .$$

2.

$$\rho < \rho_1^* : \; \hat{u}(\rho) = \frac{\overline{\gamma}}{2\sqrt{k}} \left\{\exp\left[i\left(\int\limits_{\rho}^{\rho_1^*} d\rho' k(\rho') - \frac{\pi}{4}\right)\right]\right.$$

$$\left. + \exp\left[-i\left(\int\limits_{\rho}^{\rho_1^*} d\rho' k(\rho') - \frac{\pi}{4}\right)\right]\right\} .$$

Der zweite (!) Summand stellt die *einlaufende* Welle dar, der erste die *reflektierte*:

$$\hat{u}_{\text{ein}}(\rho) = \frac{\overline{\gamma}}{2\sqrt{k}} \exp\left[-i\left(\int\limits_{\rho}^{\rho_1^*} d\rho' k(\rho') - \frac{\pi}{4}\right)\right]$$

$$\Rightarrow \quad \frac{d}{d\rho} \hat{u}_{\text{ein}}(\rho) = \left(-\frac{1}{2}\frac{k'}{k} + i k\right) \hat{u}_{\text{ein}}(\rho)$$

$$\Rightarrow \quad \hat{u}^*_{\text{ein}}(\rho) \frac{d}{d\rho} \widehat{u}_{\text{ein}}(\rho) = \frac{1}{4}|\overline{\gamma}|^2 \left(-\frac{1}{2}\frac{k'}{k^2} + i\right) .$$

Analog findet man:

$$\hat{u}_{\text{ein}}(\rho) \frac{d}{d\rho} \hat{u}^*_{\text{ein}}(\rho) = \frac{1}{4}|\overline{\gamma}|^2 \left(-\frac{1}{2}\frac{k'}{k^2} - i\right) .$$

Stromdichte (4.55):

$$j_{\text{ein}} = \frac{\hbar}{2m\,i} \left(\hat{u}^*_{\text{ein}}(\rho) \frac{d}{d\rho} \hat{u}_{\text{ein}}(\rho) - \hat{u}_{\text{ein}}(\rho) \frac{d}{d\rho} \hat{u}^*_{\text{ein}}(\rho)\right)$$

$$\Rightarrow \; j_{\text{ein}} = \frac{\hbar}{4m} |\overline{\gamma}|^2 .$$

3. Es gelten zunächst die allgemeinen Lösungen (7.184) und (7.185). ρ_2^* ist *links-seitig.*

$\boxed{\rho_2^* < \rho}$

$$\hat{u}(\rho) = \frac{\widehat{\gamma}}{2\sqrt{k}} \left\{ \exp\left[\mathrm{i} \left(\int\limits_{\rho_2^*}^{\rho} \mathrm{d}\rho' k(\rho') - \frac{\pi}{4} + \varphi \right) \right] + \exp\left[-\mathrm{i} \left(\int\limits_{\rho_2^*}^{\rho} \mathrm{d}\rho' k(\rho') - \frac{\pi}{4} + \varphi \right) \right] \right\} .$$

Keine Reflexion bei $\rho = +\infty$ bedeutet:

$$\widehat{\gamma} \mathrm{e}^{-\mathrm{i}\varphi} \stackrel{!}{=} 0 \Rightarrow \widehat{\gamma} \cos\varphi = \mathrm{i}\widehat{\gamma} \sin\varphi \quad (\widehat{\gamma}, \varphi \text{ komplex!})$$
$$\Rightarrow \widehat{\gamma} \mathrm{e}^{+\mathrm{i}\varphi} = 2\mathrm{i}\widehat{\gamma} \sin\varphi .$$

Auslaufende Welle:

$$\hat{u}_{\mathrm{aus}}(\rho) = \mathrm{i}\frac{\widehat{\gamma}}{\sqrt{k}} \sin\varphi \exp\left[\mathrm{i} \left(\int\limits_{\rho_2^*}^{\rho} \mathrm{d}\rho' k(\rho') - \frac{\pi}{4} \right) \right] .$$

$\boxed{\rho < \rho_2^*}$

$$\hat{u}(\rho) = \frac{\widehat{\gamma}}{\sqrt{|k|}} \sin\varphi \left(\frac{\mathrm{i}}{2} \mathrm{e}^{-|\alpha|} + \mathrm{e}^{|\alpha|} \right) .$$

Im WKB-Gültigkeitsbereich kann der erste gegen den zweiten Summanden auf jeden Fall vernachlässigt werden:

$$\hat{u}(\rho) \approx \frac{\widehat{\gamma}}{\sqrt{|k|}} \sin\varphi \exp\left[\int\limits_{\rho}^{\rho_2^*} |k(\rho')| \,\mathrm{d}\rho' \right] .$$

4. Rechnung zu j_{aus} läuft genauso ab wie die zu j_{ein} unter Teil 2):

$\boxed{\rho_2^* < \rho}$

$$j_{\mathrm{aus}} = \frac{\hbar}{2m\mathrm{i}} \left(\hat{u}_{\mathrm{aus}}^* \frac{\mathrm{d}}{\mathrm{d}\rho} \hat{u}_{\mathrm{aus}} - \hat{u}_{\mathrm{aus}} \frac{\mathrm{d}}{\mathrm{d}\rho} \hat{u}_{\mathrm{aus}}^* \right) = \frac{\hbar}{m} |\widehat{\gamma}|^2 \sin^2\varphi .$$

5. Nach den Teilergebnissen 2) und 4) folgt zunächst:

$$T(E) = \left|\frac{j_{\text{aus}}}{j_{\text{ein}}}\right| = 4\left|\frac{\widehat{\gamma}}{\overline{\gamma}}\right|^2 \sin^2\varphi \, .$$

Den noch fehlenden Zusammenhang zwischen $\widehat{\gamma}$ und $\overline{\gamma}$ liefert die Forderung, dass für $\rho_1^* < \rho < \rho_2^*$ die WKB-Lösungen bezüglich ρ_1^* und ρ_2^* übereinstimmen müssen. Nach 1) und 3) gilt:

$$\frac{\overline{\gamma}}{2\sqrt{k}} \exp\left[-\int_{\rho_1^*}^{\rho} d\rho' \, |k(\rho')|\right] \overset{!}{=} \frac{\widehat{\gamma}}{\sqrt{|k|}} \sin\varphi \exp\left[\int_{\rho}^{\rho_2^*} |k(\rho')| \, d\rho'\right]$$

$$\Rightarrow \; \overline{\gamma} = 2\widehat{\gamma} \sin\varphi \exp\left[\int_{\rho_1^*}^{\rho_2^*} |k(\rho')| \, d\rho'\right] .$$

Dies bedeutet:

$$T(E) = \exp\left[-2\int_{\rho_1^*}^{\rho_2^*} |k(\rho')| \, d\rho'\right] \quad \text{(s. (7.186))} \, .$$

Lösung zu Aufgabe 7.4.5

$$\begin{aligned}
J_{-n}(z) &= \left(\frac{z}{2}\right)^{-n} \sum_{k=0}^{\infty} \frac{(-1)^k}{k! \, \Gamma(k-n+1)} \left(\frac{z}{2}\right)^{2k} \\
&= \left(\frac{z}{2}\right)^{n} \sum_{k=0}^{\infty} \frac{(-1)^k}{k! \, \Gamma(k-n+1)} \left(\frac{z}{2}\right)^{2(k-n)} \\
&= \left(\frac{z}{2}\right)^{n} \sum_{k'=-n}^{\infty} \frac{(-1)^{k'+n}}{(k'+n)! \, \Gamma(k'+1)} \left(\frac{z}{2}\right)^{2k'} \\
&= (-1)^n \left(\frac{z}{2}\right)^{n} \sum_{k'=0}^{\infty} \frac{(-1)^{k'}}{(k'+n)! \, \Gamma(k'+1)} \left(\frac{z}{2}\right)^{2k'} \\
&\quad - (-1)^n \left(\frac{z}{2}\right)^{n} \sum_{k'=-n}^{0} \frac{(-1)^{k'}}{(k'+n)! \, \Gamma(k'+1)} \left(\frac{z}{2}\right)^{2k'} .
\end{aligned}$$

Wegen 2) verschwindet die zweite Summe.

$$J_{-n}(z) \overset{1)}{=} (-1)^n \left(\frac{z}{2}\right)^n \sum_{k'=0}^{\infty} \frac{(-1)^{k'}}{(k'+n)!\,k'!} \left(\frac{z}{2}\right)^{2k'}$$

$$\overset{1)}{=} (-1)^n \left(\frac{z}{2}\right)^n \sum_{k'=0}^{\infty} \frac{(-1)^{k'}}{\Gamma(k'+n+1)\,k'!} \left(\frac{z}{2}\right)^{2k'}$$

$$= (-1)^n J_n(z) .$$

Lösung zu Aufgabe 7.4.6

- $$J_{1/2}(z) = \left(\frac{z}{2}\right)^{\frac{1}{2}} \sum_{k=0}^{\infty} \frac{(-1)^k}{k!\,\Gamma(k+\frac{1}{2}+1)} \left(\frac{z}{2}\right)^{2k} .$$

  Wir betrachten zunächst den Nenner dieses Ausdrucks:

  $$2^{2k}k!\Gamma\left(k+\frac{1}{2}+1\right) = (2k)!!2^k\left(k+\frac{1}{2}\right)\Gamma\left(k+\frac{1}{2}\right)$$

  $$= (2k)!!2^k\left(k+\frac{1}{2}\right)\left(k-1+\frac{1}{2}\right)\cdots\left(k-k+\frac{1}{2}\right)\Gamma\left(\frac{1}{2}\right)$$

  $$= \frac{1}{2}\,(2k)!!(2k+1)(2k-1)\cdots\,\cdot 1\sqrt{\pi}$$

  $$= \frac{1}{2}(2k)!!(2k+1)!!\sqrt{\pi}$$

  $$= \frac{1}{2}\sqrt{\pi}(2k+1)!$$

  Damit folgt:

  $$J_{1/2}(z) = \left(\frac{1}{2z}\right)^{\frac{1}{2}} \frac{2}{\sqrt{\pi}} \sum_{k=0}^{\infty} \frac{(-1)^k}{(2k+1)!} z^{2k+1}$$

  $$= \sqrt{\frac{2}{\pi z}}\sin z$$

- $$J_{-1/2}(z) = \left(\frac{z}{2}\right)^{-\frac{1}{2}} \sum_{k=0}^{\infty} \frac{(-1)^k}{k!\,\Gamma(k-\frac{1}{2}+1)} \left(\frac{z}{2}\right)^{2k} .$$

Wir betrachten wieder zunächst den Nenner:

$$2^{2k}k!\Gamma(k-\frac{1}{2}+1) = (2k)!!2^k\left(k-\frac{1}{2}\right)\left(k-1-\frac{1}{2}\right)\cdots$$
$$\cdots\left(k-(k-1)-\frac{1}{2}\right)\Gamma\left(\frac{1}{2}\right)$$
$$= (2k)!!(2k-1)!!\sqrt{\pi} = (2k)!\sqrt{\pi}\,.$$

Es bleibt damit:

$$J_{-1/2}(z) = \sqrt{\frac{2}{\pi z}}\sum_{k=0}^{\infty}\frac{(-1)^k}{(2k)!}z^{2k}$$
$$= \sqrt{\frac{2}{\pi z}}\cos z\,.$$

Lösung zu Aufgabe 7.4.7

1.

$$\exp\left(\frac{z}{2}\left(t-\frac{1}{t}\right)\right) = \exp\left(\frac{zt}{2}\right)\exp\left(-\frac{z}{2t}\right)$$
$$= \sum_{r=0}^{\infty}\frac{t^r}{r!}\left(\frac{z}{2}\right)^r\sum_{s=0}^{\infty}\frac{(-1)^s}{s!}\left(\frac{z}{2}\right)^s t^{-s}$$
$$= \sum_{s=0}^{\infty}\sum_{r=0}^{\infty}\frac{(-1)^s}{s!\,r!}\left(\frac{z}{2}\right)^{r+s}t^{r-s}\,.$$

Setze $n = r - s$, wobei n ganzzahlige Werte zwischen $-\infty$ und $+\infty$ annehmen kann:

$$\exp\left(\frac{z}{2}\left(t-\frac{1}{t}\right)\right) = \sum_{n=-\infty}^{+\infty}\left(\sum_{s=0}^{\infty}\frac{(-1)^s}{s!\,(n+s)!}\left(\frac{z}{2}\right)^{2s+n}\right)t^n$$
$$\overset{(7.190)}{=} \sum_{n=-\infty}^{+\infty}J_n(z)\,t^n\,.$$

2. Erzeugende partiell nach t ableiten:

$$\frac{z}{2}\left(1+\frac{1}{t^2}\right)\exp\left(\frac{z}{2}\left(t-\frac{1}{t}\right)\right)=\sum_{n=-\infty}^{+\infty} nJ_n(z)t^{n-1}$$

$$\curvearrowright\quad \frac{z}{2}\sum_{n=-\infty}^{+\infty} J_n(z)t^n+\frac{z}{2}\sum_{n=-\infty}^{+\infty} J_n(z)t^{n-2}=\sum_{n=-\infty}^{+\infty} nJ_n(z)t^{n-1}$$

$$\curvearrowright\quad \frac{z}{2}\sum_{n=-\infty}^{+\infty} J_{n-1}(z)t^{n-1}+\frac{z}{2}\sum_{n=-\infty}^{+\infty} J_{n+1}(z)t^{n-1}=\sum_{n=-\infty}^{+\infty} nJ_n(z)t^{n-1}\,.$$

Vergleich der Koeffizienten zu gleichen Potenzen von t:

$$\frac{z}{2}\left(J_{n-1}(z)+J_{n+1}(z)\right)=nJ_n(z)\,.$$

Das ist die Behauptung! Es handelt sich um eine sehr nützliche Formel. Wenn man über die Definitionsgleichung (7.190) sich J_0 und J_1 verschafft hat, lassen sich alle höher indizierten Bessel-Funktionen über diese Rekursionsformel sukzessive ableiten.

3. Erzeugende partiell nach z ableiten:

$$\frac{1}{2}\left(t-\frac{1}{t}\right)\exp\left(\frac{z}{2}\left(t-\frac{1}{t}\right)\right)=\sum_{n=-\infty}^{+\infty}\left(\frac{\mathrm{d}}{\mathrm{d}z}J_n(z)\right)t^n$$

$$\curvearrowright\quad \frac{1}{2}\sum_{n=-\infty}^{+\infty} J_n(z)t^{n+1}-\frac{1}{2}\sum_{n=-\infty}^{+\infty} J_n(z)t^{n-1}=\sum_{n=-\infty}^{+\infty}\left(\frac{\mathrm{d}}{\mathrm{d}z}J_n(z)\right)t^n$$

$$\curvearrowright\quad \frac{1}{2}\sum_{n=-\infty}^{+\infty} J_{n-1}(z)t^{n}-\frac{1}{2}\sum_{n=-\infty}^{+\infty} J_{n+1}(z)t^{n}=\sum_{n=-\infty}^{+\infty}\left(\frac{\mathrm{d}}{\mathrm{d}z}J_n(z)\right)t^n\,.$$

Koeffizientenvergleich:

$$\frac{1}{2}\left(J_{n-1}(z)-J_{n+1}(z)\right)=\frac{\mathrm{d}}{\mathrm{d}z}J_n(z)$$

4. Addition der Rekursionsformeln 2.) (7.203) und 3.) (7.204):

$$2J_{n-1}(z)=\frac{2n}{z}J_n(z)+2\frac{\mathrm{d}}{\mathrm{d}z}J_n(z)\quad\curvearrowright\quad\frac{\mathrm{d}}{\mathrm{d}z}J_n(z)=J_{n-1}(z)-\frac{n}{z}J_n(z)\,.$$

Subtraktion der beiden Rekursionsformeln:

$$2J_{n+1}(z)=\frac{2n}{z}J_n(z)-2\frac{\mathrm{d}}{\mathrm{d}z}J_n(z)\quad\curvearrowright\quad\frac{\mathrm{d}}{\mathrm{d}z}J_n(z)=-J_{n+1}(z)+\frac{n}{z}J_n(z)$$

5. Multiplikation der Rekursionsformel aus 4.) mit z^n:

$$z^n \frac{\mathrm{d}}{\mathrm{d}z} J_n(z) = z^n J_{n-1}(z) - n z^{n-1} J_n(z)$$

$$\curvearrowright \quad \frac{\mathrm{d}}{\mathrm{d}z}\left(z^n J_n(z)\right) = z^n J_{n-1}(z) \, .$$

Alternativ lässt sich ableiten, wenn man die zweite Version der Rekursionsformel in 4.) mit $-z^{-n}$ muliplizert:

$$-z^{-n} \frac{\mathrm{d}}{\mathrm{d}z} J_n(z) = +z^{-n} J_{n+1}(z) - n z^{-n-1} J_n(z)$$

$$\curvearrowright \quad \frac{\mathrm{d}}{\mathrm{d}z}\left(z^{-n} J_n(z)\right) = -z^{-n} J_{n+1}(z) \, .$$

Abschnitt 8.1.4

Lösung zu Aufgabe 8.1.1

$$|\varphi_2\rangle = \sum_{i,j}\!\!\!\!\!\!\int \; \alpha_{ij}(\varphi) \left|\overline{\varphi}_i^{(1)}\right\rangle \left|\widehat{\varphi}_j^{(2)}\right\rangle ,$$

$$|\psi_2\rangle = \sum_{i,j}\!\!\!\!\!\!\int \; \alpha_{ij}(\psi) \left|\overline{\psi}_i^{(1)} \middle| \widehat{\psi}_j^{(2)}\right\rangle .$$

Es ist zweckmäßig, die Ein-Teilchen-Zustände auf der rechten Seite nach den orthonormierten Basen $\left\{|a_n^{(1)}\rangle\right\}$, $\left\{|b_m^{(2)}\rangle\right\}$ des $\mathcal{H}_1^{(1)}$ bzw. $\mathcal{H}_1^{(2)}$ zu entwickeln (s. (8.14)):

$$|\varphi_2\rangle = \sum_{n,m}\!\!\!\!\!\!\int \; \gamma_{nm}(\varphi) \left|a_n^{(1)}\right\rangle \left|b_m^{(2)}\right\rangle ,$$

$$|\psi_2\rangle = \sum_{n,m}\!\!\!\!\!\!\int \; \gamma_{nm}(\psi) \left|a_n^{(1)}\right\rangle \left|b_m^{(2)}\right\rangle .$$

Gleichung (8.11) lautet dann:

$$\langle\psi_2|\varphi_2\rangle = \sum_{n,m}\!\!\!\!\!\!\int \; \sum_{n',m'}\!\!\!\!\!\!\int \; \gamma_{nm}^*(\psi)\gamma_{n'm'}(\varphi) \left\langle a_n^{(1)} \middle| a_{n'}^{(1)}\right\rangle \left\langle b_m^{(1)} \middle| b_{m'}^{(1)}\right\rangle$$

$$= \sum_{n,m}\!\!\!\!\!\!\int \; \gamma_{nm}^*(\psi)\gamma_{nm}(\varphi) \, .$$

Damit lassen sich die Axiome leicht verifizieren:

1.
$$\langle\psi_2|\varphi_2\rangle = \left(\sum\!\!\!\!\!\!\int_{n,m} \gamma^*_{nm}(\varphi)\gamma_{nm}(\psi)\right)^* = \langle\varphi_2|\psi_2\rangle^* \quad (3.15)\,.$$

2.
$$\langle\psi_2|\varphi_2 + \chi_2\rangle = \sum\!\!\!\!\!\!\int_{n,m} \gamma^*_{nm}(\psi)\left(\gamma_{nm}(\varphi) + \gamma_{nm}(\chi)\right) = \langle\psi_2|\varphi_2\rangle + \langle\psi_2|\chi_2\rangle \quad (3.16)$$

3. $c \in \mathbb{C}$
$$\begin{aligned}\langle\psi_2|c\,\varphi_2\rangle &= \sum\!\!\!\!\!\!\int_{n,m} \gamma^*_{nm}(\psi)\,(c\,\gamma_{nm}(\varphi)) = \sum\!\!\!\!\!\!\int_{n,m} (c^*\gamma_{nm}(\psi))^*\,\gamma_{nm}(\varphi)\\ &= c\sum\!\!\!\!\!\!\int_{n,m} \gamma^*_{nm}(\psi)\,\gamma_{nm}(\varphi) = \langle c^*\psi_2|\varphi_2\rangle = c\langle\psi_2|\varphi_2\rangle \quad (3.17)\,.\end{aligned}$$

4.
$$\langle\varphi_2|\varphi_2\rangle = \sum\!\!\!\!\!\!\int_{n,m} |\gamma_{nm}(\varphi)|^2 \geq 0\,,$$
$$\langle\varphi_2|\varphi_2\rangle = 0 \;\Leftrightarrow\; \gamma_{nm}(\varphi) = 0 \quad \forall n,m \;\Leftrightarrow\; |\varphi_2\rangle = |0\rangle \quad (3.18)\,.$$

Lösung zu Aufgabe 8.1.2

1. Matrixelemente des Operators $A_1^{(1)} = A_1^{(1)}\,\mathbf{1}_1^{(2)}$:

$$\left\langle a_n\,b_m\left|A_1^{(1)}\,\mathbf{1}_1^{(2)}\right|a_p\,b_q\right\rangle = \left\langle a_n^{(1)}\left|A_1^{(1)}\right|a_p^{(1)}\right\rangle\left\langle b_m^{(2)}|b_q^{(2)}\right\rangle = \alpha_{np}\,\delta_{mq}\,.$$

$$\begin{array}{ccc} & nm & pq\rightarrow \\ & \downarrow & \begin{matrix}11 & 12 & 21 & 22\end{matrix} \\ A_1^{(1)} \;\Leftrightarrow & \begin{matrix}11\\12\\21\\22\end{matrix} & \begin{pmatrix}\alpha_{11} & 0 & \alpha_{12} & 0\\ 0 & \alpha_{11} & 0 & \alpha_{12}\\ \alpha_{21} & 0 & \alpha_{22} & 0\\ 0 & \alpha_{21} & 0 & \alpha_{22}\end{pmatrix}\end{array}$$

2. Matrixelemente des Operators $B_1^{(2)} = \mathbf{1}_1^{(1)} \cdot B_1^{(2)}$:

$$\left\langle a_n\, b_m \left| \mathbf{1}_1^{(1)} \cdot B_1^{(2)} \right| a_p\, b_q \right\rangle = \left\langle a_n^{(1)} | a_p^{(1)} \right\rangle \left\langle b_m^{(2)} | B_1^{(2)} | b_q^{(2)} \right\rangle = \delta_{np}\, \beta_{mq}\,.$$

$$B_1^{(2)} \Leftrightarrow \begin{array}{c} nm \\ \downarrow \\ 11 \\ 12 \\ 21 \\ 22 \end{array} \begin{array}{c} pq \rightarrow \\ \begin{array}{cccc} 11 & 12 & 21 & 22 \end{array} \\ \begin{pmatrix} \beta_{11} & \beta_{12} & 0 & 0 \\ \beta_{21} & \beta_{22} & 0 & 0 \\ 0 & 0 & \beta_{11} & \beta_{12} \\ 0 & 0 & \beta_{21} & \beta_{22} \end{pmatrix} \end{array}$$

3. Matrixelemente des Operators $A_1^{(1)}\, B_1^{(2)}$:

$$\left\langle a_n\, b_m \left| A_1^{(1)}\, B_1^{(2)} \right| a_p\, b_q \right\rangle = \left\langle a_n^{(1)} \left| A_1^{(1)} \right| a_p^{(1)} \right\rangle \left\langle b_m^{(2)} \left| B_1^{(2)} \right| b_q^{(2)} \right\rangle = \alpha_{np}\, \beta_{mq}\,.$$

$$A_1^{(1)}\, B_1^{(2)} \Leftrightarrow \begin{array}{c} nm \\ \downarrow \\ 11 \\ 12 \\ 21 \\ 22 \end{array} \begin{array}{c} pq \rightarrow \\ \begin{array}{cccc} 11 & 12 & 21 & 22 \end{array} \\ \begin{pmatrix} \alpha_{11}\beta_{11} & \alpha_{11}\beta_{12} & \alpha_{12}\beta_{11} & \alpha_{12}\beta_{12} \\ \alpha_{11}\beta_{21} & \alpha_{11}\beta_{22} & \alpha_{12}\beta_{21} & \alpha_{12}\beta_{22} \\ \alpha_{21}\beta_{11} & \alpha_{21}\beta_{12} & \alpha_{22}\beta_{11} & \alpha_{22}\beta_{12} \\ \alpha_{21}\beta_{21} & \alpha_{21}\beta_{22} & \alpha_{22}\beta_{21} & \alpha_{22}\beta_{22} \end{pmatrix} \end{array}$$

Diese Matrix ist natürlich mit dem Produkt der beiden Matrizen aus 1) und 2) identisch!
Vertauschung der Operatoren $A_1^{(1)}$ und $B_1^{(2)}$ bedeutet lediglich, dass in jedem Matrixelement die komplexen Zahlen α_{ij} und β_{ij} zu vertauschen sind. Wegen $\alpha_{ij}\,\beta_{ij} = \beta_{ij}\,\alpha_{ij}\,\forall i,j$ ist auch

$$A_1^{(1)}\, B_1^{(2)} = B_1^{(2)}\, A_1^{(1)}\,.$$

Abschnitt 8.2.7

Lösung zu Aufgabe 8.2.1

Für den Zeitentwicklungsoperator gilt allgemein nach (3.169)

$$\mathrm{i}\hbar \frac{\mathrm{d}}{\mathrm{d}t} U(t,t_0) = H_N\, U(t,t_0)$$

mit der Randbedingung $U(t_0,t_0) = \mathbf{1}_N$. Es gilt in jedem Fall

$$[H_N, P_{ij}]_- = 0 \,.$$

Wir multiplizieren die obige Differentialgleichung von links und rechts mit P_{ij}:

$$\mathrm{i}\hbar \frac{\mathrm{d}}{\mathrm{d}t} P_{ij}\, U\, P_{ij} = P_{ij}\, H_N\, U\, P_{ij} = H_N\, P_{ij}\, U\, P_{ij} \,.$$

Randbedingung:

$$P_{ij}\, U(t_0,t_0)\, P_{ij} = P_{ij}^2 = \mathbf{1}_N \,.$$

Wir sehen, dass sowohl U als auch $P_{ij}\, U\, P_{ij}$ Lösungen derselben Differentialgleichung erster Ordnung mit gleicher Randbedingung sind. Wegen der Eindeutigkeit der Lösung einer solchen Differentialgleichung muss

$$U = P_{ij}\, U\, P_{ij}$$

angenommen werden. Daraus folgt:

$$U\, P_{ij} = P_{ij}\, U\, P_{ij}^2 = P_{ij}\, U$$

$$\Rightarrow \quad [U, P_{ij}]_- = 0 \quad \text{q.e.d.}$$

Lösung zu Aufgabe 8.2.2

$$\left\langle \varphi_N^{(+)} \left| A_N \right| \psi_N^{(-)} \right\rangle \overset{(8.50)}{=} \left\langle \varphi_N^{(+)} \left| P_{ij}^+\, A_N\, P_{ij} \right| \psi_N^{(-)} \right\rangle$$

$$\overset{(8.60)}{=} -\left\langle \varphi_N^{(+)} \left| A_N \right| \psi_N^{(-)} \right\rangle = 0 \,.$$

Lösung zu Aufgabe 8.2.3

1. $N = 2$:

$$S_2^{(+)} = \frac{1}{2}\left(\mathbf{1}_2 + P_{12}\right) ,$$

$$S_2^{(-)} = \frac{1}{2}\left(\mathbf{1}_2 - P_{12}\right)$$

$$\Rightarrow\ S_2^{(+)} + S_2^{(-)} = \mathbf{1}_2 .$$

$\mathcal{H}_2^{(+)}$ und $\mathcal{H}_2^{(-)}$ bilden offensichtlich den gesamten $\mathcal{H}_2$.

2. $N = 3$:

$$S_3^{(+)} = \frac{1}{6}\left(\mathbf{1}_3 + P_{12} + P_{13} + P_{23} + P_{12}P_{23} + P_{12}P_{13}\right) ,$$

$$S_3^{(-)} = \frac{1}{6}\left(\mathbf{1}_3 - P_{12} - P_{13} - P_{23} + P_{12}P_{23} + P_{12}P_{13}\right)$$

$$\Rightarrow\ S_3^{(+)} + S_3^{(-)} \neq \mathbf{1}_3 .$$

$\mathcal{H}_3$ enthält Zustände mit Komponenten, die weder zu $\mathcal{H}_N^{(+)}$ noch zu $\mathcal{H}_N^{(-)}$ gehören.

Lösung zu Aufgabe 8.2.4

Seien $|\varphi_N^{(\pm)}\rangle$, $|\psi_N^{(\pm)}\rangle$ beliebige Elemente des $\mathcal{H}_N^{(\pm)}$:

$$\left\langle \varphi_N^{(\pm)} \left| \mathcal{P}^+ \right| \psi_N^{(\pm)} \right\rangle = \left\langle \mathcal{P}\,\varphi_N^{(\pm)} \middle| \psi_N^{(\pm)} \right\rangle \overset{(8.60)}{=} (\pm)^p \left\langle \varphi_N^{(\pm)} \middle| \psi_N^{(\pm)} \right\rangle$$

$$\overset{(8.60)}{=} \left\langle \varphi_N^{(\pm)} \middle| \mathcal{P}\,\psi_N^{(\pm)} \right\rangle = \left\langle \varphi_N^{(\pm)} \left| \mathcal{P} \right| \psi_N^{(\pm)} \right\rangle$$

$$\Rightarrow\ \mathcal{P} = \mathcal{P}^+ \quad \text{in } \mathcal{H}_N^{(\pm)} .$$

Lösung zu Aufgabe 8.2.5

1.

$$H = H^{(1)} + H^{(2)} = -\frac{\hbar^2}{2m}\left(\frac{\mathrm{d}^2}{\mathrm{d}q_1^2} + \frac{\mathrm{d}^2}{\mathrm{d}q_2^2}\right) + V(q_1) + V(q_2) .$$

Der Hamilton-Operator enthält keine Spinanteile. Ferner kommutiert H natürlich mit den Gesamtspinoperatoren $\boldsymbol{S}^2$, S^z. Es muss also gemeinsame Eigenzustände geben. Diese faktorisieren in Orts- und Spinzustände:

$$|E_2\rangle = |q\rangle |S, M_S\rangle^{(+)} .$$

Nach Voraussetzung ist der Spinzustand symmetrisch. Der Ortsanteil $|q\rangle$ muss deshalb wie der Gesamtzustand $|E_2\rangle$ für Bosonen symmetrisch, für Fermionen antisymmetrisch sein.

2. Nicht-symmetrisierter Produktzustand:

$$|\varphi_{\alpha_1}\,\varphi_{\alpha_2}\rangle = \left|\varphi_{\alpha_1}^{(1)}\right\rangle \left|\varphi_{\alpha_2}^{(2)}\right\rangle .$$

(Anti-)symmetrisiert:

$$|\varphi_{\alpha_1}\,\varphi_{\alpha_2}\rangle^{(\pm)} = \frac{1}{\sqrt{2}}\left(\left|\varphi_{\alpha_1}^{(1)}\right\rangle \left|\varphi_{\alpha_2}^{(2)}\right\rangle \pm \left|\varphi_{\alpha_1}^{(2)}\right\rangle \left|\varphi_{\alpha_2}^{(1)}\right\rangle\right) .$$

Das entsprechende Ein-Teilchen-Problem wurde als Aufgabe 4.2.1 gelöst. Wir übernehmen:

Quantenzahlen:

$$\alpha \equiv (n, \gamma)\,; \quad \gamma = \pm : \text{ Parität.}$$

Ortsdarstellung:

$$\gamma = - : \ \varphi_{n-}(q) = \frac{1}{\sqrt{q_0}} \sin\left(\frac{\pi}{q_0}\, n\, q\right) , \qquad n = 1, 2, 3, \ldots$$

$$E_{n-} = \frac{\hbar^2 \pi^2}{2m\, q_0^2}\, n^2 ,$$

$$\gamma = + : \ \varphi_{n+}(q) = \frac{1}{\sqrt{q_0}} \cos\left[\frac{\pi}{2q_0}\,(2n+1)\, q\right] , \qquad n = 0, 1, 2, \ldots$$

$$E_{n+} = \frac{\hbar^2 \pi^2}{8m\, q_0^2}\,(2n+1)^2 .$$

Damit ergibt sich für den Ortsanteil:

$$|q\rangle^{(\pm)} \ \Rightarrow \ \frac{1}{\sqrt{2}}\left\{\varphi_{n\gamma}(q_1)\,\varphi_{n'\gamma'}(q_2) \pm \varphi_{n\gamma}(q_2)\,\varphi_{n'\gamma'}(q_1)\right\}$$

mit $(n, \gamma) \neq (n', \gamma')$ für Fermionen, da die Spinquantenzahlen für beide Teilchen dieselben sind. Keine Einschränkungen für Bosonen!

Eigenenergien:

$$E_{n\gamma,n'\gamma'} = E_{n\gamma} + E_{n'\gamma'}$$

mit $(n,\gamma) \neq (n',\gamma')$ für Fermionen.

3. Grundzustandsenergien:
Grundzustand des Ein-Teilchen-Systems:

$$E_{0+} = \frac{\hbar^2\pi^2}{8m\,q_0^2}\ .$$

Erster angeregter Zustand des Ein-Teilchen-Systems:

$$E_{1-} = \frac{\hbar^2\pi^2}{2m\,q_0^2}\ .$$

$\Rightarrow$ Grundzustandsenergie

$$\text{zweier Bosonen:}\quad E_0^B = 2E_{0+}\ ,$$

$$\text{zweier Fermionen:}\quad E_0^F = E_{0+} + E_{1-}\ .$$

Lösung zu Aufgabe 8.2.6

1. Es handelt sich um antisymmetrisierte Fermionenzustände. Deshalb:

$$P_{12}\left|\psi_2^{(S,T)}\right\rangle = -\left|\psi_2^{(S,T)}\right\rangle\ .$$

2. In einem System identischer Teilchen muss jede Observable mit P_{12} vertauschen (8.51), also auch H:

$$[H, P_{12}]_- = 0$$

H ist spin<u>un</u>abhängig und kommutiert deshalb mit $P_{12}^{(S)}$:

$$0 = [H, P_{12}]_- = \left[P_{12}^{(S)}\cdot P_{12}^{(q)}, H\right]_- = P_{12}^{(S)}\left[P_{12}^{(q)}, H\right]_-\ .$$

Es gilt also

$$\left[P_{12}^{(q)}, H\right]_- = 0\ .$$

3. Bewegungsgleichung des Zeitentwicklungsoperators ((3.169) in Band 5/1):

$$i\hbar \frac{\partial}{\partial t} U(t, t_0) = H\, U(t, t_0) \qquad \text{Anfangsbdg.: } U(t_0, t_0) = \mathbb{1}\,.$$

Bewegungsgleichung von links und von rechts mit $P_{12}^{(q)}$ multiplizieren:

$$i\hbar \frac{\partial}{\partial t} P_{12}^{(q)} U(t, t_0) P_{12}^{(q)} = P_{12}^{(q)} H\, U(t, t_0) P_{12}^{(q)} = H P_{12}^{(q)}\, U(t, t_0) P_{12}^{(q)}\,.$$

Anfangsbedingung für diese Differentialgleichung:

$$P_{12}^{(q)} U(t_0, t_0) P_{12}^{(q)} = P_{12}^{(q)}\, \mathbb{1}\, P_{12}^{(q)} = \left(P_{12}^{(q)}\right)^2 = \mathbb{1}\,.$$

Wir sehen, dass $U(t, t_0)$ und $P_{12}^{(q)} U(t, t_0) P_{12}^{(q)}$ dieselbe Differentialgleichung 1. Ordnung erfüllen mit derselben Anfangsbedingung. Sie müssen also identisch sein:

$$\begin{aligned} U(t, t_0) = P_{12}^{(q)} U(t, t_0) P_{12}^{(q)} \;&\curvearrowright\; P_{12}^{(q)} U(t, t_0) = U(t, t_0) P_{12}^{(q)} \\ &\curvearrowright\; \left[U(t, t_0),\, P_{12}^{(q)}\right]_- = 0\,. \end{aligned}$$

4. Allgemeiner Zustand:

$$|\psi\rangle = |q\rangle\, |S\, m_S\rangle\,.$$

$\boxed{t = t_0}$

$$P_{12}^{(q)}\, |\psi(t_0)\rangle = \pm\, |\psi(t_0)\rangle\,.$$

$\boxed{t > t_0}$

$$\begin{aligned} P_{12}^{(q)}\, |\psi(t)\rangle &= P_{12}^{(q)}\, U(t, t_0)\, |\psi(t_0)\rangle \\ &= U(t, t_0)\, P_{12}^{(q)}\, |\psi(t_0)\rangle \\ &= \pm U(t, t_0)\, |\psi(t_0)\rangle \\ &= \pm\, |\psi(t)\rangle \end{aligned}$$

$|\psi(t)\rangle$ behält also bzgl. seines *Ortsanteils* zeitunabhängig seinen Symmetriecharakter bei. Es kann also *keine* Übergänge zwischen $|\psi\rangle = \left|\psi_2^{(S)}\right\rangle$ und $|\psi\rangle = \left|\psi_2^{(T)}\right\rangle$ geben!

Lösung zu Aufgabe 8.2.7

1.
$$P_{12}^2|m_1 m_2\rangle = P_{12}|m_2 m_1\rangle = |m_1 m_2\rangle \quad \forall\, |m_1 m_2\rangle$$
$$\Rightarrow \; P_{12}^2 = \mathbf{1} \;\Rightarrow\; P_{12} = P_{12}^{-1}\,.$$

$$\begin{aligned}
\langle \hat{m}_1 \hat{m}_2 | P_{12} | m_1 m_2 \rangle &= \langle \hat{m}_1 \hat{m}_2 | m_2 m_1 \rangle \\
&= {}^{(1)}\langle \hat{m}_1 | m_2 \rangle^{(1)}\, {}^{(2)}\langle \hat{m}_2 | m_1 \rangle^{(2)} \\
&= \delta_{\hat{m}_1 m_2}\,\delta_{\hat{m}_2 m_1} \qquad \text{reell} \\
&= {}^{(1)}\langle m_1 | \hat{m}_2 \rangle^{(1)}\, {}^{(2)}\langle m_2 | \hat{m}_1 \rangle^{(2)} \\
&= \langle m_1 m_2 | \hat{m}_2 \hat{m}_1 \rangle \\
&= \left(\langle m_1 m_2 | \hat{m}_2 \hat{m}_1 \rangle\right)^* \\
&= \left(\langle m_1 m_2 | P_{12} | \hat{m}_1 \hat{m}_2 \rangle\right)^*
\end{aligned}$$
$$\Rightarrow\; P_{12}^+ = P_{12}\,.$$

Eigenwerte:

$$P_{12}|p\rangle = c_{12}|p\rangle\,; \qquad |p\rangle \in H_2, \quad |p\rangle \neq 0$$
$$P_{12}^2 = \mathbf{1}$$
$$\Rightarrow\; P_{12}^2|p\rangle = c_{12}^2|p\rangle = |p\rangle$$
$$\Rightarrow\; c_{12} = \pm 1\,.$$

2. Gemeinsame Eigenzustände (Aufgabe 5.4.1):

$$S = 0, 1$$

$$\begin{aligned}
|0\,0\rangle &= \left(\left|\frac{1}{2}\;-\frac{1}{2}\right\rangle - \left|-\frac{1}{2}\;\frac{1}{2}\right\rangle\right) \\
|1\,1\rangle &= \left|\frac{1}{2}\;\frac{1}{2}\right\rangle \\
|1\,0\rangle &= \frac{1}{\sqrt{2}}\left(\left|\frac{1}{2}\;-\frac{1}{2}\right\rangle + \left|-\frac{1}{2}\;\frac{1}{2}\right\rangle\right) \\
|1\,-1\rangle &= \left|-\frac{1}{2}\;-\frac{1}{2}\right\rangle\,.
\end{aligned}$$

Offensichtlich gilt:

$$P_{12}|0\,0\rangle = -|0\,0\rangle$$
$$P_{12}|1\,m_s\rangle = |1\,m_s\rangle\,,$$

sind also auch Eigenzustände von P_{12}!

3. $|m_1 m_2\rangle$ beliebiger Basiszustand des H_2

$$
\begin{aligned}
P_{12} S_1^z P_{12}^+ |m_1 m_2\rangle &= P_{12} S_1^z P_{12} |m_1 m_2\rangle \\
&= P_{12} S_1^z |m_2 m_1\rangle \\
&= \hbar m_2 P_{12} |m_2 m_1\rangle \\
&= \hbar m_2 |m_1 m_2\rangle \\
&= S_2^z |m_1 m_2\rangle \\
\Rightarrow \quad & P_{12} S_1^z P_{12}^+ = S_2^z \\
\text{analog} \quad & P_{12} S_2^z P_{12}^+ = S_1^z \, .
\end{aligned}
$$

Beweis für x-, y-Komponenten:

$$
S_i^x = \frac{1}{2} (S_i^+ + S_i^-) \; ; \quad S_i^y = \frac{1}{2\mathrm{i}} (S_i^+ - S_i^-) \, .
$$

Es gilt

$$
\begin{aligned}
P_{12} S_1^\pm P_{12}^+ |m_1 m_2\rangle &= P_{12} S_1^\pm |m_2 m_1\rangle \\
&= \hbar \sqrt{\frac{1}{2}\left(\frac{1}{2} + 1\right) - m_2(m_2 \pm 1)} P_{12} |m_2 \pm 1 \, m_1\rangle \\
&= \hbar \sqrt{\frac{1}{2}\left(\frac{1}{2} + 1\right) - m_2(m_2 \pm 1)} \, |m_1 m_2 \pm 1\rangle \\
&= S_2^\pm |m_1 m_2\rangle \\
\Rightarrow \quad & P_{12} S_1^\pm P_{12}^+ = S_2^\pm \\
\text{analog} \quad & P_{12} S_2^\pm P_{12}^+ = S_1^\pm \, .
\end{aligned}
$$

Damit gilt insgesamt

$$
\Rightarrow \; P_{12} \mathbf{S}_1 P_{12}^+ = \mathbf{S}_2 \; ; \quad P_{12} \mathbf{S}_2 P_{12}^+ = \mathbf{S}_1 \, .
$$

4.

$$
\begin{aligned}
P_{12} &= \frac{1}{2}\left[\mathbf{1} + \frac{4}{\hbar^2} \mathbf{S}_1 \cdot \mathbf{S}_2\right] \\
&= \frac{1}{2}\left[\mathbf{1} + \frac{2}{\hbar^2} (S_1^+ S_2^- + S_1^- S_2^+) + \frac{4}{\hbar^2} S_1^z S_2^z\right]
\end{aligned}
$$

(1) $|m_1 m_2\rangle = \left|\frac{1}{2}\,\frac{1}{2}\right\rangle$:

$$P_{12}|m_1 m_2\rangle = \frac{1}{2}\left|\frac{1}{2}\,\frac{1}{2}\right\rangle + \frac{1}{\hbar^2}\underbrace{\left(S_1^+ S_2^- + S_1^- S_2^+\right)\left|\frac{1}{2}\,\frac{1}{2}\right\rangle}_{=0} + \frac{2}{\hbar^2}\underbrace{S_1^z S_2^z\left|\frac{1}{2}\,\frac{1}{2}\right\rangle}_{\frac{\hbar^2}{4}\left|\frac{1}{2}\,\frac{1}{2}\right\rangle}$$

$$= \left(\frac{1}{2} + \frac{1}{2}\right)\left|\frac{1}{2}\,\frac{1}{2}\right\rangle = \left|\frac{1}{2}\,\frac{1}{2}\right\rangle = |m_2 m_1\rangle$$

(2) $|m_1 m_2\rangle = \left|-\frac{1}{2}\,-\frac{1}{2}\right\rangle$ analog zu (1):

$$P_{12}\left|-\frac{1}{2}\,-\frac{1}{2}\right\rangle = \left|-\frac{1}{2}\,-\frac{1}{2}\right\rangle$$

(3) $|m_1 m_2\rangle = \left|\frac{1}{2}\,-\frac{1}{2}\right\rangle$:

$$\begin{aligned}
P_{12}|m_1 m_2\rangle &= \frac{1}{2}\left|\frac{1}{2}\,-\frac{1}{2}\right\rangle + \frac{1}{\hbar^2}\left(S_1^+\left|\frac{1}{2}\right\rangle^{(1)}\right)\left(S_2^-\left|-\frac{1}{2}\right\rangle^{(2)}\right)\\
&\quad + \frac{1}{\hbar^2}\left(S_1^-\left|\frac{1}{2}\right\rangle^{(1)}\right)\left(S_2^+\left|-\frac{1}{2}\right\rangle^{(2)}\right) + \frac{2}{\hbar^2}\left(S_1^z\left|\frac{1}{2}\right\rangle^{(1)}\right)\left(S_2^z\left|-\frac{1}{2}\right\rangle^{(2)}\right)\\
&= \frac{1}{2}\left|\frac{1}{2}\,-\frac{1}{2}\right\rangle + 0 + \left(\sqrt{\frac{3}{4}+\frac{1}{4}}\left|-\frac{1}{2}\right\rangle^{(1)}\right)\left(\sqrt{\frac{3}{4}+\frac{1}{4}}\left|\frac{1}{2}\right\rangle^{(2)}\right)\\
&\quad + \frac{2}{\hbar^2}\left(-\frac{\hbar^2}{4}\left|\frac{1}{2}\,-\frac{1}{2}\right\rangle\right)\\
&= \left|-\frac{1}{2}\,\frac{1}{2}\right\rangle = |m_2 m_1\rangle
\end{aligned}$$

(4) $|m_1 m_2\rangle = \left|-\frac{1}{2}\,\frac{1}{2}\right\rangle$:

$$\begin{aligned}
P_{12}|m_1 m_2\rangle &= \frac{1}{2}\left|-\frac{1}{2}\,\frac{1}{2}\right\rangle + \frac{1}{\hbar^2}\left(S_1^+\left|-\frac{1}{2}\right\rangle^{(1)}\right)\left(S_2^-\left|\frac{1}{2}\right\rangle^{(2)}\right)\\
&\quad + \frac{1}{\hbar^2}\left(S_1^-\left|-\frac{1}{2}\right\rangle^{(1)}\right)\left(S_2^+\left|\frac{1}{2}\right\rangle^{(2)}\right) + \frac{2}{\hbar^2}\left(S_1^z\left|-\frac{1}{2}\right\rangle^{(1)}\right)\left(S_2^z\left|\frac{1}{2}\right\rangle^{(2)}\right)\\
&= \frac{1}{2}\left|-\frac{1}{2}\,\frac{1}{2}\right\rangle + \left|\frac{1}{2}\,-\frac{1}{2}\right\rangle + 0 - \frac{1}{2}\left|-\frac{1}{2}\,\frac{1}{2}\right\rangle\\
&= \left|\frac{1}{2}\,-\frac{1}{2}\right\rangle = |m_2 m_1\rangle\,.
\end{aligned}$$

Insgesamt:

$$P_{12}|m_1 m_2\rangle = |m_2 m_1\rangle \qquad \text{q.e.d.}$$

Lösung zu Aufgabe 8.2.8

1.

$$\begin{aligned} S_2^{(-)} &= \frac{1}{2}(\mathbf{1}_2 - P_{12}) \\ S_3^{(+)} &= \frac{1}{6}(\mathbf{1}_3 + P_{12} + P_{13} + P_{23} + P_{12}P_{23} + P_{12}P_{13}) \end{aligned}$$

2. Kein Besetzungsverbot für Bosonen
$\rightarrow$ energetisch tiefster Zustand, wenn alle drei Bosonen den 1T-Grundzustand besetzen:

$$E_0^{(+)} = 3\varepsilon_0$$

$$\begin{aligned} |E_0^{(+)}\rangle &= S_3^{(+)}|0\,0\,0\rangle \\ &= S_3^{(+)}\left(|0\rangle^{(1)}\,|0\rangle^{(2)}\,|0\rangle^{(3)}\right) \\ &= |0\rangle^{(1)}\,|0\rangle^{(2)}\,|0\rangle^{(3)}\,. \end{aligned}$$

3. Aufgrund des Pauli-Prinzips folgt für den Grundzustand, ein Fermion in $|0\rangle$, das andere in $|1\rangle$:

$$E_0^{(-)} = \alpha + 2\varepsilon_0$$

$$\begin{aligned} |E_0^{(-)}\rangle &= S_2^{(-)}|0\,1\rangle = S_2^{(-)}\left(|0\rangle^{(1)}\,|1\rangle^{(2)}\right) \\ &= \frac{1}{2}\left(|0\rangle^{(1)}\,|1\rangle^{(2)} - |0\rangle^{(2)}\,|1\rangle^{(1)}\right) \\ &= \frac{1}{2}\begin{vmatrix} |0\rangle^{(1)} & |0\rangle^{(2)} \\ |1\rangle^{(1)} & |1\rangle^{(2)} \end{vmatrix} \end{aligned}$$

$\llcorner$ (nicht-normierte) Slater-Determinante .

4. Erster angeregter Zustand $\widehat{=}$ 1 Boson in $|1\rangle$, 2 Bosonen in $|0\rangle$:

$$E_1^{(+)} = \alpha + 3\varepsilon_0$$

$$
\begin{aligned}
|E_1^{(+)}\rangle &= S_3^{(+)}|0\,0\,1\rangle \\
&= S_3^{(+)}\left(|0\rangle^{(1)}\,|0\rangle^{(2)}\,|1\rangle^{(3)}\right) \\
&= \frac{1}{6}\left(|0\rangle^{(1)}\,|0\rangle^{(2)}\,|1\rangle^{(3)} + |0\rangle^{(2)}\,|0\rangle^{(1)}\,|1\rangle^{(3)} + |0\rangle^{(3)}\,|0\rangle^{(2)}\,|1\rangle^{(1)}\right. \\
&\quad \left. + |0\rangle^{(1)}\,|0\rangle^{(3)}\,|1\rangle^{(2)} + |0\rangle^{(3)}\,|0\rangle^{(1)}\,|1\rangle^{(2)} + |0\rangle^{(2)}\,|0\rangle^{(3)}\,|1\rangle^{(1)}\right) \\
&= \frac{1}{3}\left(|0\,0\,1\rangle + |0\,1\,0\rangle + |1\,0\,0\rangle\right) .
\end{aligned}
$$

$\updownarrow \quad \updownarrow \quad \updownarrow$

nicht-symmetrisiert

Lösung zu Aufgabe 8.2.9

1. Eigenfunktionen sind ebene Wellen:

$$\varphi_{\boldsymbol{k}}(\boldsymbol{r}) \sim \mathrm{e}^{\mathrm{i}\,\boldsymbol{k}\cdot\boldsymbol{r}} \, .$$

Periodische Randbedingungen:

$$k_{x,y,z} = \frac{2\pi}{L}\, n_{x,y,z} \, ; \qquad n_{x,y,z} \in \mathbb{Z} \, .$$

Energien:

$$\varepsilon(\boldsymbol{k}) = \frac{\hbar^2 k^2}{2m} = \frac{2\pi^2\hbar^2}{m\,L^2}\left(n_x^2 + n_y^2 + n_z^2\right) .$$

2. Grundzustand:

   a) Bosonen:
   alle Teilchen im energetisch tiefsten Zustand,

   b) Fermionen ($S = 1/2$):
   Jeder Zustand kann von höchstens zwei Elektronen entgegengesetzten Spins ($m_s = \pm 1/2$) besetzt sein (Pauli-Prinzip)!

Pro *Rastervolumen* $\Delta k = (2\pi/L)^3$ gibt es im $\boldsymbol{k}$-Raum einen Zustand, der zweifach besetzt werden kann. Die N Fermionen nehmen im Grundzustand deshalb alle Zustände innerhalb der sogenannten *Fermi-Kugel* ein, deren Radius k_F (*Fermi-Wellenvektor*) von der Teilchenzahl N durch

$$N = 2\,\frac{(4\pi/3)\,k_\mathrm{F}^3}{\Delta k} = \frac{L^3\,k_\mathrm{F}^3}{3\pi^2}$$

bestimmt wird:

$$\Rightarrow \; k_\mathrm{F} = \left(3\pi^2\,\frac{N}{V}\right)^{1/3} \; ; \qquad p_\mathrm{F} = \hbar\,k_\mathrm{F} \, .$$

3. *Fermi-Energie*: maximale Ein-Teilchen-Energie:

$$\varepsilon_F = \frac{\hbar^2 k_F^2}{2m} .$$

Grundzustandsenergie:

$$E_0^{(F)} = 2 \sum_k^{k \le k_F} \frac{\hbar^2 k^2}{2m} = \frac{2}{\Delta k} \int\limits_{(k \le k_F)} d^3k \, \frac{\hbar^2 k^2}{2m} = \frac{L^3}{4\pi^3} 4\pi \int\limits_0^{k_F} dk \, k^2 \frac{\hbar^2 k^2}{2m}$$

$$= \frac{V \hbar^2}{2m \pi^2} \frac{k_F^5}{5} = \frac{V \varepsilon_F}{5\pi^2} k_F^3$$

$$\Rightarrow \quad E_0^{(F)} = \frac{3}{5} N \varepsilon_F .$$

Für Bosonen ist natürlich:

$$E_0^{(B)} = 0 .$$

Lösung zu Aufgabe 8.2.10

Der Hamilton-Operator

$$H = H^{(1)} + H^{(2)} + H^{(3)} = \sum_{i=1}^{3} \left(-\frac{\hbar^2}{2m} \frac{d^2}{dq_i^2} + V(q_i) \right)$$

ist spinunabhängig. Der Eigenzustand separiert also in einen Orts- und einen Spinanteil. Da alle drei Teilchen den Spin $S = 0$ besitzen, ist der Spinzustand trivialerweise symmetrisch gegenüber Teilchenvertauschung. Wir brauchen uns im folgenden also nur um den Ortsanteil zu kümmern. Dieser muss ebenfalls symmetrisch sein, da es sich bei den Teilchen um Bosonen handelt.

Ein-Teilchen-Problem (s. Lösung 8.2.5 bzw. 4.2.1):

$$\varphi_{n-}(q) = \frac{1}{\sqrt{q_0}} \sin\left(\frac{\pi}{q_0} n q \right) ,$$

$$n = 1, 2, 3, \ldots$$

$$E_{n-} = \frac{\hbar^2 \pi^2}{2m q_0^2} n^2 ,$$

$$\varphi_{n+}(q) = \frac{1}{\sqrt{q_0}} \cos\left[\frac{\pi}{2q_0} (2n+1) q \right] ,$$

$$n = 0, 1, 2, \ldots$$

$$E_{n+} = \frac{\hbar^2 \pi^2}{8m q_0^2} (2n+1)^2 .$$

Die beiden energetisch tiefsten Ein-Teilchen-Zustände sind also:

$$|0\rangle \longleftrightarrow \varphi_{0+}(q) = \frac{1}{\sqrt{q_0}} \cos\left(\frac{\pi}{2q_0} q\right) ,$$

$$E_{0+} = \frac{\hbar^2 \pi^2}{8m\, q_0^2} ,$$

$$|1\rangle \longleftrightarrow \varphi_{1-}(q) = \frac{1}{\sqrt{q_0}} \sin\left(\frac{\pi}{q_0} q\right) ,$$

$$E_{1-} = \frac{\hbar^2 \pi^2}{2m\, q_0^2} .$$

Grundzustand $|E_0\rangle^{(+)}$ des Drei-Teilchen-Systems:

$$|E_0\rangle^{(+)} \overset{(8.84)}{=} \sqrt{\frac{3!}{3!}}\, S_3^{(+)} \left(|0\rangle^{(1)}|0\rangle^{(2)}|0\rangle^{(3)}\right) .$$

Nach Lösung 8.2.3:

$$S_3^{(+)} = \frac{1}{6} \left(\mathbf{1}_3 + P_{12} + P_{13} + P_{23} + P_{12} P_{23} + P_{12} P_{13}\right)$$

$$\Rightarrow \; S_3^{(+)}|0\,0\,0\rangle = \frac{1}{6}\, 6\mathbf{1}_3|0\,0\,0\rangle = |0\rangle^{(1)}|0\rangle^{(2)}|0\rangle^{(3)}$$

$$\Rightarrow \; |E_0\rangle^{(+)} \leftrightarrow \frac{1}{\sqrt{q_0^3}} \cos\left(\frac{\pi}{2q_0} q_1\right) \cos\left(\frac{\pi}{2q_0} q_2\right) \cos\left(\frac{\pi}{2q_0} q_3\right) .$$

Erster angeregter Zustand $|E_1\rangle^{(+)}$:

Zwei Teilchen im Zustand $|0\rangle$, das dritte im Zustand $|1\rangle$

$$|E_1\rangle^{(+)} = \frac{\sqrt{3!}}{\sqrt{2!\,1!}}\, S_3^{(+)} \left(|0\rangle^{(1)}|0\rangle^{(2)}|1\rangle^{(3)}\right)$$

$$= \frac{\sqrt{3}}{6} \left(|0\,0\,1\rangle + |0\,0\,1\rangle + |1\,0\,0\rangle + |0\,1\,0\rangle + |1\,0\,0\rangle + |0\,1\,0\rangle\right)$$

$$= \frac{1}{\sqrt{3}} \left(|0\,0\,1\rangle + |1\,0\,0\rangle + |0\,1\,0\rangle\right)$$

$$\Rightarrow \ |E_1\rangle^{(+)} \ \longleftrightarrow \ \frac{1}{\sqrt{3q_0^3}}\left[\cos\left(\frac{\pi}{2q_0}q_1\right)\cos\left(\frac{\pi}{2q_0}q_2\right)\sin\left(\frac{\pi}{q_0}q_3\right)\right.$$
$$+\sin\left(\frac{\pi}{q_0}q_1\right)\cos\left(\frac{\pi}{2q_0}q_2\right)\cos\left(\frac{\pi}{2q_0}q_3\right)$$
$$\left.+\cos\left(\frac{\pi}{2q_0}q_1\right)\sin\left(\frac{\pi}{q_0}q_2\right)\cos\left(\frac{\pi}{2q_0}q_3\right)\right].$$

Eigenenergien: $E_0 = 3E_{0+}$; $E_1 = 2E_{0+} + E_{1-}$.

Abschnitt 8.3.4

Lösung zu Aufgabe 8.3.1

Bosonen:

$$|\cdots n_{\alpha_r}\cdots n_{\alpha_s}\cdots\rangle^{(+)} : \textbf{beliebiger}\text{ Fock-Zustand.}$$

$r \neq s$:

$$a^+_{\alpha_r}\, a^+_{\alpha_s}\, |\cdots n_{\alpha_r}\cdots n_{\alpha_s}\cdots\rangle^{(+)}$$
$$= \sqrt{n_{\alpha_r}+1}\,\sqrt{n_{\alpha_s}+1}\,|\cdots n_{\alpha_r}+1\cdots n_{\alpha_s}+1\cdots\rangle^{(+)}$$
$$= a^+_{\alpha_s}\, a^+_{\alpha_r}|\cdots n_{\alpha_r}\cdots n_{\alpha_s}\cdots\rangle^{(+)}$$
$$\Rightarrow \ \left[a^+_{\alpha_r}, a^+_{\alpha_s}\right]_- = 0 .$$

Für $r = s$ gilt diese Beziehung trivialerweise.

Wegen

$$[a_{\alpha_r}, \alpha_{\alpha_s}]_- = \left(\left[a^+_{\alpha_s}, a^+_{\alpha_r}\right]_-\right)^+$$

folgt unmittelbar:

$$[a_{\alpha_r}, a_{\alpha_s}]_- = 0 .$$

$r \neq s$:

$$a_{\alpha_r}\, a^+_{\alpha_s}|\cdots n_{\alpha_r}\cdots n_{\alpha_s}\cdots\rangle^{(+)} = \sqrt{n_{\alpha_r}}\,\sqrt{n_{\alpha_s}+1}|\cdots n_{\alpha_r}-1\cdots n_{\alpha_s}+1\cdots\rangle^{(+)}$$
$$= a^+_{\alpha_s}\, a_{\alpha_r}|\cdots n_{\alpha_r}\cdots n_{\alpha_s}\cdots\rangle^{(+)} .$$

$r = s$:

$$\begin{aligned} a_{\alpha_r} a^+_{\alpha_r} |\cdots n_{\alpha_r} \cdots\rangle^{(+)} &= a_{\alpha_r} \sqrt{n_{\alpha_r} + 1} |\cdots n_{\alpha_r} + 1 \cdots\rangle^{(+)} \\ &= (n_{\alpha_r} + 1) |\cdots n_{\alpha_r} \cdots\rangle^{(+)} , \\ a^+_{\alpha_r} a_{\alpha_r} |\cdots n_{\alpha_r} \cdots\rangle^{(+)} &= \sqrt{n_{\alpha_r}}\, a^+_{\alpha_r} |\cdots n_{\alpha_r} - 1 \cdots\rangle^{(+)} = n_{\alpha_r} |\cdots n_{\alpha_r} \cdots\rangle^{(+)} \\ &\Rightarrow \left[a_{\alpha_r}, a^+_{\alpha_s}\right]_- = \delta_{r,s} . \end{aligned}$$

Fermionen:

$$\left(a^+_{\alpha_r}\right)^2 |\cdots n_{\alpha_r} \cdots\rangle^{(-)} = \underset{\uparrow\ (8.104)}{0} \quad \textit{(Pauli-Prinzip!)} .$$

$r < s$:

$$\begin{aligned} & a^+_{\alpha_r} a^+_{\alpha_s} |\cdots n_{\alpha_r} \cdots n_{\alpha_s} \cdots\rangle^{(-)} \\ &= a^+_{\alpha_r} (-1)^{N_s} \delta_{n_{\alpha_s},0} |\cdots n_{\alpha_r} \cdots n_{\alpha_s} + 1 \cdots\rangle^{(-)} \\ &= (-1)^{N_r} (-1)^{N_s} \delta_{n_{\alpha_s},0}\, \delta_{n_{\alpha_r},0} |\cdots n_{\alpha_r} + 1 \cdots n_{\alpha_s} + 1 \cdots\rangle^{(-)} , \end{aligned}$$

$$\begin{aligned} & a^+_{\alpha_s} a^+_{\alpha_r} |\cdots n_{\alpha_r} \cdots n_{\alpha_s} \cdots\rangle^{(-)} \\ &= (-1)^{N_r} \delta_{n_{\alpha_r},0}\, a^+_{\alpha_s} |\cdots n_{\alpha_r} + 1 \cdots n_{\alpha_s} \cdots\rangle^{(-)} \\ &= (-1)^{N_r} (-)^{N'_s} \delta_{n_{\alpha_r},0}\, \delta_{n_{\alpha_s},0} |\cdots n_{\alpha_r} + 1 \cdots n_{\alpha_s} + 1 \cdots\rangle^{(-)} , \end{aligned}$$

$$N'_s = N_s + 1$$

$$\Rightarrow \left(a^+_{\alpha_r} a^+_{\alpha_s} + a^+_{\alpha_s} a^+_{\alpha_r}\right) |\cdots n_{\alpha_r} \cdots n_{\alpha_s} \cdots\rangle^{(-)} = 0$$

$$\Rightarrow \left[a^+_{\alpha_r}, a^+_{\alpha_s}\right]_+ = 0 .$$

Wegen

$$\left[a_{\alpha_r}, a_{\alpha_s}\right]_+ = \left(\left[a^+_{\alpha_s}, a^+_{\alpha_r}\right]_+\right)^+$$

folgt wiederum unmittelbar die zweite Antikommutatorrelation:

$$\left[a_{\alpha_r}, a_{\alpha_s}\right]_+ = 0 .$$

$r = s$:

$$\begin{aligned} a_{\alpha_r} a^+_{\alpha_r} |\cdots n_{\alpha_r} \cdots\rangle^{(-)} &= a_{\alpha_r} (-1)^{N_r} \delta_{n_{\alpha_r},0} |\cdots n_{\alpha_r} + 1 \cdots\rangle^{(-)} \\ &= (-1)^{2N_r} \delta_{n_{\alpha_r},0} |\cdots n_{\alpha_r} \cdots\rangle^{(-)} \\ &= \delta_{n_{\alpha_r},0} |\cdots n_{\alpha_r} \cdots\rangle^{(-)} , \\ a^+_{\alpha_r} a_{\alpha_r} |\cdots n_{\alpha_r} \cdots\rangle^{(-)} &= \delta_{n_{\alpha_r},1} |\cdots n_{\alpha_r} \cdots\rangle^{(-)} . \end{aligned}$$

Da in jedem Fall $n_{\alpha_r} = 0$ oder 1 ist, gilt:

$$\left(a_{\alpha_r}\, a^+_{\alpha_r} + a^+_{\alpha_r}\, a_{\alpha_r}\right) |\cdots n_{\alpha_r} \cdots\rangle^{(-)} = |\cdots n_{\alpha_r} \cdots\rangle^{(-)} .$$

$r < s$:

$$\begin{aligned}
&a_{\alpha_r}\, a^+_{\alpha_s} |\cdots n_{\alpha_r} \cdots n_{\alpha_s} \cdots\rangle^{(-)} \\
&= a_{\alpha_r} (-1)^{N_s}\, \delta_{n_{\alpha_s},0} |\cdots n_{\alpha_r} \cdots n_{\alpha_s} + 1 \cdots\rangle^{(-)} \\
&= (-1)^{N_r + N_s}\, \delta_{n_{\alpha_r},1}\, \delta_{n_{\alpha_s},0} |\cdots n_{\alpha_r} - 1 \cdots n_{\alpha_s} + 1 \cdots\rangle^{(-)} ,
\end{aligned}$$

$$\begin{aligned}
&a^+_{\alpha_s}\, a_{\alpha_r} |\cdots n_{\alpha_r} \cdots n_{\alpha_s} \cdots\rangle^{(-)} \\
&= a^+_{\alpha_s} (-1)^{N_r}\, \delta_{n_{\alpha_r},1} |\cdots n_{\alpha_r} - 1 \cdots n_{\alpha_s} \cdots\rangle^{(-)} \\
&= (-1)^{N_r + N''_s}\, \delta_{n_{\alpha_r},1}\, \delta_{n_{\alpha_s},0} |\cdots n_{\alpha_r} - 1 \cdots n_{\alpha_s} + 1 \cdots\rangle^{(-)} ,
\end{aligned}$$

$$N''_s = N_s - 1$$

$$\Rightarrow \left(a_{\alpha_r}\, a^+_{\alpha_s} + a^+_{\alpha_s}\, a_{\alpha_r}\right) |\cdots n_{\alpha_r} \cdots n_{\alpha_s} \cdots\rangle^{(-)} = 0 .$$

Insgesamt gilt also:

$$\left[a_{\alpha_r}, a^+_{\alpha_s}\right]_+ = \delta_{r,s} .$$

Lösung zu Aufgabe 8.3.2

Beweis durch vollständige Induktion:

$N = 1$

$$\begin{aligned}
\langle 0|a_{\beta_1}\, a^+_{\alpha_1}|0\rangle &= \langle 0|\left[\delta(\beta_1, \alpha_1) \pm a^+_{\alpha_1}\, a_{\beta_1}\right]|0\rangle \\
&= \delta(\beta_1, \alpha_1)\langle 0|0\rangle \pm \langle 0|a^+_{\alpha_1}\, a_{\beta_1}|0\rangle = \delta(\beta_1, \alpha_1)
\end{aligned}$$

wegen $a_{\beta_1}|0\rangle = 0$.

$N - 1 \longrightarrow N$

α_{β_1} nach rechts *durchziehen* ↙

$$\begin{aligned}
&\langle 0|a_{\beta_N} \cdots a_{\beta_1}\, a^+_{\alpha_1} \cdots a^+_{\alpha_N}|0\rangle \\
&= \delta(\beta_1, \alpha_1)\langle 0|a_{\beta_N} \cdots a_{\beta_2}\, a^+_{\alpha_2} \cdots a^+_{\alpha_N}|0\rangle \\
&\quad + (\pm)^1 \delta(\beta_1, \alpha_2)\langle 0|a_{\beta_N} \cdots a_{\beta_2}\, a^+_{\alpha_1}\, a^+_{\alpha_3} \cdots a^+_{\alpha_N}|0\rangle \\
&\quad + \cdots \\
&\quad + (\pm)^{N-1}\, \delta(\beta_1, \alpha_N)\langle 0|a_{\beta_N} \cdots a_{\beta_2}\, a^+_{\alpha_1}\, a^+_{\alpha_2} \cdots a^+_{\alpha_{N-1}}|0\rangle
\end{aligned}$$

Induktionsvoraussetzung
$$\swarrow$$
$$\begin{aligned}
&= \delta(\beta_1,\alpha_1) \sum_{\mathcal{P}_\alpha} (\pm)^{p_\alpha} \mathcal{P}_\alpha \left[\delta(\beta_2,\alpha_2)\cdots\delta(\beta_N,\alpha_N)\right] \\
&\quad + (\pm)^1 \delta(\beta_1,\alpha_2) \sum_{\mathcal{P}_\alpha} (\pm)^{p_\alpha} \mathcal{P}_\alpha \left[\delta(\beta_2,\alpha_1)\delta(\beta_3,\alpha_3)\cdots\delta(\beta_N,\alpha_N)\right] \\
&\quad + \ldots \\
&\quad + (\pm)^{N-1} \delta(\beta_1,\alpha_N) \sum_{\mathcal{P}_\alpha} (\pm)^{p_\alpha} \mathcal{P}_\alpha \left[\delta(\beta_2,\alpha_1)\delta(\beta_3,\alpha_2)\cdots\delta(\beta_N,\alpha_{N-1})\right] \\
&= \sum_{\mathcal{P}_\alpha} (\pm)^{p_\alpha} \mathcal{P}_\alpha \left[\delta(\beta_1,\alpha_1)\delta(\beta_2,\alpha_2)\cdots\delta(\beta_N,\alpha_N)\right] \quad \text{q.e.d.}\,.
\end{aligned}$$

Lösung zu Aufgabe 8.3.3

1.
$$\begin{aligned}
\left[\hat{n}_\alpha, a_\beta^+\right]_- &= a_\alpha^+ a_\alpha a_\beta^+ - a_\beta^+ a_\alpha^+ a_\alpha = \delta(\alpha-\beta)\, a_\alpha^+ \pm a_\alpha^+ a_\beta^+ a_\alpha - a_\beta^+ a_\alpha^+ a_\alpha \\
&= \delta(\alpha-\beta)\, a_\alpha^+ + a_\beta^+ a_\alpha^+ a_\alpha - a_\beta^+ a_\alpha^+ a_\alpha = \delta(\alpha-\beta)\, a_\alpha^+\,.
\end{aligned}$$

2.
$$\begin{aligned}
\left[\hat{n}_\alpha, a_\beta\right]_- &= a_\alpha^+ a_\alpha a_\beta - a_\beta a_\alpha^+ a_\alpha = a_\alpha^+ a_\alpha a_\beta - \delta(\beta-\alpha)\, a_\alpha \mp a_\alpha^+ a_\beta a_\alpha \\
&= a_\alpha^+ a_\alpha a_\beta - \delta(\beta-\alpha)\, a_\alpha - a_\alpha^+ a_\alpha a_\beta = -\delta(\alpha-\beta)\, a_\alpha\,.
\end{aligned}$$

Diese Beziehungen sind gleichermaßen für Fermionen wie Bosonen gültig.

Lösung zu Aufgabe 8.3.4

1.
$$\begin{aligned}
\left[\hat{n}_{\alpha_r}, a_{\alpha_s}^+\right]_- &= a_{\alpha_r}^+ a_{\alpha_r} a_{\alpha_s}^+ - a_{\alpha_s}^+ a_{\alpha_r}^+ a_{\alpha_r} = a_{\alpha_r}^+ \delta_{rs} \pm a_{\alpha_r}^+ a_{\alpha_s}^+ a_{\alpha_r} - a_{\alpha_s}^+ a_{\alpha_r}^+ a_{\alpha_r} \\
&= a_{\alpha_r}^+ \delta_{rs} + a_{\alpha_s}^+ a_{\alpha_r}^+ a_{\alpha_r} - a_{\alpha_s}^+ a_{\alpha_r}^+ a_{\alpha_r} = \delta_{rs}\, a_{\alpha_r}^+\,.
\end{aligned}$$

2.
$$\begin{aligned}
\left[\hat{n}_{\alpha_r}, a_{\alpha_s}\right]_- &= a_{\alpha_r}^+ a_{\alpha_r} a_{\alpha_s} - a_{\alpha_s} a_{\alpha_r}^+ a_{\alpha_r} \\
&= a_{\alpha_r}^+ a_{\alpha_r} a_{\alpha_s} - \delta_{rs}\, a_{\alpha_r} \mp a_{\alpha_r}^+ a_{\alpha_s} a_{\alpha_r} \\
&= a_{\alpha_r}^+ a_{\alpha_r} a_{\alpha_s} - \delta_{rs}\, a_{\alpha_r} - a_{\alpha_r}^+ a_{\alpha_r} a_{\alpha_s} = -\delta_{rs}\, a_{\alpha_r}\,.
\end{aligned}$$

Diese Beziehungen sind gleichermaßen für Fermionen wie Bosonen gültig. In den Zwischenrechnungen gilt das obere Zeichen jeweils für Bosonen, das untere für Fermionen.

Lösung zu Aufgabe 8.3.5

1.

$$\left[a_\alpha, a_\beta\right]_+ = 0 \;\curvearrowright\; [a_\alpha, a_\alpha]_+ = 2a_\alpha^2 = 0 \;\curvearrowright\; a_\alpha^2 = 0$$
$$\left[a_\alpha^+, a_\beta^+\right]_+ = 0 \;\curvearrowright\; [a_\alpha^+, a_\alpha^+]_+ = 2\left(a_\alpha^+\right)^2 = 0 \;\curvearrowright\; \left(a_\alpha^+\right)^2 = 0$$

(Pauli-Prinzip!)

2.

$$\begin{aligned}\widehat{n}_\alpha^2 &= a_\alpha^+ a_\alpha a_\alpha^+ a_\alpha = a_\alpha^+\left(1 - a_\alpha^+ a_\alpha\right) a_\alpha \\ &= a_\alpha^+ a_\alpha - \left(a_\alpha^+\right)^2 (a_\alpha)^2 \stackrel{1.}{=} \widehat{n}_\alpha \qquad \text{(Pauli-Prinzip!)}\end{aligned}$$

3.

$$\begin{aligned}a_\alpha \widehat{n}_\alpha &= a_\alpha a_\alpha^+ a_\alpha = \left(1 - a_\alpha^+ a_\alpha\right) a_\alpha \stackrel{1.}{=} a_\alpha \\ a_\alpha^+ \widehat{n}_\alpha &= a_\alpha^+ a_\alpha^+ a_\alpha \stackrel{1.}{=} 0\end{aligned}$$

4.

$$\begin{aligned}\widehat{n}_\alpha\, a_\alpha &= a_\alpha^+ a_\alpha a_\alpha \stackrel{1.}{=} 0 \\ \widehat{n}_\alpha\, a_\alpha^+ &= a_\alpha^+ a_\alpha a_\alpha^+ = a_\alpha^+\left(1 - a_\alpha^+ a_\alpha\right) \stackrel{1.}{=} a_\alpha^+\end{aligned}$$

Lösung zu Aufgabe 8.3.6

$$\widehat{N} = \int \mathrm{d}\alpha\, \hat{n}_\alpha \,.$$

Wir berechnen zunächst die folgenden Kommutatoren:

$$\begin{aligned}[\widehat{N}, a_\beta^+]_- &= \int \mathrm{d}\alpha [\hat{n}_\alpha, a_\beta^+]_- \stackrel{\text{Aufgabe 8.3.3}}{=} \int \mathrm{d}\alpha\, a_\alpha^+\, \delta(\alpha - \beta) = a_\beta^+ \,, \\ [\widehat{N}, a_\beta]_- &= \int \mathrm{d}\alpha\, [\hat{n}_\alpha, a_\beta]_- \stackrel{\text{Aufgabe 8.3.3}}{=} \int \mathrm{d}\alpha\, [-\delta(\alpha - \beta)\, a_\alpha] = -a_\beta \,.\end{aligned}$$

Es gilt also:

$$\widehat{N}\, a_\beta^+ = a_\beta^+ \,(\widehat{N} + \mathbf{1})\,; \quad \widehat{N}\, a_\beta = a_\beta\,(\widehat{N} - \mathbf{1})\,.$$

1.

$$\widehat{N}\left(a_\beta^+|\varphi_{\alpha_1}\cdots\rangle^{(\pm)}\right) = a_\beta^+\,(\widehat{N} + \mathbf{1})|\varphi_{\alpha_1}\cdots\rangle^{(\pm)} = (N+1)\left(a_\beta^+|\varphi_{\alpha_1}\cdots\rangle^{(\pm)}\right).$$

Es handelt sich, wie behauptet, um einen Eigenzustand. Der Eigenwert ist $N + 1$. Die Bezeichnung *Erzeuger* für a_β^+ ist offensichtlich sinnvoll!

2.

$$\widehat{N}\left(a_\beta|\varphi_{\alpha_1}\cdots\rangle^{(\pm)}\right) = a_\beta\,(\widehat{N} - \mathbf{1})|\varphi_{\alpha_1}\cdots\rangle^{(\pm)} = (N-1)\left(a_\beta|\varphi_{\alpha_1}\cdots\rangle^{(\pm)}\right).$$

$a_\beta|\varphi_{\alpha_1}\cdots\rangle^{(\pm)}$ ist also ebenfalls Eigenzustand des Teilchenzahloperators $\widehat{N}$ zum Eigenwert $N - 1$. Die Bezeichnung *Vernichter* für a_β wird damit plausibel.

Lösung zu Aufgabe 8.3.7

Ebene Welle:

$$\varphi_{\boldsymbol{k}}(\boldsymbol{r}) = \frac{1}{\sqrt{V}}\,\mathrm{e}^{\mathrm{i}\,\boldsymbol{k}\cdot\boldsymbol{r}} = \langle \boldsymbol{r}|\boldsymbol{k}\rangle\,.$$

Periodische Randbedingungen:

$$V = L^3\,,$$

$$\varphi_{\boldsymbol{k}}(x+L,y,z) \stackrel{!}{=} \varphi_{\boldsymbol{k}}(x,y+L,z) \stackrel{!}{=} \varphi_{\boldsymbol{k}}(x,y,z+L) \stackrel{!}{=} \varphi_{\boldsymbol{k}}(x,y,z)$$

$$\Rightarrow\; k_{x,y,z} = \frac{2\pi}{L}\,n_{x,y,z}\,; \quad n_{x,y,z} \in \mathbb{Z} \;\text{ diskret!}$$

Kinetische Energie:

Ein-Teilchen-Basis: $|\boldsymbol{k}\,\sigma\rangle = |\boldsymbol{k}\rangle|\sigma\rangle$

$$\sigma = \uparrow, \downarrow \longleftrightarrow\; m_{s=1/2} = +\frac{1}{2}, -\frac{1}{2}\,,$$

$$(5.172):\; |\uparrow\rangle = \begin{pmatrix}1\\0\end{pmatrix}; \quad |\downarrow\rangle = \begin{pmatrix}0\\1\end{pmatrix},$$

$$\left\langle \boldsymbol{k}\,\sigma\left|\frac{\boldsymbol{p}^2}{2m}\right|\boldsymbol{k}'\,\sigma'\right\rangle = \frac{\hbar^2 k'^2}{2m}\,\langle \boldsymbol{k}\,\sigma|\boldsymbol{k}'\,\sigma'\rangle = \frac{\hbar^2 k'^2}{2m}\,\delta_{\boldsymbol{k}\boldsymbol{k}'}\,\delta_{\sigma\sigma'}$$

$$\Rightarrow\; \sum_{i=1}^{N}\frac{\boldsymbol{p}_i^2}{2m} = \sum_{\boldsymbol{k}\boldsymbol{k}'\sigma\sigma'}\left\langle \boldsymbol{k}\,\sigma\left|\frac{\boldsymbol{p}^2}{2m}\right|\boldsymbol{k}'\,\sigma'\right\rangle a_{\boldsymbol{k}\sigma}^+\,a_{\boldsymbol{k}'\sigma'} = \sum_{\boldsymbol{k}\sigma}\frac{\hbar^2 k^2}{2m}\,a_{\boldsymbol{k}\sigma}^+\,a_{\boldsymbol{k}\sigma}\,.$$

Wechselwirkung:

$$\left\langle \boldsymbol{k}_1\,\sigma_1, \boldsymbol{k}_2\,\sigma_2 \left| \frac{1}{|\hat{\boldsymbol{r}}^{(1)} - \hat{\boldsymbol{r}}^{(2)}|} \right| \boldsymbol{k}_3\,\sigma_3, \boldsymbol{k}_4\,\sigma_4 \right\rangle = \delta_{\sigma_1\sigma_3}\,\delta_{\sigma_2\sigma_4} \left\langle \boldsymbol{k}_1\,\boldsymbol{k}_2 \left| \frac{1}{|\hat{\boldsymbol{r}}^{(1)} - \hat{\boldsymbol{r}}^{(2)}|} \right| \boldsymbol{k}_3\,\boldsymbol{k}_4 \right\rangle .$$

Die Wechselwirkung ist spinunabhängig. Die Spinanteile in den Ein-Teilchen-Zuständen können also direkt ausgewertet werden und führen zu den beiden Kronecker-Deltas. – Die Zwei-Teilchen-Zustände sind nicht-symmetrisiert:

$$\begin{aligned}
&\left\langle \boldsymbol{k}_1\,\boldsymbol{k}_2 \left| \frac{1}{|\hat{\boldsymbol{r}}^{(1)} - \hat{\boldsymbol{r}}^{(2)}|} \right| \boldsymbol{k}_3\,\boldsymbol{k}_4 \right\rangle \\
&= \iint \mathrm{d}^3r_1\,\mathrm{d}^3r_2 \left\langle \boldsymbol{k}_1\,\boldsymbol{k}_2 \left| \frac{1}{|\hat{\boldsymbol{r}}^{(1)} - \hat{\boldsymbol{r}}^{(2)}|} \right| \boldsymbol{r}_1\,\boldsymbol{r}_2 \right\rangle \langle \boldsymbol{r}_1\,\boldsymbol{r}_2 | \boldsymbol{k}_3\,\boldsymbol{k}_4 \rangle \\
&= \iint \mathrm{d}^3r_1\,\mathrm{d}^3r_2 \frac{1}{|\boldsymbol{r}_1 - \boldsymbol{r}_2|} \langle \boldsymbol{k}_1^{(1)} | \boldsymbol{r}_1^{(1)} \rangle \langle \boldsymbol{k}_2^{(2)} | \boldsymbol{r}_2^{(2)} \rangle \langle \boldsymbol{r}_1^{(1)} | \boldsymbol{k}_3^{(1)} \rangle \langle \boldsymbol{r}_2^{(2)} | \boldsymbol{k}_4^{(2)} \rangle \\
&= \frac{1}{V^2} \iint \mathrm{d}^3r_1\,\mathrm{d}^3r_2 \frac{1}{|\boldsymbol{r}_1 - \boldsymbol{r}_2|} \mathrm{e}^{\mathrm{i}(\boldsymbol{k}_3 - \boldsymbol{k}_1)\cdot\boldsymbol{r}_1}\,\mathrm{e}^{\mathrm{i}(\boldsymbol{k}_4 - \boldsymbol{k}_2)\cdot\boldsymbol{r}_2} \\
&= \delta_{\boldsymbol{k}_1 + \boldsymbol{k}_2, \boldsymbol{k}_3 + \boldsymbol{k}_4} \frac{1}{V} \int \mathrm{d}^3r \frac{1}{r} \mathrm{e}^{\mathrm{i}(\boldsymbol{k}_3 - \boldsymbol{k}_1)\cdot\boldsymbol{r}} .
\end{aligned}$$

Der letzte Schritt ergibt sich durch Einführung von Relativ- und Schwerpunktkoordinaten wie zu (8.119).

$\alpha > 0$: konvergenzerzeugender Faktor

$$\begin{aligned}
\lim_{\alpha\to 0} \int \mathrm{d}^3r \frac{1}{r} \mathrm{e}^{\mathrm{i}\,\boldsymbol{q}\cdot\boldsymbol{r}}\,\mathrm{e}^{-\alpha r} &= \lim_{\alpha\to 0} 2\pi \int_{-1}^{+1} \mathrm{d}x \int_0^\infty \mathrm{d}r\,r\,\mathrm{e}^{\mathrm{i}qrx}\,\mathrm{e}^{-\alpha r} \\
&= \lim_{\alpha\to 0} \frac{2\pi}{\mathrm{i}q} \int_0^\infty \mathrm{d}r \left(\mathrm{e}^{\mathrm{i}qr} - \mathrm{e}^{-\mathrm{i}qr}\right) \mathrm{e}^{-\alpha r} = \lim_{\alpha\to 0} \frac{4\pi}{q^2 + \alpha^2} = \frac{4\pi}{q^2} .
\end{aligned}$$

Das Wechselwirkungsmatrixelement ist damit wie folgt berechnet:

$$\left\langle \boldsymbol{k}_1\,\sigma_1, \boldsymbol{k}_2\,\sigma_2 \left| \frac{1}{|\hat{\boldsymbol{r}}^{(1)} - \hat{\boldsymbol{r}}^{(2)}|} \right| \boldsymbol{k}_3\,\sigma_3, \boldsymbol{k}_4\,\sigma_4 \right\rangle = \delta_{\sigma_1\sigma_3}\,\delta_{\sigma_2\sigma_4}\,\delta_{\boldsymbol{k}_1 + \boldsymbol{k}_2, \boldsymbol{k}_3 + \boldsymbol{k}_4} \frac{4\pi}{V\,|\boldsymbol{k}_3 - \boldsymbol{k}_1|^2} .$$

Die Wechselwirkung lautet damit in zweiter Quantisierung:

$$\begin{aligned}
&\frac{1}{2}\sum_{i,j}^{i\neq j}\frac{1}{|\hat{\boldsymbol{r}}_i-\hat{\boldsymbol{r}}_j|}\\
&=\frac{1}{2}\sum_{\substack{\boldsymbol{k}_1\sigma_1,\boldsymbol{k}_2\sigma_2,\\ \boldsymbol{k}_3\sigma_3,\boldsymbol{k}_4\sigma_4}}\left\langle \boldsymbol{k}_1\,\sigma_1,\boldsymbol{k}_2\,\sigma_2\left|\frac{1}{\left|\hat{\boldsymbol{r}}^{(1)}-\hat{\boldsymbol{r}}^{(2)}\right|}\right|\boldsymbol{k}_3\,\sigma_3,\boldsymbol{k}_4\,\sigma_4\right\rangle\cdot\\
&\qquad\cdot a^+_{\boldsymbol{k}_1\sigma_1}\,a^+_{\boldsymbol{k}_2\sigma_2}\,a_{\boldsymbol{k}_4\sigma_4}\,a_{\boldsymbol{k}_3\sigma_3}\\
&=\frac{1}{2}\sum_{\substack{\boldsymbol{k}_1\sigma_1,\boldsymbol{k}_2\sigma_2\\ \boldsymbol{k}_3}}\frac{4\pi}{V|\boldsymbol{k}_3-\boldsymbol{k}_1|^2}\,a^+_{\boldsymbol{k}_1\sigma_1}\,a^+_{\boldsymbol{k}_2\sigma_2}\,a_{\boldsymbol{k}_1+\boldsymbol{k}_2-\boldsymbol{k}_3\sigma_2}\,a_{\boldsymbol{k}_3\sigma_1}\,.
\end{aligned}$$

Wir setzen

$$\boldsymbol{k}_1\to\boldsymbol{k}+\boldsymbol{q}\,;\quad \boldsymbol{k}_2\to\boldsymbol{p}-\boldsymbol{q}\,;\quad \boldsymbol{k}_3\to\boldsymbol{k}\,;\quad \sigma_1\to\sigma\,;\quad \sigma_2\to\sigma'$$

und haben dann schlussendlich den Hamilton-Operator des N-Elektronensystems in zweiter Quantisierung:

$$H_N=\sum_{\boldsymbol{k}\sigma}\varepsilon_0(\boldsymbol{k})\,a^+_{\boldsymbol{k}\sigma}\,a_{\boldsymbol{k}\sigma}+\frac{1}{2}\sum_{\substack{\boldsymbol{kpq}\\ \sigma\sigma'}}v_0(\boldsymbol{q})\,a^+_{\boldsymbol{k}+\boldsymbol{q}\sigma}\,a^+_{\boldsymbol{p}-\boldsymbol{q}\sigma'}\,a_{\boldsymbol{p}\sigma'}\,a_{\boldsymbol{k}\sigma}\,,$$

$$\varepsilon_0(\boldsymbol{k})=\frac{\hbar^2k^2}{2m}\,;\quad v_0(\boldsymbol{q})=\frac{e^2}{\varepsilon_0\,V\,q^2}\,.$$

Lösung zu Aufgabe 8.3.8

Es handelt sich bei $\widehat{\rho}$ um einen Ein-Teilchen-Operator. Nach (8.113) gilt dann:

$$\widehat{\rho}(\boldsymbol{r})=\sum_{\substack{\boldsymbol{k},\boldsymbol{k}'\\ \sigma,\sigma'}}\langle\boldsymbol{k}\,\sigma|\delta(\boldsymbol{r}-\hat{\boldsymbol{r}}')|\boldsymbol{k}'\,\sigma'\rangle\,a^+_{\boldsymbol{k}\sigma}\,a_{\boldsymbol{k}'\sigma'}\,.$$

Matrixelement:

$$\begin{aligned}
&\langle\boldsymbol{k}\,\sigma|\delta(\boldsymbol{r}-\hat{\boldsymbol{r}}')|\boldsymbol{k}'\,\sigma'\rangle=\delta_{\sigma\sigma'}\langle\boldsymbol{k}|\delta(\boldsymbol{r}-\hat{\boldsymbol{r}}')|\boldsymbol{k}'\rangle\\
&=\delta_{\sigma\sigma'}\int d^3r''\langle\boldsymbol{k}|\delta(\boldsymbol{r}-\hat{\boldsymbol{r}}')|\boldsymbol{r}''\rangle\langle\boldsymbol{r}''|\boldsymbol{k}'\rangle\\
&=\delta_{\sigma\sigma'}\int d^3r''\,\delta(\boldsymbol{r}-\boldsymbol{r}'')\langle\boldsymbol{k}|\boldsymbol{r}''\rangle\langle\boldsymbol{r}''|\boldsymbol{k}'\rangle=\delta_{\sigma\sigma'}\,\frac{1}{V}\,e^{i(\boldsymbol{k}'-\boldsymbol{k})\cdot\boldsymbol{r}}\,.
\end{aligned}$$

$\boldsymbol{k}' \to \boldsymbol{k} + \boldsymbol{q}$:

$$\Rightarrow \widehat{\rho}(\boldsymbol{r}) = \frac{1}{V} \sum_{\boldsymbol{k},\,\boldsymbol{q},\,\sigma} a^+_{\boldsymbol{k}\sigma}\, a_{\boldsymbol{k}+\boldsymbol{q}\sigma}\, \mathrm{e}^{\mathrm{i}\,\boldsymbol{q}\cdot\boldsymbol{r}} \,.$$

Lösung zu Aufgabe 8.3.9

1.

$$\boldsymbol{P} \longrightarrow \sum_{\boldsymbol{k}\boldsymbol{k}'\sigma\sigma'} \langle \boldsymbol{k}\sigma | \boldsymbol{p} | \boldsymbol{k}'\sigma' \rangle\, a^+_{\boldsymbol{k}\sigma} a_{\boldsymbol{k}'\sigma'} \,.$$

Matrixelement:

$$\langle \boldsymbol{k}\sigma | \boldsymbol{p} | \boldsymbol{k}'\sigma' \rangle = \langle \boldsymbol{k} | \hbar\, \widehat{\boldsymbol{k}} | \boldsymbol{k}' \rangle \langle \sigma | \sigma' \rangle = \delta_{\sigma\sigma'} \hbar\, \boldsymbol{k}' \langle \boldsymbol{k} | \boldsymbol{k}' \rangle = \delta_{\boldsymbol{k}\boldsymbol{k}'} \delta_{\sigma\sigma'}\, \hbar \boldsymbol{k}' \,.$$

Damit gilt also:

$$\boldsymbol{P} = \sum_{\boldsymbol{k}\sigma} \hbar\, \boldsymbol{k}\, a^+_{\boldsymbol{k}\sigma} a_{\boldsymbol{k}\sigma} \,.$$

2. x-Komponente des Gesamtspins:

$$S^x \longrightarrow \sum_{\boldsymbol{k}\boldsymbol{k}'\sigma\sigma'} \langle \boldsymbol{k}\sigma | s^x | \boldsymbol{k}'\sigma' \rangle\, a^+_{\boldsymbol{k}\sigma} a_{\boldsymbol{k}'\sigma'} \,.$$

Matrixelement:

$$\begin{aligned}
\langle \boldsymbol{k}\sigma | s^x | \boldsymbol{k}'\sigma' \rangle &= \delta_{\boldsymbol{k}\boldsymbol{k}'} \langle \sigma | \frac{\hbar}{2} \begin{pmatrix} 0 & 1 \\ 1 & 0 \end{pmatrix} | \sigma' \rangle \\
&= \frac{\hbar}{2} \delta_{\boldsymbol{k}\boldsymbol{k}'} \left[\delta_{\sigma'\uparrow} \langle \sigma | \begin{pmatrix} 0 & 1 \\ 1 & 0 \end{pmatrix} \begin{pmatrix} 1 \\ 0 \end{pmatrix} + \delta_{\sigma'\downarrow} \langle \sigma | \begin{pmatrix} 0 & 1 \\ 1 & 0 \end{pmatrix} \begin{pmatrix} 0 \\ 1 \end{pmatrix} \right] \\
&= \frac{\hbar}{2} \delta_{\boldsymbol{k}\boldsymbol{k}'} \left[\delta_{\sigma'\uparrow} \langle \sigma | \downarrow \rangle + \delta_{\sigma'\downarrow} \langle \sigma | \uparrow \rangle \right] \\
&= \frac{\hbar}{2} \delta_{\boldsymbol{k}\boldsymbol{k}'} \left[\delta_{\sigma'\uparrow}\, \delta_{\sigma\downarrow} + \delta_{\sigma'\downarrow}\, \delta_{\sigma\uparrow} \right] \,.
\end{aligned}$$

Damit gilt für den Spinoperator:

$$S^x = \frac{\hbar}{2} \sum_{\boldsymbol{k}} \left(a^+_{\boldsymbol{k}\downarrow} a_{\boldsymbol{k}\uparrow} + a^+_{\boldsymbol{k}\uparrow} a_{\boldsymbol{k}\downarrow} \right) \,.$$

3.

$$
\begin{aligned}
[S^x, \boldsymbol{P}]_- &= \frac{\hbar}{2} \sum_{\boldsymbol{k}} \sum_{\boldsymbol{k}'\sigma} \hbar \boldsymbol{k}' \left[a^+_{\boldsymbol{k}\downarrow} a_{\boldsymbol{k}\uparrow} + a^+_{\boldsymbol{k}\uparrow} a_{\boldsymbol{k}\downarrow}, a^+_{\boldsymbol{k}'\sigma} a_{\boldsymbol{k}'\sigma} \right]_- \\
&= \frac{\hbar}{2} \sum_{\boldsymbol{k}\boldsymbol{k}'\sigma} \hbar \boldsymbol{k}' \delta_{\boldsymbol{k}\boldsymbol{k}'} \left(\left[a^+_{\boldsymbol{k}\downarrow} a_{\boldsymbol{k}\uparrow}, a^+_{\boldsymbol{k}\sigma} a_{\boldsymbol{k}\sigma} \right]_- + \left[a^+_{\boldsymbol{k}\uparrow} a_{\boldsymbol{k}\downarrow}, a^+_{\boldsymbol{k}\sigma} a_{\boldsymbol{k}\sigma} \right]_- \right) \\
&= \frac{\hbar}{2} \sum_{\boldsymbol{k}\sigma} \hbar \boldsymbol{k} \left(\delta_{\sigma\uparrow} a^+_{\boldsymbol{k}\downarrow} a_{\boldsymbol{k}\sigma} - \delta_{\sigma\downarrow} a^+_{\boldsymbol{k}\sigma} a_{\boldsymbol{k}\uparrow} + \delta_{\sigma\downarrow} a^+_{\boldsymbol{k}\uparrow} a_{\boldsymbol{k}\sigma} - \delta_{\sigma\uparrow} a^+_{\boldsymbol{k}\sigma} a_{\boldsymbol{k}\downarrow} \right) \\
&= \frac{\hbar}{2} \sum_{\boldsymbol{k}} \hbar \boldsymbol{k} \left(a^+_{\boldsymbol{k}\downarrow} a_{\boldsymbol{k}\uparrow} - a^+_{\boldsymbol{k}\downarrow} a_{\boldsymbol{k}\uparrow} + a^+_{\boldsymbol{k}\uparrow} a_{\boldsymbol{k}\downarrow} - a^+_{\boldsymbol{k}\uparrow} a_{\boldsymbol{k}\downarrow} \right) \\
&= 0\,.
\end{aligned}
$$

Lösung zu Aufgabe 8.3.10

$$
\hat{n}_{\boldsymbol{k}\sigma} = a^+_{\boldsymbol{k}\sigma} a_{\boldsymbol{k}\sigma} \;\Rightarrow\; \left[\hat{n}_{\boldsymbol{k}\sigma}, \hat{n}_{\boldsymbol{k}'\sigma'} \right]_- = 0\,.
$$

Die kinetische Energie vertauscht also auf jeden Fall mit $\widehat{N}$. Bleibt der Kommutator mit der Wechselwirkung zu berechnen:

$$
\begin{aligned}
&\frac{1}{2} \sum_{\substack{\boldsymbol{k}\boldsymbol{p}\boldsymbol{q} \\ \sigma\sigma' \\ \boldsymbol{k}'\sigma''}} v_0(\boldsymbol{q}) \left[a^+_{\boldsymbol{k}+\boldsymbol{q}\sigma} a^+_{\boldsymbol{p}-\boldsymbol{q}\sigma'} a_{\boldsymbol{p}\sigma'} a_{\boldsymbol{k}\sigma}, a^+_{\boldsymbol{k}'\sigma''} a_{\boldsymbol{k}'\sigma''} \right]_- \\
&= \frac{1}{2} \sum_{\substack{\boldsymbol{k},\boldsymbol{p},\boldsymbol{q} \\ \boldsymbol{k}',\sigma,\sigma',\sigma''}} v_0(\boldsymbol{q}) \Big\{ \delta_{\boldsymbol{k}\boldsymbol{k}'} \delta_{\sigma\sigma''} a^+_{\boldsymbol{k}+\boldsymbol{q}\sigma} a^+_{\boldsymbol{p}-\boldsymbol{q}\sigma'} a_{\boldsymbol{p}\sigma'} a_{\boldsymbol{k}'\sigma''} \\
&\quad - \delta_{\boldsymbol{p},\boldsymbol{k}'} \delta_{\sigma'\sigma''} a^+_{\boldsymbol{k}+\boldsymbol{q}\sigma} a^+_{\boldsymbol{p}-\boldsymbol{q}\sigma'} a_{\boldsymbol{k}\sigma} a_{\boldsymbol{k}'\sigma''} \\
&\quad + \delta_{\boldsymbol{p}-\boldsymbol{q}\boldsymbol{k}'} \delta_{\sigma'\sigma''} a^+_{\boldsymbol{k}'\sigma''} a^+_{\boldsymbol{k}+\boldsymbol{q}\sigma} a_{\boldsymbol{p}\sigma'} a_{\boldsymbol{k}\sigma} - \delta_{\boldsymbol{k}+\boldsymbol{q}\boldsymbol{k}'} \delta_{\sigma\sigma''} a^+_{\boldsymbol{k}'\sigma''} a^+_{\boldsymbol{p}-\boldsymbol{q}\sigma'} a_{\boldsymbol{p}\sigma'} a_{\boldsymbol{k}\sigma} \Big\} \\
&= \frac{1}{2} \sum_{\substack{\boldsymbol{k},\boldsymbol{p},\boldsymbol{q} \\ \sigma,\sigma'}} v_0(\boldsymbol{q}) \Big\{ a^+_{\boldsymbol{k}+\boldsymbol{q}\sigma} a^+_{\boldsymbol{p}-\boldsymbol{q}\sigma'} a_{\boldsymbol{p}\sigma'} a_{\boldsymbol{k}\sigma} - a^+_{\boldsymbol{k}+\boldsymbol{q}\sigma} a^+_{\boldsymbol{p}-\boldsymbol{q}\sigma'} a_{\boldsymbol{k}\sigma} a_{\boldsymbol{p}\sigma'} \\
&\quad + a^+_{\boldsymbol{p}-\boldsymbol{q}\sigma'} a^+_{\boldsymbol{k}+\boldsymbol{q}\sigma} a_{\boldsymbol{p}\sigma'} a_{\boldsymbol{k}\sigma} - a^+_{\boldsymbol{k}+\boldsymbol{q}\sigma} a^+_{\boldsymbol{p}-\boldsymbol{q}\sigma'} a_{\boldsymbol{p}\sigma'} a_{\boldsymbol{k}\sigma} \Big\} = 0 \\
&\Rightarrow\; [H_N, \widehat{N}]_- = 0\,.
\end{aligned}
$$

H_N und $\widehat{N}$ haben gemeinsame Eigenzustände. Die Teilchenzahl ist eine Erhaltungsgröße!

Lösung zu Aufgabe 8.3.11

Wir haben zu zeigen:

$$\left[S_i^+, S_j^-\right]_- = 2\hbar\,\delta_{ij}\,S_i^z \qquad \left[S_i^z, S_j^\pm\right]_- = \pm\hbar\,\delta_{ij}\,S_i^\pm$$

1.

$$\begin{aligned}\left[S_i^+, S_j^-\right]_- &= \hbar^2\left[a_{i\uparrow}^+ a_{i\downarrow},\, a_{j\downarrow}^+ a_{j\uparrow}\right]_-\\ &= \hbar^2\delta_{ij}\left(a_{i\uparrow}^+ a_{j\uparrow} - a_{j\downarrow}^+ a_{i\downarrow}\right)\\ &= \hbar^2\delta_{ij}\left(n_{i\uparrow} - n_{i\downarrow}\right)\\ &= 2\hbar\,\delta_{ij}\,S_i^z\end{aligned}$$

2.

$$\begin{aligned}\left[S_i^z, S_j^+\right]_- &= \frac{\hbar^2}{2}\left[n_{i\uparrow} - n_{i\downarrow},\, a_{j\uparrow}^+ a_{j\downarrow}\right]_-\\ &= \frac{\hbar^2}{2}\delta_{ij}\left(\left[n_{i\uparrow},\, a_{i\uparrow}^+ a_{i\downarrow}\right]_- - \left[n_{i\downarrow},\, a_{i\uparrow}^+ a_{i\downarrow}\right]_-\right)\\ &= \frac{\hbar^2}{2}\delta_{ij}\left(a_{i\uparrow}^+ a_{i\downarrow} + a_{i\uparrow}^+ a_{i\downarrow}\right)\\ &= \hbar^2\delta_{ij}\,a_{i\uparrow}^+ a_{i\downarrow}\\ &= +\hbar\,\delta_{ij}\,S_i^+\end{aligned}$$

3.

$$\begin{aligned}\left[S_i^z, S_j^-\right]_- &= \frac{\hbar^2}{2}\left[n_{i\uparrow} - n_{i\downarrow},\, a_{j\downarrow}^+ a_{j\uparrow}\right]_-\\ &= \frac{\hbar^2}{2}\delta_{ij}\left(\left[n_{i\uparrow},\, a_{i\downarrow}^+ a_{i\uparrow}\right]_- - \left[n_{i\downarrow},\, a_{i\downarrow}^+ a_{i\uparrow}\right]_-\right)\\ &= \frac{\hbar^2}{2}\delta_{ij}\left(-a_{i\downarrow}^+ a_{i\uparrow} - a_{i\downarrow}^+ a_{i\uparrow}\right)\\ &= -\hbar^2\delta_{ij}\,a_{i\downarrow}^+ a_{i\uparrow}\\ &= -\hbar\,\delta_{ij}\,S_i^-\end{aligned}$$

Abschnitt 8.4.4

Lösung zu Aufgabe 8.4.1

Testzustand:

$$|q\rangle = c_1 \left|\varphi_a^{(1)}\right\rangle \left|\varphi_b^{(2)}\right\rangle + c_2 \left|\varphi_a^{(2)}\right\rangle \left|\varphi_b^{(1)}\right\rangle ; \quad c_{1,2} \text{ reell} .$$

Normierung:

$$\begin{aligned}\langle q|q\rangle &= c_1^2 + c_2^2 + c_1 c_2 \left(\left\langle \varphi_a^{(1)} \middle| \varphi_b^{(1)} \right\rangle \left\langle \varphi_b^{(2)} \middle| \varphi_a^{(2)} \right\rangle + \left\langle \varphi_a^{(2)} \middle| \varphi_b^{(2)} \right\rangle \left\langle \varphi_b^{(1)} \middle| \varphi_a^{(1)} \right\rangle \right) \\ &= c_1^2 + c_2^2 + 2c_1 c_2 |L_{ab}|^2 .\end{aligned}$$

Weiterhin benutzen wir die Bezeichnungen (8.156) und (8.157):

$$\begin{aligned}\left\langle \varphi_a^{(1)} \right| \left\langle \varphi_b^{(2)} \right| H \left| \varphi_a^{(1)} \right\rangle \left| \varphi_b^{(2)} \right\rangle &= \left\langle \varphi_a^{(2)} \right| \left\langle \varphi_b^{(1)} \right| H \left| \varphi_a^{(2)} \right\rangle \left| \varphi_b^{(1)} \right\rangle \\ &= E_a + E_b + C_{ab} , \\ \left\langle \varphi_a^{(1)} \right| \left\langle \varphi_b^{(2)} \right| H \left| \varphi_a^{(2)} \right\rangle \left| \varphi_b^{(1)} \right\rangle &+ \left\langle \varphi_a^{(2)} \right| \left\langle \varphi_b^{(1)} \right| H \left| \varphi_a^{(1)} \right\rangle \left| \varphi_b^{(2)} \right\rangle \\ &= 2(E_a + E_b)|L_{ab}|^2 + 2A_{ab} .\end{aligned}$$

Damit lautet das Energiefunktional:

$$\langle H\rangle_q = \frac{\langle q|H|q\rangle}{\langle q|q\rangle} = E_a + E_b + \frac{\left(c_1^2 + c_2^2\right) C_{ab} + 2c_1 c_2 A_{ab}}{c_1^2 + c_2^2 + 2c_1 c_2 |L_{ab}|^2} .$$

Dieser Ausdruck ist symmetrisch in c_1 und c_2. Die Variationsbedingung lautet:

$$\frac{\partial}{\partial c_1} \langle H\rangle_q \stackrel{!}{=} 0 = \frac{2c_2 \left(C_{ab}|L_{ab}|^2 - A_{ab}\right)}{\left(c_1^2 + c_2^2 + 2c_1 c_2 |L_{ab}|^2\right)^2} \left(c_1^2 - c_2^2\right) .$$

In der Regel ist sicher

$$C_{ab}|L_{ab}|^2 \neq A_{ab} .$$

Die obere Bedingung ist also nur für

$$c_1 = \pm c_2$$

erfüllbar. Damit ergibt sich exakt dasselbe Ergebnis wie in Abschn. 8.4.2. Die Variationsbedingung führt auf den korrekt (anti-)symmetrisierten Testzustand $|q\rangle$!

Lösung zu Aufgabe 8.4.2

Wir haben als Aufgabe 5.4.1 gezeigt, dass die vier Spinzustände ((8.149), (8.150)),

$$|S_1\,S_2;\,S\,m_s\rangle \equiv |S\,m_s\rangle = |1\,1\rangle, |1\,0\rangle, |1\,-1\rangle, |0\,0\rangle,$$

gemeinsame Eigenzustände der Operatoren

$$\boldsymbol{S}^2 = \left(\boldsymbol{S}_1 + \boldsymbol{S}_2\right)^2,\; S^z = \left(S_1^z + S_2^z\right),\; \boldsymbol{S}_1^2,\; \boldsymbol{S}_2^2$$

sind und wegen

$$\boldsymbol{S}_1 \cdot \boldsymbol{S}_2 = \frac{1}{2}\left(\boldsymbol{S}^2 - \boldsymbol{S}_1^2 - \boldsymbol{S}_2^2\right)$$

damit auch zu $\boldsymbol{S}_1 \cdot \boldsymbol{S}_2$:

$$(\boldsymbol{S}_1 \cdot \boldsymbol{S}_2)|0\,0\rangle = \frac{1}{2}\left(0 - \frac{3}{4} - \frac{3}{4}\right)\hbar^2|0\,0\rangle = -\frac{3}{4}\hbar^2|0\,0\rangle\,,$$

$$(\boldsymbol{S}_1 \cdot \boldsymbol{S}_2)|1 m_s\rangle = \frac{1}{2}\left(2 - \frac{3}{4} - \frac{3}{4}\right)\hbar^2|1 m_s\rangle = \frac{1}{4}\hbar^2|1 m_s\rangle\,.$$

Forderung:

$$\widehat{H}|1 m_s\rangle^{(+)} \stackrel{!}{=} E_-|1 m_s\rangle^{(+)}\,; \quad m_s = \pm 1, 0\,,$$

$$\widehat{H}|0\,0\rangle^{(-)} \stackrel{!}{=} E_+|0\,0\rangle^{(-)}\,.$$

Dies wird gewährleistet durch

$$\widehat{H} = E_0 - J_{12}\,(\boldsymbol{S}_1 \cdot \boldsymbol{S}_2)\,,$$

$$E_0 = \frac{1}{4}(E_+ + 3E_-)\,; \quad J_{12} = \frac{1}{\hbar^2}(E_+ - E_-)\,.$$

Lösung zu Aufgabe 8.4.3

Wir berechnen zunächst das Normierungsintegral:

$$\langle\psi_{Z^*}|\psi_{Z^*}\rangle = 16\,\pi^2 \int\limits_0^\infty \mathrm{d}r_1 \int\limits_0^\infty \mathrm{d}r_2\, r_1^2\, r_2^2\, \mathrm{e}^{-(2Z^*/a_\mathrm{B})(r_1+r_2)}$$

$$= \left[4\pi \int\limits_0^\infty \mathrm{d}r\, r^2 \exp\left(-\frac{2Z^*}{a_\mathrm{B}}r\right)\right]^2 = \left[4\pi \cdot 2!\left(\frac{a_\mathrm{B}}{2Z^*}\right)^3\right]^2 = \frac{\pi^2 a_\mathrm{B}^6}{Z^{*6}}\,,$$

$$\left(\int_0^\infty dx\, x^n \, e^{-ax} = \frac{1}{a^{n+1}} \, \Gamma(n+1) = \frac{n!}{a^{n+1}} \right) .$$

Für das Energiefunktional benötigen wir:

$$\begin{aligned}
&\left\langle \psi_{Z^*} \left| \left(H_1^{(1)} + H_1^{(2)} \right) \right| \psi_{Z^*} \right\rangle = 2 \left\langle \psi_{Z^*} \left| H_1^{(2)} \right| \psi_{Z^*} \right\rangle \\
&= 2 \int d^3 r_1 \, e^{-(2Z^*/a_B)\, r_1} \int d^3 r_2 \, e^{-(Z^*/a_B)\, r_2} \left(-\frac{\hbar^2}{2m} \Delta_2 - \frac{2e^2}{4\pi\,\varepsilon_0} \frac{1}{r_2} \right) e^{-(Z^*/a_B)\, r_2} \\
&= \frac{2\pi\, a_B^3}{Z^{*3}} \, 4\pi \int_0^\infty dr_2 \, r_2^2 \, e^{-(Z^*/a_B)\, r_2} \left[-\frac{\hbar^2}{2m} \left(\frac{\partial^2}{\partial r_2^2} + \frac{2}{r_2} \frac{\partial}{\partial r_2} \right) - \frac{e^2}{2\pi\,\varepsilon_0} \frac{1}{r_2} \right] e^{-(Z^*/a_B)\, r_2} \\
&= \frac{8\pi^2\, a_B^3}{Z^{*3}} \int_0^\infty dr_2 \, e^{-(2Z^*/a_B)\, r_2} \left[-\frac{\hbar^2}{2m} \left(\frac{Z^{*2}}{a_B^2} r_2^2 - 2\frac{Z^*}{a_B} r_2 \right) - \frac{e^2\, r_2}{2\pi\,\varepsilon_0} \right] \\
&= \frac{8\pi^2\, a_B^3}{Z^{*3}} \left\{ -\frac{\hbar^2}{2m} \left[\frac{Z^{*2}}{a_B^2} \, 2! \left(\frac{a_B}{2Z^*} \right)^3 - 2\frac{Z^*}{a_B} \left(\frac{a_B}{2Z^*} \right)^2 \right] - \frac{e^2}{2\pi\,\varepsilon_0} \left(\frac{a_B}{2Z^*} \right)^2 \right\} \\
&= \frac{8\pi^2 a_B^3}{Z^{*3}} \left[\frac{\hbar^2 a_B}{8m\, Z^*} - \frac{e^2\, a_B^2}{8\pi\,\varepsilon_0\, Z^{*2}} \right] .
\end{aligned}$$

Wir nutzen aus:

$$E_R = \frac{e^2}{8\pi\,\varepsilon_0 a_B} \, ; \quad a_B = \frac{\hbar^2 4\pi\,\varepsilon_0}{m\, e^2} \, ; \quad \frac{\hbar^2}{m} = 2a_B^2 \, E_R \, .$$

Damit folgt:

$$\left\langle \psi_{Z^*} \left| \left(H_1^{(1)} + H_1^{(2)} \right) \right| \psi_{Z^*} \right\rangle = \frac{8\pi^2 a_B^6}{Z^{*3}} \, E_R \left(\frac{1}{4Z^*} - \frac{1}{Z^{*2}} \right) ,$$

$$\frac{\left\langle \psi_{Z^*} \left| \left(H_1^{(1)} + H_1^{(2)} \right) \right| \psi_{Z^*} \right\rangle}{\langle \psi_{Z^*} | \psi_{Z^*} \rangle} = E_R \left(2Z^{*2} - 8Z^* \right) .$$

Der Wechselwirkungsanteil

$$\frac{\langle \psi_{Z^*} | H_2^{(1,2)} | \psi_{Z^*} \rangle}{\langle \psi_{Z^*} | \psi_{Z^*} \rangle}$$

berechnet sich natürlich genauso wie die Störkorrektur erster Ordnung (8.169) und muss für $Z^* = 2$ mit dieser übereinstimmen:

$$\langle \psi_{Z^*} | H_2^{(1,2)} | \psi_{Z^*} \rangle = \frac{e^2}{4\pi\,\varepsilon_0} \iint d^3 r_1 \, d^3 r_2 \, \frac{e^{-(2Z^*/a_B)\,(r_1 + r_2)}}{|\boldsymbol{r}_1 - \boldsymbol{r}_2|} \, .$$

Der Integrand ist völlig symmetrisch in $\boldsymbol{r}_1$ und $\boldsymbol{r}_2$. Wir können also $r_2 \geq r_1$ voraussetzen und das Resultat mit einem Faktor 2 versehen. Mit

$$\frac{e^2}{4\pi\,\varepsilon_0} = 2a_\mathrm{B}\,E_\mathrm{R}$$

gilt es zu berechnen:

$$\begin{aligned}
\langle\psi_{Z^*}|H_2^{(1,2)}|\psi_{Z^*}\rangle &= 8\pi\,a_\mathrm{B}\,E_\mathrm{R}\,Q\,,\\
Q &= \int \mathrm{d}^3r_1\,\mathrm{e}^{-(2Z^*/a_\mathrm{B})\,r_1}\,D_{r_1}\,,\\
D_{r_1} &= \int_{r_1}^{\infty} \mathrm{d}r_2\,r_2^2\,\mathrm{e}^{-(2Z^*/a_\mathrm{B})\,r_2}\,I_{r_1\leq r_2}\,,
\end{aligned}$$

$$\begin{aligned}
I_{r_1\leq r_2} &= \int_{-1}^{+1} \frac{\mathrm{d}x}{\sqrt{r_1^2+r_2^2-2r_1r_2x}}\\
&= -\frac{1}{r_1r_2}\left(\sqrt{(r_1-r_2)^2}-\sqrt{(r_1+r_2)^2}\right) = \frac{2}{r_2}\,.
\end{aligned}$$

Damit bleibt für D_{r_1} :

$$\begin{aligned}
D_{r_1} &= 2\int_{r_1}^{\infty}\mathrm{d}r_2\,r_2\,\exp\left(-\frac{2Z^*}{a_\mathrm{B}}\,r_2\right) = -2\left[\frac{\mathrm{d}}{\mathrm{d}\lambda}\int_{r_1}^{\infty}\mathrm{d}r_2\,\mathrm{e}^{-\lambda r_2}\right]_{\lambda=2Z^*/a_\mathrm{B}}\\
&= -2\left[\frac{\mathrm{d}}{\mathrm{d}\lambda}\,\frac{1}{\lambda}\,\mathrm{e}^{-\lambda r_1}\right]_{\lambda=2Z^*/a_\mathrm{B}} = \left[\frac{a_\mathrm{B}^2}{2Z^{*2}}+\frac{r_1\,a_\mathrm{B}}{Z^*}\right]\exp\left(-\frac{2Z^*}{a_\mathrm{B}}\,r_1\right)\\
&= \frac{a_\mathrm{B}}{Z^*}\left(r_1+\frac{1}{2}\,\frac{a_\mathrm{B}}{Z^*}\right)\exp\left(-\frac{2Z^*}{a_\mathrm{B}}\,r_1\right)\,.
\end{aligned}$$

Im nächsten Schritt bestimmen wir:

$$\begin{aligned}
Q &= 4\pi\,\frac{a_\mathrm{B}}{Z^*}\int_0^{\infty}\mathrm{d}r_1\left(r_1^3+\frac{1}{2}\,\frac{a_\mathrm{B}}{Z^*}\,r_1^2\right)\exp\left(-\frac{4Z^*}{a_\mathrm{B}}\,r_1\right)\\
&= 4\pi\,\frac{a_\mathrm{B}}{Z^*}\left[3!\left(\frac{a_\mathrm{B}}{4Z^*}\right)^4+\frac{1}{2}\,\frac{a_\mathrm{B}}{Z^*}\,2!\left(\frac{a_\mathrm{B}}{4Z^*}\right)^3\right]\\
&= 4\pi\left(\frac{a_\mathrm{B}}{Z^*}\right)^5\frac{1}{4^3}\left(\frac{3}{2}+1\right) = \frac{5\pi}{32}\left(\frac{a_\mathrm{B}}{Z^*}\right)^5\,.
\end{aligned}$$

Damit ergibt sich schlussendlich:

$$\frac{\left\langle\psi_{Z^*}\left|H_2^{(1,2)}\right|\psi_{Z^*}^{(1,2)}\right\rangle}{\langle\psi_{Z^*}|\psi_{Z^*}\rangle} = \frac{5}{4}\,Z^*E_\mathrm{R}\,.$$

Insgesamt lautet das zu variierende Energiefunktional:

$$\langle H\rangle_{Z^*} = \frac{\langle\psi_{Z^*}|H|\psi_{Z^*}\rangle}{\langle\psi_{Z^*}|\psi_{Z^*}\rangle} = E_R\left(2Z^{*2} - \frac{27}{4}Z^*\right) .$$

Variationsbedingung:

$$0 \stackrel{!}{=} \frac{d}{dZ^*}\langle H\rangle_{Z^*} = E_R\left(4Z^* - \frac{27}{4}\right)$$

$$\Rightarrow\ Z_0^* = \frac{27}{16} < 2 .$$

Obere Schranke für die Grundzustandsenergie:

$$E_0 \leq \langle H\rangle_{Z_0^*} = -E_R\,\frac{(27)^2}{128} \approx -5{,}7\,E_R \approx -77{,}49\,\text{eV} ,$$

Z_0^* : *effektive* Kernladung. Durch die Anwesenheit des jeweils anderen Elektrons *sehen* die He-Elektronen nicht die volle Kernladung $Z = 2$.

Lösung zu Aufgabe 8.4.4

Gleichung (2.169) in Band 3 erweist sich als sehr nützlich:

$$\frac{1}{|\boldsymbol{r}_1 - \boldsymbol{r}_2|} = \frac{4\pi}{r_>}\sum_l\sum_{m=-l}^{+l}\frac{1}{2l+1}\left(\frac{r_<}{r_>}\right)^l Y_{lm}^*(\vartheta_1,\varphi_1)\,Y_{lm}(\vartheta_2,\varphi_2) ,$$

$$\boldsymbol{r}_i \equiv (r_i,\vartheta_i,\varphi_i) ,$$

$$r_> = \max(r_1,r_2) ;\quad r_< = \min(r_1,r_2) .$$

Mit (5.108),

$$Y_{00}(\vartheta,\varphi) \equiv \frac{1}{\sqrt{4\pi}} ,$$

folgt dann für die Austauschintegrale:

$$A_{10}^{nl} = \frac{e^2}{4\pi\,\varepsilon_0}\int\limits_0^\infty r_1^2\,dr_1\int\limits_0^\infty r_2^2\,dr_2\,R_{10}(r_1)\,R_{nl}(r_2)$$

$$\cdot R_{10}(r_2)\,R_{nl}(r_1)\,\frac{1}{r_>}\sum_{l'm'}\frac{1}{2l'+1}\left(\frac{r_<}{r_>}\right)^{l'}$$

$$\cdot\int d\varphi_1\,d\cos\vartheta_1\int d\varphi_2\,d\cos\vartheta_2\,Y_{l'm'}^*(\vartheta_1,\varphi_1)$$

$$\cdot Y_{l'm'}(\vartheta_2,\varphi_2)\,Y_{l0}^*(\vartheta_2,\varphi_2)\,Y_{l0}(\vartheta_1,\varphi_1) .$$

Orthogonalitätsrelation (5.102) der Kugelflächenfunktionen:

$$A_{10}^{nl} = \frac{e^2}{4\pi\,\varepsilon_0(2l+1)} \int_0^\infty r_1^2 \mathrm{d}r_1 \int_0^\infty r_2^2 \mathrm{d}r_2 \; R_{10}(r_1)\,R_{nl}(r_2)\,R_{10}(r_2)\,R_{nl}(r_1)\,\frac{r_<^l}{r_>^{l+1}}\;.$$

Nach (6.59) hat die Radialfunktion für $l = n - 1$ **keine** Knoten. Dann muss aber

$$R_{10}(r_1)\,R_{10}(r_2) \geq 0\,,$$

$$R_{nl}(r_1)\,R_{nl}(r_2) \geq 0 \quad (l = n-1)$$

sein. Demzufolge gilt:

$$A_{10}^{n\,n-1} \geq 0\,.$$

Lösung zu Aufgabe 8.4.5

Nach (8.177) und (8.178) ist die Aufspaltung durch das entsprechende Austauschintegral gegeben:

$$\Delta E = 2A_{10}^{20}\,.$$

Zur Berechnung desselben benutzen wir die Formel aus Aufgabe 8.4.4:

$$A_{10}^{20} = \frac{e^2}{4\pi\,\varepsilon_0} \int_0^\infty r_1^2 \mathrm{d}r_1 \int_0^\infty r_2^2 \mathrm{d}r_2 \,\frac{1}{r_>}\, R_{10}(r_1)\,R_{20}(r_2)\,R_{10}(r_2)\,R_{20}(r_1)\,,$$

$$(6.60):\quad R_{10}(r) = 2\left(\frac{2}{a_\mathrm{B}}\right)^{3/2} \mathrm{e}^{-2r/a_\mathrm{B}}\,,$$

$$(6.61):\quad R_{20}(r) = 2\left(\frac{2}{2a_\mathrm{B}}\right)^{3/2} \left(1 - \frac{r}{a_\mathrm{B}}\right) \mathrm{e}^{-r/a_\mathrm{B}}\,.$$

Substitution:

$$x_i = \frac{r_i}{a_\mathrm{B}}\,;\quad i = 1,2$$

$$\frac{e^2}{4\pi\varepsilon_0} = 2a_\mathrm{B}\,E_\mathrm{R}$$

$$\Rightarrow A_{10}^{20} = 2^8\, E_R \int_0^\infty x_1^2(1-x_1)\,dx_1 \int_0^\infty x_2^2(1-x_2)\,dx_2\, \frac{e^{-3(x_1+x_2)}}{r_>/a_B}$$

$$= 2^8\, E_R \int_0^\infty dx_1\, x_1^2(1-x_1)\, e^{-3x_1}\, [I_1 + I_2]\,,$$

$$I_1 = \frac{1}{x_1}\int_0^{x_1} dx_2\, \left(x_2^2 - x_2^3\right) e^{-3x_2}$$

$$= \frac{1}{x_1}\int_0^{x_1} dx_2\, \frac{1}{3}\frac{d}{dx_2}\, x_2^3\, e^{-3x_2} = \frac{1}{3}\, x_1^2\, e^{-3x_1}\,.$$

Zur Berechnung des anderen Integrals I_2 ist die Formel aus Aufgabe 7.2.1 nützlich:

$$\int_0^{x_0} dx\, e^{-x}\, x^n = n!\left(1 - e^{-x_0}\sum_{\mu=0}^{n}\frac{x_0^\mu}{\mu!}\right)$$

$$\Rightarrow \int_{x_0}^\infty dx\, e^{-x}\, x^n = n!\, e^{-x_0}\sum_{\mu=0}^{n}\frac{x_0^\mu}{\mu!}\,,$$

$$I_2 = \int_{x_1}^\infty dx_2\, \left(x_2 - x_2^2\right) e^{-3x_2} = \frac{1}{3}\int_{3x_1}^\infty dy_2\, \left(\frac{1}{3}y_2 - \frac{1}{9}y_2^2\right) e^{-y_2}$$

$$= \frac{1}{9}\, e^{-3x_1}\,(1+3x_1) - \frac{2!}{27}\, e^{-3x_1}\left(1 + 3x_1 + \frac{9x_1^2}{2!}\right)$$

$$= \frac{1}{9}\, e^{-3x_1}\left(\frac{1}{3} + x_1 - 3x_1^2\right)$$

$$\Rightarrow I_1 + I_2 = \frac{1}{9}\, e^{-3x_1}\left(\frac{1}{3} + x_1\right).$$

Es bleibt somit zu berechnen:

$$A_{10}^{20} = \frac{2^8}{9}\, E_R \int_0^\infty dx_1\, e^{-6x_1}\left(\frac{1}{3}x_1^2 + \frac{2}{3}x_1^3 - x_1^4\right)$$

$$= \frac{2^8}{9}\, E_R\left(\frac{1}{3}\frac{2!}{6^3} + \frac{2}{3}\frac{3!}{6^4} - \frac{4!}{6^5}\right)$$

$$\Rightarrow A_{10}^{20} = \left(\frac{2}{3}\right)^6 E_R \approx 1{,}19\,\text{eV} \Rightarrow \Delta E \approx 2{,}38\,\text{eV}\,.$$

Lösung zu Aufgabe 8.4.6

Der Lösungsweg ist im Prinzip derselbe wie der für die Austauschintegrale in Aufgabe 8.4.4. Wir benutzen für $1/|\boldsymbol{r}_1 - \boldsymbol{r}_2|$ denselben Ausdruck wie dort:

$$C_{10}^{nl} = \frac{e^2}{4\pi\,\varepsilon_0} \int\limits_0^\infty r_1^2\,\mathrm{d}r_1 \int\limits_0^\infty r_2^2\,\mathrm{d}r_2\, R_{10}^2(r_1)\, R_{nl}^2(r_2)\,\frac{1}{r_>}$$

$$\cdot \sum_{l'm'} \frac{1}{(2l'+1)} \left(\frac{r_<}{r_>}\right)^{l'} \int \mathrm{d}\varphi_1\, \mathrm{d}\cos\vartheta_1\; Y_{l'm'}^*(\vartheta_1,\varphi_1)\cdot$$

$$\cdot \int \mathrm{d}\varphi_2\, \mathrm{d}\cos\vartheta_2\; Y_{l'm'}(\vartheta_2,\varphi_2) |Y_{l0}(\vartheta_2\,\varphi_2)|^2\,,$$

$$\int \mathrm{d}\varphi_1\, \mathrm{d}\cos\vartheta_1\; Y_{l'm'}^*(\vartheta_1,\varphi_1)$$

$$= \sqrt{4\pi} \int \mathrm{d}\varphi_1\; d\cos\vartheta_1\; Y_{l'm'}^*(\vartheta_1\varphi_1)\, Y_{00}(\vartheta_1\varphi_1) = \sqrt{4\pi}\,\delta_{l'0}\,\delta_{m'0}\,.$$

Damit folgt:

$$C_{10}^{nl} = \frac{e^2}{4\pi\,\varepsilon_0} \int\limits_0^\infty r_1^2\,\mathrm{d}r_1 \int\limits_0^\infty r_2^2\,\mathrm{d}r_2\, R_{10}^2(r_1)\, R_{nl}^2(r_2)\,\frac{1}{r_>}\cdot$$

$$\cdot \sqrt{4\pi}\,\frac{1}{\sqrt{4\pi}} \int \mathrm{d}\varphi_2\, \mathrm{d}\cos\vartheta_2 |\, Y_{l0}(\vartheta_2,\varphi_2)|^2$$

$$= \frac{e^2}{4\pi\,\varepsilon_0} \int\limits_0^\infty r_1^2\,\mathrm{d}r_1 \int\limits_0^\infty r_2^2\,\mathrm{d}r_2\, R_{10}^2(r_1)\, R_{nl}^2(r_2)\,\frac{1}{r_>} \quad \text{q.e.d.}$$

Lösung zu Aufgabe 8.4.7

Wir benutzen für C_{10}^{20} die Formel aus Aufgabe 8.4.6:

$$C_{10}^{20} = 2a_\mathrm{B}\, E_\mathrm{R} \int\limits_0^\infty r_1^2\,\mathrm{d}r_1 \int\limits_0^\infty r_2^2\,\mathrm{d}r_2\, R_{10}^2(r_1)\, R_{20}^2(r_2)\,\frac{1}{r_>}\,.$$

Mit $R_{10}(r_1)$ nach (6.60) und $R_{20}(r_2)$ nach (6.61) sowie

$$x_i = \frac{r_i}{a_\mathrm{B}}, \quad i = 1,2$$

bleibt zu berechnen:

$$C_{10}^{20} = 2^8 E_R \int_0^\infty dx_2 \left(x_2^2 - 2x_2^3 + x_2^4\right) e^{-2x_2} \left[J_1 + J_2\right] .$$

Wir verwenden wieder die Integralformeln aus Lösung 8.4.5:

$$\begin{aligned}
J_1 &= \frac{1}{x_2} \int_0^{x_2} dx_1\, x_1^2\, e^{-4x_1} \\
&= \frac{1}{4^3 x_2} \int_0^{4x_2} dy_1\, y_1^2\, e^{-y_1} = \frac{2!}{4^3 x_2} \left\{1 - e^{-4x_2} \left[1 + 4x_2 + \frac{1}{2!}(4x_2)^2\right]\right\} \\
&= \frac{1}{32\, x_2} - \frac{e^{-4x_2}}{16} \left(\frac{1}{2x_2} + 2 + 4x_2\right) , \\
J_2 &= \int_{x_2}^\infty dx_1\, x_1\, e^{-4x_1} = \frac{1}{4^2} \int_{4x_2}^\infty dy_1\, y_1\, e^{-y_1} = \frac{e^{-4x_2}}{16} (1 + 4x_2) .
\end{aligned}$$

Daraus ergibt sich für das Coulomb-Integral:

$$\begin{aligned}
C_{10}^{20} &= 2^3 E_R \left[\int_0^\infty dx_2 \left(x_2 - 2x_2^2 + x_2^3\right) e^{-2x_2} - \int_0^\infty dx_2 \left(x_2 - 3x_2^3 + 2x_2^4\right) e^{-6x_2}\right] \\
&= 2^3 E_R \left[\frac{1}{2^2} - 2\frac{2!}{2^3} + \frac{3!}{2^4} - \frac{1}{6^2} + \frac{3 \cdot 3!}{6^4} - 2\frac{4!}{6^5}\right] , \\
C_{10}^{20} &= \frac{68}{81} E_R \approx 11{,}42\,\text{eV} , \\
&\text{Lösung 8.4.5} \;\Rightarrow\; A_{10}^{20} \approx 1{,}19\,\text{eV} .
\end{aligned}$$

Das Coulomb-Integral ist um eine Größenordnung größer!

Lösung zu Aufgabe 8.4.8

$$\Delta E^{(21)}_{\substack{\text{para}\\\text{ortho}}} = C_{10}^{21} \pm A_{10}^{21} .$$

Wir benutzen zur Berechnung die Formeln aus den Aufgaben 8.4.4 und 8.4.6 mit den Radialfunktionen nach (6.60) und (6.62):

$$\begin{aligned}
R_{10}(r) &= 2 \left(\frac{2}{a_B}\right)^{3/2} e^{-2r/a_B} , \\
R_{21}(r) &= \frac{1}{\sqrt{3}} \left(\frac{2}{2a_B}\right)^{3/2} \frac{2r}{a_B} e^{-r/a_B} .
\end{aligned}$$

Mit den Substitutionen

$$x_i = \frac{r_i}{a_B}$$

ist dann zu berechnen:

$$C_{10}^{21} = \frac{2^8}{3} E_R \int_0^\infty dx_1\, x_1^2 \int_0^\infty dx_2\, x_2^4 \frac{1}{x_>} e^{-\left(4x_1 + 2x_2\right)} ,$$

$$A_{10}^{21} = \frac{2^8}{3^2} E_R \int_0^\infty dx_1\, x_1^3 \int_0^\infty dx_2\, x_2^3 \frac{r_<}{r_>^2} e^{-3\left(x_1 + x_2\right)} .$$

Wir beginnen mit dem Coulomb-Integral:

$$C_{10}^{21} = \frac{2^8}{3} E_R \int_0^\infty dx_2\, x_2^4\, e^{-2x_2} \left(J_1 + J_2\right) .$$

J_1 und J_2 sind exakt dieselben Integrale wie in Lösung 8.4.7. Wir können die Teilergebnisse also direkt übernehmen:

$$J_1 = \frac{1}{x_2} \int_0^{x_2} dx_1\, x_1^2\, e^{-4x_1} = \frac{1}{32\, x_2} - \frac{e^{-4x_2}}{16} \left(\frac{1}{2x_2} + 2 + 4x_2\right) ,$$

$$J_2 = \int_{x_2}^\infty dx_1\, x_1\, e^{-4x_1} = \frac{e^{-4x_2}}{16} \left(1 + 4x_2\right) .$$

Es bleibt dann zu berechnen:

$$C_{10}^{21} = \frac{2^8}{3} E_R \left[\frac{1}{32} \int_0^\infty dx_2\, x_2^3\, e^{-2x_2} - \frac{1}{16} \int_0^\infty dx_2\, e^{-6x_2} \left(\frac{1}{2} x_2^3 + x_2^4\right)\right]$$

$$= \frac{2^3}{3} E_R \left[\frac{3!}{2^4} - \left(\frac{3!}{6^4} + 2\frac{4!}{6^5}\right)\right] = E_R \left[1 - \frac{7}{243}\right] = \frac{236}{243} E_R$$

$$\Rightarrow\; C_{10}^{21} \approx 13{,}21\,\text{eV} .$$

Für das Austauschintegral benötigen wir:

$$A_{10}^{21} = \frac{2^8}{3^2} E_R \int_0^\infty dx_1\, x_1^3\, e^{-3x_1} \left[I_1 + I_2\right] ,$$

$$I_1 = \frac{1}{x_1^2} \int_0^{x_1} dx_2\, x_2^4\, e^{-3x_2} = \frac{1}{3^5 x_1^2} \int_0^{3x_1} dy_2\, y_2^4\, e^{-y_2}$$

$$= \frac{4!}{3^5\,x_1^2}\left[1 - \mathrm{e}^{-3x_1}\left(1 + 3x_1 + \frac{1}{2}\,(3x_1)^2 + \frac{1}{6}\,(3x_1)^3 + \frac{1}{24}\,(3x_1)^4\right)\right] ,$$

$$I_2 = x_1 \int\limits_{x_1}^{\infty} \mathrm{d}x_2\, x_2\, \mathrm{e}^{-3x_2} = \frac{x_1}{3^2} \int\limits_{3x_1}^{\infty} \mathrm{d}y_2\, y_2\, \mathrm{e}^{-y_2} = \frac{1}{3^2}\, x_1\, \mathrm{e}^{-3x_1}\,(1 + 3x_1) .$$

Zur Berechnung von I_1 und I_2 haben wir wiederum die Integralformeln aus Lösung 8.4.5 verwendet:

$$A_{10}^{21} = \frac{2^8}{3^6}\,E_\mathrm{R}\left[2^3 \int\limits_0^{\infty} \mathrm{d}x_1\, x_1\, \mathrm{e}^{-3x_1} - \int\limits_0^{\infty} \mathrm{d}x_1\, \mathrm{e}^{-6x_1}\left(8x_1 + 24\,x_1^2 + 36\,x_1^3 + 27\,x_1^4\right)\right]$$

$$= \frac{2^8}{3^6}\,E_\mathrm{R}\left[8\,\frac{1}{3^2} - 8\,\frac{1}{6^2} - 24\,\frac{2}{6^3} - 36\,\frac{3!}{6^4} - 27\,\frac{4!}{6^5}\right] = \frac{2^8}{3^6}\,E_\mathrm{R}\,\frac{7}{36} = \frac{448}{6561}\,E_\mathrm{R}$$

$$\Rightarrow\; A_{10}^{21} \approx 0{,}93\,\mathrm{eV} .$$

Das Austauschintegral ist um eine Größenordnung kleiner als das entsprechende Coulomb-Integral:

$$\Delta E_\mathrm{para}^{(21)} \approx 14{,}14\,\mathrm{eV} ,$$

$$\Delta E_\mathrm{ortho}^{(21)} \approx 12{,}28\,\mathrm{eV} .$$

Abschnitt 9.1.3

Lösung zu Aufgabe 9.1.1

$$\boldsymbol{k} = k\boldsymbol{e}_z , \quad \boldsymbol{k}\cdot\boldsymbol{r} = kz = kr\,\cos\delta ,$$

$$\varphi^*\,\nabla\varphi = \left(\mathrm{e}^{-\mathrm{i}\,\boldsymbol{k}\cdot\boldsymbol{r}} + \frac{f^*(\vartheta)}{r}\,\mathrm{e}^{-\mathrm{i}kr}\right)\nabla\left(\mathrm{e}^{\mathrm{i}\,\boldsymbol{k}\cdot\boldsymbol{r}} + \frac{f(\vartheta)}{r}\,\mathrm{e}^{\mathrm{i}kr}\right) ,$$

$$\nabla\left(\mathrm{e}^{\mathrm{i}\,\boldsymbol{k}\cdot\boldsymbol{r}} + \frac{f(\vartheta)}{r}\,\mathrm{e}^{\mathrm{i}kr}\right) = \mathrm{i}\,\boldsymbol{k}\,\mathrm{e}^{\mathrm{i}\,\boldsymbol{k}\cdot\boldsymbol{r}} + \nabla\left(\frac{f(\vartheta)}{r}\,\mathrm{e}^{\mathrm{i}kr}\right) .$$

Gradient in Kugelkoordinaten:

$$\nabla \equiv \boldsymbol{e}_r\,\frac{\partial}{\partial r} + \boldsymbol{e}_\vartheta\,\frac{1}{r}\,\frac{\partial}{\partial\vartheta} + \boldsymbol{e}_\varphi\,\frac{1}{r\sin\vartheta}\,\frac{\partial}{\partial\varphi} .$$

Damit folgt:

$$\nabla\left(\frac{f(\vartheta)}{r}\,\mathrm{e}^{\mathrm{i}kr}\right)=\boldsymbol{e}_r\left(-\frac{f(\vartheta)}{r^2}+\mathrm{i}\,k\frac{f(\vartheta)}{r}\right)\mathrm{e}^{\mathrm{i}kr}+\boldsymbol{e}_\vartheta\,\frac{1}{r^2}\,\frac{\partial f}{\partial\vartheta}\,\mathrm{e}^{\mathrm{i}kr}\;.$$

Wir vernachlässigen Terme in $1/r^3$ und setzen $\boldsymbol{k}\cdot\boldsymbol{r}=k\,r\cos\vartheta$:

$$\begin{aligned}\varphi^*\,\nabla\,\varphi&=\mathrm{i}\,\boldsymbol{k}+\mathrm{i}\,\boldsymbol{k}\frac{f^*(\vartheta)}{r}\,\mathrm{e}^{-\mathrm{i}kr\,(1-\cos\vartheta)}\\&\quad+\boldsymbol{e}_r\left[-\frac{f(\vartheta)}{r^2}\,\mathrm{e}^{\mathrm{i}kr\,(1-\cos\vartheta)}+\mathrm{i}\,k\frac{f(\vartheta)}{r}\,\mathrm{e}^{\mathrm{i}kr\,(1-\cos\vartheta)}+\mathrm{i}\,k\,\frac{|f(\vartheta)|^2}{r^2}\right]\\&\quad+\boldsymbol{e}_\vartheta\,\frac{1}{r^2}\,\frac{\partial f(\vartheta)}{\partial\vartheta}\,\mathrm{e}^{\mathrm{i}kr\,(1-\cos\vartheta)}\;.\end{aligned}$$

$\varphi\,\nabla\,\varphi^*$ ist gerade das Konjugiert-Komplexe hiervon:

$$\begin{aligned}&\varphi^*\,\nabla\,\varphi-\varphi\,\nabla\,\varphi^*\\&=2\mathrm{i}\,\boldsymbol{k}+\mathrm{i}\,\boldsymbol{k}\,\frac{1}{r}\,\left[f^*(\vartheta)\,\mathrm{e}^{-\mathrm{i}kr\,(1-\cos\vartheta)}+f(\vartheta)\,\mathrm{e}^{\mathrm{i}kr\,(1-\cos\vartheta)}\right]\\&\quad+\boldsymbol{e}_r\left[-\frac{1}{r^2}\,\left(f(\vartheta)\,\mathrm{e}^{\mathrm{i}kr\,(1-\cos\vartheta)}-f^*(\vartheta)\,\mathrm{e}^{-\mathrm{i}kr\,(1-\cos\vartheta)}\right)\right.\\&\quad\left.+\frac{\mathrm{i}\,k}{r}\,\left(f(\vartheta)\,\mathrm{e}^{\mathrm{i}kr\,(1-\cos\vartheta)}+f^*(\vartheta)\,\mathrm{e}^{-\mathrm{i}kr\,(1-\cos\vartheta)}\right)+2\mathrm{i}\,k\,\frac{|f(\vartheta)|^2}{r^2}\right]\\&\quad+\boldsymbol{e}_\vartheta\,\frac{1}{r^2}\left[\frac{\partial f(\vartheta)}{\partial\vartheta}\,\mathrm{e}^{\mathrm{i}kr\,(1-\cos\vartheta)}-\frac{\partial f^*(\vartheta)}{\partial\vartheta}\,\mathrm{e}^{-\mathrm{i}kr\,(1-\cos\vartheta)}\right]\;.\end{aligned}$$

Stromdichte:

$$\begin{aligned}\boldsymbol{j}&=\frac{\hbar}{2m\,\mathrm{i}}\left(\varphi^*\nabla\,\varphi-\varphi\,\nabla\,\varphi^*\right)=\frac{\hbar\,\boldsymbol{k}}{m}+\frac{\hbar\,k}{m}\,\boldsymbol{e}_r\,\frac{|f(\vartheta)|^2}{r^2}\\&\quad+\frac{\hbar\,k}{m}\,\frac{1}{r}\,\left(\boldsymbol{e}_r+\boldsymbol{e}_z\right)\;\mathrm{Re}\left(f(\vartheta)\,\mathrm{e}^{\mathrm{i}kr\,(1-\cos\vartheta)}\right)-\frac{\hbar}{m}\,\frac{1}{r^2}\,\boldsymbol{e}_r\;\mathrm{Im}\left(f(\vartheta)\,\mathrm{e}^{\mathrm{i}kr\,(1-\cos\vartheta)}\right)\\&\quad+\frac{\hbar}{m}\,\frac{1}{r^2}\,\boldsymbol{e}_\vartheta\;\mathrm{Im}\left(\frac{\partial f(\vartheta)}{\partial\vartheta}\,\mathrm{e}^{\mathrm{i}kr\,(1-\cos\vartheta)}\right)\;.\end{aligned}$$

Die letzten drei Summanden sind Interferenzterme!

Lösung zu Aufgabe 9.1.2

Schrödinger-Gleichung:

$$\left(-\frac{\hbar^2}{2m}\Delta + V(r)\right)\varphi(\boldsymbol{r}) = E\,\varphi(\boldsymbol{r})\,,$$

$$E = \frac{\hbar^2 k^2}{2m} \quad\Rightarrow\quad -\frac{\hbar^2}{2m}\Delta\,\mathrm{e}^{ikz} = E\,\mathrm{e}^{ikz}\,.$$

Es bleibt für $r \to \infty$ zu zeigen:

$$-\frac{\hbar^2}{2m}\Delta\left(f(\vartheta)\,\frac{\mathrm{e}^{ikr}}{r}\right) + V(r)\left(\mathrm{e}^{ikz} + f(\vartheta)\,\frac{\mathrm{e}^{ikr}}{r}\right) = Ef(\vartheta)\,\frac{\mathrm{e}^{ikr}}{r}\,.$$

Da $V(r)$ stärker als $1/r$ im Unendlichen verschwindet, kann für $r \to \infty$ zunächst der Potentialterm gegenüber den $1/r$-Termen vernachlässigt werden:

$$-\frac{\hbar^2}{2m}\Delta\left(f(\vartheta)\,\frac{\mathrm{e}^{ikr}}{r}\right) = -\frac{\hbar^2}{2m}\left(\Delta(f(\vartheta))\right)\frac{\mathrm{e}^{ikr}}{r} - \frac{\hbar^2}{2m}f(\vartheta)\left(\Delta\left(\frac{\mathrm{e}^{ikr}}{r}\right)\right)$$

$$= Ef(\vartheta)\,\frac{\mathrm{e}^{ikr}}{r}\,.$$

Laplace-Operator in Kugelkoordinaten (5.83):

$$\Delta = \frac{\partial^2}{\partial r^2} + \frac{2}{r}\frac{\partial}{\partial r} - \frac{\boldsymbol{L}^2}{\hbar^2 r^2}\,.$$

Der Drehimpulsquadrat-Operator $\boldsymbol{L}^2$ enthält ausschließlich Winkeldifferentiationen. Das bedeutet:

$$-\frac{\hbar^2}{2m}\left(\Delta(f(\vartheta))\right)\frac{\mathrm{e}^{ikr}}{r} \sim \mathcal{O}\left(\frac{1}{r^3}\right).$$

Dieser Term kann also für $r \to \infty$ vernachlässigt werden. Das gilt auch für den folgende Ausdruck:

$$\frac{2}{r}\frac{\partial}{\partial r}\frac{\mathrm{e}^{ikr}}{r} = \frac{2}{r}\left(-\frac{1}{r^2} + \frac{ik}{r}\right)\mathrm{e}^{ikr} \sim \mathcal{O}\left(\frac{1}{r^2}\right).$$

Bleibt noch:

$$\frac{\partial^2}{\partial r^2}\frac{\mathrm{e}^{ikr}}{r} = \left(-\frac{ik}{r^2} - \frac{k^2}{r} + \frac{2}{r^3} - \frac{ik}{r^2}\right)\mathrm{e}^{ikr} \sim -k^2\frac{\mathrm{e}^{ikr}}{r} + \mathcal{O}\left(\frac{1}{r^2}\right).$$

Asymptotisch muss also die folgende Gleichung erfüllt werden:

$$\frac{\hbar^2 k^2}{2m} f(\vartheta) \frac{e^{ikr}}{r} = E f(\vartheta) \frac{e^{ikr}}{r} .$$

Das gelingt offensichtlich mit obigem E!

Abschnitt 9.2.7

Lösung zu Aufgabe 9.2.1

$$\frac{d\sigma}{d\Omega} = a = \text{const} \;\Rightarrow\; \sigma = \int d\Omega \frac{d\sigma}{d\Omega} = 4\pi a ,$$

$$\frac{d\sigma}{d\Omega} = |f(\vartheta)|^2 \;\Rightarrow\; a = [\operatorname{Im} f(\vartheta)]^2 + [\operatorname{Re} f(\vartheta)]^2 .$$

Reine s-Streuung $\Rightarrow$ $l = 0$; $P_0(\cos\vartheta) = 1$:

$$(9.23) \;\Rightarrow\; f(\vartheta) = \frac{1}{k} e^{i\delta_0} \sin\delta_0 ,$$

$$(9.24) \;\Rightarrow\; f(0) = \frac{1}{k} e^{i\delta_0} \sin\delta_0 \equiv f(\vartheta) .$$

Optisches Theorem (9.28):

$$\sigma = \frac{4\pi}{k} \operatorname{Im} f(0) = \frac{4\pi}{k} \operatorname{Im} f(\vartheta) = 4\pi a$$

$$\Rightarrow \operatorname{Im} f(\vartheta) = k a .$$

Dies bedeutet schließlich:

$$a = k^2 a^2 + [\operatorname{Re} f(\vartheta)]^2$$

$$\Rightarrow \operatorname{Re} f(\vartheta) = \pm\sqrt{a(1 - a k^2)}$$

$$\Rightarrow f(\vartheta) = \pm\sqrt{a(1 - a k^2)} + i k a .$$

Lösung zu Aufgabe 9.2.2

Ansatz wie in (9.33):

$$\varphi(\boldsymbol{r}) = \sum_{l=0}^{\infty} R_l(r)\, P_l(\cos\vartheta)\,.$$

Laplace-Operator nach (5.83) in Kugelkoordinaten:

$$\Delta = \frac{\partial^2}{\partial r^2} + \frac{2}{r}\frac{\partial}{\partial r} - \frac{\boldsymbol{L}^2}{\hbar^2 r^2}\,.$$

Schrödinger-Gleichung:

$$\left(-\frac{\hbar^2}{2m}\Delta + \frac{c}{r^2}\right)\varphi(\boldsymbol{r}) = E\,\varphi(\boldsymbol{r})\,,$$

$$k^2 = \frac{2m}{\hbar^2}E$$

$$\Rightarrow \left[\frac{\partial^2}{\partial r^2} + \frac{2}{r}\frac{\partial}{\partial r} + k^2 - \frac{1}{r^2}\left(l(l+1) + \frac{2mc}{\hbar^2}\right)\right] R_l(r) = 0\,.$$

Wir setzen

$$\lambda(\lambda+1) = l(l+1) + \frac{2mc}{\hbar^2}$$

$$\rho = k\,r$$

und haben dann die folgende Differentialgleichung zu lösen:

$$\left(\frac{\mathrm{d}^2}{\mathrm{d}\rho^2} + \frac{2}{\rho}\frac{\mathrm{d}}{\mathrm{d}\rho} + 1 - \frac{\lambda(\lambda+1)}{\rho^2}\right) R_l(\rho) = 0\,.$$

Wäre λ ganzzahlig, dann wäre dies die sphärische Bessel'sche Differentialgleichung (7.214) mit den Kugel-Bessel-(j_λ)- und den Kugel-Neumann-(n_λ)-Funktionen als Lösungen. Dabei ist allerdings nur j_λ im Nullpunkt regulär. Wegen

$$\frac{2mc}{\hbar^2} \ll 1$$

schreiben wir näherungsweise:

$$R_l(\rho) \longrightarrow j_\lambda(\rho)\,.$$

Aus dem asymptotischen Verhalten ((9.21) und (9.22)),

$$R_l(\rho) \longrightarrow \frac{1}{\rho}\sin\left(\rho - \frac{l\pi}{2} + \delta_l\right)\mathrm{e}^{\mathrm{i}\delta_l}\,,$$

und (6.125),

$$j_\lambda(\rho) \longrightarrow \frac{1}{\rho}\sin\left(\rho - \frac{\lambda\pi}{2}\right),$$

schließen wir mit $e^{i\delta_l} \approx 1$ auf

$$\delta_l(k) \equiv \delta_l = \frac{\pi}{2}(l - \lambda) .$$

λ lässt sich als Funktion von l berechnen:

$$\lambda^2 + \lambda = l^2 + l + \frac{2mc}{\hbar^2}$$

$$\Rightarrow \lambda = -\frac{1}{2} + \sqrt{\left(l + \frac{1}{2}\right)^2 + \frac{2mc}{\hbar^2}}$$

$$\Rightarrow \lambda \approx l + \frac{mc}{\hbar^2}\frac{1}{l + 1/2} .$$

Für die Streuphasen gilt also:

$$\delta_l \approx -\frac{\pi mc}{(2l+1)\hbar^2} \ll 1 .$$

Streuamplitude (9.23):

$$\delta_l \ll 1 \Rightarrow e^{i\delta_l} \approx 1 ; \quad \sin\delta_l \approx \delta_l$$

$$\Rightarrow f(\vartheta) \approx \frac{1}{k}\sum_{l=0}^{\infty}(2l+1)\,\delta_l P_l(\cos\vartheta) \approx -\frac{\pi mc}{k\hbar^2}\sum_{l=0}^{\infty} P_l(\cos\vartheta)$$

$$= -\frac{\pi mc}{2k\hbar^2}\frac{1}{\sin\frac{\vartheta}{2}} .$$

Lösung zu Aufgabe 9.2.3

1. Mit den Definitionen

$$k = \sqrt{\frac{2mE}{\hbar^2}} ; \quad k_0^2 = \frac{2m}{\hbar^2}(E - V_0) = -p^2 < 0 ,$$

$$q^2 = \begin{cases} k^2 & \text{für } r \ge a , \\ k_0^2 = -p^2 & \text{für } r < a \end{cases}$$

haben wir für s-Streuung nach (9.18) die folgende Differentialgleichung zu lösen:

$$\frac{d^2}{dr^2}u_0(r) + q^2 u_0(r) = 0\,.$$

Für $r < a$ ist q imaginär. Die Lösungsfunktion zeigt exponentiell abklingendes Verhalten. Wegen der zusätzlichen Randbedingung (6.21): $u_0(0) = 0$ folgt als Ansatz:

$$r < a:\; u_0^<(r) = a_0 \sinh(p\,r)\,.$$

Für $r > a$ muss die Lösungsfunktion oszillieren und gleichzeitig das asymptotische Verhalten (9.21) gewährleisten. Deshalb bleibt als Ansatz nur:

$$r > a:\; u_0^>(r) = b_0 \sin(k\,r + \delta_0)\,.$$

Anschlussbedingung:

$$\left.\frac{(d/dr)\,u_0^<(r)}{u_0^<(r)}\right|_{r=a} \stackrel{!}{=} \left.\frac{(d/dr)\,u_0^>(r)}{u_0^>(r)}\right|_{r=a}\,.$$

Dies ist leicht ausgewertet:

$$p\coth(p\,a) = k\cot(k\,a + \delta_0)\,.$$

Bestimmungsgleichung für δ_0:

$$\tan(k\,a + \delta_0) = \frac{k}{p}\tanh(p\,a)$$

$$\delta_0 = \arctan\left(\frac{k}{p}\tanh(p\,a)\right) - k\,a\,.$$

Man vergleiche dieses Ergebnis mit (6.143)!

2. Es gilt immer:

$$0 \le \tanh(p\,a) \le 1\,.$$

Für kleine Teilchenenergien ($k \to 0$) kann also in jedem Fall der Arcustangens durch sein Argument ersetzt werden (mod π):

$$\delta_0 \approx \frac{k}{p}\tanh(p\,a) - k\,a + n\,\pi\,.$$

Mit der Definition,

$$a_s \equiv a\left(1 - \frac{\tanh p\,a}{p\,a}\right):\; \textit{Streulänge}\ \text{(vgl. (9.64))}\,,$$

ergibt sich ein zu (9.65) völlig analoger Ausdruck:

$$\delta_0 \approx n\pi - k a_s \underset{k \to 0}{\longrightarrow} n\pi \,.$$

Wirkungsquerschnitt:

$$\sigma_0 = \frac{4\pi}{k^2} \sin^2 \delta_0 \approx \frac{4\pi}{k^2} \sin^2 k a_s \approx 4\pi a_s^2 \quad \text{(vgl. (9.66))} \,.$$

Grenzfall:

$$V_0 \to \infty \quad (\textit{harte Kugel})$$

$$\Rightarrow \; p \to \infty, \; \tanh p a \to 1 \; \Rightarrow \; a_s \to a, \; \delta_0 \to n\pi - k a$$

$$\Rightarrow \; \sigma_0 \longrightarrow 4\pi a^2 \quad \text{(vgl. (9.40))} \,.$$

Lösung zu Aufgabe 9.2.4

1. Betrachtet wird reine s-Streuung ($l = 0$) an einem zentralsymmetrischen Potential $V(r)$. Zu lösen ist deshalb eine Radialgleichung der Form (6.17) für $l = 0$, die mit der Festlegung (6.18), $u_0(r) = rR_0(r)$, in die Gleichung (6.19) übergeht,

$$u_0''(r) + k^2 u_0(r) = \frac{2m}{\hbar^2} V_0 \, \delta(r - R) \, u_0(r) \,,$$

mit

$$k^2 = \frac{2m}{\hbar^2} E \quad \text{und der Randbedingung:} \quad u_0(0) = 0 \,.$$

Innerhalb ($r < R$) und außerhalb ($r > R$) der „Potentialschale" befindet sich „klassisch erlaubtes" Gebiet. Die Lösungsfunktion besitzt dort demnach oszillatorisches Verhalten. Ein Ansatz, der die obige Randbedingung erfüllt und das richtige asymptotische Verhalten aufweist, wäre dann:

$$u_0(r) = \begin{cases} \alpha \sin(kr) & \text{für} \quad r < R \\ \beta \sin(kr + \delta_0(k)) & \text{für} \quad r > R \end{cases} \,.$$

Stetigkeit bei $r = R$:

$$\alpha \sin(kR) \stackrel{!}{=} \beta \sin(kR + \delta_0(k)) \,.$$

Wegen des δ-Potentials macht die erste Ableitung von u_0 bei $r = R$ einen Sprung (s. (4.107) oder auch Aufgabe 4.2.5):

$$u_0'(R+0^+) - u_0'(R-0^+) = \frac{2m}{\hbar^2} V_0\, u_0(R) \,.$$

Das bedeutet hier:

$$\beta k \cos(kR + \delta_0(k)) - \alpha k \cos(kR) = \frac{2m}{\hbar^2} V_0 \alpha \sin(kR) \,.$$

Dividieren durch die Stetigkeitsbedingung ergibt:

$$k \cot(kR + \delta_0(k)) - k \cot(kR) = \frac{2m}{\hbar^2} V_0 \,.$$

Das lässt sich umformen zu:

$$\tan(kR + \delta_0(k)) = \frac{\tan(kR)}{1 + \frac{2mV_0}{\hbar^2 k}\tan(kR)} = \frac{\tan(kR) + \tan(\delta_0(k))}{1 - \tan(kR)\tan(\delta_0(k))} \,.$$

Im zweiten Schritt haben wir das Additionstheorem des Tangens benutzt. Auflösen nach $\tan(\delta_0(k))$ ergibt:

$$\tan(\delta_0(k)) = \frac{-\sin^2(kR)}{\frac{\hbar^2 k}{2mV_0} + \frac{1}{2}\sin(2kR)} \qquad \text{(A.7)}$$

Dabei wurde $\sin(kR)\cos(kR) = \frac{1}{2}\sin(2kR)$ verwendet.

2. Die Nullstellen des Nenners in (A.7) können zur Resonanzstreuung (Abschn. 9.2.4) Anlass geben. Sie berechnen sich aus:

$$\sin(2kR) \stackrel{!}{=} -\frac{\hbar^2}{2mV_0 R}(2kR) \qquad \text{(A.8)}$$

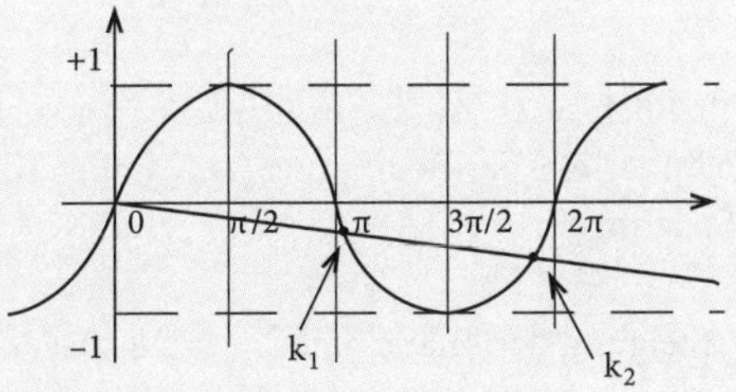

Abb. A.7

Als Funktion von $2kR$ entsprechen die Lösungen den Schnittpunkten der zwischen $+1$ und -1 oszillierenden Sinusfunktion auf der linken Seite und der Geraden mit negativer(!) Steigung auf der rechten Seite. Es kann mehrere Schnittpunkte k_n geben, und zwar um so mehr je flacher die Gerade verläuft, d. h. je stärker die Kopplung $V_0 R$ ist (Abb. A.7). Wir wollen sie der Größe nach mit $n = 1, 2, \ldots$ durchnummerieren. Man macht sich leicht mit dem bekannten Sinusverlauf klar, dass für große $V_0 R$ die ungerade indizierten Lösungen $2k_{2\nu-1}R$ ($\nu = 1, 2, \ldots$) knapp oberhalb von $(2\nu - 1)\pi$ liegen und die gerade indizierten $2k_{2\nu}R$ knapp unterhalb von $2\nu\pi$.

Wir untersuchen das Verhalten von $\tan(\delta_0(k))$ in der Umgebung der „Resonanzen" k_n. Dazu entwickeln wir den Nenner in (A.7) nach Taylor:

$$\text{‚Nenner'} = 0 + \left(\frac{\hbar^2}{2mV_0} + R\cos(2k_n R)\right)(k - k_n) + \mathcal{O}\left((k - k_n)^2\right) .$$

Außerdem:

$$E - E_n = \frac{\hbar^2}{2m}\left(k^2 - k_n^2\right) = \frac{\hbar^2}{2m}(k + k_n)(k - k_n) \approx \frac{\hbar^2 k_n}{m}(k - k_n) .$$

Einsetzen:

$$\text{‚Nenner'} \approx \left(\frac{1}{2V_0 k_n} + \frac{mR}{\hbar^2 k_n}\cos(2k_n R)\right)(E - E_n) .$$

Damit können wir für $k \approx k_n$ (A.7) auf die Gestalt (9.59) bringen:

$$\tan\delta_{0,n} \approx \gamma_n \frac{kR}{E - E_n} \quad ; \quad (n = 1, 2, \ldots)$$

mit

$$\gamma_n = \frac{-\sin^2(k_n R)}{\frac{R}{2V_0} + \frac{mR^2}{\hbar^2}\cos(2k_n R)} . \tag{A.9}$$

Es lassen sich schließlich noch Aussagen über die Vorzeichen der γ_n machen. Die rechte und die linke Seite der Bedingung (A.8) haben in den Schnittpunkten unterschiedliche Steigungen:

$$\text{„Steigung der linken Seite"}\big|_{k_n} = 2R\cos(2k_n R)$$

$$\text{„Steigung der rechten Seite"}\big|_{k_n} = -\frac{\hbar^2}{mV_0} .$$

Man macht sich wiederum leicht klar (Abb. A.7), dass für die ungerade bzw. gerade indizierten Schnittpunkte gilt:

$$2R\cos(2k_{2\nu-1}R) < -\frac{\hbar^2}{mV_0} \quad \Leftrightarrow \quad \frac{mR^2}{\hbar^2}\cos(2k_{2\nu-1}R) < -\frac{R}{2V_0}$$
$$2R\cos(2k_{2\nu}R) > -\frac{\hbar^2}{mV_0} \quad \Leftrightarrow \quad \frac{mR^2}{\hbar^2}\cos(2k_{2\nu}R) > -\frac{R}{2V_0}\,.$$

Mit (A.9) folgt dann:

$$\gamma_n : \begin{cases} > 0 & \text{für} \quad n \quad \text{ungerade} \\ < 0 & \text{für} \quad n \quad \text{gerade} \end{cases}\,.$$

Das überträgt sich auf die Streuphase:

- n ungerade:

$$\tan\delta_0 : \begin{cases} < 0 & \text{für} \quad E \lesssim E_n \\ > 0 & \text{für} \quad E \gtrsim E_n \end{cases}$$

- n gerade:

$$\tan\delta_0 : \begin{cases} > 0 & \text{für} \quad E \lesssim E_n \\ < 0 & \text{für} \quad E \gtrsim E_n \end{cases}\,.$$

Da sich die Phase δ_0 nur bis auf ganzzahlige Vielfache von π festlegen lässt, können wir unsere Betrachtungen auf das Intervall $[0, \pi]$ beschränken. Lösung (A.7) besagt, dass sowohl für $E \to 0$ als auch für $E \to \infty$ $\tan\delta_0 \to 0$ folgt. Die Phase nimmt dann den Wert 0 oder π an. Wenn man davon ausgeht, dass δ_0 eine monotone Funktion der Energie E ist, dann muss die Phase, um die obigen Ausdrücke für $\tan\delta_0$ mit ungeradem n zu realisieren, monoton von π für $E = 0$ auf 0 für $E \to \infty$ abnehmen, mit dem Wert $\pi/2$ bei $E = E_n$. Physikalisch gesehen sollte allerdings die Phase bei $E = 0$ verschwinden, da in diesem Fall kein Teilchen „einläuft" und damit überhaupt keine Streuung stattfinden kann. Man wird deshalb vermuten, dass die ungerade indizierten graphischen Lösungen von Gleichung (A.8) *keine* wirklichen *Resonanzen* darstellen. Wir werden sie deshalb im Folgenden nicht weiter diskutieren.

Bei geradem n lässt sich der obige Ausdruck für $\tan\delta_0$ dagegen durch eine Phase realisieren, die bei $E = 0$ verschwindet und für $E \to \infty$ in den Wert π läuft. Für $E = E_n$ ist auch in diesem Fall $\delta_0 = \pi/2$.

3. Bestimmung der Resonanzenergien für starke Kopplungen $V_0R \gg 1$! Dann ist die rechte Seite von (A.8) betragsmäßig sehr klein. Das bedeutet für die linke Seite:

$$2k_nR = n\pi + \alpha \;\; ; \;\; (|\alpha| \ll 1)$$

(s. Bemerkung nach (A.8)). Damit lässt sich abschätzen:

$$\sin(2k_nR) = \sin(n\pi + \alpha) = \sin(n\pi)\cos\alpha + \cos(n\pi)\sin\alpha$$
$$= (-1)^n \sin\alpha \approx (-1)^n\alpha\,.$$

Andererseits:

$$\sin(2k_nR) \stackrel{!}{=} -\frac{\hbar^2}{2mV_0R}(n\pi + \alpha) \approx -\frac{\hbar^2}{2mV_0R}\,n\pi\,.$$

Gleichsetzen der beiden letzten Ausdrücke:

$$\alpha \approx (-1)^{n+1}\frac{\hbar^2}{2mV_0R}\,n\pi\,.$$

Das bedeutet:

$$2k_nR \approx n\pi\left(1 + (-1)^{n+1}\frac{\hbar^2}{2mV_0R}\right).$$

Resonanzenergien:

$$E_n = \frac{\hbar^2k_n^2}{2m} \approx \frac{\hbar^2}{8mR^2}(n\pi)^2\left(1 + (-1)^{n+1}\frac{\hbar^2}{mV_0R}\right).$$

Für die uns hier interessierenden geraden $n = 2\nu$ $(\nu = 1, 2, 3, \ldots)$ liest sich dieser Ausdruck:

$$E_\nu \approx \frac{\hbar^2}{2mR^2}(\nu\pi)^2\left(1 - \frac{\hbar^2}{mV_0R}\right) = E_{0,\nu}\left(1 - \frac{\hbar^2}{mV_0R}\right). \tag{A.10}$$

Der Vorfaktor ist mit den $l = 0$-Energien $E_{0,\nu}$ im unendlich hohen, sphärischen Kastenpotential (Radius R) identisch, die in Aufgabe 6.3.1 berechnet wurden. Das bedeutet, dass die Resonanzenergien E_ν, die zu den gerade indizierten Lösungen k_n aus (A.8) gehören, sehr dicht bei den Energien $E_{0,\nu}$ der (gebundenen) Zustände im sphärischen Hohlraum-Potential liegen (vgl. auch die Diskussion nach (9.56)).

4. Für die in Gleichung (A.9) angegebenen Koeffizienten γ_n mit $n = 2\nu$ $(\nu = 1, 2, 3, \ldots)$ schätzen wir für starke Kopplung $(V_0R \gg 1)$ ab:

$$\sin(k_nR) = \sin\left(\frac{n\pi}{2} + \frac{\alpha}{2}\right) \stackrel{(n=2\nu)}{=} \sin\left(\nu\pi - \frac{\hbar^2}{2mV_0R}\nu\pi\right)$$
$$= \sin(\nu\pi)\cos\left(\frac{\hbar^2}{2mV_0R}\nu\pi\right) - \cos(\nu\pi)\sin\left(\frac{\hbar^2}{2mV_0R}\nu\pi\right)$$
$$= (-1)^{\nu+1}\sin\left(\frac{\hbar^2}{2mV_0R}\nu\pi\right) \approx (-1)^{\nu+1}\frac{\hbar^2}{2mV_0R}\nu\pi$$
$$\cos(2k_nR) \approx \cos(n\pi) = (-1)^n \stackrel{(n=2\nu)}{=} +1\,.$$

Die Abschätzungen gelten natürlich nur für nicht zu große Quantenzahlen ν. Wir setzen sie nun in (A.9) ein:

$$\gamma_n = \gamma_{2\nu} = \frac{-\left(\frac{\hbar^2}{2mV_0R}\right)^2 (\nu\pi)^2}{\frac{mR^2}{\hbar^2}\left(1+\frac{\hbar^2}{2mV_0R}\right)} \approx -\frac{\hbar^2}{mR^2}\left(\frac{\hbar^2}{2mV_0R}\right)^2 (\nu\pi)^2$$

$$= -\frac{1}{2}E_{0,2\nu}\left(\frac{\hbar^2}{2mV_0R}\right)^2$$

$$E_{0,n} \overset{(A.9)}{\approx} E_n\left(1+\frac{\hbar^2}{mV_0R}\right)$$

$$\curvearrowright \quad \gamma_n \approx -\frac{1}{2}E_n\left(1+\frac{\hbar^2}{mV_0R}\right)\left(\frac{\hbar^2}{2mV_0R}\right)^2 \approx -\frac{1}{2}E_n\left(\frac{\hbar^2}{2mV_0R}\right)^2 .$$

Das war zu zeigen!

Lösung zu Aufgabe 9.2.5

Gleichung (9.25) liefert:

$$\frac{d\sigma}{d\Omega} = \frac{1}{k^2}\sum_{l,l'}(2l+1)(2l'+1)\sin\delta_l \sin\delta_{l'}\, e^{i(\delta_l-\delta_{l'})}P_l(\cos\vartheta)P_{l'}(\cos\vartheta) .$$

Bei einem zentralsymmetrischen Streupotential wird auch der differentielle Wirkungsquerschnitt diese Symmetrie aufweisen. Eine Entwicklung nach Legendre-Polynomen erscheint deshalb sinnvoll:

$$\frac{d\sigma}{d\Omega} = \sum_{\nu=0}^{\infty} a_\nu P_\nu(\cos\vartheta) .$$

Mit der Orthogonalitätsrelation für Legendre-Polynome (5.98)

$$\int_{-1}^{+1} d\cos\vartheta P_\nu(\cos\vartheta)P_\mu(\cos\vartheta) = \frac{2}{2\nu+1}\delta_{\nu\mu}$$

folgt unmittelbar für die Entwicklungskoeffizienten:

$$a_\mu = \frac{2\mu+1}{2}\int_{-1}^{+1} d\cos\vartheta\, P_\mu(\cos\vartheta)\frac{d\sigma}{d\Omega} = \frac{2\mu+1}{4\pi}\int_{-1}^{+1} d\Omega\, P_\mu(\cos\vartheta)\frac{d\sigma}{d\Omega} .$$

Die Integrale der Aufgabenstellung sind bis auf triviale Vorfaktoren mit den Entwicklungskoeffizienten a_0 und a_1 identisch:

$$P_0(\cos\vartheta) = 1 \curvearrowright a_0 = \frac{1}{4\pi}\int d\Omega \frac{d\sigma}{d\Omega}$$
$$P_1(\cos\vartheta) = \cos\vartheta \curvearrowright a_1 = \frac{3}{4\pi}\int d\Omega \cos\vartheta \frac{d\sigma}{d\Omega}\,.$$

Relativ einfach ist die Berechnung des Koeffizienten a_0:

$$\begin{aligned} a_0 &= \frac{2\pi}{4\pi k^2}\sum_{l,l'}(2l+1)(2l'+1)\sin\delta_l \sin\delta_{l'}\, e^{i(\delta_l-\delta_{l'})}\,. \\ &\quad\cdot \int\limits_{-1}^{+1} d\cos\vartheta P_l(\cos\vartheta)P_{l'}(\cos\vartheta) \\ &= \frac{1}{2k^2}\sum_l (2l+1)^2 \sin^2\delta_l \frac{2}{2l+1} \\ &= \frac{1}{k^2}\sum_l (2l+1)\sin^2\delta_l \overset{(9.26)}{=} \frac{1}{4\pi}\sigma\,. \end{aligned}$$

Zur Bestimmung von a_1 benötigen wir Ausdrücke der Form

$$\cos\vartheta\, P_l(\cos\vartheta)P_{l'}(\cos\vartheta)\,.$$

Dabei hilft die Rekursionsformel aus Teil 2. von Aufgabe 6.2.9:

$$\cos\vartheta P_l(\cos\vartheta) = \frac{1}{2l+1}\Big((l+1)P_{l+1} + lP_{l-1}\Big) \curvearrowright$$

$$\begin{aligned} \int\limits_{-1}^{+1} d\cos\vartheta\, \cos\vartheta P_l(\cos\vartheta)P_{l'}(\cos\vartheta) &= \frac{l+1}{2l+1}\int\limits_{-1}^{+1} d\cos\vartheta\, P_{l+1}(\cos\vartheta)P_{l'}(\cos\vartheta) \\ &\quad + \frac{l}{2l+1}\int\limits_{-1}^{+1} d\cos\vartheta\, P_{l-1}(\cos\vartheta)P_{l'}(\cos\vartheta) \\ &= \frac{2(l+1)\,\delta_{l'l+1}}{(2l+1)(2l+3)} + \frac{2l\,\delta_{l'l-1}}{(2l+1)(2l-1)}\,. \end{aligned}$$

Damit ergibt sich:

$$\begin{aligned} a_1 &= \frac{3}{4\pi}\frac{2\pi}{k^2}\sum_{l,l'}(2l+1)(2l'+1)\sin\delta_l\sin\delta_{l'}\, e^{i(\delta_l-\delta_{l'})}\,. \\ &\quad\cdot \int\limits_{-1}^{+1} d\cos\vartheta\cos\vartheta P_l(\cos\vartheta)P_{l'}(\cos\vartheta) \end{aligned}$$

$$\begin{aligned}
&= \frac{3}{2k^2}\sum_l (2l+1)(2l+3)\frac{l+1}{2l+1}\frac{2}{2l+3}\sin\delta_l \sin\delta_{l+1}\,\mathrm{e}^{\mathrm{i}(\delta_l-\delta_{l+1})}\\
&\quad+\frac{3}{2k^2}\sum_l (2l+1)(2l-1)\frac{l}{2l+1}\frac{2}{2l-1}\sin\delta_l \sin\delta_{l-1}\,\mathrm{e}^{\mathrm{i}(\delta_l-\delta_{l-1})}\\
&= \frac{3}{2k^2}\sum_{l=0}^{\infty} 2(l+1)\sin\delta_l \sin\delta_{l+1}\,\mathrm{e}^{\mathrm{i}(\delta_l-\delta_{l+1})}\\
&\quad+\frac{3}{2k^2}\sum_{l=0}^{\infty} 2l\sin\delta_l \sin\delta_{l-1}\,\mathrm{e}^{\mathrm{i}(\delta_l-\delta_{l-1})}\\
&= \frac{3}{k^2}\sum_{l=0}^{\infty}(l+1)\sin\delta_l \sin\delta_{l+1}\left(\mathrm{e}^{\mathrm{i}(\delta_l-\delta_{l+1})}+\mathrm{e}^{\mathrm{i}(\delta_{l+1}-\delta_l)}\right)\,.
\end{aligned}$$

Es bleibt somit:

$$a_1 = \frac{6}{k^2}\sum_{l=0}^{\infty}(l+1)\sin\delta_l \sin\delta_{l+1}\cos(\delta_{l+1}-\delta_l)\,.$$

Abschnitt 9.3.3

Lösung zu Aufgabe 9.3.1

1. Wir benutzen Formel (9.93) zur Berechnung der Streuamplitude:

$$f^{(1)}(\vartheta) = -\frac{2m}{\hbar^2 K}\,\alpha\int_0^\infty dr'\,\mathrm{e}^{-r'/R_0}\sin(K r') \equiv -\frac{2m\,\alpha}{\hbar^2 K}\,J\,,$$

$$\begin{aligned}
J &= \int_0^\infty dr'\,\mathrm{e}^{-r'/R_0}\sin(K r')\\
&= -R_0\,\mathrm{e}^{-r'/R_0}\sin(K r')\Big|_0^\infty + K R_0\int_0^\infty dr'\,\mathrm{e}^{-r'/R_0}\cos(K r')\\
&= 0 - K R_0^2\,\mathrm{e}^{-r'/R_0}\cos(K r')\Big|_0^\infty - K^2 R_0^2 J = K R_0^2 - K^2 R_0^2 J\\
\Rightarrow J &= \frac{K R_0^2}{1+K^2 R_0^2}\,.
\end{aligned}$$

Streuamplitude:

$$f^{(1)}(\vartheta) = -\frac{2m\,\alpha}{\hbar^2}\,\frac{R_0^2}{1 + 4k^2 R_0^2 \sin^2(\vartheta/2)} \,.$$

($K = 2k\sin(\vartheta/2)$ nach (9.92) eingesetzt!) Differentieller Wirkungsquerschnitt:

$$\frac{\mathrm{d}\sigma^{(1)}}{\mathrm{d}\Omega} = |f^{(1)}(\vartheta)|^2 = \frac{4m^2\alpha^2}{\hbar^4}\,\frac{R_0^4}{\left(1 + 4k^2 R_0^2 \sin^2(\vartheta/2)\right)^2} \,.$$

2. Kleine Energien: $k R_0 \ll 1$
   Kriterium (9.96) sollte erfüllt sein:

$$\left|\int\limits_0^\infty \mathrm{d}r\, r\, V(r)\right| = \alpha \left|\int\limits_0^\infty \mathrm{d}r\, \mathrm{e}^{-r/R_0}\right| = \alpha\, R_0 \,.$$

Forderung:

$$\alpha\, R_0 \ll \frac{\hbar^2}{2m} \,.$$

3. Das Coulomb-Potential stellt den $R_0 \to \infty$-Grenzfall des Yukawa-Potentials dar, wenn man noch

$$\alpha = \frac{Z_1\, Z_2\, e^2}{4\pi\,\varepsilon_0}$$

(Z_1 (Z_2) e: Ladung des gestreuten (streuenden) Teilchens) wählt.
($R_0 \to \infty$ steht allerdings im Widerspruch zu 2)!). Nach Teil 1) gilt nun für die Streuamplitude:

$$f^{(1)}(\vartheta) = -\frac{m\, Z_1\, Z_2\, e^2}{4\pi\,\varepsilon_0\,\hbar^2}\,\frac{1}{2k^2 \sin^2(\vartheta/2)} \,.$$

Differentieller Wirkungsquerschnitt:

$$\frac{\mathrm{d}\sigma^{(1)}}{\mathrm{d}\Omega} = |f^{(1)}(\vartheta)|^2 = \left(\frac{Z_1\, Z_2\, e^2}{4\pi\,\varepsilon_0}\,\frac{1}{4E}\right)^2 \frac{1}{\sin^4(\vartheta/2)} \,.$$

Dieses Ergebnis stimmt exakt mit der *Rutherford'schen Streuformel* (1.67) für die klassische Teilchenstreuung überein. Auf der anderen Seite kann man das Streuproblem für das Coulomb-Potential auch streng lösen. Erstaunlicherweise ergibt sich wiederum (1.67) Die erste Born'sche Näherung liefert für $(\mathrm{d}\sigma/\mathrm{d}\Omega)$ also bereits das exakte Resultat. Das muss allerdings als *purer Zufall* gewertet werden. Es ist nicht etwa so, dass alle höheren Born'schen Näherungen verschwinden würden. Die zweite Born'sche Näherung zum Beispiel divergiert für $R_0 \to \infty$. Auch die Streuamplitude $f^{(1)}(\vartheta)$ stimmt nicht mit der exakten überein. Sie unterscheidet sich von dieser um einen Phasenfaktor, der für $(\mathrm{d}\sigma/\mathrm{d}\Omega)$ unbedeutend ist.

Lösung zu Aufgabe 9.3.2

1. Wir benutzen Formel (9.93) zur Berechnung der Streuamplitude:

$$f^{(1)}(\vartheta) = \frac{2m\,V_0}{\hbar^2}\,\frac{1}{K}\int\limits_0^\infty \mathrm{d}r\,r\,\mathrm{e}^{-\frac{r}{R_0}}\sin K r\,,$$

$$K = 2k\sin\frac{\vartheta}{2}\,.$$

Substitution:

$$x = \frac{r}{R_0}\,;\qquad q = K R_0$$

$$\Rightarrow\ f_1(\vartheta) = \frac{2m\,V_0}{\hbar^2}\,\frac{R_0^3}{q}\underbrace{\int\limits_0^\infty \mathrm{d}x\,x\,\mathrm{e}^{-x}\sin q x}_{I(q)}\,,$$

$$I(q) = -\frac{\mathrm{d}}{\mathrm{d}q}\int\limits_0^\infty \mathrm{d}x\,\mathrm{e}^{-x}\cos(qx) = -\frac{\mathrm{d}}{\mathrm{d}q}\,\mathrm{Re}\int\limits_0^\infty \mathrm{d}x\,\mathrm{e}^{-x+\mathrm{i}qx}$$

$$= +\frac{\mathrm{d}}{\mathrm{d}q}\,\mathrm{Re}\,\frac{1}{-1+\mathrm{i}q} = \frac{\mathrm{d}}{\mathrm{d}q}\,\frac{-1}{1+q^2} = \frac{2q}{(1+q^2)^2}\,.$$

Streuampltitude:

$$f^{(1)}(\vartheta) = \frac{4m\,V_0\,R_0^3}{\hbar^2}\,\frac{1}{\left(1+4k^2R_0^2\sin^2(\vartheta/2)\right)^2}\,.$$

2.

$$\left|\int\limits_0^\infty \mathrm{d}r\,V_0\,\mathrm{e}^{-r/R_0}\left(\mathrm{e}^{2\mathrm{i}kr}-1\right)\right| \overset{!}{\ll} \frac{\hbar^2 k}{m}$$

$$V_0 \left| \frac{-1}{-1/R_0 + 2\mathrm{i}\,k} - R_0 \right| = V_0 \left| \frac{R_0}{1 - 2\mathrm{i}\,k\,R_0} - R_0 \right| = V_0 \left| \frac{2\mathrm{i}\,k\,R_0^2}{1 - 2\mathrm{i}\,k\,R_0} \right|$$

$$= V_0\,R_0 \left| \frac{2\mathrm{i}\,k\,R_0\,(1 + 2\mathrm{i}\,k\,R_0)}{1 + 4k^2 R_0^2} \right| = \frac{V_0 R_0}{1 + 4k^2 R_0^2} \sqrt{16\,k^4\,R_0^4 + 4k^2\,R_0^2}$$

$$= \frac{2\,V_0\,k\,R_0^2}{\sqrt{1 + 4k^2 R_0^2}} \overset{!}{\ll} \frac{\hbar^2 k}{m} .$$

Speziell ist zu fordern:

$$k\,R_0 \gg 1 : \quad V_0\,R_0 \overset{!}{\ll} \frac{\hbar^2 k}{m} ,$$

$$k\,R_0 \ll 1 : \quad V_0\,R_0^2 \overset{!}{\ll} \frac{\hbar^2}{2m} .$$

3. Mit der exakten Beziehung (9.23)

$$f(\vartheta) = \frac{1}{k} \sum_{l=0}^{\infty} (2l + 1)\, \mathrm{e}^{\mathrm{i}\delta_l} \sin \delta_l\, P_l(\cos \vartheta)$$

und der Orthogonalitätsrelation (5.98) für Legendre-Polynome

$$\int\limits_{-1}^{+1} \mathrm{d}\cos\vartheta\, P_l(\cos\vartheta)\, P_{l'}(\cos\vartheta) = \frac{2}{2l+1}\, \delta_{l\,l'}$$

folgt zunächst ganz allgemein:

$$2 \sin \delta_l\, \mathrm{e}^{\mathrm{i}\delta_l} = k \int\limits_{-1}^{+1} \mathrm{d}\cos\vartheta\, f(\vartheta)\, P_l(\cos\vartheta) .$$

***s*-Streuung:**

$$\sin^2 \frac{\vartheta}{2} = \frac{1}{2}\,(1 - \cos\vartheta) ,$$

$$2 \sin \delta_0\, \mathrm{e}^{\mathrm{i}\delta_0} = \frac{4m\,V_0\,R_0^3}{\hbar^2}\, k \int\limits_{-1}^{+1} \frac{\mathrm{d}\cos\vartheta}{\left[1 + 2k^2\,R_0^2\,(1 - \cos\vartheta)\right]^2}$$

$$= \frac{2m\,V_0\,R_0}{\hbar^2 k} \int\limits_{-1}^{+1} \mathrm{d}\cos\vartheta\, \frac{\mathrm{d}}{\mathrm{d}\cos\vartheta}\, \frac{1}{1 + 2k^2 R_0^2 (1 - \cos\vartheta)}$$

$$= \frac{2m\,V_0\,R_0}{\hbar^2 k}\left(1 - \frac{1}{1+4k^2\,R_0^2}\right)\,,$$

$$2\sin\delta_0\,e^{i\delta_0} = -i\left(e^{2i\delta_0} - 1\right)\,.$$

Dies ergibt:

$$e^{2i\,\delta_0} = 1 + i\,\frac{8m\,V_0\,k\,R_0^3}{\hbar^2\,\left(1+4k^2\,R_0^2\right)}\,.$$

Diese Beziehung kann eigentlich gar nicht erfüllt werden, da rechts eine komplexe Zahl mit einem Betrag größer als 1 steht. Sie kann also nur angenähert richtig sein. Im Sinne von Teil 1) sollte der Imaginärteil sehr klein gegen Eins sein:

$$\cos 2\delta_0 = 1\,,$$

$$\sin 2\delta_0 = \frac{8m\,V_0\,k\,R_0^3}{\hbar^2\left(1+4k^2\,R_0^2\right)} \approx 2\delta_0\,,$$

$$\delta_0 \approx \frac{4m\,V_0\,k\,R_0^3}{\hbar^2\left(1+4k^2\,R_0^2\right)}\,.$$

Große Teilchenenergien ($k\,R_0 \gg 1$):

$$\delta_0 \approx \underbrace{\frac{m\,V_0\,R_0}{\hbar^2 k} \ll 1}_{\text{Teil 2)}}\,.$$

Kleine Teilchenenergien ($k\,R_0 \ll 1$):

$$\delta_0 \approx \frac{4m\,V_0\,k\,R_0^3}{\hbar^2} \underbrace{\ll 2k\,R_0}_{\text{Teil 2)}} \ll 1\,.$$

In diesen Grenzen ist die Näherung also widerspruchsfrei.

4. Zur Erleichterung der Schreibarbeit setzen wir:

$$y_0 = k\,R_0\,;\quad \cos\vartheta = z\,.$$

***p*-Streuung:**

$$P_1(\cos\vartheta) = \cos\vartheta\,,$$

$$2\sin\delta_1\,\mathrm{e}^{\mathrm{i}\delta_1} = \frac{4m\,V_0\,R_0^2}{\hbar^2}\,y_0\underbrace{\int\limits_{-1}^{+1}\mathrm{d}z\,\frac{z}{\left[1+2y_0^2(1-z)\right]^2}}_{I}\,,$$

$$\begin{aligned} I &= \left.\frac{(1/2y_0^2)\,z}{1+2y_0^2(1-z)}\right|_{-1}^{+1} - \frac{1}{2y_0^2}\int\limits_{-1}^{+1}\frac{\mathrm{d}z}{1+2y_0^2(1-z)} \\ &= \frac{1}{2y_0^2} + \frac{1}{2y_0^2}\,\frac{1}{1+4y_0^2} + \frac{1}{4y_0^4}\ln\frac{1}{1+4y_0^2} \\ &= \frac{1}{2y_0^2}\left[\frac{2+4y_0^2}{1+4y_0^2} - \frac{1}{2y_0^2}\ln\left(1+4y_0^2\right)\right] \end{aligned}$$

$$\Rightarrow\; 2\sin\delta_1\,\mathrm{e}^{\mathrm{i}\delta_1} = \frac{4m\,V_0\,R_0^2}{\hbar^2\,y_0}\left[\frac{1+2y_0^2}{1+4y_0^2} - \frac{1}{4y_0^2}\ln\left(1+4y_0^2\right)\right].$$

Die Bestimmungsgleichung

$$\mathrm{e}^{2\mathrm{i}\,\delta_1} = 1 + \mathrm{i}\,\frac{4m\,V_0\,R_0^2}{\hbar^2 y_0}\left[\frac{1+2y_0^2}{1+4y_0^2} - \frac{1}{4y_0^2}\ln\left(1+4y_0^2\right)\right]$$

ist wie die in Teil 3) eigentlich nicht erfüllbar. Mit derselben *„Rechtfertigung“* wie dort ($\cos 2\delta_1 = 1$, $\sin 2\delta_1 \approx 2\delta_1 \ll 1$) schließen wir auf:

$$\delta_1 \approx \frac{2m\,V_0\,R_0}{\hbar^2 k}\left[\frac{1+2k^2\,R_0^2}{1+4k^2\,R_0^2} - \frac{1}{4k^2\,R_0^2}\ln\left(1+4k^2\,R_0^2\right)\right].$$

Lösung zu Aufgabe 9.3.3

1. Ausgangspunkt ist Formel (9.93):

$$\begin{aligned} f^{(1)}(\vartheta) &= \frac{2m\,V_0}{\hbar^2\,K}\int\limits_0^{R_0}\mathrm{d}r'\,r'\sin(K\,r') = \frac{2m\,V_0}{\hbar^2\,K}\left(-\frac{\mathrm{d}}{\mathrm{d}K}\int\limits_0^{R_0}\mathrm{d}r'\cos K\,r'\right) \\ &= -\frac{2m\,V_0}{\hbar^2 K}\,\frac{\mathrm{d}}{\mathrm{d}K}\,\frac{1}{K}\sin K\,R_0 \end{aligned}$$

$$\Rightarrow f^{(1)}(\vartheta) = \frac{2m\,V_0}{\hbar^2 K^3}\left(\sin K R_0 - K R_0 \cos K R_0\right),$$

$$K = 2k\sin\frac{\vartheta}{2}\,.$$

2.

$$\frac{d\sigma^{(1)}}{d\Omega} = \left|f^{(1)}(\vartheta)\right|^2 = \left(\frac{2m\,V_0\,R_0^3}{\hbar^2}\right)^2 \frac{\left(\sin K R_0 - K R_0\cos K R_0\right)^2}{(K R_0)^6}\,.$$

Wir untersuchen die Grenze kleiner Teilchenenergien. Nach der Regel von l'Hospital gilt zunächst:

$$\lim_{x\to 0}\frac{\sin x - x\cos x}{x^3} = \lim_{x\to 0}\frac{\cos x - \cos x + x\sin x}{3x^2} = \lim_{x\to 0}\frac{\sin x}{3x} = \lim_{x\to 0}\frac{\cos x}{3} = \frac{1}{3}\,.$$

$k R_0 \ll 1$ bedeutet auch $K R_0 \ll 1$. Es folgt somit für den differentiellen Wirkungsquerschnitt bei kleiner Energie des *einfallenden* Teilchens:

$$\frac{d\sigma^{(1)}}{d\Omega} \approx \frac{1}{9} R_0^2 \left(\frac{2m\,V_0\,R_0^2}{\hbar^2}\right)^2\,.$$

Er stellt sich als isotrop und energieunabhängig heraus. Die Isotropie des Wirkungsquerschnitts bei kleinen Energien ist typisch für Streuung an kurzreichweitigen Potentialen. Das hatten wir am Ende von Abschn. 9.2.3 bereits festgestellt.

Totaler Wirkungsquerschnitt:

$$\sigma^{(1)} \approx 4\pi R_0^2 \frac{1}{9}\left(\frac{2m\,V_0\,R_0^2}{\hbar^2}\right)^2\,.$$

3.

$$\left|\int_0^\infty dr\,V(r)\left(e^{2ikr}-1\right)\right| = V_0\left|\frac{1}{2i\,k}\left(e^{2i\,k R_0}-1\right) - R_0\right|$$

$$= \frac{V_0}{2k}\left|(\cos 2k R_0 - 1) + i(\sin 2k R_0 - 2k R_0)\right|$$

$$= \frac{V_0}{2k}\sqrt{\left(\cos 2k R_0 - 1\right)^2 + \left(\sin 2k R_0 - 2k R_0\right)^2}$$

$$= \frac{V_0}{2k}\sqrt{2\left(1-\cos 2k R_0\right) + 4k R_0\left(k R_0 - \sin 2k R_0\right)} \overset{!}{\ll} \frac{\hbar^2 k}{m}\,.$$

$\boxed{k R_0 \ll 1}$

Wir entwickeln den Radikanden nach Potenzen von $k R_0$:

$$\begin{aligned}
&\sqrt{2(1-\cos 2k R_0) + 4k R_0 (k R_0 - \sin 2k R_0)} \\
&= \left[2\left(\frac{1}{2}(2k R_0)^2 - \frac{1}{4!}(2k R_0)^4\right) \right. \\
&\qquad \left. + 4k R_0 \left(k R_0 - 2k R_0 + \frac{1}{3!}(2k R_0)^3\right) + 0\left((k R_0)^6\right)\right]^{1/2} \\
&= \sqrt{4(k R_0)^4 + 0\left[(k R_0)^6\right]} \approx 2(k R_0)^2 \,.
\end{aligned}$$

Das Kriterium lautet dann:

$$V_0 R_0^2 \ll \frac{\hbar^2}{m} \qquad \text{(s. Diskussion nach (9.96))} \,.$$

$\boxed{k R_0 \gg 1}$

$$\sqrt{2(1-\cos 2k R_0) + 4k R_0 (k R_0 - \sin 2k R_0)} \approx 2k R_0 \,.$$

Kriterium:

$$V_0 R_0 \ll \frac{\hbar^2 k}{m} \qquad \text{(s. Diskussion nach (9.95)).}$$

4. Bedingung für gebundenen Zustand (6.138):

$$V_0 > \frac{\pi^2 \hbar^2}{8m R_0^2}$$

$$\Rightarrow \quad \frac{m V_0 R_0^2}{\hbar^2} > \frac{\pi^2}{8} \approx 1{,}23$$

$\Rightarrow$ Kriterium nicht erfüllt, Born'sche Näherung versagt.

Lösung zu Aufgabe 9.3.4

1. Das *streuende* Wasserstoffatom befinde sich im Koordinatenursprung. Die Wahrscheinlichkeitsdichte dafür, dass das Hüllenelektron des H-Atom sich am Ort r aufhält, ist durch

$$|\psi_{100}(\boldsymbol{r})|^2$$

gegeben. Damit produziert das Hüllenelektron für das *einfallende* Elektron am Ort $\boldsymbol{r}_0$ das Potential:

$$V_\mathrm{e}(\boldsymbol{r}_0) = \frac{e^2}{4\pi\,\varepsilon_0} \int \mathrm{d}^3 r \, \frac{|\psi_{100}(\boldsymbol{r})|^2}{|\boldsymbol{r} - \boldsymbol{r}_0|} \, .$$

Hinzu kommt das Kernpotential:

$$V_\mathrm{K}(\boldsymbol{r}_0) = -\frac{e^2}{4\pi\,\varepsilon_0\, r_0} \, .$$

Das *einfallende* Elektron *sieht* also das Streupotential:

$$V(\boldsymbol{r}_0) = \frac{e^2}{4\pi\,\varepsilon_0} \left\{ \int \mathrm{d}^3 r \, \frac{|\psi_{100}(\boldsymbol{r})|^2}{|\boldsymbol{r} - \boldsymbol{r}_0|} - \frac{1}{r_0} \right\} .$$

Nach (6.60) und (5.108):

$$\psi_{100}(\boldsymbol{r}) = \frac{1}{\sqrt{\pi\, a_\mathrm{B}^3}} \, \mathrm{e}^{-r/a_\mathrm{B}} \, .$$

Damit berechnen wir ($\boldsymbol{r}_0$: Polarachse):

$$\int \mathrm{d}^3 r \, \frac{|\psi_{100}(\boldsymbol{r})|^2}{|\boldsymbol{r} - \boldsymbol{r}_0|} = \frac{2\pi}{\pi\, a_\mathrm{B}^3} \int\limits_0^\infty \mathrm{d}r \, r^2 \, \mathrm{e}^{-2r/a_\mathrm{B}} \, I \, ,$$

$$\begin{aligned} I \equiv \int\limits_{-1}^{+1} \frac{\mathrm{d}x}{\sqrt{r^2 + r_0^2 - 2r\, r_0\, x}} &= -\frac{1}{r\, r_0} \sqrt{r^2 + r_0^2 - 2r\, r_0\, x}\,\Big|_{-1}^{+1} \\ &= -\frac{1}{r\, r_0} \left[|r - r_0| - (r + r_0) \right] = \begin{cases} \dfrac{2}{r} \, , & \text{falls } r \geq r_0 \, , \\ \dfrac{2}{r_0} \, , & \text{falls } r \leq r_0 \end{cases} \end{aligned}$$

$$\Rightarrow \; V_\mathrm{e}(\boldsymbol{r}_0) = \frac{e^2}{4\pi\,\varepsilon_0} \, \frac{2}{a_\mathrm{B}^3} \left(\frac{2}{r_0} \int\limits_0^{r_0} \mathrm{d}r \, r^2 \, \mathrm{e}^{-2r/a_\mathrm{B}} + 2 \int\limits_{r_0}^\infty \mathrm{d}r \, r \, \mathrm{e}^{-2r/a_\mathrm{B}} \right) .$$

Dieses werten wir mit den angegebenen Formeln aus:

$$\begin{aligned} V_\mathrm{e}(\boldsymbol{r}_0) = \frac{e^2}{\pi\,\varepsilon_0\, a_\mathrm{B}^3} &\left[\frac{1}{r_0} \, \frac{2}{(2/a_\mathrm{B})^3} \left(1 - \mathrm{e}^{-\frac{2r_0}{a_\mathrm{B}}} \left(1 + \frac{2r_0}{a_\mathrm{B}} + \frac{2r_0^2}{a_\mathrm{B}^2} \right) \right) \right. \\ &\left. + \frac{1}{(2/a_\mathrm{B})^2} \, \mathrm{e}^{-2r_0/a_\mathrm{B}} \left(1 + \frac{2r_0}{a_\mathrm{B}} \right) \right] \end{aligned}$$

$$= \frac{e^2}{\pi\,\varepsilon_0\,a_B^3}\left[\frac{a_B^3}{4r_0} + e^{-2r_0/a_B}\left(\frac{a_B^2}{4} + \frac{a_B\,r_0}{2} - \frac{a_B^3}{4r_0} - \frac{a_B^2}{2} - \frac{a_B\,r_0}{2}\right)\right]$$

$$= \frac{e^2}{4\pi\,\varepsilon_0\,a_B}\left[\frac{a_B}{r_0} - e^{-2r_0/a_B}\left(1 + \frac{a_B}{r_0}\right)\right] .$$

⇒ Streupotential ($\boldsymbol{r}_0 \to \boldsymbol{r}$):

$$V(\boldsymbol{r}) = -\frac{e^2}{4\pi\,\varepsilon_0}\,e^{-2r/a_B}\left(\frac{1}{a_B} + \frac{1}{r}\right) .$$

2. Streuamplitude in erster Born'scher Näherung:

$$\frac{m\,e^2}{4\pi\varepsilon_0\,\hbar^2} = \frac{1}{a_B}\ (6.32)\ ; \quad K = 2k\sin\frac{\vartheta}{2}$$

(Formel (9.93)) ,

$$f^{(1)}(\vartheta)$$

$$= \frac{2}{a_B K}\left[\frac{1}{a_B}\int_0^\infty dr\,r\,\frac{1}{2i}\left(e^{-(2/a_B - iK)r} - e^{-(2/a_B + iK)r}\right)\right.$$

$$\left. + \int_0^\infty dr\,\frac{1}{2i}\left(e^{-(2/a_B - iK)r} - e^{-(2/a_B + iK)r}\right)\right]$$

$$= \frac{1}{i\,a_B\,K}\left[\left(-\frac{1}{a_B}\frac{d}{d(2/a_B - iK)} + 1\right)\int_0^\infty dr\,e^{-(2/a_B - iK)r}\right.$$

$$\left. - \left(-\frac{1}{a_B}\frac{d}{d(2/a_B + iK)} + 1\right)\int_0^\infty dr\,e^{-(2/a_B + iK)r}\right]$$

$$= \frac{1}{i\,a_B\,K}\left[\frac{1}{2/a_B - iK} + \frac{1}{a_B}\frac{1}{(2/a_B - iK)^2} - \frac{1}{2/a_B + iK}\right.$$

$$\left. - \frac{1}{a_B}\frac{1}{(2/a_B + iK)^2}\right]$$

$$= \frac{1}{i\,a_B\,K}\left[\frac{2iK}{4/a_B^2 + K^2} + \frac{1}{a_B}\frac{8iK/a_B}{(4/a_B^2 + K^2)^2}\right]$$

$$\Rightarrow f^{(1)}(\vartheta) = \frac{2a_B\left(8 + a_B^2\,K^2\right)}{\left(4 + a_B^2\,K^2\right)^2} .$$

3. Differentieller Wirkungsquerschnitt:

$$K^2 = 4k^2 \sin^2 \frac{\vartheta}{2} = 2k^2(1 - \cos\vartheta) ,$$

$$\frac{d\sigma^{(1)}}{d\vartheta} = \left|f^{(1)}(\vartheta)\right|^2 = \frac{a_B^2 \left[4 + a_B^2 k^2 (1 - \cos\vartheta)\right]^2}{\left[2 + a_B^2 k^2 (1 - \cos\vartheta)\right]^4} .$$

4. Totaler Wirkungsquerschnitt:

$$\sigma^{(1)} = 2\pi \int\limits_{-1}^{+1} d\cos\vartheta \, \frac{d\sigma^{(1)}}{d\Omega} .$$

Winkelabhängigkeit steckt in K:

$$x \equiv a_B^2 K^2 \;\Rightarrow\; dx = -2k^2 a_B^2 \, d\cos\vartheta ,$$

Abkürzung: $y = k a_B$.
Dann bleibt zu berechnen:

$$\begin{aligned}
\sigma^{(1)} &= -\frac{\pi}{y^2} 4a_B^2 \int\limits_{4y^2}^{0} dx \, \frac{(8+x)^2}{(4+x)^4} \\
&= \frac{4a_B^2 \pi}{y^2} \int\limits_{0}^{4y^2} dx \left[\frac{1}{(4+x)^2} + \frac{8}{(4+x)^3} + \frac{16}{(4+x)^4}\right] \\
&= \frac{4\pi a_B^2}{y^2} \left[-\frac{1}{4+x} - \frac{4}{(4+x)^2} - \frac{16/3}{(4+x)^3}\right]_0^{4y^2} \\
&= \frac{4\pi a_B^2}{y^2} \left[-\frac{1 + 2y^2 + y^4 + 1 + y^2 + \frac{1}{3}}{4(1+y^2)^3} + \frac{7}{12}\right] \\
&= \frac{\pi a_B^2}{y^2} \, \frac{(7/3) + 7y^2 + 7y^4 + (7/3)y^6 - (7/3) - 3y^2 - y^4}{(1+y^2)^3} .
\end{aligned}$$

Dies ergibt:

$$\sigma^{(1)} = \pi a_B^2 \, \frac{4 + 6k^2 a_B^2 + (7/3) k^4 a_B^4}{\left(1 + k^2 a_B^2\right)^3} .$$

Kleine Teilenergien: $k a_B \ll 1$

$$\Rightarrow \; \sigma^{(1)} \approx 4\pi a_B^2 \quad \text{(s. \textit{harte Kugel})}.$$

5. Gültigkeitskriterium (9.94)

$$\left|\int_0^\infty \mathrm{d}r \left(\frac{1}{a_\mathrm{B}} + \frac{1}{r}\right) \mathrm{e}^{-2r/a_\mathrm{B}} \left(\mathrm{e}^{2\mathrm{i}kr} - 1\right)\right| \overset{!}{\ll} \frac{\hbar^2 k}{m} \frac{4\pi\,\varepsilon_0}{e^2} = k\,a_\mathrm{B} \,.$$

Wir benötigen zur Auswertung ein Integral vom Typ:

$$f(t) = \int_0^\infty \mathrm{d}r \,\frac{1}{r} \left(\mathrm{e}^{-(t-\mathrm{i}\,\alpha)r} - \mathrm{e}^{-tr}\right) \quad \text{mit } f(t \to \infty) = 0$$

$$\Rightarrow \quad \frac{\mathrm{d}f}{\mathrm{d}t} = \int_0^\infty \mathrm{d}r \left(\mathrm{e}^{-tr} - \mathrm{e}^{-(t-\mathrm{i}\,\alpha)r}\right) = \frac{1}{t} - \frac{1}{t - \mathrm{i}\,\alpha} \,.$$

Dies ergibt mit der korrekten Randbedingung für $t \to \infty$:

$$f(t) = \ln \frac{t}{t - \mathrm{i}\,\alpha} \,.$$

Dies benutzen wir mit $t = 2/a_\mathrm{B}$, $\alpha = 2k$ zur Berechnung des Integrals im Gültigkeitskriterium:

$$|\ldots| = \left|\frac{1}{a_\mathrm{B}} \left(\frac{1}{2/a_\mathrm{B} - 2\mathrm{i}\,k} - \frac{1}{2/a_\mathrm{B}}\right) + \ln \frac{1}{1 - \mathrm{i}\,k\,a_\mathrm{B}}\right| \,.$$

Die Forderung für die Gültigkeit der Born'schen Näherung lautet also:

$$\left|\frac{1}{2}\,\frac{\mathrm{i}\,k\,a_\mathrm{B}}{1 - \mathrm{i}\,k\,a_\mathrm{B}} - \ln\left(1 - \mathrm{i}\,k\,a_\mathrm{B}\right)\right| \overset{!}{\ll} k\,a_\mathrm{B} \,.$$

Wir diskutieren die Grenzfälle:

$\boxed{k\,a_\mathrm{B} \ll 1}$

$$\left|\frac{1}{2}\,\mathrm{i}\,k\,a_\mathrm{B} + \mathrm{i}\,k\,a_\mathrm{B}\right| \overset{!}{\ll} k\,a_\mathrm{B}$$

$$\Leftrightarrow \quad \frac{3}{2} \overset{!}{\ll} 1 \,.$$

Die Bedingung ist nicht erfüllbar. Für kleine Teilchenenergien ist die Born'sche Näherung offensichtlich unbrauchbar!

$\boxed{k a_B \gg 1}$

$$\left|-\frac{1}{2} - \ln(-\mathrm{i} k a_B)\right| = \left|\frac{1}{2} + \ln\left(k a_B \, \mathrm{e}^{-\mathrm{i}\pi/2}\right)\right|$$
$$= \left|\frac{1}{2} - \mathrm{i}\,\frac{\pi}{2} + \ln(k a_B)\right| \approx |\ln(k a_B)| \overset{!}{\ll} k a_B \,.$$

Diese Bedingung ist erfüllbar. Die Born'sche Näherung dürfte für hohe Teilchenenergien brauchbar sein.

Lösung zu Aufgabe 9.3.5

ϑ', φ': Polarwinkel des Vektors $\boldsymbol{r}'$,

ϑ, φ: Polarwinkel des Einheitsvektors $\boldsymbol{e}_r$.

Wir starten mit dem Ausdruck für $f^{(1)}(\vartheta)$ und benutzen die Formeln (6.152) und (6.153):

$$\mathrm{e}^{\mathrm{i}k\boldsymbol{r}'\cdot\boldsymbol{e}_z}\,\mathrm{e}^{-\mathrm{i}k\boldsymbol{r}'\cdot\boldsymbol{e}_r} = \sum_l i^l \sqrt{4\pi(2l+1)}\, j_l(kr')\, Y_{l0}(\vartheta',\varphi')$$
$$\cdot \sum_{l'm'} (-\mathrm{i})^{l'}\, 4\pi\, j_{l'}(kr') \underbrace{Y_{l'm'}(\vartheta',\varphi')\, Y^*_{l'm'}(\vartheta,\varphi)}_{\overset{(5.104)}{=} (-1)^{2m'} Y^*_{l'-m'}(\vartheta',\varphi')\, Y_{l'-m'}(\vartheta,\varphi)} \,.$$

Integration über die Winkel, wie in (9.91) gefordert, liefert zusammen mit der Orthogonalitätsrelation (5.102) der Kugelflächenfunktionen:

$$\int \mathrm{d}\Omega'\,\mathrm{e}^{-\mathrm{i}k(\boldsymbol{e}_r-\boldsymbol{e}_z)\cdot\boldsymbol{r}'}$$
$$= \sum_{ll'm'} \mathrm{i}^l(-\mathrm{i})^{l'}\sqrt{4\pi(2l+1)}\,4\pi\, j_l(kr')\, j_{l'}(kr')\, Y_{l'-m'}(\vartheta,\varphi)\,\delta_{ll'}\,\delta_{-m'0}$$
$$= 4\pi \sum_l \sqrt{4\pi(2l+1)}\,[j_l(kr')]^2\, Y_{l0}(\vartheta,\varphi)$$
$$\overset{(5.103)}{=} 4\pi \sum_l (2l+1)\left[j_l(kr')\right]^2 P_l(\cos\vartheta) \,.$$

Damit folgt für die Streuamplitude gemäß (9.91):

$$f^{(1)}(\vartheta,\varphi) = -\frac{2m}{\hbar^2}\sum_l (2l+1)\, P_l(\cos\vartheta) \int_0^\infty \mathrm{d}r'\, r'^2\, V(r')\left[j_l(kr')\right]^2 \,.$$

Dies vergleichen wir mit dem exakten Ausdruck (9.23):

$$\frac{1}{k} e^{i\delta_l} \sin \delta_l \approx -\frac{2m}{\hbar^2} \frac{1}{k^2} \int_0^\infty dr' \, V(r') \left[k r' j_l(k r')\right]^2 .$$

Wegen $e^{i\delta_l} \sin \delta_l \approx \delta_l$ ergibt sich hieraus die Born'sche Näherung (9.76) für die Streuphase:

$$\delta_l \approx -\frac{2m}{\hbar^2} \frac{1}{k} \int_0^\infty dr' \, V(r') \left[k r' j_l(k r')\right]^2 .$$

Abschnitt 9.4.5

Lösung zu Aufgabe 9.4.1

Es gilt:

$$\begin{aligned}
1 &= \left(E_n^{(0)} - H \pm i0^+\right) \frac{1}{E_n^{(0)} - H \pm i0^+} \\
&= \left(E_n^{(0)} - H_0 - H_1 \pm i0^+\right) \frac{1}{E_n^{(0)} - H \pm i0^+} \\
&= \frac{E_n^{(0)} - H_0 \pm i0^+}{E_n^{(0)} - H \pm i0^+} - H_1 \frac{1}{E_n^{(0)} - H \pm ii0^+} .
\end{aligned}$$

Das bedeutet:

$$\frac{1}{E_n^{(0)} - H_0 \pm i0^+} = \frac{1}{E_n^{(0)} - H \pm i0^+} - \frac{1}{E_n^{(0)} - H_0 \pm i0^+} H_1 \frac{1}{E_n^{(0)} - H \pm i0^+}$$

$$\Leftrightarrow R_n^{(\pm)} = G_n^{(\pm)} - R_n^{(\pm)} H_1 G_n^{(\pm)}$$

$$\Leftrightarrow G_n^{(\pm)} = R_n^{(\pm)} + R_n^{(\pm)} H_1 G_n^{(\pm)} .$$

Das war zu zeigen.

Lösung zu Aufgabe 9.4.2

Wir setzen (9.128) in (9.126) ein und demonstrieren die Identität:

$$\left|E_n^{(0)}\right\rangle + G_n^{(\pm)} H_1 \left|E_n^{(0)}\right\rangle \stackrel{!}{=} \left|E_n^{(0)}\right\rangle + R_n^{(\pm)} H_1 \left(\left|E_n^{(0)}\right\rangle + G_n^{(\pm)} H_1 \left|E_n^{(0)}\right\rangle \right)$$

$$\Leftrightarrow \quad G_n^{(\pm)} H_1 \left|E_n^{(0)}\right\rangle \stackrel{!}{=} \left(R_n^{(\pm)} H_1 + R_n^{(\pm)} H_1 G_n^{(\pm)} H_1 \right) \left|E_n^{(0)}\right\rangle$$

$$\Leftrightarrow \quad G_n^{(\pm)} H_1 \stackrel{!}{=} \left(R_n^{(\pm)} + R_n^{(\pm)} H_1 G_n^{(\pm)} \right) H_1 = G_n^{(\pm)} H_1 \, .$$

Lösung zu Aufgabe 9.4.3

$$\begin{aligned} [S, H_0]_- &= M_-^\dagger M_+ H_0 - H_0 M_-^\dagger M_+ \\ &\stackrel{(9.161),(9.162)}{=} M_-^\dagger H M_+ - M_-^\dagger H M_+ \\ &= 0 \, . \end{aligned}$$

Lösung zu Aufgabe 9.4.4

1.

$$\widehat{S}\widehat{S}^\dagger = M_+ M_-^\dagger M_- M_+^\dagger \stackrel{(9.156)}{=} M_+ M_+^\dagger \stackrel{(9.157)}{=} P_S$$

$$\widehat{S}^\dagger \widehat{S} = M_- M_+^\dagger M_+ M_-^\dagger \stackrel{(9.156)}{=} M_- M_-^\dagger \stackrel{(9.157)}{=} P_S \, .$$

2.

$$\begin{aligned} [\widehat{S}, H]_- &= M_+ M_-^\dagger H - H M_+ M_-^\dagger \\ &\stackrel{(9.161),(9.162)}{=} M_+ H_0 M_-^\dagger - M_+ H_0 M_-^\dagger \\ &= 0 \, . \end{aligned}$$

3. Mit (9.156) und (9.170) folgt:

$$\begin{aligned} \widehat{S}\left|E_n^{(-)}\right\rangle &= M_+ M_-^\dagger \left|E_n^{(-)}\right\rangle \\ &= M_+ M_-^\dagger M_- \left|E_n^{(0)}\right\rangle \\ &= M_+ \left|E_n^{(0)}\right\rangle \\ &= \left|E_n^{(+)}\right\rangle \, . \end{aligned}$$

Sachverzeichnis

Printing: Ten Brink, Meppel, The Netherlands
Binding: Ten Brink, Meppel, The Netherlands